곤 충 학 제3판

저　자 P.J. Gullan and P.S. Cranston

역자대표 이상몽
역　자 김익수, 노종열, 박현철, 서숙재,
우수동, 윤형주, 이인희, 이종은,
제연호, 진병래, 한연수

월드 사이언스
WORLD SCIENCE
www.worldscience.co.kr

곤충학

인쇄 | 2011년 2월 20일
발행 | 2011년 2월 28일
공역 | 이상몽 · 김익수 · 노종열 · 박현철 · 서숙재
우수동 · 윤형주 · 이인희 · 이종은 · 제연호
진병래 · 한연수
발행인 | 박선진
발행처 | 도서출판 월드사이언스

등록번호 | 제16-1601호
등록일자 | 1988년 2월 12일

주소 | 서울특별시 서초구 방배동 864-31 월드빌딩 1층
전화 | 02) 581-5811~3
FAX | 02) 521-6418
E-mail | worldscience@hanmail.net
URL | http://www.worldscience.co.kr

정가 22,000원
ISBN 978-89-5881-174-9

이 도서의 국립중앙도서관 출판시 도서목록 (CIP)은 e-CIP 홈페이지 (http://www.nl.go.kr/cip.php)에서 이용하실 수 있습니다. (CIP 제어번호: CIP2011000712)

목차

13장 곤충포식 및 기생 327

14장 곤충 방어 355

15장 의용 및 가축 위생곤충학 375

16장 해충 관리 397

17장 곤충학 방법론: 채집, 보존, 치료, 동정 429

LIST OF COLOR PLATES

Plate1

1.1 Atlas나방, *Attacus atlas*(나비목: 산누에나방과),은 인도 남부, 동남아시아에서 발생하고 나비목 가운데 가장 큰 것 중의 하나로 날개 길이가 24 cm로 어떤 다른 나방보다 큰 날개를 가지고 있다 (P.J. Gullan).

1.2 보르네오섬의 부루나이 열대우림에 서식하는 바이올린 딱정벌레, *Mormolyce phyllodes*(딱정벌레목: 딱정벌레과) (P.J. Gullan) .

1.3 Moon나방, *Argema maenas*(나비목: 산누에나방과)은 동남아시아와 인도에서 발견되며, 보르네오 열대우림에서 암컷은 날개 길이가 15 cm 정도이다(P.J. Gullan).

1.4 남아프리카 트렌스발의 Mopane 황제 나방, *Imbrasia belina* (나비목: 산누에나방과) (R. Oberprieler).

1.5 "벌레 "phane" – Imbrasia belina의 애벌레 – *Schotia brachypetala*의 잎을 먹고 남아프리카 트렌스발에 서식한다(R. Oberprieler).

1.6 식용인 수서곤충의 요리, *Lethocerus indicus* (Hemiotera: 물장군과), 태국의 Lampang 주 시장에서 팔고 있다(R.W. Sites).

Plate 2

2.1 태국의 Lampang 주 시장 자판에 전시되어 있는 식용곤충, 누에(*Bombyx mori*) 번데기, 딱정벌레 번데기, 물땡땡이 상과 물땡땡이 성충, water bug (*Lethocerus indicus*) (R.W. Sites).

2.2 Richmond birdwing (*Troides richmondia*) 나비 성충과 자생 숙주식물 pipevine (*Paraistolochia* sp.) (p. 15참조) 잎 위의 허물(D.P.A. Sands).

2.3 *Cystococus pomiformis*(노린재목: 주머니깍지벌레과)의 bush coconut 또는 bloodwood apple 벌레혹(충영). 열어보면 혹으로 둘러싸고 있는 크림색의 암컷 성충과 벌레혹을 둘러싸고 있는 수많은 작은 약충 수컷(P.J. Gullan).

2.4 암컷 혹의 빈공간과 연결되어 있는 영양조직을 먹고 있는 *Cystococcus pomiformis*의 2령 수컷 약충(p. 12 참조) (P.J. Gullan).

2.5 가시모양의 안테나와 1쌍의 날개를 가진 *Melaleucococcus phacelopilus*(노린재목: 이세리아깍지벌레과)의 개각충수컷 성충(P.J. Gullan).

2.6 보르네오 섬의 열대나비, *Graphium antiphates itamputi* (나비목: 호랑나비상과). 운동화로부터 땀을 흡수해 염분을 얻고 있다(Box 5.2 참조) (P.J. Gullan).

Plate 3

3.1 북호주의 미기록종인 미국산 여치 일종의*Austrosalomona* 암컷. 암컷의 개방 생식기에 부착된 큰 정포를 가지고 있다(Box 5.2 참조) (D.C.F. Rentz).

3.2 호주 Canberra지역의 토양 내 용화장소부터 채집한 Christmas beetle, *Anoplognathus* sp. (딱정벌레목: 풍뎅이과)의 번데기(P.J. Gullan).

3.3 호주 Queensland에서 어린 사마귀 약충이 나오고 있는 *Tenodera australasiae*(사마귀목: 사마귀과)의 알집(Box 13.2 참조) (D.C.F. Rentz).

3.4 호주 북부지역의 탈피 중인 *Elephantodeta* 종(메뚜기목: 여치상과)의 성충(D.C.F. Rentz).

3.5 미국 켈리포니아의 Mill 계곡에서 동면중인 모나크나비, *Danaus plexippus*(나비목: 네발나비과(D.C.F. Rentz)).

3.6 도미니크 호박 내에서 화석이 된 일개미 *Pseudomyrmex oryctus*(벌목: 개미과) (P.S. Ward).

3.7 검정파리를 포함한 다양한 파리들은 호주 phalloid 곰팡이 (*Anthurus archeri*)의 향기에 의해 유인된다. 호주 phalloid 곰팡이는 포자를 포함하고 있는 냄새나는 점액을 생산하는데 이는 파리에 의해 섭취되어지고 장을 통과한 후에 포자가 뿌려지게 된다(P.J. Gullan).

Plate 4

4.1 나무줄기와 가지 아래에 덮여있는 *Antipaluria urichi* (Embiidina: Clothodidae)의 실크 그물방(Box 9.5 참조) (J.S. Edgerly-Rooks).

4.2 접근하고 있는 수컷을 실크 그물방 입구에서 방어하고 있는 *Antipaluria urichi*의 암컷(J.S.Edgerly-Rooks).

4.3 보르네오 섬 부루나이의 강도래 Neoperla edmundsi(강도래목: 강도래과) 성충(P.J. Gullan).

4.4 *Zaspilothynnus trilobatus*(벌목: 굼벵이벌과)의 암컷(오른쪽). 암컷으로 흉내를 내어 수분하도록 수벌을 유인하는 성적으로 현혹시키는 난초 Drakaea glyptodon의 꽃과 비교하였다(p. 282 참조) (R. Peakall).

4.5 성적으로 현혹시키는 난초 Chiloglottis trapeziformis와 교미하기 위하여 유혹되고 있는 *Neozeloboria cryptoides*(벌목: 굼벵이벌과)의 수벌(R. Peakall).

4.6 북호주의 쉬파리 *Australopierretia australi*(파리목: Sarcophagidae)에 의한 망고꽃의 수분(D.L. Anderson).

4.7 뉴저지의 흰색으로 두드러진 독나방 *Orgyia leucostigma* (나비목: 독나방과)의 날개 없는 암컷 성충(D.C.F. Rentz).

Plate 5

5.1 호주 서부 해안지역의 *Polyrhachis* 종(벌목: 개미과)의 개미에 의해 돌봐지는 Acacia 나무줄기 위의 미기록종 Planococcus 종(노린재목: Pseudococcidae)의 진디(P.J. Gullan).

5.2 동부호주의 유카리나무 잎 위에 있는 의태하는 종령 *Plesanemma fucata*(나비목: 자나비상과) 유충(P.J. Gullan).

5.3 영국의 밑들이벌레 *Panorpa communis*(밑들이목: 밑들이과) 암컷(P.H. Word).

5.4 남아프리카 Transvaal의 약 7.5 cm 길이의 거대한 여왕흰개미 *Odontotermes transvaalensis*(흰개미목: 흰개미과). 수컷, 병정개미, 일개미에 둘러싸여 있다(J.A.L. Watson).

5.5 뉴기니 Irian Jaya의 벌집에 있는 *Apis cerana*(벌목: 꿀벌과) 벌의 번데기와 기생성 Varroa 응애(p. 320참조) (D.L. Anderson).

5.6 숙주식물로부터 유충 때 흡수한 pyrrolizidine alkaloids를 포함하는 방어 거품을 내뿜는 *Utetheisa ornatrix*(나비목: 불나방과) 성충(T. Eisner).

5.7 뉴저지의 spicebush 산호랑나비 *Papilio troilus*(나비목: 호랑나비상과)의 뱀 의태 유충(D.C.F. Rentz).

Plate 6

6.1 *Acronicta*(나비목: 혹나방과)의 보호색을 띠는 4종의 성충나방: *A. alni*(왼쪽 위); *A. leporina*(오른쪽 위); *A. aceris*(왼쪽 아래); *A. psi*(오른쪽 아래) (D. Carter and R.I. Vane-Wright)..

6.2 방어적이거나 자동적으로 보호가 되는 *Acronicta* 유사 4종 유충: *A. alni*(왼쪽 위); *A. leporina*(오른쪽 위); *A. aceris*(왼쪽 아래); *A. psi*(오른쪽 아래). 담갈색의 성충과 비교되는 유충의 다른 모습(D. Carter and R.I. Vane-Wright).

6.3 땅가뢰 *Lytta polita*(딱정벌레목: 가뢰과). 무릎관절로부터 반사적으로 출혈을 하고 그 혈림프에는 독소 cantharidin을 포함하고 있다(14.4.3 & 15.2.2절) (T. Eisner).

6.4 세 다른 나비과의 종과 관련된 아마존 Basin의 의태 복합체: *Methona confusa confusa*(위), *Lycorea illione ilione*(위에서 두 번째), *Patia orise orise*(아래에서 두 번째), *Gazera heliconioides*(아래) (R.I. Vane-Wright).

6.5 남아프리카의 Cussonia의 꽃 돌기 위에 있는 aposematic beetle 홍반디속(딱정벌레목: 홍반디과)의 특별한 방어효과가 있는 반디(P.J. Gullan).

6.6 호주의 자생 숙주식물의 줄기 위 풍부히 형성된 난낭을 가지고 있는 성숙한 이세리아깍지벌레 *Icerya purchast*(노린재목: Margarodidae) (P.J. Gullan).

6.7 뉴저지의 집시나방 *Lymantria dispar*(나비목: 독나방과)의 수컷성충

Box 목록

3판 저자 머리말

Since writing the earlier editions of this textbook, we have relocated from Canberra, Australia, to Davis, California, where we teach many aspects of entomology to a new cohort of undergraduate and graduate students. We have come to appreciate some differences which may be evident in this edition. We have retained the regional balance of case studies for an international audience. With globalization has come unwanted, perhaps unforeseen, consequences, including the potential worldwide dissemination of pest insects and plants. A modern entomologist must be aware of the global status of pest control efforts. These range from insect pests of specific origin, such as many vectors of disease of humans, animals, and plants, to noxious plants, for which insect natural enemies need to be sought. The quarantine entomologist must know, or have access to, global databases of pests of commerce. Successful strategies in insect conservation, an issue we cover for the first time in this edition, are found worldwide, although often they are biased towards Lepidoptera. Furthermore, all conservationists need to recognize the threats to natural ecosystems posed by introduced insects such as crazy, big-headed, and fire ants. Likewise, systematists studying the evolutionary relationships of insects cannot restrict their studies to a regional subset, but also need a global view.

Perhaps the most publicized entomological event since the previous edition of our text was the "discovery" of a new order of insects - named as Mantophasmatodea - based on specimens from 45-million-year-old amber and from museums, and then found living in Namibia (south-west Africa), and now known to be quite widespread in southern Africa. This finding of the first new order of insects described for many decades exemplifies several aspects of modern entomological research. First, existing collections from which mantophasmatid specimens initially were discovered remain important research resources; second, fossil specimens have significance in evolutionary studies; third, detailed comparative anatomical studies retain a fundamental importance in establishing relationships, even at ordinal level; fourth, molecular phylogenetics usually can provide unambiguous resolution where there is doubt about relationships based on traditional evidence.

The use of molecular data in entomology, notably (but not only) in systematic studies, has grown apace since our last edition. The genome provides a wealth of characters to complement and extend those obtained from traditional sources such as anatomy. Although analysis is not as unproblematic as was initially suggested, clearly we have developed an ever-improving understanding of the internal relationships of the insects as well as their relationships to other invertebrates. For this reason we have introduced a new chapter (Chapter 7) describing methods and results of studies of insect phylogeny, and portraying our current understanding of relationships. Chapter 8, also new, concerns our ideas on insect evolution and biogeography. The use of robust phylogenies to infer past evolutionary events, such as origins of flight, sociality, parasitic and plant-feeding modes of life, and biogeographic history, is one of the most exciting areas in comparative biology.

Another growth area, providing ever-more challenging ideas, is the field of molecular evolutionary development in which broad-scale resemblances (and unexpected differences) in genetic control of developmental processes are being uncovered. Notable studies provide evidence for identity of control for development of gills, wings, and other appendages across phyla. However, details of this field are beyond the scope of this textbook.

We retain the popular idea of presenting some tangential information in boxes, and have introduced seven new boxes: Box 1.1 Collected to extinction?; Box 1.2 Tramp ants and biodiversity; Box 1.3 Sustainable use of mopane worms; Box 4.3 Reception of communication molecules; Box 5.5 Egg-tending fathers the giant water bugs; Box 7.1 Relationships of the Hexapoda to other Arthropoda; Box 14.2 Backpack bugs - dressed to kill? plus a taxonomic box (Box 13.3) concerning the Mantophasmatodea (heel walkers).

We have incorporated some other boxes into the text. and lost some. The latter include what appeared to be a very neat example of natural selection in action. the peppered moth *Biston betularia*. whose melanic *carbonaria* form purportedly gained advantage in a sooty industrial landscape through its better crypsis from bird predation. This interpretation has been challenged lately. and we have reinterpreted it in Box 14.1 within an assessment of birds as predators of insects.

Our recent travels have taken us to countries in which insects form an important part of the human diet. In southern Africa we have seen and eaten mopane, and have introduced a box to this text concerning the sustainable utilization of this resource. Although we have tried several of the insect food items that we mention in the opening chapter, and encourage others to do so. we make no claims for tastefulness. We also have visited New Caledonia. where introduced ants are threatening the native fauna. Our concern for the consequences of such worldwide ant invasives, that are particularly serious on islands. is reflected in Box 1.2.

Once again we have benefited from the willingness of colleagues to provide us with up-to-date information and to review our attempts at synthesizing their research. We are grateful to Mike Picker for helping us with Mantophasmatodea and to Lynn Riddiford for assisting with the complex new ideas concerning the evolution of holometabolous development. Matthew Terry and Mike Whiting showed us their unpublished phylogeny of the Polyneoptera, from which we derived part of Fig. 7.2. Bryan Danforth. Doug Ernlen. Conrad Labandeira, Walter Leal. Brett Melbourne. Vince Smith. and Phil Ward enlightened us or checked our interpretations of their research speciality, and Chris Reid. as always, helped us with matters coleopterological and linguistic. We were fortunate that our updating of this textbook coincided with the issue of a compendious resource for all entomologists: *Encyclopedia of Insects*, edited by Vince Resh and Ring Carde for Academic Press. The wide range of contributors assisted our task immensely; we cite their work under one header in the "Further reading" following the appropriate chapters in this book.

We thank all those who have allowed their publications, photographs, and drawings to be used as sources for Karina McInnes' continuing artistic endeavors. Tom Zavortink kindly pointed out several errors in the second edition. Inevitably, some errors offact and interpretation remain, and we would be grateful to have them pointed out to us.

This edition would not have been possible without the excellent work of Katrina Rainey, who was responsible for editing the text, and the staff at Blackwell Publishing, especially Sarah Shannon, Cee Pike, and Rosie Hayden.

2판 저자 머리말

Since writing the first edition of this textbook, we have been pleasantly surprised to find that what we consider interesting in entomology has found a resonance amongst both teachers and students from a variety of countries. When invited to write a second edition we consulted our colleagues for a wish list, and have tried to meet the variety of suggestions made. Foremost we have retained the chapter sequence and internal arrangement of the book to assist those that follow its structure in their lecturing. However, we have added a new final (16th) chapter covering methods in entomology, particularly preparing and conserving a collection. Chapter 1 has been radically reorganized to emphasize the significance of insects, their immense diversity and their patterns of distribution. By popular request, the summary table of diagnostic features of the insect orders has been moved from Chapter 1 to the end pages, for easier reference. We have expanded insect physiology sections with new sections on tolerance of environmental extremes, thermoregulation, control of development and changes to our ideas on vision. Discussion of insect behaviour has been enhanced with more information on insect-plant interactions, migration, diapause, hearing and predator avoidance, "puddling" and sodium gifts. In the ecological area, we have considered functional feeding groups in aquatic insects, and enlarged the section concerning insectplant interactions. Throughout the text we have incorporated new interpretations and ideas, corrected some errors and added extra terms to the glossary.

The illustrations by Karina McInnes that proved so popular with reviewers of the first edition have been retained and supplemented, especially with some novel chapter vignettes and additional figures for the taxonomic and collection sections. In addition, 41 colour photographs of colourful and cryptic insects going about their lives have been chosen to enhance the text.

The well-received boxes that cover self-contained themes tangential to the flow of the text are retained. With the assistance of our new publishers, we have more clearly delimited the boxes from the text. New boxes in this edition cover two resurging pests (the phylloxera aphid and Bemisia whitefly), the origins of the aquatic lifestyle, parasitoid host-detection by hearing, the molecular basis of development, chemically protected eggs, and the genitalia-inflating phalloblaster.

We have resisted some invitations to elaborate on the many physiological and genetic studies using insects we accept a reductionist view of the world appeals to some, but we believe that it is the integrated whole insect that interacts with its environment and is subject to natural selection. Breakthroughs in entomological understanding will come from comparisons made within an evolutionary framework, not from the techniquedriven insertion of genes into insect and/ or host.

We acknowledge all those who assisted us with many aspects of the first edition (see Preface for first edition following) and it is with some regret that we admit that such a breadth of expertise is no longer available for consultation in one of our erstwhile research institutions. This is compensated for by the following friends and colleagues who reviewed new sections, provided us with advice, and corrected some of our errors. Entomology is a science in which collaboration remains the norm -long may it continue. We are constantly surprised at the rapidity of freely given advice, even to electronic demands: we hope we haven't abused the rapidity of communication. Thanks to, in alphabetical order: Denis Anderson - varroa mites; Andy Austin - wasps and polydnaviruses; Jeff Bale - cold tolerance; Eldon Ball - segment development; Paul Cooper - physiological updates; Paul De Barro *Bemisia*; Hugh Dingle - migration; Penny Greensladecollembola facts: Conrad Labandeira - fossil insects; Lisa Nagy - molecular basis for limb development; Rolf Oberprieler - edible insects; Chris Reid - reviewing Chapter 1 and coleopteran factoids; Murray Upton - reviewing collecting methods; Lars-Ove Wikars mycangia information and illustration; [ochen Zeil - vision. Dave Rentz supplied many excellent colour photographs, which we supplemented with some photos by Denis Anderson, Janice Edgerly-Rooks, Tom Eisner, Peter Menzel, Rod Peakall, Dick Vane-Wright, Peter Ward, Phil Ward and the late Tony Watson. Lyn Cook and Ben Gunn provided help with computer graphics. Many people assisted by supplying current names or identifications for particular insects, including from photographs. Special thanks to John Brackenbury, whose photograph of a soldier beetle in preparation for flight (from Brackenbury, 1990) provided the inspiration for the cover centerpiece.

When we needed a break from our respective offices in order to read and write, two Dons, Edward and Bradshaw, provided us with some laboratory space in the Department of Zoology, University of Western Australia, which proved to be rather too close to surf, wineries and wildflower sites - thank you anyway.

It is appropriate to thank Ward Cooper of the late Chapman & Hall for all that he did to make the first edition the success that it was. Finally, and surely not least, we must acknowledge that there would not have been a second edition without the helping hand put out by Blackwell Science, notably Ian Sherman and David Frost, following one of the periodic spasms in scientific publishing when authors (and editors) realize their minor significance in the "commercial" world.

초판 저자 머리말

Insects are extremely successful animals and they affect many aspects of our lives, despite their small size. All kinds of natural and modified, terrestrial and aquatic, ecosystems support communities of insects that present a bewildering variety of life-styles, forms and functions. Entomology covers not only the classification, evolutionary relationships and natural history of insects, but also how they interact with each other and the environment. The effects of insects on us, our crops and domestic stock, and how insect activities (both deleterious and beneficial) might be modified or controlled, are amongst the concerns of entomologists.

The recent high profile of biodiversity as a scientific issue is leading to increasing interest in insects because of their astonishingly high diversity. Some calculations suggest that the species richness of insects is so great that, to a near approximation, all organisms can be considered to be insects. Students of biodiversity need to be versed in entomology.

We, the authors, are systematic entomologists teaching and researching insect identification, distribution, evolution and ecology. Our study insects belong to two groups – scale insects and midges – and we make no apologies for using these. our favourite organisms, to illustrate some points in this book.

This book is not an identification guide, but addresses entomological issues of a more general nature. We commence with the significance of insects, their internal and external structure, and how they sense their environment, followed by their modes of reproduction and development. Succeeding chapters are based on major themes in insect biology, namely the ecology of ground-dwelling, aquatic and plant-feeding insects, and the behaviours of sociality, predation and parasitism, and defence. Finally, aspects of medical and

veterinary entomology and the management of insect pests are considered.

Those to whom this book is addressed, namely students contemplating entomology as a career, or studying insects as a subsidiary to specialized disciplines such as agricultural science, forestry, medicine or veterinary science, ought to know something about insect systematics - this is the framework for scientific observations. However, we depart from the traditional order-by-order systematic arrangement seen in many entomological textbooks. The systematics of each insect order are presented in a separate section following the ecologicalbehavioural chapter appropriate to the predominant biology of the order. We have attempted to keep a phylogenetic perspective throughout. and one complete chapter is devoted to insect phylogeny, including examination of the evolution of several key features.

We believe that a picture is worth a thousand words. All illustrations were drawn by Karina Hansen McInnes, who holds an Honours degree in Zoology from the Australian National University, Canberra. We are delighted with her artwork and are grateful for her hours of effort, attention to detail and skill in depicting the essence of the many subjects that are figured in the following pages. Thank you Karina.

This book would still be on the computer without the efforts of John Trueman, who job-shared with Penny in second semester 1992. John delivered invertebrate zoology lectures and ran lab classes while Penny revelled in valuable writing time, free from undergraduate teaching. Aimorn Stewart also assisted Penny by keeping her research activities alive during book preparation and by helping with labelling of figures. Eva Bugledich acted as a library courier and brewed hundreds of cups of coffee.

The following people generously reviewed one or more chapters for us: Andy Austin, Tom Bellas, Keith Binnington, Ian Clark, Geoff Clarke, Paul Cooper, Kendi Davies, Don Edward, Penny Greenslade, Terry Hillman, Dave McCorquodale, Rod Mahon, Dick Norris, Chris Reid, Steve Shattuck, John Trueman and Phil Weinstein. We also enjoyed many discussions on hymenopteran phylogeny and biology with Andy. Tom sorted out our chemistry and Keith gave expert advice on insect cuticle. Paul's broad knowledge of insect physiology was absolutely invaluable. Penny put us straight with springtail facts. Chris' entomological knowledge, especially on beetles, was a constant source of information. Steve patiently answered our endless questions on ants. Numerous other people read and commented on sections of chapters or provided advice or helpful discussion on particular entomological topics. These people included John Balderson, Mary Carver, Lyn Cook, Jane Elek, Adrian Gibbs, Ken Hill, John Lawrence, Chris Lyal, Patrice Morrow, Dave Rentz, Eric Rurnbo, Vivienne Turner, John Vranjic and Tony Watson. Mike Crisp assisted with checking on current host-plant names. Sandra McDougall inspired part of Chapter 15. Thank you everyone for your many comments which we have endeavoured to incorporate as far as possible,

for your criticisms which we hope we have answered, and for your encouragement.

We benefited from discussions concerning published and unpublished views on insect phylogeny (and fossils) , particularly with Jim Carpenter, Mary Carver, Niels Kristensen, J armila Kukalova-Peck and John Trueman. Our views are summarized in the phylogenies shown in this book and do not necessarily reflect a consensus of our discussants' views (this was unattainable).

Our writing was assisted by Commonwealth Scientific and Industrial Research Organization (CSIRO) providing somewhere for both of us to work during the many weekdays, nights and weekends during which this book was prepared. In particular, Penny managed to escape from the distractions of her university position by working in CSIRO. Eventually, however, everyone discovered her whereabouts. The Division of Entomology of the CSIRO provided generous support: Carl Davies gave us driving lessons on the machine that produced reductions of the figures, and Sandy Smith advised us on labelling. The Division of Botany and Zoology of the Australian National University also provided assistance in aspects of the book production: Aimorn Stewart prepared the SEMs from which Fig. 4.7 was drawn, and Judy Robson typed the labels for some of the figures.

역자 머리말

인류와 곤충은 서로 뗄래야 뗄 수 없는 깊은 관계를 가지고 있다. 이 지구상에 살고 있는 동물 종 수가 대략 250만 종으로 추정되며 그 중의 대부분이 곤충으로 약 180만종에 달한다. 따라서 곤충이 가지는 중요성은 두 말 할 필요도 없다. 지금까지 우리들은 곤충이란 먹을거리를 빼앗아 먹거나 위생상 피해를 주는 해충으로서 인식하여 왔고 실제로 해충으로 퇴치하여 왔다.

그러나, 이제는 곤충도 해충으로서의 중요성뿐 만 아니라 생물자원으로서의 중요성도 함께 가지고 있다. 또한 지구온난화에 따른 곤충의 생리 · 생태가 인류의 생활에 큰 영향을 미치며 보다 더 곤충이라는 존재에 대해 폭넓게 알아야 할 필요성이 있다고 본다.

곤충학이라는 학문은 한국보다는 외국에서 더 발달되었고 그래서 대학에서 교재로 쓸만한 책은 대부분 영어로 쓰여져 있다. 또한 그 내용도 상당히 난해한 측면이 있다. 국내에서 제작된 곤충학이 몇 권 있지만 그 기본내용이 급변하는 곤충학의 학문영역을 다 소화하기란 상당히 어렵다고 본다. 그래서 한국내의 12명의 곤충관련 과학자들이 힘을 합쳐 미국의 캘리포니아대학의 P. S. Gullan과 P. S. Cranston의 역저인 " The Insects : An Outline of Entomology"를 번역하여 대학의 곤충학 교재로 사용코자 하였다.

본 곤충학은 모두 17장으로 구성되어 있고 곤충의 중요성, 다양성에서부터 해부, 생식, 발육, 생리, 육서 및 수서곤충, 곤충과 식물과의 상호관계, 사회성곤충, 기생곤충, 곤충의 방어술, 의곤충, 해충방제, 곤충채집방법 및 동정에 이르기까지 매우 광범위하고도 세밀한 부분까지 터치한 좋은 책으로 생각된다.

번역을 하면서 용어의 통일에 또 정확한 한글 표현에 어려움이 많았으나 역자들 나름대로 많은 노력을 하여 되도록 학생과 곤충연구자들에게 쉽게 이해되도록 번역에 최선을 다했습니다. 그러나 완전치 못하고 어딘가 많은 아쉬움이 남는 것은 솔직히 인정합니다. 그러므로 번역판에 문제가 발견되는 대로 우리 역자들은 가급적 빠른 시일 안에 문제점을 보완 할 것을 약속드리며, 다소간 불완전한 번역은 독자 여러분께서 지적해 주시면 언제나 겸손히 의견을 수용, 가급적 속히 고쳐나갈 것을 약속드립니다. 본 출판 작업에 있어서 오로지 "곤충학"의 발전을 위하여 회사의 이익을 도외시 하면서까지 출판을 이끌어주신 월드사이언스 박선진 사장님께 깊은 감사의 말씀을 드립니다.

2011. 2. 번역자 일동

역자소개

역자대표 이상몽(부산대 생명환경화학과)

김익수(전남대 농생물학전공)

노종열(서울대 응용생물학전공)

박현철(부산대 생명환경화학과)

서숙재(경상대 생물학전공)

우수동(충북대 식물의학과)

윤형주(국립농업과학원 곤충산업과)

이인희(호서대 생명공학과)

이종은(안동대 생명과학과)

제연호(서울대 응용생물학전공)

진병래(동아대 응용생물공학과)

한연수(전남대 농생물학전공)

1장

곤충의 중요성, 다양성 및 보존

Charles Darwin inspecting beetles collected during the voyage of the Beagle. (After various sources, especially Huxley & Kettlewell 1965 and Futuyma 1986)

지구상에 서식하는 생물의 동정과 생활사에 관한 호기심만으로도 곤충 연구를 위한 충분한 이유가 된다. 우리 중 일부는 곤충을 토속신앙과 정신적 세계의 상징물로 사용하고 있고, 또한 우리는 미술과 음악에서 곤충을 묘사하기도 한다. 만약 우리가 경제적 요소들을 고려한다면 곤충의 효과는 거대하다. 벌(또는 특이한 개미)에 의해 제공되는 꿀이 없는 인간사회는 없다. 곤충은 우리의 농작물을 수분한다. 많은 곤충은 우리의 집, 농작물, 음식 저장소에 서식한다. 또 다른 곤충은 우리 몸, 애완동물, 가축에 서식하며, 질병을 퍼뜨리며 기생한다. 분명히 우리는 이러한 풍부한 동물들을 이해해야 한다.

수백만 종의 곤충이 있음에도 불구하고, 우리는 정확히(대략일지라도) 얼마나 많은지 모른다. 우리는 지구상에 얼마나 많은 생명체와 더불어 살고 있는지도 모르면서 천문학자들이 은하 물체의 상대적 다양성을 특이하게 구명하고 지도를 그리며 목록을 작성한다는 것을 생각하면 놀랄만한 일이다. 아래에서 상세하게 토의할 어떠한 견해들은 곤충 종의 풍부함을 계략적으로 볼 때 모든 생명체들은 곤충으로 여겨질 수 있다는 것을 시사한다. 그러나 담수에서나 육지에서는 우점종임에도 바다의 조수 한계를 뛰어넘는 곤충은 발견되지 않고 있다.

이 첫 장에서는, 곤충의 중요성에 대한 개요를 설명하고 곤충의 다양성과 동정 및 우리의 경제적이고 다양한 생활에 있어서 곤충의 역할들에 대해 논하고자 한다. 우선, 곤충학 분야와 곤충학자의 역할에 대한 개요를 설명하고 아울러 곤충의 생태적 역할에 대해 소개하고자 한다. 또한, 곤충 다양성을 조사하고 그 다음 이 거대한 다양성을 어떻게 동정하고 명명하는지에 대해 논하고자 한다. 그 다음 분야는 과거와 일부 현재에 걸쳐 이어져오는 곤충의 문화적 경제적 측면, 미학적 생태관광적 매력 그리고 사람과 동물에게 있어서의 식량으로서의 중요성에 대해 생각해보고자 한다. 끝으로 곤충 보존의 중요성에 대한 재고로 마무리 짓고자 한다.

1.1 곤충학이란 무엇인가?

곤충학(Entomology)은 곤충을 연구하는 학문이다. 곤충학자는 곤충을 연구하고 관찰하고 수집하고 기르고 곤충에 대한 실험을 하는 사람들이다. 곤충학자에 의해 행해진 연구는 진화, 생태, 행동, 해부, 생리, 생화학, 유전학 등의 생물학적 학문분야의 모든 영역을 포함한다. 공통적인 특징은 연구생물체가 곤충이란 것이다. 생물학자들은 여러 가지 이유들로 인해 곤충을 대상으로 연구를 수행한다. 실내 사육의 용이함, 빠른 계대사육, 개체 수의 다량확보 등이 중요한 요인들이다. 척추동물과 비교할 때, 곤충의 실험용 사용에 관련된 책임의 최소 윤리적 관심 역시 한 주요한 고려사항이다.

현대 곤충학 연구는 고전 문학의 재발견, 합리주의의 확산 및 불투명 유리 광학의 유용성의 결합이 곤충 연구를 사려 깊고, 개인적으로 풍부하게 받아들일 수 있게 된 18세기 초에 시작되었다. 곤충을 연구하는 사람들이 전문적 지위를 가지고 있지만, 곤충 연구의 많은 면이 이를 취미로 하는 사람들에게 적절하게 남아있다. Charles Darwin의 자연사에 관한 초기의 열정은 딱정벌레(1장의 제목 페이지의 그림에서 보여주는 것처럼) 수집가로서 시작되었다. 그는 일생동안 곤충진화에 관한 연구를 수행하였고, 전 세계의 아마추어 곤충학자들과 정보를 교환하였다. 현재 우리가 이해하고 있는 전 세계 곤충 다양성의 많은 부분은 비전문가의 연구로부터 알려졌다. 많은 연구 업적들은 나비나 딱정벌레와 같은 매력적인 곤충의 수집가로부터 나온 것이지만, 인내와 영리함을 갖춘 다른 이들은 곤충의 활동을 면밀히 조사함으로서 Henri Fabre의 전통을 이어나갔다. 우리는 심지어 "잘 알려진" 곤충의 자연사에 관하여 어떤 비용 없이 과학적 관심을 발견할 수 있다. 그림이나 사진 또는 영화에서 표현되어졌든 간에 곤충에 있어서 색깔, 구조, 크기의 다양성은 경이롭다(Plates 1.1-1.3, facing p14).

전문적인 곤충학자들이 곤충을 죽이거나, 최소로 방제한다고 강조하는 것은 일반적인 잘못된 인식일 뿐이고, 실제로 곤충학은 자연환경에 대한 곤충의 이익이 피해보다 더 큰 것이므로, 곤충의 많은 긍정적인 측면을 포함하고 있다.

1.2 곤충의 중요성

우리는 많은 이유들 때문에 곤충을 연구해야 한다. 곤충의 생태계는 놀라울 만큼 다양하다. 곤충은 양적 및 수적인 면에서 먹이사슬과 먹이망에서 우위를 점할 것이다. 다양한 곤충군의 먹이특이성은 암석 부스러기, 부패물, 살아있는 나무나 죽은 나무, 곰팡이(9장), 수생 이끼, 목초지(10장), 수액을 포함하는 초식(13장), 포식 및 기생(13장)을 포함한다. 곤충은 생활사 전부 또는 일부를 물, 육지, 또는 흙 속에서 생활한다. 곤충의 생활사는 개별적이거나 군집 생활을 하고 또는 부분 사회성 내지 고도의 사회성을 띄고 생활을 하기도 한다(12장). 그들은 매우 눈에 잘 띄기도 하고, 주위 물체의 의태를 나타내기도 하고 숨어 있기도 하며(14장), 밤 또는 낮에 활동적이다. 곤충의 생활사(6장)는 아주 덥거나 추운 곳, 습기가 많거나 건조한 곳, 예측할 수 없는 기후와 같은 여러 조건하에서 생존한다.

곤충은 아래의 생태계 기능에 필수적이다.

- 썩은 낙엽과 나무의 분해, 곰팡이의 분산, 부패물과 똥의 처리, 토양의 전 환 등에 의한 영양 재순환
- 식물의 수분작용과 종자의 확산을 포함한 식물 번식
- 종자를 포함한 식물을 먹이로 함으로서 식물군의 구성과 구조의 유지
- 다양한 조류, 포유류, 파충류, 어류와 같은 식충성 동물을 위한 먹이
- 대동물의 질병의 전파와 소동물의 포식과 기생을 통한 동물군 구조 유지

각 곤충 종은 큰 집단의 부분을 이루고, 이의 감소는 다른 생명체의 번성과 집단화에 영향을 미친다. 어떤 곤충은 생태적 기능의 쇠퇴가 폭넓은 생태계의 붕괴를 초래하기 때문에 "주춧돌"로 간주되고 있다. 예를 들면, 흰개미는 열대 토양 내에 있는 섬유소를 전환시키기 때문에(9.1절) 열대 토양 구성에 있어서 "주춧돌" 역할을 한다고 볼 수 있다. 수서 생태계에서는 주위 육서 환경으로부터 유래된 나무와 나뭇잎을 부수어 영양분을 빼내는 곤충의 유충 집단에 의해 상당한 이익을 제공받게 된다.

어떤 곤충은 우리의 건강과 가축들의 건강에 해를 입히고(15장) 또 다른 곤충은 우리의 농작물과 원예작물에 가해한다는 점에서(16장) 곤충은 우리의 생존과 밀접하게 연관되어 있다. 어떤 곤충은 우리에게 직접 음식을 제공하거나, 우리가 사용하는 물질과 음식에 기여를 함으로서 인간생활에 크게 이익을 준다. 예를 들면, 꿀벌은 우리에게 꿀을 제공해 줄뿐만 아니라 미국에서 매년 대략 수십억 달러의 가치의 유용한 농작물 화분매개자로서의 역할을 한다. 미국에서 꿀벌을 제외한 화분매개 가치의 평가액은 매년 50~60억에 이른다. 전 세계적으로 곤충에 의한 화분매개의 가치는 매년 1000억(2003 평가액) 달러가 넘는 것으로 추정되어 진다. 게다가 해충을 방제하는 포식성 딱정벌레와 그 외 곤충 또는 기생벌들에 의해 제공 되어지는 귀중한 이익은 특히 도시거주자들에게는 종종 인식되지 않을 것이다.

곤충은 다양한 종류의 화학적 화합물을 가지고 있고, 이 중 일부는 우리의 사용 목적에 의해 수집, 추출 또는 합성된다. 몇 가지 개발하고 있는 적용사례들을 언급하면, 곤충 표피의 구성 물질 중 하나인 키틴과 그 유도체는 항응고제로 작용하며, 상처와 화상 치료 개선, 혈중 콜레스테롤 저하, 알레르기반응이 없는 약제 운반체로서의 역할, 강력한 생분해성 플라스틱 제공, 폐수에서 오염물질 제거 능력 증가 등을 들 수 있다. 누에나방(*Bombyx mori*)의 고치로부터의 비단과 관련 누에나방 종은 옷감을 만드는데 수세기 동안 이용되었고, 남아프리카 고유의 2종은 그 지방의 수입을 올려주고 있다. 빨간 연지벌레 염료는 선인장(*Opuntia*)에서 기생하는 작은 개각충인 연지벌레(*Dactylopius coccus*)로부터 상업적인 목적을 위해 얻어진 것이다. 또 다른 개각충인 라크깍지진딧물(*Kerria lacca*)은 셀랙(Shellac)이라 불리는 상업 도료의 주원료이다. 이와 같이 곤충이 생산해내는 화학물질의 범위와 대부분의 곤충에 대한 우리의 무지를 생각하면, 새로운 화학물질을 발견할 가능성은 매우 높다.

곤충은 경제적 또는 환경적 이익만을 제공하는 것이 아니다. 어떤 곤충의 특성은 일반 생물학적 과정을 이해하는 데에 유용한 모델을 제시해준다. 예를 들면, 짧은 세대교체기간, 높은 생식력, 실내 사육과 조작의 용이함은 초파리(*Drosophila melanogaster*)를 모델곤충으로 만들게 했다. 초파리 연구는 유전학과 세포학에 대한 이해의 기초를 마련해 주었고, 초파리는 분자생물학, 발생학의 진보를 위한 실험 재료로 제공되고 있다. 유전학자의 실험실 밖에서도 사회곤충, 특히 벌과 개미 같은 벌목곤충들의 연구는 애타심과 같은 사회적 행동의 지속과 진화를 우리에게 이해하도록 하였다(12.4.1절). 사회생물학 분야는 사회곤충에 대한 곤충학자의 연구에 의존하고 있다. 생태학에 있어서 여러 이론적 개념은 곤충 연구로부터 파생된 것이다. 예를 들면, 경작 시 거저리(*Tribolium* spp.)의 개체수와 먹이 공급량(곡식)을 조정하기 위한 우리의 능력은 그들의 짧은 수명(예를 들어 포유동물과 비교할 때)과 결합시켰을 때 밀도를 조절하는 기작에 대한 통찰력이 주어진다. 생태학에 있어

서 초기 전체론적 개념들은 예를 들어 생태계와 서식처는 곤충들이 우위를 점하고 있는 담수 시스템을 연구하는 과학자로부터 나온 것이다. 자연도태에 의한 진화이론의 Charles Darwin과 독립적이면서 동시대적인 발견자 Alfred Wallace(17장의 삽화에 묘사)의 이론은 열대곤충의 관찰을 기초하였다. 의태와 성적도태의 많은 형태에 관한 이론들은 곤충학자들에 의해 계속적으로 조사되어온 곤충 행동의 관찰로부터 나온 것이다.

끝으로 곤충의 절대적인 숫자는 환경과 우리의 삶에 대한 그들의 영향력을 의미하는 것이고 이는 매우 중요한 것이다. 곤충은 거시적 생물다양성의 주요 구성요소이다. 이러한 이유만으로도 우리는 곤충들을 더 잘 이해하려고 노력해야 한다.

1.3 곤충의 다양성

1.3.1 기록된 곤충의 분류학적 풍부성

백만 종이 넘는 곤충이 동정되어왔고, 설명과 때로는 그림 또는 특이한 곤충 종들을 인식할 수 있는 다른 수단에 의해 "새로운 종"으로 분류학적 논문에 기록되어져왔다(1.4 절). 몇몇의 곤충 종들은 변종을 인식하지 못했거나 선행 연구의 무지함으로 한번 이상으로 새로운 종으로 기록되었기 때문에 실제 기록되어 있는 곤충 종의 수는 확실하지 않다.

곤충의 기록종은 목(order)으로 불리는 상위 분류군들에 불균등하게 분포되어있다(1.4절). 5가지 주요 목들은 풍부한 상위 종으로, 딱정벌레(딱정벌레목), 파리(파리목), 기생벌. 개미, 벌(벌목), 나비와 나방(나비목), true bug 노린재(노린재목)를 들 수 있다. "신"(진화)은 딱정벌레들에게 너무 많은 "자애"를 보인다는 J.B.S. Handane의 일화는 딱정벌레가 기록되어 있는 곤충 종의 약 40%(350,000 종 이상)를 차지하고 있음을 나타낸다. 벌목은 약 250,000종이 기록되었고, 파리목은 125,000종, 나비목은 150,000종, 노린재목은 약 95,000종이 기록되었다. 현존하는 곤충의 나머지 목 가운데 메뚜기, 여치, 귀뚜라미 등의 메뚜기목은 20,000종을 넘지 않는다. 소수 목의 대부분은 수백에서 수천종으로 기록되었다. 목이 소수로 기록되었다고 해서 중요하지 않다는 것은 아니다. 우리에게 친숙한 집게벌레는 2,000종 이하로 집게벌레목에 속하고, 어디에서나 서식하는 바퀴벌레는 단지 4,000종으로 바퀴목에 속한다. 그러나 조류에 있어서 기록종은 소수 곤충목인 바퀴과의 단지 2배 정도이다.

1.3.2 추정종의 분류학적 풍부성

놀랍게도, 위에서 언급된 곤충 종수는 250년 넘게 전 세계 구석구석에서 많은 곤충 분류학자들에 의해 축적된 노력을 나타내지만 그 수치는 실제 곤충 종의 풍부성보다 낮은 것이다. 얼마나 낮은가에 대한 것은 계속적인 연구 과제이다. 시간과 공간에서 많은 곤충의 복잡한 분포와 높은 개체수를 고려하면, 하나의 작은 장소에서조차 우리의 시간대에 이 모든 종들을 연구한다는 것은 불가능한 일이다. 전체 종의 풍부성을 추정하는 데는 통계적인 추정법이 필요하고, 추정치는 3백만에서 8백만까지이다. 다양한 산출법은 다른 상관없는 군(영역)에 대해 한 분류군(영역)에서 풍부성의 비율을 추정하거나 보다 배타적인 군(광의의 영역)에 대해 아군(종속 영역)으로부터 추정하여 분류 규모율로 사용하기도 한다.

일반적으로, 비율은 기후로부터 얻어진다. 만약 온후한 기후의 곤충 분류군으로 잘 알려지지 않은 열대의 곤충 군을 추정하기 위해 이용한다면, 척추동물과 마찬가지로 잘 알려진 열대 기후 종의 수는 상대적으로 낮은 추정치를 가진다. 총 종의 수에 가장 높은 추정치를 허용하고 분류 규모에 기초를 두고 있는 가장 논쟁의 여지가 있는 추정치는 단일 식물 종의 표본으로 전체 열대우림곤충 종의 풍부성을 추정하는 것이다. 하늘을 뒤덮은 신열대우림의 알려지지 않은 곤충 군을 파악하기 위해 추출표본은 살충 훈연제를 사용하여 조사하였다. 종의 풍부성에서 측정치 증가의 대부분은 나무위에 사는 딱정벌레목 때문이었지만 나무위에 서식하는 일부 다른 군들은 이전에 믿고 있었던 것보다 훨씬 더 많았다. 열대지방의 다양성을 산출하는 주요 요소들은 발견된 딱정벌레 종수의 동정, 신종군의 비율 측정, 먹이군에 대한 할당, 조사된 나무 종에 대한 숙주특이성 정도의 측정, 다른 절지동물에 대한 딱정벌레의 비율 등을 포함한다. 몇몇 가정은 조사되었고 의심쩍은 것으로 밝혀졌다. 명백히 초식곤충의 기주와 기주식물의 특이성은 적어도 파푸아 뉴기니의 열대우림의 경우에서는 이 논쟁에 있어서 초기에 측정된 것보다 훨씬 적어 보인다.

전 세계 곤충 다양성의 추정치는 연구대상 곤충이 비교적 낮은 경향치를 보이는 것 가운데 기록종에 대한 미기록

종의 비율을 전문가의 평가로 산출하였다. 낮은 종수에 대한 믿음은 예측을 확증함에 있어 우리의 일반적인 무능력으로부터 기인된다. 예측의 확증은 매우 높은 비율로 신종 분류군을 포함하고 있는 곤충의 종 풍부성 추정이 가능한 논리적인 결론을 필요로 한다. 신종의 일정한 확산에 대한 어떠한 예상도 무슨 군인지 무슨 지역인지 다른 종에 비해 잘 알려지지 않았기 때문에 이해하기 어렵다. 그러나 종 풍부성이 낮은 소수 목들 가운데 급작스럽게 증가한 신종 풍부성에 대한 여지는 거의 없다. 만약 존재한다면, 신종의 매우 높은 수준은 현실적으로 딱정벌레목, 담갈색의 나비목, 초식성의 파리목이나 기생성 벌목 가운데에서 단지 존재하게 되어질 것이다.

전체는 아니지만 일부 최근의 재분석은 생태학적 규모보다 오히려 지역표본으로부터 추정하고 아울러 분류학자들의 계산치로부터 얻은 낮은 추정치 쪽의 경향을 보인다. 곤충 종은 4백만에서 6백만 사이가 현실적인 수치로 보인다.

1.3.3 곤충 종 풍부성의 위치

추가적인 미기록 곤충 종이 나타날 가능성이 있는 지역(예를 들면 기록된 동보다 더 많이 확대된 수의 목까지)은 잘 연구된 동물군에서 숨겨진 종 다양성이 있을 것 같지 않듯이, 북반구에서는 일어나지 않을 것이다. 예를 들면, 영국의 약 22,500종에 대한 연구는 완성될 연구의 5%이내의 것이며 캐나다의 30,000정도의 기록종은 총 종의 반이 넘는 것이다. 발견되지 않은 종은 현재 3,000종이 발견된 미 북극지역과 적은 수의 곤충이 존재하는 남쪽의 극지인 남극대륙에 있지 않을 것이다. 명백히 종 풍부성의 양상이 군을 넘어서 고르지 않은 것처럼 지역적 분포 역시 고르지 않다.

이를 증명할 필수적인 지역종의 목록의 결핍에도 불구하고, 열대기후 종의 수는 온대기후 종의 수보다 훨씬 많다. 예를 들면 페루에서 조사된 개미의 단일계통수는 26속 43종을 보여주었다. 이는 영국에 서식하는 모든 개미의 다양성과 맞먹는다. 지역적 양상의 세밀한 사항에 대한 우리의 무능은 곤충 그 자체의 풍부성 중심(열대지역과 남반구)과 생물다양성 문제에 관심이 있는 곤충학자의 분포(온대 북반구) 간의 역관계로부터 일부 유래된다.

미국 열대우림에 대한 연구들은 곤충에 있어서 많은 미기록 신종은 근본적으로 높은 풍부성의 추정을 위한 기초를 제공하고 있는 딱정벌레들에서 나타남을 시사한다. 신열대지역과 같은 장소에서 딱정벌레가 우세한 것은 사실이지만 이는 곤충학자들의 수집과 연구 편견의 유물일 수도 있다. 영국과 캐나다와 같이 잘 연구된 온대기후 지역에서는 파리의 종(파리목)이 딱정벌레보다 수적으로 우세하다. 보르네오와 같은 열대 섬의 나무 윗부분에 서식하는 곤충의 연구 결과들은 벌목과 파리목 곤충이 특정지역에서 딱정벌레목보다 수적으로 더 많을 수 있다는 것을 보여준다. 곤충군 다양성의 포괄적인 지역적 분류와 믿을만한 수치는 결국 곤충의 목이 지구상에서 가장 다양하다는 것을 말한다.

우리가 3백만에서 8백만 종으로 추정하거나 더 적게 평가하든지 간에 곤충은 적어도 지구상 종 다양성의 반을 차지한다(그림 1.1). 우리가 단지 육서생물 종만 고려한다면, 곤충은 현존하는 종의 대부분을 차지한다. 곤충의 방사상 배열은 지배적으로 우세한 육생생물현상이다. 지구상의 다양성에 대한 곤충의 상대적 기여는 해양 다양성에서는 다소 줄어 들 수도 있지만 실제로는 우리가 현재 알고 있는 것보다는 훨씬 높다.

1.3.4. 곤충 종 풍부성에 대한 몇 가지 이유들

지구상에 있는 곤충의 추정치가 얼마이든 간에, 곤충은 확실히 눈에 띄는 생물종이다. 이 종의 풍부성은 몇 가지 요소에 기인된다. 기관을 통한 기체 교환의 방법에 의해 제한된 곤충의 작은 크기는 한 중요한 결정요소이다. 많은 서식처는 큰 생물체 보다 작은 생물체를 위해 주어진 환경에 존재한다. 아카시아 나무 한 그루는 기린에게는 한 끼의 식사를 제공하지만, 수십 가지 곤충 종의 온전한 생활사를 유지하기도 한다. 부전나비과 나비 유충은 잎을 갉아먹고, 반시류 곤충은 수액을 빨아먹으며, 하늘소는 나무에 구멍을 뚫는다. 또 작은 벌레는 꽃 봉우리를 벗겨내고, 바구미과 딱정벌레는 씨앗을 부수고, 진디는 뿌리 수액을 빨아 먹으며, 기생벌들은 각 기주의 초식성 곤충에 기생한다. 아카시아 주변의 다른 종 역시 같은 기린의 먹이가 되겠지만 초식성 곤충의 다양한 먹이로도 제공될 것이다. 척추동물이나 조류에 비해 자연환경은 곤충에게 더 정교하다고 말할 수 있다.

생물체는 환경적 차이를 인식하고 반응할 수 있어야 하

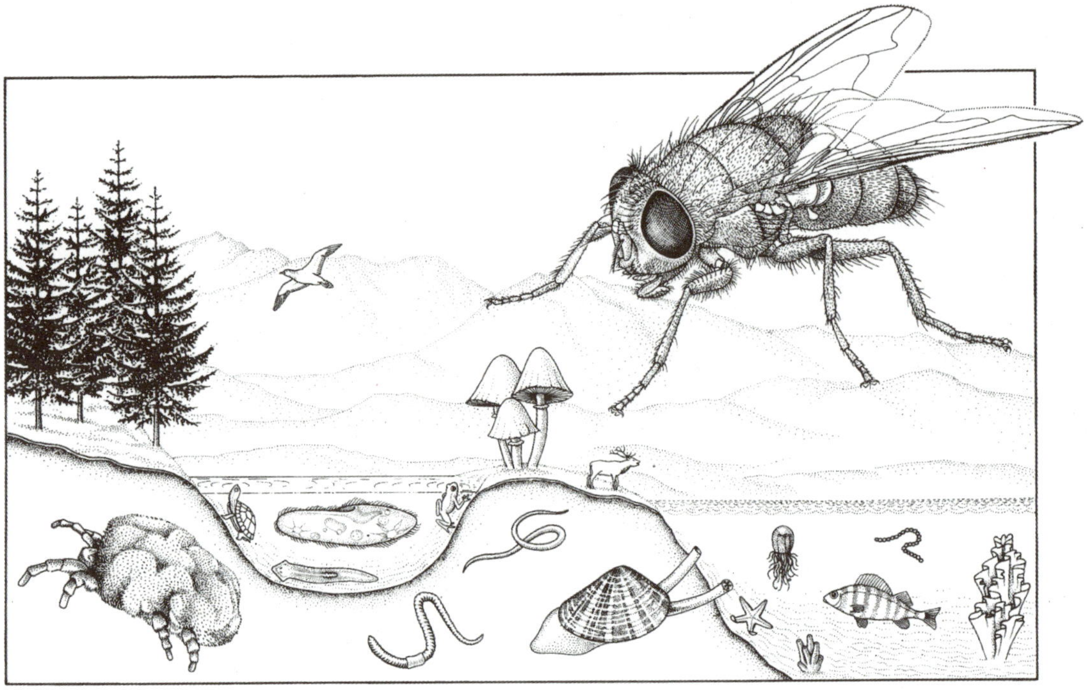

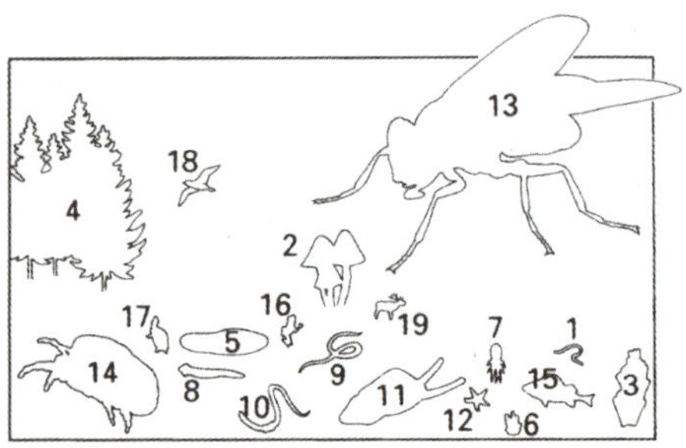

1 Prokaryotes
2 Fungi
3 Algae
4 Plantae (multicellular plants)
5 Protozoa
6 Porifera (sponges)
7 Cnidaria (jellyfish, corals, etc.)
8 Platyhelminthes (flatworms)
9 Nematoda (roundworms)
10 Annelida (earthworms, leeches, etc.)
11 Mollusca (snails, bivalves, octopus, etc.)
12 Echinodermata (starfish, sea urchins, etc.)
13 Insecta
14 Non-insect Arthropoda
15 Pisces (fish)
16 Amphibia (frogs, salamanders, etc.)
17 Reptilia (snakes, lizards, turtles)
18 Aves (birds)
19 Mammalia (mammals)

그림 1.1 종권 즉 개별 생물체의 크기는 생물분류군에서 기록종 수에 대해 대략적으로 균형을 이루고 있음을 나타낸다. (Wheeler 1990.)

기 때문에 작은 크기 자체만으로는 환경적 불균등을 극복하는 데에 충분하지 않다. 곤충은 다른 무척추동물보다 척추동물에 필적할 만한 고도로 조직화된 감각과 신경운동 체계를 가지고 있다. 그러나 곤충은 환경적 변화에 적응하는 방법과 몸집의 크기에 있어서 척추동물과 다르다. 일반적으로 척추동물은 곤충보다 더 오래 살고 개체들은 학습의 정도에 의해 변화에 적응할 수 있다. 반면 곤충은 세대간의 유전적 변화(살충제 저항성 곤충의 출현 등)에 의해 바뀐 환경조건(기주식물에 살충제의 살포 등)에 반응하거나 적응한다. 곤충 종 내의 높은 유전적 이질성 또는 적응성은 환경적 변화의 직면에도 지속성을 유지하도록 한다. 지속성은 생물종들에게 영역 확장과 계속적인 분열 과정의 종형성을 촉진한다. 확률과정(유전적 부동)과 도태 압력은 공간적으로나 시간적으로 격리된 개체들을 고정하기 위하여 유전적 변화를 일으킨다.

곤충은 종 풍부성을 증대시킬 수 있는 다른 가능성이 있는 다양화에 노출시키는 특성이 있다. 초식성 곤충의 경우에 식물과 기생곤충의 경우에는 숙주와 같이 어떤 곤충군과 다른 생명체군 간의 상호작용은 포식자와 피포식자의 유전적 다양화를 촉진할 것이다. 이러한 상호작용은 종종 공진화라고 부르며 11장과 13장에서 더 자세히 토의될 것이다. 그런 상호작용의 상호 특성은 한쪽, 양쪽 또는 여러 쌍에 있어서 심지어 어떤 군에서 주요 방사선까지 이끌어내면서 진화적 변화를 가속시킬 것이다. 이러한 시나리오는 적어도 기주식물에 대한 증가하는 곤충의 분화를 포함하고 있다. 계통발생학적 연구 결과는 이러한 것은 일어날 뿐만 아니라 아마도 어떤 식물의 화학적 장애를 극복한 후 일반 종이 전문 종 방사선 내에서 발생할 수도 있다는 것을 시사한다. 장애의 극복과 방사선으로 이어지는 분화의 물결은 초식곤충의 높은 종풍부성 촉진에 한 주요한 요소가 되어 왔음에 틀림없다.

곤충 종의 수적 풍부성에 대한 또 다른 설명은 많은 곤충의 다양성에 있어서 성적도태의 역할이다. 성적도태(5.3절)의 조합에 의해 작은 집단으로 떨어져 나가려고 하는 곤충의 경향은 내부 특이적 상호작용에 있어서 급격한 변화를 초래할 수 있다. 독립된 집단이 큰 모집단으로 다시 합치려고 할 때에는 바뀐 성적 신호는 이종 혼합을 방해하고 각 집단의 동질성을 유지하려고 한다. 이러한 기작은 생태 또는 무성 형태나 행동과 같은 점에서 어떠한 차별성이 관련되어 보이고, 다른 형태의 도태와 유전적 고립보다 훨씬 더 빠르게 일어나는 것으로 보여 진다.

곤충과 유사 종 간 또는 이들의 비교는 곤충 다양성에 대한 이유를 제시해준다. 우리는 가장 뚜렷한 곤충 목, 딱정벌레목, 벌목, 파리목, 나비목 간에 공유하는 특성은 무엇인가를 물어볼 수 있다. 곤충의 어떠한 특성이 거미, 응애, 전갈 등과 같은 거미류의 절지동물을 감소시켰는가? 이러한 비교에서는 간단한 설명이 나오지 않는다. 아마도 생긴 형태, 유연성 있는 생활사 패턴과 먹이 습성이 한 부분으로 작용할 것이다(이들 요소의 일부는 8장에서 설명하였다). 가장 뚜렷한 곤충군과는 대조적으로 거미류는 날개비행, 발육(변태) 과정에서 완전변태 및 특이 먹이 생물체의 의존성이 결핍되어 있으며 초식성이 아니다. 예외적으로 가장 다양하고 풍부한 거미류 동물인 응애는 다른 생물체들과 매우 특이한 관계를 가지고 있다.

개별 종의 수적인 풍부함 또는 계통과 종의 높은 지속성은 곤충 번성의 지표로 간주된다. 그러나 곤충은 적어도 1가지 일반적인 번성 요인에 의해 척추동물과 구별된다. 바로 몸의 크기이다. 최소화가 곤충 번성의 주요인이다. 약 0.3 mm 체장의 곤충 알에 기생하는 총채벌과 기생벌을 제외하고서 대부분의 곤충은 1~10 mm의 체장을 가지고 있다. 다른 특이한 예로서는, 가장 큰 날개를 가진 현존 곤충은 *Thysania agrippina*(밤나방과)로 날개길이가 30 cm에 달한다. 화석들은 일부 곤충은 현존하는 유사종 보다 컸다는 것을 보여준다. 예를 들면 석탄기의 좀벌레 *Ramsdelepidion schusteri*(좀목)는 현재 2 cm 보다 작은 최대 체장에 비해 6 cm의 체장을 가지고 있었다. 많은 석탄기 곤충의 날개 길이는 45 cm를 넘었고, 이첩기 잠자리인 *Meganeuropsis americana*(원잠자리과)의 날개길이는 71 cm 이었다. 이러한 큰 곤충들 가운데 큰 충체는 길고 좁은 몸통이 우세하다. 가장 무거운 현존 곤충인 16 cm 길이의 딱정벌레 *Dynastes hercules*(소똥구리과)는 거대한 몸집을 가진다는 점에서 예외적이다.

큰 크기에 대한 장애물은 활동 근육으로부터 외부 환경으로 또는 외부환경으로부터 확장된 거리를 가로질러 기체를 확산시키는 호흡기관의 불능도 포함한다(Box 3.2). 더욱이 호흡기관의 정교함은 큰 곤충의 수분 균형을 위험에 빠뜨릴 것이다. 대부분의 큰 곤충은 좁은 몸집을 가지고, 작은 곤충들과 비교했을 때 외부 산소와 기체 교환이 이뤄지는 근육 사이의 최대 거리를 크게 확장시키지 않았다. 일부 고생대 곤충의 거대성에 대한 한 가능한 설명은 8.2.1절에 기술되었다.

요약하면, 많은 곤충의 적응방산은 대체적으로 (a) 개체의 작은 몸 크기, (b) 짧은 세대교체 기간, (c) 감각과 신경운동의 정교함, (d) 식물과 다른 생물체와 더불어 진화적 관계, (e) 변태, (f) 이동이 용이한 날개 달린 성충 등의 특성에 의존한다. 각 주요 곤충군의 기원 이후 상당한 시간은 계통 다양성을 위한 많은 기회를 제공하였다(8장). 오늘날 종 다양성은 다른 생물체보다 낮은 멸종 비율과 높은 종 형성 비율에 기인한 것이다. 열대지역의 일부 군에서 보인 높은 종 풍부성은 적합한 기후 하에서 축적된 종 형성의 높은 비율과 어우러져진 결과일 것이다.

1.4 곤충의 명명과 분류

곤충의 공식적인 명명은 모든 동물을 위해 개발된 명명법의 규칙에 따른다. 공식적인 과학적 명명은 모든 과학자 간의 명백한 정보교환을 위해 그들의 모국어와 상관없이 요구된다. 고유명(common name)은 이 요구를 따르지 않는다. 동일한 곤충이지만 같은 언어를 쓰는 사람들 중에도 다른 고유명을 쓸 수도 있다. 가령, 동일한 cocoinellid bettle(무당벌레)을 영국에서는 "ladybirds"라 부르고 반면에 많은 미국인들은 "ladybugs"라 부른다. 많은 곤충은 고유명이 없거나 단지 하나의 종이 포함되면 다른 종에게도 공통의 이름이 붙여진다. 이 어려움은 매 기록종에 2개의 이름(이명법)을 붙인 Linnaean체계에 의해 해결되었다. 첫 번째는 속명(genus)으로 두 번째의 종명(species)보다 보통 넓은 분류를 위해 사용된다. 이 라틴어 명으로 항상 함께 사용하고 이 책에서와 같이 이탤릭체로 쓴다. 종명과 속명의 조합은 각 생물체에게 고유명을 제공한다. 따라서 *Aedes aegypyi*는 질병 매개 모기로 지방 이름이 무엇이건, 어느 곳이든지 간에 어떠한 위생 곤충학자라도 인식할 수 있다. 이상적으로 모든 분류군에는 라틴어로 된 이명법이 있어야 하지만 실제로 몇몇 대안은 공식적인 명명 이전의 것이 사용되어 지기도 한다(17.3.2절).

과학 간행물에서 이들 종명은 대개 처음 명칭을 합법적으로 출판된 연도와 종의 최초 기록자 이름을 종종 따른다. 이 책의 경우에 이 규정을 따르지 않지만 특정 곤충을 논함에 있어서 종이 속하는 과(family)와 목(order)을 부여한다. 간행물의 경우 책에서 속명과 종명의 조합의 첫 인용 후에는 속명의 첫 글자만 따 약어로 계속 인용하는 것이 공통된 규정이다(예를 들어 *A. aegypti*). 그러나 애매한 경우 예를 들어 모기속 *Aedes*와 *Anopheles* 같은 경우는 첫 두 글자 Ae와 An을 사용한다(15장).

또한 **분류군(taxa)**이라 불리는 분류학적으로 정의된 다양한 군은 곤충들을 구분한다. 다른 모든 생물체의 경우, 개체와 개체군에 걸쳐 있는 기본적인 생물학적 분류는 분류학에 있어서 기본적인 분류단위와 논의의 여지가 있는 진화의 단위인 종이다. 많은 종의 연구는 고등 군들을 구분하는 속의 인지를 허용한다. 비슷한 방법으로 속(genera)은 족(tribe)으로 구분 되고, 족은 아과(subfamily)로, 아과는 과(family)가 된다. 곤충의 과는 상대적으로 많은 부분을 차지하지만 목으로 불리는 군으로 쉽게 구분된다. 이러한 범위의 분류 체계는 모든 곤충이 곤충강이라는 하나의 강(class)에 포함되기 전까지 보다 큰 고등단계의 연속적인 포괄단계를 통하여 종 수준으로부터 확장된다. 최종 조사에 의해 어떤 분류군 이름의 범위를 인지할 수 있도록 하기위해 분류학 체계에 있어서 단계를 위한 표준 목록이 제시된다(표 1.1).

표 1.1 분류학상의 범주(필수범주들은 **진한** 글씨체로 나타냈다.)

분류학상	범주표준	접미사예
Order		Hymenoptera
Suborder		Apocrita
Superfamily	-oidea	Apoidea
Family	-idae	Apidae
Subfamily	-onae	Apinae
Tribe	-ini	Apini
Genus		*Apis*
Subgenus		
Species		*A. mellifera*
Subspecies		*A. m. mellifera*

분류 시스템에 의하면 곤충강은 약 30목으로 구분된다. 원칙적으로 차이가 날 수 있는데 왜냐하면 위에서 언급된 공통된 조상의 모든 후손을 구성하는 단일 계통이어야 한다는 일반적인 협약의 분류 범위를 결정하기 위한 확정된 규정이 없기 때문이다(7장). 곤충 목들은 지난 2세기동안 임의대로였고, 근래에 제정된 목은 다른 곤충 분류군으로부터 분화된 유사 곤충도 포함하고 있는 것이 대부분이라고 할 수 있다. 시간이 지남에 따라 상대적으로 확고한 분류 시스템이 갖춰졌지만 상당수 분류군으로 구분하는 세분주의 분류학자(세분파)와 넓은 범주를 선호하는 총괄주의 분류학자(총괄파)에 의해 분류군의 영역은 아직 이견이 남아있다. 예를 들어 북미의 분류학자들(총괄파)은 alderfly, dobsonfly(뱀잠자리과), snakefly(노랑줄약대벌레과 뿔잠자리목), lacewing(풀잠자리)을 Neuroptera라는 하나의 목으로 분류하고, 반면 세분파로 분류되는 다른 쪽에서는 Megaloptera, Raphidioptera와 Neuroptera의 3개의 목으로 나눈다(그림 7.2). 때때로 Hemiptera목(노린재목)은 Homoptera(매미목)와 Heteroptera의 2개의

목으로 나눠지지만 Homoptera군은 근거가 없고(비단일 계통), 그림 7.5와 Box 11.8에 상세하게 설명되고 책 표지에 보여 지는 곤충에 대한 다른 분류를 주장한다.

이 책에서 우리는 물리적 특성에 따라 30목으로 구분했고, 분류군의 생물학적 특성을 기술했으며 그들의 관계를 고찰하였다(7장). 이들 목 중에서 종수를 근거로 소수 목들보다 훨씬 큰 딱정벌레목, 파리목, 나비목, 벌목 및 노린재목을 주요 목으로 구분한다. 종종 소수 목들은 훨씬 동종의 생태를 가지며, 생태적으로 적절한 기초에 근거한 장(9~15장)의 서술적이고 생태적인 Box에 편리하게 요약할 수 있다. 주요 목들은 훨씬 덜 생태적으로 요약되어지며, 정보는 두 장에서 볼 수 있다. 모든 30 목의 진단 특성의 요약 및 동정과 생태적인 정보에 대한 참고문헌은 부록에 표의 형식으로 나타났다.

1.5 대중문화와 상업에 있어서 곤충

사람들은 세월을 넘어 곤충의 신비함과 아름다움에 매료되었다. 우리는 이집트인들에게 종교적 품목인 투구풍뎅이의 중요성을 알지만, 일찍이 고대 샤머니즘 문화는 장수풍뎅이(비단벌레과)를 포함한 다른 딱정벌레와 투구풍뎅이를 나타내는 장신구를 만들었다. 고대 이집트에서 똥을 공모양으로 만드는 투구벌레는 도공으로 취급되었다. 또한 유사한 곤충의 상징적 표현은 계속 동쪽으로 확장되었다. 이집트인들과 나아가 그리스인들은 유리, 흑색자기, 석회암, 터키석, 상아, 송진 및 심지어 귀중한 금과 은을 포함하는 많은 재료를 가지고 장식용 투구벌레를 만들었다. 그런 추종은 많은 인간사회들은 그들의 의례적인 생활에서 곤충을 인식하고 있지만 항상 경제적 중요성이 결여되어 있는 곤충은 대중적이고 종교적인 문화에서 얻어지는 상징이었다. 매미는 고대 중국인에게 환생 또는 영생의 상징으로 간주되었다. 메소포타미아 문학 Gilgamesh의 시에서 영생의 불가능 의미로 잠자리나 실잠자리 같은 곤충을 언급했다. Kalahari의 원주민인 San족에게 사마귀는 참선 수행과 같은 기다림의 끈기와 창조를 포함하여 매우 문화적인 상징주의를 가진다. Arrernte 언어권의 호주 원주민의 개인 또는 씨족 토템숭배 중에는 yarumpa(벌개미) 와 udnirringitta(마귀갑충)가 있다. 비록 이들 곤충은 메마른 중앙 호주 환경(1.6.1절)에서 음식으로 중요하지만, 특별한 토템숭배를 하는 씨족 일원들은 먹지 않았다.

토템숭배와 식용곤충은 중요한 지역의 묘사와 문화적 의식에 관련된 많은 원시예술에서 나타났다. 곤충은 많은 사회에서 상징적 의미를 가지고 있다. 중세 유럽에서 개미와 벌은 열심히 일하는 사람을 나타냈고, 곤충은 중세 유럽의 문장 속에도 들어가 있다. 귀뚜라미, 여치, 매미, 투구벌레 및 사슴벌레들은 일본에서 애완곤충으로 오랫동안 귀중하게 여겨졌다. 고대 멕시코인들은 나비를 상세하게 관찰했고, 나비류 곤충들은 노래와 시를 포함한 신화에 잘 나타나 있다. 호박은 보석으로서 오랜 역사를 가지고 있고, 호박 내에 곤충이 들어 잇는 것은 보석의 가치를 더 높인다.

도시화된 인간은 우리 주거지에 서식하며 일반적으로 혐오감을 야기시키는 바퀴벌레, 개미, 귀뚜라미를 제외하고는 곤충들과 접촉할 기회가 줄었다. 그럼에도 나비농장과 곤충관에서 특별 곤충 전시회는 매우 인기가 많아서 전세계적으로 한해에 수백만 명이 방문한다. 어떤 곤충의 자연적인 발생, 예를 들어 멕시코와 중앙 캘리포니아 해안에 월동하는 모나크 나비의 군집, 뉴질랜드 Waitomo의 유명한 발광곤충 동굴, 코스타리카에 위치한 Selva Verde의 열대 곤충 다양성 등은 생태관광을 유혹한다.

비록 곤충 생태관광은 초기단계이지만, 다른 경제적 이익은 곤충에 대한 흥미와 관련되어 있다. 이것은 일본의 어린이들 사이에서 특히 그러한데, 장수풍뎅이(풍뎅이과, *Allomyrin dichotoma*)는 3~7달러에 팔리고, 오래 사는 사슴벌레는 10달러에 팔리며 나중에는 자판기로부터 판매될지도 모른다. 어른들은 대단한 열정으로 수집한다. 7.5 cm 크기의 가장 큰 일본사슴벌레(사슴벌레과, *Dorcus curvidens*, 일본명 o-kuwagata)는 사육되었느냐 야생으로부터 채집된 것이냐에 따라 다르지만 40,000~150,000엔(300달러에서 1,250달러) 사이에서 팔린다. 가장 큰 표본은 사육되었음에도 불구하고 열광적으로 수백만엔(10,000달러 이상)에 팔렸다. 일본 수집가에 의한 그러한 열정은 일본 외부로부터 곤충에 대한 귀중한 시장을 이끌어 낼 수 있었다. 공식적인 통계에 따르면, 2002년에 장수풍뎅이와 사슴벌레의 각 300,000마리 이상을 포함한 딱정벌레 680,000마리는 주로 원산지인 남아시아와 남동아시아로부터 수입되었다. 귀한 표본에 대한 열정은 딱정벌레목 곤충 외에 다른 곤충으로 확대하였다. 일본과 독일 관광객들은 일반적으로 가난한 지역 사람들에게는 상당한 금액인 1,000에서 2,000달러로 희귀한 나비를 베트남에서 살 수 있다고 말했다.

곤충으로 인한 수입은 선진국에서 살아있는 나비 전시를 위해 열대종들이 사육될 때 자연 서식처 보존을 도울 수 있고 지역사회를 이해시킬 수 있다. 약 4,000종으로 추정되는 나비는 열대지역에서 사육되어지고 북미, 유럽, 말레시아, 호주의 나비관에서 살아있는 상태로 전시되었다. 수출용 나비 사육은 코스타리카, 케냐 및 파푸아 뉴기니아에서는 성공적인 경제활동이다. 알이나 야생 채집 유충은 적합한 기주 식물로 사육되고, 용화까지 성장된 뒤 나비농장에 항공으로 수송되었다. 잘 알려진 산호랑나비, 청띠제비나비와 새날개나비를 포함한 호랑나비과는 매우 인기가 있기도 하지만 사육조건에 대한 연구가 채집해서 사육하고 수송되어져 가상 전시의 발전된 방향을 허락한다. 동아프리카의 케냐 국립박물관은 해외 전시용 채집 나비를 수출하기 위한 Kipepeo 프로젝트에 Arabuko-Sukoke 숲의 지역주민과 협력하였고, 그로인해 그 밖의 가난한 사람들을 위해 수입을 제공하고 있다.

아시아에서 특히 말레이시아에서는 난꽃사마귀(사마귀 종; 329페이지와 358페이지)와 대벌레(대벌레상과)를 포함한 사마귀(사마귀목)를 기르고, 전시하고, 매매하는데 관심이 있다. 마다가스카라 지역의 소리를 내는 바퀴벌레와 열대 호주의 굴을 만드는 바퀴벌레는 사육상에서 쉽게 사육되고, 곤충관에서 전시뿐만 아니라 애완곤충으로도 기를 수 있다.

개인적인 취미나 상업적인 매매, 전시를 위한 것이든 간에 야생곤충 채집에 관한 문제는 여전하다. 이는 규정 강화나 계속적인 사육 기술 연구로 변화하고 있지만 많은 나비, 잠자리, 대벌레, 딱정벌레의 매매는 사육 프로그램보다 야외로부터 채집에 더 의존하고 있다. 케냐의 Kipepeo프로젝트에 의해, 선호하는 나비목 종들은 알이나 어린 유충 상태로 야외에서 채집되었지만 날아다니는 나비 성충의 시청각 평가는 수년 동안 수출을 위한 선택적인 포획에도 불구하고 종의 상대적 풍부서열에는 영향을 미치지 않았다는 것을 시사했다. 게다가 지역 평가에서는 자급자족 농업을 위해 개간된 황폐한 땅으로서의 광경보다 유용한 자원으로서 손상되지 않은 숲이 증가했다. 일본에서 사육 전문가수는 증가하였고 이로써 어떤 야생채집 딱정벌레에 대해 지불된 매우 높은 가격을 위태롭게 했다. 야외채집은 끊임없이 증가하는 지역에서 계속된다. 매매를 위한 과도한 채집의 가능성은 다른 보존 문제와 함께 1.7절에서 고찰되었다.

1.6 식품으로서 곤충

1.6.1 인간의 식품으로서 곤충: 식충성

이 단원에서는 인간의 식품으로서 곤충에 대해서 증가하고 있는 대중적인 관심을 다룬다. 90과 370속 이상에 속하는 약 1000종 이상의 곤충이 전 세계 여러 곳, 특히 중앙아프리카와 남아프리카, 아시아, 호주, 라틴아메리카 등지에서 식품으로 이용되고 있다. 보통 식용곤충은 살아있거나 죽은 식물을 먹고, 화학물질을 가진 종은 피했다. 흰개미, 귀뚜라미, 여치, 메뚜기, 딱정벌레, 개미, 벌, 나방 유충들은 자주 먹는 곤충이다. 곤충은 단백질과 열량, 다양한 비타민과 무기질 함량이 높고, 어떤 원주민에게는 연중 소비되는 동물성단백질의 5~10%를 차지한다고 하지만 서양에서는 근본적으로 곤충요리를 하지 않는다.

식충성에 대한 전형적인 서양인들의 혐오감은 과학적 또는 이성적인 것이라기보다는 문화적이다. 어쨌든, 특정 갑각류 및 연체동물과 같은 다른 무척추동물은 선호하는 요리 재료들이다. 맛이나 영양가의 이유로 곤충을 먹는 것에 대해 반대하는 것은 정당화되지 않는다. 곤충의 아미노산 조성은 적당한 식물성단백질과 균형이 필요하지만 곤충의 영양분에 대해 호의적으로 보고한 연구결과와 풍부한 맛을 가지고 있는 것이 많다. 아프리카의 중앙앙골라에서 전통적인 방법에 따라 요리된 4종의 곤충시료를 분석하여 얻은 영양가를 표 1.2에 나타냈다. 관련 곤충들은 날개가 제거된 야자유에 튀긴 흰개미, *Macrotermes subhyalinus*(흰개미목: 흰개미과)의 생식개체, 장을 제거하고 삶거나 굽거나 말린 2종 나방, *Imbrasia ertli*와 *Usta terpsichore*(나비목: 산누에나방과)의 큰 유충 그리고 충체를 갈라 전체를 기름에 튀긴 야자수 바구미, *Rhynchophorus phoenicis*(딱정벌레목: 바구미과) 유충이다.

수세기에 걸쳐 신열대구, 아시아, 아프리카의 열대지역 사람들은 왕바구미 종의 성숙유충을 먹었다. 흔히 야자수벌레라고 하는 살이 찌고 다리가 없는 딱정벌레 유충(그림 1.2)은 상당한 양의 리보플라빈, 티아민, 아연과 철을 가지고 있으며 가장 풍부한 동물성 지방원 중의 하나이다(표

표 1.2 4가지 식용 앙골라 곤충의 비타민과 대략적인 무기물 분석(1일 성인요구량 비율/소비된 곤충 100g).(Santos Oliviera 등 1976, DeFoliart에 의해 적용 1989)

영양소	1인당 요구량 (사람)	Macrotermes subhyalinus (흰개미과)	Usta Imbrasia ertli (산누에나방과)	terpsichore (산누에나방과)	Rhynchophorus phoenicus (바구미과)
Energy	2850 kcal	21.5%	13.2%	13.0%	19.7%
Protein	37 g	38.4	26.3	76.3	18.1
Calcium	1 g	4.0	5.0	35.5	18.6
Phosphorus	1 g	43.8	54.6	69.5	31.4
Magnesium	400 mg	104.2	57.8	13.5	7.5
Iron	18 mg	41.7	10.6	197.2	72.8
Copper	2 mg	680.0	70.0	120.0	70.0
Zinc	15 mg	-	-	153.3	158.0
Thiamine	1.5 mg	8.7	-	244.7	201.3
Riboflavin	1.7 mg	67.4	-	112.2	131.7
Niacin	20 mg	47.7	-	26.0	38.9

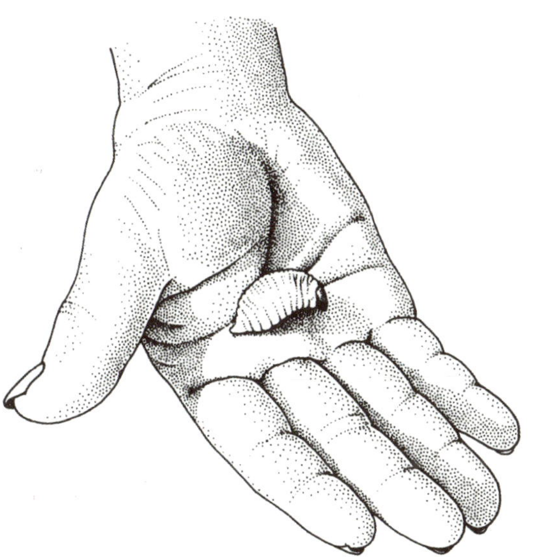

그림 1.2 야자수 바구미, Rhynchophorus phoenicis(딱정벌레목: 바구미과)의 성숙 유충－아프리카 중앙앙골라의 한 전통적인 음식. (Santos Oliveira 등, 1976.)

1.2). 야자수벌레를 적당한 음식으로 만들기 위해 야자수를 자르는 것을 의미하는 원시적인 사육 시스템은 브라질, 콜롬비아, 파라과이와 베네수엘라로부터 알려졌다. 그러나 농장에서 야자수벌레는 코코넛이나 야자수에 피해를 줄 수 있기 때문에 해충으로 간주되었다.

중앙아프리카의 남부자이르(현재 콩고) 사람들은 20~30종의 벌레 유충을 먹는다. 이들 벌레 유충의 열량가는 높고, 단백질 함유량은 45~80%를 차지하며, 풍부한 철분 제공원이다. 예를 들면, 벌레 유충은 잠비아 북쪽 지방의 어떤 지역에서는 가장 중요한 동물성단백질원이다. 지역에서는 mumpa라 불리는 황제나방 *Imbrasia*(산누에나방과) 종의 식용 유충은 시장에서 비싸게 팔린다. 벌레 유충은 건물 기준으로 60~70%의 단백질을 함유하고 있어, 단백질 부족에 기인된 영양장애를 보충한다. Mumpa는 그대로 튀기거나 삶고, 저장을 위해서는 햇볕에 말린다. 아프리카 남쪽에서는 mopane, mopanie, mophane 또는 phane라고 불리는 *Imbrasia* 나방(Plate 1.4) 유충(Plate 1.5)이 널리 이용하고 있다. 대체적으로 벌레 유충은 장을 제거하고 삶거나 때로 소금에 절이고 말린다. 이런 과정을 거치면 요리된 쇠고기의 약 두 배의 영양가를 지니는 약 50%의 단백질과 15%의 지방을 포함하게 된다. Mopane의 수확이 과도하게 이루어졌고, 지속될 수 없다는 걱정은 Box 1.3의 보존에서 토의되었다.

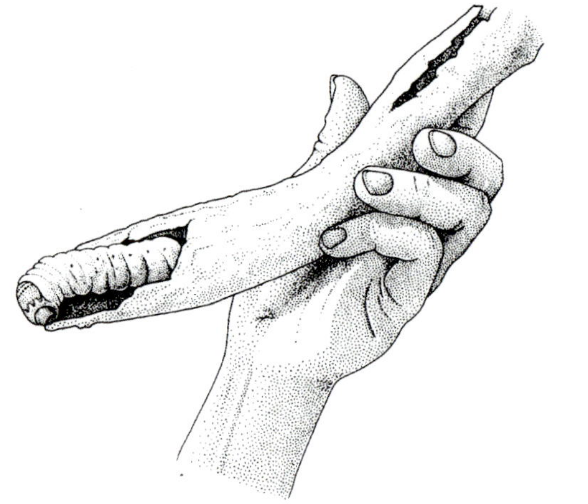

그림 1.3 호주 Aborigines 원주민의 진미 – 아카시아 일종인 witjuti 관목의 줄기와 뿌리를 먹고 사는 witchety(또는 witjuti) 굴벌레라 불리는 굴벌레나방(나비목: 굴벌레나방과)의 유충. (Cheriloff & Isaacs 1989.)

필리핀의 어떤 지역에서는 June beetle(떡갈잎풍뎅이), 베짜기개미(*Oecophylla smaragdina*), 땅강아지와 메뚜기를 먹는다. 메뚜기는 대발생 시기에 중요한 음식보충원의 역할을 하였으나 대체적으로 살충제의 광범위한 사용으로 인하여 확실히 줄었다. 여치와 메뚜기의 다양한 종들은 유럽인들이 도래하기 전 북아메리카의 원주민들이 대체적으로 먹었다. 그 종의 숫자와 어떤 종을 먹었는지는 기록으로 남아 있지 않지만 *Melanoplus*는 먹었다. 포획은 불을 이용하거나 사람이 달려감으로서 땅에 파놓은 구덩이에 메뚜기를 몰아넣거나 큰 무리로 메뚜기를 무리 짓도록 했다. 오늘날 중앙아메리카, 특히 멕시코 사람들은 메뚜기를 포획하고 팔고 요리하고 먹는다.

호주의 Aborigines 부족들은 곤충음식 특히 나방유충을 폭넓게 취급했다. 나무나 박쥐나방(밀깍지벌레과와 박쥐나방과) 유충(그림 1.3)들은 아카시아의 뿌리나 줄기를 먹는 벌레로 Aborigines 말의 "witjuti"에서 유래되어 나무속애벌레로 불린다. 나무속애벌레는 철과 칼슘의 좋은 제공원일뿐 아니라 7~16% 당분과 14~38% 지방, 7~9%의 단백질을 함유하고 있는 진미로 여겨져 왔다. Bogong 나방(*Agrotis infusa*) 성충은 또 다른 중요한 Aborigines 원주민의 음식이다. 호주 남동쪽의 좁은 동굴과 산꼭대기 갈라진 틈에 있는 하면지역으로부터 수백만 마리가 잡힌다. 나무재속에서 요리된 나방들은 풍부한 제공원의 식용지방으로 제공된다.

호주의 중앙과 북쪽에 사는 Aborigines 원주민들은 주로 숲코코넛이나 붉은 나무 사과로 불리는 *Cystococcus pomiformis*(노린재목: 주머니깍지벌레과)의 사과 크기 정도의 충영의 내용물을 먹는다(Plate 2.3). 이런 충영은 붉은 나무 유칼리투스(*Corymbia* 종)에서만 발견되고, 좋은 성장 시기 후에 아주 풍부해 진다. 각 성숙한 충영은 단일 암컷 성충이 들어 있으며, 충영 내부의 바닥에 암컷 성충의 구기 부위에 의해 부착하고 충영의 꼭대기에 있는 구멍을 복부로 막고 있으며 4 cm 길이까지 이른다. 충영의 안쪽 벽면은 성충 암컷의 수컷자손을 위한 먹이 장소로 제공하는 1cm 두께의 먹을 수 있는 하얀 과육으로 줄지어져 있다(Plate 2.4). Aborigines 원주민들은 수분이 많은 암컷 성충과 맛이 좋은 유충을 즐기고 또한 충영을 긁어내어 충영 안쪽의 코코넛과 같은 하얀 과즙을 먹는다.

불모지역에 사는 호주 Aborigines 원주민들을 위한 인기 있는 당분 제공원은 꿀단지개미로 널리 알려진 *Melophorus*와 *Camponotus*(개미과) 종이다. 포식개미는 거대하게 팽창된 먹이주머니에 다른 일개미들의 먹이로 제공되는 과즙을 저장한다(그림 2.4). 포식개미는 개미군집을 위해 먹이저장고로써 제공되고, 다른 개미의 요청이 있을 때 먹이주머니 내용물의 일부를 토해낸다. Aborigines 원주민들은 땅 밑 서식지로부터 포식개미를 파낸다. 이러한 달콤한 보상을 찾기 위해 1 m나 그 이상의 구덩이를 파는 것은 가장 흔한 여자들의 일이다. 드물지만 개별 서식지는 구성성분에 있어서 상품화된 꿀과 근본적으로 유사한 꿀을 100 g 이상 제공한다. 미국 서부와 멕시코의 꿀단지개미는 *Myrmecocystus*로 다른 속에 속한다. 음식으로 가치가 높은 포식개미들은 멕시코 시골사람들에 의해 개미 서식지가 있는 바위지역의 단단한 토양에서 어려운 과정을 통해 채집되었다.

아마도 일반적인 서구의 식충성에 대한 거부는 식용곤충은 가난하고 단백질이 부족한 개발도상국을 위한 것이라는 통속적인 개념의 단순한 문제이다. 실제로 어떤 사하라 아프리카 사람들은 소고기보다 애벌레를 더 좋아한다. 물벌레(물벌레과)와 송장헤엄치게(송장헤엄치게과)의 알과 소위 "개미알"이라 불리는 개미애벌레는 멕시코 요리에서 "캐비어(caviar)"로 여겨지고 난 후 많이 찾고 있다. 아시아의 일부 지역에서는 다양한 범위의 곤충들을 구입할 수 있다(Plate 2.1). 전통적으로 사람들이 먹을 수 있는 수서 딱정벌레들은 중국 광동에서 사육되어질만한 충분한 가치가 있다. 고가를 지불해야 하는 최고의 요리는 거대한 수서곤충(*Lethocerus indicus*)(Plate 1.6)의 알맹이나 수컷 복부샘으로부터 추출한 향으로 만든 타이와 라오스의 mangda 소스일 것이다. 심지어 미국의 도시에서도 어떤 곤충은 이미 진기한 음식으로써 인기가 높다. 시카고와 같은 주기적인 전염병 도시에서는 17년 된 매미를 먹는 사람이 많다. Teneral이라 불리는 새로 부화한 매미는 다리와 날개를 제거할 필요 없이 먹을 수 있는 부드러운 충체 표피 때문에 먹기에 가장 좋다. 이 맛있는 작은 조각들은 마리네이드에 담그거나 반죽을 입혀서 튀기거나, 삶거나, 훈제하기도 하고 조미료와 함께 튀길 수 있다.

인간의 소비를 위한 대규모 곤충 채집이나 대량 생산은 실제적인 또 다른 문제를 야기한다. 대부분 곤충의 작은 크기는 채집 또는 사육과 판매과정에 어려움을 보인다. 많은 야생 개체군의 불확실성은 특히 야생 곤충 집단의 생존을 위협하는 과도한 채집 같은 것은 사육 기술의 개발로 극복해야 할 필요가 있다. 또 다른 문제는 모든 곤충 종이 먹기에 안전하지 않다는 것이다. 경고로 색깔 있는 곤충은 맛이 없거나 독(14장)이 있고, 어떤 사람들은 곤충의 성분(15.2.3절)에 알레르기를 유발할 수도 있다. 그러나 식용 곤충으로부터 얻을 수 있는 몇 가지 이점이 있다. 특히 곤충 이용의 역사를 가지고 있는 많은 시골 사회에서 식충성의 장려는 사람들의 음식을 다양하게 하는데 도움이 될 것이다. 방제 프로그램에 해충의 대량 채집을 포함시킴으로써 살충제의 사용을 줄일 수 있다. 게다가 만약 조심스럽게 조절한다면 단백질을 위해 곤충을 사육하는 것은 숲과 천연 목초지를 황폐시키는 소목장보다 환경적으로 피해를 줄이게 되어진다. 곤충 사육은 적은 투입과 지속적인 농업에 적합하고, 대부분의 곤충들은 전통적인 식용동물에 비해 높은 먹이 전환 효율을 가지고 있다.

1.6.2 가축 사료로서의 곤충

만약 식용으로서의 곤충의 전망에 흥미가 없다면, 아마도 가축을 위한 단백질원으로서 곤충의 개념은 보다 만족할 것이다. 생선, 가금, 돼지, 농장사육 밍크 등의 사료로 곤충의 영양학적인 가치는 전통적인 어분 사료에 비해 비용면에서 효과적인 대체사료로, 곤충사료를 먹이로 하고 있는 중국에서 인정 되었다. 관련 곤충은 주로 누에(*Bombyx mori*)의 번데기(Plate 2.1), 집파리(*Musca domestica*)의 유충과 번데기, 바구미(*Tenebrio molitor*)의 유충 들이다. 그런 곤충 또는 관련 곤충들은 특히 가금 또는 물고기의 먹이 재료로 연구되고 사용되어지고 있다. 실크 산업의 부산물인 누에 번데기는 고단백질의 닭 사료로 이용될 수 있다. 인도에서는 번데기로부터 기름을 추출하고 남은 찌꺼기를 가금류에 먹인다. 닭에게 먹인 파리 유충은 동물 비료를 재순환할 수 있고, 먹이 보충물로 유기물 잔해를 전환시키기 위한 곤충 재순환 시스템의 다양한 발전은 필연적이며 대부분의 유기물은 한 종 이상의 곤충의 먹이로 이용된다.

분명히 곤충은 사람과 가축의 영양 기초의 일부분을 형성한다. 생물학적 정보를 다루기 위하여 계속적인 연구가 요구되어지고, 정확하게 동정된 데이터베이스가 요구되어진다. 우리는 동종 또는 관련 곤충에 관한 수집된 정보를 이용하기 위하여 취급하고 있는 종을 알아야 한다. 실질적이거나 잠재적인 사료 곤충을 위해 영양가치, 계절적 발생, 기주 식물 또는 다른 사료 요구, 사육 또는 채집 방법에 관한 데이터가 수집되어야 한다. 곤충 사료화 계획을 위한 기회는 거대한 곤충 다양성 경향처럼 매우 다양하다.

1.7 곤충의 보존

생물학적 보존이라는 것은 전형적으로 "자연"이라는 영역의 거대한 지역을 보존하거나, 거대하고 매력적인 포유동물 즉 조류와 포유동물 또는 식물 종이나 집단을 위협하는 특이한 과정을 개선시키고 건의하는 것을 포함한다. 곤충을 위한 서식지나 종 보존의 개념은 위협에 직면한 지구의 우선순위에서 뒤이다. 그럼에도 불구하고, 영역은 보존되었고, 곤충을 보존하기 위한 계획은 특이하게 존재한다. 그런 보존 노력은 인간의 미학과 종종 연관되어 있고, 많은 경우 나비와 크고 눈에 띄는 딱정벌레 등 곤충학의 "매력적인 거대 동물군"을 포함한다. 그런 매력적인 곤충들은 보존 노력을 위한 재정적인 지원을 싹트게 하고 넓은 대중적인 인식을 강화시키는 "**제독함**(flagship)"으로 작용할 수 있다. 단일 종 보존은 "**우산 효과**(umbrella effect)"로 알려진 불이행에 의한 많은 다른 종을 보호하고자 설득하였다. 이에 대한 다소 보완적인 것은 종에 의한 접근이 이해되지 않은 많은 곤충을 보존하기 위하여 영역의 크기와 수를 증가시키는 서식지 기초의 접근을 지지하는 것이다. 전 세계적으로 자생 물고기 서식지를 보존하기 위한 노력은 자연 조건에서 유지되어 지고 있는 물에 역시 의존하는 훨씬 더 다양한 수서 곤충군을 보존할 것이다는 것은 의심할 여지가 없다. 마찬가지로 부엉이나 앵무새 같은 나무 구멍에 둥지를 트는 조류를 보호하기 위한 오래된 산림의 보존은 역시 목재를 먹고 분해하며 나무에 굴을 파고 사는 곤충의 서식지를 보존할 것이다. 서식지에 근거한 보존론자들은 단일 종 방향으로의 보존은 중요하지만 많은 종이 있기 때문에 곤충을 위한 제한된 가치가 되어질 것이라는 논쟁의 여지를 수용한다. 게다가 곤충종의 희소성은 단지 한 곳 또는 몇 곳에 위치한 집단 또는 대조적으로 넓게 분포하지만 넓은 지역에 걸친 낮은 밀도에도 기인할 것이다. 분명히 다른 보존 대책이 각 상황을 위해 요구된다.

모나크나비(*Danaus plexippus*)와 같이 이주하는 종은 특별 보존이 요구된다. 모나크나비는 멕시코에 있는 록키의 동쪽에서 겨울동안 지내다가 여름 내내 캐나다까지 북쪽으로 이동한다(6.7절). 이들 모나크나비의 보존에 있어서 시급한 것은 멕시코의 Sierra Chincua에 있는 월동서식처의 보호이다. 최근에 이행된 가장 중대한 곤충 보존 방법은 모나크나비 생태지 보존을 지탱하기 위한 멕시코 정부의 결정이다. 모나크나비는 뛰어난 주요 상징적인 곤충이지만 캘리포니아 해안(Plate 3.5)에 있는 서쪽 월동 집단의 보존은 다른 자생종들을 보호하지 않는다. 이 이유는 주요 월동지역들은 특히 자생 서식지가 아닌 곳에서 동물상을 약화시키는 유칼리나무, 특히 blue gum(유칼리나무의 일종)이 식재된 큰 숲속에 있다는 것이다.

단일 종 보존의 성공적인 예는 불규칙한 도시 발전과 골프장 개발에 의해 위협받고 있던 로스엔젤래스 공항 근처 모래언덕에 서식하는 주요 집단 El Segundo blue(*Euphilotes battoides* ssp. *allyni*)가 포함된다. 많은 관심과 함께 장기간에 걸친 협상은 유충 먹이 식물인 메밀(*Erigonum parvifolium*) 보호를 위한 러프 골프 코스의 호의적인 운영 및 인간의 방해에 대한 제한과 외래 식물의 방제 등의 보호지로서 80 ha가 지정되는 결과를 가져왔다. 서쪽 캘리포니아 해안 모래 언덕 체계는 심각할 정도로 절멸의 위기에 처한 서식지이고 El Segundo를 위한 이러한 보호 관리는 다른 위협 받는 종을 보호한다.

나비를 위한 대지 보존은 풍요로운 남부 캘리포니아의 특전은 아니다. 파푸아뉴기니아의(PNG)의 세계에서 가장 큰 나비 Queen Alexandra' s birdwing(*Ornithoptera alexan-drae*)는 개발도상국의 성공적인 사례이다. 유충이 *Aristolo-chia dielasiana* 덩굴만을 먹는 것이 장관인 이 종은 북부 PNG의 저지 열대우림의 작은 지역에 제한되어 있고, 멸종 위기종으로 등록되어 있다. PNG 법에 따르면 이 birdwing 종은 1966년부터 보호되고 있고, 국제 무역 거래는 멸종위기 종 야생 동물과 식물군의 국제무역에 관한 보존의 부록 I에 등재함으로서 금지되어 있다. 좋은 상태의 표본은 2,000달러 이상을 호가한다. 1978년에 PNG 정부의 곤충 사육 및 무역국(IFTA)은 Morobe 주 Bulolo 지방에 Queen Alexandra' s birdwing과 다른 귀중한 나비의 무역을 위한 정보센터로서 역할을 하고 남용과 보존을 통제하기 위하여 설치되었다. 450개 정도 마을의 지역 경작자들은 그들의 나비농장과 IFTA와 연관되어 있다. 1.5절에 서술한 케냐 시스템과는 대조적으로 농부들은 종종 숲 가장자리에 야채 밭을 위해 이미 개간된 땅위에 적절한 숙주 덩굴나무를 심음으로서 선택된 지역 나비 종을 위하여 먹이 식물을 제공하고 있다. 야생 성충 나비는 먹이를 먹고 알을 낳기 위하여 숲으로부터 날아온다. 또 채집되어 부화상에서 보호되어 졌을 때 부화된 유충은 번데기가 되기 전까지 덩굴식물을 먹는다. 종에 따라 보존 법규에 대한 목적이 제기되어 졌고 나비들은 번데기로서 살아있는 상태로 또는 죽은 것은 높은 가치의 표본으로서 수출되었다. 비영리단체인 IFTA는 전 세계의 수집가, 과학자, 예술가들에게 40만 달러 가치의 PNG 곤충을 팔고, 돈을 필요로 하는 단체를 위해 수입을 창출하고 있다. 케냐에서처럼 지역 사람들은 그들의 농장의 혈통인 어버이 세대 야생나비의 제공원으로서 원래의 숲을 유지해야 하는 중요성을 인식하고 있다. 이 체계에서 Queen Alexandra' s birdwing 나비는 PNG에서 보존을 위한 상징적인 종으로 역할을 하고 있고 그 성공 사례는 조사와 보호책을 위한 외부 자금까지 이끌어 낸다. 게다가, 새날개나비와 관련된 PNG 숲을 보존하는 것은 우산효과 하에 다량의 다양성 보존으로 확실하게 이어진다.

케냐와 뉴기니아의 곤충 보존 노력은 가난한 사람들에게 자연 환경 보호에 대한 약간의 보상과 함께 제공되고 있는 상업적 자극을 준다. 상업은 독특한 동기를 필요로 하지 않는다. 학교와 단체에서 지역 교육 프로그램과 병행하여 토종의 새날개나비가 지역 이웃에서 야생으로 날고자 하

1.1

1.2

1.3

1.4

1.5

1.6

Plate1

1.1 Atlas나방, *Attacus atlas*(나비목: 산누에나방과),은 인도 남부, 동남아시아에서 발생하고 나비목 가운데 가장 큰 것 중의 하나로 날개 길이가 24 cm로 어떤 다른 나방보다 큰 날개를 가지고 있다 (P.J. Gullan).

1.2 보르네오섬의 부루나이 열대우림에 서식하는 바이올린 딱정벌레, *Mormolyce phyllodes*(딱정벌레목: 딱정벌레과) (P.J. Gullan).

1.3 Moon나방, *Argema maenas*(나비목: 산누에나방과)은 동남아시아와 인도에서 발견되며, 보르네오 열대우림에서 암컷은 날개 길이가 15 cm 정도이다(P.J. Gullan).

1.4 남아프리카 트렌스발의 Mopane 황제 나방, *Imbrasia belina* (나비목: 산누에나방과) (R. Oberprieler).

1.5 "벌레 "phane" – Imbrasia belina의 애벌레 – *Schotia brachypetala*의 잎을 먹고 남아프리카 트렌스발에 서식한다(R. Oberprieler).

1.6 식용인 수서곤충의 요리, *Lethocerus indicus* (Hemiotera: 물장군과), 태국의 Lampang 주 시장에서 팔고 있다(R.W. Sites).

2.1

2.2

2.3

2.4

2.5

2.6

Plate 2

2.1 태국의 Lampang 주 시장 자판에 전시되어 있는 식용곤충, 누에(*Bombyx mori*) 번데기, 딱정벌레 번데기, 물땡땡이 상과 물땡땡이 성충, water bug (*Lethocerus indicus*) (R.W. Sites).

2.2 Richmond birdwing (*Troides richmondia*) 나비 성충과 자생 숙주식물 pipevine (*Paraistolochia* sp.) (p. 15참조) 잎 위의 허물(D.P.A. Sands).

2.3 *Cystococus pomiformis*(노린재목: 주머니깍지벌레과)의 bush coconut 또는 bloodwood apple 벌레혹(충영). 열어보면 혹으로 둘러싸고 있는 크림색의 암컷 성충과 벌레혹을 둘러싸고 있는 수많은 작은 약충 수컷(P.J. Gullan).

2.4 암컷 혹의 빈공간과 연결되어 있는 영양조직을 먹고 있는 *Cystococcus pomiformis*의 2령 수컷 약충(p. 12 참조) (P.J. Gullan).

2.5 가시모양의 안테나와 1쌍의 날개를 가진 *Melaleucococcus phacelopilus*(노린재목: 이세리아깍지벌레과)의 개각충수컷 성충(P.J. Gullan).

2.6 보르네오 섬의 열대나비, *Graphium antiphates itamputi*(나비목: 호랑나비상과). 운동화로부터 땀을 흡수해 염분을 얻고 있다(Box 5.2 참조) (P.J. Gullan).

3.1

3.2

3.3

3.5

3.6

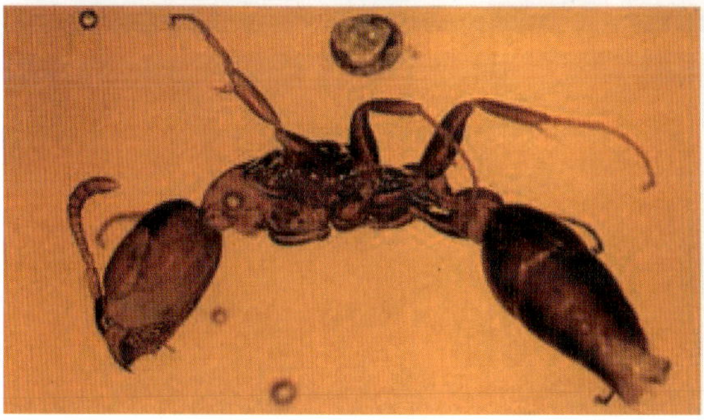

3.7

Plate 3

3.1 북호주의 미기록종인 미국산 여치 일종의 *Austrosalomona* 암컷. 암컷의 개방 생식기에 부착된 큰 정포를 가지고 있다(Box 5.2 참조) (D.C.F. Rentz).

3.2 호주 Canberra지역의 토양 내 용화장소부터 채집한 Christmas beetle, *Anoplognathus* sp. (딱정벌레목: 풍뎅이과)의 번데기(P.J. Gullan).

3.3 호주 Queensland에서 어린 사마귀 약충이 나오고 있는 *Tenodera australasiae*(사마귀목: 사마귀과)의 알집(Box 13.2 참조) (D.C.F. Rentz).

3.4 호주 북부지역의 탈피 중인 *Elephantodeta* 종(메뚜기목: 여치상과)의 성충(D.C.F. Rentz).

3.5 미국 켈리포니아의 Mill 계곡에서 동면중인 모나크나비, *Danaus plexippus*(나비목: 네발나비과(D.C.F. Rentz)).

3.6 도미니크 호박 내에서 화석이 된 일개미 *Pseudomyrmex oryctus*(벌목: 개미과) (P.S. Ward).

3.7 검정파리를 포함한 다양한 파리들은 호주 phalloid 곰팡이(*Anthurus archeri*)의 향기에 의해 유인된다. 호주 phalloid 곰팡이는 포자를 포함하고 있는 냄새나는 점액을 생산하는데 이는 파리에 의해 섭취되어지고 장을 통과한 후에 포자가 뿌려지게 된다(P.J. Gullan).

4.1 

 4.2

4.3 

 4.5

4.6 

 4.7

Plate 4

4.1 나무줄기와 가지 아래에 덮여있는 *Antipaluria urichi* (Embiidina: Clothodidae)의 실크 그물방(Box 9.5 참조) (J.S. Edgerly-Rooks).

4.2 접근하고 있는 수컷을 실크 그물방 입구에서 방어하고 있는 *Antipaluria urichi*의 암컷(J.S.Edgerly-Rooks).

4.3 보르네오 섬 부루나이의 강도래 Neoperla edmundsi(강도래목: 강도래과) 성충(P.J. Gullan).

4.4 *Zaspilothynnus trilobatus*(벌목: 굼벵이벌과)의 암컷(오른쪽). 암컷으로 흉내를 내어 수분하도록 수벌을 유인하는 성적으로 현혹시키는 난초 Drakaea glyptodon의 꽃과 비교하였다(p. 282 참조) (R. Peakall).

4.5 성적으로 현혹시키는 난초 Chiloglottis trapeziformis와 교미하기 위하여 유혹되고 있는 *Neozeloboria cryptoides*(벌목: 굼벵이벌과)의 수벌(R. Peakall).

4.6 북호주의 쉬파리 *Australopierretia australi*(파리목: Sarcophagidae)에 의한 망고꽃의 수분(D.L. Anderson).

4.7 뉴저지의 흰색으로 두드러진 독나방 *Orgyia leucostigma* (나비목: 독나방과)의 날개 없는 암컷 성충(D.C.F. Rentz).

5.1

5.2

5.3

5.4

5.5

5.6

Plate 5

5.1 호주 서부 해안지역의 *Polyrhachis* 종(벌목: 개미과)의 개미에 의해 돌봐지는 Acacia 나무줄기 위의 미기록종 Planococcus 종(노린재목: Pseudococcidae)의 진디(P.J. Gullan).

5.2 동부호주의 유카리나무 잎 위에 있는 의태하는 종령 *Plesanemma fucata*(나비목: 자나비상과) 유충(P.J. Gullan).

5.3 영국의 밑들이벌레 *Panorpa communis*(밑들이목: 밑들이과) 암컷(P.H. Word).

5.4 남아프리카 Transvaal의 약 7.5 cm 길이의 거대한 여왕흰개미 *Odontotermes transvaalensis*(흰개미목: 흰개미과). 수컷, 병정개미, 일개미에 둘러싸여 있다(J.A.L. Watson).

5.5 뉴기니 Irian Jaya의 벌집에 있는 *Apis cerana*(벌목: 꿀벌과) 벌의 번데기와 기생성 Varroa 응애(p. 320참조) (D.L. Anderson).

5.6 숙주식물로부터 유충 때 흡수한 pyrrolizidine alkaloids를 포함하는 방어 거품을 내뿜는 *Utetheisa ornatrix*(나비목: 불나방과) 성충(T. Eisner).

5.7 뉴저지의 spicebush 산호랑나비 *Papilio troilus*(나비목: 호랑나비상과)의 뱀 의태 유충(D.C.F. Rentz).

6.1

6.2

6.3

6.5

6.6

6.7

Plate 6

6.1 *Acronicta*(나비목: 혹나방과)의 보호색을 띠는 4종의 성충 나방: *A. alni*(왼쪽 위); *A. leporina*(오른쪽 위); *A. aceris*(왼쪽 아래); *A. psi*(오른쪽 아래) (D. Carter and R.I. Vane-Wright).

6.2 방어적이거나 자동적으로 보호가 되는 *Acronicta* 유사 4종 유충: *A. alni*(왼쪽 위); *A. leporina*(오른쪽 위); *A. aceris*(왼쪽 아래); *A. psi*(오른쪽 아래). 담갈색의 성충과 비교되는 유충의 다른 모습(D. Carter and R.I. Vane-Wright).

6.3 땅가뢰 *Lytta polita*(딱정벌레목: 가뢰과). 무릎관절로부터 반사적으로 출혈을 하고 그 혈림프에는 독소 cantharidin을 포함하고 있다(14.4.3 & 15.2.2절) (T. Eisner).

6.4 세 다른 나비과의 종과 관련된 아마존 Basin의 의태 복합체: *Methona confusa confusa*(위), *Lycorea illione ilione*(위에서 두 번째), *Patia orise orise*(아래에서 두 번째), *Gazera heliconioides*(아래) (R.I. Vane-Wright).

6.5 남아프리카의 Cussonia의 꽃 돌기 위에 있는 aposematic beetle 홍반디속(딱정벌레목: 홍반디과)의 특별한 방어효과가 있는 반디(P.J. Gullan).

6.6 호주의 자생 숙주식물의 줄기 위 풍부히 형성된 난낭을 가지고 있는 성숙한 이세리아깍지벌레 *Icerya purchast*(노린재목: Margarodidae) (P.J. Gullan).

6.7 뉴저지의 집시나방 *Lymantria dispar*(나비목: 독나방과)의 수컷성충

는 심미적 열망은 아열대 호주 리치몬드의 새날개나비(*Troides* 또는 *Ornithoptera richmondia*)(plate 2.2)를 구해냈다. Richmond birdwing 나비유충은 완전히 발육하기 위하여 세 자생종으로부터 선택된 *Pararistolochia* 또는 *Aristolochia* 덩굴을 먹는다. 그러나 자생덩굴을 유지하고 있는 많은 해안의 열대우림 서식지는 잃고, 관상용 식물로 도입되어 야생화한 식물인 남미 *Aristolochia elegans*가 유망한 숙주식물로 그 위에 암컷이 알을 놓도록 유혹하고 있다. 이 산란과오는 이 식물의 독소가 어린 유충을 죽이기 때문에 치명적이다. 이 보존 문제에 대한 해답은 정원과 들로부터, 묘목밭에서 판매로부터, 자연 식생으로부터 *Aristolochia elegans* 제거를 장려하기 위한 교육 프로그램이다. 자생 Pararistolochia로 대체는 덩굴을 번식시키기 위한 많은 노력 후에 장려되었다. *Richmond birdwing* 나비의 자생영역에 걸친 지역사회의 활동은 보호지역으로 땅을 지정하는 것에 대한 어떤 요구조건도 없고, 나비 자생영역의 쇠퇴를 뒤집어 놓기 위한 것으로 보인다.

분명히 나비는 무척추동물 보존을 위한 상징적인 역할을 한다. 나비는 비위협적인 생활양식을 가진 친밀한 곤충이다. 그러나 뉴질랜드 wetas를 비롯한 일부 메뚜기목 곤충들은 보호되어져왔고 우리는 반딧불이와 발광곤충 서식지 보존 계획 및 수서환경의 관리와 보존의 배경에 있어 잠자리와 다른 수서곤충을 위한 보존 계획을 또한 알고 있다. 일부 국가의 기관들은 오래된 나무를 먹이로 하는 딱정벌레를 위한 서식지로 죽은 나무의 중요성을 인식하여 왔었다.

보존을 위한 보호지역 지정은 위협에 대한 해답으로 일부 보여 진 것처럼 관리에 대한 종의 반응과 요구조건의 이해 없이는 성공하기 힘들다. 부전나비과 나비는 아마도 약 6000종의 나비 다양성 중 50%를 포함한다. 다수가 개미와 관계를 가지고 있다(개미동물; 12.3절 참조). 어떤 것들은 개미 서식지 안에 그들의 미성숙 발육충의 일부 또는 전부를 넘겨주고 있고, 다른 것들은 개미에 의해 그들의 선호 기주식물을 지키게 된다. 또 다른 것들은 개미에 의해 돌보아지고 있는 동안임에도 불구하고, 개미와 깍지벌레에 대해서 포식자들이다. 이들 관계는 아주 복잡하고, 나비를 위험에 이르게 하는 환경 변화에 의해 보다 쉽게 붕괴되어 질 것이다. 분명히 서부 유럽에서, 부전나비과 종은 멸종위기 곤충 분류군의 목록에 주요 종으로 나타난다. 세상에 잘 알려진 영국의 큰푸른나비 *Maculinea arion*의 감소는 과도한 채집의 탓이고, 어떤 특정 종은 수집가들에 의한 대상이 되었다(Box 1.1). 큰푸른나비 및 관련종의 재도입과 다른 *Maculinea* 종의 적절한 보존 관리를 위한 유럽의 실천계획이 정착되었다: 이들은 종 기초의 접근에 절대적으로 의존한다. 단지 보존 목표의 일반적이고 특이적인 생태적 요구를 이해함으로서 서식지의 적당한 관리가 이행되어 질 수 있다.

Box 1.1 멸종에 이르도록 채집되었는가?

큰푸른나비(*Maculinea arion*)는 19세기 말 남부 잉글랜드에서 기후 악화 현상에 기인하여 심각하게 감소하였다고 보고되었다. 20세기 중반까지 이 매력적인 종들은 남서부 잉글랜드의 30개 집단으로 한정되어 졌다. 1974년까지 단지 1개 또는 2개 집단만 남았으며, 추정된 성충밀도는 1950년에 약100,000마리에서 약 20년 후에 250마리로 감소되었다. 잉글랜드에서 이 종의 최종적인 멸종은 2년 연속의 덥고, 건조 건조풍의 계절이 뒤따랐던 1979년에 나타났다. 나비가 아름답고 수집가들에게 애호되었기 때문에 과도한 채집은 기후 악화에 취약한 종의 장기적인 감소를 야기 시킨 것으로 추정된다. 이러한 감소는 비록 나비와 그 서식지를 보호하기 위한 시도로 채집가와 가축을 차단하기 위해 1930년대에 보존대책이 수립되었음에도 불구하고 일어났다.

분명히, 서식지는 큰푸른나비 어린 애벌레의 먹이로 제공되는 백리향(*Thymus praecox*)의 감소를 포함하여 시간과 함께 변하였다. 보호서식지로부터 양과 소들의 방목 차단과 토끼의 감소 때문에 초원은 관목식물로 대체되었다. 그러나 백리향은 생존했지만 나비는 영국에서 감소가 계속되어 멸종에 이르렀다.

더 복잡한 설명은 유럽 대륙으로부터 잉글랜드에 큰푸른나비의 재도입과 관련된 연구에 의해 나타났다. 유럽 대륙에서나 잉글랜드에서 큰푸른나비의 유충은 뿔개미 종에 속하는 붉은개미 군집에 절대적인 포식자이다. 큰푸른나비 유충은 뿔개미 종의 서식지로 들어가서 붉은개미 유충을 포식한다. 유사한 포식 행동 즉 개미 자신의 종족처럼 거짓 행동을 하며 개미를 포식하는 것은 많은 부전나비과 세계의 자연사에서의 특징들이다(p 15 참조). 유충 먹이식물 위에 산란된 알로부터 부화 후 큰푸른나비 유충은 대략 8월의 마지막 유충령(4령) 탈피 전까지 백리향 꽃을 먹고 자란다. 어둑해 질 저녁 무렵 애벌레는 부화 후 먹고 자란 기주식물로부터 땅으로 낙하하여 뿔개미 종 개미에게 발견되어

질 때까지 움직이지 않고 기다린다. 일개미는 한 시간 이상 동안 유충을 돌보고 그 동안 애벌레 등부의 밀관으로부터 분비되는 자당을 먹는다. 적당한 시기에 유충은 몸을 부풀리고, 돌보아주고 있는 개미에게 탈출한 개미 종족으로 취급되어지도록 확신을 주는 형태를 취하여 개미 서식처로 이동되어진다. 이 시기까지는 미성숙 성장이었지만 개미 서식처에서 유충은 개미 종족을 포식하면서 다음 해 초여름 번데기가 될 때까지 9개월 동안 성장한다. 유충은 성공적인 용화를 위해 평균 230마리의 미성숙 개미를 요구한다. 성충나비는 여름에 번데기 표피로부터 우화하고 개미가 침입자라는 것을 알기 전에 서식처로부터 재빨리 떠난다.

개미 집단속으로의 양자결연과 혼입은 생활사에 있어서 중요한 시기로 밝혀졌다. 이 복잡한 시스템은 현존하는 "current" 개미 *Myrmica sabuleti*를 포함하고 이는 차례로 짧은 키의 풀로 덮인 초원과 관련된 미세기후에 의존한다. 큰 키의 초원은 *M. sabuleti*를 쫓아낼지도 모르는 *M. scabrinodes*를 포함해서 다른 뿔개미 종이 선호하는 근접 토양 미세기후를 더 차갑게 만든다. 비록 유충이 분명히 무차별적으로 어떤 뿔개미 종과 연관되어 있더라도 생존은 대단히 다르다. *M. sabuleti*는 약 15% 정도 생존하지만, *M. scabrinodes*는 2% 이하로 생존의 끊임없는 감소가 일어난다. 큰푸른나비 밀도의 성공적인 유지는 *M. sabuleti* 개미에 의해 50% 이상이 양자 결연되어져야 한다.

생존에 영향을 미치는 다른 요인들은 유시형 여왕개미가 없고, 유충이 먹이로 필요한 충분한 개미를 제공하기 위하여 적어도 잘 먹은 400마리의 일개미와 기주식물인 백리향과 2 m 이내에 놓여 있어야 하는 개미 집단의 필요조건들을 포함한다. 그러한 서식처들은 *M. sabuleti*에 의해 신속히 집단을 형성하는 새로운 화전 목초지와 연관이 있다. 서식처는 창설여왕개미보다 더 발육될 만큼 오래되어서는 안된다. 먹이를 섭식할 때 여왕개미 유충의 화학적 향기가 베이고 서식처 내에 유시형 여왕개미와 함께 섞이는 문제는 여왕개미로 실수를 유발할 수 있고 시중개미에 의해 공격을 당하고 잡혀 먹힐 수 있다.

지금 우리는 나비의 복잡한 관계의 손실에 대해 개미 종의 번성을 바꾸는 식생과 미세서식처 변화를 일으키는 다른 방목자 배제와 토끼가 없는 보호지의 매우 의미 있는 설치를 알 수 있고, 관계의 복잡함을 이해한다. 넓은 범위에 있어서 기후변화가 어떤 역할을 하는 것은 틀림없지만 과도한 채집이 관계되는 것은 아니다. 스웨덴으로부터 유래된 5개 집단은 M. sabuleti에 적절한 조건과 서식처에 재도입하였고, 이는 큰푸른나비의 번성집단으로 발전하고 있다. 흥미롭게도 같은 서식처에 있는 곤충의 다른 희귀종들도 이러한 전문적인 관리에 긍정적으로 반응했다. 이는 나비종에 대한 우산효과를 시사하고 있다.

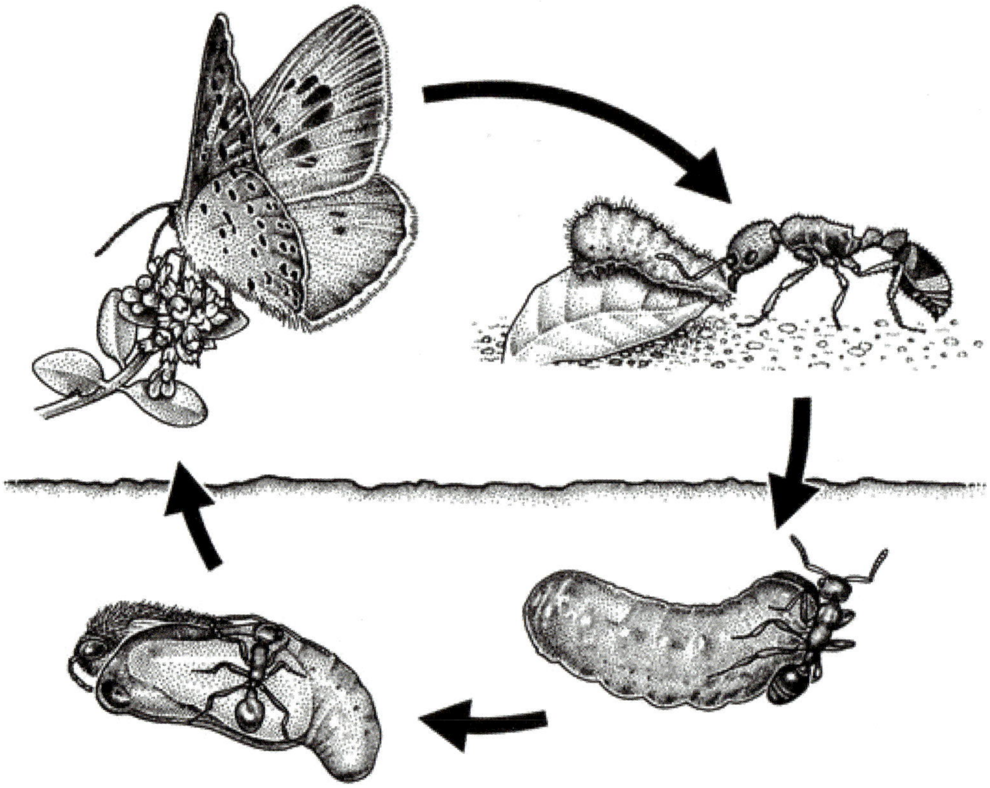

Box 1.2 방랑 개미와 생물다양성

지난 세기동안에 하와이에 자생하지 않았던 개미가 다른 곳으로부터 40여종 이상이 섬으로 들어왔다. 사실 모든 사회곤충(꿀벌, 말벌, 흰개미와 개미)은 사람들의 교류와 함께 하와이로 들어왔다. 거의 150종의 개미는 사람들과 함께 전세계를 여행하고 그들의 자생범위를 벗어나서 정착했다. 개미의 동일 수행원에 속하는 하와이의 침입자는 나머지 세계를 침입했고 또는 가까운 미래에 그렇게 할 것으로 보인다. 보존전망으로 볼 때, 하나의 독특한 행동학적인 작은 한 부분, 소위 침입 "방랑" 개미와 같은 것은 대단히 중요하다. 방랑 개미들은 세계에서 가장 심각한 해충 종으로 등재되어 있고, 지역, 국가 및 국제기관들은 방랑 개미의 방제와 감시에 관심을 집중하고 있다. Pheidole megacephala, Anoplolepis longipes, Linepithema humile, Wasmannia auropunctata 개미와 열대 불개미(열마디개미종)들은 개미 해충들 가운데 가장 심각한 종으로 간주되고 있다.

외래침입 개미의 행동은 특히 하와이, 갈라파고스, 다른 태평양의 섬과 같은 곳에서의 생물다양성에 위협을 주고 있다. 다른 곤충과의 상호관계는 당이 풍부한 감로 분비에 대한 깍지벌레와 진딧물의 보호와 시중을 포함한다. 이는 침입 농업해충을 포함하여 이들 곤충의 밀도를 끌어 올린다. 다른 절지동물과의 상호관계는 상당히 부정적인데, 다른 종 심지어 서로 우연히 만난 다른 방랑 개미조차도 포식하거나 공격적으로 잡아 낸다. 초기 창설은 사람들의 활동으로 인해 생긴 불안정한 환경과 종종 관련되어 있다. 작고 단명의 방랑 개미 성향은 연중 증가와 새로운 여왕개미의 빠른 생산에 의해 보충되었다. 둥지의 여왕개미들은 서로 적대행위를 보이지 않는다. 집단은 원래의 서식처로부터 가까운 거리에 이동한 일개미와 교미여왕개미에 의해 증식된다. 출아로 알려진 한 과정이다. 새로 창설한 것과 원래의 서식처 간의 종간의 적대관계 없이 결합할 때, 집단의 출아는 토양을 가로질러 초집단 의 점차적인 확산을 보장한다.

비록 최초의 서식처 창설은 사람이나 자연적으로 분포된 환경과 연관되어 있었지만 대부분의 침입 방랑 종은 보다 자연적인 서식처로 이동할 수 있고, 토착서식처를 밀어 내고 대신할 수 있다. 많은 자생 개미를 포함하여 토양 서식 곤충은 침입으로부터 살아남지 못하고, 나무 위에 사는 종들은 지역적인 멸종이 뒤 따를 것이다. 살아남은 곤충 집단들은 땅속 서식 종으로 적응해 나가는 경향이 있고, 바퀴와 carabid 딱정벌레와 같이 특히 두꺼운 큐티클을 가진 곤충들은 또한 화학적으로 방어한다. 그런 효과는 표식자로 개미를 이용하여(9.7절) 복원하는 모래채굴 부위의 모니터링 동안에 큰머리개미의 영향으로부터 알 수 있다. 그래프에서 보여 지는 것처럼(Majer 1985), 복원 6년 동안 개미 다양성은 영향을 받지 않은 대조구 부위에서 발견된 것에 근접했지만 P. megacephala의 출현은 다양성체계를 극적으로 개조했고 대조구에

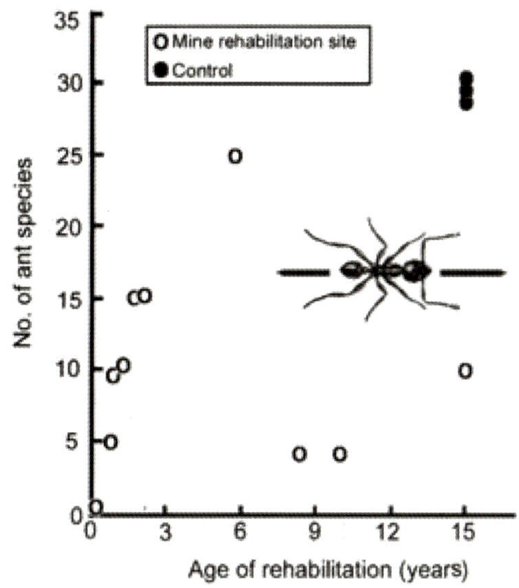

비해 다양성이 심각하게 감소되고 있다. 심지어 대동물 조차도 개미에 의해 위협을 받을 수 있는데, 크리스마스섬에 사는 땅게, 남부 캘리포니아 뿔도마뱀, 남동부 미국의 무늬거북이와 어디든지 땅에 둥지를 틀고 사는 새 등을 들 수 있다. 거대 다양성의 남아프리카공화국 식물 군락지인 핀보스(fynbos)의 아르헨티나 개미에 의한 침입은 큰 종자를 땅에 파묻고 이동시키는 개미들을 제거하지만 작은 종자를 이동시키는 개미들은 제거하지 않는다(11.3.2절). 주기적인 화재 후 발아에 의해 식물은 생성되기 때문에 땅에 묻힌 큰 종자의 부족은 식생 구조에 대한 극적인 변화를 일으킬 것으로 예상된다.

도입 개미들은 박멸하기가 매우 어렵다. 미국에서 불개미를 박멸하기 위한 모든 시도들이 실패했다. 호주의 Solenopsis invicta를 제거하기 위하여, 12억 3천만 달러를 들인 5년간의 캠페인으로 한 침입종의 정착을 막을 수 있는지 우리는 깨달을 수 있다. 첫 번째 불개미 서식지는 2001년 2월에 브리즈번 주변에서 발견했고, 2년 후에는 불개미 감시를 도시 주변 지역 약 47,000 ha로 확장하였다. 방제가 실패한다면 넓은 대륙의 자생 생물다양성에 대한 평가할 수 없는 피해와 더불어 다음 30년 동안 10조 달러 이상의 잠재적 경제 손실이 추정되었다. 집중적인 조사와 서식처의 파괴가 성공적으로 보이지만 모든 것은 재발을 방지하기 위하여 박멸되어야 한다. 의심할 여지없이, 침입 개미를 방제하기 위한 최선의 전략은 침입을 방지하기 위한 검역 노력과 우발적인 침입을 인지할 수 있는 대중의식이다.

Box 1.3 아프리카산누에나방 애벌레

아프리카에서 중요한 경제 곤충 중 하나는 황제나방의 유충이며 특히 *Imbrasia belina*(Plate 1.4 & 1.5, p. 14)는 앙골라, 나미비아, 짐바부에, 보스와나 및 남아프리카의 북주 등 남부 아프리카의 여러 지역에 걸쳐 식용으로 채집되고 있다. 그 분포는 유충들이 선호하는 기주식물이며 mopane 삼림지대의 풍경을 지배하고 있는 콩과식물인 mopane(*Colophospermum mopane*)의 분포와 일치한다.

어린 유충들은 집단생활을 하며, 200마리 정도의 집단체로 먹이를 찾아다닌다. 각 나무들은 많은 수의 유충에 의해 잎이 지게 되지만 우기가 되면 다시 잎이 돋는다. 전 유충기와 특히 12월 첫 유충기 동안 mopane 벌레는 단백질이 부족한 시골 인구에게 귀중한 단백질원이다. 2번째 무리는 mopane 나무를 위한 조건들이 적당하다면 3~4개월 후에 나타날 것이다. 이는 마지막 유충령의 수확이다. 대개 나무를 흔들거나 잎으로부터 직접 수확한다. 장을 제거하고 건조시켜 다듬은 것은 통조림을 하거나 저장하고 또는 남아프리카 마을의 성업 중인 미식시장에 팔기위해 운반된다. mopane 벌레의 수확은 시골 경제에 현금 수입을 창출한다. 1990년대 중반의 계산에 의하면 mopane 수확기의 1달은 남아프리카 노동자의 연간수입과 동등하다는 것을 나타냈다. 놀랄 것 없이, 대규모의 조직적인 수확은 지속할 수 없을 정도의 과도한 채집으로 인해 수확 감소의 배상소송이 동반 제기되었다. 적어도 하나의 통조림 공장의 폐지는 mopane 애벌레의 부족으로 인한 탓이었다.

풍부하던 유충의 감소는 개발의 증가와 mopane 삼림지의 감소의 결과라고 말한다. Botswana의 지역에서 대량의 상업용 수확이 나방의 수를 감소했다고 주장한다. Mopane의 풍부성을 위협하는 것은 mopane 삼림지를 벌채하는 것과 그늘 안에 있는 애벌레들을 쉽게 손이 닿게 가져오도록 하기위해 가지를 쓰러뜨리거나 잘라내는 것 등이 포함된다. mopane곤충의 밀도가 가장 높은, 가장 키가 큰 나무들의 접근 불가능한 부분은 의심할 바 없이 수확으로부터 피난처로서, 또한 다음 계절을 위한 알을 저장하기 위한 장소로서 제공된다. 그러나 mopane 수확을 위해 mopane 나무를 잘라낸다. 그렇지만 mopane 나무는 막대한 지역을 차지하기 때문에, 예를 들면 Etosha 국립공원에 있는 나무의 80%이상이 mopane 나무이기 때문에, mopane 나무 그 자체가 절멸위기에 처하는 것은 아니다.

지역사람들을 위한 생산 감소에 대한 더 집중적 수확을 비난해야 할 문제는 종이 분포의 조화가 안되고 아주 돌발적이라는 것이다. Mopane의 수확이 줄어드는 해는 많은 mopane 삼림지를 통해서 기후에서 야기되는 가뭄(엘니뇨 효과)이 연관되어지는 것처럼 보인다. 심지어 남아프리카의 북쪽지방에서조차도 지나친 수확에 대한 고려, 계절적인 회복, 가뭄을 없애는 비는 mopane worm의 대 발생을 유발시킬 수도 있다. 이것은 mopane의 잠재적인 과도한 수확에 대한 조사의 중요성을 부정할 수 없다. 그러나 분명히 더 많은 연구와 주의 깊은 정보 해석이 필요하다.

이미 착수된 조사는 일부 흥미를 끄는 식견을 제공하였다. mopane 삼림지는 코끼리의 주된 서식지이고, mopane 나무를 먹고 뿌리째 뽑는 이 큰 초식동물이 이 시스템의 주요한 종이다. 초식동물로서 mopane 유충의 영향의 계산결과는 6주 동안의 유충생활에 있어서 유충은 12달 이상 코끼리가 소비하는 것 보다 단위면적당 10배 이상 mopane 잎 물질을 소비한다는 것을 보여준다. 게다가 똑같은 시기에 코끼리보다 mopane 유충에 의해 생산된 배설 물질이 3.8배가 더 많았다.

코끼리는 나무에 손실을 준다고 잘 알려져 있지만, 특정 곤충에게는 이롭다: 손상된 나무의 심재는 결국 살은 나무로 흰개미를 위해 먹이로 제공되지만 흰개미에 의해서 속이 비게 된다. 자생하는 벌들도 그들 서식처를 위해 코끼리에 의해 손상된 나무껍질로부터 흐르는 송진을 이용한다. 개미는 이 속이 빈 나무를 서식처로 하고, 동물과 mopane 유충의 초식동물로부터 나무를 보호할 수 있다. 코끼리 밀도와 mopane 유충의 대발생은 많은 생물 요인과 사람에 의한 수확도 하나의 요인이 되는 비생물 요인의 상호작용에 의존하면서 시간과 공간에 있어서 다양하다.

참고 문헌

Berenbaurn, M.R. (1995) *Bugs in the System. Insects and their Impact on Human Affairs*. Helix Books. Addison-Wesley. Reading. MA.

Bossart. J.L. & Carlton. C.?. (2002) Insect conservation in America. *American Entomologist* **40**(2). 82-91.

Collins. N.M. & Thomas. J.A. (eds.) (1991) *Conservation oj Insects and their Habitats*. Academic Press. London.

DeFoliart. G.R. (ed.) (1988-1995) *The Food Insects Newsletter*. Department of Entomology. University of Wisconsin. Madison. WI. [See Dunkel reference below.]

DeFoliart. G.R. (1989) The human useofinsects as food and as animal feed. *Bulletin oj the Entomological Society oj America* **35,** 22-35.

Del' oliart, G.R. (1995) Edible insects as minilivestock. *Biodiversity and Conservation* **4,** 306-21.

Del' oliart, G.R. (1999) Insects as food: why the western attitude is important. *Annual Review oj Entomology* **44,** 21-50.

Dunkel, F.V. (ed.) (1995-present) *The Food Insects Newsletter*. Department of Entomology. Montana State University. Bozeman. MT.

Erwin. T .L. (1982) Tropical forests: their richness in Coleoptera and other arthropod species. *The Coleopterists Bulletin* **36,** 74-5.

Gaston. K.J. (1994) Spatial patterns of species description: how is our knowledge of the global insect fauna growing? *Biological Conservation* **67,** 37-40.

Gaston. K.J. (ed.) (1996) *Biodiversity. A Biology of Numbers and Difference*. Blackwell Science. Oxford.

Gaston. K.J. & Hudson. E. (1994) Regional patterns of diversity and estimates of global insect species richness. *Biodiversity and Conservation* **3,** 493-500.

Hammond. P.M. (1994) Practical approaches to the estimation of the extent of biodiversity' in speciose groups. *Philosophical Transactions oj the Royal Society. London B* **345,** 119-36.

International Commission of Zoological Nomenclature (1985) *International Code oJ Zoological Nomenclature*. 3rd edn. International Trust for Zoological Nomenclature. London. in association with British Museum (Natural History) and University of California Press, Berkeley. CA.

May. R.M. (1994) Conceptual aspects of the quantification of the extent of biodiversity. *Philosophical Transactions oj the Royal Society. London B* **345,** 13-20.

New. T.R. (1995) *An Introduction to Invertebrate Conservation Biology*. Oxford University Press. Oxford.

Novotny. V., Basset. Y., Miller. S.E., Weiblen, G.D., Bremer. B., Cizek. L. & Drozi, P. (2002) Low host specificity ofherbivorous insects in a tropical forest. *Nature* **416,** 841-4.

Price. P.W. (1997) *Insect Ecology*. 3rd edn. John Wiley & Sons. New York.

Roberts, C. (1998) Long-term costs of the mopane worm harvest. *Oryx* **32**(1).6-8.

Samways, M.J. (1994) *Insect Conservation Biology*. Chapman & Hall, London.

Speight. M.R., Hunter. M.D. & Watt. A.D. (1999) *Ecology oj Insects. Concepts and Applications*. Blackwell Science. Oxford.

Stork. N.E. (1988) Insect diversity: facts. fiction and speculation. *BiologicalJournal ojthe Linnean Society* **35,** 321-37.

Stork. N.E. (1993) How many species are there? *Biodiversity and Conservation* **2,** 215 -32.

Stork. N.E., Adis, J. & Didham, R.K. (eds.) (1997) *Canopy Arthropods*. Chapman & Hall. London.

Tsutsui, N.D. & Suarez. A.V. (2003) The colony structure and population biology of invasive ants. *Conservation Biology* **17,** 48-58.

Vane-Wright. R.I. (1991) Why not eat insects? *Bulletin oj Entomological Research* **81,** 1-4.

Wheeler. Q.D. (1990) Insect diversity and cladistic constraints. *Annals oj the Entomological Society oj America* **83,** 1031-47.

See also articles in "Conservation Special" *Antenna* **25**(1) (2001) and "Arthropod Diversity and Conservation in Southern Africa" *AJrican Entomology* **10**(1) (2002).

2장

곤충의 외부구조

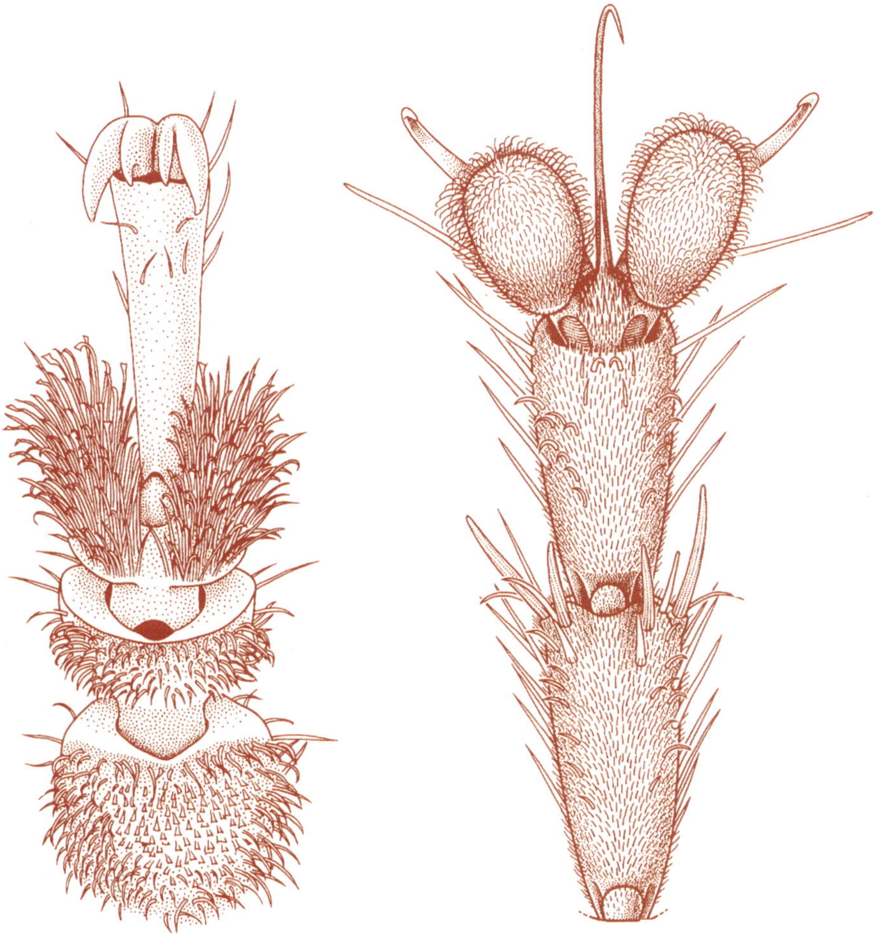

"Feet" of leaf beetle(left) and bush fly (right). (From scanning electron micrographs by C.A.M. Reid & A.C. Stewart.

곤충은 모든 절지동물들의 그렇듯 외골격과 마디를 가지고 있다. 이들은 외골격 및 부속기관 등 다양한 형태학적 변화로서 다른 동물들과 구별되는데, 성충의 경우 6개의 부속지를 가짐으로서 이름 붙여진 곤충강(7.2절)을 포함한 곤충아문 (hexapoda)의 예를 들 수 있다. 구기, 부속지, 날개, 부속기관 등의 여러 부속기관은 해부학적 특징이 있으며, 이들 특징은 각 곤충 목(Order), 과(Family) 및 속(Genera)을 포함한 곤충아문을 구별하는데 중요한 기준이 된다. 종간의 구분은 미묘한 해부학적 차이에 의해 구분한다. 게다가, 형태학에 있어서의 생물역학적 분석(예를 들어, 어떻게 먹이를 구하고, 어떻게 비행하는지에 관한 연구)은 형태학적 정보가 중요하다. 분명한 것은 외부 구조에 대한 이해는 형태학적으로 다양한 곤충의 구조를 이해하는데 필요하며 곤충의 분류 및 곤충강 내의 다양한 곤충간의 상호 관계를 규명하는데 필요하다는 점이다. 이 장에서는 표피, 체절, 두부 구조, 흉부 및 복부와 관련된 부속기관에 대해 서술할 것이다.

우선 기본 분류법과 용어에 대해 살펴보면, 성충은 일반적으로 날개(대부분 유시류)를 가지며, 날개의 구조를 이용하여 목(Order)을 구별하지만, 날개를 갖지 않는 원시 곤충류(무시류)도 있다(무시류 곤충에 대한 내용은 7.4.1절과 Box 9.3 참조). 곤충류 중에는 그 발달단계에 따라 3가지 중요한 유형이 있다(6.2절 참조). 우선, 무시류(동시에 6개의 부속지를 지니고 있는 곤충류가 아닌 곤충아목)는 생식선과 생식기 등의 발달을 제외하고는 형태가 거의 바뀌지 않고 성충으로 발달한다(**무변태**, ameraboly). 다른 곤충들은 성충에 가까워지면서 형태가 많이 변하는데, 예를 들면, 탈피할 때마다 외부에 더 큰 날개 눈(wing bud)을 갖게 된다거나(**불완전변태**, hemimetaboly), 날개가 없는 유충에서 번데기 기간을 거쳐 날개를 지닌 성충으로 변태를 한다(**완전변태**, holometaboly). 불완전변태 곤충의 미숙 단계를 일반적으로 **약충**(nymph)이라 부르며, 완전변태 곤충들의 미숙단계를 **유충**(larvae)이라 부른다.

분류학적으로 서로 다른 곤충이 진화학적으로 공통 조상을 가진다면 그 곤충들의 해부학적 구조는 유사하다. 다시 말해서, 기본적인 유전자는 그들의 공통 조상으로부터 물려받는다는 것이다. 예를 들면, 모든 곤충들의 날개는 비슷한 형태를 보이는데, 이는 날개(반드시 비행을 위한 것이 아님, 8.4절 참조)는 오직 1번에 걸쳐 진화되었다. 일반적으로 구조적 상동관계는 개체발생단계(알에서 성충으로 발달), 구성(외형 크기와 상세한 외부구조) 및 위치(같은 체절과 체절에서의 관련기관의 위치)의 유사점을 비교하여 추정한다. 곤충 날개의 상동관계는 시맥과 체절의 유사성으로 설명할 수 있는데, 모든 곤충들의 날개는 동일 기본형(2.4.2절)에서 유래되었다고 볼 수 있다. 이미 상동관계가 알려져 있는 다른 구조와 연관짓는 것은 그 기원이 불분명한 구조를 이해하는데 도움이 된다. 연속적 상동관계라 불리는 또 다른 상동관계는 개별적인 곤충의 다른 체절에서 상응하는 구조를 설명하면서 언급된다. 예를 들어, 체절의 부속지 중 머리에 있는 것(더듬이와 구기)은 가슴에 있는 것(다리)과는 다르며 배에 있는 것(성기와 미모)과는 연속적으로 상동이다. 또한 분자발생학적 연구도 일련의 상동성을 뒷받침하고 있다(Box 6.1 참조)

2.1 표피

표피는 곤충이 생물들 중 지구에서 가장 성공적으로 진화하는데 공헌한 중요한 요인이다. 이 비활성 피부층에는 몸을 둘러싼 강한 외골격 및 날개, 내부적으로는 외골격의 강도를 증가하고 근육부착점이 되는 **내부돌기**(apodemes)가 있으며 외부환경으로부터 내부조직을 보호하는 역할을 한다. 또한, 내부적으로는 기관의 통로(3.5절), 수송관들과 전장 및 소화관의 중장이 나열되어 있다. 표피는 딱정벌레의 성충의 표피처럼 딱딱하고 휘어지지 않는 것에서부터 대부분의 유충에서처럼 유연하고 얇은 것까지 다양하다. 수분손실의 억제는 육지에서 곤충이 생존하는데 없어서는 안 될 필수적인 요인이다.

표피는 얇지만 그 구조는 복잡하며 여전히 그 구조에 대해 논쟁을 유발시킨다. 단층 구조물인 **상피세포층**(epidermis)이 표피아래 분포하며 얇은 층의 **외표피**(epicuticle)로 덮인 두꺼운 층의 **원표피**(procuticle)로 구성된다(그림 2.1). 상피층과 표피는 같이 곤충의 체벽을 형성하며 살아있는 조직의 외부를 덮고 있다.

외표피의 두께는 3 μm에서 0.1 μm이며 3개의 층인 **내부 외표피**(inner epicuticle), **외부 외표피**(outer epicuticle), **진피천층**(superficial layer)으로 구성된다. 대부분 곤충의 진피천층(아마 당단백질로 구성된)은 지질이나 왁스층으로 덮여있고, 왁스가 없는 시멘트층이 그 외부를 덮고있다. 외

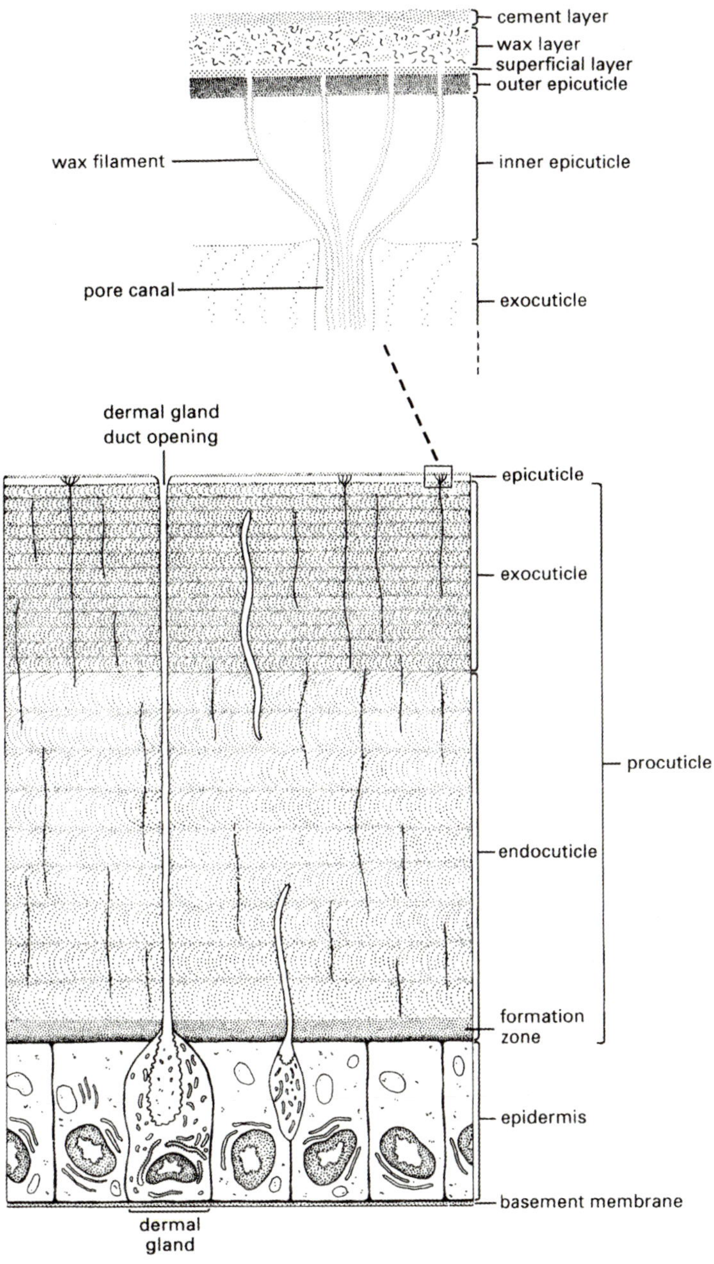

그림 2.1 곤충 표피의 일반적인 구조. 위쪽의 확대된 그림은 외표피(epicuticle)의 세부적인 구조를 나타낸다(Hepburn 1985, Hadley 1986, Binnington 1993).

표피와 그 외부층의 화학물질은 수분손실을 막는데 중요한 역할을 하며, 이와 같은 탈수예방 기능은 탄화수소와 같은 소수성 지질에 의한 것이다. 이들 화합물에는 단백질이 결합된 지질 등이 포함하는데 가장 바깥의 왁스층은 곤충표면의 광택기능을 부여한다. 빛을 반사시키는 것과 같은 다른 형태의 표피는 조밀하거나 규칙적 혹은 불규칙적인 결절(tubercle), 융기연(ridge) 또는 미모 등 여러 종류의 외표피에 의한 것이다. 지질의 구성은 바뀔 수 있으며, 밀랍은 계절이나 건조한 환경에서 증가하기도 한다. 수분을 유지하는 것과 더불어 표피의 밀랍은 포식여부를 결정하게 하고, 의

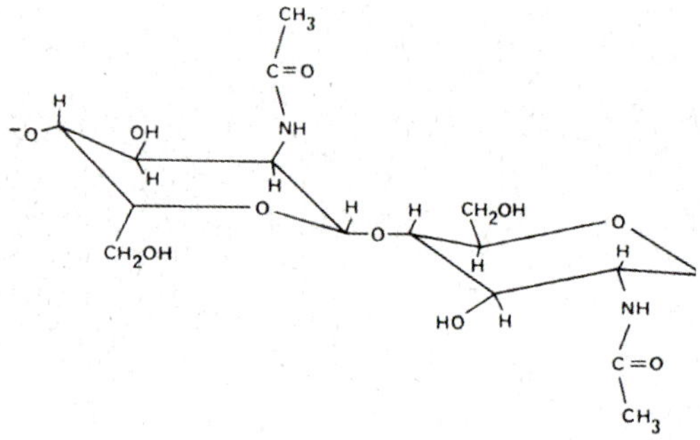

그림 2.2 *N*-아세틸-D-글루코사민 단위 2개가 결합된 모습을 보여주는 키틴 고리의 일부구조.

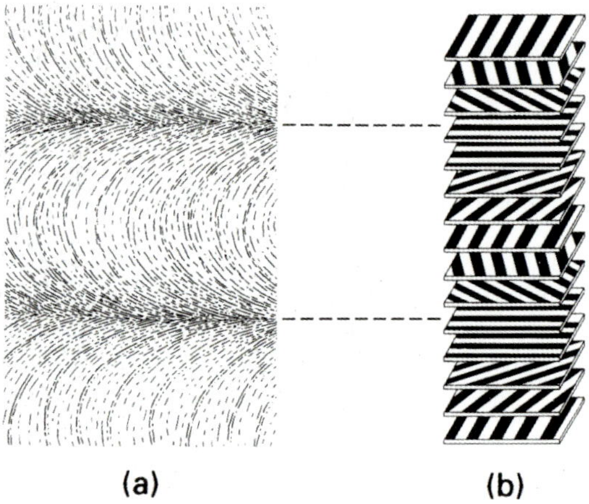

그림 2.3 표피의 초미세구조(주사현미경 관찰). (a) 키틴 미세섬유의 나선형 배열은 인위적으로 조작된 포물선 구조를 만듦. (b) 미세섬유의 중첩이 라멜라 구조에 미치는 효과를 나타낸 모식도.

태(mimicry)나 위장(camouflage)을 할 수 있게 하며, 비에 젖지 않게 하고 태양광이나 자외선의 투과를 차단하거나 특정 종의 후각 신호를 감지하는 기능을 한다.

외표피는 확장되지 않으며 지지되지 않는 대신, 처음 분비될 때 원표피층(procuticle)이라 알려진 기저부 키틴질의 표피층에 의해 지지된다. 원표피는 나중에 경화과정을 거쳐 얇은 층의 **외원표피**(exocuticle)가 두꺼운 **내원표피**(endocuticle)로 변화된다. 원표피의 두께는 10 μm에서 0.5 mm로 단백질과 복잡한 구조의 키틴질로 되어있다. 이것은 키틴질이 함량이 적은 외표피와는 대조적이다.

키틴은 절지동물의 외골격과 균류의 세포벽의 지지를 위한 기본 구성요소이며, 곤충세포의 외부 구조에 특히 중요하다. 키틴은 고분자량의 미분지 중합체이며, 주로 *N*-아세틸-D-글루코사민이 β-1, 4결합으로 중합된 아미노당으로 이루어진 다당류이다(그림 2.2).

키틴분자는 여러 개의 사슬로 결합되어 그룹화되어 있으며 내부에는 유연한 미세섬유(microfibrils)로 구성되어 있고 단백질기질에 연결되어 높은 인장강도를 부여한다. 키틴 미세섬유 조직의 가장 흔한 배열은 내부에 미세섬유가 배열된 평행배열이며, 외원표피에서 각각 한판의 키틴층은 겹겹이 쌓여있는 구조로 이루어져 있으며, 각 판의 각도는 서로 틀어져 있는 나선형 배열의 형태를 만들어 빛을 산란시키거나 어두운 색상의 줄무늬(라멜라 구조)를 만든다. 따라서, 표피를 절단하였을 때 확연히 보이는 포물선 구조의 배열과 라멜라 구조의 배열은 미세섬유에서 유래된 시각적으로 조작된 구조물이다(그림 2.3). 내원표피에서는 미세섬유층이 번갈아 쌓이거나 나선형의 구조로 쌓이면서 종종 외원표피에서보다 더 두꺼운 라멜라 층이 솟아 올라있다. 이와 같이 다른 형태의 표피 배열은 대부분의 성충 나이를 정확히 가늠하는 척도가 된다.

표피의 강도는 키틴 사슬을 이루는 수소결합에 의한 것이며 추가적인 강도는 외원표피를 어둡게 하고 표피를 구성하는 단백질이 비수용성 성질을 띠게 하는 일련인 비가역적 과정인 **경화작용**(sclerotization)에 의한 것이다. 경화작용은 페놀고리에 의한 인접 단백질 사슬에 기인 하거나(퀴논경화, quinone tanning), 단백질 고리의 탈수 혹은 2가지 작용 모두에 의해 일어나며, 외원표피만 경화가 진척된다. 멜라닌 색소 침착을 포함한 표피에서의 색소 침착은 퀴논과 관련이 있으나, 경화작용에는 필수적인 것이 아니고 부가적으로 나타나는 현상이다.

딱딱한 표피와는 달리 전형적인 경피와 턱(mandible)과 같은 곤충의 구기는 보다 부드럽고, 유연하며 곤충의 다양한 부위에서 볼 수 있는 표피는 신축성이 뛰어나다. 신축성이 있거나 탄력성이 뛰어난 움직임의 예는 곤충 날개의 인대나 벼룩의 다리근육에 있는 "고무와 유사"한 단백질인 **레실린**(resilin)에 의한 벼룩의 점프에서 찾아 볼 수 있다. 이 단백질의 용수철모양으로 꼬여있는 폴리펩티드 사슬은 힘을 받아 압축되거나 팽팽해지거나 구부린 상태의 기계적 용수철과 같은 기능을 하게 된다.

체절 사이의 세포막과 부드러운 몸을 가진 유충의 표피

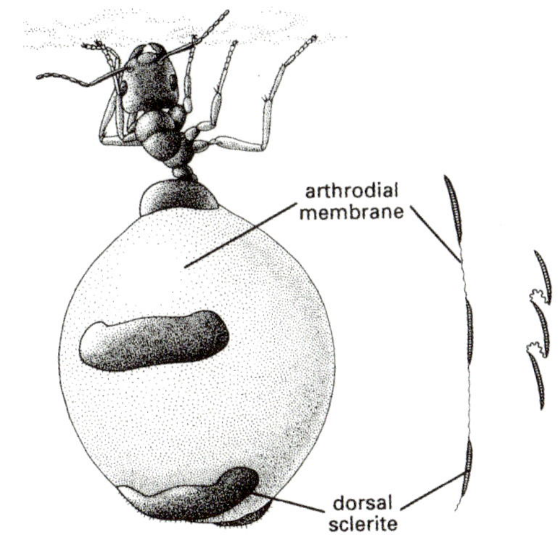

그림 2.4 팽창된 복부에 전체 개미집단에 공급할 꿀을 저장하고 있는 꿀단지개미(*Campomotus inflatus*, 벌목 개미과)의 특별히 분화된 일개미의 모습. 그림 오른쪽에 등판사이의 관절회전막이 접혀있는 상태와 펼쳐진 상태를 보여준다(Hardey 1986, Devitt 1989).

는 단단한 동시에 신축성과 유연성을 갖는다. "**관절회전막**(arthrodial membrane)"이라 불리는 부드러운 표피는 알을 품고 있는 풀무치(*Locusta migratoria*, 메뚜기목 메뚜기과) 암컷의 예를 들 수 있는데, 절간막(intersegmental membrane)은 산란시기에 20배까지 늘어난다. 알을 품은 여왕벌, 흰개미 및 개미의 복부팽창 역시 유사하게 경화되지 않은 표피의 팽창에 의한 것이다. 이들 곤충에서 신축성이 없이 가로놓여 있으며 원래부터 고도로 접혀있던 외표피가 펼쳐지면서 팽창되며, 때로는 새로운 외표피가 형성되면서 팽창되기도 한다. 이와 같은 관절회전막의 팽창에 대한 극단적인 예는 꿀단지개미에서 찾아볼 수 있다(그림 2.4 및 12.2.3절). 흡혈성노린재인 *Rhodnius* 약충(Hemiptera: Reduviidae, 노린재목 침노린재과)의 경우 다량의 체액을 흡입할 수 있도록 복부를 팽창시킬 수 있는데, 이는 표피를 구성하는 분자의 구조를 변형시킬 수 있기 때문이다.

표피의 구성성분은, 밀랍, 시멘트, 페로몬(4장)과 방어물질 및 표피아래 기저막에 붙어있고 단층의 진피층에서 분비되는 다른 구성물질이 있다. 대부분의 이 구성물질은 외표피의 외부로 분비된다. 많은 수의 미세한 **공관**(pore canal)이 원표피를 가로질러 밀랍을 함유하고 있는 더 미세한 수많은 **밀랍관**(wax canal)이 외표피내에(확대 그림 2.1) 세분되어 형성되는데, 이 수송체계를 통해 상피세포에서 외표피로 지질(밀랍)을 운송한다. 밀랍관은 또한 외표피에서 구조적 역할을 담당한다. 상피세포의 한 부분인 **피부샘**(dermal gland)은 시멘트와 밀랍을 생성하며, 보다 큰 관을 통해 표피로 분비한다. 밀랍을 분비하는 샘은 개각충(scale insects)과 관련된 깍지벌레에서 특히 발달되어 있다(그림 2.5). 상피세포층은 탈피와 아주 밀접한 관계가 있으며, 낡은 표피의 허물벗기(6.3절)와 같은 탈피과정을 유도한다.

곤충은 미세한 것에서부터 머리카락과 같이 굵고 가시와 같은 모양의 다양한 형태의 표피 확장성을 지닌다. 곤충의 형태학적, 구조적 및 발달 측면에서 경화된 표피를 포함한 4가지 기본 돌기(그림 2.6)의 종류로 구분할 수 있다.

1. **가시모양**(spine)의 돌기는 분화되지 않은 상피세포로 구성된 다세포이다;
2. 털, **대모**(macrotrichia) 혹은 **감각모**(trichoid sensilla)라 불리는 **강모**(setae)는 분화된 세포로서 다세포이다;
3. **가시돌기**(acanthae)는 단세포 기원이다;
4. **미모**(microtrichia)는 한 세포에서 여러 번 확장된 세포 이하의 미세구조물이다.

강모는 대부분의 곤충들이 촉감으로 감지할 수 있도록 하는 감각기관이다. 대형 강모는 센털(chaetae)이나 뻣뻣한 털(bristles)이라 불리기도 하며 대부분 **비늘**(scale)로 변형되는데, 편편한 구조의 강모(비늘)는 나비와 나방(나비목) 또는 다른 곤충에서도 볼 수 있다. 3종류의 분리된 세포는 각각 강모를 형성하게 되는데, 털을 형성(**센털** 세포, trichogen cell)하거나 소켓(**센털밑** 세포, tormogen cell)을 형성하거나, 감각 세포(sensory cell)를 형성한다(그림 4.1).

다세포성 가시돌기나 단세포성 가시돌기 및 아세포성 미모의 경우 위에서 언급한 세포분화는 일어나지 않는다. 이러한 곤충의 돌기는 다양하며 여전히 논쟁의 대상이 되고 있으나, 감각 기능은 아주 제한되어 있다. 색깔을 포함한 무늬의 형성은 현미경적 관찰에서 아주 특별한 의미가 있다. 가시돌기는 움직일 수 없으나, 서로 연결되어 있을 경우 발톱이라 부른다. 가시돌기와 발톱 모두 단세포 혹은 아세포성 기원이다.

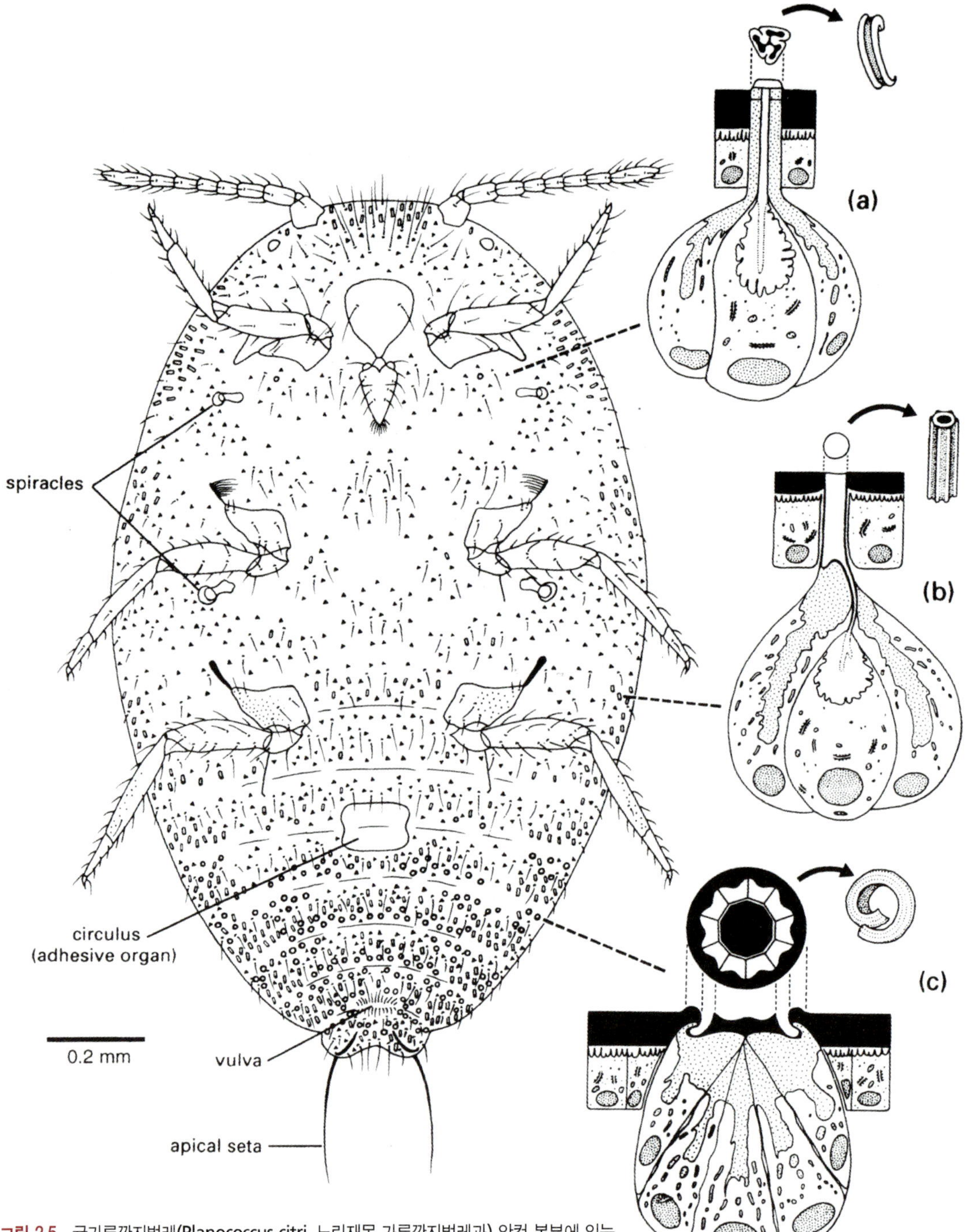

그림 2.5 귤가루깍지벌레(*Planococcus citri*, 노린재목 가루깍지벌레과) 암컷 복부에 있는 공관과 관. 3가지 형태의 표피구조와 관련된 밀랍샘과 다양한 밀랍 분비물(화살표)의 미세구조. (a) 삼심형 공관(trilocular pore), (b) 관형 공관(tubular duct), (c) 다심형 공관(multilocular pore). 삼심형 공관에서 분비되는 구부러진 형태의 밀랍 미세구조물은 공관을 막고 같이 분비되는 당분이나 감로(honeydew)에 의한 오염을 방지하고, 관형 공관이나 다심형 공관에서 분비되는 길고 속이 비어있으며 짧고 구부러진 구조의 밀랍은 난포(ovisac)를 형성한다(Foldi 1983, Cox 1987).

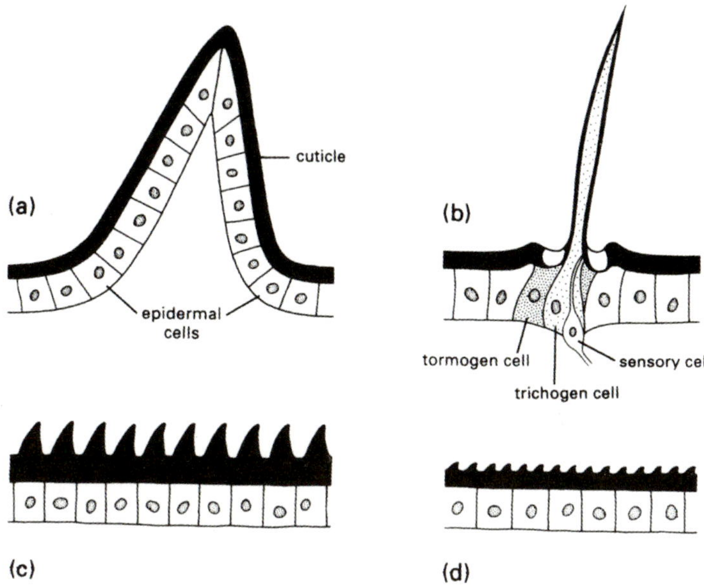

그림 2.6 4가지 종류의 기본적인 표피 돌기. (a) 다세포형 돌기, (b) 강모 혹은 감각모. (c) 가시돌기, (d) 미모(Richards & Richards 1979).

2.1.1. 색깔 형성

곤충에 있어서 다양한 색상은 표피, 밑의 세포 또는 체액과 빛의 상호작용에 의하거나 각각의 서로 다른 기작에 의하여 발생된다. 체색(구조적 색상)은 빛의 분산, 간섭 및 회절에 의한 것이며, 색소성 색상은 다양한 종류의 화학물질의 가시광선 흡수에 의한 것이다. 색상의 변화는 1가지 기작에 의해 일어나기 보다는 종종 2가지 기작이 함께 작용한다.

모든 체색은 표피와 돌기세포에 의한 것이다. 무지개색이나 자외선과 같은 간섭색상은 다양한 빛의 속도에 굴절, 외원표피 내의 미세섬유에 의해 생성된 반사층 및 깍지벌레의 경우처럼 규칙적인 문양이 있는 표면에서의 빛의 분산에 의한 것이다. 빛의 분산에 의해 생성된 색상은 빛의 파장과 관련된 표면의 불규칙 정도에 따라 달라진다. 따라서, 흰색은 빛의 파장보다 더 큰 구조에 의해 생성되며 모든 빛이 반사되는 반면에 파랑색은 단파장만 반사하는 표면의 특성 때문에 생성된다. 곤충의 색소는 다음과 같이 3가지 방법으로 생성된다.

1. 곤충 자체의 물질대사과정을 통해
2. 식물로부터 얻는 물질에 의해
3. 내부에 공생하는 미생물에 의해

색소는 표피, 상피세포, 혈림프 혹은 지방체에 분포한다. 표피의 암색화는 곤충색상에 있어서 아주 흔한 현상이며, 경화(색소침착과는 무관), 멜라닌 색소침착 또는 흑색, 갈색, 황색 혹은 적색을 나타내는 여러 종류로 구성된 중합체에 의한 것이다. 카로티노이드, 오모크롬, 파필로크롬 및 프테리딘이 적색을 나타내고, 플라보노이드는 황색을 나타내며, 테트라피롤(엽록체와 헤모글로빈과 같은 포르피린의 분해산물 포함)은 적색, 청색 및 녹색을 각각 나타낸다.

퀴논색소는 적색과 황색의 안트라퀴논 색소(예를 들어 연지벌레의 카민)와 같이 깍지벌레와 황색, 적색, 암청, 암녹색의 색소를 가진 진딧물에서 볼 수 있다.

곤충의 색은 또한 성적 및 방어 표시를 위한 일련의 기능을 가지고 있다. 예를 들어 오모크롬은 곤충 눈의 주된 시각 색소인 반면 검은 멜라닌 색소는 유해 광선을 효과적으로 차단하여 빛에너지를 열에너지로 전환시킬 수 있으며 세포를 파괴할 수도 있는 자유라디칼을 흡수하기도 한다. 척추동물에 광범위하게 존재하는 적색의 호흡색소인 헤모글로빈은 깔따구 유충이나 몇몇 수중곤충과 같이 유사한 호흡기능을 하는 일부 곤충에서도 볼 수 있다.

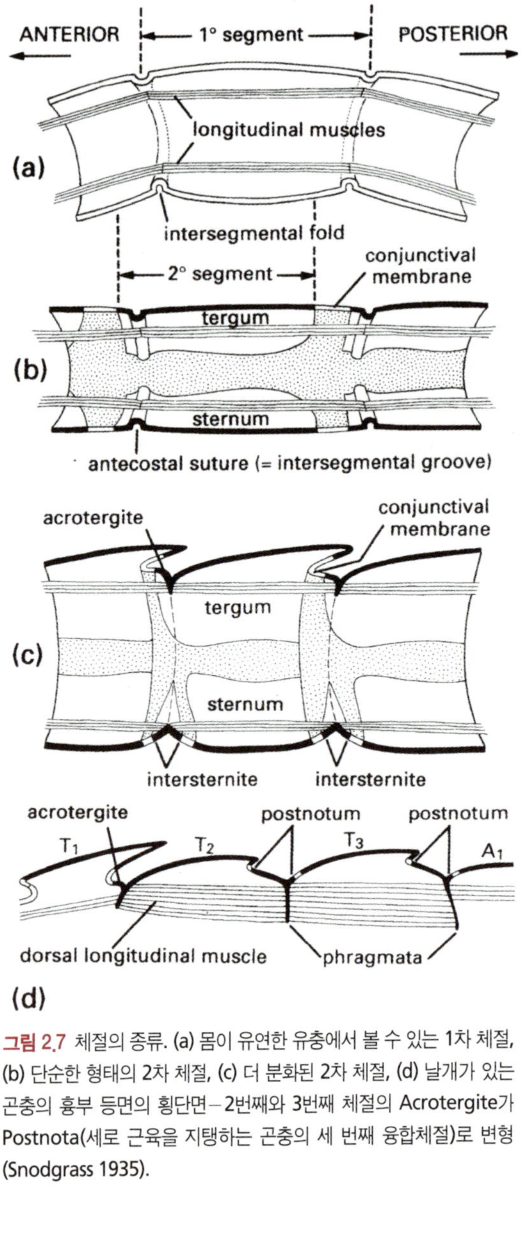

그림 2.7 체절의 종류. (a) 몸이 유연한 유충에서 볼 수 있는 1차 체절, (b) 단순한 형태의 2차 체절, (c) 더 분화된 2차 체절, (d) 날개가 있는 곤충의 흉부 등면의 횡단면–2번째와 3번째 체절의 Acrotergite가 Postnota(세로 근육을 지탱하는 곤충의 세 번째 융합체절)로 변형(Snodgrass 1935).

2.2 체절과 융합체절 형성

환형동물에서 두드러지게 나타나는 체절의 분절은 몇몇의 경화되지 않은 유충(그림 2.7a)에서만 관찰할 수 있다. 경화가 이루어진 성충이나 약충에서 관찰할 수 있는 분절은 유충과 정확하게 일치하지 않는데 이는 경화가 각 1번째 체절까지 연장되어 있기 때문이다(그림 2.7b,c). 각각의 두드러진 체절은 1차 체절의 결막과 **절간막**(intersegmental membrane)을 남기고 1차 체절이 접하는 부분 앞에서 시작되어 그 체절의 거의 끝까지 경화되어 있다. 이 2차 체절은 접힌 사이사이에 삽입되어 있는 근육이 부드러운 큐티클보다는 단단한 큐티클에 결합해 있음을 나타낸다. 이처럼 성충의 분명한 체절, 예를 들어 복부에 있는 것과 같은 것은, 기원으로 따진다면 2차 체절이지만, 이 장에서 이들 2차 체절을 단순히 체절이라 칭한다.

성충이나 약충, 그리고 일반적으로 곤충아문(Hexapod)에서 눈에 띄는 외부적 특징 중의 하나는 체절들이 융합되어 기능적인 단위로 움직일 수 있다는 것이다. 이와 같은 **합체절형**(tagmosis) 과정에 의해 체절인 **머리**, **흉부**, **복부**와 같은 부위가 생겨나게 되었다. 융합의 정도가 다양하다는 것은 완전한 상보성을 관찰할 수는 없음을 뜻하지만, 이 과정에서 20개의 체절이 발생학적으로 눈에 띄는 6체절의 머리, 3체절의 흉부, 11체절의 복부로 나뉘게 되었다(원시적으로 꼬리 마디였음). 외부적인 형태에 대해 더 자세히 논하기 전에 몇 가지 알아둘 사항이 있다. 좌우 대칭을 이루는 몸체는 다음과 같은 축에 따라 구분 가능하다:

1. **세로 방향**으로, 즉 **전방**에서 **후방**으로; 혹은 **머리 쪽**에서 **꼬리 쪽**으로
2. **등배 방향**으로, 즉, **등 쪽**인지(위 쪽), **배 쪽**인지(아래 쪽)
3. 가로지르는지 옆으로 나란한지(바깥 쪽). 즉 세로축에서 반대쪽 옆까지(그림 2.8).

다리나 날개와 같은 부속지에서 기부, 기저라는 말은 몸에서 가까운 부분을, 말단, 정단이라는 말은 몸에서 비교적 멀리 떨어진 부분을 뜻한다. 또한 **정중선**(midline)에 가까운 부분을 **내측(mesal 혹은 medial)**이라고 하며, 몸의 끝부분과 가까우면 측면이라고 한다.

체표면은 기본적으로 4부분으로 나눌 수 있는데, **등**(dorsum) 혹은 위 쪽 표면, **배**(venter) 혹은 아래 쪽 표면, 등과 배를 구분하는 뒤쪽 두 부분의 **흉막**(pleura)으로 나눌 수 있다. 특정 부위에서 일어나는 경화는 **경피**(sclerite)라고 불리는 판이 생성되어 일어난다. 주요 경피에는 **배판**(tergum), **흉골**(sternum), **측판**(pleuron)이 있다. 배판, 흉판, 측판의 경피를 세분하여 **등판**(tergite), **배판**(sternite), **측판**(pleurite)으로 부를 수도 있다.

복부의 측판은 종종 부분적으로나마 막 형태일 수 있지만, 흉부에서 경화되어 각 체절의 배판과 흉골에 연결되어 있다. 이렇게 융합되면서 다리 근육이 들어있는 박스형이

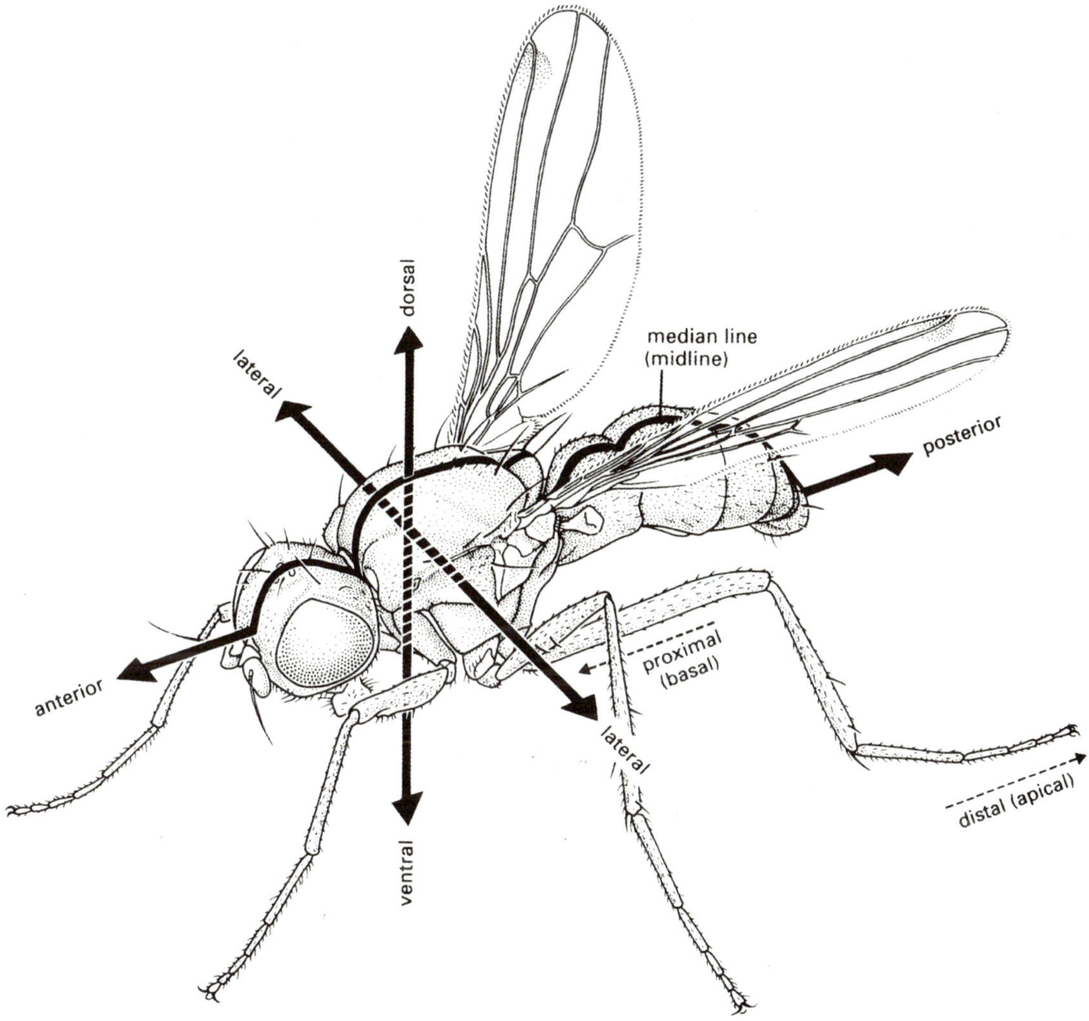

그림 2.8 꼭지파리과(Sepsid fly)로 예를 들어 본 곤충의 주된 몸의 축 및 부속지와 몸과의 관계를 표현한 모식도(McAlpine 1987).

되며 날개가 있는 곤충에서는 비행 근육으로 된다. 몇몇 유충에서는 예외적으로 머리의 경피가 단단한 캡슐로 융합되곤 한다. 유충에서는(약충이 아님) 흉부와 복부가 막 형태로 남아있으며 체절의 융합이 명확하게 보이지는 않는다(말벌의 유충이나 구더기가 그 예이다). 또한 배판, 흉골, 측판이 명확하게 눈에 띄지는 않는다.

2.3 머리

단단한 두개골에는 두 군데의 구멍이 있는데, 하나는 **대후두공**(occipital foramen) 뒷부분에서 앞가슴까지 이어진 것이고, 다른 하나는 구기로 이어진 것이다. 보통 구기는 배 쪽으로(**하구식**, hypognathous) 향해있지만 딱정벌레와 같이 앞쪽으로(**전구식**, prognathous) 향하거나 진딧물, 매미, 멸구 등에서와 같이 뒤로(**후구식**, opisthognathous) 향하기도 한다. 머리의 몇 가지 부위를 알아보면 다음과 같다(그림 2.9): 뒤 쪽에 있는 말편자 모양의 **후두개골**(posterior cranium, 등 쪽으로는 후두부)은 등 쪽으로는 정수리와, 측면으로는 뺨과 맞닿아 있다. 정수리는 전두와 앞쪽에서 맞닿아있는데 더 앞 쪽으로는 **머리방패**(clypeus)가 있어, 이

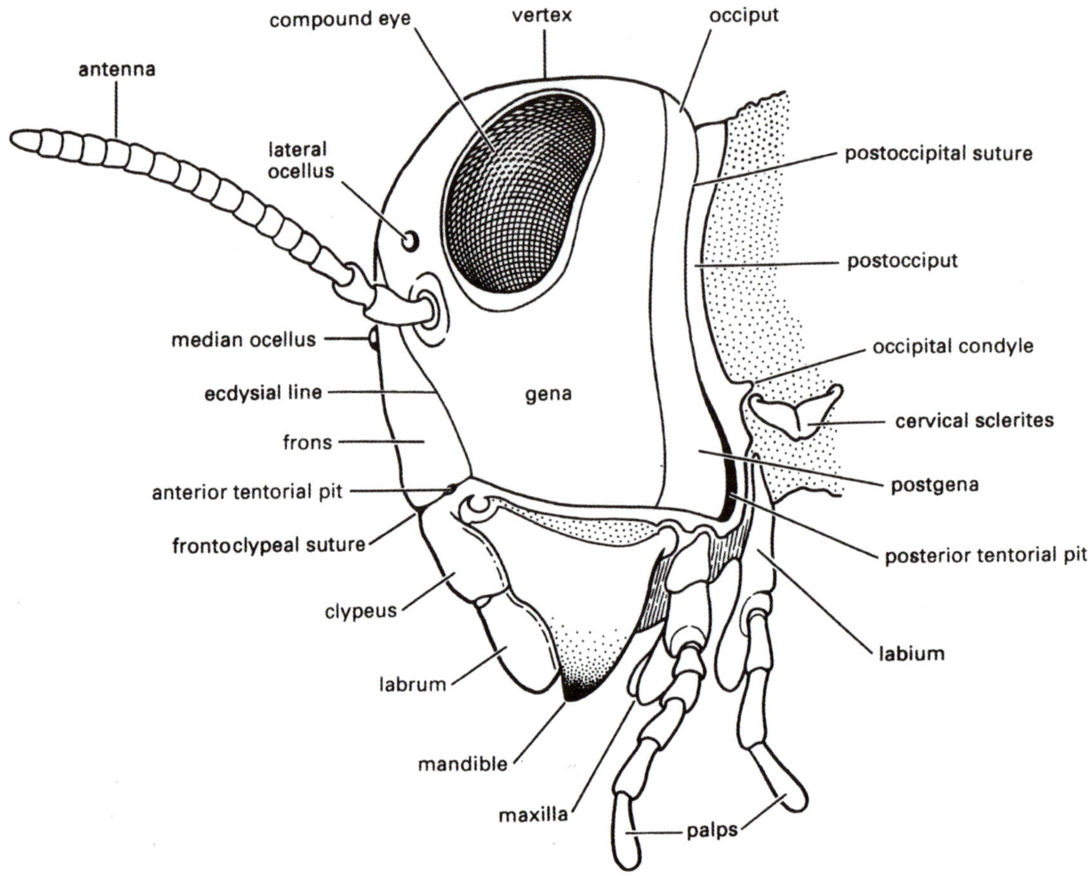

그림 2.9 일반적인 유시류(pterygota) 곤충의 머리 측면 모습(Snodgrass 1935).

둘이 융합된 **이마머리 방패**(frontoclypeus)가 형성되기도 한다. 성충과 약충에서는 쌍을 이루는 겹눈이 정수리와 뺨 사이에서 등의 측면에, 더듬이 1쌍이 더 안쪽에 위치하고 있다. 많은 곤충들은 정수리의 앞 쪽에 삼각형의 배열로 빛을 감지하는 3개의 단안 혹은 **홑눈**(ocelli)이 있으며 많은 종류의 유충들은 **옆홑눈**(stemmatal eye)을 지닌다:

머리 부분은 봉합선(머리 위의 홈)에 의해 희미하게 구분되어져 있으며, 3가지 형태가 있다:

1. 원래 있던 분절에서 남은 부분으로 보통 뒷머리 **봉합선**(postoccipital suture)에 한정되어 있다.
2. 탈피시(6.3절) 곤충의 머리가 갈라지는 부분인 **탈피선**(ecdysial line), 탈피선에는 거꾸로 된 "Y" 모양 혹은 정수리의 **두개봉합선**(epicranial suture)이 포함되어 있다(그림 2.10). 전두는 "Y"의 팔 부분(**전두봉합**(frontal suture)이라고도 함)에 의해 구분되어 진다.
3. **이마방패봉합선**(frontoclypeal suture) 혹은 **이마방패선**(epistomal suture) 등과 같은 기저의 골격을 그대로 드러내는 홈. 전두와 더 안쪽의 이마방패를 구분 짓는다.

머리의 내부골격은 몇몇의 함몰된 끝(융기부)으로 이루어져 있다. 가장 중요한 것은 **막상골의 팔**(tentorial arms)인데 팔 하나는 뒤 쪽으로, 하나는 앞 쪽으로 향해 있으며 가끔은 등에 다른 구조를 더 갖기도 한다. 이들 팔의 몇몇은 없을 수도 있고, 유시류에서는 내골격구조인 막상골로 융합되어 있기도 하다. 두개골 표면에서 막상골 팔이 함몰되어 있는 부분의 홈은 눈으로 볼 수 있을 정도이다. 이런 홈이나 봉합선은 머리에서 두드러지게 보이지만 체절과는 크게 상관없이 보인다.

머리 체절의 기원은 구기에 의해 잘 설명된다(2.3.1절).

6개의 융합된 머리체절은 다음과 같다:

1. 윗입술(labrum)
2. 더듬이(antenna, 각 더듬이는 다리길이와 거의 같다)
3. 촉각 뒷돌기(postantenna, 촉각 체절과 융합되어 있음)
4. 큰 턱(mandible)
5. 작은 턱(maxilla)
6. 입술(labium)

목은 흉부의 첫 부분에서 유래된 것으로 체절은 아니다.

2.3.1. 구기

구기는 2번째의 체절을 제외한 모든 머리의 체절이 융합되어 형성된 것이다. 바퀴, 귀뚜라미, 집게벌레와 같은 잡식성 곤충에서는 구기가 물고 씹는 형(저작구형, mandibulate)이며 오늘 날의 곤충보다는 원시적인 유시류의 기본적인 형태와 닮아있다. 먹이를 먹는 방식에 따라 이 기본적인 구기 구조가 변화하였는데, 나비목(Lepidoptera), 파리목(Diptera), 벌목(Hymenoptera), 노린재목(Hemiptera) 및 몇몇 작은 목의 곤충류에서 그 극단적인 변화의 예를 관찰할 수 있다. 이 장에서는 유럽산 집게벌레인 *Forficula auricularia* (집게벌레목 집게벌레과, Dermaptera: Forficulidae) (그림. 2.10)를 예로 들어 먼저 기본적인 저작구형 구기에 대해 알아보고, 먹이에 따른 구기의 변형에 대해 더 알아보도록 하겠다.

구기는 다음과 같이 5부분으로 이루어져 있다.

1. **상인두**(epipharynx)라고도 하는 배 쪽 표면의 **윗입술**(labrum)
2. 혀와 비슷한 구조인 **설상체**(hypopharynx)
3. **큰 턱**(mandible)
4. **작은 턱**(maxilla)
5. **아랫입술**(labium)

윗입술은 전구강 덮개를 이루고(그림 3.14) 큰 턱의 아랫부분을 덮고 있다; 이는 1쌍의 원시적인 부속지가 융합되어 만들어진 것으로 보인다. 전구강의 뒤에서 앞으로 향하고 있는 것이 설상체인데 그 기원은 매우 복합적이다; 무시류, 집게벌레, 하루살이의 약충에서는 설상체가 1쌍의 측엽(**입술끝마디옆조각**, superlingua)으로 구성되어 있다(그림 2.10). 입술끝마디옆조각은 구강을 등측먹이낭(dorsal food pouch)과 열린 타액관과 연결되어 있는 타액주머니로 나눈다(그림 3.14). 큰 턱, 작은 턱, 아랫입술은 각각 쌍을 이루고 4~6개의 체절로 이루어진 부속물로서 곤충 목에 따라 그 구조가 매우 다양하다. 이들의 다리와의 연속적인 상동성은 설상체와 아랫입술보다 더 뚜렷하다.

큰 턱은 방어의 용도로 사용되기도 하지만 먹이를 으깨는데 주로 쓰이며, 날카로운 끝부분과 먹이를 가는데 쓰이는 기저의 어금니 부분이 있다. 이들은 매우 단단해서(암석의 경우를 나타내는 단위인 모스 경도계로 3, 압입 경도로 30 Kg/mm^2) 흰개미, 딱정벌레 등은 구리, 납, 주석, 아연과 같은 금속으로 만든 박(foil)을 쉽게 뚫을 수 있다. 큰 턱의 뒤에는 작은 턱이 있는데 가깝게는 **밑마디**(cardo), 멀게는 **접교절**(stipes)로 이루어져 있다. 접교절은 2개의 엽(위쪽으로는 **내엽돌기**(lacinia), 측면으로는 **외엽**(galea), **작은 턱수염**(maxillary palp) 혹은 **촉수**(palpus)와 접해있다. 기능적으로 음식물을 다룰 때 작은 턱은 큰 턱을 보조하는 역할을 하며, 끝이 뾰족하고 경화되어 있는 내엽돌기는 음식물을 잡고 부드럽게 하는데 이용되는데 반해 바깥조각과 촉수는 먹이를 삼키기 전 감각모(기계적 자극 수용기) 및 화학수용기로서의 기능을 담당한다. 머리에서 뻗어 나온 여섯 번째 체절의 부속물은 흉골(sternum)과 융합되어 아랫입술을 구성하는데 갑각류의 두 번째 작은 턱과 상동이다. 집게벌레와 같은 전구형 곤충의 아랫입술은 배 안쪽 부분의 경화된 판(인후)을 가로질러 머리의 측면에 연결되어 있다(그림 2.10). 아랫입술에는 두 부분이 있는데, 하나는 후하순기절(postmentum)로 머리의 배 뒤쪽 방향과 가깝고 아하순기절(submentum)과 하순기절(mentum)로 나뉜다. 또 다른 하나는 **전하순기절**(prementum)로서 2쌍의 엽(lobes) 측면으로 1쌍의 **아랫입술수염**(labial palp)을 지니며 위쪽으로는 가운데 **혀**(glossa), 더 측면으로는 **옆혀**(paraglossa)를 지니고 있다. 가운데 혀와 옆혀, 그리고 이들이 부착해 있는 전하순기절의 일부를 포함하여 **아랫입술끝**(ligula)이라고 한다. 엽은 가운데 혀가 없는 못뽑이집게벌레인 *Forficula*(그림 2.10)에서처럼 다양하게 변화했거나 퇴화했을 수도 있다. 전하순기절과 그 엽은 전구강(기능적으로 아랫입술)의 바닥을 이루고 있으며 아랫입술수염은 작은 턱수염과 비슷한 감각기능이 있다.

곤충이 진화하는 동안 위에서 언급한 기본적인 구조로부터 일련의 구기 형태가 나타나게 되었다. 보통 먹이를 먹는 형태가 목, 과, 속의 모든 구성 곤충에 대해 특징적으로

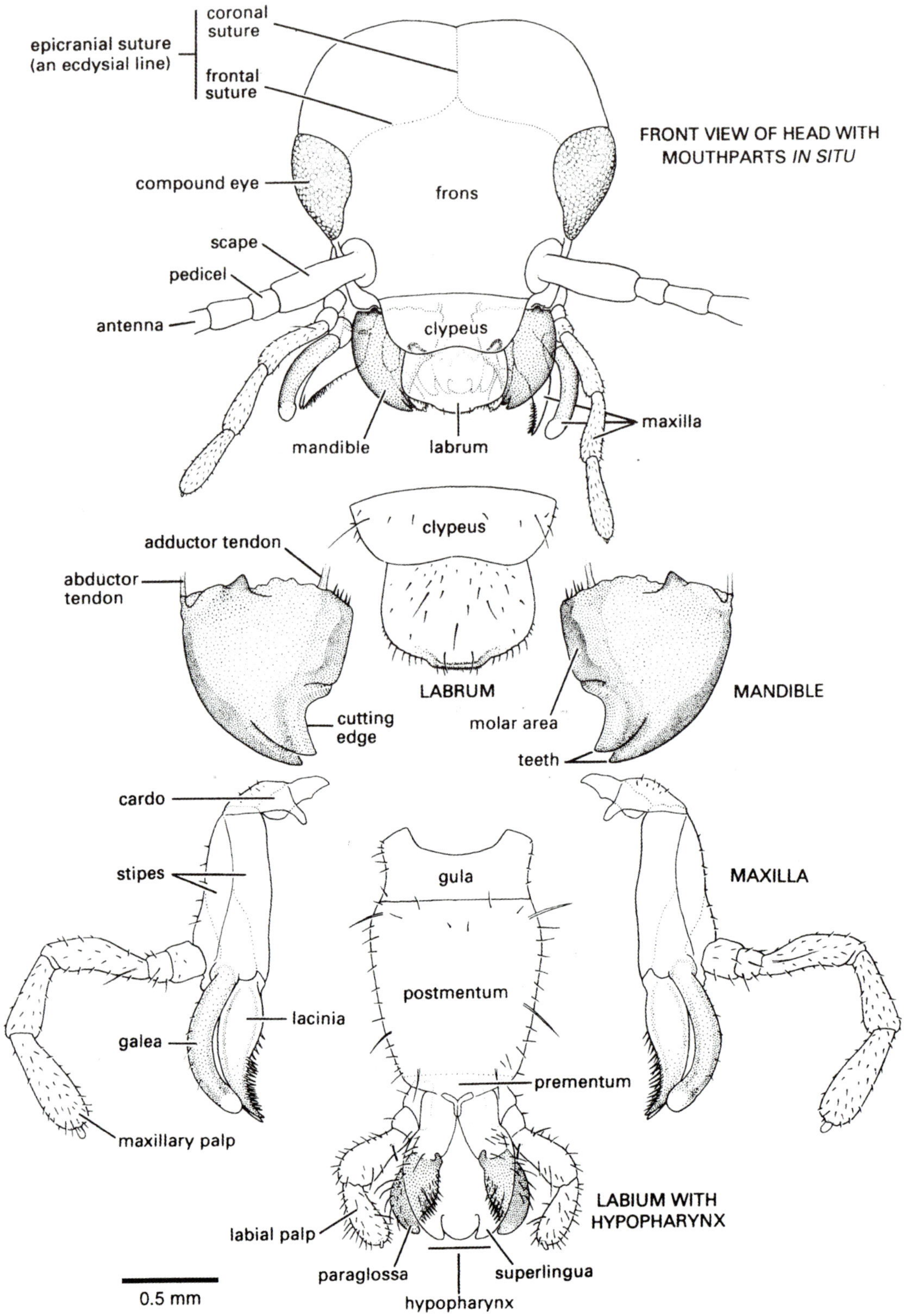
coronal suture
epicranial suture (an ecdysial line)
frontal suture
FRONT VIEW OF HEAD WITH MOUTHPARTS IN SITU
compound eye
frons
scape
pedicel
antenna
clypeus
mandible
labrum
maxilla
clypeus
adductor tendon
abductor tendon
LABRUM
MANDIBLE
cutting edge
molar area
teeth
cardo
stipes
MAXILLA
gula
postmentum
lacinia
galea
prementum
maxillary palp
LABIUM WITH HYPOPHARYNX
labial palp
paraglossa
superlingua
hypopharynx
0.5 mm

나타나므로 구기에 대한 정보는 분류학적 분류, 동정, 그리고 생태학적 일반화(10.6절 참조)에 있어 매우 유용하다. 구기의 형태는 보통 먹이에 따라 달라지지만 큰 턱과 기타 구조물은 몇몇의 수컷 딱정벌레(Lucanidae)의 경우처럼 방어적인 용도 혹은 수컷 간의 경쟁 등의 용도로 사용되기도 한다. 곤충의 구기는 여러 목에서 단순히 씹는 것뿐만 아니라 핥기, 흡즙, 물기, 찔러서 흡즙, 여과섭식 등 먹이를 먹는 방식에 따라 다양하게 발달하여 왔다.

벌의 구기는 씹고 핥을 수 있도록 발달된 예이다. 핥기(lapping)란 돌출된 기관이나 혀에 묻어있는 액체 혹은 반액체 상태의 먹이를 입으로 가져오는 방식이다. 꿀벌인 *Apis mellifera*(벌목: 꿀벌과)는 길고 서로 융합된 하순중설(labial glossae)은 털이 많은 혀를 지니는데, 작은 턱의 바깥조각(외엽)과 아랫입술수염이 이들을 둘러싸고 있으며 먹이관이 지나는 관 모양의 긴 주둥이를 이룬다(그림 2.11). 먹이활동을 할 때 혀를 꽃 꿀이나 꿀에 담그게 되는데, 이때 액체먹이는 혀의 털에 달라붙게 되며 달라붙은 액상 먹이는 바깥조각과 아랫입술수염 사이의 빈 공간으로 이동하게 된다. 이와 같이 혀를 앞뒤 반복하여 빠른 속도로 움직인다. 액상먹이를 입으로 가져오는 것은 액상먹이를 먹이관으로 밀어 올리는 혀의 운동과 동시에 구강펌프를 움직임으로써 일어난다. 작은 턱의 내엽돌기와 수염은 발달되지못한 기본형이며, 옆 혀는 혀의 기저부분을 감싸고 있어 타액을 등 쪽 타액샘으로부터 배 쪽의 관으로 향하게 하는데 여기에서 혀끝의 작은 엽인 **아랫입술 끝 관**(flabellum)으로 수송된다. 타액은 고형 혹은 반고형 상태의 당을 분해한다. 숟가락 모양의 경화된 큰 턱은 주둥이의 뿌리부분에 위치하며 집을 짓기 위해 밀랍, 식물의 수지를 다루고, 유충, 여왕에게 먹이를 주며, 몸을 손질하고, 싸우고, 죽은 벌 등 집안의 쓰레기를 치우는 것과 같이 다양한 목적으로 사용된다.

대부분의 나비목 성충이나 파리들은 취판(주둥이)을 이루는 흡즙형 구기를 이용해 액체를 빨아들이는 방식만을 이용한다(Box 15.5). 액체상의 먹이를 빨아들이는 데에

그림 2.10 유럽산 못뽑이 집게벌레인 Forficula auricularia(집게벌레목 집게벌레과) 성충의 머리 정면 모습과 구기의 해부도. 해부도를 통해 알 수 있듯이 구기는 전구식 구기이며, 배쪽 부분의 목 부위에 인후판(gular plate)이나 인후(gula)이 존재하는 것을 알 수 있다.

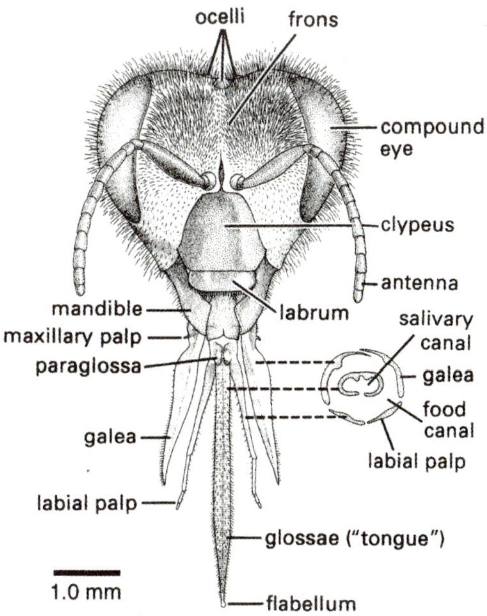

그림 2.11 꿀벌인 *Apis mellifera*(벌목: 꿀벌과) 일벌의 머리 정면과 주둥이의 절단면. 혀(융합된 입술 가운데 혀)가 어떻게 작은 턱 외엽과 입술수염이 변화된 흡즙관 내에 들어가 있는지를 보여준다(Wigglesworth 1964).

는 구강이나 인두의 근육을 이용한다. 나방이나 나비의 주둥이는 기다란 작은 턱 외엽으로 이루어져 있는데 혈림프(혈액) 압력이 증가하면서 신장된다(그림 2.12a). 주둥이는 표피에 내재된 탄성에 의해 약하게 꼬여있는데 단단하게 꼬이기 위해서는 근육이 수축해야 한다(그림 2.12b). 주둥이의 단면 그림(그림 2.12c)은 구강펌프 쪽으로 열린 먹이관이 어떻게 연립적으로 서로 맞물려 있는 2개의 바깥조각으로 어떻게 구성되어 있는지를 보여주고 있다. *Xanthopan morgani*와 같은 수컷 박각시(박각시나방과)는 매우 긴 주둥이를 지니기도 한다(그림 11.8).

몇몇 나방과 많은 파리들은 흡즙할 때 찌르거나 혹은 무는 형태가 조합된 모습을 보이기도 한다. 예를 들어 열매에 구멍을 뚫거나 피를 빨아먹는 나방의 경우(밤나방과의 몇 종) 주둥이의 끝에 발굽 동물이나 과일의 표면에 걸 수 있도록 가시나 갈고리가 있기도 하다. 적어도 몇몇 나방들은 2개의 외엽이 서로 미끄러지면서 발생하는 끌고 당기기 운동을 이용해 구멍을 뚫기도 한다. 흡혈 파리는 피부를 뚫고 피를 빨아먹는 다양한 기작을 가지고 있다. 모기, 곱추파리, 등에과와 같은 하등 파리의 경우, 성충의 아랫입술은

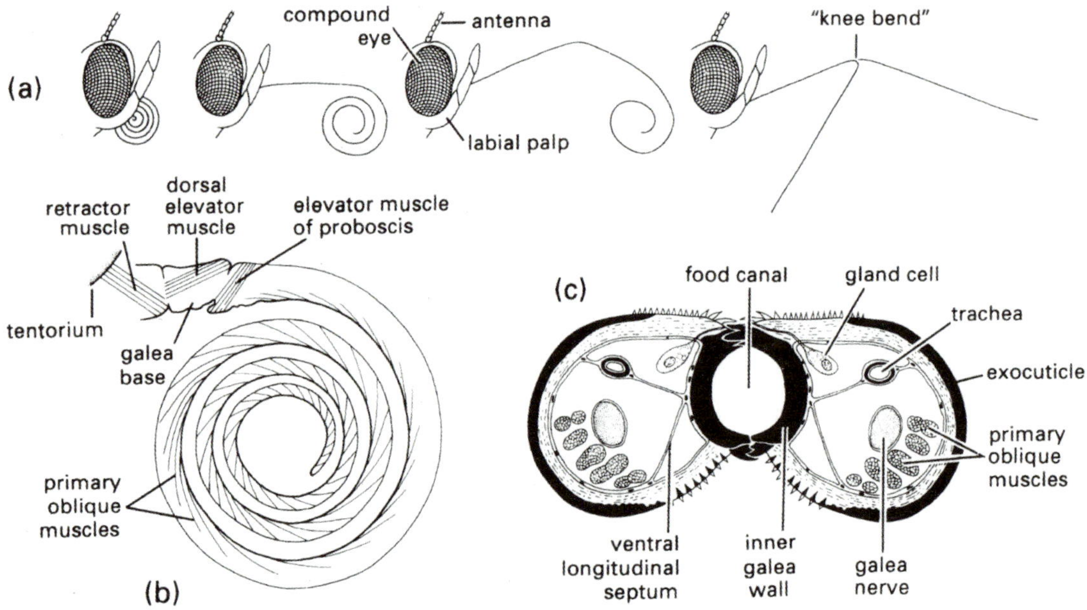

그림 2.12 배추흰나비 Pieris rapae(나비목: 흰나비과)의 구기. (a) 왼쪽에서 오른쪽으로 각각 평상시, 가까운 거리로 뻗을 때, 먼 거리로 뻗을 때, 완전히 뻗어 그 끝이 여러 위치 중 두 군데에 닿을 때(Knee bend에서 구부러지므로 가능)를 나타낸다. (b) 주둥이 근육계의 측면. (c) 가까운 거리로 뻗을 때의 주둥이 단면(Easthan & Eassa 1955).

외피를 지니는 데 이들이 융합되어 구멍을 뚫는 구조물을 만들어 낸다. 반대로 무는 구조를 지닌 파리목(등에아목: 유판류, 쇠파리나 체체파리)은 큰 턱과 작은 턱이 발달하지 않았으며 구멍을 뚫는 가장 주요한 기관은 고도로 변형된 아랫입술이다. 파리목 성충의 구기는 Box 15.5에서 확인할 수 있다.

구멍을 뚫는 흡즙하는 형태로의 또 다른 변이는 노린재(노린재류), 총채벌레(총채벌레목), 벼룩(벼룩목), 이(이목) 등에서도 관찰할 수 있다. 각 곤충목은 또 다른 형태의 입틀구조로서 식물이나 동물의 조직을 찌를 수 있는 바늘모양의 침을 형성한다. 각 목의 곤충의 몸은 매우 길고 가늘며 쌍을 이루는 큰 턱과 작은 턱 침을 지니고 있는데 이들은 먹이관과 타액관이 있는 유연한 여러 개의 침을 가지고 있다(Box 11.8). 총체벌레는 3개의 침을 갖고 있는데, 쌍을 이루는 작은 턱 침(내엽돌기)과 1개의 왼쪽 큰 턱 침이 있다(그림 2.13). 이는 하인두샘(등 쪽), 침샘(가운데), 하순(배 쪽)의 3군데에 침을 갖고 있는데, 머리의 아래쪽의 주머니 안에 위치해 있으며 흡혈을 하는 동안 숙주를 붙잡을 수 있는 내부톱니를 가진 작고 바깥쪽으로 뒤집어 낼 수 있는 주둥이 쪽으로 향해있다(그림 2.14). 벼룩은 상인두(epipharynx)가 변화된 하나의 침을 지니고 있으며, 작은 턱의 내엽돌기는 아랫입술수염으로 덮이지 않은 2개의 긴 절단날을 구성하고 있다(그림 2.15). 노린재목과 총채벌레목은 서로 자매군(sister group)으로서 이목과 같은 집단에 속한지만(그림 7.2), 이는 적어도 다듬이벌레목과 유사한 조상을 지니며 구기는 보다 보편화된 저작구형이다. 벼룩목은 위의 세목과 관계가 멀지만 입틀 구조 간의 유사성은 평행적이거나 벼룩의 경우에는 수렴진화(상근진화, convergent evolution)라 볼 수 있다.

개미지옥이나 풀잠자리의 유충과 같은 포식성 유충의 경우 약간 다른 형태의 찌르기형 구기를 확인할 수 있다. 침모양의 큰 턱과 작은 턱이 흡즙하기에 적당한 관을 이루고 있는데 이들은 머리의 양 쪽에 위치하고 있다(그림 13.2c). 또 다른 과(명주잠자리과, 풀잠자리과, 보날개풀잠자리과)의 곤충은 가는 독관을 가지기도 한다. 일반적으로 아랫입술수염은 존재하나 작은 턱수염은 없으며 아랫입술

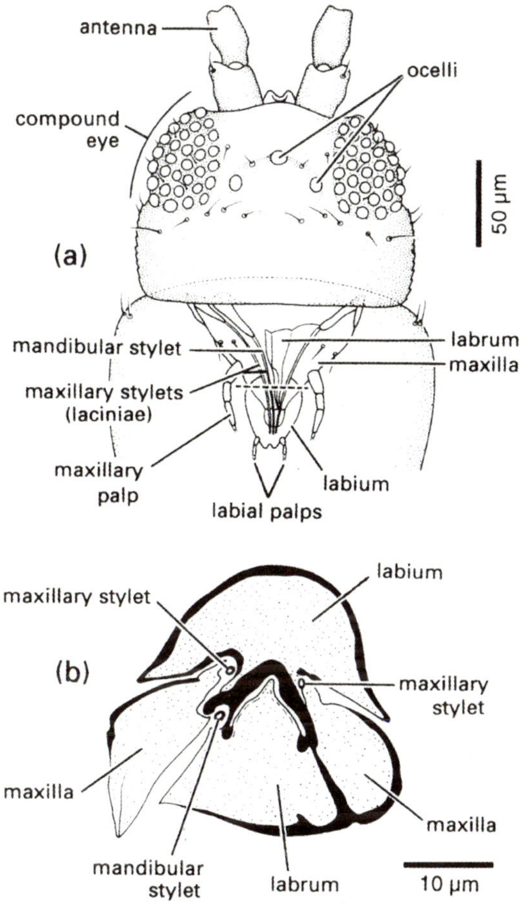

그림 2.13 총채벌레 Thrips australis(총체벌레목: 총채벌레과)의 머리 및 구기. (a) 등에서 본 머리 그림에서는 앞가슴을 통해 구기를 관찰한 것을 볼 수 있다. (b) 주둥이를 따라 자른 단면. (a)에서 비스듬하게 자른 면이다(Matsuda 1965; CSIRO 1970).

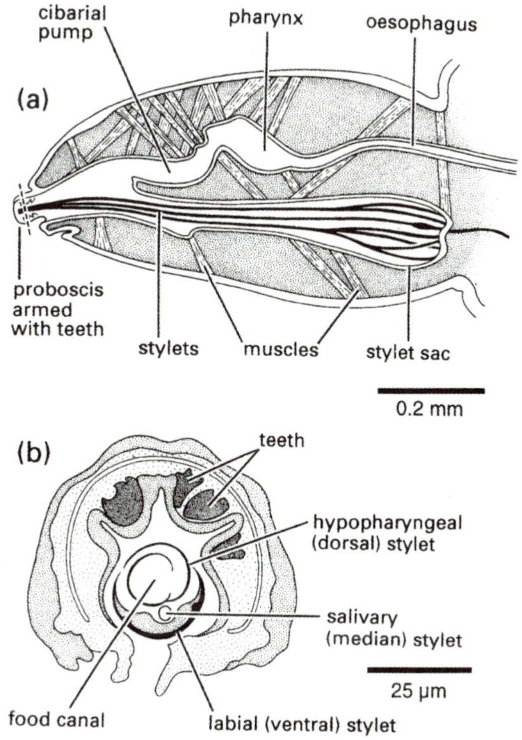

그림 2.14 *Pediculis*(이목: 이과)의 머리와 구기. (a) 머리의 종단면(신경계는 생략함). (b) 뒤집힐 수 있는 주둥이의 단면. (a)에서 비스듬하게 자른 면이다.

이 퇴화되어 있다. 뾰족한 모양의 큰 턱과 작은 턱은 먹이를 찌르는데 사용하며, 먹잇감의 내용물은 입 밖에서 소화되어 구강의 펌프작용에 의해 입으로 들어가게 된다.

먹이를 잡기위한 아랫입술의 독특한 변형의 예는 실잠자리와 잠자리의 유충에서 볼 수 있다. 이들 포식자들은 접혀있던 아랫입술을 재빨리 뻗어 먹이를 잡는데, 이는 아랫입술수염이 변형되어 생긴 뾰족한 갈고리 덕분이다(그림. 13.4). 아랫입술은 전하순기절과 후하순기절의 사이에 경첩처럼 붙어 있는데, 접혀있을 때는 머리의 아랫부분을 거의 덮을 정도이다. 아랫입술이 뻗을 때에는 흉부와 복부 근육을 수축시켜 혈림프의 압력을 상승시켜 발생하는 에너지를 이용한다. 또한 전하순기절과 후하순기절 사이의 큐티클 '찰칵 메커니즘(click mechanism)' 에 저장되어 있던 탄성력을 이용한다. 찰칵 메커니즘이 풀리면서 압력을 증가시켜 아랫입술을 재빠르게 앞으로 뻗은 후 아랫입술을 끌어당겨 먹이를 입 안에 넣는다.

수서 곤충의 여과섭식 방법은 모기(파리목 모기과) 유충, 곱추파리(파리목 먹파리과), 굴뚝날도래(날도래류 줄날도래상과 및 굴뚝날도래과) 등의 곤충에서 잘 연구되어져 있는데, 이들 곤충은 서식지인 수중환경에서 세균, 미세조류, 퇴적물 등을 '걸러' 먹는다. 모깃과의 유충들은 구기에 솔이나 부채모양의 강모가 있어 물살을 만들거나 조각난 먹이들을 입으로 보낸다. 반대로 굴뚝날도래는 흐르는 물에서 조각난 물질을 걸러내는 실크 그물을 회전시킨 후 구기로 이들을 쓸어냄으로써 그물에서 조각들을 제거한다. 따라서 여과섭식을 하는 곤충의 구기는 강모의 정교화에 의해 변형되었다고 할 수 있다. 모기유충에서 윗입술에

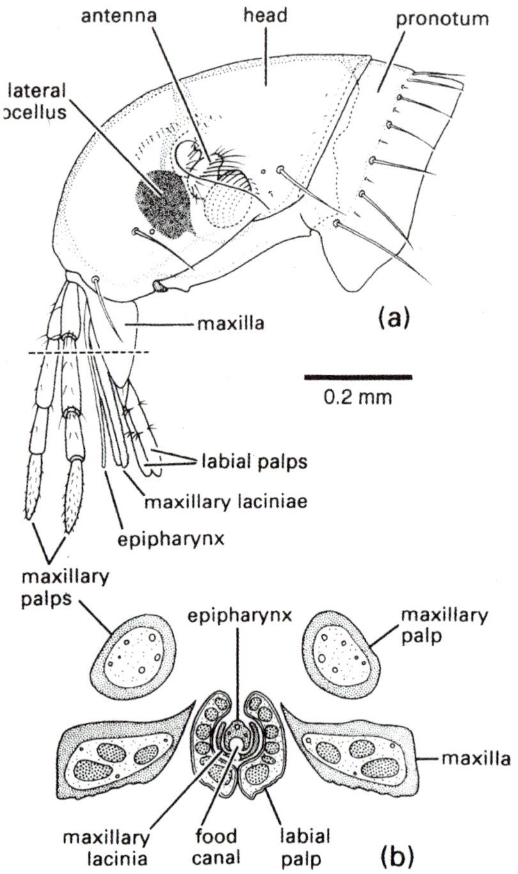

그림 2.15 인간에 기생하는 벼룩 *Pulex irritans*(벼룩목: 벼룩과)의 머리와 구기. (a) 머리의 측면. (b) 구기의 단면. (a)에서 비스듬하게 자른 면이다(Snodgrass 1946; Herms & James 1961).

있는 측면 구개털은 먹이를 먹기 위한 물살을 만드는데 사용하는데(그림 2.16), 이들은 매우 활발하게 물살을 만들어 입자가 풍부한 물이 구기 내로 들어오게 한다. 큰 턱과 작은 턱의 강모는 입자를 인두로 보내며 그 안에서 시간간격을 두고 음식물 덩어리가 형성된다.

하루살이(하루살이목)나 몇 종의 모기목, 소수의 나방(나비목), 깍지벌레 수컷(노린재목깍지벌레상과)과 같은 몇몇 성충의 경우 구기가 심하게 퇴화되어 있거나 구기로서의 기능이 없는 것도 있으며, 퇴화된 구기는 짧은 수명과도 관련이 있다.

2.3.2 머리의 감각구조

가장 눈에 띄는 곤충의 감각기는 머리에 있다. 대부분의 성충과 많은 종류의 약충은 머리의 4번째 체절의 등 측면으로 겹눈을 가지고 있으며 머리의 배 쪽으로 3개의 홑눈을 가지고 있다. 가운데 혹은 앞쪽에 있는 홑눈은 1번째 체절에 있고 융합된 쌍에서 유래한 것이며, 나머지 2개의 홑눈은 3번째 체절에 있다. 유충에서 시각에 관여하는 유일한 구조는 단안이라고도 하는 **옆 홑눈**(stem-mata)으로서 머리의 옆쪽에 있으며 하나 혹은 여러 개가 뭉쳐있기도 한다. 이들 3가지 유형의 시각기관은 4.4절에서 더 자세히 다룰 것이다.

더듬이는 유동성이 있고 체절로 나눠어있으며 쌍을 이루는 부속물이다. 유충과 성충의 더듬이는 보통 여덟 체절로 나뉘어 있는데 종종 **더듬이 마디**(antennomere)라고 불리는 수없이 많은 마디로 나눠지기도 한다. 보통은 3개의 주요한 체절로 나뉘어 있다(그림 2.17a): **자루마디**(scape)라고도 하는 첫째 체절은 다른 체절보다 크고 기본 자루를 이루며, 둘째 체절은 **흔들마디**(pedicel)라고 하는데 존스턴 기관이라고 하는 감각기관을 포함하고 있기도 한다. 존스턴 기관은 흔들마디보다 상대적으로 멀리 있는 부분의 움직임을 감지한다. 더듬이의 나머지 부분은 **채찍마디**(flagellum)라고 하는데 사상구조이며 매우 많은 체절로 구성되어 있거나 퇴화 혹은 매우 변형되어있다(그림 2.17b~i). 유충에서는 더듬이가 퇴화했거나 거의 없다.

털, 구멍, 원뿔형 등의 감각기라고도 하는 다양한 감각기관은 더듬이에 있고 화학감각기, 기계감각기, 열감각기, 수분감각기 등으로 기능한다(4장). 수컷의 더듬이는 암컷보다 더 정교하게 발달되어 있는데 이는 암컷의 페로몬을 감각하기 위한 표면적을 넓히기 위함이다(4.3.2절).

곤충의 털 뿐만 아니라 구기에도 화학감각기 및 강모가 잘 발달해 있으며 이들 감각기에 대해서는 4장에서 더 자세히 다루도록 하겠다.

2.4 가슴

곤충의 가슴(흉부)은 3체절로 이루어져 있는데, 첫 번째는 **앞가슴**(prothorax), 두 번째 체절은 **가운데 가슴**(mesothorax), 마지막 체절은 **뒷가슴**(metathorax)이라고 한다. 초기 단계의 무시류, 미성숙한 곤충에서 이들 체절은 크기

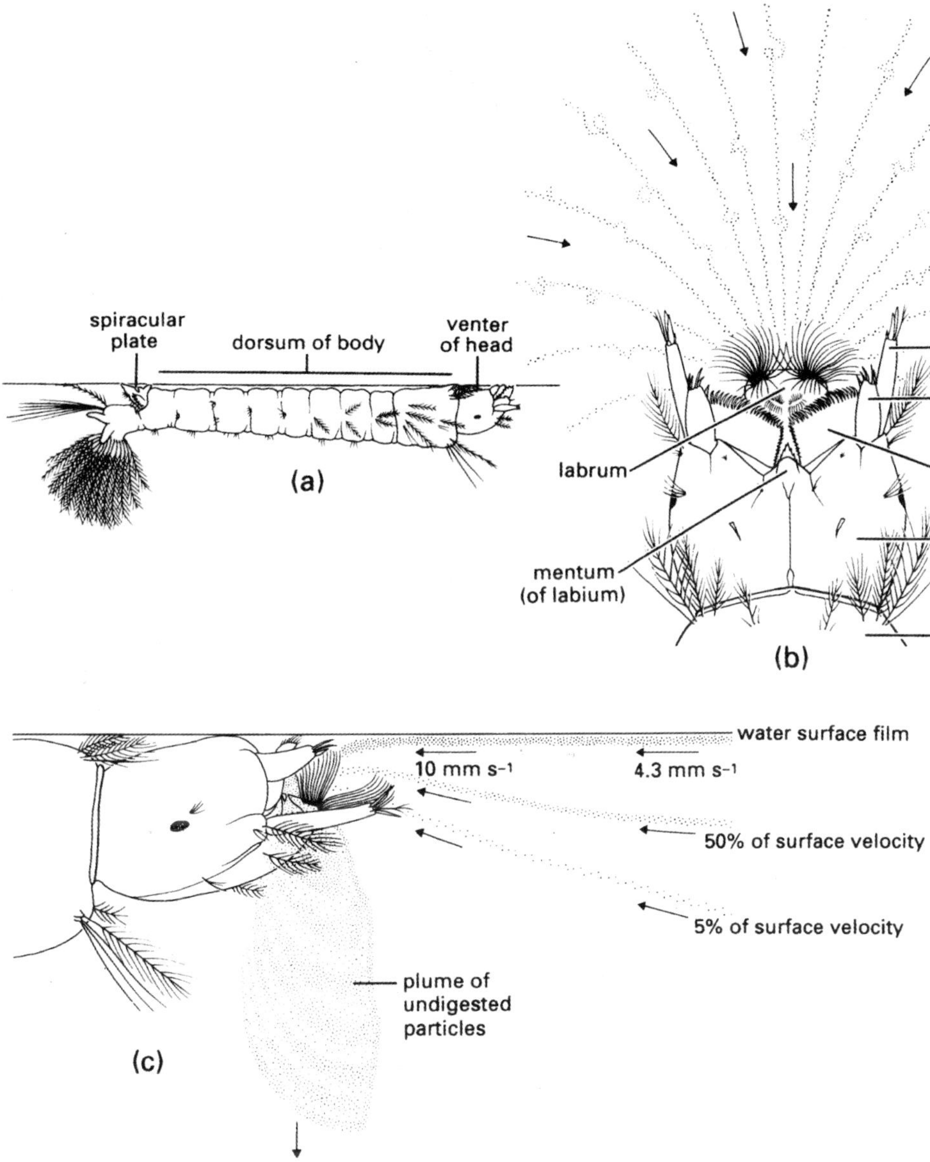

그림 2.16 모기 유충인 Anopheles quadrimaculatus(파리목 모기과)의 구기 및 먹이를 먹기 위한 물살 모양. (a) 유충은 수면 바로 아래에서 떠다니며 머리가 몸에서 180° 돌아간다(등을 올려 복부 끝에 있는 숨구멍판이 공기와 맞닿도록 함). (b) 위에서 본 그림. 아래에서 본 머리와 입술의 강모에 의해 물살이 발생하는 것을 볼 수 있다(표면 입자에 의해 발생한 물의 흐름과 물길은 화살표와 점선에 의해 표시되어 있다). (c) 상악골과 하악골 사이 전구강(preoral cavity)안으로 입자가 풍부한 물이 들어오는 것, 바깥 물살에 따라 아래로 방출되는 것을 나타내는 그림. ((b,c) Merritt 외 1992.)

와 구조적 복잡성 등에서 유사하게 나타났다. 대부분의 날개가 있는 곤충의 경우 앞가슴에 비해 가운데 가슴과 뒷가슴이 발달해있으며 이들은 날개 및 연관된 근육계와 함께 날개가슴마디를 이루고 있다. 현존하는 곤충에서 날개는 2번 및 3번 체절에서만 발생하고 있으나, 화석에서는 앞가슴에 작은 날개 죽지(그림. 8.2)가 관찰되기도 하는데 체절

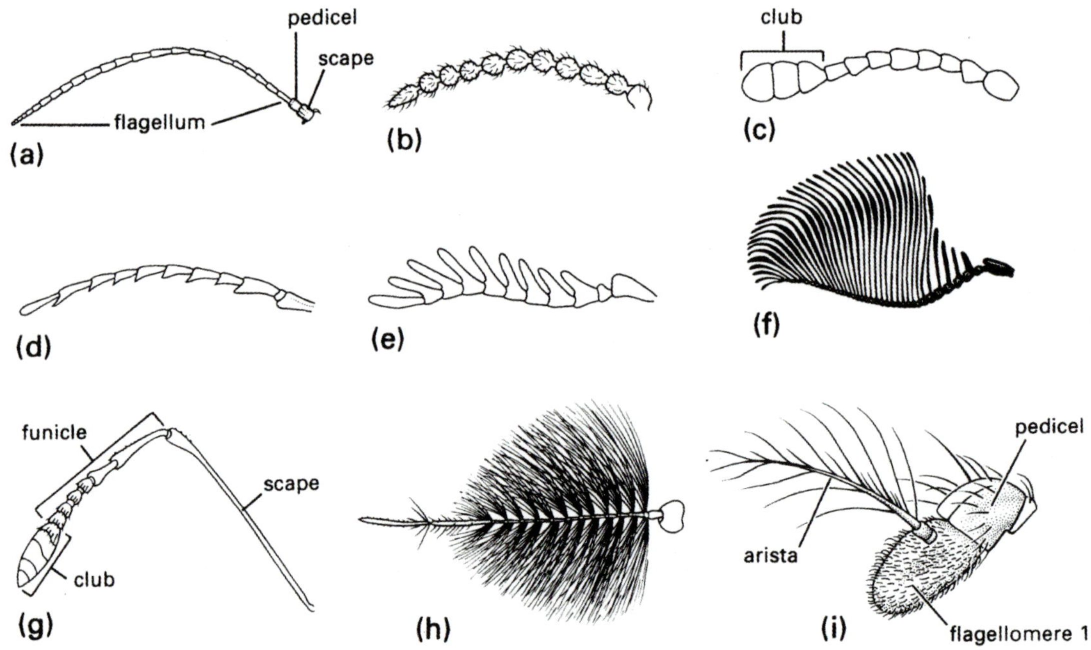

그림 2.17 여러 형태의 더듬이. (a) 실 상(filiform): 가는 실 모양, (b) 염주상(moniliform): 구슬이 1줄로 달린 모양, (c) 곤봉상(clavate or capitate): 곤봉모양으로 생김, (d) 거치상(serrate): 톱니 모양, (e) 빗살모양(pectinate): 빗 모양, (f) 부채꼴(flabellate): 부채모양, (g) 굽은 모양(geniculate): 팔꿈치 형, (h) 우모상(plumose): 소용돌이 모양의 강모, (i) 자모상(aristate): 짧고 뻣뻣한 털(bristle)을 지닌 잘 발달된 3번째 체절.

의 돌연변이가 앞가슴 날개 및 시아(wing bud)를 발달시킨 요인으로 여겨지기도 한다. 약충과 성충의 거의 대부분이 가슴에 3쌍의 다리를 지니고 있다(각 체절에 1쌍 씩). 다리의 경우 여러 가지 기능 및 변형이 생기기도 하지만 보통은 걷는데 사용한다(2.4.1절). 가스 교환을 위한 숨구멍(**기문**, spiracle)은 두 번째와 세 번째 가슴체절의 옆에 있는데 각 체절 당 많아야 1쌍이 있지만(3.5절), 몇몇 곤충에서는 가운데 가슴의 기문이 앞가슴 쪽으로 열린 2차적인 형태를 보이고도 한다.

무시류와 많은 미성숙한 곤충들에서 가슴 등판은 단순한 구조를 나타내지만 날개 달린 곤충에서는 매우 다양하게 변형되어 있다. 가슴에 있는 등판은 복부의 등판과 비교하여 **가슴등판**(notum)이라고 한다. 앞가슴의 **앞 등판**(pronotum)은 구조적으로 단순하고 다른 가슴등판에 비해 작다. 하지만 딱정벌레, 사마귀, 몇몇 메뚜기목(Orthoptera)에서 앞 등판은 확장되어 있고, 바퀴에서는 머리와 가운데 가슴의 일부를 덮고 있다. 각각의 날개가 달린 가슴 등판은 앞부분의 날개가 있는 **날개등판**(alinotum)과 뒤쪽의 격막이 있는 **뒷가슴등판**(postnotum)으로 크게 2부분으로 나눈다(그림 2.18). **격막**(phragmata)은 판처럼 생긴 내부돌기로 전연봉합선 아래 내부로 뻗어있는데 체절사이에서 접혀있으며, 격막은 세로 비행근육이 붙어있을 수 있게 한다(그림. 2.7d). 각 날개등판(가슴등판과 자주 혼동됨)은 안으로 강화된 융기부의 위치를 나타낸 봉합선에 의해 가로질러져 있고, 판은 3부분으로 나눠지는데, 앞쪽의 **전순판**(prescutum), **순판**(scutum)과 뒤쪽의 더 작은 **소순판**(scutellum)이다.

측면 가슴막의 경질판은 원시 곤충다리의 제2밑마디(subcoxal)에서 유래한 것으로 보인다(그림 8.4a). 이 제2밑마디는 좀에서와 마찬가지로 분리되어 있을 수도 있고, 대부분 날개발린 곤충들이 그렇듯이 경화되어 거의 연속적으로 융합되어 있다. 날개가슴마디에서 측판은 외부에서 **측판봉합선**(pleural suture)으로 보이는 **내부측판돌기**(pleural ridge)에 의해 2부분으로 나눠져 있는데(그림.

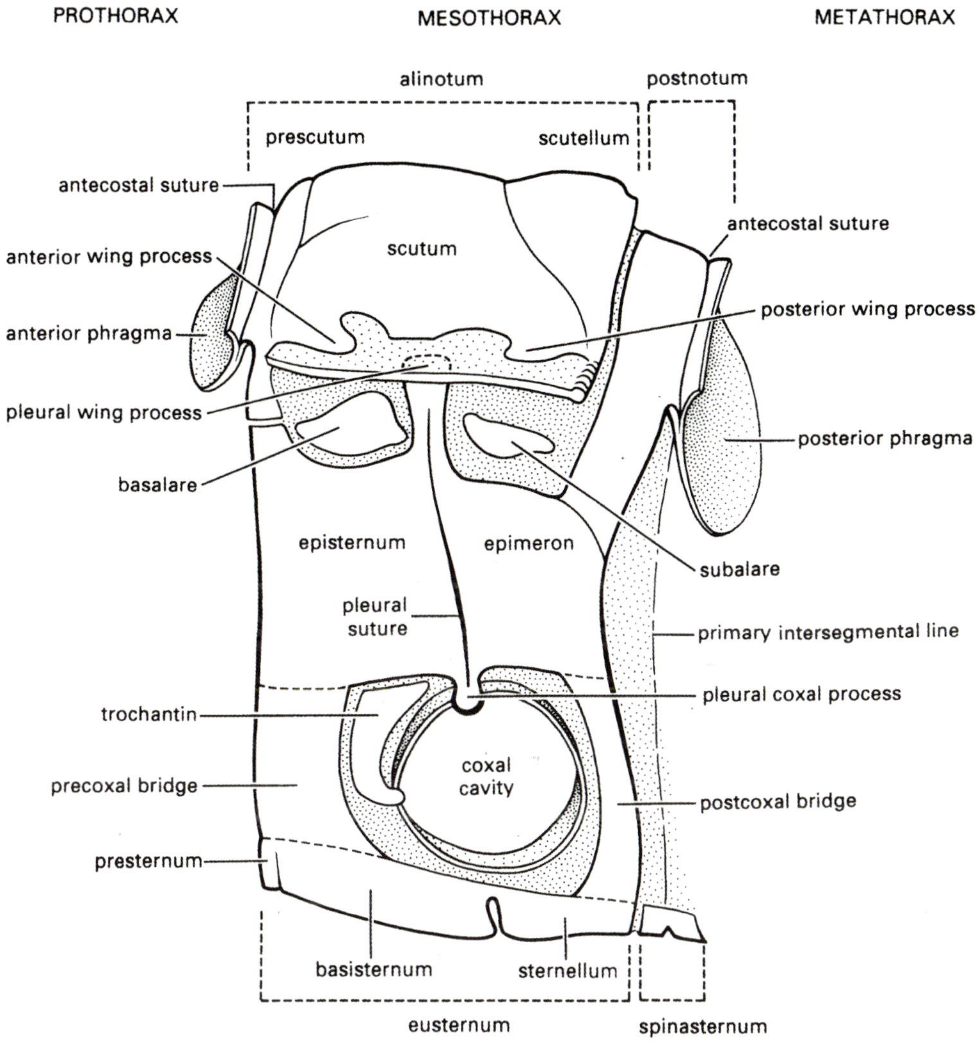

그림 2.18 날개가 달려있는 가슴 체절의 측면 모식도. 경질판과 그 하위부위를 나타낸다(Snodgrass 1935).

2.18), 앞 쪽의 **전복판**(episternum)과 뒤쪽의 **후측판**(epimeron)이다. 이 돌기는 측판기절돌기(날개와 관절을 이룸)에서 측판날개돌기로 이어지는데 이들 관절 지점을 강화하는 역할을 한다. **외엽피부판**(epipleurites)은 날개 아래에 있는 작은 경질판으로서 앞쪽의 **가슴판날개돌기**(pleural wing process)쪽으로 **basalaria**가 구성되어 있고 뒤쪽으로는 **subalaria**로 구성되어 있는데 보통은 하나의 basalare와 하나의 subalare로 퇴화되어 있으며 비행을 위한 근육의 부착점이기도 하다. **기저소전절**(trochantin)은 기절 앞쪽에 있는 작은 경질판이다.

가슴의 배 쪽 경화정도는 곤충에 따라 다양하다. 가슴판(sternal plate)이 존재할 경우 각 체절마다 2개의 판이 있는데, 진가슴판(eusternum과 바로 뒷부분의 체절이 있는 경질판 혹은 흉복판간절편(intersternite, 그림 2.7c)이 있는데 보통은 외뼈라 불리는 속돌기를 가지고 있어 가슴판(spinasternum)이라 부르기도 한다(그림 2.18)(가슴판이 없는 뒷가슴배판의 경우는 제외). 앞가슴과 가운데가슴의 진가슴판은 이들 체절에 있는 뒷가슴배판과 융합되어 있다. 각 진가슴판은 간단한 구조이거나 몇 개의 경질판으로 나눠지기도 하는데, 일반적으로 전흉골(presternum),

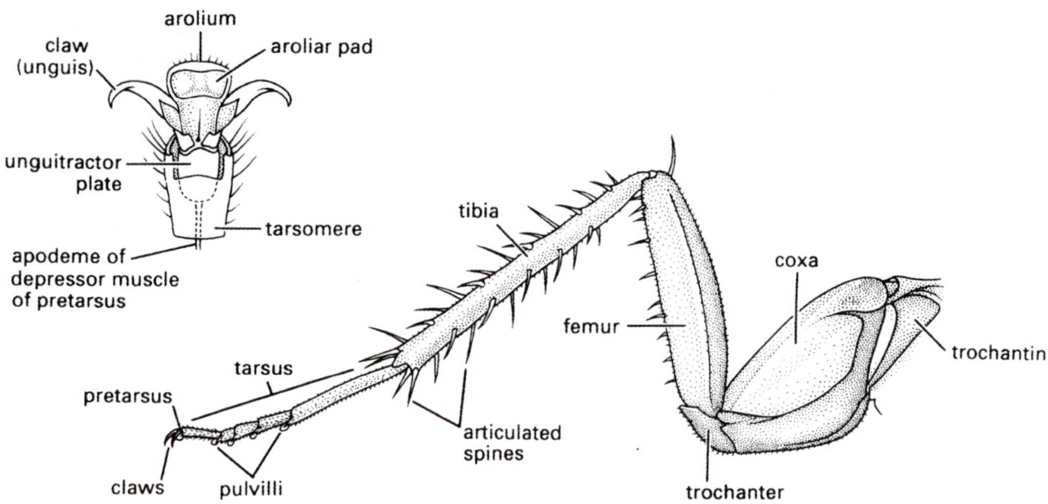

그림 2.19 바퀴류인 *Periplaneta americana*(바퀴목: 왕바퀴과)의 앞발목마디(pretarsus)와 마지막 부절소마디(tarsomere)의 배 쪽 표면을 확대한 그림(Cornwell 1968: Snodgrass (1935)의 그림을 확대).

밑가슴판(basisternum), 가슴판조각(sternellum)으로 나눈다. 진가슴판은 가슴막의 경질판 중 하나와 측면으로 합쳐져 있을 수도 있는데 이를 흉측판(laterosternite)이라고 한다. 가슴판 및 가슴막판이 융합되어 앞마디와 뒷마디를 연결하기도 한다(precoxal and postcoxal bridge, 그림 2.18).

2.4.1. 다리

대부분의 성충과 유충은, 앞가슴, 가운데가슴 그리고 뒷가슴에 체절이 있는 앞다리, 가운데 다리, 뒷다리가 반복적으로 생성되어 있다. 보통 각 다리에는 6개의 체절이 있으며(그림 2.19), 이들은 가까운 곳에서 먼 곳까지 나 있는데, **밑마디**(coxa), **도래마디**(trochanter), **넓적다리마디**(femur), **종아리마디**(tibia), **발목마디**(tarsus), 발톱이 달린 전발목마디(pretarsus, 사실은 후발목마디)가 있다. 여기에 더하여 전퇴절, 슬개골, 기전골(그림. 8.4a)과 같은 체절들이 몇몇 화석 곤충과 거미강과 같은 절지동물에서 발견되기도 한다. 이들 체절은 하루살이목과 잠자리목에서 확연하게 나타난다. 원시적인 곤충에서는 밑마디 근처에 2개의 체절이 더 있었는데 현존하는 곤충에서는 2체절 중 하나인 바깥밑마디(epicoxa)가 날개 관절(혹은 등판)과, 다른 하나인 제2밑마디가 측판과 관련있다(그림 8.4a).

발목마디는 5개이하의 부분으로 구성되어 있는데 이들은 체절처럼 보이기도 하지만 여기에는 하나의 발목마디 근육밖에 없어 각 위체절(pseudosegment)은 **부절소마디**(tarsomere)라고 부르는 것이 더 적합하다. 첫 번째 부소절은 제1부절(basitarsus)이라고도 하는데 이를 화석상의 곤충에 있는 제1부절과 혼동해서는 안 된다. 부절소마디의 아랫부분에는 배판, 표면에 부착해있도록 하는 **측욕반**(pulvilli, **euplantulae**라고도 함)이 있다. 다리의 끝에는 1쌍의 옆 발톱이 있는 작은 앞 발목마디(그림 2.19의 확대한 그림)를 비롯하여 가운데 엽인 **욕반**(arolium)이 있다. 파리목은 중앙에 가시 혹은 판처럼 생긴 **조간반**(empodium)을 지니는데 이는 욕반(arolium)이나 측욕반(pulvilli)과는 다르다(이 장 표지 그림의 오른쪽에 나오는 덤불파리(bush fly)인 *Musca vetustissima*가 그 예). 파리가 벽이나 천정을 기어 다닐 수 있는 것도 이러한 구조가 있기 때문이다. 노린재목의 앞발목마디는 구조가 다양하게 나타나는데 어떤 것은 측욕반, 어떤 것은 조간반, 욕반의 형태이며 이들의 상동성 여부는 확실하지 않다. 무당벌레과, 잎벌레과, 바구미과 등과 같은 딱정벌레들에서 몇몇 부절소마디의 배 쪽 표면은 달라붙을 수 있는 강모로 덮여있어 기어 다니기에 적당하다. 이 장 표지 그림이 왼쪽그림이 잎딱정벌레인 *Rhyparida*(잎벌레과)의 발목마디를 묘사한 것이다. 보통 넓적다리마디와 종아리마디는 가장 긴 다리 체절인데 그 기능에 따라 길이와 단단한 정도가 다르다.

예를 들어 **보행성**(gressorial) 혹은 **달려서**(cursorial) 이동하는 곤충들은 모든 다리에 넓적다리마디와 종아리마디가 발달해있으며 메뚜기와 같은 **도약성**(saltatorial) 곤충은 뒷다리의 넓적다리마디와 종아리마디가 비균형적으로 발달해있다. 수중에서 서식하는 딱정벌레류(딱정벌레목)와 몇 종의 곤충들(노린재목)에서는 1쌍 이상의 종아리와 발목이 수영하기에 적합하도록 변형되어 있으며, 다리 가장자리에는 길고 가는 털이 달려 있다. 땅강아지(메뚜기목 땅강아지과), 매미 유충(노린재목 매미과), 소똥구리(소똥구리과)와 같이 땅으로 파고드는 많은 곤충들은 앞발의 종아리부분이 발달했으며 땅을 파기에 적합하도록 변형되어 있다(**굴착성**)(그림 9.2). 여기에 반해 사마귀붙이(풀잠자리목)나 사마귀(사마귀목)와 같이 포식생활을 하는 곤충에서는 앞다리가 먹이를 붙잡을 수 있도록 발달되었다(포획성)(그림 13.3). 꿀벌 뒷다리의 종아리와 부절소마디는 꽃가루를 모으고 운반하기 좋도록 변형되었다(그림 12.4).

위에서 설명한 곤충의 '전형적인' 흉부다리는 일반적으로 쉽게 관찰할 수 있지만 복부다리는 완전변태 곤충의 미성숙한 단계에서만 나타나는 것으로 국한되어 있다. (i) 완전변태 곤충에서 미성숙한 흉부에 달린 다리와 복부에 있는 다리는 발달학적으로 동일한 것이라는 점, (ii) 완전변태 미성숙기 곤충의 흉부다리는 성충의 것과 상동적이라는 점에 대해서는 견해가 엇갈리고 있다. 근육계와 신경분포에 대한 더 자세한 연구에 따르면 무변태(좀과 같은 경우는 제외), 불완전변태(부분적인 변태만 일어나며 번데기과정을 거치지 않음) 곤충의 모든 단계, 그리고 완전변태 성충은 측신경을 따라 동일한 신경분포를 나타냄으로서 흉부다리의 발달에 있어서 상기의 모든 곤충에서 서로 유사한 발달양태를 보인다.

더 나아가, 현재까지 알려진 것 중 가장 오래된(약 3억년 전의 상석탄기) 곤충의 유충은 약충과 성충처럼 1쌍의 발톱이 있는 흉부 및 복부다리를 지닌다. 유충의 다리가 성충이나 약충의 것과 유사하다 하더라도 **복각**(proleg)이라는 용어를 써 구분한다. 복각(특히 애벌레에서)은 엽 모양으로 생겼으며 정점원(apical circle)이나 일련의 작고 경화된 **갈고리**(crochet)를 지닌다. 흉부의 복각은 성충과 같은 수로 지닐 수 있으나 보통은 융합되어 있어 더 적게 나타난다. 다른 경우 흉부의 복각은 복부의 것과 마찬가지로 정점갈고리(apical hook)를 지니는데 체벽에서 자라난 것으로 체절이 없다.

2.4.2. 날개

날개는 성충에서만 완전히 발달되어있는 구조인데 예외적으로 하루살이목의 아성충 단계에서도 관찰이 가능하다. 보통의 기능날개는 편평하고 큐티클성인데 관모양의 경화된 시맥에 의해 지지되고 있다. 주요한 시맥은 날개 뿌리에서 끝으로 세로로 놓여있는데 앞쪽 가장자리로 갈수록 더 빽빽하게 모여 있다. 또 다른 지지맥인 가로맥은 더 복잡한 구조를 형성하기 위해 세포맥을 모으는 버팀대(strut)를 가로지른다. 주요 시맥은 기관, 혈관 및 밀착한 등 쪽, 배 쪽 표피 표면 막 사이에서 오는 신경섬유가 포함된다. 일반적으로 주요 시맥은 날개의 표면에 따라 오목하거나 볼록하게 나타나는데 특히 날개가 부착한 부위에서 두드러지는데, 이는 (+) 혹은 (−) 기호로 표시되어 있다. 대부분의 시맥은 **추구**(remigium)라고 부르는 날개의 앞 쪽으로 놓여있다(그림 2.20). 추구는 흉부의 비상근(flight muscle)에 의해 추진력을 받아 비행 시 대부분의 움직임을 만들어낸다. 추구의 뒷부분은 **계안**(clavus)이라고도 하는데 보통은 다음의 2부분으로 나누게 되는데, 앞 쪽의 **부채부**(vannus)와 뒤 쪽의 **날개걸이부**(jugal area)로 나눈다. 날개 부분은 날개가 접히는 **접힘선**(fold-line)과 비행 중 구부러지는 **굴곡선**(flexion-line)으로 되어 있다. 접힘선과 굴곡선의 기본적인 구별은 분명하지 않은데 접힘선이 비행 중 구부러지거나 그 반대 경우가 발생하는 일이 종종 생기기 때문이다. **계안 고랑**(claval furrow)(굴곡선)과 **날개걸이선**(jugal fold)(접힘선)은 다른 곤충 군에서 그 위치가 거의 같지만 중앙굴곡선과 부채부선(접힘선)은 다양하고 불완전한 경계를 형성한다. 날개의 접힘은 매우 복잡한데, 딱정벌레목과 집게벌레목의 뒷날개에서는 날개가 가로질러 접히기도 하며, 몇몇 곤충에서는 큰 부채가 부채처럼 접히기도 한다.

많은 곤충 목(order)에서 앞날개와 뒷날개는 공기역학적으로 비행 효율을 높이기 위해 함께 움직인다. 가장 흔하게 관찰할 수 있는 예가 일련의 작은 갈고리, 즉 **날개갈고리**(hamuli)인데, 이는 뒷날개의 앞쪽 가장자리를 따라 있으며 앞날개의 뒤쪽 가장자리와 겹쳐있다(벌목과 몇 종의

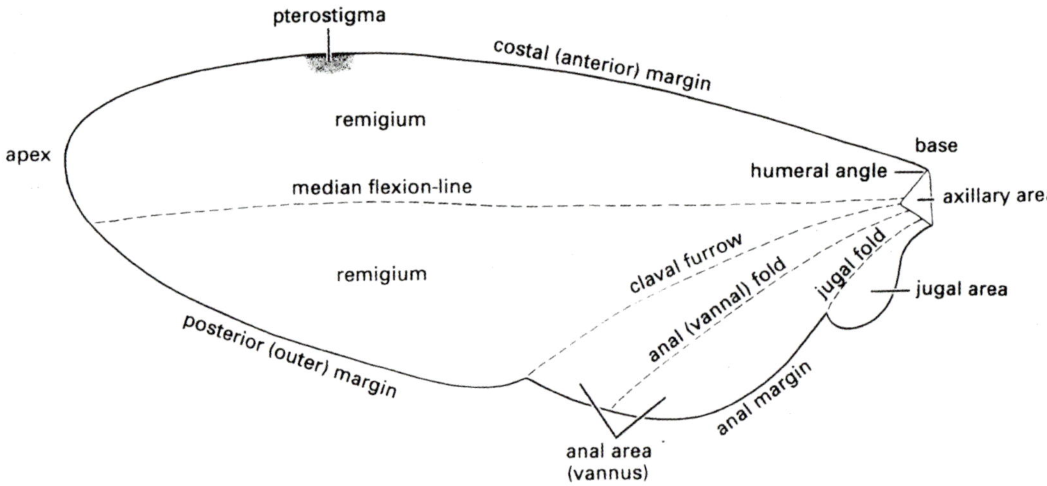

그림 2.20 일반적인 곤충날개의 명칭(주요 부위, 접히는 부위, 가장자리)

날도래목에서 잘 나타남). 다른 곤충들에서(밑도래목, 나비목, 날도래목 등) 앞날개의 날개걸이 엽은 **뒷날개의 앞부분**(jugate coupling) 혹은 앞·뒷날개의 가장자리가 넓게 겹치거나(**amplexiform** coupling), 뒷날개에 있는 하나 이상의 짧은 털(**날개가시**, frenulum)이 앞날개에서 늘어진 부위의 **보대**(retinaculum)에 걸려 있다(**frenate** coupling). 비행의 기작은 3.1.4절에서 그리고 날개의 진화는 8.4절에서 다룰 것이다.

날개달린 모든 곤충은 여덟 시맥을 이루는 날개 시맥이 모두 같다. 이들은 날개의 앞에서 뒤로 다음과 같이 명명하는데, **전전연맥**(precosta, PC), **전연맥**(costa, C), **아전연맥**(subcosta, Sc), **경맥**(radius, R), **중맥**(media, M), **주맥**(cubitus, Cu), **부채맥**(anal, A), **날개걸이맥**(jugal, J)이다. 원시적으로 각 시맥은 앞 쪽으로는 볼록(+), 뒤 쪽으로는 오목(−)한 분맥을 지닌다. 현존하는 거의 모든 곤충에서 전전연맥은 전연맥과 융합되어 있고, 날개걸이맥은 거의 눈에 띄지 않는다. 그림 2.21은 Kukalová-Peck의 명명 체계를 사용했으며 화석상의 곤충과 오늘날 살아있는 곤충을 자세히 비교한 것을 기초로 한 것이다. 이 체계는 모든 곤충 목의 시맥에 적용할 수 있는데, 아직까지는 각 곤충 목에 대해 만들어진 체계가 오랫동안 사용되고, 기존 명명법을 바꾸는 것에 대한 거부감 탓에 널리 쓰이지는 않고 있다. 따라서 많은 교재에서는 같은 시맥이라 하더라도 다른 곤충 목에서는 다르게 명명되기도 하는데, 이는 초기 연구의 경우 구조적인 상동성을 알지 못했기 때문이다. 예를 들어, 1991년까지 딱정벌레목의 시맥 명명에서는 분맥 뒤쪽을 중맥으로, 중맥 뒤쪽을 주맥으로 표기해 놓기도 했다. 시맥의 상동성에 대한 정확한 해석은 계통발생학적 연구에 필수적이며, 하나의 통용될 수 있는 용어의 제정이 필요하다.

셀(Cell)은 날개에서 시맥에 의해 구획되어진 칸을 말하며 개방되어 있거나(날개 가장자리까지 확장되어있음) 폐쇄되어 있다(시맥에 의해 가로막혀있음). 이들은 나비목에서 발견되는 원반형(그림 2.22a)이나 잠자리목에서 보이는 삼각형모양(그림 2.22b)처럼 특별하게 불리는 것을 제외하고는 세로 시맥이나 시맥 가지에 따라 명명된다. **연문**(pterostigma)은 날개의 끝부분 가까이에 있는 불투명하거나 색이 있는 부위를 말한다(그림 2.20 및 2.22b). 날개 시맥의 패턴은 집단 내(특히 과 혹은 목)에서 일정하게 나타나지만 집단 사이에서는 보통 다르게 나타나며 접힘이나 주름과 같이 곤충의 분류와 동정에 이용되는 주된 특징을 나타내기도 한다. 위에서 설명한 기본적인 체계와 비교하여 시맥은 상실이나 융합에 의해 퇴화되어 그 수가 크게 줄어들었거나 가로맥, 말단의 가지치기 등에 의해 더 복잡해졌다. 다른 곤충 군들과 구별할 수 있는 날개의 특징은 색소패턴, 색깔, 털, 비늘등으로 알아볼 수 있다. 비늘은 나비목, 날도래목, 다듬이벌레(다듬이벌레목), 파리에서 볼 수 있다. 털은 작은 미모(microtrichia)로 구성되어 있는데 여

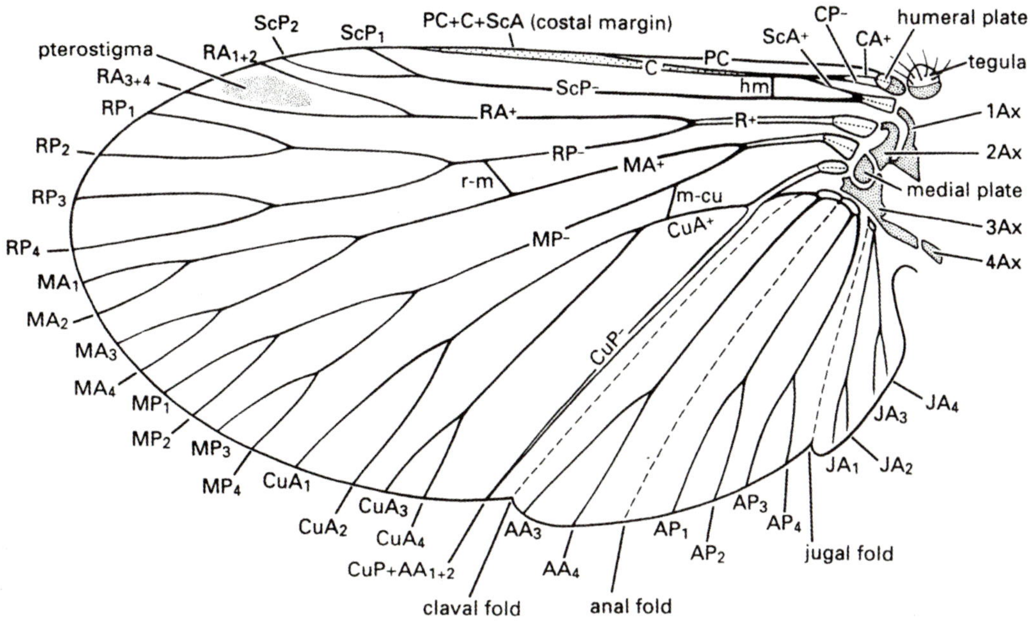

그림 2.21 하루살이목과 잠자리목을 제외한 나비목 곤충의 일반적인 날개 모습. 관절 및 시맥의 Kukalová-Peck에 의한 명명; AA, 부채부의 앞쪽(anal anterior); AP, 부채부의 뒤쪽(anal posterior); Ax, 액부경질판(axillary sclerite); C, 전연맥(costa); CA, 전연맥의 앞(costa anterior); CP, 전연맥의 뒤(costa posterior); CuA, 주맥의 앞(cubitus anterior); CuP(cubitus posterior); hm 견시맥(humeral vein); JA, 날개걸이 앞쪽(jugal anterior); MA, 앞 중맥(media anterior); m-cu 중맥과 주맥 사이를 가로지는 시맥; MP, 뒷 중맥(media posterior); PC, 전전연맥(precosta); R, 경맥(radius); RA, 앞 경맥(radius anterior); r-m, 경맥과 중앙부 사이를 가로지르는 시맥; RP, 뒷 경맥(radius posterior); ScA, 아전연맥의 앞쪽(subcosta anterior); ScP, 아전연맥의 뒤쪽(subcosta posterior). 각 시맥의 앞, 뒤 구획의 가지는 CuA1-4와 같이 숫자가 매겨져있다. (CSIRO 1991.)

기저기 산재해있거나 모여 있기도 한다. 이보다 더 큰 대모(macrotrichia)는 시맥의 위에 나있다. 보통 2쌍의 기능적인 날개는 등쪽으로 나있는데 앞날개는 가운데 가슴에, 뒷날개는 뒷가슴에 있다. 보통의 날개는 막으로 되어있거나 투명하다. 하지만 경우에 따라 기본적인 형태에서 다양한 형태로 발달하기도 하는데 상대적인 크기, 모양, 앞, 뒷날개의 경화된 정도 등이 포함된다. 앞날개 변형의 예로서, 바퀴목, 집게벌레목, 메뚜기목에서 관찰되는 **복시**(tegmen; 그림 2.22c)라고 불리는 두껍고 질긴 앞날개, 딱정벌레목이 지니는 방어를 위한 **초시**(elytron; 그림 2.22d & Plate 1.2), 그리고 기부는 두껍고 말단은 막으로 되어있는 반초시를 지니는 노린재목 등이 있다(그림 2.22e). 보통 노린재목의 이시류는 날개가 3부분으로 나뉘어 있는데, **막**(membrane), **혁질부**(corium), 조상부(clavus)가 그것이다. 가끔은 혁질부가 R+M보다 앞쪽에 있는 **설편**(embolium), **흉골결절**(costal fracture)과 멀리 떨어진 **쐐기소엽**(cuneus)으로 더 나뉘기도 한다. 파리목에서는 뒷날개가 **평균곤**(halteres, 그림 2.22f)으로 변형되어 있으며 날개로서의 기능은 갖지 않는다. 여기에 반해 부채벌레목의 수컷은 앞날개가 평균곤으로 쓰이고 뒷날개가 날개로 쓰인다(Box 13.6). 깍지벌레 수컷(Plate 2.5)은 앞날개의 시맥이 매우 퇴화되어 있고, 뒷날개는 갈고리가 있는 평균곤을 이루거나 완전히 퇴화되고 없다.

작은 곤충들은 큰 곤충들에 비해 공기역학적인 장애를 받으므로 바람의 분산을 돕기 위해 종종 확장되기도 한다. 총채벌레(총채벌레목)를 예로 들면 매우 가는 날개를 지니고 있으나 표면적을 넓히기 위해 긴 강모나 솜털을 지니고 있다(Box 11.7). 흰 개미(흰개미목)와 개미(벌목: 개미과)의 생식형은 탈락성 날개를 지니며 혼인 비행이 끝나면 이 날개는 떨어져 버린다. 몇몇 곤충들은 무시류인데 좀(좀

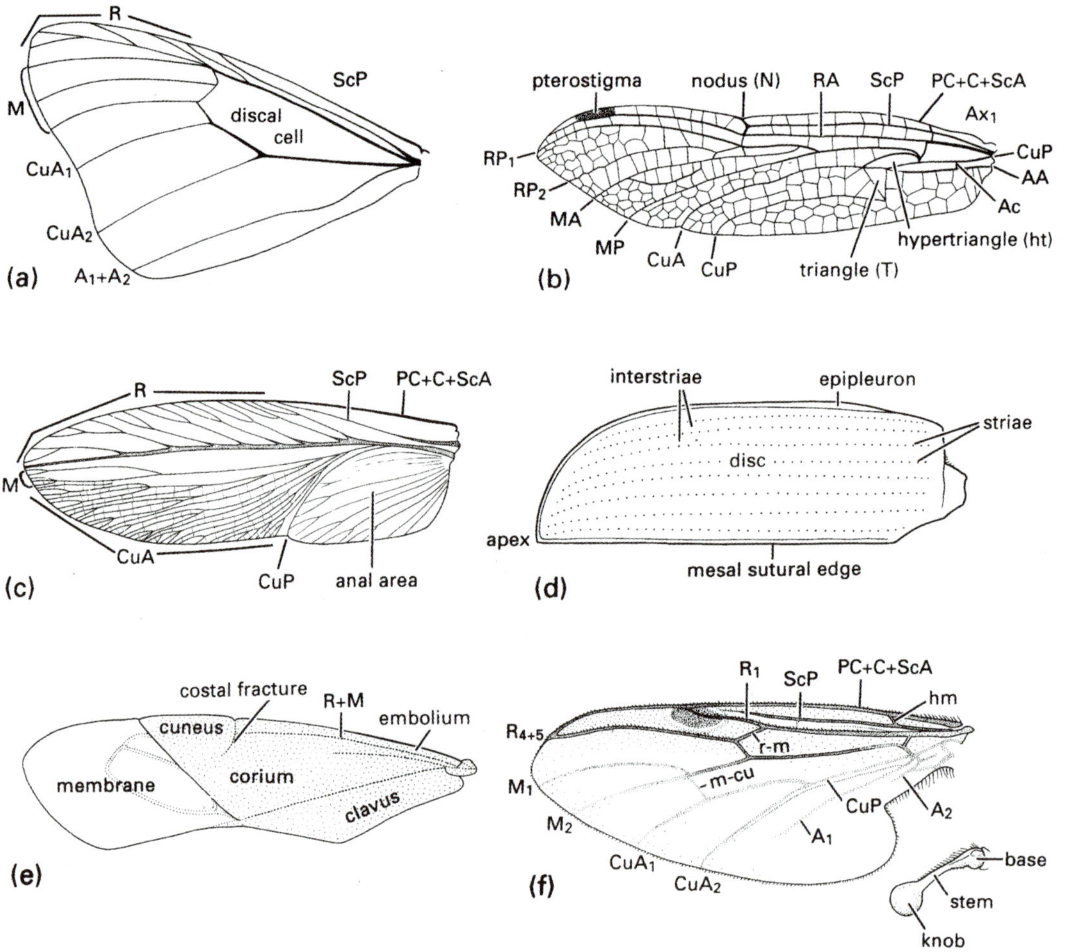

그림 2.22 주된 날개의 변형을 나타내는 왼쪽 날개 그림. (a) 나비류인 Danaus(나비목: 네발나비과)의 앞날개, (b) 잠자리류인 Urothemis(잠자리아목: 잠자리과)의 앞날개, (c) 바퀴류인 Periplaneta(바퀴목: 왕바퀴과)의 앞날개 혹은 외피, (d) 딱정벌레인 Anomala(딱정벌레목: 소똥구리과)의 앞날개 혹은 외피, (e) 장님노린재(노린재목: 이시류: 장님노린재과)의 앞날개 혹은 반초시. 세 날개 부위가 보인다, (f) Bibio(파리목: 털파리과)의 앞날개 혹은 평균곤. 시맥의 명명법은 그림 2.21에서 사용한 것과 동일하다. (b)는 J.M.H. Trueman, (a-d)는 Youdeowei 1977, (f)는 McAlpine 1981에서 발췌.

목)이나 돌좀류처럼 날개가 발생하기 이전에 다른 생물 종으로부터 분화하였거나, 이(이목)나 벼룩(벼룩목)처럼 날개달린 조상에서 발전하였을 것으로 보고 있다. 부분적인 날개의 퇴화는 짧은 **단시형 곤충**(brachypterous insects)에서 나타났다.

날개달린 모든 곤충에서 날개 뿌리 부분의 삼각형 모양의 **날개기저부**(axillary area)는 유동성있는 **관절 절편**(articular sclerite)을 가지고 있으며(그림 2.20), 가슴에서 날개가 움질일수 있게 한다. 이들 절편은 일련의 고대 곤충의 날개에 있던 관절 절편이 줄어들거나 융합되면서 생겨난 것이다. 현존하는 무시류 곤충에서 발견되는 3가지 다른 종류의 날개관절이 있는데 이들은 융합과 축소, 관절 절편의 독특한 패턴에 의한 것이다. 신시류(하루살이목과 잠자리목을 제외한 모든 날개달린 곤충)는 관절 절편에 **날개밑어깨판**(humeral plate), **어깨판**(tegula), 그리고 **관절 절편**(axillary sclerite)이 있다(1Ax, 2Ax, 3Ax, 그리고 4Ax)(그림 2.21). 하루살이목과 잠자리목은 신시류와 비교했을 때 이들 절편이 다르게 나타난다. 이들의 성충은 신시류와 달리 배 위쪽으로 날개를 겹쳐 접을 수가 없다. 신시류의 경우, 등 쪽으로는 관절 절편과 전, 후 날개돌기 사이에, 배 쪽으로 가슴날개돌기(pleural wing process)와 2개의 작은 가슴절편 사이에 날개가 달려있다(그림 2.18).

2.5 배

원래 곤충의 배(복부)는 11개의 체절로 나뉘어있지만 첫째 체절은 보통 작아졌거나 가슴과 합쳐진 경우가 많으며(많은 벌목 곤충에서 관찰됨), 마지막 체절은 다양한 형태로 변형되거나 퇴화되어 있다(그림 2.23a). 일반적으로, 성충의 복부에서 적어도 앞의 7개 체절은 구조적으로 비슷하거나 부속지가 별로 없다. 이에 비해서 무시류의 곤충들(돌좀이나 좀)과 많은 미성숙한 수서 곤충들은 복부 부속지를 지니고 있다. 무시류는 1쌍의 침(styles: 멀리 흉부의 다리와 연속적으로 상동적인 흔적 부속지)과 적어도 몇 개의 복부 체절에 하나 혹은 2쌍의 튀어나올 수 있는 소포(protrusible vesicle)를 지니고 있다. 이들 소포는 원시적인 복부 부속지의 기절과 도래마디 내엽에서 유래된 것이다(그림 8.4b). 수서곤충의 유충 혹은 약충들은 복부 체절의 측면으로 아가미를 지니기도 한다(10장). 이중 어떤 것은 흉부의 날개나(하루살이 약충의 판 아가미) 다리에서 파생된 구조와 연속적으로 상동이기도 하다. 기문은 보통 첫째에서 여덟째 체절에 있는데 기관계가 변형되면서 그 수가 줄어들기도 했다(3.5절). 이는 특히 미성숙한 곤충에서 혹은 성충의 마지막 체절에서 특이하게 일어나기도 한다.

2.5.1. 말단절

말단절(terminalia)이라고 하는 복부의 항문에서 생식기까지의 부위는 복부의 끝으로 8-9째 체절로 구성되어 있다. 8에서 9번째 체절에는 생식기가 있다. 10번째 체절은 많은 하등 곤충에서 완전한 체절인 것으로 보이지만 부속지가 별로 없다. 또한 작은 11번째 체절은 배판에서 유래한 등 쪽의 항문위판과 배 쪽의 항측판이 특징적이다(그림 2.23b). 1쌍의 부속지인 미모(cerci)는 11번째 체절의 측면으로 위치한다. 보통 이들은 고리형이거나 가는 섬유형인데 변형되거나(집게벌레의 집게와 같이) 다른 목에서는 퇴화되기도 한다. 고리형의 꼬리 섬유인 중앙의 충수배동맥(appendix dorsalis)은 무시류, 하루살이(하루살이목), 몇몇 화석 곤충의 항문위판 끝으로부터 유래한 것이다. 강도래(강도래목) 약충에서 관찰되는 비슷한 구조는 상동성이 불확실하다. 이러한 복부 말단의 체절은 모든 곤충에서 배설 혹은 감각의 기능을 지니는데 성충에서는 여기에 더하여 생식의 기능까지도 지니고 있다.

교미나 산란과 특이적으로 관련 있는 기관들을 묶어 외부 생식기라고 부르지만 대부분은 내부 기관이다. 외부 생식기를 구성하는 기관들은 그 모양이 매우 다양하여 분류학적으로 매우 중요한데, 특히 다른 분류방법으로는 구조적으로 매우 유사하게 나타나는 종 들을 구분하는데 있어 유용하다. 수컷의 외부 생식기는 종을 구별하는데 널리 이용되지만 암컷은 간단하거나 그 다양성의 정도가 낮다. 생식기 구조의 다양성이나 종 특이성은 5.5절에서 다룰 것이다.

암컷 성충의 말단절은 수컷의 생식기, 정자가 들어오는 내부구조(5.4와 5.6절)와 산란에 쓰이는 외부구조(산란에 관해서는 5.8절을 보라)로 나뉜다. 대부분 암컷은 산란관(ovipositor)을 지니지만 흰개미목, 이목, 대부분의 강도래목과 하루살이목에서는 퇴화되고 없다. 산란관은 다음의 2가지 형태가 있다:

1. 복부 8~9번째 체절의 부속지에서 유래한 부속적인 것(appendicular, 그림 2.23b);
2. 확장될 수 있는 뒤쪽의 복부체절이 대체된 것(substitutional, 그림 2.23a).

대체성 산란관에는 다양한 수의 말단 체절이 포함되며 몇몇 곤충 목내에서는 수회에 걸쳐 점차 융합된 수렴적 형태로 발생하였다. 이 같은 형태는 나비목, 딱정벌레목, 파리목과 같은 많은 곤충에서 관찰할 수 있다. 이들 곤충에서는 말단절이 신축성이 있어 가는 튜브모양으로 늘어날 수 있으며 변형된 가슴이나 등판(그림 2.23a)의 내부돌기에 부착된 근육을 이용해 움직임을 조절할 수 있다.

부속적 산란관은 원시적인 암컷임을 나타내며 돌좀목, 좀목, 잠자리목, 메뚜기목 그리고 몇몇 노린재목과 벌목에 있다. 몇몇 벌목에서는 산란관이 독침으로 변형되어 있기도 하며(그림 14.11) 알은 침의 아랫부분에서 산란된다. 이외 모든 경우, 알의 산란관 내의 관(shaft)을 따라 내려온다(5.8절). 관은 3쌍의 판막(valve)으로 되어 있는데 2쌍의 생

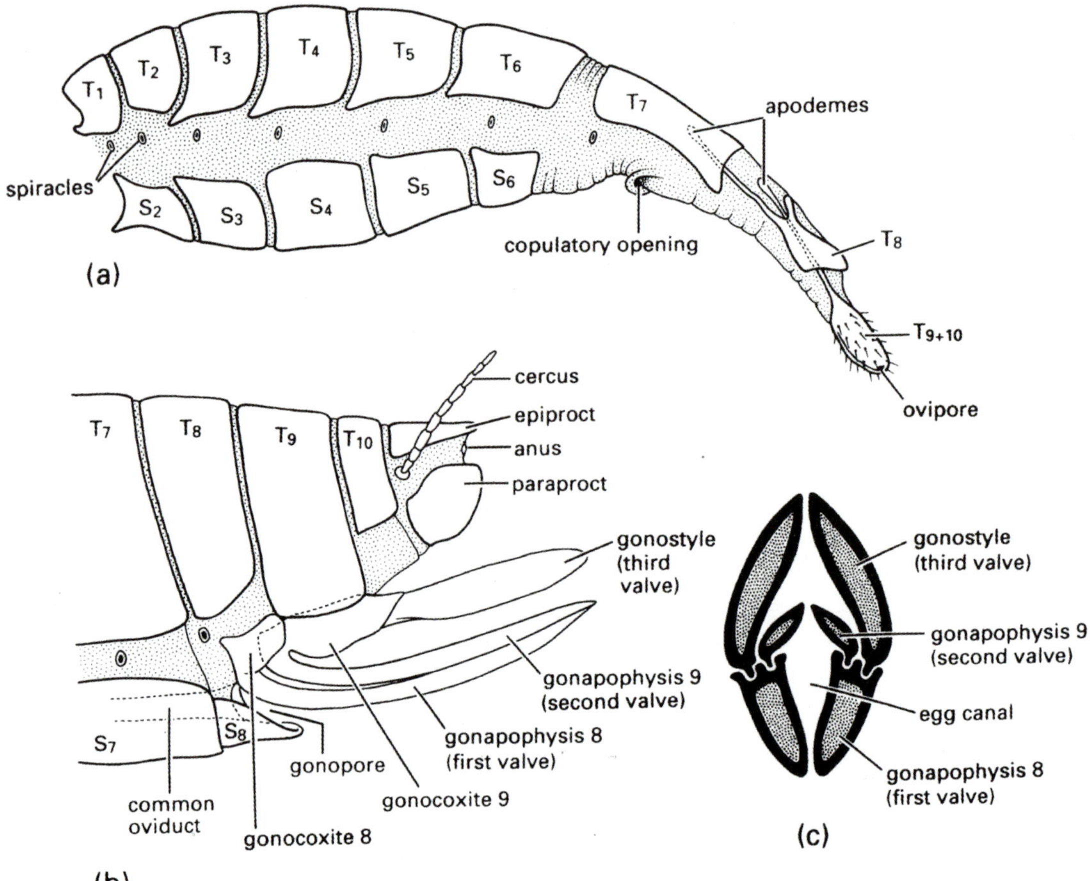

그림 2.23 암컷의 복부 및 산란관: (a) 독나방(나비목: 독나방과) 성충 복부의 측면. 늘어날 수 있는 마지막 체절로부터 형성된 치환성 산란관을 볼 수 있다; (b) 8-9번째 체절의 부속지로 구성된 메뚜기류의 일반적인 산란관 모양; (c) 여치(메뚜기목: 여치과) 산란관의 단면. T1-T10, 1번째-10번째 체절의 등판; S2-S8, 2번째-8번째 체절의 가슴판((a) Eidmann 1929; (b) Snodgrass; (c) Richards & Davies 1959)

식관기판(valvifer)-8에서 9번째 체절의 기절+도래마디 혹은 gonocoxite의 위에 있다(그림 2.23b). 8번째 체절의 gonocoxite는 도래마디내엽 혹은 음구편(gonapophyses)을 지니는데 이들은 1 번째 판막을 이루고, 9번째 체절의 gonocoxite는 1쌍의 음구편(2번째 판막)과 9번째 체절의 부속지 끝에서 유래한 1쌍의 gonocoxite(3번째 판막)를 지닌다(위에서 언급했던 무시류의 침과 상동적). 각 산란관의 절반지점에는 2번째 판막이 1번째 판막에 비해 사개물림방식(tongue-and-groove fashion)으로 미끄러져 들어가는(그림 2.23c) 반면, 3번째 체절은 보통 다른 판막의 덮개역할을 한다.

수컷의 외부 생식기에는 정자를 암컷에 전달하는 기관(정포에 싸여서 혹은 액상으로)과 교미 시 배우자를 붙잡을 수 있는 구조가 포함된다. 다른 곤충 군내에서는 다양한 기관구성요소에 수많은 용어들이 적용되고 있어 상동성을 확립하기가 매우 어렵다. 돌좀목, 좀목, 하루살이목의 수컷은 가운데의 음경(phallus), 혹은 9번째 체절에 음경(1쌍이 있을 경우)을 지니는 경우를 제외하고는 암컷과 같이 gonocoxites, gonostyles, 그리고 9번째 체절의 음구편(돌좀목에서는 8번째 체절)으로 구성된 비교적 간단한 형태

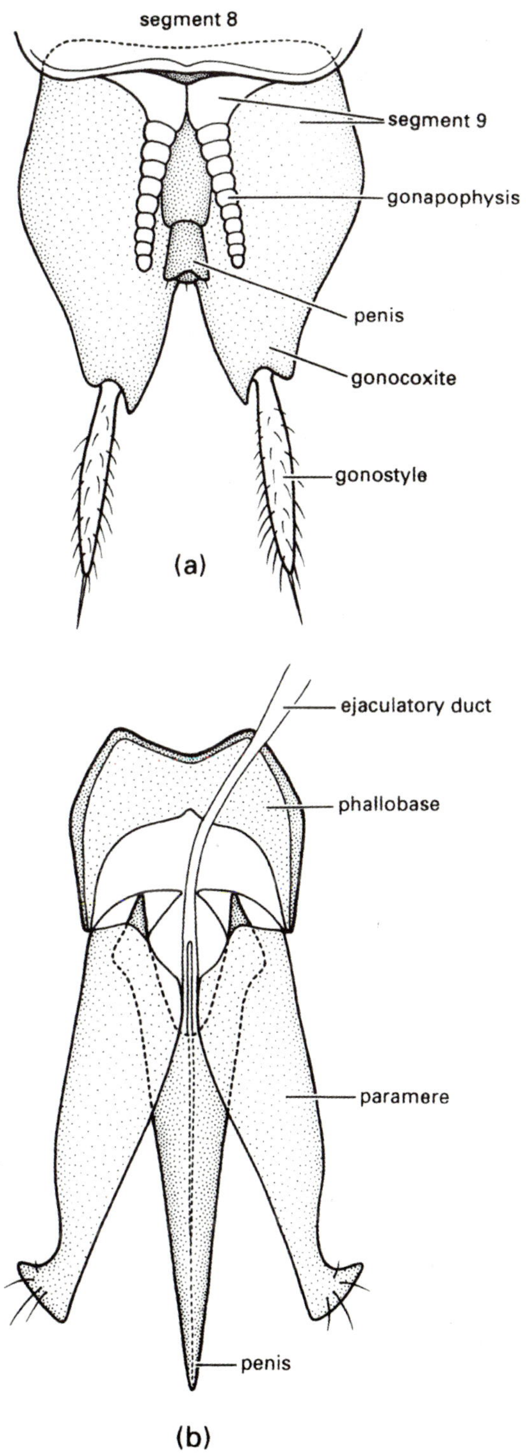

그림 2.24 (왼쪽)수컷의 외부생식기. (a) Machilis variabilis(돌좀목: 돌좀과)의 9번째 복부체절. (b) 대유동 방아벌레(딱정벌레목: 방아벌레과)의 삽입기((a) Snodgrass 1957).

의 외부 생식기를 지닌다(그림2.24a). 음경은 원시기절이나 9번째 체절의 내부 엽 융합에 의해 발생한 것으로 보인다. 메뚜기목에서는 gonostyles가 존재하더라도 gonocoxites는 퇴화되었을 수 있으며 양 옆의 교미절이 있는 음경이 있다. 음구편의 진화단계와 교미절의 기원은 명확하게 밝혀져 있지 않다. 혹, 다른 곤충 목 사이의 말단절을 비교하고자 할 때 고등 곤충(노린재목과 다른 완전 변태 곤충들)에서 수컷 구조의 상동성과 명명법은 더 혼란스럽다. 고등곤충의 교미기관은 삽입기라고 하는데 수정과 더불어 교미하는데 쓰이거나 암컷에 감각자극을 부여하기도 한다. 보통 중앙관음경(가끔은 삽입기라는 용어가 이 엽에만 한정되기도 한다)은 교미 시 뒤집히는 내음경이라고도 하는 내부의 튜브를 지닌다(그림 5.4b). 사출관은 생식공 쪽으로 열려있는데 이는 음경이나 내음경의 끝부분이다. 음경의 옆에는 1쌍의 엽인 측편성기가 있으며 교미와 감각기능이 있다. 이들의 기원은 불확실한데 하등곤충의 gonocoxites, gonostyles 또는 메뚜기목 곤충의 교미절과 상동이거나, 10번째 체절로부터 새로 형성된 것으로 보이기도 한다. 이처럼 3개의 엽으로 된 삽입기는 많은 딱정벌레에서 나타나지만(그림 2.24b) 그 변형이 매우 다양하여 이 장에서는 언급하지 않겠다.

수컷 외부생식기의 다양성은 교미자세와 관련 있는데 목 간, 혹은 목내에서도 매우 다양하게 나타난다. 교미자세에는 꽁무니-꽁무니, 옆-옆, 수컷/암컷이 아래에서 배를 올리는 자세, 심지어 배와 배가 마주보는 것도 있다. 몇몇 곤충에서 끝 체절의 비틀림은 변태 후나 교미 전 혹은 교미 후에 일어나며 수컷 교미 구조의 비대칭은 많은 곤충들에서 관찰할 수 있다. 교미 및 관련 행동은 5장에서 더 자세히 다루도록 하겠다.

참고 문헌

Binnington. K. & Retnakaran, A. (eds.) (1991) *Physiology of the Insect Epidermis*. CSIRO Publications. Melbourne.

Chapman, R.F. (1998) *The Insects, Structure and Function*. 4th edn. Cambridge University Press, Cambridge,

Hadley. N.F. (1986) The arthropod cuticle. *Scientific American* **255**(1), 98-106.

Lawrence. j.r., Nielsen. E.S, & Mackerras, LM. (1991) Skeletal anatomy arid key to orders. In: *The Insects of Australia*. 2nd edn. (CSIRO). pp. 3-32. Melbourne University Press. Carlton.

Nichols. S.W. (1989) *The Torre-Bueno Glossary of Entomology*, The New York Entomological Society in co-operation with the American Museum of Natural History. New York.

Resh, V.H. & Cardé, R.T. (eds.} (2003) *Encyclopedia of Insects*, Academic Press, Amsterdam. [Particularly see articles on anatomy; head; thorax; abdomen and genitalia; and mouthparts.]

Richards. A.G. & Richards. P.A. (1979) The cuticular protuberances ofinsects. *International Journal of Insect Morphology and EmlJryology* **8**, 143-57.

Smith. J.J.B. (1985) Feeding mechanisms, In: *Comprehensive Insect Physiology. Biochemistry and Pharmacology*. Vol. 4: *Regulation: Digestion. Nutrition. Excretion* (eds. G,A. Kerkut & L.L Gilbert). pp. 33-85. Pergamon Press, Oxford.

Snodgrass. R.E. (1935) *Principles of Insect Morphology*. McGraw-Hill. New York.

Wootton. R.J, (1992) Functional morphology of insect wings. *Annual Review of Entomology* **37**, 113 -40.

3장

곤충의 내부기관과 생리

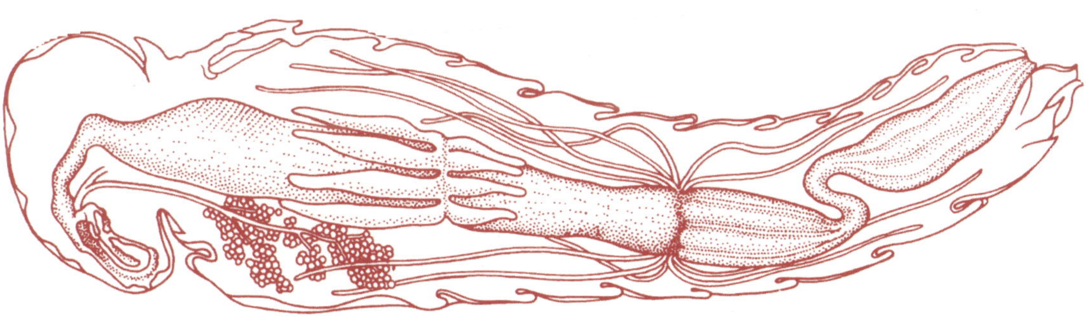

Internal structures of a locust. (After Uvarov 1966.)

곤충을 해부하면 매우 복잡하고 조밀한 기능적 형태를 볼 수 있다 그림 3.1에 두 종류의 잡식성 곤충인 바퀴벌레, 귀뚜라미의 내부를 볼 수 있다. 이들 종류는 비교적 분화되지 않은 소화기관과 생식기관을 가지고 있다. 소화기관은 세 부분으로 구성된 장과 침샘으로 구성되며, 그들의 기능은 저장, 생 · 화학적 분해, 흡수, 배설 등이다. 각 장(gut)은 한 가지 이상의 생리학적 역할을 하고 있는데, 장벽의 비후, 맹관(diverticula)과 같이 구조적인 변화와 관련되어 있다. 그림 3.1에서 묘사된 생식기관은 많은 곤충의 암컷과 수컷의 생식기관을 나타낸 것이다. 수컷은 특별히 눈에 띄게 부속선을 가지고 있는데, 이는 대부분 성충의 정소는 퇴화되거나 없는 경우가 많고 정충은 번데기 시기에 생성되고 저장되기 때문이다. 알을 가진 암컷 곤충에 있어서 체강은 여러 발달 단계의 알로 가득차 있어 다른 내부기관들은 관찰하기 힘든다. 마찬가지로 종령의 내부 구조는 지방체 조직의 덩어리에 의해 가려져 있다.

곤충의 체강은 **혈강**이라고 불리는데 **혈림프**로 가득 차 있으며, 내배엽성과 외배엽성 상피 조직으로 덮여있다. 혈림프는 모든 내부 장기들과 접촉하고 있어서 영양물질의 운반, 대사물질의 제거, 면역작용을 수행한다. 척추동물의 혈액과는 달리 혈림프는 호흡색소가 없으며 그러므로 가스 교환에는 거의 관여하지 않는다. 곤충에서 가스교환은 공기로 가득찬 **기관계**에 의해 수행된다. 가스는 기관을 통해서 유입되기도 하고 유출되기도 하며, 체벽에 열려 있는 기문에 의해 조절된다. 비가스성 노폐물은 혈림프로부터 말피기씨관에 의해서 걸러지는데, 말피기씨관은 혈강 내에 분포하며 끝은 막혀 있다. 말피기씨관의 내부에서 물질들은 장으로 비워지며 변형된 후 노폐물은 항문을 통해 배설된다.

모든 운동, 감각, 생리학적인 과정은 호르몬과 함께 신경계에 의해 조절된다. 뇌와 복신경색은 해부한 곤충에서 쉽게 눈에 띄나 대부분의 내분비센터, 신경분비 조직, 신경섬유, 근육, 기타 조직들은 육안으로 잘 관찰되지 않는다. 이 단원은 곤충의 내부 구조와 기능에 대해 설명하고 있다. 주제는 주로 근육과 운동, 신경계, 내분비센터와 호르몬, 혈림프와 순환, 기관계와 가스교환, 장과 소화, 지방체, 영양과 미생물, 배설계와 노폐물, 생식기관과 생식세포분열에 대해 다루고 있다.

3.1 근육과 운동

곤충이 번창하게 된 것은 주변 환경에 대한 뛰어난 감각력과 적응 그리고 기동력 때문이다. 비록 3억 4만년 전에 시작된 비행이 주요한 새로운 기술이 되었지만 수상, 육상에서의 움직임 또한 잘 발달되었다. 이들의 운동력은 골격계와 연관된 근육에서 유래한다.

3.1.1 근육

척추동물과 많은 다른 무척추 동물은 **횡문근**과 **평활근**을 가지고 있다. 그러나 곤충은 단지 횡문근을 가지고 있어서 두꺼운 미오신과 가는 액틴 섬유가 서로 교차하여 겹쳐있다. 각 횡문근 섬유는 많은 세포로 구성되는데 공통적으로 세포막과 근막으로 덮여있다. 수축성 근원섬유는 섬유의 길이에 따라 배열되며 시트나 원통형으로 배열되어 있다. 고배율로 관찰해보면 근원섬유는 한 쌍의 굵은 미오신 사이에 끼어있는 얇은 액틴섬유로 구성된다. 근육의 수축은 가는 섬유가 신경충격의 자극을 받아 활주함으로써 일어난다. 근육다발마다 1개 내지 3개의 축색돌기가 분포되어 있으며 각 축색돌기는 하나의 근육단위로 분류되며 하나의 기능적인 근육 내에는 몇 개의 운동단위로 구성되어 있다. 곤충에는 몇 가지 다른 근육 유형이 있다. 가장 중요한 차이점은 한 번의 신경 충격에 한 번의 수축주기를 가지고 동시에 반응하는 종류와 한 번의 신경 충격에 여러 번의 수축주기를 가지며 비동시적으로 수축하는 종류가 있다. 후자에 대한 예는 귀뚜라미의 날개근육과 진동막 근육(tymbal)이 여기에 포함된다. 비록 곤충이 벼룩의 뜀질, 귀뚜라미의 반복적인 진동막 마찰음과 같이 특수한 경우도 있지만 곤충과 척추동물에서 근육의 작용기작에는 큰 차이가 없다. 작은 몸집은 곤충에게 유리하나 체구의 제곱근의 감소에 따라 힘은 감소하며 체적은 몸의 크기의 세제곱근에 비례하여 감소하므로 힘과 체적의 비율은 몸의 크기가 작을수록 증가한다.

3.1.2 근육의 부착

척추동물의 근육은 골격과 연결되어 작용하나 곤충의 골격은 외골격의 내부에 부착되어 있다. 근육은 중배엽성이며 외골격은 외배엽성이므로 연결구조가 필요한데 이 역할을 장원섬유가 하고 있다. 이것은 가는 연결성 섬유로서

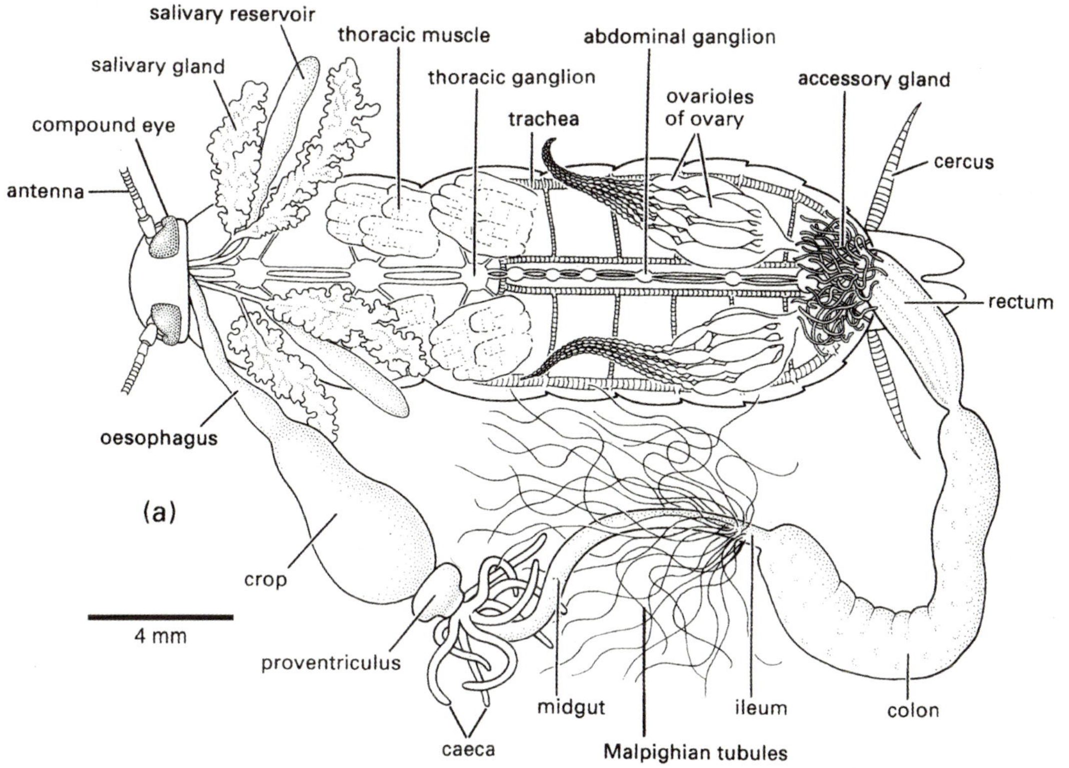

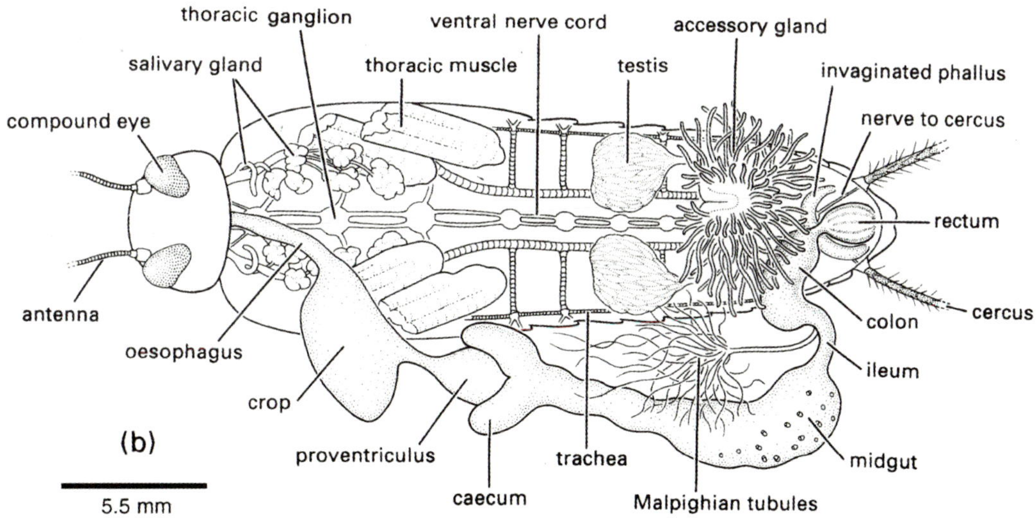

그림 3.1 바퀴목에 속하는 이질바퀴 암컷의 해부도 (a) 메뚜기목 귀뚜라미과에 속하는 왕귀뚜라미 수컷의 해부도 (b) 지방체와 대부분의 기관은 제거했고, 신경계의 세부적인 모양은 생략했음.

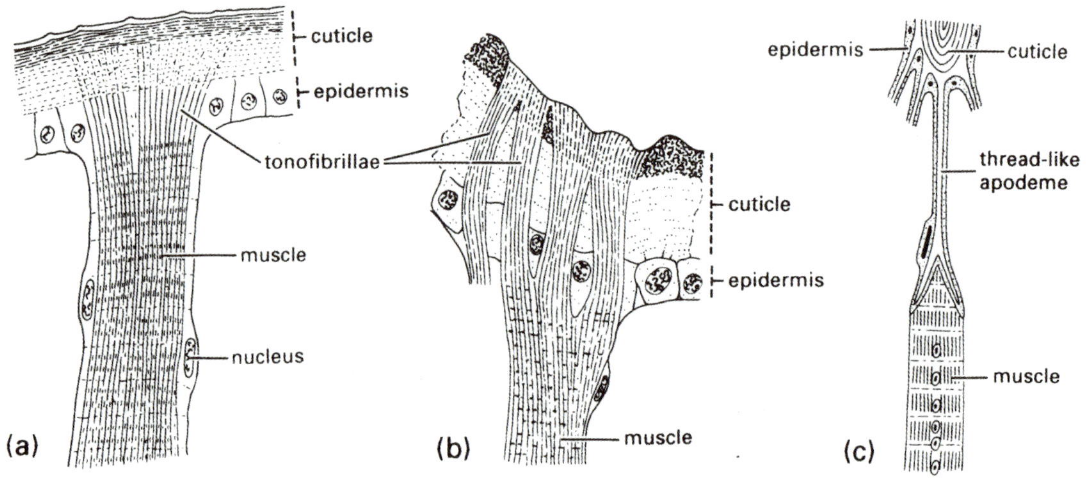

그림 3.2 체벽에 대한 근육의 부착. (a) 장원섬유가 근육에서 큐티클까지 표피를 가로질러서 분포하고 있다. (b) 성충(*Chrysobothrus femorata*)에서의 근육 부착형태, (c) 큐티클성 골돌기(apophyses)와 근육을 이어주는 실과 같은 속돌기. (apodeme)(Snodgrass 1935.)

근육의 끝을 표피층과 연결하고 있다(그림 3.2a,b). 탈피 때마다 장원섬유는 큐티클과 함께 소실되고 다시 자란다. 장원섬유의 부착점에 가끔 내큐티클이 속돌기(apodemes)를 만들어 강화되어 골돌기(apophyses)와 연결되어 있다(그림 3.2c). 이들 근육의 부착점들은 특별히 길고 가는 속돌기로 구성되며 레질린(resilin)이라는 탄성섬유를 내포하고 있어 척추동물의 건(tendon)처럼 탄력성을 가진다.

부드러운 몸을 가진 유충을 포함한 어떤 곤충들은 가늘고 유연한 큐티클을 가지며 근육이 부착할 만한 견고성이 없다. 이럴 경우 몸의 내용물이 정수골격(hydrostatic skeleton)을 만들어 혈림프의 압축성 흐름에 대항하며 다른 근육에도 힘을 준다. 그러므로 만약 유충의 체벽에 구멍이 나면 체액이 새어나가게 되고 혈강이 납작하게 되므로 유충은 흐늘흐늘하게 된다.

3.1.3 곤충의 기어다님, 꿈틀거림, 유영, 걷기

몸이 무른 유충은 정수골격을 가지며 기어다니면서 움직인다. 몸의 어느 한 부분에서 근육이 수축하면 이완된 몸의 다른 부분에 동일한 확장효과를 나타낸다. 파리, 구더기와 같은 다리가 없는 유충은 수축과 이완의 파동이 머리에서 꼬리까지 이어진다. 접착력이 있는 결절 혹은 고리구조가 지지대에 붙었다 떨어졌다 하면서 앞쪽으로 전진한다. 물에서는 정수골격에 대한 수축파가 뱀과 같은 굴곡을 만들어 유영하여 앞에서 뒤쪽으로 파동운동을 일으킨다. 모충(caterpillar)처럼 가슴과 복부에 다리를 가진 유충은 긴장근(turgor muscle)의 수축에 의해 뒤쪽에서 앞쪽으로 파동을 일으킨다. 운동근육은 가슴에 부착된 다리가 연속적으로 땅에서 떨어져서 움직이게 하며 앞으로 전진하여 지지대를 붙잡게 만든다.

딱딱한 외골격을 가진 곤충은 큐티클에 부착된 한 쌍의 길항근에 의해 수축하고 이완한다. 그러므로 갑각류나 다족류(myriapod)와 비교할 때 복부 쪽에 위치한 6개의 다리를 가지며 가슴부분에 집중되어 있어서 운동근육의 밀도가 가슴 쪽이 높아서 더욱 쉬운 조절과 효율을 나타낸다. 낮은 속도에서는 6개의 다리가 모두 동원되는데 몸 한쪽의 앞다리와 뒷다리 그리고 다른 반대편의 가운데다리에 의해 지면에 계속적으로 부착하며 뒤쪽으로 몸을 밀어낸다. 각 반대다리는 앞쪽으로의 이동에 이용된다(그림 3.3). 천천히 움직이는 곤충의 무게 중심은 항상 이 3개의 다리에 있어서 매우 안정되어 있다. 지지물에 부착하려면 몸을 앞쪽으로 밀어낼 지렛대가 필요한데 뾰족한 발톱이나 접착반을 이용한다.

빠른 운동이 요구될 때는 몇가지의 방법이 있는데 뒤쪽으로 몸을 밀어내는 시간을 짧게 함으로써 다리운동의 주

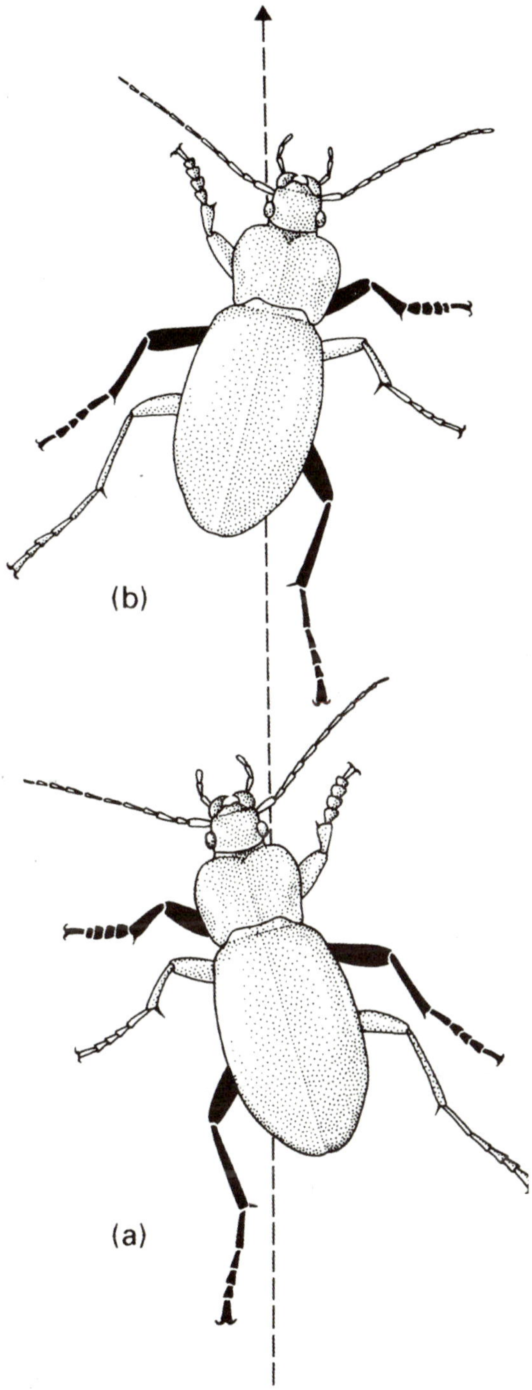

그림 3.3 점선방향으로 걷고 있는 딱정벌레. 3개의 검은 다리는 두 지점에서 땅에 접촉하고 있다. (a)에서 (b)방향으로 전진하고 있다. (Wigglesworth 1972.)

기를 증가시키는 것, 보폭의 길이를 증가시키는 것, 네다리의 사용으로 바꾸는 것, 세다리의 버팀대를 변경하여 지지물 위에 부착된 다른 다리와 함께 뒤의 두다리를 사용하는 것 등이 있다. 속도가 빠를 때는 세다리로 지탱하는 곤충도 매우 불안정하여 일정한 간격으로 지지물에 부착되는 다리가 없다. 높은 속도에서의 이런 불안정은 바퀴벌레에게는 별로 문제가 없어보이는데 고속비디오 카메라로 촬영해보면 초당 1m 까지 속도를 내며 초당 25번 뒤집을 수 있다. 이러한 운동은 벽에 접촉하는 더듬이 끝에서 받는 감각정보에 의해 유지된다.

많은 곤충들은 보통 변형된 뒷다리를 사용하여 놀랄 정도로 뛰어오른다. 메뚜기목에 속하는 잎벌레(flea beetle)나 바구미의 확장된 뒷다리의 퇴절(femur)은 큰 근육을 가지며 느린 수축은 나사와 같은 골격이나 퇴절과 경절 사이의 관절(femoro-tibial joint)의 뒤틀림에 의해 저장된 에너지를 생산한다. 모든 튀어오르는 곤충에 있어서 장력의 발생은 갑자기 일어나며 곤충을 공중으로 튀어오르게 하는데 보통은 조절이 잘되지 않는다. 그러나 벼룩은 도약할 때 어느 정도 조절이 되어 숙주에 달라붙을 수 있다. 날아오르면서 튀어오르는 곤충들은 공중으로 튀어올라 전혀 주변으로부터의 손상이 없이 날개를 펼 수 있다.

유영하는 곤충에 있어서는 물과의 접촉은 신장하는 동안 유지되므로 곤충은 전진하기 위해서는 원자세로 돌아오는 동작 보다도 노를 젓는 동작에 더 많은 힘을 주어야 한다. 우리는 이미 어떤 곤충의 유충이 정수골격(hydrostatic skeleton)에 대하여 수축함으로써 유영하는 것을 공부한 적이 있다. 날도래목 곤충의 유충은 흐르는 물이나 물 밑에서 걸을 수 있으며 보통 유영하지 않는다. 수막이 어떤 특수한 곤충들을 지지하기도 하는데 그들 대부분은 방수성 큐티클이나 털을 가지며 소금쟁이와 같은 곤충은 털이 달린 다리로 노젓는 동작을 하여 움직인다.

3.1.4. 날기

나르는 동작으로 인하여 곤충은 많은 가동성을 가지게 되었는데 먹이나 짝을 찾는데 많은 도움이 되며 멀리까지 분산시키는 효과도 가져오게 되었다. 꽃이나 잎과 같은 식물의 국소적인 서식처는 날개달린 곤충이 더욱 접근하기 유리하다. 비록 번데기에서도 발달 중인 날개가 관찰되지만 완전히 발달하여 기능을 갖춘 날개는 성충에서만 볼 수 있다. 보통 두 쌍의 기능을 갖춘 날개가 등측면에서 발생하며 앞날개는 두 번째 흉절, 그리고 뒷날개는 세 번째 흉절에 달려있다.

날기 위해서는 무게(중력)와 움직임에 대한 공기의 저항이 극복되어야 한다. 곤충이 바람 속으로 향할 때는 날개끝의 각도를 조절함으로써 뜨게 된다. 이러한 각도가 증가할수록 실속이 일어날 때까지 부력은 증가한다. 부력이 증가하고 끌리는 힘이 감소하는 것과 같은 공중에서의 역동적인 효과는 날개의 비늘과 털에서 유래하며 날개 표면의 가장자리에 영향을 미친다. 대부분의 곤충은 약간 활주하며 잠자리, 메뚜기들은 광범위하게 활주한다. 그러나 대부분의 날개달린 곤충은 그들의 날개를 치면서 날아오른다. 날개가 퍼득이는 것을 조사하는 것은 어려운데 천천히 나는 나비도 초당 5번의 날개를 퍼득이며(5Hz), 벌은 180Hz, 어떤 작은 날벌레는 1000Hz 이상 날개짓을 하여 귀로 윙윙거리는 소리를 들을 정도이다. 그러나 영상고속카메라로 느리게 조절하여 날개짓을 육안으로 관찰해보면 한 번의 날개짓은 3개의 연속동작으로 되어있다. 첫 번째는 내려갔다 전진하는 동작에 이어 위로 향하면서 뒤쪽으로 향하는 동작이다. 두 번째는 각 날개는 그 기부주위로 회전한다. 세 번째 동작은 대기압의 국소적 변화에 반응하여 날개가 여러 각도로 구부러진다. 활주와는 다르게 비행에서는 상대적인 바람이 날개의 움직임에서 나온다. 날고 있는 곤충은 일정한 조절을 하여 날개짓을 하는 동안 앞쪽의 공기를 후방과 아래쪽으로 밀어보내어 곤충을 위쪽과 전방으로 향하게 한다.

비행하는 곤충은 그들의 비행을 담당하는 두 종류의 근육 중 하나를 가진다:

1 **날개와 연결된 직접 비행근**
2 근육과 날개의 연결이 없는 **간접시스템**, 그러나 근육의 움직임이 가슴통을 변형시켜 날개를 움직이게 한다.

잠자리나 바퀴벌레와 같은 몇가지의 오래된 곤충들은 직접적으로 날개근육을 사용하여 각도를 조절하며, 더욱 최근의 곤충들은 날기 위해 간접근육을 사용한다. 직접근육은 힘을 발생시키기 보다는 날개의 방향 전환에 사용된다.

직접 비행근육은 날개의 기부에 부착된 근육의 수축에 의해 위쪽으로의 날개짓을 만들며(그림 3.4a), 아래쪽으로의 날개짓은 복판(sternum)에서 날개기부로 뻗어있는 근육의 수축으로 인하여 발생한다(그림 3.4b). 대조적으로 간접 비행근육은 등판(tergum)과 복판(sternum)에 부착되어 있으므로 근육이 수축하면 등판과 날개의 기부를 끌어내리게 한다. 이러한 움직임은 날개의 주요 부위를 위쪽으로 올라가도록 지렛대 역할을 한다(그림 3.4c). 아래쪽으로의 날개짓은 두 번째 근육의 수축에 의해 이루어지는데 이 근육은 흉부의 앞쪽에서 뒤쪽으로 분포하여 가슴통에 변형을 일으켜 등판을 들어올리게 한다(그림 3.4d). 한 싸이클의 각 단계마다 비상근이 이완될 때 흉부의 탄성에 의해 그 모양이 복구되므로 에너지는 보존된다.

초기부터 4개의 날개는 시간과 속도에 약간의 변동을 가지면서 독립적으로 조절되어 비행의 방향에 변화를 줄 수 있다. 그러나 과도한 변화는 비행의 조절을 방해하며 모든 날개의 퍼득거림은 보통 균형을 이루는데, 나비나 꿀벌 등에서 보면 앞날개와 뒷날개를 함께 고정하여 중립적인 조절이 가능하다. 날개를 천천히 움직이는(100Hz 이하) 잠자리와 같은 곤충은 한 번의 신경충격이 한 번의 날개짓을 일으키는데 **동시성**(synchronous) 근육으로 유지된다. 그러나 빠른 날개짓을 하는 곤충은 100~1000Hz 이상의 빈도로 날개를 치는데 한 번의 날개짓에 한 번의 신경충격은 불가능하며 **부동시성**(asynthronous) 근육이 요구된다. 이러한 곤충에서는 단지 2개의 날개만이 위치가 안정되어 있어 충분히 올리고 충분히 내릴 수 있다.

공기의 이동에 따른 방향전환은 주로 곤충의 눈과 더듬이를 통해 감지된다. 그러나 파리류(ture fly)는 극단적으로 정교한 감각기를 가지고 있는데 평형곤으로 변형된 그들의 뒷날개가 그 기능을 담당한다. 이들 평형곤(halter)은 기부, 줄기부위, 정단혹(apical knob)(그림 2.22f)으로 구성되는데 필요하면 날개짓을 하지만 주로 앞날개로 조정한다. 파리가 방향을 바꿀 때는 평형곤은 뒤틀리게 되며 평형곤의 줄기 부위가 많은 감각털로 덮혀있어 이러한 움직임을 감지하여 적절하게 반응한다.

비행의 초기단계는 다리가 구부러져서 곤충을 공중으로 밀어야하므로 부절(발목마디)이 지상과 접촉하지 않으면 비행근에 신경충격을 일으킨다. 파리의 비행은 중간다리근육의 수축에서 유래하므로 다리를 아래쪽으로 끌어내려 비행을 시작한다. 다리는 또한 착륙 시에도 중요한데 점진적인 브레이크작동이 없기 때문에 모든 충격이 뻗어있

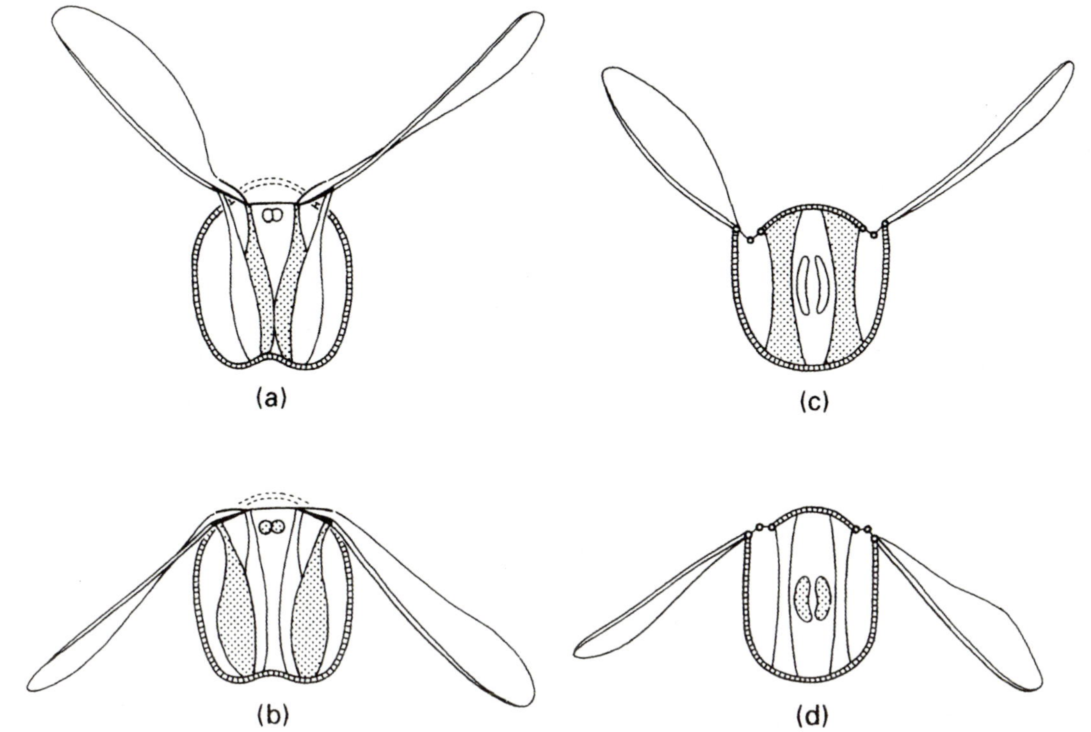

그림 3.4 직접 비행기작: 날개를 위로 향할 때 (a)와 아래로 향할 때 (b)의 가슴모양. 간접 비행기작: 날개를 위로 향할 때 (c)와 아래로 향할 때 (d)의 가슴모양. 점으로 표시한 근육들이 수축하는 근육들이다. (Blaney 1976.)

는 다리에 전달되며 접착하기 위해서는 발톱이나 접착반을 사용한다.

3.2 신경계와 협동작용

복합적인 곤충의 신경계는 외부의 감각과 내부의 생리적 정보를 통합하고 4장에서 논의하는 행동을 유발한다. 다른 동물과 마찬가지로 기본구조는 신경세포 즉 **뉴런**이며 1개의 세포체와 2개의 섬유-자극을 받는 **수상돌기**(dendrite)와 정보를 전달하는 **축색**돌기로 구성되며 다른 뉴런과 연결되거나 근육과 같은 효과기와 연결된다. 곤충의 뉴런은 **시냅스**에서 다양한 화학물질을 분비하여 다음 뉴런이나 근육을 자극하거나 억제하는 작용을 한다. 특히 중요한 신경전달물질은 척추동물과 마찬가지로 아세틸콜린과 도파민과 같은 카테콜아민이다. 뉴런은 네 가지 유형으로 나누는데(그림 3.5):

1 **감각뉴런**은 환경으로부터의 자극을 받아서 중추신경계에 전달하는 역할
2 **연결뉴런**은 정보를 받아서 다른 뉴런에 전달하는 역할
3 **운동뉴런**은 연결뉴런으로부터 정보를 받아서 근육에 전달
4 **신경분비세포**(3.3.1절)

연결뉴런과 운동뉴런의 세포체는 모든 유형의 신경세포체를 상호연결하는 신경섬유와 엉켜서 **신경절**(ganglia)을 형성한다. 단순반사작용(simple reflex behavior)이 곤충에서 잘 연구되어 있으나 곤충의 행동은 신경절 내부의 정보통합을 포함하여 복잡하다.

중추신경계(그림 3.6)는 신경계의 주요 부위와 길이를 따라 연결되는 신경색(nerve cord)으로 연결되는 일련의 **신경절**로 구성된다. 초기에는 체절당 한 쌍의 신경절이 존재했으나 가슴과 복부의 신경절은 서로 융합하여 하나의 단일한 구조로 구성된다. 머리 부위의 **신경절**(그림 3.7)은

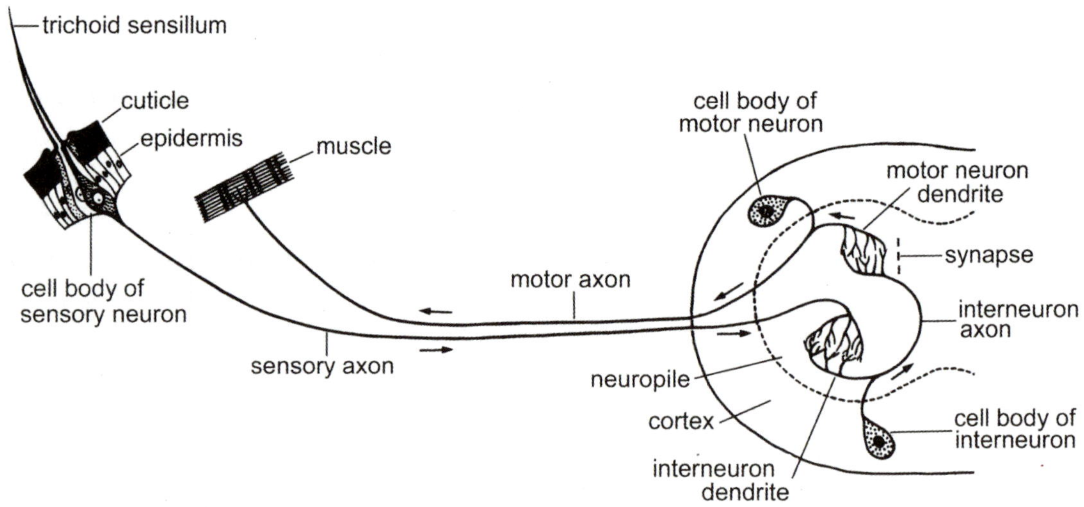

그림 3.5 곤충의 단순반사기작의 모식도. 화살표는 신경섬유를 따라 진행되는 신경충격의 경로를 나타낸 것이며 신경절은 우측에 있다.

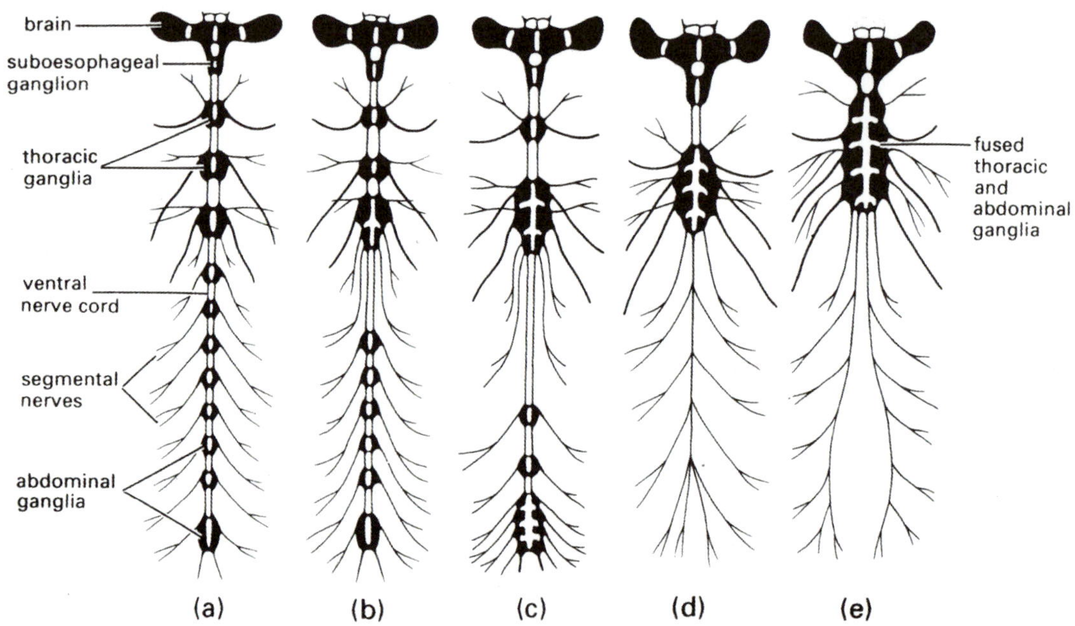

그림 3.6 각종 곤충의 중추신경계, 복신경색을 따라 신경절이 다양하게 배열되어 있다. 신경절의 융합정도는 간단한 것에서부터 세분화된 것까지 다양하다. (a) 3개의 가슴신경절과 8개의 복신경절(물벼룩), (b) 3개의 가슴신경절과 6개의 복신경절(바퀴, 깔다구), (c) 2개의 가슴신경절과 융합된 복신경절(말벌), (d) 융합된 1개의 가슴신경절만 있다(파리), (e) 가슴신경절이 식도하신경절과 융합한 형태(소금쟁이). (Horridge 1965.)

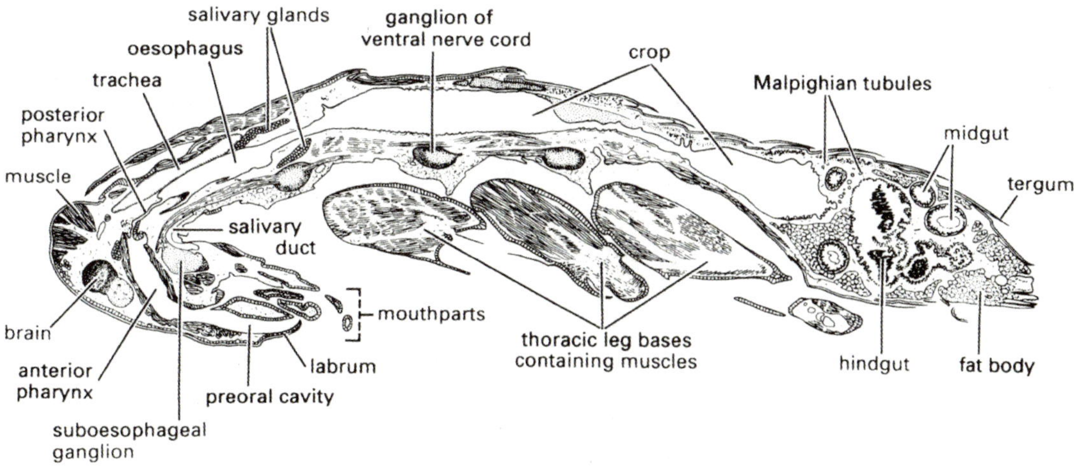

그림 3.7 내부기관을 보여주는 미성숙 바퀴벌레의 종단면.

병합하여 뇌와 식도하신경절로 구성된다. 체강 아래부위에서 발견되는 가슴과 복부신경절의 일련구조를 복신경색(ventral nerve cord)이라고 한다. 뇌는 세 쌍의 융합된 신경절로 구성되는데:

1 전대뇌(protocerebrum): 눈과 연결되어 시엽을 포함한다.
2 중대뇌: 더듬이(antennae)와 연결된다.
3 후대뇌: 몸으로부터 오는 신호를 처리한다.

3개의 구기를 포함한 체절의 융합된 신경절은 식도하신경절을 구성하여 구기로 연결된 신경을 가진다.

내장신경계는 흔히 곤충의 교감신경계라고 하며 세부분으로 구성된다 – 위장신경계(stomodeal), 복부내장신경계(ventral visceral), 그리고 꼬리내장신경계(caudal visceral)이다.

말초신경계는 모두 운동뉴런 축색돌기로 구성되며 중추신경의 신경절로부터 근육으로 자극을 전달한다. 또한 위장신경계와 외부 환경으로부터의 각종 자극을 받는 큐티클 감각기의 감각뉴런도 여기에 포함된다.

3.3 내분비계와 호르몬의 기능

호르몬은 체내에서 합성되는 화합물로서, 일반적으로 체액을 타고 합성장소에서 생리적으로 영향을 받는 곳으로 이동하며, 극단적으로 소량으로 존재한다. 곤충의 호르몬은 몇 종에서 상세히 밝혀져 있으나 생산이나 기능은 모든 곤충에서 유사하리라고 생각된다. 화학적 중개자의 작용과 탈피과정에서 호르몬의 역할은 극단적으로 중요하며 나중에 다시 논의될 것이다.

역사적으로, 탈피와 변태과정에서 호르몬의 역할은 단순한, 그러나 정교한 실험에 의해 밝혀졌다. 이런 유용한 기술은 뇌의 영향을 제거한다든지(decapitation), 몸의 각 부위의 혈림프를 차단한다든지(ligation), 혹은 둘 혹은 그 이상의 곤충의 몸체를 인공적으로 연결하여 혈림프를 흐르게 한다든지 하는 방법이다. 몸통을 졸라매거나 뇌를 제거하면 곤충의 발육과 생식과정에 필요한 물질의 생산기관을 찾아낼 수 있으며 특정물질이 어떻게 원거리에 있는 조직에 영향을 미치는지를 알 수 있다. 흡혈곤충인 침노린재(*Rhodnius prolixus*)와 여러 나방, 파리류들이 주요 실험대상이다. 오늘날 분자 생물학적(Box 3.1) 및 발전된 화학적 분석 기술이 호르몬 분리, 특성 및 조작을 가능하게 해다.

3.3.1. 내분비센터

곤충의 호르몬은 신경, 신경내분비, 내분비센터에 의해 생산된다(그림 3.8). 난소에 있어서는 호르몬 생성은 그들의 주 기능 이외에 이차적인 것이지만 몇몇 조직과 기관은 내

Box 3.1 신경펩타이드 연구를 위한 분자유전학 기법들과 그들의 응용*

분자생물학은 DNA와 그 전사체인 RNA와 해독체인 단백질 생성물의 조작, 분리, 분석을 위한 필수적인 기법이다. 분자유전학은 주로 핵산에 중점을 두고 있는 반면에 단백질과 그들을 구성하고 있는 아미노산에 대한 연구는 화학적 개념만 포함되어 있다. 그러므로, 유전학과 화학은 분자생물학에서 필수적이다. 분자생물학적 도구들은 아래와 같이 제공된다:

- 제한효소들을 사용하여 특정부위를 자른 DNA와 자른 DNA 조각의 끝부분을 연결효소들로 연결하는 수단;
- 반복적인 DNA 단편의 증폭으로 수많은 동일한 복사체 (copies)를 생산하는 PCR(polymerase chain reaction)과 같은 기법;
- DNA 혹은 RNA의 뉴클레오타이드 서열과 단백질의 아미노산 서열을 빠르게 분석하는 방법;
- DNA 혹은 단백질의 짧은 서열을 합성하는 능력;
- 본래의 염기서열과 합성된 DNA의 일치성을 비교하기 위한 DNA-DNA 친화력 혼성체화;
- 상보적인 염기서열을 이용하여 한정된 핵산 절편인 올리고뉴클레오타이드 탐침(probe)으로 특이적인 뉴클레오타이드를 가진 게놈을 찾는 능력;
- 시험관내에서(*in vitro*) 특별한 DNA 절편의 자리-돌연변이 유발법 (site-directed mutation);
- 유전공학—안전한 유전자 전달과 유전자 발현 이후에 다른 생물체 안으로 온전한 유전자의 이동과 분리;
- 유전자들이 어떻게, 언제, 어디에 분포하는지 동정하기 위한 세포화학적 기법들;
- 특별한 유전자가 어떻게, 언제, 어디에 분포하는지 동정하기 위한 면역화학적 그리고 조직화학적 기법을 이용하여 특이 단백질의 기능을 알려준다.

곤충 펩타이드호르몬은 곤충들에서 극소량 생성되고, 그 구조가 복잡하고 종종 불안정하기 때문에 연구하기가 무척 어렵다. 요즘 경향을 살펴보면, 신경펩타이드는 전반적으로 곤충생리학 (표 3.1)의 기능에서 결정적인 역할을 수행하고 있으며, 화학과 (예를들면, 단백질에 아미노산의 가스-phase 서열화) 유전학에서 적절하게 이용할 수 있는 방법이기 때문에 활발하게 연구가 되고 있다. 신경펩타이드 아미노산서열들은 분자유전학의 강력한 수단으로 제공된다. 더 중요한 것은, 주 단백질 구조로부터 연역된 염기서열이 게놈의 일부나 다른 생물체 특히 해충에서 펩타이드 유전자를 찾기 위한 올리고뉴클레오타이드 탐침으로 사용된다. PCR과 같은 방법들은 DNA의 극소량과 일부 아미노산 서열로부터 탐침(probe)의 생산을 용이하게 한다. PCR과 같은 유전자 증폭방법들은 DNA의 양을 대량으로 증폭할 수 있고 유전자의 서열 분석을 쉽게 할 수 있다. 물론 분자유전학적 방법들의 이런 이용들은 신경펩타이드들의 초기 화학적 특성에 의존한다. 더욱이, 적절한 생물검정들은 분자생물학이 어떤 생성물의 진위를 평가하는데 필수적이다. 해충 방제에 대한 연구에서 신경펩타이드의 바람직한 응용은 16.4.3절에서 논의된다.

* After Altstein 2003; Hoy 2003.

분비기능을 위하여 특수화되어 있다.

신경내분비세포

신경내분비세포는 신경계에서 발견되는 변형된 뉴런이며 뇌에서 주로 많이 존재한다. 이 세포들은 기존 알려진 대부분의 곤충 호르몬을 생산하나 엑디손이나 유충호르몬은 예외이다. 그러나 이들 호르몬의 합성과 방출은 신경내분비세포로부터의 신경호르몬에 의해 지배를 받는다.

측심체

측심체는 한 쌍의 신경내분비체로서 뇌의 뒤쪽, 대동맥의 양옆으로 존재한다. 이것은 자신의 신경호르몬을 생산할 뿐아니라 전흉선자극호르몬(PTTH)을 포함한 신경호르몬을 저장하고 방출한다. 전흉선자극호르몬은 전흉선의 분비작용을 촉진한다.

전흉선

전흉선은 편평한 한 쌍의 선으로서 일반적으로 머리 뒤쪽이나 가슴부위에 위치한다. 파리류에서는 고리샘(ring gland)의 일부로서 고리샘은 측심체와 알라타체를 포함한다. 전흉선은 엑디손(일명, 탈피호르몬)을 분비하여 표피의 탈피과정을 촉진한다.

알라타체

알라타체는 작고 뚜렷한 쌍으로된 선조직으로서 상피에서 유래하며 전장의 양 옆에 위치한다. 어떤 곤충에서는 그들

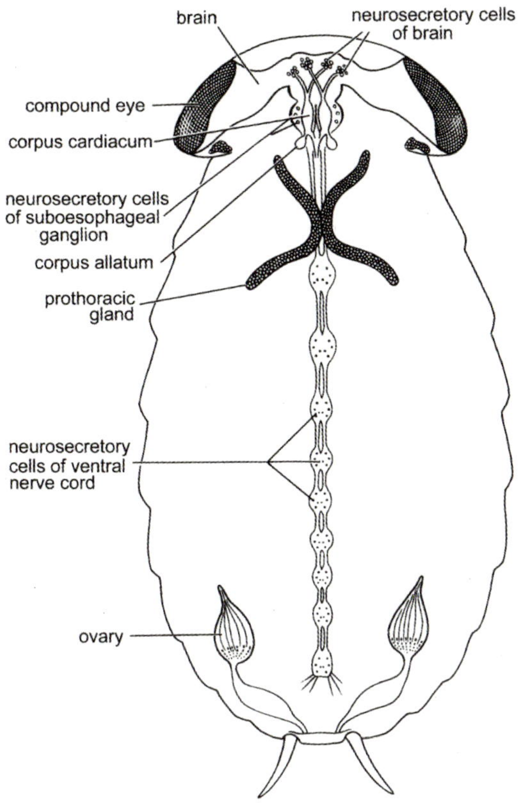

그림 3.8 일반 곤충에서 주 내분비센터. (Novak 1975.)

은 1개의 단일 선으로 융합되어 있다. 그들의 기능은 **유충호르몬**(juvenile hormone)을 분비하여 변태와 생식에서 조절역할을 한다.

3.3.2. 호르몬

세 가지 호르몬이 곤충의 성장과 성숙 기능을 통합하는데, 엑디스테로이드(ecdysteroid), 유충호르몬, 그리고 신경호르몬(신경펩티드)이다.

엑디스테로이드는 탈피를 촉진하는 작용을 가진 스테로이드에 주어진 이름이다. 모든 엑디스테로이드는 콜레스테롤과 같은 스테롤에서 유래하며 콜레스테롤이 없으면 합성이 불가능하므로 먹이에서 섭취해야 한다. 엑디스테로이드는 모든 곤충에 존재하며 많은 화합물이 존재하는데 그 중 엑디손과 20-히드록시엑디손이 가장 일반적인 종류이다. **엑디손**(일명 α-엑디손)은 전흉선에서 혈림프로 분비되어 조직에서 활성호르몬인 20-히드록시엑디손으로 전환된다. **20-히드록시엑디손**(가끔 엑디스테롤, β-엑디손으로 불림)은 가장 광범위하게 생리적으로 중요한 엑디스테로이드이다. 엑디스테로이드의 작용은 탈피를 촉진하며 또한 암컷 성충의 난소에서도 생산되어 난성숙에 관여하거나 난에 저장되어 배(embryo)의 큐티클 형성동안 소모된다.

유약호르몬은 일종의 세스퀘터펜(sesquiterpenoid compounds)으로 JH-I, JH-II, JH-III, 그리고 JH-0를 포함한 혼합물 혹은 단일 호르몬을 의미한다. 담배박각시나방(*Manduca sexta*)처럼 JH 혼합물을 생성하는 곤충의 출현으로 인하여 JH 유사체의 기능을 밝히는 것이 점점 복잡하게 되었다. 이들 호르몬은 두가지의 주요 역할을 하는데 변태와 생식의 조절이다. 유약호르몬에 의해 유충의 특징이 지속되며 변태가 억제된다. 그러므로 성충이 되려면 유약호르몬이 없는 상태에서의 탈피를 필요로 한다. 그러므로 유약호르몬은 각 탈피 시 분화의 정도와 방향을 조절한다. 암컷 성충에서는 알에서 난황물질의 축적을 자극하며 부속샘의 작용과 페로몬 생산에 영향을 준다.

신경호르몬은 곤충호르몬 중 세 번째로 가장 많은 그룹을 차지한다. 일반적으로 펩티드이므로 **신경펩티드**라고도 한다. 이들 단백질전달자들은 곤충의 발달, 항상성 유지, 대사과정, 생식의 주요 조절자로 작용하며 유약호르몬과 엑디스테로이드의 분비에도 관여한다. 거의 150종의 신경펩티드가 확인되었는데 어떤 종류는 유전자의 중복(duplication)에 의해 동일유전자에 의해 여러 형태가 존재한다. 곤충에서 신경호르몬에 의해 영향을 받는 여러 가지 생리적 과정이 표 3.1에 수록되어 있다. 펩티드 분자화학의 기술적 발달로 인하여 이들 작용분자들의 다양성과 중요한 역할들이 계속적으로 밝혀지고 있다. 유사한 작용을 하는 펩티드들에서 구조적 다양성은 큰 전구체로부터 합성되어 분해되고 변형되어 활성을 가진 펩티드를 형성하기 때문이다. 신경펩티드는 신경의 축색돌기를 따라 혈림프를 경유하며 직접 효과기에 도달하거나 혹은 다른 내분비샘에 대해 간접적으로 작용한다(알라타체와 전흉선).

신경호르몬의 작용은 억제와 촉진 효과가 있다. 신경펩티드의 효과는 표적세포와 세포막에 존재하는 친화성이 있는 결합자리에 의존한다. 호르몬은 체액이나 혈림프에 의해 운반되어 표적조직에 도달한다. 호르몬은 가끔 수용

표 3.1 곤충에서 신경펩티드에 의해 조절되는 주요 생리작용. (Keeley & Hayes, 1987; Holman 등, 1990; Gäde 등, 1997; Altstein 2003.)

신경펩티드	작용
Growth and development	
Allatostatins and allatotropins	Induce/regulate juvenile hormone (JH) production
Bursicon	Controls cuticular sclerotization
Crustacean cardioactive peptide (CCAP)	Switches on ecdysis behavior
Diapause hormone (DH)	Causes dormancy in silkworm eggs
Pre-ecdysis triggering hormone (PETH)	Stimulates pre-ecdysis behavior
Ecdysis triggering hormone (ETH)	Initiates events at ecdysis
Eclosion hormone (EH)	Controls events at ecdysis
JH esterase inducing factor	Stimulates JH degradative enzyme
Prothoracicotropic hormone (PTTH)	Induces ecdysteroid secretion from prothoracic gland
Puparium tanning factor	Accelerates fly puparium tanning
Reproduction	
Antigonadotropin (e.g. oostatic hormone, OH)	Suppresses oocyte development
Ovarian ecdysteroidogenic hormone (OEH = EDNH)	Stimulates ovarian ecdysteroid production
Ovary maturing peptide (OMP)	Stimulates egg development
Oviposition peptides	Stimulate egg deposition
Prothoracicotropic hormone (PTTH)	Affects egg development
Pheromone biosynthesis activating neuropeptide (PBAN)	Regulates pheromone production
Homeostasis	
Metabolic peptides (= AKH/RPCH family)	
Adipokinetic hormone (AKH)	Releases lipid from fat body
Hyperglycemic hormone	Releases carbohydrate from fat body
Hypoglycemic hormone	Enhances carbohydrate uptake
Protein synthesis factors	Enhance fat body protein synthesis
Diuretic and antidiuretic peptides	
Antidiuretic peptide (ADP)	Suppresses water excretion
Diuretic peptide (DP)	Enhances water excretion
Chloride-transport stimulating hormone	Stimulates Cl^- absorption (rectum)
Ion-transport peptide (ITP)	Stimulates Cl^- absorption (ileum)
Myotropic peptides	
Cardiopeptides	Increase heartbeat rate
Kinin family (e.g. leukokinins and myosuppressins)	Regulate gut contraction
Proctolin	Modifies excitation response of some muscles
Chromatotropic peptides	
Melanization and reddish coloration hormone (MRCH)	Induces darkening
Pigment-dispersing hormone (PDH)	Disperses pigment
Corazonin	Darkens pigment

성도 있으나 어떤 종류는 혈림프에 있는 단백질과 결합하여 운반된다. 예를들면, 엑디스테로이드-결합단백질과 유약호르몬-결합단백질이 많은 종의 곤충에서 알려져 있다. 이들 결합단백질은 표적조직에 의한 흡수를 촉진시키거나 비특이적 결합을 감소시키거나 혹은 분해나 배설로부터 보호하는 기능을 하여 호르몬의 양을 조절한다.

3.4 순환계

곤충의 체액인 혈림프는 내부기관 주변을 자유롭게 순환한다. 혈액의 흐름은 몸의 각 부위에 존재하는 근육의 수축과, 종으로 뻗은 **등혈관**(dorsal vessel)의 연동수축으로 진행되는데 이들 등혈관은 때로 심장이라 부르기도 한다. 내부기관과 표피는 기저막을 통해 물질교환이 조절된다. 척추동물이 가진 복잡한 폐쇄혈관계와는 대조적으로 곤충의 개방혈관계는 단지 몇 개의 혈관과 혈액의 흐름을 조절하는 가로막으로 구성되어 있다.

3.4.1. 혈림프

혈림프의 부피는 몸이 부드러운 유충에서는 체중의 20~40%를 차지하며 정수골격(hydrostatic skeleton)으로 체액을 이용한다. 그러나 대부분의 빈데기와 성충에서는 혈림프가 체중의 20% 이하를 차지한다. 혈림프는 이온, 분자, 세포들을 포함한 액체로서 가끔 투명하며 무색이기도 하지만 곤충에 따라서는 노랑, 초록, 푸른색, 혹은 어떤 수서곤충이나 기생봉인 경우에는 헤모글로빈을 가짐으로써 붉은색을 나타내기도 한다. 조직 사이의 모든 화학적인 교환은 혈림프를 경유하여 일어나며–호르몬, 혹은 장으로부터 흡수된 영양물질이 운반되고 노폐물은 배설기관을 통해 제거된다. 그러나 곤충의 혈림프는 호흡색소를 거의 가지지 않으므로 매우 낮은 산소운반능력을 가진다. 혈림프 압력의 국소적 변화는 기관계를 통한 환기작용, 온도조절 작용에 매우 중요하며(3.5.1 참조) 탈피 시 묵은 큐티클이 찢어지면서 새로운 큐티클이 팽창하는 데에도 도움을 준다. 혈림프는 물의 저장고로도 중요한데 **혈장**은 무기이온, 지질, 당(주로 트레파로스), 아미노산, 단백질, 유기산, 기타 화합물을 포함한다. 고농도의 아미노산과 유기인산이 존재하는 것이 혈림프의 특징인데 방한(cold protection)과 관련된 분자가 축적되는 곳이기도 하다. 혈림프단백질은 저장의 기능, 철결합물질, 유약호르몬, 그리고 지질운반에 관여한다.

혈구세포는 몇 가지 종류(주로 무정형혈구, 과립혈구, 원시혈구)로 나뉘어지며 모두가 핵이 있다. 그들의 네 가지 주요작용을 보면:

1 탐식작용: 작은 입자나 대사물의 탐식
2 기생체나 다른 외부물질의 피낭형성(encapsulation)
3 혈림프의 응고반응
4 영양물의 저장과 분배

혈강에는 두가지 유형의 세포가 더 존재하는데 **비뇨세포**(nephrocyte)로서 주로 등혈관 근처에 존재하며 혈림프에서 물질을 걸러거나 대사작용을 하여 이용 혹은 배설하기 쉽도록 한다. **편도혈구**(oenocyte)는 주로 혈강, 지방체, 표피 등에 존재하며 큐티클 지질의 합성이나 깍다구에서는 헤모글로빈 합성에 관여한다.

3.4.2. 순환

곤충에서 순환은 주로 일련의 근육성 펌프에 의해 유지되며 근육섬유성 막으로 구분되는 공간을 통하여 혈림프를 이동시킨다. 주요 펌프는 맥박성 등혈관이고, 그것의 앞부분은 내동맥, 뒷부분은 심장으로 불린다. 등혈관은 단순한 관으로서 한층의 심근세포로 구성되며 체절마다 **심문**(ostia)이 있다. 측심문은 전형적으로 혈림프를 등혈관쪽으로 흐르게 하는데 판막이 있어서 역류를 방지한다. 등혈관은 등가로막 위에 있는 위심강에 존재하는데 등가로막은 결합조직으로 구성되며 체절마다 익상근(alary muscle)이 쌍으로 존재한다. 익상근은 등혈관을 지지해주지만 그들의 수축이 심장박동에 영향을 주지는 않는다. 혈림프는 **가로막**의 격막 구멍을 통해 **위심강**(pericardial sinus)으로 들어가서 근육의 이완기 동안 심문을 경유하여 등혈관으로 들어간다. 수축파는 보통 몸의 뒷부분에서 출발하여 혈림프를 등혈관의 앞쪽으로 펌프질하여 머리에 있는 대동맥을 통해 바깥으로 내보낸다. 다음 혈림프가 복부 뒤쪽으로 순환할 때 머리와 가슴의 부속지에 혈액이 공급되며 나중에 위심강과 등혈관으로 되돌아온다. 체내 혈림프 순환의 일반적인 유형은 그림 3.9a에 있다. 혈액 순환에서 또 다른 중요한 요소는 **복가로막**(ventral diaphragm)이다(그림 3.9b). 이것은 근섬유성 격막으로 체강의 아래쪽에 위치하며 복신

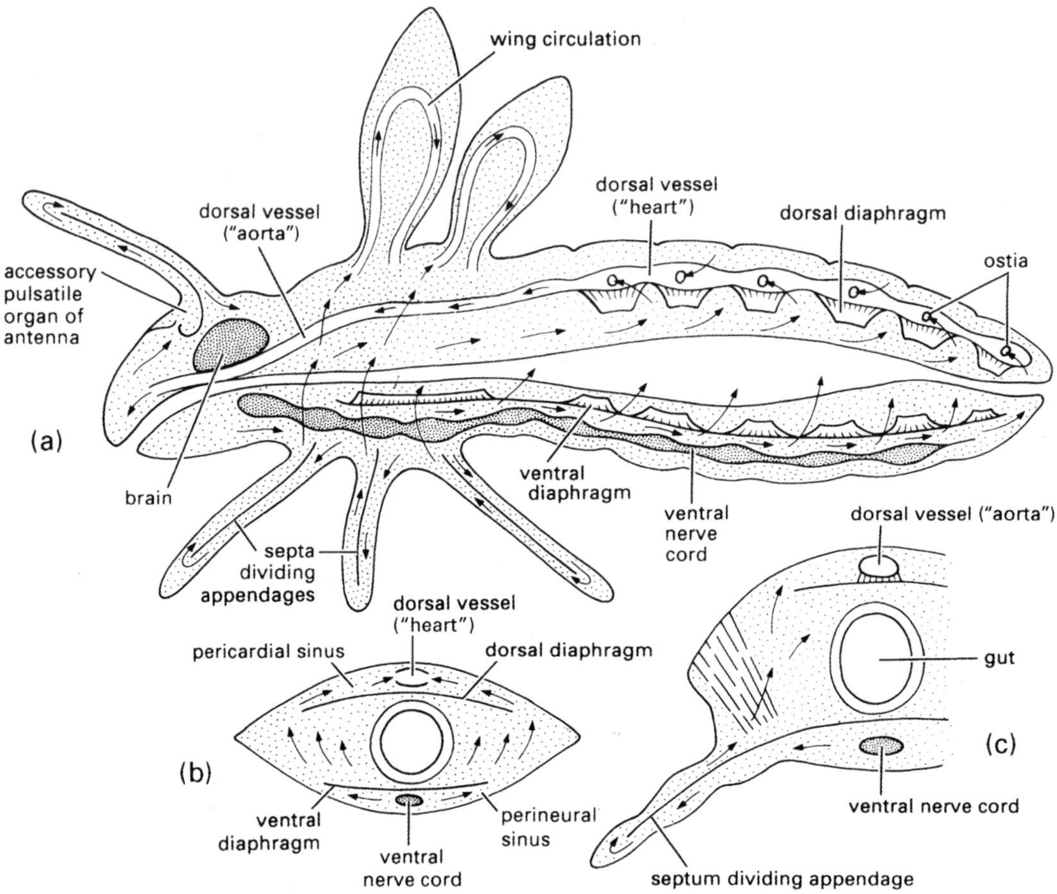

그림 3.9 잘 발달된 순환계의 모식도. (a) 체 종단면, (b) 복부의 횡단면, (c) 가슴부위의 횡단면. 화살표는 혈림프 흐름의 방향을 나타낸다. (Wigglesworth 1972.)

경색과 연결되어 있다. 혈림프의 순환은 능동적인 복가로막의 연동수축에 의해 수행되며 측면으로는 가로막 아래에 있는 **위신경강**(perineural sinus)으로 들어간다. 가슴부위에서 복부로 향하는 혈림프의 흐름은 부분적으로는 복부의 확장에 의존하여 혈림프를 뒤쪽으로 빨려들어가게 한다. 혈림프의 이동은 온도조절에 특히 중요하다. 가로막의 또 다른 기능은 혈림프를 활발하게 이동시키거나 신경색 자체를 움직여서 복신경색과 혈림프 사이에 물질교환을 활발하게 하는 것이다. 일반적으로 혈림프는 관, 격막, 판막, 펌프에 의해 부속지를 향하여 한쪽 방향으로 순환한다. 근육성 펌프는 **보조박동성기관**(**accessory pulsatile organ**)이라 하여 더듬이, 날개, 다리의 기부에 존재한다. 더듬이의 박동기관은 신경호르몬을 분비하여 더듬이 내에서 감각뉴런에 영향을 준다. 날개도 명확한 순환계를 가지는데 단지 어린 성충에서 뚜렷하다. 몇몇 나비목에서는 날개의 순환은 날개로 들어오고 나가는 혈림프와 공기의 상호이동에 의해 일어나며 이들의 작용은 박동기관의 작용, 신경박동의 전도, 기관부피의 변화 등에 의해 유발된다. 곤충의 순환계는 등혈관, 근육섬유성 가로막, 보조펌프 사이에 상당한 동시성을 나타내는데 이것은 신경과 신경호르몬에 의해 조절된다.

3.4.3. 혈림프에 의한 보호와 방어작용

혈림프는 여러 종류의 보호와 방어작용을 하는데 예를 들면 (i) 물리적 상해, (ii) 질병 매개체의 유입 혹은 외래물질,

(iii) 포식자의 작용이다. 어떤 곤충에서는 혈림프가 맛이 고약한 화학물질을 함유하여 포식자를 저지한다(14장). 표피에 상처가 나면 상처치유반응이 일어나는데 여기에 혈구와 혈장의 응집반응이 포함된다. 혈림프가 응고되면 상처를 메꾸게 되고 더 이상의 혈림프 소실과 세균 진입을 감소시킨다. 만약 질병 매개체나 입자가 곤충의 체내로 들어오면 면역반응이 개시된다. 이들은 효소나 단백질(리소짐, 프로페놀옥시다제, 렉틴, 펩티드)과 같은 체액성 인자의 작용은 물론 혈구에 의해 매개되는 세포성 방어기작으로 탐식작용(phagocytosis), 피낭형성(encapsulation), 작은혹 형성(nodule formation) 등이 있다.

곤충의 면역계는 척추동물의 복합적인 면역글로불린 체계와는 다르다. 그러나 곤충에게 치사량 이하의 세균을 감염시키면 그 다음 감염에 대해서는 훨씬 더 큰 저항성을 가진다. 혈구가 세균을 탐식하는데 관여하지만 일차 감염 이후 항균단백질이 혈림프에 나타난다. 예를 들면 세크로핀(cecropin)이라는 용균펩티드는 세균이나 다른 병원체의 세포막을 파괴하는 것으로 알려져 있는데 몇 나방류에서 분리되었다. 더구나 어떤 신경펩티드는 면역반응에 관련된 세포들의 활동에 영향을 미칠 뿐아니라 면역계와 신경내분비계 사이에 신호를 교환함으로써 세포성 면역반응에 관여한다.

3.5 기관계와 가스교환

모든 공기호흡을 하는 동물과 마찬가지로 곤충은 그들의 환경에서 산소를 얻고, 세포에서 배출된 탄산가스를 제거해야 한다. 이것은 **가스교환**으로 산소를 소모하는 세포성 대사과정인 호흡과는 엄격하게 말하여 다르다. 거의 모든 곤충에서 가스교환은 공기로 가득한 기관에 의해 일어난다. 이 관모양의 구조는 가지를 뻗어 몸 전체에 퍼져있다(그림 3.10). 공기는 보통 몸 측면에 위치한 기문을 통하여 기관지로 들어오며 머리 이후 체절당 한 쌍씩을 가진다. 그러나 현존하는 곤충은 기문이 여덟 쌍 이상 되지 않으며(2개는 흉부, 8개는 복부)(그림 3.11a), 대부분은 여덟 쌍 혹은 9쌍, 그리고 어떤 곤충은 한 쌍(그림 3.11c), 두 쌍 혹은 아예 없는 경우도 있다(그림 3.11d~f). 전형적으로 기문(그림 3.10a)은 하나의 위새강이라는 공간을 가지는데 여기에 개폐기전이 갖추어져 있고 위새강의 내부 끝 부위나 혹은 외부로 돌출한 판막이 있다.

기관은 표피가 내부로 함입된 구조이므로 그들의 내벽은 큐티클로 덮혀 있다. 기관의 큐티클성 내벽은 탈피시 외골격과 함께 벗겨지며 심지어는 기관계의 아주 가는 가지의 내벽도 탈피시 제거된다. 그러나 직경이 1 μm 이하되는 세기관지는 조직에 밀접하게 접촉하여 때로는 세포 속으로 침투하여 있다(그림 3.10b). 육서곤충이나 많은 수서곤충에서는 기관이 기문을 통하여 밖으로 열려 있으나(개방기관계, 그림 3.11a~c), 대조적으로 어떤 수서곤충과 대다수의 기생유충은 기관이 없으며(폐쇄기관계) 기관은 가늘게 나누어져 그물망 구조를 하고 있다. 이것은 체표면에 존재하여 큐티클을 통한 가스교환을 가능케 하며(그림 3.11d), 어떤 종에서는 실모양이나 층판 구조를 하고 있다(기관새, tracheal gill, 그림 3.11e,f). 기관계의 용적은 종이나 발육단계에 따라 체적의 5~50%를 차지하는데 곤충이 활발할수록 기관계는 더욱 광범위하게 분포한다. 많은 곤충에서 기관의 일부분이 팽창하거나 확장되어 공기저장을 증가시키며 어떤 종에서는 팽창하여 **기낭**(air sacs)을 형성한다(그림 3.11b). 기낭은 큐티클성 내벽이 거의 없기 때문에 쉽게 압착될 수 있다. 기낭이 성장하는 조직에 의해 폐쇄됨으로써 때때로 기관계의 용적은 발달단계에 따라 감소될수 있다. 벌이나 집파리 종류와 같이 매우 활발하게 비행하는 곤충에 있어서는 기낭이 극도로 발달하여 부력을 증대시킴으로써 비행을 도와주지만 그들의 주요 기능은 기관계의 환기작용이다.

3.5.1. 공기의 확산과 환기

산소는 기문으로 들어가서 기관을 지나 기관지까지 이동하여 표적세포까지 이동하는데 산소분압이 높은 외부공기로부터 분압이 낮은 조직까지 농도구배에 따라 확산한다. 기관계를 통하여 산소는 내부로 이동하는 반면 수증기와 탄산가스는 밖으로 이동하므로 대부분의 육서 곤충에서 가스교환은 기문을 통한 충분한 산소의 확보와 수증기의 소실이 적절히 조절되어야 한다. 활동을 하지 않는 동안은 대부분 곤충에서 기문은 닫힌 채로 있으며 단지 간헐적으로 열린다. 대부분의 완전변태를 하는 유충과 같이 기낭이 없는 곤충에서 확산은 기관에서 가스를 이동시키는 기본적인 기작이며 조직에서 가스교환을 하는 유일한 방식이다(Box 3.2). 최근 X-레이 비디오촬영을 통하여 곤충의 머

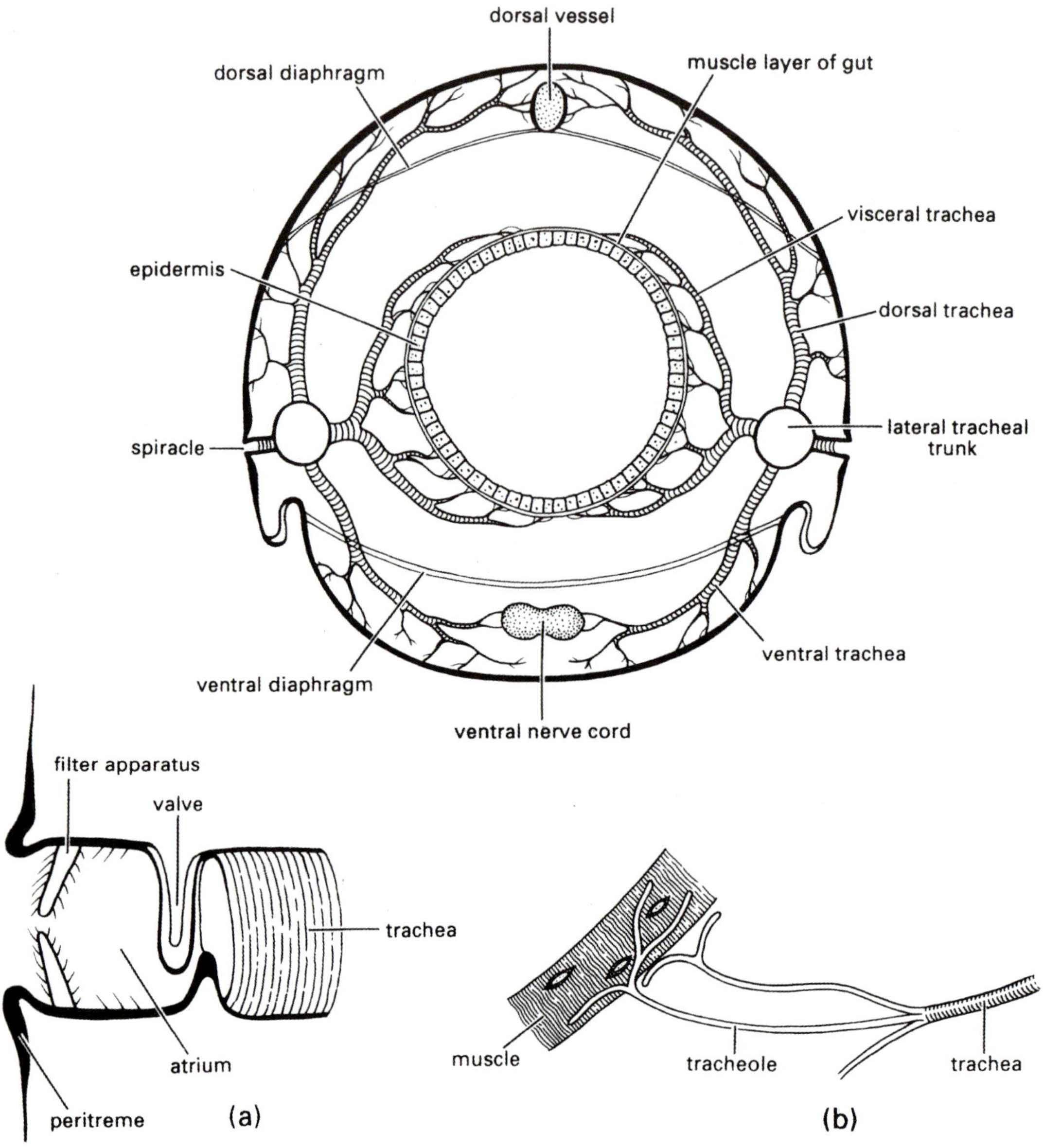

그림 3.10 곤충의 횡단면에서 나타나는 일반적인 기관계의 모식도. (a) 위새강의 내부 말단에 폐쇄판막을 가진 기문의 확대 그림, (b) 근섬유 내부에 분포하는 세기관지의 확대 그림. (Snodgrass 1935.)

리와 가슴 부위에서 기관이 빠른 주기로 압착하고 팽창하는 현상이 관찰되었는데 혈림프와 몸의 이동으로는 이런 주기를 설명하기 힘들며, 가스교환의 새로운 기작으로 보인다. 매우 활동적인 곤충에서는 흉부와 복부의 활발한 펌프작용이 기관계의 바깥부위로 공기를 품어내며 조직으로의 확산을 감소시킨다. 기문의 개폐는 **환기작용**을 동반하며 한쪽으로의 공기흐름을 유도한다. 공기를 들이마시는 동안은 앞쪽의 기문이 열리며 내쉬는 동안은 뒤쪽의 기문이 열린다. 기낭이 존재함으로서 호흡 공기의 용적을 증대시켜 환기작용을 용이하게 한다. 만약 주기관지가 강력하

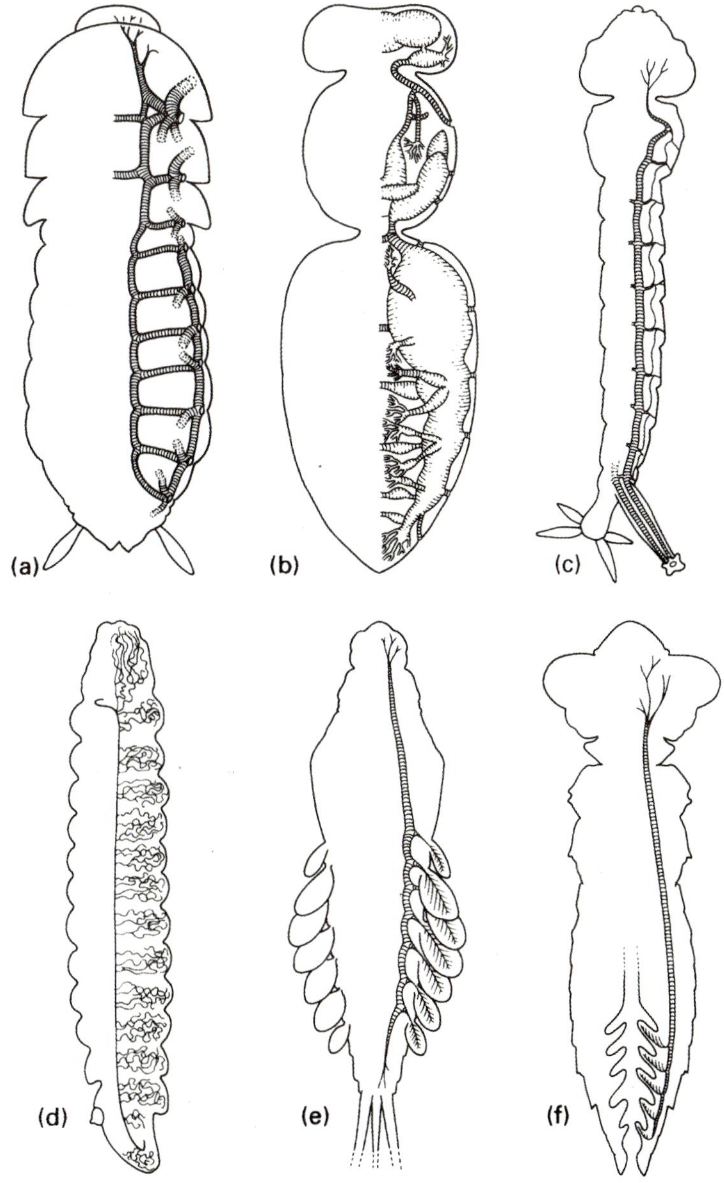

그림 3.11 곤충의 개방(a-c), 폐쇄기관계(d-f)의 여러 가지 변형. (a) 판막을 가진 기문이 있는 기관(바퀴벌레), (b) 환기 기낭을 가진 기관(꿀벌), (c) 마지막 기문만이 기능을 가진 후기문식기관 (모기유충), (d) 체표면을 통한 가스교환으로 완전히 폐쇄된 기관계(체내 기생유충), (e) 복부 기관새를 가진 폐쇄기관계(하루살이 유충, (f) 직장기관새를 가진 폐쇄기관계(잠자리유충). (Wigglesworth 1972.)

게 환기작용을 일으키면 비상근과 같은 가장 활동적인 조직에서도 확산만으로도 충분히 산소를 공급할 수 있다. 그러나 곤충의 가스교환계는 몸의 크기에 제약을 받는데 만약 산소가 상당히 먼 거리를 확산해야 한다면 몸이 크고 활동적인 곤충의 산소요구량을 맞추지 못할 것이다. 흥미롭게도, 몸이 큰 대부분의 곤충은 몸이 길고 가늘어서 기문에서부터 내부기관까지의 확산거리를 최소화하고 있다.

3.6 장, 소화, 영양

곤충은 종류가 다양하므로 매우 다양한 먹이를 섭취하는데 식물수액(거품벌레와 매미 유충), 척추동물의 혈액(빈

Box 3.2 거저리에서 저산소농도로 인한 기관 비대

곤충 기관계에서 가스 확산의 저항성은 기관지에 있는 세포질과 기관을 일부 또는 완전하게 차단할 때 호흡판에서 일어난다. 공기로 가득 채워진 기관은 물같은 세포질보다 더 낮은 저항성을 갖게 될 것이다. 그 이유는 일부 산소 분압의 같은 농도구배를 가진 세포질보다 공기 중에서 더욱 빠르게 확산되기 때문이다. 최근까지 기관계는 기관의 산소구에서 일반적인 저항성을 제공할 뿐만 아니라 충분한 산소(적어도 공기주머니가 없는 날지 못하는 곤충)를 제공할거라 믿어왔다. 산소 양을 달리하고 같은 가스압으로 사육된 딱정벌레목 거저리 유충인 Tendebrio molitor의 연구는 비대해진 유충 크기에 따라 산소를 공급해주는 주 조직이 기관이라는 것을 보여주었다. 등(dorsal), 배(ventral), 내장(gut) 기관은 영향을 받지만, 숨구멍(그림에서 설명 된 4개의 기관부문)과 연결된 측면의 긴 기관은 영향을 받지 않는다. 등기관은 등관과 등 근육조직을 제공하고, 배기관은 신경삭과 배 근육조직을 제공하지만, 내장기관은 장, 지방체와 생식선을 제공해준다. 등, 배와 내장기관의 횡단면 부위 그림은 정상적인 산소를 공급한 21% (●)에서 사육된 유충보다 10.5% (○) 산소에서 사육된 유충이 더 크다는 걸 보여준다. 그림에서 각 점은 한 마리의 유충을 나타내며 여섯 쌍의 배기문에 대한 등, 배, 내장기관의 합산영역의 평균값이다. 이 비대는 기관이 곤충기관계에서 산소의 이동성에 충분한 저항성을 갖는다는 가설과는 다소 차이를 보여준다. 비록, 비대가 단순히 공기의 양을 증가시키지만 호흡기관에서 산소를 저장함으로 공기흐름의 저항성을 오히려 더 감소시킬 수 있다. 이것은 mealworm들이 기문을 여는데 최소화시켜 건조한 환경에서 정상적으로 살아가는데 특히 중요할지 모른다. 어떠한 설명이라도 이 결과는 숨을 쉬는 조직의 조건에 매치하는 거저리와 다른 곤충들의 기관 크기에 따라 수정될 수 있다고 본다.

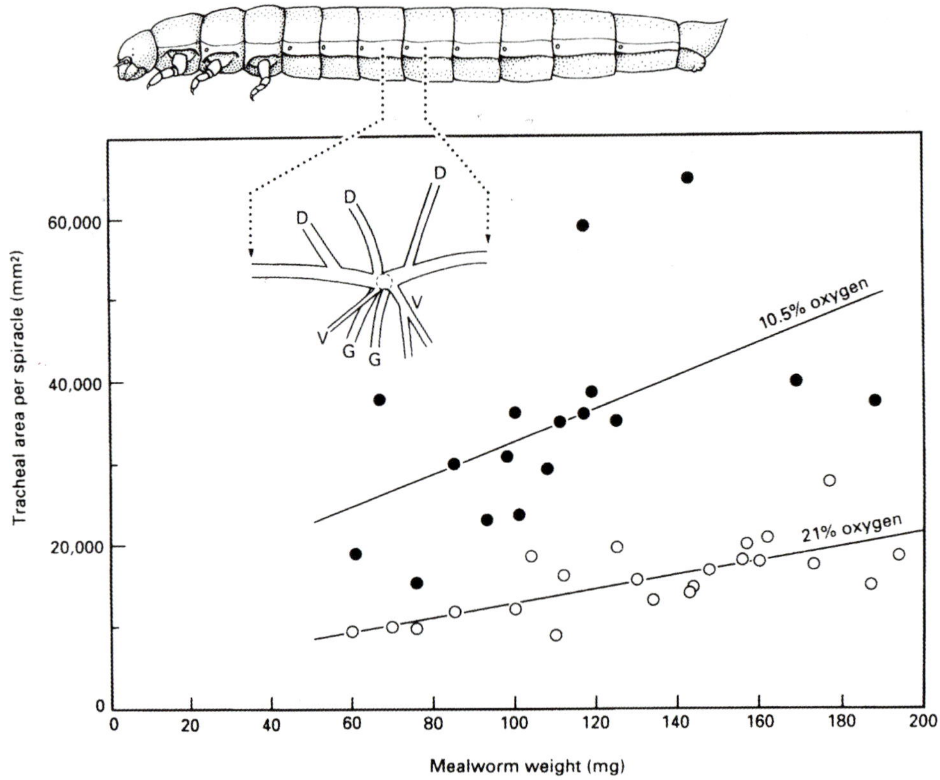

대, 모기), 마른나무(흰개미), 세균과 조류(먹파리, 날도래), 그리고 다른 곤충의 내부조직(기생봉 유충) 등이 있다. 다양한 구기 형태는 그들의 먹이와 관련되나, 장의 구조와 기능은 섭취한 먹이의 물리적 성질과 영양조성과 관련이 있다. 섭취한 먹이가 고체인지, 액체인지, 식물성인지, 동물성인지에 따라 네 가지의 주요한 섭식유형으로 나눌 수 있다(그림 3.12). 어떤 곤충은 명확하게 1개의 범주에 들어가지만 어떤 종은 둘 혹은 그 이상의 범주에 들어가며 대부분의 내시류(endopterygote)는 그들의 발달단계에 따라 범주가 달라진다. 장의 형태와 생리는 다음과 같이 먹이의 차이점과 관련이 있다. 전형적으로 딱딱한 먹이를 섭취하는 곤충은 장이 넓고, 직선이며, 짧고, 강력한 근수축 작용과 마찰에 대한 보호 장치를 가지고 있다. 대조적으로 혈액, 꿀, 액즙을 먹는 곤충은 장이 길고 좁으며, 꼬불꼬불하여 액상의 먹이가 최대한으로 접촉할 수 있도록 되어 있다. 또한 마찰에 대한 보호 장치는 필요 없다. 액상섭취곤충의 특징은 매미목에서 볼 수 있는 것처럼(Box 3.3) 과다한 양의 물을 제거하여 소화이전에 영양물질을 농축하는 일이다. 영양적인 측면에서 보면 대부분 식물을 먹는 곤충은 잎이나 줄기에 함유된 영양분이 소량이므로 많은 양의 먹이를 섭식해야 한다. 그러므로 장은 보통 짧고 저장 공간이 없으며 먹이는 계속적으로 공급이 가능하다. 대조적으로 동물조직은 영양분이 풍부하나 먹이는 간헐적으로 구할 수 있으므로 장은 큰 저장 공간이 필요하다.

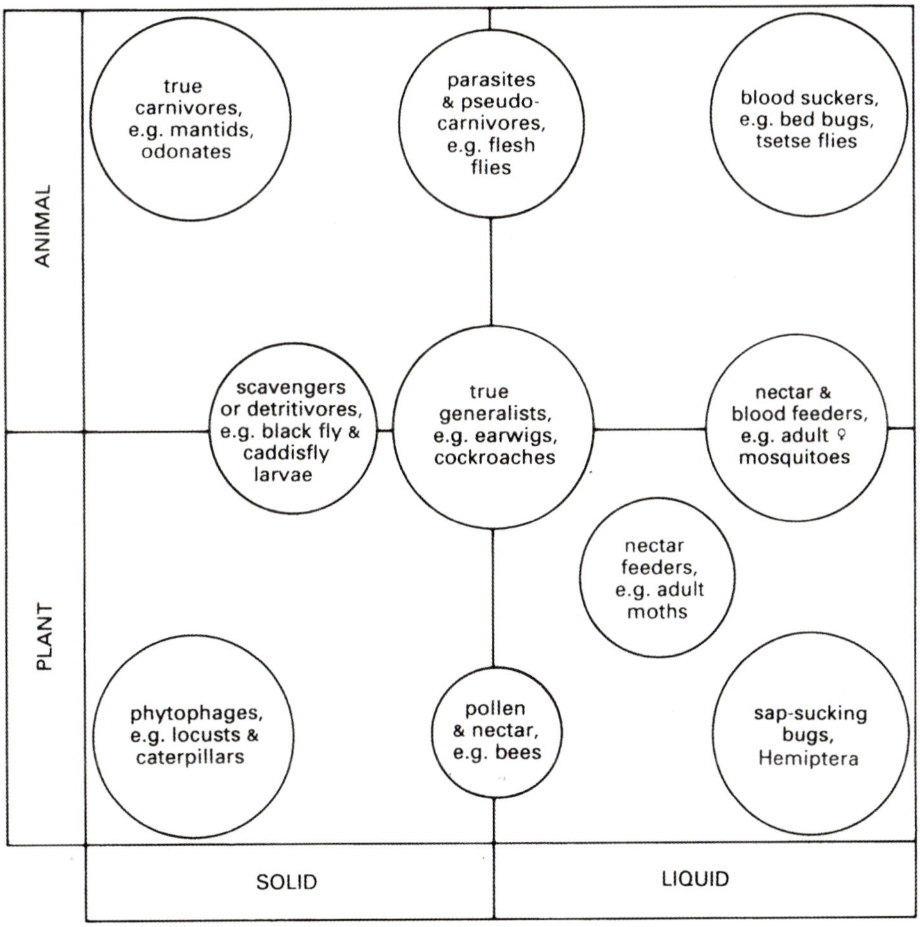

그림 3.12 먹이를 섭취하는 네 가지 유형. 대부분의 곤충은 1개의 유형에 속하나 기타 곤충들은 2개의 유형에 걸쳐있다. (Dow 1986.)

Box 3.3 Hemiptera(노린재류) 의 여과 챔버

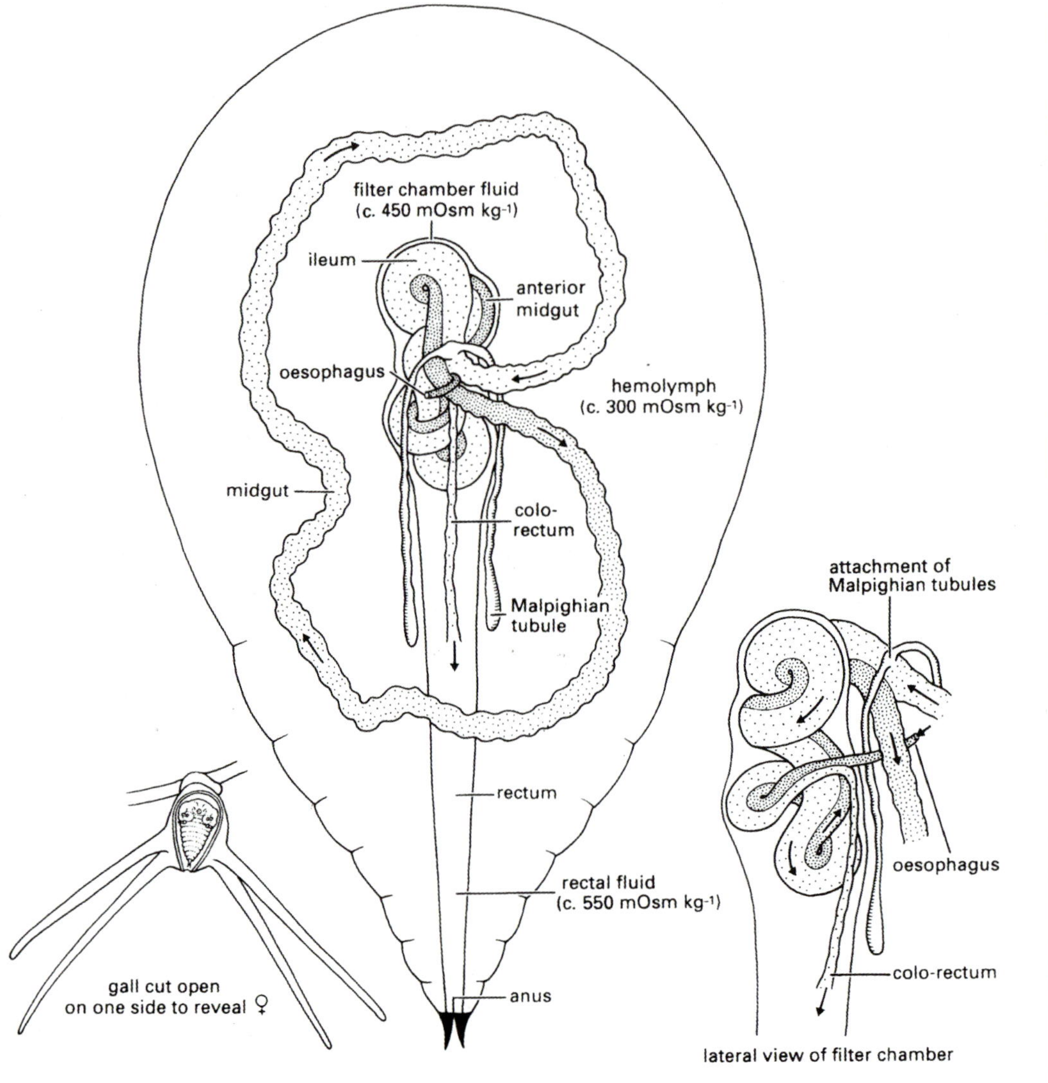

대부분의 Hemiptera(노린재류)는 그들의 식물즙 식습관과 관련되어 중장에 특별한 배열을 가지고 있다. 장의 전부와 후부는 즙 농축을 하기 위해 밀접하게 접촉되어 있다. 이 여과 챔버는 중장의 주요 흡수 부분을 피해가기 때문에 전장에서 후장으로 빠르고 직접적으로 통과할 수 있으며 과량의 물과 간단한 당 같은 상대적으로 작은 분자를 그대로 포함하고 있다. 그러므로 소화 영역은 물에 의해 희석되지 않고 과다한 음식 분자에 의해 농축되지도 않는다. 잘 진화된 여과 챔버는 식물의 목부를 먹는 매미와 거품벌레, 그리고 식물의 체관부를 먹는 매미충과 coccoid의 특성이다. 즙을 흡수하는 벌레의 장 생리는 완전한 장에서 장액 구성물과 삼투압의 정확한 측정이 기술적으로 어려운 일이기 때문에 상당히 적게 연구되었다.

충영에서 야기된 *Apiomorpha* 종의 암컷 coccoid는 체관부 수액을 얻기 위해 충영벽막의 도관 조직을 가볍게 두드린다. 몇몇 종은 막을 형성하는 직장 속의 전면 중장과 후장의 고리에 더욱 진화된 여과 챔버를 가지고 있다. 묘사된 그림은 몸 복부 측면의 관점에서 *A. munita*의 암컷 장을 나타낸 것이다. cibarial 펌프의 계열인 실 같은 흡액을 위한 입 부분은(그림 11. 4C) 주요 그림과 여과 챔버의 확대된 측면 관점에서 모두 볼 수 있듯이 짧은 식도와 연결되어 있다. 식도는 여과 챔버의 3개

고리들이 장 주위를 감은 전부의 중장에서 끝난다. 여과 챔버는 복부에서 볼 수 있으며, 혈림프에서 자유롭게 가로놓인 상태로 큰 중장 고리를 형성한다. 영양소의 흡수는 이 자유로운 고리에서 일어난다. 말피씨기관은 회장의 시작에서 장을 들어가며, 앞쪽의 회장은 꽤 좁은 전부의 중장과 가깝게 나란히 놓인 여과 챔버에 들어간다. 여과챔버의 불규칙한 나선 내에서 두 관의 액은 화살표로 표시한 것처럼 반대 방향으로 움직인다.

이 coccoid의 여과 챔버는 분명히 전부의 중장에서 회장을 경유하여 딘물 같은 것을 배출하는 결장과 직장을 연결하는 좁은 곳에서 직장으로 당과 물을 수송한다. *A. munita*에서 물과 다른 딘물은 대부분 당이다(약 550 mOsm kg^{-1}*)의 삼투압에 80% 원인이 된다). 두드러지게 혈림프의 삼투압 (약 330 mOsm kg^{-1}*)은 여과챔버 (약 450 mOsm kg^{-1}*) 와 직장에서의 삼투압보다 많이 낮다. 이 큰 삼투 차이점의 보존은 직장의 벽의 불투수성에 의해 촉진 될지도 모른다.

* 삼투압 값은 P.D Cooper와 A.T. Marshall의 공개되지 않은 데이터이다.

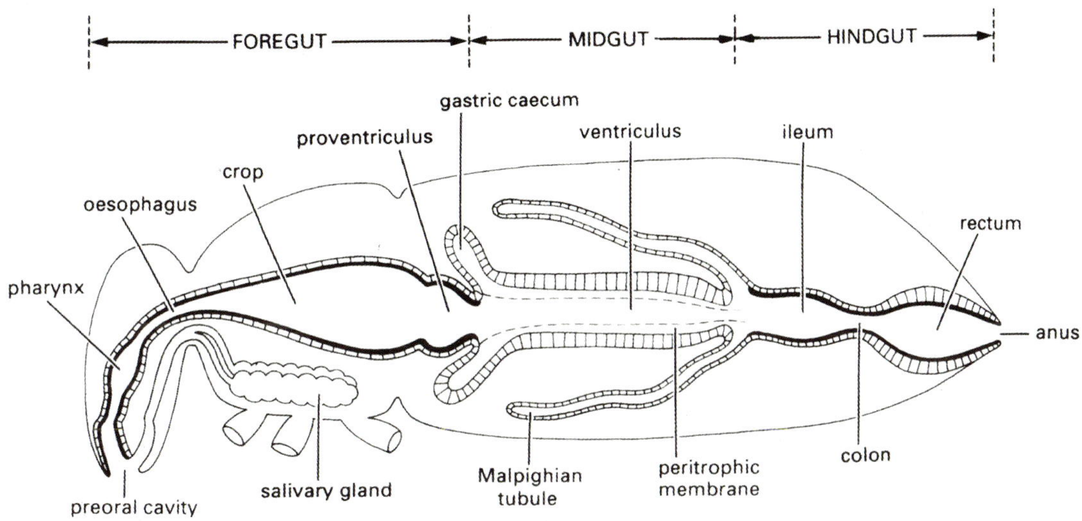

그림 3.13 세 부분으로 나누어진 일반적인 곤충의 소화관. 전장과 후장의 큐티클성 내벽은 검은선으로 표시되어 있다. (Dow 1986.)

3.6.1. 장의 구조

장은 주로 세부분으로 나누어지는데 인접한 부위 사이에 먹이의 이동을 조절하는 괄약근(판막)이 있다(그림 3.13). **전장**(foregut)은 섭취, 저장, 저작, **중장**으로의 먹이수송과 관련이 있다. 중장에서는 소화효소가 생성되어 분비되고 소화산물의 흡수가 일어난다. 중장 내에 남아있는 먹이찌꺼기와 말피기씨관에서 온 오줌은 **후장**으로 들어가는데 여기서 물, 염류, 기타 유용물질의 흡수가 일어나며 마지막으로 항문을 통해 찌꺼기는 배설된다. 장 상피층은 장의 길이를 따라 한층의 두꺼운 세포로 구성되며 그 아래는 기저막이 있고 근육층으로 둘러싸여 있다. 전장과 후장은 큐티클로 덮혀 있으나 중장은 큐티클이 없다. 장의 각 부위는 몇가지의 부분적인 특징을 가지는데 종과 먹이의 종류에 따라 다양하게 발달되어 있다. 전장은 **인두**(pharynx), **식도**(esophagus), **소낭**(crop)으로 나누어지는데 딱딱한 먹이를 섭식하는 곤충에서는 가끔 **전위**(proventriculus)라고 하는 분쇄기관이 존재한다. 전위는 특히 바퀴벌레, 귀뚜라미, 흰개미 등과 같은 메뚜기목 곤충에서 잘 발달되어 있으며 상피층은 길이를 따라 겹쳐져서 융기부를 형성하며 큐티클에는 가시나 이빨구조가 있다. 전장의 전방 끝에는 전구강이 존재하며 입과 연결되고 구기의 기저부가 존재한다. 전구강의 윗부분은 **시바리움**(cibarium), 아랫부

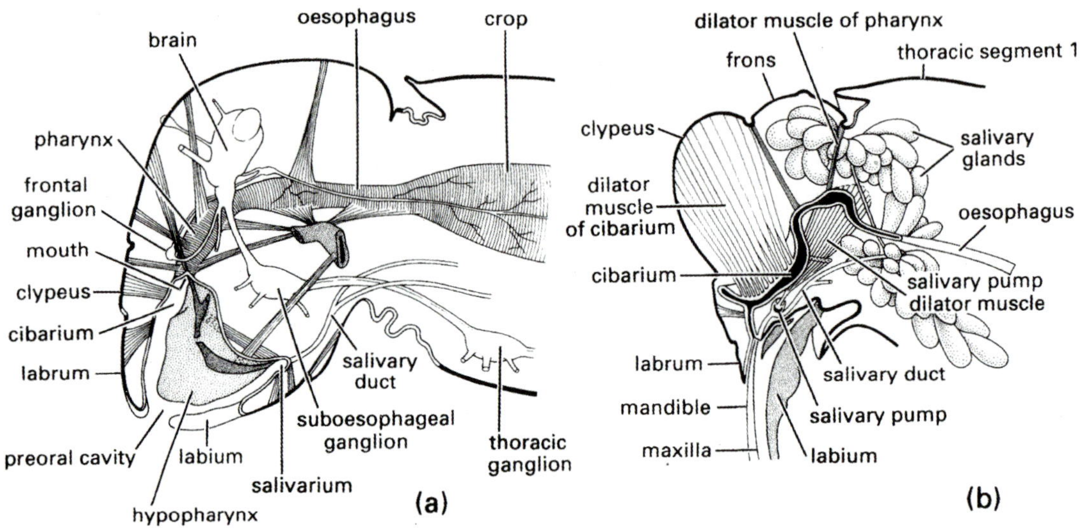

그림 3.14 메뚜기와 목질을 섭식하는 매미에서 전구강과 전장 앞부분의 형태. 구기의 근육조직, 인두펌프, 시바리움 펌프는 표시되어 있지 않다. 확장근의 수축은 인두와 시바리움의 확장을 일으켜서 액이 펌프강 내부로 들어가며 이 근육의 이완은 인두와 시바리움의 벽을 제자리로 돌아가게 하여 음식을 식도로 밀어 올린다. (Snodgrass 1935.)

분은 **살리바리움**(salivarium)이라 한다(그림 3.14a). 쌍으로 존재하는 아랫**입술선** 혹은 **타액선**은 크기가 다양하며 단순히 긴 관의 구조에서부터 복잡하게 가지가 난 구조, 혹은 엽(lobe)의 구조로 되어 있다.

나비목에서 아랫입술선(labial gland)은 견사(silk)를 생산하며 반면 대악선(mandibular gland)은 침을 분비한다. 한 가지 종류의 곤충에서도 여러 유형의 분비세포들이 존재할 수 있다. 이들 세포로부터의 분비물은 큐티클로 덮인 관을 따라 이동하여 전구강의 복측 부위로 비워진다. 전장에 먹이를 저장하는 곤충에서 소낭은 많은 양의 먹이를 함유하여 가끔 극단적으로 팽창할 수 있으며 먹이의 지연을 조절하는 후괄약근을 가지고 있다. 소낭은 관모양으로 장의 일부분이 확장한 것일 수도 있고(그림 3.7) 측면 맹장일 경우도 있다.

중장은 두 부분으로 나뉘는데 관모양의 **위**(ventriculus)와 끝이 막힌 측면의 **위맹낭**(caeca)이 있다. 중장에서 대부분의 세포들은 구조적으로 유사하여 미세융모를 가진 원주세포로 되어 있다. 전장 상피세포와 중장의 두터운 상피세포층 사이의 구분은 조직학적인 절편을 통해서 가능하다(그림 3.15). 중장 상피세포는 단백질과 당단백질 기질 속에 키닌섬유의 그물망구조로 되어있는 **위심막**(peritrophic membrane)이라는 얇은 피막으로 덮여서 직접 먹이와 접촉하지는 않는다. 이들 기질단백질(peritrophin)은 위점막 단백질에서 유래하며 키틴과 결합하는 성질을 갖고 있다. 위심막은 전중장에서 생산되어 얇은 판을 형성하거나 중장 후반부에 있는 세포에 의해 생산되기도 한다. 예외적으로 반시류와 총채벌레류는 위심막이 없으며 몇몇 다른 목의 성충도 마찬가지다.

전형적으로 후장의 시작부위에는 말피기씨관이 연결되어 있고, 근육성 유문괄약근으로 구성된 **유문**에 이어 회장, 결장, 직장이 연결된다. 후장의 주 기능은 물, 무기염류, 기타 유용물질을 오줌이나 배설물로부터 재흡수하는 일이다.

3.6.2. 침과 먹이섭취

침 분비는 섭취된 먹이를 희석하고 산도나 이온의 양을 조절한다. 침은 가끔 소화효소를 포함하며 흡혈곤충에서는 항응고제 등이 존재한다. 육식성 노린재류와 같이 체외소화를 하는 곤충에서는 소화효소가 바깥의 먹이 쪽으로 분비되어 결과적으로 형성된 액상의 물질을 섭취한다. 대부분의 노린재류는 알칼리성의 옅은 침을 생산하여 소화효

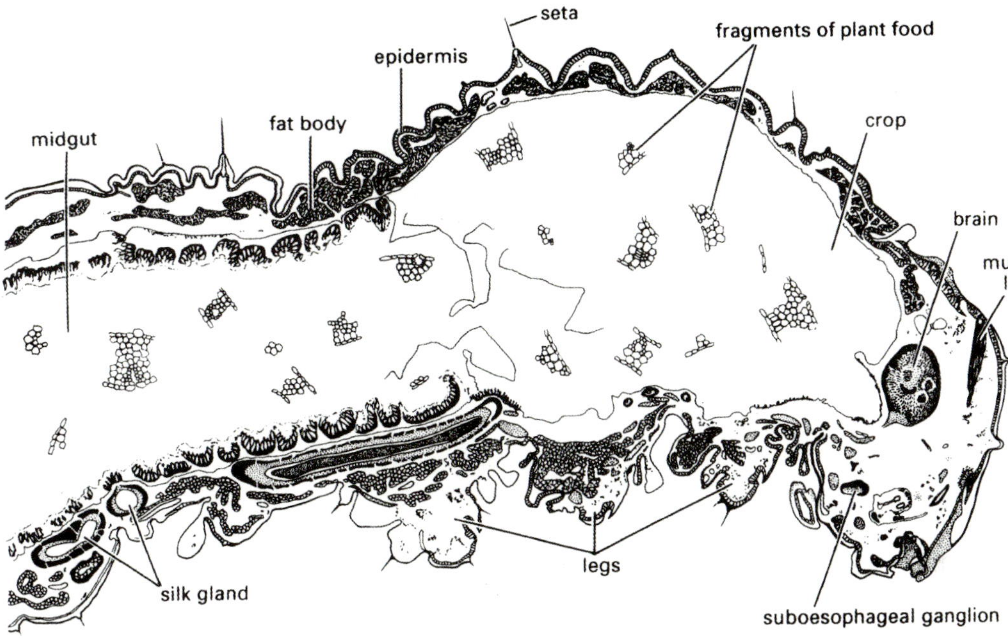

그림 3.15 배추흰나비 유충의 앞부분을 종단한 단면. 중장 내벽의 두꺼운 상피층이 두드러진다.

소의 전달수단이 되며 단백질성 응고된 침을 생산하여 구기 주변에 완전한 피막(sheath)을 만들거나 보호테두리를 만든다(그림 11.4c). 빨대 피막(stylet-sheath)은 목부나 사부를 먹는 노린재류의 특징인데 진드기, 깍지진디, 좀매미 등이 여기에 속하며 섭식하는 식물조직에 배출된 침응고물로 형성된 자국을 남긴다. 피막은 빨대를 보호하며 손상된 세포들에서 흡액이 누출되는 것을 방지하며, 식물에 의한 방어반응을 감소시키기 위해 괴사유도물질을 흡수한다. 벼멸구와 같은 이시류(Heteroptera)는 먹이를 연하게 하여 흘러 나오도록 하는 전략을 사용한다. 그러므로 이 곤충들은 식물이나 타곤충의 조직에 빨대를 밀어넣고 타액효소를 첨가한 뒤 연하게 되거나 부분적으로 소화된 먹이가 침과 함께 흘러나오면 빨아먹는다.

액상의 먹이를 섭취하는 곤충에서는 확장근이 인두나 전구강의 벽에 부착되어 펌프를 만든다(그림 3.14b). 대부분의 다른 곤충들은 일종의 인두펌프를 가져서(그림 3.14a) 마시거나 탈피시 큐티클의 팽창을 도와주는 공기 흡입에 사용된다.

3.6.3. 먹이의 소화

대부분의 소화는 중장에서 일어나며 중장 상피세포들이 소화효소를 생산하고 분비하고 또한 분해된 소화산물을 흡수한다. 곤충의 먹이는 주로 탄수화물과 단백질로 구성되기 때문에 소화효소에 의해 소화되어 큰 분자는 작은 단량체(monomer)로 분해된다. 중장의 산도는 보통 6.0~7.5이나, 식물세포벽으로부터 헤미셀루로오스(hemicellulose)를 추출하는 초식성 곤충에서는 강알칼리 쪽이다(pH 9-12). 그리고 많은 파리목에서는 매우 낮은 산도도 관찰된다. 높은 산도는 탄닌이 먹이 속의 단백질에 결합하는 것을 방지하여 섭취된 식물의 소화력을 높혀준다. 어떤 곤충에서는 장내부의 계면활성제가 탄닌-단백질 복합체의 형성을 방지하는데 중요한 역할을 한다.

대부분의 곤충에서 중장상피 층은 위심막에 의해 먹이 덩어리와 분리되어 있는데 위심막은 구멍이 있어서 작은 분자들이 통과할 수 있으며 반면 큰분자, 박테리아와 먹이 알갱이 등은 중장세포에 직접적으로 접근하지 못하게 한다. 위심막은 섭취된 탄닌으로부터 초식 곤충을 보호한다. 어떤 곤충에서는 대부분의 중장내 소화가 위심내강 내부

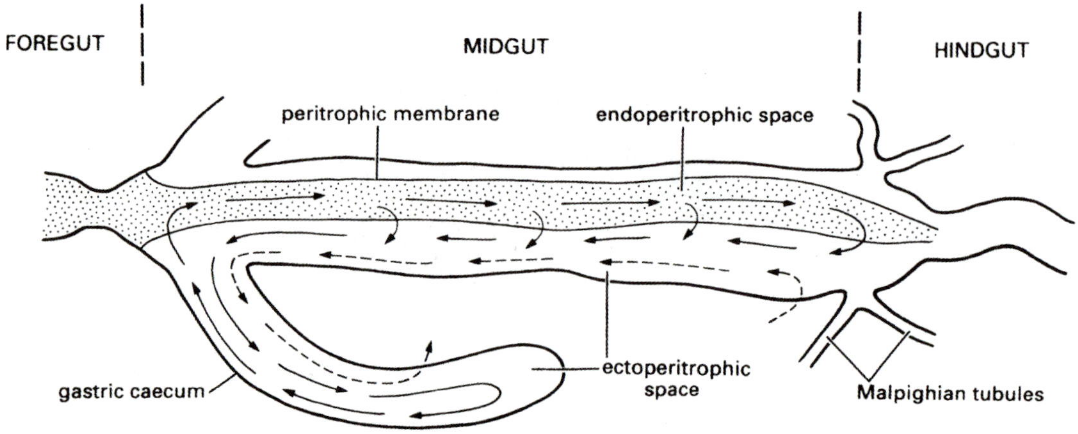

그림 3.16 중장에서 소화효소들이 위심막 내외로 이동하는 모식도. (Terra & Ferreira 1981.)

에 있는 위심막 안에서 일어난다. 그러나 다른 종에서는 단지 초기의 소화만 위심막 내부에서 일어나고 더 작은 먹이 분자들은 위심외강으로 확산되어 나가 추가적인 소화가 그곳에서 일어난다(그림 3.16). 소화의 마지막 과정은 중장의 미세융모 표면에서 일어나며 그곳에서 어떤 소화효소들은 당의(mucopolysaccharide coating)에 끼여 있거나 세포막에 결합하고 있다. 그러므로 위심막은 투과장벽을 형성하여 중장세포들의 기계적인 보호작용은 물론 소화의 과정을 구획짓는 데도 도움을 준다. 부분적으로 소화된 먹이 분자들과 소화효소들을 포함한 액체는 위심내강 내에서 후방 쪽으로 순환하며 위심외강에서는 앞쪽으로 순환한다(그림 3.16). 이러한 위심내외강 순환은 먹이분자들을 최종적인 소화와 흡수가 일어나는 곳으로 이동시킴으로써 그리고 소화효소를 보존함으로써 소화를 촉진시킨다.

3.6.4. 지방체

많은 곤충에서, 특히 완전변태곤충의 유충에서 지방체 조직은 내부 해부에서 가장 잘 눈에 띄는 조직이다(그림 3.7과 3.15). 전형적으로 지방체는 흰색 혹은 노란색을 띠며 느슨한 시트, 리본모양, 혹은 세포엽으로 구성되며 혈강 내에 존재한다. 이 기관의 구조는 분류학적으로 다양하나 유충에서는큐티클 바로 아래에 존재하는 주변 지방체(peripheral layer)와 장 주변에 존재하는 중심층 지방체(central layer)가 있다. 지방체는 많은 다양한 대사기능을 가지는데, 탄수화물, 지질, 질소화합물의 대사작용, 글리코겐, 지방, 단백질의 저장, 혈당의 합성과 조절, 주요한 혈림프단백질의 합성(헤모글로빈, 난황 형성을 위한 비텔로제닌, 저장단백질) 등이다. 지방세포들은 영양 상태나 호르몬의 신호에 따라 활성을 바꿀 수 있어서 곤충의 성장, 변태, 생식의 필요에 맞춘다. 예를 들면, 특별한 저장단백질은 완전변태 곤충에서 종령 동안 합성되어 혈림프로 방출되어 변태과정동안 번데기 형성에 필요한 단백질의 합성에 필요한 아미노산의 공급원이 된다. 검정파리 유충의 지방체에서 합성되는 저장단백질인 **캘리포린**(calliphorin)은 종령구더기(maggot)의 혈림프단백질 중 35%를 차지하며 그 무게가 7 mg 정도되는데 번데기시기에 3 mg 정도로 양이 줄어들며 성충파리의 우화직후 0.03 mg이 된다. 특별히 아미노산 저장을 위한 단백질의 생산과 축적은 종자식물과 공유하는 특징이며 척추동물과는 다르다. 예를 들면, 사람은 즉각적인 필요 이상의 섭취 아미노산은 배설한다.

지방체에서 발견되는 주요 세포유형은 **영양세포**(trophocyte)이며 위에 열거한 대사작용의 대부분과 저장의 기능을 한다. 같은 곤충에서도 각 개체에 따라 지방체 분포의 차이는 영양세포 내에 저장되는 물질의 양적 차이 때문이다. 지방체가 적으면 조직의 신생이 활발하거나 굶주린 상태를 의미한다. 다른 두 가지 세포유형–**요세포**(urocyte)와 **균세포**(mycetocyte, bacteriocyte)가 어떤 종의 곤충 지방체에서 나타난다. 요세포는 일시적으로 곤충의 질소노폐물의 하나인 요산염을 저장한다. 바퀴벌레 중에는 노폐물인 요산을 영구히 저장하는 것보다는 요세포가 균세포 박테리아의 도움으로 요산염의 질소를 재활용한다. 균세포(mycetocyte)는 공생미생물을 포함하며 바퀴벌레의 지방체에 산재하거나 혹은 지방체로 둘러싸인 특별한 기관 내에 포함되어 있다. 이들 박테리아-유사 공생균은 곤충의 영양에 중요하다.

3.6.5. 영양과 미생물

영양은 성장과 발육에 필요한 먹이의 성질과 분해과정을 포함하며 먹이습성과 소화과정도 포함된다. 곤충은 가끔 특별한 혹은 극히 제한된 먹이를 먹는다. 비록 한가지 혹은 몇가지 먹이를 섭취하지만 그 먹이는 대사에 필수적인 물질을 모두 제공한다. 어떤 종에 있어서는 제한적인 먹이 때문에 직접 가능한 영양원을 보충하거나 혹은 소화시키는데 미생물을 필요로 한다. 특히 곤충은 스테롤과 카로티노이드를 합성하지 못하기 때문에 그들을 먹이나 미생물로부터 보충해야 한다. 곤충은 세포외 혹은 세포내 미생물을 포함하는데 이를 **공생세균**(symbiont)이라고 하며 이들은 숙주인 곤충에 의존하여 생존한다. 이들 미생물은 스테롤, 비타민, 탄수화물, 혹은 아미노산 합성, 대사과정에서 어떤 역할을 함으로써 그들의 숙주에 영양분을 공급한다. 공생미생물은 박테리아 혹은 효모, 곰팡이, 혹은 원생동물일 수도 있다. 그들의 기능에 대한 연구는 숙주곤충에서 안전하게 제거하는 어려움과 숙주 바깥에서 배양하는 어려움이 있다. 숙주의 먹이가 이들 미생물의 기능에 대해 어떤 단서를 제공한다. 숙주곤충에는 많은 흡즙곤충인 노린재목(진드기, 가루이, 깍지벌레, 멸구, 매미 등)과 흡즙-흡혈 노린재목, 이, 목재를 갉아먹는 곤충(흰개미, 하늘소, 바구미 등), 많은 종자 혹은 곡식을 먹는 곤충(딱정벌레류), 잡식성곤충(바퀴벌레, 흰개미, 개미), 육식성 곤충은 그러한 공생체를 가지지 않는다. 영양이 충분치 못한 먹이를 먹는 곤충이 요구하는 미생물의 예를 들면 진딧물에 있어서 필수아미노산의 부족은 공생박테리아(*Buchnera*)에 의해 생산되어 보충한다. 비록 곤충은 셀루라제가 없지만 흰개미의 장에 존재하며, 셀루로스 분해에 대한 그들의 역할은 불분명하다.

세포외에 생존하는 공생체는 장의 내강에 자유롭게 존재하거나 중장, 혹은 후장의 함몰부위 혹은 소낭에 존재한다. 예를 들면 흰개미 후장은 많은 박테리아, 곰팡이, 원생동물을 포함하는 발효장치를 가지고 있는데 이들 공생체는 소화되기 힘든 리그노셀루로즈(lignocellulose)와 질소고정을 도와준다. 이런 과정에서 메탄가스가 발생하는데 계산에 의하면 열대지방의 흰개미 공생체에 의해 진행되는 셀루로즈의 소화과정에서 상당량의 메탄가스(온실가스)를 발생시킨다.

한 개체의 곤충에서 다른 개체로 공생체가 옮겨가는 것은 공생체가 곤충 내에 존재하는 장소에 따라 두 가지 방법에 의한다.

첫 번째 방법은 자손에 의해서 입으로 흡수되어 공생체가 전해지며, 장에 공생체를 가지고 있는 곤충에서 적절하다. 미생물은 항문을 통해, 혹은 다른 개체의 배설물을 통해, 특수한 시기에 먹히거나, 혹은 새로이 부화된 새끼가 알속에 축적된 공생체를 내포한 껍질을 먹어서 옮겨지기도 한다.

세포내공생체(endosymbionts)는 모든 곤충의 70%에서 존재한다. 세포내공생체는 대부분 숙주곤충과 상호 공존하나 어떤 종은 숙주에 단순한 기생체로서 생활한다. 후자의 예로서는 올바치아(*Wolbachia*), 스피로플라스마(*Spiroplasma*), 미포자충(*Microsporidia*) 등이 있다. 세포내공생체는 어떤 바구미에서처럼 장상피층에 생활하나 세포내 미생물을 가진 대부분의 곤충은 **균세포**(mycetocyte)와 같은 공생체를 포함하는 세포내에 그들을 살도록 한다. 이들 세포들은 체강 내에 존재하며, 보통 지방체나, 생식선에 붙어있거나 가끔은 균세포들이 특수한 덩어리를 만들어 **균세포덩이**(mycetome)를 형성한다. 그러한 곤충에서는 공생체가 난소로 이동하여 산란전에 알이나 배로 전달되므로 이 과정을 **수직적 전파** 혹은 **난소를 통한 전파**라고 한다. 숙주에 대한 세포내공생체의 혜택에 대한 증거는 제한적이나, 진딧물에서 필수아미노산의 결핍이 균세포 내에 존재하는 *Buchnera* 공생체에 의해 공급된다는 사실은 잘 알려져 있다. *Buchnera* 균세포를 가진 진딧물이 공생체가 없는 개체에 비하여 식물바이러스인 루테오바이러스(*Luteovirus*)를 더 잘 전파한다는 흥미로운 연구도 있다. 균세포 세포내공생자와 체관부를 섭식하는 숙주곤충 사이의 상관관계는 밀접한 계통 발생학적인 관계를 갖고 있다.

그들의 영양에 필수적인 곰팡이를 가진 곤충들은 몸이

바깥쪽에 곰팡이가 서식하여 목재물질을 흡수할 수 있는 형태로 바꾸어 준다. 예를 들면 개미나 흰개미에 공생하는 곰팡이로서 말벌이나 딱정벌레(ambrosia beetle)와 같은 목재 해충에 의해 전파된다.

3.7 배설계와 노폐물의 배설

배설-대사노폐물, 특히 질소화합물을 체외로 제거하는 일은 생존에 필수적이다. 이것은 입에서 항문으로 직접적으로 노폐물이 배설되는 것과는 달리 노폐물이 체세포에서 대사과정을 거쳐서 배설된다는 점에서 배변과는 다르다. 물론, 곤충의 **배설물**은 액상 혹은 고형물로서 소화되지 않은 먹이와 대사노폐물을 포함한다. 수서곤충은 항문을 통하여 희석된 노폐물을 물속으로 배설한다. 대조적으로 육상곤충은 일반적으로 물을 보존해야 하므로 질소노폐물의 독성을 피하면서 농축된 혹은 건조한 형태로 노폐물을 효과적으로 처리하는 것이 필요하다. 더구나 육상, 수서곤충은 Na^+, K^+, Cl^-와 같은 먹이에서 제한적인 혹은 확산에 의해 소실될 수 있는 이온을 보존해야 한다.

그러므로 곤충에서 요나 변의 생성은 두 가지의 밀접한 과정인 배설과 삼투조절의 결과이다. 배설과 삼투조절에 관련된 체계는 배설계라 불리며 그것의 작용은 주로 말피기씨관과 후장에서 행해진다. 그러나 담수곤충에서는 혈림프의 조성은 주변의 물에 대한 염의 손실에 대하여 조절되어야 하며 이온의 조절은 전형적인 배설계와 후장과 관련되어 있는 **염소세포**(chloride cell)에서 일어난다. 염소세포는 매우 희석된 용액에서도 무기이온을 흡수할 수 있으며 잠자리 유충에서 잘 연구되어 있다.

3.7.1. 말피기씨관과 직장

곤충에서 배설과 삼투조절의 주기관은 말피기씨관이며 직장이나 회장과 협력작용을 한다(그림 3.17). 말피기씨관은 소화관에서 뻗어나온 길고 가는 관으로 구성되며(그림 3.1), 한층의 세포들로 구성된 맹관이다. 그들의 수는 대부분의 깍지진디에서 2개이며, 큰 메뚜기 종류에서는 200개까지 다양하다. 일반적으로 그들은 혈림프에 자유롭게 떠 있으며 용매를 걸러낸다. 진딧물만이 말피기씨관이 없다. 이 장의 그려진 모식도는 메뚜기의 장이며 많은 말피기씨관 중에 몇 개만 묘사되어 있다. 다족류와 거미류와 같은 다른 절지동물에서도 마른 육상조건에 대한 생리적인 스트레스에 반응하여 유사한 구조들이 발달되어 있을 것이다. 전통적으로 곤충의 말피기씨관은 후장에 속하며 외배엽성이나 그들의 위치는 중장과 큐티클로 내부가 덮힌 후장 사이에 있다.

후장의 앞부분은 **회장**이고, 일반적으로 더 좁은 중간부분이 **결장**이며 확장된 뒷부분은 **직장**이라고 한다(그림 3.13). 많은 육상곤충에서 직장은 배설물로부터 물과 용질을 재흡수하는 유일한 곳이다. 그러나 다른 곤충, 예를 들면 사막의 메뚜기류(*Schistocerca gregaria*)에서는 회장이 삼투조절에 중요한 역할을 한다. 바퀴벌레(*Periplaneta americana*)에서는 결장이 액체 재흡수를 한다. 직장의 재흡수 기능은 해부학적 구조에서 알 수 있다. 대부분의 곤충에서 직장 상피세포층의 일부분은 비후하여 **직장패드**를 형성하거나 원추세포들로 구성된 돌기물을 형성한다. 전형적으로 6개의 직장패드가 길이를 따라 배열되지만 때로는 패드가 없거나 많은 돌기물이 존재하는 경우도 있다.

곤충의 배설과정에 대한 일반적인 특징은 대부분의 담수곤충이나 많은 육상곤충의 성충에 적용될 수 있다. 말피기씨관은 원뇨(primary urine)를 만드는데 이것은 혈림프와는 등장액이나 이온의 조성은 다르며, 후장과 직장은 선택적으로 물과 용매를 재흡수한다(그림 3.17). 말피기씨관과 직장의 구조, 여과과정, 재흡수기작은 종과 먹이의 조성에 따라 다르다. 그림 3.18에 예시된 사막메뚜기는 일반적인 배설기관의 구조와 곤충의 배설 과정이다.

메뚜기의 말피기씨관은 혈림프와 등장인 여과물을 형성하는데 K^+ 농도는 높고 Na^+는 낮으며 Cl^-는 주요 음이온이다. K^+를 내강내로 능동적으로 배출함으로써 삼투압의 구배를 형성하며 물이 수동적으로 이동한다(그림 3.18a). 당과 대부분의 아미노산은 혈림프로부터 수동적으로 여과되고 아미노산인프롤린과 대사되지 않은 물질, 혹은 독성이 있는 유기화합물은 능동적으로 내강으로 배출된다. 설탕과 트레할로스와 같은 당은 내강으로부터 재흡수되며 혈림프로 되돌아간다. 각 말피기씨관의 계속적인 배설활동은 내강에서 장으로의 원뇨의 이동을 일으키고 직장에서 뇨는 용매와 물의 제거에 의해 변화되어 메뚜기의 물과 이온 항상성을 유지한다(그림 3.18b). 직장패드에 존재하는 분화된 세포들은 호르몬의 자극을 받아 능동적인 Cl^-의 수송을 담당한다. Cl^-의 능동적인 펌프작용은 전

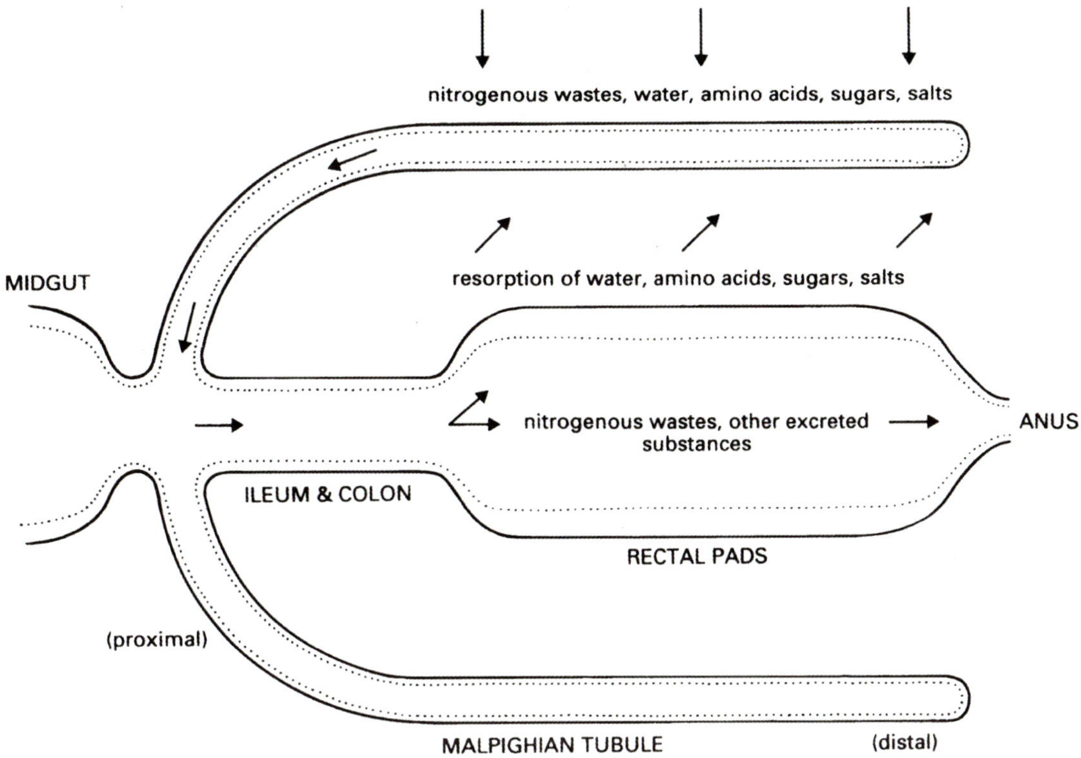

그림 3.17 노폐물의 제거 경로를 보여주는 일반적인 배설계의 모식도. (Daly et al., 1978.)

기적, 삼투적 경사를 만들어 다른 이온이나 물, 아미노산, 아세트산 등의 재흡수를 유도한다.

3.7.2. 질소배설물

많은 육식, 흡혈, 심지어는 채식곤충도 질소를 섭취하는데 특히 어떤 아미노산들은 요구량보다 훨씬 더 초과하는 경우도 있다. 대부분의 곤충들은 그들의 일생동안 혹은 부분적으로 질소노폐물을 배출하는데 어떤 질소는 지방체에 저장되거나 혈림프에서 단백질로서 저장된다. 많은 수서곤충과 육식 파리는 많은 양의 암모니아를 배설하고 반면 육상곤충은 일반적으로 요산(uric acid)이나 요산염(urate), 가끔 요소, 프테리딘, 아미노산, 히포산틴, 알란토인 등과 같은 요산 유사물과 함께 노폐물을 배설한다. 이들 노폐물 중에 암모니아가 비교적 독성이 크며 희석된 용액으로 배설되거나 큐티클 혹은 변으로부터 증발되어 처리된다. 요소는 독성이 적으나 용해성이 더욱 강하여 제거하는데 많은 물이 요구된다. 요산과 요산염은 암모니아나 요소 보다 합성하는데 물이 적게 요구되며(그림 3.19), 독성이 적고 물에 잘 용해되지 않으며 삼투의 문제를 일으키지 않고 마른상태로 배설될 수 있다. 노폐물의 희석은 수서곤충에서는 쉽게 일어나나 육상곤충에서는 물의 보존이 필수적이므로 요산의 배설이 훨씬 유리하다.

지방체의 특수세포에 요산염이 축적되는 것은 요산의 저장에 의한 배설로 간주된다. 그러나 그러한 축적은 공생미생물의 도움으로 곤충에 의해 재활용을 위한 대사물이라고 간주되는데 바퀴벌레에서는 그들의 지방체에 박테리아를 내포하고 있다. 이들 바퀴벌레는 비록 고질소먹이를 먹지만 요산을 배설하지는 않고 다량의 요산염을 내부에 축적한다.

섭식과 대사의 부산물은 노폐물로서 배설될 필요가 없는데, 예를 들면, 식물에서 곤충기피 방어물질은 경고와 방어를 포함한 신호전달에 사용되는 화학물질의 합성을

Box 3.4 은신관형 시스템*

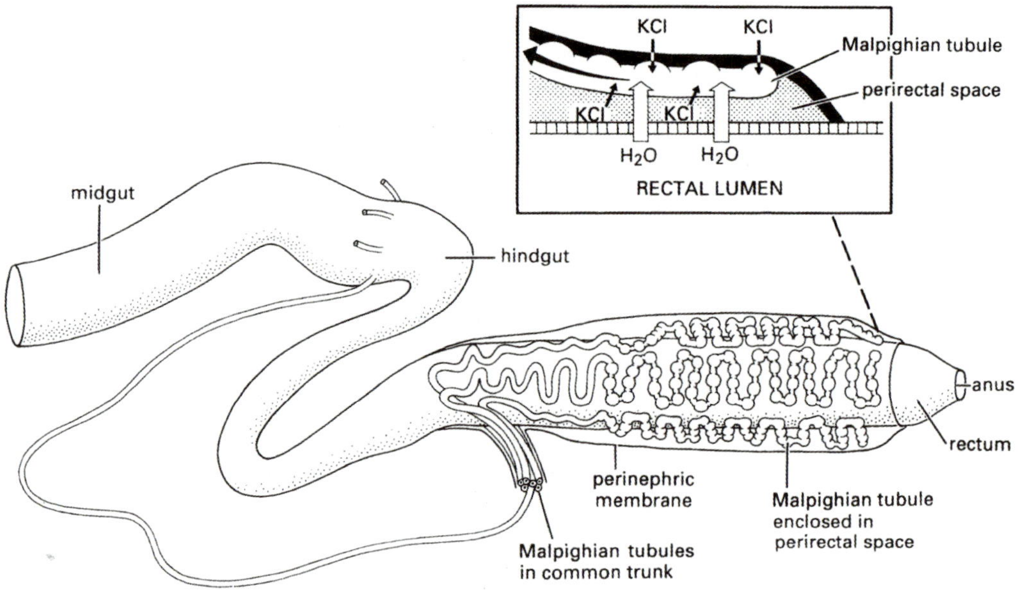

많은 딱정벌레목의 유충과 성충, 나비목의 유충 그리고 몇몇의 잎벌 유충은 배설 또는 이온의 조절전에 대변의 효과적인 건조에 영향을 미치는 배설체계의 변형된 방식을 가지고 있다. 이 곤충들은 말피기씨관의 먼 쪽 끝에 perinephric membrane의 직장벽과 연결된 은신관형 시스템을 가지고 있다. 각 방식은 저장된 곡물 또는 건조된 시체 같은 매우 건조된 식이요법으로 살아가는 몇몇의 딱정벌레들이 그들의 수분 보존을 엄청나게 효과적으로 하기 위해 지니고 있다. 수분은 심지어 직장에서 습한 공기로부터 만들어 낼지도 모른다. 여기서 보여주는 mealworm 갈색 거저리의 은신관형 시스템에서 이온은 안으로 수송되고, 직장의 공간과 직장 세포내강 주위로부터 물을 끌어당기는 삼투압 변화도를 가진 6개 말피기씨관에 농축된다. 관의 유체는 각 관의 자유분배에 의해 앞쪽으로 수송되고 나서 직장에서 재활용되거나 혈림프로 보내어진다.

위해 생화학적 기초가 되거나, 직접적으로 격리 · 저장된다. 하얀색을 띄는 요산 유도체는 어떤 곤충의 표피의 색깔을 희게 하거나 어떤 종의 나비류에서 날개 비늘에 하얀색을 나타내게 한다.

3.8 생식기관

곤충의 생식기관은 믿을 수 없을 만큼 다양하다. 그러나 가장 비정상적인 생식계도 일반적인 개념으로 이해될 수 있을 만큼 기본적인 모양과 기능을 갖추고 있다. 생식계의 각 구성요소들은 모양(예를 들면 정소와 부속샘), 위치(부속샘의 부착부위), 그리고 개수(난소소관, 정소소관, 정자 저장기관 등)가 매우 다양하며 때로는 같은 속내에서도 다른 종 사이에 변이가 심한 경우도 있다. 일반적인 웅성과 자성 생식계가 그림 3.20에 나와 있으며 표 3.2에 암수 생식구조의 차이점이 서술되어 있다. 기타 교미나 생리적인 조절 등의 생리적인 작용은 5장에서 논의될 것이다.

3.8.1 자성 생식계

자성 생식계의 주요작용은 알의 생산으로서 알의 보호물질 비축과 알이 수정될 때까지 숫컷 정자의 저장 등이 포함된다. 암컷의 저장기관으로의 정자이동과 방출은 정자의

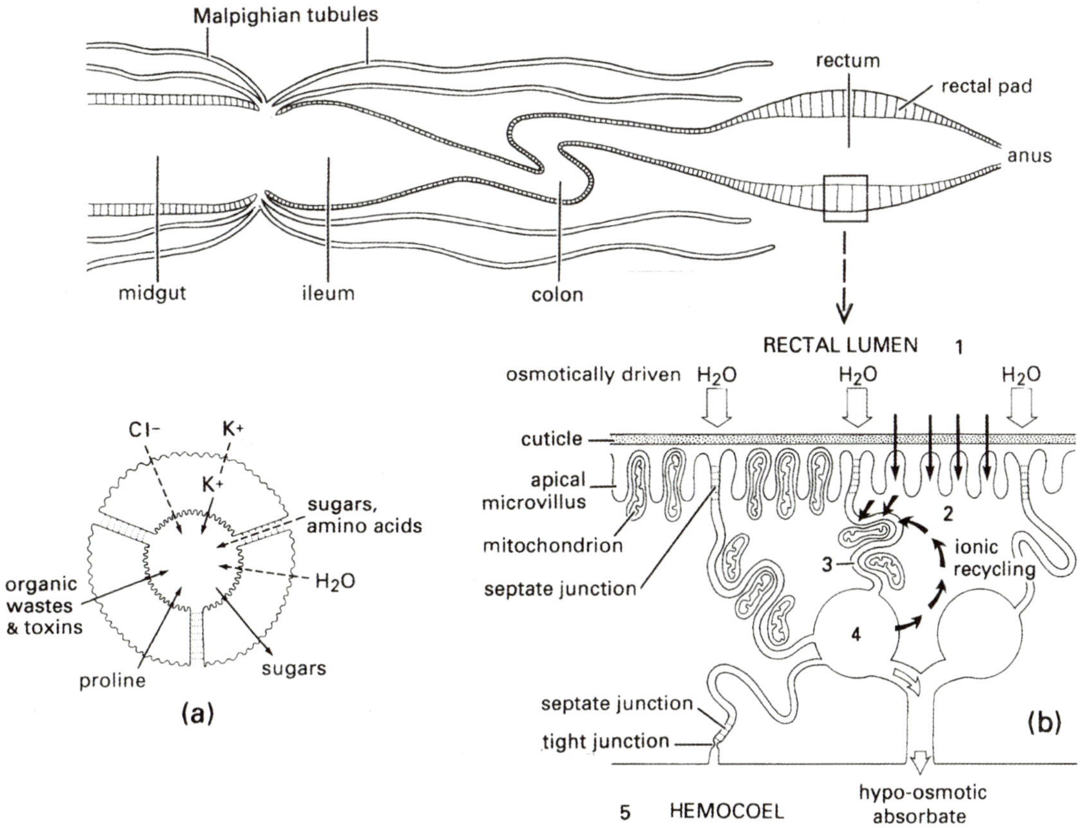

그림 3.18 사막메뚜기(*Schistocerca gregaria*)의 배설계에 관련된 각 기관의 모식도. 100개가 넘는 말피기씨관에서 몇 개만 그려져 있다. (a) 한 개의 말피기씨관의 횡단면을 통해 물, 이온, 기타물질들이 혈림프와 말피기씨관 내강 사이에 교환됨을 보여준다. 능동수송은 실선으로, 수동수송은 점선의 화살표로 되어 있다. (b) 직장내강으로부터 액체의 재흡수 동안에 직장패드 세포에서 용질과 물의 이동을 나타내는 모식도. 물의 이동은 흰 화살표, 용질의 이동은 검은 화살표로 표시되어 있다. 이온은 직장강(1구역)에서 인접 세포의 세포질(2구역)로 이동되고, 다시 세포외간격(3구역)으로 이동한다. 미토콘드리아는 능동이온수송에 대한 에너지를 공급한다. 세포외간격 내에서 액체는 직장의 내강에 비해 고삼투성이며 직장내강으로부터 삼투작용에 의해 물을 끌어들인다. 물은 1구역에서 3,4구역으로 이동하여 혈강에 있는 혈림프로 이동한다. (Bradley 1985.)

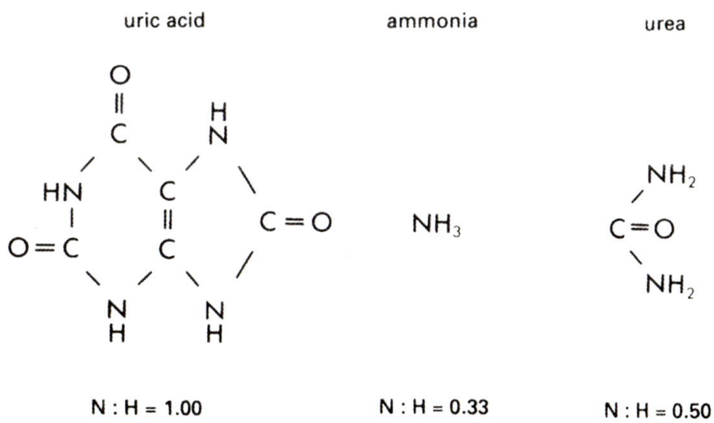

그림 3.19 세 가지 질소배설물의 분자모양. 암모니아와 요소에 비해 요산에서 N:H의 비가 높은 것은 요산의 합성에 물이 적게 소모된다는 것을 의미한다.

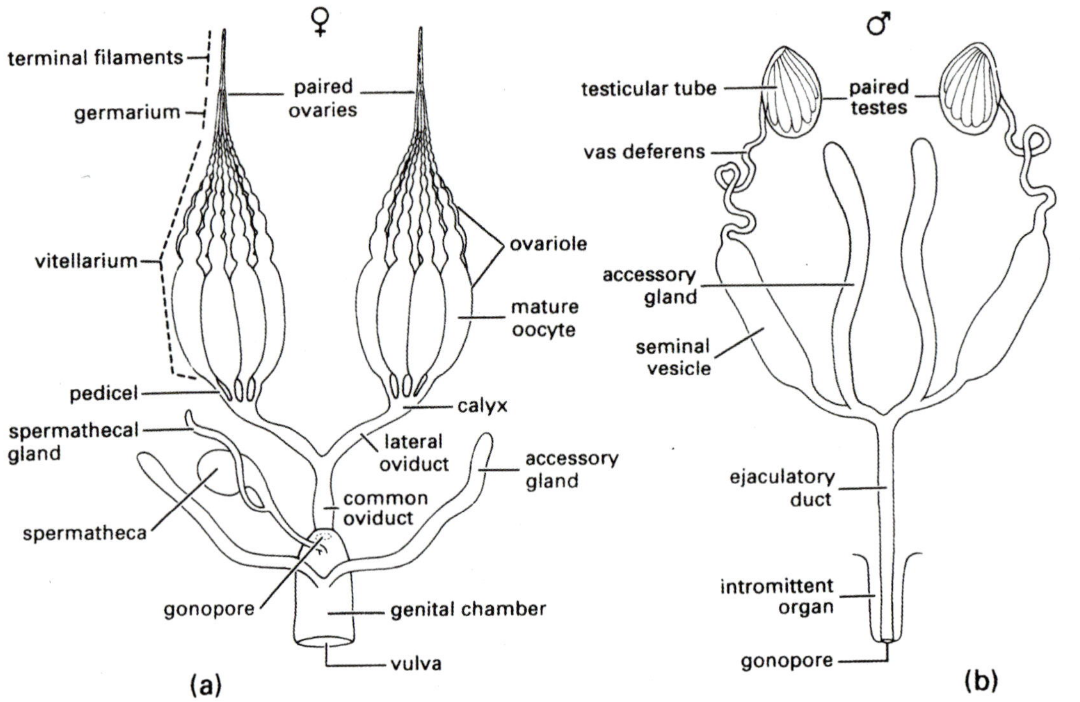

그림 3.20 암컷(a)과 수컷(b)의 대표적인 생식기관의 비교(Snodgrass 1935.)

운동을 필요로 하는데 어떤 종에서는 암컷의 생식관 일부의 근수축에 의해 조절된다.

자성 생식계의 기본적인 구조는 쌍으로된 **난소**이며 **성숙된 알**은 **난소 받침**을 통해 측수란관으로 이동하며 중앙수란관으로 모여진다. 보통 중앙수란관의 생식공은 체벽의 굴절에 의해 감추어져 있는데 전형적으로 생식실을 구성한다. 이 생식실은 교미동안 교미낭으로 작용하며 외부의 구멍은 음문(vulva)이라 한다. 대부분의 곤충에 있어서 음문은 좁고 생식실은 폐쇄된 주머니 혹은 관으로서 **질**(vagina)이라 불리운다. 두 종류의 외배엽성 선이 생식실로 열려 있는데, 첫째는 **수정낭**(spermatheca)으로서 알의 수정에 필요할 때까지 정자를 저장하는 일이다. 전형적으로 수정낭은 1개이며 좁은 관을 가진 주머니 모양이고 관상의 **수정낭샘(spermathecal gland)**을 가지고 있다. 수정낭내의 선세포들은 저장된 정자에 영양분을 공급한다. 두 번째 유형의 외배엽성 선은 부속샘(accessary gland)으로서 생식실의 뒤쪽으로 열려있으며 종에 따라서 다양한 기능을 가진다. 각 난소는 난소소관들의 다발로 구성되어 있는데 각각은 끝필라멘트(terminal filament), **증식구**(**germarium**, 분열이 일어나서 1차 난모세포를 만듬), 난황소(vitellarium, 난모세포가 난황의 축적에 의해 성숙하는 곳), 그리고 경절(pedicel)로 구성된다. 1개의 난소소관은 일련의 발달중인 난모세포를 포함하며 각 난모세포는 한층의 여포세포(follicle cell)에 둘러싸여 있다. 가장 미성숙한 난모세포는 증식구의 위쪽 끝부분에 존재하며 가장 성숙한 난모세포는 경절 가까이에 위치한다. 난모세포가 영양분을 공급받는 방법에 따라 세 가지의 다른 유형의 난소소관이 존재한다.

무영양실형 난소소관(panoistic ovariole)은 영양세포가 없으며 단지 한줄의 여포가 존재하며 난모세포는 여포의 상피세포를 통하여 혈림프로부터 영양분을 얻는다. 다른 두 유형의 난소소관은 영양세포(nurse cell)를 포함하

표 3.2 곤충의 자성과 웅성 생식기관

자성 생식기관	웅성 생식기관
Paired ovaries composed of ovarioles (ovarian tubes)	Paired testes composed of follicles (testicular tubes)
Paired oviducts (ducts leading from ovaries)	Paired vasa deferentia (ducts leading from testes)
Egg calyces (if present, reception of eggs)	Seminal vesicles (sperm storage)
Common (median) oviduct and vagina	Median ejaculatory duct
Accessory glands (ectodermal origin: colleterial or cement glands)	Accessory glands (two types): (i) ectodermal origin (ii) mesodermal origin
Bursa copulatrix (copulatory pouch) and spermatheca (sperm storage)	No equivalent
Ovipositor (if present)	Genitalia (if present): aedeagus and associated structures

며 이것이 발육중인 난모세포에게 양분을 제공한다. **끝영양실형 난소소관**에서는 영양세포가 증식구에 한정되어 있어 영양색에 의해 난모세포와 연결된다. **다영양실형 난소소관**(polytrophic ovariole)에서는 많은 영양세포가 각 난모세포와 연결되고 난소소관을 따라 아래로 내려와서 영양분을 공급한다. 그러므로 개개의 난모세포는 더 적은 영양세포와 교대로 배열되어 있다.

곤충의 목에 따라서 세 가지 난소소관 유형 중 한 가지를 가지고 있다. 암컷의 생식관의 부속선은 **시멘트선**(cement gland)이라고 불리는데 대부분의 곤충목에서 시멘트선이 분비되면 알을 둘러싸서 기질에 부착시키는 역할을 한다. 다른 곤충에서는 **부속선이 독선**(poison gland)으로 작용하거나(막시목, Hymenoptera), 어떤 곤충에서는 **밀크선**(milk gland)으로 작용한다. 다양한 형태의 부속선과 그 기능은 목에 따라 독립적으로 존재하며 같은 목 내에서도 다양한 경우가 많다.

3.8.2. 웅성 생식계

수컷 생식기관의 주요 기능은 정충의 생산과 저장이며 암컷의 생식관까지 살아있는 상태로 운반하는 일이다. 형태적으로 수컷의 생식계는 쌍으로된 정소로 구성되며, 정소 내에는 일련의 정소관과 혹은 여포(정충이 생산됨)를 포함한다. 정소의 끝은 **수정관**(vas deferens)으로 열려 있으며 보통 뒤쪽으로 팽대하여 정자저장기관인 **저정낭**(seminal vesicle)을 형성한다(그림 3.20b). 전형적으로 관모양의 쌍으로 된 **부속샘**(accessary gland)은 수정관의 맹관으로 형성되나, 때로 수정관이 선조직의 역할을 하여 부속선의 기능을 수행하기도 한다. 쌍으로 된 수정관은 서로 융합하여 **외배엽성인 사출관**(ejaculatory duct)으로 연결되는데, 이것은 정액과 정충을 생식공(gonopore)으로 운반한다.

그러므로 수컷의 부속샘은 중배엽성과 외배엽성에 따라 두 가지로 나눌 수 있는데 대부분은 중배엽성이고 명백한 외배엽성은 별로 알려져 있지 않다. 더구나 수컷 정관의 중배엽성 구조는 형태적으로 기본적인 쌍의 낭이나 관과는 다르다. 예를 들면, 수컷 바퀴벌레와 많은 다른 메뚜기목에서 저정낭과 많은 부속샘관이 다발지어 **버섯체**(mushroom body)라는 1개의 구조를 만든다. 수컷 부속샘의 분비물은 **정자주머니**(spermatophore, 정충을 둘러싸는 주머니)를 형성하고, 정액을 만들어 암컷으로 이동하는 동안 정충에 영양분을 공급한다. 부속샘의 분비물은 정충의 운동성을 활성화하고 암컷의 행동을 변화시킬 수 있다.

참고 문헌

Barbehenn, R.V. (2001) Roles of peritrophic membranes in protecting herbivorous insects from ingested plant allelochemicals. *Archives oj Insect Biochemistry and Physiology* **47,** 86-99.

Bourtzis, K. & Miller, T.A. (eds.) (200~) *Insect Symbiosis.* CRC Press. Boca Raton. FL.

Chapman. R.F. (1998) *The Insects. Structure and Function.* 4th edn. Cambridge University Press, Cambridge.

Davey. K.G. (1985) The male reproductive tract/The female reproductive tract. In: *Comprehensive Insect Physiology. Biochemistry.* and Pharmacology. Vol. 1: *Embryogenesis and Reproduction* (eds. G.A. Kerkut & 1..1. Gilbert). pp. 1-14, 1536. Pergamon Press. Oxford.

Douglas. A.E. (1998) Nutritional interactions in insectmicrobial symbioses: aphids and their symbiotic bacteria *Buchnera. Annual Review ojEntomology* **43,** 17-37.

Dow. J.A.T. (1986) Insect midgut function. *Advances in Insect Physiology* **19,**187-328.

Gade, G .. Hoffman, K.-H. & Spring, J.H. (1997) Hormonal regulation in insects: facts. gaps, and future directions. *Physiological Reviews* **77,** 963-1032.

Harrison. F.W. & Locke, M. (eds.) (1998) *Microscopic Anatomy ojtnvertebrates.* Vol. IIB: *Insecta.* Wiley-Liss, New York.

Holman. G.M .. Nachman. R.J. & Wright. M.S. (1990) Insect neuropeptides. *Annual Review ojEntomology* **35,** 201-17.

Kerkut. G.A. & Gilbert, 1.1. (eds.) (1985) *Comprehensive Insect Physiology. Biochemistry. and Pharmacology*, Vol. 3: *Integument. Respiration and Circulation*: Vol. 4: *Regulation: Digestion. Nutrition. Excretion;* Vols. 7 and 8: *Endocrinology I and II.* Pergamon Press. Oxford.

Menn, J.J., Kelly. T.J. & Masler, E.P. (eds.) (1991) *Insect Neuropeptides: Chemistry. Biology. and Action.* American Chemical Society. Washington. DC.

Nijhout, H.F. (1994) *Insect Hormones.* Princeton University Press. Princeton. NJ.

Raabe. M. (1989) *Recent Developments in Insect Neurohormones.* Plenum, New York.

Resh, V.H. & Carde, R.T. (eds.) (2003) *Encyclopedia oJ Insects.* Academic Press. Amsterdam. [Particularly see articles on accessory glands: brain and optic lobes: circulatory system: digestion: digestive system: excretion: fat body: flight: hemolymph: immunology: nutrition: respiratory system: salivary 'glands: tracheal system: walking and jumping: water and ion balance. hormonal control of.]

Terra, W.R. (1990) Evolution of digestive systems of insects. *Annual Review ojEntomology* **35,** 181-200.

Terra, W.R. & Ferreira. C. (1994) Insect digestive enzymes: properties. compartmentalization and function. *Comparative Biochemistry and Physiology* **109B,** 1- 62.

See also papers and references in BioScience (1998) **48**(4), on symbiotic associations involving microorganisms. especially: Moran. N.A. & Telang, A .. Bacteriocyte-associated symbionts of insects (pp. 295-304): and Bourtzis, K. & O' Neill. S .. Wolbachia infections and arthropod reproduction (pp. 287-93).

4장

감각시스템들과 행동

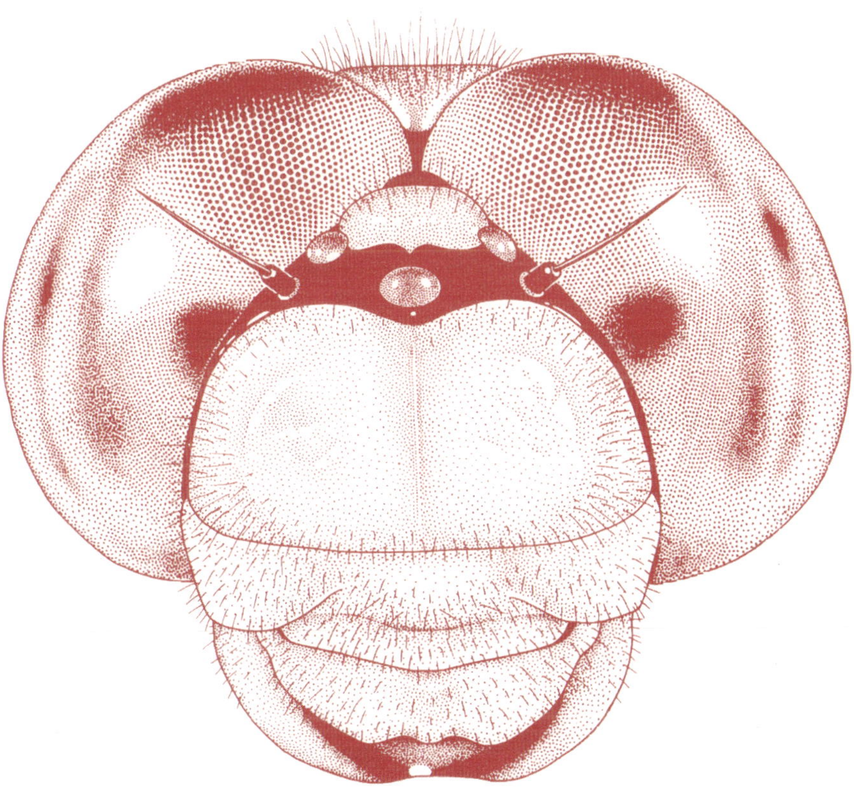

Head of a dragonfly showing enormous compound eyes. (After Blaney 1976.)

이 책의 시작에서 우리는 곤충들의 성공이 주위 환경을 감지하고 판단할 수 있으며 미세한 정도를 분별할 수 있는 그들의 능력이 적어도 부분적으로는 기인한다는 것을 제시하였다. 곤충들은 이질적인 환경으로부터 단서들을 확인할 수 있으며 선택적으로 반응할 수 있다. 그들은 식물과 동물을 구별할 수 있고 습도와 온도 그리고 공기흐름의 변화와 같은 많은 미기후적(microclimatic) 요인들을 분별할 수 있다.

감각 복잡성(sensory complex)은 곤충들의 간단하고 복잡한 행동들을 모두 가능하게 한다. 예를 들어, 비행을 조절하기 위해서는 대기환경이 감지되어야만하고 알맞은 반응이 이루어져야 한다. 많은 곤충 활동이 야행성이기 때문에 그들의 방위와 항해는 보이는 관습적인 단서들에만 전적으로 의존할 수 없고, 따라서 많은 야행성 종들에서 냄새와 소리들이 통신에 중요한 역할을 수행한다. 곤충들에 의해 사용되는 감각정보의 범위는 사람들의 것과는 다르다. 사람은 시각적 정보에 많이 의존하고 비록 많은 곤충들이 잘 발달된 시각을 가지지만, 곤충들은 후각과 청각을 인간이 의존하는 것보다 더 크게 이용한다.

곤충들은 비교적 경직되고 무감각한 불투과성인 표피성 장벽에 의해 그들의 외부 환경들로부터 격리되어 진다. 어떻게 이러한 피복을 한 곤충이 직면한 환경을 인지할 수 있는지에 대한 수수께끼에 대한 대답은, 외부 자극을 감지할 수 있는 흔하고 풍부한 표피의 변형들에 있다. **감각기관들**(sensilla, 단수: sensillum)은 표피로부터 불거져있거나 때로는 그 아래나 안에 있다. 전문화된 세포들은 기계적인, 열에 의한, 화학적인 그리고 시각적으로 분류되는 자극들을 감지한다. 다른 세포들(신경들)은 자극신호들을 그들이 통합되는 중추신경계(3.2절)에 전달한다. 신경계는 자세, 이동, 섭식 그리고 교미 및 산란과 관련된 행동들처럼 적절한 행동들을 유도하고 조절한다.

이 장에서는 신경계를 대략적으로 살펴보고 환경자극에 의해 변형되거나 유도되는 선택된 행동들을 소개한다. 감지의 방법들 그리고 그것과 관련된 이들 자극들의 생성은 다음 장에서 다루어진다: 접촉, 위치, 소리, 온도(페로몬이라 불리는 통신화학물질이 특히 강조된), 화학물질들과 빛, 곤충 행동의 어떤 측면들을 자극에 대한 앞서의 토의와 관련시키는 절(section)로 이 장(chapter)을 맺는다.

4.1 기계적 자극

여기에서 그룹 되어진 자극들은, 환경 그 자체와 환경에 관련된 곤충 또는 근육으로부터 유래된 내부적인 힘의 결과로 인하여 기계적인 움직임에 의해 야기되는 왜곡과 관련된 것들이다. 감지된 기계적인 자극은 접촉, 충체 신장과 스트레스, 위치, 압력, 중력, 그리고 공기압 변화 및 소리 전달과 청력에 관련된 기질을 포함한 진동들을 포함한다.

4.1.1 촉각 기계수용

곤충들의 충체는 표피성 돌기들로 덮여있다. 이것들은 만약 하나의 세포로부터 많이 분화된다면 작은털(미돌기, microtrichia), 또는 털들, 강모들, 가시들이라 하고 다세포 기원이라면 큰털(macrotrichia)이라 불리 운다. 가장 유연한 돌기들은 신경이 분포된 소켓으로부터 발생한다. 이들은 **털감각기들**(trichoid sensilla, 한마디로 털과 같은 작은 감각기관들)이라 불리 우는 감각기들이고 표피층 생성을 개시하는 표피세포들로부터 발달한다. 세 가지 세포들이 관련된다(그림 4.1) :

1 원추털을 자라게 하는 **모생세포**(毛生細胞, trichogen cell);
2 소켓을 자라게하는 **와생세포**(窩生細胞, tormogen cell);
3 중추신경계에 연결된 신경을 형성하기 위한 다른 축색돌기들과의 연결을 위해 안으로 나아가는 **축색돌기**(axon)와 **수상돌기**(dentrite)를 털내로 자라게하는 **감각신경**(sensory neuron) 또는 신경세포(nerve cell).

완전히 발달한 털감각기는 촉각 기능들을 수행한다. 왜곡의 정도(extent)에 관련된 진동(frequency)에서 수상돌기로터 발사된 충격들에 의한 털의 움직임에 접촉감각기들로써 반응한다. 접촉 감각기는 털의 실질적인 움직임 동안에만 자극된다. 일부 어떤 것들은 소음에 의한 공기입자의 진동음들에 반응할 만큼 매우 민감하며, 각 털의 민감성은 다양하다(4.1.3절).

4.1.2 위치 기계수용(자기수용기들)

곤충들은 사지들(limbs) 또는 머리와 같은 그들 충체 부분들의 상대적인 위치에 대하여 계속적인 정보를 요구하고,

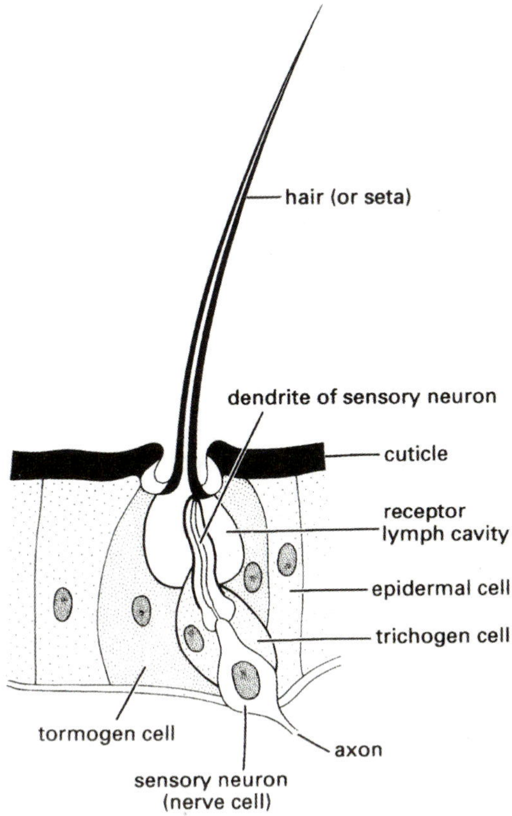

그림 4.1 3개의 관련된 세포들의 배열을 보이는 털감각기 종단면. (1991 Chapman 이 후.)

중력에 대하여 충체의 방위가 어떻게 관련되는지 감지할 필요가 있다. 이 정보는 여기에 서술된 세 가지 형태의 **자기 수용기들**(proprioceptors, 자가 인식 수용기들)에 의해 전달된다. 털감각기의 첫 번째 형태는 털의 위치에 따라 변하는 진동에 대하여 계속적인 감각의 산물을 제공한다. 감각기는 부속 충체부분의 표피와 접촉하여, 접합부분 또는 목에서 종종 작은 털과 **털판**(hair plate)으로 무리지어진 층을 형성한다(그림 4.2.a). 접합부위의 유연성정도는 감각기에 다양한 자극을 줌으로써 충체의 다른 부분의 상대적인 위치를 모니터링할 수 있게 한다.

신장수용기들(strech receptors)인 두 번째 형태는 복부와 중장벽들처럼, 근육들과 관련된 내부 자기수용기로 구성된다. 근육섬유 길이의 변화는 신경세포의 반응율에 따라 변이를 생성하며, 다수 내재되어 있는 신경 끝들에 의해 감지된다. 신장수용기들은 복부 및 중장 확장, 또는 환기율과 같은 충체의 기능들을 모니터한다.

세 번째 형태는 **종상감각기들**(campaniform sensilla)이라 불리는 압력 수용기들에 의한 표피위의 압력 감지기들(stress detectors)이다. 각 감각기는 감각기 당 하나의 신경을 가지고 표피층의 불거진 원에 의해 둘러 싸여진 마개(peg) 또는 중앙모자구조(central cap)로 구성된다. 이들 감각기들은 다리와 날개들과 같은 접합부위와 변형에 원인이 되는 다른 곳에 위치한다. 그 위치들은 비행중에 발생되는 변형에 반응하는 등과 복부의 기본 종상감각기들 그룹들을 기본으로 평형곤(haltere)(혹처럼 변형된 파리목의 뒷날개)을 포함한다.

4.1.3 소리 수용

소리는 물을 포함하여 기질 또는 공기의 움직임을 통해 형성되는 파형으로 전달되는 압력변화이다. 소리와 청력은 보통 성인의 경우 20~20,000 Hz(1 Hz는 초당 1사이클의 주파수이다)에서 사람들이 그들의 귀로 인지하는 공기 유래 진동음으로 매우 제한된 범위에 종종 적합한 정의이다. 특히 곤충들 중에서 어떤 것은 낮게는 1~2 Hz 정도에서부터거의 100 kHz 정도로 높은 초음파 주파수 범위의 진동음들을 수용하기 때문에, 소리의 그러한 정의는 제한적인 것이다. 특수화된 발산과 수용은 여기에서 고려되는 진동음의 주파수 범위들을 넘어선다. 이러한 주파수들의 수용은 어떤 척추동물의 귀들도 닮지 않은 기관들의 다양성을 의미한다.

곤충 소리의 중요한 역할은 종내 청각 통신이다. 예를 들어, 노래하지 않는 암컷들이 그들이 배우자를 선택하는 기초 근거로써 이용되는 종특이적인 소리들(노래들)을 생성하는 수컷들을 훨씬 잘 감지하는 대부분의 메뚜기목에서 구애는 청각적이다. 청력은 또한, 사냥에 초음파를 이용하는 식충성 박쥐들과 같은 포식자의 감지를 가능하게 한다. 아마도 곤충의 각 종들은 이러한 기능들과 관련된 주파수의 하나 또는 2개의 상대적인 좁은 범위들 내에서 소리를 감지한다.

곤충 기계수용 통신 시스템은, 매우 근접한 공기유래 진동음의 수용을 통해 변화시키는 기질 진동 수용부터 **고막**(tympani, 단수: tympanum; 형용사: tympanal)이라 불리 우는 얇은 표피성막을 이용하여 꽤 먼 거리의 소리를 들을 수 있는 것까지 연속으로 보여질 수 있다. 기질 신호

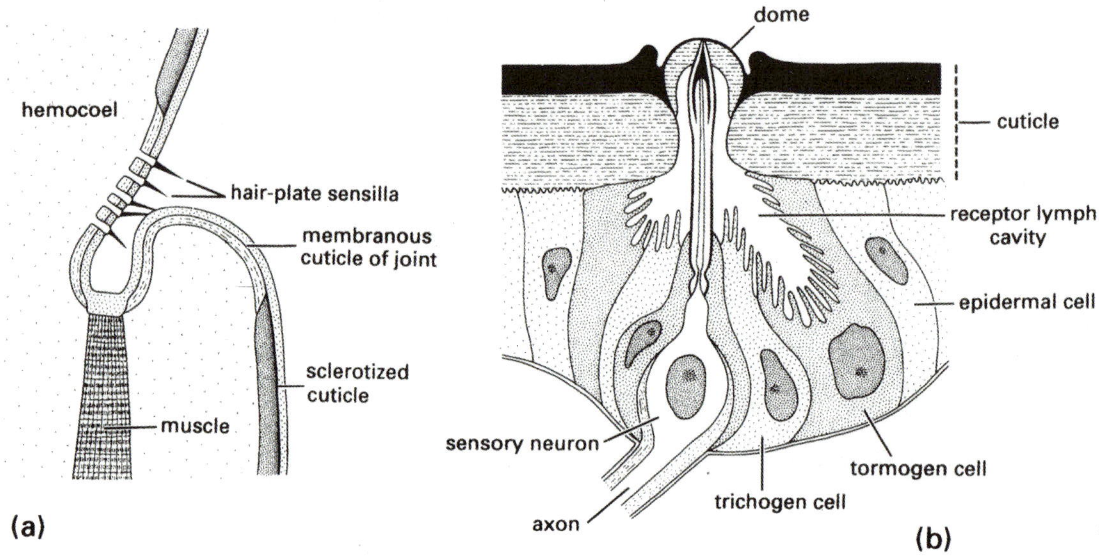

그림 4.2 자기수용체들: (a) 털들이 어떻게 접촉되는 이웃 표피층에 의해 자극되는지 보여주는, 접합부위에 위치하는 털판의 감각기들; (b) 파리의 평균곤상의 종상감각기. [(a) 1982 Chapman 이후; (b) 1935 Snodgrass 이후; 1985 McIver.]

는 아마도 곤충 진화에서 처음으로 나타났다: 기질 진동음들을 감지하는데 이용된 감각기관들은 상당한 거리와 주파수의 범위에서 공기유래 소리의 수용을 가능하게 하도록 다른 곤충 그룹들에서 수차례 변형되고 함께 선택된 것으로 보인다.

비고막진동음 수용

고막(p. 90)을 포함하지 않는 진동 또는 소리 수용의 두 가지 형태는, 기질을 기반으로한 신호들의 감지와 소리에 매우 가까이 나타나는 주위 매질(공기 또는 물)의 비교적 큰 전환 움직임들을 인지할 수 있는 능력이다. 가까운 곳의 소리로써 언급되는 후자는 감각 털들 또는 전문화된 감각기관들에 의해 감지된다.

소리 수용의 간단한 형태는 가까운 지역의 소리에 의해 생성되는 진동음들에 반응하는 매우 민감하고 신장된 털 모양의 감각기를 가진 종들에서 보여진다. 예를들어 밤나방과 나방인 배추밤나비(*Barathra brassicae*)의 유충들은 150 Hz의 진동음에 최적으로 반응하는 길이 약 0.5 mm의 가슴털들을 가진다. 비록 이 시스템이 공기 중에서 지역적으로 생성되는 소리들에만 효과적이지만, 유충들은 기생벌들의 들리는 접근에 의해 유발되는 진동음들에 반응할 수 있다.

많은 곤충들, 특히 귀뚜라미들의 미모들(cerci)은 포식자, 기생 곤충들 또는 잠재적인 배우자의 접근에 대한 정보를 전달해주는 공기의 흐름들에 민감한 길고 가는 털감각기(섬유상 강모 또는 털들)로 덮혀있다. 다른 동물의 접근 방향은 털들이 아래로 굽어지게 되어 지적된다; 각 털의 감각신경이 특별한 방향에서의 움직임에 반응하도록 조정된다. 공기 움직임의 역동성(시간 변화 패턴)은 자극의 성질에 대한 정보를 주고 기계감각 털들의 성질에 의해 보여진다. 각 털의 길이는 자극에 대한 그 감각신경의 반응을 결정한다: 긴털들이 낮은 강도와 저주파의 자극에 좀 더 민감한 반면에, 짧은 털들에 신경을 분포시킨 신경들은 고강도, 고주파의 자극에 가장 민감하다. 미모들 위의 다른 털들에 신경을 분포시킨 많은 감각 신경들의 반응은 곤충이 감지된 공기의 움직임에 행동적으로 적절한 반응을 할 수 있도록 하기 위해 중추신경계로 모아진다.

물(공기보다 좀 더 점성이 있는 매체)에서 저주파 소리들은 더 먼 거리 전달이 가능하다. 하지만 현재 얼마 안되는 곤충들이 수중의 소리들을 통해 통신을 하는 것으로 보여진다. 주목할 만한 보기들은 어떤 수중 유충들이 영역을 주장하기 위해 생산하는 북을 치는(drumming) 소리들과 수중으로 들어간 송장헤엄치개류(corixids)와 도래류(nepids)와 같은 반시류곤충들에 의해 생산되는 소음들이다.

많은 곤충들은 고체와 공기, 고체와 물 경계 또는 물과 공기 표면을 따라 기질을 통해 전달되는 진동음들을 감지할 수 있다. 기질 진동음들의 인식은 특별히 땅을 파는 곤충들, 특히 야행성 종들과 어두운 서식처에 사는 사회 곤충들에게 중요하다. 잎벌(*Hymenoptera*: *Pergidae*)과 같은 식물표면에사는 어떤 곤충들은 줄기를 두드림에 의해 서로 통신을 한다. 멸구와 매미충, 노린재와 같은 다양한 식식성 벌레들은 숙주 식물을 통해 전달되는 진동 신호들을 만든다. 물 표면막위에 사는 소금쟁이(Hemiptera: Gerridae)는 구애와 공격에 대한 통신을 위하여 물표면을 가로질러 고동치는 파동들을 보낸다. 더욱이 그들은 물표면에 떨어진 먹이의 몸부림에 의해 생성되는 진동음들을 감지할 수 있다. 물매암이(Gyrinidae; 그림 10.8)는 음파탐지형태를 이용하여 비행할 수 있다: 그들 보다 앞서 물표면을 움직이고, 장애물로부터 반영되는 물결들은 제때에 회피행동을 취하기 위하여 그들의 더듬이에 의해 감지된다.

진동음들을 받아들이는 전문화된 감각기관들은 **현음기관들**(chordotonal organs)이라 일컫는 부속표피성 기계감각기들이다. 이 기관은 3개의 선형으로 배열된 세포들로 각각 구성된 **막대감각기들**(scolopidia)이 하나에서서부터 다수로 구성되어 있다: **부고막모자세포**(sub-tympanal cap cell)는 신경세포 수상돌기 끝을 둘러싼 **피복세포**(sheath cell, scolopale cell)의 제일 위에 위치한다(그림 4.3). 모든 성충들과 많은 유충들은 두 번째 촉각마디인 경절내에 위치한 특별한 현음기관인 **존스턴기관**(Johnston's organ)을 가진다. 그 주요기능은 공기 흐름에 의해 비행속도를 감지하기 위한 것으로써 충체의 나머지부분에 비례하여 촉각 편모의 움직임을 감지하는 것이다. 부가적으로 그것은 어떤 곤충들에서는 듣는 기능을 한다. 수컷모기들(Culicidae)과 각다귀들(Chironomidae)에서 많은 막대감각기들이 부푼 경절에 들어있다. 이들 막대감각기들은 경절벽에 한 끝이 부착되어 있고 다른 끝은 세 번째 촉각마디의 기부에 부착되어 있다. 이 크게 변형된 존스턴기관은 촉각의 강모말단 또는 편모가 절단 될때 수컷이 암컷의 소리에 감수성이 약해지게 되는 것에서 보여진 것처럼, 암컷 날개음(4.1.4)에 대한 수컷의 수용기이다.

기질 진동음의 감지는 각 다리의 경절 기부에 위치하

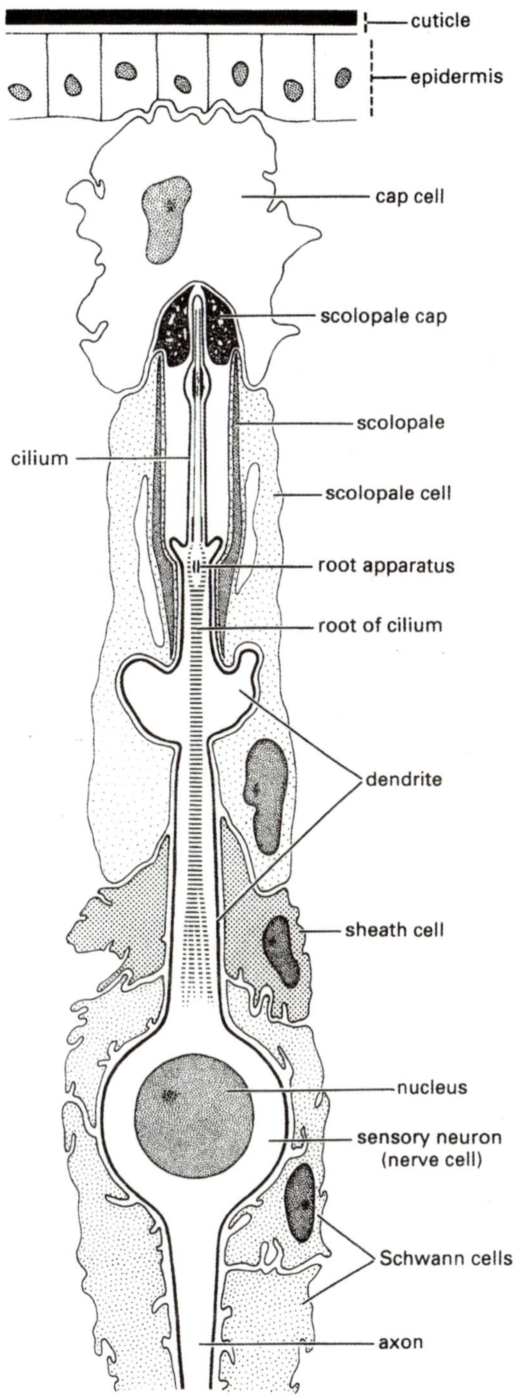

그림 4.3 현음기관의 기본 단위인 막대감각기의 종단면. (1960 Gray 이후.)

는 현음기관인 **무릎아래기관**(subgenual organ)을 필요로 한다. 무릎아래기관들은 딱정벌레목과 파리목을 제외한 대부분의 곤충들에서 발견된다. 기관은 경절의 내표피에 한끝이 그리고 다른 끝이 기관벽에 연결되어 혈강에 위치하는 많은 감각세포들의 반원(semi-circle)으로 이루어진다. 모든 다리 내에는 무릎아래기관들이 있다: 다리들의 각 쌍의 기관들은 다른 빈도수의 기질 유래 소리들에 특별히 반응할 수 있다. 진동음 수용은 다리들에 저주파 기질 진동음들의 직접적인 전송 또는 좀 더 복잡한 증폭과 전송을 포함 할 것이다. 공기유래 진동들은 만약 그들이 기질 즉, 다리들의 진동음을 유발한다면 감지될 수 있다.

고막수용

곤충들에서 가장 정교한 소리수용 시스템은 특별한 수용기 구조인 **고막**(tympanum)이다. 이 막은 공기진동음에 의해 전달되는 먼거리의 소리들에 반응한다. 고막의 막들은 현음기관들에 연결되어 있고, 소리수용을 증가시키는 기관(trachea)의 변형들과 같은 공기주머니들과 관련되어 있다.

- 고막기관들은 사마귀 뒷가슴 다리들 사이의 배가슴;
- 많은 밤나방과 나방들의 뒷가슴;
- 많은 메뚜기목의 앞가슴다리들;
- 다른 메뚜기목과 매미 그리고 일부의 나방과 딱정벌레들의 복부;
- 어떤 나방들과 풀잠자리들의 날개기부, 일부 파리들의 전흉복판(Box 4.1);
- 몇몇 풍뎅이류 목의 막들 위에 위치한다.

이들 기관들의 달라지는 위치와, 먼 연관관계 곤충그룹들에서의 발생은 고막 청력이 곤충들에서 여러 차례 진화되었음을 지적한다. 신경해부학적 연구는 모든 곤충의 고막기관들은 자기수용기로부터 진화하였고, 곤충표피 전체에 걸친 자기수용기의 넓은 분포는 고막기관들의 위치 다양성을 설명하는 것임을 제시한다.

고막 소리 수용은 메뚜기목(귀뚜라미들과 여치들에서 뚜렷이)에서 특히 잘 발달된다. 이들 대부분의 메뚜기목의 여치아목에서 고막기관들은 각 앞다리의 경절에 있다(그림 4.4와 9.2a). 쌍을 이룬 고막의 뒤쪽에 각 다리아래의 전흉기문으로부터 고막기관에까지 걸쳐 청각 기관(trachea)

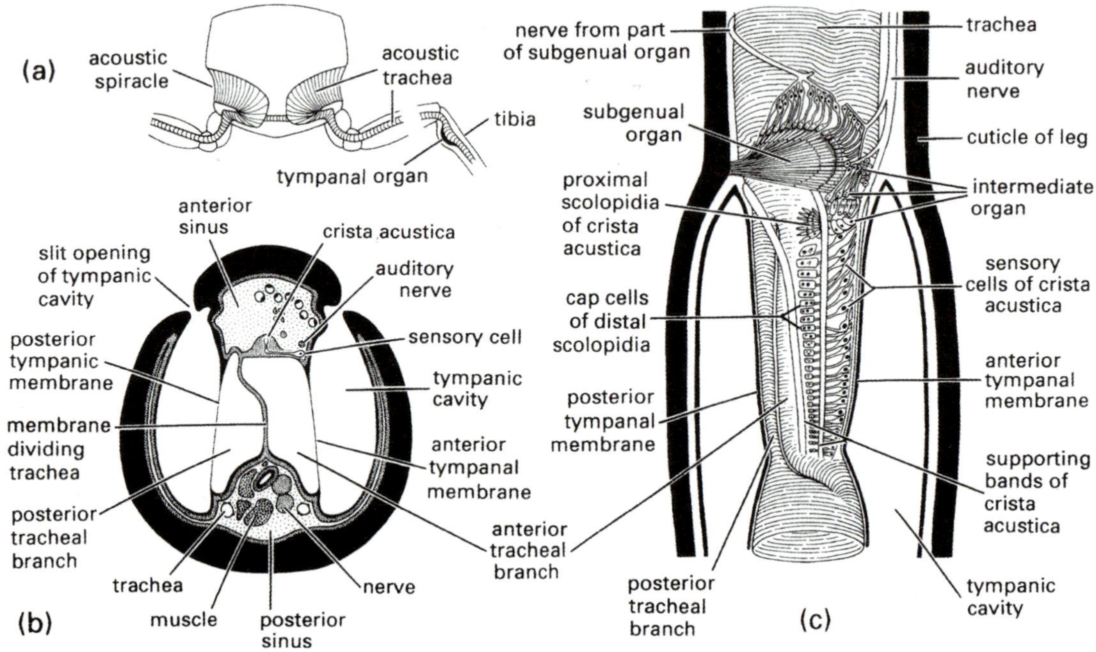

그림 4.4 *Decticus*(Orthoptera: Tettigoniidae) 여치의 고막기관들: (a) 청각 기문들과 기관들을 보여주기 위한 앞다리들과 앞가슴의 횡단면; (b) 앞 경절 밑부분의 횡단면; (c) 앞 경절의 세로 분리도. (1906 Schwabe 이후; 1985 Michelsen & Larsen.)

Box 4.1 포식기생성 파리에 의한 숙주의 청각적 위치선정

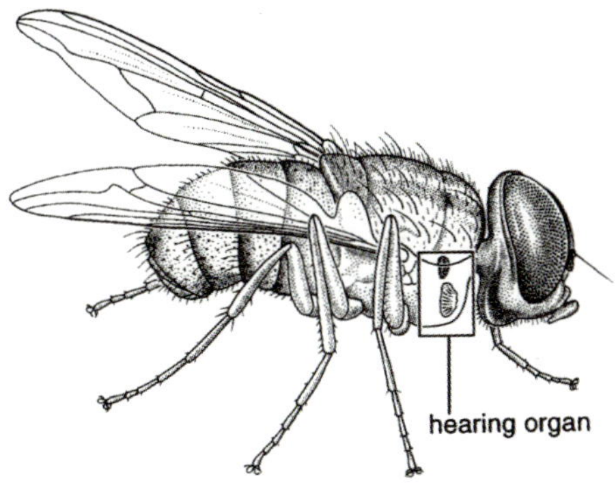

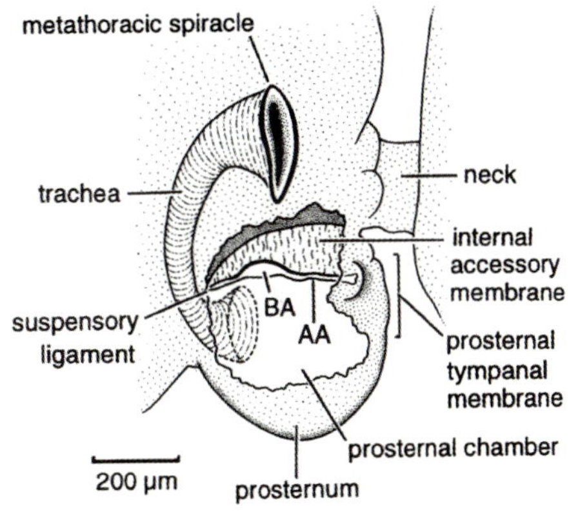

AA = auditory apodème BA = bulbae acusticae

포식기생성 곤충들은 뛰어난 화학적 그리고 시각적 단서들을 이용하여 그들의 미성숙한 발달을 의존하는 숙주의 자취를 추적한다(13.1절). 그 숙주에게 특이적인 소리 쪽으로 향함에 의해 멀리 있는 숙주를 찾아내는 것은 오히려 일반적인 행동이 아니다. 비록 예측되는 숙주들에 의해 생성되는 근접 저주파의 공중 이동들은 벼룩들과 일부 흡혈성 파리들에 의한 것과 같이(4.1.3절) 비록 감지될 수 있지만, 먼 거리의 소리에 의한 숙주 위치 선정은 Ormiini 종족(Diptera: Tachinidae)의 파리들에서 가장 잘 발달되어있다. 그 숙주들은 주파수 2에서 7 kHz 범위의 교미유인 노래들을 가지는 수컷 귀뚜라미들(예를 들어 *Gryllus* 속)과 여치들이다. 어둠 아래에서 암컷 *Ormia*는 그녀가 1령 유충들(larviposits)을 낳은 곳이나 그 근처에서 소리내는 숙주 곤충들을 찾아낸다. 숙주 내로 들어간 유충들은 그 안에서 선택된 조직들을 7-10일 동안 먹으면서 발달하고, 그 후 3령 유충들이 죽은 숙주로부터 출현하여 땅속에서 용화한다.

소리내는 귀뚜라미 또는 여치를 추적하고자 하는 누군가에 의해 인지되어질 것이기 때문에, 소리를 들음에 의해 그 존재를 간단히 감지하는 것과 비교하여 소리내는 숙주의 위치 선정은 복잡한 문제이다. 방향성 청각은 소리의 근원 쪽으로 방향을 정하고 위치를 알아내기 위해 필수조건이다. 방향성 청각을 가지는 대부분의 동물들에서 각 귀에 의해 수용되는 소리들의 차이점들이(즉, 세기와 타이밍에서) 수용자와 신경계에 의해 감지되고 전환되기에 충분히 클 만큼, 2개의 수용자들(귀들)은 소리의 파장 보다 더 큰 간격으로 분리된다. 그러나, 1.5 mm 미만의 청각시스템을 가지는 집파리 크기의 암컷 ormiine과 같은 작은 동물들에게는, 귀들이 세기와 타이밍에서 두 귀간의 차이점들을 만들기에는 서로 너무 가까이 있다. 소리 탐지를 위해서는 매우 다른 접근이 요구된다.

다른 청각 곤충들에서처럼 수용계는 유연한 진동막, 고막에 나란히 놓인 공기주머니, 그리고 고막에 연결된 현음기관(4.1.3절)을 가지고 있다. 청각 곤충들 중에서 유일하게 ormiine의 진동막 쌍은, 머리에 의해 무언가 애매하고 전방으로 향하는 목쪽의 복부인 전흉복판에 위치되어진다(*Ormia* 암컷파리의 측면에서 그려진 것처럼). 이들의 내부 표면상 얇은(1 μm) 막들은 한 쌍의 청각감관기관들-많은 막대감각기들로 구성된 현음기관들(4.1.3절)인 bulbae acusticae (SA) — 에 부착된다. Bulbae는 앞 근육의 재배치에 의하여 확장되고, 기관들(tracheae)에 의해 외부 환경과 연결되는 분할되지 않은 앞가슴배판실(prosternal chamber)내에 위치한다. 이 청각 기관의 시상도가 파리의 오른쪽 위에 보여진다(1994 Robert 등 이후). 숙주를 찾는 암컷에서 가장 강하게 발달된 그 구조들은 성적으로 이형성(dimorphic)이다.

연구된 모든 다른 곤충들을 포함하여 청각 동물들 중에서 해부학상 가장 독특한 것은 분할되지 않은 감각기관들을 가지는 청각실로써 귀들의 분리가 없는 것이다. 더군다나, 각 귀에서 소리의 도착 시간의 차이는 1 이하에서 2 마이크로초(microsecond)인 것처럼 고막은 인접하고있다. 물리적 딜레마에 대한 대답은 귀들을 연결하는 기능을 하는 표피성 구조물에 의해 2개의 고막은 실제로 이어진다는 것을 보여주는 정밀조사에 의해 밝혀진다. 이러한 기계적 내부-청각적 결합은, 지렛대 받침에 대해 회전하고 소음에 더 가까운(동측성의) 고막과, 소음과 거리가 먼(반대 쪽의) 고막사이의 약 20배 정도의 시간 지체를 증가시키는 기능을 하는 유연한 지렛대로써 작용하는 연결 표피층을 수반한다. 표피층에 연결되고 난 다음 진동을 시작하는 반대쪽 고막의 바로 직전에 동측성 고막 막은 들어오는 소리에 의해 처음 진동하도록 자극된다. 진동들의 어떤 제동과 취소를 포함하는 복잡한 방식에서 동측성고막은 대부분의 진동을 일으킨다.

두 귀간의 차이점들의 확대는 소리수용에 있어 매우 민감한 방향성을 가능하게 한다. Ormiine 청각에서 발견된 그러한 독특한 디자인은 사람의 보청기 기술에 대한 응용을 제시한다.

이 놓여있다(그림 4.4a).

귀뚜라미와 여치들은 비슷한 청각계를 가진다. 귀뚜라미에서 그 시스템은 그들의 청각 기관(trachea)이 앞가슴의 환기기문에 연결된채 유지되기 때문에 덜 특별한 것으로 보인다. 여치의 청각 기관은 분리된 청각 기문쌍을 통해 열리는 환기기문으로부터 완전히 분리된 시스템을 형성한다. 많은 여치에서 경골기부는 각각이 고막 실(chamber) 내로 인도하는 2개의 분리된 세로방향의 갈라진 틈들을 가진다(그림 4.4b). 다리의 중앙에 놓여있는 청각 기관은 이 지점에서 반이 앞쪽 고막막과 가까이 연결되고, 나머지 반은 후부 고막막과 연결되는 것처럼 막에 의해 반으로 나뉘어진다. 고막기관에 대한 소리의 주요 경로는 일반적으로 청각기문으로부터 청각기관을 따라 경절까지이다. 각기문 뒤의 기관 확장에서부터 경절에 있는 고막에까지 횡단면지역에서 변화는 나팔의 기능에 가까워지고 소리를 증폭한다. 고막실의 갈라진틈이 소리의 들어옴을 허용하더라도 그들의 정확한 기능은 논란의 여지가 있다. 고막에서 소리 파동의 도착시간에 있어 매우 작은 차이가 막을 가로지른 압력차이에 의해 감지될 수 있기 때문에 그들은 방향 청력이 가능하게된다.

고막기관들에 소리 허용의 주 경로가 무엇이던가에 공기 그리고 기질 유래의 청각 신호들은 고막막을 진동하게 한다. 진동음들은 3개의 현음기관들에 의해 감지된다: **무릎아래기관**(subgenual organ), **중간기관**(intermediate organ), **경절고막기관**(crista acustica) (그림 4.4c). 메뚜기류가 아닌 곤충들의 그것들처럼 기능하고 형태를 가지는 무릎아래기관들은 모든 다리에서 존재하지만 경절고막기관과 중간기관들은 고막과 연결된 앞다리에서만 발견된다. 이것은 경절의 청각기관이 중간과 뒷다리들의 자기수용체 단위들의 연속된 상동체임을 암시한다.

경절고막기관은 청각기관에 부착된 60개의 막대감각기 세포들에 이르는 열(row)로 구성되며, 550 kHhz 범위에서 공기유래 소리에 대한 주요 감각 기관이다. 10~20개의 막대감각기 세포들로 구성된 중간기관은 무릎아래기관의 뒤에 있고 사실상 경절고막기관과 연속되어있다. 중간기관의 역할은 불확실하지만 2~14 kHhz의 주파수를 가지는 공기유래 소리에 반응할 것이다. 3개의 현음기관들은 각각 독립적으로 자극되지만, 셋간의 신경연결들은 다른 수용기들로부터의 신호들이 합쳐지는 것을 의미한다.

소리를 듣는 곤충들은 소리 점원(point source)의 방향을 알 수 있지만, 정확히 어떻게 그들이 그럴 수 있는지는 분류군들 사이에서 다양하다. 소리방향성의 위치 선정은 다른 고막에 상대적으로 하나의 고막에 의해 수용되는, 또는 어떤 메뚜기목들에서는 하나의 다리 내에 있는 고막에 의해 수용되는 소리 차이의 감지에 분명히 의존한다. 소리 수용은 근원의 위치를 알아내는 것에 있어 약간의 정확성을 가능하도록 소리원에 대한 상대적인 충체의 방향에 따라 다양하다. 소리수용과 소리근원의 방향감지에 대한 민감성의 이례적인 도구들은 Box 4.1에 토의된 것처럼 ormiine flies에 의해 보여진다.

인공적인 빛, 특히 달빛이 없는 밤에 스펙트럼의 끝인 자외선에 유인된 곤충들의 풍부성과 다양성에 의해서 보여진 것처럼 야간활동은 공통적이다. 야간비행은 보고 사냥하는 포식자들의 회피를 가능하게 하지만, 식충성 박쥐(Microchiroptera)들과 같은 특별한 야행성 포식자들에게는 곤충들을 노출시킨다. 이들 박쥐들은 비행을 위해 그리고 먹이(특히 비행성 곤충들)의 위치를 파악하고 감지하기 위해서 20에서 200 kHz 범위(종에 따라)의 초음파주파수를 이용하는 생물학적 음파탐지기 시스템을 가진다.

비록 박쥐의 곤충 포식은 야간의 어둠 속에서 일어나고 관찰자의 위 높은 곳에서 일어나지만, 곤충 분류군 무리들은 박쥐의 초음파를 감지할 수 있고 적절한 회피행동을 취하는 것이 분명하다. 청각놀람(acoustic startle)반응이라 불리 우는 초음파에 대한 행동적 반응은 매우 빠르고 조화된 근육 수축들을 수반한다. 이것은 비행에서 예측할 수 없는 일탈행위인 동결(freezing), 또는 비행의 빠른 정지와 땅을 향한 수직낙하와 같은 반응을 유도한다. 이러한 포식자로부터의 탈출을 돕는 반응들의 유인은 곤충이 박쥐에 의해 생성되는 초음파의 청취를 분명히 필요로 한다. 생리학적인 실험들은 그러한 소리의 방출 후 몇 밀리세컨드(millisecond)내에 박쥐에 의한 먹이 감지에 앞서 반응이 일어난다는 것을 보여준다.

지금까지 다섯 목에 속하는 곤충들이 초음파에 반응하고 감지할 수 있음을 보여주었다: 풀잠자리들(Neuroptera), 딱정벌레들(Coleoptera), 사마귀들(Mantodea), 나방들(Lepidoptera), 그리고 메뚜기, 여치 및 귀뚜라미(Ortho-ptera). 초음파 수용이 이들 곤충들간에 몇몇 독립적 기원들을 가짐을 보이면서 고막기관들은 이들 곤충들간에 다른 위치에서 발생한다. 이 장의 초기(p.90)에 보여진 것처럼, 메뚜기목은 종내 성적신호(sexual signaling)에 소리를 이용하는 주요 청각통신체들이다. 분명, 청취능력은 메뚜기목 진화에서 아마 적어도 200만 년 전 정도로, 박쥐들이 진화(가장 오래된 화석이 출토된 시신세(50만 년 전)보다 아마 조금 더 이전) 하기 오래 전에 일찍 발생했다. 따라서 박쥐의 초음파를 들을 수 있는 메뚜기목의 능력은 (초음파에 대한 민감성이 더해지도록 변형된 형태학적이며 생리학적인 성질) **탈적응**(exaptation)으로 보여질 수 있다. 종내 특이적으로 통신하고 또한 초음파를 듣는 귀뚜라미들, 실베짱이들과 메뚜기과 메뚜기들은 저주파 및 고주파 소리에 민감성을 가지며, 아마도 그들의 분별력을 오로지 두 가지 별개의 주파수들에만 제한한다. 초음파는 반감을 이끌어낸다; (적당한 조건하에서)다른 것은 유인을 이끌어낸다.

이와는 대조적으로, 몇몇 다른 곤충들에서 독립적으로 일어나는 고막청취는 초음파에 특별히 감수성인 것으로 보인다. 출발점에 있어 다른 것을 통하는 들을 수 있는 밤나방의 두 가지 수용기들은 동일한 초음파주파수에 파장을 맞추고, 나방들은 박쥐의 소리 주파수에 대하여 행동학적(놀람) 그리고 생리적(신경적)인 반응을 보이는 것이 실험적으로 증명되었다. 암컷파리가 그 교미신호를 추적하여 자신의 메뚜기목 숙주에 도달하는 기생성 기생파리류 *Ormia*(Box 4.1)에서 귀의 구조와 기능은 성적이형성(sexually dimorphic)이다. 암컷파리의 고막영역은 더 크고 숙주 귀뚜라미의 5 kHz 주파수와 또한 식충성박쥐에 의해 만들어지는 20-60 kHz 초음파에 민감한 반면, 수컷파리의 더 작은 고막영역은 초음파에만 반응한다. 이것은 청각반응이 암컷에서만 나중에 변형되어 귀뚜라미 신호에 대한 민감성을 가지게 되었으며, 원래 양성에 존재하였고 박쥐를 감지하고 회피하는데 사용되었음을 제시한다.

이러한 경우들에서 적어도 그리고 아마도 고막청취가 분류학상의 범위와 복잡성에서 제한된 다른 그룹에서도 초음파수용은 그들을 먹기 위해 찾는 박쥐들의 소리생성과 공진화된 것으로 나타난다.

4.1.4 소리 생성

곤충에 의한 소리생성의 가장 일반적인 방법은 하나의 전문화된 충체부분인 **마찰편**(scraper)을 다른 것인 **줄**(file)에 비벼내는 **울음**(stridulation)이다. 줄은 융기되거나 또는 픽 같은 마찰편으로 접촉을 통해 진동하는 이(teeth) 모양의 돌기, 융기 또는 쐐기들의 연속이다. 줄 그 자체는 작은 소음을 만들고 그래서 공기유래의 소리를 생성하기 위해서는 증폭되어야 한다. 땅강아지의 뿔모양의 굴(burrow)은 우수한 소리 증폭기이다(그림 4.5). 다른 곤충들은 증폭과 울림을 생성하기 위해 충체에, 특히 날개들과 기관계의 내부공기주머니에 많은 변형을 일으킨다.

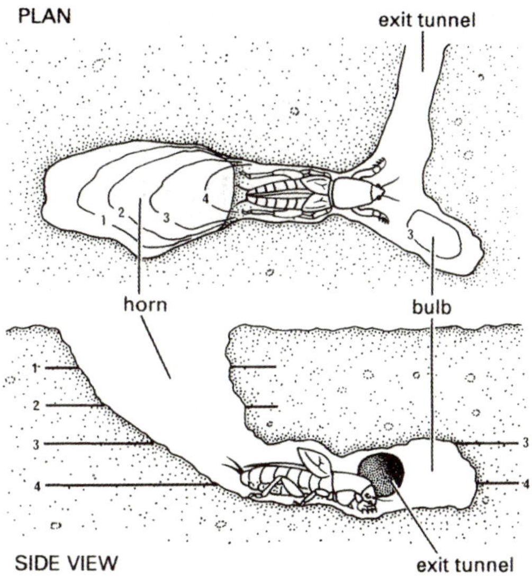

그림 4.5 노래하는 수컷의 두텁날개(tegmina)가 뿔모양의 좁은 부분에 걸쳐 세우며 그의 머리가 구상부(bulb)에 있게 앉아 있는 *Scapteriscus acletus* (Orthoptera: Gryllotalpidae) 땅강아지의 노래하는 굴. (1989 Bennet-Clark 이후.)

울음에 의한 소리 생성은 많은 곤충 목의 몇몇 종에서 일어나지만, 메뚜기목이 가장 정밀하고 다양함을 보인다. 마찰음을 내는 모든 메뚜기목들은 그들의 소리를 복시(두텁날개, tegmina, 변형된 앞날개들)를 이용하여 증대시킨다. 여치와 귀뚜라미의 줄은 하나 또는 양쪽 복시의 기부시맥으로부터 형성되며 다른 날개 위의 마찰편을 긁는다. 메뚜기와 애메뚜기(Acrididae)는 앞 넓적다리마디상의 줄을 외피상의 비슷한 마찰편에 대해 문지른다.

많은 곤충들은 고주파의 공기유래 소리들을 생성하기 위한 충체의 크기, 힘 또는 정교함이 결여되어 있지만, 그들은 더 조밀한 매개체인 기질(나무, 토양 또는 숙주식물)의 진동음에 의해 저주파 소리를 생성하고 전달할 수 있다.

들을 수 있는 찌륵거리는 소리를 생성하는 동안 충체전체가 진동하는 몇몇 여치와 같은 청각신호발생 곤충들에서처럼, 기질 진동음들은 또한 공기유래 소리 생성의 부산물이기도 하다. 다리들을 통해 기질(식물 또는 지면)에 전달되는 충체 진동음들은 1-5,000 Hz의 저주파이다. 공기유래 신호가 좀 더 먼 거리에서 사용되는 것에 반해, 기질진동음들은 암컷에 의해 감지될 수 있으며, 부르는 수컷의 좀 더 근접한 범위의 위치화에 이용되는 것으로 보인다.

소리 생성의 두 번째 방법들은 다양하게 조절된 소리의 충격이나, 개별적인 맞부딪힘을 주기 위한 탄력성 표피의 진동막(tymbal)과 특별한 부분의 엇갈리는 근육 뒤틀림과 이완을 수반한다. 진동막소리 생성은 매미로부터 사람의 귀에 가장 잘 들리지만, 많은 다른 매미목들과 몇몇 나방들도 진동막으로부터 소리들을 생성한다. 매미에서는 수컷들만이 첫 번째 복부마디상의 각 면에 1개씩, 등과 옆부분에 위치한 이러한 한 쌍의 진동막을 가진다. 진동막의 막은 다양한 수의 시맥들(ribs)에 의해 지지된다. 강한 진동막 근육은 소리를 생성하기 위해 막과 시맥들을 비틀고, 이완시에는 신축성있는 진동막이 휴지기로 변한다. 고주파 소리를 생성하기 위해 진동막 근육은 신경 충격당 많은 수축들로 비동기성으로 수축한다(3.1.1절). 현음기관 감감기들의 그룹이 존재하고 더 작은 장근근육(tensor muscle)은 진동막의 형태를 조정함으로써 음향의 성질 변화를 가능하게 한다. 하나 또는 더 많은 클릭(click)의 소음은 진동막 비틀림으로써 방출되고, 그 이상의 소리들은 이완으로의 탄력성 복귀동안 생성된다. 변형된 기관인 공기주머니를 가진 첫 번째 복부 마디는 진동막 진동음의 자연적인 주파수에서 또는 그에 가깝게 공명하도록 변한다.

일반적으로 매미들의 소리들은 울창한 숲에서도 보통 1 km까지 운반되는 높은 세기를 가진 4-7 kHz 범위이다. 소리는 수컷 진동막위치에 대해 첫 번째 복부마디상에서 배쪽에 놓여있는 고막을 통해 양쪽 성에서 수용된다. 매미의 부르는 소리들은 종특이적이다 — 뉴질랜드와 북아메리카에서의 연구들에서, 예견되는 배우자로부터 정해진 반응을 유도하는 소개성 신호를 주는 상태들(introductory cueing phases)의 지속과 리듬 특이성을 보인다. 하지만 흥미롭게도 노래구조들은 매우 성인적상동성(homopasious)이다. 먼 근연관계의 분류군에서 유사한 노래들이지만 가까운 근연관계의 분류군은 그들의 노래에서 구조가 확실히 다르게 발견된다.

소리를 생성하는 다른 매미목들에서 양쪽 성은 진동막들을 소유할지도 모르지만 복부공기주머니가 없기 때문에 소리는 매미의 그것과 비교하여 매우 약하게 된다. 벼멸구(*Nilaparvata lugens*, 갈색멸구; Delphacidae)와 아마도 다른 매미외의 매미목들에 의해 생성되는 소리들은 기질의 진동에 의해 전달되고 교미와 특별히 연관되어 있다.

어떤 나방들은 포식자인 박쥐들에 의해 생성되는 초음파를 들을 수 있고, 나방 그들 스스로 후흉 전복판 진동막들을 이용하여 소리를 생성할 수 있다. 불나방이 생성하는 고주파의 딸깍거리는 소리들은 박쥐들이 공격으로부터 멀어지게 방향을 바꾸는 원인을 제공하며, (공통적으로 모순되지 않는) 다음의 역할들을 가질지도 모른다:

- 나방들 종간의 통신;
- 박쥐음파탐지시스템의 방해;
- 먹이거리의 존재에 대해 포식자를 혼란시키기 위한 박쥐의 청각 모방;
- 맛없음의 경고(경계색, aposematism; 14.4절).

떼지어 모이는 모기들, 각다귀들, 깔다구들의 특성인 윙윙거리는 소리는 날개 치는 빈도에 의해 생성되는 비행음이다. 사실상 종 특이적일 수 있는 이 음은 성(sex)들 간에 다르다: 수컷은 암컷보다 좀더 높은 음을 생성한다. 이 음은 또한 양쪽 성에 대해 발육정도와 주위온도에 따라 다양하다. 교미무리를 형성하는 수컷곤충들은 청각적단서들(5.1 절) 보다는 종특이적 환경 표식들에 의해 무리짓는 위치를 인지한다: 그들은 그들 종들의 수컷의 날개음에는 민감하지 않다. 어떠한 것도 수컷이 미성숙한 암컷의 날개음을 감지하게 하지는 못한다 — 그 촉각의 존스턴기관은 생리학적으로 감수성인 암컷의 날개음에만 반응한다.

4.2 온도자극

4.2.1 온도감각

아직 수용기들의 기능과 위치는 별로 알려져 있지 않지만, 그들의 행동(4.2.2절)에 의해 보여진 것처럼 곤충들은 분명히 온도 변이를 감지한다. 절단된 촉각이 정상적인 촉각을 가진 곤충들과 다른 반응을 하는 것으로 보아 연구된 대부분의 곤충들은 온도 감지 촉각을 가진다. 촉각의 온도 수용기들은 수적으로 드물고(아마 주위 온도가 촉각을 따라 모든 점에서 거의 같은) 구멍에 집중되거나 노출되어 있으며, 같은 감각기에서 습도수용기와 연관되어 있다. 이질바퀴

(*Periplaneta americana*)에서 다리부절(tarsi)의 욕반(arolium and pulvilli)은 온도수용기를 가지며, 온도수용기들은 일부 다른 곤충들의 다리들 위에서도 발견된다. 중앙 온도 감지기들(central temperature sensors)은 내부 온도를 감지하기 위해 반드시 존재해야하지만, 흉부신경절들이 온도 의존적 비행근육의 활동을 유발하는 역할을 가지는 것으로 발견된 단 하나의 실험적인 증거는 큰 나방에서이다.

온도감지의 극단적인 형태는, 크게 Holarctic genus *Melanophila*와 호주산 *Merimna atrata*에 속하는 비단벌레들(Buprestidae)에서 설명된다. 이 딱정벌레들은 그들이 산란을 하는 곳인 연기나는 소나무 줄기들이 있는 대규모의 산불을 감지할 수 있고 그쪽으로 향할 수 있다. *Melanophila* 성충들은 불에 의해 죽은 곤충들을 먹고, 그들의 유충들은 불로 죽은 나무들에 구멍을 뚫는 개척 이주민으로써 발육한다. *Melanophila*에서 먼 거리의 불들에 대한 감지와 방향성은, 딱정벌레가 비행할 때 노출되는 중흉다리들의 기절 체강 바로옆에 있는 구멍기관들에 의한 적외선 방사(파장범위 3.6-4.1 μm에서)의 감지에 의해 이루어진다. 구멍들 내에서 50-100 개의 작은 감각기의 일부가 기계적 수용기 신호로 전환되는 열로 유발된 나노미터 규모의 변형에 반응할 수 있다. *Merimna*에서 수용기 기관들은 뒷바깥 복부에 놓여있다. 이러한 구멍기관(pit organ) 수용기들은 비행중인 비단벌레 성충이 아마도 12 km(미육군이 흥미를 가지는 재주) 거리까지 먼 적외선 근원을 찾는 것을 가능하게 한다.

4.2.2 체온조절

곤충들은 둘러싸고 있는 주변환경들에 독립적으로 일정한 온도의 항온성을 유지하기 위한 도구가 결여된 변온동물성(poikilothermic)이다. 비록 비활동적인 곤충의 온도가 주변온도를 따라가는 경향이 있지만, 많은 곤충들은 그들의 온도를 아주 짧은 시간 내에 상승과 하강쪽으로 둘 다 변화시킬 수 있다. 곤충의 온도는 외부열(냉혈성, ectothermy)을 이용하는 행동으로, 또는 생리적인 기작들(온혈성, endothermy)에 의하여 주변과 다르게 변할 수 있다. 온혈성은 주로 비행과 관련된 대사로부터 내부적으로 발생한 열에 의존한다. 비행에너지의 약 94%가 열로 발생되기 때문에(단지 6%만이 날개의 기계적인 힘에 직접적이다), 비행은 매우 에너지 요구적일뿐만 아니라 많은 열을 생성한다.

체온조절의 이해에는 열과 질량(또는 부피)사이의 관계에 대한 어떤 이해가 필요하다. 일반적으로 곤충들의 작은 크기는 어떤 발생된 열이 재빨리 흐트러지는 것을 의미한다. 섭씨 10도 환경에서 40도의 체온을 가지는 100g의 뒤영벌은 어떤 열발생이 없을 때 초당 섭씨 1도씩의 열 하강을 경험한다. 더 큰 충체는 이런 열손실이 더 느리다 — 열손실에 대한 더 큰 질량 완충으로 더 큰 생물들이 항온이 가능한 한 요인이다. 하지만 크기와 열 관계의 중요함은 작은 곤충이 빛반점만큼 제한된 외부열원으로부터 재빨리 따뜻해질 수 있다는 것이다. 크기에서 50만 배 변이를 그리고 대사율에서 1,000 배 변이를 보이는 곤충들에게 있어서는, 체온조절의 생리와 행동들에 대한 변화들의 한계 범위가 분명히 있다. 우리는 아래에서 체온조절 전략들의 보편적인 범위를 살펴보지만, 극단적인 온도의 극복(6.6.2절)을 위한 그 밖의 것도 언급한다.

행동 체온조절(냉혈성)

복사에너지(태양 또는 기질)가 체온에 영향을 주는 정도는 주행성곤충이 택하는 형세에 관련된다. 많은 곤충들의 열수용을 최대화하는 햇볕 쬐기(basking)는 열원에 대한 자세와 방향성을 둘 다 수반한다. 집시나방 유충(Lymantriidae)과 같은 어떤 솜털이 붙은 애벌레들의 강모는, 약하지 않은 복사열의 수용 동안 전달성 열손실에 대해 충체를 절연하는 역할을 한다. 날개의 위치와 방향성은 열 흡수를 증가시키거나, 또는 경우에 따라서 과도한 태양복사로부터 그늘을 제공한다. 냉각은 더 차가운 주변 미환경의 탐색, 또는 식물 위에서 변화된 방향성과 같은 그늘을 찾는 행동을 수반한다. 많은 사막 곤충들은 구멍을 파는 것에 의해 온도의 극단을 피한다. 노출된 곳에서 살아가는 어떤 곤충들은 "죽마타기(stilting)"에 의해 과도한 열을 피할 것이다; 지면에 가까운 좁은 경계층의 바깥으로 충체의 대부분을 들어올리기 위하여 그들 스스로를 확장된 다리들 위로 올리는 것이다. 그리하여 기질로부터 열의 전도는 감소되고 대류는 경계층의 위로 흐르는 더 차가운 공기에서 증가된다.

온도 조절과 곤충색 및 표면조각 간에는 복잡한 관계가 있다. 어떤 사막 딱정벌레들(Tenebrionidae) 중에서 검은 종들은 색이 엷은 종들이 하는 것보다 더 낮은 주변 온도에서 낮에 더 일찍 활동적이게 되며, 그것은 더 뜨거운 시기에 더 길게 활동적으로 유지할 수 있게 한다. 검정 거저릿과 딱정벌레들에 흰색 페인트를 칠하게 되면 대단한 체온 변화를 일으킨다: 검정딱정벌레들은 주어진 주변 온도에서 좀 더 빠르게 데워지고, 열에 더 큰 반사력을 가진 흰색인 것들에 비해 좀 더 빨리 과열된다. 이러한 생리적인 차이들은 어두운종과 색이 엷은 종들 사이의 열생태학에서 확실히 관찰된 차이들과 관련된다. 색의 역할에 대한 추가 증거는 구름으로 가려진 매미(Hemiptera: *Cacama valvata*)에서 보여진다. 색이 엷은 복부 표면만이 노출될 때인 냉각에 대조적으로, 햇볕 쬐기는 어두운 등표면을 태양으로 향하게 한다.

체온이 수온을 따라야만 하는 수서 곤충들에 있어서는 물에 놓인 충체내에서는 미기후 차이를 탐색하는 것을 넘어서는 체온을 조절할 수 있는 능력이 없거나 거의 없다.

생리적 체온조절(항온성)

어떤 곤충들은 흉부비행근육들이 매우 높은 대사율을 가지고 많은 열을 생성하기 때문에 온혈성(endothermic)일 수 있다. 흉부는 비행동안 상대적으로 일정한 고온에서 유지될 수 있다. 온도 조절은 절연 비늘들 또는 털로 흉부를 덮는 것을 포함하며, 절연은 비행동안 생성되는 어떤 과도한 열을 흩어지게 하는 요구와 균형이 이루어져야 한다. 어떤 나비들과 메뚜기들은 열생성 비행을 냉각을 허용하는 활공으로 대체하지만, 많은 곤충들이 활공을 못하며 계속해서 날아야만 한다. 벌들과 많은 나방들은 비행에서 심박수의 증가와, 흉부로부터 복사와 대류에 의해 열을 흩어지게 하는 곳인 덜 절연된 복부로 체액을 순환시킴에 의해 흉부 과열을 방지한다. 적어도 몇몇 뒤영벌(*Bombus*)과 호박벌(*Xylocopa*)에서는 복부의 열손실을 증가시키기 위하여 정상적으로 열손실을 방지하는 역류시스템이 비행동안은 무시된다.

비행동안 고온을 생성하는 곤충들은 그들이 이륙할 수 있기 전에 따뜻한 가슴을 종종 필요로한다. 주변 온도가 낮을 때 이들 곤충들은 비행에서 사용을 위한 비행근육으로 변환하기에 앞서, 열을 발생하기 위해 비행근육들을 이용한다. 그 기작들은 비행근육들이 동시성(synchorous)인가 비동시성(asynchorous)인가에 따라서 다르다(3.1.4절). 동시성 비행근육을 가진 곤충들은 대립하는 근육쌍들을 동시에 또는 상승작용적인 근육들을 교대로 수축함에 의해 따뜻하게 한다. 이 활동은 일반적으로 잠자리류에서 예로 보여지는 것처럼 얼마의 날개 진동음을 생성한다. 비동기성 비행 근육들은 날개들이 떨어지는 동안 또는 흉부가 날개 움직임을 방지하는 부속근육에 의해 단단히 유지되는 동안 비행근육들을 작동함에 의해 데워진다. 비록 복부의 환기 펌프 움직임이 보이지만 보통 날개 움직임은 보이지 않는다. 곤충이 앉아있을 때에는(즉 섭식동안) 가슴이 따뜻하지만 많은 곤충들이 연장된 떨림에 의해 온도를 유지한다. 반면, 채집하는 꿀벌들은 휴식동안 가슴이 식을지도 모르며 그때에는 이륙전에 반드시 데워져야 한다.

4.3 화학적 자극

척추동물들과는 달리 곤충들은 통신에서 화학물질의 좀 더 난해한 이용을 보이며, 특히 그들 자신 종의 다른 개체들과에서도 다른 이용을 보인다. 곤충들은 많은 목적을 위하여 화학물질들을 생산한다. 외부 환경에서 그들의 지각은 특별한 화학수용기들(chemoreceptors)을 통해서이다.

4.3.1 화학수용

화학물질의 감각기능들은 액체성 화학물질들의 감지를 위한 미각과, 공기 유래의 화학물질들 감지를 위한 후각으로 나누어질 것이지만 그 구별은 상대적이다. 둘중 하나의 용어들은 접촉(맛, 미각기) 화학수용기와 멀리 떨어진(냄새, 후각기) 화학수용기이다. 모든 화학물질들이 수용액 상태에서 감지되는 수서곤충들에 있어서는 엄격히 말해 모든 화학수용은 미각으로 정의되어야 한다. 그러나, 만약 수서곤충이 육상곤충의 후각기와 구조적으로, 기능적으로 동등한 화학수용기를 가진다면, 수서곤충이 화학물질을 "냄새맡는다"라고 말해진다.

화학감각기관들(chemosensors)은 인식을 위한 장소로(화학물질분자들이 특별하게 막(membrane)을 탈분극 시키고 신경 충격을 자극하는 곳) 옮겨지는 화학물질 분자들을 끌어모은다. 효과적인 끌어모이기는 화학수용기들의 위치화를 필요로 한다. 따라서, 많은 접촉(미각) 수용기들은 소금과 설탕의 수용기들이 발생하는 곳인 고등 파리목(Box 15.5)의 입술끝판들(labella)과 같은 구기부에 발생하고, 적당한 산란 위치의 확인을 돕기 위해 산란기(ovipositor) 위에 발생한다. 전방으로 자주 향하게 두드러진 촉각들은 감각자극을 처음으로 접하고, 멀리 떨어진 많은 화학수용기들과 일부 접촉 화학수용기들 그리고 많은 기계감각수용기들을 가지고 있다. 다리, 특히 기질과 접촉하는 부절에 또한 많은 화학수용기들을 가진다. 나비들에서 설탕물에 의한 부절의 자극은 자동적인 구기의 신장을 유발한다. 검정파리들에서 일반적인 섭식 행동들의 복잡한 연속은 부절 화학수용기가 수크로오스(sucrose)로 자극될 때 야기된다. 구기는 신장되기 시작하고, 입술끝판상의 화학수용기들에 대한 다음 수크로오스 자극은 더 신장된 구기가 되게 하고 입술끝판엽들(labellar lobes)을 연다. 더많은 설탕 자극에 구기부의 자극이 정지될 때까지 설탕은 흡수된다. 이것이 일어날 때 그 이상의 먹이를 위한 예측되는 탐색패턴은 다음에 온다.

곤충 화학수용기들은 하나 또는 더 많은 기공들(구멍들)을 가진 감각기들(sensilla)이다. 2종류의 감각기들이 그들의 초미세구조에 근거하여 정의될 수 있다: 하나의 구멍을 가지는 **단공성**(uniporus)과 몇 개에서 많은 구멍들을 가지는 **다공성**(multiporous). 단공성감각기는 털(hair)들로부터 원추형들(pegs), 판상들(plates) 또는 단순한 표피성 함몰구멍들로 나타나지만, 모두 비교적 두꺼운 벽들과 더불어 꼭대기나 중심에 존재할 단순한 침투성 구멍을 가진다. 털 또는 원추형은 표피층 아래에 놓여있는 수상돌기실(dendritic chamber)과 기본적으로 접촉하는 방(chamber)을 가진다. 그 외부 방(outer chamber)은 수상돌기들로 화학물질들의 전달과 포착(entrapment)을 돕기 위한 것으로 여겨지는 점성 액체를 밀어낼 것이다. 이들 단공성 화학수용기들은 비록 일부 후각기능의 증거가 있지만, 접촉에 의한 화학물질들을 압도적으로 감지한다. 미각(접촉) 신경들은 그들의 기능에 따라 가장 잘 분류되며, 그래서 섭식과 연관되어 섭식을 증가시키거나 또는 감소시키든지 하는 화학물질 자극에 반응하는 활성을 가진 세포들이 있다. 이들 수용기들은 섭식자극기 또는 억제기(phago-stimulatory or deterrent)로 불리 운다.

주요한 후각 역할은 다공성 감각기들로부터 유래하며, 그것은 **pore kettle**로써 알려진 방(chamber) 내로 인도하는 많은 둥근 구멍들 또는 얇은 벽들에 홈들을 가지는 털 또는 원추형 같은 강모들이다. 이것은 사방으로 뻗어있는 수상돌기들을 만나기 위하여 내부로 나아가는 구멍선 세관들(pore tubules)을 풍부하게 가진다(Box 4.3). 촉각전도기(Box 4.2)의 발달은 촉각에 의한 화학수용의 특이성을 밝혔다. 주사전자현미경(scanning electron microscope)과 연결하여 사용된 미세-전기생리학과 현대 분자기술들은 매우 약한 화학물질 신호들을 감지하고 반응하기 위한 곤충들의 능력에 대한 우리의 이해를 확장시켜왔다(Box 4.3). 최대 부피의 공기가 수용기들을 가로질러 흐르도록 하면서, 광범위한 영역에 걸쳐 매우 많은 수용기들을 늘어놓음으로써 높은 민감성이 성취된다. 따라서, 많은 수컷 나방들의 촉각들은 크고, 표면적이 체 같은(sieve-like) 바구니를 형성하는 빗살들(pectinations)에 의해 자주 확장된다(그림 4.6). 수컷 누에 나방(Bombycidae : *Bombyx mori*)의 각 촉각은 서로 다른 크기와 몇 가지 초미세구조형태의 약 17,000개 감각기들을 가진다. 감각기들은 암컷에 의해 생성되는 성-신호 화학물질들(성페로몬들; 아래)에 대하여 특이적으로 반응한다. 각 감각기가 3,000 개까지 구멍들을 가지기 때문에 나방 한 마리당 약 4천5백만 개의 구멍들이 있다. 누에에 관련된 계산들은 단지 일부의 분자들이 백그라운드 비율 이상의 신경충격을 자극할 수 있으며, 행동적인 변화는 100개의 분자들 미만에 의해 유발될 것이라는 것을 제시한다.

4.3.2 신호화학물질들: 페로몬들

많은 곤충 행동들은 후각에 의존한다. **신호화학물질들**(semiochemicals)로 정의되는 화학 냄새들은 종간특이적인 그리고 종내특이적인 통신 모두에 특히 중요하다. 후자는 특히 곤충들에서 매우 잘 발달되었고 **페로몬들**(pheromones) 이라 불리 우는 화학물질의 사용을 수반한다. 1950년대에 처음 인지되었을 때 페로몬들은 하나의 개체에 의해 바깥으로 분비되고 동종의 두 번째 개체에 의해 수용되며, 특별한 반응, 예를 들어 명확한 행동 또는 발육과정을 유발하는 물질로 규정되었다. 페로몬 혼합물의 숨겨진 복잡성의 발견에도 불구하고 이 정의는 오늘날까지 유효하게 유지된다.

페로몬들은 주로 휘발성이지만 때때로 액체 접촉 화학물질이다. 외분비샘(충체바깥으로 분비하는 곳)에 의해 생성된 모든 것은 표피세포들로부터 유래된다. 냄새기관들은 충체상의 거의 모든 곳에 위치한다. 그래서 암컷 나비목의 성적(sexual) 냄새 샘은 뒤집을 수 있는 주머니들 또는 여덟 번째와 아홉 번째 복부마디사이의 작은 주머니에 놓여있다: 암컷 꿀벌에서는 그 기관들이 아랫 턱이지만, 암컷 진딧물에서는 부푼 뒤쪽의 경절상에 위치하고, 바퀴에

Box 4.2 촉각전도기

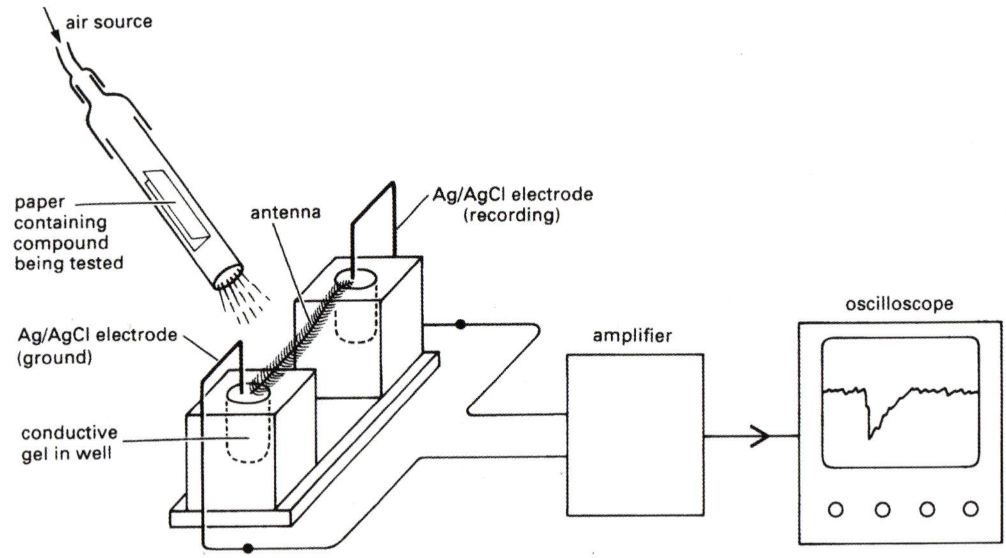

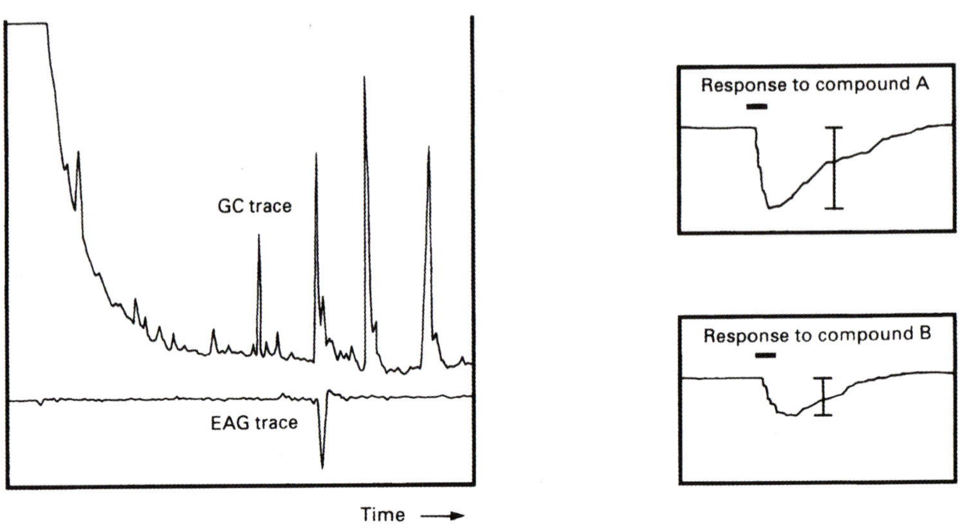

전기생리학(electrophysiology)은 곤충들의 말초감각수용기들(peripheral sensory receptors)을 포함하여, 모든 형태의 신경세포들과 같은 생물학 재료의 전기적 성질들에 대한 연구이다. 곤충 촉각들은 많은 수의 감각기들을 가지고 대부분의 곤충들에서 후각의 주요 사이트이다. 전기적 기록들은 촉각위의 감각기 개체(단일세포 기록들)나 전체 촉각(촉각전도기(electroantennogram: EAG))으로부터 만들어질 수 있다(1989, Rumbo에 의하여 설명된 것처럼). 촉각전도기(EAG) 기술은 특별한 자극에 대한 곤충 촉각 수용기 세포들의 전체 반응을 측정한다. 제거되거나 또는 분리된 머리나 전체 곤충에 부착된 촉각을 이용하여 기록들이 만들어질 수 있다. 그림의 예에서는 수컷나방의 분리된 촉각을 가로질러 분사된 특별한 생물학적 활성 혼합물(페로몬)의 효과들이 평가되고 있다. 촉각의 정점에 연결된 기록전극은 더 위 그림에서 그려진 EAG set-up에서 처럼 자취로써 시각화되고 증폭되는 전기적 반응을 감지한다. 촉각 수용기들은 매우 민감하여, 잠재적인 동종 파트너들의 성페로몬 또는 곤충의 숙주에 의해 방출되는 휘발성 화학물질들과 같은 특정 냄새들을 특별히 감지한다. 오른쪽 아래에 두 자취들로 묘사된 것처럼 다른 혼합물들은 동일한 안테나로부터 다른 EAG 반응을 대체로 유도해 낸다.

이러한 정밀하고 단순한 기술은 혼합물 활성 생물검정의 빠른 방법으로써 페로몬 동정 연구들에서 광범위하게 이용되고 있다. 예를 들어, 동종 암컷 나방들로부터 얻어진 자연적인 성페로몬에 대한 수컷 나방의 촉각반응들이 합성페로몬구성요소들 또는 혼합물들에 대한 반응들과 비교 된다. 깨끗한 공기가 일정한 비율로 계속해서 촉각 위에 불어지고, 테스트 될 시료들이 공기흐름내로 들어가면 EAG 반응이 관찰된다. 같은 시료들은 가스 크로마토그래프(gas chromatograph: GC) (테스트되는 혼합물들의 분자구조를 결정하기 위하여 질량 분석계(mass spectrometer)와 같이 연결되어 작동될 수 있는 것)를 통하여 건네 받을 수 있다. 따라서, 더 아래 왼쪽의 그래프에서 그려진 것처럼 촉각으로부터의 생물학적 반응은 화학물질 분리(GC trace에서 픽크로서 보여진)에 직접적으로 관련될 수 있다 (1984, Struble & Arn 이후).

숙주유인, 교미, 산란 그리고 다른 행동들에 영향을 주는 휘발성 화학물질들 범위에 대한 촉각 반응을 측정하기 위하여, 나비목 종에 더하여 EAG 자료는 바퀴들, 딱정벌레들, 파리들, 꿀벌들, 그리고 다른 곤충들에서 수집되고 있다. 행동 연구들과 관련하여 해석될 때 EAG 정보는 가장 크게 유용하다.

Box 4.3 통신물질들의 수용

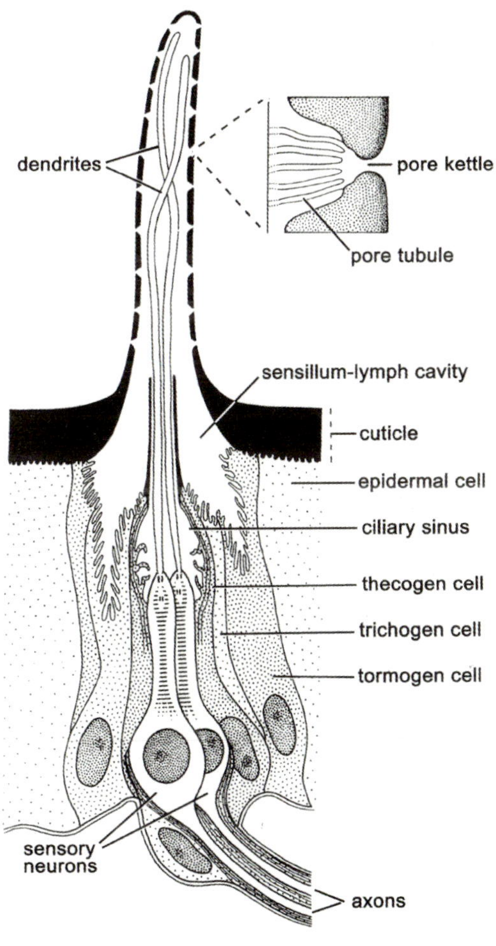

페로몬들 그리고 실제로는 모든 신호화학물질들(semiochemicals)은 가장 적은 양에서도 탐지될 수 있어야 한다. 예를 들어 그림 4.7에서 묘사된 나방의 페로몬근원으로의 접근은 초기의 약한 신호를 감지해야하며, 그리고나서 0에서 부터 일시적으로 농축된 한모금 양까지의 갑작스러운 농도 범위 변화들을 구별하면서 그쪽으로 방향을 잡고 적절히 반응한다. 이것은 계속적으로 모니터할 수 있는 생리학적 능력을 수반하고 세포내외 사건들이 포함된 과정에서 공기 중 페로몬 수준들에 반응한다.

초파리의 초미세구조와 몇종의 나방에 대한 연구들은 여러 가지 형태의 화학수용(후각기관) 감각기들의 형태 동정을 가능하게 한다: 즉, 원추상 감각기, 모상 감각기 그리고 와상 감각기. 이들 감각기들의 형태들은 곤충 분류군들과 구조들을 넘어 널리 분포되지만 대부분은 촉각에 집중된다. 각 감각기들은 다른 통신 화학물질들에 대한 조율과 민감성에서 다른 2개에서부터 다수의 특수형들을 가진다. 그림에서 일반적인 다공성 후각 감각기(multiporous olfactory sensillum)의 구조는 Birch와 Haynes(1982) 그리고 Zacharuk(1985)에 의한 것이다.

화학물질이 감지되기 위해서는 우선 후각 감각기의 기공에 도착하여야만 한다. 다공성 감각기에서 화학물질은 pore kettle에 들어가서 접촉하고, 구멍미소관(pore tubule)의 표피성 내층을 가로지른다. 페로몬들(그리고 다른 신호화학물질들)이 주로 소수성(친지질성) 혼합물들이기 때문에 그들은 수용기들에 도달되기 위해서는 용해되도록 만들어져야 한다. 이 역할은 외부피막세포들(tormogen cells)과 중간피막세포들(trichogen cells)(그림 4.1)에서 생산되는 착취제부착단백질(odorant-binding proteins, OBP)에게 주어지며, 그로부터 수용기의 수상돌기를 싸고 있는 감각기-림프액 공(sensillum-lymph cavity)내로 그들은 분비된다. 화학신호물질이 림프액을 통해 수상돌기 표면에 확산되는 것이 방지되는 용해성 리간드내로 특정한 OBP는 신호화학물질을 묶는다(OBP-페로몬 복합체). 여기에서, 음전하로 채워진 사이트들과의 상호작용은 적절한 행동으로 이끄는 신경활성의 캐스케이드를 유발하는 신경세포(neuron)의 수상돌기 상에 위치하는 적당한 후각 수용기들의 부착위치에 페로몬을 방출하도록 복합체를 전환한다.

많은 연구는 해충관리(16.9절)에서 페로몬들의 이용 때문에 페로몬들의 감지를 수반하여왔지만, 밝혀진 원리들은 기관들과 분류군의 범위들을 넘어 화학신호물질 수용에 적용된다. 따라서, 단일 감각기를 이용한 촉각전도기(Box 4.2) 실험들은 특정 신호화학물질들에 대한 매우 특이적인 반응들을 보이고, 평범하게 수정된 혼합물들에 대해서 반응하는 것까지 실패를 보인다. 연구된 OBP들은 각각의 신호화학물질과 일대일로 맞춰진 것으로 나타나지만, 곤충들은 밝혀져 있는 OBP들보다 더 많은 화학단서들에 분명히 반응한다. 더욱이, 관련되지 않은 리간드들에 의하여 유발되는 수상돌기 표면의 후각수용기들이 겉보기에는 덜 특별한 것으로 보일지 모른다. 더군다나, 위의 모델은 화학물질들의 칵테일이 어떤 구성요소 단독으로보다 더 강한 반응을 유발하는 잦은 상승효과들을 다루지는 않는다. 단독으로 또는 결합한 그렇게 많은 특정한 화학물질들에 곤충들이 어떻게 그렇게 정확히 그리고 굉장히 민감한지에 대해서는 미결 문제로 남아있다. 이것은 미생리학(microphysiology)과 많은 새로운 견식들을 제공하는 분자도구들이 수반된 활동적인 연구영역이다.

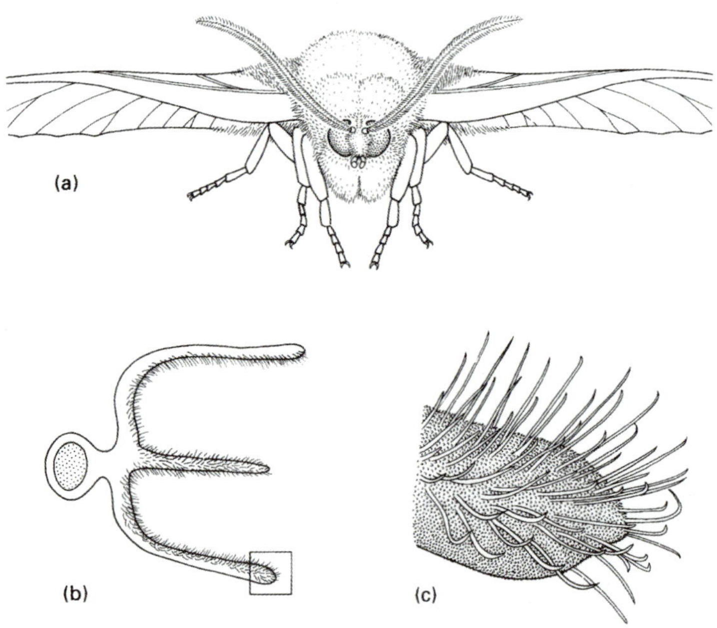

그림 4.6 *Trictena atripalpis*(Lepidoptera: Hepialidae) 수컷나방의 촉각: (a) 이 종의 삼절치형 촉각을 보이는 머리의 정면도; (b) 3개의 가지를 보이는 촉각의 횡단도; (c) 후각 감각기들을 보이는 하나의 빗살모양의 바깥가지 끝의 확대.

서는 중장과 생식기내에 위치한다.

화학구조에 의한 페로몬들의 분류는, 통신 기능을 하는 넓고 다양한 화합물의 생화학적 합성을 돕기 위하여, 자연적으로 발생하는 많은 화합물들(숙주 냄새와 같은)과 기존재하는 대사화합물(표피 왁스와 같은)들이 곤충들에 의해 함께 선택되어져온 것임을 밝혀준다. 화학적 분류는 비록 흥미롭지만, 화학물질이 끌어내는 행동들보다는 많은 곤충학자들에게 덜 가치적이다. 곤충들의 매우 많은 행동들은 화학물질에 의해 통제된다: 말할 것도 없이, 우리는 특정한 행동들을 유발하는 페로몬들을 장기적이고 뒤집을 수 없는 생리적 변화들을 자극하는 페로몬들과 구분할 수 있다. 따라서 메뚜기의 집합페로몬이 군집성 상태에 있는 각 개체들의 성숙을 준비시킬 것임에 비해(6.10.5절), 수컷 나방의 틀에 박힌 성적 행동은 암컷발산 성페로몬에 의해 해제된다. 여기에서의 더 나아간 페로몬 분류는 성, 집합, 간격, 자취 형성 그리고 경보와 관련된 행동의 다섯 가지 범주들에 근거한다.

성페로몬들

동종 곤충들의 수컷과 암컷은 화학 **성페로몬들**(sex pheromones)로 자주 통신을 한다. 배우자의 위치선정과 구애는 먼거리에서 작용하는 **성유인페로몬들**(sex attraction pheromones)과, 뒤이어 교미에 앞서 필요로 하는 바로 근거리의 구애 **페로몬들**(courtship pheromones)의 두 단계 화학물질들을 필요로 한다. 유인에 필요한 성페로몬들은 구애에 사용되는 것과는 종종 다르다. 비록, 암컷들을 유혹

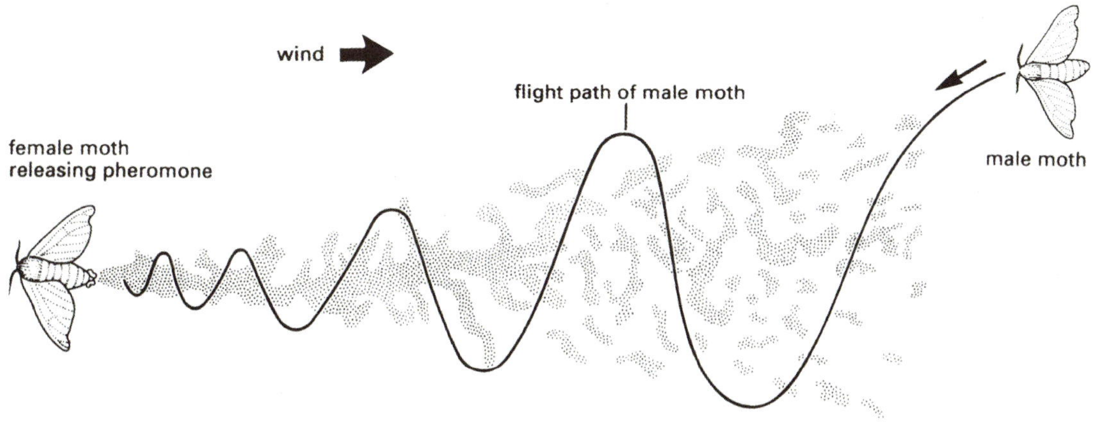

그림 4.7 바람을 거슬러 추척하는 수컷 나방에 의한 페로몬 방출 암컷의 위치화. 난류, 간헐성 방출 그리고 다른 요일들 때문에 페로몬 자극은 어느 정도 비연속적인 구름연기를 형성한다. (1985 Haynes & Birch 이후.)

하는 먼거리 유인물의 방출자가 수컷들인 나비목과 밑들이목이 있지만, 성유인페로몬들의 생성과 방출은 암컷에게 제한적인 경향이다. 생산자는 냄새가 나는 범위 내에서, 상대 성(sex)의 구성원들에게 특징적인 행동을 자극하는 휘발성 페로몬들을 방출한다. 각성한 수용자는 촉각을 세우고 근원으로 방향을 틀며, 그리고 잦은 방향 변화에 의한 페로몬농도의 작은 변화들에 재빨리 반응하기 위한 능력을 기반으로한 지그재그 자취(track)(그림 4.7)식으로 근원쪽으로 거슬러 걷거나 또는 비행을 한다(Box 4.3). 각각의 성공적인 행동은 이러한 공기로 운반되는 페로몬의 농도증가에 의존적인 것으로 보여진다. 곤충이 근원에 접근함에 따라 소리와 시각과 같은 단서들이 근접거리의 구애에 수반된다.

두 가지 성의 공배열(co-ordination)을 수반하는 구애(5.2절)는, 구애페로몬에 의한 파트너의 근접 화학물질 자극을 필요로 한다. 이 페로몬은 단지 고농도의 유인페로몬일지 모르지만, 여왕 나비(Nymphalidae: *Danaus gilippus*)에서 보여진 것처럼 최음제성 화학물질이 존재한다. 몇몇 다른 나비목들과 같이 이 종의 수컷들은 둘 다 비행중(그림 4.8)에 암컷의 촉각에 직접적으로 뿌릴 수 있는 페로몬을 생산하는 분출형 복부 붓(털)을 가진다. 이 페로몬의 효과는, 내려서 날개를 접고 교미를 허락하는 암컷의 자연적인 탈출 반응을 진정시킨다. *D. gilippus*에서 danaidone이라 불리는 pyrrolixidine 알카로이드(alkaloid)인 이 수컷 구애 페로몬은 성공적인 교미를 위

그림 4.8 수컷에 의한 공기의 hairpencilling을 보이는 여왕나비(*Danaus gilippus*(Lepidoptera: Nymphalidae: Danaiae)) 한 쌍. 수컷(위)은 모필기관들(hairpencils)을 펴고 암컷(아래)에 페로몬을 바르는 중이다. (1965 Brower 등 이후.)

해 필수적이다. 하지만, 나비는 성충때 선택된 식물을 섭식하여 화학전구물질을 획득하지 않고는 그것을 합성할 수

없다. Arctiid 나방, *Creato-notus gangis*, 에서 수컷 구애 페로몬의 전구체는 마찬가지로 나방에 의해 합성될 수 없지만, 숙주 식물로부터 독성 알카로이드의 형태로 유충에 의해 강제보관 되어진다. 유충은 화학물질을 그의 방어에 이용하고 변태 때 독소들은 성충으로 이전된다. 수컷이 부가적으로 그것들을 그의 페로몬으로 전환하며, 양쪽 성들이 그들을 방어화합물로 이용한다. 수컷은 이것을 알카로이드 페로몬 전구체에 의해 그 발달이 조절되는 **발향총**(coremata)이라 불리는 팽창성 복부관으로부터 방출한다.

거짓 성적 신호의 굉장한 예는, 거미집을 만들지 않지만 끈적한 방울 끝을 가진 하나의 실을 그들의 나방 먹이를 향하여 빙빙 돌리는 올가미거미들(bolas spiders)에서 일어난다. 거미들은 성유인페로몬 혼합물인 합성 미끼를 이용한 올가미가 이르는 범위 내로 수컷나방들을 유인한다. 그 구성성분들의 비율들은 먹이로써 유용한 특별한 나방 종들의 풍부성에 따라 변한다. 유사한 원리들이 사람들에 의한 합성 성페로몬 또는 다른 유인물들을 가진 미끼를 이용한 해충 방제에 적용되었다. 식물체에서 자연적으로 발생하거나 또는 실험실에서 합성될 수 있는 어떤 화학성분들(즉 메틸 유제놀)은 해충방제의 목적으로 수컷 과실파리(Tephritidae)를 유인하는데 이용된다. 이들 수컷 유혹물들은 아마 화합물들이 그들의 성페로몬 합성의 구성성분으로써 파리들에 의해 이용되고, 수컷 성적 신호의 증대에 의해 교미의 성공을 증가시키는 것으로 보여지기 때문에 때때로 **페로몬이성체**(parapheromone)들로 불리 운다.

성페로몬들은 일단 종특이적 화학물질로써 독특한 것으로 여겨져 왔었지만, 실질적으로 종종 그들은 화학물질 혼합체들이다. 같은 화학물질(즉, 특별한 14탄소 고리 알코올)이 연관된 종과 연관되지 않은 종에서 존재할지 모르지만 그것은 몇몇 다른 화학물질과 더불어 다른 비율의 혼합물로 발생한다. 개개의 구성성분은 성 유인행동의 단지 한 부분만을 유도할지 모르며, 부분적 또는 완전한 혼합물이 요구된다. 혼합물은 어떤 개개의 구성성분보다 더 큰 반응, 즉 페로몬혼합물을 생산하는 곤충들에서 널리 퍼진 **상승작용**(synergism)을 자주 일으킨다. 페로몬들의 화학구조 유사성은 생산자들간의 계통적인 관계를 지적할지도 모른다. 하지만 동일한 또는 매우 유사한 페로몬들이, 동일한 음식물로부터 유래된 화학물질로부터 연관되지 않은 곤충들에 의하여 합성될 때 분명한 예외들이 일어난다.

심지어 각 성분들이 많은 종들에 의해 공유되더라도, 페로몬 혼합물은 매우 빈번하게 종특이적이다. 페로몬들과 그들이 불러일으키는 틀에 박힌 행동들은 종들 사이에서 생식적격리의 유지에 매우 중요한 것은 분명하다. 성페로몬의 종특이성은 수컷과 암컷이 접촉하기 전에 종간 교차 짝짓기를 피하게 한다.

집합페로몬

집합페로몬(aggregation pheromone)의 방출은 양쪽 성의 동종 곤충들을 페로몬 근원주위로 모이게 하는 원인이 된다. 군집은 증가된 교미의 가능성을 이끌지도 모르지만, 대부분의 성 페로몬들과는 대조적으로 양쪽 성들이 모두 집합페로몬을 생산하고 반응한다. 반응에 의해 제공되는 잠재적인 이익들은 교미의 기회뿐 만 아니라, 포식으로부터의 안전, 부족한 먹이원의 최대 이용, 숙주저항성의 극복, 또는 사회성곤충들의 단결 등이 있다.

집합페로몬들은 바퀴를 포함한 여섯 곤충목에서 알려져 있지만, 그들의 존재와 작용기작은 특히, 저장곡물 딱정벌레들(몇몇 과로부터)과 목재와 나무껍질 딱정벌레들(Curculionidae: Scolytinae) 처럼 경제적 피해 종들인 딱정벌레목에서 가장 자세히 연구 되었다. 잘 연구된 집합페로몬의 복잡한 예는 ponderosa 소나무(*Pinus ponderosa*)을 가해하는 캘리포니아 서소나무(western fine)딱정벌레(*Dendroctonus brevicomis*, Scolytinae)가 보여준다.
새로운 나무로 도착하여 개척중인 암컷들은, 손상된 소나무로부터 유래된 테르펜인 myrcene에 의해 증가된 *exo*-brevicomin 페로몬을 방출한다. 서소나무딱정벌레의 양쪽 성들은 이 화합물에 의해 유인되고, 새로이 도착한 수컷들은 frontalin이라는 다른 페로몬을 방출함에 의해 화학혼합물을 더한다. Frontalin, *exo*-brevicomin, 그리고 myrcene의 누적 유인물은 이들 화학물질들의 어느 하나가 단독인 것보다 더 크게 상승적이다. 많은 소나무 딱정벌레들의 집합은 나무의 방어적인 레진 분비를 압도한다.

간격페로몬(분산페로몬)

하나의 나무를 공격하는 서소나무딱정벌레(*D. brevicomis*)의 수에는 제한이 있다. 유인의 정지는 유인 집합페로몬들의 감소에 의해 야기되지만, 유인을 방해하는 화학물질 또한 생성된다. 나무에서 딱정벌레들은 교미후에 양쪽 성들이 verbenone과 *trans*-verbenone이라 불리는 반집합페로몬들을 생산하고 수컷들은 또한 ipsdienol을 방출한다. 이것들은 새로운 개척자들의 간격유지를 유도하면서, 더 이상 딱정벌레들이 가까이 착륙하는 것을 방해한다. 자원이 포화될 때에는 더 이상의 도착들이 거부된다.

간격(spacing), 과시(epideictic) 또는 분산(dispersion) 페로몬들이라 불리는 그러한 신호화학물질들은 어떤 초식성 곤충들에 있어서는 먹이 자원의 적절한 간격유지에 효과적일 수 있다. 몇몇 과실파리들(tephritid flies)의 종들은, 하나의 유충이 발육할 과일에 알들을 1개씩 낳는다. 산란하는 암컷이 그녀가 알을 놓은 과일위에 산란억제페로몬을 놓아두어, 뒤의 산란을 방해하기 때문에 간격이 발생한다. 당연히 모여있는 사회성 곤충들은 군집간의 간격을 포함한 그들 행동의 많은 측면을 조절하기 위해 페로몬을 활용한다. 집단 특이적 냄새들의 간격 페로몬들은 아프리카 명주개미(African weaver ant, Formicidae: *Oecophylla longinoda*)들에서처럼 동종 군집의 공평한 분산을 명확히 하기 위해 이용될 것이다.

자취표식 페로몬(길잡이페로몬)

많은 사회성 곤충들은 그들의 자취를, 특히 먹이와 둥지에 대해, 표시하기 위해 페로몬을 이용한다. 자취표식페로몬들은 휘발성이고, (아마도 평상시보다 더 길게 유지되는 먹이원에 대한 반응으로써) 다시 보강되지 않으면 며칠 내에 증발하는 일시적인 화합물들이다. 개미들에서 길잡이페로몬들은 일반적으로 독선에 의해 배설되는 대사 폐기 물질이다. 어떤 공통 화학물질을 공유하는 몇몇 종들에 대해서 이것들은 종특이적임이 요구되지 않는다. 몇몇 개미 종들의 Dufour's 샘 분비물들은, 영토와 개척한 자취를 표시하는 것과 관련된 좀 더 종특이적인 화학혼합물들일 것이다. 개미 자취들은 무극성(non-polar)인 것으로 나타난다. 즉, 집 또는 먹이원으로의 방향은 자취 냄새에 의해 결정 될 수 없다.

지면 위에 난 자취에 비해, 공기유래의 자취(냄새 연기구름)는 방향성을 가진다. 왜냐하면 증가된 냄새의 농도는 근원을 향하게 한다. 근원을 향한 지그재그의 바람을 거스르는 비행을 초래하면서, 냄새를 실어오는 바람의 방향에 대하여 상대적으로 비행경로를 기울이는 것에 곤충은 의존할 것이다. 각 방향성 전환은 냄새연기구름의 끝인 냄새가 감소하는 곳에서 일어난다(그림 4.7).

경보 페로몬

거의 2세기 전, 막 추출된 독침에 의해 꿀벌(*Apis mellifera*)의 일벌들에게 경보가 발령된다는 것이 인식되었다. 그 사이 수년들간에, 대부분의 사회성 곤충들(흰개미와 사회성 벌목들)을 특징지우는 경보행동(alarm behavior)의 화학적 방출물 — 경보페로몬들(alarm pheromones) — 을 많은 군집성 곤충들이 생산하는 것으로 발견되었다. 더욱이 경보페로몬들은 반사회적 뿔매미(Membracidae), 진딧물(Aphididae)과 일부 다른 진정 반시류를 포함한 몇몇 매미목에서도 알려졌다. 경보페로몬은 휘발성이며, 집단을 통해 재빠르게 흐트러지는 지속성이 없는 혼합물들이다. 경보는 포식자의 존재, 또는 많은 사회성 곤충들에서 서식처의 위협에 의해 유발된다. 유발된 행동은 기주식물로부터 떨어지는 매미목에서처럼 빠른 분산, 또는 작은 군집에서 살고 있는 약한 방어성을 가진 개미들에서처럼 큰 포식자와의 이길 수 없는 싸움으로부터의 탈출 일 것이다. 서식처의 침해가 많은 개미들, 벌들, 그리고 말벌들에게 공격적인 방어를 유발할 때 많은 완전 사회성 곤충들의 경보 행동은 우리들에게 가장 친숙하다. 경보페로몬들은 공격적인 일꾼들을 유발하고, 이들 모집자들은 물기, 쏘기 또는 기피화학물질을 발사하는 것에 의해 침입의 원인을 공격한다. 좀 더 많은 경보 페로몬의 방출은 더 많은 방어자를 동원한다. 경보페로몬은 공격의 방향을 돕기 위하여 침입자에게 발라질 수도 있다.

경보페로몬들은 물질들을 생산하기 위한 충체의 많은 다른 부분들로부터 함께 선택된 분비샘을 이용하면서, 일반적인 반포식자 도구들(알로몬들, allomones)로써 사용된 화학물질로부터 진화기간동안 유래되었을지도 모른다. 예를 들어 매미목들은 일반적으로 아래턱샘과 또한 독샘, metapleural 샘, 독침자루 심지어 항문부근 지역으로부터 경보페로몬들을 생산한다. 모든 이 샘들은 또한 방어화학물질의 생산위치이기도 하다.

4.3.3 신호화학물질들: 카이로몬들, 알로몬들, 그리고 시노몬들

통신화학물질들(semiochemicals)은 동일 종들의 개체들간(페로몬들) 또는 다른 종들(타감물질들, allelochemicals)간에 기능을 할 것이다. 종간 통신화학물질들은 그들이 생산자와 수용자에 제공하는 이익들에 따라 그룹화 되어진다.

수용자에게 이익이지만 생산자는 불리한 것들은 **카이로몬들**(kairomones)이다. 비록 수용자에게는 중립적인 효과를 가지지만, 수용자의 행동을 수정함으로 알로몬들(allomones)은 생산자에게 유리하다. **시노몬들**(synomones)은 생산자와 수용자 둘 다에게 이익이다. 이러한 정의법은 아래에 논의되는 예들에서 보여진 것처럼 수용자에서 유발되는 특별한 행동 정황에서 적용되어야 한다. 특별한 화학물질은 종내 페로몬으로써 작용할 수 있고, 또한 상황에 따라 종간특이적인 통신의 모든 세 가지 부류들을 실행할 수 있다. 다른 정황에서 둘 또는 그 이상의 기능들을 위한 동일한 화학물질의 이용은 통신화학물질 절감(semiochemical parsimony)으로 언급된다.

카이로몬들

서소나무딱정벌레(western fine beetle)에 의해 손상 받았을 때 ponderosa 소나무에 의해 생성되는 테르판인 myrcene는 더 많은 딱정벌레들을 유인하기 위해 작용하는 집합페로몬들과 상승제로써 작용한다. 따라서 손상된 침엽수에 의해 생산되는 myrcene과 다른 테르판들은 손상을 주는 목재딱정벌레들을 유인함에 의해 생산자에게 불리하게 작용하는 카이로몬이 될 수 있다. 카이로몬은 곤충 공격의 생성물일 필요는 없다: 느릅나무좀벌레들(Curculionidae: Scolytinae: *Scolytus* spp.)은 약해지거나 죽은 느릅나무(*Ulmus*)를 알려주는 독일 느릅나무 병원성 곰팡이 *Ceratocystis ulmi*의 생산물인 alpha-cubebene에 반응한다. 느릅나무 딱정벌레들은 그들 스스로 미리 건강한 느릅나무를 곰팡이로 접종하지만, 카이로몬(곰팡이성 alpha-cubenene)이 군집에 적합함을 알려줄 때만 페로몬-유발 딱정벌레들의 집합이 형성된다. 따라서 초식성 곤충들에 의한 기주-식물 감지는 카이로몬들로 작용하는 식물 화학물질들의 수용을 또한 수반한다.

곤충들은 분명한 이익들과 함께 많은 통신화학물질들을 생산한다. 하지만 이들 통신화학물질들은 만약 다른 곤충들이 그들을 인지한다면 또한 카이로몬으로 작용 할 것이다. Hijacking에서 그들 자신의 이용을 위한 화학전달자인 전문 포식기생자들(13장)은 숙주 또는 숙주에 의해 공격받은 식물들에 의해 방출되는 화학물질들을 그 자손의 발육을 위한 적절한 숙주를 찾기 위해 이용한다.

알로몬들

알로몬들은 생산자에게 유리한 화학물질이지만 수용자에게는 중립적인 영향을 가진다. 예를 들어 방어적 또는 기피하는 화학물질들은 맛없음을 알리고, 유력한 포식자들에 의한 치명적인 공격으로부터 생산자를 보호하는 알로몬들이다. 맛없는 먹이를 찾아야하는 에너지 소비로부터 경고되기 때문에 잠재적 포식자에 대한 효과는 중립적인 것으로 여겨진다.

냄새나는 alkyl-pyrazine 알로몬들에 의해 보호되는 *Metriorrhynchus* 종들을 포함하여 전세계에 걸친 딱정벌레류 Lycidae은, 맛없고 경고색을 가진(경계색) 많은 구성원들(p.14, 6.5절)을 가진다. 호주에서는 몇몇 먼 연관관계를 가지는 딱정벌레류들은 *Metriorrhynchus*을 시각적으로 모방한 많은 모방자들을 포함하고있다. 어떤 모방자들은 색에서 그리고 맛없는 화학물질들에 있어 뚜렷이 유사하고, 거의 동일한 alkylpyrazines을 가진다. 어떤 것들은 경고 화학물질을 가지지만 맛없음을 알려주는 것이 결여된 것으로 나타나는 반면에, 다른 것들은 알로몬들을 공유하지만 맛없는 화학물질들을 가져 다르다. 다른 곤충 모방복합체들은 알로몬들을 가지고있다. 모방과 곤충 방어들은 대체적으로 14장에서 더 다루어진다.

어떤 방어적인 알로몬들은 성페로몬들로써 이중 기능을 가질 수 있다. 그 예들은 어떤 나비목에 의해 이용되는 식물유래의 독소들뿐만 아니라(4.3.2절), 다양한 빈대들(heteroptera 이시류), 메뚜기들(Acrididae), 그리고 딱정벌레들(Staphylinidae)의 방어샘들로부터 생산되는 화학물질들을 포함한다. 많은 암컷 개미들, 벌들, 그리고 말벌들은 수컷 성 활동의 유발 자극과 수컷 유인체로써, 그들의 독침과 관련된 샘들의(독샘과 Dufour's의 샘) 분비물을 활용하여왔다.

알로몬들의 독창적 이용은, 그들의 특별한 화분매개자로써 작용하는 말벌 또는 벌 종들의 암컷 성 페로몬에 유사한 냄새를 생산하는 꽃들을 가진 어떤 난초들에서도 일어난다. 수컷 말벌들 또는 벌들은 이러한 화학모방체와 또한 그들이 교미를 시도하는(11.3.1절) 꽃의 색과 모양에 의해 현혹된다(별지 4.4와 4.5). 따라서 난초의 냄새는 그들 대부분이 시간과 노력을 낭비함에 있어 수컷곤충들에 대한 효과는 거의 중립적인 반면, 그 특별한 화분매개자를 유인함에 의해 식물에게는 이익적인 알로몬으로 작용한다.

시노몬들

손상된 소나무들에 의해 생산되는 테르판들은 해충 딱정

벌레들에 대해서는 카이로몬이지만, 만약 동일한 화학물질들이 나무좀들을 찾고 공격하도록 포식기생자에 이익적으로 사용된다면 테르판들은 시노몬(생산자와 수용자 둘 다에게 이익에 의해)들로 작용중이다. 따라서 손상된 소나무들에 의해 생산되는 alpha-pinene과 myrcene은 *Dendroctonus*의 종들에 대해서는 카이로몬들이지만, 이들 목재딱정벌레들에 기생하는 pteromalid 벌목들에 대해서는 시노몬들이다. 같은 방법으로 네덜란드 느릅나무 곰팡이에 의해 생성되는 alpha-cubebene은 느릅나무 좀들(그들에게 그것은 카이로몬이다)의 고치벌과 벌목 포식기생자에 대한 시노몬이다.

초식성이 기생하기 위해 식물을 찾는 것처럼, 곤충 포식기생자는 숙주식물 냄새에 직접적으로 반응할지도 모르지만, 이 탐색의 수단은 초식성숙주가 실제로 존재한다는 것을 포식기생자에게 보증할 수는 없다. 만약 포식기생자가 초식자를 자극하는 특별한 식물 화학적 방어들에 반응하고 확인할 수 있다면, 포식기생자에게는 더 큰 성공의 기회가 있다. 만약 식물이 휘발성 테르판과 같은 기피 냄새를 생산하도록 곤충이 손상을 주었다면 화학물질은 다음과 같이 작용한다:

- 비전문화된 초식자를 방해하는 알로몬;
- 전문화된 초식자를 유도하는 카이로몬;
- 초식자의 포식기생자를 유인하는 시노몬.

물론 초식성, 기생성 그리고 포식성 곤충들은 잠재적인 숙주 또는 먹이를 찾기위해 냄새들보다 더 많은 것들에 의존하고 시각적 구별은 자원의 위치에 관계된다.

4.4 곤충 시각

몇몇 눈먼 지하에 사는 그리고 체내 기생하는 종들을 제외하고는 대부분의 곤충들은 어떤 시력을 가지고 고도로 발달된 많은 시각적 시스템을 가진다. 시각을 위해 요구되는 기본적인 구성 요소들은 **광수용기들**(photoreceptors, 빛 감수성 분자들을 가진 세포)에 빛을 모으기 위한 렌즈들이고, 신경계 복합체는 시각적 정보를 처리하는데 충분하다. 곤충눈들에서 광수용기 구조는, 몇몇 근접한 **망막세포**(retinula cell, 또는 신경)들로 구성되고 시각 색소를 가진 밀집한 **미세융모**(microvilli)로 구성된 **감간체**(rhabdom)이다. 감간체위로 낙하하는 빛은 세포막을 가로질러 전기적 전위의 변화를 유발하면서 시각색소의 배열을 바꾼다. 그런 다음 이 신호는 화학적 시냅스들을 통해 뇌에 있는 신경세포들로 전달된다. 다른 종류의 곤충 눈들의 시각 시스템들 비교에는 두 가지 주요한 고려사항이 있다: (i) 상들에 대한 그들의 분해능(resolving power), 즉, 분해될 수 있는 미세한 세목의 양; 그리고 (ii) 그들의 빛 민감성 즉, 곤충이 여전히 볼 수 있는 최소 주변 빛 수준. 다른 종류들 그리고 다른 곤충들에서 눈들은 분해능과 빛 민감성에서, 그리고 기능의 세밀성들에 있어서 매우 다양하다.

겹눈들(compound eyes)은 가장 뚜렷하고 흔한 곤충의 시각기관들이지만 곤충이 빛을 인지하는 세 가지 다른 수단들이 있다: 진피 감지, 옆홑눈(stemmata) 그리고 앞홑눈들(ocelli). 이 장의 그림에 묘사된 잠자리 머리는 3개의 앞홑눈과 중앙에 촉각쌍을 가진 그 거대한 겹눈들에 의해 압도된다.

4.4.1 진피감지(dermal detection)

그들의 충체표면을 통해 빛을 감지할 수 있는 곤충에는 충체 표피아래에 감각수용기들이 있지만, 구조들을 초점 맞출 수 있는 광학시스템은 없다. 빛에 대한 이러한 일반적 응답에 대한 증거는, 예를 들어 바퀴와 나비목 유충에서 모든 시각 기관들을 덮은 후의 광각반응 지속으로부터 온다. 인지할 수 있는 시각적 기관들이 없는 어떤 눈먼 동굴곤충들은, 목이 절단된 바퀴가 그랬듯 빛에 반응한다. 대부분의 경우에서 민감성 세포들과 그들의 중추신경계와의 연결은 아직 발견되지 않고 있다. 하지만 뇌 그 자체 내에서 진딧물들은 생식의 방법(즉, 성적 또는 단성생식적)을 조절하는 환경적인 단서인 하루 길이 변화를 감지하는 빛 민감성 세포들을 가진다. 생체시계(Box 4.4)의 맞춤은 광주기를 감지할 수 있는 능력에 의존한다.

4.4.2 옆홑눈

완전변태곤충들 유충의 유일한 시각기관들은 때때로 유충홑눈으로 불리는 옆홑눈(stemmata)이다(그림 4.9a). 이들 기관들은 머리에 위치하고 각 면에 하나의 착색된 점부터, 각각이 신경세포들과 연관되어 있고 다수의 광수용기를 가진 6개 또는 7개의 더 큰 옆홑눈까지 다양하다. 가장 간단한 옆홑눈에서 표피 렌즈는 몇몇 세포들에 의해 분비되는 수정체 위에 가로놓여있다. 빛은 감간체 위의 1개의 렌즈에 의해 모인다. 옆홑눈의 수에 따라 공간에서 곤충이 소수 지점들만 보기 위해 각 옆홑눈은 다른 방향을 가리킨다. 어떤 유충들은 시야를 증가시키고 두리번거리는 머리의

Box 4.4 생체시계들

환경 조건들에서 계절적 변화들은, 곤충들이 적합한 조건들의 이용을 최대한 활용하기 위해 그들의 생활사를 적응하도록 하고 부적합한 조건들의 충격을 최소화하도록 한다(즉, 휴면을 통해; 6.5절). 매일의 유사한 물리적 변동들은 활동과 정지의 일주기(diurnal (daily) cycle)를 조성한다. 야행성 곤충들은 밤에 활동적이고, 주행성 곤충들은 낮에 그리고 저녁 무렵 나타나는 곤충의 활동은 빛의 세기가 변천될 때인 땅거미질 때와 새벽에 일어난다. 밝음과 어둠 또는 온도와 같은 외부 물리적 환경은 외인성주기들(exogenous rhythms)로 불리는 일부 일활동(daily activity) 패턴들을 조절한다. 그러나, 많은 다른 주기적인 활동들은 외부 조건들에 개의치 않는 시계-같은 또는 달력-같은 빈도를 가진 내부적으로 강제된 내인성 주기들(endogenous rhythms)이다. 내인성 주기성(endogenous periodicity)는 주로 약 24시간(일 주기)이지만, 달(lunar) 및 조수(tidal) 주기성들은 큰 호수와, 바다의 만-간조사이의 지역 각각으로부터 수생 각다귀들의 출현을 지배한다. 우화의 동기화(synchronization)를 가능하게 하는, 이러한 학습되지 않은 일생에 한 번뿐인 주기는 경과시간을 측정하기 위한 곤충들의 선천적인 능력을 증명한다.

외인성 그리고 내인성 주기들을 구별하기 위해서는 실험이 요구된다. 이것은 외부적인 환경 단서들이 변경, 제거되거나 또는 일정하게 만들어질 때 주기 행동에 무엇이 일어나는지의 관찰을 포함한다. 그러한 실험들은 내인성주기들의 발단(셋팅)이, 시계(clock)와, 종종 상당 기간동안 빛과 어둠 주기에 의한 일보강(daily reinforcement)이 없이 뒤이은 자유연속성(free-running)을 가진 낮 길이인 것으로 발견됨을 보여준다. 따라서, 만약 해질 무렵에 활동적이 되는 야행성 바퀴들이 일정한 빛과 어둠에서 일정한 온도로 유지된다면, 그들은 23-25 시간의 일주기성리듬에서 그들 활동성들의 개시를 유지할 것이다. 다른 곤충들의 주기적인 활동들은 일주기 벗어남을 방지하기 위해 내인성주기 또는 arrhythmy 어느 한 가지에 적응을 통하여 비정기적인 시계-셋팅(어둠과 같은)을 요구할 것이다.

생체시계들(biological clocks)은 태양에 대한 방위를 가능하게 한다-시간의 경과를 산정하는(그리고 상쇄하는) 도구들이 있다는 것을 제공하는 콤파스로써 지평선위의 태양 고도의 이용. 일부 개미들과 꿀벌들은 태양의 고도로부터 방향을 발견하고, 하늘을 가로지르는 태양의 움직임을 상쇄하기 위하여 생체시계를 이용하는 빛-콤파스를 이용한다. 그 증거는 왼쪽 그림에서 묘사된 것처럼 그들 벌집(H)의 180 m NW에 놓여진 급식테이블(F)에서 늦은 오후에 먹이를 찾아 돌아다니도록 훈련된 꿀벌들을 이용한 정교한 실험에서 보여졌다. 채집에서 익숙한 주요지형지물들의 이용을 막기 위하여 하룻밤동안 벌집은 새로운 위치로 옮겨졌고, 4개의 급식테이블들(F_{1-4})은 벌집으로부터 NW, SW, SE 그리고 NE 180m에서 제공되었다. 오후 훈련동안과는 매우 다른 각도로 태양이 있음에도 불구하고, 아침에 19마리의 꿀벌 중 15마리는 NW 테이블의 위치를 찾을 수 있었다(오른쪽 그림에서 묘사된 것처럼). 다른 일벌들에게 먹이의 방향과 거리를 알려주는 꿀벌의 춤 언어(dance language)(Box 12.1)는 태양으로부터 방향을 계산하는 능력에 의존한다.

주기를 조절하는 일주기 페이스메이커(pacemaker; oscillator)는 뇌에 위치한다: 그것은 외부 광주기 수용기가 아니다. 일부 누에들에서는 페이스메이커가 뇌의 대뇌엽들에 가로놓여있는 반면, 바퀴들, 딱정벌레들 그리고 귀뚜라미들에서는 페이스메이커가 시엽들(optic lobes)에 가로놓여 있다는 것을 실험적 증거가 보여준다. 잘 연구된 초파리에서 주요 오실레이터(oscillator) 사이트는 측방전뇌(lateral protocerebellum)와 시엽의 외수질사이에 위치하는 것으로 나타난다. 그러나, 주기 유전자(period gene) 활성 위치들의 시각화는 국한되지 않으며, 그리고 조직들 전체에 걸쳐 위치하는 다중 페이스메이커 센터들의 증가하는 증거들이 있다. 그들이 서로 통신하거나 독립적으로 수행할지 아닐지는 아직 명백하지 않다.

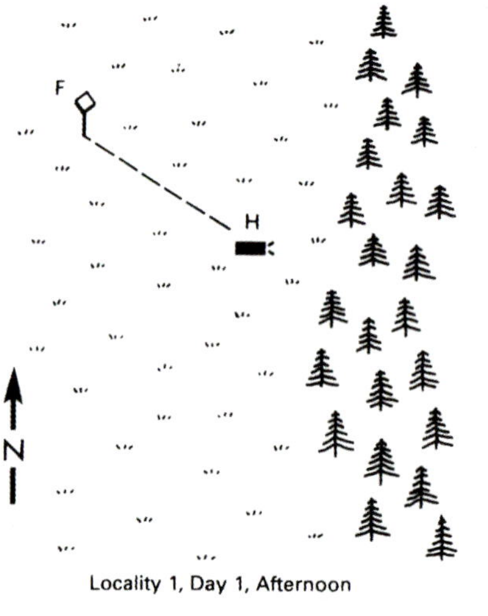

Locality 1, Day 1, Afternoon

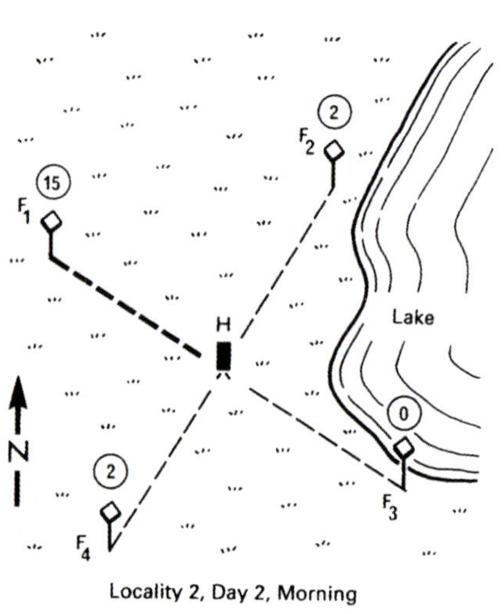

Locality 2, Day 2, Morning

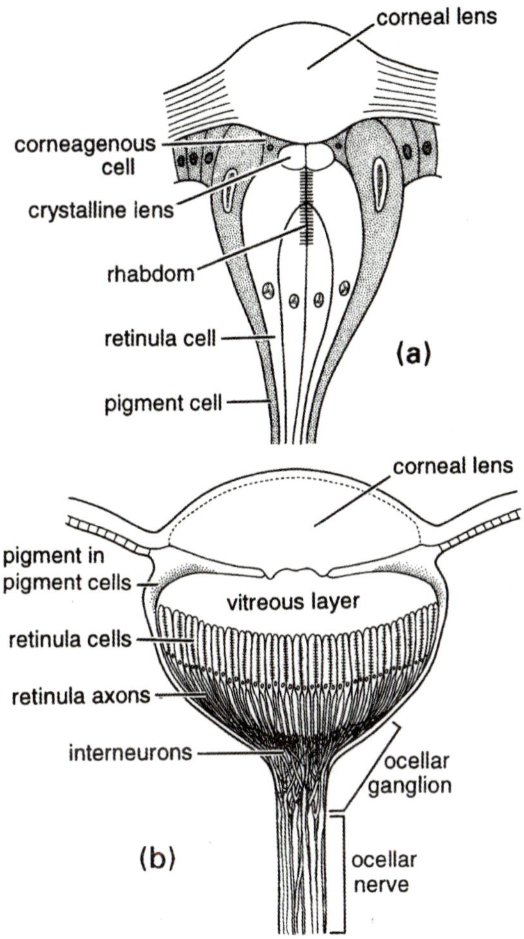

그림 4.9 간단한 눈들의 종단면들: (a) 나비목 유충의 간단한 옆홑눈; (b) 메뚜기의 빛에 적응된 중앙 앞홑눈[(a) 1935 Snodgrass 이후; (b) 1978 Wilson 이후].

움직임에 의해 인접한 옆홑눈의 시야 방향사이의 격차를 메운다. 잎벌들과 가뢰들의 그것들처럼 다른 유충들은 좀 더 정교한 옆홑눈을 가진다. 그들은 이미지의 다른 부분으로부터의 빛을 각각 수용하는 많은 감간체들로 구성된 신장된 망막 위에 이미지를 형성하는 이중 렌즈들로 구성된다. 일반적으로 옆홑눈은 상대적으로 낮은 분해능을 가지며 높은 빛 민감성을 위해 설계된 것처럼 보인다.

4.4.3 앞홑눈

일부 불완전변태곤충의 유충뿐 만 아니라 많은 성충들은 겹눈들에 더하여 등의 앞홑눈들(ocelli)을 가진다. 이들 앞홑눈들은 옆홑눈에 발생학적으로 연관되지는 않는다. 일반적으로 3개의 작은 앞홑눈은 머리 꼭대기 위의 삼각형 내에 놓인다. 앞홑눈(ocellus)을 덮는 표피는 투명하고 렌즈로써 굽을수도 있다. 많은 감간체들로 구성된 확장된 망막을 통해 빛이 통과하기 위하여 그것은 투명한 진피세포들을 덮는다(그림 4.9b). 하나의 감간체 또는 완전한 망막에 기여하는 망막세포들의 개별적 그룹들은 색소세포들 또는 반사층에 의해 둘러싸인다. 앞홑눈 렌즈의 초점면은 망막이 흐릿한 이미지를 수용하기 위해 감간체들 아래에 놓인다. 앞홑눈 망막세포들의 축색돌기들은 홑눈을 뇌에 연결하는 소수의 신경들 위에만 집중한다. 잠자리 *Sympetrum*의 앞홑눈에서는 675 개의 일부 수용기 세포들이 하나의 큰 신경, 2개의 중간 크기의 신경들 그리고 앞홑눈신경에서 소수의 작은 신경들 위에 집중된다.

따라서 앞홑눈들은 시각적으로 그리고 신경적으로 큰 시야위로 빛을 통합한다. 그들은 낮은 빛 강도와 빛의 미묘한 변화에 매우 민감하지만 고해상도 시각을 위해 설계되지는 않는다. 그들은 비행에서의 회전과 위치이동들의 조절을 위한 수평감지기로써 기능하고, 매일의 행동리듬과 관련된 빛 세기에서 주기적인 변화를 기록하는 것으로 보인다.

4.4.4 겹눈

가장 정교한 곤충 시각 기관은 겹눈(compound eye)이다. 사실상 모든 성충들과 불완전변태 곤충 유충들은 종종 거의 360도의 시각 공간을 확보할 수 있는 한 쌍의 크고 두드러진 겹눈들을 가진다.

겹눈은 **낱눈들**(ommatidia)이라 불리는 많은 개별 단위체들의 반복에 기초하고 있다(그림 4.10). 각 낱눈(ommati-diium)은 간단한 옆홑눈을 닮았다: 그것은 8개(또는 어쩌면 6~10개)의 신장된 망막세포들위에 빛을 향하게 하고 모으는 수정체(crystalline cone) 위에 놓인 표피성 렌즈들을 가진다(그림 4.10에서 가로 절). 망막세포들은 각 낱눈의 세로축 주위에 무리를 이루고 있으며, 각각은 낱눈의 중앙에서 감간체에 감간소체(rhabdomere)를 제공한다. 각각의 망막세포들 무리는 광학적으로 낱눈을 그 이웃들로부터 분리하는 빛을 흡수한 색소세포들의 고리에 의해 둘러싸인다.

각 낱눈의 각막렌즈(corneal lens)와 수정체는 약 2내지 5도 가로지른 지역으로부터 감간체의 말단 끝 위에 빛을 모은다. 각 낱눈의 시야는 그 이웃의 시야와 다르고, 모

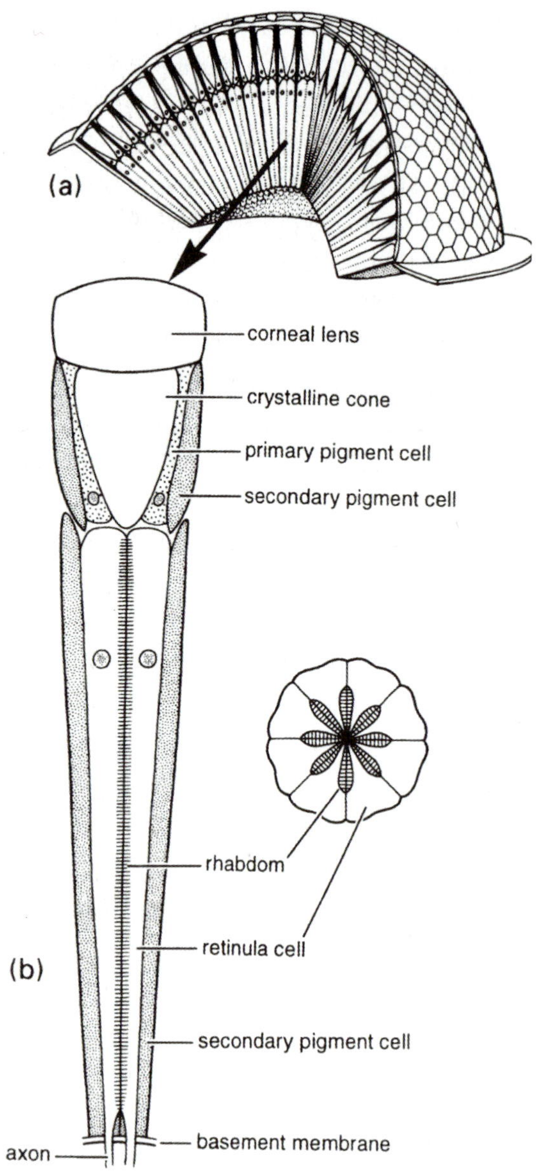

그림 4.10 겹눈의 상세도: (a) 낱눈들의 배열과 자른면을 보여주는 일부 절단면; (b) 하나의 낱눈과 횡단면의 확대(1970 CSIRO 이후; 1989 Rossel).

든 낱눈들의 배열은 함께 곤충에게 세상의 파노라마와 같은 형상을 제공한다. 따라서 겹눈에 의해 형성되는 실제 형상은 다른 세기를 가진 빛의 나란히 놓은 지점들의 연속이기 때문에 **연립상눈**(apposition eye)이라 이름한다.

연립상눈들의 빛 민감성은 렌즈의 자른면의 작은 직경에 의해 심하게 제한된다. 어두컴컴한 때에 출현하고 야행성 곤충들(나방들과 몇몇 딱정벌레들처럼)은 이러한 제한을 **시각중첩상눈들**(optical superposition eyes)이라 불리는 겹눈들의 변형된 시각적 디자인으로 극복한다. 이들에서 낱눈들은 색소세포들에 의해 시각적으로 서로 분리되지 않는다. 대신 망막은 넓은 투명대(clear zone)에 의해 각막렌즈들로부터 분리되고, 많은 렌즈들이 개개의 감간체 위에 빛을 모으기 위하여 함께 작동한다(많은 렌즈로부터의 빛이 망막 위에 강하게 지워진다). 따라서 이들 눈들의 빛 감도는 대단히 증대된다. 어떤 시각중첩상눈들에서 차단 색소는 명순응동안 투명대로 이동하고, 이것에 의해 낱눈은 연립상눈에서처럼 시각적으로 분리된다. 낮은 빛 수준에서는 차단 색소가 시각적 중첩상이 일어날 수 있도록 투명대를 해제하기 위하여 눈의 바깥 표면으로 다시 이동한다.

많은 렌즈들을 통하여 감간체에 도착한 빛이 통과하기 때문에 시각중첩상눈들에서는 중첩이 문제이고, 일반적으로 해상도가 연립상눈에서 만큼 좋지 않다. 그러나 조금이라도 어떤 것을 보는 것이 주 관심사인 어두컴컴한 때에 출현하는 야행성 곤충들에게는 좋은 분해능보다 높은 빛 감도가 더욱 중요하다. 어떤 곤충들의 눈들에서는 광자수집이 망막세포들의 기부에서 작은 기관(tracheae)의 거울 같은 피막에 의해 더더욱 증가된다; 이것은 빛의 두 번째 통과를 허용하면서 감간체를 통해 통과하여 흡수되지 않은 빛을 반사한다. 피막으로부터의 빛 반사는 시각중첩상눈을 가진 곤충이 밤에 회중전등 또는 자동차 전조등에 비추어질 때 보여지는 밝은 눈빛을 만든다.

척추동물눈과 비교하여 곤충 겹눈의 분해능은 오히려 인상적이지 않다. 하지만 비행조절, 항해, 먹이 포획, 포식자회피 그리고 배우자 탐색의 목적을 위해서 그들은 분명 멋진 일을 한다. 벌들은 꽤 정교한 형태와 패턴들을 기억할 수 있고, 파리들과 잠자리류는 극히 빠른 곡예비행으로 배우자 또는 먹이 곤충을 뒤쫓는다. 대체로 곤충들은 장애물의 회피와 착륙 그리고 거리 판단에 유용한 단서들을 그들에게 제공하는 상 움직임에 매우 민감하다. 하지만 곤충들은 그들의 눈들이 너무 가까이 함께 있고, 그들의 분해능이 상당히 약하기 때문에 거리의 인지를 위해 양쪽눈의 시각을 쉽게 이용하지 못한다. 주목할만한 예외는 먹이를 위치화 하기 위해서 양눈 격차를 이용하는 것으로 알려진 유일한 곤충인 사마귀이다.

가장 잘 연구된 곤충들에서 보면 하나의 낱눈 내에 분광감도가 다른 몇몇 종류의 망막세포들을 보유한다: 이러한 특징은 다른 파장의 빛에 각각이 가장 잘 반응하는 것을 의미한다. 시각색소들의 분자구조에서 변이들은 분광감도의 이러한 차이에 원인이 되고, 벌들과 나비와 같은 방화자들의 색 시각을 위해서는 필수적이다. 어떤 곤충들은 인간의 둘 또는 삼색과 비교하여 다섯 가지 종류의 다른 분광감도를 가지는 수용기를 가진 육색(pentachromats)이다. 대부분의 곤충들은 자외선에서만 오로지 보이는 특유의 유혹적인 꽃 형태들을 그들이 볼 수 있도록 자외선(인간에게 보이지 않는)을 인지할 수 있다.

하늘로부터 발산되는 빛과, 물표면 또는 빛나는 나뭇잎들로부터 반사된 빛은 편광된다. 즉, 그것은 다른 것들 보다 어떤 면들에서 더 큰 진동을 가진다. 많은 곤충들은 빛의 편광면을 감지할 수 있고 이것을 물 표면의 지시자 또는 컴퍼스로써 항해에 이용한다. 태양이 하늘을 가로질러 이동하기 때문에 편광된 하늘빛의 패턴은 태양의 위치를 바꾸어주므로, 곤충들은 심지어 태양이 보이지 않을 때에도 태양의 위치를 알기 위하여 맑은 하늘의 작은 빛 부분을 이용할 수 있다. 같은 방법으로 아프리카 쇠똥구리는 달의 직접적인 비춤이 없는 데에서 편광된 달빛을 이용하여 방향을 정하는 것으로 보여졌다. 미세융모의 배열을 뒤섞도록 사전조치가 받아들여지지 않는다면, 곤충 감간 소체의 미세융모구조는 곤충의 광수용체들을 본질적으로 빛의 편광면에 민감하게 만든다. 잘 발달된 항해능력들을 가진 곤충들은 종종 등의 시각적 영역인 등가장자리에 빛 편광면에 고도로 민감한 망막세포들이 있는 망막의 전문화된 지역을 가진다. 앞홑눈들과 옆홑눈 또한 편광의 감지에 관여될 것이다.

4.4.5 빛 생산

곤충들의 가장 극적인 시각적 표현들은 빛 생산 또는 **생물발광**(bioluminescence)을 수반한다. 어떤 곤충들은 공생발광 세균 또는 곰팡이를 끌어들이지만, 자체발광이 일부 Collembola와 하나의 벌목(fulgorid lantern bug) 그리고 소수의 파리목 버섯파리들과 딱정벌레목의 몇몇 과들 등 다양한 그룹에서 발견된다. 딱정벌레들은 Phengodidae와 조금 덜 알려진 과(family)인 Drilidae 그리고 두드러진 Lampy-ridae가 그 구성원들이고, 개똥벌레들(lightning bugs), 발광벌레들(glow worms) 그리고 반딧불이등 일반적인 일상적인 이름(colloquial name)들이 있다. 생활사에서 어떤 또는 모든 단계와 성들이 충체의 거의 모든 부분에 위치할지도 모르는 하나에서부터 많은 발광 기관들을 이용하여 빛을 발산할 것이다. 발산하는 빛은 흰색, 노란색, 빨간색 또는 녹색일 것이다.

반디불이 *Photinus pyralis*에서 연구된 빛 발산 기작은 발광 딱정벌레목의 전형적인 경우이다. **발광효소**(luciferase)는 산화루시페린과 이산화탄소 그리고 빛을 생산하기 위해 에너지 자원인 ATP와 산소의 존재 하에서 기질인 **루시페린**(luciferin)을 산화한다. ATP 방출에서의 변화는 번쩍임율을 조절하고, pH에서의 차이는 방출되는 빛의 주파수(색)에 변이를 가능하게 할 것이다.

빛 방출의 원칙적인 역할은 구애신호로 입증되었다. 이것은 지속시간, 수, 그리고 패턴에서 번쩍임율과 그리고 패턴의 반복빈도수에서 종특이적 변이를 수반한다(그림 4.11). 일반적으로 이동성 수컷은 하나 또는 더 많은 번쩍임들의 신호를 유발함에 의해 그의 존재를 광고하고, 앉아있는 암컷은 그에 반응하여 그녀의 위치를 한 번의 번쩍임으로 알린다. 모든 통신 시스템들과 같이 *Photurus*의 육식성 암컷 반디불이에 의한 먹이 유인에서처럼 이것도 악용의 여지가 있다(13.1.2절). 최근의 분류학적 연구들은 널리 설명된 반디불이류의 유충들에서만 그것이 일어나고, 그것은 딱정벌레 생물발광이 맛없음의 경고로써 제공된다는 대해 약간 다른 해석을 제시하였다(14.4절). 유충들에서의 이런 기원으로부터 발광은 경고와 성적 기능의 두 가지를 제공하며 성충들에게 보존된 것으로 보인다. 발광은 반디불이의 먼 근연종에서 잃어버려진 다음, 그것이 유충들과 성충들에 존재하고 경고기능을 수행하는 Phengo-didae에서 그 후에 회복된 것으로 계통발생은 제시한다. 이 과에서는 빛이 교미위치 또는 착륙지점을 비추는데 또한 이용된다는 것이 가능하고 붉은 빛은 야간의 먹이 탐색을 도울지도 모른다.

생물발광은 호주와 뉴질랜드의 동굴 생활하는 *Arachnocampa* 버섯파리들(Diptera: Mycetophilidae)에서는 먹이 유인과 배우자 찾기 둘 다에 관여한다. 동굴의 어두운 지역에서 그들의 발광 표현들은 어떤 장소에서 여행자의 유인체가 되었다. 이들 파리들의 모든 발육단계들은 변형된 말피기관으로부터 그들이 생산한 빛을 모으기 위하여 반사경을 이용한다. 동굴의 어두운 지역에서 유충 빛은 특히, 작은 파리들인 먹이를 동굴천장으로부터 유충에 의해 걸려있는 끈끈한 섬유위로 유인한다. 비행중인 수컷 성충은 암컷이 여전히 패래잇영(pharate stage) 단계이고 탈출에 따른 교

그림 4.11 다수의 Photinus 반딧불이 종 수컷들의 번쩍임 패턴들로 각각은 그들의 동종 암컷들로부터 반응을 유발하기 위하여 구분된 신호 패턴들을 만든다. (1966 Lloyd 이후.)

미 기회를 기다리는 동안 발광하는 암컷을 찾아낸다.

4.5 곤충 행동

이 장에 언급된 많은 곤충의 행동들은 매우 복잡한 것처럼 보이지만, 행동주의자들은 그들을 좀 더 간단한 구성요소들로 줄이기 위해 시도한다. 따라서 다리들이 지면과의 접촉을 잃어버릴 때의 비행반응과, 접촉이 회복될 때 비행의 정지와 같이 개개의 반사작용(reflexes, 간단한 자극에 대한 간단한 반응)들은 동일하게 취급될 수 있다. 잠자리류 유충의 섭식찌르기 또는 많은 곤충들의 어떤 탈출반응들과 같이, 어떤 극히 빠른 반사행동들은 감각기관들로부터 자극을 재빨리 근육에 전하는 **거대축색돌기**(giant axons)들을 수반한 반사작용에 의존한다. 곤충의 이동과 관련된 복수 반사들의 통합은 다음과 같은 것으로 나눌 수 있을 것이다:

- 방향성 없는 행동이 자극 강도에 따라 변화하는 **무정위운동성**(kinesis; 복수: **kineses**);
- 이동이 직접적으로 자극을 향하거나 멀어지는 **주성**(taxis; 복수: **taxes**).

무정위운동성들은 자극되지 않은 움직임이 결여된 **무운동**(akinesis), 속도가 자극강도에 의존하는 **orthokinesis** 그리고 불리한 자극이 인지될 때 만들어지는 경로변화들(회전들)과, 자극의 강도에 의존하는 회전 빈도수를 가진 멋대로 보행 인 **klinokinesis**를 포함한다. 불리한 자극들에 대해서 증가된 노출은 증가된 내성(tolerance, **순응**(acclimation))으로 이끌고, 그 결과 무작위 보행과 순응이 곤충을 선호하는 환경으로 이끌 것이다. 성 유인물질(그림 4.7) 구름연기에 대한 수컷 반응은 화학적 자극에 대한 klinokinesis의 예이다. Ortho- 그리고 klinokineses는 온도 또는 습도처럼 확산되는 자극에 효과적인 반응들이지만, 덜 퍼지고 구배되거나 또는 점-원 자극들에 곤충이 직면할 때에는 좀 더 다른 효율적인 반응들이 보여진다.

무정위운동성들과 주성들은 반응을 끌어내는 자극의 유형면에서 정의될 수 있다. 적절한 접두사는 다음을 포함한다: 기류를 위한 **anemo-**, 태양에너지, 달에너지 또는 별에너지(편광을 포함한)를 위한 **astro-**, 맛과 냄새를 위한 **chemo-**, 중력을 위한 **geo-**, 습기를 위한 **hygro-**, 소리를 위한 **phono-**, 빛을 위한 **photo-**, 물흐름을 위한 **rheo-**, 그리고 온도를 위한 **thermo-**. 방향과 움직임은 자극원에 관해서는 긍정적 또는 부정적일 수 있어서 그 결과, 예를 들어 중력에 대한 저항은 중력주성(geotaxis)에 부정적으로 칭해지며, 빛에 대한 유인은 긍정적인 주광성(phototaxis)이며, 습기에 대한 반발은 부정적인 습기주성(hygrotaxis)이다.

굴곡주성행동(klinotaxic behavior)에서 곤충은 광원 또는 소리방출과 같은 자극강도의 구배(또는 연속변이)에 비례하여 이동한다. 자극의 세기는 좌우로 수용기들을 이동함에 의해(냄새자국을 따를 때 개미들의 머리 흔들림에서처럼) 또는 쌍으로 된 수용기들을 이용하여 충체의 두면 사이의 자극 세기에서의 차이를 감지함에 의해 충체의 각 면에서 비교된다. 고막기관들은 두 기관사이의 세기 차이에 의해 소리원의 방향을 감지한다. 빛의 일정한 각도에 대해서 방위는 **보유주성**(menotaxis)이라 칭해지고, Box 4.4에서 언급된 빛-콤파스를 포함한다. 먹이와 같은 대상물의 시각적 고정은 **목표주성**(telotaxis)으로 칭한다.

역치세기(threshold intensity)가 행동이 일어나기 전에 요구될 것이기 때문에, 자극과 행동반응간의 관계는 종종 복잡하다. 특별한 자극성 세기는 특별한 행동의 **해제자**(releaser)로 칭해진다. 더욱이, 하나의 자극에 의해 이끌어진 복잡한 행동은 각각이 증가된 자극을 필요로 하는 더 높은 역치를 가질지 모르는 몇 개의 연속적인 단계로 구성될 것이다. 4.3.2절에서 기술된 것처럼, 수컷나방은 촉각을 세움에 의해 낮은 수준의 성페로몬 자극에 반응한다: 더 높은 수준에서 수컷나방은 근원쪽으로 방향을 향한다; 그리고 지극히 더 높은 역치에서는 비행이 시작된다. 농도 증대는 계속적인 비행을 독려하고 두 번째로 더 높은 역치는 구애가 일어나기 전에 요구될 것이다. 구애를 통한 교미를 위해서처럼 다른 행동들에는 몇몇 다른 자극들이 수반된다. 이러한 연속은 적절한 새로운 자극의 발생에 의존하는 각각의 성공적인 행동단계를 가지며, 자극, 행동, 새로운 자극, 다음 행동 그리고 기타 등등의 오랜 **연쇄반응**(chain reaction)으로 보여질 수 있다. 연쇄반응동안 부적절한 자극(구애하는 동안 먹이의 존재처럼)은 일반적인 반응들을 유도해내지는 않는 것 같다.

대부분의 곤충 행동들은 **선천적인**(innate) 것으로 고려된다. 즉, 적절한 자극에 대한 첫 번째 노출에 대하여 틀에 박힌 행동이 나타나기 위하여 그들은 유전적으로 프로그램 된다. 그러나 많은 행동들은 환경적으로 그리고 생리적으로 수정된다: 예를 들어 교미하지 않은 암컷과 교미한 암컷들은 동일한 자극에 대해 매우 다른 방식으로 반응하고, 미성숙한 곤충들은 종종 동종성충과 비교하여 다른 자극에 반응한다. 더욱이, 학습은 선천적인 행동을 수정할 수 있음이 실험적 증거에서 보인다. 실험적 지도(훈련과 보상을 이용한)에 의해 꿀벌들과 개미들은 미로를 다닐 수 있도록 배울 수 있고, 나비들은 그들의 선호하는 꽃 색깔을 변경하도록 유도될 수 있다. 그러나 자연적 행동의 연구(행동학)는, 학습을 통해 행동을 수정하는 능력을 포함하여 곤충 행동석응성의 진화적 성공에 기여한 역할 이해에 더 관련된다. 개척중인 행동학 연구들에서 Niko Tinbergen는 나나니벌(digger wasp; Crabronidae: *Philanthus triangulum*)은 지역지형의 요소들을 기억하기 위한 짧은 비행에 의해 그 선택된 서식지의 위치를 배울 수 있다는 것을 보였다. 서식처 주위의 두드러진 풍경 특성들의 조정은 귀소성 벌을 잘못 인도한다. 하지만 벌들은 개개의 특성들보다는 육상표지 관계를 인지하기 때문에 혼란은 단지 일시적일 것이다. 밀접하게 관련된 *Bembix* 나나니벌들(Sphecidae)은 서식처위치를 지평선의 모양을 포함한 좀더 먼 그리고 미묘한 표지들을 통해 배우고, 지역적인 작은 규모의 육상표지를 움직이는 행동학 연구자에 의해 속지 않는다.

참고 문헌

Blum, M,S. (1996) Semiochemical parsimony in the Arthropoda. *Annual Review ofEntomology* **41,** 353 -74.

Chapman, R.F. (1998) *The Insects. Structure and Function*, 4th edn. Cambridge University Press, Cambridge.

Chapman, R.F. (2003) Contact chemoreception in feeding by phytophagous insects. *Annual Review oj Entomology* **48,** 455-84.

Dicke, M. (1994) Local and systemic production of volatile herbivore-induced terpenoids: their role in plant-carnivore mutualism. *Journal ofPlant Physiology* **143,** 465 -72.

Fuller, J.H. & Yack, J.E. (1993) The evolutionary biology of insect hearing. *Trends in Ecology and Evolution* **8,** 248-52.

Heinrich, B. (1993) *The Hot-blooded Insects: Strategies and Mechanisms oj Thermoregulation*. Harvard University Press, Cambridge, MA.

Heinrich, B. (1996) *The Thermal Warriors*. Harvard University Press, Cambridge, MA.

Howse, P., Stevens, I. & Jones, O. (1998) *Insect Pheromones and their Use in Pest Management*. Chapman & Hall, London.

Hoy, R.R. & Robert, D. (1996) *Tympanal hearing in insects. Annual Review ofEntomology* **41,** 433 -50.

Jacobs, G.A. (1995) Detection and analysis of air currents by crickets. *BioScience* **45,** 776-85.

Kerkut, G.A. & Gilbert. L.r. (eds.) (1985) *Comprehensive Insect Physiology. Biochemistry, and Pharmacology*. Vol. 6: *Nervous System: Sensory*: Vol. 9: *Behavior*. Pergamon Press. Oxford.

Landolt. P.J. (1997) Sex attractant and aggregation pheromones of male phytophagous insects. *American Entomologist* **43,** 12-22.

Resh, V.H. & Carde, R.T. (eds.) (2003) *Encyclopedia oJ Insects*. Academic Press. Amsterdam. [Particularly see articles on chemoreception; circadian rhythms; eyes and vision: hearing; magnetic sense: mechanoreception; orientation; pheromones: thermoregulation; vibrational communication.]

Wood. D.L. (1982) The role of pheromones. kairomones and allomones in host selection and colonization by bark beetles. *Annual Review oj Entomology* **27,** 411-46.

5장

생식

Two male stick-insects fighting over a female. (After Sivinki 1978.)

대부분의 곤충은 성적이며 따라서 성숙한 수컷과 암컷은 생식(reproduction)을 위하여 동시에 같은 장소에 출현해야 한다. 곤충들은 일반적으로 짧게 살기 때문에 그들의 생활사와 행동 그리고 생식조건이 동시성을 지녀야 한다. 이러한 동시성은 외부 환경에 대하여 정교하고 복잡한 생리적인 반응을 요구한다. 더욱이 생식 또한 내부 생리적인 자극의 조절에 의존하고, 신경내분비계(neuroendocrine system)가 주 조절역할을 수행한다. 많은 파리들에서 짝짓기와 알 생산은 연속된 호르몬과 행동변화에 의하여 조절되는 것으로 알려져 있으나, 척추동물의 생식에 대한 우리의 지식과 비교할 때 특히, 아직은 곤충 생식의 조정과 조절에 대하여 여전히 많이 배울 것이 있다.

이들 복잡한 조절계는 매우 성공적이다. 예를 들면, 해충 발생의 신속성을 보자. 짧은 세대와 높은 생식력, 그리고 환경 단서들에 대한 밀도 동기화(synchronization)의 조합은 단일 경작이나 조절 천적(controlling predator)으로 부터의 해방과 같은 적당한 환경조건하에서 많은 곤충의 밀도들이 매우 급격히 반응하도록 허용해준다. 이들 경우에서, 어떤 곤충들은 일시적으로(또는 계절적으로) 풍부한 자원들을 빠르게 이용하는데 있어 수컷들(단성생식, parthenogenesis)의 일시적이거나 필수적인 결여가 또 다른 효과적인 수단인 것으로 증명되었다

이 장에서는 구애(courtship) 및 짝짓기(mating)와 연관된 다른 작용기작들과 이종 교미의 회피, 부계 지키기(ensuring paternity) 그리고 새끼(offspring)의 성결정(sex determination)에 대하여 살펴본다. 그리고 나서 성의 제거를 살펴보고 성충단계가 한꺼번에 면제되는 일부 극단적인 경우를 소개한다. 이러한 관찰들은 곤충들이 생식기 구조들에 있어 그런 주목할 만한 다양성을 가지는 이유를 포함한 성 선택 이론들에 관련된다. 생식의 생리적인 조절의 결론적인 요약은, 곤충들에 있어서 산란(oviposition)과 짝짓기의 극단적인 복잡성과 정교함을 강조한다.

5.1 성들의 동시 초래성

곤충들은 종종 짝짓기를 위해 시간과 장소를 일치시킬 때 가장 잘 관찰된다. 반딧불이들의 번쩍이는 빛들, 귀뚜라미들의 노래 그리고 매미들의 불협화음들은 놀라운 예들이다. 그러나 동시에 성(sex)들을 초래하고, 종들의 다른 구성원들에게 교미하기 위한 준비를 신호함에 있어서 동등한 중요성을 가지지만 비교적 덜 과시적인 행동이다. 모든 신호들은 종특이적이며, 동종의 반대 성의 일원들을 유인하도록 제공되지만, 이들 통신 시스템들의 남용은 반딧불이의 어떤 포식성종들 암컷이 그 종의 불빛 신호를 열심히 흉내냄으로써 다른 종들의 수컷을 죽음으로 유도할 수도 있다.

군무(swarming)는 하루살이나 잠자리류들과같은 선조 계통의 일부 곤충뿐 만 아니라, 파리나 나비와 같이 더 진화된 많은 곤충사이에서도 일어나는 것처럼 아마도 곤충들의 근본적인 행동이고 특성일 것이다. 군무 장소는 시각적 표식자들(그림 5.1)에 의해서 확인 되며, 비록 회귀선과 아열대지방에서 혼합종들의 무리들이 보고되지만 대체적으로 종특이적이다. 또한 암컷만의 무리들도 비록 발생하지만 수컷들만의 무리가 월등하다. 작은 곤충 무리들이 너무도 조밀하여 타고 있는 건물로부터의 연기로 잘못 인식되는 것과 같이 무리들은 많은 개체들이 관여할 때 가장 분명하지만 작은 무리들이 진화에는 좀 더 중요할지도 모른다. 점(spot)으로 위치를 잡는 한 마리의 수컷은 1개의 무리이다—그는 장소를 인지하는 시각적 단서들에 동일하게 반응하는 감수성 암컷의 도착을 기다린다. 무리 장소들의 정확도는 특히 개체들이 드물거나 분산되고 저밀도 상태일 때, 탐색보다 더욱 효과적인 배우자탐색(mate-finding)을 가능하게한다. 무리의 형성은 곤충들이 다른 유전자형과의 만남과 이계교배(outbreed)를 가능하게한다. 만약 유충 성장 장소들이 뒤죽박죽이고 지역적으로 분산되어 있다면 이것은 특히 중요하다; 만약 성충들이 분산되어 있지 않다면 근친교배(inbreeding)가 일어날 것이다.

대기중의 집단들뿐 아니라, 기질에 근거한 집단들의 어떤 수컷 곤충들은 동종의 수컷들에 대해 영토를 방어할것이며, 또는 도착하는 암컷들에게 구애를 할것이다. 수컷들이 암컷들에게 중요한 어떤 자원(예를 들어, 산란기질)을 가지지 않고, 암컷들의 구애에 더하여 수컷대 수컷의 침범을 보이는 영역을 유지하고 있는 종들은 **lek** 짝짓기시스템을 가져야 한다고 말하여 진다. Lek 행동은 Drosophilidae와 Tephritidae과의 과실파리에서 흔하다. 잡식성 과실파리들은 단식성 종들보다 더욱 lek 교배 시스템을 가져야 할 것 같다. 왜냐하면 단식성 종들의 수컷들은 산란사이트로서 제공되는 특별한 과일에서 암컷을 만나는 것을 기대할 수 있

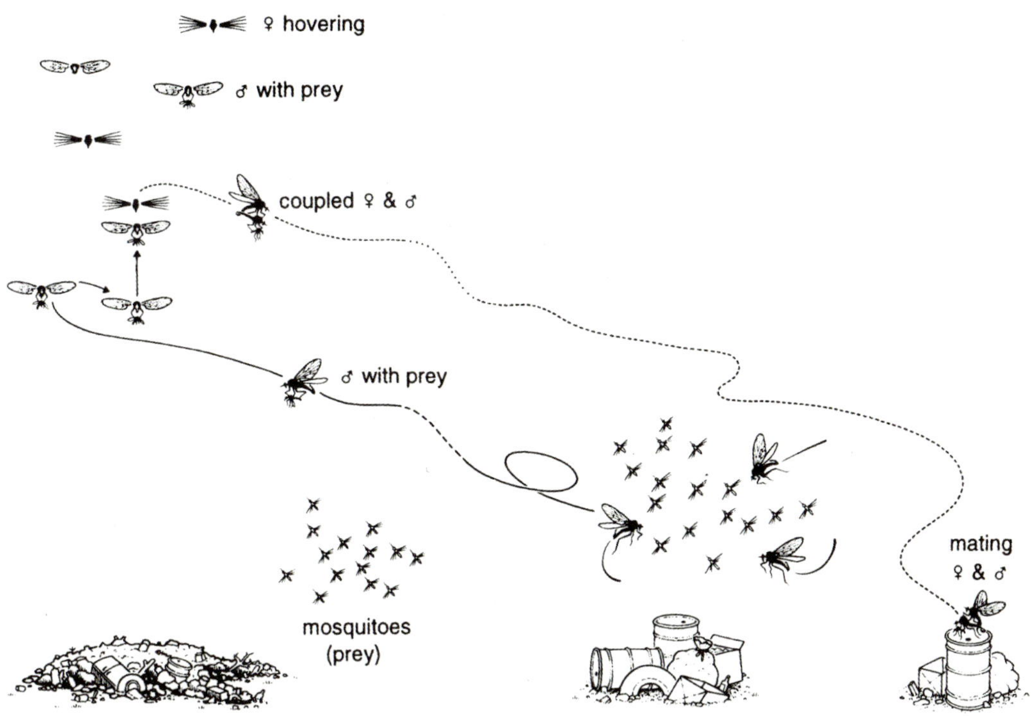

그림 5.1 북극파리 *Rhamphomyia nigrita* (Diptera: Empididae) 수컷들은 집모기속 모기들이 먹이를 사냥하고(아래 중간 오른쪽 그림) 무리 사이트의 특별한 시각적 표지체로 먹이를 옮긴다(왼쪽 그림). Empidides와 모기들 두 무리 모두, 툰드라 지역들에서 공통적인 쓰레기 더미들 또는 기름통들을 포함한 눈에 잘 뛰는 육상표지 근처에 형성된다. 짝짓기 무리내에서(왼쪽 위), 수컷 empidid는 위로 배회중인 암컷쪽으로 올라가고, 짝을 짓고 먹이는 암컷에게 전달된다. 짝짓기한 쌍은 내려오고(아래 제일 오른쪽) 그들이 교미하기 때문에 암컷은 섭식을 한다. 개별적인 먹이 아이템들이 작기 때문에 알다발을 발달시키기 위한 충분한 영양분을 얻기 위해서는 반복적으로 짝짓기 해야 하기 때문에 암컷들은 오로지 수컷들을 통해서만 음식을 얻는 것으로 나타난다. (1970 Downes 이후.)

기 때문이다.

비록 일부 무리짓는 곤충들은 물표면위에 모이거나, 또는 관목들 또는 가축과 같은 주요지형지물들을 사용하지만, 대기 또는 기질 바탕의 짝짓기 집단들을 형성하는 곤충들은 종종 언덕의 꼭대기에서 그렇게 한다. 위로 향한 바람방향이 곤충들을 언덕꼭대기로 안내할지도 모르는 것을 제외하고는, 대부분의 종들은 아마도 집합장소의 위치를 정하기 위하여 시각적 표시를 사용한다.

다른 곤충들에서는 성(sex)들이 공통적인 자원으로의 유인을 통하여 만날것이며, 그 만남 장소는 시각적으로 정해지지 않았을 것이다. 부패한 과일, 동물의 배설물 또는 특정 기주 식물이나 척추동물 숙주와 같이 유충 발달지가 분리되어 있는 종들에 대해서는 암수가 만나고 구애하기 위해 어디가 더 좋은가? 암컷똥파리가 신선한 똥더미를 발견하기 위해 이용하는 후각수용기는 만남을 촉진하기 위하여 양 성에 의해 사용될 수도 있다.

또 다른 냄새 통신은 다른 종들의 구성원을 인식할 수 있는 화학물질 또는 화학물질들의 혼합인 **페로몬**을 생성하고 발산하는 한 성 또는 양쪽 성을 포함한다(4.3.2절). 수용자의 성적행동을 변화시키려는 의도로 발산되는 물질을 **성페로몬들**(sex pheromones)이라 한다. 일반적으로 이들은 암컷에 의해 생성되고 동종의 수컷들에게 암컷의 존재와 성 가능성을 알린다. 냄새 구름연기를 감지한 감수성 수컷은 자각을 하고 냄새의 근원쪽으로 향하게 된다. 연구된 곤충들은 종의 생식적 격리를 유지하는데 있어 중요한 다양성과 특이성을 가지는 종특이적 성페로몬들을 가지는 것으로 점점 더 발견되고 있다.

성들이 근접해 있을 때 어떤 종에서는 덜 수고스러운

Box 5.1 밑들이잠자리목에서 구애와 교미

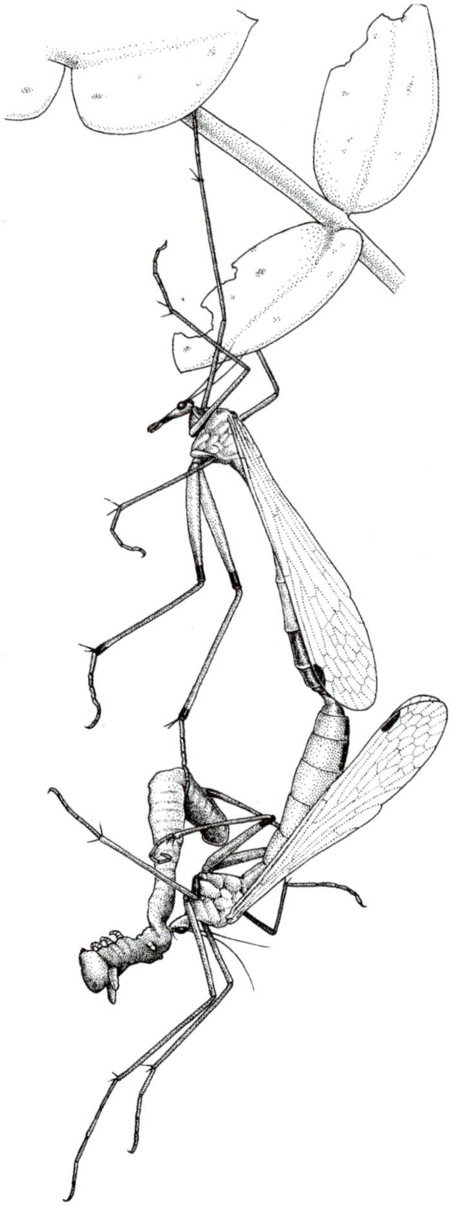

북아메이라카산 *Hylobittacus(Bittacus) apicalis*와 *Bittacus* 종 그리고 호주산 *Harpobittacus* 종, 멕시코산 *Panorpa scorpionflies*(Panor-pidae)의 hangingflies(Bittacidae)에서 성적행동이 잘 연구되어져왔다. 수컷 성충들은 애벌레들, 빈대들, 파리들, 그리고 여치들과 같은 절지동물인 먹이를 사냥한다. 이들과 같은 먹이거리들은 교미동안 먹어치우게 되는 혼인 예물로써 암컷에게 제공될 것이다. 쥐어 잡을 수 있는 앞 다리부절을 이용하여 잎에 매달려 있기 때문에, 수컷의 복부 끝 근처의 뒤집을 수 있는 하나 또는 더 많은 수의 낭이나 주머니들로부터 방출되는 성페로몬에 암컷들은 유인된다.

밑들이잠자리목(Mecoptera)에서 구애하기(courting)와 짝짓기는 *Harpobittacus australis*(Bittacidae)에서 성적 상호작용에 의하여 예증된다. 암컷은 "호출하는" 수컷에게 밀접하게 접근한다: 그러면 수컷은 복부낭들을 쑥 들어가게 하여 페로몬 방출을 끝낸다. 수컷이 암컷의 복부를 치거나 비비고 그 자신의 생식기로 암컷의 생식기를 찾는 동안, 보통 암컷은 그 품질을 조사하듯 간단한 먹이 검사를 한다. 만약 암컷이 혼인 선물을 거부하면 교미하기를 거부한다. 그러나, 만약 먹이가 적당하면 커플의 생식기는 짝을 이루고 수컷은 일시적으로 그의 뒷 다리들로 먹이를 뒤로 뺀다. 암컷은 자신의 말단절에 의해 매달려 아래쪽으로 머리가 매달릴 때까지 스스로를 낮춘다. 그러면 수컷은 교미가 진행되는 동안 먹게 되는 혼인 예물(그림에서; 애벌레)을 암컷에게 넘겨준다. 이 단계에서 수컷은 종종 암컷의 다리들이나 그녀가 먹고있는 먹이를 잡아주어 암컷을 떠 받친다. 일반명인 hangingflies의 기원이 명백한 것이다!

자세한 야외 관찰들과 조작된 실험들은 Bittacidae의 종에서 수컷 파트너들의 암컷 선택을 증명하였다. 양 성들은 다른 파트너들과 하루에도 수차례 교미를 한다. 암컷들은 작거나 부적당한 먹이를 제공하는 수컷들에 대해서는 거절이나, 완전한 사정에는 불충분한 짧은 시간동안만의 교미에 의해 차별대우를 한다. 교미의 지속은 주어진 적합한 혼례예물의 크기와 서로 관련한다. Ha. australis의 야외 개체군들에서 각 교미는 먹이 3에서 14 mm 길이에 대하여 1분부터 최대 약 17분까지 지속된다. 더 큰 *Hy. apicalis*에서 집파리들 또는 더 큰 크기(19-50 mm^2)의 먹이를 가지는 교미들은 20에서 29분까지 지속되어 최대 정자전이, 증가된 산란 그리고 저항성 기간(refractory period, 다른 수컷에 대한 암컷의 비감수성)의 유발을 초래한다. 20분 이하로 지속되는 교미들은 수컷의 수정 성공을 감소시키거나 무시한다(1976 Thornhill 이후 자료; Alcock 1979).

짝짓기가 일어난다. 예를들어 수컷파리들 무리에 동종의 암컷이 도착했을 때, 그녀의 날개짓 빈도수의 특이한 소리에 의해 그녀를 감지한 근처의 수컷은 즉시 그녀와 교미를 한다. 그러나 구애(courtship)로 정의된 더 정교하고 특별한 근접범위 행동이 더욱 빈번하다.

5.2 구애

비록, 위에서 언급된 먼거리 범위의 유인 기작들은 예측된 짝짓기 장소에 존재하는 종들의 수는 감소시키지만, 일반적으로 그곳에는 잠재적이 파트너들이 과잉으로 유지된다. 종들과 동종 개체들사이의 한층 더한 분별이 일반적으로 일어난다. 구애(courtship)는 근접범위행동이며 짝짓기하기전(그리고 종종 그 동안에)에 성 감수성을 유발시키는 이성간 행동이고, 종 인식을 위한 기작으로써의 행동들이다. 구애 동안 하나 또는 양 성은 다른 성의 행동에 영향을 줌에 의해 수정(insemination)과 수정작용(fertilization)을 촉진할 수 있도록 추구된다.

구애는 수컷들에 대하여 확연하게 촉각들, 눈자루들 그리고 그림 날개들과 같은 충체의 꾸며진 부분들의 움직임들과 의식화된 움직임들(춤)을 포함한 가시적 표현들을 수반할 것이다. 마찰과 치는 것과 같은 촉각적인 자극은 짝짓기 직전에 종종 구애에서 나중에 자주 일어나며, 짝짓기동안에 계속해서 일어날 수도 있다. 촉각들, 촉수들, 머리뿔들, 외부생식기 그리고 다리들은 촉각 자극에 이용된다.

원거리 호출을 이용하는 귀뚜라미와 같은 곤충들은, 근거리 구애에서 이용되는 것과는 다른 신호소리를 가질 것이다. 과실파리들(*Drosophila*)과 같은 다른 곤충들은 원거리 신호소리나(날개 진동에 의한) 노래가 없으며 오로지 근거리 구애만 한다. Empidid 파리들과 밑들이잠자리들(mecopterans)과 같은 어떤 포식 곤충들에서는 수컷이 혼인 선물로써 먹이를 제공함에 의해 미래의 교미를 구애한다(그림 5.1; Box 5.1).

만약 표현의 연속이 정확히 진행되면 구애는 짝짓기로 나아간다. 때때로 교미가 시작되기전에 그 연속이 완료 되어야 할 필요성은 없다. 그런 경우들의 구애는 연장되고 반복되어야만 한다. 만약 한 성이 반응에 실패하거나 또는 부적절한 반응을 한다면 구애는 실패할 것이다.

일반적으로 다른종의 구성원들은 그들의 일부 구애요소가 다르고, 이종간(interspecies) 짝짓기는 일어나지 않는다. 곤충 구애 행동들의 대단한 특이성과 복잡성은 짝짓기장소, 동기화, 종인식의 관점에서 해석될 수 있고, 짝짓기전격리기작(premating isolating mechanism)으로 진화되는 것으로 보여질 수 있다. 이러한 관점이 중요하기 때문에, 구애가 경쟁적인 통신의 더 폭넓은 현상의 연장이며 성 선택을 수반하는 것이라는 증거로 강요된다.

5.3 성적 선택

구애 표현에 관련되어 일부분은 위에서 지적된바와 같이, 많은 곤충들이 보통은 2차 성징들로 꾸며진 수컷을 가지는 성적 이형성(sexually dimorphic)이다. 많은 곤충 짝짓기 시스템에서 구애는, 특정 수컷의 짝짓기 성공을 증대 시킬 수 있는 방향으로 암컷이 반응하게 유도하는 수컷의 어떤 행동으로써 교미를 위한 종내 경쟁으로 보여질 수 있다. 왜냐하면 암컷들은 수컷 자극에 대해 그들의 민감성이 다르기 때문에 암컷들을 동료사이에서 선택한다고 이야기 될 수 있고 따라서 구애는 경쟁적이다. 암컷 선택은 단지 수컷간의 승자의 선택에 지나지 않을지도 모르며 또는 다른 수컷의 정자간 구별만큼 미묘할지도 모른다(5.7절). 암컷의 수정을 획득하는 것과 관련된 모든 통신 요소들은 원거리 성적호출에서 부터 수정까지 수컷사이의 경쟁적인 구애로 보여진다. 이러한 이유로 인해 종 구성원들은 종 결속을 촉진하기 위한 기작이라기 보다는 암컷 선택의 방향으로 발전하는 특이적인 동료 인식 시스템 때문에 잡종 짝짓기를 피한다.

사슴뿔 딱정벌레들, 메뚜기목들과 매미들에서의 노래, 그리고 나비들과 잠자리류들에서의 날개색과 같이 곤충들에 있어서 성적 이형성의 이해는, 생존과 직접적이기 보다는 성적 경쟁과 관련된 특성들의 정교함인 성 선택의 작동을 다윈(Darwin)이 깨닫도록 도와 주었다. 다윈의 날 이래, 성 선택의 연구는 그들의 짧은 세대 기간과 실험실에서의 증식 촉진성 그리고 야외에서 관찰의 상대적인 용이성 때문에 곤충들에게 자주 특징지워졌다. 예를들어 크고 다양한 소똥풍뎅이속(Onthophagus)에 속하는 쇠똥구리들은 개체사이의 크기에서 종간의 충체상 위치에서 다양성을 보이는 정교한 뿔을 표현할 것이다. 동종의 수컷들보다 더 발달된 융기를 가진 암컷은 오직 한 종에서만 알려지며, 큰 뿔은 거의 전적으로 수컷에게만 제한된다. 연구들은 암컷들이 배우자로써 더 큰 뿔을 가진 수컷들을 우선적으로 선택함을 보여준다. 수컷들은 서로 크기를 재고 싸우겠지만 lek는 없다. 암컷의 이익은 그의 배우자와 자식들, 그리고 똥이 양식으로 공급되는 자원이 풍부한 서식처로부터 그 거주자를 축출하고자 하는 침입자들에 대하여 긴 뿔을 가진 수컷의 발달된 방어능력으로부터 온다(그림 9.5). 그러나 적어도 북미산 *Onthophagus taurus*에서는 시스템이 더욱 복잡해진다. 이 쇠똥구리에서는 수컷 뿔 크기

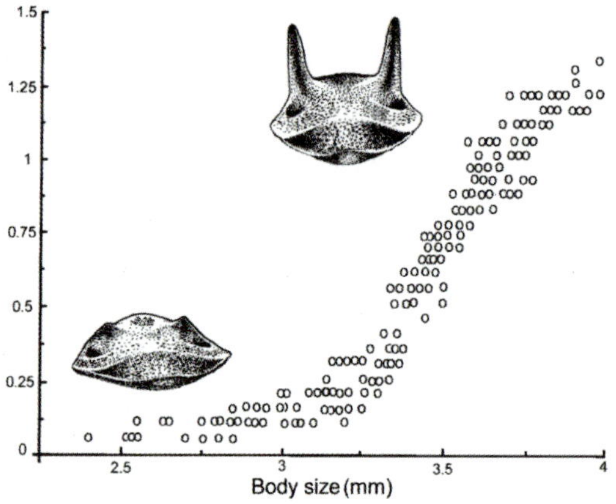

그림 5.2 *Onthophagus taurus* 수컷 풍뎅이들의 뿔과 충체크기(흉부 넓이) 간의 상호관계. (2000 Moczek & Emlen 이후; S.L.Thrasher에 의해 그려진 딱정벌레 머리들.)

가 어떤 한계 크기 보다 더 큰 큰뿔들을 가지는 곤충들과 어떤 크기 이하의 단지 최소 크기의 뿔들을 가지는 것들인 이형성이다(그림 5.2). 그러나 재빠른 작은뿔 수컷은 암컷에게 접근하기 위하여 옆의 구멍을 파거나 또는 회피함에 의해 큰뿔을 가진 그러나 구멍입구를 방어하는데 서투른 수컷을 교묘히 속여 일부 짝짓기를 성공하기도 한다.

다윈은 왜 뿔의 크기와 위치가 변하였는지 이해할 수 없었으나, 지금은 훌륭한 비교연구들을 통해 큰 뿔을 공들여 만드는데에는 발육상의 비용을 감내해야하는 것을 보여주고 있다. 큰 뿔에 가까이 위치한 기관들은 크기에 있어 축소된다 – 자원들은 수컷의 큰 뿔 가까이에 있는 눈들, 촉각, 또는 날개들이 발달과정중에 분명히 지불하게 재분배된다. 일반적인 크기의 인접 기관들은 더 작은 뿔을 가진 동종 암컷들과 덜 발달된 뿔을 가진 동종 수컷들에게서 발달된다. 예외적으로, 상응하게 머리와 가슴에 긴 뿔을 가진 암컷이 있는 종들은 인접기관들을 감소시키고, 방어적인 역할에서 성반전이 발생하는 것으로 추정된다. 뿔들의 다른 위치 발생은 종 행동에 따라 인접기관들의 선택적인 희생에 의해 설명된다. 따라서, 좋은 눈을 필요로 하는 야행성 종들은 그들의 뿔들을 머리 이외의 지역에 위치시킨다: 분산된 똥의 위치를 결정하기 위한 비행이 요구되는 그들은 뿔들이 눈이나 안테나 크기를 방해하지만, 날개에게는 영향을 주지않는 머리위에 뿔들을 가지고 있다. 아마도 어느쪽이든 뿔을 공들여 만드는 것의 한계는 인접한 생명 유지 기능에 점점 증가하는 해로운 효과 부담, 또는 유약호르몬 조절하에 최종령기내에 페레잇용에서 부표피적으로 발달시킬 수 있는 새로운 표피층 부피의 상한선이 된다.

암컷선택에는 크기만이 중요할 것이다: 어떤 대벌레들(stick-insects 또는 walking stics라 불리는)에서는 더 큰 수컷이 암컷들을 자주 독점한다. 수컷들은 그들의 파악기들(claspers, 이 장의 *Diapheromera veliei*에서 보여진)로 암컷의 복부를 잡고 있으면서, 그들의 다리들로 서로 복싱하듯 암컷들과 싸운다. 수컷간의 싸움에 이용된 장식들은 *Phytalmia*(Tephritidae)(그림 5.3)의 일반적이지 않은 가지뿔과, 암컷들에 의해 방문받은 산란장소에 접근하기 위한 경쟁에 이용되는 Diopsidae와 같은 몇몇 다른 파리들의 눈자루들을 포함한다. 더욱이, 대눈파리류(diopsid; stalk-eyed flies, 대눈파리들)의 연구된 종들에서 암컷 배우자 선택은 체장을 능가할 수 있는 눈 간격의 넓이까지되는 눈자루길이(eyestalk length)를 기반으로 한다. 이와 같은 경우들은 성적 매력이 있는 자손 또는 우수 유전자의 2가지 확연한 양자택일에 대한 그러나 수컷장식에 대해 비모순적인 설명과 같은 증거를 제공한다. 만약 암컷 선택이 어떤 독특한 장식 때문에 제멋대로 시작된다면, 관습적인 부적절함에 대한 대항적 선택에도 불구하고 뒤이은 세대들(성적매력이 있는 자손들)의 수컷자손에서는 증가된 빈도로 노력의 발달을 이끌지도 모른다. 선택적으로 우수한 유전적 배경(좋은 유전자)을 지적할 수 있지만 분명히 유해한 노력을 수행함에 의해 그들의 적절성을 증명할 수 있는 수컷들을 선택할지도 모른다. 암컷 선택의 수수께끼에 대한 다윈의 해석은 특히 곤충의 연구에 의해 확실히 성립된다.

5.4 교미

수컷 외부생식기의 진화는 곤충들이 교미동안 암컷들에게 정자를 직접 전달할 수 있게 만들었다. Collembola, Diplura, 그리고 무시아강의 곤충들처럼 암컷이 집을 수 있도록 수컷이 **정자주머니**(spermatophore, 정자 다발)를 맡기는 간접적인 방법의 의존성으로부터 원시곤충들을 제외한 대부분이 해방되었다. 유시아강 곤충들에서 교미(copulation, 짝짓기(mating)로 때로 불리우는)는 수컷과 암컷 외부생식기들(genitalia)의 물리적인 병치를 수반하며, 암컷의 생식실내에 남근(penis)인 수컷 **음경**(aedeagus)의

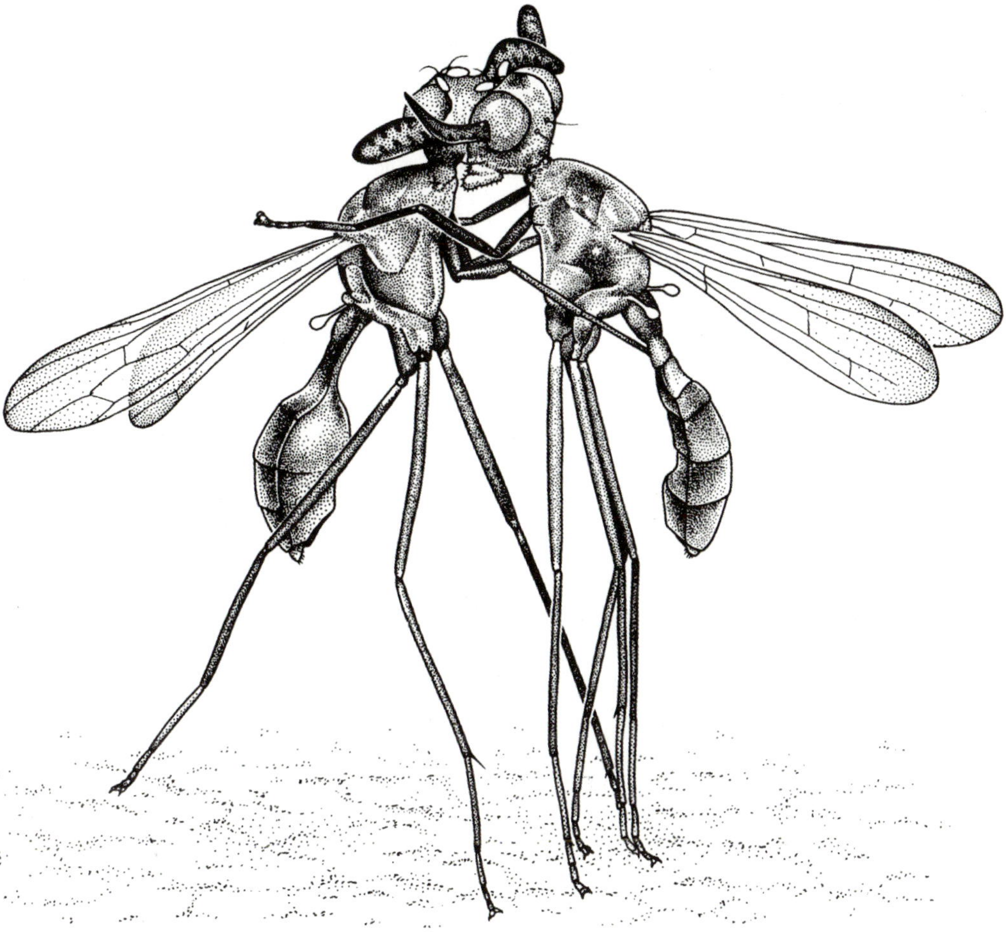

그림 5.3 암컷들에 의해 방문된 유충기질에서 산란위치에 접근하기 위해 싸우고 있는 2마리의 수컷 *Phytalmia mouldsi*(Diptera: Tephritidae). 따라서 이들 열대우림 파리들은 자원-방어 짝짓기 시스템을 가진다. (1989, 1997 Donson 이후.)

일부를 삽입하는 것을 통하여 정자를 전하는 정액이전(insemination)이 일반적으로 뒤따른다. 많은 종들의 수컷에서 교미동안 음경의 방출은 두단계이다. 완전한 음경의 끝부분(삽입기)이 복부에서 신장되고 난 다음, 삽입기관은 암컷의 생식실내에 정액을 깊이 저장할 수 있도록 확장되고 종종 늘어진 구조(내음경(endophallus), 편모(flagellum), 또는 부낭(vesica)으로 다양하게 불리우는)를 생성하기 위하여 뒤집어지거나 신장된다(그림 5.4). 많은 곤충들에서 수컷 말단절(terminalia)은 정자이전동안 그들의 생식기의 연결을 유지할 수 있기 위해 암컷 말단절의 특정 부분을 잠글 수 있는 특별히 변형된 파악기들(claspers)을 가진다.

이러한 교미의 기계적인 정의는 다른 동물들에서처럼 곤충에서 교미행동의 중요한 부분인 감각자극을 무시한것이다. 살펴본 모든 곤충 종의 3분의 1이상에서 수컷은 짝짓기 동안 암컷을 자극하기 위해 나타나는 교미 구애행동(copulatory courtship behavior)에 빠진다. 수컷은 암컷의 충체 또는 다리를 때리고 두드리거나, 물고 촉각을 흔들고 소리를 내거나 자기의 생식기 부분을 밀어넣거나 흔들것이다.

정자는 교미주머니(copulatory pouch; 생식실(genital chamber), 질(vagina) 또는 교미낭(bursa copulatrix)) 또는 수정낭(spermatheca) 또는 그것의 수송관(duct)에서 암컷곤충들에 의해 받아들여진다(*Oncopeltus*에서 보여진 것처럼, 그림 5.4). 정자주머니는 대부분의 곤충속에서 정

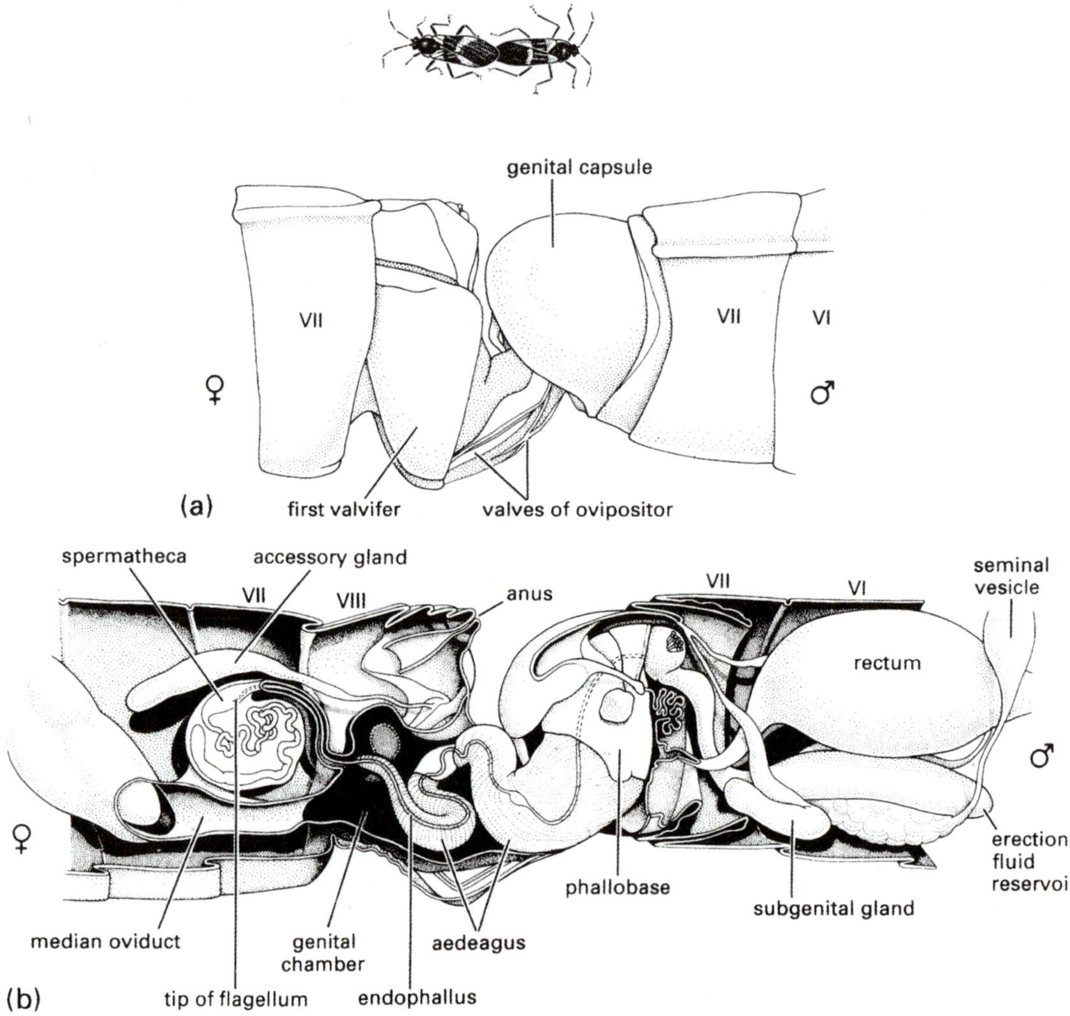

그림 5.4 교미중인 milkweed 벌레 *Oncopeltus fasciatus*(Hemiptera: Lygaeidae) 쌍의 후부 말단들. 짝짓기는 같은 방향에서 쌍으로 대면함으로 개시되며, 그 후 수컷은 그의 여덟번째 복부마디(90도)와 생식기캡슐(180도)을 회전하고 반대방향으로 대면하기 위하여 주위로 휘두르기전에 음경을 세우고 암컷의 생식실에 들어간다. 암컷이 인도하고 수컷이 뒤로 걸으면서 주위를 걷는 동안 벌레들은 몇 시간 동안 교미를 할 것이다. (a) 수컷 생식실에 있는 암컷 산란관 밸브를 보여주는 말단마디들의 측면도, (b) 암컷의 수정낭에 있는 수컷 음경의 끝과 생식계의 내부 구조를 보여주는 종단면. (1953 Bonhag & Wick 이후.)

자이동의 도구이다. 단지 몇몇 노린재목, 딱정벌레목, 파리목과 벌목은 포장되지 않은 정액을 저장한다. 정자 전이에는 정액 분비물로부터 유래된 윤활과 더불어 정자주머니를 이용하는 곤충들에게는 정자 포장이 필요하다. 수컷 부속샘들의 분비물들은 이들 2가지 기능을 제공할 뿐 아니라, 때로는 암컷 생리 조절과 정자유지에 필요한 에너지 공급, 정자의 마지막 성숙을 촉진하고 어떤 종에서는 암컷에게 양분을 공급하는 기능들을 제공한다(Box 5.2). 수컷 부속 분비물들은 암컷의 체액내로 들어가서 암컷의 신경 또는 내분비기관을 활성화시켜 암컷에서 하나 또는 2개의 주요한 반응을 끌어낸다-산란(oviposition, 알낳기(egg-laying))의 유도와 또는 성적 감수성의 억제.

Box 5.2 혼인 급식과 다른 선물들

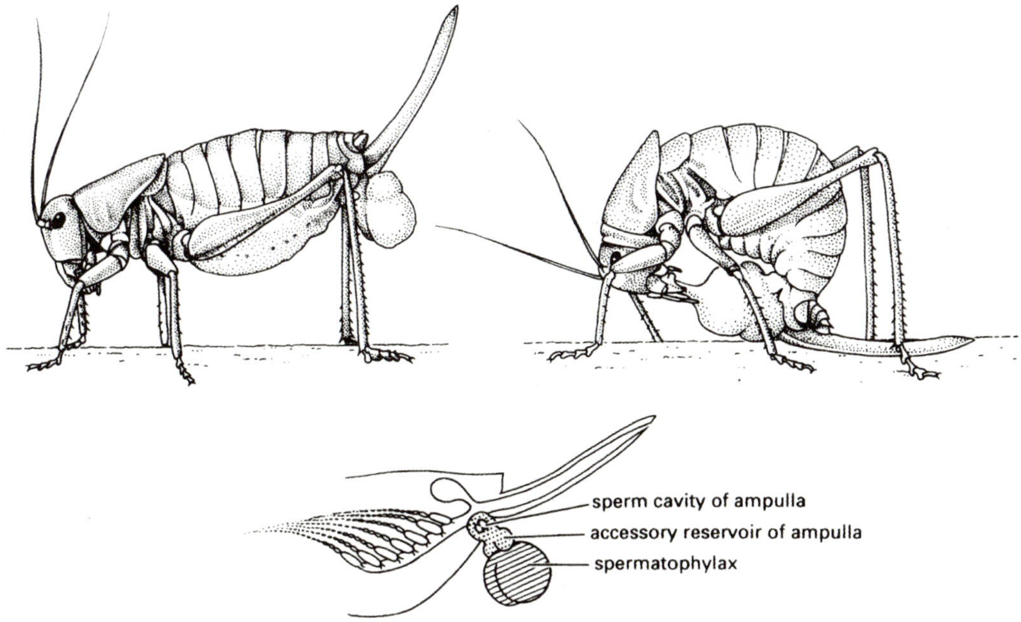

교미중 또는 전 · 후에 수컷에 의한 암컷 급식(feeding)은 몇몇 다른 곤충 그룹들에서 독립적으로 진화하여 왔다. 암컷의 견지에서 보면 급식은 3가지 형태중 하나를 가진다:

1. 수컷에 의해 수집, 잡히거나 또는 역류된 음식으로부터 영양분의 수용(Box 5.1); 또는
2. 수컷 샘(정자주머니를 포함하여)의 생산물로부터 영양분 획득; 또는
3. 교미 동안 또는 그 이후 수컷들의 부차적인 동족포식화(cannibalization).

수컷의 견지에서 보면 암컷에 대한 영양학적 이익들을 통해 간접적으로 수컷 새끼의 생존 또는 수를 증가시킬 것이기 때문에 혼인급식은 부모의 투자를 의미할 것이다(수컷은 그 부계를 확신 받음을 제공받아서). 대신에, 교미 급식은 암컷의 정자전이 방해를 방지함에 의해 수컷의 수정 성공을 증가시킬 것이다. 혼인 급식의 기능에 관한 이들 2가지 가설이 서로 반드시 배타적이지는 않다; 그들의 해석 가치는 곤충 그룹들 사이에 다양하게 나타나고 교미 시점에 암컷의 영양 상태에 적어도 부분적으로 의존할 것이다. 밑들이잠자리목, 메뚜기목 그리고 사마귀목에서의 교미에 대한 연구들은 곤충들에서 보여진 3가지 혼례급식 형태들을 예증하고, 이들 그룹들에 대한 계속적인 연구는 그러한 급식의 선택적인 장점을 설명하기 위해 찾고 있는 2가지 주요 경쟁적인 가설들의 상대적인 중요성을 검토하게 한다.

나비목과 딱정벌레목과 같은 일부 다른 곤충 목들에서는 암컷이 때때로 대사적으로 필수적인 물질들 또는 방어화학물질들을 교미중에 수컷으로부터 획득하지만, 암컷에 의한 구기 획득은(oral uptake) 보통 일어나지 않는다. 화학물질들은 그의 사정액으로 수컷에 의하여 옮겨진다. 그러한 혼인 선물들은 부모 투자(진흙바르기처럼; 아래)의 형태로서 단독으로 작용할 것이지만 또한 짝짓기 노력의 형태일 것이다(Box 14.3).

나비목에서 흙탕물적시기와 나트륨 선물들

수컷나비들과 나방들은 물웅덩이들에서 자주 물을 마신다(흙탕물적시기(puddling)으로 알려진 행동). 열대우림을 방문했던 누군가는 소변, 배설물 그리고 사람의 땀에 특히 유인되어 마시고 있는 수백마리의 새로 우화한 수컷 나비들의 무리들을 볼것이다(14쪽의 맞쪽 2.6면). 흙탕물적시기는—매우 많은 양의 액체가 구기로 받아들여지고 항문으로 방출되는—유충들(애벌레들)의 초식 동물 먹이에 부족한 나트륨과 같은 광물들의 수용을 초래하는 것으로 오랫동안 제안되어왔다. 수컷이 그의 배우자를 위한 혼인선물로써, 흙탕물적시기에 의해 얻은 나트륨을 이용하기 때문에 흙탕물적시기에서 성 편향이 일어난다. 나방 *Gluphisia septentrionis*(Notodontidae)에서 나트륨 선물은 흙탕물적시기를 하는 수컷의 전체 충체의 나트륨 절반보다 많은 양에 이르고 그의 정자주머니를 통해 암컷에게 전해지는 것으로 나타난다(1996 Smedley & Eisner). 그러면 암컷은 이 나트륨의 많은 양을 그녀의 알들에게 배분하여, 실험적으로 흙탕물적시기로부터 방해받았던 수컷들에 의해 낳게 되는 알들보다 몇배 더 많은 나트륨을 가지게 한다. 새끼들에 있어 그러한 수컷의 투자는 충체 기능에 중요한 이온을 보충하는 데 있어 그들에게 분명 이익이다.

일부 다른 나비목 종에서는, 그러한 소금에 절인 선물들은 그 새끼들의 질(quality)을 증가시킴에 의해서 뿐 만 아니라, 그가 재교미할 것으로 추정하며 수정할 수 있는 전체 알들의 수를 증가시킴에 의해 수컷의 생식 적합성을 증가시키도록 기능을 할 수도 있다. 줄점팔랑나비(skipper butterfly, *Thymelicus lineola*(Hesperiidae))에서 암컷들은 보통 1번만 교미하고 수컷으로부터 기증되는 나트륨이 그들의 수명과 다산에 둘다 필수적인 것으로 나타난다(1987 Pivnick & McNeil). 이들 수컷 나비들은 여러 번 교미하고 흙탕물적시기로부터의 나트륨에 대한 접근없이 정자주머니들을 생산할 수 있다. 그러나 그들의 첫 번째 교미후, 그들은 흙탕물적시기가 가능하였던 재교미 수컷들과 비교하여 훨씬 적은 살아있는 알들을 낳는다. 이것은 그들의 유일한 파트너의 선택에 있어 선택적이어야만 하는 암컷들이, 나트륨 중량에 기초로하여 수컷들을 차별화할 수 있는지에 대한 의문을 제기한다. 만약 그들이 그럴 수 있다면, 암컷 선택을 통한 성 선택 또한 수컷의 흙탕물적시기를 위해 선택되었을 것이다.

다른 연구들에서 교미하는 수컷 나비목들은 그들의 파트너들에게 아연, 인, 지질들, 그리고 아미노산들을 포함하여 다양한 영양물들을 기증하는 것으로 보여지고 있다. 따라서, 새끼들에 대한 화학물질들의 부계 공헌은 나비목내에서 널리 퍼져 있을 것이다.

여치(Orthoptera: Tettigoniidae)에서의 교미

교미동안 많은 종의 수컷 여치들은 외형적으로는 암컷의 생식기에 부착되어 있으나 공을 들인 정자주머니들을 전달한다. 각각의 정자주머니는 큰 단백질성 무정자영역, 교미후에 암컷에게 먹히는 spermatophylax, 그리고 spermatophylax가 소비되고 정자가 암컷에게 전달된 이후에 먹히는 정자팽대부(sperm ampulla)로 구성된다. 그림은 생식공에 정자주머니가 부착된 최근에 교미한 암놈 Mormon 귀뚜라미, *Anabrus simplex*를 보여준다; 그림은 오른쪽 위에서 암컷은 정자주머니의 spermatophylax를 먹어치우는 중이다(Gwynne 1981 이 후). 밑의 개략도는 정자주머니의 두 부분을 보이는 Mormon 귀뚜라미 암컷의 뒷 부분을 묘사한다: spermatophylax(사선이 쳐진 부분)와 정자팽대부(점각 부분)(1990 Gwynne 이후). Spermatophylax의 소비동안에 정자는 더 이상의 수컷들에 대한 암컷 감수성을 끄버리는 물질들과 함께 팽대부로부터 옮겨진다. 그것에 의하여 정자주머니를 제공하는 수컷이 알들을 수정시킬 가능성을 증가시키면서 정액이전은 또한 암컷에 의한 산란을 자극한다.

이러한 형태의 혼인 급식의 순응적 중요성에 대한 2가지 주요 가설이 있다. Spermatophylax는 완전한 정액이 전달된 이후까지, 팽대부가 제거되는 것을 방지함에 의해 정자보호기구로써 제공될지도 모른다. 아니면 그 대신에 spermatophylax는 수컷으로부터의 영양물들이 그 수컷에 의해 낳게 되는 알들의 크기와 수를 증가시키는 부모의 투자 형태일지도 모른다. 물론 spermatophylax는 이들 목적들 둘 다를 제공할지도 모르며, 각 가설을 지지하는 다른 종으로부터의 증거가 있다. Spermatophylax 크기의 실험적 변경은 암컷들이 더 큰 것을 먹기 위하여 더 긴 것을 취한다는 것을 증명하였지만, 일부 여치 종에서는 spermatophylax가 완전한 정액이전을 가능하게 하는데 요구되는 것보다 더 큰데 이 경우에 암컷에 대한 영양보너스는 수컷의 새끼들에게 이익이 된다. 비록 계통 발생 분석이 Tettigoniidae내에서 선조대대의 상태가 정액을 보호하는 작은 spermatophylax을 가졌었던 것을 제시하지만, spermatophylax의 기능은 종류들 사이에 명백히 다양하다.

사마귀에서 서로 잡아먹는 교미(사마귀목)

실험실내의 비자연적인 조건들에서 만들어지는 행동 관찰들의 결과로써 사마귀들의 성 생활은 부분적으로는 논쟁의 주제이다. 예를 들면, 교미전, 교미중 또는 그 후에 일반적으로 더 큰 암컷에 의해 수컷이 먹힌다는 많은 보고들이 있다. 암컷들에 의하여 목을 베인 수컷들은 교미 움직임을 정상적으로 방해하는 식도아래신경절(suboesophageal ganglion)의 소실로 인하여 심지어 더 활발하게 교미한다고 알려져있다. 성적 동족포식(cannibalism)은 제한된 음식 결핍으로 인한 것이지만 적어도 일부 종의 암컷 사마귀는 야만적으로 그들의 파트너들을 진짜 먹을지도 모른다.

구애 표현들은 종에 따라 복잡하거나 또는 결여되지만, 일반적으로 암컷은 성페로몬들과 시각적 단서들로 수컷을 유인한다. 대표적으로, 만약 암컷이 수컷에게 고개를 돌리면 움직임의 진행을 억제하면서 수컷은 주의 깊게 암컷에 접근하고, 그런 다음 수컷은 암컷의 공격 범위의 저편 암컷의 뒤쪽 위로 뛴다. 일단 올라 타면, 수컷은 그의 파트너의 붙잡음을 회피하기 위하여 웅크린다. 정자주머니에서 정자가 수컷으로부터 암컷까지 옮겨지는 동안 교미는 대체로 적어도 30분간 지속되고 몇 시간 동안 계속될 것이다. 교미 후 수컷은 서둘러 물러난다. 만약 수컷이 암컷의 식사가 되는 위험이 없었다면, 암컷 면전에서의 그의 독특한 행동은 설명할 수 없을 것이다. 더군다나, 그의 새끼들에 대한 부차적인 영양 이익을 통해 수컷의 생식 적합성에서 얻는 것들의 제안들은, 최종적인 혼인 희생에 참여하는 데 있어 수컷의 확실한 반항으로 인해 부정된다—그 자신의 삶!

성 동족포식의 결과로서 수컷 생식 성공의 증가에 대한 증거는 아직 없는 반면에, 만약 특히 먹이가 제한되면, 그들의 배우자를 먹는 것에 의해 여분의 식사를 얻는 암컷들은 선택적인 이익을 얻는다. 이 가설은 다른 양들의 먹이를 먹였던 아시아 사마귀 *Hierodula membranacea*의 사로잡힌 암컷들로 수행된 실험들에 의해 지지된다. 성적 동족포식의 빈도는 더 빈약한 영양조건의 암컷들에 있어서 더 높았고, 가장 빈약한 먹이의 암컷들 가운데 그들의 배우자들을 먹었던 암컷들이 더욱 더 큰 알주머니(oothecae; 알 꾸러미들)를 생산하였고 더 많은 새끼들을 낳았다. 먹혀버린 수컷들은 그들이 영양분을 주었던 알들을 그들의 정자가 수정시킬 때만 부모 투자를 이룰 것이다. 사마귀들에서 정자경쟁에 대한 결정적인 자료는 유용하지 않고 이러한 형태의 혼인 급식의 이익들은 현재 전적으로 암컷의 것이다.

5.5 외부생식기 형태의 다양성

곤충들의 말단절의 구성요소는 구조에서 매우 다양하고 심지어 다른 면에서는 유사한 종들에서도 종특이적 형태(그림 5.5)를 자주 보인다. 암컷에서 외부형태가 일반적으로 좀더 간단하고 덜 다양한데 비해서, 수컷 외부생식기의 외부형태에서의 다양성은 종의 구별을 자주 가능하게 하기도 한다. 반대로, 암컷곤충의 내부생식기(internal genitalia)는 종종 수컷의 내부생식기보다 더 큰 진단 다양성을 보인다. 그러나 최근의 수컷 내음경의 끝부분을 뒤집기 위한 기술의 발달은 이러한 수컷 내부생식기구조의 종특이적형태의 증명을 증가시키고 있다. 일반적으로 양 성의 외부 생식기는, 비록 생식실의 부분들이 큐티클로 안을 대었지만 내부생식기보다는 더욱 경화되어 있다. 곤충 내부생식기와 심지어 부드러운 조직들(soft tissues)의 특성들은 종 묘사를 가능하게하고 계통발생의 증거를 더욱 더 제시한다.

생식기가 형태적으로 종종 복잡하고 종특이적이며, 때때로 성간에 상보적으로 나타나는 관찰은 이러한 현상의 설명으로써 열쇠와 자물쇠(lock-and-key) 이론을 체계화 한다. 종특이적 수컷 생식기(열쇠)는 동종암컷생식기(자물쇠)에만 맞는 것으로 믿어짐으로써 이종간 짝짓기나 수정을 막는것으로 여겨져 왔다. 예를들어 어떤 여치에서는 종간 교접이 수컷 파악기(crasper, 변형된 미모들(cerci))의 특이한 구조 때문에 잘못된 암컷 생식기밑에 맞추는데 실패함으로써 정자주머니전달에 있어 성공적이지 않다. 열쇠와 자물쇠 이론은 1844년에 처음 제시되었고 그 이후로 논쟁의 주제였다. 전체는 아니지만 곤충들에서 몇가지 이유들 때문에 암컷에 의한 부정확한 수컷 외부생식기의 기계적 배제가 있을것 같지는 않다.

1 동종 암컷과 수컷 부분간의 형태적인 연관성이 낮을 수 있으며

2 종간, 속간 심지어 과간 잡종이 야기될 수 있고

3 절단 실험들이 수컷 곤충들은 동종의 암컷들에게 성공적으로 교미를 하기 위해 생식기의 모든 부분이 필요하지는 않음을 증명하였다.

자물쇠와 열쇠 이론을 위한 일부 증거는, 수컷과 암컷의 내부생식기에 있어 구조적 일치를 보임으로써 그들의 기능은 교미후분리기작이지만 접합전 분리 기작은 아님을 지적하는 것으로 여겨지는 어떤 밤나방의 연구들이 있다. 이종간 짝짓기들을 포함한 실험실내 실험은 다른 밤나방의 내부 구조를 위한 자물쇠와 열쇠 기능을 지지한다. 이종간 교미는 수컷의 낭(vesica)(정액이전동안 음경으로부터 뒤집어지는 구부러지기 쉬운 관)이 암컷의 낭(bursa)에 정확히 맞지 않더라도 일어날 수 있다. 정자는 정자주머니로부터 수정낭으로 이끄는 관 대신에 교미실패를 야기하는 암컷 낭의 구멍에 쏘아 질 것이다. 동종 짝짓기에서 정자주머니는 그것의 열린 부위가 관의 반대방향에 놓이게 위치된다(그림 5.6).

Carabus(*Ohomopterus* 아속)속의 일본 지표 딱정벌레의 종에서는 수컷의 교미 조각(내음경의 부분)이 동종의 암컷의 성기 부속물에 정확히 맞는다. 교미동안 수컷은 그

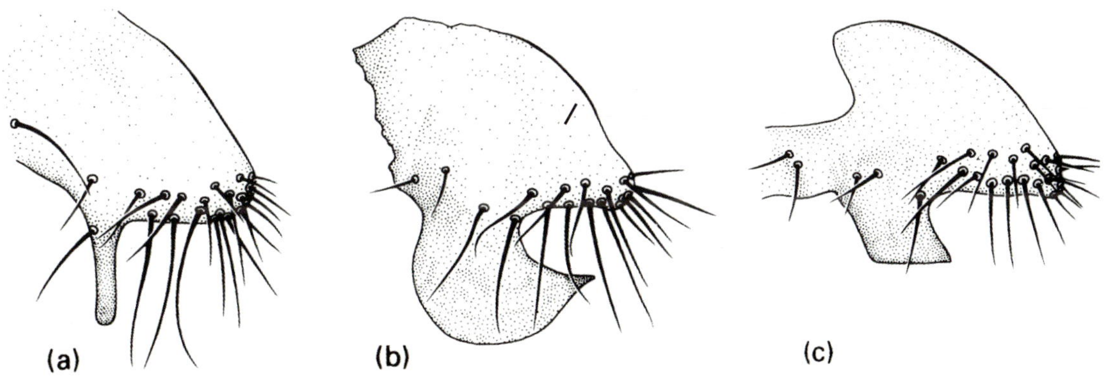

그림 5.5 초파리(Diptera: Drosophilidae) 세 자매종의 수컷 생식기 일부에서의 종특이성. 9번째 복판에서 돌기. (a) *D. mauritiana*, (b) *D. simulans*, (c) *D. melanogaster*.(1983 Coyne 이후.)

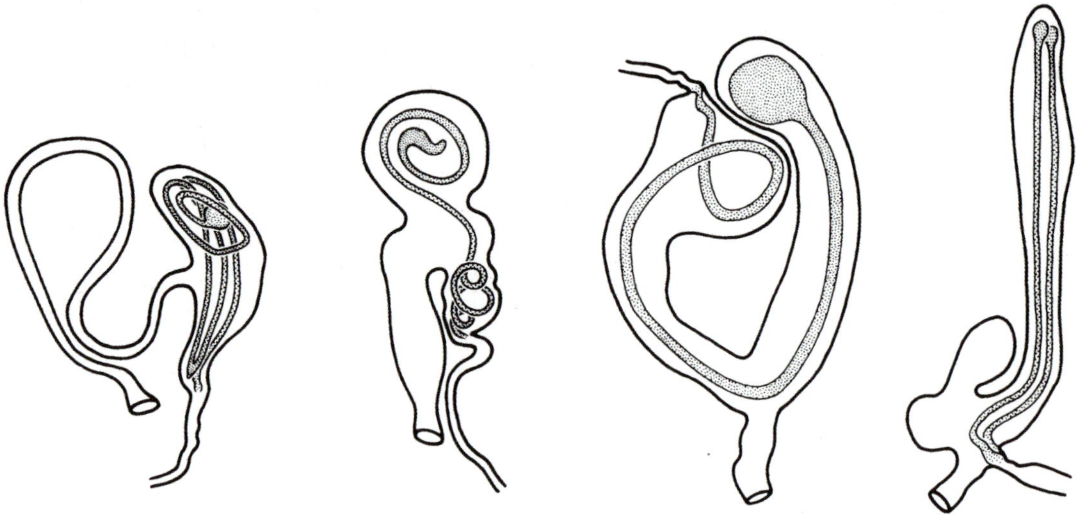

그림 5.6 4개의 다른 속(나비목: Noctuidae) 나방 종들의 암컷 생식관 낭내에 놓여 있는 정자주머니들. 그 열린부위를 수정낭으로 이끄는 정자관(seminal duct)에 반대로 놓이게 되도록 맡겨졌던 정자는 각 정자주머니의 좁은 끝을 통해 떠난다(그려져 있지 않음). 가장 오른쪽의 낭은 2개의 정자주머니를 가져 암컷이 재교미 하였음을 알려준다. (1941 Williams 이후; 1985 Eberhard.)

의 내음경을 암컷의 성기내에서 뒤집고, 교미조각은 성기 부속물로 삽입된다. 밀접하게 관련된 축소성종(parapatric species)은 유사한 크기와 외형을 가지지만 그들의 교미 부분과 암컷성기 부속물은 매우 다른 모양을 가진다. 비록 종이 겹치는 지역에서는 잡종이 발생하지만, 다른 딱정벌레종간의 짝짓기는 동종간의 짝짓기와 비교할 때 감소된 수정율 뿐만 아니라, 부서진 교미조각과 파열된 암컷 질막을 야기하는 것으로 관찰된다. 따라서 생식기의 자물쇠와 열쇠는 잡종 짝짓기들에 강하게 반발하여 선택된 것으로 나타난다.

기계적인 생식적 격리는 종특이적 생식기 형태의 설명에만 유용한 것이 아니다. 5가지 다른 가설이 제시되었다: 다면발생(pleiotropy), 생식기인식(genitalic recognition), 암컷 선택(female choice), 이성간 분쟁(intersexual conflict) 그리고 수컷간 경쟁(male-male competition). 이들중 첫 번째 2가지는 다른 종들의 생식적 격리를 설명하기 위한 시도들이다. 나머지 3가지는 5.3과 5.7절 들에서 더욱 자세히 설명될 주제인 성적인 선택과 관련된다.

다면발생(pleiotropy)가설은 생물의 다른 생명 특성을 위한 주요 코드인, 유전자의 기회 결과로써 종간의 생식기 차이를 설명한다. 이 생각은 왜 생식기가 충체의 다른 부분보다 더 영향을 받아야 하는지 이유를 설명하는데에는 실패하였다. 그리고 다면발생은(잠자리류의 앞 복부와 같이) 삽입기능을 가지는 주요 수컷 생식기와는 다른 기관들을 가지는(잠자리목과 같은) 그룹들에서 생식기 형태를 설명할 수 없다. 다면발생 가설에 의해 설명이 안되는 결과인 1차 외부생식기가 그렇지 않은데 반하여, 그러한 제 2 외부생식기는 가정되는 다면발생적 효과들에 대해 계속적으로 논쟁 거리가 된다.

외부생식기 인식의 가설은 암컷 내외부의 생식기구조에 따라 다른 수컷간의 감각 구별을 통한 종의 생식적 격리를 포함한다. 따라서 암컷은 알맞은 동종 수컷의 생식기 자극에만 반응하고 다른 종의 어떤 수컷에도 반응하지 않는다.

반면, 암컷선택 가설은 암컷들이 선호성을 보이며 종내에서 다양할 수 있는 속성들에 따라 동종 수컷들 간의 암컷의 성적인 구별을 포함한다. 이러한 생각은, 비록 암컷 선택이 그 부산물로써 생식적 격리 또는 종형성에 이를지라도 생식적 격리의 기원과는 관계가 없다. 암컷 선택 가설은 문란한 암컷들 분류군에서는 다양한 생식기 모양을, 그리고 엄격한 일부일처 분류군에서는 동일한 생식기를 예견한다. 이러한 추정은 몇몇 곤충에서 만족된 것으로 보인다.

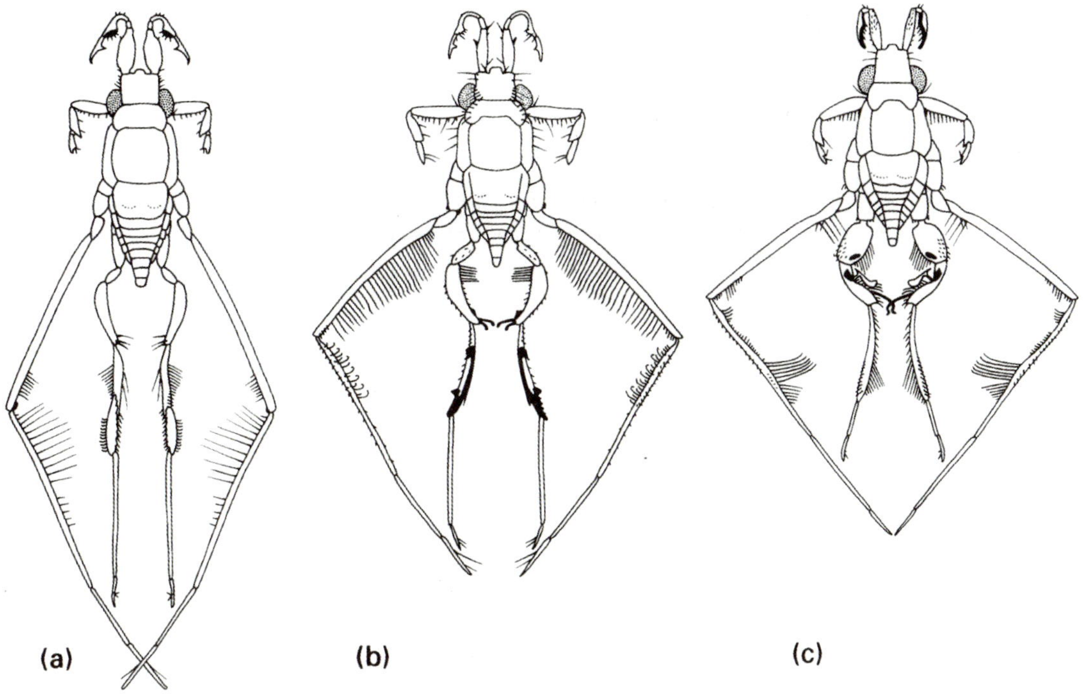

그림 5.7 종특이적 촉각 변형과 다리 변형(대부분 유연한 강모들)을 보이는 소금쟁이 속 *Rheumatobates* 3종 수컷들. 이들 성적이지 않은 수컷구조물들은 짝짓기동안 수컷이 암컷의 등에 올라 탈 때 암컷과 접촉하기위하여 분화된 것이다. 모든 종의 암컷들은 유사한 충체형태를 가진다. (a) *R. trulliger*, (b) *R. rileyi*, (c) *R. bergrothi*. (1954 Hungerford 이후.)

예를 들어 *Heliconius* 속의 열대나비(neotropical butterflies)에서 암컷이 한 번 이상 교미하는 종에서는 암컷이 오직 한 번 교미하는 종보다 좀 더 종 특이적 수컷 생식기를 가지는 경향이 있다. 외부생식기의 가장 많은 감소(거의 없는)는 일부일처를 형성하는 짝에서 예측된 것처럼 흰개미에서 일어난다.

생식기와 다른 충체의 형태에서의 변화는 교미의 조절을 넘어 이성간 분쟁을 또한 야기할지도 모른다. 이 가설에 따르면 암컷들은 수컷 선택을 조절하기 위하여 성공적 수정에 대한 방책을 발전시킨다. 반면 수컷들은 이러한 방책들을 극복하는 기작을 발전시킨다. 예를 들어 소금쟁이(water-strider, Gerridae)들의 많은 종에서는, 수컷들이 복잡한 생식과정들을 가지고 있으며, 그리고 수컷들을 떼어내기 위한 형태적인 특색(즉 복부 돌기들)이나 행동을 차례로 보이는 암컷을 잡기 위해 변형된 부속기들(그림 5.7)을 가진다.

또 다른 예는 일부 암컷 귀뚜라미들(Gryllinae), 벼룩들(Ceratophyllinae), 파리들(즉, 과실파리과(Tephritidae)), 그리고 딱정벌레들(즉 잎벌레들과(Chrysomelidae))이 가지고 있는, 수컷의 긴 정자주머니관(spermatophore tube)에 상응하는 긴 수정낭관(spermathecal tube)으로 이것은 수정낭(spermatheca)에 정자 놓기의 조절을 넘어서서 진화적인 경쟁을 제시하고 있다. 바구미 *Callosobruchus macula-tus*(Chrysomelidae: Bruchinae) 수컷의 삽입기관 위의 돌기들은 어느 경우이든 자신의 수정 성공율을 증가시키기 위하여, 재짝짓기를 감소시키거나 또는 암컷의 산란율을 증가시키기 위해서 암컷의 생식기 구역에 상처를 낸다. 암컷은 교미시간을 줄이고 생식기의 손상을 줄이며 또한 아마도 수정 이상의 어떤 조절을 유지할수 있기 위하여 수컷을 떼어내는 차는(kicking) 반응을 한다. 암컷에 의해 조절되는 정상적인 정액이전 과정을 짧게 순회시키기 위하여 수컷을 위한 기작으로써 발전된, 수컷의 음경으로 암컷의 체벽을 뚫는 것에 의해 수정시키는(빈대들(Cimex lectula-rius)을 포함하는 Cimicidae에서 알려진) **외부수**

Box 5.3 정자 앞세우기

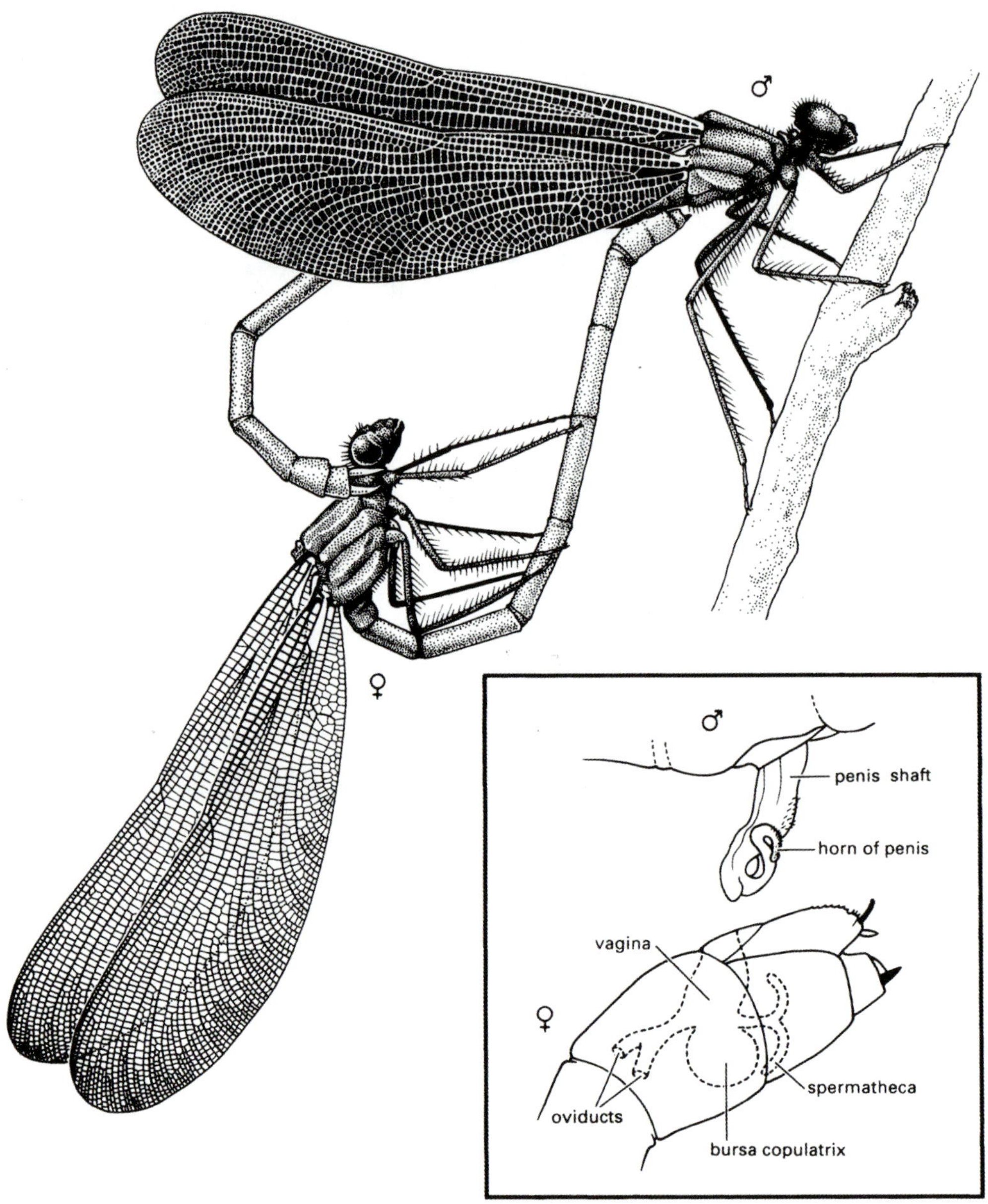

수컷 곤충의 음경 또는 남근은 암컷 수정낭 내의 전략적 위치에 있는 그 자신의 정자의 배치를 촉진하기 위하여, 또는 심지어 경쟁자의 정자를 제거하기 위하여 변형될지도 모른다. 층상구조(stratification)라 불리는 앞 유형의 정자 대체(sperm displacement)는, 후입선출(last-in-first-out)원리가 가동하는 시스템에서 이전에 축적해놓은 정자를 수정낭의 뒤 쪽으로 미는 것을 포함한다(즉, 가장 최근에 넣은 정자는 처음 낳는 알을 수정 하는데 사용될 것이다). 마지막 수컷의 정자 우선권은 많은 곤충 종에서 발생한다: 다른 것들 안에서는 처음 수컷의 우선권 또는 비우선권이 있다(정자 섞임 때문에). 일부 잠자리들에서는 경쟁상대의 정자를 재배치하기 위하여 수컷들이 음경위의 팽창성 엽들(inflatable lobes)을 사용하는 것으로 나타난다. 그러한 정자 포장은 교미하는 수컷이 그의 정자를 수란관에 가장 가까운 곳으로 보내는 것을 가능하게 한다. 그러나, 개별적인 정액이전들로부터 정자의 층상구조는 어떤 고의적인 재배치의 부재에서 저장기관들의 관모양 디자인에 의해서 일어난다.

정자 대체의 두 번째 전략은 제거로써, 정액을 놓기에 앞서 존재하는 정자의 직접적인 퍼내기, 또는 간접적으로 기존의 정액을 그 뒤의 정액으로 씻어냄에 의해 이루어질 수 있다. 수정낭 관내로 잘 도달할 수 있는 유별나게 긴 음경은 수정낭으로부터 경쟁자의 정액을 씻겨 내는 것을 촉진할 것이다. 수컷 곤충의 많은 형태적인 그리고 행동적인 속성들은 이러한 형태의 정액 우선권을 촉진하는 방책들로 해석될 수 있지만, 가장 잘 알려진 예들의 일부는 잠자리류에서이다.

잠자리목에서의 교미는, 수컷 2차 생식기의 저장기관에 그의 정자가 저장되어 있는 곳인 수컷 앞 복부의 밑면에 암컷 복부의 끝을 놓는 것이 필요하다. 일부 잠자리들 및 대부분의 실잠자리들에서는(그림의 교미중인 *Calopteryx damselflies*(Calopterygidae) 처럼(Zznetti 1975 이 후)), 수컷은 암컷의 정자 저장 기관으로부터 다른 수컷들의 정자를 물리적으로 제거 하는데 교미 시간의 더 많은 부분을 소모한다. 단지 마지막 몇분에 그는 자신의 정자를 도입한다. 이들 종에서, 수컷의 음경은 구조적으로 복잡하며, 때때로 경쟁자의 정자를 제거하기 위해 뒤로 구부러진 비늘들을 가지는 측면돌기 또는 갈고리 같은 말단 부속기관들에 더하여 정자를 잡기 위한 긁는 도구와 플랜지로써 이용되는 신장성 머리를 가진다. 암컷이 산란하기 전에 만약 다른 수컷이 짝짓기 한다면 수컷의 정액은 잃어버려질 것이다. 따라서, 수컷 잠자리류가 그들의 배우자들을 지키는 것은 놀라운 것이 아니며, 그들이 협조하여 날고 있는 쌍들로 그렇게 자주 보여지는 이유가 설명된다.

정(traumatic insemination) 또한 가능하다. 명백한 이성간 경쟁의 그러한 예들은 암컷 선택을 속이고자 하는 수컷들에게서 보여진다.

또 다른 가능성은 수컷 생식기의 종특이적인 노력이 정액이전을 경쟁하는 동종 수컷사이의 상호작용에서 기인할지도 모른다는 것이다. 선택은 교미동안 암컷의 침해를 방지하기 위한 수컷의 생식기적인 잡는 구조에 작용하거나, 다른 수컷의 정자를 쫓아내거나 제거할 수 있는 구조를 만들기 위하여 삽입기관 그 자체에 작용할 것이다(5.7절). 그러나 비록 정자 이동이 얼마의 곤충에서 증명되었을지라도, 이러한 현상은 수컷곤충의 성기가 만약 수정낭관이 길고 좁다면 정자 방사는 방해받아 종종 암컷의 정자보관 기구에 닿지 않을 수 있기 때문에 수컷 생식기 다양성의 일반적인 설명같지는 않다.

곤충 생식기의 종특이적 형태에 대한 기능적인 개괄은 다른 설명들이 다른 그룹들에 의심없이 적용되기 때문에 논쟁의 여지가 있다. 예를 들어 수컷간의 경쟁은(정액제거와 바꾸기; Box 5.3) 잠자리류 음경의 모양에 대한 설명에 중요할지도 모르나 밤나방에 대한 설명으로써는 부적절한 것으로 나타난다. 이성간 경쟁, 암컷 선택과 수컷간 경쟁은 암컷이 오직 하나의 수컷과 교미하는 곤충종(흰개미들처럼)의 생식기 구조들에 대해서는 거의 선택적 효과를 가지지 못할 것이다. 그러한 종에서는 성적 선택이 어떤 수컷이 파트너로 선택될지 결정하는 특성에 영향을 줄지도 모르지만 수컷의 외부생식기가 어떻게 모양지어지는가는 아니다. 더욱이 기계적인 그리고 감각적인 자물쇠와 열쇠는, 만약 구애 행동이나 계절적 또는 생태적인 차이점들과 같은 격리 기작이 잘 발달된다면 불필요할 것이다. 그래서 우리는 각 암컷에 1번의 정액이전이 따르는 비생식기적 구조를 포함한 종특이적 구애전 표현들을 가지는 속 중에서 생식기 구조에서 형태적인 항구성(또는 어떤 다면발현을 허락하는 높은 수준의 유사성)을 예측할 수도 있다.

5.6 정자보관, 수정 그리고 성 결정

많은 암컷 곤충들은 하나 또는 그 이상의 수컷들로부터 받은 정자를 그들의 정자보관기관이나 수정낭에 보관한다. 대부분의 곤충목 암컷들은 하나의 수정낭을 가지지만 일부 파리들은 2 또는 3개를 가지고 있는 것이 주목할 만하다. 때때로 정자는 수정낭에서 상당한 시간을 생존할 수 있으며 심지어 꿀벌의 경우에는 3년 또는 그 이상 생존할 수 있다. 저장기간동안 암컷의 수정낭샘으로부터의 분비물은 정자의 생존력을 유지한다

알들은 그들이 **중앙수란관**(median oviduct)과 질(vagina)을 지날 때 수정된다. 정자는 난각을 통과하는 좁은 수로 같은 하나 이상의 수정공(micropyle)들을 통해 알내로 들어간다. 수정공 영역은 정자 침입을 촉진하여 알 통과 동안 수정낭의 열린방향으로 위치한다. 많은 곤충들에서 수정낭으로부터 정자의 방출은 시기와 수적인면에서 매우 정교하게 조정되는 것으로 나타난다. 여왕 꿀벌에서는 알 하나에 대해 20개 정도의 정자가 방출되는 것 같은데 이것은 대단히 경제적인 이용이다.

대부분의 곤충들에서 수정된 알들은 주로 유전적인 기구들인 특별한 결정기작에 성(sex)들을 의존하여 수컷과 암컷을 모두 생기게 한다. 즉, 대부분의 곤충들은 부모로부터의 한 세트 염색체를 가지는 **이배체**(diploid)이다. 가장 일반적인 기작은 잔존하는 상염색체(autosome)들로부터 분화된 성염색체들(sex chromosomes; X-염색체들, 이형염색체들)의 유전에 의해 자손의 성이 결정되는 것이다. 따라서 각 개체는 1개(XO) 또는 2개(XX)의 성염색체의 존재에 따라 성이 할당된다. 그러나, 비록 XX가 일반적으로 암컷 그리고 XO가 수컷이지만 이러한 할당은 분류학적 그룹내 또는 그룹간에는 변화된다. 다중 성염색체를 포함하는 기작들 또한 일어나고 성염색체와 상염색체사이의 복잡한 융합들에 관련된 관찰들이 있다. 특히 성이 일부 모기나 각다귀 같은 일부 곤충에서 하나의 유전자에 의해 결정되는 경우에는 성염색체를 종종 인지할 수 없다. 성 결정의 더한 복잡성은 게놈(후천적인 요소들)의 내-외부 환경의 상호작용으로 일어난다. 더욱이 매우 큰 변이는 출생에서 성비율로 보여진다. 비록 비율이 종종 하나의 수컷에 하나의 암컷이지만 100% 한 성으로부터 100% 다른 성까지 많은 편차 범위가 있다.

반수체-**이배체**(haplodiploidy; 수컷 반수체(haploidy))에서 수컷 성은 오직 한 세트의 염색체들을 가진다. 이것은 **수컷생산단성생식**(arrhenotoky; 5.10.1절)이라 불리는 미수정된 알(감수분열을 보완하는 암컷 염색체의 반을 가지는)로부터 그 발달을 통해 일어나거나, **부계 게놈 제거**(paternal genome elimination, 많은 수컷 깍지벌레 곤충에서처럼)라 불리는 것처럼 부계 염색체 세트가 불활성화되거나 제거되어 수정된 알로부터 일어난다. 수컷생산단성생식은 수컷들(수벌)이 수정되지 않은 알에서부터 발생하는 반면, 암컷들(여왕벌 및 일벌)은 수정된 알에서 발생하는 꿀벌이 좋은 예이다. 그러나 성은 적어도 몇몇 벌목에서는 암컷에서는 이형적이고 수컷(반수체)에서는 동형인 하나의 유전자(최근 꿀벌에서 특성분석이 이루어진 보완 성-결정영역(complimentary sex-determining locus)에 의해서 결정된다. 암컷은 정자를 보관할 수 있고 알의 수정을 조절할 수 있는 그녀의 능력을 통하여 자손의 성을 조절한다. 저장으로부터 정자 방출의 정확한 조절에 대한 증거가 있지만, 대부분의 곤충에서 이러한 과정은 거의 알려져 있지 않다. 생식실(genital chamber)에서 알의 존재는 정자 방출을 선도하는 수정낭 벽의 수축을 자극할 것이다.

5.7 정자경쟁

다중 교미(multiple matings)는 많은 곤충 종에서 일반적이다. 자연적인 조건하에서 재교미의 발생은 각 암컷들의 교미 행동의 관찰, 사정하는 양의 면밀한 조사 그리고 암컷의 정자보관기관에 존재하는 정자주머니의 수에 의해 확인될 수 있다. 재교미에 대한 어떤 최고의 자료는 일생을 통해 암컷의 교미낭(bursa copulatrix)에 유지되는 각 정자주머니의 일부분을 가진 많은 나비목의 연구들로부터 이다(그림 5.6). 이들 연구들은 야외 자료가 충분히 의미있는 나비목의 거의 모든 종에서 얼마간 재교미가 일어남을 보여준다.

암컷내에서 다른 수컷들로부터의 정액 중첩(overlap)과 암컷들에 의한 다중 짝짓기, 정자보관과 체내 수정의 조합은 **정자경쟁**(sperm competition)으로 알려진 현상으로 이끈다. 이것은 둘 또는 그 이상의 수컷으로부터 정자를 알에 수정시키려는 경쟁이 있을 때 산란시기에 암컷의 생식실내에서 일어난다. 생리적기작과 행동기작들 둘다 정자 경쟁의 결과를 결정한다. 따라서 다양한 짝짓기 행동의 속성과 결합된 암컷의 생식계 내부의 사건들은 어떤 정자가 알에 성공적으로 도달할지를 결정한다. 수컷 생식 적합성이 단순히 교미 획득의 수가 아니라, 수정된 알 또는 낳은 자손의 수 측면에서 측정된다는 것을(비록 이러한 측정들이 때때로 함께 관련 되지만) 깨닫는 것은 매우 중요하다. 수컷이 지킬 수 있는 교미의 수와 각 짝짓기에 그가 수정할 알들의 수 사이에는 균형이 있을 수 있다. 높은 교미 빈도는 일반적으로 교미당 낮은 시간 또는 에너지 투자와 더불어 낮은 부계의 확실성에 일반적으로 관련된다. 그들의 배우자를 먹는(Box 5.1과 5.2) 다른 극단에서, 상당한 부모 투자를 보이는 수컷들과 부계의 확실성을 좀 더 직접적으로 증가시키는 다른 적응들은 주어지는 기간에 대하여 더 적은 암컷을 수정시킬 것이다.

부계의 확실성을 증가시킨 수컷들에서 성적으로 선택된 적응의 주요 2가지 형태가 있다. 첫 번째 전략은 암컷이 우선적으로 그들의 정자를 이용하는 것을 확실히 할 수 있는 수컷들에 의한 기작들이다. 그러한 **정자 우위**(sperm precedence)는 일반적으로 암컷과 이전에 교미를 했던 수컷들의 정액을 교체함에 의해 얻어진다(Box 5.3). 두 번째 전략은 다른 수컷들에 의한 그 이후의 정액이전 발생 또는 그 효과를 감소시키는 것이다. 짝짓기 마개들, 암컷의 수용성을 끄버리는 수컷 유래 분비물의 이용(Box 5.4), 질질 끄는 교미(그림 5.8), 교미동안 다른 수컷들에 의한 인계를 방지하기 위해 암컷을 잡을 수 있게 개선된 구조물들을 포함한 다양한 기작들이 이러한 결과를 얻기 위하여 나타난다. 정자 앞서기를 이루고 또한 그녀 알들의 적어도 일부에 그의 정자를 수정시킬때까지 암컷에게 성공적으로 정액이전하는 것으로부터 다른 수컷들을 방지할 수 있는 일부 수컷에게는 중요한 선택적 이익이 생길것이다.

정자 경쟁의 성과를 결정하는 인자들은 완전히 수컷 조절하에 있는 것은 아니다. 암컷 선택은 위에서 언급한 성적 선택과 생식기 구조의 모양에서 보여진 것처럼 복잡한 영향이다. 성적인 배우자들의 암컷 선택이 2배일지도 모른다. 첫째로, 많은 종들의 암컷들이 잠재적인 짝짓기 배우자들 중에서 선택한다는 좋은 증거가 있다. 예를들어 많은 밑들이잠자리 종의 암컷들은, 어떤 최소 크기와 질의 먹이를 제공하는 수컷들과 선택적으로 교미한다. 몇몇 딱정벌레와 나방 및 여치종과 같은 어떤 곤충들에서는 암컷들이 짝짓기 배우자로써 더 큰 수컷을 선호함을 보였다. 둘째, 교미 직후에 암컷은 어느 정자를 이용할 것인가로 배우자들 사이를 구별할 것이다. 한 생각은, 수컷 생식기의 자극에 있어 변이는 내부 구애(internal courtship)에 기초를 두고 다른 것보다 우선적으로 한 수컷의 정자를 사용하도록 암컷을 유도한다는 것이다. 암컷들이 정자 수송에서부터 저장, 유지 그리고 산란에서의 이용을 통제하기 때문에 특이한 정자 이용은 가능하다.

5.8 난생(oviparity, 알 낳기)

암컷 곤충의 많은 다수가 **난생**(oviparous)이다, 즉 알을 낳는다. 일반적으로 난소(ovary)에서 수란관(oviducts)으로 알을 몰아내는 배란(ovulation)뒤에 수정이 재빠르게 뒤따르고 그 다음 산란(oviposition)이 일어난다. 산란이 호르몬과 신경조절하에 나타나는 반면, 배란은 뇌로부터 방출되는 호르몬에 의해 조절된다. 외부 생식기의 구멍 또는 외음부로부터 암컷의 외부로 알이 통과하는 과정인 산란은 종종 산란위치를 파거나 캐는 것과 같은 행동과 연관되어 있으나(그림 5.9), 종종 알들은 단순히 땅위 또는 물속에 떨어뜨려지기도 한다. 보통 알들은 부화한 자손들에 의해 필요로 되는 먹이 위 또는 그 근처에 낳아진다. 산란 이후 알들의 관리는 부족하거나 최소적이지만, 사회성 곤충(12장)들은 그 관리를 잘 발달시켰고 어떤 수서 곤충들은 매우 이례적으로 부계관리(paternal care)를 보인다(Box 5.5).

암컷 난소내의 곤충알은, 난모세포(oocyte)가 **난황막**(vitelline membrane)과 **난각**(chorion)으로 형성된 외부 보호코팅제인 알껍질(eggshell)로 덮이게 될 때 완전해진다. 난각은 다음과 같은 층으로 일부 또는 완전히 구성된다: 왁스층(wax layer), 가장 안쪽의 난각, 내난각층(endochorion)과 외난각층(exochorion)(그림 5.10). 난소의 난포세포(follicle cell)들이 알껍질을 생산하며 난각의 표면 새김은 보통 이들 세포의 윤곽을 반영한다. 전형적으로 알들은 난황이 풍부하고 따라서 성충의 크기에 크게 비례한다; 알 세포들은 길이 0.2 mm 부터 약 13 mm 범위이다. 알내에서 배자 발달(embryonic development)은 알 활성화 이후 시작한다(6.2.1절).

알껍질은 여러가지 중요한 역할을 한다. 그 구조는 수정시에 정사의 유입을 선택적으로 허락한다(5.6절). 아래에 기술된 것처럼 좁은 산란관을 통과하는 동안 알들이 압축되는 종에서는 특히 그 신축성이 산란을 촉진한다. 그 구조와 조성은 부적합한 습도와 온도, 미생물 침입과 같은 유해한 조건으로부터 배자(embryo)를 보호 할 수 있고 또한 알의 내부와 외부사이의 산소와 이산화탄소의 교환을 허락한다.

다른 곤충 그룹들에서 알껍질의 층형성(layering) 복잡성과 조성에서 보여지는 차이점들은 산란 위치에서 직면하는 환경조건과 연관된다. 기생벌들에서는 알껍질이 좁은 산란기를 통과하는 동안 유연성을 가질 수 있도록 보통 얇고 비교적 동일한 조직이지만, 건조가 위험하지 않는 숙주조직내에서 배자가 발달하기 때문에 난각의 왁스층은 없다. 반면에, 많은 곤충들은 그들의 알을 건조한 곳에 낳고, 여기에서 대부분의 알들이 부피 비율에 대비하여 높은 표면적 때문에 산소를 얻는 동안 수분손실을 피해야하는 문제가 종종 중요하다. 육상에 있는 알들의 대다수는 좁은 구멍들이나 기공들(aeropyles)을 통해 바깥 대기와 접촉

Box 5.4 검정파리의 짝짓기와 산란의 조절

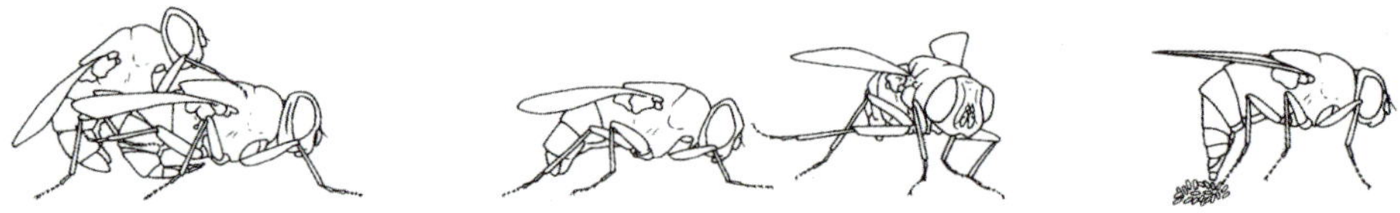

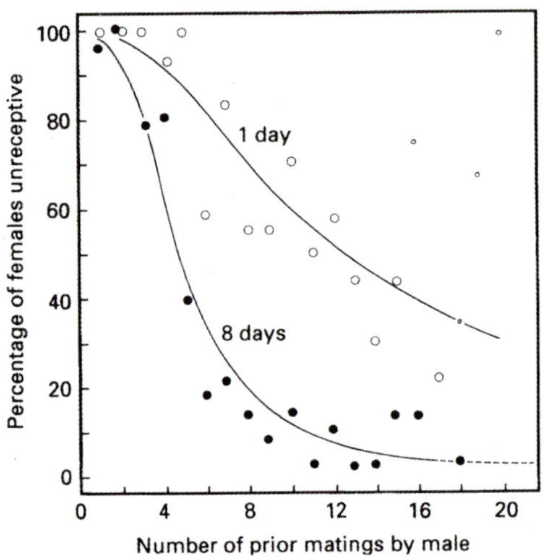

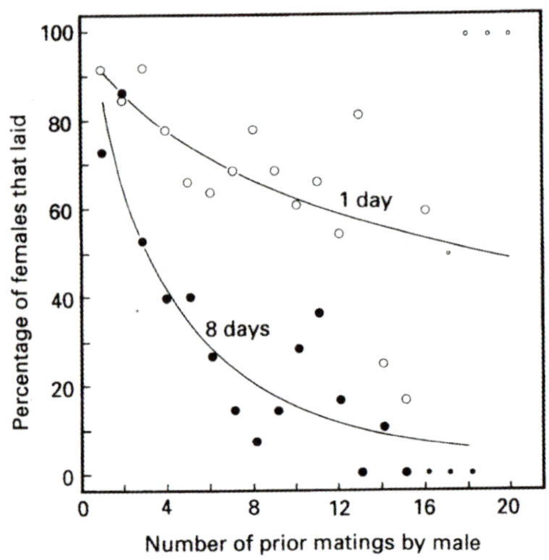

양 검정파리(sheep blow fly), *Lucilia cuprina*(파리목: Calliphoridae)는 오스트레일리아 양 산업에 myiases 또는 strikes에 의하여 야기되는 손실들을 통하여 매년 수백만 달러의 피해를 주고있다. 이 전염병을 옮기는 파리는 19세기 후반에 아프리카에서 호주에 전해졌던 것일 것이다. 이 해충을 위한 제어 프로그램에 대한 관련성 때문에 L. cuprina의 생식 행동은 일부 세부적으로 연구되어왔다. 성충 암컷의 난소발육과 생식 행동은 정확한 단백질의 급식을 통하여 매우 정형화 되고 용이하게 조작된다. 대부분의 암컷은 **비자생적이며**, 즉 그들 알들을 발달시키기 위하여 단백질성 식사를 필요로한다, 보통 급식 후 그리고 그들의 난모세포가 초기 난황형성에 이르기 전에 짝짓기를 한다. 그들의 첫 번째 짝짓기 후 암컷들은 몇 일 동안 더 이상의 짝짓기 시도를 거부한다. 스위치-끄기(switch-off)는 수컷의 부속샘들에서 생산되고 짝짓기하는 동안 암컷에 옮겨지는 펩티드(peptide)에 의해 활성화 된다. 짝짓기 또한 산란을 자극한다; 짝짓기한 암컷은 쉽게 알을 낳는 반면, 처녀 암컷들은 좀처럼 알들을 낳지 않는다. 각 파리의 알들은 수백개의 단일 덩어리로 낳아지고(위 오른쪽의 그림) 그 다음 새로운 난소 주기는 동시에 발달하는 난모세포들의 다른 무더기로 개시된다. 암컷은 재 짝짓기 하기 전에 1개에서 4개의 알 덩어리를 낳을 것이다.

비감수성 암컷들은 수컷의 짝짓기 시도들에 대하여, 그들 몸 아래로 복부를 고리 모양으로 말기(위 왼쪽 그림), 수컷들 걷어차기(위 중앙 그림), 그들의 활발한 피함으로 반응한다. 그들의 점차적으로 감소하는 낳고자 하는 경향과는 대조적으로 수용성은 이전에 짝짓기된 암컷들에게 점차적으로 되돌아간다. 만약 재짝짓기가 된다면, 그러한 낳지않는 암컷들은 낳기를 재개한다. 암컷의 정자 비축의 크기도 교미의 기계적 자극도 암컷 행동에 있어서 이들 변화들을 설명할 수 없다. 실험적으로 암컷 짝짓기 무반응 기간과 낳을 준비는 교미 동안 암컷의 교미낭에 있는 수컷 부속샘 물질의 양에 관련된다는 것이 증명되었다. 만약 수컷이 하루 동안(여러 번의 짝짓기하는 수컷) 반복적으로 짝짓기를 한다면, 더 적은 샘 물질이 각 성공적인 교미에 전달된다. 따라서, 하룻동안 만일 한 수컷이, 그들의 낳기 위한 준비와 수용성에 대한 간격들에서 나중에 테스트된 암컷들과 연속적으로 짝짓기 된다면, 비수용성 또는 산란 중인 암컷들의 비율이 수컷이 이미 짝짓기를 했던 암컷들의 수에 반비례하게 연관된다. 다중으로 짝짓기를 한 수컷들과 짝짓기를 한 후, 1일(○) 또는 8일(●)에 조사되었을 때, 왼쪽 그래프는 더 이상의 짝짓기에 대해 비수용적인 암컷들의 퍼센트를 보여준다. 비수용성 수치들의 퍼센트는 다른 암컷들의 1에서 29개의 테스트들에 근거한다. 오른쪽 그래프는 여러 번 짝짓기한 수컷들과 짝짓기 후, 1일(○) 또는 8일(●)에 제공된 산란 기질에 접근한 6시간동안 알들을 낳은 암컷들의 퍼센트를 보여준다. 산란된 퍼센트 수치들은 1에서 15마리의 암컷들의 테스트들에 근거한다. 이들 2개의 도표들은 30마리 수컷들의 다른 그룹으로부터의 자료를 대표한다; 5 미만의 수를 가진 암컷 파리들의 시료들은 더 작은 기호들에 의해 표현된다(1969 Bartell 등 이후; 1990 Barton Browne 등; 1990 Smith 등).

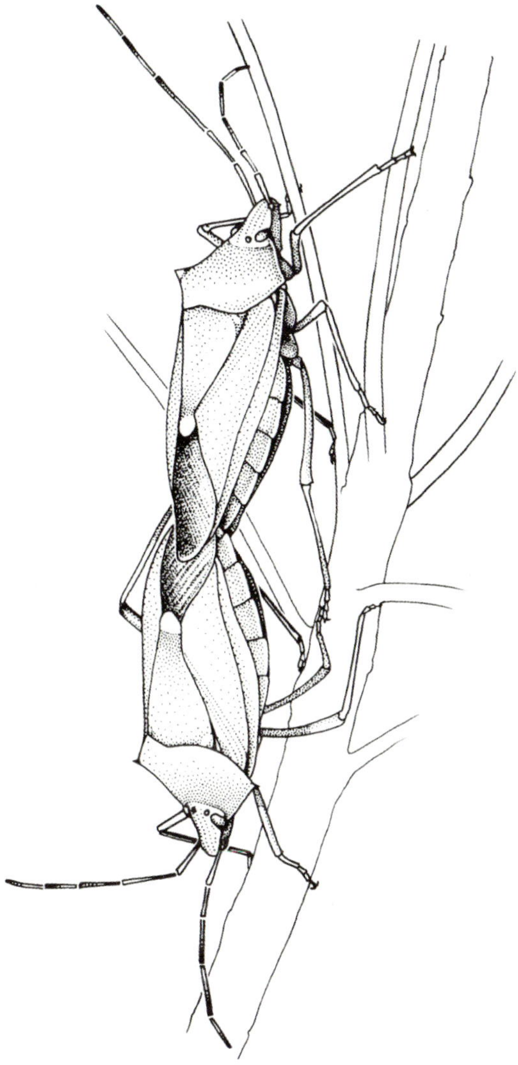

그림 5.8 *Poecilometis*(Hemiptera: Pentatomidae) 종의 교미중인 노린재 1쌍. 많은 노린재목 벌레들은 지연된 교미에 열중하여, 암컷이 더 이상 수컷들에 비감수성이 되거나 호위하는 수컷에 의해 수정된 알들을 놓을 때까지 다른 수컷들이 암컷에 정액이전하는 것을 막는다.

하여 공기층을 형성하는 망을 갖고 있는 소수성 왁스난각층(hydrofuge waxy chorion)을 가진다.

많은 곤충들(즉, 좀목, 많은 잠자리목, 메뚜기목, 일부 매미목, 일부 총채벌레목, 벌목)의 암컷들은 알을 낳는 기관 또는 산란관(ovipositor)을 형성하기 위해 변형된 여덟번째와 아홉번째 복부마디들의 부속기관들을 가진다(2.5.1절). 다른 곤충들(즉, 많은 나비목, 딱정벌레목, 그리

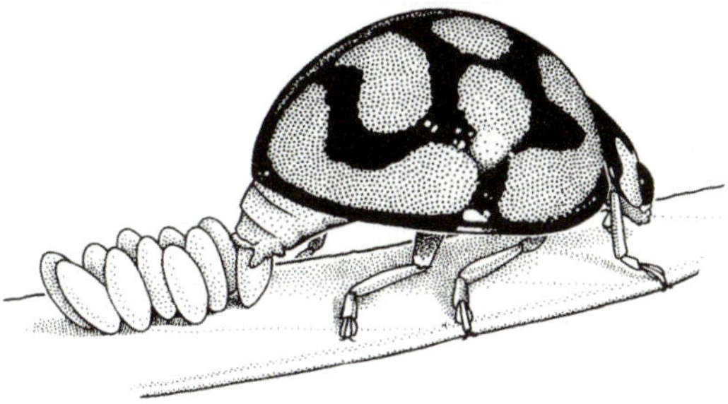

그림 5.9 남아프리카 무당벌레 *Chilomenes lunulata*(Coleoptera: Coccinellidae)에 의한 산란. 점착성 분비물이 각 알에 더해지기 때문에 알들은 잎 표면에 부착된다. (1976 Blaney 이후.)

고 파리목)에서는 그것이 산란관("대용적" 산란관)으로써 기능을 하는 암컷 복부의 부속기들 보다 좀더 뒤쪽마디들이다. 종종 이러한 마디들은 알 통과의 개구가 말단 끝에 가까이 있는 포개어 끼울 수 있 관(telescopic tube) 내로 내밀어질 수 있다. 산란관 또는 복부의 변형된 끝은 곤충이 그 알들을 틈, 토양, 식물조직 또는, 많은 기생종들에 있어서는 숙주인 절지동물내와 같은 특별한 위치에 삽입할 수 있게 한다. 흰개미목, 이목 그리고 여러가지 강도래목과 같은 다른 곤충들은 알낳는 기관이 결여되어있고 알들은 단순히 표면에 낳아진다.

어떤 벌목(일부 말벌들, 꿀벌들, 개미들)에서는 산란관이 알을 낳는 기능을 잃어버리고 독주입침(poison-injecting sting)으로 이용된다. 쏘는 벌목은 변형된 산란관의 밑바닥에서 생식실의 개구로부터 알들을 방출한다. 그러나 대부분의 말벌들에서는 비록 깃대(shaft)가 매우 좁지만 알들이 산란관 깃대의 관을 따라 통과한다(그림 5.11). 매우 가는 산란기를 가진 어떤 기생 말벌들에서는 알들이 깃대의 좁은 관을 통해 이동할 만큼 매우 압축되고 잡아늘여져 있다.

옆으로의 이동은 방지하지만 서로 앞뒤로 미끌어지도록 허용되는 서로 맞물린 홈이음들(interlocking tongue-and-groove joints)에 의해 곤충 산란관의 밸브들은 함께 유지된다. 그러한 움직임, 그리고 때때로 산란관의 끝위 톱니모양의 존재는 산란관의 알낳는 위치의 구멍뚫는 행동을 책임지고 있다. 산란관의 관 아래쪽으로 알들의 이동은 밸브의 내부 표면에 위치하는 뒤쪽으로 유도된 비늘(micro-sculpturing) 때문에 가능하다. 산란관 비늘들은

Box 5.5 알-돌보기 아버지들 – 물장군류

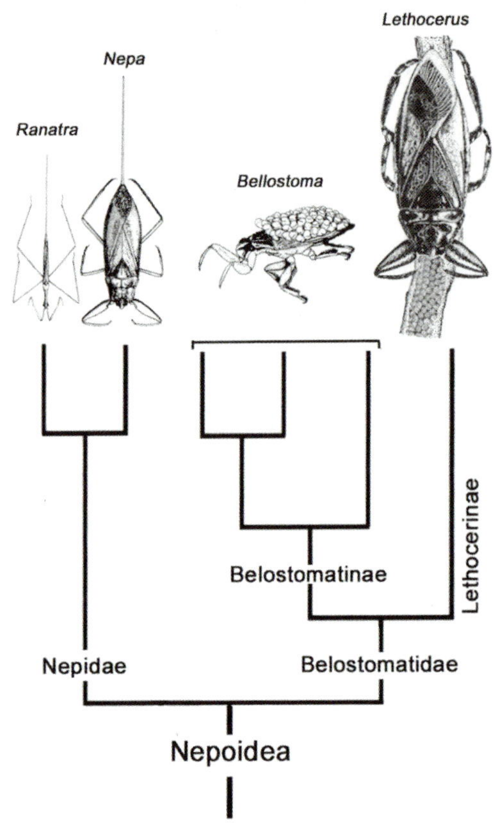

사회성을 보이는 성충들에 의한 알들의 보호는 일반적이지만(12장), 수컷 곤충들에 의해 완전히 돌보아지는 것은 매우 이례적이다. 이러한 행동은 물장군들(giant water bugs)과, 그들의 일반명들(giant water bugs, water scorpions, toebiters)이 그들의 크기와 행동들을 반영하는 Belostomatidae와 Nepidae과(family)들을 구성하는 Nepoidea에서 가장 잘 알려져 있다. 이들은 먹이를 잡기에 알맞은 앞다리들과 꿰뚫는 구기들로 그들이 잡는 올챙이와 작은 물고기 같은 척추동물 먹이에 전문화된 가장 큰 종인 포식자이다. 이들 큰 먹이들을 섭식하기 위해 필요한 큰 성충 충체 크기의 진화 달성은 노린재목에서는 5령까지의 고정된 수와 각 탈피에서 제한된 크기 증가에 의하여 억제된다. 이러한 계통발생적(진화론적으로 상속되는) 억제들은, 큰 알들의 산란을 통해 큰 크기에서부터 발육의 개시에 의해 그리고 한 과에서는 알들의 전문화된 부계 방어에 의한 흥미로운 방법들로 극복되어왔다.

Belostomatinae 아과에서 알 돌보기는 5개 속 100종 이상에 의해 공유되는 행동으로, 수컷들이 그들의 등들에 알들을 적재하는 "등-품기(back-brooding)"를 수반한다. 수컷은 암컷과 아마도 100회 정도 되풀이해서 짝짓기를 하고, 따라서 암컷이 수컷의 등위에 낳은 알들을 보장하는 것은 그 혼자만의 것으로 수컷이 그 이후의 돌보기 행동을 조성한다. 알들을 가로질러 물결을 생성하는 "Brood-pumping"이라 불리는 활동적인 수컷-돌보기 행동은, 고정된 수컷에 의한 수면아래의 물결치기인 "press-ups"를 수반한다. 이것은 속도가 느리지만, 구애에서 이용된 pumping 표현의 형태와 동일하다. 다른 분류군 수컷들의 "surface-brood"는 알들의 틈들이 젖고 꼭대기들은 공기중으로 되는 것처럼 물 표면에서 등을(그래서 알들을) 수평으로 유지한다. 품는 수컷들에게 독특한 것인 이러한 자세는 수컷들을 포식의 더 높은 수준들로 노출시킨다. 세 번째 행동인 "brood-stroking"은 수중에 잠긴 수컷의 sweeping과 알 패드 위로의 물 순환을 수반한다. 만약 수컷으로부터 공기 중이든 수중이든 떨어져 있으면 모든 알들이 죽는 것에 비해, 돌보기는 95% 이상 성공적인 출현(우화)으로 끝난다.

Lethocerinae의 구성원들(Belostomatinae에 대한 자매 그룹)은 우리들로 하여금 이러한 부계 알 방어들 양상들의 기원을 이해하도록 도와주는 것과 관련된 행동들을 보여준다. Belostomatinae에서 pumping 표현을 수반하는 구애의 결과, 줄기 또는 호수나 연못표면의 다른 돌출부위에 알들이 놓여지는 한바탕의 알낳기를 가운데에서 빈번하게 교미한다. 알낳기의 완료 후, 암컷은 수컷에게 알을 맡기고 헤엄쳐서 떠나며 더 이상의 역할을 수행하지 않는다. "새로운 양육을 하는(emergent brooding)" 수컷은 며칠에서 몇 주까지 알이 부화 할 때까지 공기중의 알들을 돌본다. 그의 역할들은 알들 위로 토해낼 물을 흡수하고 마시기 위하여 주기적인 스스로의 잠수, 알들 보호 그리고 공중으로부터의 위협에 대하여 표현하는 자세잡기를 수반한다. 보살핌을 받지 않은 알들은 건조로 죽는다; 증가하는 물에 의해 잠긴 알들은 버림받고 가라앉는다.

곤충 알들은 고도로 발달한 난각을 가지고 이것은 외부 환경과 발달 중인 배자 사이의 가스 교환을 가능케 한다(5.8 절). 상대적으로 작은 알에 비해 큰 알의 문제는 구의 표면적의 증가가 부피의 증가보다 훨씬 적다는 것이다. 물속에는 산소가 부족하고 공기 중에서 보다 매우 더 느리게 확산되기 때문에, 증가된 크기의 알은 물로부터 알로의 산소 확산에 대한 능력의 한계에 부딪힌다. 지상의 환경에서는 그러한 알을 위한 가스 교환이 쉽지만 물의 소실로 인한 건조는 문제가 된다. 비록 지상 곤충들이 건조를 피하기 위하여 난각의 주위에 왁스를 사용하지만, Nepoidea의 긴 수생 역사는 계통발생학적 타성의 또 다른 예를 제공하면서 어떤 그러한 메카니즘이 소실되어 왔고 유용하지 않음을 의미한다.

Nepoidea의 계통발생에서(1997 Smith 출처의 축소된 형태로 반대편에 보여진), 부계 돌봄 획득의 점차적인 패턴이 보여질 수 있다. Belostomatidae에 비슷한 과인 Nepidae(장구애비)에서 가장 큰 것을 포함한 모든 알들은 잠겨서 발달한다. 가스 교환은 하나의 치관(crown) 또는 2개의 긴 돌기들내로 난각표면적의 확장에 의해 촉진된다: 알들은 결코 품어지지 않는다. Belostomatidae에서는 그러한 난각의 공들임이 진화되지 않았다: 물에 빠지는 것이나 건조를 피하기 위한 요구와 함께 산소에 대한 큰 알들에 의한 요구사항은 파도치는 바위 위 산란에 의해 충족될 수 있었다- 비록 이 전략이 현존하는 어떤 분류군에서도 알려지지 않은 방법이지만, 2가지 대안들이 발달하였다 불시에 나타나는 구조물들 위에 알 낳기에 의해 침수와 잠김의 회피 (Lethocerinae), 또는, 아마 어떤 적당한 기질의 부재상황에서 따라다니는 배우자의 등 위에 알 낳기(Belostomatinae). Lethocerinae에서 수컷들의 물뿌리는 행동들은 공기중의 알들이 알을 품은 기간 동안에 건조되는 문제를 막기 위한 것이다; Belostomatinae에서는 이미 존재하는 수컷의 구애 펌핑 행동이 등-품기하는 수컷의 산소운반을 위해 전적응 한 것이다. Surface-brooding과 brood-stroking은 수컷의 보호행동들로부터 좀더 유래된 것으로 보인다.

두 번째 없이는 첫 번째가 불가능하였기 때문에 큰 알들과 수컷의 품기 행동의 특색들은 함께 나타나며, 그리고 큰 알들과 알 호흡돌기들 또한 함께 나타난다. 따라서 Nepoidea에서 큰 충체 크기는 2번에 걸쳐 진화되었어야 한다. 부계 돌봄과 알 호흡 돌기들은 가스교환을 촉진하고 따라서 큰 알들의 생존을 촉진하는 다른 적응들이다.

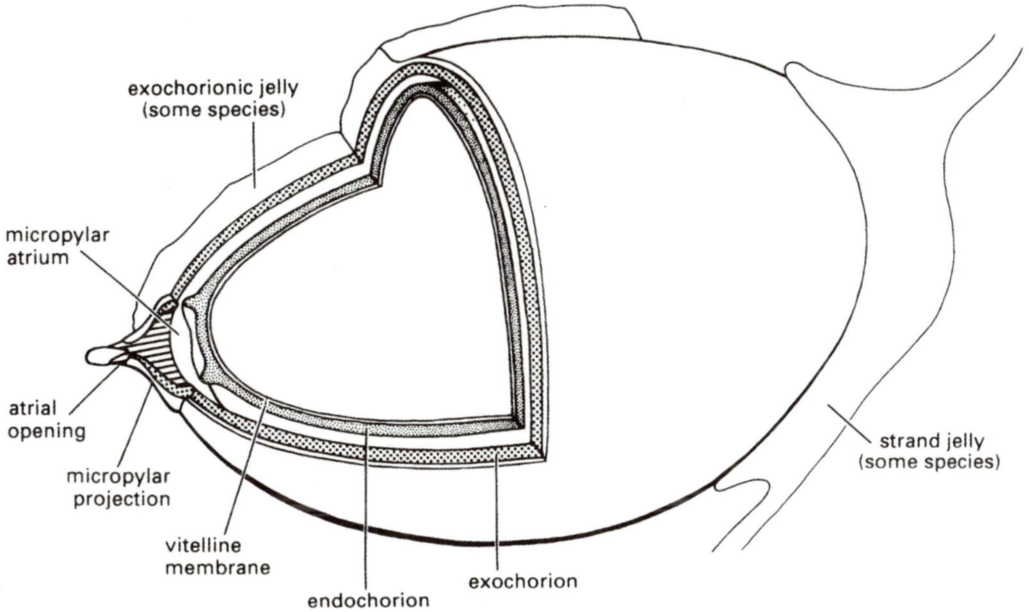

그림 5.10 Libelluloid 잠자리(Odonata: Corduliidae, Libellulidae) 알의 일반적인 구조. Libelluloid 잠자리들은 민물내에서 식물조직의 외부에 항상 산란한다. 알껍질의 내난각층과 외난각층들이 일부 종에서는 확연한 공백으로 분리된다. 젤라틴성 기질이 외난각상에 또는 알들간의 연결 섬유로써 존재할 것이다. (1991 Trueman 이후.)

모양에서(접시 같은 것부터 돌기 같은 것) 그리고 곤충 그룹간에 배열에서 다양하고 주사전자현미경하에서 가장 잘 보인다.

귀뚜라미와 여치의 눈에 잘 띄는 산란관에서 발견되는 비늘들은 이들 변이들의 좋은 예가 된다(메뚜기목: 귀뚜라미과와 여치과). 야외 귀뚜라미 *Teleogryllus commodus*(그림 5.12)의 산란관은 중첩된 접시 같은 비늘들을 가지고 알도관의 세로를 따라 산재된 짧은 감각기를 가진다. 이들 감각기들은 알이 관을 따라 이동하기 때문에 알의 위치에 대한 정보를 제공할 것임에 반하여, 각 등쪽 밸브 신호들의 정점에 있는 더 큰 감각기들 그룹은 알이 방출되었다고 신호할 것이다. 더욱이 *T. commodus*와 어떤 다른 곤충들에서는 내부 표면위의 비늘들에 반대되는 방향으로 향하는 산란관 끝의 외부 표면에 비늘들이 있다. 이것들은 알-낳기

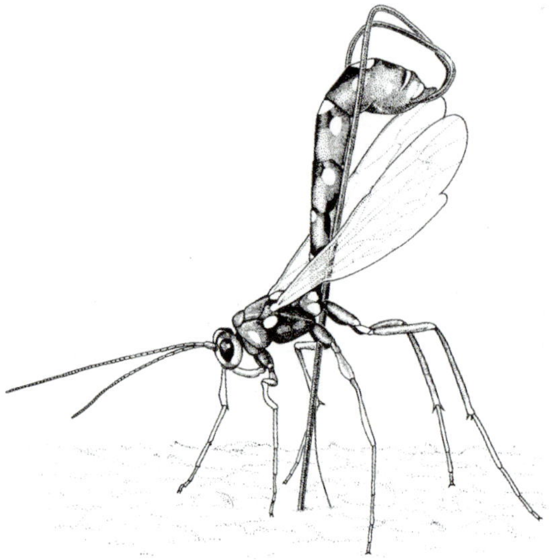

그림 5.11 Sirex 나무 말벌 *Sirex noctilio*(Hymenoptera: Siricidae)의 유충을 찾기 위하여 매우 긴 산란기로 소나무 목재를 조사중인 기생벌 *Megarhyssa nortoni*(Hymenoptera: Ichneumonidae)의 암컷. 만약 유충이 존재한다면 그 위에 알을 놓기 전에 암컷은 그것을 쏘고 마비시킨다.

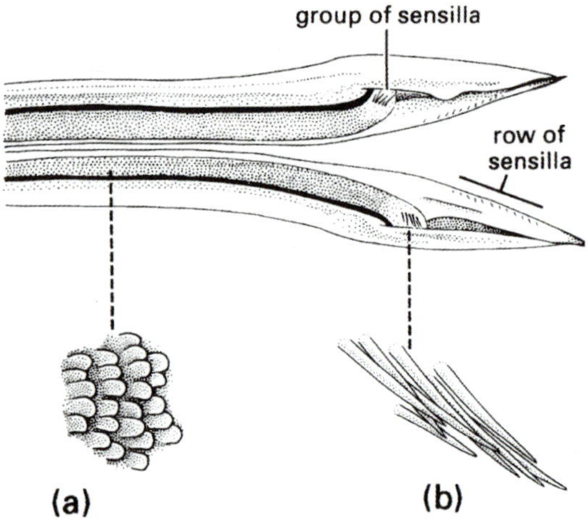

그림 5.12 산란기의 두 반쪽 내부 표면을 보여주기 위해 쪼개져 열린 암컷 black field 귀뚜라미 *Teleogryllus commodus*(Orthoptera: Gryllidae) 산란기의 끝. 확대. (a) 뒤쪽으로 향한 산란기 비늘들, (b) 감각기의 말초그룹. (1981 Austin & Browning 이후.)

동안 산란관 위치를 유지하고 기질의 관통을 돕는 것으로 여겨진다.

알껍질에 더하여, 많은 알들에게는 그들을 덮고, 흡혈하는 이(lice)에 있어서는 척추동물의 머리카락 같은 또는 많은 딱정벌레의 경우에는 식물표면과 같은 기질에 단단히 고정하는 단백질성 분비물 또는 시멘트가 제공된다(그림 5.9). 암컷 생식실의 부속샘인 아교질샘들(colleterial glands)은 그러한 분비물들을 생산한다. 다른 곤충들에서는 얇은 껍질로된 알 그룹들이 발생중인 배자를 건조로부터 보호하는 **알주머니**(ootheca)에 의해 둘러싸인다. 토양에서 메뚜기와 다른 잠자리류 알들을 둘러싸는 거품성 알주머니가 생식실의 다른 부분들과 결합된 부속샘으로부터 형성되는 반면에, 아교질샘들은 바퀴의 탄것같고 지갑 같은 알주머니(Box 9.8)와 사마귀의 거품성 알주머니를 생산한다.

5.9 난태생과 태생

대부분의 곤충들은 알 발달의 초기에 낳기 행동을 보이는 난생이다. 그러나 일부 종들은 어미 내에서 알 발달의 시초를 가진 태생(viviparous)이다. 어미내에서 알들과 심지어 새끼를 발달시키는 보존에 의해 생활사(life cycle)는 짧아진다. 태생의 4가지 주요 형태는 다양한 고등 파리목들에서 널리 퍼져있듯이 많은 분화들을 가진 다른 곤충 그룹들에서 관찰된다.

1 **난태생**(ovoviviparity)에서는 어떤 형태의 알껍질로 에워싸이고 난황을 가진 수정된 알들이 암컷의 생식실내에서 키워진다. 이것은 일부 바퀴들(Blattidae), 일부 진디물들과 깍지벌레들(Hemiptera), 소수의 딱정벌레들(Coleoptera)과 삽주벌레들(Thysanoptera) 그리고 일부 파리들(Muscidae, Calliphoridae, and Tachinidae)에서 발생한다. 충분히 발달된 알들은 낳아진 직후 또는 암컷 생식기관으로부터 방출되기에 앞서 부화한다.

2 **헛태반태생**(pseudoplacental viviparity)은 난황이 부족한 알이 암컷의 생식실에서 발달할 때 발생한다. 어미는 발달중인 배자로 영양분이 전달되는 특별한 태반 같은 조직(placenta-like tissue)을 제공한다. 구강 급여가 없이유충들은 부화되게 된다. 태생의 이러한 형태는 많은 진디물들(Hemiptera), 일부 집게벌레들(Dermaptera), 소수의 다듬이벌레들(Psocoptera), 그리고 노린재류 벌레들(Hemiptera)에서 발생한다.

3 **혈강태생**(hemocoelous viviparity)은 삼투압에 의해 받아들여진 영양분들을 가진 암컷의 체액내에서 자유롭게 발달하는 배자를 수반한다. 체내 기생의 이러한 형태는 새끼를 치기 위해 기르는 관(brood canal; Box 13.6)을 통해 유충이 탈출하는 부채벌레목(Strepsiptera)에서만, 그리고 유충이 어미를 먹어치우는(유생생식적 발달에서처럼, 아래) 일부 혹파리들(파리목: Cecidomyiidae)에서만 일어난다.

4 **영양분비샘태생**(adenotrophic viviparity)은 덜발달된 유충이 부화하고 어미의 자궁(uterus) 내에서 부속(우유)샘 분비물들을 구강으로 먹게될 때 발생한다. 충분히 성장한 유충은 낳아지고 즉시 용화한다. 체체파리과(Glossinidae; 체체파리들), 이파리과(Hippoboscidae; (이 또는 wallaby 파리들), 거미파리과(Nycteribidae)와 기생파리과(Streblidae, 박쥐파리들)로 이름지어진 파리목 "용생군(pupiparan)"과들이 영양분비샘태생을 증명한다.

5.10 생식의 비정상적인 방식

분리된 수컷과 암컷 개개들(**자웅이체**, gonochorism)을 가진 **양성 생식들**(amphimixis)은 곤충에서 생식의 일반적인 방법이며, 수컷뿐만 아니라 암컷도 이배체인 **diplodiploidy**는 거의 모든 곤충목에서 조상전래의 시스템으로써 발생된다. 하지만, 다른 방식들은 일반적이지 않다. 무성생식(asexual reproduction)의 여러가지 형태들이 많은 곤충 그룹들에서 일어난다: 하나의 알로부터 다배자의 생산은 드문 반면에 미수정된 알들로부터의 발생은 널리 알려진 현상이다. 어떤 종은 계절 또는 먹이의 유용성에 의존하여 변형된 양성과 무성생식을 보인다. 일부의 종은 한 개체(**자웅동체**, hermaphroditism)에서 수컷과 암컷 생식시스템을 가지지만 자가수정(self-fertilization)은 단지 한 속의 종에서만 확립되어 있다.

5.10.1 처녀생식, 유생생식, 유형성숙

사실상 모든 곤충목의 일부 또는 소수 대표자들은 설령 미수정 되었을지라도 생육이 가능한 알들을 생산하는 암컷들과는 짝짓기 없이 지내왔다. 다른 그룹들에서는 특히 벌목에서는 짝짓기가 일어나지만 모든 알들의 수정에 정자가 요구되지는 않는다. 미수정된 알들로부터 발생은 몇몇 종에서는 필수적이지만, 많은 다른 종들에서는 조건적이며 **단성생식**(parthenogenesis, 처녀생식, 단위생식)이라 불리운다. 암컷은 단성생식으로 단지 암컷 알들(**암컷생산단위생식**(thelytokous parthenogenesis))만을 그리고 수컷알들(**수컷생산 단성생식**(arrhenotokous parthenogenesis))만을 또는 양쪽 성의 알들(**양성생산단위생식**(amphitokous 또는 **deuterotokous parthenogenesis**))을 생산할 것이다. 수컷생산 단위생식을 보이는 가장 큰 곤충 그룹은 벌목이다. 매미목내에서는 진디물들이 암컷생산 단위생식을 보이고 대부분의 흰가루이들은 수컷생산 단위생식이다. 어떤 파리목과 소수의 딱정벌레목은 암컷생산 단위생식이고 Thysanoptera는 3가지형 모두의 단위생식을 보인다. 계절에 따라 단위생식과 양성 순환들을 섞고 그들 새끼의 성이 변화하는 진디물들에서 일어나는 것처럼 조건적인 단위생식 그리고 생산되는 알의 성에 있어서 변이는 환경조들건에 있어서의 불안정에 대한 반응일 것이다.

일부 곤충들은 성충시기를 없앰으로써 또는 심지어 성충과 용시기를 없앰으로써 그들의 생활주기를 단축한다. 이러한 조숙 단계에서 생식은 단위생식이 거의 전적이다. 유충상태의 곤충에 의한 어린개체의 생산인 **유충 유생생식**(larval pedogenesis)은 혹파리들(Diptera: Cecidomyiidae)에서는 적어도 3번 일어나고 딱정벌레목(*Macromalthus debilis*)에서는 1번 일어난다. 혈강 태생의 극단적인 경우인 일부 혹파리들에서는, 조숙하게 발달된 알들이 내부에서 부화하고 유충은 주위의 버섯 배지를 먹기위해 떠나기전에 어미유충의 충체를 먹어치울 것이다. 잘 연구된 혹파리 *Heteropeza pygmaea*에서 알들은, 암컷성충들로 변태하거나, 또는 더 많은 유충들을 유생생식으로 생산할지 모르는 암컷유충들로 발달한다. 차례대로 이들 유충들은 수컷들, 암컷들 또는 양성 모두의 혼합이 될것이다. 수컷유충들은 성충으로 반드시 발달하는 반면, 암컷 유충들은 성충 암컷이 되거나 또는 유충 유생생식 순환을 반복할 것이다.

혹파리들에서 우발적으로 일어나는 **번데기 유생생식**(pupal pedogenesis)에서는, 일반적인 번데기와 형태적으로 다르기 때문에 반용(hemipupa)이라 칭하는 유생생식 어미용(mother-pupa)의 혈강에서 배자들이 형성된다. 용

유생생식 곤충들에서 살아있는 새끼의 이러한 생산은 또한, 큐티클의 유충 관통이나 새끼에 의한 어미 먹음에 의해 내부로부터 어미-용을 죽인다. 유생생식은 위치상 풍부하지만 버섯 자실체처럼 순식간인 유충 서식지들의 최대 사용을 가능하게 하는 쪽으로 진화된 것으로 보인다. 임신중인 암컷이 산란위치를 탐지했을 때 알들은 낳아지고, 유충 밀도는 유생생식적 발달을 통하여 빠르게 높아진다. 성충들은 먹이 감소 및 과도한 밀도와 같은 유충에 적의적인 환경에 반응하는 경우에만 발생된다. 성충들은 암컷뿐 일 것이거나 또는 특별한 환경들하에서 어떤 종에서는 수컷들만 발생할 것이다.

진정한 유생생식 분류군에서는 조숙한 알 발달을 넘어서는 생식 적응들은 없다. 대조적으로 유형성숙(neoteny)에서는 비종결 령(instar)이 관습적인 방식으로 배우자를 찾고, 교미하고 알들을(또는 유충들) 낳을 수 있는 능력을 가진 성충의 생식특성들을 발달시킨다. 예를들어, 깍지벌레들(Hemiptera: Coccoidea)은 유형성숙 암컷들을 가지도록 나타난다. 날개를 가진 성충 수컷으로 탈피가 미성숙 종령 다음으로 오는 반면, 생식능력을 가진 암컷의 발달은 수컷에 비해 하나 또는 그 이상의 영기 생략을 수반한다. 출현에 있어 암컷은 모든면에서 이전 영기(두 번째 또는 세 번째)의 더 큰 판(version)을 닮지만 음문(vulva)과 발달중인 알들이 존재하는 정착성 유충(불완전변태의) 같은 또는 유충형 영(instar)이다. 유형성숙은 부채벌레목의 모든 구성원에서 또한 일어난다; 이들 곤충들에서 암컷 발달은 용 단계에서 정지한다. 다른 일부 곤충들(즉, marine midges; Chironomidae)에서 성충은 유충과 유사하게 출현하지만, 번데기 영기를 포함한 완전한 변태 발달이 유지되기 때문에 이것은 분명히 유형성숙때문이 아니다. 따라서 그들의 유충형 출현은 유충단계에서 생식능력의 유형성숙적 획득이라기 보다는 성충 특성의 억제에 의한 결과이다.

5.10.2 암수동체성

세포학적으로 연구되었던 깍지벌레류(*Icerya*; 매미목: Margarodidae)의 수 종은 그들이 암컷 같지만 난정소(ovotestis; 일부 정소(testis)이고 일부 난소(ovary)인 생식선(gonad))를 가진 자화동주성(gynomonoecious) 암수동체들(hermaphrodites)이다. 이들 종에서는 비정기적인 수컷들이 미수정란으로터 발생하고, 확실히 기능적이지만 일반적으로 하나의 개체(암수동체의 수컷기관 우선성숙) 충체에서 암컷 생식체들(gametes)에 앞서는 수컷 생식체들의 형성에 의한 자가수정(self-fertilization)이 확실하다. 의심할 것도 없이, 암수동체성(hermaphroditism)은 전염성 솜같은-쿠션 비늘 즉, *I. purchasi*(Box 16.2)의 전파에 크게 도움을 준다. 이것의 단일 유충들과 다른 암수동체 깍지벌레 종이 만약 새로운 식물체로 분산되거나 또는 우연히 옮겨진다면 새로운 만연을 시작할 수 있다. 더욱이 모든 깍지벌레 margarodids는 미수정란들이 수컷으로 발달하고, 수정된 알들이 암컷으로 발달하는 수컷생산 단성생식이다.

5.10.3 다배발생

무성생식의 이러한 형태는 분할(분열)에 의해 하나의 알로부터 2개 또는 그 이상의 배자를 생산하는 것을 의미한다. 이것은 기생성 곤충들에게만 뚜렷이 제한된다; 적어도 하나의 부채벌레목과 특히 깡충좀벌을 포함한 4개의 말벌과 대표적인 것들에서 발생한다. 이것은 각 벌과내에서 독립적으로 일어난 것처럼 보인다. 이러한 기생벌들에서 하나의 알로부터 생산된 유충들의 수는, 다른 속에서는 다양하지만 열개 미만부터 수백개로 숙주의 크기에 영향을 받고, *Copidosoma*(Encyrtidae)에서는 하나의 작은 난황 없는 알로부터 발생하여 3,000개의 배자에 이른다. 많은 수의 발달중인 배자들을 위한 영양분은 분명히 원래의 알로부터 공급될 수는 없고 **영양양막**(trophamnion)으로 불리는 특별한 피막막을 통하여 숙주의 체액으로부터 획득된다. 전형적으로 배자는 숙주가 그 마지막 영기로 탈피할 때 유충으로 발달하고, 이들 유충들은 성충인 기생벌로 용화와 우화하기 전에 숙주곤충을 먹어치운다.

5.10.4 내부공생자들의 생식 효과들

집모기(*Culex pipiens*)들의 난소들을 감염하는 것으로 처음 발견된 세포내 세균인 *Wolbachia*는 생육할수 없는 배자들을 만들도록 어떤 개체군내(종내) 짝짓기들을 야기한다. 부화이전에 배자들이 유산되는 그러한 교미들은 부모들을 항생제로 처리한 후 생존력이 회복될 수 있음으로써, 미생물이 불임을 유발하였음을 암시한다. **세포질** 또는 **생식 불화합성**(cytoplasmic 또는 reproductive incompatibility)이라 칭해지는 이러한 현상은 이제 많은 *Wolbachia* 계통들을 숙주로하는 매우 넓은 범위의 무척추동물들에서 증명되고 있다. 조사 결과들은 곤충종의 76%까지 감염되었을 지도 모른다고 제시한다. *Wolbachia*는 수직적으로(알을 통해 어미로부터 새끼에게 전해지는) 전파되고 여러가지 다른 그러나 연관된 효과들을 야기한다. 특별한 효과들은 다음과 같다.

- 파트너들의 한쪽 성이 또는 양쪽 성들이 감염되었는지와 어떤 계통인지에 따라 변화하는 방향성을 가진 세포질(생식)불화합성(cytoplasmic(reproductive) incompatibility). 상호 잡종(감염되지 않은 수컷과 감염된 암컷)이살아있는 새끼를 생산하는데 적합한 단향성 불화합성(unidirectional incompatibility)은 감염된 수컷과 감염되지 않은 암컷을 전형적으로 수반한다. 양방향성 불화합성(bidirectional incompatibility)은 다른 계통들의 *Wolbachia*로 감염된 양쪽 파트너들을 포함하고 어떠한 짝짓기로부터도 살아있는 새끼가 생산되지 않는다.
- 단성생식 또는 성비(sex ratio)는 반수배수성유전시스템들(haplodiploid genetic systems; 5.6, 12.2와 12.4.1절)을 가진 곤충들에서 이배체 성(보통 암컷)에 편중된다. 연구된 기생성 말벌들(Trichogramma)에서 이것은 출산력이 있는 암컷 새끼만을 생산하는 감염된 암컷들을 의미한다. 기작은 보통 미수정된, *Wolbachia* 감염 알의 핵은 암컷을 생산하는 두 세트의 동일한 염색체들(이배성)을 가지게 하는 감수분열성 염색체 분리(meiotic chromosomal segregation)를 포함하는 생식체 복제(gamete duplication)이다. 항생제를 부모에게 처리함에 의해 또는 *Wolbachia*가 민감해지는 높아진 온도에서의 발달에 의해 정상적인 성비들은 복구된다.
- 유전적으로 수컷이 기능적인 암컷으로 전환되는 여성화(feminization)는 아마도 수컷 결정 유전자들의 특별한 억제에 의해 야기되며, 따라서 육지의 등각류와 2개의 나비목 종에서만 관찰되어 지지만 아직 다른 절지동물에서는 발견되지 않는다.

*Wolbachia*의 전략은 비감염숙주에 비하여 암컷 새끼(감염의 수직전파에 책임이 있는 성)의 불균형을 만들도록 그 숙주를 세균이 조절하는 생식 기생(3.6.5절)으로 보여질 수 있다. 감염력을 가지는 단지 매우 드문 경우들이 증가된 생식력을 통해 주로 곤충숙주에게 이익인것으로 보여진다. 확실히, *Wolbachia*의 계통발생과 그들의 숙주로부터 유래된 증거로써 *Wolbachia*는 관련되지 않은 숙주들 간에 수평적으로 종종 전파되어 왔고, 공진화는 분명하지 않다.

비록 *Wolbachia*가 지금은 성비 수정 생물의 가장 잘 연구된 시스템이지만, 수컷 킬러(male-killer)들로 알려진 극심한 성비 왜곡자로써 세포질에 사는 생물들과 유사한 다른 무언가가 있다. 세균에서부터 바이러스들과 미포자충(microsporidia)까지 어미로부터 승계되는 공생적-전염성 원인 생물들의 범위와 연관되어 있는 곤충들의 적어도 다섯목에 걸쳐 수컷 치명성의 이러한 현상은 알려져 있다. 각 획득은 독립적인것처럼 보이고 다른 것들은 존재하는 것으로 추정된다. 만약 단위생식이 자주 그러한 연관들을 포함한다면 확실히 많은 그러한 상호작용들은 계속 발견될 것이다. 더욱이, 곤충의 나이, 재교미 빈도 그리고 이러한 세균의 발현과 전이에 대한 온도의 효과들에 대하여 많은 것이 학습되어야 한다. 항생제들에 의한 *Wolbachia*의 제거가 기생벌이 불임이 되게하여 알 생산 저해를 일으키는 기생벌 *Asobara tabida*(Braconidae)을 포함하는 흥미로운 경우가 또한 있다. 그러한 필수적인 *Wolbachia* 감염은 또한 사상충속 선충들에서 일어난다(15.5.5절).

5.11 생식의 생리적 조절

어떤 생식적인 사건의 시작과 종결은 종종 온도, 습도, 광주기 또는 먹이의 유용성 또는 산란위치의 적합성과 같은 환경적인 요인들에 의존한다. 부가적으로 이러한 외부 영향들은 영양조건과 난모세포의 성숙상태와 같은 내부 요인들에 의해 수정되기도 한다. 수컷의 부속샘 분비물들에 있으며(Box 5.4) 암컷 생식실로 전이되는 효소들이나 펩타이드들을 통해 또한 교미는 암컷에서 성적 감수성의 억제, 난모세포의 발달과 산란을 유발할 것이다. 짝짓기 이후의 수정(fertilization)은 알 활성화를 통해 배자발생(embryogenesis)을 보통 유발한다(6장). 생식의 조절은 복잡하고, 신경축색돌기를 통해 목적 조직이나 다른 내분비 샘으로 수송되는 화학신호들 또는 체액에서 수송되는 화학신호들(호르몬들)뿐 만 아니라, 감각수용기들, 신경전달, 그리고 뇌에서 신호들의 통합을 수반한다. 특히 뇌에 있는 신경분비세포들(neurosecretory cells)을 포함한 신경계의 어떤 부분들은, 신경호르몬들(neurohormones) 또는 신경펩타이드들(neuropeptides; 단백질성 신호들)을 생산하고, 두 그룹의 곤충 호르몬들-탈피호르몬들(ecdysteroid hormones)과 유약호르몬들(juvenile hormones (JH)-합성을 조절한다. 이러한 모든 호르몬의 기능과 조절에 대한 좀 더 자세한 논의는 3장과 6장에서 이루어진다. 신경펩타이드들, 스테로이드호르몬들 그리고 유약호르몬은 모두 생식의 조절에서 그림 5.13에서 요약된 것처럼 필수적인 역할들을 수행한다.

탈피호르몬이 생식선 기능들뿐 만 아니라 형태발생에 영향을 주는 반면, 유약호르몬은 거의 난소, 부속샘들 그리고 지방체와 같은 기관들의 기능화를 유발하며 유약호르몬들 및/또는 탈피호르몬들은 생식에 필수적이다. 알라타체와 앞가슴샘을 통한 내분비 기능과 또한 특히 배란과 산란 또는 유충생산(larviposition)의 생식적인 사건들에 직접적으로 영향을 주기 때문에 신경펩타이드들은 생식의 다른 단계들에서 다양한 역할을 한다.

생식의 조절에서 신경펩타이들의 역할(표 3.1)은 특히, 생화학과 분자생물학에서 새로운 기술에 의해 가능하게 되는 연구의 확장된 영역이다. 지금까지 대부분의 연구들은 파리목(특히 초파리, 모기, 집파리), 나비목(특히 담배박각시(Manduca sexta)), 메뚜기들 그리고 바퀴에 집중되어왔다.

5.11.1 난황형성과 그 조절

난소에서는 영양세포들(nurse cells 또는 trophocytes)과 난소난포세포들(follicle cells)이 모두 난모세포들(oocytes)과 연관되어 있다(3.8.1절). 이들 세포들은 영양분들을 발육중인 난모세포들에 보내준다. 각 난소소관(ovariole)의 기부 난모세포에서 대부분 일어나고 완전히 발달된 알들의 생산으로 이끄는 **난황형성**(vitellogenesis), 또는 빠른 난황축적의 기간이 상대적으로 느린 난모세포 증식 기간의 다음에 온다. 난황형성은 난모세포로 들어갈 **난황소전구체들**(vitellogenins)이라 불리우는 특별한 암컷 지질당단백질들(lipoglycoproteins)의 생산(거의 지방체에 의한)을 수반한다. 난모세포내로 들어가게 되면 이들 단백질들은 **난황소들**(vitellins)이라 불리우고 그들의 화학적 구조는 난황소전구체들의 구조와 약간 다를 것이다. 난포세포들, 영양세포들 또는 지방체로부터 오는, 대부분

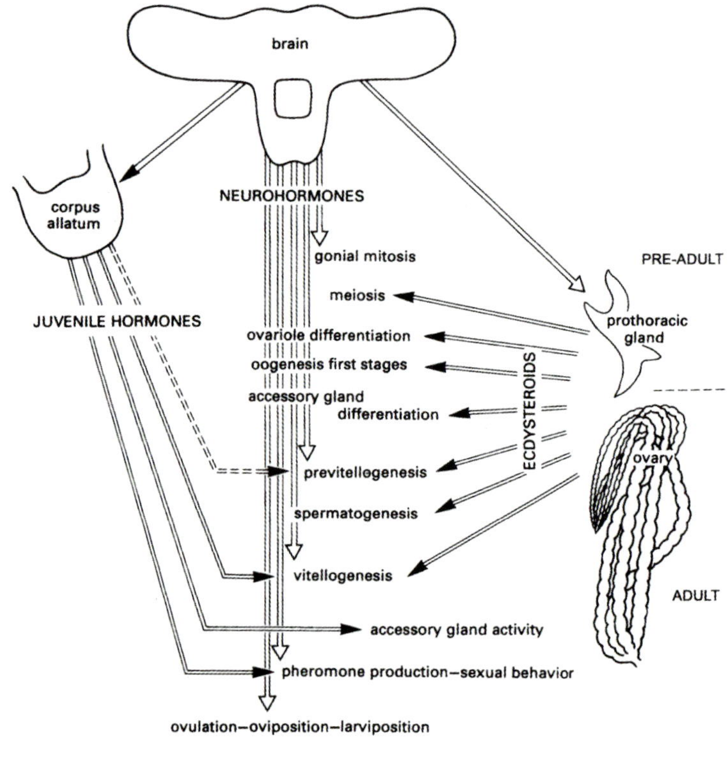

그림 5.13 곤충들에서 생식사건들에 대한 호르몬 조절의 모식도. 전-성충 앞가슴샘에 의한 탈피호르몬성 생산물부터 성충 난소에 이르기까지의 이동이 분류군간에 다양하다. (1986 Raabe 이후.)

트리글리세라이드(triglyceride)들인 지질체들 또한 자라고 있는 난모세포에 축적된다.

인공적으로 제공되는 호르몬들로 실험적 조작이 쉽고, 알 증식중에 생산되는 난황소 전구체들의 많은 양에 의해 분석이 용이하기 때문에 난황형성은 곤충 호르몬 연구의 선호되는 분야이다. 알라타체 유래의 유약호르몬과 앞가슴샘들 또는 난소 유래의 탈피호르몬들을 가지는 곤충 분류군간에는 난황형성의 조절이 다양하고, 뇌 신경호르몬들(난소 탈피호르몬성 호르몬(ovarian ecdysteroidogenic hormone: OEH)과 같은 신경펩타이드들)은 다른 곤충 종에서 변화하는 수준들로 난황소 전구체 합성을 유기 또는 자극하는 것으로 여겨진다(그림 5.13).

난황형성 전 단계(previtellogenic stage)의 난소 난포들(follicles)에서 알 발달의 억제는 항산선자극호르몬들(antigonadotropins)에 의해 이루어진다. 이 억제는 난모세포들의 단지 일부만이 각 난소 주기에서 난황형성을 수행중임을 확실히 한다. 이러한 억제에 책임이 있는 항산선자극호르몬들은 난발육억제호르몬(**oostatic hormones**)이라는 펩타이드들이다. 연구된 곤충들의 대부분에서 난발육억제호르몬은 난소 또는 난소와 관련된 신경분비 조직에 의해 생산되고, 종에 따라 3가지 방법중의 하나로 작동하는 것 같다

1 OEH(알 발달 신경호르몬(egg development neurohormone, EDNH)이라 또한 불리는) 합성 또는 방출의 억제; 또는
2 모기들에서처럼 중장에서 혈액 소화와 단백질 분해효소 합성의 억제에 의해 난소 발달에 영향을 주는; 또는
3 흡혈성노린재 *Rhodnius prolixus*에서처럼 난황 난포세포들에 대한 유약호르몬의 활성을 억제함으로써 체액으로부터의 난황소전구체를 난소에 축적시키는 것을 방해한다.

원래, 유약호르몬이 대부분의 곤충에서 난황형성을 조절한다고 확고하게 믿어져 왔다. 그 무렵, 어떤 곤충들에서 탈피호르몬의 중요성이 발견되었다. 이제 우리는 곤충 충체에서의 기능들중의 하나인 생식 조절을 위한 단백질들 그룹인 신경펩타이들에 의해 수행되는 부분을 점차 알게되어 가고 있다(표 3.1).

참고 문헌

Austin. A.D. & Browning. T.O. (1981) A mechanism for movement of eggs along insect ovipositors. International/ournal of *Insect Morphology and Embryology* **10,** 93 -1 08.

Bourtzis, K. & Miller, T.A. (eds.) (2001) *Insect Symbioses.* CRC Press. Boca Raton. FL.

Choe, J.C. & Crespi. B.J. (eds.) (1997) *The Evolution of Mating Systems in Insects and Arachnids.* Cambridge University Press. Cambridge.

Eberhard. W.G. (1985) *Sexual Selection and Animal Genitalia.* Harvard University Press. Cambridge. MA.

Eberhard. W.G. (1994) Evidence for widespread courtship during copulation in 131 species of insects and spiders. and implications for cryptic female choice. *Evolution* **48,** 711-33.

Ernlen, D.F.J. (2001) Costs and diversification of exaggerated animal structures. *Science* **291,** 1534-6.

Gwynne. D.T. (2001) *Katydids and Bush-Crickets: Reproductive Behavior and Evolution of the Tettigoniidae.* Comstock Publishing Associates. Ithaca.

Heming. B.-S. (2003) *Insect Development and Evolution.* Cornell University Press. Ithaca. NY.

Judson. O. (2002) *Dr Tatiana's Advice to All Creation. The Definitive Guide to the Evolutionary Biology of Sex.* Metropolitan Books. Henry Holt & Co .. New York.

Kerkut, G.A. & Gilbert. L.r. (eds.) (1985) *Comprehensive Insect Physiology, Biochemistry, and Pharmacology.* Vol. 1: *Embryogenesis and Reproduction.* Pergamon Press, Oxford.

Leather. S.R. & Hardie. J. (eds.) (1995) *Insect Reproduction.* CRC Press. Boca Raton. FL.

Mikkola. K. (1992) Evidence for lock-and-key mechanisms in the internal genitalia of the Apamea moths (Lepidoptera. Noctuidae). *Systematic Entomology* **17,** 145-53.

Normark. B.B. (2003) The evolution of alternative genetic systems in insects. *Annual Review of Entomology* **48,** 397-423.

O' Neill. S.L., Hoffmann, A.A. & Werren, J.H. (1997) Influential Passengers. *Inherited Microorganisms and Arthropod Reproduction.* Oxford University Press. Oxford.

Raabe. M. (1986) Insect reproduction: regulation of successive steps. *Advances in Insect Physiology* 19, 29-154.

Resh, V.H. & Carde, R.T. (eds.) (2003) *Encyclopedia of Insects.* Academic Press, Amsterdam. [Particularly see articles on mating behaviors; parthenogenesis; polyembryony; four chapters on reproduction; sexual selection; *Wolbachia.*]

Ringo, J. (1996) Sexual receptivity in insects. *Annual Review of Entomology* **41,** 473-94.

Shapiro, A.M. & Porter, A.H. (1989) The lock-and-key hypothesis: evolutionary and biosystematic interpretation of insect genitalia. *Annual Review of Entomology* **34,** 231-45.

Simmons, L.W. (2001) *Sperm Competition and its Evolutionary Consequences in the Insects*. Princeton University Press, Princeton, NJ.

Sota, T. & Kubota, K. (1998) Genitallock-and-key as a selective agent against hybridization. *Evolution* **52,** 1507-13.

Weekes, A.R., Reynolds, K.T. & Hoffman, A.A. (2002) *Wolbachia* dynamics and host effects: what has (and has not) been demonstrated? *Trends in Ecology and Evolution* **17,** 257-62.

Vahed, K. (1998) The function of nuptial feeding in insects: a review of empirical studies. *Biological Reviews* **73,** 43 - 78.

6장

곤충의 발육과 생활사

Life cycle of the monarch or wanderer butterfly, *Danaus plexippus*. (After photographs by P.J. Gullan)

본 장에서는 곤충의 알에서 부터 성충이 되기까지의 발육과정(ontogeny; 개체발생)과 생활사(生活史)에 대해 공부하고자 한다. 알에서 부터 성충으로 우화되기까지의 다양한 발육단계의 특징들이 다루어질 것이다. 또한 서로 다른 양상의 변태(變態; metamorphosis)가 왜 중요한지를 공부할 것이며, 특히 완전변태(complete metamorphosis)는 미성숙발육단계와 성숙(성충)발육단계간의 명확한 분화적 특성을 보임으로 동일종 내의 유충과 성충간의 먹이쟁탈 등의 경쟁관계를 보다 크게 완화시키게 된다. 곤충생활사의 여러 측면을 열거하면 ① 화성(化性; voltinism) ② 다양한 발육 정지 단계(resting stages) ③ 동일한 하나의 종 내에서도 서로 다른 외형의 공존(the coexistence of different forms within a single species) ④ 이동(migration) ⑤ 발육연령결정(age determination) ⑥ 상대성장(allometry) ⑦ 발육에 미치는 유전 · 환경적 영향 등이 있다.

곤충 생활사에 미치는 환경적 요인 즉 온도, 광주기, 습도, 독물질, 생물 간의 상호작용 등은 여러 측면의 응용곤충연구에도 매우 중요한 요소이다. 마찬가지로 곤충의 면(眠; molting)과 탈피(ecdysis)의 과정 및 호르몬에 의한 조절 기전은 해충 방제(또는 해충구제)에 있어서 매우 기본적인 사항이 된다. 이와 같이 곤충생활사의 여러 가지 특징들은 매우 다양하며, 특히 많은 종류의 고등곤충에 보이는 이러한 생존 전략의 다양성 또는 폭넓은 변이성은 곤충에 있어서 고도의 환경 적응적 형질이 되는 것이다. 예를 들면 다양한 환경요인들은 동일 속(genus)에 속하는 서로 유사한 (관계있는)종 임에도 종이 다르면 난태 휴면의 종식을 유도할 수 있다. 하지만 계통 발생학적인 동일 그룹에 속하는 분류계급들은 확실히 곤충생활사의 진화과정에 하나의 큰 역할을 담당한다.

끝으로 이 장을 마무리 할 때 해충학에 있어서의 문제를 풀기위해, ① 곤충의 성장과 발육에 관한 자료와, ② 곤충의 과거와 미래의 양태를 예측하기 위해 현 상태의 곤충분포와 관련 있는 생물기후학적 data를 사용하여, 어떻게 곤충분포의 모델을 제시할 수 있느냐를 검토함으로 본장을 마무리 할 것이다.

6.1 성장

곤충의 성장은 적어도 충체의 경화된 큐티클로 된 부분 때문에 성장의 연속성이 없다. 그 이유는 딱딱한 성질을 가진 큐티클은 일정 한도까지 몸집이 커지면 그 이상 계속 신장될 수 없기 때문이다. 그래서 몸의 크기는 바로 면(眠)과 **탈피**(molting:충체의 상당부분, 특히 피부 등은 주기적으로 새로운 큐티클을 형성하여 커지는 현상)에 의존한다. 옛 큐티클을 벗고 이와 같이 경화된 큐티클 부분을 가진 곤충의 체절과 부속지들은 특정시기의 탈피 후~새 큐티클의 경화 완료 전까지만 곤충체격의 크기가 증가될 수 있다. 그러므로 딱정벌레나 나방유충의 딱딱하게 경화된 두부(頭部)는 발육기동안 단속적으로 크기가 증가하고 반면에 충체큐티클의 막(膜) 성격을 지닌 부분은 다소 연속적인 크기 증가가 가능하다.

곤충의 발육은 2종류의 성장 요인으로 구분된다. 첫째, **탈피성장**(molt increment)으로 **령**(탈피기점)과 령(탈피기점)사이의 물리적 크기의 성장으로 경화된 곤충몸체의 1차원적 성장(길이, 너비로 총칭됨)정도를 말하며 섭식물이나 수분의 흡수에 의해 변동이 생길 수 있는 체중은 포함되지 않는다. 둘째, **면간기**(眠間期;intermolt period)로 **stadium** 또는 instar duration으로 불리며 탈피(ecdysis)시부터 신구표피층분리기(apolysis)사이의 발육기간을 말한다(그림 6.1, 6.3절). 탈피성장(molt increment) 또는 면간기성장의 정도는 먹이공급량(food supply), 온도, 유충의 밀도, 충체의 물리적 손상정도(부속지 손실 등)(6.10절)에 의해 큰 영향을 받으며, 동일종 내에서도 ♀,♂에 따라 다를 수 있다.

톡토기류(Collemborans), 좀붙이류(Diplurans), 무시류(Apterygote) 곤충에서 성장(growth)은 애매모호 하다(**indeterminate**)-왜냐하면 이들 곤충은 죽을 때까지 탈피(molt)를 계속하기 때문이다. 이들 곤충은 탈피의 종결시점이 명확하지 않으나, 성충기동안 계속 성장하지도 않는다. 하지만 곤충의 대부분은 성장이 명확히 구분된다. 즉 성장이 중단되어 면에 들어가는 명확한 령기의 구분이 가능하다. 명확한 성장발육기를 지닌 모든 곤충은 성충 또는 성충령기라 부르는 종령기에 생식적으로 성숙한다. 이러한 생식적 성숙개체는 성충(adult) 또는 **성숙아**(imago)라 부른다. 대부분의 곤충 목에서는 완전한 날개(두 쌍)를 갖고 있다. 비록 두 번째 날개의 소실이 이(lice), 벼룩(fleas), 그리고 몇몇 기생파리와 같은 많은 군(郡)의 성충과 그리고 대부분의 반시류(Hemiptera; coccoidea)의 암컷성충에서 일어나지

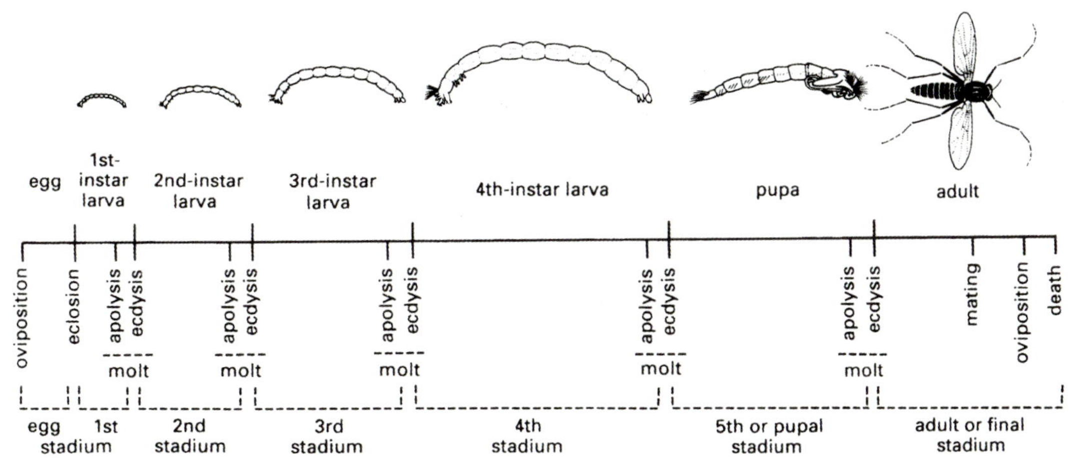

그림 6.1 곤충발육의 여러 가지 양상과 발육단계를 보여주는 물지 않는 깔따구(non-biting midge)[다리목(diptera):깔따구과(chironomidae, 깔따구속(Chironomus)]의 생활환(life cycle)

만 말이다. 특히 하루살이목 곤충(Ephemeroptera 또는 mayflies)같은 목에서는 **아성충기는**(subimaginal instar) 곧장 종령 또는 성충령기로 발육된다. 이러한 **아성충**(subimago)은 날수는 있으나 생식력은 거의 없다. 극소수의 하루살이 군에서 암컷은 성숙성충까지 탈피하지 못하고 죽어버리는 아성충 암컷의 상태로 교미한다. 그래서 실제로 아성충기가 최종령 성장기간이 되는 것이다. 몇몇 유시목 곤충에서 전성충성장기 또는 령기의 총 개수는, 같은 종 내에서도 발육온도, 먹이, 유충의 밀도 등 환경요인에 따라 달라질 수 있는 것이다. 하지만 대부분의 곤충 종에 있어서 영기의 총 개수는(여기서 반드시 최종성충의 크기를 의미하지는 않는다) 환경요인에 관계없이 유전적으로 결정되며 그리고 항상 그 수는 일정하다.

6.2 곤충의 생활사의 양태

성장(growth)이라는 것은 한생물의 알에서부터 성충까지의 발육과정 즉 개체 **발생과정**(individual ontogeny)의 중요한 부분이다. 마찬가지로 곤충의 탈피나 크기가 커지는 것과 같은 체형상의 민감하면서도 역동적인 변화도 매우 중요하다. 개체발생과정상의 형태적 변화는 곤충의 외부구조 및 내부기관에도 영향을 미치지만 각각의 탈피기에는 오직 외적 변화만이 육안으로 확연히 구분된다. 따라서 후배자 발육기에 일어나는 외관적 변화에 기초한 개체 발생과정 중 세 가지 종류의 넓은 의미의 발육 형태적 변화 양태가 있음을 알 수 있다.

첫째, 원시적 발육패턴인 **무변태**(ametaboly)이다. 이것은 알에서 갓 깨어나는 유충이 성충과 거의 흡사하며 단지 생식기가 없다는 것이다. 이러한 패턴의 곤충은 성충이 되어 성적으로 성숙이 종료되어도 계속 탈피하는 좀류(silver fish(Zygentoma))나 좀(bristle-tail, Archaeognatha)(Box 9.3)등의 원시적 무시목 곤충에서 잘 관찰되고 있다. 대조적으로 대부분의 유시목 곤충들은 다소 형태적 뚜렷한 변화 즉 **변태**(metamorphosis) – 미성숙발육기와 날개가 있거나, 또는 2차적으로 날개가 없는 성충 또는 성숙성충시기사이의 형태적 변화를 말함 – 를 한다. 이러한 곤충들은 다시 **불완전변태**(hemimetaboly; 그림 6.2)와 **완전변태**(holometaboly; 그림 6.3 및 본 장의 첫 표지그림 참조)로 세분되어진다.

발육중인 날개는 매우 어린 미성숙 유충령기를 제외하고는 불완전변태의 곤충의 약충의 등 쪽에 외부적 시초(날개형상의 작은 돌기모양)로 육안감별이 가능하다. exopterygote(**외시류**)라는 용어는 외부적 날개성장 양태를 가진 이런 곤충에 붙여지는 것이다. 과거에는 불완전변태와 외시류발육양상을 가진 곤충은 불완전변태곤충(Hemimetabola; Exopterygota)으로 분류하였으나, 현재는 단일조상유래의 단일계통그룹이 아닌 다른 군으로 분류되고 있다(7장 참조). 대조적으로 완전변태 발육양상을

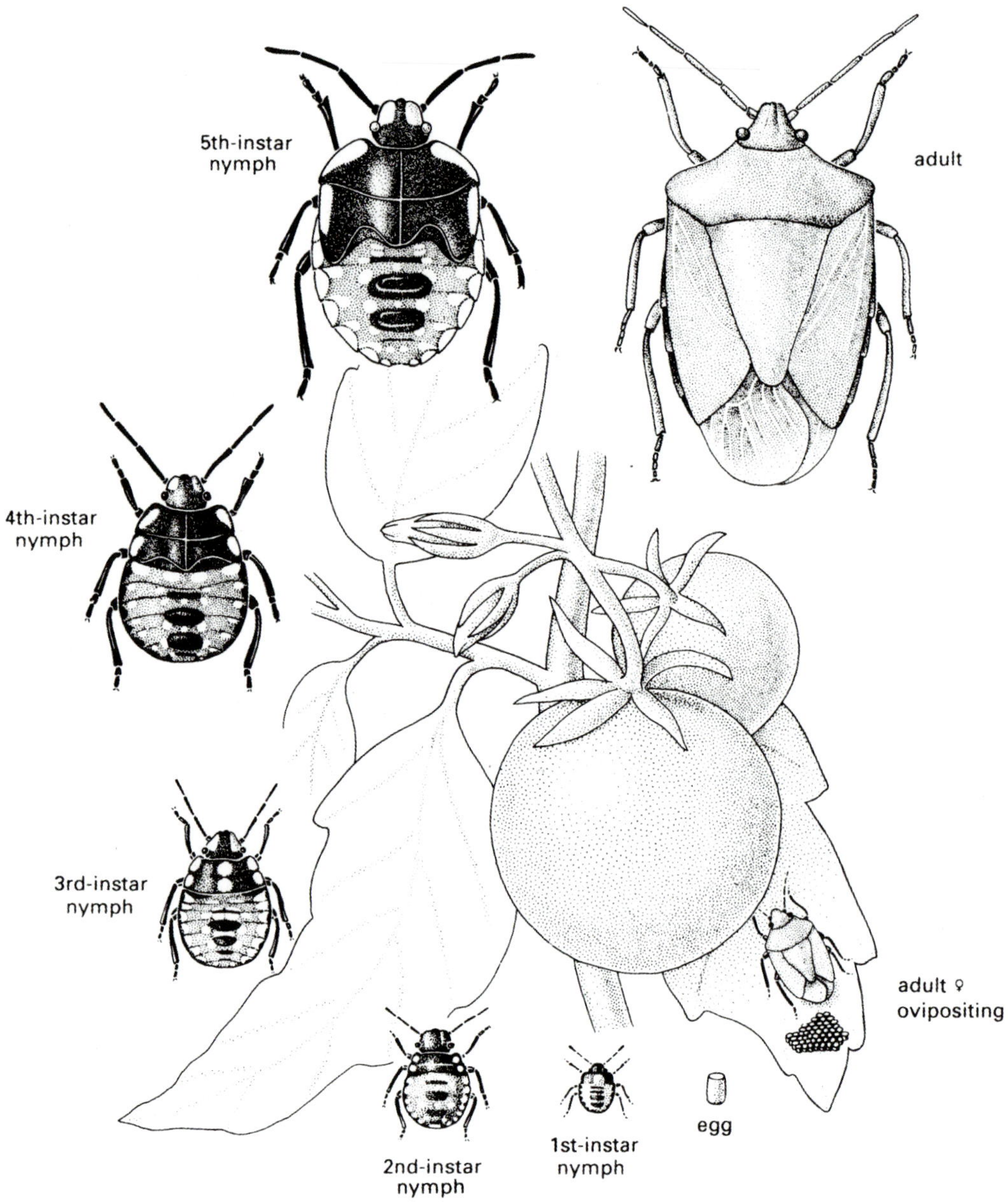

그림 6.2 기주식물인 토마토에서 살고 있는 불완전변태곤충 (Hemimetabolous insect)인 남쪽풀색노린재(*Nezaraviridula*)[(the southern green stink bug or green vegetable bug); 노린재목(Hemiptera), 노린재(Pentatomidae)]의 알, 5개령기의 약충, 성충으로 이루어진 생활환을 보여주고 있는 모식도. 이러한 종류의 노린재는 전 세계적으로 분포하며 그 식성도 광식성(polyphagous)으로 식량작물과 섬유작물을 먹어치우는 중요한 세계적 해충의 하나이다. (Hely et. al. 1982.)

보이는 유시류 곤충들은 미성숙유충과 성충기의 곤충의 주요한 충체의 구조적 차이점이 농축된 것으로 보이는 휴지기 또는 번데기 시기(용기; 蛹期)라는 매우 독특한 진화발생적 특성을 갖고 있다. 이렇게 독특한 발육의 유래를 가진 곤충 목은 내시류(Endopterygota) 또는 **완전변태류**(Holome-tabola)라 불리는 분류계급에 속하게 된다. 초기에 분류된 완전변태류는 성충의 특정의 형질발현이 번데기 시기까지 되지 않은 곤충이었다. 하지만 초파리를 포함

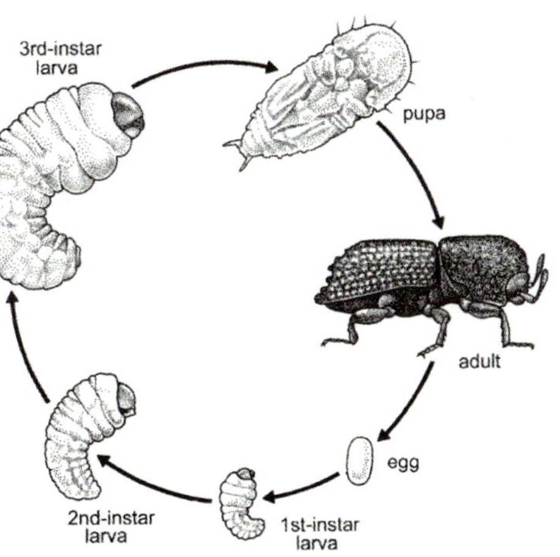

그림 6.3 알, 3개령기별 유충, 번데기, 성충으로 이루어진 완전변태곤충(holometabolous insect)인 나무좀[bark beetle; *Ips grandicollis* 나무좀과(scolytidae)]의 생활환 모식도. (Johnson & Lyon, 1991.)

한 보다 정교한 분류계급에서는 날개를 포함하는 성충의 독특한 특징이 **성충 원기**(imaginal disc or bud)라는 미분화세포로서 유충충체에 내부적으로 나타날 수 있는 것이다(그림 6.4 참조). 비록 이 원기는 번데기 시기까지는 육안으로 거의 볼 수 없지만 말이다. 이와 같은 형태의 날개의 발달은 **내시류 곤충**(endopterygote)이라는 용어와 동일시된다. 왜냐하면 피부의 숨겨진 낭에 있던 날개 원기가 발육하여 유충 → 번데기 탈피기에 그 모습이 외관상 들어나기 때문이다.

완전변태 곤충의 진화적 특성은 미성숙 발육단계와 성충기를 서로 다른 기원으로 분류하게하며, 이들 곤충군의 성공적 계통분류에 크게 이바지 하게 되는 것이다(8.5절 참조).

6.2.1 배자발육단계

난기(egg stage)는 암컷이 성숙란을 낳자마자 시작된다. 실용상의 이유로 난령(卵齡)은, 비록 어미가 산란완료하기 전부터 알이 존재하지만, 산란한 때를 기준으로 계산된다. 따라서 난기의 시작은 알 안에 있는 배자의 발육이 활성화에 의해 유도되는 보다 이른 시기를 기준으로 하는 개체발생의 개시점을 기준할 필요는 없다. 이러한 개체발생 활성화는 보통 성적으로 성숙한 개체에서 수정에 의한 것이지만 단위발생 종(parthenogenetic species)에서는 알에 대한 산소투입 또는 물리적 찌그러뜨림 등을 포함하는 다양한 충격 요인에 의한다. 곤충 알세포의 활성화에 이어서, 접합핵은 체세포분열에 의해 다수로 나누어져 많은 딸핵을 가진 다핵세포(syncytium)로 생성된다. 이들 다핵과 이들을 감싸고 있는 세포질(분열핵; cleavage energid)은 알 내부의 가장자리로 이동하여, 난막이 이곳에서 외층의 세포층이 되도록 유도하여 한 층의 세포로 된 포배엽을 형성한다.

이 같은 곤충초기의 배자발육 동안의 핵분열은 알 속에 있는 난황덕분이다. 이런 포배엽은 보통 유충체의 모든 부분의 세포로 거듭 태어나며, 반면에 알 가운데의 난황집합부는 배자발육을 위한 영양분을 공급하며, 알에서 유충이 부화할 때까지 에너지원으로 소비되어지는 것이다.

포배엽의 각 부분의 분화는 **배자원기**(germ anlage) 또는 배판(germ disc)(그림 6.5a 참조)으로 이어지며 이 배자원기(또는 배판)는 발육배자의 첫 모습으로 보이며, 반면에 포배엽의 나머지 부분은 얇은 막 즉 장액막(serosa) 또는 배피로 된다. 다음으로 배자원기는 낭배형성(gestrulation)이라는 과정을 거쳐 함입낭이 생긴다(그림 6.5b). 그리고 이것이 난황 속으로 비집고 들어가 암막강을 포함한 두 세포층으로 된 배자를 형성한다(그림 6.5c). 낭배형성 후 배자원기는 배대(씨눈띠)가 되며, 이것은 외관상으로 마디형 구조(그림 6.5d에서 원시형머리(protocephalon)의 형성으로 시작됨)로 된다. 배대는 필수적으로 미래의 몸의 복부를 형성한다. 점차 머리, 체절, 부속지 등으로 잘 발달된다(그림 6.5e-g). 이때에 배자는 알에서의 최종적 위치를 잡기위해 방향을 바꾸는 움직임을 보이는데 이것이 **퇴행운동**(katatrepsis; 반전운동)이다. 나중에, 배자발육 말기에(그림 6.5h,i), 배 대의 가장자리는 남아있는 난황을 앞질러 성장, **배부유합**(dorsal closure)이라는 과정 즉 배자의 측면과 등부분이 서로 접촉되는 모양을 한다. 연구가 많이된 초파리의 경우, 완전한 배자는 크고, 세포화 단계에서 체절이 형성, 소위 long germ(장배자)이 된다. 반대로 단배자 곤충(메뚜기 등)에서는 배자는 오직 포배엽의 극히 작은 부분으로부터 유래하며 후부의 체절은 후세포 분화기에 형성된다. 발육중인 장배자에서 다핵세포화 단계는 세포막의 돌추 후에 이루어진 포배엽 단계를 형성한다. 배자세포와 조직의 기능적 분화는 배자발육의 후기에 일어나며 부화시기가 되면(그림 6.5.j) 배자는 알 껍질에 바싹 다가가 붙은 조그만 형태의

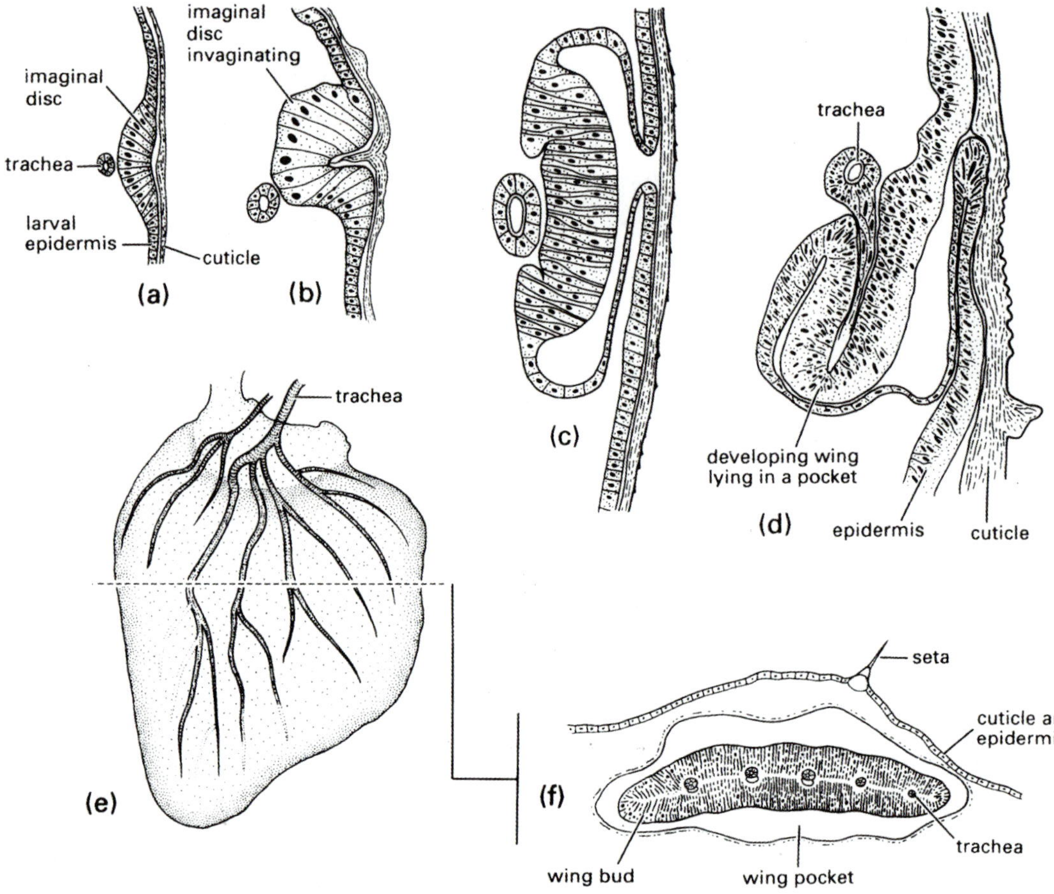

그림 6.4 배추흰나비[Pieris rapae:Lepidoptera(나비목):pieridae(흰나비과)]-Cabbage white or cabbage butterfly-의 날개발생과정을 보여주는 모식도.ⓐ 1령충의 날개원기 ⓑ 2령충의 날개원기 ⓒ 3령충의 날개원기 ⓓ 4령충의 날개원기 ⓔ 날개발생낭을 해부하면 나타나는 시아(날개눈); ⓕ 5령 유충의 날개발생 조직의 단면도(ⓐ~ⓔ). (메세르, 1900.)

초기 곤충 형상으로 보이게 된다. 무변태(ametabolous) 또는 불완전 변태(hemimetabolous) 곤충에서는 이 시기가 특수한 부화단계인 pronymph(**전약충**)로 인식된다(8.5절 참조).

체절분화를 포함하는 충체 각 부분의 극성과 분화 등을 포함하는 일련의 분자적 발육과정은 Box 6.1에 잘 표시되어져 있다.

6.2.2 유충(또는 약충) 발육단계

부화 후의 형태는 전약충(pronymph), 약충(nymph) 또는 유충(larvae)의 형태로 이어진다. 전통적으로 부화는 제1령의 개시를 의미한다(그림 6.1). 제 1령은 첫 번째 탈피로서 마감된다. 이 탈피라는 의미는 제1령 곤충이 제2령 곤충이 되기 위해 옛 피부(cuticle)를 벗어버리는 것이다.

3령 또는 그 이후의 령기로 보통 이어진다. 이와 같은 미성숙 곤충(유충)의 발육성장은 반복되는 섭식 및 탈피에 의해 특징지어진다. 여기서 불완전 변태 곤충은 일반적으로 완전변태 곤충보다 성숙기에 도달하기 위해서는 더 많은 수의 탈피를 한다. 모든 미성숙 완전변태형 곤충은 **유충**(larvae)이라 부른다. 바퀴벌레(Blattoda), 메뚜기(Orthoptera), 사마귀(Mantodea) 그리고 노린재류(Hemiptera)와 같은 불완전변태를 하는 미성숙 곤충은 모두 **약충**(若蟲 ; nymph)이라 부른다. 하지만, 수서불완전변태곤충(Odonata, Ephemeroptera, Plecoptera)의 미성숙

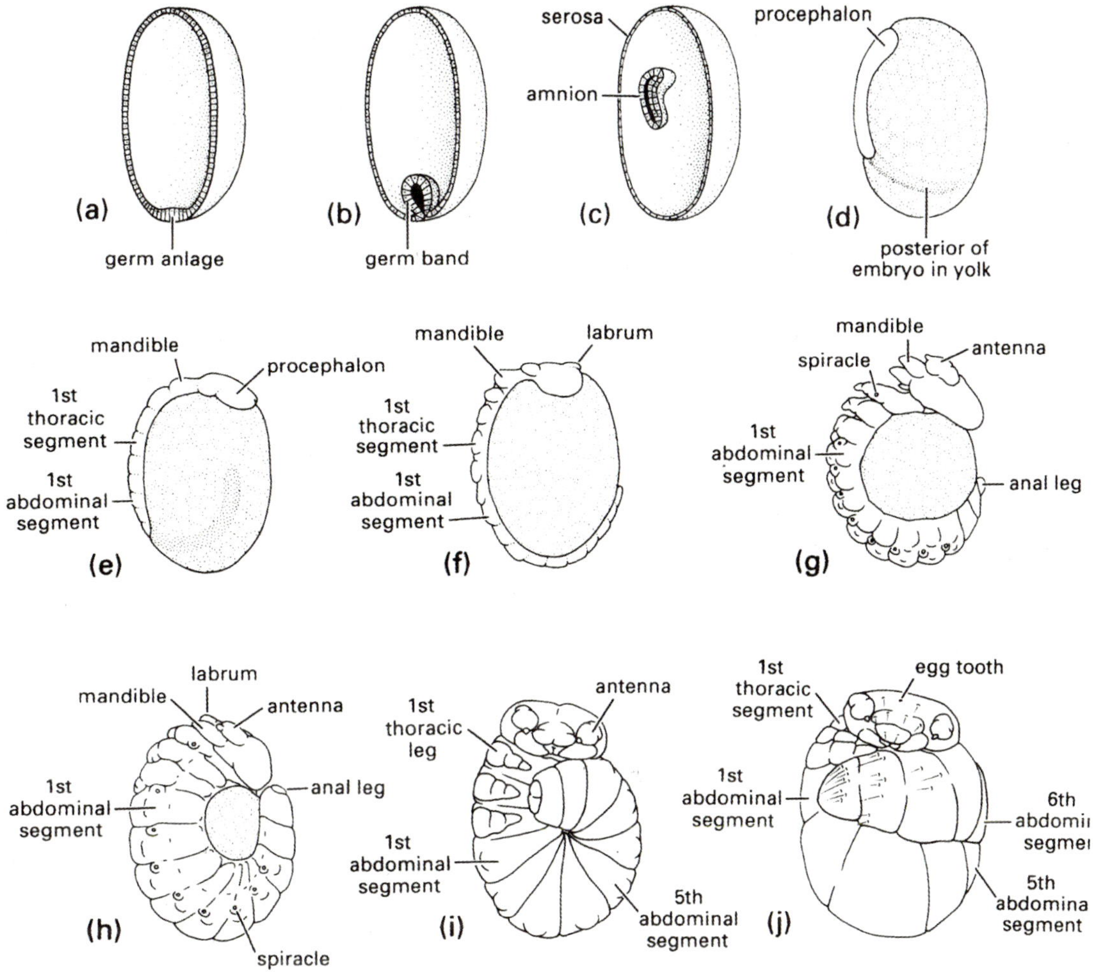

그림 6.5 모시밑들이[Scorpionfly:Panorpodes paradoxa(밑들이목, 장시목 Mecoptera:Panorpodidae(밑들이과)]의 배자발육단계 모식도 (a-c)배자발육 중의 배자위치를 잘 보게 하기 위해 난황이 제거된 반 토막 알의 발육 모식도(d-j) 여러 발육 단계 별로 표시된 발육중인 배자의 개략적 형태. 산란후의 알의 발생단계 (a) 32시간 (b) 2일 (c) 7일 (d) 12시간 (e) 16일 (f) 19일 (g) 23일 (h) 25일(i) 25~26일 (j) 32일째 완성배장. (스즈키,1985.)

개체는 비록 후반기의 령기에서 외부적 날개 패드(pad)를 갖고 있으나 번번이 부정확하게 유충(larvae) 또는 naiad(일종의 약충)라 부른다. 진정한 의미의 유충(larvae)은 매 령기마다 모습이 성충의 모습과는 매우 다르다. 반면에 약충(nymph)은 각 령기 마다의 그 모습이 성충과 매우 흡사한 점이 유충이라는 것과의 차이점이다.

유충의 사료와 생활상은 성충의 그것과 매우 다르나, 약충은 종종 자기종의 성충과 동일한 사료를 먹으며 생활상도 비슷하다. 따라서 유충과 성충사이에는 경쟁이 형성되지 않으나, 약충과 성충 사이에는 경쟁이 있기 마련이다. 많은 수의 내시류 곤충(endopterygote)의 유충은 계통발생학적 분류보다는 기능적 분류가 오히려 편리하다. 종종, 동일한 유충형이 전혀 관련이 없는 목(目; order)에서 동일형으로 나타난다. 가장 흔한 세 가지 형태는 ① **다족유충**(polypod) ② 과지유충(oligopod) ③ 무각유충(apod)이다(그림 6.6). 나비목유충(그림 6.6a,b) 들은 다족유충으로 짧은 가슴발과 위복지(prolegs; pseudopods)를 부착한 원통형의 충체를 가진 것이 특징이다. 잎벌(sawflies; Sym-

Box 6.1 분자생물학적 관점에서 본 곤충발육

초파리(*Drosophila*)의 초기배자에 있어서 체절형성과정은 다른 어느 복잡한 발육과정보다 더 잘 연구되어져 있다. 체절분화(segmentation)는 전사인자(transcription factors)로 알려진 계층구조형식을 가진 단백질에 의해 제어된다. 이들 전사인자들은 DNA와 결합하여 특정메세지의 생성을 촉진하거나 억제한다. 메시지가 없는 상태에서는 그 메시지가 암호화하는 단백질이 생산되지 않는다. 이와 같이 궁극적으로 전사인자는 분자스위치로서의 역할을 수행한다. 이 말은 전사인자가 특정단백질의 생산을 개시 또는 중단시킬 수 있다는 의미이다. 이들 전사인자는 계층구조산하의 유전자들을 조절하는 것 외에도, 자기 자신의 세포내 농도를 조절함 같이, 다른 유전자들에게도 동일하게 작용한다. 초파리에서 관찰된 메카니즘과 프로세스는 척추동물의 발육 뿐만 아니라 그 보다 더 광범위한 관련성을 가지고 있다. 그리고 초파리에서 얻은 정보는 무수한 종류의 인간 유전자를 클로닝하는데 핵심역할을 하는 것으로 보인다. 하지만 초파리는 고도로 분화된 파리인줄 알지만 곤충발육의 일반성을 그것으로부터 유추하기는 적절한 모델이 아닌 것으로 본다.

초파리의 난소발육 중(oogenesis)(6.21절), 전-후와 등-배의 축은 알 안의 특정한 위치에 존재하는 모성으로부터 유래된 mRNA 또는 단백질의 정위치화에 의해 분화가 완성된다. 예를 들면 *bicoid*(*bcd*)와 nanos 유전자의 mRNA는 알의 앞쪽 끝과 뒤쪽 끝에 각각 위치하게 된다. 산란시, 이들 mRNA는 번역되고, 단백질이 생산되는데 이때 이들 단백질들은 알의 각각의 끝으로부터 확산(diffusion)에 의해 농도구배를 형성한다. 이들 단백질 구배들은 -접합자의 오른쪽에 표시된 대표적 유전자와 왼쪽에 접합자 유전자(주: Zygotic genes은 pair-rule, gap 그리고 segment polarity genes 으로 나누어지며,이 유전자들의 상호작용에 의해 체절이 분화 된다.) 계층구조를 나타낸 위의 그림과 같이—그들 단백질의 기능상의 행동적 차이의 결과로서 계층구조상의 유전자들을 활성화 또는 억제한다. 제일 먼저 활성화된 유전자는 gap gene인 *Kruppel*(*Kr*)로서 이 유전자는 배자를 앞쪽으로부터 뒤쪽으로 가면서 약간 중첩(앞쪽 체절과 그 다음 체절이 반드시 일부분 겹치면서 체절이 분화되어야 체절의 연속성이 유지되므로)시키면서 여러 영역으로 나눈다. 모성유전의 이 gap 단백질은 pair-rule gene의 주기적 발현을 제어하는 화학적 뼈대를 제공하는 중첩적인 단백질 구배 복합체(complex of overlapping protein gradients)를 확립한다. 예를 들면 pair-rule protein hairy는 배자가 아직 다핵질세포단계(syncytial stage)에 있을 때 배자의 길이를 따라 7개의 줄로서 발현된다.

pair-rule proteins 들은 배자발육유전자의 계층구조상, 보다 위쪽에 있는 유전자에 의해 생산된 단백질에 추가하여 체절극성유전자(segment polarity gene)를 조절하는데, 이 체절극성유전자들은 체절분화의 주기성으로 발현하며 체절분화의 최종단계를 나타낸다. 수많은 체절분화유전자가 존재하기 때문에 앞-뒤쪽에 있는 각 열의 세포는 자기의 위치를 알려줄 전사인자들과 독특한 조합과 농도를 보유하지 않으면 안된다. 체절구분과정이 완성되면 각각의 발육중인 체절은 homeotic gene에 의해 고유한 identity가 주어진다. 비록 이들 유전자들은 초파리에서 처음 발견되었으나, 모든 다세포 동물에서도 발견되었다. 이런 사실이 알려졌을때 이들 그룹의 유전자는 "Hox" genes으로 명명하는데 동의되었다. 비록 현재까지도 homeotic 과 Hox 둘 다 사용되지만 많은 생물에서 이들 유전자는 1개의 염색체에 1개의 그룹(cluster)을 형성하고 있다. 그러나 초파리는 앞쪽 축 방면의 발현그룹인 Antp-C(anteriorly expressed Antennapedia complex)와 뒤쪽 축 방면의 발현그룹인 Bx-C(posteriorly expressed Bithorax complex)의 2개로 되어 있지만 말이다.

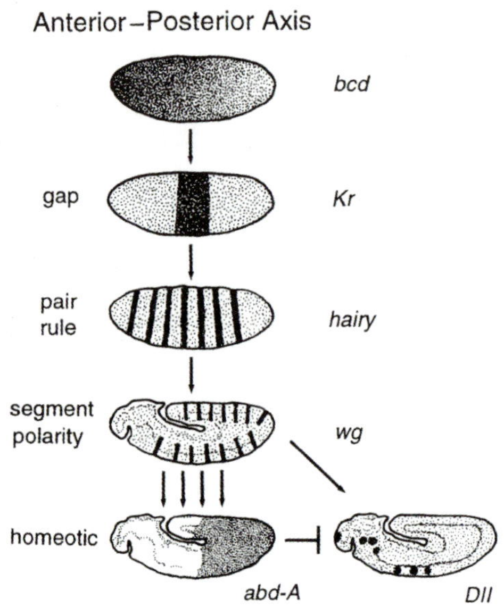

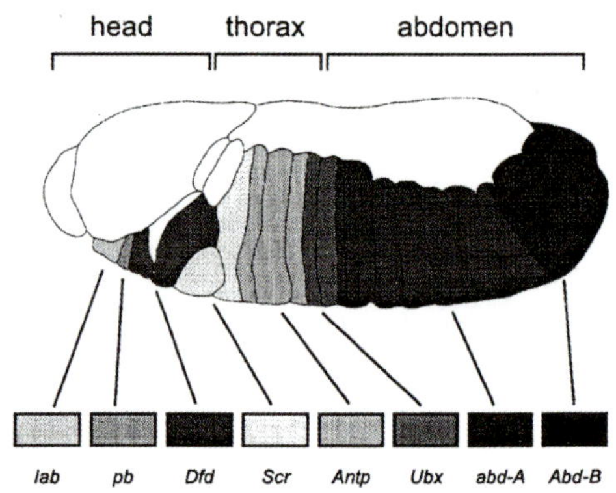

초파리에서의 이들 유전자군의 조성은 다음과 같다. (앞 축→뒤 축 방면으로): (Antp-C)-*labial*(*lab*), *proboscidea*(*pb*), *Deformed*(*Dfd*), *Sex combs reduced*(*Scr*), Antennapedia(Antp); (Bx-C)-*ultrabithorax*(*Ubx*), *abdominal-A*(*abd-A*), *Abdominal-13*(*Abd-13*) ⇒ 그림의 아래 부분 (Carroll, 1995 ; Purugannan, 1998). 이 Hox gene의 진화적 보존상태는 매우 특징적인데 ① 유전자의 처음 구조가 그대로 보존되고 있다는 점 ② 유전자가 염색체에 순서대로 잘 배열되어 있다는 점 ③ 이들 유전자들의 일시적 발현순서와 배자의 몸체를 따라가는 발현 앞쪽 경계선도 그들 각각 유전자의 염색체 위치 순서와 동일하다는 것이다. 아래쪽 그림에서 각 유전자의 발현의 앞쪽 영역과 강렬한 발현 유전자의 영역이 표시되어 있다(각각의 유전자들은 뒤쪽 방향으로 약한 발현 영역이 존재한다). 각 유전자가 작동할 때 그 유전자보다 앞에 있는 유전자의 단백질 생산은 억제된다.

한 특정 Hox gene의 발현영역은 형태학적으로 생물이 다르면 그 영역도 굉장히 다를 수 있다. 그래서 Hox gene의 활성은 상대적 위치를 구분하나 특정 형태학적인 구조의 경계를 구분하는 것은 아니다. 하나의 Hox gene이 직·간접적으로 많은 수의 목표유전자 또는 단백질을 제어할 수 있다 ; 예를 들면, *ultrobithorax*는 85-170개의 유전자를 조절한다. 이와 같은 하류영역유전자(downstream genes)들은 서로 다른 시간대에 작동될 수 있고 또한 다면발현효과(pleiotropy)를 가질 수 있다 ; 예를 들면 초파리에 있어서 날개없음(*wingless*)유전자는 배자기의 체절분화(segmentation), 유충기의 말피기씨 관 형성(Malpighian tubule formation), 유충→번데기 시기의 다리와 날개 발육(leg and wing development)에 연속적으로 작용 할 수 있다.

전사인자의 발현의 경계부는 날개, 기관, 침샘과 같은 아주 뚜렷한 형태학적 구조물들의 발육장소로서 매우 중요하다. 다리와 날개의 발육에 관한 연구는 관련된 몇 가지 과정에 대해 말해준다. 날개는 wingless(날개없음), engrailed(반월형)의 발현과 그리고 decapentaplegic (dpp: 이 단백질은 등배축에 있어서 세포들에 위치를 알려주는데 도움이 되는 단백질이다.)의 발현장소의 교차점에 서 나온다. 이러한 유전자 산물에 의해 만들어진 독특한 모자이크구배(mosaic gradient)의 영향 하에 날개원시세포(limb primordial cell)는 proximodistal limb growth에 필요한 *distal-less*(*Dll*)유전자를 발현하라고 재촉 받는다.

앞으로 날개가 될 세포(anlage)는 날개유도단백질구배와 마찬가지로 모든 체절에 존재하기 때문에 날개발육 비해당 체절에 대한 날개 발생 방지는(즉, 초파리 배 부분) Dll 유전자 발현억제가 반드시 포함되어야 한다. 나비목에서 전형적으로 유충 배다리는 제 3, 4, 5, 6 배마디에서 관찰된다. 따라서 Homeotic유전자발현은 초파리와 근본적으로 유사하다. 초기 나비목 배자에서 *Dll*과 Antp는 초파리에서와 같이 장래 배발이 생겨 날 3~6배마디에 우성적 abd-A의 발현과 함께 가슴마디에서 발현된다. 그리고는 복부의 배발원기세포에서 억제되었던 abd-A발현과 함께 극적변화가 일어난다. 뒤이어 원기세포가 크게 됨으로서 *Dll*의 활성화, *Antp*발현의 up-regulation이 일어난다.

Bx-C(Bithorax complex)의 2개의 유전자 Ubx 그리고 abd-A는 초파리의 복부에 있어서 *Dll* 발현을 억제(그러므로 limb formation을 방지)한다. 그러므로 유충복부의 배발 발현은 *Dll*과 *Antp*의발현을 촉진하는 Bx-C 단백질의 발현억제로부터 얻어진다. 따라서 선택된 목표세포에서의 그들 유전자의 발현을 허용, 그 결과 배발 발육이 허용된다. 다소 비슷한 발현조건이 날개에 대해서도 존재한다. 날개에 있어서 default condition은 모든 가슴과 배마디에 Hox gene의 발현 억제이다. Hox gene의 발현억제와 더불어 제1앞가슴에 있어서 Homeotic 유전자 Scr는 날개발육을 억제시키는 것으로 보인다. 복부이동(ventral migration), 하순엽의 융합(fusion of labial lobes), 아랫입술수염의 세세한 부분(specification of labial lobes) 부절거치연의 발달(초파리 수컷류의 앞가슴 다리에 있는) 등을 포함하여 뒷부분의 머리(posteriorhead) 아랫입술마디(labial segment), 앞가슴(prothorax)에서의 Scr의 또 다른 영향력은 많은 곤충에 있어서 동일한 것으로 보인다.

실험적Scr 발현돌연변이체는(다른 여러 가지 기형체중에서) 앞가슴 등쪽에 위치한 일련의 세포군으로부터 앞가슴다리기부에 이르기까지 날개원기의 출현을 유도한다. 이러한 돌연변이형 앞가슴날개원기는 KuKalova-Peck의 고생물학적 증거(paleontological evidence)에 의해 예측된 위치 바로 가까이에 위치하고 있다.(8.4절, 그림 8.4b) 더구나 명확한 default condition(lack of reperssion of wing expression)은 모든 체절에 존재하는 소날개(winglet)를 가진 가설적 원시날개곤충(protopterygote)을 닮은 곤충을 만들게 될 것이다. 유시류(pterygotes)에 있어서보여지는 날개발현의 변이에 대하여 보면 초파리의 경우 Ubx 활성은 중흉과 후흉 날개 원기사이에 차이가 있다 ; 전자는 날개를 만드나(meso-) 후자(meta-)는 기능 및 구조가 변형된 날개를 만든다.

*Ubx*는 날개원기(중흉의, mesothoracic)에서는 발현되지 않으나 후흉(metathoracic)날개원기에서는 강력히 발현된다. 여기서 그 활성은 날개를 억제하고 haltere formaton(기능, 구조가 변경된 날개)를 유도한다. 하지만 몇몇 비파리목 곤충에서 나비나 딱정벌레처럼 완전한 뒷날개의 정교함에도 불구하고 *Ubx*는 초파리에서와 같이 - 앞날개에서가 아닌 뒷날개원기에서 강력히 발현된다. 이와 같이 매우 변이가 심한 날개의 형태는 Homeotic control보다는 Ubx에 의해 제어된 날개 패턴 유전자들에 해당하는 하류영역반응변이의 결과로 나타나는 것으로 보인다.

현재까진 많은 종류의 유전자들에 있어 Hox gene과 하류영역간 상호작용으로 인한 다양한 형태적 변이들에 대해 명확히 알려진 것이 많다.

Hox pathway에 있어서의 주요한 변이들을 분류학상 고등계급 동물군의 형태적 기형과 연계시킨다거나 하류영역의 조절, 기능유전자의 변이를 아목, 과 수준과 연계시키는 것은 매우 흥미롭게 생각될 수 있다. 그럼에도 불구하고 부채목곤충(Strepsiptere)의 경우 소수의 발육특성과 분류학적 전파경로간의 지극히 간단한 관련성이 미래의 곤충대진화과정에 어떤 좋은 해결방안이 되지는 않는다. 다른 data 원으로부터의 추정된 계통,발생결과가 언젠가 보게 될 homeotic 변이의 진화적 중요성을 해석하는데 필요할 것이다.

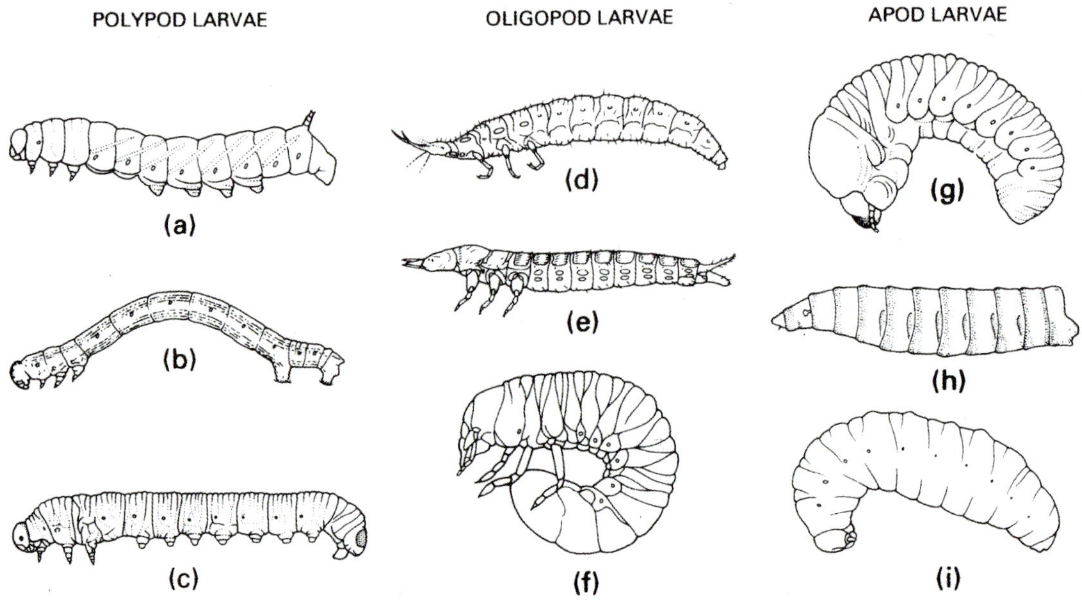

그림 6.6 유충의 유형, 다족(多足)유충(polypod larvae) (a)나비목(Lepidoptera):박각나시나방과(Sphingidae); (b) 나비목:자나방과(Geometridae); (c) 벌목(Hymenoptera):솔잎벌과(Diprionidae). 과지유충(Oligopod larvae); (d) 풀잠자리목(Neuroptera): 보날개풀잠자리과(Osmylidae); (e) 딱정벌레목(Coleoptera):딱정벌렛과(Carabidae); (f) 딱정벌레목:소똥구리과(Scarabaeidae), 무각유충(Apod larvae); (g) 딱정벌레목:나무좀과(Scolytidae); (h) 파리목(Diptera):검정파리과(Calliphoridae); (i) 벌목:말벌과(vespidae)

phytan Hymenoptera)과 대부분의 밑들이목 곤충(Mecoptera)들은 다족 유충형을 보인다. 이런 유충들은 다소 비활동적이며 대부분 식식성곤충(Phytophagous)이다. **과지유충**(oligopod)(그림 6.6d~f)은 위복지가 없지만 기능이 있는 가슴발을 갖고 있고 종종 전구식의구기(Prognathous mouthparts)를 갖고 있다. 많은 수는 왕성한 포식자이나, 다른 것들은 토양에서 사는 동작 느린 부식물 섭취자(detritivore) 또는 식물성 섭취자(phytophage)이다. 이런 타입의 유충은 종종 발견되나 나비목 곤충(Lepidoptera), 밑들이목곤충(Mecoptera), 파리목곤충(Diptera), 벼룩목곤충(Siphonaptera), 또는 부채벌레목(Strepsiptera)에서는 발견되지 않는다. **무각유충**(Apod larvae; 그림 6.6g~i)은 다리가 없다. 그리고 이들은 진흙, 똥 무더기, 썩은 동 · 식물 몸 안에 사는 구더기 종류들이다(제13장 참조). 벼룩목류(Siphonaptera), 침벌목류(aculeate Hymenoptera), 선충성 파리목류(nematoceran Diptera), 그리고 많은 수의 딱정벌레목류(Coleoptera)의 유충들은 잘 발달된 머리를 가진 무각유충이며 반면에 고등파리류의 구더기에서는 구기갈고리가 두부를 나타내는 유일한 증거물이 되는 것이다. 몇몇 기생적, 혹을 유발하는 말벌이나 파리류의 무각유충은 그 외부구조가 매우 축소되어있고, 곤충 분류전문가 조차 목(目) 수준에서의 분류동정이 어려울 정도이다.

그 외에 몇몇 기생벌의 어린유충은 naked embroyo와 매우 유사하나 후반기 령으로 갈수록 전형적 무각유충으로 변하게 된다. 유충기간 동안 일어나는 주요한 형태변화는 령기가 다르면 유충 모양도 다른 경우 **유충형 불완전변태(이형재생)**(Larval heteromorphosis; hypermetamorphosis, 과변태)라 한다. 부채벌레목(Strepsiptera)과 어떤 딱정벌레에서, 1령 유충은 활동적 유충(triungulin; 삼조유충; 三爪幼충(幼蟲; 다리끝에 3개의 갈고리가 있다; 과변태 유충의 1령 애벌레)형을 보이나 그 이후는 굼벵이(grub-like)같이 비활동적이며 때때로 다리가 없는 후반기 령충이 된다. 이러한 류의 발육적 특징 현상은 1령기에 곧바로 기생숙주에 안착 · 침입해야 하는 기생충 곤충들에서 매우 일반적이다. 유충 상태의 이형재생(불완전변태)과 다양한 유충형은 위에서 언급한 바와같이 많은 기생충의 전형적 생활형태의 하나이다.

6.2.3 변태

모든 유시류 곤충들은 미성숙 발육단계에서부터 성충발육 단계에 이르기까지 여러모양으로, 특히 외부형태를 바꾼다. 바퀴벌레와 같은 외시류(exopterygote)는 후배자발육기간 동안에 단지 약간의 형태적 변화만을 보이나 수많은 내시류(endopterygote)는 충체 자체가 변태 탈피 시에 대대적으로 새로 만들어진다. 완전변태류 곤충(Holometabola = Endopoterygote)만이 번데기 기간(pupal stadium)을 포함하는 변태탈피를 하며, 이 번데기 기간은 성충의 몸구조가 유충의 몸구조로부터 완전히 새롭게 만들어진다. 변태(탈피)의 핵심인 충체모양의 변화는 곤충충체의 다양한 부위의 조직 및 세포의 차별적 성장에 의해 가능해진다.

유충에서는 미발육되었지만 성충에서 기능을 수행할 기관들은 이때 유충체의 평균적 성장률 보다 더 빨리 발육하게 된다. 초고속 성장하는 날개원기가 가장 좋은 예이나 다리, 생식기, 생식선(♀,♂), 그리고 충체내의 다른 기관들도 크기와 복잡성이 증대된다. 일반적으로 변태의 개시는 어느 정도의 크기의 충체획득과 관계되어 있고, 이 충체 크기는 뇌로 하여금 호르몬수준을 조절, 적절히 변태하도록 프로그램되어 있는 것이다.

하지만 예외도 있는데, 딱정벌레의 변태는 뇌의 영향을 받지 않는데 특히 번데기 시기에서 그렇다. 대부분의 곤충에서 Corpora allata체(体)의 활성감소에 의해 몸에 순환하는 유약호르몬(Juvenile hormone; JH)양의 감소가 변태 탈피 개시의 핵심사항이다(이것의 생리적 기전은 6.3절 참조). 번데기로 탈피하는 것은 **용화**(또는 화용; pupation) 또는 larval-pupal molt라 한다. 대부분의 곤충들은 "휴식" 또는 비섭식번데기 시기에 있어서는 "발육"을 위한 좋은 조건이 아니지만 잘 살아 남는데, 이시기에 무슨 일이 번데기 안에서 일어날까? 바로 **Pharate**(Cloaked) adult라 불리는 "번데기 모양의 큐티클(cuticle; 피부구조)안에 완전히 발육한 성충"이 들어 있는 것이다. 전형적으로 보호세포 또는 고치(Cocoon)가 번데기와 우화직전의 Pharate adult를 감싸서 보호하는 것이다. 단지 어떤 딱정벌레(Coleoptera), 파리(Diptera), 나비목(Lepidoptera), 그리고 벌류(Hymenoptera)는 나용(naked pupa; 裸蛹상태로 이 시기를 보낸다.

여러종류의 번데기 형이 알려져있으며(그림 6.7), 이들은 목(order; 目)이 달라도 동일하게 발생되는 것으로 보인다. 대부분의 번데기는 **나용**(알몸 번데기; exarate ; 번데기를 보호하는 고치가 만들어지지 않은 번데기)이다(그림 6.7a~d). 자기의 부속기관들(즉, 다리, 날개, 구기, 안테나 등)이 자기 몸에 꼭 밀착된 형태가 아니다(사진 3.2 페이지 14참조). 그 나머지의 번데기들은 **obtect**(피각에 쌓인 번데기형)(그림 6.7g~j)이다. 부속 기관들이 몸 안에 싸여져 보호되어 있으며 이것은 잘 경화된 큐티클 덕분이다. Exarate pupa는 관절형 큰턱(articulated mandible)을 가질 수 있어(decticous; **저작형 번데기**), pharate adult가 고치(cocoon)를 자를 수 있게하거나, 큰턱이 관절형이 아닌 경우(**adecticous**) 보통 성충이 먼저 번데기 껍질을 벗고 나서 큰 턱을 사용, 고치나 피각으로부터 다리를 사용 탈출 할 수 있다. 몇몇 가락지 감침파리아목 파리(cyclorrhaphous Diptera; shizophora)에서 비저작형 나용(adecticous exarate pupa)은 **종령 유충큐티클**(위용, **puparium**)껍질 안에 잘 감춰져 있다(그림 6.7e,f). puparium(종령유충의 경화된 피각)으로부터의 탈출은 화아중의 성충의 **머리**(전두낭; **ptilinum**)에 있는 membranous sac의 뒤집기에 의해 실행되어진다. obtect pupa형 곤충은 칵치닝 딱정벌레(Coccinellid beetle) 대부분의 체형이 길면서 시맥이 원시적인 파리목류(nematocerous and orthorrhaphous Diptera)에서와 같이 고치가 없을 수 있으며 만일 고치가 있으면(대부분 나비목과 같이) 고치로부터의 탈출은 ① 번데기가 머리에 있는 돌출부 또는 뒤쪽방향으로 향한 복부 끝의 뾰족한 부분을 이용하거나 ② 성충이 고치탈출전에 번데기 껍질로부터 탈출한 후 고치실을 녹이는 효소를 분비, 고치를 녹여서 뚫고 나온다.

6.2.4 성충기

하루살이(mayflies)를 제외한 모든 곤충은 성충기가 된 이후는 절대 탈피를 하지 않는다. 성충은 생식적 기능을 담당하며 종종 비교적 정주성 유충기를 가진 곤충에서는 분산 전파 단계로서 역할 한다. 성충이 우화한(eclosion)후 거의 즉시 생식력을 갖거나, 산란하거나 또는 정자전이를 위한 성숙기간을 보낸다. 곤충 종이나 식물섭취의 정도에 따라 성충기에는 1개~여러 개의 생식 사이클이 존재한다. 하루살이(mayflies), 모기붙이(midges), 수컷개각충(male

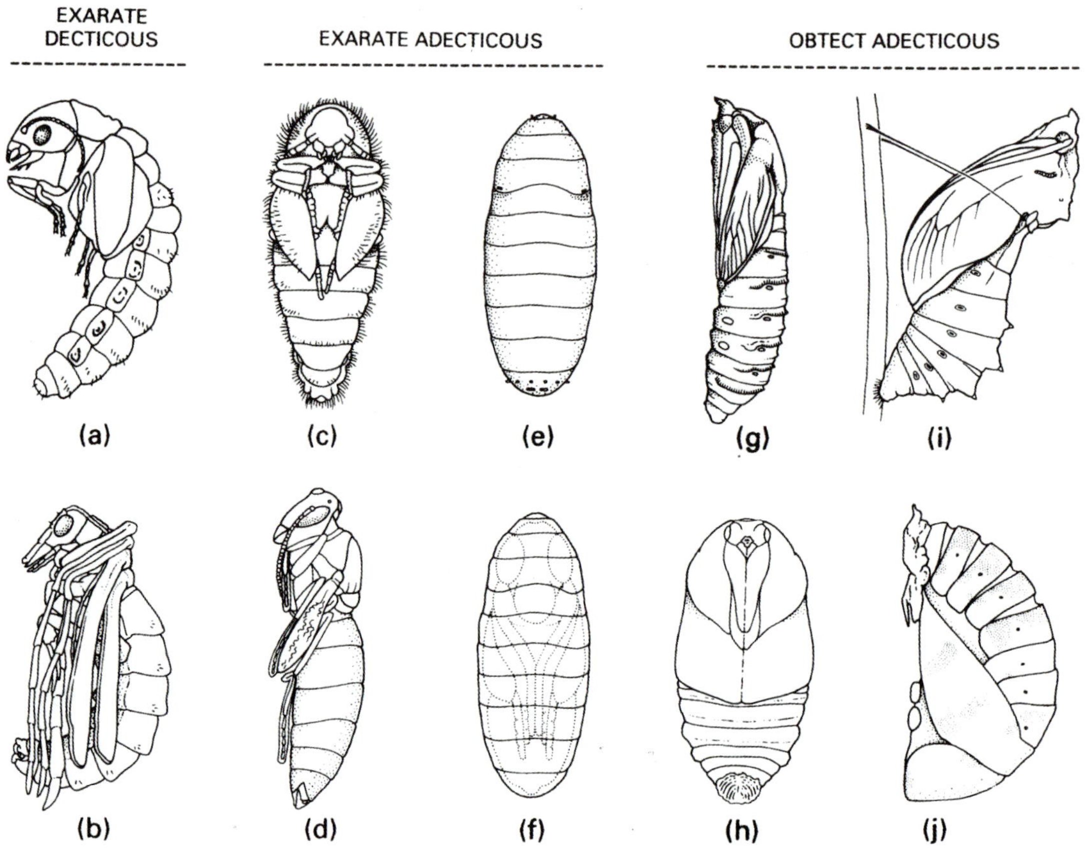

그림 6.7 번데기 형태의 유형. 저작형알몸번데기(Exarate dectivous pupae): (a) 풀잠자리아목(Megaloptera):민뱀잠자리과(Sialidae); (b) 밑들이목(Mecoptera):각다귀붙이과(Bittcidae). 비저작형알몸번데기: (c) 딱정벌레목(Coleoptera):수수렝이과(Dermestidae); (d) 벌목(Hymenoptera):말벌과(Vespidae); (e,f) 파리목(Diptera):검정파리과(Calliphoridae), puparium(위용, 껍질번데기) and pupa within. 비재작형피각에 쌓인 번데기 (g) 나비목(Lepidoptera):굴벌레나방과(cossidae); (h) 나비목:산누에나방과(Saturniidae); (i) 나비목:호랑나비과(Papilionidae), 피용(Chrysalis); (j) 딱정벌레목(Coleoptera):무당벌레과(Coccinellidae)

scale insect)과 같은 곤충의 성충은 그 수명이 매우 짧다. 이런 곤충들은 구기가 퇴화되었거나 없으며 기껏 수 시간에서 하루내지 이틀정도 날며 단지 교미 후 곧 죽는다. 대부분의 성충들은 적어도 수 주 간 생존하며 종종 수개월, 때로는 수년을 생존한다.; 생식력이 있는 흰개미(termite), 여왕개미(queen ant) 그리고 벌 종류는 특히 오래 생존한다. 성충기는 번데기로부터 우화와 동시에 시작된다. 하지만 이때는 수시간, 수일, 수주간에 걸쳐 이미 변태는 완료되었으며, pharate adult가 우화를 위한 적절한 환경 요인이 감지될 때까지 번데기 껍질 안에 쉬고 있는 상태이다. 이때 온도, 빛, 화학적 시그널(signal)의 변화는 대부분 곤충 종에서 성충우화를 유발한다.

우화의 호르몬제어는 나비목 곤충에서 잘 연구되어져 있으며, 특히 담배나방(tabacco hornworm; *Manduca sexta*)에서 James Truman, Rynn Riddiford와 그의 동료 등에 의해 잘 연구되었다. 다음의 우화관련 설명은 주로 *M. sexta*에 관한 것이지만 다른 곤충에서도 비슷한 현상일 것으로 본다. 적어도 5종류의 호르몬이 우화와 관련 있다(6.3절). 우화 며칠 전에 eodysteroid 호르몬 수준이 감소하고 2종류의 신경펩타이드호르몬의 방출을 포함한 일련의 생리적 · 행동학적 event가 탈피준비를 위해 시작된다. Inka cell이라 불리는 epitracheal gland로부터 탈피촉진호르몬(**Ecdysis triggering hormone**, ETH)과 뇌에 있는 신경분비세포로부터 우화호르몬(**eclosion hormone**, EH)이 탈피를 위한 적절한 장소를 찾는 다던지, 옛 피부로부터 나중의 탈출(extrication)을 도우기 위한 운동과 받은 전(前)우화행동(preeclosion behavior)을 그 호르몬이 균형 있게 촉진 · 유발한다. 처음에 ETH가 방출되고 그 다음에 ETH와 EH가 서로의 방출을 촉진하여 positive feed back loop를 형성한다. EH의 증가는 복부신경절에 있는 세포로부터 **crustacean cardioactive peptide**(CCAP)을 방출시킨다. CCAP는 우화전행동을 중지시키고, 본 우화행동을 작동시킨다(즉, 복부수축, 날개짓운동, 심장박동촉진). 이에 EH가 나타나 탈피 후 날개 확장과 관련있는 추가적인 2개 호르몬 **bursicon**과 **cardiopeptides**의 방출을 개시시킨다. Cardiopeptides는 심장을 자극, 혈림프의 흐름을 가슴과 날개 쪽으로 유도한다. Bursicon은 날개의 확장(wing expansion)을 좋게 하도록 큐티클의 유연성을 간단히 높혀, 확장된 날개 형태로는 큐티클의 경화를 가져오게 한다.

방금 **우화한**(teneral) 성충은 부드러운 큐티클을 가지고 있는데 이것은 곤충이 공기를 마셔셔 기관낭(tracheal sac)에 공기를 모아 근육운동에 의해 충체각 부분의 혈압을 높이게 함으로서 체표면적을 넓게 하는데 사용하기 위함이다. 이제 날개는 아래로 쳐지며(그림 6.8, plate 3.4)이 형상은 날개의 부풀음을 좋게 한다. 큐티클과 진피세포에 대한 색소침착이 우화전후에 시작되며 신경호르몬인 bursicon의 조절하에 충체 경화가 일어난다. 번데기 껍질로부터 우화한 후 대부분이 완전 변태 곤충은 meconium이라고하는 폐대사액을 배설한다. 이것은 번데기 기간 동안에 생성, 축적된 찌꺼기 대사산물을 의미한다.

때때로 갓 우화한 성충은 경화가 완성될 때까지 직장(rectum)에 meconium을 보유하고 있는데 이는 곤충 충체의 크기를 늘리는데 도움을 주기 위함이다.

생식은 성충생활사의 주요기능이며, 적어도 암성충에 있어서 성충기간은 산란기간과 연계되어있다. 생식에 관한 것은 5장에 잘 설명되어있다. 노화(senescence)는 생식력의 종결과 상관관계를 갖고 있고, 죽음은 곤충의 개체발생프로그램에 예정되어 있을 수 있다. 암컷은 알을 낳은 후 죽고, 수컷은 교미 후 죽는다. 곤충의 생식 후 생활사는 혐기적 또는 보호색을 가진(aposematic) 곤충에서 매우 중요한데, 그 이유는 생식후 포식자로 하여금 잡아먹을 수 있을 발육시기에 자기의 먹이가 잡아먹기에 아주 적합지 않음을 알게하여 대(代)를 유지시키게 된다.

6.3 탈피의 과정과 제어

실용적 이유로 령(instar)은 탈피(ecdysis)에서 탈피까지의 기간으로 정의된다(그림 6.1). 그러나 형태학적 및 생리학적으로 새로운 령(instar)은 신 · 구표피층이 분리되는

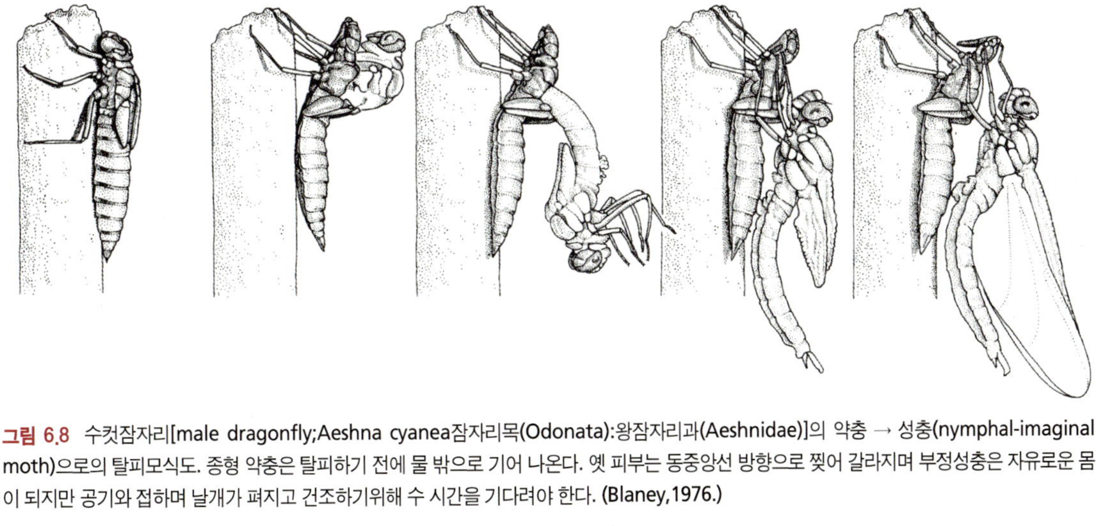

그림 6.8 수컷잠자리[male dragonfly;Aeshna cyanea잠자리목(Odonata):왕잠자리과(Aeshnidae)]의 약충 → 성충(nymphal-imaginal moth)으로의 탈피모식도. 종형 약충은 탈피하기 전에 물 밖으로 기어 나온다. 옛 피부는 동중앙선 방향으로 찢어 갈라지며 부정성충은 자유로운 몸이 되지만 공기와 접하며 날개가 펴지고 건조하기위해 수 시간을 기다려야 한다. (Blaney,1976.)

apolysis(**신구 표피층분리**)가 일어나는 시기부터 시작되는 것이다. Apolysis는 대부분의 곤충에서 검증하기가 어렵지만 그런 현상이 확실히 일어난다는 학술적 지견은 매우 중요하다. 왜냐하면 많은 곤충들은 다음 발육시기로서 탈피할 적절한 조건을 기다리는 상태인 pharate state로 실제적인 시간을 소비하기 때문이다. 곤충들은 종종 pharate pupae 혹은 pharate adult(즉 어느 정도 휴지중인 성충아)로 거꾸로 산다. 왜냐하면, 이 상태는 2개의 큐티클 층이 발육도중의 수분소실을 제한하는데, 따라서 이 때에는 대사는 감소하고 가스 교환 량도 최소화된다. 탈피는 옛 피부를 벗어버리도록 하는 호르몬의, 표피의, 큐티클의 변화가 일어나는 아주 복잡한 과정이다. 표피세포(epidermal cell)는 탈피과정에 왕성하게 관여하는데 이 세포는 구 큐티클의 부분적 파괴 및 새 큐티클의 생성에 중요한 역할을 한다. 탈피는 구큐티클의 안쪽 면부터 epidermal cell을 철수함으로 시작한다. 보통 전후방향으로 분리가 일어난다. 이러한 분리가 전부는 아니다. 그 이유는 근육 또는 감각 신경들이 구 큐티클과 연결되었기 때문이다. Apolysis는 표피층의 부피와 표면적을 증가시키는 표피세포의 체세포 분열과 상관되어 있던지 또는 그것에 연이은 과정이다. Apolysis 이후에 형성된 subcuticular or **apolysial space**는 분비물로 가득 차 있으나 이들 분비물은 모두 비활성 탈피액이다. 탈피액 중의 키틴 및 단백질 분해효소들은 표피세포가 새 큐티클의 보호적 최외층이 만들어지기 전까지는 비활성상태로 유지된다. 그런 후 옛 큐티클의 최내층(endocuticle층)이 분해되고 다시 재흡수된다. 반면에 새(pharate)큐티클은 undifferentiated procuticle로 차곡차곡 축적된다. 탈피는 혈림프 압력이 높아진 결과로 등쪽 중앙선을 따라 큐티클이 갈라지면서 시작된다. 탈피된 허물은 소화가 어려운 단백질, 지질, 옛 epicuticle 및 exocuticle의 키틴으로 구성되어있다. 일단 옛 큐티클(피부)로부터 새 큐티클이 자유로워지면 새로 탈피한 곤충은 공기 또는 물을 먹고 새 큐티클을 확장시킨다. 또 충체의 다른 부분에 혈림프의 압력을 높여 주름지고 접힌 epicuticle을 부드럽게 펴고, procuticle도 곧게 펴서 충체의 크기를 증대시킨다. 큐티클 확장 후에 충체의 상당부분의 표면은 화학적 경화에 의해 경화되고 procuticle은 더 진하게 착색되어 exocuticle이 된다(2.1절). 하지만 유충에서는 몸체 큐티클의 대부분은 막 상태로 남아있고 exocuticle은 head capsule에 국한된다. 탈피 후 보다더 많은 단백질과 키틴이 표피세포로부터 분비되어 procuticle 및 endocuticle의 내부영역에 추가되는데 이것은 탈피와 탈피사이의 기간에도 계속적으로 잘 축적된다. 때때로 endocuticle이 부분적으로 해당령기(stadium 시기)동안에 경화되며 대부분 큐티클의 외표면은 wax로 뒤덮인다. 최종적으로 stadium이 끝나고 apolysis가 다시 한번 시작된다.

이상의 event는 큐티클의 변화를 제어하기 위해 표피세포에 작용하는 호르몬과, 또한 탈피와 관련 대사 행동을 활성화시키기 위해 신경시스템에 작용하는 호르몬에 의해 영향을 받는다. 호르몬에 의한 제어는 탈피의 변태 탈피기에 가장 많이 연구되었고, 탈피에 대한 본질적 내분비적 영향은 형태적 변화의 제어에 포함된 영향과 분리하여 생각하기 어렵다. 탈피와 변태의 호르몬제어에 관한 고전적 설명이 그림 6.9에 도식화되어 있다; 내분비 센터와 그들의 호르몬에 대해서는 3장에 자세히 설명되어 있다. 다음의 주요한 세 가지의 호르몬이 탈피(molting)와 변태(metamorphosis)를 조절한다:

1 신경펩타이드호르몬(neuropeptides)
  ① 앞가슴샘자극호르몬(prothoracicotropic hormone; PTTH)
  ② 탈피촉진호르몬 (Ecdysis triggering hormone; ETH)
  ③ 우화호르몬(Eclosion hormone; EH)

2 엑다이손(Ecdysteroids)

3 유약호르몬(Juvenile hormone; JH)

이 호르몬은 동일한 곤충이라도 여러 가지 다른 형태로 나타날 수 있다.

뇌에있는 신경 분비세포가 PTTH를 분비하며 PTTH는 신경축을 따라 내려가 corpora allata(CA)-CA는 PTTH를 저장하여 나중에 혈림프로 방출시키는 한 쌍의 신경샘체(neuroglandular bodies)-까지 이동한다. PTTH는 앞가슴샘 또는 탈피샘의 ecdysteroid 합성과 분비를 촉진한다. 그런 후 ecdysteroid 방출은 새 큐티클을 생성할 진피세포의 변화를 시작하게 한다. 탈피의 특징은 CA로부터 방출된 JH에 의해 조절된다. JH는 그 기능이 성충화를 억제하여 결과적으로 혈림프의 높은 JH수준(titre)은 바로 유충→유충탈피로 이어지며, JH의 낮은 수준은 유충→번데기 탈피로 이어진다. JH는 번데기→성충화 탈피기에는 존재

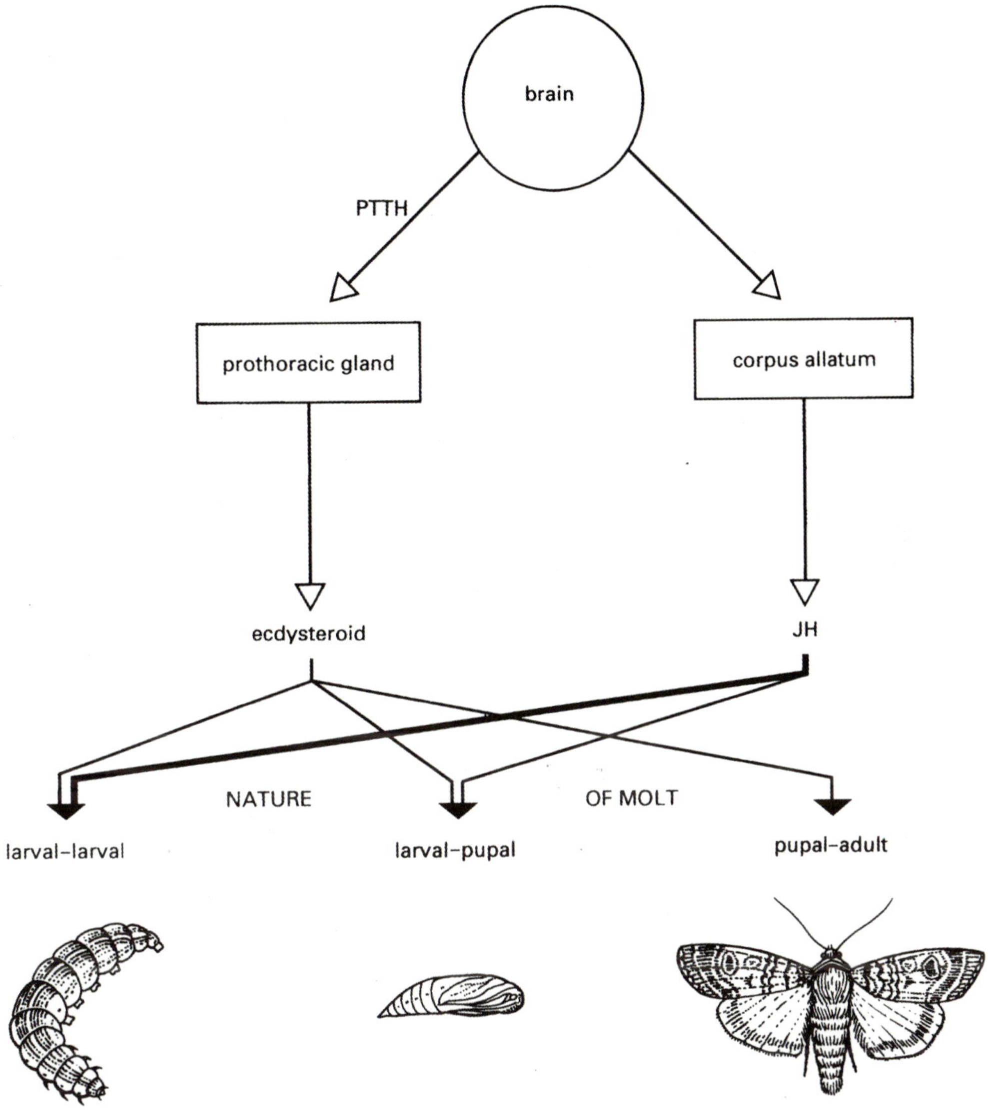

그림 6.9 내시곤충(endopterygote insect)류에 있어 탈피와 변태과정에 대한 내분비학적 제어를 설명한 모식도. 이 그림은 ecdysteroid와 JH(Juvenile Hormone;유약호르몬)분비와 복합성을 간결하게 설명한다. 따라서 화아호르몬(eclosion hormone)과 같은 신경펩타이드(Neuropeptide)의 영향을 의미하지는 않는다. PTTH, prothoracicotropic hormone(앞가슴샘 자극호르몬). (Richands,1981.)

치 않는다.

탈피는 ETH와 EH에 의해 전개되는데 적어도 EH는 아마도 모든 곤충의 생활사에 있어 탈피시마다 매우 중요한 것으로 보인다. EH는 steroid-primed 중앙신경계에 작용하여 옛 큐티클로부터의 탈출과 관련있는 능동적 동력을 일으키게 한다. EH의 이름은 그 유래가 번데기-성충 탈피현상(우화)에 기인하며 이때의 변태에 EH가 매우 중요한 역할을 함이 처음으로 밝혀졌고 EH의 다양한 역할이 밝혀지기 전에 벌써 그 중요성이 발견되는 것이다. 사실 탈피에 EH가 관여한다는 것은 갑각류 같은 다른 종류의 절족동물이 EH유도체를 가지고 있음과 같이 매우 고진적인 사실이다. 연구가 잘 된 담배나방(6.2.4절)에서 극히 최근에 밝혀진 ETH는 EH만큼 탈피에 있어 중요함이 밝혀졌고, ETH와 EG는 서로의 방출(분비)을 자극함으로서 말

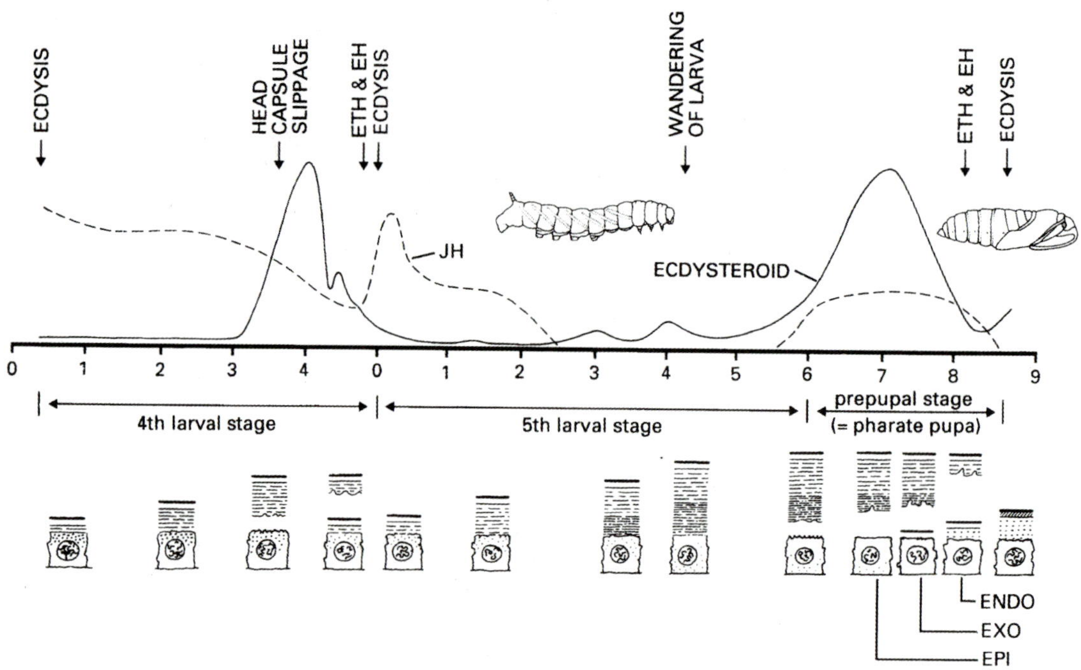

그림 6.10 호르몬작용과 관련 담배각시나방[tobacco hornworm; Manduca sexta(나비목(cepidoptera) 박각시나방과(sphingidae)]에 있어서 4~5령충 및 전용기(prepupal 5 pharate pupa0 발육동안의 표피의 변화과정의 모식도, 표피세포의 점선은 청색계색소인 insectycyanin의 알갱이의 농도를 표시한다. ETH, ecdysis triggering hormone(탈피촉진호르몬);EH,eclosionhormone(화아 호르몬);JH, Juvenile hormone(유약호르몬);EPI,deposition of pupal epicuticle(번데기 외피의 침착);EXO,exocuticle(외표피);ENDO,endocuticle(내원표피) X축의 숫자는 경과일을 의미한다. (Riddiford,1991.)

이다. 하지만 ETH의 계통분류학적 곤충 종에 따른 분포는 아직 잘 모른다. 많은 곤충에서 또 다른 신경펩타이드인 bursicon은 exocuticle의 경화를 제어하고 endocuticle의 탈피 후 침적을 제어한다. 나비목 곤충인 담배나방(*M. sexta*)에서 큐티클침적과 탈피를 조절하는 호르몬 환경과 진피세포의 활성사이의 관계에 대하여는 그림 6.10에 잘 설명되어있다. 이제 세포 및 분자수준에서 호르몬이 어떻게 탈피와 변태를 조절하는지에 대해 알아본다. 하지만, 담배나방에 대한 연구는 유충 후기의 2개의 유충령기와 전(前)용기발육에 일어나는 ecdysteroid와 JH 그리고 큐티클 변동은 서로 깊은 상호연관관계가 있음을 잘 보여준다. 4령 유충 후반기에 일어나는 탈피기동안 진피세포는 endocuticle과 청색색소 insecticyanin의 합성을 중단함으로서 ecdysteroid의 출현에 반응한다. 새로운 epicuticle이 합성되고, 다량의 옛 큐티클은 분해되지만 endocuticle 및 insecticyanim 생산은 탈피 시까지 재개된다. 최종령 유충에서 JH는 검출할 수 없는 정도의 수준으로 감소하는데, 이 현상에 이어, Ecdysteroid에 있어 약간의 증가는 진피세포가 얇은 라멜라구조(lamellae)를 가진 보다 단단한 큐티클을 생산하도록 자극하며, 그 후 유충의 wandering을 유도하게 된다. Ecdysteroid가 다음 탈피를 시작하면 표피세포는 많은 수의 새로운 유전자의 활성화로 인해 번데기 큐티클을 만들게 된다. 각 탈피의 후반부로 가면 ecdysteroid가 감소하는데 이런 감소가 바로 탈피가 일어나는데(생리적 유기요인으로) 매우 중요한 것으로 보인다. 이 현상은 조직을 EH에 감수성으로 만들고, EH가 혈림프로 방출되도록 한다(6.24절). 5령 유충기 후반에 일어나는 Apolysis는 발육중인 번데기가 유충형태의 cuticle안에서 pharate형태로 존재할 전용기(前蛹期)의 개시를 보여주는 것이다. 분화된 exocuticle과 endocuticle은 유충-번데기 탈피시기에 나타난다. 유충기 중, 충체의 거의 전부를 덮고 있는 표피세포는 exoduticle을 생산하지 않는다. 그래서 유충의 큐티클은 부드럽고 유연하여 섭식후 주어진 령기 동안 대단한 성장을 할 수 있는 것이다.

6.4 화성(化性)

곤충은 단명하는 생물로 1년에 몇 번 세대를 반복하는가 하는 화성에 의해 생애기간이 측정된다. 1년에 1세대는 **1화성**(univoltine), 2세대는 **2화성**(bivoltine), 2세대 이상 즉 3세대부터는 **다화성**(**multi voltine**, **polyvoltine**)이라 부른다. 1세대 기간이 1년이 넘는 곤충도 있는데 극지방에 사는 곤충의 경우로 1년중 단지 수 주간만 발육이 가능하기 때문이다. 이런 경우 **semivoltine** insect 라고 한다. 또한 몸집이 큰 곤충은 식물이 부족하면 성장이 느려져서 수년이 걸릴 수도 있다. 예를 들면, 나무뿌리즙을 먹고 사는 매미(cicadas)종류는 13~17년 걸려 성숙하며 썩은 나무속에 사는 딱정벌레들은 때로 20년이 넘게 걸리는 경우도 있다.

대부분의 곤충들은 1년 내내 연속적으로 발육하지 않으며 좋지 못한 환경에 처하면 휴면(diapause) 또는 성장중지(quiescence)에 의해 그들의 발육을 일시 중단한다(6.5절). 상당수의 1~2화성 곤충종들은 어떤 발육시기에 휴면에 들어가 자기들의 생활이 완성되기 전 적절한 환경조건을 기다린다. 어떤 종류의 1화성 곤충, 수많은 사회성 곤충 및 발육에 1년 이상 걸리는 곤충들은 성충의 수명이 수년이 되는 경우도 있다. 대조적으로, 다화성 곤충일 경우 바다의 파리붙이[*Clunio* (Diptera; Chironomidae)]는 낮은 조수에는 수시간 정도만 살거나 하루살이(Ephemeroptera)는 하루저녁만 사는 것도 있다.

다화성 곤충들은 1년 내내 먹을 수 있는 식량을 사용하여 작고 빨리 성장하는 경우가 대부분이다. 1화성은 계절적으로 제한된 먹거리를 섭취하는 온대성 곤충에 많다. 이들 곤충 중에는 봄철 조류를 먹는 곤충, 또는 단기간만 생육하는 1년생 초식식물만 먹는 곤충들이 포함된다. 2화성 곤충은 보통 늘려져있는 식물을 먹고 성장이 느린 곤충 또는 봄, 가을의 2종의 온도 조건만 쫓아 생활하는 곤충들이 속한다. 어떤 곤충은 화성이 고정된 것도 있다. 반면에 광범위한 위도(latitude)나 고도를 가진 곤충은 지리적특성에 따라 화성이 달라질 수 있다.

6.5 휴면(休眠)

알에서부터 성충까지의 발육은 종종 휴면기에 의해 중단되어진다. 이 같은 경우는 특별히 온대 지역에서 일어난다. 그 이유는 계절적인 고온 및 저온 또는 가뭄등과 같이 곤충생활에 부적당한 환경요인이 발생하는 때는 곤충이 성장을 쉴 수밖에 없는 것이다. 휴면은 그 일어나는 계절에 따라 다음과 같이 구분할 수 있다. 첫째, 여름철에 휴면할 경우 하면(夏眠) 또는 여름잠이라 부르며 (**Aestivation** or estivation; Latin, aestivus or aestivare = of summer or summer) 둘째, 겨울철에 휴면 할 경우 동면(冬眠) 또는 겨울잠이라 부른다(**hibernation**; Latin, hibernus= wintry). 이상의 2종류의 휴면은 모두 "**Quiescence**"와 " diapause"를 포함 할 수 있다. Quiescence는 부적절한 환경요건에 대한 직접적인 곤충의 반응 양태로서 발육이 중단 또는 느린 발육 상태를 말하며 환경조건이 좋아지면 즉시 재 발육을 시작하는 경우이며 반면에 **diapause**는 환경적응적인 생리적 변화와, 적절한 환경적 요인이 회복되면 반드시 발육하는 것이 아니라 특별한 생리학적인 자극에 의해 발육이 재개되는 그런 현상이 전술한 생리적 변화와 복합적으로 관련된 상태이다. Quiescence와 diapause의 구별방법에 대해서는 보다 더 자세한 연구가 필요하다.

다양한 환경요인에 상관없이 어떤 주어진 시기에 들어가는 휴면(diapause)은 **의무적 휴면**(obligatory)이라 한다. 1화성의 곤충들은 종종 자기의 짧은 생활환을 1년으로 연장하기위해 의무적휴면(obligatory diapause)을 한다. 비의무적 휴면은 **facultative**라 한다. 이러한 휴면은 많은 곤충에서 폭넓게 관찰되는데 적절한 환경에서 꼭 살아남아야 되는 1화성 또는 다화성의 특정세대에서만 이러한 휴면이 일어난다. 비의무적 휴면(Facultative diapause)은 곤충먹이에 의해 유발될 수있다: 즉 여름철 진디물의 먹이 밀도가 낮으면 무당벌레(lady bird beetle or lady bug; *Hippondamia convergens and Semnidalia unidecimnotata*)는 하면(aestivation)에 들어가 버린다. 그러나 진딧물의 밀도가 높으면 무당벌레는 휴면하지 않고 먹이를 먹으며 발육을 계속한다.

휴면(diapause)은 ① 수일에서 수개월이 될 수 있고 ② 드물게는 수개 년이 될 수 도 있으며 ③ 알~성충의 어느 발육시기에서도 일어날 수 있다. 휴면 발육 시기는 본래적으로 한 종에서 고정되어 있으며 또 서로 관련있는 종들 사이에 변이가 있을 수 있다. 알 휴면 또는 용 휴면(번데기 휴면)이 가장 보편적이며 그 이유는 ① 이 시기가 비교적 외부와 폐쇄된 생체체계를 가지며 ② 배자발육기는 변태탈피 시에 요구되는 산소정도만 가져 환경스트레스가 가해질 상황에도 생존할 수 있기 때문이다. 성충기에는 **생식휴면**(reproductive diapause)이 있는데 이는 성숙곤충에서 생식의 일시적 중지(cessation)또는 연기(suspension)를 의미한다. 이 상태에서는 이동비행을 위한 대사 상태로 변경될 수 있고(6.7절) 동결방지제의 체내생산(production of cryoprotectants)(6.6.1절), 성충 또는 미성숙 단계에 대한 열악한 환경조건에 노출되는 동안 단순 충체를 움츠린 상태로 대사가 재조정 될 수 있다. 그래서 생식은 ① 이동 후 또는 ② 산란하기 좋은 조건이나 미성숙 발육이 재개 될 수 있을 때 다시 시작된다.

휴면에 관한 연구는 일본에서 누에(silkworm; *Bombyx mori*)를 대상으로 많이 연구되었다. 최적의 실크생산은 누에가 휴면을 가진 이후세대에서 가능하나 상업적 또는 산업적으로는 비휴면란으로부터 계속적인 실크생산이 필요한 것이다. 누에에서 휴면의 각성과 휴면유도에 관련된 복잡한 기전이 이젠 잘 연구되어 이해할 수 있다. 하지만 이러한 대사기작은 일반적으로 다 적용키는 어려울 수 있다. 서로 유사한 곤충이라도 다른 대사기작이 적용될 수 있으며 지금도 이와 같은 사실들이 밝혀지고 있다. 곤충을 휴면으로 유도하거나 종결시키는 주 환경 요인은 ① 광주기(photoperiod) ② 온도(temperature) ③ 먹이의질(food quality) ④ 습도(moisture) ⑤ pH ⑥ 화학적요인들(산소, 온도 및 식물유래 2차 대사산물 등)이다. 이들 각 요인들이 휴면에 미치는 영향을 상세히 알기는 어렵다. 예를 들면 계절적으로 건조된 웅덩이나 작은 용기(container)에 휴면란을 낳는 *Aedes* 속 모기의 예처럼 말이다. 또 언제든지 산란장소에 홍수가 들면 어떤 *Aedes* 종은 배자휴면을 종결시켜 버린다. 또 다른 종에서는 연속적인 범람이 휴면을 깨는 데에 필요할 수도 있다. 즉 범람으로 인하여 웅덩이내의 부식물의 미생물 분해에 의한 pH변화와 같은 화학적 변화가 주요인으로 생각된다. 더더욱, 1종류의 환경적요인이 이미 영향을 끼쳐도 요인의 효과를 촉진 또는 중단 시킬 수도 있다. 예를 들면, 휴면종결 요인인 홍수범람이 광주기나 온도가 곤충의 휴면에 부적절 할 때 일어났다면 휴면이 깨지지 않거나 단지 약간의 알만이 부화할 것이다.

광주기는 휴면에 있어 매우 중요한데, 그 이유는 낮 길이의 변화는 이것이 미래의 계절적 환경조건(즉, 무더운 여름철이 다가왔다 겨울 가까이 가면 더위가 사라진 것과 같은)에 대해 많은 것을 예측하게 한다는 것이다(6.10.2절). 곤충은 낮 길이와 밤의 길이의 변화(광주기적 변동)를 감지할 수 있고 때때로 단안 또는 복안 보다는 뇌 속에 있는 광주기수용체를 통해 아주 정밀하고 정확하게 광주기를 감지한다. 곤충의 뇌는 "휴면 프로그램"을 저장하고 있는데 휴면형 번데기 뇌를 비휴면 번데기에 이식하면 이식받은 개체는 휴면이 될 것이다. 반대의 경우는 휴면 번데기에서 비휴면 번데기로의 발육이 재개될 것이다. 이러한 프로그램은 휴면을 앞서가 수명까지도 연장할 수 있으며 이러한 현상은 어미의 조건이 자기의 자손의 발육단계에 있어 휴면을 제어할 수 있을 것으로 보인다.

많은 연구결과들은 휴면의 내분비적 제어기전을 말하고 있으나 휴면조절을 위한 기전에 있어서의 실제적 변이(화)들은 휴면에 대한 다양한, 복합적 그리고 독립적인 진화를 의미한다. 일반적으로 휴면유충에서 앞가슴샘(prothoracic gland)으로부터 ecdysteroid 탈피호르몬의 생산이 중단되고 JH는 휴면종결의 역할을 한다. 앞가슴샘으로부터 ecdysteroid 분비와 재개는 번데기 휴면의 종결에 필수적으로 보인다. JH는 성충에 있어서 휴면제어에 중요하지만(미성숙 발육 단계에서는) 유일한 제어자는 아닐 수 있다. 누에(*Bombyx mori*)의 유충, 번데기, 성충에 있어서 복잡한 상반적 상호작용이 측심체(suboesophageal ganglion)에 있는 한 쌍의 신경분비세포로부터 유래하는 휴면호르몬(diapause hormone)과 CA(corpora allata)로부터 나오는 JH사이에 일어난다. 성충 암컷은 난소소관(ovariole)이 **휴면호르몬의**(diapause hormone) 영향 하에 있으면 휴면란을 만들고 반면에 이 호르몬없이 JH 영향하에서는 비휴면란이 생성된다.

6.6 극단적 환경조건과 곤충과의 관계

곤충이 살아가면서 만나는 가장 명확한 환경적 변수는 온도와 습도의 계절적 변동이다. 자연환경에서 곤충이 만나는 극단적 온도와 습도는 지구상의 생물이 만나는 환경조건의 범위를 더 넓게 한다(즉 고온을 만나는 심해의 생물처럼). 초저온 생물학(cryobiology)에 있어서 인간의 관심때문에 극한적 추위와 건조에 대한 반응이 고온 그 자체에 대한 반응보다 더 잘 연구되어왔다. 극한 조건을 피할 수 있는 방법은 ① 생존가능한 온도를 가진 땅 속으로 굴을 만든다던지 ② 다른 곳으로 이동한다던지(6.7절) ③ 휴면에 들어간다던지(섹션 6.5) 그리고 ④ 상당히 다른 생리적 조건하에서의 그대로 견딤과 생존하는 등의 행동적 회피이다. 이것들이 다음 부분에서의 토픽이다.

6.6.1 추위

생물학자들은 오랫동안 곤충들이 놀랄만한 다양성과 때때로 대량으로 지구의 양극단에 나타남을 매우 흥미롭게 생각하여 왔다. 완전변태곤충(holometabolous insects)들은 북위 3° 이내의 refugial site에 많다. 비록 아주 작지만 뚜렷한 파리붙이(Chiromid midge)와 펭귄, 그리고 바다표범이(Seal lice)들은 남극(Antarctic)에서 발견된다. 빙하를 포함하는 동결된 높은 고도에도 곤충의 서식이 유지되는데, 그 예가 Himalayan Diamesa glaciermidge (*Diptera*: Chironomidae)이다. 이 곤충은 추운 환경활동력(cold activity)에서 기록을 가지고 있는데 −16℃의 대기온도에서 활동적이다. 설원(snowfield)은 또한 추위에 활동적인 곤충(cold-active insect)이 서식토록 계절적으로 지원한다. gryloblattid, *chionea*(Diptera:Tipulidae), Boreus(Mecoptera), Snow "flea"등이 그 예이다. 저온환경은 가용수분의 저하에 의한 탈수와 유사한 생리적 문제점을 가지고 있지만 명백히 또한 체액의 동결을 피해야할 필요성도 포함된다. 팽창과 얼음 결정형성은 전형적으로 포유동물의 세포와 조직을 죽게 만드나 아마도 곤충세포는 동결을 견딜 수 있는 것으로 생각된다. 곤충은 한 가지 또는 수종의 극한적 추위를 견딜 수 있는 대사기작즉 Cryoprotection(**동결보호기능**)을 가진 것으로 보인다. 이러한 기전은 알~성충의 어느 발육단계에도 적용가능하다.

내동결성

내동결성 곤충들은 −40 ~ −80℃까지 내려가는 북극, 남북극, 남극지에 생존하는 내동성이 뛰어난 곤충들이다. 동결보호는 심한 추위가 오기전 기온이 강하할 때 얼음핵화요소(Ice-nucleating agent: INA)의 계절한정적 생산에 의해 이루어진다. 이런 류의 단백질, 지질 단백질 그리고 요산염(urate)과 같은 내재생 결정화물질들이 혈림프, 소화관, 말피기씨관 같은 세포외기관에서 안전한 동결(safe freezing)이 이루어지도록 하는 주요장소로서 기능하는 것이다. 이와 같은 충분히 제어된 그리고 완만한 세포외의 장소에서의 결빙은 점차 세포내용물의 탈수로 이어지고 결과적으로 세포내에서는 세포생명에 해로운 결빙이 형성되지 않게된다. 이외에 글리세롤, 관련 폴리올(분자 중 "OH" 기를 3개이상 가진 알콜), 솔비톨과 트리할로스를 포함한 당(sugar) 같은 물질들은 과냉각(0℃이하 이지만 얼지않고 액체상태로 유지되는 현상)을 유도하여 완전한 INA활성화가 되기 전에, 또는 동결후에 일어날 수 있는 조직, 세포들의 손상을 방지하여 그것들을 보호하는 것이다. 항동결단백질(antifreeze protein)들도 또한 생산된다. 즉 이들 단백질들은 특히 가장 추운 한겨울의 동결때가 아닌 가을철의 동결 조건이 지속되는 시기나, 봄철 결빙이 녹는 시기에 동결방지제 역할을 수행한다. 종종 곤충 내부의 동결의 시작은 곤충이 외부환경의 얼음(ice)에 접촉함으로서 결빙이 촉진되어 곤충내부의 과냉각(super cooling)없이 일어날 수 있다. 내동결성(freeze tolerance) 자체가 곤충의 생존을 보장하지는 않는다. 그 이유로 곤충의 생존은 ① 곤충이 받은 실제적 최소온도와 ② 추위가 시작되기 전의 순응(적응) 과정 ③ 극한 개시의 신속성 ④ 해빙시에 곤충이 받은 온도의 차의 범위와 변화 정도 등의 요인에 매우 민감하게 의존되기 때문이다. 이 모든 대사기작과 내동결성이 적어도 과일파리류(galling tephritid fly;Eurosta solidaginis)의 지방체 세포에서 잘 연구되었다.

동결회피

동결회피는 곤충체내의 동결없이 저온에서 살아남는 "곤충생존전략"임과 동시에 해당 곤충종의 생존을 위한 "종의 생리학적 능력"이다. 이러한 개념(정의)에서 과냉각(super cooling)의 상태를 유지함으로서 동결을 회피하는 곤충들은 과냉각 상태에서 그만큼 더 생존할 수 있으며 과냉각점 이하에서는 높은 사망률을 보인다. 하지만 그 과냉각점 이상에서는 죽는 일이 거의 없으므로 동결회피자(freeze avoider)가 되는 것이다. 과냉각을 좋게 하기 위한 기작은 ① 결빙화 촉진자 제거목적의 소화기계의 제거 ② 초겨울 시기의 폴리올과 항 동결 단백질의 합성이 매우 중요하다. 이들 곤충에서 냉동생존능력은 ① 과냉각 온도의 비교 ② 곤충이 겪어야하는 자연 생활환경의 최저기온에 의해 쉽게 예측되어진다. 이러한 동결 회피에 관한 사항은 나비목의 autumnal moth(*Epirrita autumnata*)와 glodenrod gall moth(*Epiblema scudderiana*)에서 잘 연구되어있다.

내한성

곤충의 내한성은 자주 영하의 온도에서 살아야하는 지역인 온대~극지역(남 · 북극)에서 주로 관찰된다. 내한성은 강렬한 과냉각 온도와 내한성을 가진 곤충이 해당된다. 그 특징은 ① 추위에 노출된 기간(시간)과 ② 과냉각 온도 이상의 저온기에 노출된 기간에 따른 사망률로 내한성을 알 수 있다. 동결기간이 오랠수록, 동결정도가 심할수록 사망률이 높으며 이는 동결에 기인한 조직, 세포의 손상 때문에 일어난다. 높은 내한성 곤충들은 "snow cover"에 의존하여 극한추위(과냉각 온도이하)에서 살아남는 것이다. 이런 류의 곤충에는 영국의 beech weevil(*Rhynchaenus fagi*)과 캐나다의 bertha armyworm(*Mamestra configurnta*)가 좋은 예이다.

추위에 대한 감수성

추위감수성 곤충들은 추위에 견디는 능력이 부족하며, 이들은 과냉각 상태를 유발하나 영하온도 노출에 따른 사망이 매우 빠르게 일어난다. 온대형 곤충들은 초겨울의 혹한도의 강도에 따라 주로 여름철에 다양한 추위감수성 현상이 일어난다. 유럽의 진딧물류(Myzus persicae, Sitobion avenae, *Rhopalosiphum padi*)는 성충의 경우 −24℃까지, 약충(nymph)의 경우 −27℃까지 과냉각온도를 가지나 0℃이하에서 1~2분만 지나면 사망률이 매우 높다. 알은 약충이나 성충보다 추위에 견디는 힘이 강하다. 월동알들은 오직 **완전생활환형**(holocyclic)종에 의해 생산되기 때문에 이런형의 생활사를 가진 진딧물은 월동을 약충 또는 **성충**(anholocychic) 상태로 보내는 종보다 고위도지역에서 점점 우점종으로 자리잡고 있다.

기회적생존

기회적 생존은 안정적이고 따뜻한 기후지역에서 사는 곤충에서 보여지는 현상이다. 이 지역에서도 곤충은 과냉각이 가능하지만, diapause 또는 quiescence를 통한 동결회피가 불가능한 이들 곤충에서는(6.5절), 대사가 최저기점에 오면 사망이 발생하는 것이다. 이러한 곤충 종에 대한 예측가능 또는 간헐적 추위가 찾아옴에 따른 생존은 "지역이동"과 같은 것에 의한 생활가능장소의 선택 또는 해당지역의 국지적 서식지의 기회적 선택에 좌우된다.

확실히 내저온성은 일련의 서로 다른 대사기전과 관련화학물질에 의해 동시에 얻어진다. 하나의 통일적 특징은 동결보호에 대한 기전이 내한성의 예비적응적인 것이라 할 수 있는 탈수회피와 오히려 유사한 것일 수 있다. 이상의 각 유형에서는 서로 관련이 적은 종들이 포함될 수 있지만 딱정벌레 중에 북극 또는 준북극에 많이 분포된 종이 많다. 무시곤충들이 이런 유형에 예비 적응종으로 제시되곤 하는데(너무 추워 날개가 없으므로) 너무 추워서 날개근육을 따뜻하게 하기 힘들기 때문이다. 그럼에도 불구하고, 북극여름은 양지쪽에서 쉼으로서 몸을 데워 왕성하게 날 수 있어 이들 깨무는 파리류 때문에 몸살을 앓고 있다.

6.6.2 더위

지구상의 가장 더운 생물서식지는 바다에 있다. 이곳 바다는 열친화적 세균이 바다속 열의 분출에 의해 생존하고 있으나 곤충은 없다. 대조적으로 지구에는 똑같이 열이 있는 지역의 분출이 몇몇 특수한 곤충의 서식을 뒷받침한다. Yellowstone National Park의 온천수는 너무 뜨거워 손대기도 어렵지만, 좀 덜 뜨거운 cyanobacteria나 blue-gree alge서식처에는 brine fly(*Ephydra bruesi* (Ephydridae))가 43℃까지 올라가는 온도에 살수 있다. 적어도 다른 종류의 물가파리류(Stratiomyiids, Chironomid 유충(all Diptera))들은 Iceland, New Zealand, South America, 기타 화산지역의 거의 50℃의 온도에서도 살 수 있다.

이외의 수생 고온내성생물들은 주로 odonata와 Coleoptera들이다. 고온은 세포를 죽이는데 그 기작은 ① 단백질 변성 ② 막과 효소의 구조와 특성변경 ③ 탈수(dehydration)에 의한다. 본질적으로 단백질의 복잡한 구조를 결정하는 비공유 결합의 안정성은 최고의 한계상황을 만들고, 이 상황이하에서는 많은 종류의 서로 다른, 상호 연관된 온도 의존적 생화학 반응이 존재한다. 정확히 곤충이 생화학적으로 어떻게 고온에 견디는지는 거의 모른다. **순응**(Acclimation; 점차적 고온화 또는 저온화가 일어남에 따른 적응)은 순간적 온도 노출에 비교해 극단적 온도에 대해 생존을 향한 재배열이 진행됨을 의미한다. 온도의 효과비교가 행해질 때 acclimation 조건부여가 검토될 수 있다.

고온의 경우 굴을 사용하는 등의 행동을 생각할 수 있다. 이러한 행동은 극한온도에 대한 토양(또는 모래)의 완충효과를 이용하는 것이다. 그리하여 노출된 표면의 수

cm안에는 안정적 온도가 생성되는 것이다. 종종 번데기로 겨울을 나는 온대지방의 곤충들은 종령유충이 만든 작은 구멍(존)에서 월동한다. 또 덥거나 건조한 지역에서 딱정벌레 같은 야행성 곤충은 낮 동안 구멍 속에서 극한 온도를 회피한다. 여러 종류의 건조지역 서식개미(Saharan *cataglyphis*, Australian *Melophorus*, Namibian *Ocymyrmex*)들은 지구의 가장 더운 지역을 활용하기 위한 자기들의 능력을 최대화 하기위한 여러 가지 행동적 독특한 방법을 갖고 있다. 개미가 가진 긴 다리는 물체위의 시원한 공기에 자기 몸을 위치하도록 하며, 초속1 m(1 ms^{-1})의 속도로 빨리 달릴 수 있게 하며, 훌륭한 항법 장치가 되어 위험에 직면할 때 재빨리 은신처 굴로 돌아갈 수 있게 한다. 내고온성은 *cataglyphis* 개미에겐 매우 큰 선물인데 그 이유는 열 스트레스로 인해 죽은 곤충들을 먹어치울 수 있기 때문이다. 하지만 *C. bombycina* 개미는 고온저항성을 가진 도마뱀(Lizard)에게 포식당한다. 그러므로 포식자 회피는 개미의 위에 언급한 땅위의 활동들이 매우 좁은 영역의 온도대에서만 가능하도록 제한을 받을 수밖에 없다. 그 온도대라는 것은 바로 도마뱀이 활동을 중단하는 온도와 도마뱀이 치사할 수 있는 극한 온도(고온)사이를 말한다. 위에 언급한 전략을 사용, 고온에 대한 자신의 노출을 최소화하고 고온활동휴식기를 가진다. 즉 46℃ 이상까지 올라갈 수 있는 사막의 풀 위에 올라서 쉬는 것이다. 생리학적으로 *catagryphis* 개미는 지구상에서 가장 내열성이 뛰어난 동물일 수 있는데 그 이유는 자기들이 살고 있는 시원한 생활굴(구멍)에서부터 주위의 뜨거운 기온대에 걸쳐 먹이를 찾으러 떠나기 전에 "heat-shock protein"을 다량으로 몸에서 합성 축적할 수 있기 때문이다. 먹이를 찾을 때 고온에 접한 후 수분간은 이러한 열 충격보호 단백질을 합성하기는 너무 짧은 시간이다.

heat-shock protein(약자로 hsp로 부른다)은 온도와 관련, 가장 잘 지어진 스트레스 유발단백질로 생각된다. 적어도 이들 중 몇 개는 건조와 추위에 의해서도 유발될 수 있기 때문이다. 이 단백질의 기능은 단백질의 folding(접힘;단백질의 기능에 매우 중요한 역학을 함)을 도우는 분자샤페론(molecular chaperone)으로서 기능하는 것으로 보인다. 추운조건에서는 단백질의 접힘은 문제가 되지 않고 오히려 막의 유동성이 소실되어 버린다. 이런 기능의 회복은 아마도 어떤 스트레스 단백질의 제어하에서 ① 지방산의 변화 ② 막 인지질의 변성에 의해 가능하다.

이런 측면에서 가장 전문적 특성을 가진 것은 깔따구유충(larval chironomid midge; *polypedilum vanderplanki*)으로 이들은 서아프리카에 살며 주로 조그만 임시웅덩이(원주민들이 곡식 찧을 때 생기는 조그만 웅덩이종류)에 있는 단단한 화강석의 돌멩이 무더기위에 생활한다. 이 유충은 웅덩이가 건조하면 고치를 만들지 않는다. 하지만 자기들의 몸은 거의 완전탈수 될 정도까지 수분을 잃는다. 이와 같은 **Cryptobiosis**(산송장:살아있지만 대사가 중단된 상태)의 상태에서 유충은 극한 온도에 견딜 수 있으며(인위적인 건조공기를 사용한 100~−27℃까지의 조건), 수분이 공급되면(또 다른 건조기나 화용, 성충이 되기까지)유충은 곧장 회복, 먹고, 발육을 계속한다.

6.6.3 건조

지구의 환경에서 온도와 습도는 밀접하게 관련되어있으며, 고온에 대한 곤충의 반응은 부수적인 수분 스트레스와 분리할 수 없다. 비록 사막에서 오랜 기간 동안 자유수를 이용하기는 어렵지만, 많은 곤충들은 남서아프리카의 비가 안 오는 사막인 Namib Desert 같은 곳에서 일년 내내 살아간다. 이러한 사막은 어떤 종류의 Tenebrionid beetle(거저리 딱정벌레)중의 "fog basking(안개속의 몸노출)"의 발견이후 지금까지 건조지역 곤충에 있어서 수분관련 연구를 위한 좋은 연구환경을 제공한다. 더운 Namib Desert와 접경하는 바다의 한류는 내륙을 적시는 안개를 매일 매일 생산한다. 이 안개는 바로 안개가 포화된 바람을 향해 사구언덕의 경사면에 머리를 아래 방향으로 한 채 대기하고있는 이 딱정벌레의 몸에 이들이 맺힐 수 있도록하여 수분을 공급한다. 침전(이슬이 맺힌것)된 수분은 딱정벌레의 입으로 흘러들어간다. 이와 같은 대기수분포집방법은 건조 등 스트레스가 많은 조건에서 곤충을 살리는 많은 종류의 행동양식과 형태중의 하나가 되는 것이다. 서로 다른 딱정벌레에 의한 2개의 다른 전략적 모형이 비교, 대비될 수 있다: 썩은 것들을 먹는 tenebrionid(거저리)와 포식자인 딱정벌레류는 둘다 내건성을 가진 종들이 많다. 대부분의 곤충들은 수분손실의 대부분은 큐티클로부터의 증발(evaporation)에 기인하며 소량의 수분손실은 기문을 통한 호흡 및 배설물에 기인한다. 몇몇 건조지역 딱정벌레들은 여러 가지의 전략으로 수분손실을 100배 이상

감축하는데 그 중요전략은 ① 큐티클을 통한 수분증발의 감소(2.1절) ② 기문을 통한 호흡시 수분손실 감소 ③ 대사에 있어서 수분손실감소 ④ 분비, 배설에 의한 수분손실감소 등이다. 잘 연구된 Tenebrionids와 carabids의 건조지역 서식종에서 큐티클의 수분손실은 오로지 대사율 단독의 기능이 될 정도까지인 "zero"까지 감소될 수 있다. 즉, 수분손실은 호흡경로에 의한 것이며 기문을 둘러싼 국지적 습도의 변화와 관련되어있다. humid subelytral space에 있는 기문의 닫음이 이와 같은 수분 손실 감소에 대한 중요한 메카니즘이다. 건조지역에 서식하는 딱정벌레와 비교했을 때 Tenebrionids의 혈림프에 있어서의 sodium의 비정상적인 낮은 수준은 그 의미하는 바가 ① sodium pump activity의 감소 ② 세포막을 통과하는 sodium gradient의 감소 ③ 대사율에 있어서 부수적 감소 ④ 호흡계의 수분감소를 말한다. 요산침전 (물이 직장으로부터 재흡수 될 때)은 실제로 건조된 요산염의 배출 (3.7.2절)-자유 아미노산의 유리보존 및 질소화합을 제외한 모든 물질의 소비를 최소화한다.-이 될 수 있도록 한다. 이러한 메카니즘이 Tenebrionid 딱정벌레가 계절적으로 물과 먹거리가 부족한 건조지역에서 살아갈 수 있도록 하는 것이다. 대조적으로 사막의 딱정벌레(desert carabid)에는 high sodium pump activity and sodium gradient across cell membranes를 유지하고 있는데 이점은 고효율의 대사율을 의미한다. 이들 곤충은 보다 희석된 요산염을 배출하고 자유아미노산을 덜 보존, 유지한다.

행동학적으로 carabids는 왕성한 포식자이며 높은 대사율이 필요하다. 이를 위해서는 많은 수분 손실이 초래된다. 이 손실은 수분이 적은 Tenebrionid의 먹이에 비해 수분이 많은 carabid의 먹이에 의해 보상된다.

6.7 이동

위에서 말한바와 같이 휴면은 곤충으로 하여금 삶의 조건이 나쁠 때, 휴면이 깨질때 까지 발육을 중단함으로서 자기의 먹이자원을 확보할 수 있는 것이다. 환경의 열악에 대한 또 다른 생존대안은 예정된 이동에 의한 공간적 먹이 자원을 확보하는 것이다. **이동**(migration)이라는 용어는 정식으로 누(gue; 소영양의 일종, 아프리카 소과 큰 영양의 총칭), 연어과 물고기, 제비(swallows), 물가새(shorebirds), 바다 제비갈매기(maritime terns)등과 같은 척추동물들의 이리저리 움직임에 대해 한정하여 붙였던 용어이다. 하지만 특정움직임의 범위 내 또는 그 주변에 있어 다음의 기준에 부분적 또는 전적으로 맞으면 이 migration이라는 용어를 사용하는 것도 좋을 것이다.

- 원래의 home range로부터 떨어지면서 발생하는 지속적 움직임 "(이동)"
- Home range 내에서 정적이거나 지그재그에 비해 비교적 일정한 방향으로의 "이동"
- home range로부터의 어떤 자극에 의해 되돌아가지 않는 흔들리지 않는 "이동"
- 충체 내의 에너지의 재할당이 필요한 "이동"이다.

이렇게 넓은 의미에서의 모든 "이동"은 단 하나의 home range 내에서의 일시적인 변동에도 불구하고 동질적이고 안정된 환경을 공급하게 되는 것이다. 이동거리, 이동이 일어난 지리학적 지역, 떠난 개체들이 되돌아 올 것인가 또는 아닌가는 이 개념에 그리 중요하지 않다. 분산에 의해 집단의 밀도가 옅어지거나 유사한 서식처로의 서식지확대 같은 것은 이동이 아니다. 이러한 정의에 근거하여, 무당벌레(ladybird beetle; Hippodamia convergens)에 의한 Sierra Nevada의 산꼭대기로부터 central valley까지의 계절적 이동은 제주왕나비(Monarch butterfly; Danaus plexippus)의 대륙을 횡단하는 이동활동에 견줄 만한 것이다. 곤충에 있어 전(前)이동 행동(pre-migration behavior)은 ① 에너지저장에 대한 재가동 metabolism ② 생식중단 ③ 유시 또는 무시곤충종이 혼재하는 종집단에서의 날개의 생성(polyphenism: 6.8.2절) 등이 해당된다. 섭식과 생식은 이동 후에 재가동된다. 어떤 환경적 요인에 대한 반응성은 호르몬 제어에 의하며 반면 다른 것들은 환경에 의해 유발된다. 명백히 전(前)이동변화(행동거리변화)는 이동이 회피해야 할 그리고 선택해야할 변화된 환경조건을 예상해야 한다. 위에서 언급한 휴면 유도와 같이 가장 중요한 key(cue)는 광주기(낮의 길이)이다. 연구된 종((momanch butterfly)과 milkweed bug; Oncopeltus fasciatus)에서는 생식적 휴면, 이동반응의 유도와 종결들을 담당하는 여러 가지 요인(cues)들 사이에는 매우 강한 연결성이 존재한다. 북아메리카의 숙주 milkweed plant와 관련한 곤충들에서 보면, 상기 2종의 곤충개체들은 남쪽으로 이동한다. 적어도 이와 같은 monarch의 이동세대에 있어서는 월동지로 유도하는 것은 자기적 나침반 보다는 태양을 보는 항해(이동)에 의해서 유도된다. 단일(短日)조건은 생식적 휴면을 유발하는데, 비행억제 기능이 없어지고 대신에 모든 에너지는 비행 대신에 생식에 필요한 에너지로 변환된다. 2개 곤충종의 월동세대는 (plate 3.5)휴면에 들어있고, 이 휴면은 남→북으로의 2개 stage 이상의 이동으로 끝이 난다. 이 이동은 일련의 아열대의 박주가리나무와 남캐나다와 같이 멀리 떨어진 온대지역의 박주가리 나무 발육에 맞추어야 한다. 월동지역으로부터 초봄의 첫 비행은 매우 짧다. 즉 짧은 낮 동안에 생식 및 비행의 두 가지 노력이 행해져야하므로, 그러나 그 다음세대는 낮이 긴 북쪽지역으로 멀리 확대된다. 없는 경우가 대부분이나 만일 돌아오는 개체가 있다면 진짜 외관상의 migrant이다. 박주가리 bug에서 한낮에 일시적으로 분리되는 산란과 이동에 관련된 circadian 리듬(Box 4.4)이 존재하며, 또한 낮의 끝에는 교미와 섭식에 집중된 circadian 리듬이 존재한다. milkweed bug와 monarch butterfly 2종 곤충 모두 열대지역에 남아서 서식하는 비이동성 다화성 유사계통이 있기 때문에 휴면능력, 가을철로부터의 탈출능력은 이 2계통 곤충이 온대지역의 여름 milkweed stand(박주가리 서식처)를 침범하여 생존할 수 있게 하는 것이다. 대조적으로 조밤 나방벌레나방(armyworm; *Spodoptera*) 가운데는 많은 종들이 휴면과 관련하여 이동을 하며 다른 종들 다양한 전(前)생식기간을 가진다.

주어진 기간 동안 주어진 서식지에서 일시적 서식을 하는 곤충들은 비행개체 비율이 높고 다형성 있는 계급 중에도 비행개체 비율이 높음을 알 수 있다. 그러나, 장기간 생활하는 곤충들은 비행 능력이 영구적 또는 일시적으로 소실된 경우가 보편적이다. 이와 같이 유럽의 소금쟁이(water-strider; Hemiptera; Gerridae) 가운데 작고 순간적 물방울을 사용하는 종은 날개가 있고 규칙적으로 새로운 물방울을 찾기 위해 이동한다. 큰 호수와 연관된 소금쟁이는 날개가 없는 경향이며 정주적 생활사를 가지고 있다. 확실히 비행할 수 있음은 메뚜기의 경우 이동능력과 직결되어있다. 그 예는 호주의 이동메뚜기(*Chortoicetes terminifera*)와 *Locusta migratoria*인데 이들은 건조지역에서 일시적으로 이동 가능한 환경조건을 찾기 위해 환경 적응적 이동을 보여준다(6.10.5절). 위에 언급한 많은 종류의 이동은 매우 특징적인 것이지만, 작거나 경량 곤충의 "수동적 분산"(passive dispersal)도 상당수의 이동기준을 충족할 수 있다. 이와 같이 바람, 물의 흐름에 대한 의존성은 다음의 어느 것 하나의 기준에 해당하는 곤충으로 분류될 수가 있다.

- 공기의 흐름에 순응하기 위해 나뭇잎 꼭대기로 올라가 자세를 교정하는 어린 개각충같이 공기에 휩쓸려 이동하기 위해 행동을 바꾸는 것
- 무시진딧물의 비행 발육단계에서와 같이 여정을 위해 적절한 생리학적, 발생학적 조건에 도달하는 것
- 많은 종류의 진딧물이 숙주식물의 계절적 존재하지 않음을 감지함과 같이 이동해야 할 적절한 환경적 요건을 감지하는 것
- 이동 후 도착지임을 알리는 새 숙주식물의 냄새, 색깔 그리고 이동의 흐름에서 떠나 착지해야 하는 환경적 표지를 감지하는 것 등이다.

자연적으로 곤충의 이동여행이 언제나 성공만 하는 것이 아니라 동결된 지역 또는 바다 위와 같은 부적절한 서식지에 이동 중의 곤충이 좌초할 수도 있는 것이다. 그럼에도 불구하고 예측 가능한 기상조건들을 잘 활용하는 곤충은 일정한 방향으로 오랜 이동여행을 할 수 있으며, 공기의 이동 흐름에서 떨어져 나와 적절하고도 새로운 서식지를 확보하는 것이다. 진딧물 종류가 최고의 예이나 다른 종류의 총채벌레(thrips)나 개각충 및 농업해충들도 이 방법에 의해 숙주식물에 내려앉을 수 있다.

6.8 다형성

1년에 여러 세대를 가지고 있는 현상은 세대와 세대사이에 형태적 변화와 연관 되어있다. 비슷한 변이체들이 – 예를 들면 날개있는 개체(날 수 있음)와 날지 못하는 개체가 (morphs; **형태들**) 동시에 존재하는 것과 같이 – 1개의 집단 내에 동시에 발생한다. 사회성 곤충인 개미와 벌과 같은 곤충에서 ♀, ♂와 그리고 성에 따른 강한 분화에 있어서의 성적 차이는 또 하나의 좋은 예이다. **다형성**(polymorphism)이라는 용어는, 반복되는 돌연변이만으로 기대될 수 있는 것보다 더 큰 빈도로 동일 생활환에서 일어나는 모든 불연속적 변이 현상을 모두 포괄한다. 또한, 동일 종 개체(conspecific individuals)들 중에 생리적, 행동적, 생태학적 차이를 포함하거나 반영하는 그런 뚜렷한 형태학적 차

이의 자연적 또는 반복적 출현으로 정의된다.

6.8.1 유전적 다형성

암, 수간의 특징적 형태적 차이점은 특별한 다양성 즉 성적(性的)이형성(二形性; dimorphism)의 좋은 예이며 이런 특징은 대부분 유전적이다. 환경 요인은 성의 표현(결정)에 영향을 줄 수 도 있다. 예를 들면 사회성 곤충의 카스트제도에서나 기생성 선충의 감염에 의해 유전적으로 수컷으로 결정된 것이 암컷화 하는 등의 예이다. 암수간의 이형성(二形性)은 예외로 하고라도 서로 다른 유전자형(genotype)이 동일 종 내에서 동시에 발생될 수 있다. 이런 것들은 때와 장소에 따라서 어떤 영역에서도 서로 다른 빈도로 자연도태에 의해 유지된다. 예를 들면 소금쟁이 성충은 날개가 완전하며 날 수 있다. 하지만 동일종의 다른 개체는 짧은 날개를 가져서 날지 못한다. 중간형은 (중간적 단형) 매우 불리한 위치에 있으며, 2개의 유전적 다형성은 안정적 다형으로 공존가능하다. 가장 복잡하고 유전적인 다형이 나비에서 발견되었는데 포식자로부터 방어 목적으로 다른 종의 화학적으로 보호된 나비를 흉내 내는 것인데 이것으로 자신을 보호한다(14.5절). 어떤 나비종들은 1종 이상의 다른 종의 특성을 흉내내는데, 이들 종에 있어서는 여러 종으로부터 유래한 명확한 흉내내기 상태가 잘 유지된다. 그 이유는 부적절한 중간적 다형은 포식자가 distasteful(싫어하는) 먹잇감으로 감지하지 않아 잡아먹어버리기 때문이다(그러므로 명확한 흉내내기는 포식자로부터 보호받는다). 흉내다형성(mimetic polymorphism)은 본질적으로 암컷에 한정되어있고 수컷은 일반적으로 monomorphic(단일형태) 또는 non-mimetic(비흉내)이다. 서로 다른 흉내다형의 개시의 기본은 비교적 단순한 멘델유전학이며 비교적 소수의 유전자 또는 초유전자(supergene; 동일염색체위에 있으면서 단일유전자로 행동하는 유전자군)가 포함된다.

어떤 개체 종들은 광범위한 위도범위에 분포하면서 지역에 따라 서로 다른 생활사 유지전략을 보이는 것이 이제는 일반적 사실로 받아들여진다. 예를 들면 고위도(극가까이) 또는 고 해발지역 곤충집단은 긴동면기 (휴면기; long dormant period)를 가진 1화성인 반면 적도가까이 또는 저 해발지역 곤충집단은 다화성에다 휴면없이 계속 발육, 성장한다. 휴면은 환경영향으로 유발되나(6.5와 6.10.20절) 이런 요인(cue)을 감지, 반응하기 위한 곤충의 능력은 유전적으로 제어된다. 게다가 적어도 생활사에 있어서 몇몇 지리학적 변이는 바로 유전적 다형성으로부터 유래한다.

6.8.2 환경적 다형성 또는 polyphenism

유전적 근거가 없거나 전적으로 환경에 의해 결정되어지는 세대 간의 표현형적 차이(phenotypic difference)를 polyphenism(**환경적 다형성**)이라 한다. 여기에 대한 좋은 예는 흰나비류인 Old World pierid butterfly(*Eurema hecabe*)로서 여름과 가을에 각각 날개색이 변하는 다형을 보인다. 하루 13시간보다 더 긴 장일조건에 의해서는 진한 색의 여름 날개다형이 유발되는데 이는 광주기가 바로 다형성 변화를 유도하는 것이다. 특히 암컷보다 수컷에 영향력이 큰 20℃이하의 온도에서 12시간보다 짧은 단일 조건은 옅은색의 가을나비 날개색 다형을 유발한다.

가장 복잡한 polyphenism은 진딧물류에서 보여진다. 처녀생식을 한 진딧물가계에서는 (유전적 근거가없다) 암컷이 성적다형외에 8종의 명확한 표현형(phenotype)을 보이고 있다. 이들 암컷 진딧다형종류들은 ① 형태(morphology) ② 생리(physiology) ③ 산란성(fecundity) ④ 자식출산시기와 규모(offspring timing and size) ⑤ 발육기간(development time) ⑥ 수명(longevity) ⑦ 기주식물 선택성과 이용성(host-plant choice and utilization)에 있어 변이를 보인다. 다형결정에 영향하는 이러한 환경적요인(cues)들은 많은 곤충에서 휴면과 이동을 제어하는 요인 즉 광주기, 온도, 모성영향(날개생긴 어미가 흘려보낸 기간)등과 매우 유사하다. 고생육 밀도는 진딧물로 하여금 날개가 생기는 생활발육 단계를 유발하고 생육밀도가 polyphe-nism에 가장 극적 영향을 미치는 요인중의 하나이다. 즉 solitary young locust(hoppers)에서부터 gregarious phase(6.10.5절)에 이르기까지의 국면전환(phase transformation) 요인에 말이다.

이러한 polyphenism에 관련 있는 생리적 cue는 바로 JH(Juvenile hormone;유약(幼若)호르몬)를 꼽고 있다. 만일 진딧물이 아주 많은 polyphenism을 보인다면 이 곤충은 곧 사회성 곤충으로 되어 **"castes"** 계급화하여 다형간에 대단한 형태적 분화가 일어날 것이다. 이 문제는 12장에 자세히 검토될 것이다. 여왕진디, 일 진디, 병정진디와 같은

caste 계급사이의 표현형의 차이의 유지는 생리학적인 메카니즘의 작용이 포함된다. 즉 먹이로의 pheromone 전이, 냄새와 촉감, JH와 ecdysone을 포함한 내분비제어 등의 생리적 메카니즘이 필요하다. 이러한 polyphenism에 추가적인 것 하나는 양성(암 · 수)간의 이형성(dimorphism)인데 이것은 변이에 있어 한계성을 갖는다.

6.9 나이평가

1개의 집단에서 곤충의 발육단계와 나이를 동정한다는 것은 생태학적, 응용곤충학적인 면에서 매우 중요하다. 생식적 성숙기에 있는 성충 집단의 비율 또는 서로 다른 발육단계를 가진 집단의 비율등에 대한 정보는 집단규모, 분산(비)율에 있어서 변동을 일으키거나 제어하는 요인을 결정하기 위한 또는 그 집단의 다산성과 사망률을 모니터하기 위한, 시간적 생활환표작성 또는 필요한 예산 확보 등에 사용될 수 있다. 그와같은 data는 날씨 때문에 일어나는 해충발생 예측에도 매우 필요하며 해충 방제 프로그램의 적용에 대한 곤충집단의 반응모델 구성에도 매우 필요하다. 곤충의 발육단계, 나이 등을 추정하는데 필요한 많은 기술들이 제안되어왔다. 어떤 것들은 동일 령 내의 경시적 나이를 추정할 수 있을 것이며, 대부분은 몇 령인지, 또 하나의 동일 령에서 상대적 나이를 측정한다. 이 경우 age determination(나이결정) 대신 age-grading(**나이평가**)라는 용어를 쓴다.

6.9.1 미성숙 곤충의 나이평가

많은 곤충의 집단구조 연구 등에서 1개 종내의 유충이나 약충의 령을 정확히 아는 것과, 해당령기에 얼마나 미성숙 개체가 포함되어 있는지를 아는 것은 매우 중요하다. 일반적으로 그와 같은 정보는 안정적이며 비교적 적은 수의 미성숙령충이 있는 종류나, 특히 수개월 또는 그 이하의 수명을 가진 종류의 곤충 종에 유용하다. 하지만 여러 가지의 령 충이 혼재되있거나 세대가 중복되어 있는 곤충종에 대해서는 그러한 data를 얻는 것은 논리적으로 매우 어렵다. 후자의 경우는 1년중 서로 동일하지 않은 세대 기간을 가진 종이나 생활사 기간이 1년이상인 곤충에서 주로 발생한다. 어떤 종에서는 연속적인 미성숙 령 사이에 쉽게 령을 구분할 수 있는 질적인 특성, 색깔 또는 체질적 차이 즉, 안테나 마디수가 존재한다. 매우 빈번히, 연속적인 유충 또는 약충 발육기간 사이의 유일하면서도 명확한 구분요인은 각 탈피 후 발생하는 크기의 증가(탈피증가분:molt increment)정도이다. 이와 같이, 경화된 몸체의 각 부분의 실측치 data로부터 해당곤충의 실제적 령의 나이를 결정할 수 있다(그림 6.11) 곤충학자들은 일련의 곤충 종에서 이러한 크기 증가를 계량화하려 노력했다. 초기 시도중의 하나는 H.G. Dyar의 방법이다. 이 사람은 1890년에 28개 종의 나비목 곤충의 유충에 대한 관찰치를 사용, 한 가지 규칙(rule)을 만들었다. Dyar의 측정방법은 두부캡슐(두부경화표면)의 너비가 다음 령들에서의 증대비율이 주어진 종에 따라 일정하여, 1.3~1.7 범위 내에서 정규직선회귀식 양식대로 증가함을 알아낸 것이다. **Dyar's rule**은 다음과 같다.

$$\frac{\text{탈피직후 크기(postmolt size)}}{\text{탈피직전 크기(premolt size)}} = \text{상수(constant)}$$

이와 같이 측정된 data를 서로 다른 령의 령기(instar number)에 대해 logarithm 도표를 그리면 직선 결과가 얻어진다.; 직선으로부터 벗어나면 잃어버린 "령"이 되는 것이다. 하지만 실제로, Dyar's rule에서 벗어나는 경우가 많다. 즉 성장 과정 중 먹이나 온도의 변화를 많이 받을 수 있는 야생 집단에서 특히 성장인자가 언제나 일정하지 않다. 또 다른 성장의 수식은 Przibram's rule인데 이것은 매령기마다 체중이 2배가 되고, 몸치수의 직선 증가형 비율은 1.26이라는 것이다. 대부분의 곤충은 이 법칙에 적합하지 않다. 왜냐하면 이 법칙은 곤충의 몸체의 각 부분의 증가율이 몸 전체의 증가비율과 같은 것으로 가정했기 때문이다. 실제, 대부분의 곤충의 성장은 allometric(상대적 성장)- 몸체 각 부분은 자기자신의 독특한 비율로 자라며 종종 전체적인 몸 성장률과는 매우 다름을 말함-이다. 머리와 가슴에 뿔이있는 dung beetle(Onthophagus)의 경우가 allometric과 연관된 예를 보여주는 한 예이다(5.3절).

6.9.2 성충의 나이평가

성충의 나이는 쉽게 결정되지 않는다. 하지만 성충의 나이는 매우 중요하며 특별히 병을 옮기는 곤충 벡터일 경우 더 중요하다. 예를 들면 성충 암컷모기의 나이(수명)를 아는 것은 전염병학에 있어 핵심적 사항이다. 그 이유는 이러한 나이는 모기가 몇 번 피를 먹었고, 이 숫자는 곧 병원균 전

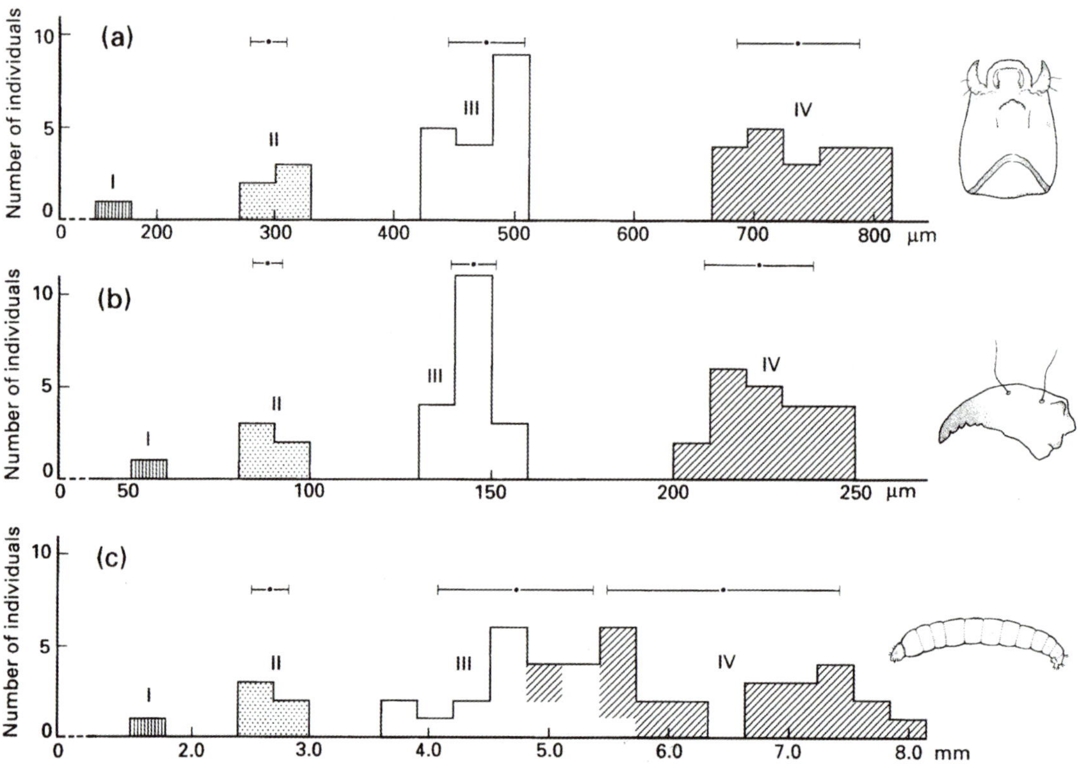

그림 6.11 바다서식 깔다구[(marine midge(Telmatogeton); 파리목(Diptera) 깔다구과(Chironomidae)] 충체길이 (c)의 성장과 발육설명도, 각 도표 위의 표시는 각 령기 측정치의 평균과 표준오차를 말한다. 두피크기와 큰턱크기는 각령기와 일치하나 체장은 그렇지 않음을 주의 깊게 보라. 특히 3~4령기에 구분하기 어렵다는 점에 주목하기 바란다.

파의 가능 횟수와 관련된다. 대부분의 성충의 나이를 평가하는 방법은 상대적 나이를 평가하는 것인데 따라서 age-grading이 적절한 용어이다.

성충의 나이를 평가하기 위한 세 가지 일반적인 방법이 제시되어 있다.

1 성충의 생식관련계의 생리, 형태학적 측면에서의 나이와 관련한 변화상
2 충체의 체세포 구조의 변화양상에 근거하는 방법
3 외부적인 손상정도(wear and tear)에 근거하는 방법

이 세 가지 방법 중 3번 방법은 신빙성이 적고 나머지 1, 2번 방법이 주로 사용가능한 것이다. 첫 번째 방법에서의 나이는 오직 암컷에만 적용가능한 기술로 생식적 생리에 따라 평가되는 것이다. 알을 하나씩 낳는 **곤충**(parous insect)의 난소를 조사해보면 피막세포층에 지워지지 않는 변화를 지닌 **여포세포흔적**(follicular relic)의 형태로 산란 후에(또는 재흡수 된 후)증거가 나타남을 확인하였다. 알을 낳을 때마다 직전에 넓어진 막이 수축하면서 알 1개당 하나의 여포세포 흔적이 남게된다. 여포세포흔적의 실제의 모양과 형태는 종에 따라 다르지만 색소 또는 알갱이가 있거나 또는 없거나, 관강에 하나 또는 그 이상의 팽창현상이 있는 것은 파리목에서는 보편적이다. 세포흔적이 없는 암컷은 알을 발육시키지 못하며 그 이름을 nulliparous(**산란 못하는 암컷**)라 한다.

여포세포의 흔적 수를 감정함으로 암컷 곤충의 생리적인 나이의 상대적 측정이 가능한데, 예를 들면 nulliparous와 parous 개체 구별이 가능하고 또 산란수 계급별 parous 개체의 분리(구분)가 가능하는 등이다. 계속되는 **산란별 시간**(**ovarian cycle** = 난소발육환)을 알 수 있다면 발육단계 중의 나이도 계산가능하다. 하지만, 한번의 흡혈당 한번의

산란이 있다면(의학적으로 중요한 다른 해충들과 마찬가지로) 정교한 발육단계별 나이보다 더 중요한 것은 생리적 나이(number of cycle)이다. 다음으로 보통 적용가능한 나이 측정법은 발육단계 연령과 밀접한 관련을 갖고 있으며 나이 측정을 가능하게 하는 체세포 특징의 대부분이 양쪽 성(암,수)에 다 존재한다.

나이측정은 큐티클성장, 형광을 나타내는 체색소, 지방체 크기, 큐티클의 경도의 측정으로 가능하고 단지 암컷에만 복부의 색 또는 패턴의 측정이 추가된다. 큐티클 성장에 의한 나이의 측정은 endocuticle(내원표피) 매일매일의 침착 리듬에 의존하여 가능하다. 외시류(exopterygote)에서 큐티클 층은 매우 신뢰할만하나, 내시류(endopterygote)에서 내돌기(apodeme; internal skeletal projection upon which muscles attach)가 더 신뢰할 만하다. 큐티클 형성을 위한 온도가 매일매일의 일정 시간동안 주어지지 않으면 매일 형성되는 큐티클 층이 더욱 뚜렷하게 형태적으로 특징있는 층을 형성한다. 이러한 성장환의 사용은 큐티클 침착을 위한 너무 추운 온도나, 너무 높은 온도에 의해 다소 혼란스러워질 수 있다(이 경우 큐티클 침착이 중단될 수 있다). 이 방법에 대한 더 이상의 단점은 침착(cuticle 등)이 어떤 나이가 들면 중단된다는 것이며, 아마도 우화 후 10~15일째가 될 것이다. 생리적 나이는 곤충을 포함한 여러 동물의 aging cell에 침착되는 색소를 측정함으로 결정이 가능한다. 이러한 색소는 형광을 내며 형광현미경으로 연구가능하다. 파리류에서 대부분의 몸조성 조직에 존재하는 후기체세포 분열세포(postmitotic cell)의 Lipofuslin 및 pteridine eye pigments들이 이 같은 방법에 의해 측정되었다.

6.10 발육에 미치는 환경영향

곤충의 발육이나 성장의 속도 및 양태는 수많은 요인에 의존한다. 이같은 요인에는 ① 먹이의 타입과 양(The type and amount of food) ② 습도(육서종에 대하여)와 열(주로 대기온도) ③ 환경지표의 존재(presence of environmental signals (즉 광주기:photoperiod)) ④ 돌연변이원과 독소원(mutagens and toxin) ⑤ 다른 생물(other orgnism) ⑥ 포식자 또는 경쟁자(predators or competitors)와 같은 사항들이 포함된다. 이들 중 2개 또는 그이상의 요인들이 서로 복합적으로 작용하여 곤충성장 특성 및 패턴 해석을 복잡하게 만든다.

6.10.1 온도

대부분의 곤충들은 변온동물(poikilothermic)이다. 즉 체온이 환경에 따라 변하므로 먹이가 제한되지 않았을 때 성장과 발육을 이끄는 힘은 바로 열(heat; 온도)이다. 주어진 안정적 범위에서의 온도상승은 곤충의 대사를 촉진하고 결과적으로 발육비율(성장률)을 높이게 될 것이다. 생활사에 있어서 각각의 종과 각 발육단계는 온도와 연관하여서 자기 자신의 성장률에 따라 발율할 것이다. 이와 같이 **생리적 시간**(physiological time)–하나의 곤충이 발육 또는 발육단계를 완성하는데 필요한 기간 동안 요구되는 열량의 측정-은 calendar time에 있어서의 age 보다 발육시간의 측정방법으로 매우 의미 있게 되는 것이다. 온도와 발육관계, 생리적 시간을 아는 것은 해충종의 산란성(집단 증가율), 생활사의 비교가 가능해지며(그림 6.12) 그리고 유충 섭식기간의 예측, 세대의 길이, 야생상태의 다양한 온도조건하의 성충 우화시기의 비교도 가능해진다. 그와 같은 예측은 특별히 해충의 경우 매우 중요하여, 구제방법이 면밀히 시기에 맞춰 효과적으로 이루어지게 할 수 있다. 생리적시간은 시간 또는 며칠로 대변되는 **총 성장기간과 발육상한온도**(developmental (or growth) threshold) 또는 발육이 일어나지 않았던 저온을 곱하여 얻어지는 누적영향(양식)이다. 이와 같이 생리적 시간은 보통 D°(**day-degrees**) 또는 h°(hour degrees)로 표시된다. 정상적으로, 생리적 시간은 곤충 종에 대해 여러 대의 동일한 growth cabinet에서 서로 다른 일정온도하에 관심있는 생활사의 발육단계의 많은 개체를 사육하여 추측되어진다. 발육경계점(developmental threshed)은 직선회귀식(linear regression *x*-axis method)(Box 6.2)에 의해 추정가능하며, 물론 더 정확한 data는 보다 더 시간을 요하는 방법에 의해 얻어질 수 있다.

실제적으로 실험실적 추정 생리적 시간을 자연집단에 적용하기는 여러 요인들에 의해 매우 복잡하다. 변동이 심한 온도 하에서는, 특히 곤충이 극한 온도를 겪으면, 성장은 일정조건하에서 얻은 동일 day-degrees에 비해 늦어지거나 촉진될 수 있다. 더구나, 곤충이 서식하는 나무, 토양, 썩은 나무속등의 폐쇄된 일정 공간(미소서식처)에서 곤충이 실제 겪은 온도는 심지어 불과 몇 개 떨어진 기상관측소

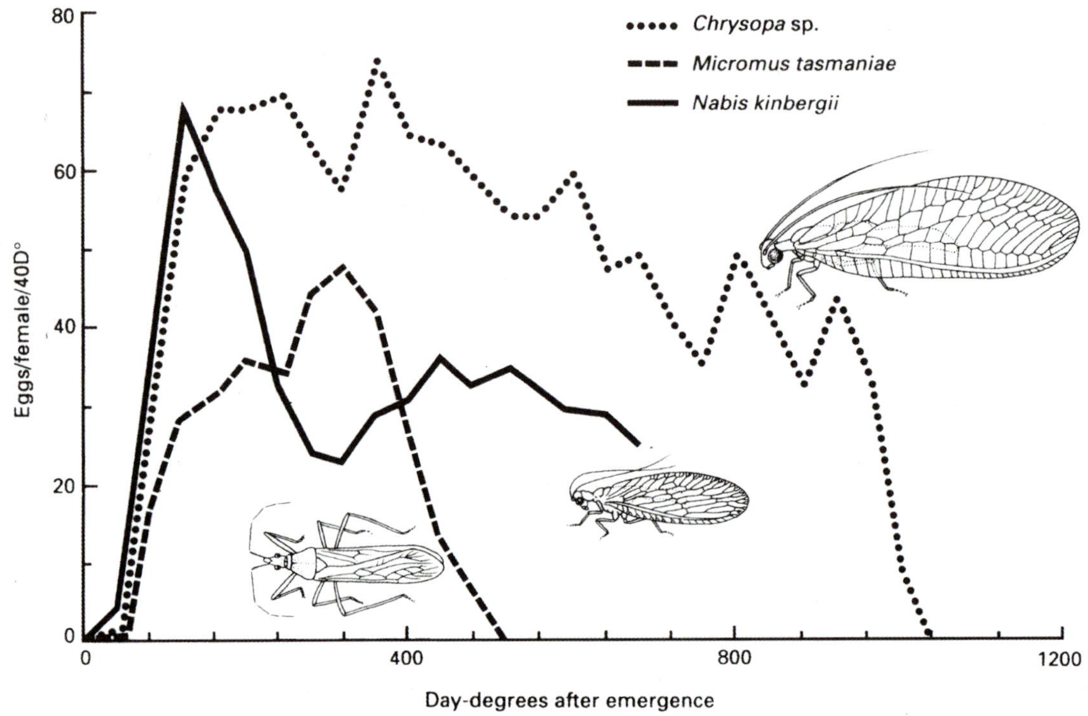

그림 6.12 10.5℃, 22.9℃, 11.3℃의 각각의 발육영역 온도이상의 발육기간에 기초한 3종의 목화해충 ① 갑오풀잠자리인 chrysopa종[풀잠자리목(Neuroptera)풀잠자리과(chrysopidae)] ② Micromus tasmaniae(풀잠자리목 뱀잠자리붙이과(Neuroptera Hemerobiidae) ③ 쐐기노린재 Nabis kinbergii[노린재과 쐐기노린재목(Hemiptera Nabidae)] 포식자의 특정발육 단계 의존형 산란율

에 기록된 온도와는 수 ℃ 다를 수도 있다. 곤충은 추운 밤의 조건을 개선하거나, 낮의 열기를 감소 또는 증가 할 수 있는 미소서식처를 선택할 수 있다. 이와 같이 실험실에서의 측정에 근거한 곤충 생활사를 야생현장에 그대로 적용, 예측하는 것은 부정확하다. 이러한 이유에서 생리적 시간의 실험실적 추정은 보다 자연적인(실제에 준하는) 조건하에서 발육에 요하는 h° 또는 D°를 계산함으로서 보정될 수 있다.

6.10.2 광주기

많은 곤충 아니 대부분의 곤충들은 일년 내내 계속 발육하지 않으며 계절적으로 휴지기(6.5절) 또는 이동(6.7절)에 의해 좋지 않은 환경을 피한다. 하면(夏眠; summer dormancy; aestivation)과 동면(冬眠; winter dormancy; hibernation)은 계절적 극한 조건을 피하는 두 가지의 좋은 예이다. 계절이 바뀐다는 환경지표로 가장 좋은 것은 **광주기**(photoperiod; 일일 중 햇빛 비치는 시간의 길이 또는 간단히 낮길이(day lenth)이라고도 한다)이다. 적도 근처에서 가장 짧은 날과 긴 날은 몇 분차이 밖에 안나지만, 여명(twilight)의 기간도 포함된다면 총 낮 길이는 보다 더 선명한 계절적 차이를 보일 것이다. 광주기 반응은 빛의 강도 보다는 광시간에 대한 반응이며, 또한 곤충이 어떤 빛 강도이하에는 무반응하는 임계 광도점은 있다 ; 이러한 빛 강도 임계점은 종종 여명과 같이 희미할 정도이며, 밝은 달빛 정도보다 낮은 경우는 거의 없다. 많은 곤충들은 1일 24시간내의 낮 기간(명의시간)을 측정하는 것으로 보이며 몇몇 곤충은 실험적이지만 암(暗)의 시간을 측정하는 것으로 보여진다. 다른 곤충들은 12시간의 암의 시간에 비치는 빛의 시간을 감지함으로 장일조건을 인지한다.

대부분의 곤충은 "장일(long-day)" 곤충으로 여름에는

Box 6.2 D°의 계산(Calculation of day-degrees)

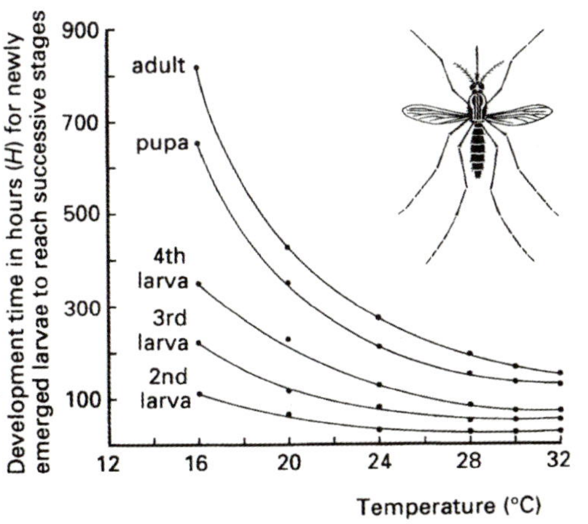

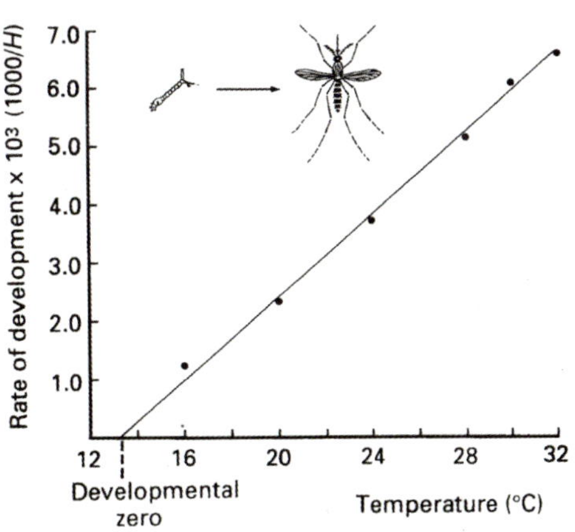

day-degree를 측정하기 위한 간단한 방법의 개략적인 내용이 황열병 전파모기에 있어서 (*Aedes aegypti*; 파리목, 모기과) 온도와 발육간의 관계에 대한 data에 근거하여 그 예를 보이고 있다.

1 실험실에서 서로 다른 일정온도에서 각각의 발육시기별 발육을 완료하는데 필요한 평균시간에 대해 data를 확보하자. 왼쪽 그래프는 모기가 다양한 여러 온도에서 알깨기를 하였을 때 부화된 유충이 그 다음의 여러 발육단계까지 도달하는데 필요한 시간을 나타낸 것이다.

2 대략 커브의 가운데 부분이 직선을 가진 sigmoid 커브가 얻어지도록 온도: 발육 기간의 역수(1/H) (발육비율)의 그래프를 그려라. 오른쪽에 있는 그래프는 모기의 부화유충이 성충기까지의 총 발육기간에 대해서 이와 같은 관계의 직선그래프부분을 나타냈다. 만일 극한영역의 발육온도(즉, 32°C보다 높거나 16°C보다 낮은 온도)가 포함되면 직선이 얻어지지 않을 것이다.

3 이 직선회귀식을 각점에 맞추고 직선의 기울기를 계산하라. 기울기는 시간으로 표시된 양(크기)을 나타내는데 이것에 의해 발육비율이 1°C온도 상승에 따라 증가된다. 그러므로 기울기의 역수는 완전한 발육에 이르기까지 필요한 영역 위의 hour-degree의 수를 표시한다.

4 발육영역을 측정하기 위해 발육 zero치를 나타내기 위해(모기의 경우 13.3°C) 회귀직선은 X축(횡축)으로 투영된다. 이 zero값은 실험적으로 정하여진 실제발육영역과는 약간 다르다. 그 이유는 낮은 온도 또는 높은 온도에서는 온도-발육관계가 거의 직선적이지 않기 때문이다. 이 모기의 실제 발육영역은 9~10°C 사이가 된다.

5 직선회귀식은 $1/H = K(T^{\circ} - T^{t})$인데 여기서 H = 발육기간, T° = 온도, T^{t} = 발육영역온도 그리고 K = 직선기울기이다. 이와 같이 발육에 대한 생리적시간은 $H(T^{\circ} - T^{t}) = 1/K$ hour-degrees, 또는 $H(T^{\circ} - T^{t})/24 = 1/K$ = Kday-degrees이며 K = 온도 상수(thermal contant) 혹은 K-value이다.

위에 주어진 식에 모기의 data에 대한 H, T°, T^{t} 값을 대입함으로서 K값은 14~36°C까지 실험온도의 각각에 대해 계산될 수 있다.

Temperature°C	14	16	20	24	28	30	32	34	36
K	1008	2211	2834	2921	2866	2755	2861	3415	3882

이와 같이 모기에 대한 K-value는 14°C와 34~36℃ 극한 온도, 2,740 hour-degree에 대한 평균치 또는 16~32°C사이의 114 D°(day-degrees)를 제외하고는 대략 온도에 독립적이다.

성장과 생식, 낮이 짧은 겨울에는 휴면을 개시한다. 다른 어떤 곤충은 거꾸로 단일(short-day; 종종 가을과 봄) 곤충으로 하면(aestivation)을 한다. 어떤 종(누에; silkworm, *Bombyx mori*)에서는 광주기가 영향을 미치는 발육단계가 현재 영향받고 있는 발육 단계보다 앞선 경우가 있다. 예를 들면 누에의 어미세대의 광주기 반응은 다음 세대의 알의 형질 발현에 영향을 미치는 것이다.

계절적 광주기와 다른 여러 환경적 요인을 감지하는 곤충 능력은 그들 요인과 그 요인에 따른 휴면의 개시 또는 중단의 시기를 측정하는 어떤 수단을 반드시 필요로 한다. 이것이 생물학적 시계(biological clock; Box 4.4)로 **circadian rhythms**이라 불리는 internal(endogenous) or external (exogenous) daily cycles에 의해 작동되어진다.

6.10.3 습도

곤충의 체표면적: 체적비율이 높으면 체수분의 소실이 지구환경 특히 건조 환경에서는 심각한 위험이 될 수 있는 것이다. 대기 중의 낮은 수분량은 곤충의 생리, 발육, 수명 그리고 산란에까지 여향을 미친다. 공기는 저온에서 보다는 고온에서 더 많은 수증기를 갖는다. 어떤 특정한 온도에서의 습도(상대습도; relative humidity, RH)는 특정온도에서 공기를 포화시키는데 필요한 수증기량에 대한 실제 현존하는 수증기 량의 비율인 것이다. 낮은 습도(RH)에서는 발육이 지연되며, 이예는 많은 종류의 저장물을 가해하는 해충에서 발견된다; 그러나 높은 습도나 포화수증기량(100% RH)에서는 곤충과 알은 익사하거나 쉽게 병원균에 감염 될 수 있다. 좋지 않은 습도하에서는 곤충의 령기간이 크게 길어질 수 있다는 사실은 물리적(calendar) 또는 생리적 기간의 어느 것이 사용되더라도 발육기간 추정에는 아주 심각한 영향을 가져다준다. 습도가 낮던지 또는 높던지 간에 대기 중의 습도 수치는 관련 data를 작성할 때 잘 해석 되어져야한다(잘 적용해야 한다).

6.10.4 돌연변이원과 독성물질

독성물질이나 돌연변이 화학물질에 의해 유발되는 스트레스 조건은 곤충의 성장과 형태에 영향을 미치고 그 정도에 따라 극단적인 죽음에서부터 표현형의 변형까지 다양하게 영향을 미친다. 어떤 발육시기는 다른때보다 훨씬 돌연변이원 또는 독성물질에 대해 감수성이 높으며 때때로 표현형적 효과는 생존율과 같은 개략적인 스트레스 추정에 의해 쉽게 측정되지 않는다. 발육기간동안 곤충이 받는 유전적 그리고 환경적 스트레스 양의 예민하면서도 효과적인 측정수단은 어떤 샘플 곤충집단에서 각 개체의 좌우 몸체면의 양적인 차이 또는 변동적인 비대칭 형상의 발생을 잘 관찰하는 것이다. 곤충은 보통 정상적인 조건에서 성장하면 좌우대칭이 된다. 그래서 곤충체의 좌,우는 거울이성체(몇몇 수컷의 생식기같은 구조적으로 명백한 차이를 보이는 것을 제외하고)가 된다. 하지만 만약 스트레스 조건에서 성장했다면 좌우 비대칭의 정도가 점점 증가하게 된다. 좌우 비대칭의 측정은 이론적 그리고 경제적 곤충학 특히 환경의 질을 평가하는데 있어 유용한 방법이다. 예를 들면, 그러한 측정법은 avermectin과 같은 살충제 또는 구충제의 방제대상이 아닌 곤충(생물)에 대한 효과를 결정할 때 발육안정성의 지표로 사용될 수 있다. 숲파리(bush flies; *Musca vetustissima*) 선충방제를 위해 Avermectin B1이 처리된 가축 똥에서 자란 숲파리(bush flies; *Musca vetustissima*)는 비처리 가축똥에서 자란 파리보다 두 가지의 날개 형질에서 매우 비대칭인 경우가 많다는 것이다. 변동이 심한 비대칭 양상은 환경의 질을 측정하는 수단으로서 많이 사용되었다. 예를 들면 물의 질(수질)은 오염물 및 비오염물에서 기른 수서곤충에 있어서의 비대칭의 비율을 비교함으로서 평가가능하다. 산업폐수에서 특별한 지렁이(bloodworm) (larvae of chironomid midges)는 생존 하지만 종종 기형적 발육을 보이는 경우가 많다. 그러나 오염도가 낮은 물에서는 비오염 대조구에 비해 대칭에서 약간 벗어나는 정도이다. 이외에 비방제 대상 곤충에 대한 발육효과의 측정은 살충제를 시판하기 전에 기주특이성을 평가할 때 지금까지 사용되어져왔다.

6.10.5 생물적 효과

대부분의 곤충 목에서 성충의 크기는 유전적 요소가 지배하며 성장도 또한 마찬가지이다. 예를 들면 나비목 곤충의 최종적인 성충의 크기는 비교적 1개의 종안에서는 비교적 일정하다.; 먹이의 질의 감소 또는 량의 감소 등 약간의 예외는 있지만, 최종적인 성충의 크기를 줄이기보다는 유충의 성장을 늘이어 크기를 맞춘다. 반면에, 똥이나 일시적 웅덩이 같은 삶의 환경을 제한당한 파리에서는 유충성장의 중단은 서식지가 없어지므로서 곧 죽음을 초래한다. 이와 같이 유충의 증식, 먹이의 제한은 발육기간을 짧게 하여 최종적 성충의 크기를 감소시킨다. 몇몇 모기와 모기붙이(midges)들에서는 수명이 짧은 웅덩이 서식지에서 성공적인 생존을 유지하는 비결은 집단내의 생육이 느린 개체에 비해 극히 빠른 성장을 보이는 유충 집단의 비율을 적게 함으로서 가능하다. 토양 내에서 성장하는 (pedogenetic gall midges)(5.10.1절)에서는 먹이공급이 감소하면 유충 특이적 생식 사이클을 중단하고 성충 생산을 유도하여 보다 더 좋은 조건의 서식지로 분산, 이동하도록 한다.

이 모든 경우에 있어서 먹이의 질은 중요한 것으로 보이나 연관 효과일 수도 있다. 즉 고밀도 서식의 결과로서 말이다. 명확히, 다른 여러 가지 제한 요인으로부터 먹이 효과를 뽑아내기는 매우 어려울 수 있다. 캘리포니아 개각충(California red scale;*Aonidiella aurantii;* Hemiptera: Diaspididea)은 오렌지 열매에서는 발육과 생식이 빠르고 가지에서는 보통, 잎에서는 가장 느리다. 비록 이러한 차이들은 서로 다른 영양적 상태를 반영 할 수 있겠지만, 열매는 비교적 체적이 적은 가지나 잎보다 열(heat)을 오랫동안 보유할 수 있으므로, 이러한 미기상적 해석이 배제될 수 있고, 또 이와같은 약간의 온도차이는 곤충의 발육에 영향을 미칠 수 있다.

발육에 대한 곤충 밀도의 영향은 메뚜기의 경우 잘 이해 할 수 있다. 즉, 극단적 두 가지 형이 생기는데 ① solitary(**개별형**) ② gregarious(**집단형**)(그림 6.13)로 형태, 색깔, 행동면에서 뚜렷한 차이가 난다. 즉 낮은 밀도에서, 메뚜기가 solitary phase로 발육하는 그 특징은 일정한 색깔의 메뚜기(uniform-colored hopper; Nymph), 그리고 커다란 넓적다리를 가진 큰 성충체 메뚜기로 자란다. 반면 밀도가 증가하면, 알과 어린 약충사이에 높은 생존 경쟁이 유발되어 차별된 변화가 일어나, 진한 줄무늬를 가진 약충은 짧은 후부 넓적다리를 가진 작은 메뚜기(locust)로 발육한다. 이중 가장 뚜렷한 2종간의 차이는 행동하는 양식에 있다. 즉, solitary 메뚜기형은 자기들 개체간에는 서로 멀리하지만 떼를 지어서 야행성 이동을 행하는 것이 큰 특징이다. 이러한 행동적 변화는 밀도에 의해 유도된다. 저밀도 성장은 solitary locust로, 고밀도 성장은 gregarious locust로 발육되는 것이다. 고밀도에 대한 반응은 여러 가지 복합적 요인에 기인한다. 즉 시력, 촉감, 때때로 냄새

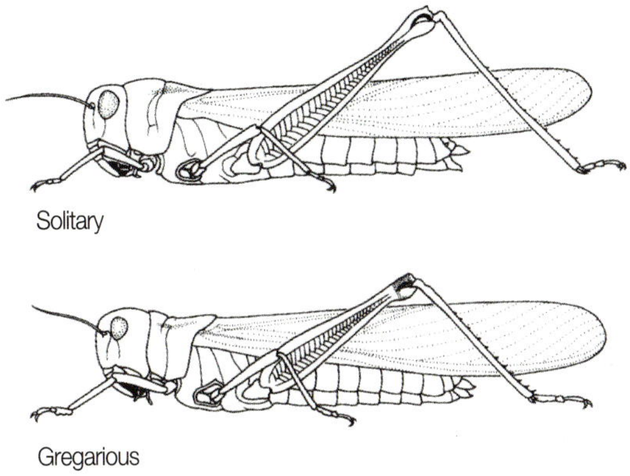

그림 6.13 이동형 메뚜기[migratory locust;Locusta migratoria (메뚜기목(Orthoptera) 메뚜기과(Acrididae)]의 개별형(Solitary) 및 집단형(gregarious) 암컷의 체형비교, 개별형성충은 뚜렷한 앞가슴등판과 큰 넓적다리를 갖고 있다. 반면에 집단형은 그렇지 못함을 알 수 있다. 중간형도 존재하는데 이것은 개별형→집단형으로, 집단형→개별형으로 전환되는 일시적 발육단계에서 일어난다.

(pheromone)등으로 이것들이 결국 발육과 관련된 내분비적, 신경분비적(ecdysteroid) 변화를 유도한다.

어떤 환경에서는 생물적 효과가 성장요인보다 우세할 수 있다. 동부미국에서 13년, 17년 주기로 매미(Cicadas)가 동시에 대량 우화한다. 어떤 주어진 시간에서 보면, 약충매미는 크기도 다양하고 령기도 서로 다르다. 즉 다양한 종류의 나무뿌리의 유관속관(Phloem)의 쥬스를 먹은 영양조건에 따라, 그들의 성장 조건이 어떠하던지 간에 이전의 우화-산란이후 13년 또는 17년 경과 후에는 모든 약충의 최종 탈피는 바로 성충으로서 동시우화(synchronous emergence)를 준비하게 된다. 매미의 기주식물을 1년에 두 번 대량의 뿌리 수액의 흐름을 유도한 매우 영리한 실험에서는 대조인 1년 한 번 수액이 대량으로 흐르게 한 대조보다 매미성충 우화를 1년 앞당기게 하였다. 이러한 결과는 매미성충화 동시성 우화는 1년 한 번의 이벤트를 카운터 off(count off)하는 매미의 능력에 기인하는 것이다. 즉 1년 한 번의 수액의 흐름을 감지하는 것 말이다.

6.11 기후와 곤충의 분포

본 장의 초기에 환경요인들이 곤충의 발육에 영향을 미친다는 것을 공부했다. 여기에서는 곤충의 밀집과 분포가 생

물적 요인들에게 어떤 영향을 주는지 그 예측 모델에 대해 공부한다. 이러한 모델은 과거의 기후패턴의 복구에 응용할 수 있고 현재의 지금도 진행되고 있는 기후변화에 의해 변경되고 있는 변화의 폭에 대한 과학적 진실을 위해 사용 가능하다.

6.11.1 곤충의 분포에 대한 기후영향 모델링

변온곤충(poikilothermic species)의 부유도(abundance)는 주로 포식자 및 경쟁자 집단의 밀도(13.4절) 그리고 서식지, 먹이의 획득난이도, 기후들 간의 상호작용 등의 서로 인접한 생태적 요인에 의해 결정된다. 비록 곤충종의 분포는 이들 생태적 요인에 의한 결과이지만, 역사적인 요인도 존재한다. 생태는 주어진 지역에서 1종의 곤충이 삶을 영위할 수 있는지, 그렇지 않은지를 결정한다; 그 역사는 곤충이 그곳에 살고있는지 또는 지금까지 그곳에 살고 있던 기회가 있었는지를 결정가능하게 한다. 이러한 차이들은 시간(timing)과 관련있다; 충분한 시간이 주어졌다면 생태적 요인들은 역사적 요인이 된다. 침입곤충이 어디에 있었는지, 그들의 전파지역 한계는 어디까지 인지 등을 현재의 연구관점에서 보면, 역사적으로 해충의 최초의 분포지가 어디인지, 천연적 분포지가 어디인지 해석 할 수 있다. 하지만, 생태학의 지식은 변화된 환경 조건 또는 인간에 의한 의도적 또는 우연한 기회의 분산조건의 가능한 분포 또는 미래의 분포지역을 예측 할 수 있다(즉 온실효과의 결과로서; 6.11.2절). 이와 같이 곤충해충 및 그 천적에 대한 생태학적인 지식은(특히 기후가 그들의 발육에 어떻게 영향을 미치는지에 대한 지식은) 해충발생의 예측 및 성공적인 해충방제에 대한 필수적인 사항이다.

경제곤충의 집단생물학에 대한 많은 모델들이 있으며 특히 서구지역 국가들에 있어서 주요 식량작물에 영향하는 곤충들에 대한 모델들이 많다. 절지동물 분포와 부유도의 기후적 모델의 한예는 CLIMEX(R.W.Sutherst와 G.F.May Wald가 고안한 것임)라 불리는 컴퓨터에 의한 수행모델인데 이 모델은 생태학적 data와 이미 잘 알려진 지리학적 분포도등을 사용, 전 세계의 곤충의 상대적 부유도 및 분포를 예측할 수 있다. 주어진 한 곤충종의 영구적인 정착화를 위한 주어진 지역의 기후적 적합성을 설명하는 연례적 생태기후 지표(ecoclimatic indes; EI)는 온도, 습도, 낮 길이에 대한 생물의 반응을 평가한 예측결과와 결합된 기후적 data로부터 나왔다. EI는 다음과 같이 계산한다(그림 6.14). 첫째, 1종의 곤충의 집단증가의 가능성의 측정치를 얻기위해 1년에 걸쳐 주단위로 평균한 값으로 집단 성장지수(GI; population growth index)가 결정된다. GI는 1종의 곤충이 사는 서로 다른 지역에 있어서 계절적 출현율과 상대적 부유도로부터 추정되어진다. 둘째, GI는 4종 즉 추위(cold), 더위(heat), 건조(dry) 그리고 습기

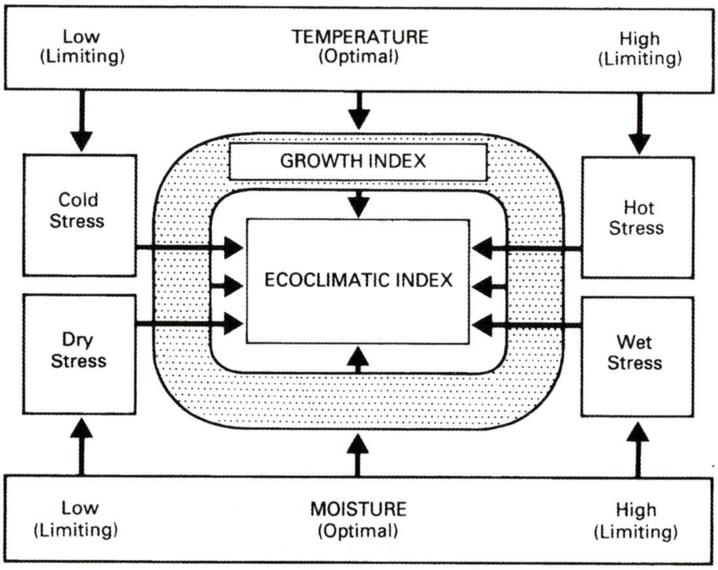

그림 6.14 집단성장지표(population grwoth index)와 4개의 스트레스 지표들을 가지고 생태기수지표(EI,ecoclimatic(index)를 도출하는 과정을 그린 흐름도. EI는 주어진 종의 주어진 지역에서의 기후의 적합성을 말해준다. EI값을 비교함으로서 서로 다른 지역에 대한 특정생물종의 상대적 적합성을 알 수 있게 된다. (Suthest & Maywald, 1985.)

(wet)의 유해 효과의 상호 결합에 의해 감소된다.

공통적으로 하나의 해충의 지리적 분포와 계절적 발생률은 알고 있지만 발육에 미치는 기후적 영향에 대한 생물학적인 data는 태부족이다. 다행히, 보통 한 종의 해충에 미치는 기후의 제한적 영향은 곤충의 지리적 분포에 대한 관측치로부터 비교적 쉽게 추정가능하다. 그 해충의 기후적 적응(견딤)은 그 종이 나타난다고 알려진 지역의 기후로부터 추론가능하며, 그리고 CLIMEX모델의 스트레스 지표들에 의해서 추론 가능하다. 스트레스 지표의 값은 CLIMEX 예측치가 그 종의 관찰된 분포 치와 일치하기 까지 점차 조정되어진다. 자연적으로 그 해충의 기후적 견딤에 대한 다른 정보는 위에서 언급한 과정들이 현재의 해충 분포는 기후 제한적이라는 가정에 바탕을 두었기 때문에 가능한 한 구체화되어야 한다. 그렇지 않으면 지나치게 그 정보가 간결화 될 수 있기 때문이다.

이와 같이 세계 여러 곳의 data에 기초한 기후적 모델은 진드기 종과 러시아 밀 진드기, 콜로라도 감자 딱정벌레, screw-worm flies, *Haematobia* 종의 biting flies, dung beetle, fruit flies(Box 6.3)등에게 적용, 연구되었다. 그 결과는 응용곤충학에서 매우 유용하였다. 즉, 유행성 병의 전파, 검역, 해충구제, 잡초와 동물 기생충의 응용곤충학적 방제 분야에서 말이다. 실제로는, 생태학적 관점에 대한 세부적 정보는 그 정보가 위에서 예기한 개체생태학적 분포모델(autecological -based distribution model)에 대해 필수적임에도 불구하고 많은 종류의 곤충에 대해 결코 얻어지지 않았다.

그럼에도 불구하고, 생태학적 data가 없는 현실에서도 분산 모델에 대한 요구도는 높다. 이러한 현실적 제한점이 있음에도 생물의 서식특성에 대한 대안으로서 분산특성 요점 data를 수용하는 한 모델링 기법이 개발되었다. 이러한 요점 data는 생물 기후학적으로 잘 정리되었고 예측 분포는 유연한 처리과정을 통해 모델화 될 수 있다. 이 모델에서 분석기법은 현존의 종 분포는 생물 기후적 요인에 의해 제한되어 있는 것이라고 가정한다. Australia에서 개발된 모델(즉 Henry Nix와 동료들에 의해서 개발된 BIOCLIM 모델)은 단계적 분석과정을 통해 종 분포에 대한 제한 요인의 측정을 가능하게 한다. 첫째, 종이 출현하는 지역이 기록되고 각각의 요점들에 대한 기후요인이 추정된다. 이러한 것은 현재 연구진행중인 지역전역에 있는 비정규적 기상대 네트웍에 기초한 일련의 생물기후 측정치들을 활용하여 실행 가능하다. 연중 강우량(annual precipitation), 강우의 계절성(seasonality of precipitation), 최고의 건조지역의 강우량(precipition of driest quarter), 극한기의 최저온도(minimum temperature of the coldest period), 극온기의 최고 온도(maximum temperature of the warmest period) 그리고 고도(elevation) 등의 요인이 변온생물(poikilothermic organism)의 분포를 결정짓는데 있어 특히 영향을 미치며, 매우 넓은 의미의 중요성을 가지고 있는 것으로 본다. 이러한 정보를 바탕으로 생물기후학적 양상이 측정 지역별로 축적된 기후관측치로부터 개발되었고 그 종에 대한 모든 지역에 대한 기후조건의 양상을 제공하는 것이다. 그다음으로 이렇게 하여 생산된 생물기후학적 양상들은 비슷한 기후를 가진 다른 모든 지역들을 동정(평가)하기위해 지역적 세부영역에 대한 또 다른 지도의 기후추정치와 일치(대비)시켜본다. 그런 후, 전문소프트웨어를 사용, 지역 간의 유사성을 분석한다. 생물종에 대해 비슷한 기후를 가진 세부영역내의 모든 지역은 하나의 예측생물 기후 domain(구획)을 형성하게 되는 것이다. 이런 것은 바로 연구 중인 생물종들에 대한 "예측가능분포지역"(predicted potential distribution)으로서 지도화된다. 이지도에서 등압선들(혹은 색깔 표시)은 생물종의 존재의 예측에 대한 서로 다른 신뢰도를 나타내게 된다(즉 색깔에 따라 분포의 밀도 등이 다르게 표시된다는 의미임).

남서오스트레일리아(South-western Australia)지역의 data point에 기초한 chironomid midge genus *Austrochlus* (Diptera)의 예측분포도가 그림 6.15에 잘 나타나 있다. 이 그림에서 dark location(짙은 검은색의 지역)은 해당생물종의 분포가능성이 높고, Light grey 지역은 그 가능성이 낮음을 의미한다. 이 모델도 호주의 중앙지역에 생태학적으로 관련 있는 생물종의 출현을 예고하고 있다. 여기의 연구결과 및 다른 연구결과에서 알려진 바와 같이 유사분류군에 속하는 생물의 분포를 예측하는데 있어 생물기후학적 모델의 효율성은 많은 수의 종 형성이 거의 생태학적 다양성이 없이 분단분포(vicariance)에 의한 것임을 의미한다.

Box 6.3 초파리에 대한 기후상의 모델

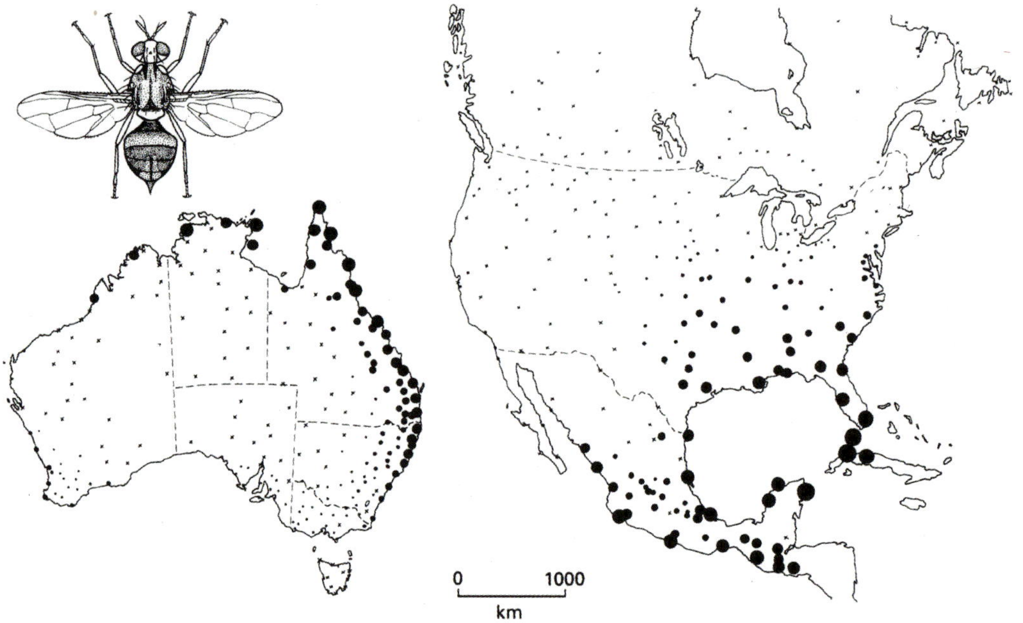

퀸즈랜드 초파리, *Bactrocera tryoni*는 가장 상업적인 과실에 대한 해충이다. 암컷은 과실에 산란을 하고 애벌레는 그것을 빠르게 부패시켜서 먹이로 삼게 된다. 과수원에서의 피해가 문제가 되지 않을 지라도 초파리 피해 과실에 대한 해외시장 및 해당 국간의 제한 규정 때문에 그 피해는 심각하다. CLIMEX는 오스트레일리아 기후에 대한 *B. tryoni*의 반응을 알기위해 R.W. Sutherst와 G.F. Maywald가 활용했다. CLIMEX의 성장과 스트레스 지수는 오스트레일리아의 각지역별 해당 초파리의 상대적 밀도 추정치와 지리적 분포도 작성 지도의 추론치에 의해 작성되었다. 상기의 오스트레일리아 지도는 생태기후지수(EI:Ecoclimatic indices)를 표시하고 있는데 *B. tryoni*의 항구적 집단서식을 위한 지역선호도를 의미한다. 각각의 속이 찬 원의 면적은 EI값에 비례한다. X표시가 있는 지역은 초파리가 영속적으로 서식할수 없는 지역임을 표시한다.

북아메리카에 있어서 외래해충으로서 *B. tryoni*의 잠재적인 생존을 CLIMEX를 사용하여 이 초파리의 따르면서 해충은 고유의 범위 내에서 기후 marching에 의해서 CLIMEX의 활용을 예측할 수 있다. 이 파리의 미국내 자연적 서식범위자료를 기후와 잘 매치시키면 예측할 수 있다.

이 초파리가 우연히 어떤 지역으로 옮겨가 정착할 수도 있고 또는 보다 더 환경이 좋은 지역으로 옮겨가 정착할 수도 있다.

*B. tryoni*가 북미에 정착한다면 뉴욕에서 부터 플로리다와 서쪽의 캔사스에 이르는 동해안, 미국의 오클라호마와 텍사스 그리고 멕시코의 많은 지역은 이 해충의 위험에 놓이게 된다. 캐나다 그리고 미 중부 및 서부는 영구적 군집형성 유지가 어려울 듯 보인다. 이와같이,대륙의 어떤 특정 지역만이 *B. tryoni*의 집단서식처로서의 위험에 처하며, 그 해당지역의 검역당국은 적절한 경계조치를 취해야 할 것이다.

6.11.2 기후변화와 곤충의 분포

이상의 모델링 기술은 원상 회복이 가능토록 도와준다. 즉 예전의 기후의 모델에 근거한 과거 생물종 분포의 복원 또는 과거의 분포정보를 보여주는 후빙하기의 화석 등에 대한 옛날기후의 복원을 가능하게 한다. 그와 같은 연구는 원래 호수물 밑 중앙부의 화분화석(palynology; 화분학)에 근거하고 있다. 이 화분화석학에서는 그때그때 상황의 지표생물종의 광범위한 화분들이 시간에 따른 지형에 따른

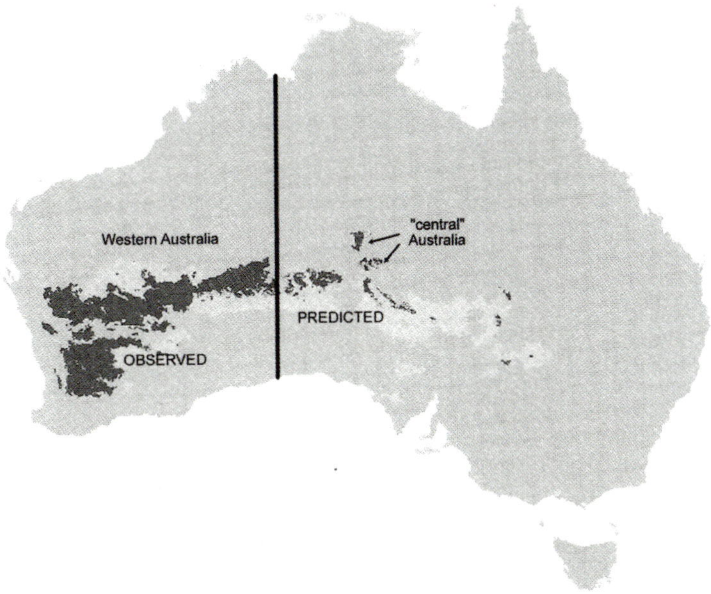

그림 6.15 분포관측 data에 근거한 호주깔다구 Austrochlus[파리목 깔다구과(Diptera chironomidae)]의 모델링에 의한 분포도. 검은지역(black)은 98%신뢰도 내의 존재를, 회색(pale grey)지역은 55% 신뢰도내에서의 분포를 예측한 것임. (Cranston et al., 2002.)

심지어 예전의 기후와 관련된 식물의 변화를 추적하는데 사용되었다. 보다 더 정제된 data는 잘 보존된 갑각류(ostracod), 딱정벌레(beetles; especially their elytra), 그리고 lawal chironomid의 머리 골격판으로부터 나온다. 이와 같이 예전에 살았던 생물종들의 흔적들은 기후변화에 아주 빠르게 반응하여 살아남은 단명생물 종으로부터 유래한다. 퇴적시기에 잘 보전된 그와 같은 생물종들의 유물군이나, 오늘날의 곤충종의 분포범위를 지배하는 예측 생물 기후적 제어로부터의 추론은 예전기후의 복원도 가능하게 한다. 예를 들면, 지질 제4기 [the late Quaternary period; 지질시대의 마지막기초로 신생대(Cenozoic era)의 후기로서 약 200만 년 전에 시작되어 현세(recent) 갱신세(更新世; Pleistocene epoch)를 포함하는 시기임]로 부터의 주요특징들은 14,500년 전인 마지막 최대 빙하기의 극단적 조건으로부터 빠른 회복 경향을 포함한다. 즉 일반적 온난화 가운데서도 주기적인 한랭기로의 되돌아감으로서 말이다. 이와같은 곤충에 근거한 복원의 증거(확증)는 ① 독립적인 화학적 시그날과 11,400~10,500년전의 Younger Dryas cold period와의 일치하는 점 ② 중세 12세기의 온난화 및 Ice Fair가 영국의 얼어버린 Thames강에서 열렸던 17세기 Little Ice Age와 같은 인류역사상의 기록으로부터 확보되는 것이다. 추정 온도변화는 1~6℃ 정도이며 때때로 수십 년에 걸쳐서 일어난다.

과거의 온도와 연관된 생물기후학적 변화의 확인으로 그와 같은 모델은 미래의 변화범위를 예측할 수 있음을 지지받게 된다. 예를 들면 서로 다른 기후변화 시나리오 하에서 병을 전파하는 모기와 biting midges에 대한 전파, 분포에 대한 추정은 현재 인구가 많지만 비 전염 지역으로의 병원균 벡터가 전파된 정도를 추정하는 기본적 추정에서부터 벡터와 arbovirus에 대한 변화된 성장발육율을 설명할 수 있는 보다 세련된 모델, 특히 유충 발육에 대한 변화된 환경까지도 설명할 수 있는 보다 세련된 모델로 그 사용범위가 확대된다. 예측된 기후변화의 미래수준은 아직 불명확하다. 그래서 어떤 정책입안자들은 예측 모델의 존재 또는 생물적 중요성을 간과하게 할 수도 있다. 하지만 천년주기로 유럽은 20세기에 0.8℃가 높아졌고, 현세기내에 2.1~4.6℃가 더 높아질 것이라는 현실적 전망을 갖고 있다. 또한 계절의 변화 또는 강우와 같은 다른 기후요인에서도 동일한 변화가 올 것임도 예측되고 있다. 곤충의 개별개체 분포에 대한 예측대로 실제로 변화가 일어나고 있다는 것은 개별 종의 연구로부터 명확하나 이런 예를 일반적으로 다 적용하기는 어렵다. 하지만 서유럽 나비의 종에 대한 연구는 매우 결정적이다(비이동성으로 제한되고 단식성과 지리적 제한종은 예외이지만). 52종 실험군중 분포지역이 북쪽으로 이동된 것이 65%로 매우 많았고, 그 중 34%는 정지된 상태이며, 오직 1종만이 북쪽한계보다 남쪽으로 후퇴하였다는 것은 매우 중요한 의미를 가진다. 남쪽 분포지역 한계에 대한 연구를 보면 물론 40종을 대상으로 한 실험이지만, 22%는 북쪽으로 후퇴, 72%는 정지(stasis)하였고 단 1종 만이 남쪽지역으로 분포지역을 넓혔다. 35종에 대해서 남, 북 양쪽 경계선 지역에 대해 연구한, 충분한 역사적 상세점을 가진 data가 있다. 35종 중 63%는 북쪽으로, 29%는 남북양쪽 분포지역에 안정적으로 분포하며, 6%는 남쪽으로, 단 1종만이 남,북 양쪽으로 분포지역을 넓혔다. 분포지역을 옮긴 종에 대해서 보면, 지난 30~100년전에 있어 35~240 km의 관찰된 분포지역 범위가 그 기간동안 등온선의 북극쪽으로의 이동과 아주 잘 일치하는 것이다. 그와 같은 분포지역변화가 단지 1℃보다 낮은 지극히 미미한 온도 증가에 의해 유발되었다는 것은 미래의 다음 세기동안 진행될 지구온난화(global warming)의 드라마틱한 영향에 대한 하나의 경고가 되는 것이다.

참고 문헌

Binnington, K. & Retnakaran, A. (eds.) (1991) *Physiology oj the Insect Epidermis*. CSIRO Publications, Melbourne.

Carroll, S.B. (1995) Homeotic genes and the evolution of arthropods and chordates. *Nature* **376,** 479 - 8 5.

Chapman, R.F. (1998) *The Insects. Structure and Function*, 4th edn. Cambridge University Press, Cambridge.

Daly, H.V. (1985) Insect morphometries. *Annual Review oj Entomology* **30,** 415-38.

Danks, H.V. (ed.) (1994) *Insect LiJe Cycle Polymorphism: Theory, Evolution and Ecological Consequences Jar Seasonality and Diapause Control*. Kluwer Academic, Dordrecht.

Dingle, H. (1996) *Migration. The Biology of Life on the Move*. Oxford University Press, New York.

Hayes, E.J. & Wall, R. (1999) Age-grading adult insects: a review of techniques. *Physiological Entomology* **24,** 1-10.

Heming, B.-S. (2003) *Insect Development and Evolution*. Cornell University Press, Ithaca, NY.

Kerkut, G.A. & Gilbert, L.r. (eds.) (1985) *Comprehensive Insect Physiology, Biochemistry, and Pharmacology*, Vols. 7 & 8, *Endocrinology I and II*. Pergamon Press, Oxford.

Moran, N.A. (1992) The evolution of aphid life cycles. *Annual Review of Entomology* **37,** 321-48.

Nagy, L. (1998) Changing patterns of gene regulation in the evolution of arthropod morphology. *American Zoologist* **38,** 818-28.

Nijhout, H.F. (1999) Control mechanisms of polyphenic development in insects. *BioScience* **49,** 181-92.

Parmesan, C., Ryrholm, N., Stefanescu, C. et al. (1999) Poleward shifts in geographical ranges of butterfly species associated with regional warming. *Nature* **399,** 579 - 8 3.

Pender, M.P. (1991) Locust phase polymorphism and its endocrine relations. *Advances in Insect Physiology* **23,** 179.

Resh, V.H. & Carde, R.T. (eds.) (2003) *Encyclopedia oj Insecis*. Academic Press, Amsterdam. [Particularly see articles on cold/heat protection: development, hormonal control of: diapause: embryogenesis: imaginal discs: molting.]

Sander, K., Gutzeit, H.O. & [ackle, H. (1985) Insect embryogenesis: morphology, physiology, genetical and molecular aspects. In: *Comprehensive Insect Physiology, Biochemistry, and Pharmacology*, Vol. 1: *Embryogenesis and Reproduction* (eds. G.A. Kerkut & L.r. Gilbert), pp. 319-85. Pergamon Press, Oxford.

Sehnal. F. (1985) Growth and life cycles. In: *Comprehensive Insect Physiology, Biochemistry, and Pharmacology*. Vol. 2: *Postembryonic Development* (eds. G.A. Kerkut & L.r. Gilbert), pp.I-87. Pergamon Press, Oxford.

Sutherst, R.W. & Maywald, G.F. (1985) A computerized system for matching climates in ecology. *Agriculture, Ecosystems and Environment* **13,** 281-99.

Worner, S.P. (1988) Ecoclimatic assessment of potential establishment of exotic pests. *Journal of Economic Entomology* **81,** 9731-83.

Papers and references in *European Journal of Entomology* (1996) **93**(3), especially: Bale, J.S .. Insect cold hardiness: A matter of life and death (pp. 369-82): Lee, R.E .. Costanzo, J.P., & Mugano, J.A., Regulation of supercooling and ice nucleation in insects (pp. 405-18).

7장

곤충 계통분류학: 계통과 분류

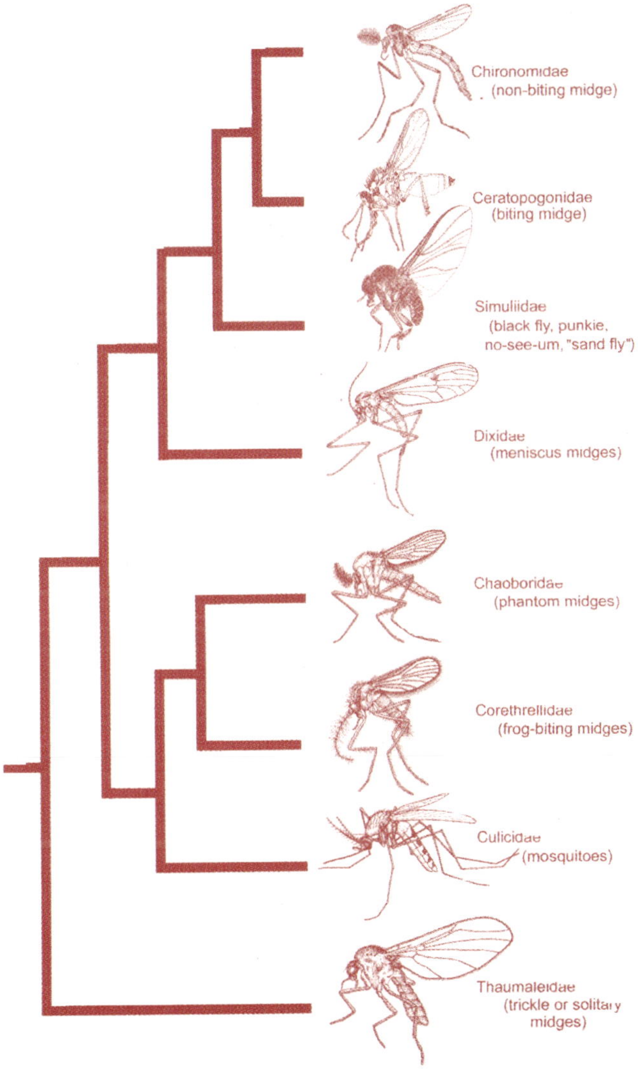

Tree showing proposed relationships between mosquitoes, midges, and their relatives. (After various sources)

지구상에 존재하는 새, 포유동물 그리고 꽃 등의 동정과 분류를 위하여 매우 다양한 방법이 존재한다. 그러므로 지구상의 이들 모든 생물체는 모두 다 잘 알려져 충분한 분류가 되어있다고 오판할 가능성이 매우 높다. 그러나 시판되는 각 종류의 책을 비교해보면 지역 아종의 분류학적 위상이라든지 또 특정 화훼식물 종이 속하는 과(family) 등이 매우 다양하게 취급되고 있는 실정이다. 그러나 과학자들이 이들의 분류학적 위상이나 종이 속하는 과를 의도적으로 바꾸어 혼란을 야기한 것은 아니다. 이러한 차이점은 불확실한 이들의 관계에 의해 야기될 수 있으며 심지어 가장 적절한 분류가 오히려 현재 우리가 알고 있는 지식으로 이해하기 어려운 결과로 귀착될 수 있기 때문이다. 또한 분자생물학적 데이터를 현존하는 형태학적 결과에 추가하는 등 관계에 대한 지속적인 지식의 획득에 의해 기존 지속으로부터의 변화가 가능할 것이다. 예를 들면, 분류(classi-fication)를 다루는 **분류학**(taxonomy)은 생명체에 대해 인식하고, 기재하고, 명명하는 학문으로 곤충분류학의 경우 이는 아주 큰 변이를 가진 수많은 종을 다루어야 하므로 근본적으로 완벽할 수가 없다.

생명체의 종류와 다양성 그리고 관계(interrelations-hips)에 대한 학문인 **계통분류학**(systematics)은 때론 따분하고 틀에 박힌 학문이라고 묘사되어 왔다. 분류학은 철저한 문헌검색과 표본조사, 채집시료의 정리, 시료의 부위별 측정 등을 포함하며 수 천개의 개체를 형태적으로 구별되는 형질에 따라 묶고 유사군으로 구분을 해 내거나(이러한 과정은 종으로 정리하는 대략적으로 과정임), 또는 수백 종을 하나의 고등 분류군으로 묶어 내는 등 명백히 시간 소비적인 활동을 포함하고 있다. 이러한 임무는 상당한 기술을 필요로 하며 생물체의 기원, 이들의 역사적인 측면과 현재의 분포에 대한 조사를 포함하는 것으로 이는 보다 넓은 과학을 추구하기 위한 기본이다. 현대의 계통분류학은 많은 양의 염기서열의 축적과 형태적 및 DNA 데이터에 대한 철저한 분석기법의 적용으로 인해 그리고 부분적으로는 생물적 다양성에 대한 문서화와 보전에 대한 관심고조로 매우 흥미로운 학문분야로 또 논쟁의 연구 분야가 되었다.

분류학(taxonomy)은 계통분류학(systematics)을 위한 데이터베이스를 제공한다. 과거 한때 이러한 데이터의 축적과 이들의 해석은 개인적 취향으로 간주된 시절이 있었으나 최근 이 분야는 도전할만한 논쟁의 주제가 되었다. 특히, 곤충계통분류학자는 이러한 중요한 생물학적 사업에 있어 중요한 참가자로 여겨진다. 이 장에서는 관계를 해석하는 방법에 대해 간략히 살펴볼 것이며 이어 가장 큰 곤충강(Insecta)을 포함하여 4개의 강으로 구성되어 있는 육각류(Hexapoda) 내에서의 진화적 관계에 대하여 기존 가설에 근거한 분류에 대한 현재의 여러 가지 의견에 대한 설명을 자세히 살펴볼 것이다.

7.1 계통분류학

진화의 역사를 밝히는 계통분류학(phylogenetics)은 이론이 분분한 생물학의 한 분야로 특히 곤충의 경우가 그렇다. 각 곤충의 목을 비롯한 다양한 분류군 자체는 상당히 잘 한정되어 있지만 곤충 분류군간의 계통적 관련, 특히 목간의 관련은 추측에 의한 경우가 많다. 예를 들면 부채벌레목(Strepsiptera)은 앞날개가 균형을 잡는 기관으로 변형되어 쉽게 구분이 되는 분류군이다. 그러나 이 목에 가까운 분류군은 아직 확실하지 않다. 강도래(Plecoptera)는 하루살이(Ephemeroptera)와 서로 다소 닮아 보이나 이들의 유사함은 피상적인 것으로 이러한 피상적 유사성은 이들이 아주 가깝다고 잘못 판단하게 하는 원인이 되기도 한다. 강도래는 하루살이보다는 오히려 메뚜기형(Orthopteroid)(바퀴벌레, 흰개미, 사마귀, 집게벌레, 귀뚜라미 및 이들의 동류)과 보다 가까운 관련이 있다. 유사성(resemblance)이 진화적 관련을 의미하는 것은 아니다. 서로간의 유사성은(진화적) 관련에 의해 야기될 수 도 있지만 이와 동등하게 유사한 기능이 선택되거나 우연에 의한 형질의 수렴진화(convergent evolution) 또는 수평진화(parallel evolution)에 의한 성인적 **상동**(homoplasy)에 의해 발생할 수 도 있기 때문이다. 조상의 공유로부터 얻어진 유사성, 즉 **상동성**(homology)만이 계통에 관한 정보를 제공한다. 상동성 여부에 대한 판단은 다음 두 가지 조건에 의한다:

1 외부형태, 발육, 구성, 형질의 위치 등에 있어서의 **유사성**
2 상동적 형질은 동일 생물체에서 두 가지 이상이 동시에 나타날 수 없다. 상동성 형질 여부에 대한 판단은 다른 상동성 인자들과 함께 일치성 **분석**(congruence)을 통해 상동성을 확인할 수 있다.

곤충과 같은 절지동물에서 각 마디에 있는 형질은 다음의 마디에서 반복적으로 나타난다. 예를 들면, 각 가슴마디에는 한 쌍의 다리가 있고 각 배마디에는 한 쌍의 숨구멍이 있다. 연속적인 상동성(successive homology)이라 함은

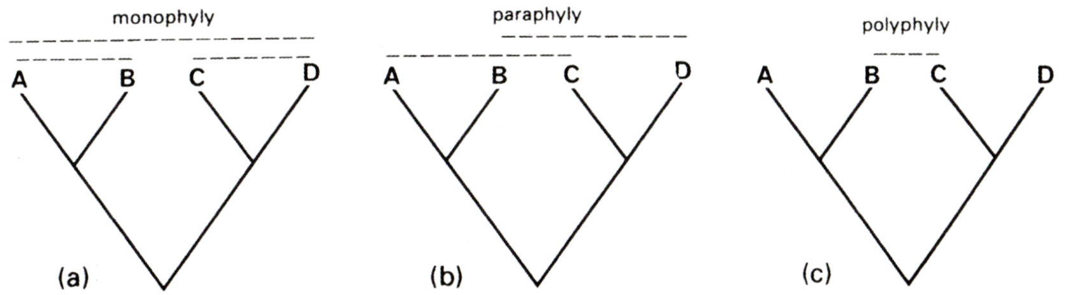

그림 7.1 4종 (A, B, C, D)의 관계를 보여주는 분기도. 본 분기도를 통해 확일할 수 있는 (a) 3개의 단계통 그룹, (b) 4개의 가능한 측계통군(ABC, ABD, ACD, BCD) 중 2개의 측계통군, (c) 4개의 가능한 다계통군(AC, AD, BC, BD) 중 하나의 다계통군

하나의 마디에 존재하는 형질이 다른 마디에 존재하는 형질과 동일하게 파생되었음을 의미한다(2장 참조).

전통적으로 해부학적 구조를 포함한 형태형질은 곤충의 관련을 재구성하기 위해 사용되는 많은 데이터를 제공하였다. 일부 곤충계통분류의 애매모호함과 불명확은 이러한 형태학적 형질이 제공하는 계통분류학적 정보가 본질적으로 완벽할 수 없기 때문이었다. 염색체의 유용성에 대한 연구 후 단백질 전기영동하에서의 이동력 차이 및 분자서열 데이터 등은 곤충 고등분류군의 관계를 포함하여 풀리지 않은 수많은 질문을 풀기 위한 도구가 되어왔다.

그러나 분자데이터 역시 완전할 수 는 없다. 다른 모든 데이터와 마찬가지로 분자데이터 역시 성인적 상동 형질에 의해 애매모호해질 수 있다. 그럼에도 불구하고 적절한 분류군, 유전자, 그리고 분자 종류의 선택으로 형태학적 데이터에 의해 얻지 못했던 계통적 질문에 대한 적절한 답을 얻을 수 있다. 곤충의 계통을 추론하기 위한 또 다른 유용한 데이터로는 그들 곤충과 공생하는 박테리아의 DNA가 될 수 있다. 예를 들면, 자신의 기주인 진딧물, 깍지벌레, 나무이 등과 함께 종분화한 1차 내부공생자(the primary endosymbiont)(2차 내부공생자가 아님)인 박테리아와의 관계를 이용하여 기주와의 관계를 평가할 수 있다. 명백히, 계통분석을 위한 가능한 모든 출처의 데이터를 이용한 통합적인 접근법이 선호되고 있다. 그러나 이 경우 모든 유사성이 계통 유형을 파악하는데 동등한 정도의 정보를 제공하지 않는 다는 점을 주의해야 한다.

7.1.1 계통분류를 위한 방법

진화적 역사에 의해 야기된 유연관계를 재구성(recover)하기 위해 현존하거나 또는 화석으로 남아 있는 생명체를 이용한 다양한 방법이 강구되고 있다. 이들은 크게 표현론(phenetics), 분지론(cladistics) 및 진화적 계통분류학(evolutionary systematics) 등 세 가지로 나눌 수 있다.

표현론은 대개 형태 형질로부터 얻어진 전반적인 유사성에 근거를 두나 때론 행동형질 그리고 또 다른 형질을 이용하며 최근 급속히 분자데이터를 이용하고 있다. 표현론을 적용하는 많은 사람들은 이 방법이 진화의 역사를 알지 못한 채 이 방법을 통해 알 수 있는 최대의 가치는 유사성이라고 주장하고 있다. 그러나 다른 과학자들은 표현론에 의해 얻어진 경향 역시 진화적 역사를 평가할 수 있는 좋은 방법 중의 하나라고 주장하고 있다.

표현론을 보다 개선하기 위해선 진화적 과정에 의해 야기된 진화적 관련이 측정되어야 하며 아울러 이러한 결과가 분류에 반영되어야 한다는 것이다. 그러나 표현론의 전제인 전유사성은 이러한 진화적 경향을 반영하고 있지 못하며 이로 인해 표현론에 근거한 분류는 인위적이라 할 수 있다.

분지론은 공유된, 진화적으로 새로운 형질(**공유자손형질**, synapomorphies)에 근거한 특별한 유사성을 찾는다. 공유자손형질은 서로의 관계를 나타내지 못하는 공유조상형질(symplesiomorphies)과 대별되는 개념이다. 또한, 다른 분류군에서는 확인되거나 알려지지 않은 채 어느 하나의 분류군 군에서만 유일하게 발견되는 형질, 즉 **단독자손형질**(autapomorphies)은 비록 이 분류군을 진단하는데 도움을 주긴 하지만 분류군간의 관계를 알려주지는 않는다. 계통분류학적 분지 유형을 표현하는 **분지도**(cladogram)를 재구성 (그림 7.1)하는 것이 분지론이다. 이러한 계통수로부터 직접적으로 단계통(monophyletic group), 완계통(完계통, clades), 그들 상호간의 관련, 그리고 분류가 유추될 수 있다. 자매분류군(sister group)은 서로 가장 가까운 친척을 의미한다. 단계통은 가설상의 하나의 조상과 이로부터 파생된 모든 자손들을 포함한다.

그림 7. 1은 측계통군(paraphyletic groups)의 예를 보여주고 있는데 이는 공통의 조상으로부터 파생된 후손들 중 하나의 완계통이 빠져있고 종종 파생된 후손 계통중 소그룹을 인식하거나 또는 소그룹이 빠짐으로 발생하게 된다. 다계통군(polyphyletic groups)은 공통의 조상으로부터 파생된 후손 중 둘 또는 그이상의 완계통이 빠졌을 경우이다(그림 7.1C의 종 A와 D가 빠진 경우).

그러므로 우리가 유시류(Pterygota)(날개를 소유하고 있거나 2차적으로 날개를 잃은 곤충)가 단계통이라고 규정한 가운데 나머지 모든 곤충을 날개가 없는 무시류(apterygotes)라는 그룹으로 묶는다면 이 그룹은 측계통군이 되는 것이다. 만약 날개가 가운데 가슴에 존재하는 곤충(예를 들면, 파리목, 수컷 깍지벌레류, 일부 하루살이류)을 그룹화한다면 이는 다계통군이 되는 것이다. 측계통군으로 그룹화하는 것은 가능한 피해야 한다. 왜냐하면 이 그룹을 한정하는 형질은 다른 간접적인 친척과 공유하는 조상형질이기 때문이다. 그러므로 무시류라는 측계통에서 날개가 없다는 것은 다른 많은 무척추동물과 공유하는 조상형질인 것이다. 다계통군에서 섞여있는 조상형질은 생물학적으로 전혀 정보를 담고 있지 못하며 아울러 그러한 인위적 분류군(artificial taxa)은 절대 어떠한 분류에도 포함되지 말아야 한다.

진화적 계통분류(Evolutionary Systematics)는 분류를 위하여 얻어진 유사성을 사용하나 분지론과 대별적으로 분류를 위한 분화 유형과 함께 진화적 변화의 양을 고려한다. 그러므로 이 방법은 고등분류군에서와 같이 분류군으로서 명확히 구분되는 공간(gaps)을 강조한다. 이러한 공백은 하나의 계통에서 형태적 변화가 가속화되어 발생했을 수도 있고 또는 연결하는 중간 형태의 멸절에 의해 발생했을 수도 있으며 그렇지 않을 경우 두 가지가 다 해당할 수 도 있다. 그러므로 개미는 이러한 방식에 의해 그들의 가장 가까운 친척과 매우 다르고 보이는 여러 가지 독특한 형질들에 의해 크게 분화되어 있으므로 한때 벌목내에서 상과의 지위인 Formicoidea(개미상과)로 취급된 적이 있다. 그러나 계통분류 연구결과 개미는(다른 벌들과 함께) 말벌상과(Vespoidea)에 속하며 이 상과내에서 하나의 과인 개미과(Formicidae)로 지위를 차지하고 있다(그림 12.2).

현재의 곤충 분류에서 대부분의 곤충 목은 형태적 특성에 기초하여 이상의 세 가지 방법을 혼합하여 사용하고 있다. 그러므로 이러한 목은 단계통이라고 할 수 없다. 예를 들면 바퀴목(Blattodea), 다듬이벌레목(Psocoptera), 밑들이목(Mecoptera)은 거의 분명히 각각 측계통군이다(아래 참조). 그러나 어떠한 고등분류군도 다계통군이 될 것 같지는 않다. 많은 경우 현재의 그룹화는 아주 오래전 곤충에 대한 구어적인 관찰과 일치하고 있다. 예를 들면 “beetles”, 즉 딱정벌레라는 단어는 “Coleoptera”, 즉 딱정벌레목을 말한다. 그러나 다른 경우 그러한 옛날의 구어적인 이름이 본질적으로 현대의 다른 분류군을 가르키기도 한다. 그 예로 오래전의 “flies”, 즉 파리라는 개념은 “mayflies”, 즉 하루살이라는 전혀 관련이 없는 목으로부터 “flies”, 즉 진짜 파리라는 개념까지 가르키는 이름으로 사용되고 있다. 계통분류에 대한 지속적이고 발전적인 이해로 인하여 조화를 이루지 못하는 분류에 대한 지속적인 수정이 이루어지고 있는 실정으로 현대의 분류는 점차적으로 최근의 계통분류와 전통적인 견해를 합치고 있는 실정이다.

7.1.2 분류학 및 분류

곤충분류가 종합적이고 논리 정연한 모습을 갖추기 못하는 이유 중 하나는 진화적 다양성과 복잡성에 의해 모호하게 될 때이다. 또한 기주식물에 적응(식식성과 기생; 8.6절)과 관련된 방사(radiation) 및 격리된 섬(8.7절)에서 창시자(정착자, founder) 단 1개체로부터의 방사 등을 포함한다. 이러한 이유에 의한 어려움과 함께 미성숙 곤충과 성숙 곤충 사이의 상반된 증거 그리고 무엇보다도 엄청난 곤충 수적에 의해 야기되는 바 크다(1.3.2절).

곤충의 분류(예를 들면 곤충을 기재하고, 명명하고 분류하는 일 등)를 연구하는 과학자는 중요한 임무를 수행하고 있다. 세상의 모든 척추동물은 기재되어 있고 그들의 과거와 현재 분포가 확인되어 있고 그들의 행동과 생태는 일정 수준에서 연구되어 있다. 반면 곤충은 생물학적으로 연구가 잘 되어 있지 않은 것은 말할 것도 없으며 추정수의 약 5~20%만이 공식적으로 기재되어 있다. 이러한 분류학적 연구 부족과 이로 인한 분류자원의 불평등한 기재는 Q. D. Wheeler에 의해 실증된 바 있다. 미국의 경우 곤충 분류학자 일인당 425종의 곤충 종이 기재된 반면 포유동물의 경우 포유동물 분류학자 1인당 7종이 기재되어 있는 실정이다. 아마도 이러한 비율을 전세계적으로 적용하고 기재되지 않은 곤충 종을 포함할 경우 더욱 더 놀라운 결과가 나올 것이다. 명명되지 않은 포유동물 수는 매우 적지만 기재되지 않은 곤충 수는 아마도 수백만에 이를지 모른다.

이러한 문제점에도 불구하고 우리는 곤충강과 그리고 이를 포함하는 육각류의 많은 국제적인 관련에 대한 공통의 견해로 나아가고 있다. 이러한 것들에 대하여 아래에서 설명하고자 한다.

7.2 현존하는 육각류

육각류(주로 상강, 즉 superclass로 취급)는 6개의 다리를 가진 모든 절지동물을 포함한다. 전통적으로 육각류와 가장 가까운 친척은 다지류(myriapods)(지네류, centipedes; 노래기류, millipedes와 그 동류 및 결합류 등)라고 간주되었다. 그러나 Box 7.1에서 보여지듯 염기서열분석과 성장 데이터 및 일부 형태(특히 겹눈과 신경계)를 보면 육각류와 다지류의 공동조상의 역사보다 육각류와 갑각류(crustaceans)가 훨씬 최근에 공동조상을 공유한 것으로 나타났다.

육각류의 진단적인 특징은 독특한 연속환절체분획(tagmosis)(2.2절)을 소유하고 있다는 것인데 이는 연속적인 체절이 다소간 결합하여 마디나 합체절(tagmata), 즉 이름하여 머리, 가슴, 배를 형성하기 위하여 특수화된 것이다.

곤충의 머리는 주로 3개의 체절로 인식되는 구전절 부위(pregnathal region)와 큰턱, 작은턱 및 아랫입술 등 3개의 입틀마디(gnathal segment)로 구성되어 있다. 눈은 매우 다양하게 발달했으며 어떤 경우에는 존재하지 않는다. 가슴은 3부분으로 구성되어 있으며 각 가슴마디마다 한 쌍씩의 다리를 갖고 있으며 각 다리는 현존하는 곤충에서는 최대 6개의 마디로 구성되어 있다. 그러나 초기에는 5개까지의 **밑마디겉돌기**(exites), 1개의 **밑마디속돌기**(endite) 및 2개의 발톱을 포함하여 11개의 마디를 갖고 있었다. 배는 원래 11개의 마디와 꼬리마디 또는 상동구조로 구성되어 있었다. 배에 존재했던 다리는 현재 가슴에 있는 다리보다 훨씬 작고 약했으며 초기에는 배의 열 번째 마디를 제외하고 모두 존재하였다.

육각류 계통에서 가장 먼저 분화된 것들은 의심할 여지없이 육상에 있었고 또 날개가 없는 조상을 포함한다. 그러나 이러한 특징을 가진 분류군을 그룹화한다면 명백한 공유조상형질 또는 불명확한 파생형질로 인해 단계통을 얻

Box 7.1 육각류와 다른 절지동물과의 관계

관절로된 다리를 가진 동물을 일컫는 절지동물문은 다지류(지네류, 노래기류, 경합류 및 그 동류), 협각류(투구게류, 거미류), 갑각류(게, 새우, 및 그 친척들) 그리고 육각류(6개의 다리를 가진 절지동물: 곤충과 그 친척들) 등 광범위한 계통을 포함하고 있다. 유조동물 (onychophorans) (벨벳벌레, velvet, worms; 엽지류, lobopods)은 절지동물에 포함된 적이 있으나 지금은 독립적인 유조동물문으로 취급되고 있다. 전통적으로 육각류의 각 계통은 단계통으로 간주되었으나 최소 몇 연구에서는 하나 이상의 계통이 단계통이 아님을 밝힌바 있다. 분자데이터의 분석(그 중일부는 시료채집과 분석방법이 단순함) 결과 다지류-갑각류 그룹 또는 각 다지류와 갑각류가 측계통군이라고 제안된 바 있다. 육각류가 단계통이라는 주장을 받아들일 지라도 육각류와 다른 그룹간의 계통에 대해서는 다른 주장이 존재하고 있다. 작고한 Sidnie Manton는 육각류에 대해 다른 비육각류로부터 독립적으로 진화한 단지동물(Uniramia)(엽지류, 다지류, 그리고 곤충), 갑각류 그리고 협각류(Chelicerata) 등 육각류내 세 가지의 독립적인 그룹이 존재한다고 제시한 바 있다. 육각류가 단계통으로 이루어 졌다는 주장이 있긴 하지만 보다 최근의 형태 및 분자 연구 결과 는 그렇지 않음을 입증하고 있다. 그러나 나타난 육각류내의 관련을 고려해 볼 때 일련의 여러 가지 가능성을 내포하고 있다. Manton이 제안한 단지동물의 일부인 촉각류(Atelocerata)는 다지류와 육각류로 구성되어 있는데 일부 형태 형질은 이러한 그룹을 지지하고 있다. 즉, 기관계 (tracheal system), 말피기소관(Malpighian tubules), 부속지 (limbs), 밖으로 뒤집을 수 있는 밑마디소포 (coxa vesicles), 후촉각기관(postantennal organs), 앞막상골돌기(anterior tentorial arms) 등이 이들 그룹을 지지하고 있다. 또한 갑각류에서 보여지 듯 2차적 안테나(또는 유사체)가 없는 것을 들 수 있다. 또한 촉각류와 별개로 갑각류가 협각류 및 멸종한 삼엽충과 그룹을 이루거나 대악아문(Mandibulata)이라고 불리지는 완계통으로 다지류-육각류 그룹과 자매군을 형성하기 때문에 다지류와 육각류를 하나의 계통으로 보는 시각이 있다. 이 모든 체계에서 육각류의 가장 가까운 친척은 항상 다지류이거나 그렇지 않으면 다지류의 하부그룹이 된다.

반대로 일정의 공유된 형태 형질, 즉 신경계의 초미세구조 (머리의 구조, 신경세포의 형성, 신경돌기의 발달), 시각계 (낱눈의 미세구조, 시신경), 발육과정, 특히 마디형성 등은 육각류와 갑각류가 유사하다고 주장되고 있다. 이들 육각류와 갑각류를 묶어 부르는 범갑각류(pancrustacea)는 다지류를 제외한다. 분자 염기서열 데이터 단독으로 또는 형태적 데이터와 함께 고려할 때 촉각류에 반하여 범각류설이 지지되고

있는 실정이다. 그러나 실절적으로 모든 분석이 범각류설을 지지하고 있지는 않으며 어떤 유전자는 명백히 육각류와 갑각류가 매우 오래전에 분화했음을 보여주는 계통적 신호를 보여주기도 한다.

만약, 범갑각류 가설이 옳다면 촉각류가 단계통라고 지지하기 위해 이해된 형질은 새롭게 고려가 되어야 한다. 후촉각기관(Postantenna)은 육각류 중에서는 톡토기류(Collembola)와 낫발이류(Protura)에서만 발생하며 다지류에서 발생하는 유사한 기관은 수렴진화의 결과로 유추되며 갑각류의 2차적 안테나와는 상동기관인 것으로 유추된다. 이차적 안테나와 같이 공통적으로 존재하지 않는 기관은 관계를 분석하는데 유용한 정보로 사용되지 못한다. 육각류의 말피기소관은 거미류에서 반드시 수렴진화의 결과로 존재하여야 하며 육각류와 다지류에서 그들의 구조와 발달사이에서 상동성임을 입증할 수 있는 증거는 충분하지 않은 상태이다. 밑마디소포가 늘 발달되어 있는 것은 아니며 다지류와 이러한 구조를 갖는 육각류 (무시류)는 상동성을 갖고 있지 않을 수 도 있다. 그러므로, 촉각류를 지지하는 형태형질은 비상동적일지도 모르며 육상 생활에 적응하는 가운데 얻게 된 수련진화의 결과일 수도 있다.

분자발생학 연구로부터 얻은 중요한 발견으로 곤충 큰턱의 항상성(발달과정의 조절) 유전자인 Dll (Distal-less)의 발현은 갑각류에서 발견된 것과 유사하다는 것이다. 이러한 발견은 절지동물이 다계통이라고 주장한 Manton의 주장을 반박하는 것으로 육각류의 큰턱이 갑각류의 그것들과는 별개의 독립적으로 발달해 왔다는 주장에 대한 반박인 것이다. 비록 소수의 분류군만이 사용되긴 했지만 신경, 시각, 그리고 발육 단계로부터 얻은 데이터는 과거 수 많은 형태형질에 근거한 계통분류보다 보다 정확할 수 있음을 반영하는 것이다. 갑각류 전체가 또는 그들 중 일부가 육각류의 자매분류군인지에 대해선 여전히 논쟁의 여지가 있다. 형태형질은 주로 갑각류가 단계통임을 지지하고 하고 있지만 분자데이터에 의하면 Malacostrata (연갑아강) 단독으로 육각류와 자매분류군을 형성하고 있고 있을 뿐만 아니라 갑각류가 측계통군임을 암시하고 있다. 형태형질과 분자데이터를 합하여 분석한 결과가 갑각류와 범각류가 단계통임을 지지한다면 갑각류가 단계통일 가능성이 가장 높은 것 같다. 그럼에도 불구하고 몇몇 데이터는 육각류가 다계통군임을 암시하며 톡토기군과 갑각류는 매우 다른 관계에 있음을 암시하고 있다. 이러한 측면에서 본다면, 형태적으로 매우 특이한 톡토기류(entoghathy, 내부입틀, 특이한 복부 마디, 말피기소관의 부재, 하나의 발톱, 특이한 도약기 및 독특한 발생)는 육각류와 독립적으로 육상 적응을 하였으며 오래전 분지한 범각류의 조상으로부터 진화한 것이다. 이러한 견해에 대해선 심도있는 연구가 필요하다. 즉, 육각류와 곤충과의 진화를 밝히기 위하여 명백히 많은 의문점이 남아 있는 실정이다.

지 못한다. 이러한 문제점을 갖고 있는 분류군은 낫발이목(Protura), 톡토기목(Collembola), 좀붙이목(Diplura), 돌좀목(Archaeognatha), 좀목(Zygentoma= Thysanura)이다. 곤충강(Insecta)이라는 고유명사는 돌좀목(Archaeognatha) 및 좀목(Zygentoma= Thysanura)을 포함하며 아울러 가장 큰 다양성을 보이는 유시류를 포함한다. 곤충강이 강(Class) 수준으로 배열됨으로 후속적으로 보다 원연관계의 자매분류군인 좀붙이목, 톡토기목, 낫발이목 모두가 강 수준으로 배열되었다.

그림 7.2와 7.3의 분지도와 다음 절에서 설명되어지는 곤충계통이 현재의 분류체계를 반영하는 것이긴 하지만 육각류에 포함되는 일부 분류군 사이의 관계는 명확하지 않다. 과거 톡토기목, 낫발이목, 좀붙이목은 입틀 형태의 유사성에 따라 내구류(endognatha)로 묶인 적이 있다. 외구식, 즉 입틀이 밖으로 노출된(ectognathous) 곤충강(좀목, 돌좀목, 유시류)의 입틀과는 달리 이들은 입틀이 두개피에 의해 둘러 쌓여 있는 내구식 모양을 하고 있다. 그러나 내구식에도 두 가지 종류로 톡토기목과 낫발이목이 공유하는 형태와 좀붙이목에서만 나타나는 형태가 있다. 다른 형태형질과 일부 분자데이타의 분석에 의하면 다른 내구류보다 좀붙이목이 보다 더 곤충에 가까운 것으로 유추되고 있는 실정으로 이는 내구류라는 분류군이 측계통군임을(그림 7. 3의 점선으로 표시된 것처럼) 암시하고 있다. 매우 논란이 되고 있는 어떤 연구에 의하면 톡토기류의 진화(또한 낫발이목)는 다른 육각류와 독립적으로 갑각류내에서 진화했음을 시사한 바 있다.

7.3 낫발이목, 톡토기목 및 좀붙이목

7.3.1 낫발이목(강)(Box 9.2 참조)

낫발이류는 작고 가느다란 모양을 가진 거의 무색의 육각류이다. 눈과 안테나가 없는 가운데 구강으로부터 살짝 앞으로 돌출한 가느다란 큰턱과 작은턱으로 구성된 내구식의 입틀을 갖고 있다. 가슴은 12마디로 구성된 배와 정확히 구분되지 않는다. 다리는 5마디로 구성되어 있으며 11마디와 12마디사이에 생식공이 존재하며 항문이 맨끝에 있다. 미모는 없다. 유충의 발육단계, 즉 변태시 후차적으로 마디가 추가되는 증절변태(anamorphosis)를 한다. 낫

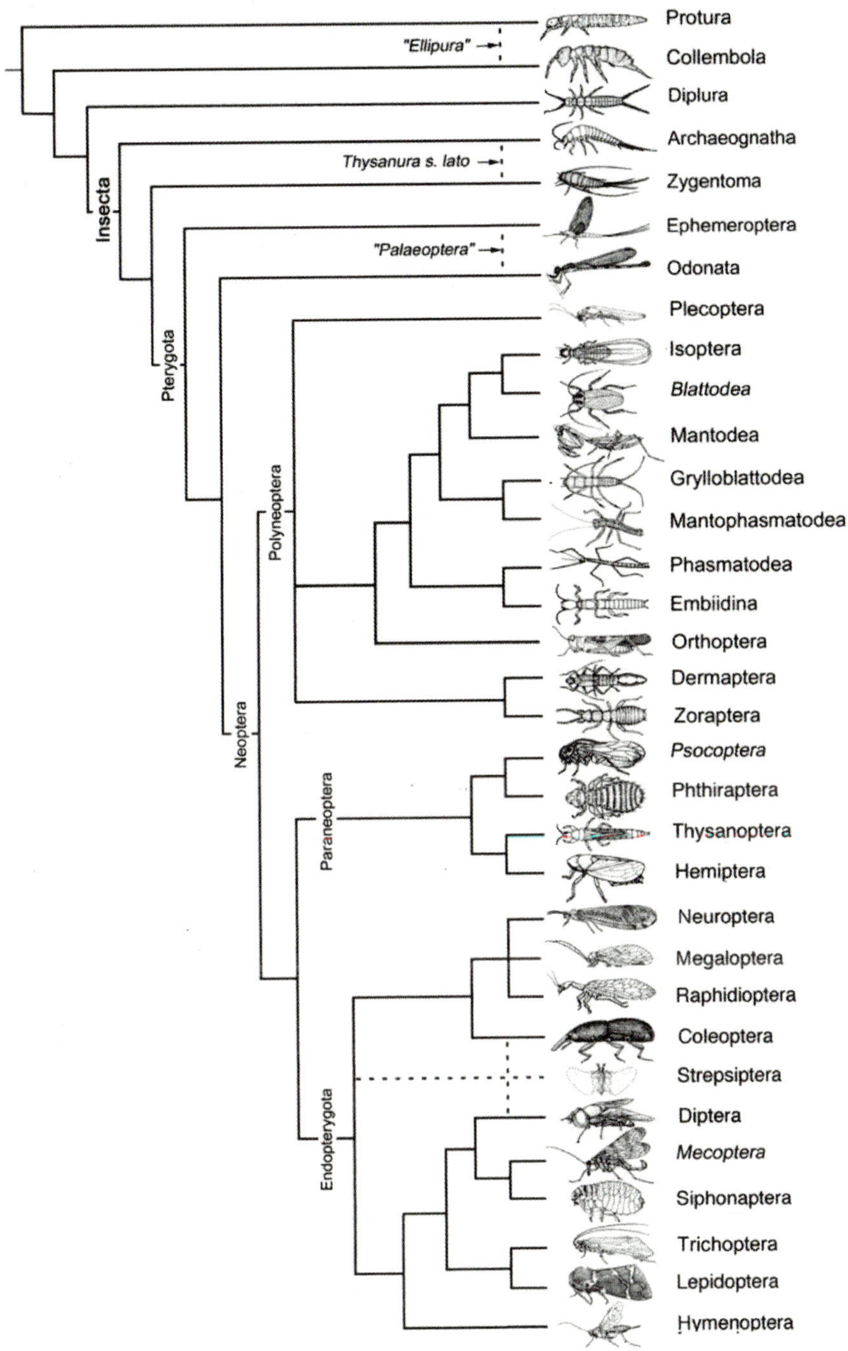

그림 7.2 형태 및 염기서열을 합친 데이터에 근거한 현존 육각류의 관계에 대한 분지도. 점선은 불확실한 관계를 나타내고 있으며 좀목은 광의로 사용되었다(여러 가지 자료로부터 데이터가 얻어짐).

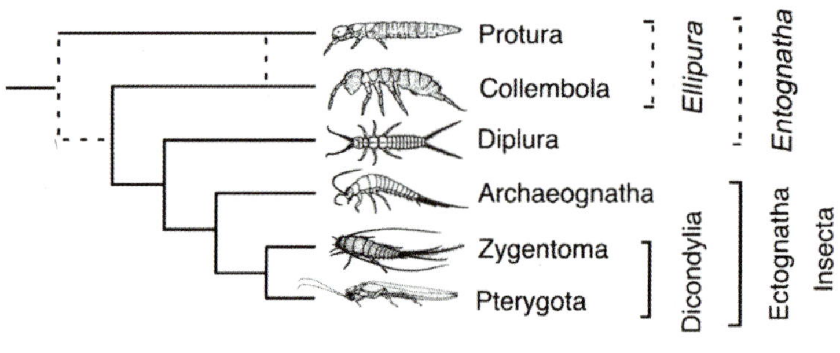

그림 7.3 형태형질에 의한 초기 육각류의 분지도. 이탤릭체로 쓰여진 이름은 측계통군의 가능성을 의미하며 점선은 확실하지 않은 관련을 나타낸다.

발이목은 내구식 입틀을 갖고 있으며 미모가 없다는 점에 의해 약하게나마 톡토기목과 자매분류군을 형성하며 이들은 함께 Ellipura라는 분류군으로 취급되기도 하고 또는 낫발이류는 나머지 모든 육각류의 자매분류군으로 취급되기도 한다.

7.3.2 톡토기목(강)(Box 9.2 참조)

톡토기류는 극소의 크기에서 아주 작은 크기로 종종 퇴화된 눈을 갖거나 낱눈(ocelli)을 갖는다. 안테나는 4~6마디로 구성되어 있다. 입틀은 측면 머리에 의해 숨겨져 있으며 가늘고 긴 작은 턱과 큰턱을 가진 내구식으로 작은 턱수염과 아랫입술수염은 존재하지 않는다. 다리는 4마디로 구성되어 있다. 배는 6마디로 제1마디에는 빨판과 같은 복관을, 제3마디에는 미모자(retinaculum)가 그리고 제4마디에는 톡톡 튀는데 사용되는 도약기가 제5마디에 생식공(gonopore)이 그리고 항문은 제6마디에 있으나 미모는 존재하지 않는다. 발달과정동안 마디수가 일정한 미변태(epimorphic)를 한다. 톡토기류는 육각류와 진화적 기원이 다르다는 연구가 있어 논란이 되고 있다(Box 7.1 참조). 만약 톡토기목이 육각류에 포함된다면 낫발이목의 자매분류군이 되어 함께 Ellipura라는 분류군을 형성하던지 또는 독립적으로 좀붙이목 + 곤충강과 자매분류군이 된다.

7.3.3 좀붙이목(강)(Box 9.2 참조)

좀붙이목은 소형 또는 중간 크기로 거의 무색이며 안테나는 긴 염주상이다. 눈은 없다. 입틀은 구강으로부터 약간 튀어나온, 잘 발달된 큰턱과 작은턱을 가진 내구식이다. 가슴은 10개의 마디를 갖는 배로부터 잘 구분되지 않는다. 일부 배마디에는 작은 침상돌기가 있다. 생식공은 배 제8마디와 제9마디사이에 존재하며 배끝에 항문이 있다. 미모는 집게모양으로 가늘고 길다. 내구식인 좀붙이목은 기관계(tracheal system)가 비교적 잘 발달해 있으나 다른 내구식 그룹에서는 기관계가 없거나 잘 발달되어 있지 않다. 발달과정동안 마디수가 일정한 미변태를 한다. 좀붙이목은 의심할 여지없이 곤충강과 자매분류군이다.

7.4 곤충강

곤충은 매우 다양한 모양을 가진 채 0.2 mm~30 cm의 소형으로부터 대형이 이르기까지 그 길이도 매우 다양하다. 성충은 주로 홑눈과 겹눈을 갖고 있으며 입틀은 작은 턱과 함께 밖으로 드러난 구조, 즉 외구식이며 아랫입술수염(labial palp)이 주로 잘 발달되어 있다. 가슴은 유충시절에는 매우 미약하게 발달되어 있으나 날개 및 이에 필요한 근육의 발달로 인하여 비행할 수 있는 성충단계에서는 매우 분명하다. 그러나 날개를 갖지 않는 곤충에서는 당연히 날개와 이에 필요한 근육발달이 미약하다. 가슴에 존재하는 다리는 5절 이상으로 구성되어 있다. 배는 원시형에서는 11개 마디로 구성되어 있고 생식공은 암컷의 경우 거의 항상 8절에 그리고 수컷의 경우 9절에 존재한다. 미모는 원시형에서는 존재한다. 가스교환은 절대적으로 가슴과 배에 존재하는 기문과 함께 기관(tracheal)에 의해 이루어지나 일부 미성숙단계에서처럼 다양한 방식으로 퇴화되었거나 없는 경우도 있다. 유충/약충 단계는 발달과정동안 마디수가 일정한 미변태를 한다.

전통적으로 30개의 곤충목은 크게 두 가지 그룹으로 나누어진다. 단관절구아강(monocondylia)은 돌좀목만을 포함하며 큰턱은 하나의 후부관절(단관절)로 되어 있다. 쌍관절구아강(Dicondylia)(그림 7.3)은 곤충목의 나머지 모두를 포함하고 있으며 처음의 후부관절을 갖고 있을 뿐만 아니라 머리의 큰턱에 이차적으로 발생한 전부관절을 갖고 있다. 날개가 없는 분류군인 돌좀목 + 좀목을 의미하는 무시류는 대부분의 현대적 분석에서는 측분류군으로 간주되고 있다(그림 7.2 및 7.3).

7.4.1 돌좀목과 (광의의)좀목

돌좀목(Box 9.3 참조)

돌좀목은 중간 크기의 긴 원통형으로 날개가 없다. 머리에는 3개의 홑눈과 중앙에서 서로 접해있는 겹눈이 있다. 안테나는 다수의 절로 구성되어 있다. 입틀은 배쪽으로 돌출되어 있으며 머릿속으로 부분적으로 움츠려질 수 있으며 서로 근접해 있는 2개의 관절구(econdyles), 7마디로 구성된 긴 작은턱수염과 함께 긴 큰턱을 갖고 있다. 가운데 및 뒷다리 또는 뒷다리 밑마디에 밑마디 기절돌기가 있다. 발목마디는 2마디 또는 3마디이다. 배는 심지어 굽은 가슴부분까지 지속되며 배 2~9마디에는 긴 돌기 모양의 부속지가 있으며 1~7절의 돌기 중앙에 한 쌍 또는 두 쌍의 반전성 낭을 갖고 있다. 미모는 다수의 절로 구성되어 있으며 꼬리돌기보다 짧다. 무변태로 발육과정에서 몸의 형태가 바뀌지 않는다.

화석종인 Monura는 광의의 돌좀목에 속한다. 돌좀목 내의 돌좀과(Machilidae)와 Meinertellidae는 명백히 단계통이 아니다. 돌좀목은 아마도 곤충강에서 가장 먼저 분화한 분류군이며 좀목+유시류의 자매분류군이다(그림 7.3). 잠정적으로 영향력있는 분자 분석에 의한 연구 결과, 돌좀목은 좀목의 자매분류군이며 이때 좀목(Zygentoma)은 광의의 의미를 가진 좀목인 Thysanura를 의미하는 것이다.

좀목(Box 9.3 참조)

좀목은 중형의 곤충으로 일반적으로 길고 납작하며 날개가 없다. 겹눈과 홑눈은 있거나, 작거나, 없으며 안테나는 여러 마디로 구성되어 있다. 입틀은 배쪽으로 약간 돌출하고 있으며 쌍관절의 큰턱을 갖고 있으며 5개 절을 가진 작은턱수염을 갖고 있다. 배는 가슴의 평편한 부분까지 지속되며 배의 2~9마디, 때론 최소한 7~9마디에 돌기모양의 부속지를 갖고 있으며 일부 마디의 돌기중앙에 반전성 낭을 갖고 있다. 미모는 다수의 절로 구성되어 있으며 꼬리돌기와 그 길이가 거의 비슷하다. 무변태로 발육과정에서 몸의 형태가 바뀌지 않는다.

현존하는 좀목은 4개의 과로 구성되어 있다. 돌목은 단독으로 유시류와 자매분류군이거나(그림 7.3) 광의의 좀목, Thysanura 내에서 돌좀목과 자매분류군을 형성한다(위의 설명참조).

7.4.2 유시류

유시류는 곤충하강으로 취급되며 날개를 갖거나 이차적으로 날개가 퇴화된 곤충을 포함하고 있는데 성충의 가슴마디는 대개 크거나 가슴중간마디와 뒷가슴마디가 변형적으로 합쳐진 날개가슴마디(pterothorex)를 갖고 있다. 가슴의 측면이 잘 발달되어 있다. 배마디는 11절 또는 그 보다 적으며 무시류에서 발견되는 돌기나 소낭 형태의 부속지가 없다. 대부분의 하루살이목은 중앙미사(epiproct 또는 median caudal appendage)가 있다. 기문은 근본적으로 근육질의 개폐기관이다. 짝짓기는 교미를 통해 이루어진다. 불완전변태 또는 완전변태를 하며 성충은 하루살이목의 아성충 단계를 제외하고 허물을 벗는 경우가 없다.

비공식의 고시류 그룹

곤충중 쉴 때 날개를 배 위에 접을 수 없는 무리가 있는데 이를 고시류라고 하며 이들 고시류의 날개는 관절이 시맥과 유합되어 있는 axillary plate(액판)을 경유하기 때문이다. 현존하는 목중 주로 이러한 날개를 가진 목은 3개조의 시맥(triadic vein)(짝을 이룬 주시맥과 함께 그 사이에 끼어든 종맥)과 함께 그물망의 종맥을 갖고 있다(Box 10.1과 10.2의 그림). 고생물학적 연구 결과와 이러한 시맥상 및 관절은 잠자리목과 하루살이목이 고시류라고 불리는 단계통임을 의미하는 증거로 사용되었다. 이 그룹은 근본적으로 날개를 가진 거의 모든 현존 곤충을 포함하는 신시류와 자매분류군이라고 주장되었다. 그러나 현존하는 곤충 초기의 계통에 대한 형태적 재평가와 염기서열에 의한 증거에 의하면 고시류가 단계통임이라고 강력하게 지지되고 있진 않다. 여기서는 상위 분류군인 유시류를 3개의 군으로 나누며 하루살이목을 잠자리목 + 신시류의 자매분류군으로 취급한다.

하루살이목(Box 10.1 참조)

하루살이목의 화석은 석탄기에 발견되며 오늘날에는 단지 수천종만이 현존한다. 이들은 고시류로서의 날개 특성이외에 성충이 기능을 하지 않으며 크게 퇴화되고 축소된 입틀을 갖고 있다는 점, 날개관절에 단 하나만의 액판이 있다는 점, 전연양맥(costal brace)의 이상비대, 그리고 수컷의 앞다리가 비행교미중 암컷을 잘 잡을 수 있도록 변형되었다는 점 등의 특징을 갖고 있다. 또한 아성충 단계를 갖는 점도 하루살이목의 특징이다. 약충 단계는 수중생활을 한다. 또 다른 하루살이목의 진단적 특징은 큰턱 관절이 단관절구와 모든 고등 곤충 목들이 갖고 있는 쌍관절의 구와 관절(ball-and-socket) 크기의 중간 정도를 갖고 있다는 점이다. 하루살이목은 역사적으로 그 종수가 현저히 감소해 있고 성인적상동 형질이 많아 계통분류학적 재구성이 매우 어려운 실정이다. 하루살이목은 전통적으로 2개의 아목으로 나누어졌다. Schistonota 아목은 약충단계에서 장차 날개가 될 앞날개 시포(fore-wing pads)가 서로 몸길이의 반이상 분리되어 있으며 이는 꼬마하루살이상과(Baetoidea), 납작하루살이상과(Heptagenioidea), 갈래하루살이상과(Leptophlebioidea) 및 하루살이상과(Ephemeroidea) 등을 포함하고 있으며 Pannota 아목은 "융합된 등", 즉 앞날개시포가 보다 심하게 융합되어 있으며 이는 알락하루살이상과(Ephene-relloidea)와 Caenoidea 상과를 포함한다. 최근의 연구에 의하면 Schistonota라는 개념은 측계통으로 제시되었으나 이에 대해 보다 설득력있는 대안은 제시되지 않았다.

잠자리류(잠자리 및 실잠자리, Box 10.2 참조)
잠자리목은 "고시류"로서의 날개 특성은 물론 다양한 특징을 갖고 있다. 즉 날개관절에 2개의 액판(경판 시축(humeral axillary)과 후부시축(posterior axillary)이 있는 점을 포함하여 수컷 배의 2~3마디에 2차생식기가 발달해 있는 점과 교미시 수컷과 암컷이 일렬의 바퀴모양을 이루는 점 등 특수한 교미행동과 관련한 특징을 갖고 있다(Box 5.3). 약충은 수중생활을 하며 아랫입술은 먹이를 잡기 위하여 크게 변형되어 먹이를 휘감을 수 있도록 발달되었다(그림 13.4).

잠자리학자들은 전통적으로 잠자리목을 실잠자리아목(Zygoptera)과 옛잠자리아목(Anisozygoptera) 및 잠자리아목(Anisoptera) 등 3개의 아목으로 구분하였다. 옛잠자리아목은 소수의 종으로 주로 화석종이며 현재는 하나의 속에 2종이 포함되어 있다. 각 아목이 단계통인지 측계통인지에 대한 판단은 많은 경우 매우 복잡한 시맥상에 의존해왔다. 날개 시맥상에 대한 해석은 잠자리류내에서, 잠자리류사이에서 그리고 다른 곤충과의 관련에 대해서 선입견에 의해 치우쳐 온 점이 있다. 이로인해 Comstock과 Needham의 날개 시맥상 명명 체계는 현대의 잠자리목의 공동조상은 잠자리아목이며 실잠자리아목의 시맥상은 줄어들었다는 점을 암시하고 있다. 그러나 Tillyard의 시맥상 명명체계에 의하면 옛잠자리아목은 단계통인 잠자리아목으로 진화해 가는 도중 발생한 하나의 단계(grade)이며 실잠자리아목 역시 옛잠자리아목에 대해 측분류군으로 하나의 단계라는 점을 암시하였다. 상당량의 화석자료를 근거로 한 관점에 의하면 실잠자리아목은 아마도 측계통군이며 옛잠자리아목은 명백히 측분류군이며 잠자리아목은 멸종한 일부 옛잠자리아목 종에 대하여 단계통의 자매분류군이라고 여겨진다.

실잠자리아목은 실잠자리상과(Coenagrionoidea), 청실잠자리상과(Lestoidea) 및 물잠자리상과(Calopterygoidea) 등의 세 가지 상과를 포함하는 매우 광범위한 그룹이다. 이들중 잠자리아목은 네 가지의 주요 계통을 포함하고 있으나 이들 간의 관련은 명확하지 않다.

신시류
신시류(new wing) 곤충이 진단적으로 갖고 있는 형질은 쉴 때 날개를 등 뒤로 접을 수 있다는 점과 날개 기부에서 분리된, 움직일 수 있는 경판으로부터 파생된 날개관절을 갖고 있으며 3개조의 시맥이 없거나 소수인 시맥상을 갖고 있으며 대부분이 경우 융합 횡맥이 없다(그림 2.21). 신시류목의 계통분류는 (a) 다만 화석으로만 남아있는 많은 멸종목과의 관계 그리고 (b) 메뚜기계열(Polyneoptera)내의 각 목간의 관계, 그리고 (c) 자손형질이 많은 부채벌레목(Strepsiptera)과의 관계 등에 관해 많은 논란이 있다.

본 chapter에서는 형태학적 연구 및 분자생물학적 연구에 근거한 가장 최근의 연구결과를 요약 제시하고자 한다. 어떠한 경우도 단 하나의 결과나 현재의 종합한 결과가 곤충 목수준의 계통분류에 대하여 명확한 해답을 제시하고 있지 않으며 많은 영역에서 논쟁이 진행중인 실정이다. 또 충분하지 못하거나 부적절한 분류군의 선택으로 인한 부적절한 데이터도 있으며 또 어떤 경우는 현존하는 데이터와 모순이 있는 경우도 있어 이로 인해 하나 이상의 계통적 관련을 지원하기도 한다. 아주 확고한 계통분류 결과가 존재하지 않는다면 곤충 목간의 관련을 규정하는 것은 주관적인 결과가 될 수 밖에 없으며 실질적으로 목간의 위상에 대해 많은 비공식적인 결과가 존재한다.

Polyneoptera(메뚜기계열) 또는 Orthopteroid-

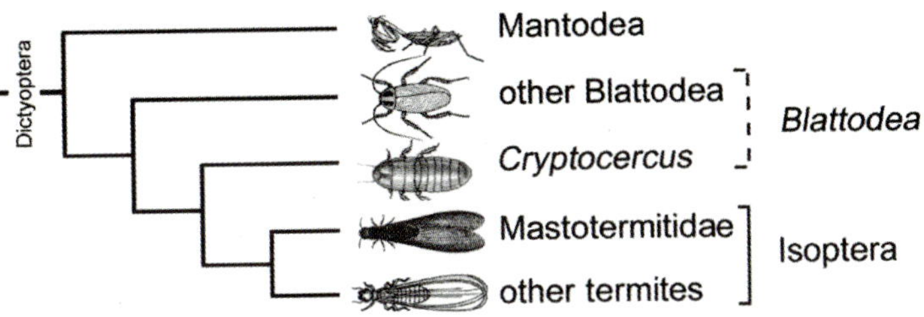

그림 7.4 형태적 형질 및 염기서열 데이터의 통합된 결과에 의한 옛바퀴목의 관계를 보여주는 분지도. 파선은 측계통의 분류군임. (다양한 자료로부터의 데이터임.)

Plecopteroid 계열은 11개의 목으로 구성되어 있다. 나머지 신시류는 2개의 단계통그룹으로 나뉘는데 이름하여 Paraneo-ptera(매미계열; 노린재 계열)와 Endopterygota(내시류; 완전변태류)가 그들이다. 이상의 세 가지 완계통은 각각 계열로 취급될 수 있는데 메뚜기계열과 매미계열은 둘 다 조상형질인 불완전변태 (plesiomorphies)를 하는 내시류인데 반해 완전변태를 한다.

Subdivision Polyneoptera (메뚜기계열 또는 Orthopteroid-Plecopteroid 계열)

이 그룹은 강도래목(Plecoptera), 사마귀목(Mantodea), 바퀴목(Blattodea), 흰개미목(Isoptera), 귀뚜라미붙이목(Grylloblattodea), 만토파스마토디아(Mantophasma-todea), 메뚜기목(Orthoptera), 대벌레목(Phasmatodea), 흰개미붙이목(Embiidina), 집게벌레목(Dermaptera) 및 민벌레목(Zoraptera) 등을 포함한다.

신시류 중 비교적 초기에 분화한 목간의 관계는 점차 잘 이해되어 가고 있지만 일부 목간의 관계에 대해서 형태적 형질과 분자데이터가 종종 상치되어 잘 이해되고 있지 않고 있다. 이상의 11개 목은 공통적으로 발목마디의 발톱사이에 있는 돌기(욕반)(단, 민벌레목은 없음)와 염기서열 분석결과에 근거하여 단계통의 메뚜기계열을 형성한다. 메뚜기계열내에서는 바퀴목(바퀴), 흰개미목(흰개미) 및 사마귀목(사마귀)으로 구성된 그룹이 비교적 확실한 그룹, 즉 옛바퀴목(Dictyoptera)을 형성한다(그림 7.4). 옛바퀴목에 속하는 세 가지 목은 머리 골격(구멍이 난 막상골, tentorium) 입틀부분(옆혀의 근육조직), 소화계(가시털을 가진 전장의 전위) 및 암컷의 생식기(큰 아생식판, subfenital plate 위의 짧은 산란관) 등의 공유형질을 갖고 있으며 거의 모든 염기서열 분석 결과 역시 이들이 실질적으로 단계통임을 증명하고 있다.

최근의 염기서열 데이터에 의하면 집게벌레목(Dermaptera)과 민벌레목(zoraptera)은 의외의 단계통을 형성하였고 일부 분석에 의하면 이 그룹은 메뚜기계열 밖으로 위치하며 나머지 모든 신시류들과 자매분류군을 형성하였다. 그러나 현재까지의 결과로 미루어 집게벌레목과 민벌레목 그룹은 계통도의 바닥에 둔 채 미완으로 두는 것이 가장 적합할 것이다(그림 7.2). 귀뚜라미붙이목은 현재는 무시류이나 화석자료는 날개를 갖고 있다. 이는 새롭게 형성된 만토파스마토디아와 완계통을 잘 형성한다.

일부 데이터에 의하면 메뚜기목은 대벌레목 및 흰개미붙이목과 유연관계가 매우 높아 메뚜기군(Orthoptero-idea)으로 묶여야 한다고 제시하고 있지만 최근의 연구결과에 의하면 메뚜기목이 먼저 분화한 것으로 나타났다. 다른 목과 강도래목의 관련은 현재 매우 빈약하게 이해되고 있다.

강도래목(Box 10.3 참조)

강도래목의 성충은 저작형이며 더듬이는 사상형이며 겹눈은 다소 돌출되어 있으며 2~3개의 홑눈을 갖고 있으며 가슴 마디는 그 크기가 거의 유사하다. 날개는 두 쌍 모두 막상이며 뒷날개가 약간 넓다는 점을 제외하고 앞뒤날개와 거의 같으며 무시류나 단시형도 있다. 배는 10개 마디로 구성되어 있으며 퇴화한 11 및 12마디의 흔적이 있으며 미모를 갖고 있다. 약충은 수서생활을 한다.

수컷 성충의 생식소와 저정낭이 원형을 이루며 일부 융합된 점, 산란관이 없는 점 등의 형질로 인해 강도래목은 단계통임이 지지되고 있다. 약충의 경우 마디와 마디사이에 복부 세로로 비스듬이 있는 강한 근육으로 인해 물결처럼 측면 수영이 가능하다. 또한 긴 한 쌍의 미모, 그리고 복부 후부의 아가미와 연관된 부속의 순환기관으로 인해 강도래목은 단계통으로 여겨지고 있다. 강도래목 약충의 아가미는 몸의 거의 모든 곳에서 발생하고 있으며 또 없는 경우도 많다. 이처럼 아가미가 다양하게 발생하고 있으므로 강도래목내 각 과간에 그리고 강도래목과 다른 목간에 상동성 논란이 야기되고 있다. 또한 강도래목의 조상의 수서 또는 육상생활 여부 역시 논란의 대상이 되고 있다. 분명 강도래목은 계통분류학적 위치에서 나머지 메뚜기계열과 자매분류군으로 자리매김을 하는 가운데 신시류의 원시형으로 자리잡고 있으나 여기서는 미해결된 것으로 표현하였다(그림 7.2).

강도래목내의 관계에 대해서 생물지리학적 분단(vicariant)에 의해 형성된 남반구의 Antarcperlaria 아목과 북쪽의 Arctoperlaria 아목(강도래아목)으로 나뉠 수 있다고 제안되었다. Antarcperlaria가 단계통으로 주장되는 이유로 앞다리 도래마디에 복부를 억압하는 근육이 본 아목에 유일하게 존재한다는 점, 앞다리 도래마디에 보통의 종에서 잘 발견되는 압박 근육이 앞다리 도래마디에 없다는 점 그리고 감각기능과 관련이 있을 듯한 꽃모양의 염화물 세포(floriform chloride cell)가 있다는 점 등을 들 수 있다. 이러한 분석에 사용된 종은 비교적 큰 분류군인 Eustheniidae 과와 Diamphipnoidae과, Gripopterygidae 과 그리고 Austroperlidae 과로 모두 남반구에서 발견되는 종들이었다. 일부 염기서열 분석결과 역시 이완계통을 지지하였다.

Antarcperlaria와 자매분류군인 Arctoperlaria 아목(강도래아목)을 하나의 그룹으로 묶기 위한 결정적인 형태형질이 부족한 편이지만 짝 찾기에 사용되는 소리발생과 관련된 다양한 기작에 의해 하나의 그룹으로 묶인다. 강도래아목의 과로 Notonemouridae는 남반구로 크게 확장하고 있지 않은 가운데 Scopuridae(민날개강도래과), Taeniopterygidae(메추리강도래과), Capniidae(흰배민강도래과), Leuctridae(꼬마강도래과), Nemouridae(민강도래과, Notonemouridae 포함) 등은 본질적으로 북반구에 분포하고 있다. 몇몇 염기서열분석 결과에 의하면 Notonemouridae에 속하는 대부분의 종은 강도래아목내의 나머지 과와 자매분류군을 형성하므로 강도래아목은 측계통임이 제시되었다. 현존하는 강도래목내 분류군간의 관련은 곤충날개가 가슴의 아가미로부터 유래했다는 가설을 입증하는데 이용되고 있으며 아울러 곤충의 비행은 물표면에서 다리를 퍼득거리는 형태로부터 공중비행으로 발달했음을 추적하는데 이용되고 있다. 그러나 현재의 계통분류학적 관점에서 이차적이며 곤충계통분류에서 매우 축소지향적인 관점이라고 여겨지고 있다.

흰개미목(Box 12.3 참조)

흰개미목은 진사회성의 작은 곤충목으로 생식을 담당하는 계급, 일개미 및 병정개미 등의 계급별로 형태가 다른 다형의 계급구조를 갖는다. 전형적인 씹는 형의 큰턱을 갖고 있다. 안테나는 길며 여러 마디의 염주상이다. 앞 · 뒤날개는 유사하며 제한된 시맥을 가진 막상구조이다. 그러나 *Mastotermes* 속의 날개는 예외적으로 복잡한 시맥을 갖고 있으며 뒷날개에 넓은 둔엽(anal lobe)을 갖고 있다. 바퀴목과 사마귀목 수컷의 외부 생식기는 복잡하고 비대칭적인데 반해 흰개미목 수컷 외부생식기는 발달이 미약하고 대칭적이다. Mastotermes 속의 암컷은 축소된 바퀴형태의 산란관을 갖는다.

흰개미목은 항상 바퀴목에 가까운 옛바퀴목에 속하는 것으로 고려되어왔으나 정확한 관련은 불확실한 상태다. Mastortermitidae는 흰개미목에서 가장 먼저 분화한 현존 그룹이라는 것은 오랫동안 모든 연구에 의해 지지를 받았으나 위에서 설명한 형질은 분명히 조상형질이다. 전위(proventriculus)구조와 염기서열분석 데이터를 포함하는 최근의 연구에 의하면 흰개미는 바퀴목내에서 분화하였으므로 바퀴목은 측계통이라고 제시하고 있다(그림 7.4). 이러한 가정하에서 날개가 없는 북미와 동아시아의 woodroach(*Cryptocercus* 속)는 흰개미목과 자매분류군이라고 제시되고 있다. 그러므로 *Cryptocercus* 속의 준사회성과 흰개미의 사회성이 수렴진화의 결과에 의해서가 아니라 독립적인 기원에 기인한다는 주장은 설득력이 없어 보인다(12.4.2절).

바퀴목(Box 9.8 참조)

바퀴목 곤충은 배와 등이 납작한 곤충으로 촉각은 실모양으로 다수의 마디로 구성되어 있으며 입틀은 저작형으로 하구식이다. 앞가슴등판은 넓은 판상으로 방패와 같은 모양이며 종종 머리를 덮고 있다. 가운데 및 뒷가슴등판은 사각형이며 거의 크기가 같다. 앞날개는 경화된 가죽질의 두텁날개(tegmina)이며 이는 쉴 때 부채꼴로 접히는 막질의 뒷날개를 보호한다. 뒷날개는 또한 종종 축소되어 있거나 없는 경우도 있다. 날개가 존재할 경우 많은 시맥과 넓은 둔엽이 특징적이다. 다리는 가시가 많으며 발목마디는 5절이다. 배는 10개의 마디가 뚜렷하며 수컷은 복부 9마디에 한 쌍의 긴 돌기를 갖춘 아생식판(subgenital plate)이 있으며 1개 또는 2개의 돌기를 가진 비대칭의 외부생식기와 짧은 11절은 숨겨져 있다. 미모는 1개 또는 대개는 여러 마디로 구성되어 있다. 암컷의 산란관은 작으며 배판 10절에 숨겨져 있다.

흰개미가 바퀴목내에서 분화하였으므로 바퀴목은 측계통이라고 제시되고 있다. 흰개미목의 자매분류군은 명백한 바퀴인 *Cryptocercus*인 듯하다(그림 7.4). 바퀴목내의 다른 내부적 관련은 형태와 제한된 분자데이터 사이에 명백한 갈등을 갖고 있어 잘 이해되고 있지 않고 있다. 바퀴목내에는 대개 5~8개의 과가 있으며 바퀴과(Blatellidae)와 Blaberidae(가장 큰 과)가 자매분류군으로 간주되고 있다. 잘 발달된 산란관을 갖고 있어 바퀴목으로 분류된 많은 화석자료는 옛바퀴목(Dictyoptera)의 목 분화 이전에 존재했던 바퀴의 줄기(stem) 그룹이라고 여겨진다.

사마귀목(Box 13.2 참조)

사마귀목은 수컷이 주로 암컷보다 작은 포식성 곤충이다. 안테나는 가늘고 겹눈은 양쪽으로 많이 분리되어 있고 저작형의 입틀을 갖고 있다. 씹는 입틀을 포함하는 머리는 작은 삼각형으로 잘 움직이다. 앞가슴은 좁으며 긴편이며 가운데와 뒷가슴은 짧은 편이다. 앞날개는 가죽질의 두텁날개이며 둔부는 축소되어 있다. 반면 뒷날개는 넓으며 막상이며 분맥은 없으며 많은 가로맥이 있으나 이는 종종 축소되거나 없는 경우도 있다. 앞다리는 포획형인 반면 가운데다리와 뒷다리는 가늘고 길며 걷는데 이용된다. 배는 명백한 10마디이며 다양한 마디수를 가진 미모를 갖고 있다. 산란관은 주로 내부에 있으며 수컷의 외부생식기는 비대칭적이다.

사마귀목은 바퀴목 + 흰개미목과 자매분류군을 형성하며 (그림 7.4) 강한 날개근육, 세로의 날개근육, 비대칭적인 수컷의 생식기와 여러 마디로 구성된 미모 등이 자매분류군인 바퀴목 + 흰개미목과 하는 형질이다. 바퀴목에 비해 사마귀목이 갖는 후손형질로는 다리의 형태, 가늘고 긴 앞가슴 그리고 크고 양가로 분리된 눈을 가진 움직이는 머리를 포함하며 시각을 이용한 포식 등 포식과 관련된 형질의 변형을 들 수 있다. 사마귀목 내의 8개 과의 관계는 명확하지 않으며 크게 연구되지 않은 상태이다.

귀뚜라미붙이목(Box 9.4 참조)

귀뚜라미붙이목은 중형 크기의 부드러운 몸을 가진 곤충으로 입틀은 앞을 향하는 전구식이며 겹눈은 축소되거나 퇴화하여 없다. 안테나는 여러 마디로된 사상형이며 입틀은 씹는 저작형이다. 정방형의 앞가슴은 가운데 및 뒷가슴보다 크며 날개는 없다. 다리는 큰 밑마디를 갖고 있으며 발목마디는 5마디이다. 배마디는 10개 마디이며 11마디는 퇴화되었으며 미모는 5~9개의 마디로 구성되었다. 암컷은 짧은 산란관을 갖고 있으며 수컷의 생식기는 비대칭이다.

귀뚜라미붙이목을 지칭하는 이름으로 여러 가지가 사용된 바 있으나 그 중 귀뚜라미붙이목(Grylloblattodea)이라는 이름이 가장 선호되고 있는데 이는 출판물에서 가장 광범위하게 사용되고 있으며 이 영명의 끝 글자가 이와 관련된 곤충목과 가장 적합하기 때문이다. 대부분의 곤충 명명법은 과 이상의 이름에는 적용되지 않으므로 목 수준의 이름에는 우선 순위가 없다. 귀뚜라미붙이목의 계통분류학적 위치 또한 많은 논란이 있는데 일반적으로 귀뚜라미붙이목은 "고아 목"(독립적으로 떨어져 존재하는)으로 바퀴목과 메뚜기목을 연결하거나 메뚜기형 중에서 원시형에 해당한다. 안테나의 근육조직은 사마귀목과 흰개미붙이목과 유사하며 큰턱의 근육조직은 옛바퀴목과 유사하며 작은턱의 근육은 집게벌레목과 유사하다. 발생학적으로 귀뚜라미목은 메뚜기형이다. 계통분류학 결과 귀뚜라미붙이목은 새롭게 발견된 만토파스마토디아(Mantophasmatodea)와 자매분류군임이 확인된 바 있고 이 두 그룹은 다시 옛바퀴목과 자매분류군이다.

만토파스마토디아(Box 13.3 참조)(사마귀-대벌레목)

만토파스마토디아목은 가장 최근에 인식된 곤충 목으로 아프리카와 바발트 해의 호박(琥珀) 시료에서 발견된 3개 과로 구성되어 있다. 만토파스마토디아목은 모두 무시충이며 심지어 퇴화된 날개흔적조차 없다. 머리는 하구식이며 일반적인 입틀을 갖고 있으며 길고 가늘고 다수의 마디로 구성된 안테나를 갖고 있다. 밑마디는 길지 않으며 앞다리와 가운데다리의 넓적마디는 넓으며 복부쪽으로 강모나 가시털이 있다. 뒷다리는 길며 발목마디는 5절로 되어있으며 기부의 4개절에 전부절반이 있으며 발톱사이돌기(욕반)는 매우 부풀어 있으며 말초발목마디의 말단은 공중에 떠 있다. 수컷의 미모는 현저하며 서로의 생식기를 가깝게 가져오게 하는 걸쇠의 역할을 하며 배판의 10번째 마디와 잘 구분되지 않는다. 반면 암컷의 미모는 짧으며 하나의 마디로 되어 있다. 독특하게 생긴 산란관은 짧은 아생식엽편을 넘어 돌출되어 있으며 주로 산란관 아래에 존재하는 보호판이 없다. 형태 형질에 의해 다른 목과의 관련을 설정하는 것은 어려우나 대벌레목과 귀뚜라미붙이목과의 관련성에 대해 제시된 바 있다. 염기서열 데이터는 새롭게 발견된 만토파스마토디아는 목 수준의 분류군이 적정함을 제시하였고 귀뚜라미붙이목과 자매분류군임을 확인하였다. 이러한 그룹화는 화석만으로 남겨진 Titanoptera, Caloneuridea 및 Cnemidolestodea(이는 아마 만토파스마토디아에 붙여진 초창기의 이름임) 등이 지질학적으로 먼 과거에 분화와 멸절의 진화후 남아 있는 현존 잔재라고 여겨지기 때문이다.

메뚜기목(Box 11.5 참조)

메뚜기목은 중간에서 큰 크기의 곤충으로 뒷다리는 길며 도약하기에 적합하다. 겹눈은 잘 발달되어 있으며 안테나는 길게 여러 마디로 되어 있다. 앞가슴은 크며 앞가슴배판은 측면에서 아래쪽으로 굽은 형태로 방패와 같은 모양이다. 앞날개는 가죽질의 두텁날개로 뒷날개 보다 좁으며 뒷날개는 넓으며 수많은 가로맥과 세로맥을 갖고 있으며 앞날개 아래에 접혀있다. 무시충과 단시형도 빈번하다. 복부는 8~9마디가 있으며 복부 끝에 축소된 2~3개 마디와 마지막으로 미모를 갖고 있다. 산란관은 복부의 부속지가 크게 변형된 형태로 매우 잘 발달되었다. 실질적으로 모든 형태형질과 일부 분자데이터의 결과, 메뚜기목은 대벌레목과 매우 가깝다고 증명되고 있다. 그러나 시아의 차이점, 발달, 알의 형태 그리고 청각기관이 없다는 점 등이 반론으로 제기되고 있다. 최근의 광범위한 분자생물학적 데이터는 메뚜기목을 그림 7.2의 계통도처럼 위치하고 있으나 이에 대해선 보다 많은 연구가 필요한 실정이다.

형태 및 분자 데이터의 증거에 의하면 메뚜기목은 메뚜기아목과 여치아목 등 2개의 각 단계통 그룹으로 나뉜다. 메뚜기, 풀무치 등을 포함하는 메뚜기아목은 주로 낮에 활동하며 빨리 움직이며 시각적으로 매우 날카로와 보이는 육상의 식식성 곤충이다. 반면 여치와 귀뚜라미 등을 포함하는 여치아목은 종종 밤에 활동는 종을 포함하며 변장이나 의태에 능한 포식자이며 잡식성이거나 광식성이다. 귀뚜라미상과는 여치아목 내 나머지 모든 분류군과 자매군이나 매우 분화되어 있다. 일부 분자데이터와 형태에 의하면 여치과(Tettigoniidae) 및 Haglidae는 하나의 단계통을 형성하며 이는 Stenopelmatidae과 Cooloolidae 등의 그 친척에 대하여 자매분류군을 형성하나 다른 연구결과 또 다른 결과를 제시하거나 그 관련이 분명치 않은 것으로 제시되고 있다. 메뚜기아목의 경우 과거 형태형질에 의해 4개의 상과간(Tridactyloidea(Tetragoidea (Eumastacoidea + "higher Caemera)))로 그룹지었으며 이는 최근의 연구결과와도 일치한다. 메뚜기상과(Acridoidea)는 아직 이름이 정해지지 않은 "고등 메뚜기아목"에 속하며 이 "고등 메뚜기아목"은 다소 적은 수의 종을 포함하는 몇 개의 상과를 포함한다.

대벌레목(Box 11.6 참조)

대벌레목은 긴원통형과 막대기 같은 모양 또는 편편한 모양의 몸통을 갖고 있다. 입틀은 저작형이다. 겹눈은 상대적으로 작으며 측면의 앞쪽에 위치하며 홑눈은 날개를 가진 종에서만 발견되며 종종 수컷에서만 있다. 날개가 있는 종의 경우 수컷에서는 기능을 하나 암컷에서는 퇴화되었으며 많은 종에서 암수모두 날개가 없다. 앞날개는 짧은 가죽질의 두텁 날개를 갖는 반면 뒷날개는 수많은 가로맥을 갖는 망상조직을 갖고 있으며 접혀진 뒷날개를 보호하기 위하여 전연부가 단단하다. 다리는 길며 가늘고 걷기에 적합하다. 발목마디는 5절이다. 배는 11마디이며 수컷에서 11번째 마디는 항문윗판을 형성하며 숨겨져 있으나 암컷에서는 보다 분명한 마디를 형성한다.

대벌레목은 오랫동안 메뚜기형 그룹의 메뚜기목과 자매분류군으로 취급되어 왔다. 최근의 신경생리학적 연구결과 역시 인후하 신경절(suboesophageal ganglion)의 침 신경 한 번 세포체가 등쪽에 위치한다는 점과 침 신경 2에 혈관 수축물질인 세로토닌이 있다는 점 등에서 대벌레목과 메뚜기목이 자매분류군임을 지지하고 있다. 대벌레목은 몸체 모양, 비대칭의 수컷 생식기, 전위구조, 발육과정에서의 약충 날개판의 회전이 없는 점(rotation of nymphal wing pad) 등에서 메뚜기목과 구분된다. 최근의 형태적 데이터와 여러 가지 유전자에 의한 염기서열 데이터를 이용한 연구에서 대벌레목은 흰개미붙이목과 자매분류군이라고 주장된 바 있다(그림 7.2 참조). 대벌레목은 전통적으로 3개의 과로 구분되어 진다(비록 일부 연구자는 과내 여러 가지 아과를 두고 있지만). 이들의 관계에서 확실한 것은 조상형질을 갖고 있는 서북미의 *Timema*는 대벌레목 내의 다른 모든 현존 분류군을 총칭하는 Euphasmida과 자매분류군을 형성하고 있는 점이다. 최근의 염기서열 데이터에 의하면 대벌레목은 과거 날개가 없었으며 비행은 대벌레목의 진화과정에서 수차례에서 여러 번 다시금 재진화하였다고 제시되었다.

흰개미붙이목(Box 9.5 참조)

흰개미붙이목은 긴 원통형의 몸체를 가졌으며 수컷은 다소 납작하다. 머리에는 심장모양의 겹눈이 있는데 이는 수컷이 암컷보다 크며 홑눈은 없다. 촉각은 여러 개의 마디로 구성되어 있으며 저작형의 입틀은 전구식이다. 모든 암컷과 일부 수컷은 무시충이나 날개가 있을 경우 매우 부드러우며 유연성이 있으나 비행시 혈압에 의해 혈동공의 시맥(blood sinus vein)이 경직된다. 다리는 짧으며 발목마디는 3마디로 구성되어 있으며 각 앞발목마디의 기저부위는 실샘을 갖고 있어 부풀어 올라 있다. 뒷다리의 넓적마디는 강력한 종아리마디의 근육으로 인해 부풀어 올라있다. 복부는 퇴화된 11번째 마디가 있는 가운데 10마디이며 2개의 마디로 된 미모가 있다. 암컷의 외부생식기는 단순하여 산란관이 없으며 수컷의 생식기는 복잡하며 비대칭적이다.

흰개미붙이목은 앞발목마디 기부에 있는 단세포의 샘으로부터 실크를 생산한다는 점에서 의심할 바 없이 단계통이다. 얼핏보아 형태학적으로 교미절(phallomere)이 축소되었다는 점과 밑도래마디 상복관구 도랑구(trochantin-episternal sulcus), 분리된 밑마디 축판 및 전하순기절의 엽편 등이 유사하다는 점 등에서 강도래목과 유사하나 이러한 유사성은 염기서열에서는 지지되고 있지 않으며 반면 대벌레목과의 자매분류군이 지지된다. 흰개미붙이목내의 관련에 대한 연구결과 흰개미붙이목내의 기존 8개과는 여러 개의 비 단계통을 포함하고 있는 것으로 나타났다. 흰개미붙이목내의 상호 관련과 신시류내의 다른 목과의 관련을 이해하기 위해선 명백히 보다 많은 연구가 필요한 실정이다.

집게벌레목(Box 9.7 참조)

집게벌레목 성충은 길고 등/복부면이 납작하며 저작형의 전구식이다. 겹눈이 큰 종으로부터 없는 경우도 있고 홑눈은 없다. 발목마디는 3절이며 짧은 고리가 달린 안테나를 갖고 있다. 발목마디는 짧은 두 번째 말초발목마디와 함께 3절로 되어 있다. 많은 종들은 무시충이며 날개가 있다면 앞날개는 두텁날개로 시맥이 없는 가운데 작으며 가죽질로 매끄럽다. 뒷날개는 크며 막상구조로 부채꼴의 반원형이며 맥은 방사형이다.

남동아시아의 박쥐에 공생 또는 외부 기생하는 5개의 종은 Arixeniina라는 아목으로 분류된다. 한편 남아프리아 설치류에 반기생하는 몇몇 종들은 Hemimerina라는 아목으로 분류되었다. 이들 아목에 속하는 집게벌레는 눈이 퇴화하였고 날개가 없으며 위태반에 의한 태생이다. Heminerina 아목에 대한 최근의 형태연구 결과 Heminerina는 집게벌레과(Forficulina)로부터 진화하였다고 제시되어 자연 Heminerina 아목은 측분류군이라 제시되었다. 보다 전형적인 집게벌레인 집게벌레과(Forficulina)와 Arixeniina 아목과의 관련은 아직 연구되지 않았다. 집게벌레과내에서는 8개내지는 9개 과 중에서 단지 4개(Karshielidae, Apachydae, Chelisochidae 및 집게벌레과)만이 공유자손형질에 의해 지지된다고 제시되었다. 반면, 다른 과들의 경우 일반적으로는 생식기가, 특히 수컷의 음경이 조상형질로 여겨지기도 하며 도약기의 형태 및 퇴화된 날개 등은 성인적 상동형질로 여겨져 이들 과들은 각 단계통이 아닌 것으로 여겨지고 있다.

집게벌레목은 날개 시맥상의 여러 형질을 포함한 형태형질에 있어서 옛바퀴목과 자매분류군을 형성하였으나 염기서열분석결과는 이러한 관련을 지지하고 있지 않으며 대신 민벌레목과 함께 일찍 분화된 자매분류군을 형성하고 있다고 알려져 있다(그림 7.2). 이 두 가지 목이 메뚜기계열의 일부인지 또는 신시류의 나머지들과 자매분류군인지에 대해 아직은 명확하지 않으며 그림에서 보는 바와 같이 미해결 관계로 내버려 주는 것이 현재로선 최상이다.

민벌레목(Box 9.6 참조)

민벌레목은 그 수가 가장 작고 잘 알려지지 않은 곤충 목 중의 하나다. 민벌레는 크기가 작고 단순한 형태를 갖는 곤충으로 흰개미목과 유사하다. 일반적으로 입틀은 저작형이며 작은턱수염은 5개의 마디로 아랫입술 수염은 3개의 마디로 되어 있다. 때때로 암컷과 수컷 모두 날개가 없으며 유시형의 경우 뒷날개는 앞날개보다 작으며 흰개미나 개미에서처럼 날개는 떨어진다. 날개의 시맥은 매우 특수화되어 있으며 퇴화되어 있다.

전통적으로 민벌레목은 단 하나의 과인 Zorotypidae 그리고 단 하나의 속인 *Zorotypus* 만으로 분류되어 있었으나 불확실하긴 하지만 주로 시맥상 등의 형질에 의해 여러 개의 속으로 나뉘어 졌다. 형태형질에 근거한 민벌레목의 계통분류는 주로 노린재계열의 목과 가까운 관계, 흰개미목의 자매분류군, 메뚜기형, 또는 바퀴형 등으로 다양하게 논쟁이 있었다. 날개의 형태와 시맥상은 좁은 날개를 갖는 흰개미목과 그리고 주요 날개 구조와 근육은 광범위하게 바퀴목 계열로 분류되는 민벌레목과 유사점을 보인다. 뒷다리의 근육조직은 유일하게 흰개미목과 공유하는 후손형의 형질을 갖고 있다. 머리부분, 배 그리고 염기서열 등의 특성으로 미루어 민벌레목은 매우 일찍 분화한 것으로 보이는데 아마도 옛바퀴목 단계통의 기원 이전에 분화된 집게벌레목의 자매분류군인 것으로 보인다.

매미계열

매미계열은 다듬이벌레목(Psocoptera), 이목(Phthiraptera), 총채벌레목(Thysanoptera) 및 노린재목(Hemiptera)을 포함한다. 이 그룹은 자루마디로부터 분리된 가늘고 긴 작은턱의 내엽을 포함하는 후손형의 입틀을 갖는 점, 확대된 전구강을 포함하는 부풀어 있는 뒷이마방패와 말초발목마디수가 3개 또는 그 이하로 축소되어 있는 상태 등에 의해 한정된다. 매미계열에서 단계통인 다듬이벌레상목은 이목과 다듬이벌레목을 포함한다. 이목은 단계통이지만 이 단계통은 다듬이벌레목 내에서 진화하였으므로 측계통으로 여겨지고 있다. 정자의 형태와 일부 분자염기서열 데이터는 노린재목이 다듬이벌레상목 + 총채벌레목과 그룹과 자매분류군이라고 제시되고 있지만 총채벌레목 + 노린재목(이름하여 Condylognatha 상목)은 머리와 구침의 입틀 그리고 날개기부의 특성, 안테나의 채찍마디 사이의 경화된 링의 존재의 후손형질에 의해 지지되고 있으므로 Condylo-gnath 상목은 다듬이벌레상목과 자매분류군을 형성한다.

다듬이벌레목(Box 11.9 참조)

다듬이벌레목은 비밀스런 작은 곤충으로 크고 움직일수 있는 머리를 갖고 있으며 구근모양의 뒷이마방패 그리고 배위에 지붕과 같이 둘 수 있는 막상의 날개를 갖고 있다. 명백히 다듬이벌레목은 이목과 함께 단계통의 다듬이벌레상목에 포함되어 있다. 그러나 다듬이벌레목은 다듬이벌레목내의 책다듬이벌레과 (Liposcelidae)가 이목과 가까운 관계에 있다는 점에서 측계통으로 여겨진다. 30개 이상의 과를 포함하는 다듬이벌레목내의 상호관계는 잘 알려져 있지 않으며 3개의 아목, 즉 Troctomorpha 아목, Trogiomorpha 아목 및 Psocomorpha 아목 중에서 단지 Psocomorpha만이 단계통으로 지지되고 있다.

이목(Box 15.3 참조)

이목은 날개가 없으며 새나 포유동물의 외부 기생 곤충이다. 이목이 단계통인지 여부와 전통적인 아목인 이아목(Anoplura), 새털이아목(Amblycera), Ischnocera 및 Rhyncophthirina 등의 상호관련에 대한 이해는 매우 부족한 편이며 사실 이들 4개 아목의 관련에 관한 가능한 모든 관련이 제시되었다. 이들 중 새털이아목(Amblycera), Ischnocera 및 Rhyncophthirina은 섭식방식에 있어 찌르는 방식이 아닌 물고 씹는 방식으로 인해 단계통의 새털이목(Mallophaga)으로 취급되어 왔다. 한편 형태형질에 의한 분지론적인 분석에 의한 결과는 (Amblycera (Ischnocera (Anoplura + Rhyncophthirina)))의 관련을 제시함으로 새털이목에 대한 이견을 제시하였다. 이들 관련에 관한 보다 정확한 연구결과가 없어 이들과 이들 기주인 조류 또는 포유동물 사이의 공종분화(co-speciation)와 같은 진화적 관련에 대한 평가도 어려운 실정이다.

총채벌레목(Box 11.7 참조)

총채벌레목은 반변태와 완전변태의 중간형이다. 머리는 길며 입틀은 작은턱의 내엽이 구로 형성된 구침을 갖고 있다는 점에서 또 오른쪽 큰턱이 퇴화되었다는 점에서 매우 독특하나 왼쪽 큰턱은 구침을 형성한다. 3개의 모든 구침은 섭식 기구로 작용한다. 발목마디는 1~2개의 절로 구성되었으며 앞발목마디는 반전성 낭이 있어 발목마디의 시작부위가 부풀어있다. 총채벌레류는 반수-배수체계를 갖고 있다.

제한된 분자생물학적 증거에 의하면 총채벌레목은 많은 종을 포함하는 관총채벌레아목(Tubulifera)과 총채벌레아목(Terebrantia)의 2개 아목으로 나뉜다. 총채벌레아목은 많은 종을 포함하는 총채벌레과(Thripidae)와 소수의 종을 포함하는 7개의 과로 나뉜다. 총채벌레아목간의 관련은 명확하지 않다. 대신 사회성 측면의 진화, 충영형성 총채벌레의 기원 및 오스트레일리아에서 발생하는 충영형성 총채벌레과의 병정 계급 등 주로 하등분류군의 계통분류에 대한 연구만이 이루어진 바 있다.

노린재목(Box 10.6 및 11.8 참조)

노린재목은 불완전변태류 중 가장 큰 목이며 큰턱과 작은턱이 바늘과 같은 구침으로 변형되어 주둥이를 형성하는 특징적인 입틀을 갖고 있다. 주둥이의 구침은 2개의 판을 갖고 있는데 그 중 하나는 침을 전달하며 다른 하나는 체액을 흡즙하는데 사용된다. 노린재목은 작은턱수염과 아랫입술수염이 없다. 주로 앞가슴과 가운데가슴은 주로 크며 뒷가슴은 작다. 일부 종에서는 두 쌍 날개에서 모두 시맥상이 퇴화되어 있으며 일부 종은 무시류이며 수컷 깍지벌레의 경우 단지 한 쌍의 날개만을 갖고 있다. 다리는 종종 앞발목마디가 접착성의 구조를 갖고 있다. 미모는 없다.

노린재목과 총채벌레목은 매미 계열(Paraneoptera)내에서 자매분류군이다. 노린재목은 한때 노린재류(Heteroptera)와 매미류(매미, 멸구, 진딧물, 나무이, 깍지벌레, 가루이 등)의 두 가지로 나뉘어 각각 아목 또는 목으로 분류된 적이 있다. 모든 매미류는 육상에서 식물을 가해하며 이중 여러 종은 감로를 생산하여 개미를 유인하는 등의 공유된 생물적 특징을 갖고 있다. 매미류는 배위에 지붕같은 모양으로 날개를 접는 점, 앞날개는 막질이거나 일정한 조직의 두텁날개로 되어 있다는 점, 주둥이가 가슴 앞부분의 복부 가까이부터 시작한다는 점 등 여러 가지 공유형질을 갖고 있지만 완계통이라기 보다는 측계통으로 여겨지고 있다(그림 7.5). 이러한 결과는 형태적 및 염가서열 데이터의 재해석으로 나타났으며 이 결과는 노린재목내의 고등 분류군간의 관계가 매우 복잡함을 암시하고 있다(그림 7.5).

노린재 완계통의 분류학적 위치는 많은 논란이 있었다. 본 교재에서는 계통분류학적 분석결과에 의해 5개의 아목으로 표시하였다. 꽃매미아목(Fulgoromorpha), 매미아목(Cicadomorpha), 원시매미아목(Coleorrhyncha), 노린재아목(Heteroptera) 등 4개의 아목(종합적으로 Euhemiptera라고 함)이 진딧물아목과 자매분류군을 형성한다. 진딧물아목은 진딧물상과(Aphidoidea), 나무이상과(Psylloidea), 깍지벌레상과(Coccoidea) 및 가루이상과(Aleyrodoidea)를 포함하는데 이러한 결과는 장을 여과할 수 있는 특별한 방(gut filter chamber)이 있다는 점, 주둥이가 앞다리 사이에서 시작되는 점 그리고 날개가 있는 경우 뒷날개에서 부채부(vannus)와 부채주름(vannal area)이 없다는 점 등에 의한 것이다. 그러나 Euhemip-tera는 아직 계통정립이 되지 않은 실정이다. 매미아목(Auchenorrhyncha)은 복부고막이 진동 시스템을 갖고 있으며 촉각의 채찍마디에 촉각자모가 있으며 날개기부의 중판이 축소되어 있는 점등의 형질에 의해 아목으로 분류되어 있으며 분류된 그룹은 꽃매미류(Fulgoromorpha)와 매미아목(Cicadomorpha)을 포함한다. 염기서열결과와 합쳐진 고생물학적 데이터는 매미아목(Cicadomorpha)은 원시매미류(Coleorrhyncha) + 노린재류(Heteroptera)(이를 Prosorrhyncha라 부르기도 함)와 자매분류군임을 지지하며 이는 결과적으로 매미아목이 측분류군임을 의미한다. 그러나 매미아목, 꽃매미류(Fulgoromorpha) 그리고 원시매미류 + 노린재목으로의 분류는 여전히 논쟁이 되고 있어 여기서는 해결되지 않은 삼분그룹으로 분류해 둔다(그림 7.5).

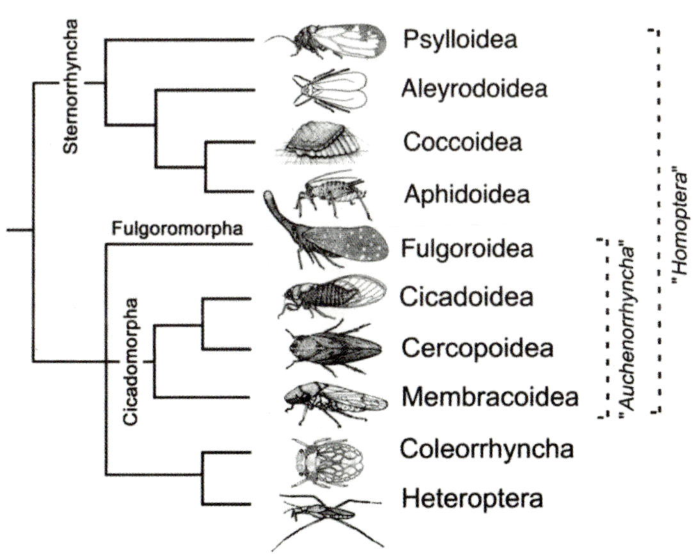

그림 7.5 형태형질과 염기서열 데이터를 합한 결과의 의한 노린재목 내의 생호간의 관련에 대한 분지도. 점선은 측계통을 표시하였으며 이들에 대한 이름은 이텔릭체로 기록하였음.

노린재목(침노린재를 포함하는 노린재류, 송장헤엄치기, 방패벌레, 방귀벌레, 소금장이)은 단지 하나의 과인 Peloridiidae 또는 moss bug을 포함하는 원시매미류(Coleorrhyncha)와 자매분류군이다. 원시매미류는 비록 소수의 종을 포함하며 잘 채집되지도 않지만 노린재목의 조상과 후손형질을 함께 갖고 있다는 점에서 그리고 절대적으로 곤드와나(Gondwana)에 고아적으로 분포하고 있다는 점에서 계통분류학적으로 매우 많은 관심을 유발해 왔다. 노린재목은 약 80개의 과로 구성되어 있으며 노린재라는 아주 큰 완계통을 형성한다. 노린재목은 뒷날개측면에 냄새샘이 있어 단계통임에 의심이 없다.

내시류(= 완전변태류)

내시류는 미성숙 유충이 그 성충과 매우 다른 발달 단계를 갖는 완전변태류의 곤충이다. 미성숙 단계에서 성충의 날개 시아와 생식기는 유충 내부에 존재하고 있으며 이는 번데기 시절에 몸 밖으로 드러난다. 유충은 진정한 의미의 겹눈은 없다. 정지기 또는 번데기 때에는 먹지 않으며 종종 매우 왕성한 활동을 하는 용시기를 갖는 내시류도 있으며 내부적으로는 표피층분리와 허물벗기 등 다음 단계로의 준비에 한창이다. 내시류의 특징적인 후손형질은 성충시절보다 초기 발달단계가 뚜렷하나 모든 계통분류학적 분석결과 내시류는 늘 일관되게 완계통임이 확인된다.

내시류는 현재 2~3개의 그룹이 제시되고 있다. 그중 가장 강력하게 지지되고 있는 그룹은 날도래목과 나비목이 자매분류군을 형성하는 Amphiesmenoptera이다. 이에 대한 가설은 Amphiesmenoptera의 조상 중 우산이끼 등과 같은 이끼사이의 습한 토양에 서식하는 유충 중 한 그룹은 물로 방사하여 날도래목이 되었고 이어 또 다른 그룹은 육상 식물을 섭식하는 나비목으로 진화했다는 것이다.

두 번째로 강력히 지지되고 있는 그룹은 풀잠자리목, 뱀잠자리목 및 약대벌레목 등 3개 목을 일컫는 풀잠자리계열(Neuropterida)로 이들은 하나의 목으로 취급되며 딱정벌레목과 자매분류군으로 취급되기도 한다.

세 번째 관계는 파리목, 벼룩목 및 밑들이목을 일컫는 Antliophora이다. 이들의 관계 중 밑들이목에 관해 특히 많은 논란이 있어왔다. 벼룩목은 파리목과 자매분류군으로 취급되어 왔으나 해부학적 데이터와 염기서열 데이터에 의하면 벼룩목과 밑들이목의 Boreidae 과에 속하는 눈 이(snow flea)는 가까운 유연관계를 나타낸다는 것이다(그림 7.6).

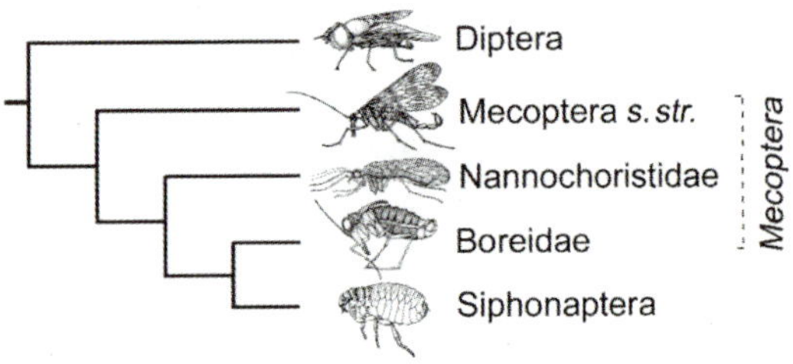

그림 7.6 형태학적 데이터 및 염기서열 데이터를 합쳐 얻어진 Antliophora에 대한 분지도. 파선은 측분류군인 밑들이목을 표시함.

부채벌레목은 계통적으로 수수께끼이지만 1령 유충이 일부 딱정벌레목, 특히 기생성의 왕꽃벼룩과 곤충의 그것과 매우 흡사하다는 점과 날개기부 형질 일부가 이들간 유사하다는 점에서 두 목이 가까운 유연관계에 있다고 알려져 있다. 그러나 분자생물학적 증거(그리고 평균곤의 발달)는 오히려 부채벌레목이 파리목과 가까운 유연관계가 있음을 지지하였고 또 일부 연구결과에 의하면 부채벌레목은 파리목 혹은 딱정벌레목과 오히려 유연관계가 멀다고 제시되는 등 여러 가지 결과가 존재하는 실정이므로 앞서 제시된 부채벌레목과 딱정벌레목이 가깝다는 계통도는 점차 그 설득력을 잃고 있다. 부채벌레목은 형태와 분자진화에 있어 훨씬 더 많이 진화해 다른 분류군과 공유하는 형질이 매우 적으며 많은 후손형질을 갖고 있다. 이처럼 유전체가 오랜 동안 독립적으로(또는 격리되어) 진화했을 경우 부채벌레목이 파리목과 높은 유연성이 있는 것처럼 나타날 수 있다. 즉, 긴 독립적인 진화의 역사로 인해 관련이 없는 분류군간 염기서열 즉, 돌연변이에 의해 수렴할 수 있는, 소위 말하는 "long-branch attraction"(긴 가지 끼리 모이는 현상)의 문제가 발생할 수 있다. 날개 기부의 형태에 의하면 부채벌레목이 파리목이나 딱정벌레목에 가깝지 않다고 제시되고 있지만 현재까지 얻어진 결과로는 이들 세 가지 목간 관련은 해결될 수 가 없는 실정이다.

내시류중 중요한 두 곤충목인 딱정벌레목과 벌목의 경우 역시 다시 고려되어야 할 부분이 있다. 즉, 딱정벌레에 관한 한 여러 가지 분류학적 위치가 제안되었지만 암컷 생식기로부터 얻은 현재의 증거와 눈의 구조로부터 제시된 상반된 증거는 딱정벌레목과 풀잠자리목이 자매분류군임을 지지하고 있는 실정이며 이 그룹은 다시 여러 가지 분석결과 나머지 내시류와 자매분류군을 형성하고 있다고 알려져 있다. 벌목은 아마 Antliophora + Amphiesmenoptera와 자매분류군일 것이나 성충에 있어서 여러 가지 고도로 파생된 형질과 유충의 크기가 축소된 점은 앞서 언급된 벌목의 계통분류학적 위치에 대한 명분을 약화시키고 있다. 내시류내에서의 관련은 불명확하게나마 제한적으로 그림 7.2에 요약되어 있다. 즉, 불확실하거나 불명확한 관련은 파선에 의해 표시가 되어 있으며 측계통에 연루된 분류군은 이탤릭체로 표시되어 있다.

딱정벌레목(Box 10.6 및 11.10 참조)

딱정벌레목은 의심할 나위 없이 내시류중 초반에 분화된 목 중에 하나이다. 딱정벌레목의 주요한 공유자손형질은 앞날개가 경화되어 단단한 시초를 형성하고 있다는 점이다. 앞날개는 배마디의 일부 또는 전부를 덮고 있으며 또한 뒷날개를 덮고 있다. 추진력을 가진 뒷날개는 쉴 때 배 위에 잘 포개어 져 있다. 일부 분자 연구에 의하면 딱정벌레목은 다른 일부 또는 전체 신시류와 관련하여 다계통군 혹은 측계통군임을 제시하고 있다. 그러나 딱정벌레목의 형태를 고려할 때 이는 거의 불가능한 것으로 판단되며 본 교재에서는 풀잠자리계열과 자매분류군으로 제시하였다.

딱정벌레목내에는 4개의 아목이 있다. Archostemata(원시아목, 원시갑충아목), Adephaga(육식아목), Polyphaga(다식아목) 및 Myxophaga(점식아목, 식균아목)이다. 원시아목은 Ommatidae, Crowsoniellidae, Cupedidae(곰벌레과) 및 Micromalthidae 등의 작은 과들로 구성되어 있으며 현존하는 나머지 딱정벌레들과 자매분류군을 형성하는 것으로 추정된다. 일부 유충은 나무에 서식하며 경화된 엽설(ligula)과 각 큰턱에 큰 어금니(mola)을 갖고 있는 것으로 알려져 있다. 성충은 주로 도래마디가 겉으로 보이며 뒷다리 기절은 움직일 수 있으며 5개(6개가 아님)의 복면 복판을 갖고 있다. 그러나 원시아목에 있어 날개를 접는 형태, 목경판이 없는 점, 밖으로 드러난 앞가슴 측판 등은 육식아목 및 식균아목과 공유하는 형질이다. 한편 원시아목은 식균아목과는 달리 앞발목마디와 발목마디가 융합되어 있지는 않다.

식육아목은 풍뎅이아목 다음으로 많은 종을 포함하는 딱정벌레아목으로 딱정벌레(ground beetle), 길앞잡이(tiger beetle), 물매암이(whirligigs), 포식성의 물방개(diving beetle) 그리고 주름을 가진 나무좀(bark beetle) 등이 포함되어 있다. 유충의 입틀은 윗입술은 융합되어 있으며 큰턱에는 어금니가 없는 가운데 액을 흡즙할 수 있도록 적응되어 있다. 성충은 배의 등판선이 뚜렷하여 앞가슴에서 볼 수 있고 6개의 복부 배판이 있으나 이중 앞의 세 마디는 합절되어 하나의 판을 이루며 이는 기절에 의해 분할되어 있다. 성충의 경우 배끝에 방어를 위한 분비샘이 종종 발달해 있다. 가장 종수가 많은 과는 포식성인 딱정벌레과이며 식육아목에는 물방개과, 물매이과, 물진드기과 및 자색물방개과 또는 식균성의 등줄벌레과 또는 주름을 가진 나무좀등이 포함되어 있다. 형태학적 연구에 의하면 식육아목은 식균아목과 다식아목을 합친 그룹과 자매분류군이라고 제시되었으나 일부 염기서열분석 결과에 의하면 식육아목은 다식아목과 자매분류군이며 식균아목은 다시 식육아목과 다식아목을 합친 그룹과 자매분류군인 것으로 나타났다.

식균아목은 Lepiceridae, Torridineolidae, Hydroscaphidae 및 Microsporidae 등의 과들이 전부절과 발목마디가 융합된, 공유후손형질을 갖는 아목으로 원칙적으로 수중 딱정벌레들로 구성된 작은 완계통이다. 3개의 절로 구성된 유충의 안테나, 5개의 절과 하나의 전부절 발톱을 갖는 유충의 다리, 밑마디 안쪽의 경판과 복부측판이 융합된 점 그리고 복면절 구조 등에서 식균아목과 다식아목은 자매분류군임을 지지하고 있다. 그러나 시맥상과 날개가 접히는 모양은(다식아목(원시딱정벌레아목(식균아목 + 식육아목)))의 관계를 지지한다는 점에서 이러한 추론은 도전을 받고 있다.

다식아목은 현존 딱정벌레의 90% 이상을 포함하고 있은 가운데 약 300,000 종이 기재되어 있다. 다식아목은 머리대장, 무당벌레, 거저리, 가뢰, 하늘소, 잎벌레 및 바구미를 포함하는 다양한 종류의 머리대장 계열은 물론 반날개(Staphylinoidea, 반날개상과), 풍뎅이와 사슴벌레(Scarabaecoidea, 풍뎅이상과), 비단벌레(Buprestoidea, 비단벌레상과), 방아벌레와 반딧불이(Elasteroidea, 방아벌레상과) 등을 포함한다. 앞가슴 측판은 밖으로 보이지 않으며 대신 밑마디 안쪽의 경판과 융합된 채 앞가슴 측판의 잔재가 내부적으로 숨겨진 측판(cryptopleuron)을 형성하고 있다. 그러므로 다식아목의 앞가슴는 가슴등판과 가슴복판 사이에 하나의 봉합선(suture)만이 보인다. 반면 다른 딱정벌레아목에서는 2개의 봉합선(가슴의 복측판 및 가슴의 등판)이 보인다(Micromalthus 속에서처럼 경피간 이차적인 융합이 봉합선을 가리지 않는다면). 뒷날개의 가로주름(transverse fold)은 결코 후중맥(MP)과 교차하지 않아 가로방이 없으며 목경판이 있으며 뒷다리의 기절은 가동적이며 배의 1절을 이분하지 않는다. 다식아목의 암컷은 단영양성 난소소관을 가짐으로 딱정벌레목내에서는 후손형질을 갖고 있다.

다식아목 내의 분류는 일부 유사 과에 대해 학자마다 다른 완계통으로 배치하고 있긴 하나 여러 상과와 계열은 비교적 안정적이다. 종수가 많은 상과로는 물땡땡이상과, 반날개상과, 풍뎅이상과, 비단벌레상과, 등근가시벌레상과, 방아벌레상과 및 풍뎅이상과와 머리대장 계열이다. 머리대장 계열은 은폐된 말피기관, 복안을 구성하는 단안의 봉사체가 열려있는 가운데 원뿔형의 낱눈을 갖고 있는 눈의 구성 그리고 복부 여덟째마디의 기문 기능을 상실한 점 등의 특징을 갖고 있는, 식식성의 대부분 딱정벌레를 포함한다. 머리대장 계열에 속하는 상과는 개미붙이상과, 머리대장상과, 거저리상과, 잎벌레상과 및 바구미상과 등을 들 수 있다. 명백히 초식성의 생활에 적응한 것이 딱정벌레내에서 많은 종수를 유지하게 된 원인이라 여겨지며 특히 이러한 현상은 바구미에서 두드러진다(8.6절 참조).

풀잠자리계열

뱀잠자리목, 약대벌레목, 풀잠자리목(Box 10.6 및 13.4 참조)

풀잠자리계열은 3개의 작은 곤충 목으로 구성된다. 성충은 여러 마디로 구성된 안테나를 작고 있으며 눈은 크며 양쪽으로 치우쳐 있으며 저작성 입틀을 갖고 있다. 앞가슴은 다른 부위보다 크며 가운데와 뒷가슴은 대략 비슷한 크기이다. 다리는 간혹 포식을 위하여 변형되어 있다. 앞뒤 날개는 배 위로 접을 수 있으며 복부에 미모는 없다.

뱀잠자리목은 수중의 유충상태에서만 포식성이다. 그럼에도 성충단계에서 강한 큰턱을 갖고 있으나 섭식을 위해 사용되지는 않는다. 성충은 뒷날개에 꼬리주름(anal fold)이 있는 점을 제외하고 풀잠자리목과 매우 유사하다. 약대벌레목은 유충과 성충 모든 단계에서 육상의 포식자이다. 성충은 사마귀와 유사하며 앞가슴이 길고 머리는 먹이를 치기위하여 움직일 수 있다. 유충의 머리는 크며 전구식이다. 많은 성충 약대벌레는 포식성이며 날개에 많은 가로맥을 갖고 있으며 끝에 많은 작은 맥이 있다. 풀잠자리목 유충은 주로 매우 활동적인 포식자이며 가늘고 긴 턱과 작은 턱이 천흡형의 입틀을 구성한다.

뱀잠자리목, 약대벌레목 그리고 풀잠자리목은 각각 독립적인 목으로 취급되어 하나의 풀잠자리 계열로 취급하거나 약대벌레목이 뱀잠자리목에 포함되어야 할지도 모른다. 풀잠자리 계열은 날개 기부경판이 있어 명백히 단계통으로 이해되고 있다. 이러한 점에서 약대벌레목이 뱀잠자리목에 포함되는 점은 풀잠자리목이 딱정벌레목과 자매분류군을 형성한다는 오래된 가설을 지지하는 것이다. 그러나 뱀잠자리목이 단계통이라는 점에는 의심의 여지가 있다. 전통적으로 뱀잠자리목과 약대벌레목이 자매분류군이라는 시각에 대해선 불확실한 점이 있는 실정으로 최근의 새로운 형질을 이용한 분석결과 뱀잠자리의 모든 유충과 풀잠자리목내의 민물해면잠자리과(Sisyridae)의 유충이 조상형질인 수중 생활을 공유했다는 점에서 풀잠자리계열에서 오히려 뱀잠자리목이 풀잠자리목과 자매분류군이라고 제시된 바 있다.

부채벌레목(Box 13.6 참조)

부채벌레목은 극단적인 성적이형을 보이는 매우 수수께끼 같은 목이다. 수컷 머리에는 튀어나온 눈이 있으며 이는 몇 개의 낱눈으로 구성되어 있고 홑눈은 없다. 안테나는 4~7개의 마디로 부채꼴이다. 앞날개는 짧고 억세며 시맥이 없는 반면, 뒷날개는 넓은 판모양으로 몇 개의 시맥이 있다. 다리의 도래마디는 없으며 종종 발톱도 없다. 암컷은 깍지벌레처럼 생겼거나 유충상이며 날개가 없고 주로 pharate 상태, 즉, 퇴화된 머리와 가슴만이 숙주의 몸에서 나오며, 복부는 종령 유충의 큐티클로 된 고치에 싸인 채로 숙주의 복부내에 남아 있다. 1령 유충은 매우 활동적이며 안테나와 큰턱이 없다. 번데기 시기는 움직이지 못하는 큰턱을 갖고 있으나 부속지는 몸으로부터 자유로이 움직일 수 있어 적절한 숙주를 찾아 그 안에서 변태한다.

부채벌레목의 계통분류학적 위치에 대해 많은 의문이 있다. 왜냐하면 내부기생의 생활사는 이러한 형질을 가진 곤충들과의 유사성을 의미하기 때문이다. 가운데 가슴의 한 쌍 날개를 이용한 "posteromoter" 식의 비행방식을 갖는 점에서 딱정벌레목을 닮았으나 딱정벌레목과 함께 공유하는 추정상의 다른 공유후손형질은 의심스러운 실정이다. 부채벌레목의 앞날개 유래 평행곤은 파리목과 같은 기능으로 평형을 맞추기 위한 회전운동에 관련된 기관이다(단 파리목의 경우 뒷날개가 평행곤으로 변형). 염기서열 분석 결과에 의하면 그림 7.2b에 파선으로 설명된 것처럼 부채벌레목은 파리목의 자매분류군일 것이다.

밑들이목(Box 13.5 참조)

밑들이목 성충은 길고 복부쪽으로 튀어 나온 액각(rostrum)이 구기의 아랫부분까지 연장되어 있으며 입틀은 길고 가는 큰턱과 작은턱 그리고 긴 아랫입술을 갖고 있다. 눈은 크며 양쪽으로 잘 분리되어 있으며 안테나는 사상형이며 여러 개의 절로 구성되어 있다. 앞날개와 뒷날개는 좁으며 크기와 모양 그리고 시맥상이 비슷하나 시맥상은 종종 축소되거나 퇴화된 경우도 있다. 다리는 포획을 위해 발달해 있다. 유충은 아주 경화된 두피를 갖고 있으며 저작형이며 약 3~30개의 홑눈으로 구성된 겹눈을 갖고 있으나 밑들이과(Panorpidae)에서는 홑눈이 없으며 Nannochoristidae에서는 명확하지 않다. 가슴마디는 크기가 유사하며 종아리마디와 발목마디가 합쳐있으며 하나의 발톱을 갖고 있다. 배다리는 주로 복부 1~8마디에 있으며 10번째 마지막 마디는 흡입반을 가지거나 한 쌍의 갈고리를 가진다. 번데기는 움직이지 못하며 저작형이며 부속지는 움직일 수 있다.

일부 밑들이목 성충은 풀잠자리목을 닮았지만 파리목과의 유사성이 강력이 지지되고 있다. 최근의 형태학적 연구와 강력한 분자 염기서열 분석결과, 밑들이목의 Boreidae 과에 속하는 눈 이가 벼룩목의 자매분류군으로 위치함으로 벼룩목은 밑들이목내에서 분화한 것으로 제시되었다(그림 7.6). 밑들이목 중 현재 남반구에서 발견되는 Nanno-choristidae는 아과의 분류단위로 취급되는 가운데 Antliophora와 상당한 관련이 있는 것으로 여겨지고 있다. 염기서열 분석결과, Nannochoristidae는 Boreidae + 벼룩목과 자매분류군 관계가 있는 것으로 나타났으므로 이는 Boreidae, 벼룩목 그리고 나머지 밑들이들과 동일한 분류학적 위상을 갖고 있으므로 논리적으로 각각은 독립적인 목으로 취급되어야 하거나 벼룩목이 밑들이목내의 분류군으로 축소해야 하는 것으로 제시되었다.

벼룩목(Box 15.4 참조)

벼룩목은 아주 납작하고 무시류이며 외부기생충으로 입틀은 천흡형으로 큰턱은 퇴화되었으나 비대칭의 구침과 작은턱 껍질에 놓여 있는 2개의 긴 톱니모양의 안조각이 있다. 타액 펌프는 침을 상처에 넣고 구강과 인두 근육은 피를 빨아 먹는다. 벼룩은 겹눈이 없으며 안테나는 측면의 깊은 촉각구에 매몰되어 있다. 몸은 후부쪽으로 향한 많은 센털과 가시로 구성되어 있으며 이들 중 일부는 특히 머리와 앞가슴에서 소판을 형성한다. 뒷가슴에는 길고 강한 뒷다리와 관련한 매우 큰 근육이 있으며 이는 크게 도약하기 위해 사용된다.

벼룩이 밑들이목으로부터 진화했다는 과거의 제안 이후 이들 벼룩목과 밑들이목은 파리목과 자매분류군이라는 제안이 있었다. 그러나 증가하는 분자 및 새로운 형태학적 증거는 단지 밑들이목과 이목간, 특히 밑들이목 중에서 Boreidae(눈 이)가 이목과 강력한 자매분류군이라는 지지가 있었다. 그러나 이목 내부의 관계에 대해서는 여전히 연구 중이며 예비결과 이목내 많은 과들의 관련과 단계통여부에 대해선 아직 불확실한 상태이다.

파리목(Box 5.4, 10.5 및 15.5 참조)

파리목은 뒷날개가 균형대 또는 평행곤으로 발달된 점으로 쉽게 구별되며 또한 무시아강(Apterygota)을 포함하는 모든 곤충과는 달리 유충단계에서 가슴에 마디로 이루어진 다리(true legs)가 없으며, 종종 구더기와 같은 모양을 한다. 앞날개의 시맥상은 복잡한 것들로부터 매우 단순한 것들 까지 매우 다양하다. 입틀은 천흡형부터 (찌르는 작은 날벌레와 모기) 스폰지로 작용하는 한 쌍의 헛숨관의 입술판을 가진 핥아먹는 형(집파리)까지 다양하다. 파리목 유충은 분절을 이루지 않은 가짜의 다리부터 구더기에 융기대를 가진 종류에 이르기까지 이동을 위한 다양한 종류의 기관이 있지만 일부 종류에서 헛발(proleg)을 갖는 종류도 있다.

가슴에 마디로 이루어진 다리는 없다. 유충의 머리 두피(capsule)는 완전한 것 같지만 부분적으로 덜 발달된 종류들도 있고 구더기는 경화된 큰턱과 이를 지지하는 구조로 구성된 머리를 갖고 있고 머리 두피가 존재하지 않는다.

전통적으로 파리목은 2개의 아목, 즉 가늘고 여러 마디로 구성된 안테나 채찍마디를 가진 긴뿔파리아목(또는 모기아목) (Suborder Nematocera)과 짧고 강장하고 마디가 적은 안테나를 가진 짧은뿔파리아목(등에아목)(Suborder Brachycera)으로 나뉘어진다. 긴뿔파리아목은 꾸정모기(각다귀), 모기, 깔다구 등을 포함하며 짧은뿔파리아목은 꽃등애, 검정파리, 똥파리 등을 포함한다. 그러나 짧은뿔파리아목은 긴뿔파리아목의 일부분과 자매분류군으로 긴뿔파리아목은 측분류군이다.

파리목내의 관계는 비록 일부 주목할 만한 예외들이 있긴 하지만 점차 잘 이해되어 지고 있다. 그러나 파리목내 계통에서 초기에 분화한 그룹에 대한 견해는 일치하고 있지 않다. 전통적으로 각다귀과(또는 각다귀하목)는 날개와 일부 형태형질로 미루어 볼 때 처음으로 분화된 그룹이다. 그러나 이러한 견해는 유충에서 머리 두피가 다양하게 축소된 형태를 가진, 보다 진화된 유충과는 조화를 이루지 못한다. 더욱이 일부 분자 생물학적 증거는 각다귀의 분류학적 위상에 대한 의문을 제기하고 있지만 아직 초기 분화 과정에 대한 분명한 대안이 제시되고 있지는 않다. 그러나 형태형질의 분석에 의해 제시된 대안을 보면 복잡한 원시형의 시맥상을 갖는 어리모기각다귀붙이과는 파리목의 다양화 과정에서 일찍 분화한 것으로 제시되었다. 이러한 견해는 어리모기각다귀붙이의 유충 형태에 의해 지지되고 있으며 아울러 나방파리하목에서의 어리모기각다귀붙이류의 위치가 이의 초기 분화를 지지하는 증거로 제시되고 있다.

모기과(Culicidae), 별모기과(Dixidae), 먹파리과(Simuliidae), 등에모기과(Ceratopogonidae), 깔따구과(Chironomidae) 등을 포함하는 모기하목(Culicomorpha) 그룹은 강력한 지지를 받고 있다. "고등파리"로 구성된 등에아목(Brachycera, 짧은뿔파리아목)은 유충의 경우 다소 뚜렷이 경화된 머리가 부분적이거나 완전히 가슴 안으로 들어가 있는 형태를 갖거나 큰턱이 나뉘어져 있거나 전재악(앞큰턱)이 없거나 성충의 경우 8개 이하의 마디로 구성되어 있거나 수염이 2개 마디 이하이거나, 수컷 생식기가 2개의 부분으로 나뉘어져 있는 등의 형태로 인해 단계통으로 여겨지고 있다. 모기아목내 subgroup과 등에아목의 모든 관련은 나방파리하목이나 심지어 모기하목(분자생물학적 데이터의 경우만)에 대해 자매분류군일 것이라고 여겨지나 털파리하목 또는 털파리하목내의 모기파리과 내의 그룹과 자매분류군 관계도 제시되고 있다. 짧은뿔파리아목은 관련이 명확하지 않는 4개의 동등한 그룹을 포함한다. 즉, 유충의 큰턱에 털을 갖고 유충의 머리가 오므라들 수 있는 등에하목, 유충 표피가 경화되고 종령유충의 탈피각속에서 용화하는 Stratiomyomorpha, 독특하게 생긴 길고 강력한 원뿔의 경화된 유충 머리 두피와 복부 끝에 말단갈고리와 함께 각질판을 갖는 Xylophagomorpha, 그리고 성충의 종아리마디의 발톱이 없으며 더듬이가 4마디 이하이며 암컷 미모가 하나의 마디로 구성된 Muscomorpha 등이다. Muscomorpha는 파리매상과(파리매, 재니등애 및 이들의 친척)와 Eremoneura(침파리상과 및 가락지감침파리아목)을 포함한다. Eremoneura는 시맥상(M4가 소실되거나 융합되어 있는 점과 거의 끝에서 둔실이 막힌 점), 홑눈 강모가 있는 점, 하나의 수염, 생식기 형상 및 유충이 단지 3령까지만 있다는 점과 작은 턱이 축소되어 있다는 점 등에 의해 강력한 완계통으로 지지되고 있다. 가락지감침파리아목은 마지막 유충이 허물속에서 화용이 이루어지는 점에 의해 하나의 그룹을 형성하는데 이 가락지감침파리아목은 꽃등애과와 함께 성충이 껍질 번데기로부터 탈출을 도와주기 위하여 이마로부터 뒤집힌 풍선과 같은 이마주머니를 갖는 원열이마무리 등의 이질적인 그룹을 포함한다. 원열이마무리내에 보다 고등의 가락지감침파리아목은 무판류, 검정파리 및 이들의 친척(유판류) 등 생태적으로 매우 다른, 다양한 그룹을 포함한다.

벌목(Box 12.2 참조)

성충의 입틀은 복부 및 앞쪽으로 돌출되어 향하고 있으며 일반적인 저작형에서부터 흡즙 및 씹는 형 등이 있으며 큰턱은 종종 먹이를 다루는데 사용되며 또한 자신을 죽이고 방어하고 둥지를 짓는 등의 일을 위해 사용된다. 겹눈은 비교적 큰 편이며 안테나는 길고 여러 마디로 구성되어 있으며 종종 두드러지게 앞쪽을 향하거나 등쪽으로 구부러져 있다. 잎벌아목은 가슴의 3마디가 뚜렷하나 벌아목에서는 배의 첫 번째 마디가 뒷가슴과 합쳐서 있으며 이를 전신복절이라고 한다. 날개의 시맥은 비교적 큰 잎벌에서는 완전하며 벌아목 중 1~2 mm의 매우 작은 벌의 경우 단 하나의 시맥 또는 시맥이 없는 구조를 갖는 등 몸이 크기와 비례하여 축소되어 있다. 벌아목에서 복부 두 번째 마디(종종 세 번째 마디도 마찬가지로)는 뚜렷이 수축된 배자루(petiole) (Box 12.2)를 형성한다. 암컷 생식기는 3개의 생식편과 2개의 주요 기절판으로 구성된 산란관을 갖고 있는데 침벌류에서는 기저판이 벌독 기관과 관련된 침으로 변형되어 있다.

잎벌아목 유충은 끝자락에 발톱을 갖는 세 쌍의 가슴발과 몇 개의 배발을 갖고 있다 벌아목 유충은 머리 두피가 종종 축소되어 있으며 발이 없으며 큰턱이 강력하다.

벌목은 Amphiesmenoptera(날도래목 + 나비목) + Antliophora(파리목 + 밑들이목 + 벼룩목)를 합친 군과 자매분류군을 형성하며 벌목은 이들 중 초기에 분화된 목

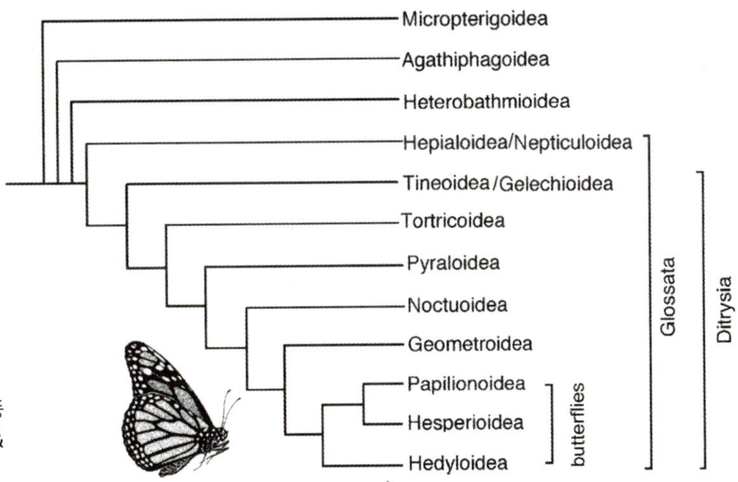

그림 7.7 형태형질에 의한 나비목내 일부 고등 분류군의 가정된 계통도. (After Kristensen & Skalski 1999.)

으로 주장되어 왔다(그림 7. 2). 벌목은 종종 2개의 아목, 즉 잎벌아목과 벌아목으로 취급되어 왔다. 그러나 벌아목은 잎벌아목 중 벌레살이송곳벌과와 자매분류군으로 이로 인해 잎벌아목은 측분류군인 듯 하다.

벌아목 내에서 침벌류와 기생벌 그룹은 각 독립적으로 단계통으로 취급되어 왔으나 침벌류는 명백히 측분류군인 기생벌류로부터 기원하였다. 침벌류내 말벌, 개미 그리고 꿀벌 등을 포함하는 침벌류의 단계통 여부와 그 하부 그룹에 대하여 정밀한 연구가 진행중이다. 꿀벌과는 명백히 구멍벌과와 자매분류군이거나 구멍벌 내부에서 분화한것으로 알려져 있으나 말벌상과내에서 또 다른 중요 그룹인 개미과와 정확한 관계는 아직 확실하지 않다(그림 12. 2).

날도래목(Box 10.4 참조)

나방과 같은 모양을 한 날도래목은 축소된 입틀을 갖고 있으며 큰턱은 퇴화하였다(주둥이는 없다). 그러나 3~5개의 마디를 갖는 작은턱수염과 3개의 마디를 갖는 아랫입술수염을 갖고 있다. 안테나는 여러 개의 마리로 구성되어 있으며 사상형이며 그 길이는 종종 날개만큼이나 길다. 겹눈은 크며 2~3개의 홑눈을 갖고 있다. 날개는 털이 있으며 간헐적으로 비늘도 있으며 앞날개에서 둔맥이 구부러진 모양으로 존재한다는 점과 중실이 없다는 점에서 대부분의 원시나비류를 제외한 모든 나비목 곤충들과 다르다. 유충은 수생이며 잘 발달된 입틀을 갖고 있으며 세 쌍의 가슴발(각 최소 5개 마디 이상)을 갖고 있으며 복부의 배다리는 없는데 이는 나비목유충의 특징이다. 배끝에는 고리모양의 배다리가 있다. 기관계는 닫혀있으며 대부분의 배마디에 아가미가 발달되어 있다. 번데기 또한 수생이며 실크로 만들어진 집에서 몸을 보호하며 큰턱이 잘 발달되어 우화시 집을 뚫고 나오는데 사용한다.

날도래목은 나비목내에서 분화되었다는 초기의 가설에도 불구하고 Amphiesmenoptera(날도래목 + 나비목)은 현재 도전을 받고 있다. 날도래목 내부의 관련에 대한 주장 역시 안정적이고 잘 지지받는 내용으로부터 불안정하고 이견이 많은 내용까지 혼재하고 있는 실정이다. Annulipalpia 아목(줄날도래과, 깃날도래과, 입술날도래과 및 일부 가까운 친적)은 유충과 성충의 형태, 즉, 성충과 유충의 작은턱수염 끝에 고리모양의 마디가 있다는 점, 수컷 생식기에서 성기측편이 없다는 점, 암컷 미모 측편에 유두가 있다는 점, 그리고 유충에서 가늘고 긴 구부러진 미부고리가 있다는 점과 배의 10번째 등판이 축소되어 있다는 점에 의해 단계통으로 잘 지지되고 있다.

날도래과, 우묵날도래과, 나비날도래과, 털날도래과와 그 친척들을 포함하는 Integripalpia 아목은 m 횡맥이 없는 점, 앞날개보다 뒷날개, 특히 둔부부분이 넓다는 점, 암컷은 11번째 마디와 미모가 없다는 점과 유충에 있어 가슴등판이 완전히 경화된 점, 뒷다리가 옆으로 돌출된 점, 배 1마디의 측면과 등 중간에 돌출부가 있는 점과 미부꼬리가 짧고 강건하다는 점 등에 의해 단계통으로 취급되고 있다.

세 번째 아목인 Spicipalpia 아목의 단계통 여부는 더 논쟁중에 있다. 광택날도래과, 애날도래과 및 물날도래과를 하나로 묶는 형질은 성충의 작은턱수염과 아랫입술수염 끝이 침모양으로 이루어진 점, 작은턱수염의 두 번째 마디가 타원형인 점, 산란통이 뒤집을 수 있는 형태로 되어 있는 점 등이 있다. 형태와 분자 증거에 의하면 최소한 애날도래과를 제외하지 않고는 Spicipalpia 아목이 단계통임이 확인되고 있지 않다.

Annulipalpia 아목, Integripalpia 아목 및 Spicipalpia 아목에 대해서 모든 가능한 관련에 대하여 제시되었다. Annulipalpia 아목이 측분류군인 Spicipalpia 아목 + 단계통의 Integripalpia 아목과 자매분류군이라는 초기의 제안은 일부 형태학적 및 분자생물학적 지지를 얻고 있다.

나비목 (Box 11.11 참조)

성충의 머리는 크게 가늘고 긴 작은턱의 바깥조각으로부터 형성된 긴 코일 형태의 주둥이를 갖고 있으며 아랫입술수염이 크며 큰턱이 일부 조상 그룹에서 존재하는 것을 제외하고 그 외 입틀의 다른 부위는 없다. 겹눈은 크며 홑눈은 주로 존재한다. 안테나는 여러 마디로 구성되어 있으며 주로 나방에서는 빗살모양이거나 나비에서는 혹모양 또는 곤봉모양이다. 날개는 이중의 비늘막으로 덮여져 있으며 뒷날개와 앞날개는 날개걸이로 연결되어 있거나 또는 단순히 겹친다. 나비목 유충은 저작형의 구기, 주로 6개의 측면 홑눈 및 3마디로 된 짧은 안테나 등을 갖고 있으며 경화된 두피를 갖고 있다. 가슴발은 5마디로 구성되어 있으며 하나의 발톱을 갖고 있으며 배는 10마디로 되어 있는 가운데 일부 짧은 배다리를 갖고 있다. 실크는 아랫입술의 전하순기절이 silk grand의 관과 연결되어 실을 토해낸다. 번데기는 주로 고치 안에 있다.

어떤 특정 유전자의 염기서열이 나비목처럼 큰 곤충목의 초기 진화 과정을 잘 반영하는지에 대한 시험이 나비목 곤충을 대상으로 행해진 바 있다. 비록 98% 이상의 나비목 곤충이 이문아목에 속하지만 형태적 다양성은 소수의 비이문아목 나비에 대해 집중되어 있는 경향이 있다. 4개의 아목 중 3개는 각 하나의 과(Micropterigidae, 나방과; Aga-thiphagidae; Heterobathmiidae)로 구성되어 있으며 종수가 많지 않으며 초기 분화된 아목이다. 네 번째 아목인 Glossata는 공동후손형질인, 작은 턱의 유합된 외엽(galea)으로부터 발달된 코일처럼 생긴 주둥이를 갖고 있으나 나머지 3개의 아목은 이를 갖고 있지 않다(그림 2.12 참조). 많은 종수를 포함하는 Glossata 내에서 "벗"과 같이 동시다발적인 문화유형을 보이는 종수가 적은 분류군들을 포함할 뿐만 아니라 유충에 있어 배에 근육을 가진 배발과 함께 복부 끝에 갈고리를 갖고 있는 종수가 많은 분류군도 포함한다. 후자 그룹은 암컷에 있어 2개의 생식공이 각각 다른 마디에 위치하는 점, 즉, 8배판에 교미구와 9, 10배판에 산란구 등을 갖고 있다. 또한 Glossata에는 이러한 형질에 의해 한정된 매우 다양한 분류군을 포함하는 이문아목을 포함한다. 이문아목의 날개 연결은 항상 가시형(frenulate)이거나 amplexiform (포접형)이며 날개걸이형(jugae)이 아니다. 날개의 시맥상은 앞뒤날개의 시맥상이 크게 다른 형태(hetero-neuran)이다. 이문아목은 주둥이와 작은턱수염이 퇴화되거나 유실하는 방향으로 진화해 왔다. 이문아목 중 가장 잘 지지를 받는 그룹 중 하나는 팔랑나비상과와 호랑나비상과의 그룹화도 이들은 곤봉형의 확장된 안테나를 가진 점, 날개에 날개가시가 없는 점 및 뒷날개에 큰 견편 (humeral lobe)이 있는 점 등에 의해 자매분류군을 형성한다. 여기에 신열대구의 Hedyloidea를 더해서 나비라고 알려진 단계통을 형성하고 있다(그림 7.7).

참고 문헌

Beutel, R.G. & Haas, F. (2000) Phylogenetic relationships of the suborders of Coleoptera (Insecta). *Cladistics* **16,** 103-41.

Bitsch, C. & Bitsch, J. (2000) The phylogenetic interrelationships of the higher taxa of apterygote hexapods. *Zoologica Scripta* **29,** 131-56.

Caterino, M.S., Cho, S. & Sperling, F.A.H. (2000) The current state of insect molecular systematics: a thriving Tower of Babel. *Annual Review ojEntomology* **45,** 1-54.

Cranston, P.S. & Gullan, P.J. (2003) Phylogeny of insects. In: *Encyclopedia oj Insects* (eds. V.H. Resh & R.T. Carde), pp. 882-98. Academic Press, Amsterdam.

Cranston. P.S .. Cullan. P.J. & Taylor, R.W. (1991) Principles and practice of systematics. In: *The Insects oj Australia,* 2nd edn. \CSIRO). pp. 109-24. Melbourne University Press, Carlton. Felsenstein. J. (2004) *InJerring Phylogenies.* Sinauer Associates. Sunderland. MA.

Hall. B.G. (2004) *Phylogenetic Trees Made Easy; A How-To Manual*, 2nd edn. Sinauer Associates, Sunderland, MA.

Klass, K.-D., Zompro, 0 .. Kristensen, N.P. & Adis, J. (2002) Mantophasmatodea: a new insect order with extant members in the Afrotropics. *Science* **296,** 1456-9.

Kristensen, N.P. (1991) Phylogeny of extant hexapods. In: *The Insects oj Australia*, 2nd edn. (CSIRO), pp. 125-40. Melbourne University Press, Carlton.

Kristensen. N.P. (1997) Early evolution of the Lepidoptera + Trichoptera lineage: phylogeny and the ecological scenario. In: *The Origin oj Biodiversity in Insects: Phylogenetic Tests oj Evolutionary Scenarios* (ed. P. Grandcolas). *Memoires du Museum National d' Histoire Naturelle* **173,** 253-71.

Kristensen, N.P. (1999) Phylogeny of endopterygote insects, the most successful lineage of living organisms. *European Journal ofEntomology* **96,** 237-53.

Kristensen. N.P. & Skalski. A.W. (1999) Phylogeny and paleontology. In: *Lepidoptera: Moths and Butterflies 1. Handbuch der Zoologie/Handbook oJ Zoology*, Vol. IV. Part 35 (ed. N.P. Kristensen). pp. 7-25. Walter de Gruyter, Berlin.

Lo, N., Tokuda, J., Watanabe, H. et al. (2000) Evidence from multiple gene sequences indicates that termites evolved from wood-feeding termites. *Current Biology* **10,** 801-4.

Ronqulst. F. (1999) Phylogeny of the Hymenoptera (Insecta): the state of the art. *Zoologica Scripta* **28,** 3-11.

Schuh, R.T. (2000) *Biological Systematics: Principles and Applications.* Cornell University Press.Ithaca.

Skelton, P. & Smith, A. (2002) *Cladistics: A Practical Primer on CD-ROM.* Cambridge University Press, Cambridge.

Whiting, M.F. (1998) Phylogenetic position of the Strepsiptera: review of molecular and morphological evidence. *International journal of Morphology and Embryology* **27,** 53 - 60.

Whiting, M.F. (2002) Phylogeny of the holometabolous insect orders: molecular evidence. *Zoologica Scripta* **31,** 3 -15.

Whiting, M.F. (2002) Mecoptera is paraphyletic: multiple genes and phylogeny of Mecoptera and Siphonaptera. *Zoologica Scripta* **312,** 93-104.

Yeates, D.K. & Wiegmann, B.M. (1999) Congruence and controversy: toward a higher-level phylogeny of Diptera. *Annual Review of Entomology* **44,** 397-428.

8장

곤충 생물지리학 및 진화

Reconstructions of giant Carboniferous insects. (Inspired by a drawing by Mary Parrish in Labanderia 1998.)

곤충은 수억년전 갑각류로부터 육각류로 분화 후 아주 긴 역사를 갖고 있다. 이 시절은 지구 자체도 가뭄에서 홍수로 빙하기에서 건조한 고온의 기후 등으로 많은 진화를 하던 시절이었다. 외계의 물질은 지구와 충돌하고 이로 인해 주요 멸종의 사건이 주기적으로 발생하였다. 이러한 긴 시간을 통하여 곤충은 그들의 분포범위가 바뀌게 되고 본 교재의 서두에서 언급하듯 현대의 어마한 다양성의 시초가 되는 진화를 이루기 시작했다.

본 장에서는 곤충의 생물지리학, 즉 지구상에서의 곤충의 분포 유형과 원인을 살펴볼 것이며 이어 화석과 그들의 연령을 추정해 볼 수 있는 동시대의 증거를 소개할 것이다. 그리고 육상 및 수서곤충의 기원에 대해 어떤 증거가 있는지를 살펴볼 것이다. 그리고 날개의 기원과 변태 등 곤충 진화의 성공을 가져다준 구체적인 증거에 대해 언급할 것이다. 그리고 곤충의 다양화에 대한 설명을 요약할 것이며 곤충의 방사에 대한 보다 보편적인 설명을 위하여 태평양 섬에서 보여진 유형의 중요성을 강조하며 태평양 섬의 곤충을 살펴보는 것으로 본장에 대한 결론을 내릴 것이다.

8.1 곤충 생물지리학

텔레비전의 자연 다큐먼터리를 보는 사람들, 동물원이나 식물원을 방문하는 사람들, 그리고 세계를 여행하는 모든 사람들은 세계의 다른 지역에 다른 식물과 다른 동물들이 서식하고 있음을 알게 된다. 이는 단지 기후가 다르고 생태가 달라서라는 것 이상의 의미를 갖고 있다. 오스트렐리아에는 딱따구리가 살기에 적합한 나무가 있으나 딱따구리는 없으며 열대우림이지만 원숭이가 없으며 초원지대이나 유제류가 없다. 미국의 사막에는 선인장이 있으나 건조한 지역을 제외하면 선인장과 생태학적으로 유사한 유포르비아가 분포하고 있는 반면 토착의 선인장은 없다. 분포에 대한 연구 그리고 이러한 분포에 대한 과거역사와 현재 생태학적 설명이 생물지리학이다. 식물이나 척추동물에 비해 결코 작지 않은 곤충 역시 한 지리적 영역에 국한된 분포적 제한(토종)을 보이며 곤충학자는 과거에도 또 여전히 가장 중요한 생물지리학자 중의 한 부류인 것이다. 지역의 제한된 크기, 한 지역이 유지할 수 있는 종의 수, 그리고 생태적 시간에서의 종의 변화 등을 일컬어 섬생물지리학(island biogeography)라고 하는데 이들 요소간의 관계에 대한 많은 부분이 섬의 곤충들을 대상으로 밝혀진 바 있다(8. 7절). 이러한 섬은 해양 위에 놓여 있는 섬뿐만이 아니라 농업환경하에서 격리된 숲 등의 서식처도 섬이라고 할 수 있다.

곤충학자들은 지역간, 육상의 다리를 통한 그리고 이동통로를 통한 이동에 관해 연구를 해온 주요한 연구 그룹 중 하나이다. 1950년대부터 지구의 대륙은 정적이라는 학설은 판 지질구조 학설(plate tectonics)로 변화하였다. 동물군은 대륙의 이동에 의해 형성되었고 과거 한때 연결되어 있던 남미 대륙으로 인해 현대 남아있는 동물군의 분포 및 진화는 이러한 지리적 역사와 절대적인 관련이 있다는 점에 대해 곤충학자들은 많은 증거를 제시하였다. 그러나 수중 곤충을 연구하는 그룹은 수서생활을 하는 곤충의 경우 성충단계는 짧고 유충 단계는 담수생활에만 국한되어 있다는 점에서 해양을 오가는 아주 먼 거리로의 이동이 현재의 아주 독특한 곤충 분포를 설명할 수 없다고 제시하고 있다. 강도래, 하루살이, 잠자리 및 깔다구(파리목)를 포함하는 남반구의 수서곤충은 종이나 속 등의 하위 분류수준에서도 매우 불연속적으로 관련된 분포를 보이고 있다. 현재의 분포를 설명하기 위하여 이들의 직접적인 조상은 그 주변에 발생했어야 하며 쥬라기와 백악기 초반의 지구의 역사와 반드시 관련이 있음을 암시하고 있다. 또한 많은 그룹이 적어도 1억 3천만년 이전에 발생하였어만 함을 의미한다. 이러한 시간 척도는 많은 량의 화석자료와 분자시계(molecular clock)를 이용한 추적에 의해 확인되고 있다.

보다 작은 척도에서 곤충연구는 종의 형성과 지역적 차이의 유지를 위한 지리적 측면의 역할에 대한 이해를 증대시켰다. 자연 상태의 하와이 군도에서 크게 방사한 초파리 *Drosophilla* 속은 많은 가치 있는 연구결과를 제공하였다. 지역적으로 분리된 개체군이나 근지역성 종분화(각 개체군의 경계가 서로 접하는 가운데 발생하는 종분화) 연구는 메뚜기목, 특히 메뚜기의 유전 및 미세분포에 대한 자세한 이해와 크게 연관되어 있다. 동소종분화의 실험적 증거는 tephritid 과실파리로부터 이루어졌다. 6.11.1절에 개략적으로 제시되어 있는 분포 모델링분석은 분포에 영향을 미치는 비교적 최근의 역사적, 환경적 및 기후적 사건에 대해 생태적 및 생물지리적 이론적 근거가 일부 잠정적으로 적용될 수 있음을 보여주는 예가 된다. 곤충학자는 이러한 도구로 호수의 퇴적물로부터 최근의 화석 자료를 해석하며 어떻게 곤충의 분포가 과거 환경변화를 추적하는지를 인식하는데 중요한 역할을 하였으며 또 이를 통해 과거 기후의 요동을 측정하는 것을 가능하게 하였다. 변화를 알아차리는데 중요한 역할을 하였다.

현대 동물군에 대해 강력한 지리적 경향을 인식하거나 해석하는 것은 매우 어려운데 이는 우리 인간이 일부 곤충 종의 분포 범위를 확장케 하고 토착종을 유실케 하였기 때문이다. 사실 현재 우리에게 잘 알려진 많은 종들은 전 세계적인 분포를 보이고 있다. 과거 제한적인 분포를 보이는 곤충들이 이처럼 확장된 이유에 대하여 최소한 다음과 같은 다섯 가지 설명이 가능하다.

1 여러 가지 바퀴벌레, 좀벌레, 집파리 등과 같이 인간을 사랑하는 곤충은 모든 곳에서 인간과 같이 한다.
2 인간은 어디든 방해받은 서식처를 만들어 내며 인간과 관련된 곤충은 잡초와 같은 식물처럼 행동하며 토종보다 더욱 더 방해 받는 조건을 더 잘 이용한다. 인간과 관련이 있는 곤충은 인간을 사랑하는 곤충들보다 인간과 다소 약한 관계를 맺고 있는 것이 현실이다.
3 인간과 가축에 대한 곤충(절지동물 포함) 외부기생자와 내부기생자는 종종 전 세계적으로 분포한다.
4 인간은 아주 광범위하게 재배되는 몇 가지의 식량작물과 함께 농업과 원예업에 의존한다. 식식성 곤충은 한때 지역적으로 국한된 식물 종과 함께 관련이 있었지만 이제는 인간에 의해 퍼진 곤충들은 도입된 식물을 따라다니며 어디든 기주식물이 자라는 곳에서 자란다. 많은 곤충은 이러한 방식으로 분포해 왔다.
5 곤충은 인간에 해가되는 식물과 동물 및 다른 곤충을 제어하기 위한 생물학적 방제제로서 무계획적으로 선택되어 그들의 영역을 넓혀왔다.

검역을 통한 농업해충, 원예해충, 산림해충 그리고 수의해충 등의 이동을 제한하기 위한 많은 노력이 있었지만 곤충상은 효과적인 측정방법이 이루어지기도 전 혼합이 발생하였다. 그러므로 해충은 지구에서 기후적으로 유사한 영역에서 동일한 경향이 있으므로 응용곤충학자는 그들의 연구를 수행할 때 반드시 전세계적인 측면을 고수해야 할 것이다.

8.2 곤충의 고전성

8.2.1 곤충화석 기록

최근까지 가장 오래된 육각류의 화석은 *Rhyniella praecursor*라는 톡토기류 종으로 이는 약 4억년전의 것으로 데본기 초기의 스코틀랜드 Rhynie에서 발견되었으며 좀더 최근의 것으로 북미로부터 발견된 돌좀류의 화석이 있다(그림 8.1). 또 다른 Rhynie 화석인 *Rhyniognatha hirsti*라는 종은 단지 입틀에 의해서만 확인된 것으로 가장 오래된 외구식 입털을 가진 곤충으로 알려져 있다. 천흡형 구기구조를 가진 곤충이나 응애에 의해 피해를 받은 듯한 식물이 데본기 초반의 화석식물에서 발견된 바 있다. 이보다 더 과거의 곤충이나 그 시절 그들과 가까운 곤충의 생물의 화석을 찾는 것은 매우 어려운 일인데 이는 데본기 이전에는 화석화를 할 수 있는 담수 퇴적층의 존재 자체가 드물기 때문이다.

석탄기 후반에 발견된 풍부한 화석자료로 판단해 볼 때 석탄기에 많은 종 분화가 있었던 것으로 판단된다. 석탄기 초기는 거듭 담수 퇴적층이 없는 관계로 화석이 알려져 있지 않다. 약 3억년전까지 멸종한 3개의 그룹, 즉 Megasecoptera(소시목), Palaeodictyoptera(고옛바퀴목) 및 Diaphanopterodea로 구성된 단계통의 Palaeodictyopteroidea가 창궐하였다(그림 8.2). Palaeodictyopteroidea는 크기(날개길이는 최장 56 cm)와 종류(21과에 70속 이상이 존재)가 다양하며 형태, 특히 입틀과 날개마디와 시맥상이 매우 다양하다. 원잠자리목(Protidonata)은 명백히 측계통으로 아마 잠자리목의 조상형일 것이며 이들은 Palaeodictyopteroidea처럼 앞가슴에 작은날개를 갖고 있으며 역사적으로 가장 긴 날개길이를 가진 페름기곤충을 포함한다. 석탄기 화석으로 볼 때 현존 곤충 목과 명백한 관련을 가진 곤충으로는 메뚜기목이 유일하다. 추정상의 하루살이목, 화석 노린재군 그리고 바퀴목은 측계통으로 현존하는 완계통과 관련되는 결정적인 형질이 없다. 일부 석탄기 곤충에서 부리와 같은 찌르는 입틀과 길게 늘어난 이마방패를 가진 개체가 출연하는 것으로 볼 때 식물을 섭식하는 곤충의 기원이 매우 빨랐음을 의미한다. 그러나 과거 양치식물이 창궐했던 식물상하에서 새로이 겉씨식물(침엽수나 그친척들)이 풍부해진 페름기에 이르러서야 이러한 곤충들이 출연했을 것으로 보여진다. 동시에 페름기로부터 약 30개의 곤충 목이 발생하는 등 이 시기는 그야말로 곤충목의 다양성이 발생하였다. 흡즙성인 노린재류는 체관부의 피질과 내피질이 약한 식물의 발생과 관련이 있는 듯하다. 다른 페름기 곤충으로는 그전 제한적으로 공급되던 새로운 자원인 꽃가루에 의존하는 종들이 발생하였다.

본 장의 표지에 그려진 양치식물에 있는 Bolsover 잠자

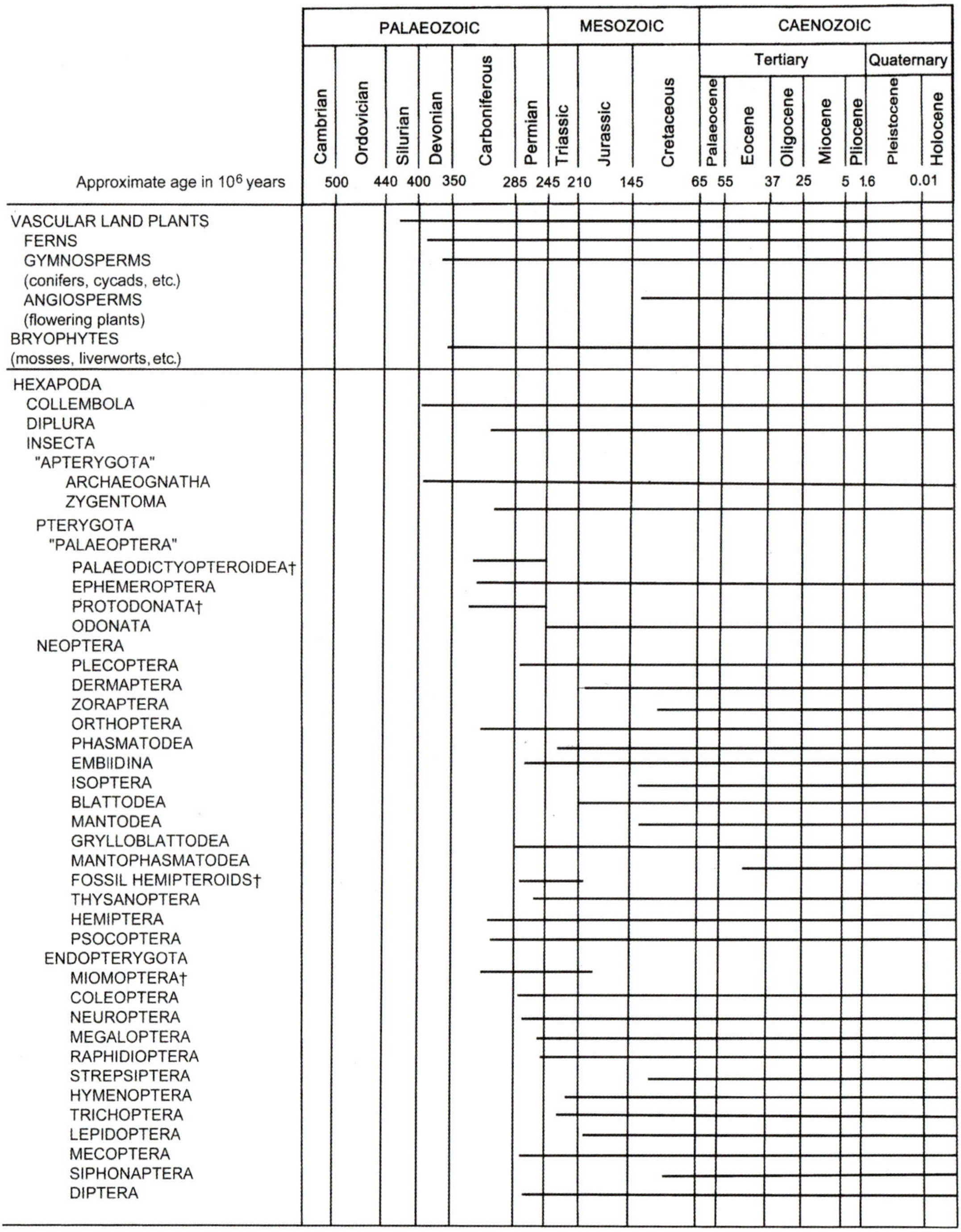

그림 8.1 식물진화와 관련한 곤충의 지질역사. 단지 화석으로만 존재하는 분류군은 † 표로 표시됨. 낫발이류(Protura), 이목(Phthiraptera) 및 민벌레류(Zoraptera)의 화석자료는 작은 크기와 적은 숫자로 인해 단지 홍적세(Holocene)부터 발견됨. Miomoptera는 내시류 중 가장 오래된 화석기록임. Rhynioqgatha의 위치는 알려지지 않음. (이상의 기록은 kukalová-peck. 1991 및 Simithsonian Institution의 Conrad Labandeira의 기록을 따름.)

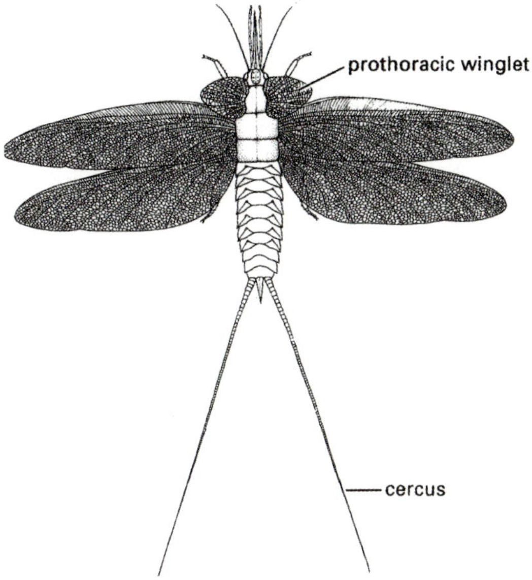

그림 8.2 *Stenodictya lobata* (Palaeodictyoptera: Sictyoneuridae)의 재구성(After Kukalová 1970.)

리와 고옛바퀴목의 예에서 보듯 일부 석탄기와 페름기 곤충은 그 크기가 매우 컸다. 일부 하루살미목과 잠자리와 같은 원잠자리목의 화석에 의하면 날개 길이는 각 45~71 cm에 이른다. 이처럼 곤충이 거대화된 이유는 곤충의 크기를 제한한 호흡의 제한(3.5.1절 참조)이 후기 고생대(약 3억7천 만~2억 5천만 사이)에 공기내 상승된 산소 농도로 인해 경감되어 기관내 산소의 확산이 촉진되었기 때문이다.

더욱이, 다른 기체성분이 바뀌지 않았다면 공기중 산소는 농도가 짙은 공기하에서 비행을 촉진하였을 것이다. 고생대에 곤충의 크기가 큰 이유에 대해 명백히 이러한 가설이 가능함에도 이러한 기후의 재구성설은 논쟁의 여지가 있으며 공기성분의 변경이 곤충의 생리와 형태에 영향을 미쳤을 가능성에 대한 연구는 매우 부족한 실정이다. 페증기에 존재했던 하루살이목, 잠자리목, 강도래목, 귀뚜라미붙이목, 대벌레목, 메뚜기목, 옛바퀴목 및 다른 메뚜기군(Polyneo-ptera)과 초기 완전변태류 중에서는 딱정벌레목과 뿔잠자리계열(풀잠자리목, 뱀잠자리목, 약대벌레목)이 등이 이 시기에에 생존하였다. 그러나 Palaeodictyopteroidea[Diaphanopterodea, Megasecoptera(소시목), Palaeodictyoptera(고옛바퀴목)을 포함하여]는 페름기 끝에 사라졌다. 이 페름기–삼첩기 경계는 주요 멸종의 시기로 특히 해양생물상에 큰 영향을 미쳤으며 생존한 곤충 목도 그 다양성이 심각하게 감소했으며 섭식 방식도 감소한 시기였다.

삼첩기(약 2억4천5백만 년 전에 시작)는 공룡과 익룡이 창궐하던 시기였으며 포유동물이 발생하기 시작하던 시기였으나 곤충도 신속히 방사하였다. 벌목과 나비목을 제외한 현대 곤충의 주요 목도 삼첩기의 시작과 함께 잘 형성되었다. 벌목은 이 시기에 처음으로 나타났으나 단지 잎벌아목(symphytans)만 나타났다. 현존하는 가장 오래된 과들과 함께 수중 유충생활을 하는(일부 성충) 잠자리목, 노린재목, 긴뿔파리아목의 많은 과들이 나타났다. 쥬라기에 처음으로 침을 가진 벌목과, 파리목중 초기 분화된 그룹들 그리고 등에아목이 발생하였다. 삼첩기와 쥬라기 화석으로 곤충과 시조새가 아주 아름답게 보존되어 있는 Solenhofen의 퇴적층 등이 있다. 새의 발생 그리고 그 이후 조류의 다양화로 이후 처음으로 공중의 경쟁이 시작되었다.

중생대 백악기(1억 4천5백만 년~6천5백만 년 전)와 그 이후의 신생대 제3기(6천5백만 년~백만 6천 년 전)는 호박(수지성분의 식물분비물이 곤충을 포획하고 그 속에서 굳어지며 깨끗하게 보존됨)속에 아주 양호한 절지동물 표본이 보존되어 있다(p. 14의 3.6 참조). 이런 호박속에서는 곤충 전체가 잘 보존된 반면 화석속의 곤충은 단지 날개의 주름만이 보존되어 있다.

종 수준 이상의 많은 초기 화석 자료는 이처럼 잘 보존된 호박속에서 발견되었으나 특정 그룹이 과하게 보존된 점이 있다. 작고(쉽게 채집되고) 숲에 사는 분류군도 과하게 보존된 점이 있다. 백악기 기원의 호박은 프랑스, 레바논, 버어마, 시베리아, 캐나다 및 뉴저지에서 발생한다. 이 기간의 생물상은 피자식물의 방사와 일치하여 곤충의 수적 우세를 보여준다. 그러나 현존하는 곤충의 주요 입틀 형태는 초기의 육상 식물의 방사와 관련하여 피자식물의 방사 이전에 진화하였다. 화석자료에 의하면 일부 곤충과 식물의 관계는 아주 오래되었음을 보여준다. 중국에서는 백악기 초기(약 1억3천만 년 전)의 것으로 추정되는 초기 피자식물과 이의 화분매개와 관련이 있는 주둥이가 긴 어리재니등애과(Nemestrinidae)에 속하는 독특한 파리 화석이 발견된 바 있다. 이 밖에도 고대의 무화과 잎의 화석에서는 현존하는 매우 특징적인 속인 *Ectoedemia*(나비목: 꼬마굴나방)이 많이 발견된다. 이는 최소 9천7백만 년 동안 꼬마굴나방과 무화과가 관련이 있어 왔음을 제시하고 있다. 근본적으로 광식성인 딱정벌레목과 나비목은 백악기에 대량 방사를 시작하였다. 6천5백 년까지 곤충군은 현대의 속으로 분류할 수 있는 일부 화석과 함께 다소 현대적 모습을 하고 있다고 할 수 있다. 많은 동물의 경우, 특히 공룡의 경우 백악기와 제3기의 경계에 주요한 멸종 사건이 있었다. 비록 곤충은 소수의 멸종만을 맞으며 제3기에 진입했다고 믿고 있지만 최근의 연구에 의하면 곤충-식물의 일반적인 관련하에 있는 곤충은 생존하였지만 그전 곤충-식물의 매우 특수한 관계에 있는 곤충은 매우 크게 축소되었다. 남서부의 Dakota 북부의 고생물군에서 발견된 자료에 의하면 약 6천5백만 년 전에 발생한 주요생태학적 교란에 의해 곤충과 식물의 특수한 관계는 다시 과거로 퇴보하게 되었다.

제3기 곤충에 대한 우리의 이해는 에오세-마이오세(5천만 년~3천만 년) 퇴적물의 풍부하게 잘 보존된 발트해의 호박과 보충적으로 올리고세-마이오세(3천7백만 년~2천2백만 년)로 거슬러 올라가 발트해의 도미니카 공화국에서 발견된 호박에 크게 기인한다(Plate 3. 6 참조). 발트해의 호박은 여전히 잘 보전 된 가운데 북부 유럽 발트해 직전까지 부분적으로 노출되어 있으며 주기적인 폭풍에 의해 해안까지 이동하여 남부의 북해까지 어느 정도 노출되고 있다. 영화 쥬라기 공원에 의해 유명해진 아이디어처럼 호박에 들어 있는 화석 곤충의 고대 DNA를 추출하고, 증폭하고 그 염기서열을 밝히기 위한 많은 노력이 있었다. 호박의 수지는 탈수된 시료에 들러붙어 있어 박테리아로부터의 DNA의 부식을 막을 수 있었다. 고대 곤충의 DNA 염기서열분석은 흰개미(3천만년전), 침이없는 벌(2천 5백만 년~4천만 년 전) 그리고 바구미(1억2천만 년 전~1억3천5백만 년 전)를 포함하여 호박에 보존된 다양한 곤충에 대해 성공하여 이들의 역사에 대한 승인을 주장을 하였으나 반복 실험을 통한 이들 고대 곤충의 염기서열을 확실하게 확인하는 데는 실패하였다. 호박화석의 DNA 파손과 신선한 DNA에 의한 오염은 풀리지 않은 이슈이나 호박 곤충으로부터 재료를 추출하는 것은 시료로부터 일정량의 파손을 의미하는 것이다. 설사 호박으로부터 신뢰할 만한 염기서열을 얻는다고 해도 DNA는 종종 정교하게 잘 보존된 형태로부터 얻을 수 있는 정보보다 보다 유용한 정보를 제공하지 못한다.

최근 화석곤충으로부터 더 이상 도전받지 않을 만한 결과에 의하면 많은 종과 고등 분류군, 특히 속과 과는 전에 생각하던 것보다 훨씬 더 오래되었다는 사실이다. 종 수준에서 지난 수백만년 또는 그 정도로 추정되는 모든 북부 온대, 아북극, 그리고 북극의 화석 곤충은 현존하는 곤충과 형태적으로 동일한 것 같다. 이들 중 많은 화석이 딱정벌레(특히 그들의 시초)에 속하여 이 상황은 다른 곤충과 다른 점이 없는 듯 하다. 홍적세의 요동치는 기후(빙하와 간빙기의 순환)는 명백히 각 개체의 이동과 사멸을 통하여 분류군의 분포범위의 변화를 야기하였으나 종들의 형태를 고려해볼 때 새로운 기원은 거의 없는 듯 하며 있다고 해도 소수에 불과하다. 이는 만일 백만년 이상 오래 된 곤충종이 있다면 속이나 과와 같은 고등 분류군은 아마 매우 광대한 나이를 갖는 것을 의미한다.

현대의 고생물에 대한 현미경학적 기법을 통해 화석화된 식물에 나타난 곤충 분류군의 섭식 피해의 구체적인 형태를 분석하여 곤충분류군의 연대를 추론할 수 있다. 앞에서 본 것처럼 고대 무화과 잎의 식흔처럼 비록 실질적인 곤충의 잔재가 전혀 남아있지 않더라도 현존하는 꼬마굴나방 속의 것으로 추론할 수 있다. 반면 생강(Zingiberaceae; 생강과)의 어린 잎에 독특한 형태의 식흔을 남기는 잎벌레과(Chrysomelidae) 곤충은 나뭇잎 화석과 함께 절대 동시대에 보존되어 있는 경우가 없었다. 그들이 잎을 씹는 방식 때문에 남아 있는 특징적인 피해는 가히 인식이 가능하나 와이오밍의 백악기 후반(약 6천5백만 년 전) 퇴적물에는 그들의 흔적이 없으며 잎벌레과의 몸체 화석이 발견된 시기보다 약 2천만년 전의 것이다. 현재까지 이러한 딱정벌레는 현재 열대지역에서 생강과 헬리코니아 어린 잎의 섭식자이다.

이처럼 화석의 중요한 가치에도 불구하고 화석자료를 이용한 계통분석에 있어서의 추론은 다음과 같은 이유로 조심스러울 수밖에 없다.

1 모든 화석의 형질상태는 조상형이다.
2 어떠한 화석도 후속적인 분류군의 실질적인 조상형을 나타낸다.
3 한 그룹의 가장 오래된 화석은 계통분류학적으로 가장 오래된 분류군을 나타낸다.

위 세 번째의 지적에도 불구하고 화석 곤충의 층위적인 순서는 종종 계통에 있어 분지의 순서를 반영한다. 즉 각 목에 있어서 일찍 분화된(즉 바닥의) 분류군은 첫 번째로 나타낸다. 예를 들면 고등의 흰개미 이전의 마스토터마이티데(Mastotermitidae) (그림 7. 4), 등에, 각다귀와 집파리 및 blow fly 이전의 모래파리(sand fly), 나비 이전의 원시적인 나방(그림 7.7) 등을 들 수 있다. 더욱이 곤충 화석은 현재에 그 분포의 제한을 가진 곤충이 과거 한때는 보다 광범위하게 분포한 적이 있음을 보여준다. 이러한 곤충으로 다음과 같은 곤충을 들 수 있다.

• Mastotermitidae(흰개미목의 한과)는 현재 하나의 북오스트렐리아 종만 존재하나 백악기(약 1억 년 전)부터 마이오계 초기(약 2만 년 전)의 도미니크 공화국(Caribbean, 카라비안 해), 브라질, 멕시코, 미국, 프랑스, 독일 및 폴란드에서 발견된 호박속에서 아주 많고 다양하게 발견되었다.

• 즉, 무는 입틀을 갖는 각다귀 아과로 지금은 서부 오스트렐리아에서 *Austroconops* 한 종만이 발견되는 Austroconopinae (Diptera: Ceratopogonidae) 아과는 전반 백악기 Lebanese 호박(1억 2천만년전)과 후반 백악기 시베리아 호박(9천만년전)에서 여러 종이 발견되었다.

• 개미 속인 *Leptomyrmex*도 현재는 서 태평양(동 오스트렐리아, 뉴기아나, New Caledonia)에 분포하고 있으나 도미니카의 호박에서 약 3천만 년~4천만 년 전부터 알려져 있다.

호박곤충, 특히 백악기 호박곤충에 대한 현재의 연구결과에 의하면 현재 남부에 국한되어 있는 그룹들이 과거 북부에서 발견되었음을 보여주고 있다. 이는 종종 오스트렐리아를 포함하는 남반구 곤충의 현대의 분포를 살펴보면 과거 북반부에서 소멸한 까닭으로 "고아"적인 상태로 남아있는 것으로 추정된다. K-T 경계층에서 이러한 북반구 곤충의 소멸이 어떠한 식으로든 유성의 충격에 의한 것인지에 대한 추론은 추가적인 연구가 필요한 실정이다. 남부 다코타(Dakota)에 서식하던 식물과 이의 specialist 곤충들이 소멸된 것이 남반부까지 확대된 것인가? 명백히 과거 3천만 년~4천만 년 전에 도미니카의 그리고 그 이후 발트해의 호박에서 발견되지만 현재 남반구에 국한되어 발생하는 곤충들은 이러한 멸종의 사건을 극복한 것으로 추정되며 이 지역의 곤충이 지역적으로 멸종한 것은 보다 최근에 발생한 것으로 추론된다.

화석 곤충자료를 이용한 계통의 유추는 매우 복잡하다. 비록 초기의 화석분류군은 계통적으로 이후에 분화한(보다 파생된) 분류군보다 시기적으로 앞서지만 방법론적인 측면에서 이러한 추론이 꼭 옳지는 않다. 비록 계통분류는 현존하는 재료에서 발견된 형질로만으로도 가능하지만 화석종은 파생된 형질과 완계통의 기원에 대한 최소한의 연대를 밝혀주는 등 중요한 정보를 제공하고 있다. 바람직한 것은 화석과 현존하는 모든 데이터는 모두 진화적 역사를 추론하는 하나의 데이터로 잘 조화될 수 있고 또 그렇게 되어야 한다는 것이다.

8.2.2 긴 곤충역사를 증명하는 현존하는 곤충의 분포

현재의 생물지리학적 분포 증거에 의하면 많은 곤충 계통은 매우 오래된 것이다. 많은 곤충 속이 특징적인 분포, 구체적인 생태적 요구, 그리고 제한된 분산력 등을 나타내는 점을 고려할 때 이들 속을 구성하는 종들은 쥬라기와 백악기(약 1억5천5백만 년 전) 대륙이 이동하기 전에 존재했던 그들의 조상으로부터 파생된 것들이라고 추론된다. 예를 들면, 현재 남부 아프리카와 오스트렐리아의 여러 계통으로부터 공통적으로 유래된 깔다구(파리목) 유사 종들이 발생하는 점으로 미루어 볼 때 최소 1억2천만 년 전 초대륙인 Gondwana의 대륙분리에 의해 이들 조상 계열들도 분리되었음을 증명하고 있는 것이다. 이의 연대 측정은 남반구 대륙 분리가 시작된 것 보다 약간 더 늦게 생성된 것으로 보이는 백악기 화석 자료에 의해서 증명되었다.

진딧물 아족으로 모든 종들이 옻나무에서 충영을 형성하는 등 복잡한 생활사를 갖는 Melaphidina 족은 아시아와 북미 사이에서 분명히 분리된 분포를 갖고 있다. 생물지리학적 증거에 의하면 아시아와 미국 식물 계통들이 기후에 의해 분리된 시기를 근거로 했을 때 이 진딧물과 옻나무는 최소 약 4천8백만 년 정도 동안 관련이 있었던 것으로 추정된다. 이들이 최근 이동했을 가능성은 양 대륙에서 발견된, 충분히 오래된 Melaphidina 족 화석에 의해 부정되었다.

무화과와 화분매개 말벌의 관계(Box 11. 4참조)에서 본 바와 같이 분자 계통분류학적 측면에서 기주인 무화과와 그 화분매개자인 말벌의 본질적인 관련에 대한 연구가 있었다. 2종의 관계는 서로(공동의 종분화, co-speciation)를 추적할 수 있는 토착화와 방사의 사건들과 관련이 있음을 보여주었다. 이들의 상호공생의 기원은 인도가 북쪽으로 이동하는 것을 포함하여 대륙의 파편화와 관련한 후속적인 진화적 방사와 함께 약 9천만 년 전(아프리카가 곤드와나 대륙으로부터 분리된 이후)까지 거슬러 올라간다. 이들의 상호공생 관계가 단절된 원인은 합동의 분단(concerted vicariant) 분포였음을 강하게 의미한다. 반면 이러한 상호공생의 관계에 있는 양 파트너가 이동(dispersal)에 의해 현재의 분포를 보인다는 해석은 2종이 동시에 자리를 잡아야 하는 등의 전제가 필요하므로 그 가능성이 매우 낮다.

바퀴벌레 중 원시적인 바퀴벌레 속(*Cryptocercus*)은 유라시아, 미서부, 남동 미국의 아팔라치 산맥에서 주변과 격리된 분포를 갖고 있다. *Cryptocercus* 속에 속하는 종들은 형태적으로 거의 구분되지 않지만 이들의 염색체 수, 미토콘드리아 및 핵 DNA의 분석 결과 그리고 이들의 내부공생균에 의해 구분된다. *Cryptocercus*속 곤충 지방체에는 공생 박테리아가 서식한다(3.6.5절 참조). RNA를 이용한 박테리아의 계통분류학적 연구에 의하면 박테리아 계통은 박테리아의 기주인 바퀴의 분지 경향과 매우 충실히 일치한다. 분자시계 모델에 입각한 분석에 의해 원시 바퀴벌레 속의 분리 시기에 대한 연구가 수행되었다. 가장 빠른 분지인 북미/동아시아의 분리는 약 7천만 년~1억 천5백만 년 전에 발생하였으며 동북 아메리카 완계통으로부터 서부의 분리는 약 5천3백만 년~8천8백만 년 전이다. 염기서열의 변화가 항상 시간과 같을 것이라는 가정에는 늘 의문이 있긴 하지만 염기서열 분석 결과는 바퀴벌레 속의 분리는 매우 오래되었음을 보여주고 있다. 즉, 이는 홍적세에 발생한 빙하로 인한 최근의 이동에 의해 발생한 것은 아니라는 것이다. 이러한 점은 긴 시간동안 형태적으로 큰 변화가 없다는 점에서도 입증되는 바이다.

많은 곤충 종이 오랜기간 형태적으로 잘 유지되어 왔고 또 오래되었다는 것은 종으로서 신분이 잘 확인된 종들을 통해 증명이 되어야 하며 제1장에서 논의되었던 유전적 다양성과도 조화를 이루어야 한다. 오늘날 발견되는 종들과 닮은 홍적세의 퇴적물에서 발견되는 종의 무리들을 보면(비록 같은 지리적 위치일 필요는 없지만) 종의 생리적, 생태적 및 형태적 측면이 상당히 불변함을 알 수 있다. 곤충을 대형 포유동물과 비교해 보면 곤충은 훨씬 낮은 형태적 진화율을 나타낸다. 예를 들면, *Homo sapiensis*는 단지 100,000만년의 역사를 갖고 있는데 만약 인간을 형태학적으로 매우 파생된 침팬지의 조상이라고 분류한다면 인류들을 하나의 그룹으로 묶는다던지 2종의 침팬지를 하나의 그룹으로 묶는 것 등은 약 5백만 년 전으로 거슬러 올라가야 한다. 그러므로 아마도 최근의 방사를 경험한 곤충은 홍적세에 많은 종의 멸종을 경험한 포유동물과는 다른 위치에 있다. 대조적으로 곤충은 초기에 그리고 후속적으로 많은 방사를 경험하였고 이후 계통은 비교적 정체적인 기간을 거친 후 계통이 지속되었다(8.6절 참조)

8.3 첫 번째 곤충은 육상종이었던가 아니면 수서종이었던가?

절지동물은 바다에서 진화했다는 믿음에 대한 근거는 캐나다에서 발견된 Burgess Shale 그리고 중국 남부 Chengjiang의 Qiongzhusi 등 캐브리아기에 발견된 많은 퇴적층이 과거 바다의 퇴적층이기 때문이다. 그러나 일반적으로 곤충은 옛날 바다로부터 하구나 민물을 경유하여 육지로 이주하였다기 보다는 육각류의 조상이 육서생활에 적응한 후 진화한 것이라고 믿고 있다. 이는 모든 현존하는 무시류 및 다른 육각류(좀붙이류, 톡토기류 및 낫발이류)가 육상이라는 사실에 근거하고 있다. 즉, 육각류의 계통에서 초기 분화한 모든 분류군은 육상이며 이들이 육상이 아니었다는 것을 증명할 만한 화석 증거(수생이라고 믿을 만한 형질내지는 화석이 보존된 위치에서 발견된 여러 가지 자료 등으로 미루어) 없는 실정이다(비록 해양 서식처의 끝자락과 관련된 증거는 있지만). 반면, 하루살이목, 잠자리목, 강도래목, 뱀잠자리목 및 날도래목 등 이들 유시류 목의 약충(유충)은 거의 절대적으로 민물에 서식한다. 그림 7. 2에 보듯 하루살이목과 잠자리목의 위치에서 보듯 원시적인 유시류(고시류) 상태를 보면 이들의 미성숙단계는 민물생활을 포함한다.

수생기원에 대한 또 다른 반론은 어떻게 기관계가 수중에서 발달할 수 있었을까 하는 점이다. 추론컨대 우선 공기가 있던 환경에서 외부에 부착되어 있던 호흡계 표면이 몸속으로 단순하게 함몰되고(그림 8.3a 참조) 이는 8.3b에서 보듯 수서 곤충의 아가미에서 기관계의 가스 교환을 위한 사전 적응 단계로 역할을 하게 되고 이어 보다 정교한 내부적 변화를 통해 현재의 기관계를 이루었을 것이다. 그러므로 아가미와 같은 구조의 역할은 큐티클을 지난 공기를 단순히 확산시키는 정도가 아니라 산소를 효율적으로 흡수한 구조이었을 것으로 추정된다. 그러나 이러한 진화과정은 육상곤충의 조상에서 기관이 진화한 후 발생했을 것으로 추정된다.

왜 미성숙단계에서 수서생활을 하는 모든 곤충이 사실상 육상의 성충생활을 하는지에 대해 단 하나의 답도 존재

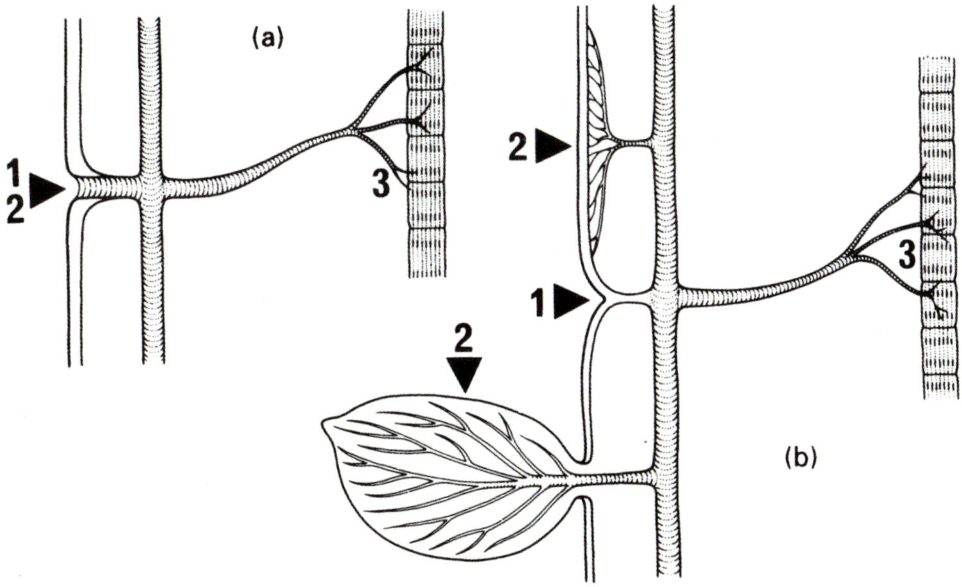

그림 8.3 기관계 모식도. (a) 산소의 흡입, (b) 아가미를 통한 기관의 가스 교환이 시작됨으로 흡입구가 폐쇄됨. 1. 기관계의 흡입구 지점. 2. 산소 흡입 지점. 3. 근육과 같은 곳으로의 산소 전달

하지 않는다. 분명히 이러한 방식은 많은 계통에서 독립적으로 유지되었다(딱정벌레목과 파리목내에서 여러 번). 육상에 비행성 성충이 출현한 것은 피식 회피를 위한 것이라는 제안은 그럴 것 같지 않다. 왜냐면 운동성이 있다면 많은 수의 갑각류들처럼 수중에서도 피식을 피할 수 있기 때문이다. 반면 짝짓기 측면에서 본다면 수중에서의 짝짓기는 물속에서 상대를 인식하는 방법, 특히 페르몬이나 청각에 의한 방식이 잘 작동하지 않는다는 점에서 기계적으로 불리하므로 성충의 육상단계가 유지될 수 있었을 것이다.

8.4 날개의 진화

많은 유시류를 통해 알 수 있듯 곤충의 창궐은 많은 부분이 날개의 획득에 있다. 유시류는 날개의 획득으로 기존의 기능을 잃었고 사지가 없다는 점에서 다른 날 수 있는 동물과는 다르다. 날개의 기원을 직접적으로 관찰할 수는 없으며 화석자료는 비록 풍부하긴 하지만 기원을 이해하기에는 부족한 상황이므로 날개의 기원에 대한 가설은 다만 추론에 불과하다. 여러 가지 아이디어들이 제시되었으며 이 영역은 여전히 논쟁의 여지가 있다.

날개의 기원에 대해 가장 오래된 가설은 **측배판**(paranota)이라고 불리는 가슴 등판의 엽편(lobes)으로부터 기원했다는 것이다. 이러한 엽편은 관절을 이루고 있지 않으며 이로 인해 기관화, 신경자극전달, 엽맥형성, 근육화 등은 이차적으로 형성되었을 것이다. 측배판의 엽편 가설은 날개의 방향이 일련의 반복된 기존의 이동성 측판 구조로부터 기원했다는 가설로 대체되었다. 이러한 이동성 구조는 아마 epocoxa라고 불리는 다리 기부마디의 **밑마디겉돌기**(exite)와 내부 부속지인 **밑마디속돌기**(endite)일 가능성이 높다(그림 8.4a). 각 "원시날개" 또는 날개죽지(winglet)는 밑마디겉돌기와 밑마디속돌기가 기관화되고 또 관절화됨과 함께 원시 다리의 밑마디겉돌기와 밑마디속돌기 엽편의 융합에 의하여 형성되었다. 화석자료에 의하며 모든 몸의 마디에서 관절화된 날개죽지는 가슴에서 가장 잘 발달된다(Box 6.1). 분자생물학적 측면의 연구는 날개 기원에 대해 밑마디겉돌기–밑마디속돌기 가설을 실체화하는 듯 하다.

날개 기원에 관한 밑마디겉돌기-밑마디속돌기 가설은 수중 "원시형 날개(protopterygote)" 인 기관아가미로부터 날개가 진화했다는 관점과 조화될 수 있다. 가장 초기의 곤충은 의심할 바 없이 육상이었지만 가장 오래된 유시류 곤충은 아마도 수생의 미성숙 단계를 가졌을 것이다(8.3절

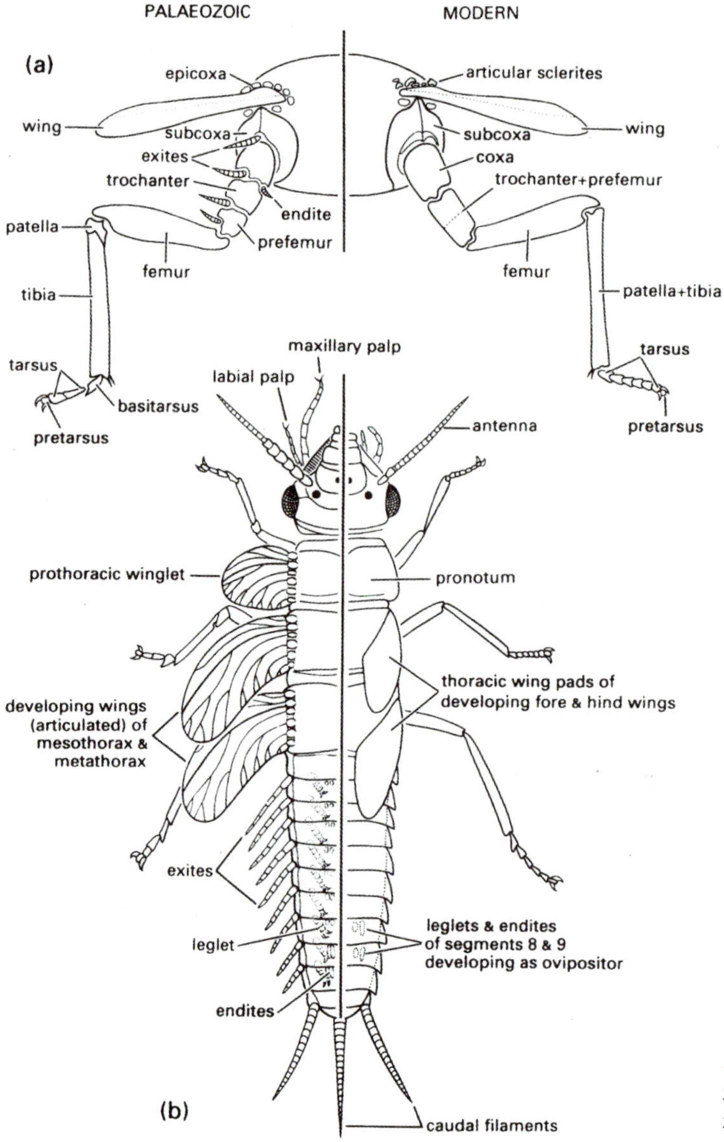

그림 8.4 원시의 고대(왼쪽 페널) 및 현대 유시류의 부속지에 관한 가설. (a) 일반화된 부속지 조건을 가진 성충의 가슴 마디, (b) 약충의 등면

참조). 수생의 하루살이 약충의 복부 아가미는 원시유시류의 복부 날개죽지와 상동성을 갖고 있고 지속적으로 가슴날개와 상동적인 관계를 갖고 있을 것이다. 수생의 미성숙유충(약충)에서 날개죽지는 가스 교환 및 환기 또는 수영의 기능을 가졌을 것이며 육상성충에서는 공기역학적인 기능을 위해 끌여들여진 것으로 추론되고 있다.

초기 날개에 관한 모든 가설은 작은 날개죽지가 퍼득임 등 날개짓을 하기 위한 기능이 거의 없었기 때문에 근본적으로는 비행에 관한 기능은 없었다는 것이다. 그 이전의 가능한 기능으로는 다음 중 하나 혹은 전부의 기능을 갖고 있었을 것으로 추론된다.

- 다리의 보호
- 기문의 덮게
- 온도조절
- 성을 나타내기 위한 표시
- 윤곽을 숨기기 위해 도움을 주는 역할
- 포식자로부터 피하기 위해 미끌어지듯 뛰는 수단

날개가 공기역학적인 기능을 갖은 것은 그 크기가 커진

후부터 시작되었다. 그러나 수중의 유충 아가미 역시 육상의 성충에서까지도 유지된 경우 공기의 즉각적이고 중요한 이점을 제공하기에 충분할 정도로 컸었다.

날개가 발달한 방식에 대해선 매우 의문이 많으며 여전히 논쟁거리이나 그 소시의 기원이 무엇이던 간에 공기역학적으로 어떠한 기능을 갖고 있는 듯 하다. 곤충이 날 수 있게 되기까지의 경로에 대해 다음 네 가지의 가설이 존재한다. 즉,

1 작은 곤충이 대류에 의하여 수동적인 이동을 하는데 도움이 되는 부양, 떠있기
2 소시의 도움으로 안정적으로 미끄러지기 또는 나무나 키 큰 풀로부터 낙하하기
3 날기 위해 달리고 뛰기
4 높여진 소시에 의해 수서 성충이 물의 표면을 스치듯 날아가는 표면 항해 등의 네 가지 경로이다.

처음 두 가지 가설은 고정되고, 관절이 없는 소시에 적용되거나 또는 관절을 하지만 엄격히 날개죽지가 연장된 형태의 경우에 적용된다. 관절이 있는 날개죽지와 퍼득거리는 비행은 달리고-뛰는 가정과 가장 잘 맞다(세 번째). 비행하기 위하여 부양, 떠있기 경로(첫 번째)는 대류에 의한 실질적인 수동적 이동을 날개가 방해한다는 결점을 갖고 있으며 이 경로는 진화적으로 긴 털과 같은 형질이 균형을 갖고 증가해야하며 동시에 몸체가 감소하고 날개가 축소해야 한다는 점에서 또한 결점을 갖고 있다. 세 번째인 달리고-뛰는 경로는 땅으로부터 비행이 시작되기 위하여 필요한 속도를 얻을 수 있는 곤충이 없다는 점에서 그럴 듯 하지 않으며 그렇지 않다면 단지 제한된 도약에서도 비행이 가능하기 위해선 힘 있는 도약을 할 수 있을 경우에만 가능하므로 이 경로 역시 그럴 듯 하지 않다.

표면 항해 가설(네 번째)은 관절을 가진 소시가 필요하며 흉부소시의 아래에 위치하던 복부소시의 손실을 설명할 수 있는데 이러한 구조로 인해 겨우 항해를 할 수 있었을 것이다. 일부 현존하는 강도래는 여전히 이러한 방식으로 물위를 항해해 건널 수 있다. 아마도 표면 항해는 공기 중 활주의 경우 보다 더 날개의 길이가 커지는 방향으로 진화되었을 것이고, 소시가 일정 크기에 이르렀을 때 활주나 날개 퍼득임을 통한 비행은 더욱 더 크게 촉진되었을 것이다.

공기역학 이론은 어떻게 크기가 큰 소시가 공기역학적인 장점을 갖게 되었는지에 대한 문제를 해결하는데 사용되었고 이를 위해 모델 곤충을 통한 "wind-tunnel test"(바람-터널) 실험이 실시되었다. 크기제한(size-constrained)과 고정날개(fixed-wing) 모델은 사실성이 떨어지나 다음과 같은 증거가 도출되었다. 즉, 날개를 갖지 않는 1 cm 길이의 곤충 모델은 실패하였으며 작은 소시일지라도 소시를 갖을 경우 추가적으로 미끄러짐과 비행이 조절되는 현상이 확인되었다. 속도의 일정부분을 지연하므로 즉각적인 잇점을 제공하였다. 미모를 갖는 것 또한 보다 안정적인 미끌어짐을 제공하였는데 이는 특히 복부 후부의 소시가 축소되거나 없을 경우 이러한 현상이 뚜렷하였다. 몸체와 소시의 크기가 증가할 경우 추가적으로 미끄러짐과 비행이 조절되는 현상이 확인되었다.

유시류는 날개를 움직일 수 있으나 등위에 접지 못하는 고시류와 등위에 날개를 접을 수 있는 복잡한 날개 관절을 갖는 신시류로 나뉜다(7.4.2절 참조). 일부 저자들은 이들 두 가지 날개의 기부구조는 매우 달라 날개의 진화는 적어도 두 번 이상 발생하였다고 주장하였다. 그러나 관절에 관계없이 모든 유시류는 기본적인 시맥 유형이 있어 날개는 단계통임을 의미하며 이는 현재 날 수 있느냐 와는 관계가 없다. 원시 유시류 날개의 기부는 명백히 많은 관절을 가진 기시판(basal sclerite)과 연루되어 있다. 이러한 체계는 화석의 고시류, 다양하게 변화된 형태, 현존하는 신시류 등에서 볼 수 있다. 하루살이목과 잠자리목에서 기시판은 날개가 배위로 접히는 것을 막는 광범위한 융합이 있었다. 그러나 이러한 융합의 형태와 신시류 계통에서 발생한 다른 형태로 미루어 볼 때 날개의 융합 형태는 다른 많은 경로가 존재하였음을 의미하며 융합 그 자체로 고시류가 단계통임을 증명하지는 않는다. 원시의 소시가 복잡한 관절을 가졌을 가능성은 위의 공기역학 가설과 전혀 일치하지 않으며 고정된 날개를 가졌을 것이라는 가설 역시 가상의 모델 곤충으로부터 얻은 결론과 일치하지 않는다.

시맥의 기원에 대한 전통적인 가설은 "원시적인 날개(protowing)"에서 기관이 분화되어 날개를 지지하거나 또는 날개위의 강화 융선의 발생을 골자로 하고 있다. 또 다른 가설로는 일부 수중 곤충의 아가미에서 보여지는 방식으로 소시를 만드는 혈림프의 관이 지나가는 방향에 따라 시맥이 발생하였다는 것이다. 기본적인 시맥 유형(2.4.2

절 및 그림 2.21 참고)은 날개의 전방에서 후방으로 명명된 각 기본적인 혈동(blood sinus)으로부터 발생하는 8개의 시맥으로 구성되어 있다. 즉, 전전연맥(precosta), 전연맥(costa), subcosta(아전연맥), 경맥(radius), 중맥(media), 주맥(cubitus), 둔맥(anal) and 시수맥(jugal)의 8개이다. 각 시맥은(중맥을 제외하고) 날개기부에서 사방으로 뻗는 맥으로 때론 기부에서 2개로 분지하기도 하며 다각형의 방을 형성한다. 곤충의 날개의 진화는 종종 방(cell)의 숫자가 감소하는 쪽으로, 횡맥이 발달하는 쪽으로, 일부 시맥의 분할이 증가하는 쪽으로 그리고 복잡성의 감소 또는 완전한 소실의 방향으로 이루어진다. 더욱이 날개 짓에 사용되는 근육의 변화가 있어 왔다(3.1.4절 참조). 일부 그룹에서는 앞날개의 변형과(두텁날개 또는 시초 등으로) 방어 등의 역할을 포함하여 뒷날개의 기능변화가 있었다. 앞날개와 뒷날개를 하나의 단위로 합쳐서 비행을 더 잘 조정할 수 있도록 변하기도 하고 파리목에서처럼 날개를 뒷가슴의 평균곤으로 퇴화시킴으로 더욱더 비행을 잘 조정할 수 있도록 변화한 그룹도 있다.

8.5 변태의 진화

앞서 본바와 같이 변태, 즉 유충의 미성숙 단계를 허용하는 것은 경쟁을 피하기 위하여 성충 단계로부터 생태적으로 분리되었고 이는 곤충의 다양성을 위한 중요한 요인으로 작용하였다.

변태로 인해 유충의 단계가 성충의 단계와 아주 다른 형태의 완전변태는 점진적인 불완전변태로부터 진화했다는 가설에 대해 많은 논쟁이 있다. 이 가설은 전약충(후속적인 약충 단계와 구별되는 부화 또는 전부화 단계)이 완전변태에 있어서의 유충에 대한 전구체라고 주장되었고 완전변태의 번데기는 불완전변태의 약충 상태와 완전히 일치한다고 주장되었다.

육각류의 계통에서 가장 빨리 분화한 무변태류를 보면 각 령에서의 탈피 결과 다음의 영은 그 전 영의 크기가 증가 한 것이며 발육은 직선적이며 점진적이고 지속적이다. 초기부터 날 수 있던 곤충인 Palaeodictyopteroidea와 같이(그림 8. 2) 화석 약충은 모든 단계에서 약충의 몸 크기에 비례하여 소시의 크기가 증가함을 보여주었고 이들은 무변태이다. 그러나 전약충 단계는 예외적으로 비례적인 발달이 아니다. 저장 난황만을 먹는 전약충 단계는 독립적으로 생존할 수 있으며 부화 후 며칠이 지나면 움직일 수 있다. 완전히 형성된 생식기와 날개를 갖추어 성충이 다된 불완전변태류는 더 이상의 탈피를 하지 않는다는 점에서 무변태류와 다르며 불완전변태의 곤충은 확연하게 독특한 전약충 단계를 갖는다.

전약충의 몸 비율은 아마도 알 속에서 제한된 공간으로 인해 제한을 받으며 부화를 도와야 할 필요에 의해 다음의 약충 단계와 다르다. 분명히, 유시류의 전약충은 첫 번째 령 약충의 축소판은 아니다. 일부 목(바퀴목, 이목, 노린재목)에서의 부화는 전약충의 큐티클의 허물벗기전(pharate) 상태의 제1령 약충을 말한다. 부화시 부화와 동시에 탈피가 이루어지므로 알로부터 약충이 나온다. 잠자리목과 메뚜기목에서 실질적인 부화의 의미는 진정한 첫 번째 약충으로 탈피하기 전 잠정적인 약충의 발육 장소를 찾기 위하여 비록 제한적이긴 하지만 종종 특수화된, 부화 후 이동을 수행할 수 있는 실질적인 전약충 단계를 말한다.

완전변태류의 유충 단계는 전약충 단계와 상동적이며 불완전변태류의 약충 단계는 완전변태에서 유일한 약충 단계인 번데기 단계와 상동적이다. 이러한 견해에 대한 증거로는 전약충 큐티클, 약충 큐티클 및 유충 큐티클, 즉 시간에 따라 다른 큐티클의 형성된다는 점과 약충에서 다시 시작되는 신경아세포 뉴런의 생산이 유충 기간동안 중단된다는 점이다.

곤층발육이 이처럼 엄청나게 다른 것은 **이시성**(heterochrony), 즉 발달의 단계적 반응 기작에서 각 시간에 각각 다른 조절 활성이 일어나기 때문이다(Box 6.1). 6.3절에서 보듯 변태는 신경펩타이드인 탈피호르몬과 유약호르몬(juvenile hormone; JH)의 상호작용에 의해 조절된다. 조절인자 사이의 균형이 알 단계에서부터 시작되고 발육 전 과정에서 지속된다. 각 단계를 위한 미세한 시간적 차이는 궁극적으로 매우 다른 결과를 낳게 된다. 배 단계에서 JH가 조기에 상승된다면 전유충의 발육을 야기하며 변태를 저해하는 높은 양의 JH가 유지되므로 유충단계가 지속된다. 용화(약충 단계의 시작)는 JH가 감소할 때 시작하며 이어 성숙을 위해선 JH가 증가해야 한다. 완전변태곤충의 발육은 JH가 높게 유지되기 때문에 발생하여 미성숙 단계의 끝(변태)인 시점까지 JH가 없는 상태가 유지된다. 이러한 점은 후배자 단계에서 지속적으로 낮은 JH에 대한 노출로 인해 약충 발육에서 성충 형태로 진척될 수 있도록 하는 불완전변태와 다른 점이다.

진화적으로 초기에 분화된("원시적인") 완전변태류 곤충의 JH는 유충에서 번데기가 될 때 까지 성충의 형질이 일찍 발현되는 것을 방지한다. 그러나 후기에 분화된 목과 보다 후손의 과에서는 JH에 의해 일부 성충 형질이 억제되는 것을 피할 수 있으며 초기 유충 단계에서 발육을 시작하기도 한다. 그러한 형질은 날개, 다리, 안테나, 눈, 그리고 생식기 등이 있으며 그들의 초기 발현은 최종 성충의 기능을 위하여 미리 분화한 성충아될 원시 세포 그룹에서 발견된다(6.2절, 그림 6.4). 유충에서 각 성충 기관의 분화가 일찍 시작된다는 것은 생활사의 진화적인 측면에서 생활사를 크게 단축시킬 수 있음은 물론 아주 큰 변이와 유연성이 허용됨을 의미한다.

발육이 시기적으로 조절될 수 있다는 것은 기본적인 유충 형태, 특히 그림 6.6에서 보여지듯 여러가지 유충 다리 형태에서도 명백하다. 무족(발달이 없음)으로부터 본질적으로 다리가 완전히 발달되는 것까지 다리의 발달과 관련하여 JH 발현은 어떤 단계에서도 전약충/전유충의 발육을 지연할 수 있다. 비록 유충에서 배다리 또는 헛발이라고 표현하지만(2.4.1절) 유충의 다리는 성충의 다리에서 발견되는 것 보다는 다소 덜 발육되었지만 유사한 신경감응을 갖고 있다. 미성숙 단계의 다리와 유충의 다리는 명백히 상동성을 갖고 있다. 왜냐하면 성충 다리의 성충아는 헛발이 아무리 잘 발달되었더라도 헛발 내에서 발달하기 때문이다.

완전변태의 진화에 대해 아직 답이 되지 않은 것은 만약 유충의 진화가 전약충 단계가 길어져 생겨난 것이라면 어떻게 전약충이 먹을 수 있게 되었느냐 하는 것이다. 비록 갑각류의 전약충은 먹지만 현존하는 육각류의 동등의 단계는 먹을 수 없다. 전약충은 부화후 짧은 기간 존재하는데 만약 전약충이 산란 장소를 선택을 하는 암컷에 의해 적합한 미소서식처에 놓이거나 또는 전약충이 제한된 음식 탐색 능력을 갖고 있고 또는 먹이를 먹을 수 있는 상황에 놓이면 다음의 령에서 이러한 능력은 선택되는 경향이 있을 것이다. 유충과 성충의 먹이 자원이 달라지는 것은 먹이를 위한 유충과 성충의 경쟁을 방지하고 생식과 성장을 위한 자원의 분리가 이루어짐으로 계속적인 선택이 될 것이다. 완전변태의 진화는 최소 이러한 분리로부터 야기된 것은 아닌 듯하다.

8.6 곤충의 다양화

현존하는 곤충의 약 반이 초식류로 고등식물의 생체 조직을 씹거나, 빨거나, 쓸어벗기거나 구멍을 뚫지만 현존하는 곤충 목 중 단지 9개만이 식식성이다. 이러한 불균형은 식식성에 대한 장벽이 약화될 때 식식성 계열이 유사계열(자매분류군) 중 다른 섭식 방법을 가진 계열보다 훨씬 더 종수가 많아졌다는 것을 의미한다. 예를 들면 거의 모두가 식식성인 나비목 곤충은 그 종수가 매우 많은데 이는 비교적 종수가 적으며 비식식성으로 나비목의 자매분류군인 날도래목과 비교될 수 있다. 이와 마찬가지로 잎벌레상과와 바구미상과등의 거대한 식식성딱정벌레 그룹은 이들과 자매분류군을 형성하는 머리대장상과 전체에 비해 압도적으로 많은 종수를 포함한다. 명백히, 곤충의 다양성과 꽃식물은 어떠한 방식으로든 연관이 있다(이에 대해선 11장에서 좀더 깊이 있게 설명). 이와 유사하게 식식성의 곤충의 다양성은 13장에서 설명되진 바데로 이들 곤충에 대한 기생성 곤충 또는 포식성 곤충의 다양성과도 관련이 있다. 이러한 병행된 종의 다양성을 위해선 식식성 곤충 또는 기생곤충이 그들의 기주를 찾고 인식할 수 있어야 한다. 실지로 곤충에서 기주 특이성이 크게 발달할 수 있는 것은 이들의 감각과 신경운동 체계가 고도로 발달해 있기 때문이다.

날개를 갖는 것이 날개를 갖지 않는 현상과 대조된다면 식식성이 비식식성과 유사한 대조의 예가 될 것이다. 단계통의 유시류(날개를 갖거나 2차적으로 무시류가 된 것)는 좀목 또는 원시적으로 날개를 갖지 않은 이들의 즉각적인 자매분류군인 무시류에 비해 월등히 많은 종을 보유하고 있다. 이러한 현상에 대한 결론으로 날개를 획득한 것은 어떠한 상황에서도 큰 방사와 관련이 있다. 2차적으로 날개를 잃게 되는 현상은 여러 가지 고립된 종에서 또 속에서 그리고 외부기생을 통한 방사를 보이는 이목과 벼룩목에서 발생한다. 벼룩목은 이와 자매분류군인 일부 또는 전부의 밑들이목에 비해 훨씬 많은 종수를 보유하지만 이목은 날개를 갖고 있는 이들의 자매분류군인 일부 또는 전체 다듬이 벌레에 비해 훨씬 그 수가 적다. 대벌레목의 많은 종들은 날지 못하며 이들은 날개를 갖지 못한 조상으로부터 분화하였다는 흔적이 있다. 그러므로 대벌레목 내에서의 방사는 날개의 산발적인 재획득이 포함되어 있는 듯 하다. 이러한 다소 변칙적인 가설은 곤충발달의 경로가 어떻게 날개발달을 조절하였는지에 대해 고려하지 않더라도 보다 심도있는 연구를 필요로 한다.

날 수 있다는 것은 사용해야할 먹이 자원과 서식처를 사용할 수 있는 이동력을 증가시키고 날지 못하는 포식자를 피할 수 있도록 해준다. 이러한 능력은 멸종의 위협을 감소시켜 종의 생존을 강화해 주며 날개는 곤충이 이주에 의해 그들의 분포범위를 넓힘으로 새로운 서식처에 도달하도록 해준다. 그러므로 이동성의 유시류는 다음과 같은 두 가지 형식의 지역적 종분화 방식에 의해 종을 형성했을 가능성이 높다. 즉, 날개를 가진 성충에 의해 기회적인 이주에 의해 형성된 작은 격리 집단은 새로운 종의 조상이 될 수 있으며 또는 연결된 분포를 가진 넓게 분포한 종은 발육상의 분단 또는 지리적 변화에 의한 분단 사건에 의해 격리된 집단으로 분단될 수 있다.

새로운 종은 부모 집단으로부터 분화하여 격리된 유전자형으로 발생한다. 그러한 격리는 공간적이고 지리적인 것은 물론 동소종분화처럼 시간적 또는 행동적일 수 있으며 기주의 전이와 교미 시간의 변화 등 다양한 종분화 경로에 대해 곤충은 다른 생물체에서 보다 더욱 더 잘 연구되었다.

내시류(7.4.2절)는 수적으로 종이 많은 파리목, 나비목, 벌목 그리고 딱정벌레 목을 포함한다(1.3절). 그들의 성공은 시간적으로 적절한 상황에 따라 성충과 유충 단계가 시간적으로 다를 수 있고 또 시간적으로 할 수 있는 변태가 있기 때문이라고 할 수 있다. 거주성 곤충의 경우 먹이와 서식처의 선별적 선택이 가능하고 이동성 곤충의 경우 종내 경쟁을 피함으로 생존 가능성이 높아지게 된다. 더욱이 일정 생활사 단계에서 불리한 조건, 즉 극단적인 온도, 건조한 상태 또는 먹이의 고갈 등과 같은 상태에서 이러한 스트레스가 덜 가해지는 생활 단계로 바꿈으로 이러한 환경을 더 잘 이겨나갈 수 있다. 예를 들면 휴면하는 유충 단계, 먹지 않은 번데기 단계, 이동성의 성충 단계 등을 들 수 있다.

곤충의 이러한 다양성은 단 하나의 요인으로 설명되기 어렵다. 진화 역사적으로 매우 빠른 발생 그리고 시간의 경과에도 불구하고 지속적으로 많은 종의 유지와 함께 피자식물의 방사와 관련하여 상승된 비율의 종 생성은 우리에서 아주 많은 종을 남겨 주었다. 우리는 태평양의 섬에서처럼 곤충의 방사를 위한 지질역사학적 과거가 잘 알려진 곤충 방사의 선별된 예를 학습함으로 새로운 아이디어를 얻을 수 있다.

8.7 태평양에서 곤충의 진화

하와이와 같은 해양의 섬에 서식하는 곤충(그리고 거미와 같은 다른 절지동물)의 진화를 연구하는 것은 보다 유명한 하와이 은검초(Hwai'ian silverswords), 새(하와이 풀새 및 갈라파고스에 서식하는 다윈의 핀치새), 육지 달팽이, 도마뱀 등의 주요성과 견줄 만 하다. 곤충에 관한 가장 최초의 그리고 가장 유명한 섬에서의 진화에 대한 연구는 하와이의 초파리(파리목: 초파리과)를 포함한다. 이들의 방사에 대하여 수많은 연구가 있었으나 최근의 연구는 귀뚜라미, 딱정벌레목의 딱정벌레, 파리목의 머리파리과, 노린재목의 장님노린재과 종 및 실잠자리 등의 연구를 포함한다.

왜 태평양에서 격리된 섬의 동물군에 대한 관심이 높은 것일까? 하와이의 생물군은 절지동물 중 약 99%가 고유종으로 지구의 다른 곳에서 발견되지 않는다. 태평양은 거대한 대양으로 가장 가까운 대륙인 북미 또는 높은 섬인 마르케사스 군도로부터 약 3,800 km가 떨어져 있는 군도이다. 비교적 잘 알려진 지질학적 역사에 의하면 하와이의 최대 나이는 약 사십삼만년 정도로, 하와이 군도 중 가장 새롭게 만들어진 하와이의 남동쪽에 위치하는 대양의 "hotspot"에 새로운 화산의 잔재에 의한 섬이 생산되고 있음을 말하고 있다. 북서쪽에 위치한 섬은 점차적으로 오래된 것으로 "태평양판"의 북서쪽으로의 이동에 의해 현재의 위치로 옮겨지게 되었다(그림 8.5). 섬의 이와 같은 생성은 마치 컨베이어 벨트처럼, 생성된 섬은 hotspot으로부터 멀리 이동된다. 그러므로 현존하는 가장 오래된 섬은 약 4백 9십만 년이 된 Niihau와 약 5백만 년이 된 Kauia로 북서쪽에 위치한다. 이들과 하와이 사이에 Oahu, Molokai, Manu, Lanai 및 Kahoolawerk가 존재한다, 의심할 여지없이 보다 더 오래된 섬이 있었으나(이들은 약 8천만년전 쯤인 것으로 추정됨) 약 2천3백만 년 전부터 비로서 생물의 정착이 있었던 연쇄의 섬이 있었다.

화와이 군도는 태평양의 한가운데 위치하며 화산 섬인 관계로 이들의 생물상은 육상 생물상과 관계없이 발생하였으며 현재의 거주생물은 필연적으로 이주로 인한 정착자에 의한 것일 수밖에 없다. 모집단(다른 섬과 대륙)으로부터 먼 곳에 정착하는 것은 매우 드문 사건이었으며 이러한 해석이 많은 연구에 의해 알려진바 있다. 섬에서의 생물상은 대륙의 그것과는 매우 불균형하게 달랐다. 섬에 도착한 주요 그룹은 아마 번성할 수 있는 기회의 실패로 존재하

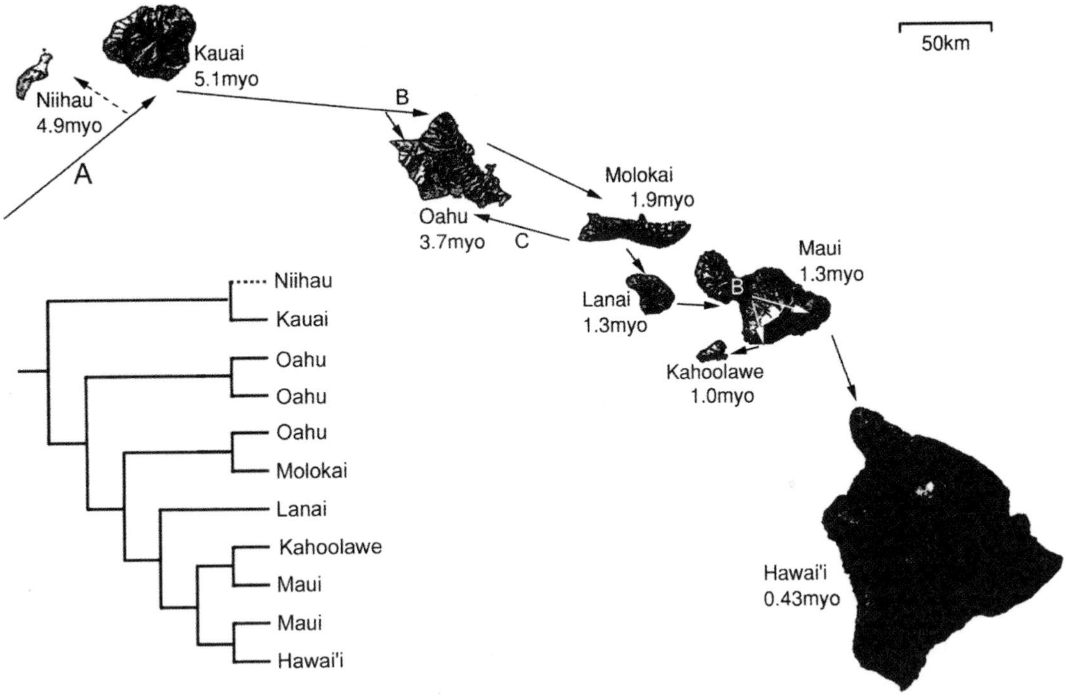

그림 8.5 하와이 군도의 곤충 분류군의 가설적 계통분류학적 관련을 나타낸 분기도. 곤충분류군의 이름은 하와이 토속 지역명으로 대체되었음. 군도에서 곤충의 정착화 과정과 종분화 과정은 화살표로 사건의 순서와 방향을 표시하였음. A, 정착; B, 섬내에서의 다양화, C, 역 정착 사건. myo, million years old(백만년), 파선, 멸종 계통

지 않았다. 성공적으로 정착하여 생존할 수 있는 수준의 집단을 형성한 종들은 종종 새로운 종으로 분화하였고 그들은 조상 종에 비해 상당히 다른 생물상을 보일지 모른다. 그러므로 하와이의 실잠자리는 다른 곳에서의 수중 유충과 달리 육상의 유충을 갖는다. 또 하와이의 자벌레나방 유충은 식식성이 아닌 포식성이며 담수의 급류에서 발견되는 각다귀 유충은 해양에서 발견된다.

정착화 사건이 드문 결과 대부분의 곤충 방사는 단계통으로 확인되었다. 즉 완전한 방사는 하나의 창시자 개인 또는 집단으로부터 파생된 완계통에 속한다. 일부 완계통에서 방사된 각 종은 하나의 섬에 국한되어 있는 반면 광범위하게 분포한 종은 하나의 섬 이상의 곳에서 발견된다. 종 정착의 역사를 완전히 이해하고 또 후속적인 다양화를 이해하는 것이 하나의 완계통에서 종간의 관계를 이해하는 계통분류학이다. 하와이의 초파리는 광범위하게 분포된 종이 없으며(모두 섬 하나의 토착종임) 그들의 관련에 대하여 처음에는 형태에 대하여 더욱 최근에는 분자 기법에 의하여 연구되어 왔다. 이러한 완계통에 대한 역사적 해석은 생각보다 단순하다. 즉 종 분포는 일반적으로 오래된 섬과 화산(Oahu와 Molokai)에 이주한 정착자는 주변으로 방사할 때 Maui와 하와이와 이 비교적 최근에 형성된 섬에 그들의 자손을 방사하는 등 이곳의 지질 역사와 잘 일치한다.

섬의 연대와 관련해 오래전 정착했음에도 주변으로의 방사가 비교적 최근에 이루어진 것으로 머리파리과(Pinculidae), 실잠자리 그리고 장님노린재(mirids) 종류 등의 하와이 곤충을 들 수 있다. 이러한 정착화와 방사의 시기에 대한 추론이 가능하지만 현재 가장 오래된 높은 섬(약 5백만년전) 이전에 기원한 것은 거의 없는 듯 하며 순차적인 정착화는 각각 새롭게 형성된 섬의 연대와 대략적으로 일치한다.

유충이 흐르는 물에 사는 먹파리과(Simuliidae)의 파리는 계곡의 물이 강하게 흐르고 삼출 형태로 있는 섬의 상태에서는 살지 못한다. 지질적 시간에서 섬의 연령이 많아짐에 따라 섬의 중간 연령까지 최대의 수서 서식처의 다양성을 갖은 최대의 환경적 다양성이 이루어지고, 이는 이후 섬의 노화에 의해 침식이 야기되고 상승된 지역이 소실되어 멸종을 야기하게 된다. 이러한 중간 연대에서 하와이의 *Megalagrion* 실잠자리와 같이 단 하나의 섬에서 다른 서식처와 다른 종 분화가 발생한다. 이러한 완계통에 있어서의 종분화 과정을 살펴보면, 해양으로부터 발생한 실잠자리는 적합한 서식처에 잘 적응한 유충 집단들과 관련이 있다(유속이 빠른 물, 삼충, 식물 엽액 또는 심지어 육상의 서식처). 즉, 다양한 서식처에 적응한 유충집단은 새로운 섬이 형성됨에 따라 새로운 섬으로 이주하게 된다. 그러나 무엇보다 중요한 것은 이러한 종분화 유형을 자세히 살펴보면 같은 섬에서 다른 서식처에 적응하는 방식에 의한 분화가 일을 수 있고 이러한 현상은 최초의 정착화 이후 매우 급속하게 발생하였을 것이다. 한편 섬에서의 곤충의 방사는 오래된 섬으로부터 다시 새로운 섬으로의 재정착화 등 매우 복잡한 예도 있다(역 창시자 사건).

하와이 곤충에 대하여 최초의 창시자 또는 개척자(정착자)를 찾는 일은 쉽지가 않은데 이는 하와이에서의 방사가 종종 하와이 이외 지역에 대한 전망과 매우 다르기 때문에 때때로 쉽지 않다. 그럼에도 불구하고 일부 기원이 알려져 있는 곤충을 살펴보면 서쪽 또는 남-서 태평양은 딱정벌레과 곤충, 실잠자리, 그리고 다른 여러 그룹 곤충의 기원지이며 북미는 장님노래재과 곤충의 기원이지이다. 반면 태평양의 동편에 있는 갈라파고스의 곤충상의 진화는 하와이와 사뭇 다르다. 갈라파고스에 광범위하게 분포하는 곤충 종은 중앙 또는 남미와 절대적으로 공유하며 토착종은 종종 동물상의 많은 부분에서 제시된 것처럼 가장 가까운 남미의 것들과 종종 자매분류군의 관계를 나타낸다. 등애모기(등애모기과) 곤충상은 명백히 많은 독립적인 창시사건에 의해 발생하였으며 여러 파리에서 이와 유사한 경우가 발생했다. 하와이와 비교하여 갈라파고스의 다양성을 야기한 종분화는 갈라파고스 내의 종분화에 의한 다양성이라기 보다는 명백히 주변 가까운 대륙으로부터 장거리 이동에 의해 생겨난 다양성이 더 크다. 그럼에도 불구하고 일부 창시자의 도착은 매우 일찍 발생하여 현재 가장 오래된 섬보다 더 오래되었다는 분석도 있다.

갈라파고스와 하와이의 메뚜기군은 암수 한쪽 또는 양쪽의 날개가 퇴화되거나 축소된(무시형 또는 단시형) 상태로 섬에 거주하게 되는 또 다른 진화적 양상을 보여 준다. 이와 같은 현상은 계통분석에 의해 알 수 있으며 이와 같은 현상은 여러 번 날개가 손실되었다고 알려진 딱정벌레 목 내의 딱정벌레과 곤충에서도 보여진다. 더욱이 갈라파고스와 하와이에는 유충관(larva tubes)과 동굴과 같은 지하 서식처에 서식하는 곤충들의 광범위한 방사가 있었다. 성의 선택에 대한 연구(본질적으로 암컷에 의한 짝짓기 상대의 선택)(5.3절)는 섬 내에서 종의 분화와 관련하여 최소한 귀뚜라미와 광대파리 등에서 중요한 역할을 하였을 것으로 제안되었다. 그러나 이러한 상황이 대륙에 서식하는 곤충들에 비해 더욱더 강화되었는지에 대해선 아직 분명하지 않다.

모든 태평양 섬의 생물상은 분명 매우 지속적으로 물을 건너 정착한 비고유종의 이주와 정착에 의해 크게 영향을 받은 바 있으나 분명 생물적 방제 활동을 포함한 인간의 교류와 관련이 있다. 불개미와 조류 말라리아의 모기 매개체와 같은 종들이 우연히 일시적으로 유입된 것은 하와이에 서식하는 다양한 분류군을 비롯한 하와이의 자연 생태계에 매우 악영향을 끼쳐왔다. 심지어 농해충을 방제하기 위해 도입된 포식기생자도 아주 멀리 떨어진 서식처에 서식하는 토착의 나비에 까지 전파되었다(16.5절). 진화과정을 연구하기 위한 우리의 매우 독보적인 자연 실험실이 매우 급박하게 파괴되고 있는 실정이다.

참고문헌

Austin, J.J., Ross, A.J., Smith, A.B., Fortey, R.A. & Thomas, R.H. (1997) Problems of reproducibility - does geologically ancient DNA survive in amber-preserved insects? *Proceedings of the Royal Society of London B* **264,** 467-74.

Clark, J.W., Hossain. S .. Burnside. C.A. & Kambhampati, S. (2001) Coevolution between a cockroach and its bacterial endosymbiont: a biogeographic perspective. *Proceedings oj the Royal Society ojLondon B* **298,** 393-8.

Coope, R. (1991) The study of the "nearly fossil". *Antenna* **15,** 158-63.

Cranston, P.S. & Naumann, I. (1991) Biogeography. In: *The Insects oj Australia*, 2nd edn. (CSIRO). pp. 181-97. Melbourne University Press. Carlton.

Dudley, R. (1998) Atmospheric oxygen, giant Palaeozoic insects and the evolution of aerial locomotor performance. *Journal ojExperimental Biology* **201,** 1043-50.

Elias, S.A. (1994) *Quaternary Insects and their Environments.* Smithsonian Institution Press, Washington. DC.

Gillespie, R.G. & Roderick, G.K. (2002) Arthropods on islands: colonization, speciation, and conservation. *Annual Review ofEntomology* **47,** 595-632.

Grimaldi, D. (2003) Fossil record. In: *Encyclopedia oj Insects* (eds. V.H. Resh & R.T. Carde), pp. 882-8. Academic Press. Amsterdam.

Jordan, S .. Simon, C. & Polhemus, D. (2003) Molecular systematics and adaptive radiation of Hawaii' s endemic damselfly genus *Megalagrion* (Odonata: Coenagrionidae). *Systematic Biology* **52,** 89-109.

Kukalova-Peck, J. (1983) Origin of the insect wing and wing articulation from the arthropod an leg. *Canadian Journal oj Zoology* **61,** 1618-69.

Kukalova-Peck, J. (1987) New Carboniferous Diplura, Monura, and Thysanura, the hexapod ground plan, and the role of thoracic side lobes in the origin of wings (Insecta). *Canadian Journal ofZoology* **65,** 2327-45.

Kukalova-Peck, J. (1991) Fossil history and the evolution of hexapod structures. In: *The Insects oj Australia,* 2nd edn. (CSIRO), pp. 141-79. Melbourne University Press, Carlton.

Labandeira, C.C., Dilcher, D.L., Davis, D.R. & Wagner, D.L. (1994) Ninety-seven million years of angiosperm-insect association: palaeobiological insights into the meaning of coevolution. *Proceedings oj the National Academy oj Sciences of the USA* **91,** 12278-82.

Machado. C.A., [ousselin, K, Kjellberg, F., Compton, S.G. & Herre. KA. (2001) Phylogenetic relationships, historical biogeography and character evolution of fig-pollinating wasps. *Proceedings oj the Royal Society ofLondon B* **268,** 685 -94.

Mitter, C., Farrell, B. & Wiegmann, B. (1988) The phylogenetic study of adaptive zones: has phytophagy promoted insect diversification? *American Naturalist* **132,** 107-28.

Moran. N.A. (1989) A 48 million year old aphid-host plant association and complex life cycle: biogeographic evidence. *Science* **245,** 173-5.

Pritchard, G., McKee, M.H .. Pike, E.M., Scrimgeour, G.J. & Zloty, J. (1993) Did the first insects live in water or in air? *Biological Journal of the Linnean Society* **49,** 31-44.

Resh, V.H. & Carde, R.T. (eds.) (2003) *Encyclopedia oJ Insects.* Academic Press. Amsterdam. [Particularly see articles on biogeographical patterns: fossil record: island biogeography and evolution.]

Trueman. J.W.H. (1990) Evolution of insect wings: a lirnbexite-plus-endite model. *Canadian Journal oj Zoology* **68,** 1333-5.

Truman, J.W. & Riddiford, L.M. (1999) The origins of insect metamorphosis. *Nature* **401,** 447- 52.

Truman, J.W. & Riddiford, L.M. (2002) Endocrine insights into the evolution of metamorphosis in insects. *Annual ReviewoJEntomology* **33,** 467-500.

9장

지표성 곤충

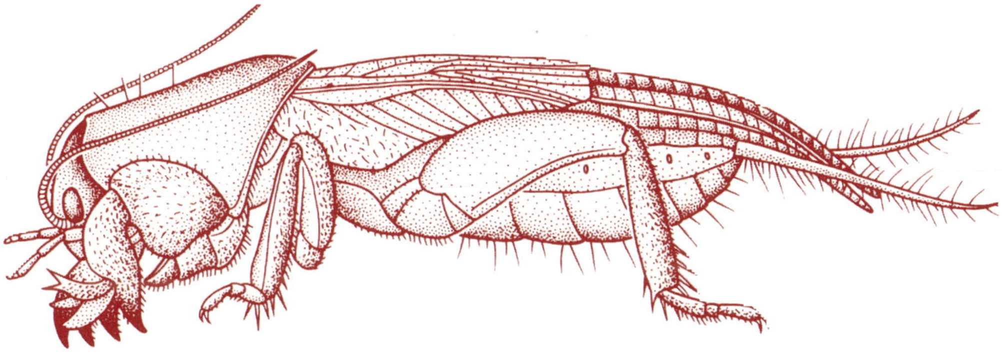

A mole cricket. (After Eisenbeis & Wichard 1987)

전형적인 토양의 측면도는 유기물 풍부한 토양인, 부엽토와 중간단계에 있는 더 부식된 물질로 덮여있는 최근에 생성된 식물생장 물질인 소위 **부식토**의 상층을 보여준다. 이러한 유기 물질들은 강우와 온도와 같은 지역적인 지질과 기후에 따라 변하는 무기물을 함유한 토양 층 위에 있다. 입자 크기와 토양수분은 지하 생물의 미소분포에 중요한 영향을 미친다.

썩은 나무, 잎 찌꺼기, 썩은 고기, 분뇨로 이루어진 부패된 서식지는 토양계의 절대필요 부분이다. 식물체와 동물체의 부패과정과 토양으로 영양분의 전환은 많은 유기체, 곰팡이를 함유한다. 균사와 자실체는 많은 곤충을 이용하여 매개물을 제공하고, 모든 동물체는 곤충과 다른 육각류 곤충을 포함한 분해된 물질과 관련이 있다.

이 장에서 우리는 토양과 토양, 부패한 식물과 부식토, 죽거나 부패된 나무, 분뇨, 부패물 등의 여러 가지 큰 서식지와 관련된 분해된 동물상의 생태학과 분류학적인 범위를 검토한다. 우리는 곤충과 곰팡이의 상호작용과 2개의 친밀한 관계를 조사한다. 특수화된 지하 서식지(동굴)의 묘사는 환경적인 관찰에 있어 일부 육생 육각류 곤충을 대상으로 하였다. 이 장은 비육각류 곤충(톡토기목, 낫발이목, 좀붙이목); 원시적으로 날개 없는 좀목과 좀벌레목; 3개의 작은 불완전변태 목, 귀뚜라미붙이목(Grylloblattodea), 흰개미붙이목(Embiidina)와 민벌레목(Zoraptera): 집게벌레목; 과 바퀴벌레목을 다루는 7개의 분류목으로 이야기를 마무리한다.

9.1 부식토 및 토양 곤충

부식토는 식물의 부스러기(파편)가 떨어져서, 잎, 작은 가지, 나무, 여러 가지 부식된 상태에 있는 꽃과 같은 그러한 물질로 구성된다. 토양의 부엽토층 속으로 최근에 떨어진 식물체의 결합을 이끄는 과정은 박테리아, 원생동물, 곰팡이와 같은 작은 유기체에 의해서 이루어진다. 선충류, 지렁이 그리고 갑각류를 포함한 육상 절지동물, 응애와 육각류 곤충의 활동은 자동적으로 큰 입자를 파괴하여 배설물과 같은 미세한 입자로 저장한다(그림 9.1). 진드기, 흰개미, 개미와 많은 딱정벌레는 부엽토와 부식토가 풍부한 토양의 중요한 절지동물이다. 딱정벌레, 파리류, 나방을 포함한 많은 유충기(미성숙기) 곤충은 부식토나 토양에 많을 수 있다. 예를 들어, 호주의 숲과 산림지에 유칼리나무 잎 부식토는 많은 Oecophorid 나방과 어떤 잎벌레과(Chrysomelid) 잎딱정벌레들의 유충에 의해 소비된다. 토양 동물군 또한 많은 비육각류 곤충(톡토기목, 낫발이목, 좀붙이목)과 원시적으로 날개 없는 곤충(좀목과 좀벌레목)을 포함한다. 많은 바퀴벌레목, 메뚜기목, 집게벌레목은 단지 지상 부엽토— 민벌레목, 흰개미붙이목과 귀뚜라미붙이목 등 여러 가지 소수 목 곤충들로 제한된 서식지—에만 생긴다. 습지나 물가 서식지와 같은 영구히 또는 규칙적으로 물에 잠기는 토양은 10장에서 묘사된 완전히 수서 곤충의 서식지로 변해서 동물상의 유사성을 보여준다.

토양의 측면에서 보면 최근에 떨어진 상층 부식토에서 아래층에 잘 부패된 부식토와 부엽토가 풍부한 토양으로 변화는 점진적일 수 있다. 어떤 절지동물은 특별한 층 또는 깊이에 제한될 수도 있고 깊이에 알맞은 독특한 행동과 형태를 보여준다. 예를 들면, 톡토기목 중에서 *Onychurus*는 깊은 토양층에 살며, 줄어든 부속기관을 가지고 있으며, 볼 수 없고 흰색이며, 톡토기목의 특징적 도약 기관인 차상기가 부족하다. 토양의 중간층 깊이에서 *Hypogastrura*는 홑눈과 몸길이의 반보다 더 짧은 차상기를 가진 짧은 부속기관을 가지고 있다. 반면에, 표면의 잎 부식토 안에 사는 *Orchesella*와 같은 톡토기목은 큰 눈과 긴 부속 기관, 그리고 몸길이 반 이상보다 더 긴 차상기를 가지고 있다.

일련의 형태학적 변이를 토양곤충에서 볼 수 있다. 유충은 종종 잘 발달한 다리로 토양을 통과하여 활발한 활동을 하기위해 잘 발달된 다리를 가지고 있으며, 번데기는 우화를 위해 토양 표면으로 자주 움직이는 것을 돕기 위해 가시모양의 가로띠를 가지고 있다. 많은 지표성 곤충 성충은 불완전한 눈을 가지고 있으며, 날개는 경화된 앞다리에 의해 보호되어지거나, 짧아지거나(단익), 모두 잃어버리거나(무시류), 개미와 흰개미의 생식기처럼 분산 비행 후에 떨어진다(낙엽성 또는 조락성). 땅에 사는 생물에 있어 주요한 날개의 부재 또는 손실로 인해 날지 못하는 것을 도약에 의해서 포식관계를 피할 수 있다; 톡토기목 곤충의 차상기는 용수철 구조이고, alticine 딱정벌레목(벼룩)과 지상에 사는 직시류 곤충은 안전하게 도약할 수 있다. 그러나 도약(뜀)은 지하곤충에게는 가치가 거의 없다. 이들 곤충에 있어서 앞다리는 토굴곤충의 다리처럼 땅을 파기위해서 변형될 수도 있고(그림 9.2), 땅강아지(이 장의 장식무

니로 묘사되어진 것처럼), 불완전 변태 매미와 많은 딱정벌레들처럼 터널을 만드는 곤충에서 볼 수도 있다.

지하 곤충의 분포는 계절마다 바뀐다. 보다 깊은 토양에서의 일정한 온도는 땅위의 낮은 온도를 피하기 위한 방법으로서, 겨울에는 매력적이다. 토양에 있어서 수평면은 수직 및 수평의 분포를 다루는데 있어서 중요하다. 자주 습기가 있는 토양에 살고 있는 지하곤충의 유충은 아마도 움직일 수 없는 번데기시기에 곰팡이병의 위험을 줄이기 위해서, 용화를 위해 더 건조한 지역을 찾을 것이다. 개미의 지하 서식지는 보통 더 건조한 곳에 위치하거나, 또는 서식지 입구는 비가 오는 동안 홍수를 막기 위해서 토양 표면 위 보다 높게 있거나 서식지전체가 과도하게 습한 땅을 피해 높은 곳에 있다. 개미와 흰개미의 서식지의 위치나 모양은 습도와 온도 조절에 아주 중요하다. 왜냐하면 이들은 서식지내 또는 어떤 종에 있어서는 서식지간에 이동을 할 수는 있으나, 사회성 말벌이나 벌과 달리 선풍짓에 의해 서식지를 통풍할 수 없기 때문이다. 식량으로 제공되는 개개 곰팡이의 성장에 적합한 내부 환경을 유지하는 Amitermes(그림 12.9)와 Macrotermes(그림 12.10)의 흰개미를 내부 서식처 환경을 소극적으로 조절하는 예로 들 수 있다(12.2.4절).

많은 땅에 서식하는 육각류는 그들의 영양분을 토양을 포함한 죽어 부패한 식물과 동물 잔해와 관련된 미생물이 함유된 많은 토양의 섭취물로 부터 얻는다. **saprophages**(부패물을 먹이로 하는 식성충) 또는 **detritivores**(생물의 사체조각을 먹는 붕괴물 식성)로 잘 알려진 이들 bulk-

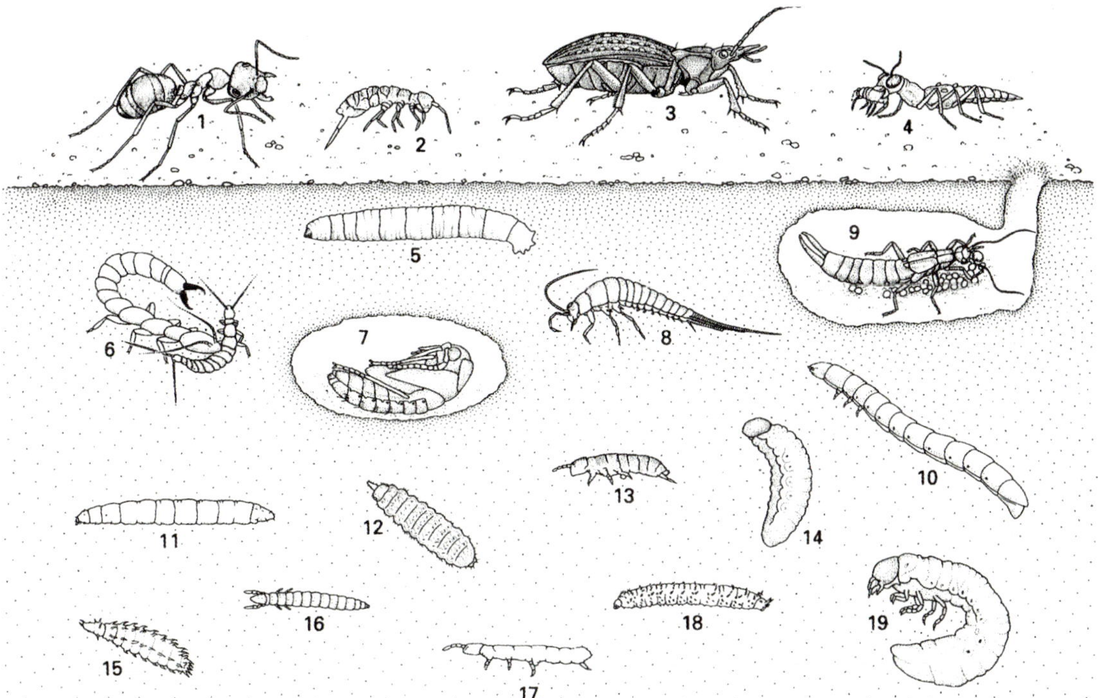

그림 9.1 몇 가지 전형적인 부식토 및 토양 곤충을 보여주는 토양측면의 도식도. 토양 표면 위나 부식토 내에서 살아가는 곤충은 깊은 땅속에서 발견된 곤충보다 더 긴 다리를 가지고 있는 것에 주목. 묘사된 곤충 (1) wood 개미(벌목: 개미과); (2) 톡토기(톡토기목: 가시톡토기과); (3) 지상 딱정벌레(딱정벌레목: 딱정벌레과); (4) rove beetle(딱정벌레목: 반날개과); (5) 꾸정모기의 유충(파리목: 각다귀과); (6) japygid dipluran(좀붙이목: 집게좀붙이과); (7) 지상 딱정벌레 유충 (딱정벌레목: 딱정벌레과); (8) 좀(돌좀목: 돌좀과); (9) 암 집게벌레(집게벌레목: 큰집게벌레과); (10) 방아벌레 유충(노래기), tenebrionid beetle 유충(딱정벌레목: 거저리과);(11) 파리매 유충(파리목: 파리매과); (12) 등에 유충(파리목: 동애등애과); (13) 톡토기(톡토기목: 가시톡토기과); (14) 바구미 유충(딱정벌레목; 바구미과); (15) 집파리 유충(파리목: 집파리과) (16) 원미류 곤충(낫발이목: 검은낫발이과) (17) 톡토기(톡토기목: 가시톡토기과); (18) 털파리 유충(파리목: 털파리과); (19) 풍뎅이 유충(딱정벌레목: 풍뎅이과). (여러가지 정보, 특히 Eisenbies & Wichard 1987, 후 개개의 생물 모식.)

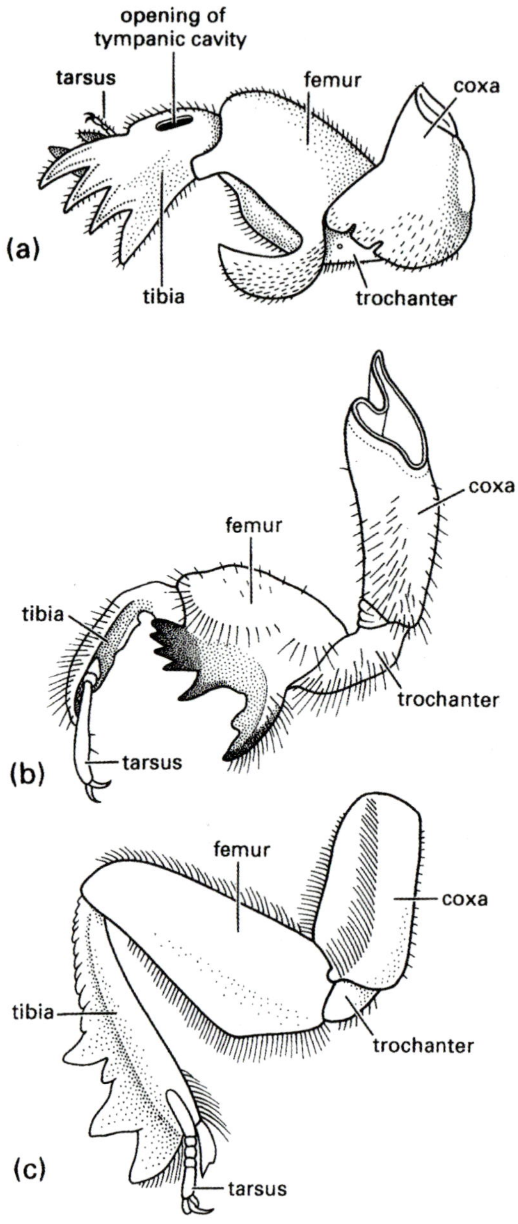

그림 9.2 토굴 곤충의 앞다리: (a) Gryllotalpa의 땅강아지(메뚜기목: 땅강아지과), (b) Magicicada의 님프 년매미(매미목: 매미과), (c) Canthon의 풍뎅이(딱정벌레목: 풍뎅이과). ((a) After Frost 1959, (b) after Snodgrass 1967, (c) after Richards & Davies 1977

feeder는 다수의 톡토기목, 풍뎅이 유충, 그리고 흰개미(흰개미목: 흰개미과)와 같은 육각류를 포함한다. 비록 이들은 장내 공생 원생생물을 가지고 있다는 것이 증명되어지지는 않았지만 토양의 부식층으로부터 셀룰로스(섬유소)를 소화할 수 있는 것처럼 보인다. 많은 배설물이 생산되고 이들 유기물은 열대와 아열대지방의 토양을 만드는데 중요한 역할을 한다.

식물의 심토 부분은 자주 부식질 토양을 소모하는 절지동물을 만날 것이다. 종종 뿌리의 좋은 부분은 **근권**(rhizosphere)이라 불리는 지역을 형성하면서, 곰팡이 근균 및 뿌리세균과의 특정한 관계를 가진다. 세균과 곰팡이의 밀도는 뿌리로부터 멀리있는 토양과 비교해 볼 때 근권에 가까운 토양이 더 높은 상태이고, 미세 절지동물의 밀도는 근권에 가까울수록 상당히 높다. 예를 들면 톡토기목의 선택적 방목은 식물에 병원균인 곰팡이의 성장을 줄이고 또한 유익한 곰팡이나 세균을 근권으로 옮기는 것을 돕는다. 더군다나 근권과 그 외의 부분에 있어서 미세절지동물과 곰팡이 사이의 상호작용은 식물이 이용할 수 있는 질소와 인산염의 광화작용을 도울 수도 있다: 그러나 이러한 유용한 역할을 정량화할 수 있는 더 실험적인 증거가 필요하다.

9.1.1 뿌리를 먹는 곤충

비록 식물 생물량의 50~90%가 땅 밑에 있다고 인식은 되어있지만, 식물의 뿌리를 먹는 뛰어난 초식동물은 식물과 곤충의 상호작용 연구에서 무시되어왔다. 뿌리를 먹는 활동은 년매미(*Magicicada* spp.)와 같은 카리스마 있는 분류군조차도 공간과 시간에 있어서 정량화되기가 어렵다. 단지 지상 식물이 넘어지기만 해도, hepialid의 유충, 유령나방 및 방울벌레(방울벌레과), 거짓방울벌레(거저리과), 바구미(바구미과), 풍뎅이과 곤충, 잎벌레과 곤충, glaerucine chrysomelids를 포함한 풍뎅이와 같은 그러한 뿌리를 씹거나 캐내는 곤충에 의해서 발생되는 해로운 결과의 증거가 될 수 있다. 그러나 치사율은 뿌리 방목에 대해 증대된 지상 성장으로 반응하는 식물, 중간적인으로 반응하는 식물 그리고 임계치 이하의 피해를 유지하려는 식물들과 더불어 반응 스펙트럼중 하나의 결과이다. 진드기(Box 11.2)나 깍지벌레(Box 9.1)와 같이 식물 뿌리위에서 수액을 흡즙하는 곤충은 특히 곤충에 의해서 피해 받아 괴사된 조직은 이차적으로 곰팡이나 세균에 의해 침입을 받아, 식물이 활기를 잃거나 죽게 만든다. 비록 심각한 피해를 일으킬 수 있는 과수원에서 년매미의 유충이 발생하

Box 9.1 포낭에 싸인 약충

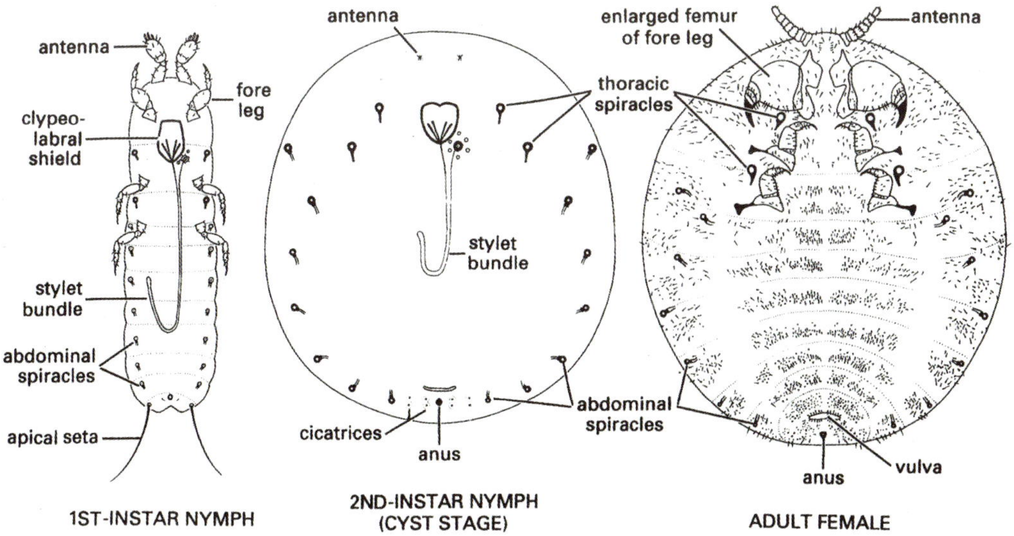

아프리카의 일부에서는 때때로 지역 사람들에 의해서 지하에 사는 포낭에 싸인 깍지벌레의 약충 ("ground pearls")이 목걸이로 만들어진다. 이들 약충 곤충은 기문과 흡즙 구기를 제외하고는 표피의 특징을 거의 가지고 있지 않다. 이 곤충들은 종에 따라서 틀리기는 하지만 1-8 m의 가장 큰 크기의 난형 "포낭"을 구형으로 형성하면서, 그들을 둘러싸고 있는 반투명 또는 불투명한, 그리고 유리 또는 진주 같은 덮개를 분비한다. 포낭에 싸인 깍지벌레의 약충은 Eumargarodes, Margarodes, Neomagarodes, Porphyrophora 와 Promargarodes를 포함하여 이세리아깍지벌레아과 (노린재목: 이세리아깍지벌레과)의 여러 가지 속에 속한다. 이들은 풀뿌리, 특히 사탕수수와 포도나무에 둘러싸인 토양에서 전 세계적으로 발생한다. 이들은 아주 많으며, 이들 약충에 의한 섭식은 식물 활력의 손실과 죽음을 일으킬 수 있다; 잔디에 있어서 섭식의 결과로 군데군데 갈색의 죽은 풀이 된다. 남아프리카에서 이들은 심각한 포도밭 해충이다; 오스트리아에서 다른 종은 사탕수수의 생산량을 줄인다; 미국 남동쪽에서 있는 한종은 잔디 해충이다.

많은 종들이 단위생식을 하며, 또는 적어도 수컷은 결코 발견되지 않는다, 수컷이 출현했을 때 암컷보다 훨씬 작았기 때문에 대부분 식물피해는 암컷에 의해서 발생한다. 3령 암컷이 있다(Margarodes(=Sphaeraspis) capensis에 관해서 여기에 설명된 것처럼, De Klerk et al.1982): 1령 유충은 2령 약충 또는 포낭 단계로 탈피하여 뿌리위에 섭식지역을 찾으면서 토양에 흩어진다. 암컷 성충은 봄과 가을사이에(종에 따라서) 포낭에서 출현하며, 교미를 할 때는 수컷과 함께 토양표면으로 나온다. 그런 다음에 암컷은 굴 파기에 알맞은 큰 앞다리를 가지고 땅을 파면서 땅속에 등을 묻는다. 앞다리 밑마디는 넓고, 넓적다리마디는 크고 묵직하며 발목마디는 매우 경화된 발톱이 연결되어 있다. 단위생식의 종에 있어서, 암컷은 결코 토양을 떠날 수 없다. 암컷 성충은 구기가 없으며, 먹지 못한다. 토양에서 그들은 흰색 섬유의 밀랍덩어리를 분비한다–수백개의 알을 둘러싸고 있는 난낭. 비록 포낭에 싸인 양충은 포낭으로부터 생산되는 실과 같은 침돌기를 통해서 먹을 수 있지만, 대부분 종의 2령 약충은 장기간 동면할 수 있다(17년까지 동면되는 한 종이 보고 됨). 종종 포낭에 싸인 약충은 수년 동안 실험실에서 건조한 상태를 유지하지하더라도 여전히 성충으로 "부화" 할 수 있다. 이 긴 생활사와 건조에 대한 저항력과 함께 토양에서 동면으로 쉴 수 있는 능력은 만연하고 있는 밭에서 박멸하기가 어렵다는 것을 그리고 심지어 윤작조차도 효과적으로 이들을 효과적으로 제거할 수 없다는 것을 의미한다. 더군다나, 포낭벽과 지하에 서식함으로서 제공되는 보호는 살충제에 의한 박멸을 아주 부적당하게 만들었다. 많은 이의 심각한 해충곤충은 아마도 기원이 아프리카와 남미이며, 격리제한 전에 토양 내에서 포낭으로 또는 근경 위에서 나라 안에서 그리고 나라와 나라 사이에 옮겨졌을 수도 있다.

더라도 이들이 먹는 뿌리와 관계된 요소는 충분히 알려지지 않고 있다(6.10.5절 참조).

토양을 먹는 곤충은 아마도 선택적으로 식물의 뿌리를 피하지는 않는다. 따라서 목초지의 토양을 먹는 각다귀과(쥐치), 검정날개버섯파리과(검은 곰팡이 각다귀)와 털파리상과(털파리)와 같은 파리 유충이 고밀도인 곳에서 뿌리는 이들의 활동에 의해 피해를 입는다. 잘 관리된 방목지, 골프장 및 잔디를 생산하는 농장에 경제적인 손실을 일으킨다는 빈번한 보고가 있다.

외래/침입 식물의 관리를 위한 생물농약으로서 곤충의 사용은 종자와 잎과 같은 지상 부분의 초식성을 강조하였으나(11.2.6절 참조), 뿌리를 파괴하는 분류군은 경시하였다. 이들에 대한 중요성의 인식이 증가하였음에도 불구하고, 뿌리를 먹는 곤충과 비교할 때 지상의 생물농약곤충은 10배 정도 방출하였다. 2000년까지 지상 생물농약 곤충의 약 33%가 그들 기주식물의 억제에 기여한 것과 비교해 볼 때 , 방출된 뿌리를 먹는 생물농약곤충의 50%이상이 목표인 침입식물의 억제에 공헌하였다. 딱정벌레목 특히, 바구미과와 잎벌레과는 생물농약으로서 가장 성공적인 것으로 나타났지만, 나비목과 파리목은 다소 덜하였다.

9.2 곤충과 죽은나무 또는 부식된 숲

나무가 죽는 데는 나무 중에 병원성 곰팡이를 전달하는 역할을 하는 곤충들도 포함될 수도 있다. 따라서 Sirex와 Urocercus 속(벌목: 송곳벌과)의 나무 말벌은 산란관에 연결된 함입되어 있는 절간낭에 Amylostereum 곰팡이 포자를 운반한다. 산란동안에 포자와 점액은 균사체 감염을 일으키면서, 주로 Pinus 종의 나무 액재에 주입된다. 체내 침입은 송곳벌 유충이 발육하기에 알맞은 목질부 주변을 더 건조하게 만든다. 호주와 뉴질랜드에 있어서 곰팡이병은 화재로 손상된 나무 또는 가뭄상태에 의한 피해를 받은 나무를 죽게 할 수도 있다. 느릅나무 입고병을 전파하는데 있어서 나무좀(나무좀종, 딱정벌레목: 바구미과: 나무좀아과)의 역할은 4.3.3절에서 논의된다. 살아있는 나무에 곤충이 옮겨 생긴 곰팡이병은 나무의 죽음을 초래하고, 계속된 나무의 부패와 자연적 원인으로 죽은 나무들은 종종 곤충과 곰팡이사이의 더 나아간 상호작용을 의미한다.

일반적으로 딱정벌레에 있어서 "농업의 진화"로 불리

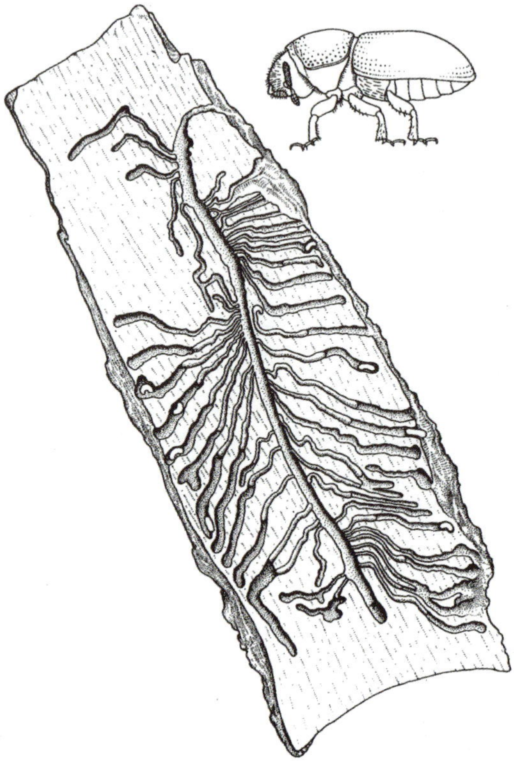

그림 9.3 다수의 갤러리(터널) 끝에 알을 보여주면서, 나무좀 *Scolytus unispinosus*(딱정벌레목: 나무좀아과)에 의해 파여진 깃털 모양의 터널; 확대된 것은 성충나무좀을 나타낸다. (Deyrup 1981.)

는 죽은 숲과 ambrosia 균류와 상당한 관계에 ambrosia 좀(바구미과: 긴나무좀아과와 나무좀아과)도 포함된다. 성충 딱정벌레는 살아있는 나무도 공격을 하지만 주로 죽은 나무에(그림 9.3), 종종 갤러리라고 불리는 터널을 판다. 딱정벌레는 체관부, 나무, 작은 가지, 나무열매에 구멍을 뚫고, 곤충의 하면(여름잠) 또는 분산 동안에 곰팡이를 저장하는 **곰팡이 능사**(mycangia)라 불리는 특별한 표피 주머니에 옮겨서 나무에 서식하는 외부공생 "ambrosia" 곰팡이로 감염시킨다. 넓은 분류범위에서 유래한 곰팡이는 식물방어를 줄이고, 딱정벌레를 위해 더 많은 영양소를 만들기 위해서 나무를 훼손시킨다. 유충과 성충은 어떤 조건하에 있는 나무를 먹고 직접적으로 지극히 영양분이 풍부한 곰팡이를 사육한다. ambrosia 곰팡이와 딱정벌레 사이의 관계는 아마도 피자식물로 여러 번의 전환과 관련하여 증가된 다양성을 가진, 나자식물 기주나무와 함께 6천만

년 이상 아주 오래된 것처럼 보인다.

섶벌레과 및 곡식쑤시기과의 딱정벌레를 포함한 일부 균식성 곤충은 곰팡이 능사에 있는 곰팡이를 최근에 불탄 숲으로 강하게 끌어옮긴다. 유럽의 일부 지역에 불탄 숲의 초기 식민자인, 곡식쑤시기과 딱정벌레 *Henoticus serratus*는 샘 분비액과 자낭균류 *Trichoderna*의 물질이 분리되었던, 날개가슴(그림 9.4)의 아래면 위에 깊숙이 들어간 내리기를 가지고 있다. 딱정벌레는 아마도 곰팡이 능사를 곰팡이 물질로 채우기 위해서 다리를 사용하며, 접종 원으로 새로 불탄 서식지에 곰팡이 물질을 옮긴다. 자낭균류는 많은 **pyrophilous** 곤충, 즉 불타고 있는 또는 새로 불탄 지역으로 강하게 끌어당기거나, 불이 난 후 몇 년 동안 불탄 숲속에서 주로 발생하는 종, 을 위한 중요한 먹이 자원이다. 일부 포식성과 나무를 먹는 곤충 역시 pyrophilous이다. 다수의 pyrophilous heteropterans(노린재과), 파리(춤파리과), 딱정벌레(딱정벌레과와 비단벌레과)는 불의 열 또는 연기에 그리고 종종 아주 먼 거리에서 유인되어지는 것처럼 보여 진다. 비단벌레(비단벌레과: Melanophila와 Merimna) 종은 전형적으로 산림 불에 의해 생산된 적외선의 방사선을 감지함으로서 불탄 숲을 찾아낸다(4.2.1절).

아주 다양한 붕괴물 식성 곤충이 섬유질은 풍부하고 비타민과 스테롤이 부족한 하층토에서 사는 문제를 극복한다면 떨어져 썩은 목재는 붕괴물 식성곤충에게 아주 중요한 자원이 된다. 흰개미는 소화계에 섬유질 효소의 소유와 장내 공생자의 사용(3.6.5절) 또는 곰팡이의 도움(9.5.3절)으로, 근본적으로 이 먹이를 먹고 살 수 있다. 바퀴나 흰개미는 썩은 나무의 먹이로부터 섬유질을 소화를 하는 내생 셀룰라아제 효소를 생성한다. 다른 나무를 먹는 곤충의 전략은 느린 발육을 가진 아주 긴 생활사와 먹이로서 나무를 먹는 미생물과 곰팡이의 사용을 필요로 한다.

9.3 곤충과 배설물

척추동물에 의해서 배설된 배설물이나 똥은 영양원의 풍부한 자원이다. 북미와 아프리카의 초원과 방목지에 큰 유제동물은 세균과 원생동물이 포함된 상당한 양의 섬유질과 질소원이 풍부한 똥을 배설한다. 똥을 먹는 곤충은 다수의 방법으로 이 자원을 이용한다. 확실한 고등파리들—똥파리과, 집파리과(주로 전세계의 집파리, 호주의 *M. vetustissima*와 넓게 퍼진 열대 버플로파리, *Haematobia irritans*), 딸집파리와 검정파리과과—은 신선한 똥에 알 또는 유충을 산란한다. 똥이 너무 건조되기 전에 발육이 되어야 한다. 똥배설물 내에서 포식성 파리의 유충(아마도 집파리과의 다른 종)은 똥을 먹는 미생물의 생존을 심각하게 줄일 수 있다. 파리의 피해-수준 밀도는 목초지의 똥에서 발육하는 유충으로부터 초래한다.

똥을 어지럽혀 배설물에서 파리 번식을 제한하는데 주로 책임이 있는 곤충은 소똥구리과에 속하는 소똥구리이다. 모든 풍뎅이 유충이 똥을 사용하는 것은 아니다: 어떤 것은 일반적인 토양 유기물을 섭취하는 반면 일부 다른 것은 식물 뿌리를 먹는 초식성 곤충이다. 그러나 다수가 분식성이다. 많은 큰 초식동물이 많은 양의 똥을 배설하는 아프

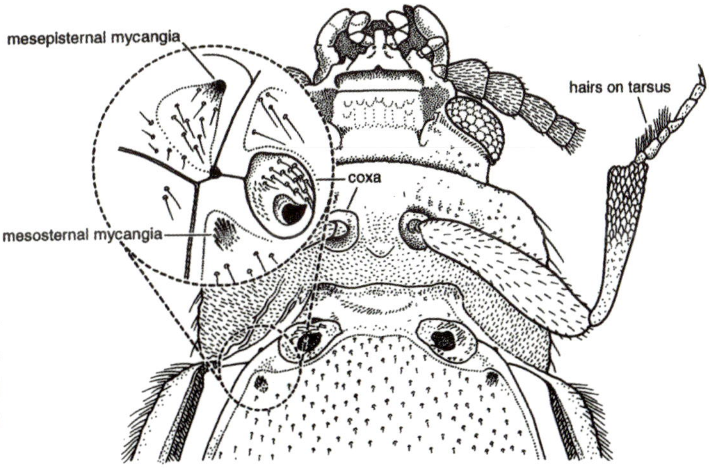

그림 9.4 딱정벌레가 최근에 불탄 숲에 새로운 기질을 접종하는 곰팡이 물질을 옮기기 위해서 곰팡이능사(진균방)라고 불리는 함몰된 것을 보여주는 딱정벌레 *Henoticus serratus*(딱정벌레목: 곡식쑤시기과)의 가슴 아래쪽. (Wikars 1997, Göran Sahé 그림.)

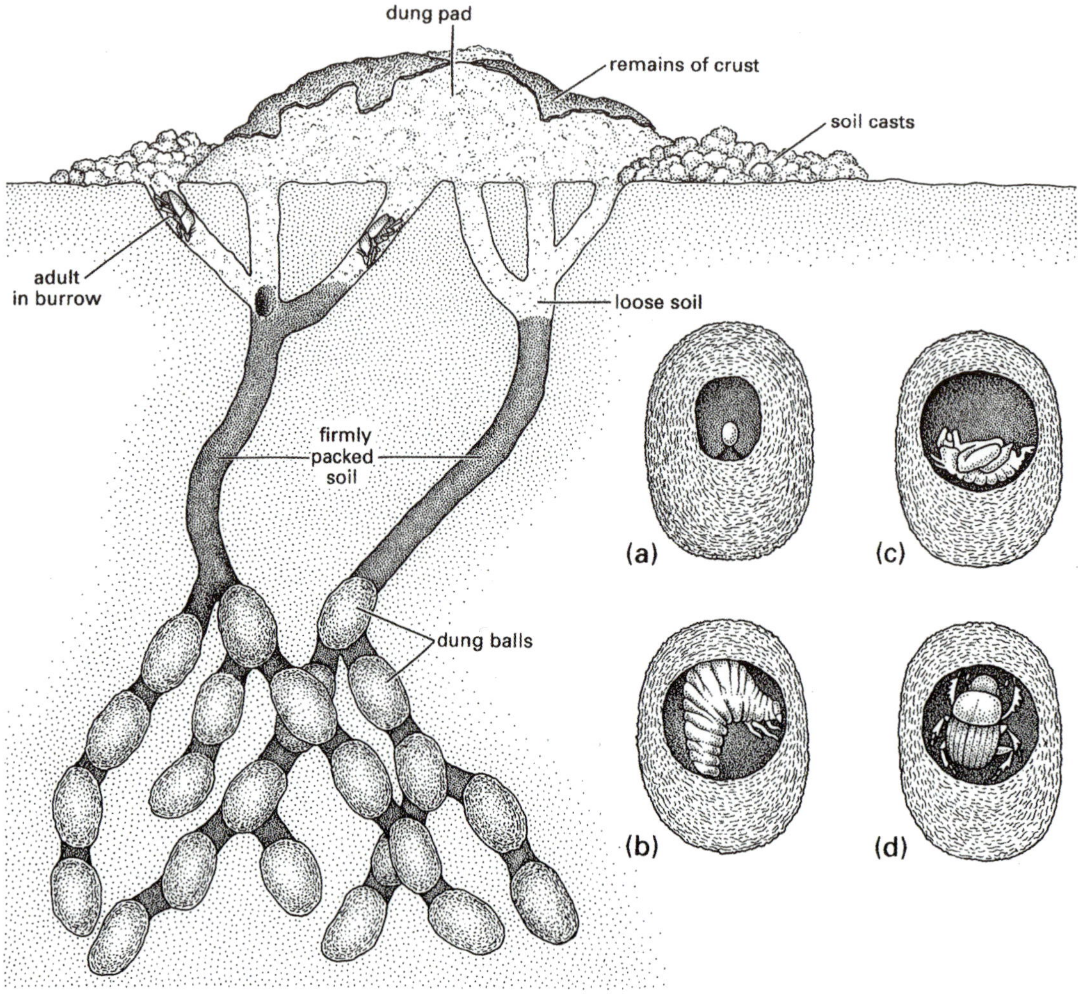

그림 9.5 소똥구리 똥 패드 아래로 파서 뚫은 터널에 가득 채워진 1쌍의 Onthophagus gazella(딱정벌레목:소똥구리과). 삽입한 그림은 딱정벌레의 발육이 일어나는 내부에서 각각의 소똥경단을 을 보여준다. (a)알, (b) 똥을 먹는 유충, (c) 번데기, (d) 우화직전의 성충. (Waterhouse 1974.)

리카에서, 수천 종의 풍뎅이는 아주 다양한 분식성의 행동을 보여준다. 많은 곤충은 초식동물에 의해 저장되어 있는 것처럼 보이는 똥을 찾아낼 수 있고, 이것이 떨어지는 시기에 땅속의 침입까지는 아주 빠르다. 코끼리 한 마리의 신선한 똥에 대해 아마도 수천마리까지, 많은 개체원이 똥에 갈 것이다. 대부분의 소똥구리는 패드의 아래쪽이나 옆쪽에 그물모양의 터널을 파고 똥 펠렛을 끌어 내린다(그림 9.5). 다른 소똥구리들은 큰 똥덩어리를 잘라서 땅굴방까지 어느 정도 옮기거나, 또한 종종 그물망의 터널까지 옮긴다. 패드에서 서식지 방까지 이러한 이동은 똥덩어리를 박치기해서 이동시키거나 묻을 지역까지 지상위로 변형된 원형의 경단을 굴림에 의해서 일어난다. 암컷은 파묻힌 펠렛 속에 알을 낳고, 유충은 배설물 경단 내에서, 상등의 굵고 거친 똥을 먹으면서 자란다. 성충 풍뎅이 역시 똥을 먹지만, 단지 유동물과 최고의 미립자 배설물을 먹는다. 일부 풍뎅이는 다방면에 기능을 가지고 있어, 어떠한 똥을 만나더라도 이용하는 반면에 다른 풍뎅이는 똥의 짜임새, 축축함, 패드크기, 섬유내용, 지리학적 지역과 기후 등에 의해서 전문화해서 이용한다; 풍뎅이의 활동범위는 많아야 몇 일내에 모든 똥을 파묻는 것으로 제한된다.

열대우림 지역에서 특이한 소똥구리 무리가 모든 아대륙의 나무덮개에서 채집된 기록이 있다. 이들 분식성의 전문가는 사하라와 보르네오에서 가장 잘 연구되어 왔으며, 여기에 있는 몇 종의 소똥풍뎅이 종은 잎으로 영장목(긴팔원숭이, 짧은 꼬리원숭이, 랑구르 원숭이)의 배설물을 수집해서 그것을 경단으로 만들어 잎의 가장자리위에서 경단을 민다. 만약 경단이 잎 아래에 달라붙으면, 그다음은 땅에 도착할 때까지 똥을 굴리는 활동이 계속된다.

토종 유제동물이 없는 대륙인, 호주에서는 토종소똥구리가 도입된 가축인 말, 양에 의해서 배설된 가똥의 양과 조직을 이용할 수 없다. 결과적으로 일단 오랜 기간 동안 목초지의 주위에 놓인 똥은 목초지의 질을 떨어뜨리고 어마한 수의 파리를 발육시킨다. 아프리카와 지중해 유럽으로부터 외래 소똥구리의 도입에 의한 계획은 다른 많은 지역에서 똥의 매장을 촉진하는데 성공하였다.

9.4 곤충과 썩은 고기의 상호작용

개미는 동물군의 중요한 구성 요소에 위치하며, 널리 쓰레기를 찾아 치우는 효율적인 개미에 의해 무척추동물의 시체가 찾아지고 재빨리 제거된다. 반대로 척추동물의 시체는 매우 다양한 생물을 지원하는데, 이들 대부분이 곤충이다. 이들은 천이—썩은 고기의 부패과정을 없애고 군락화하는, 비계절적이고, 방향성이 있는 그리고 끊임없이 일어나는 종의 밀도 패턴—를 만들어 낸다. 천이의 성격과 시기는 시체의 크기, 계절과 주위의 기후 조건 및 토양의 형태와 같은 주변의 비 생물학 환경에 달려있다. 천이에 포함된 유기체는 사체로부터 적당한 거리에 떨어져 있거나 아래에 있는 토양에서, 또는 사체의 직접 아래 기질에 있어서 사체 위 또는 사체 내에 있는지 아닌지에 따라서 다양하다. 더군다나 각각의 천이는 다른 지리학적 지역, 심지어 유사한 기후를 가진 장소에서 조차도 다른 종을 이룰 것이다. 이것은 극소수의 종만이 아주 넓게 분포하고 있고, 각 생물지리학적 지역은 그 지역만의 특별한 사체 동물상을 가지기 때문이다. 그러나 시체 전문가의 폭 넓은 분류군 범주는 세계적으로 유사하다.

척추동물 사체의 부패에 있어 첫 단계는, **initial decay**, 단지 몸속에 존재하는 미생물만을 포함하지만 며칠 이내에 putrefaction이라 부리는 두 번째 단계에서 부패가 시작된다. 2주 후에는 부패의 심한 냄새 가운데 **black putrefaction**이라 불리는 3단계가 시작되고, 4단계는 부티르산의 치즈 냄새가 나는 **butyric fermentation** 단계이다. 이는 거의 건조한 시체상태로 끝나며, 5단계는 천천히 **dry decay**, 단지 뼈만을 남기고 모든 과정이 완료된다.

사체식자(necrophages), 부식자 그리고 그들의 기생자들은 종종 다음에 말하는 식민지화의 "파동"으로 언급되어진다. 첫 번째 파동은 적어도 몇 시간 또는 며칠 이내에 도착하는 blow 파리(파리목: 검정파리과)와 집파리(집파리과)를 포함한다. 두 번째 파동은 사체가 냄새를 풍기는 즉시 따라오는 쉬파리(파리목)와 추가적으로 집파리와 검정파리이다. 이들 모든 파리는 사체위에 알 또는 유충을 산란한다. 사체 동물군의 곤충에서 주요한 약탈자는 반날개, 송장벌레, 풍뎅이붙이, 그리고 벌목 기생자는 위의 모든 기주에 곤충기생성일지도 모른다. 이 단계에서 blow 파리 활동은 유충이 사체를 떠나 땅속에서 번데기가 되었을 때 중지한다. 사체의 지방에서 썩은 냄새가 날 때, 세 번째 파동의 종은 유동성부분에서 벼룩파리과, 초파리과, Eristalis와 쥐꼬리 구더기와 같은 그러한, 특히 파리목에서 더욱더, 이 변형된 기질에 들어간다. 사체가 부티르산(낙산)이 될 때, cheese-skipper(파리목)와 관련된 파리의 제 4 파동 곤충이 몸을 이용한다. 다섯 번째 파동은 암모니아 냄새가 나는 사체가 완전히 말랐을 때 일어나며, 수시렁이과 성충과 유충, 그리고 개미붙이과(딱정벌레목)가 많으며, 케라틴을 먹는다. 건조부패의 마지막 단계에서 일부 작은 유충 (옷좀나방) 은 남아있는 머리카락을 먹는다.

사체 바로 밑에 반날개, 풍뎅이붙이 및 수시렁이 과의 성충과 유충이 부패 단계 동안 풍부하다. 그러나 사체 단계 동안 정상적인 토양 서식 동물그룹은 없고, 단지 사체가 늦게 부패되어 질 때, 천천히 돌아온다. 오히려 예상되는 사체 곤충의 군집화 및 사멸 과정은 법의학 곤충학자가 살인사건(15.6절) 에 있어서 법의학과 밀접한 관계가 있는 사체의 시기를 평가할 수 있도록 허용한다.

9.5 곤충과 곰팡이 상호작용

9.5.1 식균성 곤충

곰팡이와 훨씬 적은 변형균은 목의 범위에 속하는 **fun-**

givores 또는 **식균성**이라 불리는 많은 곤충에 의해서 먹힌다. 곰팡이를 자원으로 이용하는 곤충 중에 톡토기목과 딱정벌레목, 파리목의 유충과 성충이 다수있다. 2개의 먹이 전략이 확인되어 질수 있다. **microphages**는 포자와 균사 조각(Plate 3.7 참조) 과 같은 작은 입자를 모으거나 더 많은 액체 배지를 사용 한다; 반면에 **macrophage**는 강한 큰 턱을 가지고 잡아 찢을 수 있는 자실체의 곰팡이 물질을 사용한다. 균류의 먹이의 특수성과 식균성 사이의 관계는 다양하다. 큰 곰팡이의 자실체에서 유충으로 발육하는 곤충은 종종 식균성으로 속박되거나, 심지어 곰팡이의 좁은 범위로 제한되어 진다; 반면에 실질적으로 곰팡이의 부패동안에 또는 발육동안에, 늦게 그런 곰팡이로 들어가는 곤충은 전문 식균성보다는 다방면의 부식성을 더 좋아 한다. 기공이 있는 버섯(구멍장이버섯과)과 같이 길고 영속적인 큰 곰팡이는 주름이 있는 버섯(주름버섯목)과 같이 단명이며, 뒤죽박죽 분산되어 있는 버섯보다 단식성이나 협식성 버섯에 더 높은 비율을 가진다.

더 작고 더 비밀스러운 곰팡이의 먹이자원 또한 곤충에 의해 사용되지만, 그 관계는 연구가 덜된 경향이 있다. 효모는 자연적으로 살아있거나 떨어진 과일과 잎, 그리고 효모를 찾거나 먹는 것으로 알려진 밑빠진벌레과 딱정벌레와 초파리과 파리의 유충과 같은 과일을 먹는 곤충에 풍부하다. 분명히 부패한 곰팡이의 자실체에 사는 과일을 먹는 초파리 또한 효모를 사용하며, 개개의 곰팡이에 대한 전문화는 개개의 효모의 선호에 있어서 변화를 반영할 수 있다. 이끼의 곰팡이 구성요소는 아마도 나비목 유충과 강도래목의 성충을 방목함으로서 사용되어진다.

곰팡이 자실체를 이용하는 파리목 중에 버섯파리과(버섯파리)는 다양하며, 다수는 과에 의해서 사용된 넓은 범위 가운데서 곰팡이와 협식성 관계를 가지는 것처럼 보인다. 토양 내에서 균근과 균사의 형성에 있어서 땅 속 곰팡이 자실체에 대한 곤충의 사용은 잘 알려져 있지 않다. 버섯파리류 "버섯파리"에 대한 검정날개버섯파리과 (파리목) 의 계통발생학적 관계와 모든 상업적 버섯 농장으로부터의 증거는 검은날개버섯파리 유충이 일반적으로 곰팡이 균사를 먹는다는 것을 제안했다. 벼룩파리와 흑파리와 같은 파리목곤충 유충은 일반적인 버섯과 관련된 미생물을 먹고 또한 자연에서는 이 자원을 사용할 수도 있다.

9.5.2 살아있는 식물을 자르는 개미에 의한 곰팡이 사육

개미과 Atta 속(15종) 의 땅 속 개미 서식처와 다소 더 작은 Acromyrmex(24종) 집단은 신열대구 열대우림에 있는 대부분 흙으로 만든 건물 중에 존재한다. 가장 큰 Atta종의 서식처는 약 40톤 정도의 토양의 굴착에 관여한다고 예상한다. 이들 두 속은 유충이 먹이를 위해 공생곰팡이에 절대적으로 의존하는 Attini, 두 마리개미족의 일원이다. Attini의 다른 속은 단일 형태의 단형 일벌을 가지고 있으며, 썩은 채소 찌꺼기, 곤충의 배설물(자기 자신의 것과 예를 들면 유충의 똥을 포함해서), 꽃과 과일에서 곰팡이를 배양한다. 대조적으로, Attini의 속에서 더 유래된 *Atta*와 *Acromyrmex*는 살아있는 식물 조직을 자르는 것, 따라서 "leaf-cutter ants"라는 이름, 을 포함한 정교한 행동의 범위를 보여주는 여러 가지 다른 종류 또는 계급의 다형 일개미를 가지고 있다(12.2.3절). Atta에서 가장 큰 일개미는 큰턱을 가지고 살아있는 식물 부분을 잘라서(그림 9.6 a), 그 조각을 서식지로 옮긴다(그림 9.6 b). 이 과정동안 일개미의 큰 턱은 꽉 차있어, 특유한 기생성의 벼룩파리(그림 9.6 a의 위 오른쪽에 설명 됨) 에 의해 공격물이 될 수도 있다. 가장 작은 일개미는 방어자로서 보강되어, 잎 조각을 처리한다.

서식처에 잎이 도착하면 다른 개개 개미들은 잎으로부터 어떤 밀랍의 표피층을 핥아서 큰턱으로 식물조각을 부드럽게 한다. 그런 다음 분쇄된 잎은 후장으로부터 나온 효소의 배설 혼합물과 접종되어 진다. 이것은 잎을 자르는 개미의 단지 "곰팡이 정원"으로 알려진 곰팡이를 위한 접종물로서 작용하는 신선한 식물질의 소화를 시작한다. 또 다른 특정한 일개미 그룹은 곰팡이 균사를 가진 새로운 기질을 접종함으로서, 그리고 단식배양을 유지하기 위해 원하지 않는 종류의 곰팡이를 제거함으로서 곰팡이 정원을 가꾼다. 외부 곰팡이와 박테리아의 조절은 개미 표피층과 관련 있는 상리공생의 streptomyces 세균에 의해서 생산되는 것 들을 포함해서, pH 조절(4.5~5.0) 과 항생물질에 의해서 촉진되어진다. 어둡고, 최적 습도와 25℃에 가까운 온도에서, 배양된 곰팡이 균사는 **gongylidia**라 불리는 영양분의 균사체를 생산한다. 이들은 포자체가 아니고, 곰팡이가 최적 환경에 접근하기 위해 얻는 상리 공생 관계에서 개미에게 먹이를 제공하는 기능을 가지고 있다. 개미에 의

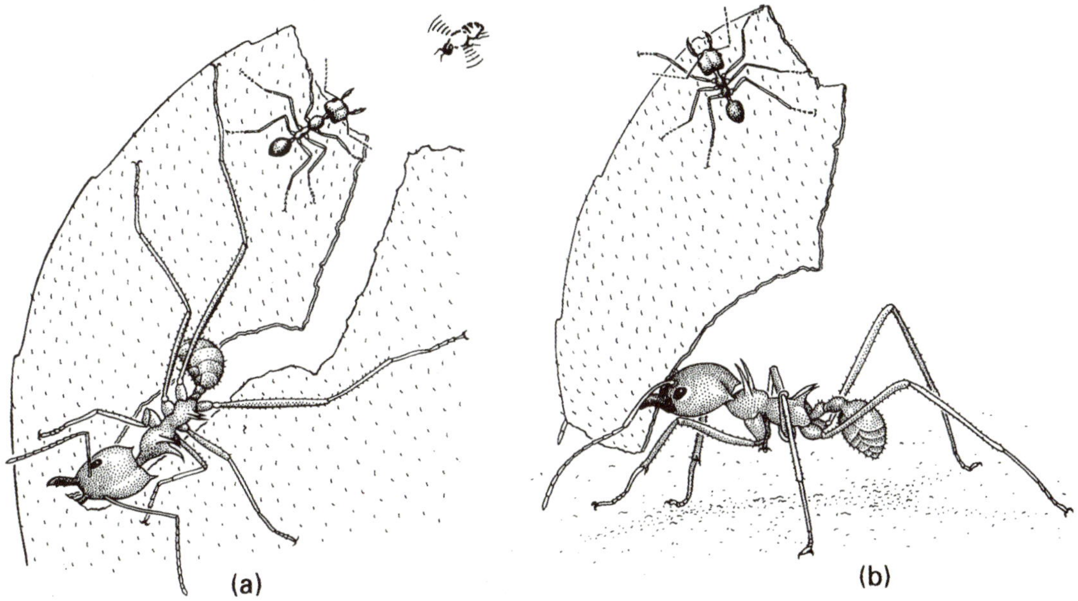

그림 9.6 지속적으로 잎의 공급을 요구하는 leaf-cutter ant, Atta cephalotes (개미과) 의 곰팡이의 정원. (a) 작은 일개미가 살아있는 개미에 알을 낳은 기생성 벼룩파리 (Apocephalus) 로부터 중간 일개미를 지키는 동안에 media라 불리는 중간크기의 일개미는 톱니모양의 큰턱을 가지고 잎을 자른다. (b) 수호하는 작은 일개미는 중간크기의 일개미에 의해서 운반된 잎 조각에 편승한다.

해 쉽게 조작되는 gongylidia는 성충의 먹이로 제공되고 attine 개미 유충의 의해 먹여지는 독점적인 먹이이다. 곰팡이균류의 소화는 개미의 아래턱샘에서 생성되는 키틴분해효소를 포함한 특별한 효소를 요구한다.

곰팡이 사육에 대한 1가지 기원은 창설여왕개미 (새로운 여왕)의 입에 의한 전이와 새로운 지역에서 되뿜기에 의한 주어진 곰팡이의 수직 전이에 의한 것으로 추측된다. 그러나 곰팡이의 분자 계통발생학적 연구에 의하면 비록 조상대대로의 공생관계가 적어도 5000천만년이었지만 살아있는 가축이 없는 곳에서 가축화는 몇 번만 발생했다는 것을 보여준다. 단지 하나의 가축화는 균사체 또는 종종 단세포 효모처럼 증식하는 Lepiotaceae과 Leucocoprini 족의 Basidiomycetes에 속한다. 비록 각각의 attine 서식지는 단일 종의 곰팡이를 가지지만, 단일 종의 여러 가지 서식지 중에서 범주내의 단일 종만을 돌본다. 명백하게 어떤 개미 종은 새로운 은신처가 생기고, 아마도 다수의 여왕개미에 의해 봉군이 형성 될 때 (pleiometrosis), 그들의 곰팡이를 바꿀 수도 있다. 중앙아메리카 Atta종을 정원에 attine을 돌보는 곰팡이에게 적용하기 위해서 급히 플로리다로 도입하였을 때 수평이동을 관찰할 수 있었다.

잎을 자르는 개미는 그들이 발생한 생태계를 지배 한다; 어떤 Atta종은 가축이 소비하는 만큼 ha당 많은 식물을 소비하고, 열대우림 종은 모든 잎의 80%까지 피해를 일으키며, 모든 잎 생산량의 17%까지 소비한다. 그 체계는 소비된 유기물이 곰팡이 정원으로부터 쓰레기로 저장된 똥 속으로 버려질 때까지 전환된 신선한 잎의 원래 섬유소의 적어도 45%를 가지고, 식물 섬유소를 이용할 수 있는 탄산화물로 효과적으로 변환하는 변환기이다. 그러나 곰팡이의 영양균사체는 단지 개미의 신진대사 에너지의 작은 부분에 기여한다. 왜냐하면 집단의 호흡 요구량의 95%가 씹은 잎 조각으로부터 식물 체액을 먹는 성충에 의해 제공되기 때문이다.

잎을 자르는 개미는 신열대구 열대우림 식물 종의 50~70%를 이용한다는 것을 보여주는 연구들로 볼 때 아주 잡식성으로 불려 질 수 있다. 그러나 성충은 몇 종의 수액을 먹고, 유충은 곰팡이에서 단식성인 것처럼, 엄격히 잡식성이라는 용어는 옳지 않을 수도 있다. 이 관계에 대한 핵심은 넓고 다양한 자원으로부터 수확하는 일개미와 넓은 범위의 기주에서 자라는 배양된 곰팡이의 능력이다. 잎에 의한 굵고 거친 조직과 라텍스 생산은 attine를 방해할 수 있고, 화학적 방어는 제지에 대한 역할을 할 수 있다. 그러나 잎을 자르는 개미는 소화계에 작용하는 식물 방어 화학물질을 피하기 위해 전략을 택했다: 그들은 식물 조직을 소화하기 위해 곰팡이를 사용한다. 개미는 곰팡이를 방해하는 보호된 잎 밀랍을 제거하고, 차례로 곰팡이는 개미가 소화하기 힘든 섬유소로부터 탄수화물을 생산함으로서, 개미와 곰팡이는 식물 방어 작용을 파괴하기 위해 협동한다.

9.5.3 흰개미에 의한 곰팡이 배양

열대 사바나 지역의 아주 작은 육생 동물군과 아프리카 열대와 동양의(Indo-Malayan) 동물 지리학적 지역의 일부 숲은 흰개미과, 큰흰개미류과의 하나의 아과에 큰 영향을 줄 수 있다. 흰개미는 그들의 서식지를 9 m 정도 높이의 지상위에 눈에 잘 띄는 흙 둔덕을 형성할 수 있지만, 더 자주 지하에 커다란 구조물을 만든다. 큰흰개미류의 풍부함, 밀도와 생산은 매우 높고, 10 g m^{-2}의 생물량의 평가로, 흰개미는 매년 일부 서아프리카 사바나에서 생산된 지상의 부엽토(나무, 풀과 잎)의 25% 이상을 소비한다.

부엽토에서 유래된 음식 자원은 소화는 되지만 흰개미에 의해서 소화가 되지는 않는다: 음식은 장을 빠르게 지나가고, 정화되며, 소화되지 않은 배설물은 서식지 안의 빗과 같은 구조물에 더해진다. 이 빗 모양의 구조물은 지하의 많은 작은 방 또는 하나의 큰 중앙의 굴 또는 육아방 내에 위치해 있다. 이런 배설물의 빗 위에서 흰개미 곰팡이가 발육한다. 곰팡이는 큰흰개미류의 서식지로 제한되거나 흰개미의 몸속 내에서 발생한다. 이 빗들은 끊임없이 채워지고 오래된 부분은 5~8주의 주기로 먹힌다. 흰개미 배설물 위에서 곰팡이들의 활동은 약 0.3%의 배설물 내 질소함량을 흰개미의 무성생식 단계까지 8%로 올린다. 영양분이 풍부한 오래된 빗 뿐 만아니라 이 무성포자(mycotetes)는 흰개미에 의해 먹힌다. 비록 일부 흰개미 종은 생식단계를 가지지 않지만 다른 종은 서식처로부터 흰개미의 집단 급습 시기와 동시에 땅 위의 균사체를 발육시킨다. 새로운 흰개미 집단은 창설 흰개미의 장에서 이동된 유성 또는 무성 포자에 의해 곰팡이를 접하게 된다.

Termitomyces는 흰개미가 처리한 빗 위에 단독으로 생활하지만, 만약 흰개미가 실험적으로 제거되거나 흰개미 집단이 사멸하거나 또는 만약 빗이 서식지에서 뽑아 내버려지면, 많은 다른 곰팡이가 빗에 침입하고, Termitomyces는 죽는다. 흰개미의 타액은 어떤 항생 물질을 가지고 있지만 다른 곰팡이들로부터 지역적 경쟁을 줄일 수 있을 것이라는 증거는 거의 없다. Termitomyces는 30℃의 온도와 pH 4.1~4.6산과 더불어 꽤 다양한 습도를 가진, 현저하게 일정한 미세기후에 의해 곰팡이 빗에 호의를 가지는 것으로 보인다. 곰팡이 대사에 의해서 생긴 열은 그림 12.10의 아프리카 Macrotemes natalensis의 땅 위의 서식지에 대해서 설명한 것처럼, 서식지의 통로를 통하여 복잡한 공기의 순환을 경유해서 적당하게 조절되어진다.

흰개미와 곰팡이 사이의 상리공생 관계의 기원은 9.5.2절에서 보여준 개미와 곰팡이 상호작용과는 대조적으로, 식물 방어의 공동 공격으로 유래하는 것이 아닌 것처럼 보인다. 흰개미는 곰팡이와 아주 밀접한 관련이 있고, 곰팡이가 만연한 썩은 나무는 태고의 먹이 선호성을 가지는 것 같다. 흰개미는 펙틴과 키틴과 같은 복잡한 기질을 소화할 수 있고, 음식의 섬유소를 분해하는 내인성 셀룰라아제를 가지고 있는 것이 좋은 증거이다. 그러나 큰흰개미류는 그들의 일부 소화물을 장의 바깥쪽 Termitomyces로 옮긴다. 곰팡이는 식물 혼합물을 더 영양적인 생산물로의 전환을 촉진시키고 아마도 보다 광범위한 섬유소를 함유한 먹이가 흰개미에 의해 소비되어 지도록 한다. 따라서 큰흰개미류는 풍부한 죽은 식물자원을 성공적으로 이용한다.

9.6 동굴에 서식하는 곤충

굴은 종종 부족한 빛과 동일한 온도에 있어서 깊은 토양서식지와 닮았지만, 먹이의 부족이라는 점이 다른, 지하 환경의 연장으로서 인식되어진다. 얕은 동굴에서 먹이자원은 육상식물의 뿌리를 포함하지만, 깊은 동굴에는 조금의 흐르는 물에서 얻어지는 잔해로부터 시작되는 것 외에 다른 식물물질이 없다. 많은 동굴에서 영양분 공급은 곰팡이, 박쥐의 똥(guano) 및 동양에 서식하는 금사조와 같이 동굴에 서식하는 새 들로부터 생긴다.

동굴에 서식하는(Cavernicolous) 곤충은 불리한 외부 환경으로부터 피난처를 찾는 곤충을 포함한다 - 추위를 피해 동면하거나 여름의 더위와 건조함을 피해 하면을 하는 모기를 포함해 파리 성충과 나방과 같은 그러한 곤충. **진동혈성동물**(Troglobiont) 또는 **진동혈성곤충**(Troglobite insect) 은 동굴로 한정되어지고, 종종 계통 발생적으로 토양에 서식하는 곤충과 관련되어 진다. 진동혈성곤충 집단은 톡토기류(특히 털보톡토기과)에 의해 영향을 받을 수 있으며, 다른 중요한 그룹은 파리목(특히 좀붙이과), 메두기목(동굴 귀뚜라미, 꼽등이과)과 딱정벌레(주로 길앞잡이, 그러나 식균성 곤충, 송장벌레를 포함) 를 포함한다.

하와이에서 과거와 현재의 화산활동은 다른 화산으로 만들어진 굴로부터 시간과 공간에 있어 다른 고립된, 굉장한 범위의 "용암관(lava tubes)" 을 생산한다. 여기에서, 용암관에 사는 진동혈성 곤충과 거미의 넓은 범위의 연구는 이들 독특한 조건하에서 형태적 분기율을 가능한 신속하고 이해가 가능하도록 우리를 돕는다. 심지어 Kilauea과 같은 아주 최근에 용암의 유동에 의해 형성된 동굴에서 조차도 특유의 또는 초기의 종 동굴 서식 귀뚜라미를 가지고 있다. 집게벌레목과 바퀴과는 구아노 침전물에서 활동하기 때문에, 열대 동굴에서 많을 수 있다. 동남아시아의 동굴에서 동굴서식곤충, 집게벌레는 박쥐가 자는 잠자리 위에 외부 기생한다. 동굴에서 서식하는 척추동물과 관련해서 이파리, 거미파리, 박쥐파리, 이 및 벼룩과 같은 더 많은 관습적인 외부기생충이 있다.

9.7 땅에 서식하는 육각류를 이용한 환경 모니터링

농업, 임업 및 목가적 취미와 같은 인류 활동은 많은 지상의 생태계를 단순하게 만들었다. 보존 평가의 목적, 지형의 분류, 영향의 관찰을 위한 그러한 실 예의 효과를 정량화하기 위한 시도는 식물의 mapping date의 사용을 식물 사회학적으로 강조하려는 경향이다. 더욱더 최근에는 보존 목적을 위한 조사에 척추동물 분산과 공동체에 관한 자료를 포함시킨다.

비록 절지동물 다양성이 아주 훌륭하게 평가됨에도 불구하고(1.3절), 절지동물에서 나온 자료는 보존과 관찰이라는 점에서 관례적으로 이용하기는 어렵다. 이런 점에 대한 이유는 여러 가지가 있다. 첫째는 주요한 종이 특정한 서식지의 손실과 같은 보전 문제로 대중적인 사안을 이끌어 낼 때, 이들 생물체는 주로 팬더, 코알라 또는 새와 같은 주로 모피로 덮인 포유동물이다; 곤충은 좀처럼 대중적인 사안을 끌어 내기가 드물다. 아마도 일부 나비와 곤충을 제외하고, 곤충은 대중의 인식에 있어서 필수적인 매력적인 힘이 부족하다.

둘째는 일반적으로 곤충은 서식처 내와 서식처 사이에 있는 공통점을 견본으로 뽑는 것은 어렵다. 거의 이해 할 수 없을 수 없는 요인에 대해서, 비교적 짧은 시간의 척도 위에 풍부함과 다양성이 변동한다. 대조적 식물은 일시적인 변화를 덜 보여 준다; 포유동물의 계절성, 조류의 이주습성과 척추동물밀도의 계절적 변이를 설명할 수 있는 지식과 함께.

셋째로 생물 분류군의 수와 분류군에 있어, 일부 분류군의 부족함으로 종종 절지동물을 정확하게 동정하는 것이 더 어렵다(8장에서 곤충에 대해서 언급하고 17장에서 완전히 더 언급함). 유능한 포유동물학자, 조류학자와 야외 식물학자들은 상대적으로 제한된 지역(열대우림의 바깥쪽) 의 모든 포유동물, 새, 식물 수준의 종을 동정하는 것을 기대할 수 있는 반면, 곤충학자들은 그렇게 하는 것을 원하지 않을 수도 있다.

그럼에도 불구하고 수생생물학자들은 환경의 질에 있어서 해로운 변화의 기록을 포함해서 규칙적으로 조사된 수생 생태계에서 모든 큰 무척추동물(대부분 곤충) 을 규칙적으로 표본을 뽑아서 동정 한다(10.5절). 보존과 오염에 의해 야기되는 변화의 검정을 위한 이론적 근거 확립과 같은 그러한 목적에 필적하는 지상 제도의 상당한 연구들이 몇몇 나라에서 착수되어졌다. 위에서 개요를 말한 문제들이 다음에 기술하는 방법으로 다루고 있다.

일부 매력 있는 곤충 종은 보통 척추동물 보호로 고안된 "멸종위기의 종" 입법아래에서 강조되어져 왔다. 이들의 우점종은 나비목이며, 선택된 종들의 생물에 대해서 훨씬 더 많이 배워 왔다. 그러나 보존 목적을 위한 지역 분류의 견지에서 선택된 토양의 구조와 부식토군집은 어떤 한 종의 연구보다 훨씬 더 큰 잠재적 가치를 가진다. 샘플링 문제는 다양한 방법에 의해 부엽토 견본으로부터 절지동물의 추출을 포함해서 종종, pit-fall trapping에 의해서 완화되어졌다(17.1.2절 참조). pit-fall trap은 보존액으로 채워지고 기질과 같은 수준으로 가라앉은 용기에 곤충들을 잡는 방법으로, 이동하는 지상의 절지동물을 수집한다. 트랩은 표준이 되는 방형구를 바탕으로 한 샘플링 법(quadrat-based sampling regime) 에 따라 횡단면으로 정렬시키거나 분산시킬 수 있다. 얻어진 견본크기에 의해서 몇 일 또는 몇 주까지 원래상태로 둘 수도 있다. 조사된 위치에 따라서 절지동물의 수집은 많은 여러 가지 목 중 일부 지상의 대표적인 목을 가지고, 톡토기목, 개미과, 딱정벌레목 특히 거저리과, 풍뎅이과, 반날개과에 의해 큰 영향을 받을 수 있다.

분류학상의 어려움은 종의 수준 동정을 위해 하나 또는 더 많은 높은 분류학상의 그룹을 선발함으로서(수집된 생물 중에서) 종종 줄어든다. carabid는 비록 온화한 북반구 분류군에 크게 제한되지만, 표본된 종의 다양성, 이전에 존재했던 생태적 지식과 종 수준에 대한 분류학적 키의 이용성 때문에 연구를 위해서 종종 선택된다.

지금까지 연구는 식물조사로부터 입증된 분류군의 풍부함을 포함한 종의 다양성과 지상의 곤충의 채집으로 증

Box 9.2 비육각류 곤충(톡토기, 낫발이, 좀붙이)

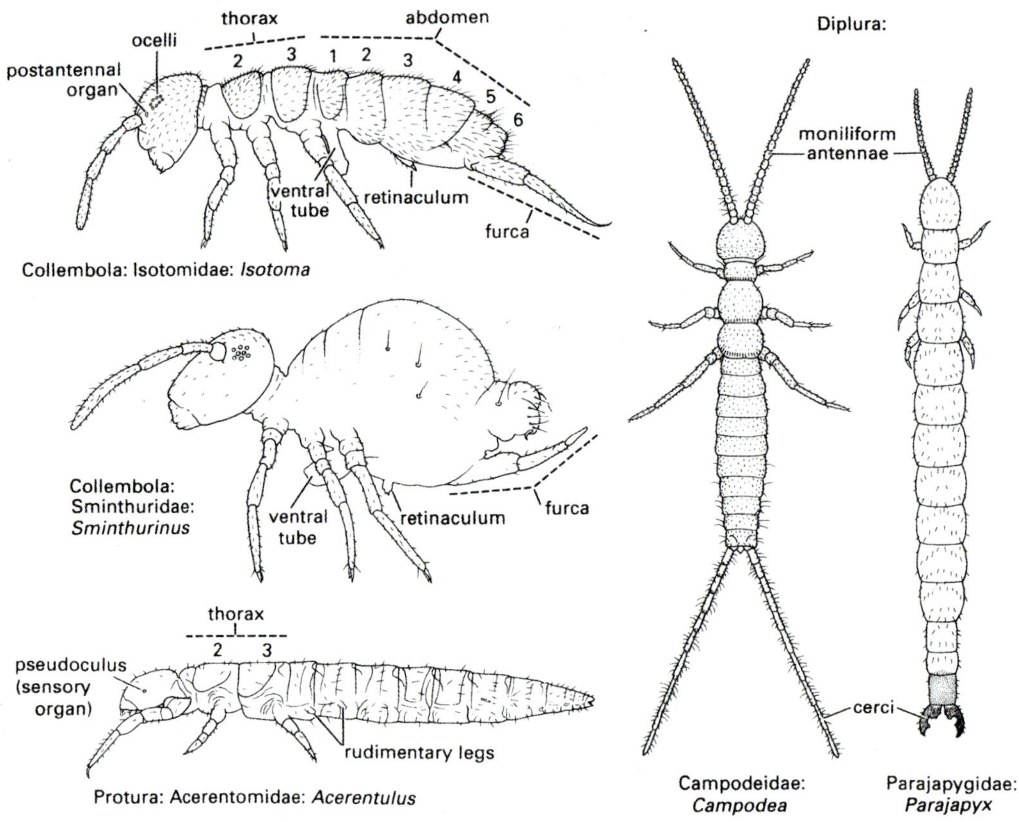

톡토기목, 낫발이목과 좀붙이목은 큰턱과 작은턱을 먹기 위해서 뒤집을 때를 제외하고, 머리의 주름에 둘러싸여져 있는 유사한 구기 형태학에 기초하여 "속입틀류(내시류)"로서 구성되었다. 좀붙이목의 속입틀이 톡토기목과 낫발이목의 것과 같지 않음에도 불구하고(7.2절), 여기서는 이들은 같은 분류로 보는 것이 편하다. 모두 간접적인 수정을 한다 - 수컷은 암컷에 의해 기지로부터 수집된 정자다발 또는 줄기가 있는 정자주머니를 산란한다. 이 3종에 관한 계통도의 이해를 위해 7.2와 7.3절을 읽어보라.

낫발이목(proturans)

낫발이는 8개의 과에 600종이 넘는 비육각류 곤충이다. 이들은 방추형의 몸과 원뿔꼴 모양의 머리를 가진, 아주 작고, 미세하며, 가늘고 길며, 옅은 하얀색으로 작다(<2 mm 길이). 가슴은 배와 확실하게 구별되지 않는다. 눈과 촉각은 없고, 구기는 옆 주름막으로부터 약간 튀어나온 가는 큰 턱과 아래턱으로 구성된 속입틀이다; 아래턱과 아랫입술 수염이 존재한다. 가슴은 약하게 발달되었고, 각 5개 마디로 구성된 다리로 지탱 한다; 촉각 감각의 기능을 수행하면서 앞다리는 앞쪽으로 지탱하고 있다 (Acerentulus에 대해서 여기에서 보여준 것처럼, Nosek, 1973). 성충의 복부는 11마디와 12마디 사이에 생식구를 가지고, 12마디로 되어 있으며, 말단에 항문이 있다; 꼬리털은 없다. 미성숙한 발육은 발육동안 후에 추가되는 마디를 가진 중절변태성 현상이다. 낫발이는 몸을 숨기기에 알맞으며, 집중적으로 토양, 늪, 잎 부엽토에서 찾을 수 있다. 이들의 생활사는 거의 알려져 있지 않지만 일부 종은 근균 곰팡이를 먹는 것으로 알려져 있다.

톡토기목(springtails)

톡토기는 비육각류 곤충으로 간주되지만 Crustacea로부터 양자택일의, 독립된 기원이라는 흥미를 돋우는 증거가 제시되었다(7.3절 참조). 27과에 묘사된 종이 약 9000종이지만, 사실 종의 다양성은 훨씬 더 많을 수 있다. 작고 (보통 2~3 mm, 그러나 12 mm까지), 부드러운 몸체이며 그들의 몸은 구형에서부터 가늘고 긴 형태로 다양하며 (Isotoma와 Sminthurinus에 대해서 여기서 설명한 것처럼, Fjellberg 1980), 옅거나 독특하게 채색된 회색, 파랑 또는 검은 색이다. 눈 또는 홑눈은 종종 불완전하게 발육되거나 없다; 촉각은 4~6개의 마디를 가지고 있다. 촉각 뒤쪽에 종종, 일부에 의해서 Crustacea의 두 번째 촉각의 나머지 날개 끝으로 믿어지는 특별한 감각구조인 1쌍의 후촉각 기관이 있다. 속입틀의 구기는 머리의 옆 주름막에 의해 둘러싸인 가늘고 긴 큰 턱과 아래턱으로 이루어져 있다; 아래턱과 아랫입술 수염은 없다. 다리는 각각 4마디로 구성되어 있다. 6마디의 배는 5마디에 생식공과 6마디에 항문을 가지며, 각각 1, 3, 4마다에 빨판 같은 복관(끈끈이관, 복관), 유지용 고리(미모자), 그리고 차상기 (때때로 furcula로 불리는 보통 세 번째 마디에 분지된 도약기관)를 가지고 있다; 꼬리털은 없다. 배관(복관)은 물과 염분 교환의 중요한 기관이며, 따라서 체액 균형에 중요하지만 또한 점착성의 기관으로 종종 사용되어 질 수 있다. 1쌍의 부속지의 융합에 의해 형성된 도약기관 또는 차상기는 토양 내에 사는 것들 보다 표면에 거주하는 종들이 더 길다. 일반적으로 도약 길이는 차상기 길이와 관련이 있으며, 일부 종은 10 cm정도까지 도약할 수 있다. 육각류 중에서 톡토기 알은 독특하게 난황이 미량이며, 완전히 쪼개어지는 전할이다. 미성숙한 령은 일정한 마디수를 가지고 미변태적으로 발육하면서, 성충과 흡사하다; 성숙기는 5번의 탈피로 완성되지만, 탈피는 일생동안 계속된다. 톡토기는 부생식물의 주요 소비자로서 습기가 많은 토양이나 부엽토에 가장 많으며, 또한 동굴에서도, 개미와 흰개미와 공존자로서 곰팡이에서도 발생하며, 고요한 물 표면이나 조간대의 해안지역에서도 발생한다. 대부분 종은 곰팡이 균사나 죽은 식물체, 일부 종은 다른 작은 무척추동물을 먹고 살며 단지 아주 적은 몇 종들은 살아있는 식물에도 해를 끼친다. 예를 들면, "Lucerne 벼룩" 인 Sminthirus viridis (알톡토기과)는 알파파와 토끼풀과 같은 작물 조직에 피해를 주며, 경제적 손실을 일으킬 수도 있다. 톡토기는 아주 높은 밀도에 도달할 수 있고 (m^{-2}당 10,000~100,000개체), 그들의 배설물을 통해 토양에 영양분을 더하는데 있어서, 또한 다른 미생물의 활동을 자극하고 억제함으로서 분해의 과정을 촉진시키는데 생태학적으로 중요하다.

좀붙이목(diplurans)

좀붙이는 8~9과에 약 100종을 가진 비육각류 곤충이다. 이들은 중간 크기(2~5 mm, 예외적으로 50 mm까지)로 작고, 대부분 무채색이며, 약하게 경화되었다. 눈은 없으며, 촉각은 길고 염주모양이며 여러 마디로 되어있다. 구기는 속입틀이며, 옆 주름막으로 부터 보일 정도로 끝이 튀어나왔으며, 큰 턱과 아래턱이 잘 발달되어 있다; 아래턱과 아랫입술 수염은 줄어들었다. 가슴은 배와 거의 구별할 수 없으며, 각각 5마디로 구성된 다리를 지니고 있다. 배는 10마디이며, 일부 다리는 작은 첨기와 반전 가능한 소낭을 가지고 있다; 생식공은 8~9마디 사이에 있으며, 항문은 끝에 있다; 꼬리털은 실모양(Campodea에 대해서 여기에서 설명한 것처럼, Lubbock 1873)에서 집게모양(여기에서 보여준 Parajapyx처럼, Womersley 1939)까지 이다. 미성숙한 형태의 발육은 미변태이며, 일생을 통해 탈피가 계속된다. 일부 종은 떼를 지어 살고, 어떤 종의 암컷은 알과 어린 개체를 돌본다. 좀붙이는 일반적으로 Dipluran은 보통 잡식이고, 일부 종은 살아있거나 부패한 식물을 먹으며, 그리고 지피지드 좀붙이는 포식자이다.

명된 종의 다양성사이에 양면적인 상호관련이 있다. 잘 문서화된 영국의 생물군으로부터의 증거는 식물의 다양성이 곤충의 다양성을 예상할 수 없다는 것을 제안하였다. 그러나 남 노르웨이에 자연적이고 사람의 영향을 적게 받은 환경에서의 연구는 carabid 동물상 색인과 식물과 조류조사에 의해 얻어진 색인사이에 일치를 보여준다. 육지상의 곤충의 풍부함과 선택된 식물과 척추동물의 전통적인 생물학적 조사에 의해 얻어진 자료의 다양성사이에 어떤 자연적 관계에 대한 더 많은 연구가 필요하다.

Box 9.3 좀목(좀)과 좀벌레과(Thysanura; 좀벌레)

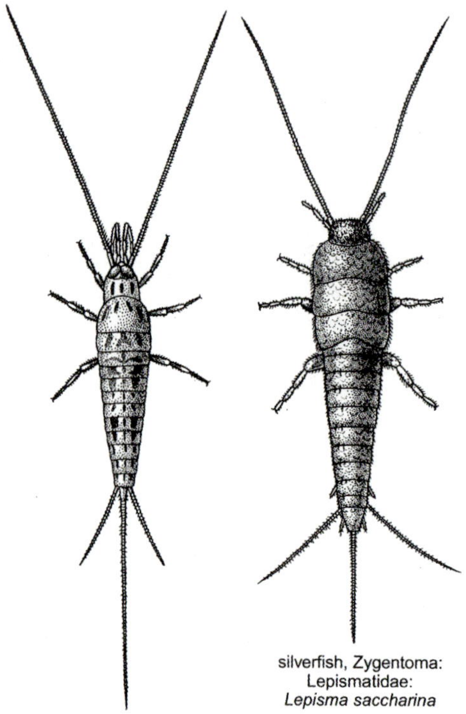

bristletail, Archaeognatha: Machilidae: *Petrobius maritima*

silverfish, Zygentoma: Lepismatidae: *Lepisma saccharina*

돌좀과 Archaeognatha와 좀과 Zygentoma는 원시적으로 날개 없는 곤충중 더 넓은 방사에서 살아남은 생존자로서 대표한다. 이 두 무시아강 목은 표면상으로 비슷하지만 흉막의 구조가 다르고, 구기의 형태가 근본적으로 아주 다르다. 흉부의 마디는 거의 같으며, 불완전하게 발육된 흉막을 가지고 있다. 배는 11마디이며, 첨기와 종종 어느 마디에 반전가능한 소낭을 가지고 있다; 배는 11마디의 등판위에서 가운데에 위치한, 길고, 여러 마디로 된 꼬리 내돌기 배동맥을 가지고 있으며, 1쌍의 꼬리털과 생식기에서 배 사이에 놓여 있는 항문위판 신장을 형성한다. 암컷은 8,9마디의 생식부속돌기가 산란관을 형성한다. 수정은 정자주머니 또는 정자 과립의 이동을 간접적이다. 발육은 변태하지 않고 일생동안 탈피를 계속한다. 계통도 이해를 위해 7.4.1절을 보라.

Archaeognatha (좀)

좀은 원시적으로 날개 없는 곤충으로 현존하는 2개의 과에 500여 종이 있다. 이들은 보통의 크기이고, 6~25 mm이며 가늘고 길며 원통형이다. 머리는 하구형이고, 등쪽으로 붙어 있는 큰 겹눈을 가지고 있다; 3개의 홑눈이 있다; 촉각은 다수의 마디로 되어있다. 구기는 부분적으로 머릿속으로 쑥 들어갔으며, 가늘고 긴 단관절구적 큰 턱과 가늘고 긴 7마디로 된 아랫입술 수염을 가지고 있다. 가슴은 구부러져 있고, 다리는 첨기를 지탱하는 큰 기절을 가지고 있으며 부절은 2~3개의 마디로 되어 있다; 배는 가슴의 윤곽을 계속 이어간다; 2~9마디는 복부의 근육을 포함한 첨지(다리를 나타냄)를 가지고 있으며, 1~7마디는 첨지(단지 성숙한 개체들에서 완전히 발달된)에서 가운데에 1쌍 또는 2쌍의 반전가능한 소낭을 가지고 있다. 1쌍의 여러 마디로 된 꼬리털은 중앙의 꼬리 내돌기보다 더 짧다(Petrobius maritima에 대해서 여기서 보여준 것처럼, Lubbock 1873).

수정은 정자 과립이 수컷의 생식부속돌기로부터 생산된 견사선에 붙어 있거나, 또는 대가 있는 정자과립을 땅위에 산란한다. 암컷의 산란관에서 산란되는 정자는 매우 드물다. 좀은 종종 야간에 활동하고 부엽토, 잔해, 해조류, 이끼를 먹고, 낮 동안에는 식물껍질 아래쪽이나 부엽토에서 지낸다. 그들은 아주 빠르게 뛰고 점프할 수 있고, 아치형 가슴과 구부러진 배를 사용하여 상당한 거리를 뛴다.

Zygentoma (좀벌레)

좀벌레는 원시적으로 날개 없는 곤충으로 현존하는 5개의 과에 약 400종이 있다. 그들의 몸은 적당한 크기(5~30 mm)이고, 등배쪽으로 평편하며, 종종 은백색의 비늘을 가지고 있다. 머리는 약간 전구식으로 아래입틀식이다; 겹눈은 낱눈으로 분리되어 없거나 줄어들었으며, 하나 또는 3개의 홑눈이 존재할 수도 있다; 촉각은 다수의 마디로 되어있다. 구기는 저작형이며, 2개의 관절구적 큰턱과 5개의 마디로 된 아랫입술 수염을 포함하고 있다. 다리는 큰 기절과 2~5개의 마디로 된 부절이 있다. 배는 첨지를 가진 복부의 근육 가지고 적어도 7~9마디 때때로 2~9마디를 가지고, 가슴이 점점 가늘어지는 형태를 유지한다; 성숙한 개체는 비록 없거나 줄어든 2~7마디위에 첨지에서 가운데 1쌍의 반전가능한 소낭을 가질 수 있다. 1쌍의 가늘고 긴 여러 마디로 된 꼬리털은 거의 가운데 꼬리 내돌기만큼 길다(Lepisma saccharina에 대해서 여기서 보여준 것처럼, Lubbock 1873).

수정은 간접적이고 암컷이 기질로부터 모은 플라스크 모양의 정자주머니를 경유한다. 많은 좀벌레는 식물 아래 또는 부엽토에 서식한다: 어떤 종은 지하나 동굴에 서식하지만, 어떤 종은 건조한 지역의 높은 고온과 낮은 습도를 견디어낸다; 예를 들어 좀과 좀벌레는 남서아프리카의 Namib 사막의 모래 사구에 사막에 사는데, 이들은 여기서 중요한 부식자이다. 어떤 다른 좀 종은 포유류 은신처에 살고, 적은 종이 개미나 흰개미 서식지에 편리 공생하며, 몇몇 종은 사람들이 거주하는 곳에 사는 친밀한 인간 의존형 곤충이다. 이들 종에는 종이, 면과 식물 잔해와 같은 물질을 먹고 섬유소를 소화시키기 위해 그들 자신의 셀룰라아제를 사용하는 L. saccharina, Ctenolepisma longicauda(좀벌레), Lepismodes inguilinus(= Thermobia domestia)(좀목, firebrat)가 포함된다.

Box 9.4 귀뚜라미붙이목(Grylloblattaria, Notoptera; grylloblattids)

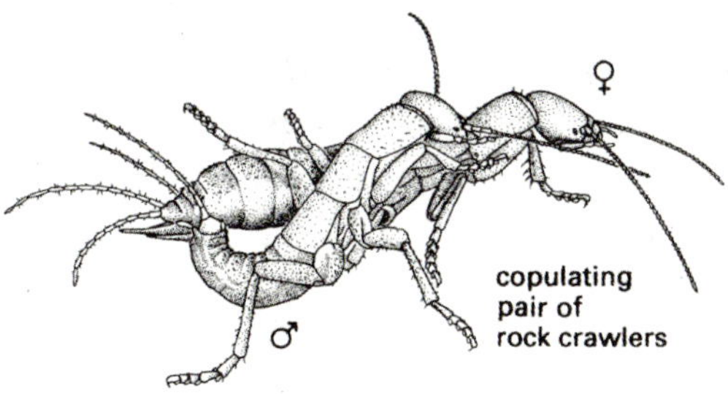

귀뚜라미상과는 25여종을 포함한 1개의 과, 귀뚜라미과로 구성되어있으며, 서 북아메리카와 일본을 포함한 동아시아 중앙에 제한되어있다. 북아메리카 종은 특히 추위에 대한 내성이 있으며, 빙하와 눈이 쌓여있는 고지대에서 산다. 동아시아 종은 온대 숲에 있어서 해수면에서 산다. 귀뚜라미상과는 부드럽고, 솜털이 있는 가늘고 길며, 옅은 색이며, 원통형의 몸을 가진, 적당한 크기의 곤충(20~35 mm 길이)이다. 머리는 전구식이며, 겹눈은 불완전하거나, 없다. 홑눈은 없다. 촉각은 다수의 마디로 되어있고 구기는 저작형이다. 정방형의 앞가슴은 가운데가슴 또는 뒷가슴보다 더 크다: 날개는 없다. 다리는 큰 기절과 5개의 마디의 발목마디가 있어 뛰어다니기에 알맞다. 배는 5-9마디에 꼬리털과 함께, 명확한 10개의 마디와 11마디에 퇴화물을 가지고 있다. 암컷은 짧은 산란관을 가지고 수컷의 생식기는 비대칭적이다.

교미는 흔한 일본종, Galloisiana nipponensis(Ando 1982)에 대해서 여기에서 설명한 것처럼, 오른쪽 위에서 수컷과 나란히 서서 한다. 알은 습기 찬 나무나 돌 밑 토양에서 1년 까지 휴면할 수 있다. 성충과 닮은 약충은 8령을 통하여 천천히 발육한다. 북아메리카의 귀뚜라미붙이(파충류)는 낮은 온도에서 낮과 밤까지 활동하며, 얼음동굴을 포함해서 동굴 내 봄에 눈 녹은 곳에, 고산성 토양과 바위 아래와 같은 습기 찬 곳에 있는 얼음과 눈의 표면으로부터 현저하게, 죽은 절지동물과 유기물질을 먹고 산다.

계통 발생 관계는 7.4.2절에서 토론되고 그림 7.2에서 묘사된다.

Box 9.5 흰개미붙이목(embiids, webspinners)

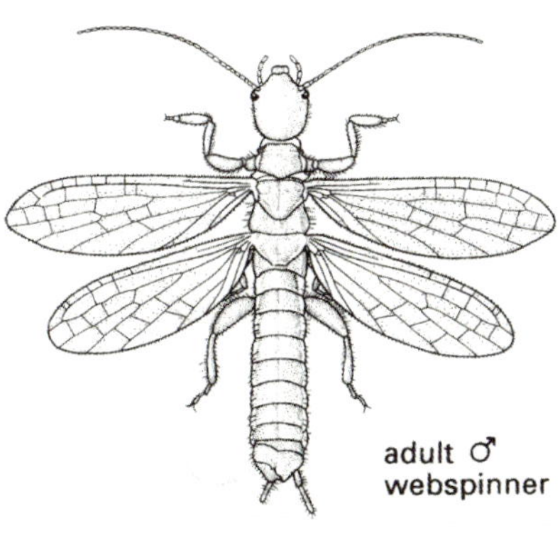

전 세계에 적어도 8개과에 묘사되어지지 않은 더 남은 목까지 포함해서 300여종의 embiids가 있다. 알맞은 크기에서 작고, 가늘고 길며 원통형의 몸을 가지, 수컷은 어느 정도 평평하다. 머리는 전구식이며 겹눈은 신장 모양이고 암컷보다 수컷이 더 크다; 홑눈은 없다. 촉각은 여러 마디로 되어있고 구기는 저작형이다. 정방형 앞가슴은 가운데가슴이나 뒷가슴보다 더 크다. 모든 암컷과 일부분의 수컷은 날개가 없으며, 혹시 있다면 날개(Embia major에 대해서 여기서 보여준 것처럼, Imms 1913)는 특징적으로 부드럽고 유연하며, 혈림프 압력에 의해 비행동안 경직되는 혈강 시맥을 가진다. 다리는 짧고 3개의 마디로 된 부절을 가지고 있다; 각 앞 부절의 기절은 부풀어 올랐으며, 실샘을 포함하지만 뒤쪽의 넓적다리는 강한 종아리마디의 근육을 가지고 부풀어있다. 복부는 오직 11번째 마디의 퇴화물을 가지면서 10마디로 되어있다; 꼬리털은 2개의 마디로 이루어지고 촉각 자극에 반응한다. 암컷의 외부생식기는 단순하지만 수컷의 외부생식기는 복잡하고 비대칭적이다.

교미동안에 수컷은 전구식의 큰턱과 비대칭인 꼬리털을 가지고 암컷을 잡고 있다. 알과 어린 애벌레 단계는 어미에 의해 돌보아 지며, 미완성 단계는 날개와 생식기를 제외하고 성충과 닮았다. embiids는 모든 령에 존재하는 발목마디의 실샘으로 고치를 지으면서, 부드럽게 뚫은 터널에서 군집으로 생활 한다; 그들의 터널(서식지)은 주위의 잎 부엽토, 돌 아래, 바위 위에, 나무줄기(Plate 4.1, p. 14) 또는 나무 틈과 토양에 생긴다. 그들의 먹이는 부엽토, 이끼, 나무껍질과 죽은 잎으로 구성된다. 터널은 새로운 먹이 자원으로 늘어나고, 서식지의 안전은 단지 성숙한 수컷이 새로운 장소—교미하고, 먹지 않고 때때로 암컷에 의해 잡혀 먹히는 곳—로 흩어질 때 없어진다(Plate 4.2 참조). 흰개미사촌은 포식자에 의해 위협을 느낄 때, 예를 들면 그들 서식지에서 즉시 뒤집는다.

계통발생의 관계는 7.4.2절에서 토론되고 그림 7.2에 묘사되었다.

Box 9.6 민벌레목

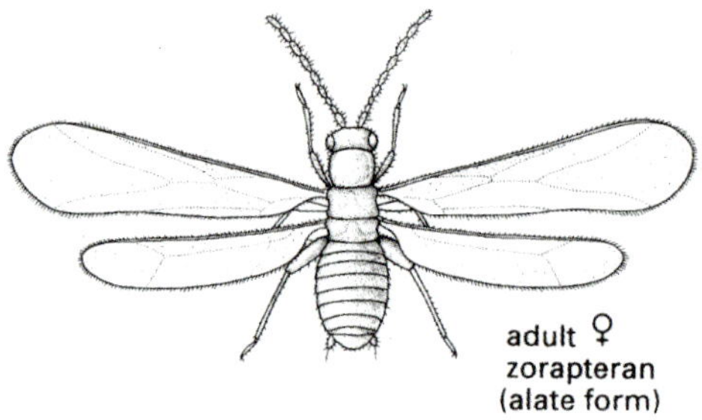

이들 곤충은 하나의 Zorotypus속으로 구성되나 때때로 몇 개의 속으로 세분되며, 30종 좀 넘는 종이 호주를 제외한 세계의 열대지역과 온대지역에서 발견된다. 이들은 작고(<4 mm길이) 오히려 흰개미와 유사하다. 머리는 아래입틀식이고 겹눈과 홑눈은 날개가 있는 종에서는 나타나지만 날개가 없는 종에는 없다. 촉각은 염주모양이고 9개의 마디로 되어있으며, 구기는 저작형이며, 5개의 마디된 작은턱수염과 3마디로 된 아랫입술수염을 가지고 있다. 아방형 앞가슴은 비슷한 형태의 가운데가슴과 뒷가슴보다 크다. 날개는 다형성이다: 어떤 형태는 암컷과 수컷에서 날개가 없지만, 다른 형태는 날개가 있는 유시형으로, 축소된 시맥과 더 작은 뒷날개를 가진 2쌍의 주걱모양 날개를 가지고 있다(Zorotypus hubbardi에 대해서 여기서 보여준 것처럼, Caudell 1913). 날개는 개미와 흰개미에서처럼 털갈이를 한다. 다리는 잘 발달된 기절, 강한 복부돌기를 가진 확대된 뒤쪽 넓적다리, 각 2개의 발톱을 가진 2개의 마디로 된 발목마디를 가지고 있다. 11마디로 된 배는 짧고 약간 부었으며, 단지 하나의 마디로 된 꼬리털을 가지고 있다. 수컷의 생식기는 비대칭적이다.

미성숙한 단계는 날개의 발육에 따라 다형성이다. Zorapteran은 군집생활을 하고, 잎부엽토, 썩은 나무와 흰개미 집단에 가까운 곳에 서식하고, 곰팡이와 아마도 작은 절지동물을 먹는다.

계통 발생학적으로 이들은 불가사의하게도, Polyneoptera 내에서 확실한 관련이 있다(7.4.2절과 그림 7.2참조).

Box 9.7 집게벌레목(집게벌레)

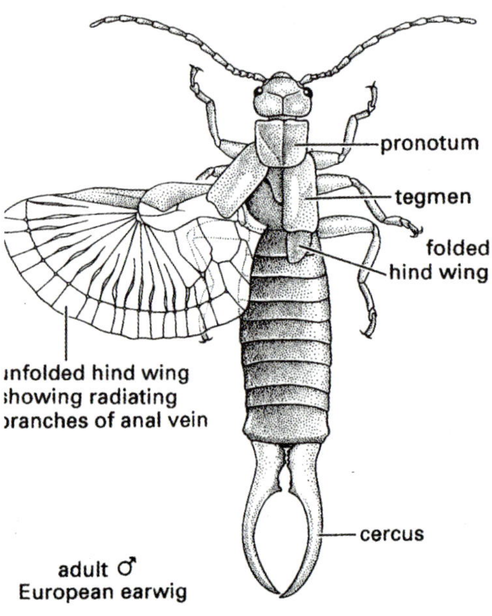

집게벌레는 전 세계에서 발견된 약 10개 과에 2000 여종 정도를 포함한 목으로 이루어졌다. 이들은 등배쪽으로 평평하며, 작은 것에서부터 적당한 크기(4~25 mm 길이)의 가늘고 긴 몸을 가진 불완전변태이다. 머리는 전구식이다; 겹눈은 크거나, 작거나, 없으며, 홑눈은 없다. 촉각은 안테나는 적당한 길이에 비해 짧고, 가늘고 긴 마디를 가진 실모양이다. 성충에 비해 미성숙한 개체의 촉각 마디수가 더 적다. 구기는 저작형이다(2.3.1절; 그림. 2.10 참조). 다리는 상대적으로 짧고, 발목마디는 짧은 두 번째 말초발목마디를 가진 3마디로 되어있다. 앞가슴은 방패 같은 암가슴등판을 가지고 있으며, 가운데가슴과 뒷가슴 경절은 다양한 크기이다. 집게벌레는 날개가 없거나 만약 있다면 앞날개는 작고 가죽 같으며, 부드럽고 시맥이 없는 두텁날개를 가지고 있다; 뒷날개는 크고, 막으로 이루어졌고 반원형이다(일반적인 유럽 집게벌레 Forficula aurucularia에 대해서 여기에서 설명한 것처럼). 쉴 때는 두텁날개 아래가 약간 튀어 나오면서, 선풍기처럼 세로로 접는다; 뒷날개의 시맥상은 A1과 교차한 시맥의 꼬리 팬에 의해 영향을 받는다. 배마디는 포개져있고(등판 포갬), 집게모양에서 변형되어 튀어나온 꼬리털을 끝으로 암컷은 8마디, 수컷은 10개의 마디를 가진다; 후자가 더 무겁고, 크며, 암컷에서 보다 수컷에서 더 굽었다.

교미는 끝과 끝을 이어서 하고, 수컷의 정자주머니는 수정에 앞서 몇 달 동안 간직될 수 있다. 암컷에 보존될 것이다. 알을 낳는 종은 종종 부스러기 아래에 알을 낳고(그림. 9.1), 알을 보호하고 곰팡이를 제거하기 위해 핥는다. 암컷은 애벌레가 알로부터 부화하도록 도와주고, 2령이나 3령이 될 때까지 그들을 돌볼 수도 있으며, 후에 그 새끼들을 잡아먹을 수 도 있다. 성숙기는 4~5번의 탈피로 완성된다. 2개의 기생 그룹(확실하지 않는 계급) 집게벌레족 Arixeniina와 Hemimerina는 위태반 태생으로 나타난다.

집게벌레는 대체적으로 뛰어다니기에 알맞고 야행성이며 대부분의 종은 좀처럼 날지 않는다. 먹이는 주로 죽거나 부패된 식물이나 동물을 먹고, 일부는 포식을 하거나, 일부는 살아있는 식물, 특히 정원에, 손실을 입힌다. 일부 종은 남동아시아에 있는 박쥐에 공존 또는 외부기생하거나(Arixeniina), 남아프리카 설치류에 반기생한다(Hemimerina): 이 두 족에 있는 집게벌레는 보지 못하고, 날개가 없으며, 막대 같은 집게를 가지고 있다. 독립생활을 하는 집게벌레의 집게는 먹이를 먹고, 방어와 공격을 위해 사용하며, 일부 종에 있어서는 교미 중에 상대를 붙잡기 위해 사용한다. 일반적 이름 "earwig"는 귀에 들어가는 것에 대한 익애에서, 또는 날개 모양에서 언급한 "ear wing"의 부패로부터 유래되었을 수도 있지만, 이와 같은 설은 지지를 받지 못하고 있다.

계통발생학적 관계는 7.4.2절에서 논의되고, 그림 7.2에 묘사되었다.

Box 9.8 바퀴벌레목(Blattaria; cockroaches, roaches)

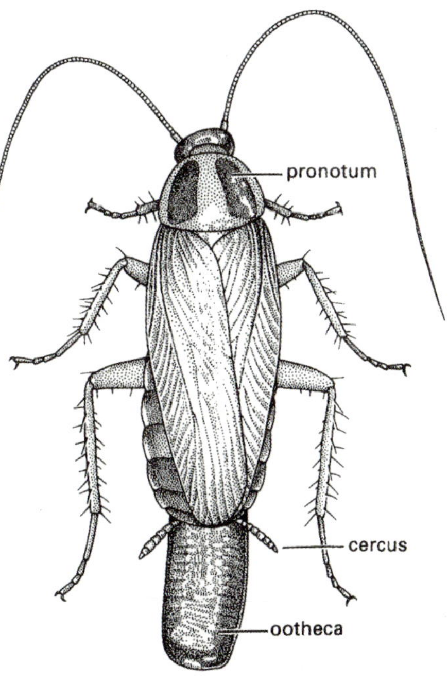

adult ♀ cockroach

바퀴벌레는 전 세계적으로 적어도 8개의 과를 가진 3500여 종 이상의 목을 구성한다. 이들은 반변태적이고 작은 크기에서 큰 크기까지(〈3 mm에서 〉100 mm), 등배쪽으로 평평한 몸을 가지고 있다. 머리는 아래입틀식이고, 겹눈은 작은 것에 비해 적당히 클 수 있으며, 동굴에 서식하는 종은 없다; 홑눈은 2개의 옅은 체세포 돌연변이에 의해서 나타난다. 촉각은 실모양이며, 여러 마디로 되어 있고, 구기는 저작형이다. 앞가슴은 넓고, 방패와 같은 앞가슴등판이 있으며, 종종 머리를 덮는다; 가운데가슴과 뒷가슴은 직사각형이고 거의 같다. 앞날개(그림 2.22c)는 막으로 이루어진 뒷날개를 보호하면서, 두텁날개처럼 경화되었다; 각 앞날개는 미엽이 부족하고, R과 CuA 시맥의 가지에 의해 좌우된다. 대조적으로 뒷날개는 R, CuA와 둔맥 분맥에 많은 가지를 가지면서, 큰 미엽을 가지고 있다; 쉴 때, 이들은 두텁날개에 접혀진 팬과 같이 놓여있다. 날개축소가 자주 있다. 다리는 가시모양이고(그림. 2.19), 5개 마디로 된 발목마디를 가지고 있다. 큰 기절은 서로 인접하고, 배쪽 가슴에 큰 영향을 준다. 배는 1개 또는 1쌍의 형태를 가지고 있는 생식기 밑에 있는 판(가슴판 9)과 단지 1쌍의 항문측판에 의해 대표되는 감추어진 11번째 마디를 가지면서, 명확한 10개의 마디를 가지고 있다. 꼬리털은 1개에서부터 보통 많은 마디로 구성되어 있다. 수컷의 생식기는 비대칭적이고, 암컷의 산란관 판은 생식실 안에 숨겨져 있다.

교미는 마찰 구애를 포함하여 암컷, 수컷 모두 페로몬을 생성하며, 암컷은 끝과 끝을 이어서 교미하기 전에 수컷에 올라탄다. 알은 일반적으로 암컷에 의해 외부로 이동되어질 수 있는, 가죽같이 둘러쌈으로서 2열로 평형이 된 알을 포함하는 지갑모양의 난낭에 놓여진다(Blatella germanica의 암컷에 대해서 여기에서 설명한 것처럼, Cornwell 1968). 어떤 종은 배자발생 동안, 종종 애벌레가 부화될 때까지, 변화하기 쉽게 축소된 난낭이 "uterus"(양육방)에 있는 생식관내에 보존되어지는 일련의 난태성 형태를 나타낸다; 실제 태생은 드물다. 단위생식이 몇 종에서 일어난다. 애벌레는 느리게 발육하며, 날개가 없는 작은 성충을 닮았다.

바퀴벌레는 *Periplaneta Americana*(미국바퀴벌레), *B.*

germanica(독일바퀴벌레), *B. orientalis*(동양바퀴벌레)를 포함하여 약 30여종이 전 세계적으로 인간과 관련된 서식지에 서식함으로서, 가장 친밀한 곤충 가운데 속한다. 이들은 야행성이고 악취를 풍기며 질병을 옮기고 은신처를 찾는 가정주변의 바퀴벌레(*peridomestic roaches*)는 넓은 다양성을 나타내지 않는다. 전형적으로 바퀴벌레는 열대성이고, 야행성 또는 주행성이며, 일부 동굴에 서식하는 종을 가지고 때때로 나무위에서 살기도 한다. 바퀴벌레는 단독 또는 군집 종을 포함한다; Cryptocercus(나무바퀴벌레)는 과 단위로 산다. 바퀴벌레는 대부분 부패물을 먹는 청소부이지만, 일부 종은 나무를 먹고 그것을 분해하기 위해 장 아메바를 이용한다. 독특하게 바퀴벌레상과 Cryptocercus는 섬유소를 소화하기위해 채찍모양의 내부 원생동물을 이용한다.

계통발생학의 관계는 7.4.2절에서 토론되어 지고, 그림 7.2와 7.4에 묘사되어 졌다. 이 교과서의 초기 편집에서 제공한 증거는 Cryptocercus는 원생생물을 통해서, 군집성과 섬유소의 소화같은 그러한, 흰개미의 특징을 2차적으로 유사하게 얻었다는 것을 제시했었다. 이제 이 유사성은 흰개미목이 "Blattodea" 내에서 발생했다는 실제적인 관계를 반영하는 것처럼 보인다. 비록 전자가 후자와 계통발생학적으로 동등하더라도, 우리는 이들 관계가 확정될 때까지 "Blattodea"를 계속적으로 사용한다.

참고 문헌

Blossey, B. & Hunt-joshi, T.R. (2003) Belowground herbivory by insects: influence on plants and aboveground herbivores. *Annual Review of Entomology* **48,** 521-47.

Dindal, 0.1. (ed.) (1990) *Soil Biology Guide.* John Wiley & Sons.

Chichester.

Edgerly. J.S. (1997) Life beneath silk walls: a review of the primitively social Embiidina. In: *The Evolution of Social Behaviour in Insects and Arachnids* (eds. J.C. Choe & B.J. Crespi). pp.14-25. Cambridge University Press. Cambridge.

Eisenbeis. G. & Wichard, W. (1987) *Atlas on the Biology of Soil Arthropods.* 2nd edn. Springer-Verlag. Berlin.

Hopkin. S.P. (1997) *Biology of Spring tails.* Oxford University Press. Oxford.

Lövel, G.L. & Sunderland, K.D. (1996) Ecology and behaviour of ground beetles (Coleoptera: Carabidae). *Annual Review of Entomology* **41,** 231-56.

Lussenhop, J. (1992) Mechanisms of microarthropodmicrobial interactions in soil. *Advances in Ecological Research* **23,** 1-33.

McGeoch. M.A. (1998) The selection. testing and application ofterrestrial insects as *bioindicators. Biological Reviews* **73,** 181-201.

Mueller. U.G .. Rehner, S.A. & Schultz. T.R. (1998) The evolution of agriculture in ants. *Science* **281,** 203-9.

New. T.R. (1998) *Invertebrate Surveys for Conservation.* Oxford University Press. Oxford.

North. R.D., Jackson. C.W. & Howse. P.E. (1997) Evolutionary aspects of ant-fungus interactions in leaf-cutting ants. *Trends in Ecology and Evolution* **12,** 386 -9.

Paine. T.D., Raffia. K.F. & Harrington. T.C. (1997) Interactions among scolytid bark beetles. their associated fungi, and live host conifers. *Annual Review of Entomology* **42,** 179-206.

Resh, V.H. & Carde, R.T. (eds.) (2003) *Encyclopedia of Insects.* Academic Press. Amsterdam. [Particularly see articles on cave insects: soil habitats.]

Stork. N.E. (ed.}(1990) *The Role of Ground Beetles in Ecological and Environmental Studies.* Intercept. Andover.

Villani. M.G. & Wright. R.J. (1990) Environmental influences on soil macroarthropod behavior in agricultural systems. *Annual Review of Entomology* **35,** 249-69.

*10*장

수서곤충

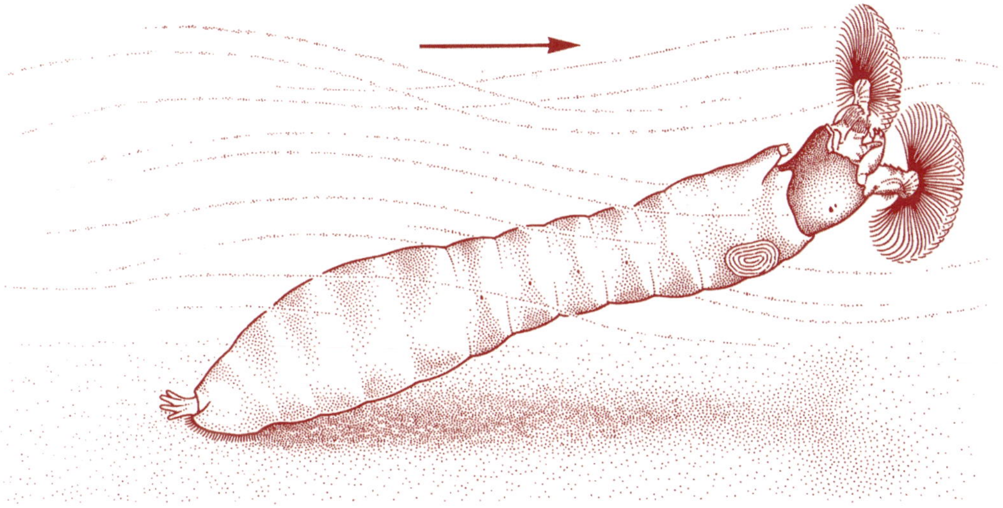

A black-fly larva in the typical filter-feeding posture. (After Currie 1986.)

내륙에 있는 모든 수서생물은 강, 개울, 침출수 또는 호수에서 생물학적 군집을 형성하며 서식하고 있다. 가장 잘 알려진 종류는 주로 물고기나 양서류 같은 척추동물이다. 그러나 적어도 거시적인 단계에서는 무척추동물들이 가장 많은 개체수와 종 그리고 생체량과 생산성을 공급하고 있다. 일반적으로 곤충들은 담수생태계를 지배하고 있지만 단지 선충류만이 종의 수, 생물자원 그리고 생산성과 관련하여 곤충에 근접하고 있다. 갑각류는 종수가 풍부하지만 염분이 있는(특히 일시적인) 내륙의 수중에서는 그 종이 다양하게 분포하지 않는다. 곤충은 진화 과정을 통해 육지에서 담수로 들어와 적응하여 현재 일부 분류군에 속하는 많은 종이 수서 생활을 하고 있다. 곤충류 가운데 일부 소금쟁이(노린재목: 소금쟁이과)나 파리목의 유충을 제외하고는 해양 환경에 적응하는 종은 거의 없다.

이 장에서는 수중 환경에 성공적으로 적응하는 곤충들에 대해 개관하고 이 곤충들이 물속에 포함된 소량의 산소를 사용하는 다양한 과정에 대해 살펴볼 것이다. 수중 생활에 적응하기 위해 형태학적, 행동학적 변이와 물의 움직임에 어떻게 저항하는지 그리고 섭식기능군에 의한 분류에 대해서도 기술하고자 한다. 수서곤충을 이용한 수질의 생물학적 모니터링과 해양과 조간대에서 서식하는 일부 곤충들에 대해서도 언급하였다. 분류학 Box에서는 하루살이류(하루살이목), 잠자리류와 실잠자리류(잠자리목), 강도래류(강도래목), 날도래류(날도래목) 그리고 이 외에 수서생태계에서 중요한 다른 목들에 관한 정보들을 요약하였다.

10.1 분류학적 분포와 용어

유충기를 거의 전적으로 수중에서 생활하는 곤충은 하루살이목(하루살이류; Box 10.1), 잠자리목(실잠자리와 잠자리류; Box 10.2), 강도래목(강도래류; Box 10.3), 그리고 날도래목(날도래류; Box 10.4)이있다. 이들 주요 곤충 목 가운데서 파리목(Box 10.5)은 미성숙단계에 수중생활의 전형적인 모습을 보여주고 있으며, 상당수의 노린재목과 일부 딱정벌레목은 적어도 어느 정도의 수중 생활시기를 가지고 있다(Box 10.6). 그리고 소수 곤충 목의 일부인 뱀잠자리아목의 두 과와 일부 풀잠자리목은 담수에서 생장한다. 일부 벌목은 수중 먹이에 기생하는데, 이들을 포함하여 톡토기목, 메뚜기목, 그리고 그 외의 습지에서 주로 서식하는 육지 곤충들에 대해서는 더 이상 논의하지 않겠다.

수서곤충학자들은 주로 완전변태를 하는 곤충의 미성숙 단계(알에서 부화해서 번데기 직전 단계)에 대해서만 **유충**이라는 용어를 사용한다. 약충은 아성충의 의미로 불완전변태를 하는 곤충에 대해 사용되며 이들 곤충의 날개는 외부로 발달한다. 그러나 잠자리목에서는 유충과 약충 등의 용어가 서로 혼용되는데, 이는 아마도 행동이 느리고, 먹이를 먹지 않고, 몸 내부를 재조직하는 종령의 잠자리가 완전변태를 하는 곤충의 번데기 단계에 해당되기 때문일 것이다. 비록 "유충"라는 용어가 모든 수서곤충의 미성숙 단계에 대해서 더 많이 사용되어지는 하지만, 우리는 변태의 진화(8.5절)관한 새로운 개념을 받아들인다. 그래서 잠자리목의 미성숙단계를 포함해서 유충과 약충이라는 용어를 명확하게 사용할 것이다.

송장헤엄치게와 물방개를 포함하는 수서곤충의 성충은 물속에 있을 때 대기 중의 산소를 사용할 수 있다. 몇몇 물둥구리류와 물땡땡이류 그리고 여울벌레와 같은 다른 성충들은 거의 수중에서 생활한다. 이들은 오랫동안 물속에 머물 수가 있고, 물에서 호흡에 필요한 산소를 얻는다. 그러나 훨씬 더 많은 종류의 수서곤충의 성충들은 대기 중에서 생활하며, 주로 수면 아래에서 생활하면서 대기와 직접적으로 접촉하는 동안만 산소를 공급받는 것은 단지 그들의 약충 혹은 유충(그리고 종종 번데기)시기일 뿐이다. 비록 일생동안 수중생활을 하는 소수의 곤충들이 있기는 하지만, 2개의 서로 다른 서식지를 통한 생활사의 생태학적인 구분이 가능하다. 예외적으로 여울벌레의 한 속인 *Helichus*는 육지에서 생활하는 육서형 유충과 수중에서 생활하는 수서형 성충을 가지고 있다.

10.2 수중 생태의 진화

곤충 날개의 기원에 관한 가설(8.4절)은 수서생활 양식의 진화를 주목하게 하는 다른 관련성을 가지고 있다. 배측엽설 이론은 "날개"가 미성숙 단계 동안 수중이나 육지에서 생활하는 육서 곤충의 성충에서 기원한다고 제안하고 있다. 외돌기-지내돌기 이론의 일부 지지자들은 유시류의 원종이 수중 미성숙 단계에서 유래한다고 추측한다. 후자의 가설에 대한 지지는 육지에서 서식하는 무시류와는 대조적으로 유시류(하루살이목, 잠자리목)의 2개의 현존하는 기본 집단이 물속에서 살고 있다는 것에서 나온 것 같다. 그러나 하루살이목과 잠자리목의 수중에서의 습성은 근본적인 것이 될 수 없는데, 이는 기관체계를 살펴보면 육서기가 선행하는 것으로 나타나기 때문이다(8.3절).

수중 생활양식의 기원이 무엇이든지 간에, 곤충의 계통 발생에 대한 제안된 모든 가설은 지질시대를 통하여 일부 계통 수정이 반복된다. 수중 생활 형태의 다양한 독자적 적응은, 이 목에 속하는 많은 분류군 중에서 딱정벌레목과 파리목에서 명백하게 나타난다. 이와는 반대로, 하루살이목과 날도래의 모든 종들은 수중생활을 한다. 그리고 잠자리목은 일부 예외적인 육서 유충생활을 하는 소수 종을 제외하고는 거의 대부분이 수중 생활형이다.

10.3 수서곤충과 산소 공급

10.3.1 산소의 물리적 특성

산소는 공기 중에 200,000 ppm이 포함되어 있다.그러나 물속에 녹아있는 산소의 농도는 포화상태의 찬물에서 단지 15ppm 정도에 불과하다. 세포 수준에서 에너지는 혐기성 호흡에 의해 공급받을 수 있지만, 산소 호흡보다 기질의 각 단위에 약 5%의 에너지만을 공급하는 이 호흡은 쓸모가 거의 없다. 비록 깔따구 유충과 같은 곤충들은 거의 산소가 없는 상태에서 장기간 생존할 수 있지만, 대부분의 수중 곤충들은 효과적으로 기능하기 위해서 그들의 주변에서 산소를 획득해야 한다.

물속에 녹아있는 기체들의 비율은 그들의 용해능력에 따라 다양하게 나타난다. 그 양은 온도와 염도에 반비례하고 압력과 고도의 감소에 비례한다. **정수**(고여 있는 물)에서, 물을 통한 확산은 매우 느리다. 정체된 물의 수면에서 산소가 몇 미터를 확산하는데 수년이 걸린다. 이런 느린 속도는 물속에 가라앉는 유기물질의 미생물에 의한 분해에 의해서 산소와 결합하여 바닥에서 산소를 완전히 고갈시킬 수 있다(**저서에서의 무산소증**). 그러나 확산에 의한 표층수의 산소화는 교류에 의해 향상되는데, 이것은 수 표면을 넓히고, 공기주입을 강화시키고, 물을 섞어준다. 좁은 수 표면 지역을 가진 깊은 호수나 부유식물이 넓게 뒤덮힌 곳이나 얼음이 넓게 덮인 호수에서처럼, 만약 이런 교류에 의한 혼합이 방해를 받는다면 무산소증은 장기화되거나 영구화될 것이다. 이런 환경에서 생활하는 수중 곤충들은 산소 이용도에 있어 일 년 내내 그리고 계절적인 변동을 견뎌내야만 한다. **유수**에서 산소수치는, 특별히 차가운 물에서 15 ppm에 이를 수 있다. 햇빛이 잘 드는 곳에 있는 대형 수생식물과 조류가 풍부한 웅덩이처럼, 만약 광합성에 의해 지역적으로 많은 산소가 발생하게 되면 평형상태의 농도는 초과될지도 모른다. 그러나 이런 식물이 밤 동안 호흡할 때 산소는 소모되어진다. 수중 곤충들은 산소의 제약으로 낮 동안으로 서식 범위가 제한되는 한계를 극복해야만 한다.

10.3.2 수서곤충의 가스 교환

곤충의 가스 교환 체계는 산소의 확산에 의존한다. 산소의 확산은 공기 중에서는 빠르게 진행되지만 물에서는 그 속도가 느리며, 표면을 통과할 때는 더욱 느려진다. 수중 곤충의 알들은 난막의 도움을 받아 물에서 산소를 흡수한다(5.8절). 큰 알들은 장구애비처럼 뿔이나 왕관 모양으로 변형되어 호흡을 위한 표면적을 확장하고 있다. 물장군(노린재목: 물장군과)의 큰 알들의 산소 흡수는 특별한 수컷 어버이의 돌봄에 의해 도움을 받는다(Box 5.5).

비록 곤충의 큐티클층이 강한 불침투성이긴 하지만, 체표를 통과하는 가스의 확산은, 일부 초기 영의 유충이나 일부 파리목 유충의 모든 영들에서처럼, 가장 작은 수중 곤충들에 있어서도 충분하다. 기문을 가진 육상 곤충과 동등한 요구조건을 가진 더 큰 수중 곤충들은 가스 교환 영역의 증가 뿐 만 아니라 산소를 증가시킬 수 있는 또 다른 획득 수단이 필요하다. 왜냐하면 체적에 비해 체표면의 비율이 축소되어 큐티클을 통한 가스 교환의 의존이 줄어들기 때문이다.

수서곤충들은 수중에 녹아있는 보다 낮은 수준의 산소에 대처하는 몇 가지 구조를 가지고 있다. 수서 곤충들은 공기 호흡을 하는 다른 곤충들처럼 기문을 가진 개방형의 호흡관 구조를 가진 것 같다. 이런 것에는 polypneustic(몸 표면에 열린 8~10개의 기문) 뿐만 아니라 oilgopneustic(주로 말단에 위치하는 한 쌍 혹은 두 쌍의 개방형 기문)나 폐쇄되고 사라져서 직접 외부와 접촉하는 것 등이 있다(3.5절, 그림 3.11).

10.3.3 폐쇄형 기관계를 통한 산소 흡수

폐쇄형 기관계에서 단지 체표를 통한 가스 교환은 종수가 적은 분류군을 포함하는 날도래류 초기 영과 같은 수서곤충에서만 가능하다. 보다 큰 곤충의 경우에는 비록 체표를 통한 교환이 산소 흡수의 실질적인 부분을 담당하고 있지만, 또 다른 구조를 필요로 한다.

가스 교환을 위한 표면적 증가의 유력한 수단은 몸으로부터 큐티클의 엷은 막이 확장되어 형성된 **아가미**에 의한 것이다. 이것들은 주로 복부(배면, 측면 또는 등면)나 꼬리에 있지만, 하순기절, 턱, 목, 다리 근처에 위치하기도 한다. 일부 날도래의 경우는 항문 주위에 위치하거나(그림 10.1), 잠자리 유충에서와 같이 직장 안에 있기도 한다. 호흡 아가미는 잠자리목, 강도래목, 날도래목, 뱀잠자리목 그리고 풀잠자리목, 일부 수서 딱정벌레목, 약간의 파리목 그리고 명나방류(나비목)의 미성숙 단계에서 발견되며, 대체로 하루살이목에서 형태학적 다양성이 가장 크게 나타난다.

아가미의 구조에 대한 설명은 이것이 산소를 흡수하는 기능을 증명하는데 중요하다. 청실잠자리(잠자리목: 청실잠자리과) 약충의 실험에서, 일부 개체의 꼬리에 있는 거대한 유사 아가미 판막은 자연적인 자기 절단의 위치에서 부러져서 제거되어진다. 아가미가 있는 개체나 없는 개체 모두 폐쇄된 호흡기 속의 저산소의 환경에 처할 경우, 생존은 전적으로 아가미에 의해 결정된다. 잠자리목의 3개의 꼬리의 엽상돌기 아가미의 다음과 같은 모든 기준을 충족시키고 있다:

- 넓은 표면적
- 습하며 도관
- 통기시킬 수 있는 능력
- 통상적으로 산소 흡수의 20~30%를 책임짐

그러나 온도가 상승하고 용해된 산소량이 줄어들 때, 흡수율이 최대 70%에 이를 때 까지 아가미는 산소 흡수를 증가시키는 원인으로 작용한다. 이런 높은 수치에서, 이 비율은 몸 표면의 전 영역에서 아가미 표면의 비율과 대등하게 된다. 낮은 온도(<12℃)와 환경적인 최대 산소 용해량인 9 ppm의 조건하에서, 청실잠자리의 아가미는 산소 흡수의 역할을 거의 하지 않는다. 큐티클층에서의 흡수가 높은 것으로 추정된다. 쌍꼬리하루살이류의 약충에 유사한 실험을 하였을 때, 12~13℃에서 아가미는 산소 흡수의

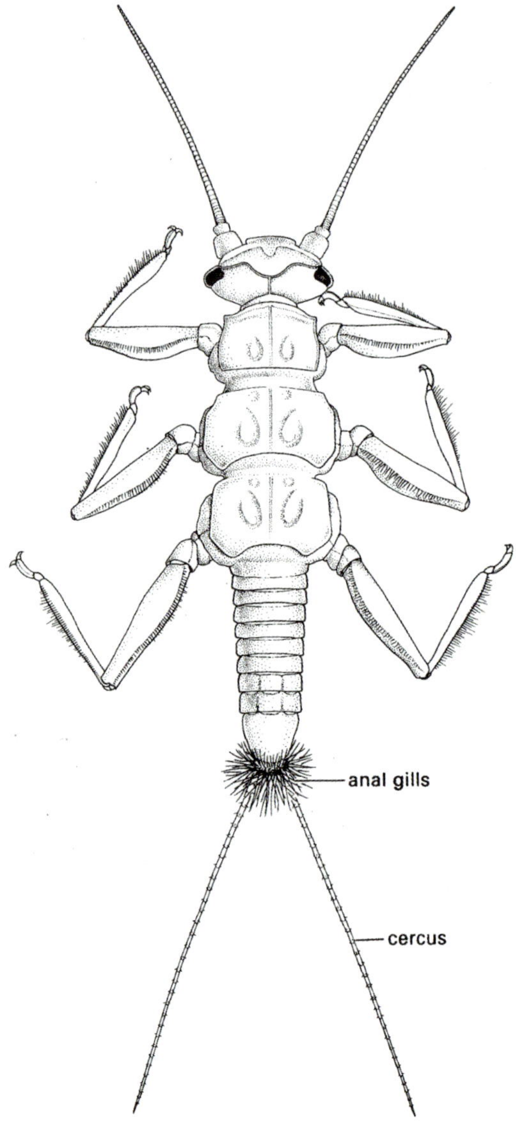

그림 10.1 강도래 약충(강도래목: gripopterygide) 의 필라멘트 모양의 아가미.

67%를 맡는다. 이것은 몸의 총 표면적의 비율에 비례하는 것이다.

용해된 산소는 호흡색소를 사용함으로서 추출할 수 있다. 이들 색소는 척추동물에서는 거의 일반적이나, 일부 무척추동물과 심지어 식물과 원생생물에서도 발견된다. 수서곤충들 중에서 일부 깔따구 유충과 약간의 송장헤엄치게는 혈색소를 가지고 있다. 이 혈색소는 사람과 같은 척추동물의 헤모글로빈에 상응(동일 기원)하는 것이다. 척

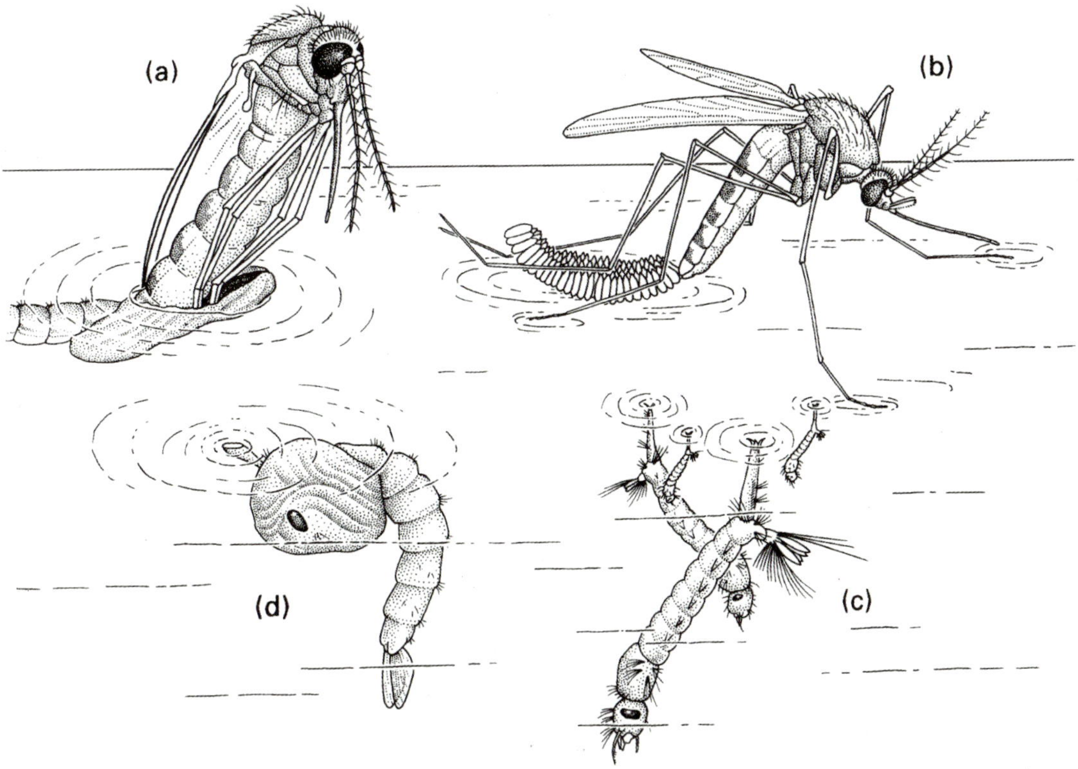

그림 10.2 빨간집모기(파리목: 모기과)의 생활사. (a) 물 표면에서 번데기에서 성충으로 탈피, (b) 암컷 성충의 산란. 알은 뗏목처럼 물에떠서 서로 붙어 있음, (c) 유충은 사이펀형태의 호흡관을 통해 물 표면에서 산소를 획득, (d) 번데기는 호흡관을 대기와 접한 상태로 water meinscus(관속의 물이 모세관현상에 의해 오목해지는 현상)로 몸을 유지함.

추동물들의 혈색소는 산소에 대해 낮은 친화력을 가진다. 즉 척추동물은 산소 비율이 높은 대기로부터 산소를 얻어서 산성화된(이산화탄소의 용해로 탄산화 된) 근육에 공급한다-보어 효과. 사실상 산소가 결핍되어 있고 거의 산성화된 호수의 퇴적물에서와 같이 환경적으로 산소 농도가 일정하게 낮은 곳에서, 보어 효과는 역효과일지도 모른다. 척추동물과는 반대로, 깔따구의 혈색소는 산소에 대해 높은 친화력을 가진다. 깔따구의 유충은 자신의 몸을 파동치게 함으로써 표피 위를 흐르는 최소한의 산소가 녹아있는 물을 통해 그들의 부드러운 관이나 터널형 서식처 안에 혈색소를 포화상태로 만들 수 있다. 산소는 파동치기를 멈출 때나 산소가 결핍된 호흡으로 회복이 필요할 때 요구된다. 호흡을 위한 색소는 단지 확산에 의해 할 수 있는 것보다 더욱 빠르게 산소를 제공한다.

10.3.4 개방형 기문 구조에서 산소 흡수

개방형 기문 구조를 가진 수중 곤충에서 산소를 획득하는 것에는 한계가 있다. 대다수 초기 단계의 파리목은 모기의 유충이나 번데기의 경우처럼(그림 10.2) 물의 모세관현상에 의해 자신을 뜨게 함으로써 대기 중의 산소를 획득한다. 유충은 말단 호흡관 그리고 번데기는 흉부에 있는 호흡 기관에서 공기와 기문의 직접적인 접촉이 이루어진다. 대기 중의 산소를 사용하는 어떤 곤충들은 썩거나 고여 있는 물에서 볼 수 있는 것처럼 낮은 산소 용해 수준에 관계없이 살아갈 수 있다. 용해된 산소량으로부터 이처럼 자유로운 것은 특히 석유 타르 늪에서 살 수 있는 한 종인 물가파리류와 일부 오염에 내성이 있는 꽃등에(꽃등에과)와 "꽃등에류의 일부 유충"에서 우세하게 나타난다.

일부 파리목 유충과 물삿갓벌레는 기문이 대기와 접촉

하지 않고 용해된 산소의 적출 비율을 높이기 위해서, 아가미와 같은 기능을 하는, 개방된 기문의 둘레에 변형된 큐티클층을 가지고 있다. 대형 수생 식물은 뿌리와 줄기에 저장된 공기속에 산소가 포함되어 있다. 일부 모기의 미성숙단계와 등에류 그리고 잎벌레과에 속하는 뿌리잎벌레속의 수서곤충들은 식물체 속에 저장된 공기속의 산소를 이용할 수 있다. 늪모기는 기문과 연결된 유충의 호흡관과 번데기의 가슴 호흡 기관은 식물 조직을 꿰뚫을 수 있도록 변형되어 있다.

일시적인 공기 저장소(**압축성 아가미**)는 산소를 뽑아내고 저장하는 일반적인 의미이다. 많은 수의 성충 물방개, 물맴이, 알꽃벼룩, 호리가슴땡때이, 물땡땡이 그리고 다수의 물장군, 물벌레, 물둥구리, 노린재목의 둥글물벌레의 약충과 성충은 이것을 사용하여 가스 교환을 향상시킨다. 아가미는, 육식성 수서딱정벌레류(그림 10.3)의 아초시의 보유 그리고 일부 잡식성 수서딱정벌레류에서와 같은 몸과 다리에 있는 분화된 수중 이동용 털을 포함하여, 다양한 방법으로 기문과 접촉이 가능한 저장성 공기의 주머니로 되어있다.

곤충이 수면에서 잠수할 때, 공기는 대기와 평형 상태를 이룬 공기 주머니 속에 갇히게 된다. 수중에 가라앉은 곤충이 호흡을 할 때, 산소는 모두 소모해 버리고 생성된 이산화탄소는 물속에서 높은 용해도로 인해 상실된다. 공기 주머니 내부에서, 산소 방울의 부분 압력으로 인해 물에 용해되어 더 많이 확산하지만, 공기 주머니 안에서의 계속적인 소모를 방해할 만큼 급격하지는 않다. 동시에 공기 주머니 내부의 질소 비율은 증가하며, 그것은 공기 주머니의 크기를 축소시키면서 밖으로 확산한다. 이처럼 공기 주머니의 크기가 수축되기 때문에 "압축성 아가미"라고 부르기도 한다. 공기 주머니가 아주 작아졌을 때, 곤충은 물 표면으로 돌아가 다시 공기를 채우게 된다.

공기 주머니의 수명은 산소의 소모와 공기 주머니와 그 주변에 있는 물 사이에서 일어나는 기체 확산의 상대적 비율에 의존한다. 압축성 아가미는 원래의 공기 주머니보다 최고 8배 이상의 산소를 공급 할 수 있다. 그러나 이용할 수 있는 산소의 양은 공기 주머니의 노출된 표면부의 양과 전반적인 물의 온도에 따라 변화한다. 낮은 온도에서 신진대사율은 더 낮아지고, 더 많은 기체가 물속에 용해된 채로 남아있게 되며, 아가미의 산소공급 시간은 길어진다.

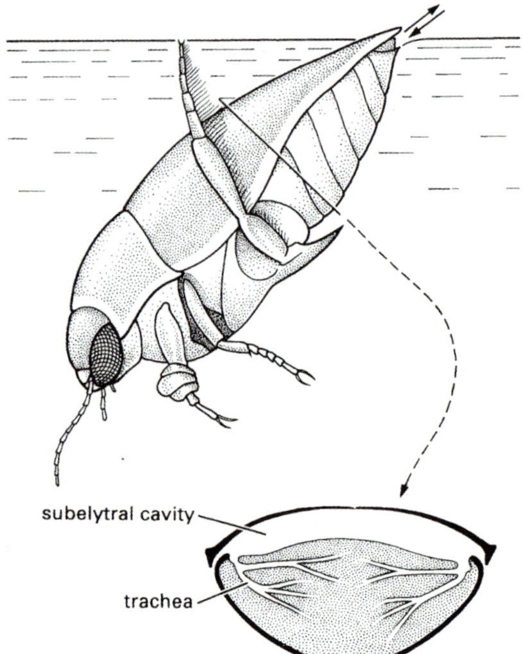

그림 10.3 수컷 물방개(딱정벌레목: 물방개과) 물 표면에서의 공기를 공기저장소에 다시 채운다. 아래 그림은 물방개의 복부를 횡으로 절단한 그림이며, 날개 아래쪽에 큰 공기 저장소가 있으며, 기관이 이 공기 저장소와 연결되어 있다. 앞다리의 부절은 교미동안 암컷을 붙잡기 위해 사용되며, 접착력이 있고 부풀어 있다. (Wigglesworth 1964에 의함.)

반대로, 보다 높은 온도에서의 신진대사는 더 활발해지고, 더 적은 양의 기체가 용해되어지며, 아가미의 산소공급 효과는 떨어지게 된다.

일부 곤충들은 "비압축성 아가미"라고 부르는 공기 주머니 아가미인 더 변형된 형태 **모반**(plastron)을 통해 지속되는 공기를 저장할 수 있는데, 남겨진 지속형 공기층은 기문과 접촉하게 된다. 대부분의 기체는 비교적 불용해성의 질소가 많지만, 신진대사를 위해 사용하는 산소의 양에 따라 변화의 정도가 결정되며, 산소는 물에서 모반으로 확산된다. 이러한 아가미를 가진 대부분의 곤충은 비교적 움직임이 적다. 이러한 아가미는 높은 산소 요구에 대한 반응에서 아주 효과적이지 않다. 일부 바구미의 성충, 여울벌레, 호리가슴땡땡이 그리고 물땡땡이, 물둥구리의 약충과 성충, 명나방 유충은 이러한 산소 추출 양식을 사용한다.

10.3.5 행동학적 가스 교환

물을 통한 산소의 느린 확산율의 결과는 큐티클층, 아가미, 기문 등을 통해 공기를 표면에서 흡수하는 수중 환경의 산소 고갈 층이 생겨나는 결과를 초래한다. 수서곤충들은 이러한 산소 고갈층을 붕괴시키는 다양한 가스 교환 행동을 나타낸다. 큐티클층의 가스 확산 장치는 자신의 몸을 요동쳐서 관(깔따구), 케이스(어린 날도래 약충), 혹은 저서 은신처(어린 나비목 유충)에 물을 흘려보냄으로써 신선한 물의 흐름을 만들어 낸다. 이러한 행동은 아가미가 발달된 종령 날도래와 수서형 나비목 유충에서도 발견된다. 아가미가 없는 많은 수서곤충들은 물의 흐름을 통해 최대의 산소를 흡수하기 위해 물속에서 자신의 위치를 선택한다. 멧모기(그림 10.4)와 어리멧모기 같은 일부 파리목의 곤충은 급류에서만 발견된다. 아가미가 없는 먹파리류, 강도래류 그리고 케이스를 짓지 않는 날도래 유충은 대개 유속이 빠른 곳에서 발견된다. 먹파리류의 번데기 그리고 미성숙단계에 있는 소수의 나비목 곤충과 같이 아가미를 가진 극소수의 정주성 수서곤충들은 산소가 풍부한 흐르는 물에 자리를 잡아서 국부적으로 높은 산소율을 유지한다. 이동성 곤충의 경우, 다리의 움직임과 같이 헤엄치는 행동은 저산소 경계층의 형성을 방해한다.

비록 아가미를 가진 대부분의 곤충들이 산소가 결합된 물을 몸에 유입하기 위해 자연적으로 흐르는 물을 이용하지만, 불균시아목의 약충에서처럼 몸을 굽이치거나, 아가미를 퍼덕이거나, 직장의 안과 밖으로 물을 펌프질한다. 실잠자리아목의 청실잠자리의 약충(이것의 아가미 기능에 대해서는 10.3.3절에서 논의되었다)의 가스교환은 "접는 식"(혹은"굽혔다 펴는 식") 운동에 의해 도움을 받는데, 이렇게 함으로써 산소가 줄어든 물을 효과적으로 몸 밖으로 배출할 수 있다. 온도 상승으로 인해 용해된 산소가 줄어들었을 때, 쌍꼬리하루살이의 약충은 아가미를 퍼덕이는 빈도와 시간을 증가시킨다.

10.4 수중 환경

두 가지 다른 물속의 물리적 환경 즉 유수와 정수)는 그 속에 살고 있는 유기체에 아주 다른 형태의 압박을 준다. 다음 절에서, 우리는 이러한 상황에 대해 설명하고 수서곤충의 형태 및 행동학적 변형에 대해 논의할 것이다.

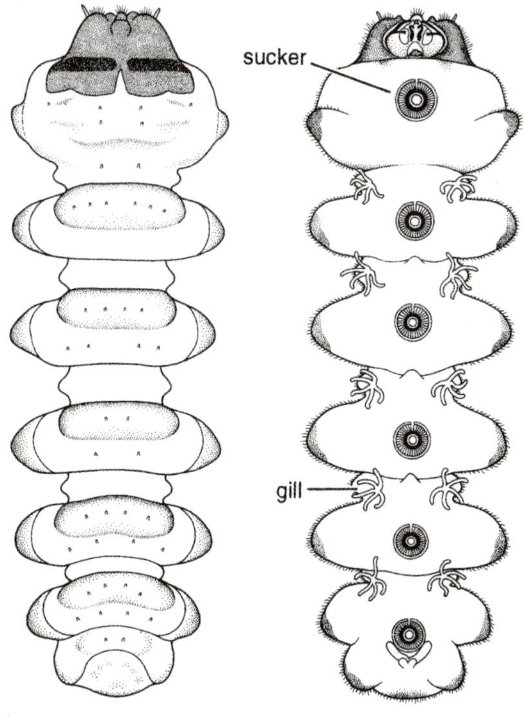

그림 10.4 등면(왼쪽)과 배면(오른쪽); 배면에는 물 흐름이 빠른 곳에서 바위에 달라붙는데 사용하는 흡반이 있다.

10.4.1 유수에서의 적응

유수 체계에서, 흐르는 물의 속도가 미치는 영향 :

- 빠른 흐름에 있는 호박돌과 느린 흐름 지역의 미세한 퇴적물을 포함하는 기저 형태
- 걸러먹는 곤충을 위한 먹이원이나, 매우 빠른 흐름에 입자의 운송
- 높은 수준의 용존산소 유지

개울이나 강은 여울(얕고, 돌이 많고, 흐름이 빠른 수역)과 군데군데 산재된 더 깊은 자연적인 소(웅덩이)로 구성된 불균질한 미소서식처를 포함한다. 하안의 침식지역은 침전물이 쌓여 불안정하며, 모래층으로 바뀐다.

하안은 초본이나 목본류가(수변식생대) 식생되어 있지만 유속에 의해 침전물이 유동적으로 변화되는 불안정안 곳이다. 대체로, **강기슭**의 초목 있는 곳에, 떠내려 낙엽이나 잔가지 같은 유적성(하천 밖의) 물질이 국지적으로 축적된다. 산간 계류에서는 자연적으로 떨어진 나무가지들

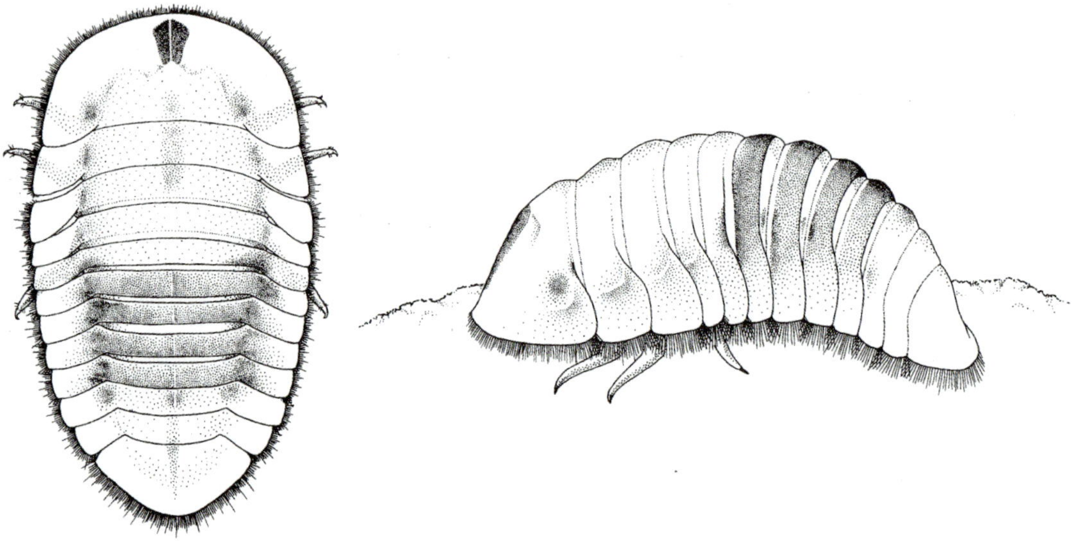

그림 10.5 물삿갓벌레(딱정벌레목: 물삿갓벌레과) 유충의 등면과 측면.

에 의해 주기적으로 막혀진다. 하천이 태양에 노출되고 영양염류가 충분하면 자생적인(하천 내에서 생산된) **식물**과 조류가 발생한다. 수중 개화 식물들은 특히 석회암층의 영향을 받는 하천에서 풍부할 것이다.

형태적으로 다양하게 변형된 특이한 곤충군이 이러한 다양한 기저에서 서식한다. 그래서 강한 유수에서 사는 곤충들은(**유수성** 종) 때때로 측면으로 돌출된 다리를 가지고 배복부가 납작하게 되는 경향이 있다(그림 10.5). 이러한 변형은 다른 많은 수서곤충에서 발견되므로 유독 유속이 강한 곳에 적응하기 위한 것으로 정의하기는 힘들다. 그럼에도 불구하고, 형태나 행동은 곤충들이 기저의 표면 가까이 잔잔한 물의 경계층 내에 밀착시켜 몸을 드러내는 것을 최소화하거나 피한다. 그러나, 흐르는 하천수의 미세한 규모의 수압은 우리가 알고 있는 것 보다 훨씬 더 복잡하며, 유선형 형태의 몸과 유속과의 관계는 단순하지 않다.

유수를 선호하는 많은 날도래류에 의해 만들어진 케이스는 유선형이거나 유속의 저항에 효과적으로 대처하도록 만들어진다. 케이스의 형태적 다양성(그림 10.6)은 흐름에 의해 파괴되거나 변형되는 것을 방지하기 위한 또 다른 형태의 적응방식이다. 일부 수서곤충의 유충은(그림 10.4) 곤충이 폭포나 작은 폭포의 암벽 면과 같은 꽤 매끄럽게 노출된 표면에 달라붙을 수 있는 흡반을 가진다. 빠른 유수에

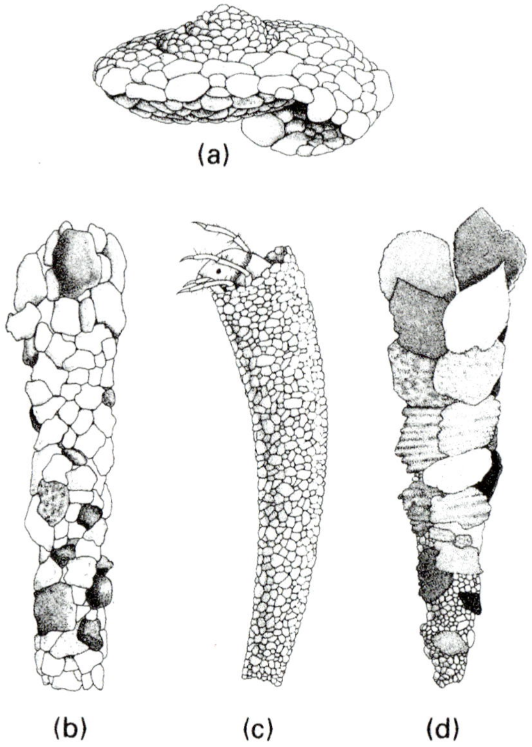

그림 10.6 유충시기에 이동성 케이스를 가지는 전형적인 날도래(날도래목): (a) 달팽이날도래과, (b, c) Philorheithridae, (d) Leptoceridae.

서 자신의 몸을 지탱하기 위해 또는 입에서 토해내는 가는 실을 사용하기도 한다. 먹파리 유충(먹파리과)(이 장의 첫 표지 그림)는 바위 표면에 실을 토해내어 지지대를 만든 후, 이곳에 자신의 뒷다리 발톱을 부착한다. 다른 종들은, 줄날도래(그림 10.7)와 많은 깔따구류는 은신처를 만드는데 토해낸 명주실을 사용한다. 어떤 종들은 입에서 토해낸 명주실을 그물처럼 만들어 물에 떠내려 오는 먹이를 획득한다.

유수에 사는 많은 곤충들은 정수역에 사는 곤충들보다 몸이 유연하고 몸도 일반적으로 더 작다. 작은 몸과 유연하게 디자인된 몸은 호박돌이나 이 돌의 갈라진 틈 그리고 하상에 있는 자갈 사이에서 살 수 있게 해주며, 불안정한 모래 바닥에서 조차 서식할 수 있게 한다. 흐름을 피하는 또 다른 수단은 많은 수서 딱정벌레류와 각다귀(파리목: 각다귀과)와 같이 낙엽이나 낙엽더미 또는 침수된 나무에 터널을 만들어 사는 것이다.

두 가지 행동 전략은 어떤 다른 곳에서 보다 흐르는 물 속에서 더 명백하다. 첫 번째는 좀 더 적당한 조각을 발견할 가능성과 함께, 유수를 이용하여 부적당한 곳에서 좋은 위치로부터 이동 하는 전략이다. 포식성 수서곤충들은 먹이 집단을 발견하기 위해 자주 이동한다. 강도래류와 꼬마하루살이(하루살이목: 꼬마하루살이과)와 같은 곤충들은 주간에 주기적으로 이동한다. "대변동의" 큰 이동은 오염이나 홍수와 같은 빠른 흐름과 같은 물리적인 변동에 대한 행동학적 반응이다. 기저에 굴을 깊게 파서 그 안에서 사는 것이 유수에 대한 두 번째 특별한 행동이다. 이 경우 비록 먹이와 산소의 이용가능성이 줄어들 수도 있지만 물의 흐름, 온도 그리고 아마도 포식에 대한 예측 불허의 변화는 피할 수 있을 것이다.

10.4.2 정수 환경에서의 적응

일시적인 큰 파동과 같은 물의 움직임을 제외하고 물의 미미한 움직임은 정수의 환경들안에서 살아가는 수중의 곤충들에게는 큰 문제가 없다. 하지만 산소 이용도가 더 문제라기보다는 정수역에 서식하는 곤충들은 흐르는 물에 사는 곤충들과 비교해서 산소 이용율을 향상시키기 위해 더 큰 구조적 다양성을 가진다.

정수역의 물 표면은 유수역의 표면보다 더 많은 수의 종(**반수서 곤충들의 집단**)이 생활하고 있다. 그 이유는 정수역의 표면장력은 요동치기 쉬운 유수역의 표면장력에 비해 곤충들을 더 안정적으로 생활할 수 있게 하기 때문이다. 소금쟁이(노린재목, 소금쟁이하목, 소금쟁이과, 깨알

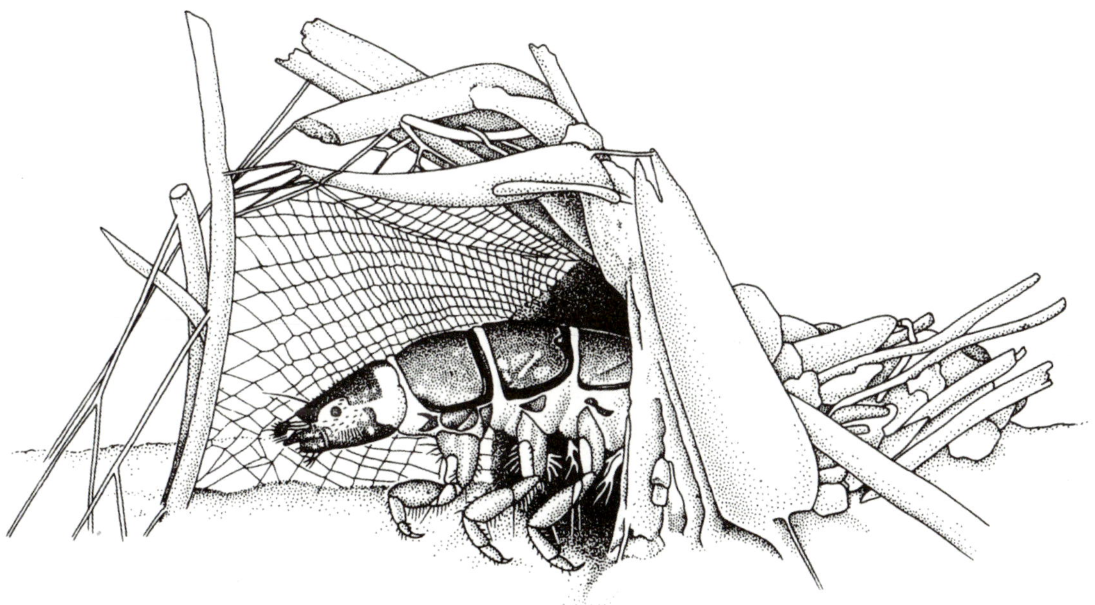

그림 10.7 날도래 유충(날도래목: 줄날도래과)의 은신처; 그물망은 먹이를 획득하는데 사용한다.

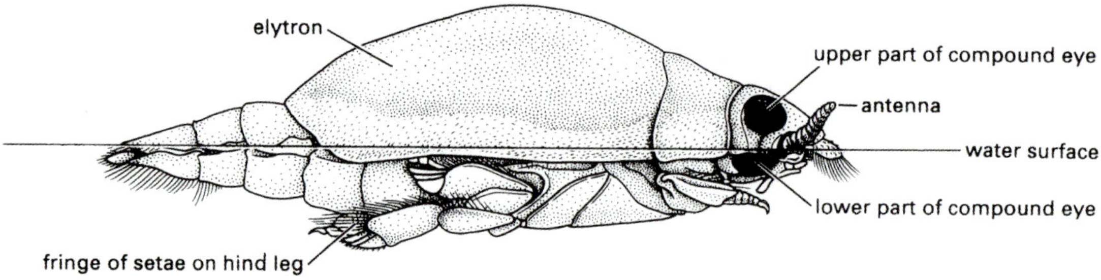

그림 10.8 물맴이(딱정벌레목: 물맴이과), 물표면에서 유영. 위 아래로 분리된 복안으로 물속과 물위를 동시에 볼 수 있다. 딱지날개의 가장자리 부분에는 소수성 털이 나있다.

소금쟁이과)는 물 표면의 얇은 막(Box 10.6)을 효과적으로 활용하는 대표적인 곤충이다. 이들은 다리에(완전 방수는 아니지만)물을 튀기는[튀기도록 만든] 소수성의 털들이 아래(수면방향)로 밀생되어 얇은 수면 막이 유지되도록 한다. 소금쟁이과 곤충은 노를 젓듯이 움직이며, 물의 표면에 생기는 진동성 파동을 통해 먹이와 짝을 알아낸다. 어떤 반날개류는 항문에서 세정제 같은 화학 물질을 배출하여 물의 표면장력을 낮추고 앞으로 나아간다. 이러한 습성을 가진 수서곤충들은 하천이나 강의(흐름이)잔잔한 수역에서 발견되는데, 주로 강어귀(지역)와 심지어 바다 물 표면에서 살 수 있다(10.8절).

고여 있는 물에서 서식하는 모기 유충은 먹이를 먹으며(그림 2.16), 일부 각다귀와 동애등에(파리목) 처럼 호흡관(그림 10.2)에 몸을 의지한 물에 떠 있다. 물맴이(물맴이과)(그림 10.8)는 또한 물에 젖지 않는 표면 윗부분과 젖는 표면 아래 부분으로 물과 공기사이의 경계면에 다리를 벌리고 떠 있을 수 있다. 특이하게, 각각의 눈은 나누어져 있어서, 윗부분은 대기의 환경을 관찰하고 아래 부분의 반은 물속을 볼 수 있다.

물의 표면과 수중 사이에서, 부유성 생물체는 위쪽의 **천해층**(빛이 통과하는)과 더 깊은 아래쪽의 **심해층**으로 구역이 나누어지는 곳에서 산다. 대부분의 부유성 곤충인 Chaoborus(파리목: Chaoboridae)가 여기에 속한다. 일명 "유령깔따구"라 불리는 이 종은 주간에 수직으로 이동하며, 이 종의 천적인 물벼룩에 대해서는 13.4절에서 다룬다.

물방개(물방개과)와 물벌레과와 같은 노린재목에 속하는 많은 다른 곤충처럼 다른 곤충들은 먹이 탐색을 위해 이 구역에서 활발하게 잠수와 수영을 한다. 심해층 구역에는 일반적으로 부유성 곤충들이 부족하지만 헤모글로빈을 가지고 있는 깔따구 유충 같은 풍부한 저서성 생물집단이 서식한다. 심지어 시베리아에 있는 바이칼호수처럼 수심이 깊은 일부 호수의 심해층에서는 비록 번데기가 우화할 때 수면으로 1 km 이상 떠오르기도 한다.

조간대에서는 빛이 도달하는 곳에는 저서생물과 수생식물이 자랄 수 있으며, 곤충의 다양성도 최대가 된다. 조간대의 다양하게 분화된 미소서식처의 환경은 깊은 물 속보다 유리하며, 어둠과 저온 등 이화학적 요인들은 깊은 물 속의 무산소 환경에서 보다 덜 제한적이다.

10.5 환경 감시자로서 수중 곤충의 사용

수중 곤충들은 역사적인 생물지리학과 생태학적인 과정들에 따라서 지리적 다양성을 가진 군집들을 형성한다. 독립된 하나의 호수나 강 배수로 같은 제한된 지역에서 국지적인 생존이 가능한 생물의 군집구조는 환경의 이화학적 요소에 의해 크게 억제된다. 특별한 수중 환경에서 살아가는 종들을 지배하는 중요한 요소들 가운데서, 산소 이용도의 변화는 다른 형태로의 곤충군집들을 변화시킨다. 예를 들면, 산소 요구도가 큰 하수오염에 의해 야기된 저산소 상태에서는 군집은 전형적으로 빈약한 수의 종조성을 가지게 되며, 오염 장소의 상류처럼 산소가 잘 공급되는 수계와 비교하여 종조성의 차이가 있다. 군집 구조는 온도, 침전물, 기질형과 같은 물리화학적 요소의 변화 그리고 농약, 산화물질들, 중금속들과 같은 오염물질들의 증가에 달라진다.

일반적으로 "수질"과 관련하여 적용되는 이러한 모든

요소들은 물리화학적으로 측정될 수 있다. 그러나 물리화학적인 감시는 다음 사항을 요구한다.

• 감시를 위한 수백 가지 내용들의 지식

• 둘 또는 그 이상의 오염물질들이 상호작용할 때 그 상승작용을 이해하는 것(어떤 합성과 비합성의 영향이 종종 약화되거나 배가되는 것.

• 오염물질들을 발견하기 위한 지속적인 감시는 야간에 산업 쓰레기를 버리는 것과 같은 것들을 줄일 수 있을 것이다.

문제는 우리가 종종 배수구로 버려지는 많은 물질들이 생물학적으로 의미심장하다는 것을 미리 알지 못한다는 것이다. 그러한 지식을 가지고 있어도 보다 지속적인 감시가 어렵고 비용이 많이 든다는 것이다. 이러한 방해요소들이 극복 될 수 있더라도, '오염물질들의 생물학적인 영향들은 무엇인가?' 라는 중요한 질문이 남는다. 수중 오염물질에 노출되어있는 생물체와 군집들은 당면한 복잡한 상황과 환경적인 영향에 즉각적으로 반응한다. 점차적으로 곤충은 수서생태계의 기술과 분류에 사용되고, 인간 활동들의 유독한 영향들의 감지에 사용된다. 인간 활동에 의해 발생한 유해한 물질을 감지하기 위한 목적으로 수서곤충 군집(또는 수서군집을 포함하는 일부 동물)을 감시자 대신 사용한고 있다. 이를 통해 관찰된 군집의 반응들은 위험한 변화에 대해 사전경고를 해 주는 역할을 한다.

이러한 수중환경 변화에 대한 생물학적인 감시에 곤충을 이용하는 장점은 아래와 같다:

• 어떤 수서생태계에서 요구되는 해결방법 따라 많은 곤충 분류군 중에서 적절히 선택할 수 있는 능력

• 한 분류군이 한 지역으로부터 사라져가는 비생태학적인 이유를 파악하는데 유용하고, 많은 장소나 폭넓게 분포해 있는 분류군

• 이차 포식자에서 최고 포식자까지 연결되는, 수서생태계에서 곤충의 기능적인 중요성

• 다루기 쉽고 교육적이며, 개체와 분류군의 수가 충분하기 때문에, 수서곤충 채집에 대한 윤리적인 압박이 없고 편안함

• 대부분의 수서곤충이 유의미한 수준에서 동정이 가능함

• 특정 수환경에 동요하는 많은 수서곤충들의 반응에 의해 특정 오염물질에 대한 모니터링이 가능함

전형적인 반응들은 수중 곤충 군집들이 동요될 때 관찰된다.

• 보호장치가 된 복부 아가미를 가진 Caenidae과의 어떤 하루살이와, 특별한 물질(침전물을 포함)이 증가할 때, 줄날도래와 같은 filter-feeders를 포함하는 날도래 수 증가

• 용존산소 감소에 따른 헤모글로빈을 가진 깔따구 수 증가

• 수온 상승으로서 강도래 약충(강도래목)의 감소

• 농약의 유입에 의한 실질적인 생물다양성 감소

• **부영양화**에 의한 일부 종의 풍부도는 증가하지만 일반적인 종 다양성은 감소

환경변화에 보다 민감한 군집 변화는 불명확한 오염원에 대한 반응에서도 관찰될 수 있다. 그러나 군집구조만으로는 자연적 변화로부터 환경적으로 야기된 변화들을 구분하는 것에는 어려움이 있을 수 있다.

10.6 섭식기능군

비록 수서곤충이 응용 생태학적(10.5절) 측면에서 폭넓게 활용되지만, 필요나 교육적인 측면에서든 종 수준에서 정확한 동정은 매우 힘들다. 때때로 분류학의 기본 구조는 이처럼 종 수준에서의 정확한 동정을 하기에 부적당하거나, 시간과 노력이 부족한 경우도 있다. 대부분의 수서곤충학 연구에서는 생태학적 정보 획득의 극대화와 동정에 걸리는 시간의 최소화가 관건이다. 이러한 딜레마에 대한 두 가지 해결점은 (i) 기존에 동정된 상위분류군(과, 속) 일치시키거나, (ii) 섭식기작에 의한 기능적 분류(섭식기능군)에 범주에 대상 분류군을 적용하는 것이다.

첫 번째 전략은 위에 언급된 폭 넓게 요약된 내용의 명확한 증거를 가진 모든 대상 종의 생태나 행동을 일관되게 적용할 수 있는 상위분류군의 범주를 가정하여야 한다. 그러나 유연관계가 가까운 많은 분류군에서조차 생태적으로 나눠지며, 상위계급으로 모을 때는 결과도 다양하게 나타난다. 이와는 반대로 기능적인 구분은 분류학적인 가정이 필요 없으며, 단지 먹이 섭식 방법에 따른 구기의 형태적 특징만 고려하면 된다. 아래의 범주는 일부 연구자들에 의해 일반적으로 인정되고 있는 세분화된 내용이다.

• **썰어먹는 무리**(shredders): 나무를 포함한 살아있거나 썩은 식물의 조직을 먹이로 하며. 씹거나 구멍을 파거나 홈을 낸다.

• **주워먹는 무리**(collectors): 부유형 수집망으로부터 입

자를 걸려내어 미세한 유기물 입자를 먹거나(이 장 첫 페이지의 그림 참조: 먹파리 유충이 몸을 꼬며, 머리에 먹이 팬을 열어 먹이를 획득) 또는 침전물로부터 미세한 잔사물을 먹는다.

- **긁어먹는 무리**(scrapers): 딱딱한 표면에 부착된 조류와 규조류를 갉아먹는다.
- **뚫어먹는 무리**(piercers): 내용물에 구멍을 뚫고 빨아들임으로 관속식물이나 대형 조류의 세포와 조직에 구멍을 뚫어 그 속의 액체를 빨아 먹는다.
- **포식자**(predators): 살아있는 동물 조직의 전체나 부분을 삼키거나 먹는다. 또는 먹이에 구기를 찔러서 액체를 빨아먹는다.
- **기생자**(parasites): 어떤 단계에서 다른 생명체의 내부나 외부에 기생하면서 살아있는 동물의 조직을 먹이로 한다.

섭식기능군에서 “긁어먹는 무리”에 속한 집단은 수렴현상이 나타나는 하루살이류, 날도래류, 나비목과 파리목의 일부를 포함하며, 파리목 내에도 각자의 섭식기능군의 예가 있다.

이러한 기능적 내용이 요약된 데이터와 관련하여 한 가지 중요한 생태학적인 관찰 결과를 통해 일련의 강 하류에서 섭식기능군의 비율이 변화하는 것을 알 수 있다. **하천의 연속체 개념**에 관한 이러한 측면에서 양상은 흐르는 수중체계 안의 서식동물에게 유입되는 에너지원과 관련이 있다. 강기슭의 나무 그늘에 의해 빛이 적게 들어오는 상류에서는, 광합성은 제한되고, 에너지는 외부에서 유입된물질(나뭇잎, 나무 등)의 높은 유입에서 획득된다. 여기에서, 일부 강도래와 날도래 같은 썰어먹는 무리들은 큰 물질을 보다 미세한 미립자로 분쇄할 수 있기 때문에 우점하는 경향이 있다. 무엇보다 강 하류에서 먹파리(먹파리과)와 줄날도래는 강 상류에서 발생된 미세한 미립자를 여과하고 그들 자신이 그 물 흐름에 미립자(배설물)를 보탠다. 중간 수준 정도의 광합성을 할 수 있을 만큼 빛의 양이 증가하고 수로가 더욱 넓어지는 곳에서는, 긁어먹는를 위한 단단한 기질에 조류와 규조류가 발달하여 먹이를 제공하지만, 대형 수생 식물은 구기를 찔러 넣는 형태의 곤충을 위한 먹이자원을 제공한다. 포식성 곤충은 단지 특정 지역에 모인 풍부한 먹이 자원을 쫓아가는 경향이 있다. 각각의 이 집단들과 광범위하게 관련된 형태학상의 특성이 있는데, 이는 마치 유속이 빠른 지역에 서식하는 방목형 곤충들은 고착하여 생활하는 여과형 곤충들에 비해 활동적이고 납작한 모양이며, 물의 흐름에 잘 견디는 것과 같다. 긁어먹는 무리는 튼튼하고 쐐기 모양을 한 독특한 턱을 가지고 있다.

인간의 활동과 관련된 기능군의 변화는 다음과 같다.

- 강기슭 서식지의 상실과 그에 따른 자생적 공급원의 감소로 인한 썰어먹는 무리의 감소
- 늘어난 빛의 양과 영양소에 기인한 부착조류 발생의 증가에 따른 긁어먹는 무리의 증가
- 댐과 저수지 같은 상류의 정수역에 있는 미세한 미립자의 증가와 연관해서 이러한 구조물 아래 부분에 걸러먹는 무리의 증가

10.7 일시적인 수체에 서식하는 곤충들

지질학상의 시간 척도에서, 모든 수체들은 일시적인 것이다. 호수는 퇴적물로 가득 차고, 습지가 되며, 결국은 완전히 말라버린다. 침식작용은 강의 집수량을 감소시키고 강의 경로는 변한다. 이런 역사적 변화들은, 환경 조건의 점진적 변화와는 별개로 곤충의 수명과 비교해서 그 속도가 느리며 곤충군에는 거의 영향을 미치지 않는다. 그러나 세계의 어떤 지역에서, 수체는 매우 빠르게 매몰되고 말라버릴지도 모른다. 이것은 강수량이 아주 계절적이거나 간헐적인 곳이나, 혹은 높은 온도가 증발 비율을 높이는 원인이 되는 곳에서는 가능성이 매우 크다. 겨울 강우 기간에만 잠깐 흐르고 마는 남부 잉글랜드의 석회암층의 경사진 목초지에 있는 “여름에는 물이 마르는 개천”과 같은 강은 예상 가능한 계절적 강우인 겨울 기간 동안만 흐를 것이다. 호주 중부의 불모지와 미국 서부의 사막과 같은 또 다른 강들은 단지 예상할 수 없는 폭우가 내린 뒤에 간헐적으로 흐를 것이다. 물 속 가득한 동물의 발자국, 암석의 함몰, 떨어지는 강물 곁의 웅덩이에서나, 혹은 홍수나 녹은 눈에 의해 불침투성의 진흙으로 채워진 웅덩이와 같은 흐르지 않는 물에서 일시적인 수체는 며칠 동안만 지속된다.

비록 일시적이라 할지라도, 이 서식지들은 아주 생산적이며 생명으로 충만하다. 수중 생물체는 이런 서식지가 형성되면 즉시 출현한다. 대형무척추동물들 중에서, 갑각류들은 그 수가 많으며, 많은 곤충들이 일시적으로 출현하였다가 사라지는 수체 형태로 번성한다. 일부 곤충들은 새롭게 형성된 수중 서식지가 채워진지 몇 시간 내에 그 안에

알을 놓으며, 교미한 암컷들은, 강우를 일으키는 전선의 기상조건과 관련하여 먼 곳에서 비가 내릴 그런 장소로 이동한다. 성충에 의한 서식지 선택의 또 다른 대안은 암컷이 머지않아 웅덩이가 될 건조 지역에 건조한 조건을 이겨낼 알을 산란하는 것이다. 이러한 행동은 일부 잠자리목과 다수의 모기들에서, 특별히 숲모기 속에서 발견되어진다. 휴지기를 갖는 알의 발생은 젖어있는, 어쩌면 몇 번의 연속적인 침수를 필요로 하는 것을 포함하는 그런 환경적 요인에 의해 야기된다(6.5절).

서식지에 적응하는 형태는 영구적인 물에서 생활하는 그들의 친척들과 비교해서 단기적으로 나타나는 서식지에서 생활하는 곤충 사이에서 나타난다. 첫째, 성충으로의 발달은, 아마 먹이 질의 향상과 이종 간의 경쟁이 더 낮기 때문에 종종 보다 빨리 진행된다. 둘째, 일부 개체들은 아주 빨리 성숙해지는 것 같이, 발달은 불규칙적이거나 비동시적일 것이며, 그것에 의해서 적어도 일시적인 서식지에서 성충의 출현 가능성은 증가할 것이다. 이는 일시적인(단명하는) 서식지에서, 감소하는 서식지에 대해 변태를 촉진함으로서, 성충의 크기에 있어서 보다 큰 변화와 관련이 있다. 일부 유충(파리목: 깔따구과와 등에모기과)은 웅덩이 바닥의 파편 사이에 명주나 점액으로 짠 고치 안에서 휴식을 취하거나 완전히 탈수함으로(6.6.2절) 단명한 서식지의 건조한 조건에서도 생존할 수 있다. 고치는 건조되어 가는 수체 환경을 견딜 수 있게 해주며, 다음 강우로 인해 물이 웅덩이에 차면 발생은 계속된다. 건조한 조건에서 극단의 온도를 견딜 수 있게 해준다.

안정된 온도를 유지하는 웅덩이에는, 육상형 곤충의 후손인 미성숙단계의 딱정벌레, 노린재 그리고 잠자리 등의 육식성 분류군이 발생한다. 이러한 서식처 확보 행동은 새로이 흐르는 간헐천이나 개울에 새로 형성된 종들에게는 중요한 일이다. 게다가, 하상의 바닥에 남아 있는 물에 존재하는 미성숙 단계의 곤충들은 하천 본류로 이동하거나, 일시적인 물과 연결된 영속적인 물에서 서식지를 만들 것이다. 새로 생긴 유수에 한 가지 종에 의해 서식지가 처음으로 형성되는 것은 자주 관찰된다. 이와 달리 드물긴 하지만, 개체수의 밀도가 빠르게 증가되었다가, 이어서 육식성 곤충을 포함한 보다 복잡한 군집으로의 발달로는 빠르게 감소하는 경우도 있다.

일시적인 물에는 증발로 응집된 소금 때문에 종종 염분이 있으며, 이런 형태의 웅덩이는 전문적으로 염분에 내성이 있는 생명체의 군집들이 발달한다. 그러나 만약 염분이 있는 내륙의 물에서 생활하는 곤충 종들이 해양지역에서도 발생하지 않는 다면, 이 종들의 거의 모든 조상은 담수에서 생활하는 친척을 가지고 있을 것이다.

10.8 해양, 조간대 그리고 해안 지역의 곤충

강의 하구와 아열대 그리고 열대 맹그로브 지역은 담수와 해수 사이의 전이가 일어나는 곳이다. 여기서, 파도와 조수 활동, 그리고 어떤 삼투 작용의 효과와 같은 극단적인 해양 환경 상태는 완화된다. 맹그로브와 "바닷물이 드나드는 늪지"에 서식하는 초식성 곤충(*Spartina, Sarcocornia, Halosarcia, Sporoblus*)들은 이 추수 식물에 의존하게 한다. 조간대 기질과 조수 작용에 의한 웅덩이에는 물어 뜯거나 모기처럼 쏘는 곤충의 종수와 개체수도 많다. 해안가에서, 노린재목에 속하는 4개의 과중 일부 종은 다소의 위험을 무릅쓰고 개방된 해안에서 표면을 배회한다. 뿔반날개, 꽃매미류, 뿌리를 가해하는 면충류를 포함하는 일부 종들은 해수가 범람한 지역에 서식하고 있다. 이 분류군들은 담수와 육지생태계와 비교해서 그 서식지가 제한되어있다.

갯바위 지역에 형성된 웅덩이들은 빗물에 의한 희석과 태양에 의한 농축으로 인해 염도가 변화한다. 이곳은 많은 종의 물벌레류와 약간의 모기 유충 그리고 각다귀들이 차지하고 있다. 파리류와 딱정벌레류 곤충들은 모래와 진흙으로 된 바닷가에 다양하게 발견되는데, 이들의 충과 성충들은 바닷가를 따라 먹이 사냥을 하고, 종종 바닷가 해초의 위 아래에 모이기도 한다.

조금 표시의 고점과 저점 사이에 위치하는 조간대 구역 내에서, 만조로 인한 범람 시기는 지역 내의 위치에 따라 변화한다. 보다 조간대의 고점 부위에서 발견되는 곤충군은 해안가의 곤충군과 구별하기 어렵다. 본래 해양 환경이었던 구역의 보다 낮은 지역에서 각다귀, 깔따구 그리고 수개 과에 속하는 딱정벌레류의 일부 종들이 생겨난다. 오스트레일리아의 해양 날도래(Chathamiidae: *Philanisus plebeius*)은 불가사리의 체강 안에 알을 낳는다. 초기 령의 날도래류는 불가사리의 세포 조직을 먹이로 하지만, 먹이를 많이 먹는 후기 령은 조류의 부스러기로 케이스를 짓는다.

깔따구류 유충의 세 가지 계통은 해양구역에서 분화된

Box 10.1 하루살이목

하루살이목는 약 3,000 종으로 구성된 작은 분류군이며, 온대지역에서 가장 다양성이 높다. 성충은 퇴화된 입과 큰 복안을 가지고 있으며, 수컷은 3개의 단안을 가지고 있다. 더듬이는 섬유모양이며, 이따금 다중 분할되어있기도 하다. 흉부, 특히 중흉은 비행을 위해 확대되어있으며, 앞쪽에 커다란 삼각형의 날개와 이보다는 작은 후방 날개를 가지고 있는데(제시된 그림은 Ephemera danica의 수컷 성충; Stanek 1969; Elliott & Humpesch 1983), 이것은 때때로 더 작아지거나 없어지기도 한다. 수컷들은 짝짓기 비행 동안 암컷을 움켜잡는데 사용하는 가늘고 긴 앞다리를 가지고 있다. 복부는 10개의 체절로 되어있는데, 그 끝에는 한 쌍의 측면 미모와 보통 중앙의 말단 필라멘트로 구성된 전형적으로 3개의 길고 다중 분할된 미모(꼬리 필라멘트)를 가지고 있다. 약충들은 물에서 12~45회의 령을 가지며, 잘 발달된 큰 턱을 가지고 있다. 날개의 발달은 약충의 성장에 따라 뚜렷이 나타난다(그림의 밤색하루살이 약충에서와 같이). 호흡은 기문이 없으므로 일부 체절에 있는 복부의 엽상 아가미나 이따금 그 밖의 위턱이나 아랫입술 등 폐쇄기관계에 의존한다. 약충들은 보통 3개의 섬유모양의 미모(꼬리 필라멘트)를 가지고 있는데, 이들은 한 쌍의 미모와 일정하지 않게 줄어든(거의 소멸된) 1개의 중앙 말단 필라멘트를 가지고 있다. 끝에서 두 번째 령이나 아성충은 완전한 날개를 가지고 날거나 기어다닌다.

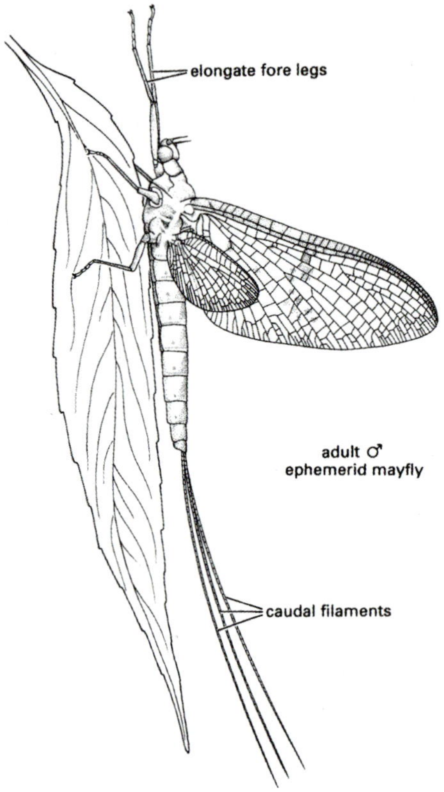

아성충과 성충은 먹이를 먹지 않고 짧은 생을 마감한다. 예외적으로, 아성충들이 짝짓기를 하고 성충 단계를 생략하는 경우도 있다. 성충들은 전형적으로 물 위나 지표 근처에서 짝짓기 무리를 형성하는데, 가끔씩 수천마리의 수컷이 무리를 지어 군무하는 경우도 있다. 교미는 비행 중에 이루어지며, 암컷이 복부의 끝 부분을 수면 아래 담그거나 물 속을 헤엄치면서 물속에 산란을 한다.

약충들은 조류, 규조류, 수중 균류를 먹거나 미세한 유기퇴적물을 먹는다. 일부는 수중의 다른 유기체들을 포식한다. 이들이 성장하는 데는 16일에서, 차가운 고위도의 물에서는 일 년 이상 걸리기도 하며, 일부 종들은 다화성이다. 약충은 산소가 풍부하고 수온이 낮으며, 유속이 빠른 개울에서 출현율이 현저하게 크며, 유속이 느린 강과 차가운 호수에서는 보다 적은 수의 종이 출현한다. 일부 종은 수온 상승과 유기물 증가 그리고 침전물의 증가를 잘 견디기도 한다.

계통발생은 7.4.2절과 그림 7.2 참조.

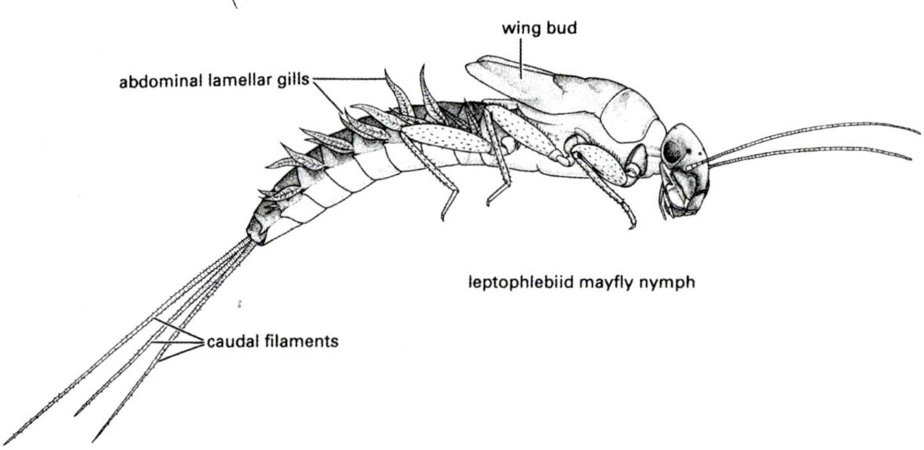

Box 10.2 잠자리목(실잠자리아목과 잠자리아목)

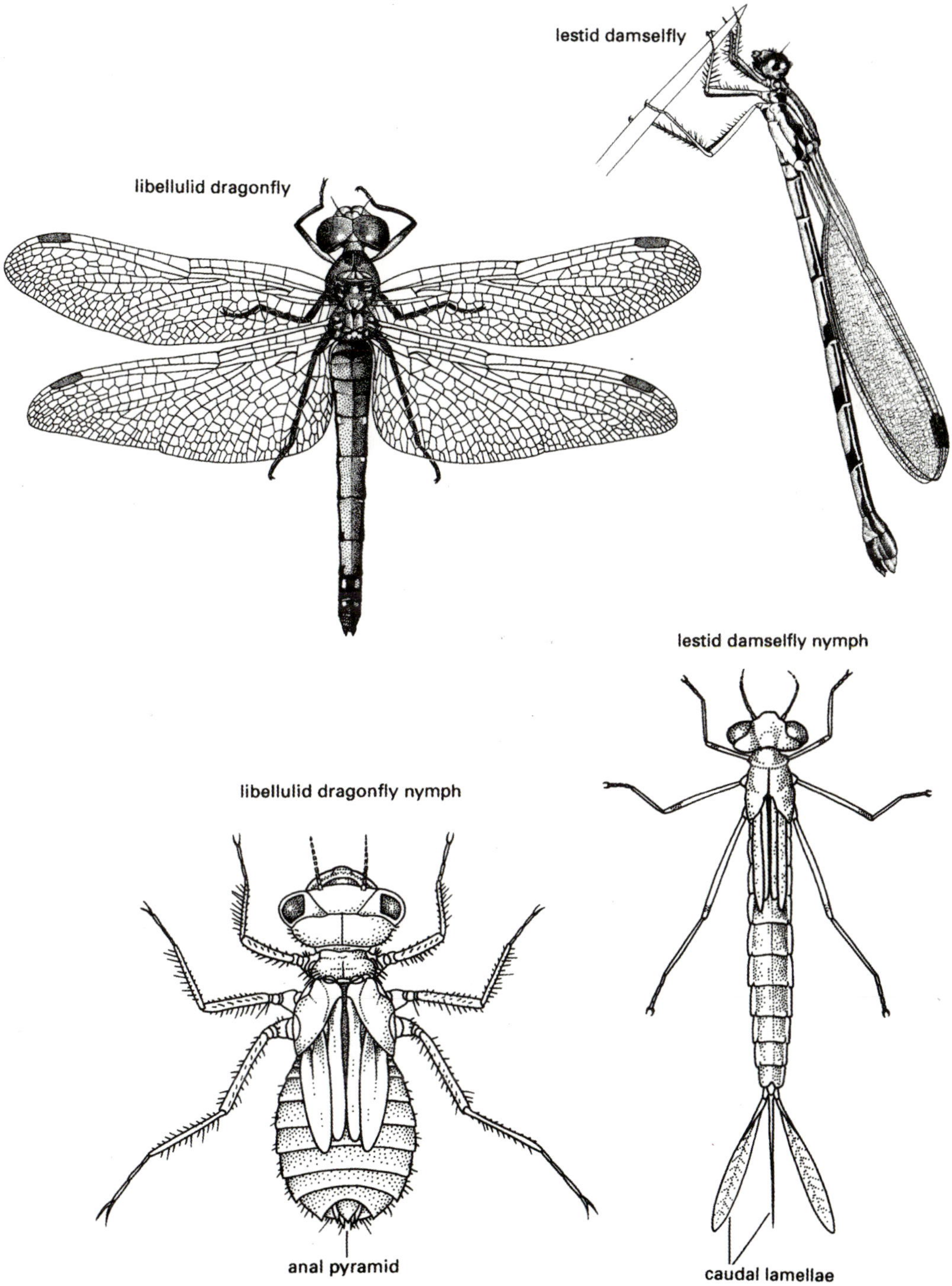

눈에 잘 띄는 잠자리목은 적은 수의 종으로 구성되어 있다. 전체 약 5,500여 종이 알려져 잇으며 열대성이 많다. 전체 종 수의 절반정도는 Zygoptera(실잠자리아목)에 속하며, 나머지 절반은 Anisoptera(잠자리아목)에 속한다. 2개의 동양 종은 Anisozygoptera(옛잠자리아목)으로 세 번째 아목에 배열된다(7.4.2절). 성충은 길이 2cm에서 15cm 정도 된다. 미국 남부의 왕실잠자리((Pseudostigmatidae: Mecistogaster)는 날개길이가 최대 17cm이다). 잠자리는 크게 움직일 수 있는 머리와 다면체의 복안, 3개의 단안, 촉각과 같이 짧고 빳빳한 털, 그리고 큰 턱을 가진 입을 가지고 있다. 흉부는 많은 시맥들이 있는 가늘고 긴 막으로 이루어진 두 쌍의 날개의 비상근육을 조절하기 위하여 확대되어졌다. 10개의 홀쭉한 체절로 이루어진 복부는 암수의 교미기관을 결정한다. 수컷은 복부 체절의 두 번째에서 세 번째 배 위에 제2의 생식기를 가지고 있다. 암컷은 종종 복부의 말단에 산란관을 가지고 있다. 실잠자리 성충의 눈들은 넓게 분리되어 있고 앞날개와 뒷날개는 같은 모양이며 말단으로 갈수록 좁아진다(p.253의 그림 상단 우측; Bandsma & Brandt 1963).

잠자리(Anisoptera)의 성충은 각각 조금 가깝게 분리된 눈들을 가지고 있고, 그들의 날개는 삼각형(T)과 과삼각형(ht)(그림 2.22b)이라 불리는 특유의 닫힌 세포들을 가지고 있다. 뒷날개는 앞날개보다 하단부가 상당히 넓게 발달되었다(p.253의 그림 상단 좌측; Sympetrum, after Gibbons 1986). 잠자리목의 약충들은 길게 늘어나 단단히 붙들 수 있는 아랫입술 혹은 "마스크"를 포함하여, 완전하게 발달한 단단한 턱을 가진 입으로 되어 있다. 물속에서 약 20번 정도의 령을 가진다(그림 13.4). 날개는 약충의 령이 진행되면서 더 현저하게 발달된다. 기관계는 폐쇄되어 있고 닫혀져 있고 기문은 결여되어 있다. 그러나 잘 분화된 가스교환 표면이 복부에 있다. 외부에 노출된 아가미(실잠자리아목), 직장 안의 내부 주름(잠자리아목; 그림 3.11f). 실잠자리아목의 약충은 가느다랗고(p.253의 그림 하단 우측; CSIRO 1970) 흉부보다 더 넓은 머리를 가지고 있고, 복부 말단에 3개의(드물게는 2개)가늘고 긴 기관아가미를 가지고 있다. 잠자리아목의 약충(p. 253의 그림 하단 좌측; CSIRO 1970)은 실잠자리아목의 약충보다 몸이 더 단단하며, 간혹 머리가 흉부보다 훨씬 더 넓고, 복부의 끝은 3개의 짧은 돌기로 구성된 항문부분의 부속기를 가지며, 오래된 약충에는 한 쌍의 미모를 가진다. 대부분의 잠자리아목의 약충들은 탈출 장치처럼 자신들의 항문-"로켓식 분사반동추진"-에서 빠르게 물을 배출한다.

교미 전, 수컷들은 자신의 9번째 복부 체절에 있는 제 1의 생식기의 구멍으로부터 제2의 생식기를 정액으로 가득 채운다. 교미기에 수컷들은 암컷의 목 혹은 앞가슴을 단단하게 붙들고 보통 높은 곳에서 한 쌍이 세로로 일렬이 되어 나란히 난다. 암컷은 그때 수컷의 제2의 생식기로 연결하기 위해 자신의 복부를 앞쪽으로 구부리고, 따라서 "바퀴" 상태를 만든다(Box 5.3). 수컷은 자신의 것을 옮기기 전에 이전 다른 수컷의 정액을 제거한다(Box 5.3). 그리고 교미는 종에 따라 2시간에서 서너 시간까지 지속된다. 산란은 한 쌍이 세로로 일렬이 된 그 상태에서 일어난다. 산란 장소는 종에 따라 물 표면이나 물 속, 진흙, 혹은 모래, 혹은 식물조직에 낳는다(그림 5.10). 알에서 부화 후, 즉시 처음으로 먹이를 섭취하는 단계인 최초의 진짜 1령 약충으로 탈피한다.

성충이 육상에서 먹이를 취하는 것에 반해, 약충은 물속에서 다른 생물체를 먹이로 한다. 변태(그림 6.8)는, 아성충이 대기의 가스교환이 시작되는 물/땅 표면으로 이동한다. 그 다음 물에서 기어나와 육상에 정착한다. 그리고 성충은 마지막 탈피를 통해 종령 약충의 큐티클에서 빠져나온다. 성충은 오래 생존하며, 활동적이며, 육상생활을 한다. 약충은 모두 수체 속, 특히 산소가 충분히 공급되고, 고여 있는 물에서 존재하지만, 수온 상승과 유기물 증가 또는 침전물의 증가에도 내성을 가진 종들이 비교적 많다.

계통발생은 7.4.2절과 그림 7.2 참조.

Box 10.3 강도래목(강도래)

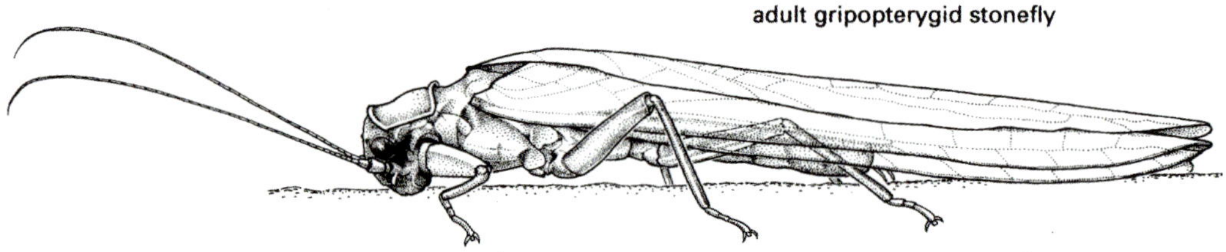

강도래목은 매우 적은 종 수로 구성되어 있고 친근하게 알려져 있는 분류군은 아니다 현재 전세계적으로 16개과에 2,000종 이상이 알려져 있으며, 온화하고 서늘한 지역에 주로 분포한다. 이들은 불완전변태를 하며, 성충은 날개 달린 약충과 형태가 유사하다. 성충은(p.14의 4.3 참조) 실 모양의 더듬이와 큰턱과 불룩한 2개 혹은 3개의 복안을 가지고 있다. 흉부 체절들은 거의 같고, 앞과 뒤의 날개들은 막 모양으로 유사하며(뒷날개가 넓어지는 것을 제외하면), 접은 날개들은 부분적으로 배를 감싸고 배 뒤쪽까지 펼쳐져 있으나(오스트레일리아의 gripopterygid의 성충 그림, *Illiesoperla*); 그러나 무시형과 단시형도 빈번하게 나타난다. 다리는 미분화 되었고, 부절은 3개의 마디로 되어 있다. 복부는 부드럽고 10

마디로 되어 있으며, 11번째와 12번째 마디는 항측판, 미모 그리고 항상판으로서 수컷의 보조적인 교미기 구실을 한다. 또한 때때로 9번째 마디와 10번째 마디 복부 경판과 결합되기도 한다. 약충은잘 발달된 큰 턱을 가지며, 10-24, 드물게는 33번의 수중 령기를 가진다. 그리고 날개 패드(翅包)가 처음으로 분명해지는 것은 중 약충기이다. 기관계는 폐쇄형이며, 복부 체절의 말단 기부나 항문근처(그림 10.1)-때때로 항문에서 분출하는-혹은 구기, 목, 또는 가슴에 있거나 혹은 모든 것이 결핍된 것도 있다. 미모는 통상 많은 마디로 되어 있고 중간 미모는 없다.

강도래목은 보통 낮 동안 짝짓기를 한다. 일부 종들은 교미 전에 자신들의 복부를 두드린다. 알들은 수중으로 산란되며, 물위에 젤리 상태로 놓여지거나, 또는 물속에 있는 돌들 아래에, 혹은 물 근처 습기찬 틈새에 산란된다. 알들은 휴면을 한다. 일부 종들의 경우 약충 상태로 몇 년을 생활하는 경우도 있다. 약충들은 잡식성, 붕양물식성, 초식성 또는 육식성이다. 성충은 조류, 지의류, 고등식물, 그리고/혹은 썩은 나무를 먹는다. 일부는 먹이를 섭취하지 않는다. 성숙된 약충들은 성충으로 탈피하기 위해 가장자리로 기어오른다. 약충들은 맑고 자갈이 많고 산소가 풍부하며, 수온이 낮은 계류에 주로 서식하며, 일부 소수 종들은 호수에서 발생하기도 한다. 일반적으로 유기물 열 오염에 민감하다.

계통발생은 7.4.2절과 그림 7.2 참조.

Box 10.4 날도래목

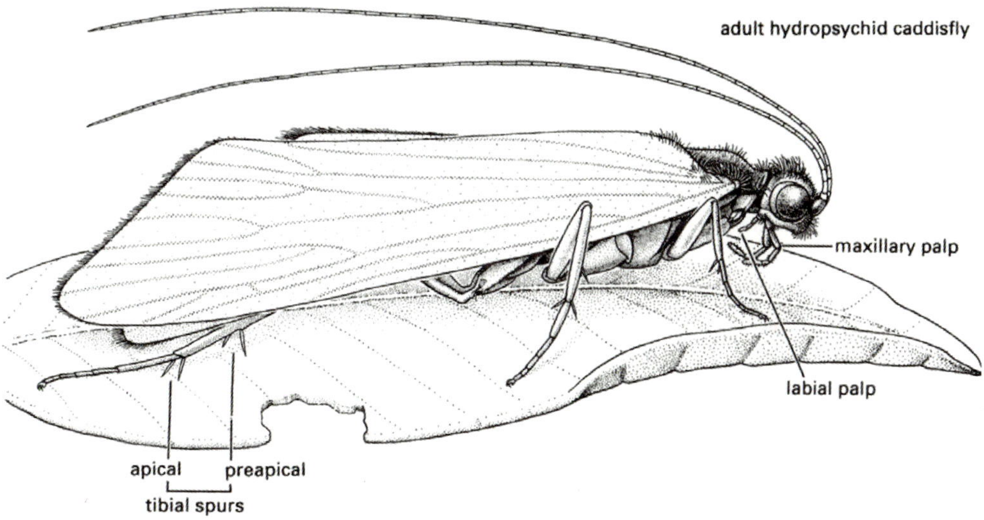

날도래목은 전 세계적으로 40개 이상의 과에 11,000종이 넘는 종으로 구성되어 있다. 완전변태를 하며, 유충은 위의 그림처럼 생겼으며, 성충은 나방처럼 통상 몸이 털로 덮혀 있다; 강모돌기는 두부와 흉부의 등면에 나타난다. 머리에는 줄어든 구기를 가지고 있으며, 3-5마디의 작은턱수염과 3마디로 된 아랫입술수염을 가진다(대부분의 나비목의 주둥이와 비교). 더듬이는 많은 마디로 이루어져있고 실 모양이며, 종종 날개길이 만큼 길거나 그보다 더 길다. 또한 커다란 복안과 두 개 혹은 세 개의 단안이 있다. 앞가슴은 가운데 혹은 뒷가슴보다 보다 작으며, 나비목처럼 날개는 털로 덮여있거나 때로는 비늘로 덮여있지만, 시맥이 다르며 앞날개에 루프 모양의 전맥과 중앙세포가 없는 것이 차이점이다. 복부는 전형적으로 10마디로 되어 있으며, 배는 전형적으로 수컷 말단부가 암컷보다 더 복잡(종종 파악기로 사용)하다.

유충은 잘 발달된 구기와 적어도 5마디로 이루어진 세 쌍의 다리 그리고 물속에서 5~7번의 탈피단계를 거친다. 그러나 나비목 유충들의 특징인 복각(배다리)가 없는 것이 특징이다. 복부 말단에는 고리 모양의 복각을 가진다. 기관계는 폐쇄형이며, 기관아가미는 종종 대부분 혹은 모두 9개의 복부체절(위의 그림 *Cheumatopsyche sp*)에 있으며, 때때로 가슴 혹은 항문과 연결되어 있다. 가스교환은 큐티클에서 이루어지며, 이는 관모양의 케이스 속에서 통풍 파동을 일으키는 유충에 의해 증가된다. 번데기는 수중생활을 하며, 실크로 된 은신처 또는 고치 속에 둘러싸여 있으며, 번데기 케이스 혹은 고치로부터 탈피할 수 있도록 씹어 부수는 기능을 하는 큰턱을 가진다. 물 표면을 헤엄치기 위한 부절 중간에 강모가 나 있는 자유로운 다리를 가지고 있다; 번데기 아가미는 유충의 아가미와 동일하다. 부화는 성충이 될 단계가 되면 물 표면으로 헤엄쳐 나오며, 번데기의 탈피각은 기어오르는 플랫폼으로 사용되어진다.

날도래는 연 1화성이며, 고위도나 고도가 높은 지역에서는 1년을 초과하기도 한다. 유충은 안장형, 주머니형, 또는 튜브형의 집을 만드는 유충(그림.10.6), 혹은 자유생활형의 유충, 실을 내어 그물을 짜는형의 유충(그림.10.7)이 있다; 그리고 다양한 먹이습성 보이는데, 육식성과

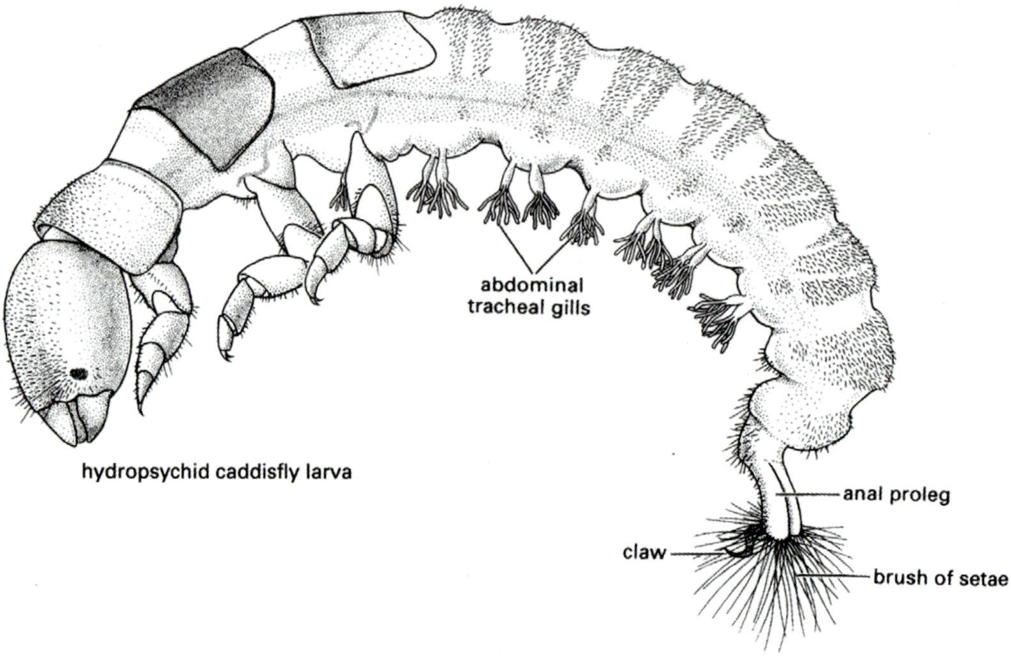

그리고/혹은 유기물을 파쇄해서 먹는 종과 일부는 수중 조류를 갉아 먹는 초식성을 포함한다. 실로 그물을 짓는 유충은 흐르는 물에 한정되어 있고, 케이스를 짓는 유충은 고여 있는 물에서 주로 서식한다. 성충은 식물의 즙이나 물은 섭취하지만 먹이는 종종 먹지 않는다.

계통발생은 7.4.2절와 그림.7.2 참조.

Box 10.5 파리목

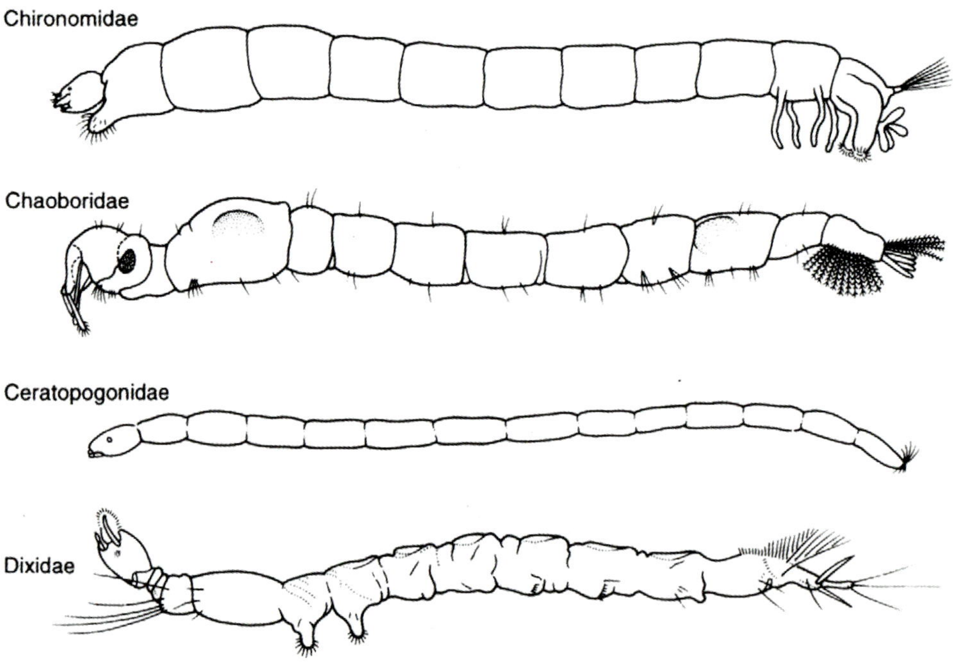

파리목 중에서, 유충시기에 수서생활을 하는 대표적인 것은 깔따구류(쏘지 않는 곤충), 등에모기과(쏘는 곤충), 모기과(모기, 그림 10.2) 그리고 먹파리과(10장 표지)이며 이들 분류군은 모두 모기아목에 속하며, 10,000종 이상이 알려져 있다. 파리목은 완전변태를 하며, 성충은 육상과 공중에서 생활한다(Box 15.5). 유충들은 보통 연충 모양인데 (Box 10.5, 위에서부터 차례로 깔따구, *Chaoborus*, 등에모기, 별모기의 3령 그림; Lane & crosskey 1993), 몸의 여러 곳에 불규칙하게 나 있는 분절되지 않은 복각을 가지고 있는 것이 특징이다. 기본적으로 유충들은 경화된 머리와 수평으로 작용하는 위턱을 가지고 있다. 그러나 좀 더 파생된 집단에서는 머리가 축소되며, 궁극적으로 (구더기처럼) 머리와 함께 구기가 두인두골격으로 퇴화된다. 유충의 호흡계는 개방형(쌍기문, 중기문, 드물게 전기문형)이거나 폐쇄형인데, 기문의 아가미나 말단에 있는 기문을 대기와 연결하는 가늘고 긴 호흡관을 통하여 가스를 교환한다. 유충들은 대개 서너 번(먹파리의 경우 10회 이상)의 령을 갖는다(그림.6.1). 용화는 대부분 물속에서 일어난다: 번데기는 큰턱이 없고, 몸에 융합된 부속기관을 가진다; 용각(번데기껍질)은 3령 유충의 경화된 큐티클로부터 유래되며, 파생된 집단(소수는 수중)에서 형성된다. 탈피각을 부유대로 이용하는 습성(깔따구과, 모기과)과 번데기 내부에 숨겨진 공기 방울에 의해 성충이 물 표면에 떠오르는 습성(먹파리과)을 가진 종은 물 표면에서 우화가 가능하다. 발육기간은 10시간에서 1년 이상으로 다양하며, 여기에는 많은 다화성 종들이 있다; 성충은 수명이 하루 정도 밖에 되지 않는다. 적어도 일부 파리목의 종들은, 해양 연안과 염분이 있는 개펄과 유황천에서부터 맑은 물과 썩은 물에 이르기까지, 그리고 일시적으로 고인 물에서부터 강과 호수에 이르기까지 모든 수중 서식지에서 발생한다. 온도는 0℃에서 견뎌내는 종에서부터 소수이긴 하지만 뜨거운 웅덩이에서 서식하는 종들처럼 55℃ 이상에서 견디는 종들도 있다(6.6.2절). 일부 분류군이 가지고 있는 오염에 대한 환경적인 내성은 수질의 생물학적 지표종으로 중요하게 활용된다. 유충들은 먹이를 걸러먹는 여과형(그림.2.16과 이 장의 표지 그림 참조)에서부터 조류를 갉아먹거나 부식성 그리고 미생물포식성까지 다양한 먹이 습성을 가진다.

계통발생은 7.4.2절와 그림.7.2 참조.

Box 10.6 기타 수서곤충류

노린재목

불완전변태를 하며, 전 세계에 걸쳐 20여개의 과에 속한 약 4,000 종이 진수서 또는 반수서(해양 포함)곤충이며, 이들은 3개(Gerromorpha, Leptopodomorpha, Nepomorpha)의 하목을 가진다. 이 하목의 특성 (Box 11.8)은 문(吻, rostrum)과 같이 변형된 구기와 윗날개가 반초시형이다. 이들은 다양한 가스교환 체계를 지닌 기문을 가지고 있다. 유충의 부절의 마디는 하나이며, 성충은 2개 혹은 그 이상을 가지고 있다. 3~5개의 체절로 이루어진 더듬이는 진수서 집단에서는 두드러지지 않지만 반수서 집단에서는 눈에 잘 띈다. 날개는 감소되거나, 결여되거나, 그리고/혹은 다형현상을 나타낸다. 주로 5회 드물게 4회의 약충 령기를 가지며, 연 일화성이다. *Gerromorphs*(소금쟁이과 곤충, 그림 참조)는 썩은 먹이를 먹거나 물 표면에서 포식을 한다. 물속으로 뛰어드는 분류군들은 포식자—예를 들면, 송장헤엄치게, 장구애비 그리고 물장군 (Box 5.5)—이거나 식식성, 붕양물식성 - 예를 들면, 물벌레 - 이다.

딱정벌레목

딱정벌레목은 종다양성이 큰 분류군이며, 5,000종 이상이 수서형이다 (비록 이것은 전 세계에 서식하는 딱정벌레류의 2% 미만에 해당되지만). 단지 10여개의 과만이 유충과 성충이 수서 생활을 하며, 일부 특별한 경우는 유충시기에만 수서 생활을 하고 성충은 육지 생활을 한다. 그리고 몇몇 종이 산발적인 수서 생활을 한다. 이들은 완전변태를 하며, 성충은 가운데가슴에 딱딱한 시초로 변형된 날개를 가지고 있다(그림 2.22d and Box 11.10). 성충의 가스교환은 일시적이거나 지속적으로 공기를 저장함으로서 이루어진다. 유충 형태는 매우 다양하지만, 머리는 경화되어 있으며, 강하게 발달된 턱과 2개 또는 3개의 마디로 구성된 더듬이를 가지고 있다. 세 쌍의 다리는 가지나 복부에 복각은 없다. 호흡계는 개방형이고, 9쌍의 기문을 가진 측기문형이다. 그러나 대부분의 수서 유충들의 기문의 수는 이보다 적다. 어떤 종들은 측면 혹은 복부에 복부아가미를 가지고 있으며, 때때로 말단의 복판절편 아래에 숨겨져 있다. 용화는 육지에서 이루어지며(일부 물삿갓벌레과를 제외하고), 번데기는 기능적인 턱이 없다. 수서 딱정벌레류는 다양한 먹이 획득 습성을 가지며, 대부분의 종의 유충들과 성충들은 모두 포식성이다.

풀잠자리목

풀잠자리들은 완전변태를 하며, 매우 뛰어난 지상의 포식자들이다(Box 13.4). 그러나 *spongilla flies*(Sisyridae)는 50여종들은 수서성 유충 시기를 가진다. Sisyrid 속 유충들은(그림 참조; CSIRO 1970) 가늘고 길며 탐침처럼 생긴 턱과 필라멘트형 더듬이, 쌍으로 된 복부 아가미, 그리고 복각은 없다. 번데기는 기능적인 턱을 가지고 있다. 성충은 거의 같은 크기의 날개를 가진 작고 부드러운 몸으로 되어있으며, 뒷날개의 미변(anal lobe)은 경여되어 있다. 알들은 흐르는 물에 걸쳐져 있는 나무에 산란되며, 부화한 유충들은 그들이 찾는 먹이가 있는 장소인 물속으로 떨어진다. 그리고 살아있는 어린 해면들을 먹이로 한다. 세 번의 유충령을 거치고 발육이 매우 빠르게 진행되며, 연 다화성이다. 용화는 물밖의 실로 만든 고치 속에서 일어난다.

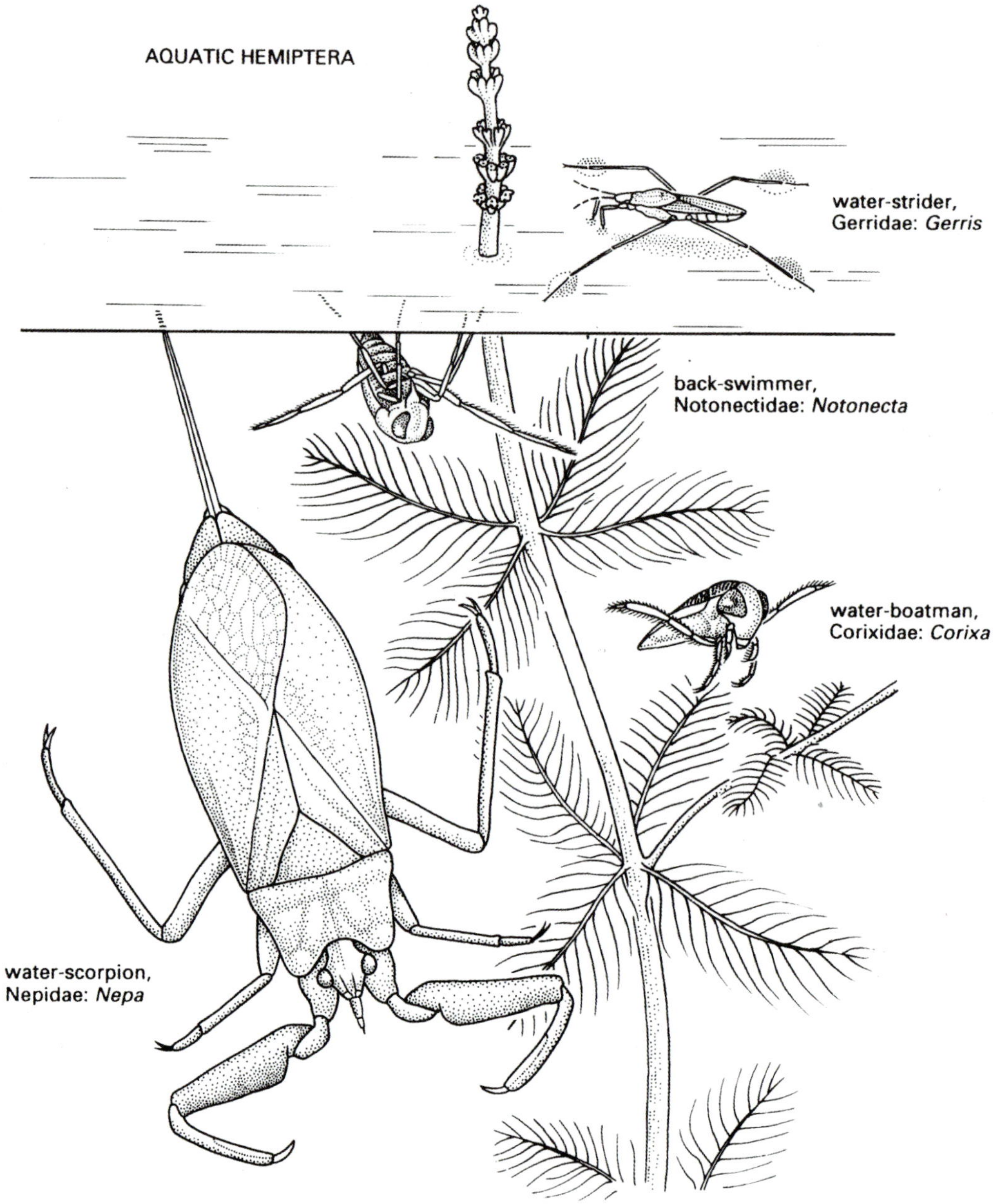

밤잠자리목(뱀잠자리, 좀뱀잠자리)

뱀잠자리목은 완전변태를 하며, 전 세계적으로 2개의 과에 속하는 300여종으로 구성되어 있다.— 좀뱀잠자리과(성충의 체장은 10~15mm)와 뱀잠자리과(성충의 체장은 75 mm 이상). 성충(Box 13.4 그림)은 강한 턱을 가진 미분화된 구기를 가진다. 두 쌍의 날개는 크기가 서로 다르며, 뒷날개의 전구(anal field)큰 주름이 안쪽으로 잡혀 있으며, 휴식할 때에는 뒤로 접힌다. 복부는 부드럽다. 유충은 잘 발달된 전구형 턱을 가지며, 3마디로 된 아랫입술수염(형태이 유사한 물맴이

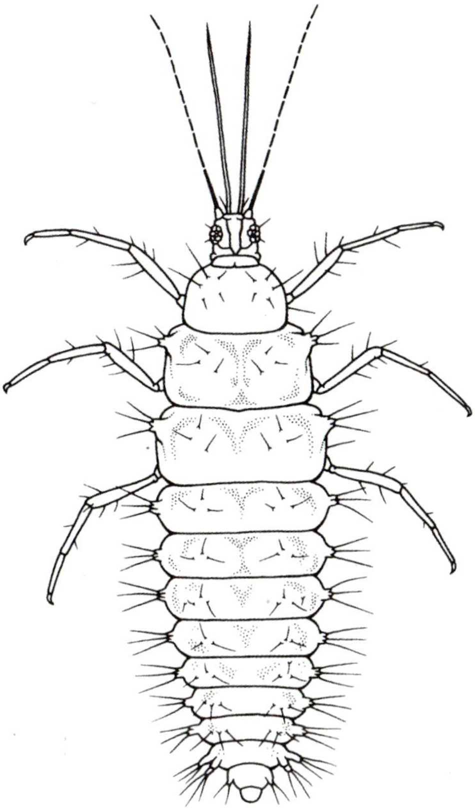

sisyrid larva

과 유충은 1~2개 마디로 된 아랫입술수염을 가짐) 가지고 있다. 이들은 4,5개 마디로 형성된 아가미(좀뱀잠자리과)를 가지거나 복부에 2마디로 된 측면 필라멘트 형태의 기문을 가지고 있다. 유충의 복부 말단에는 마디가 없는 중앙 꼬리 필라멘트(좀뱀잠자리과)나 한 쌍의 항문 복각(그림 참조, Archichauliodes(뱀잠자리과)이 있다. 번데기는 다리로 자유롭게 움직이는 것과, 기능적인 털 그리고 머리가 유충과 비슷한 것을 제외하면 딱정벌레류와 비슷하게 생겼다(그림 6.7a). 유충은(뱀잠자리로 불리기도 한다)는 10~12번의 령을 거치며, 완전발육까지 적어도 1 년이 걸리며 2 년 이상이 소요되기도 한다. 용화는 물에서 벗어난 곳에서 이루어지며, 돌 아래의 습기찬 흙이나 나무속 공간에서 일어난다. 유충은 포식성과 부육성이며, 유수나 정수성역에 살며, 오염된 환경에서는 내성이 약하다.

Megaloptera: Corydalidae: *Archichauliodes*

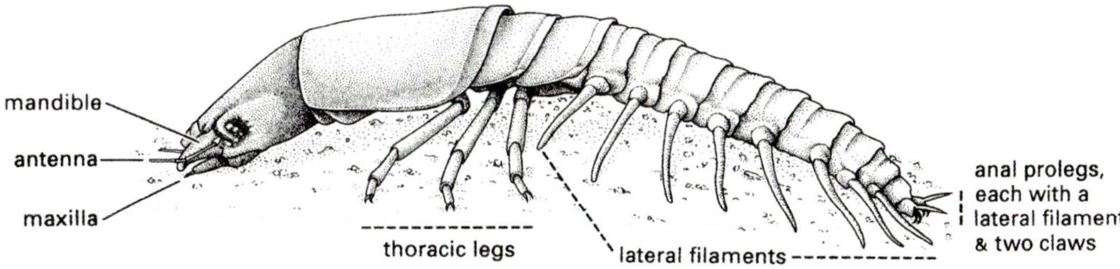

소수의 곤충들과 연관되어 있다. *Telmatogeton*(그림 6.11)은 보통 Ulva 같은 녹조류의 덩어리 속에 있으며, 격리된 대양의 많은 섬들을 포함하여 전 세계에서 발생한다. 하와이에서 이 종은 담수를 다시 침범하였다. 생태학적 수렴현상을 가지는 Clunio 역시 전 세계에서 발견된다. 일부 종에서, 해양의 바위 웅덩이에서의 성충의 발생은 달의 주기에 따라 가장 낮은 조수가 발생하는 때와 일치한다. 세 번째 계통인 *Pontomyia*의 경우, 유충이 30 mm 이상의 깊이의 산호초에서 발견되며, 이들은 조간대에서 해양까지 분포한다.

대양에서 유일하게 원양(먼 바다)에 살고 있는 소금쟁이의 일종인 *Halobates*인데, 이 종은 태평양의 해안에서 수백 킬로미터 떨어진 곳에서 발견되었다. 이 곤충들의 분포 지역은 해양 깔따구의 유충의 양식인 육지에서 기원한 먹이의 공급처로서, 표류 물질이 축적되는 중앙 해양 지역과 일치한다.

생리적 현상은 해양 환경에서 다양성을 억누르는 요인이 되지 않는데, 그 이유는 아주 많은 다른분류군들이 내륙의 염수와 다양한 해양 구역에서 살 수 있기 때문이다. 고염도의 물에서 생활할 때, 물속에서 생활하는 곤충은 염분의 흡수를 줄이고 말피기관과 직장의 관을 통하여 배출하는 배설물의 농도를 증가시킴으로 삼투조절을 할 수 있다. 원양에 사는 소금쟁이과 곤충들은 수표면의 얇은 막 위에서 생활하는데, 제한적으로 염수에 접한다.

생리적인 적응을 통해 문제점을 극복 할 수 있다는 점을 고려할 때, 바다에서 곤충의 다양성 감소에 관한 이유는 다른 곳에서 찾아야 할 것이다. 가장 적당한 설명은 곤충들이 이미 바다를 지배한 갑각류와 연체동물 같은 다른 무척추동물보다 나중에 발생하였다는 것이다. 체내 수정과 비행을 하는 육서(담수를 포함한) 곤충의 이점은 해양 환경에서 불필요한 것이었다. 해양 환경에서 배우자(정자, 난자)들은 바다에 직접 산란을 할 수 있으며 조류와 해류는 분산을 도와준다. 그중에서도 특히 해양 환경에 성공적으로 적응한 소수의 곤충들은, 많은 경우 날개를 변형하였거나 전부를 없애버렸다.

참고 문헌

Andersen. N.M. (1995) Cladistic inference and evolutionary scenarios: locomotory structure. function. and performance in water striders. *Cladistics* **11,** 279 -9 5.

Dudgeon. D. (1999) *Tropical Asian Streams. Zoobenthos. Ecology and Conservation*. Hong Kong University Press. Hong Kong.

Eriksen. C.H. (1986) Respiratory roles of caudal lamellae (gills) in a lestid damselfly (Odonata: Zygoptera). *Journal of the North American Benthological Society* **5,** 16-27.

Eriksen. C.H. & Moeur, J.E. (1990) Respiratory functions of motile tracheal gills in Ephemeroptera nymphs. as exemplified by *Siphlonurus occidentalis* Eaton. In: *Mayflies and Stone flies: Life Histories and Biology* (ed. I.C. Campbell). pp. 109 -18. Kluwer Academic Publishers. Dordrecht.

Merritt. R.W. & Cummins. K.W. (eds.) (1996) *An Introduction to the Aquatic Insects of North America*. 3rd edn. Kendall/ Hunt Publishing. Dubuque. IA.

Resh, V. & Rosenberg. D. (eds.) (1984) *The Ecology of Aquatic Insects*. Praeger, New York.

Rosenberg. D.M. & Resh, V.H. (eds.) (1993) *Freshwater Biomonitoring and Benthic Macroinvertebrates*. Chapman & Hall. London.

Ward. J.V. (1992) *Aquatic Insect Ecology*. John Wiley & Sons.
Chichester.

*11*장

곤충과 식물

Specialized, plant-associated neotropical insects. (After various sources.)

곤충과 식물은 대략 3억년 전 석탄기 시대부터 오랜 세월 동안 상호 관련되어 왔다(그림 8.1). 이를 뒷받침하여 주는 증거는 곤충의 피해를 받은 식물화석이며, 이러한 화석은 그 당시 다양한 형태의 식식성 곤충이 있었음을 시사해준다. 이 식물 화석은 곤충의 입모양이 다양했었음을 말해주며, 또한 곤충이 나무와 관련 있음을 알 수 있고, 그리고 고대 석탄기의 종자 양치류 와도 관련이 있음을 추정할 수 있다. 현재 주종을 이루는 속씨식물의 탄생 이전, 침엽수와 같은 종자식물, 종자 양치류 포자식물, 소철류, 그리고(멸종위기종) 베네티트목과 같이 다양한 식물이 특정 곤충의 먹이원이 되었고, 이러한 곤충-식물섭식관계로 인하여 곤충도 다양성을 갖게 되었다. 바구미와 총채벌레 같은 곤충은 소철류와 함께 오늘날까지 지속적으로 번성하고 있다. 그러나 곤충의 다양성은 후기 백악기에 명확히 발생하였다. 백악기 속씨식물에 큰 다양성이 일어나 주라기 시대에 주종을 이루었던 식물군을 바꾸게 되었다. 속씨식물이 초기에 어떻게 진화되었는지에 대하여 논란이 많다. 이는 두 가지 부분적인 이유 때문이다. 첫째는 속씨식물이 다양화되기 이전 화석화 된 꽃의 시료가 부족했기 때문이다. 둘째는 주요 속씨 식물과의 탄생 기원과 다양성이 빠르게 일어났기 때문이다. 그러나 속씨식물의 계통분류학적 분석을 기초로 추정하면, 최초 속씨식물은 아마도 딱정벌레와 같은 곤충에 의해 화분매개 되었을 것이다. 현존하는 많은 원시형태의 딱정벌레과 곤충은 곰팡이, 양치류 포자, 혹은 소철류와 같은 다른 비-속씨식물(비-현화식물)의 꽃가루를 먹고 산다. 이러한 식습관 형태는 속씨식물이 분산되기 이전에 선행되었기 때문에, 속씨식물을 수정하기 위하여 사전에 적응한 것으로 생각된다. 비행 곤충이 식물에서 꽃가루를 다른 식물로 전달할 수 있는 능력(수분매개능력)은 교차수정에 중요하다. 딱정벌레류 곤충과 달리, 가장 중요하고 다양한 현존의 수분 매개 곤충 분류군은 3개의 목, 즉 파리목(파리), 벌목(기생봉과 벌), 그리고 나비목(나방과 나비)이다. 이들 3개의 수분매개곤충의 목에 속한 곤충류는 백악기 말기까지 화석기록에 없다.

비록 곤충이 거의 확실히 소철류와 다른 원시식물을 수정하였지만, 수분매개 곤충은 수분매개곤충분리기작(Pollinator-mediator isolating mechanism)을 통하여 속씨식물의 종 분화를 촉진해왔을 것으로 생각된다. 9장에서 보는 바와 같이, 현존하는 많은 비-곤충류의 육각류와 무시류곤충은 토양과 낙엽 속에 있는 주로 부패된 물질을 먹고 산다. 아마도 최초의 곤충류도 이와 유사하게 섭식하였을 것이다. 이와 같은 섭식방식은 분명히 토양 내 서식곤충으로 하여금 식물뿌리와 지하 저장기관을 접촉하게 되었을 것이다. 그러나 공기중에 노출되는 식물의 잎을 흡즙하거나, 입을 갉아먹거나, 다른 형태의 식식 행위를 이용하는 일이 곤충계통분류상 후기에 발생하였다. 고등식물의 조직을 섭식하는 곤충은 토양과 낙엽 속에서 서식하는 청소곤충이나 포식성곤충이 경험하지 못한 문제들을 갖고 있다. 첫째, 입, 줄기 혹은 꽃을 섭식하기 위하여 식식성곤충은 반드시 채식을 통하여 생존에 필요한 것을 얻고 유지할 수 있는 능력이 있어야 한다. 둘째, 노출된 상태에서 섭식하는 곤충은 수생곤충 혹은 낙엽에 서식하는 곤충보다 훨씬 더 큰 건조함에 노출된다. 셋째, 식물조직(열매제외)을 섭식하는 일은 동물 혹은 미생물유래 먹이와 비교해서 단백질, 스테롤, 비타민 함량에서 영양학적으로 열악하다. 끝으로 식물은 최소한 식식성 곤충에 의해 수동적으로 피해만을 입지는 않는다. 오히려 식물은 다양한 방법으로 진화하여 식식성 곤충의 섭식을 방해하였다. 예를 들어 식물은 가시, 침골(spicules), 경엽조직(sclerophyllous tissue)을 이용한 물리적 방어를 한다. 식물은 화학적 방어를 하기 위하여 곤충으로 하여금 기피하게 하거나, 독을 이용하거나, 곤충이 식물을 섭취한 이후 소화능력을 감소하는 방식을 사용하여 화학적으로 방어하거나, 그렇지 않을 경우 곤충의 행동양식과 곤충생리에 악영향을 주어 방어한다. 이와 같이 식물의 물리적 혹은 화학적 방어체계가 있지만, 살아있는 곤충의 절반이 식물을 섭식한다. 그리고 절대적으로 식물만을 섭식하는 식식성 곤충인 나비목, 바구미과, 잎벌레과, 굴파리과, 그리고 혹벌과(혹 말벌)의 곤충은 매우 종분화성을 갖고 있다. 식물은 풍요로운 자원이다. 그리고 이러한 자원을 이용할 수 있는 곤충류는 식물의 다양성과 함께 관련되어 번성해왔다(1.3.4절).

11장은 곤충과 곤충의 기주식물 사이에 진화학적 상호작용을 고려하며 시작한다. 예컨대, Euglossine 수분매개벌이 꽃(Stanhopea orchid)을 수정하는 일, 난초입에 서식하는 잎벌레과, 꽃 주변 상공에서 날고 있는 수분 매개벌의 모습이 11장의 삽화사진에 묘사되어 있다. 이와 같이 많은 곤충과 식물의 상호작용은 3개의 항목으로 분류될수 있으며, 곤충이 식물에 미치는 영향에 의하여 나누어진다. 첫째, 식식성 곤충은 입을 갉아먹거나, 즙액을 빨아먹거나, 열매를 먹거나, 혹을 유도하거나, 살아 있는 식물조직속의 굴을 파고 이동하는 곤충들이 포함된다. 둘째, 곤충-식물의 상호작용은 식물 생식에 중요하다. 이러한 상호작용이란 수분매개 곤충이 동종의 식물과 식물사이에 혹은 동종의 열매사이에 화분을 운반하여 수정을 돕는 일이다. 이러한 관계는 상호보완적인데, 그 이유는 곤충은 식물로부터 먹이를 얻거나, 일부 다른 자원을 확보 한다(11.3절). 곤충 식물 상호 작용의 셋째 카테고리는 곤충이 특별한 식물 구조에 서식하며, 기주 식물에 영양분을 제공하여 주거나 혹은 식식성 해충으로부터 기주식물을 보호하는 일을 한다. 때로는 곤충이 영양분 제공과 방어를 모두 한다(11.4절). 그와 같은 상리공생의 예로 영양분을 생산하는 파리유충이 육식성 식물의 포충엽에 잘 살고 있다는 점을 들 수 있다. 이러한 관계는 특이하지만 진화와 생태연구를 위한 환상적인 기회를 제공하여주고 있다. 곤충과 식물의 상호작용에 관한 방대한 문헌이 있다. 이들에 관해 관심있는 독자는 본장의 끝에 독서 해야 하는 참고문헌을 활용하기 바란다.

11장 후반에 분류학에 관해 7개의 Box가 소개되어 있다. 이러한 분류 Box에 주요 식식성 곤충목인 메뚜기목, 대벌레목, 털날개미목(=총채벌레목), 노린재목, 다듬이벌레목, 따정벌레목, 나비목의 형태와 생물학을 요약하였다.

11.1 곤충과 식물의 진화학적 상호작용

진화기간 동안에 "식식성 곤충과 기주 식물사이", 혹은 "수분매개곤충과 식물사이" 상호보완적인 관계를 "공동진화(**coevolution**)"라고 설명해왔다. 1964년 P. R. Ehrlich 박사와 P. H. Raven 박사가 나비와 나비 기주식물의 연구를 통하여 만들어진 이 "공동진화"라는 용어는 폭넓게 정의 내려졌다. 그런데 지금은 다양한 공동진화방식이 존재한다고 인식되었으며, 이들 공동진화 방식은 "식물-곤충간 상호작용의 특이성과 상호보완적 특성"에 따라 차이가 있는 것으로 생각된다.

Specific or **pair-wise coevolution**은 "한 종의 유전형질(예; 곤충의 해독능력)이 다른 종의 유전적 형질(예; 식물이 독을 활용하여 자기 방어하는 능력)에 반응하기 위하여 진행되는 곤충의 진화를 의미한다". 이는 또한 "곤충이 갖고 있는 유전적 형질(예; 식물 먹이원에 대한 곤충의 선호도)"에 반응하여 식물이 독을 활용하여 곤충의 먹이식물이 되지 않기 위하여 진화했음을 말해준다. 이는, 특정 종의 생물(곤충과 식물) 사이에 상호작용이 발생하는 것으로 가정한 경우로써 엄격한 공동진화방식을 설명해주는 경우이다. 이와 같은 공동진화결과는 "먹는자와 먹히는 자" 사이에 진화학적 관점에서 "무기경쟁(arms races)"으로 볼 수 있다. 혹은 상리공생관계에서 여러형질이 하나로 모아진 결과 상호작용하는 두 종 각각이 서로 완벽하게 적응한 것처럼 보인다. 상호작용하는 종 사이에 쌍방간의 공동진화는 2종 중에 최소한 1종이 2개 혹은 그 이상으로 생식적으로 분리된 집단으로(Box 11.4에 그림을 통하여 잘 설명됨) 분화하게 되고 이는 결국 "종 다양성"을 유발하게 된다.

또 다른 방식인 "확산 공진화(**Diffuse coevolution**)" 혹은 동업 공진화(**guild coevolution**)는 상호보완적인 진화과정에서 특정 생물종과의 관계보다는 생물그룹 사이에 쌍방간의 교환을 의미한다. 확산 공진화(Diffuse coevolution) 혹은 동업 공진화(guild coevolution)에서 나타나는 특이성의 기준이 엄격하지 않다. 즉 한 종 또는 더 많은 종(예; 현화식물의 다수종)의 특정유전형질이 다수의 다른 종(예; 유연관계가 먼 다수의 화분매개곤충)에서 하나의 유전형질, 혹은 다수의 유전형질에 반응하여 진화하였을 수 있다.

이들이 곤충과 식물의 상호작용에 관련된 주요한 공동진화방식이다. 그러나 분명히 이들은 상호배타적이지는 않다. 그러한 상호작용에 대한 연구는 모든 종류의 공동진화가 일어났다는 점을 명확하게 증명하는데 어려움이 있다. 진화는 지질학적 시대에 걸쳐 발생한다. 이 때문에 '공동진화' 분류군에서 변화에 대한 도태압력(selection pressure)은 단지 과거로 거슬러 올라가 추론될 수 있다. 이는 상호작용하는 생물에서 상호연관성이 있는 유전형질에서 주로 유래하였다. 현존하는 분류군에서, 상호작용하는 생물의 특이성은 증명될 수 있다. 혹은 동일 분류군의 여러 형질을 진화하는데 있어 역사적 상반작용 이외의 다른 이론에 의하여 훨씬더 설득력있게 반박 받을 수 있다. 예컨대, 세밀한 관찰 결과에 따르면, 매우 깊은 관의 바닥에 꿀을 갖고 있는 꽃은 전적으로 특정 파리에 의하여 수분이 매개되거나, 혹은 적당한 길이(예; 그림 11.8)의 주둥이를 갖고 있는 나방에 의하여 수분이 이루어지거나, 혹은 부리의 특정길이와 경사도를 갖고 있는 벌새(hummingbird)에 의하여 수분이 이루어질 수 있다. 그러한 관점에서 이루어진 특이성을 수분 매개 곤충과 식물사이에 관찰할 수 있다. 그러나 꽃의 관(flower tube)의 깊이와 주둥이의 형태는 상관관계가 있음을 뜻하는 것이며, 공동 진화가 이루어졌음을 시사한다.

11.2 식식성 곤충

대다수 종의 식물은 복잡한 식식성 곤충의 동물군이 형성되는데 도움을 준다. 따라서 식식성 곤충 각각의 군집은 이용하는 식물 분류군의 범위와 관계가 있는 것이다. 그래서 단식성곤충은 한 식물 분류군을 먹고사는 specialist라 하며, 다식성곤충은 몇 개의 식물을 먹이원으로 사용하는 것을 말하며, 그리고 잡식성곤충은 다양한 식물군을 먹고 사는 generalist라 한다. 이와 같은 식습관 분류를 뜻하는 세 가지 형용사는 단식성(**monophagous**), 협식성(**oligophagous**), 그리고 다식성(**polyphagous**)이다. 예컨대, 혹을 유도하는 Cynipid 기생봉(벌목)은 단식성곤충으로서 분류되는데 이유는 거의 모든 종의 기생봉이 기주 식물의 특이성을 갖고 있기 때문이다. 또한 Rodiniti tribe의 모든 cynipid 기생봉은 단지 장미에서만 혹을 유도한다(그림 11.5d). 그리고 거의 모든 종의 Cynipini는 단지 참나무에서만 혹을 유도한다(그림 11.5c). 다식성 곤충의 예는 모나크나비(*Danaus plexippus* (*Nymphalidae*))이다. 그 이유는 이들 유충은 다양한 유액 분비식물을 섭식하는데, 주로 *Asclepias*를 섭식한다. 잡식성 곤충은 집시나방(*Lymantria dispar*, *Lymantridae*)인데 그 이유는 폭 넓은 범위의 속과 종에 속하는 나무 잎을 섭식하기 때문이다. 그리고 중국밀랍깍지벌레(Chinese wax scale) (*Ceroplastes sinensis*, 노린재목, 깍지벌레과)는 최소한 50개 과에서 약 200종에 속하는 기주식물을 먹이원으로 사용하고 있다고 기록되어 있어 진정한 잡식성 곤충으로 생각된다. 일반적으로 잠자리목을 제외한 대부분의 잡식성 곤충군은 먹이를 섭취하는데 특별히 분화되어 있는 경향이 있다.

많은 식물은 매우 다양한 천적 즉 식식성 곤충과 척추동물, 그리고 식물병원균에 대항하는 폭넓은 방어기작을 갖고 있는 것 같다. 이와 같이 주로 물리학적 혹은 화학적 방어기작은 16.6절에서 식식성 해충에 대한 기주 식물의 내성과 관련지어 설명하고 있다. 기주 식물의 줄기와 잎에 있는 가시, 연모(브드러운털)와 잎 조직 속에 존재하는 실리카와 후막조직(sclerenchyma)은 식물의 위장(camoflouge)을 도우며, 일부 식식성 곤충의 섭식활동을 저지할 수 있는 식물의 가장 큰 물리학적 속성으로 생각된다. 또한 식물의 기능에 중요한 것으로 생각되는 화학물질을 갖고 있을 뿐 아니라, 식물은 일반적으로 방어기능을 하는 것으로 알려진 화합물을 갖고 있다. 하지만 이러한 화합물은 식물대사에 있어 다른 기능을 갖거나 혹은 과거에 갖었을 가능성 있거나 혹은 단순한 대사산물의 결과 유래한 노폐물일 수 있다. 이와 같은 화학적 성분을 지닌 화합물을 **식물의 2차 대사산물**, **해로운 식물성화학물**, 혹은 **알레로케미칼**이라 한다. 다양한 종류의 2차 대사산물이 존재하는데 그 예로 페놀성분(예; 테닌), 테페노이드 화합물(필수지방산), 알칼로이드, 사이나노제닉 glycosides, 그리고 황을 포함하고 있는 글루코시놀레이트를 들 수 있다. 이러한 화합물중 많은 경우 섭식억제 기능이 증명되었거나, 혹은 있는 것으로 추정되었다. 예컨대, 아카시아에서 상호보완적인 개미를 갖고 있는 그러한 종에서 넓게 분포되어 있는 Cyanogenic glycosides의 분실(손실)은 2차 대사산물이 항개미 방어가 결핍된 많은 아카시아 종에서 항섭식기능을 갖고 있다는 것을 시사한다.

식물의 방어기능 관점에서 볼 때, 식물의 2차 대사산물은 다음 두 가지 중 하나의 방법으로 작용할 수 있다. 행동학적 수준에서 이러한 2차 대사산물은 곤충을 기피하거나, 섭식을 억제하거나, 혹은 산란억제효과를 갖고 있다. 생리적 수준에서, 이러한 2차 대사산물은 곤충에 독극물로 작용하거나, 혹은 곤충 먹이의 영양분을 감소할 수 있다. 그러나 일부 곤충에 기피효과를 주는 이러한 식물의 2차 대사산물은 산란과 섭식을 위하여 다른 곤충을 유인할 수 있다(그리하여 Kairomone으로 작용한다. 4.3.3절 참조). 이와 같이 유인된 곤충들은 식물의 2차 대사산물을 견뎌 내거나, 해독하거나, 혹은 심지어 흡수함으로서 곤충의 기주식물의 화합물에 적응한 것으로 생각된다. 한 좋은 예는 일반적으로 유액분비식물에 산란하는 모나크나비(D. plexippus)를 들 수 있다. 유액식물은 독성물질인 cardiac glycoside(cardenolides)를 함유하고 있는데, 모나크나비 유충은 섭식한 후 저장하였다가 모나크나비의 천적을 방어하는 무기로 사용한다(14.4.3 & 14.5.1절).

2차 대사산물은 추정되고 있는 생화학적 작용기작에 기초하여, (1) 질적인 차이를 주거나, 혹은 독성을 가진 경우, (2) 정량적인 경우로 크게 2개로 분류되어왔다. 전자는 소량으로도 효과적인 독성이 있는(예; 알칼로이드, cyanogenic glycosides) 반면에 후자의 경우는 양에 비례하여 효과가 있어서, 다량이 있을 때 좀 더 효과적이다(예; 테닌, 레진, 실리카). 실제로, 지속적인 생화학적 작용(효과)이 있을 것으로 생각되며, 테닌은 단순히 소화 억제성 화합물이 아니라 좀 더 복잡한 소화억제 및 다른 생리적 효과가 있다. 그러나 2차 대사산물을 함유하고 있는 특정식물을 섭식하는데 특수화된 곤충의 경우, 이러한 2차 화합물은 실제로 섭식촉진제로 작용할 수 있다. 게다가 기주식물의 범위가 좁으면 좁을수록, 심지어 섭식한 후 곤충에게 아무런 해가 없는 경우라도, 곤충은 비기주성 식물의 2차 화합물을 감지하고 비기주성식물을 피할 가능성이 훨씬 높다.

일부 종류의 식물이 다른 종류보다 곤충의 섭식 공격을 더 받기 쉽다고 하는 관찰에 기초하여 볼 때, 곤충이 기주 식물에 대한 분명한 특이성을 갖고 있는 것으로 설명될 수 있다. 따라서, 곤충에게는 크고 다년생 식물로 이루어진 집단의 식물이 관목이 작고 1년생이고 불규칙적으로 가끔식 분포되어 서식하는 잡초에 비하여 훨씬 더 뚜렷하게 눈에 잘 띈다. 곤충에게 눈에 잘 띠는 식물은 2차 대사산물을 생산하는데 높은 대사비용을 지불하며 다량의 2차 대사산물을 함유하고 있는 경향이 있다. 곤충의 시야에 잘 띠지 않는 식물은 종종 질적으로 독특한 독성 2차 대사산물을 작은 대사비용을 들여 생산한다. 인류의 농업은 다년생식물을 단순재배 함으로서 종종 곤충의 비호감성 식물에서 곤충이 선호하는 주요 기주식물로 전환되어 해충의 피해도 또한 증가하게 되었다.

또 다른 중요한 점은 곤충은 찾고 있는 먹이자원에 대한 "예측능력"을 갖고 있다는 점이다. 예를 들어, 봄철에 한 활엽수의 마른나무에서 새싹이 불규칙적으로 나오는 것과 대조적으로, 유크립트나무와 Cresote 덤불에 새로운 잎이 존재할 것이라는 "예측능력"을 갖고 있다는 점을 중요하게 고려해야 한다. 그러나, 곤충의 먹이식물에 대한 "예측능력"과 어떠한 식물이 곤충에게 눈에 띄는지에 대한 능력을 실험적으로 검증하기 어렵다. 또한 곤충은 가끔 존재하는 먹이식물의 사용을 최적화할 수 있는데, 이는 곤충이 그와 같이 가끔 존재하는 식물을 먹이원으로 사용할 때 그 식물의 환경적 요인에 동일하게 적응함으로서 곤충의 생활사를 최적화 한다는 것이다.

기주식물을 섭식하는 비율의 변이에서, 세 번째 상관관계는 기주식물이 활용할 수 있는 자원의 성질(예; 빛, 수분, 영양분)의 양과 관련이 있다. 한 가지 가설은 식식성 곤충이 선택적으로 스트레스를 받고 있는 식물(예; 물에 잠기어 수해를 받거나, 가뭄피해를 입거나 영양결핍된 식물)을 선호하여 섭식한다. 왜냐하면 스트레스가 곤충에 유익한 방식으로 식물생리 변화시킬 수 있기 때문이다. 반대로, 식식성 곤충은 먹이자원이 풍부한 서식지에서 싱싱하게 성장하는 먹이식물(혹은 식물파트)을 섭식하는 일을 선호할 수 있다. 이러한 가설을 찬성하거나 혹은 반대하는 증거 모두 있을 수 있다. 뿌리혹벌레(Box 11.2)는 건강한 야생 포도나무에서 빠르게 확대하고 있는 어린새싹에서 발견되는 분열조직을 선호한다. 이와 정반대로, Dioryctria albovitella의 유충(the pinyon pinecone and shoot boring moth; Pyralidae)은 영양이 결핍되어 성장하는 새싹을 공격한다. 그리고 또한 주변에 덜 스트레스받은 나무와 별도로 수분스트레스를 받은 pinyon pine(Pinus edulis)의 새싹을 공격한다. 실험적으로 수분스트레스를 증가시킨 후 해충의 피해율이 감소하는 것으로 보여졌고, 그리고 소나무성장을 증가시켰다. 폭넓은 먹이자원연구 조사를 통하여 다음과 같은 부분적 해석을 할 수 있다. 천공 및 흡즙곤충은 스트레스 받은 식물을 더 선호하여 섭식하는 반면, 스트레스 받은 식물은 혹을 유발하는 곤충과 섭식곤충에 악영향을 준다. 또한, 씹어먹는 곤충의 섭식능력은 스트레스를 받으며, 빠르게 성장하는 식물보다, 스트레스 받으며 천천히 성장하는 식물에서 감소한다.

호주 전역에 분포하고 있는 Oecophorid 나방의 유충이 유칼립트 낙엽을 섭식하고 살 수 있도록 특별히 분화되었다는 사실은, 심지어 잘 방어가 된 먹이자원도 specialist 식식성 곤충에게 이용될 수 있다는 점을 시사해준다. 분명히, 식식성 곤충에 관한 어떠한 모델도 식물개체, 식물집단, 그리고 식물 군집내에서 시간적 및 공간적 변이에 관한 관찰된 모든 패턴과 일치하지 않는다. 그러나 현존하는 섭식곤충의 모든 모델은 다음 두가지 가정을 하게 된다. 2개의 가정은 이해하기 어려우나 그 내용은 다음과 같다:

1 식식성 곤충에 의한 피해는 식물의 진화에 우성형질 선택의 압력(dominant selective force)으로 작용한다.
2 먹이의 질은 곤충의 수와 곤충이 주는 피해에 주요한 영향을 준다.

심지어 잡종식물이 바로 이웃에 위치한 모체 식물집단보다 식식성 곤충으로부터 훨씬 더 많은 피해를 입을 수 있다는 명확한 증거도, 위에 제시한 두 가지 가설을 지지하는 분명하고 충분한 증거가 되지 못한다. 잡종도태는 분명히 식물 진화에 영향을 줄 수 있다. 잡종식물에 대한 그와 같

Box 11.1 유도방어

식물은 다양한 화학물을 갖고 있는데 이는 일부 식식성 곤충에게 기주식물로서 적절성을 변화시키거나 최소한 감소시키는 역할을 할 수 있다. 이러한 화합물을 식물의 2차 대사산물(해로운 식물성화합물 혹은 allelochemicals)이라 한다. 식물 종에 따라서, 이러한 화학물은 항상 foliage에, 단지 일부 식물조직에만 존재한다, 혹은 새싹이 성장하는 기간에, 즉 ontogeny의 특정단계에 존재한다. 그와 같은 constitutive defense(원래부터 존재하는 방어)는 최소한 적응되지 않은 식물성 곤충의 공격에 대항하여, 식물을 지속적으로 보호하게 하여 준다. 만약 식물의 방어 비용이 에너지비용 관점에서 크다면, 그리고 곤충에 의한 피해가 가끔 발생한다면(intermittent하다면), 식물은 단지 곤충이 식물을 섭식할 때에만 식물의 방어기작을 활성화할 수 있다는 점에서 혜택을 받을 수 있다. 좋은 실험적 증거가 있다. 일부 식물에서 잎의 피해는 존재하는 잎과 미래의 잎에 화학적 변화를 유도하게 되는데 이는 곤충에게 해로운 영향을 준다. 만약 이와 같이 유도된 화학반응이 식물에게 혜택을 준다면, 이러한 현상을 induced defense(유도면역)이라 한다. 그러나 때로는 유도된 화학적 변화는 식식성 곤충의 먹이식물이 질적인 저하를 유발시켜, 보다 많은 잎을 섭식을 유도하는 결과를 초래한다. 그 결과 곤충은 필요한 영양분을 확보할 때 까지 더많은 섭식을 하게 된다.

단기간(신속하게 유발된) 혹은 장기간(지연된)에 걸쳐 2차 대사산물의 화학적변화는 식식성곤충의 섭식에 반응한다는 것이 관찰되어왔다. 예컨대, 씹어먹는 곤충에 의하여 유발된 상처에 반응하여 식물에서는 소화효소억제 단백질이 빠르게 생산된다. 이러한 단백질은 일부 곤충에게 먹이 식물에 맛을 상당히 감소시킬 수 있다. 다른 식물에서 페놀릭 화학물 생산은 상처입은 식물 부분에 혹은 때때로 식물 전체에 단기간 혹은 장기간 동안 증가 될 수 있다. 이와 다르게 장기간에 카본 영양분에 균형이 식식성 곤충의 detriment의 변화될 수 있다.

이와 같이 유도된 화학적 변화는 일부 식물에서 증명되었다. 그러나 연구된 모든 식물에서 증명되지는 않았다. 심지어 그런 화학적 변화가 발생 했을 때에도 유도화학물의 기능은 증명 하기가 쉽지 않다. 특별히 식식성 곤충의 섭식이 항상 저해 되는것이 아니기 때문이다. 때때로 유도 화학물은 식물에게 간접적으로 혜택을 줄 수 있다. 이는 herbivory를 감소하는 것이 아니라 식식성 곤충의 천적을 유인함으로써 주는 것이다(4.3.3절). 더욱이 유도 반응에 관한 연구 결과가 해석하기 어렵다. 왜냐하면 이는 각각의 식물 사이에 그리고 식물 잎의 질적 변화가 크기 때문이며 또한 피해의 본질에서 작은 차이가 서로 다른 결과를 유발 할 수 있다고 하는 복잡성 때문이다. 또한 자연 상태에 식식성 곤충에 집단은 다양한 요인에 의해서 조절 된다. 식물 화학 의 효과는 다른 조건에 따라서 개선되거나 악화 되어 질수 있다.

심지어 훨씬 더 어려운 연구 영역은 인기 있는 논문이 말하는 나무가 무엇인지를 포함하고 있다. 곤충의 피해를 받지 않은 이웃 지역에 식식성 곤충에 대한 증가된 저항성을 유발하는 신호(휘발성 화학물) 를 분비하는 피해 받은 식물의 논란에 여지가 있는 현상을 설명하기 위한 것이다. 자연 상태 에서 그와 같은 식물관의 대화가 중요한지 혹은 그렇지 않은지는 명백하지 않다. 그러나 식식성 곤충에 대한 식물 내의 반응은 곤충의 피해를 받은 지역으로부터 약간 떨어진 곳에서 일어 날 수 있다. 그 이유는 식물내의 화학 신호가 있기 때문이다. 이와 같은 전신 신호 의 성격과 조절은 식식성 곤충의 섭식과 관련된 연구는 많지 않다. 그러나 이와 같은 화학물의 조절은 식식성 해충에 대한 식물의 저항성을 증가시키기 위한 새로운 기회를 제공해 줄 수 있다.

은 식식성 곤충의 선호도는 식물의 유전적 다양성을 증진하기 보다는 제한 할 것으로 추정된다. 논쟁적 여지가 있지만, 잡종식물 먹이의 질은 모계식물의 먹이의 질보다 훨신 좋다. 그 이유는 보다 비효과적인 화학적 방어능력 때문이며, 그리고/혹은 유전학적으로 "혼합된" 잡종식물이 보다 높은 영양적 가치를 갖고 있기 때문이다. 이는 식식성 곤충의 많은 집단이, 잡종식물이 존재하기 때문에(혹은 먹이의 질 때문인지, *per se*) 변화되는지는 분명하지 않으며, 혹은 단지 이용 가능한 먹이 식물원 사이에 재분포가 이루어지는 분명하지 않다. 또한 식식성 해충의 집단을 조절하는데 천적의 역할은 곤충-식물간의 상호작용을 연구하는데 종종 간과된다.

많은 연구는 식식성 곤충이 단기간 혹은 장기간에 걸쳐 식물의 성장을 방해할 수 있다고 증명되어 왔다. 이러한 관찰이 시사하여 주는 내용은 "기주식물 특이적인 식식성 곤충이 기주식물의 경쟁능력을 감소함으로서 식물의 종에 대한 번성에 영향을 줄 수 있다"는 것이다. 식물의 유도방어(Box 11.1)능력이 있다는 점은 식물이 식식성 곤충을 저지하는데 장점이 된다. 이러한 개념과 대조적으로, 한 가지 논쟁되고 있는 가설은 보통 수준의 식식성 곤충은 식물에게 장점이 되거나, 혹은 선택적으로 중립적으로 될 수 있다는 것이다. 어느 정도의 가지치기, 전정, 혹은 풀베기는 식물의 성장 형태나 수명을 변화시켜 전반적으로 식물의 생식에 성공을 증가시킬 수 있다(혹은 최소한 감소하지는 않는) 그래서 식물의 생애동안 씨앗 수량을 증가시킬 수 있다는 것이다. 중요한 진화학적 요인은, 비록 식식성 곤충이 식물에 미치는 영향에 대한 대분분의 평가는 단지 식물의 생산성(생물의 총량, 잎의 수 등)을 측정하지만, 식물 생애동안의 생식에 성공해야 하는 일이다.

모든 식식성 곤충에 대한 이론의 한 가지 주요한 문제점은 이들 이론이 주로 잎을 갉아먹는 연구를 통하여 얻은 결과에 기초하였다는 점이다. 왜냐하면 이들 곤충에 의하여 받은 피해는 쉽게 측정할 수 있기 때문이며, 낙엽과 관련된 요소는 다른 형태의 식식성 곤충보다 실험을 수행하기가 수월하기 때문이다. 흡즙 곤충, 잎 속을 기어다니며 서식하는 곤충, 그리고 혹 유발 곤충의 영향은 일부 농해충과 진딧물과 같은 원예해충을 제외하면, 대부분이 일반적으로 이해도가 매우 낮다.

11.2.1 잎 갉아먹기

잎을 갉아먹는 곤충에 의한 피해는, 예를 들어, 많은 흡즙 곤충에 의한 피해와 비교하여 쉽게 알아 볼 수 있다. 또한 잎 조직에 손실을 준 곤충은 식물조직의 일부에 굴을 파거나, 또는 혹을 형성하는 작은 유충보다 일반적으로 쉽게 구분할 수 있다. 잎을 갉아먹는 곤충중 가장 다양한 분류군은 나비목 과 딱정벌레목이다. 대분분의 나방, 나비 유충, 많은 딱정벌레 유충, 그리고 성충은, 비록 식물의 뿌리, 새싹, 줄기, 꽃, 혹은 열매도 종종 잘 섭식하지만, 잎을 갈아 먹는다. 일부 호주산 풍뎅이, 특별히 Anoploganthus(딱정벌레목: 풍뎅이과; 흔히 크리스마스딱정벌레로 불림)(그림 11.1)이 유카리 나무의 심각한 피해(낙엽)를 유발할 수 있다. 북부 온대 산림지대에 가장 중요한 산림피해 해충은 나비목에 해당하는 집시나방(Lymantria dispar, Lymantriidae) 유충이다. 전세계에 걸쳐 잎을 갉아먹는 곤충의 다른 중요한 그룹은 메뚜기목(대부분의 종)과 벌목(대부분의 Symphyta)이다. 대벌레(Phasmatodea)는일반적으로 잎에 적은 피해를 주었지만, 호주에서 다른 종의 대벌레(Didymura violescens)(Box 11.6)가 대발생하여 유카리나무의 잎에 커다란 피해를 주었다.

식식성 해충이 대량 발생하면 그 결과 산림과 기타 식물에 피해를 주게 되어 믿을 만하고 재연성이 있는 피해 측정 방법이 요구된다. 대부분의 방법은 잎을 갉아먹는 곤충으로 인하여 받은 잎의 피해면적을 측정하는데 의존하고

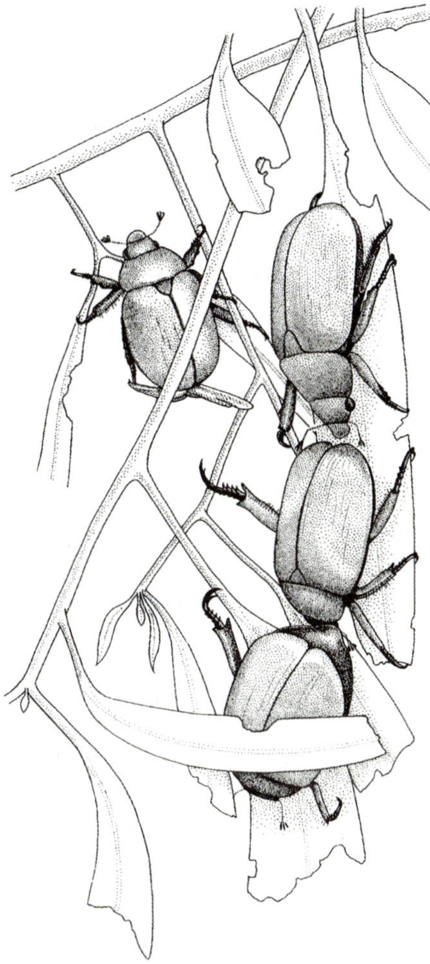

그림 11.1 유칼리나무(Myrtaceae) 잎을 섭식하고 있는 Anoplognathus 크리스마스 딱정벌레(딱정벌레목 : 소똥구리과)

있다. 이는 잎의 피해면적을 직접 측정하는 방법으로, 한 번 꺽은 나무를 측정 하거나, 표시한 가지를 조사함으로서, 직접 측정할 수 있다. 혹은 시간에 걸쳐 시료를 무작위적으로 분리하여 곤충의 분변 생산량을 측정함으로서 간접적으로 측청 할 수 있다. 이러한 종류의 측정방법은 우림지역에서 건조지역에 이르까지 전 세계의 많은 국가에서 다양한 산림형태에서 수행되어 왔다. 식식성 곤충의 밀도는 놀랍게도 일정하다. 온대지역 산림의 경우, 손실된 잎면적은 3~17%가 되며, 평균값이 8.8+/−5% 정도가 된다. 열대다우림 지역과 맹그로브(열대강어구지역에 생기는 숲)로부터 얻은 나뭇잎의 손실 정도는 3~15%이며 평균 8.8%로

서 매우 유사하다. 그러나 특별히 유입된 해충이 대량 발생시, 산림 파괴 수준이 매우 높으며 심지어 식물이 죽게 된다. 일부 식물군에서 식식성 해충밀도가 대량으로 발생하지 않은 자연 조건하에서도 잎면적 피해정도가 20~45%로 높게 나왔다.

손실된 잎면적을 기초로 식식성 곤충의 밀도는 여러 이유로 인해 식물 개체군(population)과 군집(community) 사이에 차이가 있다. 서로 다른 종의 식물의 잎이 곤충 먹이원으로서 적절한지는 다양한 차이가 있는데, 이는 식물 먹이원의 영양분, 수분함량, 2차 대사산물의 형태와 농도, 그리고 강도에 차이가 있기 때문이다. 그와 같은 차이는 식물 분류군 사이에 내재적인 차이로 인하여 일어날 수 있다. 혹은 채집한 식물의 각 잎과 식물의 성숙도와 성장조건과 관련될 수 있다. 구성된 나무의 대분분이 서로 다른 과(많은 북부의 온대 산림지역)로 구성된 집단은 1개 혹은 몇 개의 속(예; 호주의 유카리 및 아카시아 산림)에 의하여 주종을 이룬 집단보다, 식식성 곤충으로부터 피해를 덜 받을 수 있다. 후자의 체제하에서는, 선별섭식자(specialist) 곤충은 새롭지만, 밀접하게 관련이 있는 기주식물로 비교적 쉽게 이동할 수 있다. 따라서 우호적인 조건이 주어진 지역에서 선별섭식자(specialist) 곤충은 대부분의 나무에 상당한 피해를 주게 된다. 다양한 속의 식물이 서식하고 있는 산림에서, 잡식성 곤충은 정상적인 기주 식물과 관련이 없는 식물종으로 전환할 가능성은 없다. 또한 주어진 식물 개체군내에서 시간에 걸쳐 일어나는 식식성 곤충의 밀도에 차이가 있다. 그 이유는 계절적 및 통계적 요인 때문에 그러한 차이가 없는데, 그러한 요인은(곤충과 식물의 성장에 영향을 주는) 기후 조건과 이전에 곤충의 받은 피해에 의해 유도된 식물방어능력(Box 11)이 그러한 요인에 해당된다. 곤충에 대한 식물의 성장과 반응에 있어 그와 같은 시간적인 차이는 제한된 기간에 걸쳐 이루어진 식식성 곤충에 대한 예측에 대하여 잘못된 영향을 줄 수 있다.

11.2.2 식물에 굴 파기 와 구멍 뚫기

상당수의 곤충 유충은 살아 있는 식물의 내부 조직 내에 살며 조직을 먹고 산다. 잎굴을 파는 곤충 종은 잎 양면의 표피층 사이에서 서식한다. 이러한 곤충이 있다는 증거는 이들 곤충이 먹고 산 부분이 죽은 후에, 종종 얇은 층의 마른 표피를 남기기 때문에 외부적으로 확인 할 수 있다. 이러한 잎의 피해는 터널, 반점, 혹은 물집처럼 보인다(그림 11.2). 발생과정에서 유충의 성장 결과로, 터널은 직선형에서 회선형으로 될 수 있으며 진행과정에서 넓어진다. 일반적으로 상위에 있는 표피와 아래층에 있는 표피 사이에 제한된 공간에 사는 유충은 납작하게 된다. 이들 곤충의 분변 물질은 터널속에 검은색 혹은 갈색 덩어리나 선으로 남게 된다 (그림 11. 2a,b,c, e) 또는 (그림 11. 2f).

이와 같은 잎굴파기 습성은 곤충 가운데 완전변태를 하는 단지 4개의 목(파리목, 나비목, 딱정벌레목, 그리고 벌목)에서만 독립적으로 진화하였다. 가장 뚜렷하게 잎굴을 파는 곤충류는 파리와 나방의 유충이다. 대표적으로 잎굴을 파는 곤충의 일부는 agromyzid 파리의 유충의 섭식에서 유래하는 것이다(그림 11.2a-d). Agromyzid 파리는 사실상 도처에 존재하며 대략 2,500종이 있으며 모두 완벽한 식식성 곤충이다. 비록 일부는 줄기에 굴을 파거나, 일부는 식물 뿌리와 꽃의 머리에 굴을 파지만, 대부분은 잎굴을 파는 종이다. 일부 Anthomyiids와 일부 다른 파리종도 또한 잎에 굴을 판다. 나비류중 잎굴을 파는 곤충은 대부분 Gracillariidae, Gelechiidae, Incurvariidae, Lyonetiidae, Nepticulidae and Tisheriidae에 속한다. 잎굴을 파는 나방류의 습관은 다양한데 이는 굴의 종류에 다양성이 있고, 섭식방식, 분변처리 방법, 그리고 유충의 형태에 다양한 변이가 있기 때문이다. 일반적으로, 유충은 다른 잎굴을 파는 목에 속한 곤충과 비교하여 보다 더 특이화 되었고, 잎굴을 파지 않는 유사곤충과 매우 다르다. 많은 종류의 나방은 혹을 유도하는 것과 잎말이 전략과 함께 서서히 다른 단계로 변화해가는 습관을 갖고 있다. 잎굴을 파는 벌목은 주로 잎벌상과에 속한다. 잎벌상과는 대부분 잎굴을 파는 종으로 얼룩/반점 굴을 형성한다. 잎굴을 파는 딱정벌레목은 특정종의 보석 풍뎅이(Buprestidae), 잎 풍뎅이 (Chrosomelidae), 그리고 바구미(Curculionoidea)가 대표적인 예가 된다.

잎굴을 파는 곤충은 과실류의 잎, 야채류, 원예장식식물, 그리고 산림숲의 나무를 공격함으로서 경제적 피해를 줄 수 있다. 시금치에 잎굴을 파는 잎나방 벌레인 *Pegonmya hyoscyami*(Diptera: Athomyiidae)는 시금치와 무 잎에 경제적인 피해를 준다. 자작나무에서 잎굴을 파는 유충 (*Fenusa pusilla*, Hymenoptera: Tenthredinidae)은 미국의 북동지역에 심각한 해충으로서 자작나무 잎에 반점(얼

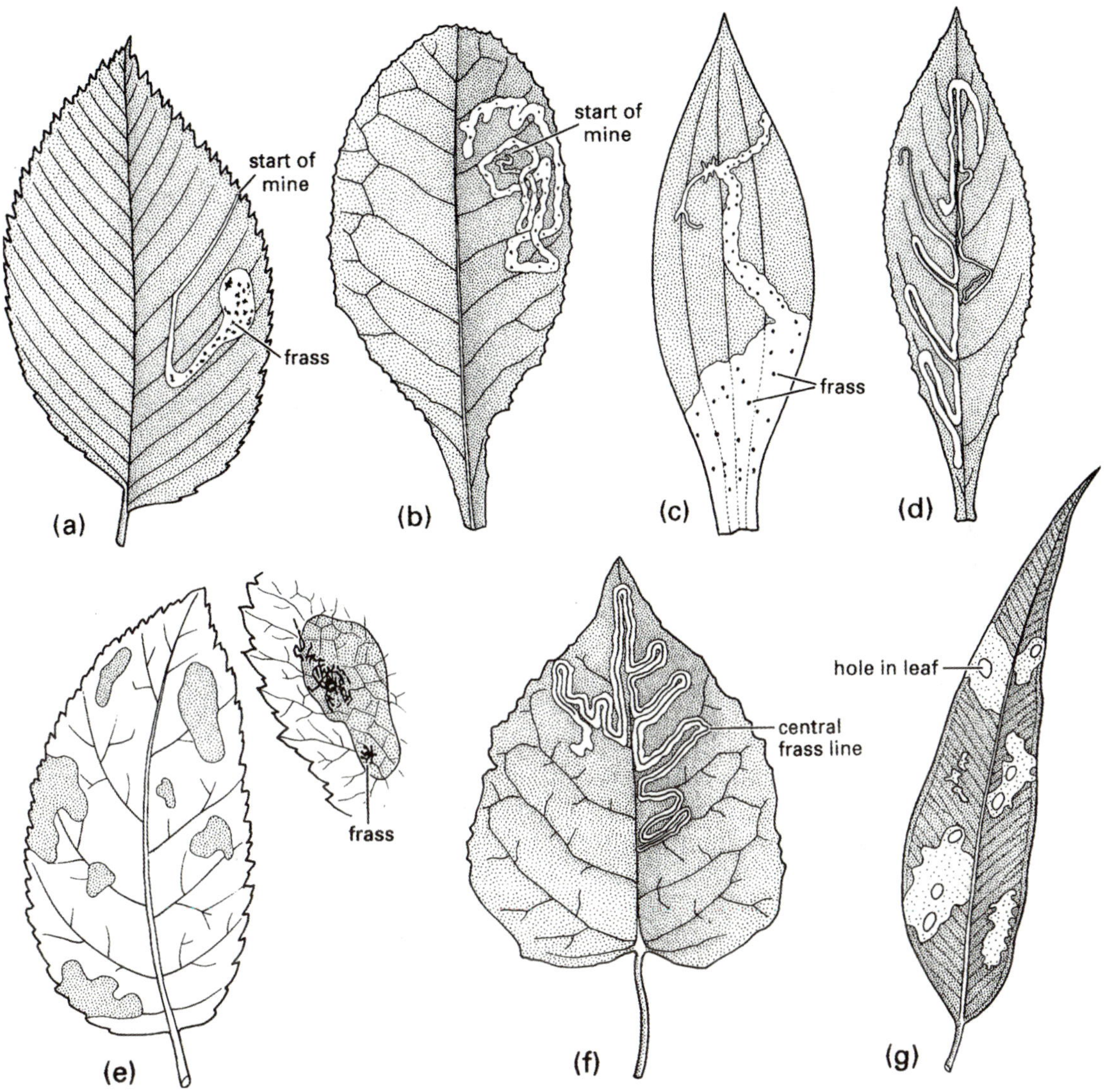

그림 11.2 잎 속에 형성된 다양한 굴 : (a) 느릅나무의 잎에 있는 Agromyza aristata (파리목: Agromyzidae)에 의해 형성된 직선형 굴; (b) 프리뮬러 나무(Primula vulgaris) 잎에 Chromatomyia primulae (Agromyzidae)에 의하여 형성된 직선형 굴; (c)용담속의 식물(Gentiana acaulis) 잎에 Chromatomyia gentianella (Agromyzidae)에 의하여 형성된 직선의 잎굴; (d) 쑥갓속의 식물(Senecio nemorensis)의 잎에 Phytomyza senecionis (Agromyzidae)에 의하여 형성된 직선의 잎굴; (e) 사과나무(Malus sp) 잎에 apple leafminer (Lyonetia speculella)에 의하여 형성된 잎굴; (f) 포플러 나무 잎에 있는 Phyllocnistis populiella(나비목: Gracillariidae)에 의하여 형성된 직선의 잎굴; (g) 유칼립투스나무 잎에 있는 jarrah leaf miner, Perthida glyphopa(나비목: Incurvariidae)에 의하여 형성된 잎굴 ((a,e-f) 1959년 Frost박사 이후; (b-d) 1990년 Spencer박사 이후.

룩)굴을 생산한다. 호주에서, 어떤 유칼리투스나무는 보기에 흉한 피해를 주는 잎나방 벌레의 공격에 노출되기 쉽다. 잎에 물집을 유발하는 잎벌레(벌목: Pergidae: *Phylacteopyhaga*)는 굴을 만들고 유칼립투스와 유사한 Myrtacae의 속에 속하는 일부 종의 잎에 물집을 유발시킨다. 마호가니 고무나무에서 잎굴을 파는 벌레(Perthiada pglyphora, Lepidoptera, Incurvariidae)의 유충은 고무나무 잎속에서 서식하는 과정에서 반점을 유발하고, 이 유충이 번데기집을 위하여 잎의 디스크를 제거한 이후 구멍을 만든다(그림 11.2). 고무나무는 호주 서부지역에 중요한 목재용 나무이

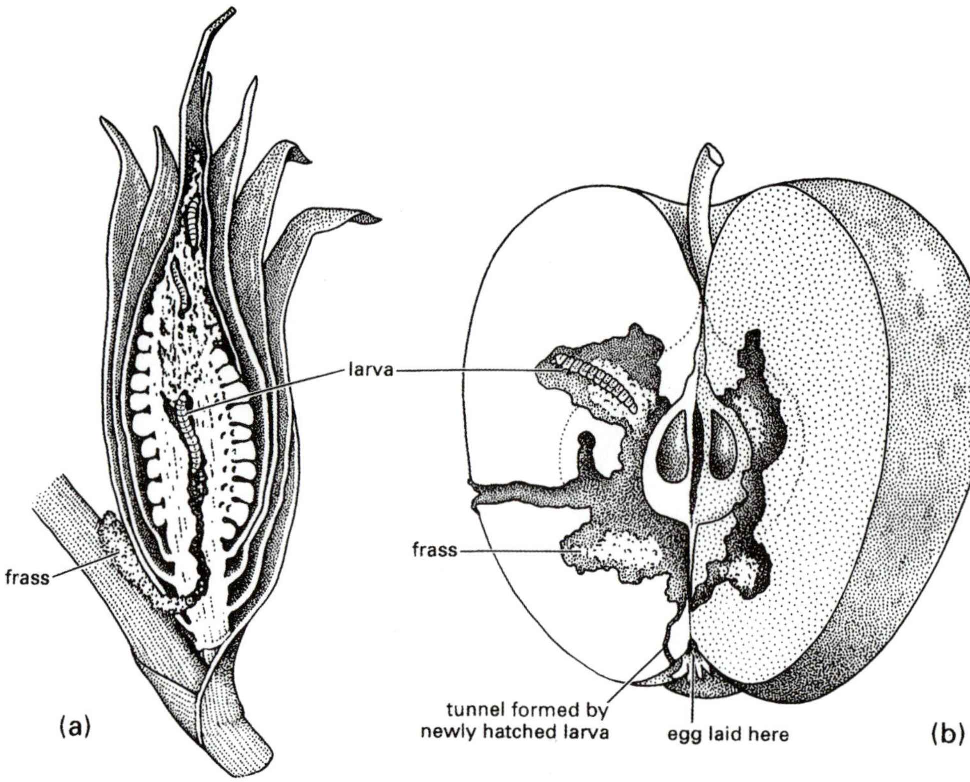

그림 11.3 식물 천공충: (a) 그림해충은 유럽조명나방(Ostrinia nubilalis) 유충이며, 옥수수의 줄기에 터널형식의 구멍 형성. (b)그림해충은 코들링나방(Cydia pomonella)의 유충이며 사과 내부에 서식. (1959년 Frost 박사 이후).

며, 이들 해충에 의한 섭식은 방대한 유칼립트 산림에 심각한 피해를 줄 수 있다.

굴을 파는 입구는 잎에 제한되어 있지 않으며, 일부 곤충 분류군은 다양한 습관을 갖고 있다. 예컨대, 서로 다른 종의 Marmara(Lepidoptera: Gracillariidae) 곤충은 잎에 굴을 뚫을 뿐만 아니라, 줄기 표면하부 혹은 선인장의 연결부위에 굴을 판다. 일부는 심지어 열매의 표피 하부에서도 굴을 판다. 가지의 형성층 조직에만 전형적을 굴을 파는 한 종의 곤충은 밀집된 상태가 되면 굴을 잎에 까지도 확장하여 파고들어간다. 줄기 굴파기(**stem mining**)나 혹은 가지, 줄기, 혹은 나무 몸통의 표층에서도 서식하는 일은 줄기에 구멍 뚫기(**stem boring**)와는 구별될 수 있다. **Stem boring** 곤충은 식물의 조직에 깊이 들어가 섭식하며 산다. 줄기에 구멍 뚫는 일은 식물에 구멍을 뚫는 일 중 단지 한 가지 형태일 뿐이다. **식물의 구멍**을 뚫는 일은 섭식한 식물의 부위에 따라 세분화 되어 질 수 있는 넓은 섭식 습관을 포함 한다. 그리고 그 곤충이 살아 있거나 죽어 있거나 혹은 부패 식물 조직을 먹느냐에 따라서 세부적으로 나누어 질 수 있다. 부패 유기 물질을 먹고 사는 곤충은 9.2절에서 논의 되어 여기에서는 더 이상 언급하지 않는다. 살아있는 식물 조직을 먹고 사는 전자의 경우는 새싹, 과일, 열매, 씨앗, 뿌리, 줄기, 그리고, 나무를 먹고 사는 애벌레를 포함한다. 줄기를 뚫는 곤충(**stalk borers**)은 밀의 줄기잎벌(Hymeoptera: Cephida: Cephus species) 그리고 유럽 옥수수를 뚫는 곤충(Lepidoptera; Pyralidae: Strinia nubilaslis, 그림 11.3a)은 잡초와 좀 더 즙이 많은 식물을 공격한다. 반면에, 나무를 뚫는 곤충(**Wood borers**)은 가지, 줄기 그리고/혹은 나무의 몸통을 먹고 산다. 이러한 몸통의 나무껍질, 부드러운 목질부위, 몸통의 중심에 있는 심재를 섭식한다. 나무를 파고드는 습성은 많은 딱정벌레목 곤충, 특히 보석풍뎅이(Buprestidae), 하늘소(Cerambycidae), 바구미(Curculionoidea), 일부 인시목(Hepialidae and

Cossidae, 그림 1.3) 그리고 벌목 곤충에서 전형적으로 볼 수 있다. 뿌리를 갉아먹는 습관은 나비목 곤충에서 잘 발달되어 있다. 그러나 많은 나방 유충은 나무의 몸통, 가지, 혹은 뿌리를 구별하지 않는다. 많은 종의 곤충이 식물의 덩이줄기, 알줄기(구경) 그리고 알뿌리(구근)에 파고들어감으로서 식물저장기관에 피해를 준다.

과일, 나무열매, 혹은 종자의 조직을 파고들어가 섭식하는 유충의 섭식행동에 의하여 많은 식물의 생산량은 감소되거나, 파괴된다. 과일을 파먹는 곤충(**Fruit borer**)은 다음과 같다.

- 파리목(Diptera, Tephritidae)에서는 사과파리와 지중해 과실파리가 속한다.
- 인시목(Lepidoptera)에는 일부 잎말이나방에 속하는 동양과실나방(Grapholita molesta)과 사과좀나방(Cydia pmonella, 그림 11.3b)이 속한다.
- 딱정벌레목(Coleoptera)에는 특별히 일부 바구미에 속하는 서양자두나무 바구미(Cnotrachelus neuphar)가 속한다.

11.2.3 Sap sucking(흡즙)

잎과 새싹을 씹어먹거나 굴을 파는 곤충의 섭식행동은 분명한 피해를 유발한다. 대조적으로, 흡즙 곤충에 의해 유발된 구조적 피해는 쉽게 눈에 띠지 않는다. 식물 조직에서 세포 내용물을 밖으로 내보내는 일은 일반적으로 세포벽에 피해를 주지 않는 상태로 남겨둔다. 비록 흡즙 곤충이, 체관부와 목질부의 내용을 제거함으로서, 식물자원을 비워내어, 뿌리성장 지연, 잎 수의 감소, 곤충의 피해를 받지 않은 건강한 식물에 비하여 전체적 바이오매스 축적의 감소가 유발되지만, 흡즙 곤충이 식물에 준 피해를 정량하기는 쉽지 않다. 이들의 효과는 곤충의 피해를 입은 식물과 피해를 입지 않은 건강한 식물의 성장이 비교되는 정확한 실험을 수행할 때에만 명확히 측정할 수 있다. 일부 흡즙 곤충은 특히 바이러스를 전파함으로서, 혹은 독성침액을 주입함으로서, 현저한 조직 괴사를 유발한다. 반면에 다른 곤충은 분명한 조직의 비틀림을 유발하거나 혹은 비정상적인 성장의 결과 혹을 형성한다(11.2.4절).

대부분의 흡즙 곤충은 매미목에 속한다. 모든 매미목 곤충은 길고 실 같은 입을 갖고 있으며, 밀착해 있는 아래턱과 작은턱의 침돌기로 구성되어 입술 홈에 있는 다발을 형성한다(Box 11.8). 작은턱 침돌기(stylet, 탐침)는 곤충의 타액을 식물에 넣어주는 침샘 도관을 갖고 있고, 식물의 즙액이 곤충의 장내로 흡즙되어 들어오도록 하는 음식관(식도)을 갖고 있다. 단지 침돌기(stylet)만이 기주식물의 조직내로 들어온다(그림 11.4a). 이들 침돌기는 기주식물 잎에 표피로 침투하거나, 좀 더 깊이 식물 줄기나 잎의 주맥으로 침투하여, 종에 따라 세포 내 혹은 세포 사이로 길을 따라간다. 침돌기의 끝이 도달한 섭식장소는 연조직(Parenchyma)(예; 일부 유충단계의 깍지벌래와 많은 Heteroptera), 체관부(예; 대부분의 진디물, mealybug, soft scales, psyllids, and leafhoppers), 혹은 목질부(e.g, spittle bugs and cicads)이다. 가수분해성 타액성분 이외에도, 많은 종이 식물의 조직을 뚫고 침투함에 따라 침돌기 주변에 sheath를 형성하는 고체화 능력이 있는 타액을 생산한다. 이러한 sheath는 조직절편을 염색함으로써 관찰할 수 있으며, 섭식한 과정을 추적하여 섭식장소까지 추적 가능하게 해준다(그림 11.4b,c). 노린재류(Hemipteran)의 두 가지 섭식전략인 stylet-sheath와 macerate-and-flush feeding은 3.6.2절에 설명되어 있다. 또한 Hemipteran이 수분이 있는 음식을 섭취하여 소화하기 위해 특수하게 분화된 위에 대하여 Box 3.3에 논의되어 있다. 식물을 섭식하는 노린재목의 많은 종은 심각한 농업 및 원예 해충이다. 즙액 손실로 인하여 시듦현상이 생기며, 변형, 혹은 새싹의 생장저지 현상이 생긴다. 진딧물과 온실가루이와 같은 곤충이 식물간에 이동함으로 식물바이러스와 다른 질병을 전파할 수 있다. Coccoids와 같은 체관부 섭식곤충(Hemiptera)의 당성분 분비물(**honeydew**)은 검은 곰팡이에 의해 이용되는데, 잎과 과일을 망쳐버리고, 광합성을 저해한다.

식물의 즙액을 섭취하는 곤충인 총채벌레는 그림 2.13에 나오는 바와 같이 침돌기(stylet)을 이용하여 조직을 침투하고, 표피조직을 뚫고 또한 바로 밑에 있는 개개의 세포를 파열한다. 피해를 입은 부분은 색을 잃고, 잎, 새싹, 꽃, 혹은 연한싹은 시들어 말라죽는다. 식물의 피해는 대개 빠르게 성장하는 조직에 주로 있어, 개화와 잎이 돗아나오는 일이 심하게 방해를 받는다. 총체벌레 섭식기간동안 독성의 타액을 주사한다. 혹은 전염병을 매개하는 서구꽃 총체벌레(*Frankliniella occidentalis*)에 의하여, *Tospovirus*(Bunya-viridae)와 같은 바이러스를 매개한다. 수백여종의 총체벌레는 재배식물의 해충으로 기록되어 왔

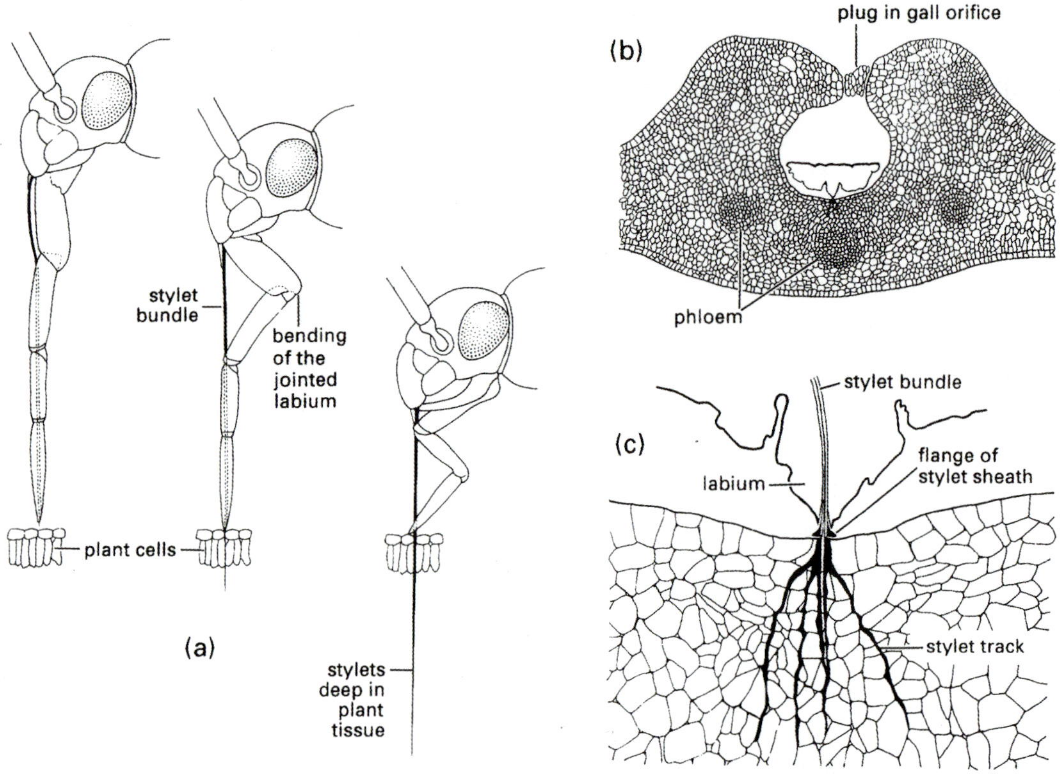

그림 11.4 반시류(매미목)의 식물 섭식 : (a) 식물의 잎을 가해하는 해충의 구침(stylet)이 식물을 침입할 때 아랫입술(labium)이 휘어지는 장면; (b) 개각충 (Apiomorpha)의 유충이 유칼립 잎의 혹(gall)안에서 섭식하고 있는 장면을 보여주는 횡단면; (c) (b) 식물의 유조직(parenchyma)을 탐침한 결과 (타액이 굳어 형성된) 여러개의 구침트랙(stylet track)을 보여주는 섭식장소를 확대한 사진. ((a) After Poisson 1951.)

지만, 단지 10종만이 바이러스를 매개한다.

노린재목과 털날개목이외에도, 흡즙하는 섭식행동양식은 현존하는 곤충에서 매우 희박한 일이다. 그러나 많은 화석 곤충종은 찌르고 흡즙 가능한 입을 갖고 있는 부리구조를 갖고 있다. 예를 들어 Palaeodictyopteroids(그림 8.2)는 식물의 기관으로부터 즙액을 마시는 것으로 추정된다.

11.2.4 혹 형성

곤충에 의해 생기는 혹은 매우 특이화된 곤충-식물 상호작용에 의한 결과이다. 즉, 대체적으로 곤충이 식물에 영향을 주어 매우 특이하게 식물의 형태를 변형시킨 결과이다. 일반적으로 이와 같은 식물의 혹은 병리학적으로 발전된 세포, 조직, 혹은 식물기관으로 규정한다. 이러한 식물 혹은 세포의 크기가 자라서 생기는 이상비대(hypertrophy)와 외부생명체의 자극으로 인하여 식물세포의 수가 증가하는 증식증(hyperplasia)에 의하여 유발된다. 일부 식물의 혹은 바이러스, 박테리아, 곰팡이, 선충, 그리고 응애(mite)에 의하여 유발되나, 곤충이 훨씬더 많은 식물의 혹을 일으킨다. 식물의 혹을 연구하는 일을 식물혹학(Cecidology)이라 하며, 식물의 혹을 유발하는 동물(곤충, 응애, 선충)을 **Cecidozoa**라 한다. **Cecidozoa**에 의하여 유발된 식물혹을 **Zoocecidia**라 한다. Cecidogenic 곤충은 알려진 모든 곤충의 2%이며, 대략적으로 13,000종이 이에 해당된다. 비록 식물 혹 형성은 대부분의 식물군 걸쳐서 전세계적인 현상이지만, 세계적인 조사에 의하면 하나의 생태지질학적인 패턴을 보여주고 있다. 식물 혹의 발생은 경엽식물(단단한 잎을 가진식물)성의 습관을 가진 식물에서 좀더 자주 발생하며, 혹은 최소한 습하거나 건조한 계절적 환경에서 서식하는 식물에서 좀더 자주 발생한다.

세계적인 관점에서 보면, 종수 면에서 주요 cecidozoa는 주로 3개의 곤충목 즉 노린재목, 파리목, 벌목에 존재한다. 또한 대략 300종의 대부분 열대성인 털날개목

(Thysanoptera)과 식물의 혹과 관련이 있다. 그러나 반드시 털날개벌래가 식물 혹의 유발자는 아니며, 일부종의 딱정벌레목(대부분 바구미)과 미소나방도 식물의 혹을 유발한다. 대부분의 노린재목에 유도된 혹은 Sternorrhyncha에 속하며 특히 aphid, coccoids, psyllids에 의하여 유도된다. 이들의 혹은 구조적을 다양하며, gall-inducing eriococcids(Coccoidea: Eriococcidae) 종종 멋진 이형태성(dimorphism)을 보여준다. 암컷 곤충에 유도된 혹이 수컷에 의해 유도된 혹에 비하여 크고, 복잡하다(그림 11. 5a.b). 전세계적으로, 수백개의 gall-inducing coccoid가 10개의 과(family)에 걸쳐 존재한다. 350개의 gall-forming Psylloidea가 있으며, 대개 2개의 과와 대략 700개의 gall-inducing 진딧물이 3개의 과인 Phylloxeridae(Box 11.2), Adelgidae, 그리고 Aphididae에 존재한다.

파리목 곤충은 가장 많은 수의 혹 유도 곤충이 있어 무려 수천개에 이른다. 대략적인 숫자를 파악하기 어려운데 이는 혹을 유도하는 파리목의 대다수 곤충은 분류학적 연구가 되어있지 않기 때문이다. 대부분의 혹 파리는 1개의 과에 속하며 최소한 4,500종이 있다. 이들 파리는 잎, 줄기, 꽃, 새싹, 심지어 뿌리에 단순하거나 복잡한 혹을 유도한다. 일부 중요한 혹 파리가 포함되는 다른 파리과는 과실파리과(Tephritidae)이다. 이러한 파리류는 the Asteraceae의 식물 새싹에 가장 큰 영향을 준다. 혹을 만드는 종은 cecidomyiid와 tephritid로서 일부 잡초를 실용적 및 잠재적으로 생물적방제가 가능하다. 3개의 장수발벌 상과(superfamily)는 많은 수의 혹 유도 장수말벌을 갖고 있다. 예컨대, 혹벌과(Cynipoidea)는 혹을 유도하는 장수말벌을 갖고 있으며(Cynipidae에 최소 1,300종), 유럽과 북미에서 가장 잘 알려진 혹 유발 곤충이다. 이들 지역에서 수천종의 장수말벌은 종종 매우 복잡한 혹을 특히 떡갈나무와 장미에 형성한다(그림 11.5c.d). Tenthredinoidea는 다수의 혹 형성 잎벌 즉 Pontania 종(Tethredinidae)을 형성한다(그림 11.5g). 또한 Chalcidoidea는 혹을 유발하는 다수의 곤충과(family)가 있는데 특히 굴파리과(Agonidae), 씨쌀이좀벌과(Eurytonmidae), 금좀벌과(Pteromalidae)가 포함된다.

곤충에 의해 유도되는 식물혹의 발생 및 모양 패턴에서 매우 큰 다양성을 갖고 있으며, 복잡한 구조를 갖고 있다(그림 11.5). 이들은 비교적 분화되지 않은 세포 덩어리("Indeterminate" gall, "결정되지 않은" 혹)에서 매우 조직화되어 층간에 분명한 조직의 층을 갖고 있는 결정된("Determinate" gall)혹을 갖고 있다. 결정된 혹은 보통 종 특이적인 구조를 갖고 있다. Cynipids, cecidomyiids와 ericoccids에 의해서 유발된 식물의 혹의 구조는 역사상 가장 복잡하게 분화된 것이다. 이들 혹이 초기 시작했던 식물의 일부분과도 거의 유사하지 않은 형태의 분명한 조직으로 된 층을 갖고 있다. 결정된 혹(Determinate gall) 가운데 식물 혹의 모양이 서로 다른 이유는 혹 형성 과정과 관련이 있는데, 식물의 혹을 만든 곤충이 초기에 위치와 섭식방식과 관련이 있다(아래 참조). 일반적인 식물 혹의 형태는 다음과 같다:

- **Covering galls**: 곤충이 식물의 혹에 의하여 둘러 싸인 경우로써, 그림 11.5a,b에서 보는 바와 같이 혹의 최외각층에 구멍(ostiole)을 갖고 있는 식물혹이 있거나, 그림 11. 5c에서 보는 바와 같이 cynipid 혹의 경우 어떠한 구멍(ostiole)이 없는 경우이다.
- **Filz galls**: 그림 11.5d에서 보는 바와 같이, 식물 혹의 최외각 층에 털이 많은 경우인데, 이러한 털은 식물의 상피세포가 과다 성장하여 형성된 것이다.
- **Roll and fold galls**: 곤충이 식물을 섭식함에 따른 상이한 성장을 한 결과 말리거나 혹은 꼬인 잎, 어린가지, 혹은 줄기가 부풀어 있는 경우이다. 이러한 형태의 혹은 진딧물에 의하여 형성된 많은 혹에서 볼 수 있다(그림 11e).
- **Pouch galls**: 식물 잎의 면에서 돌출되도록 발달하여 혹이 형성된 것이다. 한쪽 면에서 안쪽으로 함입되어 형성되어 있으며, 다른 한 면에는 현저하게 돌출된 혹의 모양을 갖고 있다. Psyllid gall에서 흔히 볼수 있다(그림 11.5.e).
- **Mark galls**: 곤충이 알을 줄기나 잎 안쪽에 산란한 결과 그 알에서 나온 유충의 발생과정 동안 완전히 혹에 의하여 둘러 쌓인 경우로써 sawfly gall에서 흔히 볼 수 있다(그림 11.5g).
- **Pit galls**: 약간 함입이 일어나 있으며, 때로는 곤충의 섭식으로 인하여 다소 부풀려 있는 경우이다.
- **Bud and rosette galls**: 다양한 복잡성을 갖고 있으며, 그러한 새싹의 비대성장을 유발하거나, 혹은 새싹의 복제 및 축소되는 경우로써 pine-cone-like gall을 형성한다.

곤충에 의해 만들어진 혹의 형성과정은 두 가지 뚜렷한 과정이 있다: (1) 초기화, (2) 추가성장과 혹의 모양을 유지하는 과정으로 나눌 수 있다. 일반적으로 혹은 반드시 활발

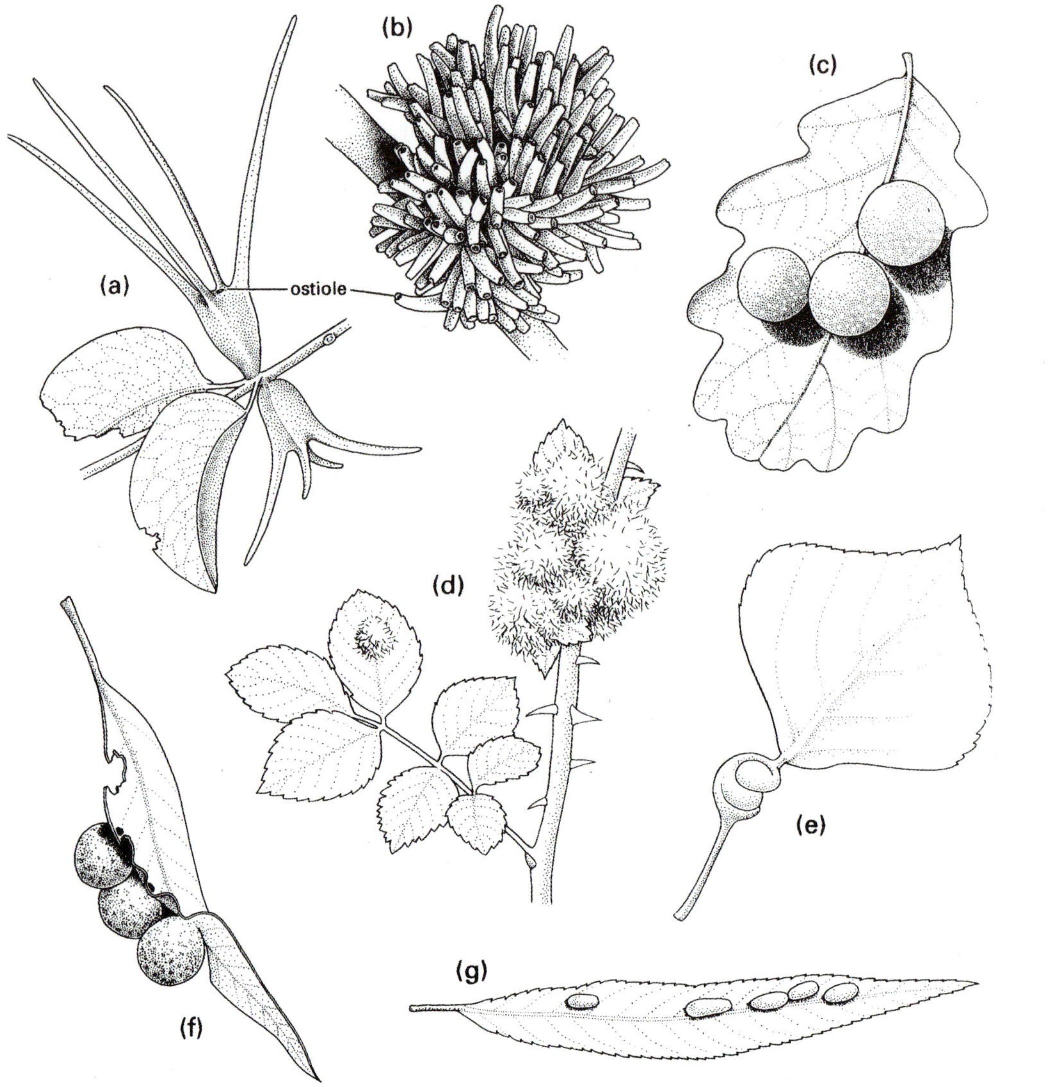

그림 11.5 곤충에 의하여 형성된 다양한 혹(gall): (a) 각각 Eucalyptus melliodora의 줄기 위에 있는 Apiomorpha munita(매미목: 주머니깍지벌레과)의 암컷에 의해 형성된 구형의 두 개의 혹; (b) E. melliodora 잎 표면에 A. munita의 수컷이 각각 들어있는 벌레혹의 무리; (c) Quercus 잎 표면에 Cynips quercusfolii(벌목: 혹벌과)에 의해 형성된 오크나무 벌레혹 세 개; (d) 장미위의 Diplolepis rosae(벌목: 혹벌과)에 의해 형성된 장미의 충영 벌레혹들; (e) 양버들(lombardy poplar)의 잎조각, Pemphigus spirothecae(노린재목: 진딧물과) 진딧물에 의한 벌레혹들; (f) eucalypt 잎 위 Glycaspis(노린재목: 나무이과)의 유충에 의해 형성된 나무이 벌레혹 3개; (g) Salix잎 위 Pontania proxima(벌목: 잎벌과) 잎벌의 버드나무 콩 벌레혹들. ((d-g) After Darlington 1975.)

하게 성장하는 식물 조직으로부터 발달하도록 자극을 받을 수 있다. 따라서 혹은 어린 새싹, 꽃잎, 줄기 그리고 매우 드문 경우인, 성숙된 식물조직에서 시작된다. 일부 복잡한 혹은 단지 비분화된 meristematic tissue에서 발달하여 곤충의 발달과 함께 뚜렷한 혹이 된다. 곤충에 의하여 유도된 혹(예; 곤충이 영양세포를 섭식하면서 형성된 혹)의 발달과 성장은 곤충이 식물세포를 지속적으로 자극함으로써 형성된다. 그 곤충이 죽거나 혹은 완전히 성숙하게 되면 그 혹의 성장은 멈추게 된다. 식물혹의 형성과정에서 식물 그 자체보다는 곤충이 섭식 활동을 통하여 혹 형성을

Box 11.2 포도뿌리혹벌레

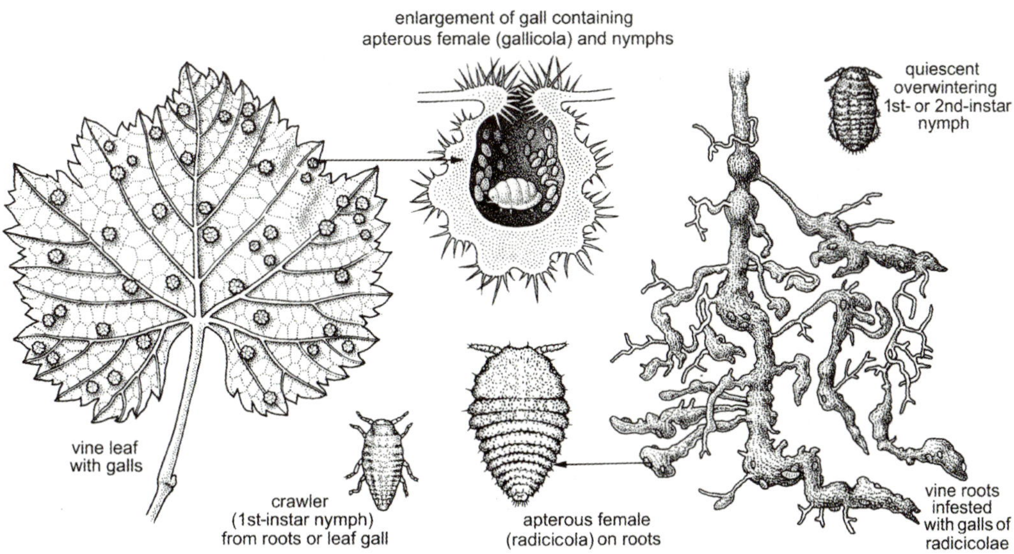

때로는 포도나무의 이(louse)라고 알려진, 포도나무 혹벌레는 복잡한 혹의 생활사의 한 예화로 활용되며, 숙주-식물 내성과 심지어 곤충의 이름을 명명하는 근거를 제시하여 준다. 포도 뿌리혹 벌레는 기주식물인 포도(Vitaceae: Vitis spp.) 나무가 분포되어있는 동북 아메리카와 멕시코를 포함한 남서 아메리카까지 온대-아열대 지역에 분포한다. 뿌리혹벌레의 생활사는 단일 숙주에서 이루어진다(단일 기주에 제한). 뿌리혹벌레는 자연 서식지에서 겨울을 난 알이 부화하면서 생활사가 시작된다. 부화 후에 포도나무의 껍질을 기어올라 잎으로 가서 **간모**(fundatrix) 형태의 1령 약충(crawler)이 된다. 그리고 작은 주머니 모양의 혹이 빠르게 분열하고 있는 식물의 분열조직에서 형성된다(as shown here, after several sources). 그 이후 많은 세대에 걸쳐 날개 없는(무시류) 뿌리혹벌레가 생산된다. 대부분은 **gallicolae**(잎혹형)이다. 이들 잎혹형의 뿌리혹벌레는 전세대의 부모가 형성한 혹을 계속 사용하거나, 또는 그들 자신의 혹을 유도하여 만든다. 무시충의 일부는 **radicicolae**(뿌리혹형)을 형성한다. 이들은 뿌리쪽으로 내려가 서식한다. 캘리포니아, 남아프리카, 오스트레일리아 같은 따뜻한 기후 지역은 뿌리혹벌레가 처음으로 생겨난 지역이다. 이러한 뿌리혹형 뿌리혹벌레는 겨울에도 포도잎이 잎혹형(gallicolae)과 함께 떨어질 때에도 살아남는다. 토양에서 뿌리혹형(radicicolae) 형태는 어린 뿌리의 subapicees에 마디가 많고 부푼 형태가 된다(삽화의 무성생식 생활사). 가을에는 뿌리혹벌레가 포도의 줄기에서 토양으로 날아가는 유성생식 단계의 생물형, **유시충**(sexuparae) 이 생겨난다. 포도나무줄기에서 유시충이 섭식을 하지 않는 **무시충**(sexuales)이 된다. 이들이 교미하고 각 암컷이 1개의 월동형 알을 낳는다. 진딧물과 기주의 자연적 범주 내에서, 식물들은 뿌리혹벌레로부터 적은 피해가 있음을 보여준다. 농사시기 말기에는 식물의 성장이 매우 제한되어 있음에도 불구하고, 식물의 분열조직에서는 날개형의 뿌리혹벌레가 폭발적으로 증가한다.

이와 같이 간단한(진디의 경우) 생활사는 자연적 서식 범주 외에 여러 가지 변형을 한다. 즉 지속적으로 유성생식과 단위생식 과정이 없어지는데 이는 전적으로 뿌리혹형(parthenogenetic radicicolae)의 단위생식과정 때문이다. 또한 뿌리혹벌레의 섭식으로 인하여 기주인 포도나무에는 매우 해로운 영향이 있다. 이것은 지중해와 중동의 토착형 포도나무인 Vitis vinifera가 기주일 때 주요 경제적 중요성이 있다. 19세기 중방 미국의 포도나무에 포도뿌리혹벌레가 유럽에서 수입되어 들어왔다. 이 유럽산 포도나무는 뿌리혹벌레에 내성이 없는 황폐화된 포도나무였다. 피해는 주로 흡즙 자체에 의한 것 보다는 뿌리혹형 뿌리혹벌레가 과도하게 감염되어 뿌리가 부패하여 발생하며, 그리고 일반적으로 기생으로 인한 혹 형성 단계는 없다. 1873년, Charles Valentine Rily가 뿌리혹벌레 해충의 천적인 Tyroglyphus phylloxerae 응애를 배로 미국 동부에서 프랑스까지 운반하였으며, 이는 천적을 이용하여 해충을 방제하기 위한 첫번째 시도였다. 그러나 최종적으로 방제는 북아메리카의 포도뿌리혹벌레에 내성을 가진 Vitis 종을 대목으로 유럽 포도나무 재배품종(cepages such as Cabernet, Pinot Noir, or Merlot)들을 접목하여 미리 개량된 다양한 범주의 품종을 사용함으로서 뿌리혹벌레로부터의 피해를 막는데 성공할 수 있었다. 일부 Vitis 종의 포도나무들은 뿌리혹벌레가 가해하지 못한다. 그리고 다른 경우에는 막대한 가해가 시작된다. 그리고 그러한 엄청난 가해도 다소 허용을 하거나, 혹은 기주식물인 포도나무에 의하여 거부된다. 내성(16.6절)은 주로 식물이 자연적으로 생산한 석탄산(phenolics)로부터 유래한 억제 복합 물질의 생산 속도에 의하여 결정된다. 석탄산은 각기 발달된 괴경모양(tuberose)의 혹에서 분리 될 수 있다. 최근, 일부 포도뿌리혹벌레의 유전자형은 어느정도 갖고 있는 뿌리줄기의 내성으로부터 피하고, 뿌리혹벌레가 내성을 보인 포도나무에서 재발생하는 것으로 생각된다.

포도뿌리혹벌레의 학명의 역사는 거의 생활사만큼 복잡하다. 뿌리혹벌레는 현재 단지 *Phylloxeridae*과를 뜻하며, Phylloxera 종은 주로 Juglans(walnuts)과 Carya(pecans)과 그와 유사종을 말한다. 포도뿌리혹벌레는 *Phylloxera vitifoliae*과 *Viteus vitifoliae*(유럽에서는 그와 같은 이름으로 알려졌다)로 알려져 있다. 그러나 만약 하나의 속이 분리될 수 있다는 보장이 주어 진다면, 반드시 *Daktulosphaira* 속이 분리되어야 한다고 점차 인정하고 있다. 단일종의 뿌리혹벌레(*D. vitifolae*)가 서로 다른 기주식물 종과 품종에 따라서 매우 다양한 행동습성이 존재하는지는 아직 밝혀지지 않은 미결의 문제이다. 분명히 숙주의 다양한 반응과 숙주의 내성에는 넓은 지역적 변이가 있다. 그러나 지금까지는 형태학적, 분자생물학적, 행동학적 형질은 지금까지 보고된 *D. vitifiliae*의 생물형(biotype)의 어떠한 것과도 상관관계가 전혀 없다.

다양하게 조절하는 것으로 생각된다.

곤충의 섭식방식은 곤충 분류군에 따라 곤충의 입모양이 근본적인 차이를 보여 준다. 혹을 형성하는 딱정벌레, 나방, 말벌의 유충은 물거나 씹을 수 있는 구기를 가지고 있고, 유충상태에서 혹을 만드는 모기/깔따구와 나비진디, 구균, 나무이류(psyllids) 그리고 총채벌레는 찌르고 흡입할 수 있는 구기를 가지고 있다. 유충시기의 혹파리(gall midges)는 퇴화한 구기가 있고 대부분의 영양분은 흡입관을 통해 흡수한다. 따라서 이와 같이 다른 곤충들은 다양한 방법으로 식물세포에 물리적 손상을 주며, 화학물질(혹은 유전물질, 아래 참조)을 공급을 한다.

곤충에 의한 식물의 혹을 무엇이 유도하고 성장하도록 하는 지는 거의 아는 바가 없다. 식물에 난 상처와 식물호르몬(cytokine)이 "비결정화된 혹, indeterminate gall)에 중요한 역할을 하는 것 같으나, 그러한 자극은 아마도 매우 복잡한 신호을 받아 "결정화된 혹, determinate gall"을 형성하는 것으로 생각된다. 곤충의 입에서 분비된 물질과 배설물과 보조분비 기관에서 분비된 물질이 다양한 곤충-식물 상호작용에 중요하게 작용한 결과 "결정화된 혹" 형성을 유발하는 것으로 생각된다. 가장 잘 연구된 화합물은 노린재목 곤충의 타액 분비물이다.

아미노산, 옥신(그리고 다른 식물성장조절인자), 페놀화합물, 그리고 페놀옥시데이즈와 같은 침샘의 타액성분은 다양한 농도로 존재하는데, 이들 물질이 식물의 혹 형성의 초기 시작과정과 성장에 관여하거나, 식물의 방어적 괴사 반응을 극복하는데 중요한 역할을 할 것으로 생각된다. 옥신과 사이토신과 같은 식물 호르몬은 혹 형성에 관여하는 것이 틀림없지만, 이러한 식물 호른몬이 곤충에 의하여 생산되는지 분명치 않으며, 식물의 혹 형성을 유도하는지도 명확하지 않다. 주머니깍지벌레(eriococcoid)와 혹벌(cynipids)에 의하여 형성된 복잡한 혹은, 곤충에서 식물로 전이된 반독립적인 유전물질(예; 바이러스, 플라스미드, 혹은 트랜스포손)에 의하여 식물세포의 발달과정의 방향이 바뀌게 될 수 도 있을 것으로 생각된다. 따라서, 그와 같은 식물 혹의 초기 형성과정은 마치 일부 말벌이 기주 곤충에 기생할 때와 같이, 곤충이 DNA와 RNA을 제공하는 donor역할을 할 것으로 생각한다. 불행하게도, 혹에 대한 해부학적 및 생물학적 연구와 비교하여 볼때, 혹에 대한 유전학적연구는 매우 미흡한 초기상태이다.

혹을 유도하는 습성은 식물에 굴을 파는 과정에서 진화하였거나, 식물에 구멍을 파는 천공과정(특히 나비목, 벌목, 그리고 일부 파리목의 경우), 또는 표면에 정착하여 섭식(노린재목, 털날개목, 혹파리목의 경우)하는 행위과정에서 진화하였을 것으로 생각된다. 이러한 현상은 식물이 곤충 공격에 방어적인 반응으로 보기 보다는 오히려 곤충에게는 유용한 일로 보여진다. 식물에 혹을 유발하는 모든 곤충은 식물 혹의 조직에서 먹이를 얻으며, 또한 천적과 온도나 습도 조건이 열악한 환경 조건으로부터 자신을 보호하는 은신처로 활용한다. 그와 같은 환경요인이 혹을 만드는 습성의 기원에 중요한 영향을 주었다고 명확히 규명하기는 어렵다. 그 이유는 현존하는 식물의 혹이 주는 장점은 혹이 초기 진화과정에서 있었던 장점과 차이가 있을 수 있기 때문이다. 명확하게, 말벌과 파리에 의하여 형성된 혹의 내부공간에는 혹이 형성되지 않은 식물세포에 비해서 보다 높은 당분, 단백질 그리고 지방질 집합체를 함유하고 있다.

따라서 정상 식물조직보다 식물의 혹 상태에서 섭식을 할 때 얻을 수 있는 한 가지 장점은 혹 안에 양질의 먹이원이 있다는 점이다. 게다가, 진딧물, 나무이 그리고 공모양과 같이 잎 표면에 정착하여 먹이를 섭식하는 곤충에게, 식물의 혹은 보통 식물의 표면보다 훨신 더 보호 받을 수 있는 미소 환경을 제공하여 준다, 일부 식물혹(cecidozoa)은 일부 포식성 기생생물(예; 말벌)과 포식성 곤충으로부터 "도망"갈 수 있는데 이는 특히 벽이 두껍게 목질화되어 혹을 침투할 수 없기 때문이다.

그러나 혹에 살고 있는 곤충을 섭식하는 다른 천적은 특별히 분화되어 있다. 그래서 때로는 그러한 혹에 처음부터 살아온 곤충이 무엇인지 구분하기 어렵다. 놀랍게도 일부 식물의 혹은 다양한 곤충들이 그러한 혹의 유발원이라기 보다는 매우 복잡한 곤충종이 군집을 이룬 연합체로 서로 연결되어 있다는 점이다. 이러한 다른 종의 곤충은 혹유발자(gall former)의 포식 기생자이거나(숙주를 사멸시키는 기생충), 혹은 식물 혹의 조직으로부터 영양분을 얻는 공생동물(혹을 유발하는 곤충의 "손님")로 생각된다. 이러한 경우에 혹의 공생동물이 자신의 서식처인 혹에서 그 혹이 비정상적인 성장을 통하여 초기부터 살던 곤충이 사멸되는 원인이 된다. 그 결과 혹의 유발곤충이 살던 그 공간이 없어지거나, 또는 그 혹에서 성충으로 우화되는 것을 억제 할 수 있다. 만약 두 종의 곤충이 단일 혹 또는 단일종류의 혹에 있다면, 이들 곤충 중 하나는 포식기생자, 공생동물이거나, 아니면 둘다가 된다. 이 경우는 중복기생(hyperparasitism)인 경우인데, 중복기생이란 포식기생자 자신이 또 기생을 당하는 경우를 말한다(13.31절).

11.2.5 열매 포식

식물 종자는 주로 다른 조직들보다 많은 양분을 함유하고 있어, 어린 묘목의 성장을 돕는다. 열매만 먹는 협식성 곤충은 그와 같은 영양분을 이용한다. 열매만을 섭식하는 대표적 곤충은 많은 딱정벌레(아래참조), 열매를 지하 곡물창고에 저장하는 추수개미(harvest ant)(messor, monomorium, and pheidole), 발육중이거나 성숙한 열매에서 영양분을 흡수하는 벌레(많은 허리노린재과, 노린재과, 별노린재과, 그리고 잿반연잎성게과), 그리고 일부 나방(예; 뿔나방과와 원뿔나방과)를 들 수 있다.

추수개미는 생태학적으로 중대한 종자 약탈자이다. 이러한 개미는 전 세계의 여러 사막과 건조한 목초지의 있는 바이오메스와 콜로니수를 보았을 때 지배적인 역할을 하는 곤충이다. 보통, 이들 개미는 높은 다형성을 보인다. 특히 몸집이 큰 개미는 튼튼한 턱을 갖고 있어 열매에 금을 가도록 할 수 있는 능력이 있다. 파괴되어 조각난 열매는 유충이 먹지만, 아마도 수확된 많은 종자들은 여러 가게에서 곤충에 의하여 파괴되지 않거나, 또는 개미집에서 빨리 발아함으로써 보호된다. 그래서 절대적으로 해로울 것으로 생각되는, 개미에 의해 수확된 열매는 개미가 멀리 그 종자를 분산시켜 준다는 점에서 식물에게 혜택을 줄 수 있으며, 또한 영양분을 새싹묘목에 제공함으로써 또 다른 유익함을 준다.

일단의 딱정벌레(특히 바구미과 그리고 bruchine 잎벌레과)는 각각의 열매 내부에서 성장하거나, 한 종류 과일의 여러 개의 열매를 소비한다. 일부 bruchine 열매를 섭식하는 딱정벌레들, 특히 완두와 콩과 같은 콩과 먹이식물을 공격하는 딱정벌레들은 심각한 해충이다. 건조한 열매를 섭식하는 해충은 콩 종류와 곡물과 같은 저장곡물의 해충이 되기 위하여 사전에 이미 적응이 된다. 딱정벌레 성충은 일반적으로 발달하고 있는 씨방, 종자 또는 과일 위에 산란한다. 알에서 부화한 일부 유충은 과일과 열매의 벽 또는 껍질을 통하여 파고들어간다. 그 유충은 열매 안에서 성장하여 번데기가 되면서 열매를 가해한다. 성공적인 발달은 보통 종자 성숙의 마지막 단계에서만 일어난다. 그래도, 그러한 유충을 위한 "기회의 창문"이 있는 것 같다; 성숙한 열매는 열매 표피를 침투할 수 없다. 그러나 어린 종자를 공격한다면 식물은 감염된 종자나, 심지어 감염되지 않은 좋은 열매조차도 또는 많은 정성을 드리지 않았다면 외피도 발육부전/퇴화 시켜 없애 버린다.

일반적으로 열매에 서식하는 딱정벌레에게 발달하지 못하거나 퇴화한 열매와 땅에 떨어진 열매(성숙하거나 혹은 아니거나)는 식물에 매달려 있는 열매보다 덜 매력적이다. 그러나 저장곡물해충은 떨어진(추수된 것과 저장된 것)열매 안에서 잘 성장한다. 곡물창고에 서식하는 바구미(*Sitophllus granarius*)의 유충(Box 11.10)과 쌀바구미(S.oryzae)는 옥수수, 밀, 쌀 그리고 다른 식물의 건조곡물 안에서 성장한다.

열매 포식에 대한 식물방어는 보호성이 있는 열매표피나 독극화합물(alleochemiacls), 혹은 둘 다 제공함으로써 이루어진다. 또 다른 전략은 단일종의 식물에서 엄청나게 많은 열매를 동일하게 생산하는 것이다. 이는 보통 장기간의 시간차를 두고 이루어진다. 열매 포식자는 열매가 과잉공급되거나 또는 열매가 부족한 기간에 맞추어 그들의 생활사를 형성 할 수 없다. 또는 너무 많은 열매가 생산될 때 이를 모두 소비할 수 없을 때도 있다.

11.2.6 곤충이용 잡초방제

잡초는 단순히 말해 원치 않는 곳에 성장하는 식물이다. 일부 잡초의 종은 경제적으로나 생태적으로 큰 문제가 되지 않는다. 반면에 다른 종의 잡초가 있게 되면 농작물에 큰 피해를 주게 되며, 자연 상태에 치명적 영향을 준다. 대부분의 식물은 이들이 원래 분포하고 서식지 외 장소에 있을 때 잡초가 된다. 이들 잡초는 보통 천적이 없고 적절한 기후와 토양적 조건하에서 잘 성장해 생존한다. 때로는 외래식물이 잡초가 된다. 이 잡초의 근처지역에서 유래한 기주특이적 식식성곤충을 도입하여 이 잡초를 방제할 수 있다. 이것이 전통적인 잡초의 생물학적 방제, 천적인 해충의 방제와 유사하다(16.5절에서 자세히 설명됨). 또 다른 형태의 생물학적 방제인 증강(Augmentation)은(16.5절) 잡초의 천적 수를 증가시키는 것이다. 그래서 대량 사육하여 엄청나게 방출을 해야 한다. 이러한 방법의 잡초 방제는 대부분의 곤충-식물 체제에 효율적이지 못하다. 도입되거나 증강된 잡초의 천적인 곤충으로부터 받은 식물 조직의 피해는 제한되거나, 또는 식물 성장을 억제할 수 있으며(Box 11.3에서 토론된 잡초 참조) 또한 생식저해와 생식감소가 생기거나 그 환경에 있는 다른 식물에 비해 잡초의 생존 경쟁력이 약화된다.

전통적 생물학적 방제 프로그램은 일련의 단계가 있다. 이 단계에는 생물학적 혹은 사회경제적 고려를 한다. 각 단계의 프로그램은 잡초, 그 식물과 공통의 계통을 가진 식물, 그리고 알려진 모든 천적, 현재 확보된 모든 정보를 종합적으로 검토한다. 이러한 과정은 문제의 잡초에 대한 피해 현황, 잠재적 잡초의 곤충 천적을 채집하여, 대량사육하고, 천적 활용도를 분석하기 위하거나 전략을 수립하는 기초가 된다. 그 다음, 규제 당국이 잡초 방제를 시도할지에 대한 제안서를 인준해야 한다. 외국과 국내 지역을 조사하여 국내 자생종이나 외국종 천적 곤충에 의한 잡초 방제를 할 수 있는 잠재적 천적을 결정해야 한다. 잡초생태는 특별히 잡초의 천적과 관련되어 그 자연 서식범위가 어디까지인지 반드시 연구되어야 한다. 잡초의 잠재적인 천적(곤충)이 기주식물에 대한 특이성에 대하여 도입국과 수입국에서 반드시 검증되어야 하며, 검역과정이 이루어져야 한다. 이러한 테스트 결과는 검역 국이 그러한 잡초에 대한 천적 곤충을 수입한 이후 자연에 방출할 것인지 아닌지, 또는 추가적으로 검증 실험을 해야 할지 여부를 승인을 해야 할지, 혹은 도입을 거부할지 여부를 결정할 것이다. 국내로 잡초의 천적곤충을 도입한 후에, 일정 기간 동안 분리된 장소에서 검역과정을 거쳐서 수입 질병이나 포식성 기생충을 제거한 다음, 대량 사육하여 천적 곤충을 방출한다. 잡초의 천적곤충 방사는 검역당국의 승인 절차를 거쳐서 이루어진다. 방사한 이후, 잡초 천적곤충이 잡초에 잘 정착하는지의 여부, 확산하는지의 여부, 그리고 천적이 잡초에 주는 영향에 대하여 반드시 조사해야한다. 만약 잡초 방제가 천적곤충을 최초로 방사한 지역에서 이루어지면, 그 잡초의 천적 곤충의 확산을 위하여 사람이 직접적으로 그 천적곤충을 다른 지역으로 분산해 주어야한다.

매우 신중하게 외래종의 잡초를 방제하기 위하여 잡초의 천적 곤충을 도입하여 커다란 성공을 한 사례들이 있다. 두 가지 성공사례로써 물 잡초 생이가래(salvinia)의 방제는 "생이가래바구미" 곤충을 이용하며, 가시많은 배선인장(*Opuntia species*)의 방제는 선인장 나방(*Cactoblastis*) 유충을 이용하여 수행한다. 그러나 전반적으로 잡초의 생물적방제가 성공할수 있는 가능성은 높지 않고(그림 11.6), 다양한 다른 환경에 따라서 종종 예측 불가능하게 다양한 결과를 준다. 더욱이, 한 지역에서 잡초 방제에 적절하며, 성공할 가능성이 높은 생물적 방제 체제도 다른 지역에서는 잠재적으로 치명적일 수 있다. 예를 들면, 토착종 선인장 나방(*Cactoblastis*)이 없는 호주에서 안전하게 효과적으로 사용한 결과 광대하게 감염된 선인장(*Opuntia cactus*)을 거의 완전히 제거하였다. 그러나 이러한 나방 역시 서인도에 도입되었고, 이곳에서 펴져 Cuba와 Florida로 확산되었다. 이들 두 지역에서 토착 선인종을 멸종할 가능성이 증가하였고, 북아메리카(그리고 멕시코)의 독특한 선인장 중심으로 생태계를 위협하고 있다.

일반적으로 경작되지 않은 지역에서 다년생 잡초들은 고전적인 생물적 방제법이 매우 효과적이다. 장수하는 식물들은 자원으로 사용될 것으로 생각되며 일반적으로 기

Box 11.3 생이가래속과 식식성 바구미

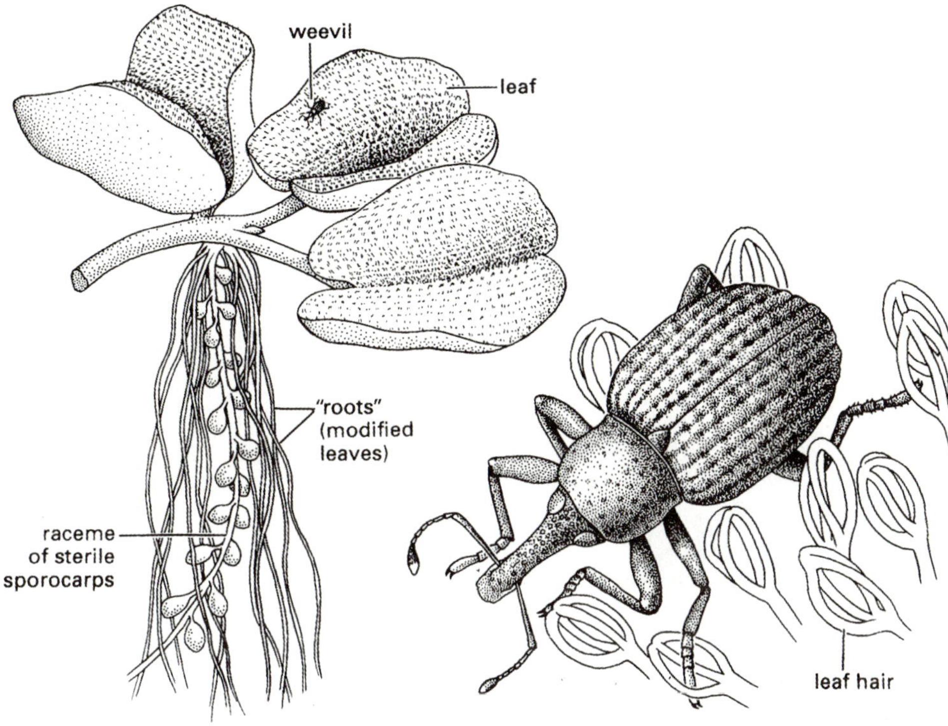

생이가래(Salviniaceae: *Salvinia molesta*)(illustrated here, after Sainty & Jacobs, 1981)는 물에 떠다니는 양치류 생이가래과의 부유성 고사리로서 1939년부터 다수의 열대지방과 아열대지방에 위치한 호수, 강 그리고 운하로 인간에 의해 퍼져나갔다. 생이가래 군집들은 뿌리와 줄기가 수평적으로 뻗어나가 무성적으로 번식한 개체군(ramet, 복제의 기본 단위)으로 구성되어 있다. 생이가래는 따뜻한 기온과 풍부한 질소가 있는 물을 선호한다. 무성번식을 위한 적당한 조건과 외래 천적이 없는 상태에서, 생이가래는 담수에서 매우 빠르게 군집화를 형성한다. 생이가래의 두꺼운 매트는 완벽하게 수로들을 막고, 물의 흐름 막으며, 운송, 관개 수로, 그리고 식량(생선, 쌀, sago palms 등)에 의존하는 사람들의 생계를 막는 이유로 생이가래는 매우 심각한 잡초로 취급되기 시작하였다. 생이가래의 문제는 파푸아 뉴기니아(Papua New Guinea)에 세픽 강(Sepik River) 을 포함한 아프리카, 인도, 동남아시아, 오스트레일리아의 여러 지역에서 특히 심각하다. 고비용을 들여 재래식 작업과 기계를 이용하여 물리적으로 잡초를 제어하는 방법과 제초제를 활용한 생이가래 방제에 실패하여, 약 2000 km^{2}에 달하는 호수가 1980년대 초에 발생한 이 외래종 식물(생이가래)에 의해 덮이게 되었다. 생물학적 방제의 가능성은 1960 년대에 인식되었다. 비록 1980년대까지는 생물학적 방제 방법의 사용이 매우 저조하였으나, 생물학적 방제가 시도된 대부분의 지역에서 눈에 띄는 성공들이 나타났다. 생이가래로 덮여 숨막히던 호수와 강들은 다시 물의 표면이 열리게 되었다.

생이가래의 극적인 방제를 한 이 식식성 곤충은 *Cyrtobagous salviniа*라고 불리는 2 mm 크기의 작은 바구미(바구미과, Curculionidae)이다(확대 그림, Calder & Sands 1985). 성충 바구미들은 생이가래 싹들을 먹고 산다. 이에 반해 유충들은 싹과 뿌리줄기속과 뿌리외부에서 서식한다. 바구미들은 기주 특이적이고, 생이가래를 매우 잘 찾아내는 능력을 가지고 있으며, 고밀도의 개체수로 종간 간섭에 의해 자극된 이주 행동 없이 살아갈 수 있다. 이러한 바구미의 특징들 때문에 바구미들이 생이가래를 효과적으로 방제하게 된다.

초기에는 생이가래의 생물학적 방제를 실패하였다. 이유는 생이가래 잡초와 바구미의 분류학적 혼돈 때문이었다. 1972년도 이전 시기에는 생이가래가 *Salvinia auriculata*라고 분류하였고, 남아메리카 종이며, *Cyrtobagous singularis* 바구미의 기주 식물인 것으로 생각하였다. 심지어 그 잡초가 *Salvinia molesta*으로 정확히 동정이 되었지만, 1978년이 되어서 S. molesta의 자생지(자연적인 범위)가 브라질의 남동부 지역으로 발견되었다. 브라질 남동부에서 *Salvinia molesta*을 섭식하는 C. salvinia 바구미들이 *S. auriculata*를 섭식하는 종인 *C. singularis*와 같은 종이라고 믿었다. 하지만 예비 시험과 생이가래(*S. molesta*)를 성공적으로 방제할 수 있다는 것을 확인한 후, 생이가래(*S. molesta*)만을 특별하게 인식하는 이 바구미를 과학계에서는 새로운 종으로서 *C. Salviniae*라고 이름 붙였다.

아프리카, 아시아, 태평양 연안과 다른 따뜻한 지역들에 사는 사람에게 방제의 이익은 경제적 관점에서 든지, 혹은 사람의 건강과 사회기반 관점에서도 상당하다. 예를 들어 파푸아 뉴기니아에 있는 마을들은 생이가래 확산으로 인해 버려졌으나 성공적인 방제로 마을을 되찾게 되었다. 이와 마찬가지로, 생이가래가 번성할 경우 다양한 생명체가 서식하는 수중생태계에 생이가래 단일종의 잡초만이 방대하게 서식하게 되어 수중생태계의 질을 축소시킬수 있기 때문에, 생이가래잡초의 대발생을 제어함으로서 발생되는 환경적인 이익은 매우 크다. 현재 특히 미국 남동부에 위치한 주에서 생이가래잡초(*S. molesta*)는 1990년대에 수족관과 조경 무역을 통해서 도입된 지역에서는 이 바구미(*C. salvainiae*)를 이용하여 생이가래잡초를 방제하는데 사용함으로서 미국의 수중 생태계를 보전하는데 큰 유익을 주고 있다

생이가래에 대한 방제의 경제성은 스리랑카에서만 연구 되었다. 이 연구에서 투자비용 대 이익발생을 분석한 결과, 투자금에 대해 현금대비 53:1 그리고 노동 시간 대비 1678 : 1 비로 엄청난 효과가 나타났다. 생태학적 연구를 위한 책임을 맡은 이 연구팀은 생이가래의 생물학적 방제를 이끌었고 1985년에 유네스코 과학 상(UNESCO Science Prize)을 수상하게 되었다. 분류학자들은 생이가래들과 바구미들의 진정한 정체를 밝힘으로써 본질적인 기여를 했다.

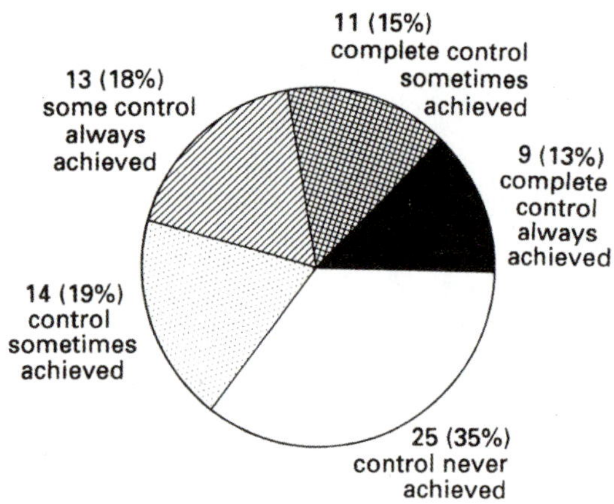

그림 11.6 원형차트는 잡초의 생물학적 제어 목적으로 왜래 유입 식물을 섭식하는 곤충을 방사함으로 얻을 수 있는 결과를 보여주고 있음. 본 실험결과는 72종의 잡초를 사용하였으며, 잡초방제용 곤충을 도입하고, 방제효과를 허용하도록 장기간 정착시킴으로 얻은 결과이다. (1992년 후 Sheppard; 1992년부터 Julien 자료를 바탕으로)

주 특이적인 천적과 관련되어 있다. 그러나 토지의 경작은 이러한 천적 곤충 밀도를 파괴할수 있다. 대조적으로, 잡초에 대한 곤충 천적의 증가는 경적된 땅에 서식하는 일년생 잡초에 가장 적절하다. 그와 같이 경작된 토지에는 대량 사육된 천적곤충을 방사하여 성장기 계절의 초기 시점에 그 잡초를 방제할 수 있다. 가끔 변동되기 쉬우며, 유전적으로 이종교배된 잡초의 방제는 어렵다고 알려져 있다. 그리고 잡초와 "새롭게 연관을 갖게된(진화학적 관점에서)" 곤충 천적은 보다 큰 방제성공 가능성이 있다. 이유는 그들 곤충 천적이 잡초에 감염되어 엄청난 피해를 줄 수 있기 때문이다. 그러나 어떠한 방제 평가 방법이 가능한지 조사한 연구법은 제한되어 있다. 잡초 방제에 있어서 변이가 있거나 또는 실패하는 이유는 다양하다. 현재, 잡초나, 식식성 곤충 생태 그리고/혹은 곤충행동학 관점에서 잡초방제의 성공과 실패에 대한 예측은 만족스럽지 못하다. 식물, 곤충, 그리고 환경적 요인의 상호작용은 복잡하며, 각각의 경우마다 특이적일 것으로 생각된다.

전통적인 생물적 방제 프로그램의 성공 가능성이 불확실하다는 점 이외에도, 일부 잡초 방제법은 잠재적으로 이해관계가 상충될 수 있다. 종종 모든 이들이 목표하는 특정 잡초를 잡초라고 생각하지 않는 경우도 있다. 예를 들어, 호주에서는 호주에 도입된 두해살이풀(*Echium plantagineum*)은 농업 장해를 주는 잡초라고 생각한 사람은 "패터슨의 저주"라고 불렀다. 반면에, 몇몇 목축업자는 가축에게 그 두해살이풀이 먹이원이 된다는 점에서, 또한 벌에게 밀원을 제공한다는 관점에서 중요한 자원으로 인식한 양봉가에 의해 "구원자 제인(Salvation Jane)"라고도 불리웠다. 두 번째 유형의 문제점은 잡초들을 섭식하는 식식성 곤충이 잡초만을 섭식하는 단식성이 아니고 잡식성일 경우, 문제가 되는 잡초 이외에 다른 몇가지의 식물(종)들을 섭식한다는 것이다. 이러한 경우, 엄격히 기주식물 비특이적으로 천적곤충을 도입하는 일은 제안된 지역 내에 도입된 잡초 방제용 천적이 유익하거나 토착 식물에게 위험성을 줄 수 있다. 예컨대, 두해살이(*E. plantagineum*) 잡초를 방제하기 위하여 방제용 천적곤충을 호주에 도입해 온 곤충 중 일부 곤충은 다른 지치과류 식물을 섭식하였다. 그와 같이 원치 않는 식물에 피해를 주는 위험성은 잡초의 생

물적 방제를 위하여 외래곤충을 방출하기 전에 반드시 신중하게 평가되어야 한다. 일부 도입된 식식성 곤충은 이들의 새로운 서식지에서 해충이 될 수도 있다.

11.3 곤충과 식물생식 생물학

곤충은 식물과 밀접하게 관련되어 있다. 농업종사자, 원예종사자, 정원사들은 곤충이 작물에 피해를 주고 병을 전파한다고 알고 있다. 그러나 일부 곤충들은 많은 식물들에 매우 중요한 역할을 한다. 이는 곤충이 화분매개자로 활동함으로써 식물의 생산을 돕고 있으며, 식물의 씨를 분산시킴으로써 식물을 확산시키기 때문이다.

11.3.1 수분

식물의 유성생식은 수분과정이 포함된다. 수분과정은 꽃에서 수술의 꽃밥(anthers)에 있는 화분(수술의 생식세포를 보호하는 껍질)이 암술머리에 전달되는 것을 뜻한다. 화분관은 암술머리에서 암술대로 내려가 씨방(ovary)의 난세포(ovule)까지 신장하여 씨방에서 수정한다. 일반적으로 화분은 동물이나 바람에 의해 전파된다. 한 식물 내(같은 꽃이거나 다른 꽃)에서 자신의 꽃밥을 암술머리에 전파하여 수분하는 것(자가수분)과 같은 종내에서 서로 다른 식물의 꽃들 사이(다른 유전형을 가진)에 꽃밥이 암술머리에 전파되어 수분되는 것(타가수분)이 있다. 동물 중 특히 다양한 곤충들은 꽃이 피는 대부분의 식물을 수분시킨다. 그러한 속씨식물(angiosperms)이 성공하게 된 이유는 위와 같이 곤충과 식물이 상호작용을 함으로써 가능하게 되었다고 주장되어졌다. 곤충에 의한 수분(충매, **entomophily**)은 바람에 의한 수정에 비하여 다음과 같은 장점이 있다.

- 화분의 낭비를 감소시키며 수분의 효율성이 높은점
- 바람에 의한 수분이 일어나기 부적합한 상태 하에서 성공적으로 화분매개가 가능한 점
- 특정지역(심지어 매우 희귀한 식물조차도 곤충에 의하여 동종의 화분을 받아 수분이 가능함)에서 식물 종의 수를 최대화 할 수 있다는 점. 자가수분도 또한 이러한 장점 중의 일부를 갖을 수 있다. 그러나 계속된 근친교배(자가수분)가 해로운 형질의 동질접합체(homozygosity)를 유발하며, 수정결과가 우성의 형질을 나오게 하는 메커니즘은 아니다.

일반적으로 화분매개곤충은 식물에게 유익하다. 이 화분 매개충은 하나 또는 일부 식물 종의 꽃에만 충실히 수분시켜주는 선택적 방문자로 역할을 한다. 이와 같이 특정 꽃만을 수정시키는 화분매개충의 지속성(Pollinator constancy)은 작은 식물집단을 격리할 수 있는데, 가장 종분화가 잘 일어난 관다발식물과인 난초과(Orchidaceae)에서 매우 보편화된 현상이다.

꽃을 선호하는(flower-frequenting) 호화성곤충의 분류군은 딱정벌레(딱정벌레목), 파리(파리목), 말벌, 벌, 개미, 총채벌레(털날개목), 나비와 나방(나비목)이 있다. 이러한 곤충들은 본래 화밀, 화분을 얻기 위하여 찾아온다. 화밀은 특히 포도당, 과당, 자당을 함유한 설탕물로 이루어져 있다. 화분은 당, 녹말, 지방, 미량의 비타민과 무기질이 함유된 높은 단백질원이다. 일부 특이한 경우, 수컷 벌(목)들이 화분이나 화밀에 의해서 유인되는 것이 아니라 모양이나 색깔, 냄새가 일부 난초 꽃들과 벌목의 같은 종 암컷과 닮은 것에 의해 유인된다(14쪽 plate 4.4 참조). 암컷을 가장한 꽃에 교미를 시도하려고(의사교접, **pseudocopulate**)(plate 4.5 참조) 벌이 먼저 의사 교접하는 동안에 몸에 붙은 화분에 의해서 난 꽃이 수분된다. 의사교접 수분은 Australian thynnine wasps(굼벵이벌과)에 의해 대부분 발생하나 일부 다른 말벌 집단과 일부 꿀벌 종들, 드물게 개미에서도 일어난다.

Cantharophily(딱정벌레에 의한 수분)은 화분매개 곤충의 오래된 형태일 것이다. 딱정벌레에 의해 수분된 꽃은 하얀색이거나 분명치 않은 색을 띄며, 강한 향기, 규칙적인 사발 모양 또는 그릇 모양을 하고 있다(그림 11.7). 비록 영양 조직이나 쉽게 접근 가능한 화밀을 이용할 수 있을 지라도, 딱정벌레들은 대부분 화분을 얻기 위하여 꽃을 찾아간다. 그리고 식물의 씨방은 대개 화분매개충의 입으로 물어뜯는 행동으로부터 잘 보호되어있다. 주요 딱정벌레과는 일반적으로 혹은 절대적으로 꽃만을 좋아하는 종들인 비단벌레과(보석딱정벌레; 그림 11.7b), 병대벌레과(Cantharidae, 병정딱정벌레), 하늘소과(하늘소), 개미붙이과(개미붙이과, 개미붙이), 수시렁이과, 홍반디과(net-winged beetles), 의병벌레과(soft-winged flower beetles), 꽃벼룩과(Mordellidae, tumbling flower beetles), 밑빠진벌레과(sap beetles), 소똥구리과(scarabs)가 이에 속한다.

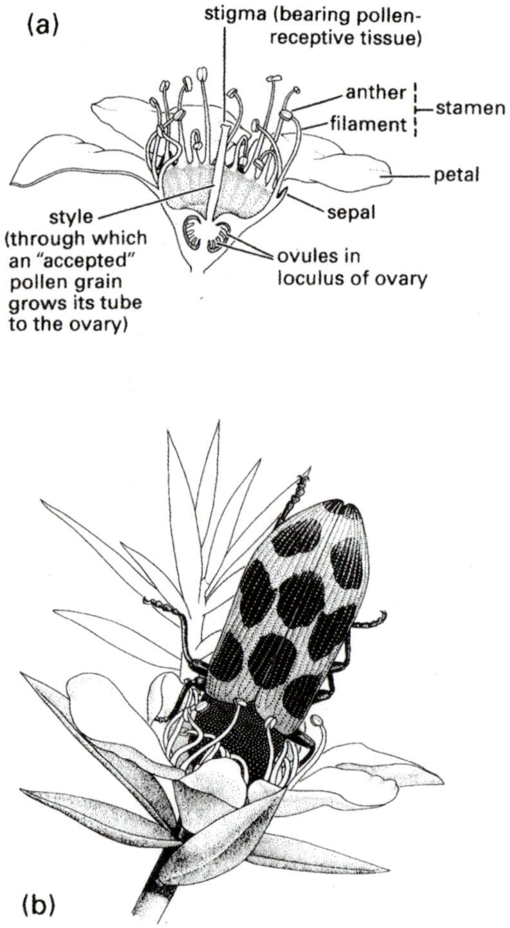

그림 11.7 번차나무 꽃의 해부학적구조 그리고 수분: (a) 꽃의 각 부위를 보여주는 도해; (b) 보석 딱정벌레(딱정벌레목: 비단벌레과)가 꽃으로부터 섭식하는 장면.

Myophily(파리에 의한 수분)은, 비록 꽃등에(떠돌이파리, 꽃등에과)는 화밀보다 화분을 주로 먹지만, 화밀을 얻기 위하여 꽃을 찾았을 때 파리에 의한 수분이 일어난다(plate 4.6절 참조). 파리에 의하여 수분된 꽃은 다른 충매화보다 눈에 띄지 않지만 아마도 매우 강한 냄새를 가지고 있거나 때로는 악취를 풍기는 경향이 있다. 파리는 대개 다양한 먹이 공급원을 이용한다. 그러나 파리에 의하여 화분을 매개하는 식물들이 다양하다는 것과 일년 내내 이러한 일부 파리의 존재는 많은 식물의 화분을 매개해 주는 곤충으로 의미가 있다. 파리목의 두 가지 구릅은 모두 꽃을 좋아하는 종이다. 모기아목(Nematocera)중 모기와 털파리류(bibionids) 곤충은 빈번하게 꽃을 찾는 곤충이다. 그리고 주로 Forcipomyia 종(등에모기과, Ceratopogonidae)의 포식성 날벌레(midge)들은 코코아 꽃의 필수 화분매개 곤충이다. 화분 매개자들은 세모잎벌(Brachycera)에서 다수로 존재한다. 세모잎벌의 최소 30개과가 꽃을 좋아하는 종이다. 주요 화분매개곤충 분류군은 재니등에과(Bombyliidae)(벌파리), 꽃등에과(Syrphidae)와 Muscoid과이다.

상당히 많은 벌목(Hymenoptera)의 대다수는 화밀을 위해 꽃을 찾아간다. 대부분의 말벌(꿀벌과 개미)을 포함한 벌아목(Apocrita)은 잎벌아목(Symphyta)의 잎벌보다 더욱 중요하다. 많은 화분매개 곤충은 맵시벌상과(Ichneu-monoidea)와 말벌상과(Vespoidea)에서 발견된다. 무화과말벌(Chalcidoidea: Agapmodae)은 수백종의 무화과에 특이적으로 화분을 매개하는 곤충이다(Box 11.4에서 논의). 개미들(말벌상과; 개미과)은 수분매개자로서의 역할은 부족하지만 개미 수분매개자(**myrmecophily**)는 일부 식물 종에서 알려져 있다. 대개 개미들은 꽃을 좋아하지만, 그들이 찾은 식물의 수분은 거의 하지 않는다. 아마도 함께 작용할 것이라는 2개의 가설은 개미 수분매개자의 소수를 설명하기 위해 가정되었다. 첫째, 개미들은 날지 않고, 작고, 체형이 부드럽고, 각 일개미의 먹이는 한 식물에 제한되어 있기 때문에 개미들은 교차 수분을 용이하게 하기 어렵다. 개미들은 종종 꽃밥(약), 암술과 만나는 것을 피하고, 화분은 그들에게 쉽게 부착되지 않는다. 둘째, 개미의 **metaplueral**선은 외피 전체에 분포하며, 곰팡이와 세균을 억제하는 분비물을 만들지만, 또한 화분 생존력과 수분에 영향을 미친다. 일부 식물은 실제로 개미들에 대한 그 기능을 정지시키는 기작을 가져왔다. 그러나 소수의 개미는 뜨겁고 마른 서식지역에서 개미 수분에 대한 적응하도록 발달되어 왔다.

일반적으로 벌들은 곤충 수분매개자의 가장 중요한 그룹이라고 여겨진다. 벌들은 그들의 소비만큼 그들의 자식을 위해 넥타와 화분을 모은다. 전세계에 존재하는 벌은 20,000여종 이상이며, 모두 꽃을 좋아한다. 벌에 의한 수분에 의존하는 식물들은 대개 넥타로 유도하기 위한 밝은 색과 향긋한 향을 내는 꽃의 형태를 갖는다. 전세계적으로 수

Box 11.4 무화과와 무화과벌

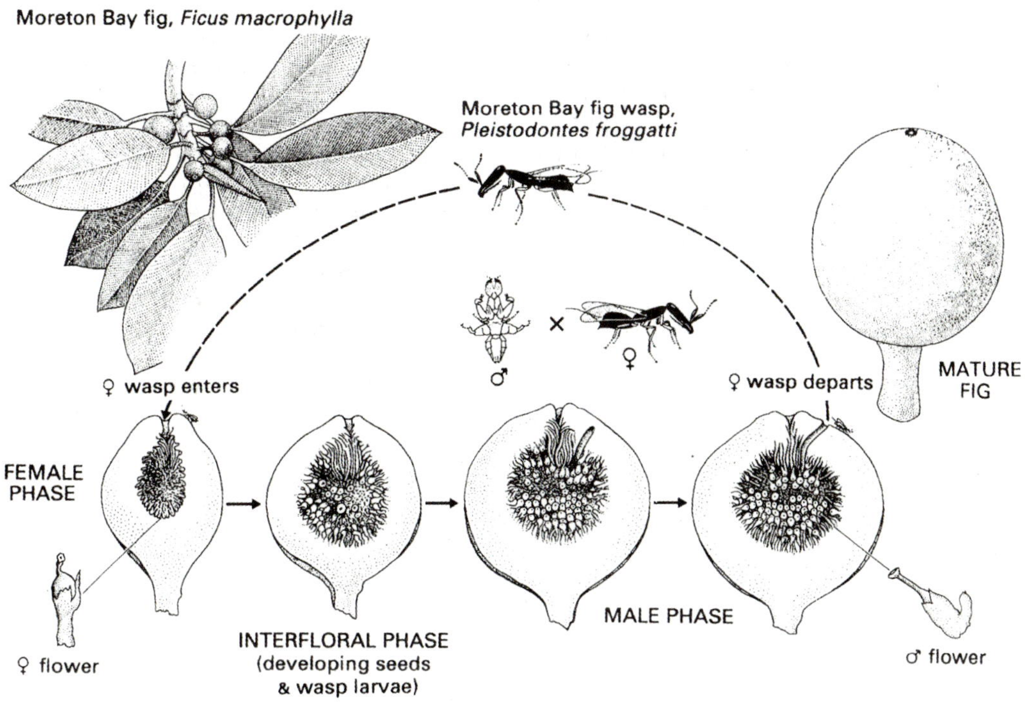

무화과는 900종에 달하는 Ficus 속에 속한다. 각 무화과 종은 한 가지 종의 화분매개자와의 복합적이고 필수적인 도움을 주고받는다. 이 화분매개자는 막시목 Agaonidae 과인 무화과 기생봉으로 20종 이상 있다. 무화과나무는 나무당 2년마다 500에서 백만 개의 무화과를 생산하지만, 수분을 하기 위해서는 적어도 하나 이상의 기생봉이 필요하다. 무화과는 고대 상태를 유지하는 monoecy를 포함하는 자웅이체주와 자웅동체주가 있다. 개화와 결과에 관한 기생봉의 라이프 사이클에 관한 설명은 F.macrophylla와 같은 자웅동체주에 관한 것이다.

암컷이 무화과의 작은 구멍을 통하여 들어가서 구면으로 움푹 들어간 암꽃을 수분시킨 후 거기에 알을 낳고 죽는다. 유충은 꽃의 씨방에서 성장한 후 꽃을 뚫는다. 기생봉 산란이 끝난 암꽃은 씨앗을 형성한다. 산란 후 한 달 뒤에 날개 없는 수컷 기생봉이 그 씨앗에서 나오고 무화과 씨방에 있던 암컷과 교미한다. 그 후, 씨앗에서 암컷이 생기고 syconium의 다른 많은 꽃들로부터 화분을 모으고, 익은 무화과를 떠나 알 낳기에 용이한 다른 무화과나무로 이동한다. 다른 무화과나무 개체의 성적 상태는 다르지만, 한 나무의 모든 무화과 상태는 동일하다. 종 특이적인 휘발성 유인제는 나무에 의해 기생봉이 다른 무화과나무로 가지 않고 매우 정확하게 생산된다.

계통학적 연구에 따르면 무화과와 무화과 기생봉의 상호 그룹은 단일계통이기 때문에 상호부조는 오직 한 번만 이뤄졌다. 중요한 동종 분화가 추론되었지만 테스트되진 않았다. 어느 무화과와 기생봉 쌍에서 상호 선발압은 아마 무화과와 무화과 기생봉 특성의 매치에 따른 결과인 듯하다. 예를 들면 기생봉의 감각 리셉터는 오직 기주 무화과의 휘발성화합물에서만 반응한다. 그리고 무화과 입구의 껍질의 크기와 형태는 기생봉만 들어갈 수 있게 되어있다. 그것은 무화과와 무화과 기생봉의 국지적 개체 수에서의 차이와 비슷하다. 유전적 흐름이나 선발은 다른 것에서의 공진화의 변화를 야기한다. 기주 특이성은 기생봉과 무화과 사이의 생식적 격리를 초래하여 개체간의 공진화적 분화를 통해 종 분화를 나타낸다. Ficus와 Agaonidae의 놀라운 분화는 이런 공진화의 결과에 의한 것이다.

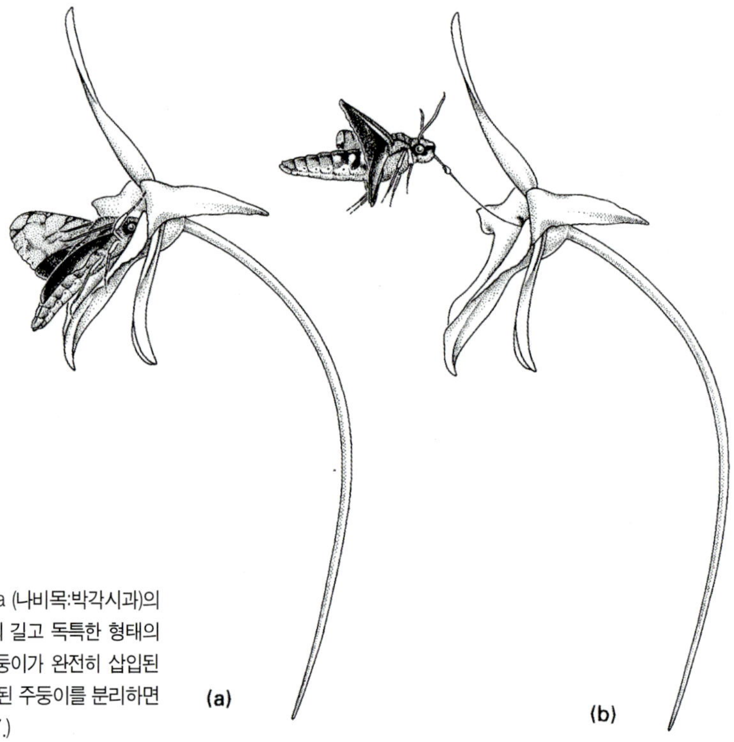

그림 11.8 수컷 Xanthopan morgani Praedicta (나비목:박각시과)의 박각시나방은 난초(Angraecum sesquipedale)의 길고 독특한 형태의 floral spur로부터 섭식하는 장면: (a) 나방의 주둥이가 완전히 삽입된 경우; (b) 난초의 꽃가루덩어리(pollinium)가 부착된 주둥이를 분리하면 후방으로 비행하는 장면. (After Wasserthal 1997.)

분 매개의 주요한 벌은 꿀벌이다. 벌에 의해서 제공되는 수분 서비스는 많은 작물에 대해 매우 중요하다. 그러나 자연 생태계에서 심각한 문제를 야기시킬 수 있다. 꿀벌들은 자연적인 넥타와 화분 공급의 고갈로 인해 경쟁을 하고, 아마 자연적 식물 종들의 선별적 수분을 교란시켜 수분을 방해할 것이다.

나비목의 대부분은 가늘고 긴 주둥이를 이용해 꽃으로부터 섭취를 한다. speciose 나비상과에서 주둥이는 신축성이 있고, 머리로부터 멀리 떨어져 있는 음식원을 먹고 마실 수 있다. 모든 나비목의 98%에 해당하는 이러한 구조는 성공적으로 그룹이 확산할 수 있도록 기여를 해왔을 것이다. 대개 나비와 나방에 의해 수분되는 꽃은 일반적이고, 긴 통모양이며, 달콤한 향기가 있다. 전형적인 나방에 의한 수분은 밝은 색을 지녔고, 어두울 때 또는 야간에 개화하는 매달려 있는 형태를 지닌다. 그에 반하여 나비에 의한 수분은 일반적으로 주간에 개화하는 붉고, 노랗고, 푸르며 위쪽을 향하는 꽃이다.

수분과 관련된 곤충과 식물의 상호작용은 명백한 상관관계가 있다. 식물은 적절한 화분에 의해 수분이 되어지고, 곤충은 특별한 수분매개자를 끌어들이는 식물에 의해 제공되는 음식을 섭취한다. 이는 식물이 곤충의 결정에 강한 선택을 경험하는 것인지도 모른다. 대조적으로 대부분 수분 시스템에서 수분매개자의 진화는 방문한 식물체에 의해서 약간의 영향을 받아왔는지도 모른다. 대부분의 곤충에 대하여, 일부 식물들은 넥타와 화분의 다른 소스이다. 심지어 짧은 기간 동안 훌륭한 수분매개자로 등장한 곤충은 생애 동안 식물의 서식 범위를 이용할 것이다. 그럼에도 불구하고, 조화로운 영향은 몇몇 잎벌 종들에 대한 각각의 잎벌의 특화에 의해 그리고 다른 식물들과 과수원의 서식지에 대한 나방 주둥이의 길이와 꽃의 깊이 사이에 상관관계에 의해 검증됨으로써 곤충과 식물 수분 시스템에서 일어난다.

예를 들면 마다가스카르 별난(앙그레캄)의 가시 길이가 30 cm를 초과하며, 박각시나방이 22 cm의 주둥이 길이를 가지고 있는 유일한 수분매개자이다. 유일하게 박각시나방만이 꽃의 가시의 끝에 있는 넥타에 닿을 수 있고 꽃 속으로 머리를 집어넣는 과정에서 수분이 일어난다. 이는 공진화된 긴 주둥이 수분매개자의 극적인 한 예로 자주 인용되어졌고, 이러한 공진화된 수분매개자의 존재는 긴 가시를 가진 꽃에 대해서는 알았지만 박각시나방에 대해서는 알지 못했던 찰스 다윈과 알프레스 러셀 월래스에 의해 예견되어져 왔었다. 그러나 공진화로써의 관계의 해석은 박각시나방에 의해 자주 다른 덜 특화된 꽃에서 잠복해 있는 포식자를 피하기 위해 넥타를 먹는 나방에서 긴 주둥이가 진화되었다는 가정을 가지고 변화되어져 왔었다. 이러한 해석에서 유일하게 적응적 진화를 보이는 앙그레캄 난초의 수분은 기적응된 수분매개자의 기주 이동에 따른다. 박각시나방의 주둥이에서 화분 덩어리의 위치에 대한 특이점은 수분매개자 이동 가설에 대하여 논쟁하는 것처럼 보이지만, 자세한 현장 연구는 논쟁을 풀기 위해 필요하다. 불행하게도, 박각시나방의 자연적 우림 서식지는 파괴되어지고 있기 때문에 이러한 마다가스카르의 곤충과 식물 상호작용 시스템은 위기에 처해졌다.

11.3.2 개미매개분산(개미에 의한 씨앗의 전파)

많은 개미들은 씨앗을 확보하여 섭식하는 씨앗 파괴자이다(11.2.5절). 씨앗의 전파는 개미가 씨앗 운반 중에 우연히 잃어버리거나, 저장된 씨앗이 폐기되었을 때 발생할 것이다. 그러나 몇몇 식물들은 개미가 먹을 수 없는 매우 딱딱한 씨앗을 가지고 있다. 그리고 아직 많은 개미 종들은 적극적으로 씨앗을 수집하고 분산시키는데, 이러한 현상을 개미매개분산(**Myrmecochory**)이라고 부른다. 이런 씨앗들은 **elaiosomes**라고 부르는 먹이체(food bodies)를 갖는다. Elaiosomes은 자신을 수집하도록 개미를 자극하는 특별한 화학적 유인물질을 가지고 있다. Elaiosomes은 씨앗의 부속지로 크기, 모양, 색깔이 다양하다. 그리고 다양한 비율로 함유된 지방, 단백질, 그리고 탄수화물의 영양분을 포함하고 있다. 이런 구조는 서로 다른 식물 군집의 다양한 씨방에서 유래된다. 개미의 아래 큰턱을 이용하여 elaiosome을 꽉 움켜진 후(그림 11.9) 씨앗을 자신의 서식지로 가져간다. 서식지에서, elaiosomes은 제거하여 주로 개미 유충들에게 먹인다. 그리고 나서 온전하고, 생육할 수 있는 딱딱한 씨앗은 서식지의 통로에 버려두거나 폐기물 더미에 있는 서식지 입구를 막는데 사용한다.

개미매개분산은 세계적으로 나타나는 현상이지만, 3종류의 나무가 있는 지역에서 주로 발생한다. 첫째는 북쪽

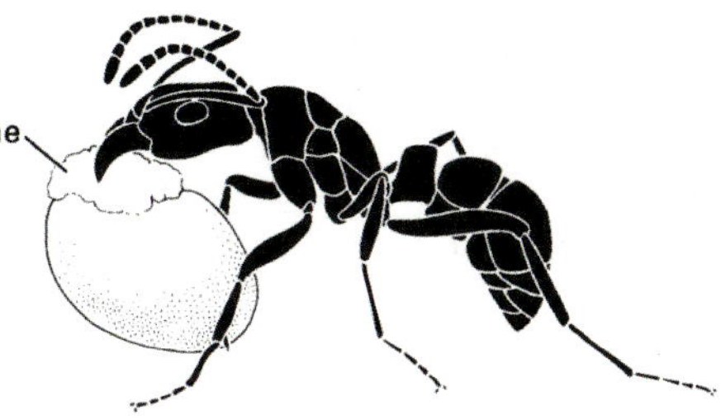

그림 11.9 개미(Rhytidoponera tasmaniensis)가 종자 이동용 부속지(elaiosome)를 이용하여 콩과류의 씨앗(Dillwynia juniperina)을 운반하는 장면.

온대 중습성 산림지역의 하층식생(understorey)에서 조기에 꽃을 피는 허브에서 많이 발생하며, 둘째는, 오스트레일리아와 남아프리카에 서식하는 다년생 식물인 딱딱한 잎과 스클레로필 초목(sclerophyll vegtation), 그리고 일부 열대성 식물이 절충되어 군집을 이룬 집단(eclectic assemblage)에서 개미매개분산이 보편화 되어 있다. 개미매개분산 관련 식물은 오스트레일리아에 1,500종 이상이, 남아프리카에서는 약 1,300종이 알려져 있다. 그에 반하여 단지 약 300종만이 발견되었다. 그 외 지역에서는 20과 이상에 분포되어졌다. 비록 이들 20개에 그 외 지역에서는 속한 과는 주로 콩과 식물이지만, 계통학적 그룹보다 생태학적 그룹으로 분류되었다.

이와같은 개미–Elaiosome의 관계는 분명히 개미에게 elaiosome과 같은 먹이를 제공한다는 점에서 분명한 이익을 준다. 그리고 식물에 Elaiosomes이 존재한다는 사실만 보아도 식물이 개미와 상호작용하기 위하여 적응하였다는 증거가 된다. 개미매개분산은 새 장소로 씨앗을 보냄으로써 식물들에 대한 종내 그리고/또는 종외 경쟁이 감소시킨다. 지하의 개미 서식지로의 씨앗을 옮기는 것은 불로부터, 일부 조류로부터, 작은 포유동물 그리고 다른 씨앗을 파괴하는 동물들로부터 씨앗을 보호한다. 불이 난 후 남아프리카의 핀보스(fynbos) 군집 구조는 다른 씨앗을 분산시키는 개미에 의해 변화하였다(box 1.2). 게다가 개미 서식지는 식물영양분이 풍부하여 씨앗의 발아와 묘목의 정착을 위하여 미세공극(microsite)으로 작용한다. 그러나 개미매개분산이 어떻게 일어나는지 보편적으로 설명하지 못하다. 그 이유는 개미매개분산에 관련된 핵심요인의 상대적 중

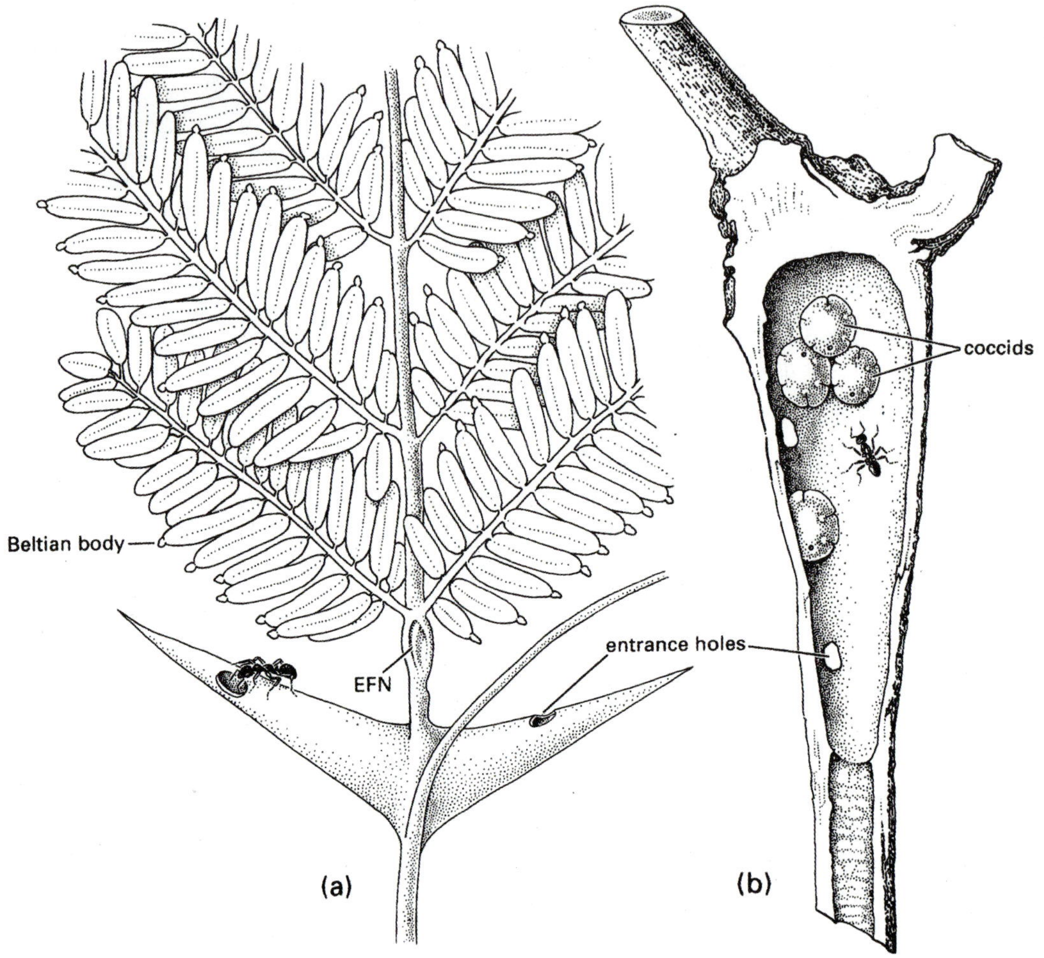

그림 11.10 두 개의 개미식물이 집개미들과 개미들의 식량자원이 있는 공간(domatia)을 보여주는 모식도 : (a) 신 열대구의 소뿔 아카시아 (Acacia sphaerocephala) 개미식물은 속이 빈 가시, 먹이덩어리, 그리고 꽃꿀(extrafloral nectaries, EFNs)을 갖고 있어, 이곳에서 서식하고 있는 Pseudomyrmex개미에 의해서 이용됨; (b) Kibara(모니미아과) 개미식물에는 Myzolecanium kibarae(노린재류:깍지벌레과) 깍지벌레가 분비하는 꿀물(honydew)을 서식하고 있는 Anonychomyrma scrutator의 개미에 의하여 섭식됨 ((a) After Wheeler 1910; (b) after Beccari 1877.)

요성이 식물종과 지질학적 위치에 따라 다양해질 수 있기 때문이다.

개미매개분산은 상리공생이라고 부를 수 있다. 하지만, 그러한 관계를 설명할 수 있는 특이성이 없으며, 상호이익 관계(reciprocity)도 없다. 어떤 개미매개분산에 관련된 식물도 식물자체의 씨앗을 모으기 위하여 단일 개미 종에 의지한다는 증거가 없다. 마찬가지로, 어떠한 개미 종들도 하나의 특정 종의 개미매개분산 관련 식물의 씨앗을 모으기 위하여 적응해왔다는 증거는 없다. 물론, Elaiosome이 붙어있는 씨앗을 수집하는 개미들을 집단(guild)이라고 부를 수 있다. 유사한 형태와 서식지를 가지고 있는 개미매개분산 식물들도 역시 집단(guild)라고 말할 수 있다. 그러나 그 상호관계를 추론할 수 없기 때문에 개미매개분산(Myrmeco-chory)을 확산공진화나 집단공진화의 결과로도 설명할 수 없다. 개미에게 elaiosomes은 단지 음식중 하나일 뿐이다. 이것이 myrmecochory에 명확하게 적응한 것으로 보이지 않는다. 그러므로 이와 같이 환상적인 방식으로 씨앗이 분산하게 된것은 식물진화의 결과이다. 또한 식물과 특정 개미가 공진화한 결과가 때문이 아니라, 일반적으로 개미로부터 선택된 결과이기 때문이다.

11.4 특화된 식물 구조에서 상호보완적으로 사는 곤충

매우 많은 곤충들은 식물체 구조 내부에, 뚫려있는 줄기, 잎굴 또는 균혹(충영)에 살고 있다. 그러나 이들 곤충은 부수거나 생리적인 조작을 통해서 그들이 살 공간을 만든다. 그에 반해서 어떤 식물은 특수화된 구조나 공간에 상호공생 곤충이 있거나, 없는 상태로 있다. 이들 특별한 곤충-식물 간의 상호작용의 두 가지 형태를 아래에서 논의할 것이다.

11.4.1 작은집(domatia)속에서 개미-식물의 상호작용

Domatia는 줄기, 덩이줄기, 잎꼭지나 가시가 텅 빈 것으로, 개미가 음식을 먹거나, 거주하는 곳이다. 진짜 domatia는 개미가 없는 유리공간에서 성장한 식물에서 개미와 관련없이 형성된 빈공간을 뜻한다. 포장현장에서 진짜 domatia를 인식하는 일은 어려울 수 있다. 왜냐하면 개미는 딱정벌레나 나방 유충이 뚫어 놓은 터널과 같이 자연적인 구멍과 틈을 자주 활용하기 때문이다. 진짜 domatia를 가진 식물을 개미 식물(**myrmecophytes**)이라 한다. 개미식물은 종종 나무, 관목, 또는 2차 재성장한 덩굴식물이 그러한 역할을 하거나, 혹은 열대 다우림의 하층식생이라고 불린다.

개미는 myrmecophytes와 관계로부터 개미의 서식장소와 먹이를 쉽게 제공받을 수 있다는 혜택을 얻는다. 먹이는 꽃 밖의 꿀샘(extral floral necatr = EFN)이나 food bodies를 통해 식물로부터 직접 취하거나, domatia에 사는 반시목이 배출하는 단물을 통하여 간접적으로 취한다. Food bodies는 개미 식물의 줄기나 잎에 있는 영양을 제공하는 작은 혹을 말한다. 꽃 밖의 꿀샘(EFN)은 설탕(또한 아미노산을 함유하고 있을 가능성 있음)을 분비하여 개미와 다른 곤충을 끌어 모으는 분비기관이다. EFN을 갖고 있는 식물은 Domantia는 갖고 있지 않은데 온대지역에서 볼 수 있으며, 호주 아카시아 종이 그 예이다. 반면 food bodies를 가진 식물은 항상 domatia를 가지고 있고, 어떤 식물은 EFN과 food bodies를 동시에 가지고 있다. 하지만 많은 개미식물(myrmecophytes)은 후자의 구조(EFN & Food bodies)가 부족하고, 꿀을 얻기 위해 개미 대신에 개각충이나 벚나무깍지벌레를 이용하고, 아마도 단백질을 얻기 위해 이들을 모을 것이다. EFN과 food bodies 같이, 구균(Coccoid)은 개미를 유도하여 개미식물과 보다 가까운 관계를 유지하기 위하여 자원을 공급한다.

분명히, 개미식물은 자신의 공간(domatia)에 개미가 서식하도록 함으로써 이들로부터 얻는 이점이 있다. 개미는 초식동물과 식물 경쟁자로부터 개미식물을 보호하거나, 혹은 기주 식물에 영양분을 공급할 것이다. 일부 개미는 초지를 섭식하는 포유류로부터 보호하고, 식식성곤충을 제거하며, 개미식물에서 부착하여 성장하는 착생식물과 덩굴식물들을 분리함으로서 개미식물을 적극적으로 보호한다. 이와 같은 과도한 적극성은 열대 아메리카에 서식하는 아카시아를 보호하는 *Pseudomyrmex* 개미에 의해 증명되었다. 보호하기 보다는, 어떤 개미식물은 개미 군집에서 나오는 미네랄 영양소와 질소를 domatia의 안쪽 표면으로 흡수한다. 이와 같이 식물이 개미로부터 영양분을 확보하는 능력을 **Mymecotrophy**라고 부르는데, 이것은 개미 먹이에 방사능을 표지한 후 그 먹이의 운명을 추적 할 수 있다. 방사능 표지된 개미의 먹이를 Domatia로 넣어주면, 개미가 섭식하고, 남은 방사능이 표지된 개미 음식의 일부가 쓰레기 굴(refuse tunnel)에 버려진다. 그러면, 그 먹이원에서 유래한 방사능 표지가 결국 식물 잎으로 들어간다. Mymecotrophy는 말레이시아와 호주, 특히 뉴기니에서 발생하는 착생식물인 *Myrmecodia*에서 발생한다(그림 11.11).

비록 일부 열대와 아열대 개미(some *Pseudomyrmex* and *Azeteca species*)는 먹이와 서식처가 철저히 기주특이성을 갖고 있지만, 대부분의 개미와 식물의 관계는 기회적며, 특이적이지 않다. 마찬가지로 만약 공생하는 개미가 줄어든다면 이런 개미식물은 줄어들 것이다. 이런 상호관계는 확실하게 상호 필수적이고, 이와 유사한 다른 예는 매우 많이 있을 것이다.

11.4.2 Phytotelmata: 식물-물을 지니고 있는 용기

많은 식물들은 물을 담을 수 있는 구조 안에서 곤충 군집을 도와준다. 많은 브로멜리아드("tank-plants"), 생강(gingers) 그리고 산토끼풀(teasels)의 잎겨드랑이(leaf axil) 안에 또는 나무의 썩은 구멍에 물을 보유할수 있는 그릇(container)가 형성된것이다. 다른 경우에는 이른바 벌레잡이식물(pitcher plant)은 곤충을 유인 포획할 수 있도

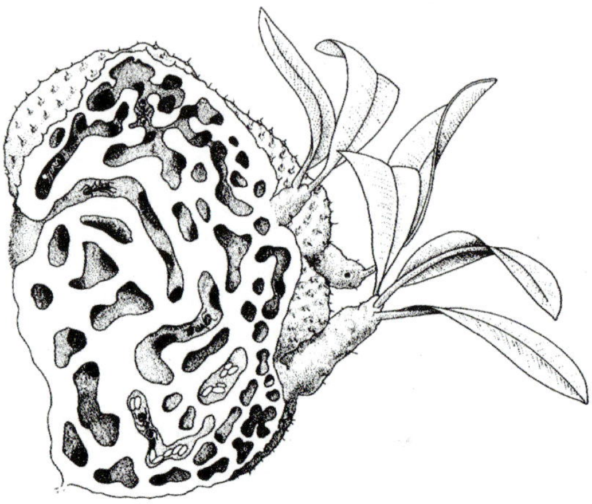

그림 11.11 착생 개미식물의 덩이줄기에 개미들이 살고 있는 공간을 보여주기 위한 단면도. 개미는 부드러운 벽을 갖고 있는 공간에 살고, 이들의 분비물(찌거기)을 사마귀형태의 터널에 남기며, 이러한 영양분은 식물에 의하여 흡수됨.

록 복잡한 구조를 갖고 있는데 이안에서 포획곤충을 소화한다(그림 11.12).

벌레잡이 식물은 미국의 Sarraceniaceae, 유럽의 Nepen-thaceae 그리고 호주 특유의 Cephalotaceae에 속하는 수렴성 집단이다. 벌레잡이 식물들은 일반적으로 영양분이 척박한 토양에서 산다. 악취, 색상, 그리고 과즙은 "포충엽(pitchers)"이라고 하는 변형된 잎 안에서 곤충, 특히 개미를 유혹한다. 포충엽의 가장자리에 유인 포획된 곤충이 빠져나가지 못하도록 guard hairs를 갖고 있으며, 포충엽의 표면이 미끄러워 유인 포획된 곤충이 도망가지 못하여 포충엽에 빠지면 식물에 의해 분비된 소화효소가 그 곤충을 분해하여 소화한다.

이와 같이 포충엽식물의 소화액이 있는 나쁜 환경조건도 그곳에서만 특별하게 살수 있는 몇몇 Specialist 곤충에게 서식지로 제공된다. 많은 경우 그 내부에서는 유충으로 산다. 이런 Specialist 곤충의 성충은 포충엽 식물의 안과 밖을 무사히 드나들 수 있다. 모기와 작은 날벌레 유충은 포충엽식물의 내부에서 서식한다. 하지만, 세계적으로 12개 과(family) 이상의 다른 파리 유충들이 서식한다고 보

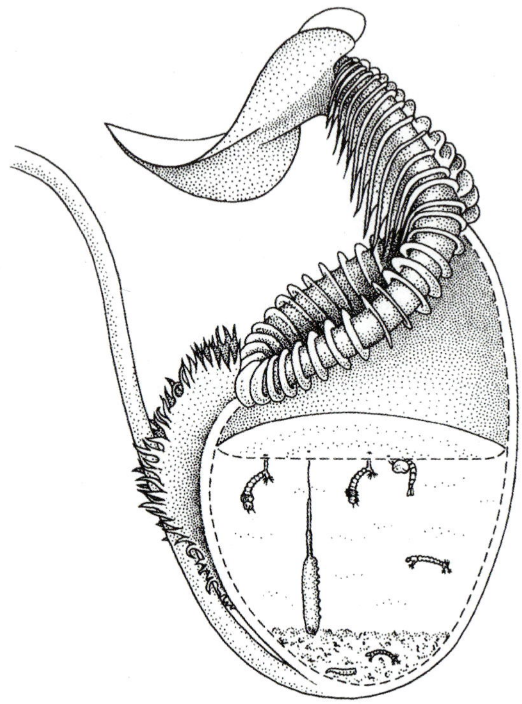

그림 11.12 벌레잡이통풀(네펜데스과)의 포충엽의 액체 안에 있는 파리 공생동물을 보여주는 포충엽의 단면도: (왼쪽 맨 위에서부터 시계방향으로) 두 마리의 모기 유충, 한 마리의 모기 번데기, 두 마리의 모기붙이 깔따구 유충, 한 마리의 작은 구더기 그리고 한 마리의 쥐꼬리가 있는 큰 구더기

고 되어졌다. 그리고 잠자리목(odonates), 거미, 그리고 심지어 개미(stem-mining ant)까지 남동아시아산 포충엽식물에서 나타난다. 많은 이런 공생 곤충들은 유인포획된 곤충먹이와 미생물을 소화하여 식물이 바로 흡수할 수 있는 형태로 영양분을 분비함으로서, 포충엽식물과 상호공생적 관계에서 살고 있다. 또다른 특수한 포충엽식물 관계는 보르네오의 섬에서 포충엽식물인 Nepenthes bicalcarata 의 속이 빈 덩굴손 안에서 살고 있는 Camponotus 이다. 그 Componotus 개미는 유인포획된 큰 곤충먹이, 또는 모기 유충을 섭식한다. 개미들은 포충엽식물로 부터 먹이를 끌어냄으로서 포충엽식물에 과다한 먹이들이 축적되는 것을 방지하고, 그안의 내용물이 부패하는 것을 막는다.

Box 11.5 메뚜기목(grasshopper, locusts, katydids and crickets)

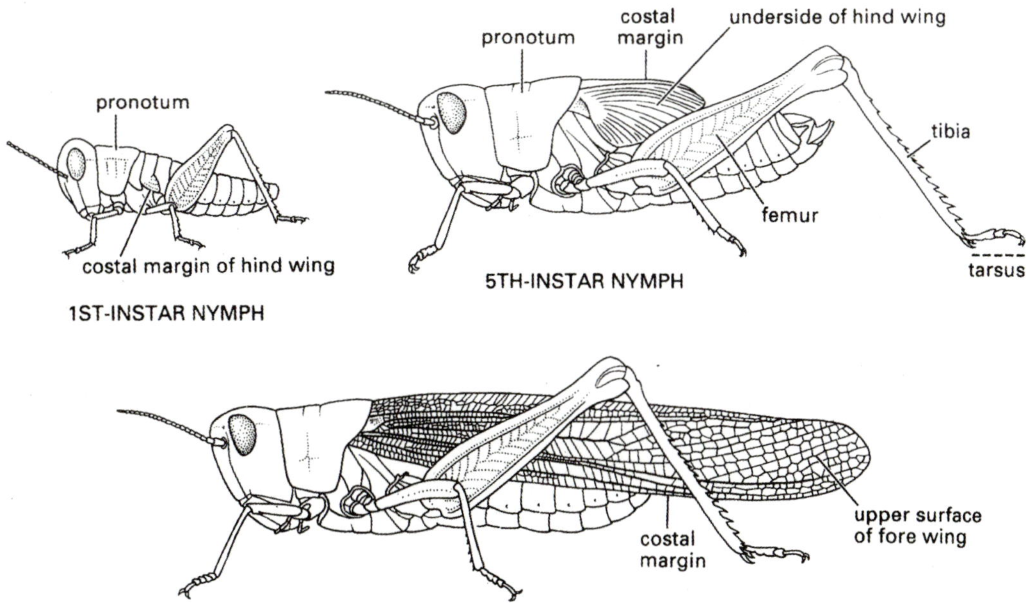

메뚜기는 13~30과로 전세계에서 20,000만 종이 넘게 광범위하게 분포되어 있다(분류학적으로는 불안정하다). 메뚜기목은 메뚜기아목(Caelifera, grasshopper와 locusts)과 여치아목(Ensifera, katydids 와 crikckets)의 2개의 아목으로 구분된다. 메뚜기목은 불완전변태를 하고 전형적인 긴 원통모양으로 신장하고 크기는 중간정도이다(12 cm까지 존재). 잘 뛰기 위하여 뒷다리가 크게 발달되어있다. 메뚜기목은 하구식 구기구조를 가지고 있으며 큰 턱이 있다. 잘 발달된 겹눈이 있고, 홑눈은 존재하거나 없는 것도 있다. 더듬이는 사상형이다. 앞가슴은 크고 방패문양의 앞가슴 등판이 흉부를 싸고 있다. 가운데 가슴은 작고 뒷가슴은 크다. 앞날개는 좁고, 가죽질의 두텁날개를 가지며 뒷날개는 밑으로 접어 숨긴다. 날개가 완전히 퇴화되었거나 반쯤 퇴화된 것들도 있다. 다리는 종종 가늘고 길게 신장하고 뒷다리는 크고 뛰기에 알맞은 구조이다. 부절은 1~4개의 마디로 되어있다. 복부는 8~9마디로 고리모양으로 되어있고 2~3개의 끝마디는 퇴화되어있다. 암컷은 잘 발달된 산란관을 가지고 있다(그림 2.23B,C). 미모는 단일마디로 각각 구성되어있다. 구애는 매우 정교하며 때로는 소리를 내고 받아들이는 것으로 의사소통과 관계될 것이다(4.1.3 & 4.1.4절). 교미를 할때는 수컷이 암컷 위에 있으며 오랜 시간 동안 이루어진다. 여치아목의 알은 식물이나 토양에 한 줄로 가로 눕혀있다. 이에 반해 메뚜기아목은 땅속에 산란관을 이용하여 알을 묶음으로 낳는다. 알 휴면기는 빈번히 일어나며 유충은 생식기와 날개가 발달하지 않은 작은 성충과 같은 모습을 하고 있어 무시류 성충들은 유충로부터 분리해 내는데 어려움이 있을 것이다. 모든 날개를 가진 종에서 약충의 날개 패드의 방향은 탈피를 하면서 변화한다(locust에 대한 그림 삽입). 1령충의 날개 패드의 원기(原基)(rudiment)는 2령충 기간까지(실제로 3령 마지막 탈피) 점점 복부의 costal margin ventral과 함께 측면으로 자리를 잡는다. 이들은 회전하여 Costal margin은 등으로 향하고, 형태를 띠는 ventral surface는 외부를 향한다. 뒷날개는 앞날개와 겹쳐진다(5령충 삽화). 성충이 되기 위하여 탈피하는 동안 날개는 복부의 앞 가장자리에 정상적인 자리를 되찾는다. 잠자리목에서 잘 알려진 이 날개 패드가 회전하지 않고, 메뚜기목에서 가장 독특하다. 메뚜기목은 주로 낮에 활동하고, 빨리 움직이며, 시각적으로 민감하며, 초식곤충으로 여기에는 이동성 메뚜기와 같이 농작물에 해를 끼치는 몇몇 곤충이 포함되어 있다(6.10.4절, 그림 6.13). 여치아목은 좀 더 밤에 활동적이며 위장을 하거나 모방을 하며 포식성, 잡식, 초식성이다. 계통학적 유연관계는 7.4.2절에서 다루었고, 목과의 관계는 그림 7.2에 묘사되었다.

Box 11.6 대벌레목(phasmatids, phasmids, stick-insect or walking sticks)

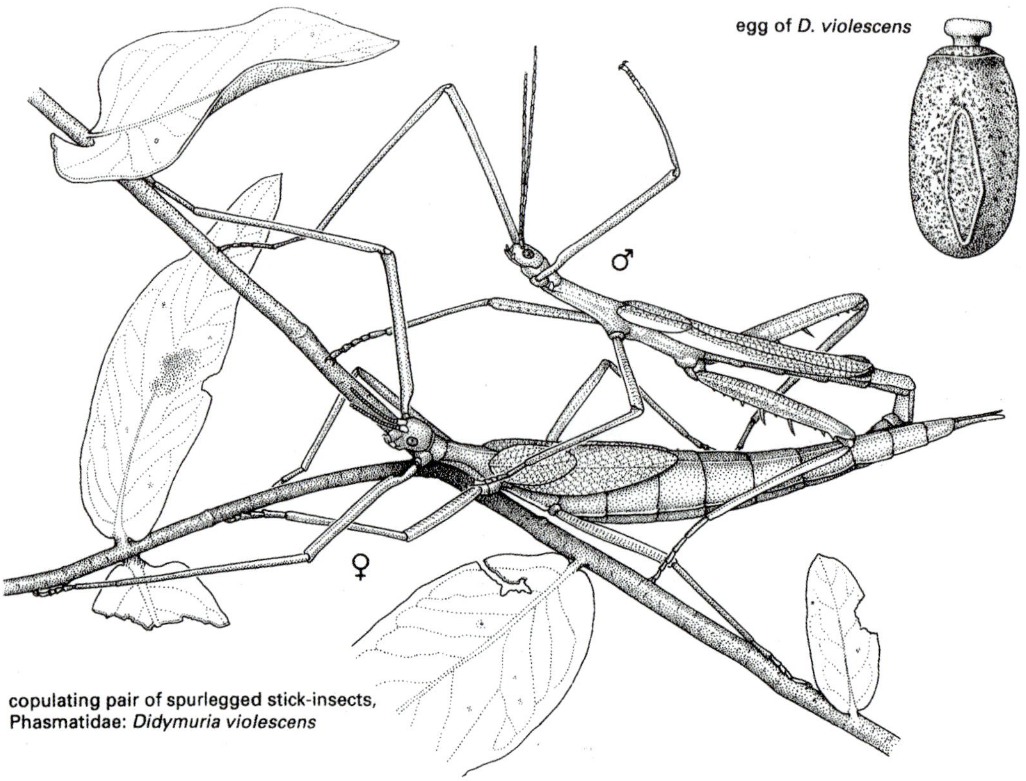

copulating pair of spurlegged stick-insects, Phasmatidae: *Didymuria violescens*

대벌레는 세계에 널리 분포하며 3,000종 이상이 주로 열대성이며 계통적 분류가 거의 이루어져 있지 않다. 대벌레목은 불완전한 변태를 하고 원통모양과 막대기 같은 모양으로 길게 생장하고 종종 나뭇잎 모양을 하며 몸길이가 30cm가 넘는다(가장 긴 종은 다리를 포함하여 전체 길이가 약 50cm가 되며 보르네오섬에 존재한다). 대벌레 주둥이의 형태는 큰턱을 갖고 있다. 겹눈은 더듬이 뒤쪽에 위치하며 상대적으로 작으며, 홑눈은 날개를 가진 종의 수컷에서 유일하게 발생한다. 더듬이의 범위는 짧은 것에서 긴것까지 8~100개의 마디를 가지고 있다. 앞가슴은 작고, 가운데 가슴과 뒷가슴은 날개가 있을 경우 길게 신장되어 있고 무시류에서는 짧다. 수컷은 기능이 있는 날개가 있으며 암컷에서는 대개 축소 되어져 있다. 대부분의 종에서는 암컷, 수컷 모두 무시류이다. 앞 날개는(leathery tegmina)를 형성하는 반면에, 뒷날개는 넓고 수많은 횡맥의 망상조직을 가지며 앞가장자리는 노처럼 단단하게 되어 접힌 날개를 보호한다. 다리는 길게 신장되어 있고 날씬하며 보행성으로 5개의 발목마디를 가지는데 그들은 방어 때 저절로 떨어질 수 있으며(14.3절) 유충이 탈피할 때 재생산된다. 배는 11마디로 분절을 형성하고 수컷의 11번째 마디는 감춰진 supra-anal plate를 형성하고, 암컷은 더 분명한 분절을 형성한다. 수컷의 생식기는 숨겨져 있으며 비대칭이다. 미모는 일정하지 않은 길이며 단일마디로 구성되어 있다. 대벌레목의 교미는 대개의 경우 삽화에서 묘사한 spurlegged stick-insect, Didymuria violescens(Phasmatidae)는 작은 수컷이 암컷의 위에서 오랜시간 동안 교미를 한다. 대벌레목의 알들은 대개 씨앗처럼 생겼다(여기에서 보여준 D. violescens의 알의 확대 사진을 보고 알 수 있다 CSIRO 1970). 그리고 알을 식물에 달라붙어서 떨어지지 않게 하나씩 산란하거나 땅에 떨어뜨린다. 알들은 긴 휴면기를 가진다. 대벌레 유충은 날개와 생식기가 발달 되지 않았다는 것, 홑눈이 없고, 더듬이 마디가 적은 것을 제외하고 성충의 모습과 흡사하다. Crypsis와 관계하여, 대벌레는 일반적으로 천천히 움직이거나, 괴상한 자세, 비대칭 자세, 혹은 죽은체 함으로써 포식자로부터 자신을 방어한다는 점을 보여주었다(14.1 & 14.2절). 계통분류학적 유연관계는 7.4.2절에서 다루었고 그림 7.2에 묘사 되었다.

Box 11.7 총채벌레목

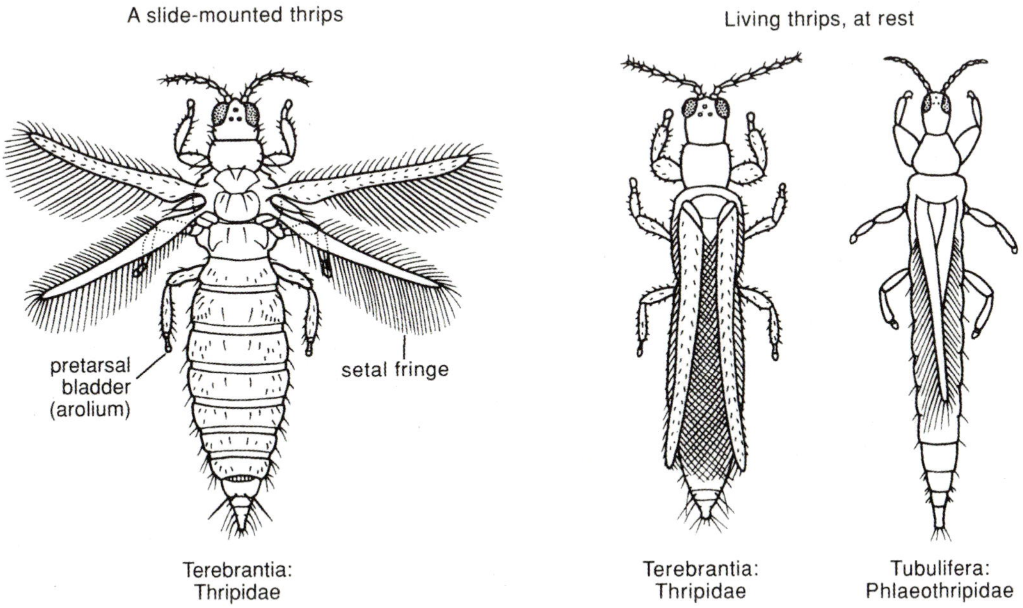

총채벌레는 미소곤충으로(0.5 mm에서 크게는 15 mm의 길이) 전세계에 널리 퍼져 있으며 2개의 아목으로 대략 5,000종으로 구성되어 있다. 7개의 과를 가진 총채벌레아목과(총채벌레과를 포함한) 1개의 속을 가진 관총채벌레아목(관총채벌레과를 포함한)으로 구성되어 있다. 그들의 발달은 불완전변태와 완전변태의 중간 정도이다. 몸은 날씬하고 길게 신장되어 있으며 머리가 길고 보통 하구식의 형태를 갖고 있다. 구기구조들은(그림 2.13a) 작은 턱 내엽에 탐침같은 홈이 형성되었고, 오른쪽 큰 턱이 퇴화하였으며 왼쪽 큰 턱이 더 큰 탐침으로 형성되었고 작은 턱 탐침은 음식을 섭취하는 튜브로 형성되어 있다. 겹눈은 큰 것에서부터 작은 것까지 분포하며, 완전히 날개를 가진 형에서 3개의 홑눈을 가진다. 더듬이는 4~9개의 마디로 되어있고 앞쪽을 향하여 있다. 배 발달 단계는 날개의 유무에 따라서 변화 한다. 앞날개와 뒷날개는 유사하고 좁으면서 긴 연모를 가지고 있다(오른쪽 위에 삽화된 총채벌레아목과 총채벌레과처럼, Lewis 1973). 휴식을 취할 때 총채벌레아목은 날개를 나란히 하지만(가운데 그림) 관총채벌레아목은 날개가 겹쳐 있는데(우측그림) 완전히 퇴화되거나 반쯤 퇴화된 것도 발생한다. 다리는 짧고 보행성이며, 때때로 앞다리는 먹이를 포식하기에 알맞고 뒷다리는 도약하기에 알맞은 구조이다. 발목마디는 1~2마디로 발톱(pretarsus) 끝에 점착성의 욕반(arolium)(=기포주머니 또는 기포)을 가진다. 배는 11마디이다(그렇지만 10마디만 보인다). 수컷에서는 생식기가 감추어져 있으며 대칭적이다. 암컷의 경우 미모가 없으며 총채벌레아목에서는 산란관이 톱니모양으로 되어 있지만 관총채벌레아목에서는 매우 쇠퇴하였다.

알은 식물조직에 낳거나(총채벌레아목) 식물의 갈라진 틈이나 드러나게 낳는다(관총채벌레아목). 1령과 2령충은 그들의 날개와 생식기가 없다는 것을 제외하고는 작은 성충과 닮았다. 하지만 3~4령충(총채벌레아목) 또는 3~5령충(관총채벌레아목)은 휴면기 또는 번데기를 가진다. 이 기간에 중요한 조직이 변화가 일어나 형태형성을 한다. 수정되지 않는 알로부터 생산된 암컷 총채벌레는 배수체가 되는 반면, 수컷 총채벌레는 반수체가 된다. 웅성단위생식(arrhenotokous parthenogenesis)은(=수컷만 낳는 단위생식) 흔하지만, 자성생산단위생식(thelytoky)(=암컷만 낳는 단위생식)은 드물다(5.10.1절).

Box 11.8 노린재목(노린재, 매미, 매미충, 거품벌레, 멸구, 진디, 나무이, 깍지벌레, 온실가루이)

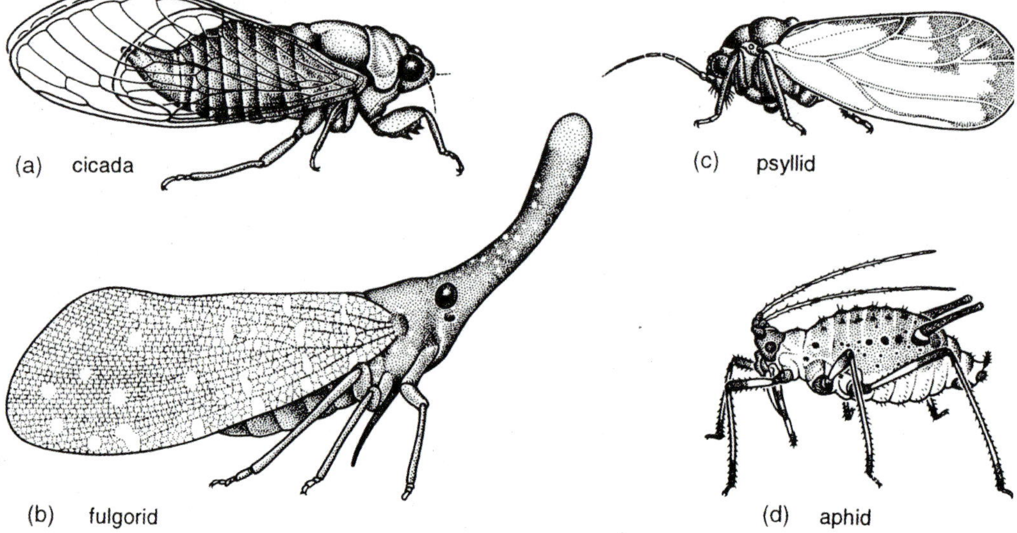

노린재목은 세계적으로 분포되어 있고 내시류가 아닌 목 중에서 가장 다양하고 약 140개 과에 90,000종 이상이다. 역사적으로 노린재목은 2개의 아목으로 나뉘어졌다.(이전에는 목으로 다루었던 적도 있었다): 노린재목(노린재)과 매미목(매미, 매미충, 거품벌레, 멸구, 진디, 나무이, 깍지벌레, 온실가루이). 그러나 매미목류의 곤충(homopteran)은 하나의 "곤충 부류"를 대표한다(단 계통군이라고 하기 보다는 다 계통이다). 현재, 5개의 아목으로 다음과 같이 인정 되고 있다(그림 7.5): (1) 노린재아목(true bug), (2) 초문아목(Coleorrhyncha), 이끼에 서식하는 곤충(Peloridilldae 과) (3) 매미아목(Cicadomorpha)(매미, 매미충, 거품벌레) (4) Fulgoromorpha(벼멸구), (5) 진딧물아목(진디, 나무이, 깍지벌레, 온실가루이). 때때로 매미아목과 꽃매미아목을 총괄적으로 매미아목이라고 불렀다. 하지만 이 그룹은 아마 계통군일 것이다. Box 11.8에 제시된 그림은 옆면에서 본 4종의 노린재 사진이다: (a) Cicadetta montana(매미아상과), 유일한 영국 매미(1991년 dolling에서 Jon Martin 식 그림 인용) (b) 보르네오섬의 green latern bug, Pyrops sultan(꽃매미상과) (Edwards 1994) (C) 영국에 물푸레나무의 변형된 작은 잎 같은 psyllid Psyllopsis fraxini(나무이상과), (1991년 dolling에서 Jon Martin식 그림 인용) (d) 진딧물 Macromyzus woodwardiae의 무시류 태생의 암컷(진딧물과)(Miyarzaki 1987a).

노린재목의 겹눈은 대개 크고, 홑눈은 존재하기도 하고 존재하지 않기도 한다. 안테나는 소수마디로 된 짧은 것에서부터 실 모양과 많은 마디로 된 것까지 다양하다. 입구조는 아래턱(mandible, 아래이빨)과 위턱(maxilae, 위이빨) 구성되어 있는데, 바늘 모양같이 탐침처럼 변형되어 있으며, 홈을 갖고 있는 부리모양의 아랫입술(labium)이((e)와(f)에서 pentatomid heteroteran를 보여줌) 있는 이러한 구조를 종합적으로 주둥이 모양 돌기(rostrum)와 주둥이(proboscis)를 형성한다. 탐침다발(stylet bundle)은 2개의 도관을 갖고 있는데, 1개의 도관은 타액을 배출하는데 사용되고, 다른 도관은 수분을 빨아올리는데 사용된다((f) 참조). 촉수는 없다. 가슴은 커다란 앞가슴과 가운데 가슴으로 구성되어 있지만, 뒷가슴은 작다. 종종 날 개 두 쌍은 모두 쇠퇴한 시맥을 가진다. 일부 노린재는 무시류이고, 드물게 단 한 쌍의 날개를 가진 것도 있다(깍지벌레 수컷에서). 다리는 종종 보행성이고, 때로는 접착성의 복잡한 발톱 구조를 갖고 있어 먹이를 잡기에 알맞게 되어 있다. 복부는 다양하며, 미모는 없다.

대부분의 노린재는 앞가슴으로부터 앞쪽에 뚜렷한 주둥이모양의 돌기를 지닌 머리를 수평으로 유지한다(비록 주둥이 모양 돌기가 복부 앞에 위치한 기부에 붙어있는 부분일지라도). 휴식을 취할 때는 날개를 항상 복부 위에 평평하게 접어둔다(그림 5.8). 앞 날개는 보통 기저부는 두껍고, 위쪽으로 막상구조를 갖고 있으며 hemelytra를 형성한다(그림 2. 22e). 대부분의 노린재는 복부에 향기선을 가진다. 무시류의 노린재는 머리의 전횡경(anteroventral) 부분에서 발생한 주둥이 모양의 돌기와 큰 인후의 존재 여부로 구분할 수 있다.

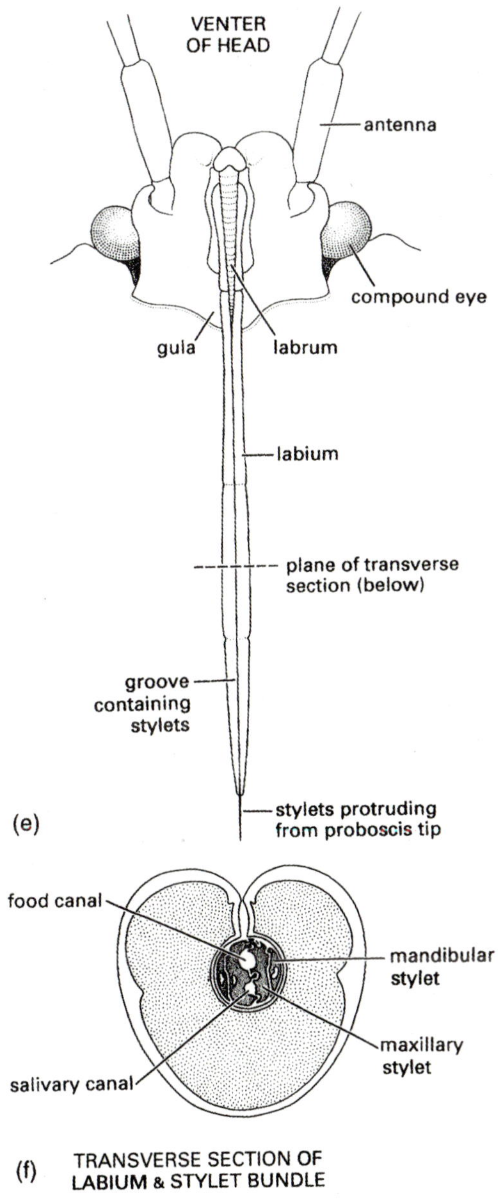

비노린재류 곤충은 완벽한 길이의 전흉골(prosternum)쪽으로 바싹 밀어부쳐져서 아래로 굽은 머리를 갖고 있다. 전흉골은 흔히 기절(coxal)의 바닥에 뒤쪽을 향하고 있다. 비노린재 곤충은 막성의 날개를 갖고 있으며, 이 날개는 휴식을 취할 때 지붕모양을 한다. 무시류 종은 대형의 모가지(gula)와 후횡경(posteroventral) 머리 또는 전흉골로부터 유래한 주둥이 모양의 돌기(rostrum)가 없다는 점을 근거로 분류가 된다. 구기 부분은 일부 진딧물, 일부 깍지벌레의 암컷과 모든 깍지벌레의 수컷에서 결여되어 있다.

노린재 유충은 날개와 생식기가 발달 하지 않았다고 하는 점 이외에는 성충과 유사하다. 하지만 미성숙한 진딧물아목은 복잡한 생활사의 범위에서 많은 변이를 보여준다. 많은 진딧물들은 보통 단성생식(5.10.1절)을 하고 계절에 따라 유성생식이 교차적으로 나타난다. 미성숙한 가루이상과(온실가루이)와 깍지벌레상과(깍지벌레) 유충단계는 성충과 커다란 차이가 있다. 유충단계 이후, 운동성이 없으며 섭식하지 않는 번데기 시기가 있으며 수렴적으로 완전변태를 한다.

음식 섭취방식은 원시적으로 식물 조직을 찔러 빨아먹고(그림 11.4) 많은 종들은 그들의 기주 식물에 혹을 형성한다(11.2.4절; box 11.2). 모든 노린재는 큰 침샘과 액체를 흡수하기 위해 변형된 소화관, 물을 제거하기 위한 필터 챔버를 가진다. 많은 노린재들은 오로지 살아있는 식물의 즙액에만 의존한다(물관, 체관 그리고 때때로 유조직). 체관부를 먹는 진딧물아목으로부터 배출되는 감로는 개미에게 상리공생의 근거로 제공한다. 많은 노린재들은 가루 형태나 plate 모양의 보호막 형태로 왁스를 발산한다. 초식성이 아닌 노린재는 포식자이며, 일부는 청소자로서, 다수는 혈액을 섭취(피를 먹는 곤충)하며, 일부는 necrophages(죽은 먹이를 먹는 소비자)이고, 수중 환경(Box 10.6)에 잘 적응한 이주종과 해양(Box 10. 8)에 사는 소수의 몇 몇 종을 포함한 마지막 영양그룹(last trophic group)으로 구성된다(10.8절). 계통발생론 유연관계는 7.4.2절에서 고찰되었고, 그림 7.5에서 묘사하였다.

Box 11.9 다듬이벌레목(책벌레, 나무껍질이 또는 psocids)

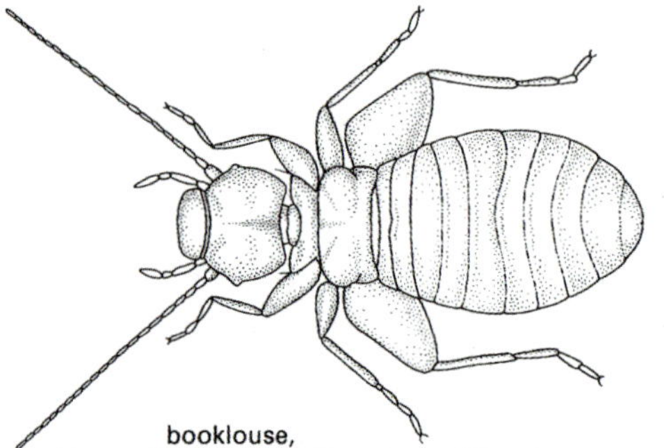

booklouse,
Liposcelidae: *Liposcelis entomophilus*

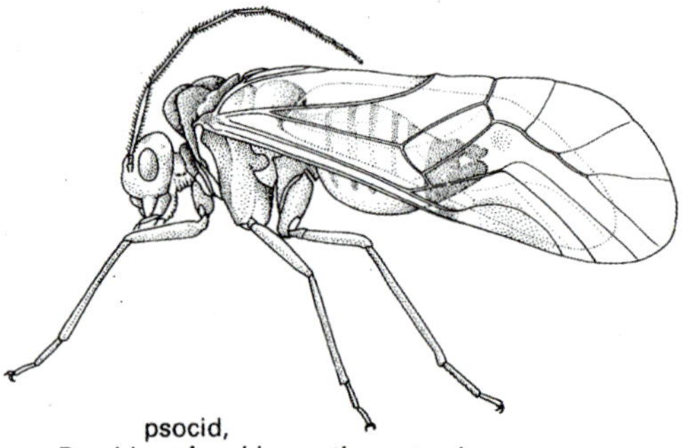

psocid,
Psocidae: *Amphigerontia contaminata*

다듬이벌레목은 세계적으로 흔한 목이지만 몸을 숨기는데 알맞은 미소곤충이며(1~10mm 길이) 36과 안에 3000종 이상이 있다. 발달과정은 5령에서 6령충을 가지는 불완전변태를 한다. 그들은 크고 움직이기 쉬운 머리를 가지고 있으며, 큰 겹눈을 가지고 있다. 날개가 있는 종에서는 3개의 홑눈이 존재하지만, 무시류에서는 없다. 더듬이는 주로 13개 마디로 되어 있으며 사상형이다. 구기는 비대칭으로 씹는 큰 턱을 가지며, 막대기 모양의 작은 턱의 내엽, 쇠퇴된 입술모양의 수염이 있다. 가슴은 날개의 존재에 따라 여러 가지이다. 앞가슴등판은 작은 반면에 가운데 가슴과 뒷가슴은 크다. 다리는 보행성이고 가늘다. 날개는 종종 축소되어 있거나 없다(여기에 보여지는 책좀, 책 다듬이벌레과 어물다듬이벌레, Smithers 1982). 오늘날의 날개는 시맥이 퇴화된 막상이며, 비행시 뒷날개는 더 큰 앞날개와 연결되어 있으며 휴식때는 날개를 배위에 지붕모양으로 하여 휴식을 취한다(여기에 보여지는 다듬이벌레, 다듬이벌레과 검정다듬이벌레, Badonnel 1951). 복부는 눈에 보이는 10개의 분절을 가지고 있으며, 11번째 분절은 등의 항상판과 한 쌍의 측면의 항측판으로부터 드러난다. 미모는 항상 결여되어 있다. 구애는 흔히 짝짓기 춤을 수반하고, 정자는 정협을 통해 보내어진다. 알은 식물위에나 나무껍질아래에 덩어리 또는 하나씩 가로눕혀 놓고 이 장소에서 애벌레는 끊임없이 발달한다. 처녀생식(단위생식)이 일반적이며, 아마 의무적이거나 선택적일 것이다. 태생은 적어도 1개 속으로 알려졌다. 성충과 애벌레는 균류(균사와 포자), 이끼, 조류, 곤충의 알을 먹이로 하거나 죽은 유기물질에 먹는 청소곤충이다. 어떤 종들은 혼자 살아가고 다른 종들은 성충과 유충이 작은 집단을 형성하여 웹 아래에서 공동생활을 할 것이다. 계통유연관계는 7.4.2절에서 다루었고 그림 7.5에 묘사되었다.

Box 11.10 딱정벌레목(딱정벌레)

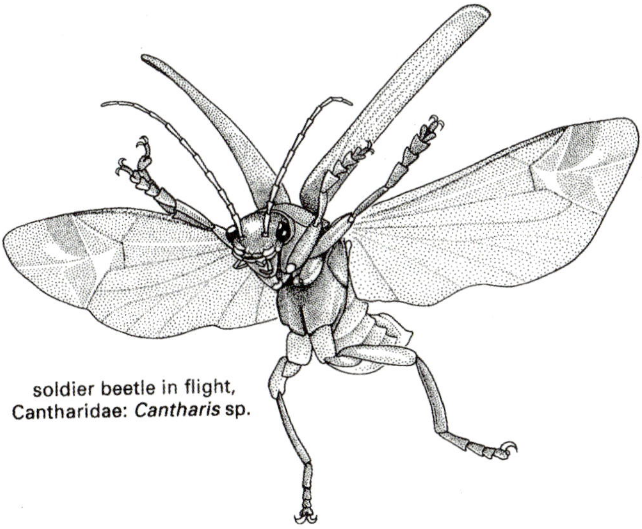

soldier beetle in flight,
Cantharidae: *Cantharis* sp.

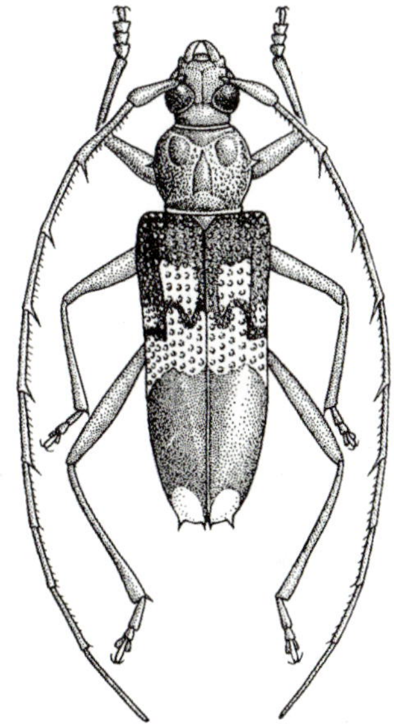

longhorn beetle, Cerambycidae:
Phoracantha semipunctata

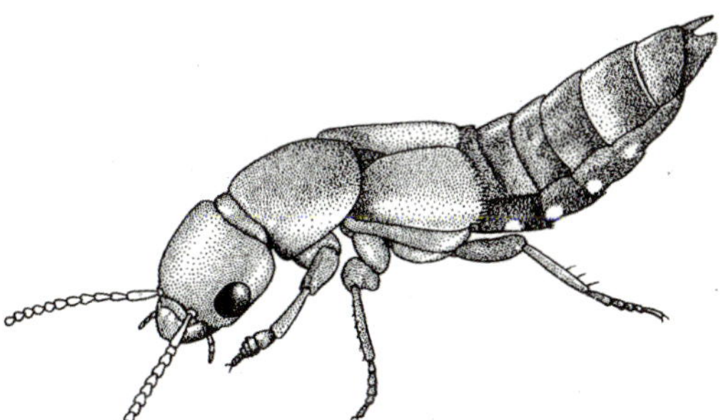

rove beetle, Staphylinidae:
Staphylinus caesareus

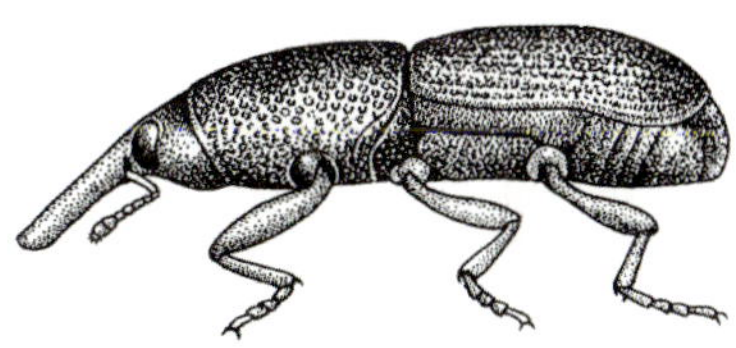

granary weevil, Curculionidae:
Sitophilus granarius

4개 아목(원시아목, 식균아목, 식육아목, 그리고 풍뎅이아목)에 35만 종으로 알려진 딱정벌레목은 아마 곤충에서 가장 큰 목일 것이다. 비록 과 수준에서의 분류가 명확하지 않지만, 약 500개의 과와 아과가 있는 것으로 인식되고 있다. 성충 딱정벌레는 크기가 작은 것에서부터 크기가 큰 것 까지 다양하지만, 이들은 보통 매우 경화되고, 심지어 강화되어 있으며, 대게는 소형이다. 딱정벌레는 완전 변태를 한다. 구기는 큰 턱이 잘 발달되어 있다. 그리고 겹눈이 잘 발달된 것부터(종종 심지어 중앙에 있는 맥(중맥)에 까지 발달된), 없는 것까지 다양하다; 홑눈은 대게 없다. 더듬이는 11마디이거나 종종 그 보다 적은 수의 마디를 가지고 있다.(예외적으로 수컷의 Rhipiceridae은 20개 마디를 가진다). 앞가슴은 뚜렷하고 크며 측면에 기절이 뻗어있다; 가운데 가슴은 작고(최소 등부분에), 날개를 지탱하는 뒷가슴과 융합되어있다. 앞날개는 경화되었고, 견고한 겉날개(elytra)로 변형되었는데(그림 2.22d & Plate 1.2, facing p.14), 그 겉날개(elytra)의 움직임은 날개를 들어 올리는데 도움을 주며, 비행 전 후에 열고 닫을 때에만 가능하다. 겉날개(elytra)는 뒷날개와 수분손실을 방지하는 복부 기문을 덮고 있다. 뒷날개는 비행을 하기 위해 폈을 때 겉날개보다 더 길다(왼쪽 위쪽에 삽화된 군인 딱정벌레처럼 Cantharis sp.(Cantharidae), Brackenbury 1990년 이후). 뒷날개는 다양하게 축소된 시맥(venation)을 갖고 있으며, 대부분이 complex pleating과 연관되어 있어 심지어 후자(겉날개)의 크기가 Staphylinus caesareus와 같은 Rove beetle(Staphylinidae)에서 같이 감소됐지만 세로와 가로로 접혀지는 것이 가능하다. 다리는 매우 다양하게 발달되었고, 기절(coxae)은 때때로 크고 움직일수 있다; 부절은 주로 5 마디이나 많은 경우에 그보다 작은 경우도 있다. 그리고 다양한 형태의 발톱과 접착성 구조를 가진다(그림 10. 3). 다리는 흙이나 나무를 파기에 적합하거나 수영을 하고 또는 뛰기에 적합하도록 변형되었다. 암컷의 복부는 9마디로 이루어져 있고, 수컷은 10마리로 되어있다. 적어도 말단의 마디는 오그라들어 있다; 복판은 보통 딱딱하게 경화되었고, 배판보다 좀 더 단단하다. 암컷은 튼튼한 산란관을 가지고 있는 반면에 수컷의 외부생식기는 기본적으로 세 갈래로 나누어져있다. 미모는 없다.

유충은 다양한 형태를 보인다. 그러나 대부분은 경화된 머리경편과 마주보고 있는 대악 그리고 5마디의 흉부 다리로 알 수 있다. 형태적으로 비슷한 인시류 유충과는 crochet-bearing proleg와 중간에 입술모양의 견사샘이 없는 것을 보고 구별할 수 있다. 유사한 잎벌아목 벌 유충은 복부 마디의 2~7개 부분에 앞다리가 위치한다. 딱정벌레 유충은 몸체 모양과 다리 구조가 다르다; 어떤 것은 다리가 없다(모든 흉부다리가 없다; 그림 6.6g), 반면에 다리를 갖고 있는 유충은 campodeiform(가슴에 긴다리를 갖고 있는 prognathous; 그림 6. 6e), **eruciform**(짧은 다리를 갖고 있는 grub-like 모양), or **scarabaeiform**(긴다리를 갖고 있는 grub-like 형태)의 세 가지 형태를 보여준다. 용화는 흔히 특별하게 만들어진 방이나 챔버에서 일어난다. 드물게 말피기소관에서 실을 뽑아 고치에서 번데기가 되거나 coccinellid beetles(코시네이드 딱정벌레)에서처럼 노출된 상태에서 번데기가 되기도 한다(그림 6.7j).

딱정벌레는 사실상 모두가 생각할 수 있는 서식지를 차지하고 산다. 예를 들면 담수(Box 10.6), 몇 곳의 해안, 조간대(만조와 간조사이) 해안에 서식하며 무엇보다도, 모든 식물의 외부와 내부(미소서식환경)에서 서식한다. 외부서식환경은 잎(그림 11.1), 꽃, 눈, 줄기, 나무껍질, 그리고 뿌리이고 내부 서식처는 죽은 식물조직의 혹이나 다양한 상태로 분해된 모든 종류의 죽은 식물에서 서식한다. 부생성(부패물을 섭식하는 습성)과 균식성은 아주 흔하고, 배설물과 죽은 시체를 이용한다(selections 9.3 & 9.4, respectively). 기생성은 몇 개의 경우에서 나타나지만 육식성은 빈번히 일어난다. 모든 식육아목과 많은 풍뎅이아과(반딧불이과와 무당벌레과(16장 그림 5.9 그림)에서 거의 일어난다. 초식성인 잎벌레과와 바구미과는 잡초식물의 생물학적 방제 자로 널리 소개되어지고, 무당벌레과는 식물의 해충인 진딧물과 식물의 구균방제하기 위하여 생물학적 방제자로서 이용된다(Box 16.2). 일부 딱정벌레는 목초지와 작물(특히 풍뎅이과)뿌리의 중요 해충이며, 목재(Phoracantha semipunctata 경우와 같은 하늘소과, 오른쪽 위에 삽화, after Duffy 1963)의 해충이며, 저장곡물(곡물바구미, 그라나리아 쌀바구미(바구미과), 아래 오른쪽에 삽화)의 해충이다. 최근 이들 바구미는 건조한 조건에 적응한 경향이 있어서 저장중인 곡물이나 곡식으로 만든 것, 콩, 건조된 동물의 가죽과 같은 곳에서도 번식을 한다.

계통분류학적 관계는 7.4.2절에서 다루어졌으며, 그림 7.2에 묘사되어있다.

Box 11.11 나비목

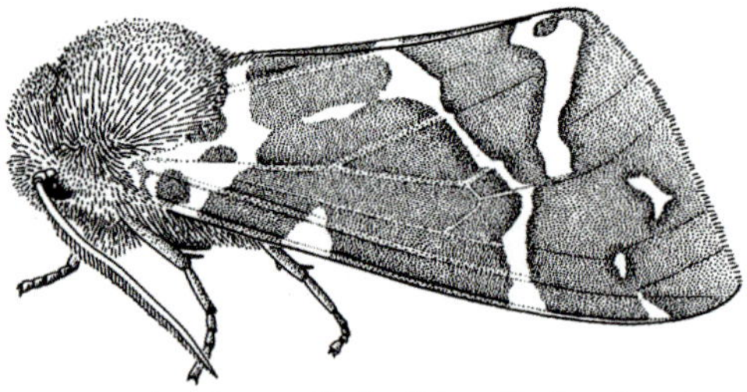

garden tiger moth, Arctiidae: *Arctia caja*

cabbage white butterfly, Pieridae: *Pieris rapae*

크기면에서 120개 이상의 과에서 밝혀진 160,000종과 대중성에서, 많은 아마추어, 전문 곤충 학자들은 나비목에 대해 연구를 하며 특히 나비들에 대해 연구하는 것에서 나비들은 주요한 곤충 목들 중의 하나이다. 나비목의 소수 종을 포함하는 3/4 아목들과 화려한 Ditrysia(이문나방아목)을 포함하는 가장 큰 아목인 Glossata의 주둥이들의 특징 결여는 생식기에서 유일하게 드러나는 복부 특징에 의해 구분된다. 성충 lepidopteran의 크기 범위는 매우 작은 것부터(몇몇 microlepidopteran) 날개 길이가 30 cm 정도인 큰 것까지 있다. 성장은 완전변태이다

(chapter 6의 삽화). 머리는 아랫입틀식이고, 고리 사슬모양으로 꼬인 주둥이는 매우 신장된 작은 턱 돌기로부터 형성된다. 큰 입술의 촉수는 보통 존재한다. 반면 비록 아래턱뼈가 원시적으로 존재할지라도 다른 입부분은 존재하지 않는다. 겹눈은 크고, 홑눈과 **chaetosemata**(paired sensory organs lying dorsolateral on the heade)은 많이 존재한다. 안테나는 다양한 체절로 이루어져 있다. 종종 나방에서는 빗살모양이고, 나비에서는 끝에 혹이 있는 모양 혹은 곤봉모양이다. 각각의 쌍을 이루는 막상의 날개가 있는 전흉의 크기는 작고, 이에 반해 가운데 가슴은 크고 scutum과 scutellum을 지지하고 있고, 측면 어깨판은 각각의 앞 날개의 기부를 보호한다. 뒷가슴은 작다. 날개는 두층의 scales(인분)로 완전히 덮혀 있고(평평하게 변형된 macrotrichia), 뒤쪽과 앞날개는 frenulum과 jugum에 의해 연결되어있거나 혹은 단순히 겹쳐져 있다. 날개의 시맥은 널리 퍼진 세로 시맥과 몇몇 십자형 시맥 그리고 몇몇 현저하게 원반 모양의 큰 cell로 이루어져 있다. 알은 길고, 보통 다섯 개의 tarsmere 때문에 걷기에 적당하다. 복부는 10개의 체절로 이루어져 있다. 체절 1은 일정치 않게 변형되어있고, 체절 9와 10은 외부생식기로 변형되어 있다(그림 2.23a). 암컷의 내부 생식기는 매우 복잡하다.

구애 동작을 포함한 짝짓기 전의 행동은 종종 페로몬을 포함한다(그림 4.7&4.8). 암컷과 수컷이 공중에서 만나도 짝짓기는 땅이나 혹은 편한 자리에서 이루어진다. 알들은 유충의 먹이가 될 기주식물에 알을 밀집해서 또는 듬성듬성 낳는다. 알의 수와 집합체의 정도는 매우 다양하다. 휴면은 일반적이다.

나비류 유충들은 경화된 하구식 또는 전구식 두피, 저작형 구기, 6개의 측단 안에 의해 구분 되어질 수 있다. 침샘의 산물은 입술의 하순전기절의 중앙의 정점에 있는 특질적인 방적돌기(실이 나오는 구멍, **spinneret**)에서 나온다. 번데기는 보통 실크로 둘러싸인 고치를 포함하고, 전형적으로 adeticous와 obtect(부속지가 몸에 붙은)(a **chrysalis**)(그림 6.7 g~i)이고, 오직 몇몇 복부체절은 융합되어있지 않다. 초기의 그룹의 번데기는 exarate(부속지가 몸에 붙지 않은)이다.

성충 Lepidopteran은 액체형의 양분을 이용한다. nectar, honerdew, seepage를 살아있거나 쇠퇴하는 식물로부터 얻고, 몇몇 종은 과일을 뚫어서 얻는다. 그러나 아무도 살아있는 식물의 도관으로부터 수액을 받지 못한다. 많은 종은 자신의 먹이를 질소를 함유한 동물의 분비물(waste)을 먹이로 하여 보충한다. 대부분 유충 먹이는 고등 식물과 중요한 초식성 곤충으로부터 나타난다. 몇몇 초기의 종은 피자식물이 아닌 것을 먹이로 하거나 몇몇은 곰팡이를 먹이로 한다. 현저하게 곡식좀나방(Tineidae(wool moth)) 중에서 일부는 포식자들이고 나머지는 분해자 이다. 나비유충은 특히 노출되어 있는 상태에서 섭식할 때 암시(crypic)하거나 독성으로 포식자에게 경고하기위해 보호색을 나타낸다. 29종 유충의 기주로부터 유래된 독들은 맛없어 보이는 것과 방어적 의태를 포함하는 포식자에 대항하는 성충에 의해 나타나게 된다.

비록나비들은 나방들에서 나눠지는 것은 고려되어지지만, 단계통군으로부터 나비들은 나비목의 계통 내에서 밀접하게 존재하나 모든 나방들에 대해 자매그룹이 아니다. 나비들은 낮에 활동하는 반면 나방들은 밤이나 해질녘에 활동한다. 일상에서 나비들은 날개를 몸위로 수직으로 세우지만(여기서 보듯 배추흰나비는 오른쪽) 대조적으로 나방들에서는 날개를 수평 또는 몸 주위를 덮는다(보는바와 같이 불나방은 왼쪽); 일부 나비류 종들은 날개가 짧은 성충들이나 종종 완벽하게 날개가 없는 성충 암컷들이다(see plat 4.7).

계통적 관계들은 7.4.2절에서 고려되어졌으며, 그림 7.2와 7.7에서 나타내어졌다.

참고 문헌

Bernays, B.A. (1998) Evolution of feeding behaviour in insect herbivores. *BioScience* **48,** 35-44.

Cook. J.M. & Rasplus, J.-Y. (2003) Mutualists with attitude: co-evolving fig wasps and figs. *Trends in Ecology and Evolution* **18,** 241-8.

Farrell. B.D .. Mltter, C. & Futuyma, D.J. (1992) Diversification at the insect-plant interface. *BioScience* **42,** 34 - 42.

Herrera. C.M. & Pellmyr, O. (eds.) (2002) *Plant-Animal Interactions.* Blackwell Publishing. Oxford.

Huxley. C.R. & Cutler. D.F. (eds.) (1991) *Ant-Plant Interactions.* Oxford University Press. Oxford.

Johnson. W.T. & Lyon. H.H. (1991) *Insects that Feed on Trees and Shrubs,* 2nd edn. Comstock Publishing Associates of Cornell University Press, Ithaca, NY.

Karban, R. & Agrawal. A.A. (2002) Herbivore offense. *Annual Review ofEcology and Systematics* **33,** 641-4.

Karban, R. & Baldwin, LT. (1997) *Induced Responses to Herbivory.* University of Chicago Press, Chicago, IL.

Landsberg, J. & Ohrnart, C. (1989) Levels of insect defoliation in forests: patterns and concepts. *Trends in Ecology and Evolution* **4,** 96-100.

McFadyen. R.E.C. (1998) Biological control of weeds. *Annual Review ofEntomology* **43,** 369 -9 3.

Miles, P.W. (1999) Aphid saliva. *Biological Reviews* **74,** 41-85.

Nilsson, L.A. (1998) Deep flowers for long tongues. *Trends in Ecology and Evolution* **13,** 259-60.

Pellmyr, O. (1992) Evolution of insect pollination and angiosperm diversification. *Trends in Ecology and Evolution* **7,** 46-9.

Price, P.W. (1997) *Insect Ecology*, 3rd edn. John Wiley & Sons, New York.

Price, P.W. (2003) *Macroevolutionary Theory on Macroecological Patterns*. Cambridge University Press, Cambridge.

Raman.. A .. Schaefer, C.W. & Withers, T.M. (eds.) (2004) Biology, *Ecology, and Evolution oj Gall-Inducing Arthropods*. Oxford & ffiH Publishing, New Delhi.

Resh, V.H. & Carde, R.T. (eds.) (2003) *Encyclopedia oJ Insects*. Academic Press, Amsterdam. [Particularly see articles on phytophagous insects; plant-insect interactions: pollination and pollinators.]

Room, P.M. (1990) Ecology of a simple plant-herbivore system: biological control of *Salvinia*. *Trends in Ecology and Evolution* **5,** 74-9.

Rosenthal, G.A. & Berenbaum, M.R. (eds.) (1992) *Herbivores, their Interactions with Secondary Plant Metabolites*, 2nd edn. Academic Press, San Diego, CA.

Speight, M.R., Hunter, M.D. & Watt, A.D. (1999) *Ecology oj Insects. Concepts and Applications*. Blackwell Science, Oxford.

Thompson, J.N. (1989) Concepts of coevolution. *Trends in Ecology and Evolution* **4,** 179-83.

Wasserthal. L.T. (1997) The pollinators of the Malagasy star orchids *Angraecum sesquipedale, A. sororium and A. compactum* and the evolution of extremely long spurs by pollinator shift. *Botanica Acta* **110,** 343-59.

Watt, A.D .. Stork, N.E. & Hunter. M.D. (eds.) (1997) *Forests and Insects*. Chapman & Hall, London.

White, T.C.R. (1993) *The Inadequate Environment. Nitrogen and the Abundance oj Animals*. Springer- Verlag, Berlin.

Whitham, T.G., Martinsen. G.D., Floate. K.D., Dungey, H.S., Potts. B.M. & Keirn, P. (1999) Plant hybrid zones affect biodiversity: tools for a genetic-based understanding of community structure. *Ecology* **80,** 416-28.

Willmer, P.G. & Stone, G.N. (1997) How aggressive antguards assist seed-set in Acacia flowers. *Nature* **388,** 165-7.

12장

곤충의 사회성

Vespid wasp nest. (After blaney 1976.)

곤충에 대한 행동 연구는 인기 있는 연구 분야 중 한 분야이고 광범위한 분야에서 이론적으로 높이 평가된 연구가 진행되고 있다. 몇몇 곤충들의 확산, 특히 그 중에서도 개미와 흰개미의 확산은 단독생활에서 사회생활로의 대변화에 의한 것으로 생각되어진다.

사회성 곤충들은 생태학적으로 성공하였으며 인간의 삶에 중요한 영향을 미친다. 우산개미(Leaf-cutter ants, *Atta* spp.)는 신열대구(Neotropics)와 미국내 남서부 사막 지역에서 주요 초식동물들만큼의 많은 종류의 식물 종자를 수확하는 개미이다. 생태학적으로 우점종인 "tramp" 개미는 농업, 야외활동 및 생물종 다양성(Box 1.2 참조)에 위협을 줄 수 있다. 많은 열대지역에서 흰개미는 적어도 지렁이만큼 토양을 헤집는다. 사회성 곤충의 수적 우세는 상상을 초월하여 일본 불개미(*Formica yessensis*)의 초대형 집단의 경우 45000개의 서로 연결된 둥지 사이에 3억600만 마리의 일개미와 100만 마리 이상의 여왕개미가 2.7 km^2이 넘는 광범위한 지역에 서식하고 있다. 서아프리카 초원지대(Savanna)의 경우, 헥타르 당 200만 마리에 달하는 각 종 개미가 서식하는 것으로 조사되었고, 군대 개미(*Dorylus* sp.)의 단일 군집의 경우에는 군집 내 200만 마리 이상의 일개미가 서식할 것으로 추정된다. 농작물과 원예 작물의 수분뿐만 아니라 상업용 벌꿀을 생산하는 꿀벌의 가치는 미국에서만 한 해 수십억 달러에 이른다.

사회성 곤충들은 분명히 우리들의 삶에 영향을 준다. 넓은 의미로서 사회성의 정의는 어떤 방법으로든지 종내 다른 곤충과의 관계를 갖는 모든 곤충들을 포함시킬 수 있다. 그러나 곤충학자들의 관점에서의 **사회성**은 **상호협동관계**로서의 의미로 제한된다. 사회성 곤충 중에서 생식작용에서 서로 상호협조하고 역할을 분담하는 진사회성 곤충(**Eusocial insects**)과 상호협력관계 및 역할 분담이 떨어져 다소 사회성이 결여된 아사회성 곤충(**Subsocial insects**)으로 나눌 수 있다. **단독생활**을 하는 곤충들은 사회적 행동을 보이지 않는다.

진사회성은 세 가지 특징에 의해 정의된다.

1 생식능력이 있는 개체를 돕는 생식능력이 없거나 불임인 개체군이 포함된 **계급구조**로서의 분업구조
2 어린 개체를 돌보는 군집 구성원들 사이의 상호 협동
3 군집의 기능에 기여 할 수 있는 여러 세대의 겹침

진사회성은 이번 장의 삽화에서 그려진 말벌 연구 논문의 말벌과 같이 모든 개미와 흰개미 그리고 몇몇 꿀벌과 말벌과 같은 곤충에만 제한된다. 아사회성은 몇몇 바퀴벌레류(Cockroches), 흰개미붙이류(Embiids), 총채벌레류(Thysanopterans), 노린재류(Hemipterans), 딱정벌레류(Beetles), 그리고 벌류(Hymenopterans)를 포함하여 13목의 곤충에서 독립적으로 일어났던 것으로 알려진 광범위한 현상이다. 곤충의 생활방식이 점점 더 잘 알려지면서 아사회성의 형태는 더 많은 목에서 발견될 수 있다. "전사회성(Presociality)"이라는 용어는 종종 진사회성의 진정한 의미로서 이해되지 못하는 사회적 행동에 대하여 사용되었다. 그러나 전사회성이 진사회성으로 진화하였다는 진화적 전조설은 여러 면에서 맞지 않았으며, 결국 무효화되었다.

이 장에서 꿀벌류, 말벌류, 개미류 및 흰개미류의 진사회성에 대해 상세히 설명하기 전에 아사회성에 대해 다룰 것이다. 또한, 진사회성의 기원과 성공과 관련된 몇 가지 개념으로 결론을 내릴 것이다.

12.1 곤충에서의 아사회성

12.1.1 집단

멕시코와 캘리포니아의 특정지역에서 집단으로 월동을 하는 왕 나비(Monarch butterflies)와 같이 생식작용에 있어서 진사회성 곤충처럼 역할분담 및 계급구조를 갖지 않는 집단이 사회적 상호작용의 예이다(Plate 3.5 참조). 많은 열대 나비들, 특히(색이나 냄새로 맛이 없게 보이거나 경고 신호를 가진) **의태 종**의 집단들이 보금자리를 형성한다. 의태 초식성 곤충들은 종종 섭식활동을 위해 눈에 띄는 집단을 형성하며, 때로는 선호하는 지역에서 동종개체를 유인하기 위해 페로몬을 이용하기도 한다(4.3.2절 참조). 단독 의태 곤충은 집단을 이루는 개체보다 천적에 쉽게 눈에 띄어 더 큰 위험에 처해 진다. 같은 종이든 여러 종이든 눈에 띄게 사회적 집단을 구성한다는 것은 천적으로부터 개체를 보호하는 경고색의 이점을 최대한 공유할 수 있게 하며, 천적에 대한 학습에 아주 효율적이다.

12.1.2 사회적 행동으로서 어미의 보살핌

어미의 보살핌 역시 사회적 행동으로 간주되어 진다. 진정

으로 어미의 보살핌을 보여주는 곤충은 거의 없으며, 그 보살핌의 정도는 아주 빈약하나 그렇다고 해서 알들을 아무 곳이나 임의적으로 산란하지는 않는다. 암컷은 적합한 산란 위치를 선택하며 알을 보호하기 위한 환경을 제공하고 부화한 새끼를 위해 적당한 양식을 제공한다. 산란시기의 암컷은 알주머니와 함께 산란하여 알을 보호하거나 암컷의 산란관을 적당한 곳에 직접 넣어 산란하거나 둥지와 같은 구조물을 위해 주변 환경을 개조하여 알들을 보호한다. 관례적으로 어미의 보호는 새끼를 위한 식량의 준비와 새끼 보호를 포함한 산란 또는 부화 이후의 배려에서 볼 수 있다. 어미의 보호는 기본적으로 둥지의 구조를 만들어 새끼를 보호하거나 구조물 없이 보호하는 것으로 구별할 수 있다.

둥지 없이 새끼돌보기

대부분 곤충들의 높은 사망률은 알이나 처음 유충기의 첫 탈피를 할 때 높게 나타나며 많은 곤충들은 이 시기에 자신을 보호할 수 있는 성숙한 유충이나 약충의 단계까지 도달하기 위해 최선을 다한다. 알 그리고 유충기에 스스로를 보호하는 주요 곤충은 바퀴목(Blattodea), 메뚜기목(Orthoptera), 집게벌레목(Dermaptera), 흰개미붙이목(Embiidina), 다듬이벌레목(Psocoptera), 총채벌레목(Thysanoptera), 노린재목(Hemiptera), 딱정벌레목(Coleoptera) 및 벌목(Hymenoptera) 등이다. 진사회성 곤충인 흰개미가 바퀴벌레와 관련 종이기 때문에 흰개미의 진사회성이 아사회성의 전 단계라고 추측하는 경향이 있다. 아사회성 곤충이며 바퀴벌레과에 속하는 바퀴벌레 어미의 보살핌을 포함한 사회적 행동과 계통분류학적 위치(그림 7.4)는 사회성의 기원에 대한 견해를 보여주고 있으며, 12.4.2절에서 보다 상세히 설명되어질 것이다.

알과 이른 탈피를 돕는 것은 전적으로 암컷의 몫이다. 아직까지 수컷의 보호에 대해서는 열대지방에 서식하는 침노린재(Reduviidae)와 물장군(Belostomatidae) 등의 몇몇 노린재목에서만 알려져 있다. 물장군(Belostomatidae) 암컷은 교미 후에 수컷의 등위에 작은 덩어리의 알을 산란한다. 만약 소홀히 관리되어지면 죽을 수도 있는 알들은 수컷에 의해 다양한 방법이 동원되어 보호된다(Box 5.5 참조). 초기 약충기의 어린 새끼를 보호하는 노린재류의 암컷(또는 몇몇 흡혈노린재 수컷) 과는 달리 물장군의 약충은 보호받지 못한다. 위에서 언급된 어린 약충을 보호하는 성충을 실험적으로 제거하게 되면 질병이나 천적에 의한 포식으로 인해 알이나 약충의 손실이 급격히 증가하게 된다.

새끼 돌보기의 또 다른 기능은 병원균이 없도록 알을 보호하고, 알의 성장을 위해 적당한 환경조건을 유지하며 갓 깨어난 유충들이 무리를 짓도록 하고, 때로는 직접 먹이를 먹이기도 하는 것이 포함된다. 특별한 경우로서 뿔매미류(노린재목: 뿔매미과)는 개미에게 그들의 새끼를 돌보게 한다. 개미는 뿔매미류의 새끼들로부터 감로(Honeydew)를 얻어먹는 대신 천적으로부터 새끼들을 보호한다. 일단 천적으로부터 새끼들을 보호해주는 개미들이 존재하게 되면 첫 배 새끼들의 돌보기를 중단하고 두 번째 배의 새끼들을 보호하는데 열중하게 된다. 또 다른 종류의 뿔매미는 깨어날 새끼들을 보호할 개미가 없거나 이미 개미가 보호하고 있는 보다 큰 뿔매미 약충 무리가 발견되면 알을 버리게 된다.

나무속을 파먹는 많은 종류의 딱정벌레들은 다음 부분에서 설명된 둥지 및 진사회성과의 경계에 대한 보다 진보된 아사회성 보호에 대해 잘 보여주고 있다. 예를 들어 모든 사슴벌레붙이과(딱정벌레목)는 유충과 성충이 집단을 이루며, 성충들은 유충들의 먹이를 위해 죽은 나무를 잘게 씹어 놓는다. 몇몇 Ambrosia beetle(바구미과)는 그들의 새끼를 위해 지하통로를 준비하며(9.2절), 통로 안에서 유충은 어미가 키워서 준비해둔 곰팡이를 먹고 지내며 통로 입구는 수컷에 의해 보호된다. 이와 같은 먹이를 위한 통로를 둥지라 지칭하던지 못 하던 지가 관건이다.

하나의 둥지에서 새끼돌보기

둥지는 오래 전에 이미 만들어졌거나 새로 지어진 구조물 안에 어미가 알을 산란하고 어린 새끼를 위해 먹이를 공급하는 사회적 행동이다. 이와 같이 정의되어진 둥지는 다섯 곤충 목에서만 나타난다. 둥지를 만드는 아사회성 곤충 목인 메뚜기류(Orthoptera), 집게벌레류(Dermaptera), 딱정벌레류(Coleoptera)는 아래에서 언급이 되며, 진사회성 벌류(Hymenoptera)의 둥지와 진사회성 흰개미의 거대한 개미집에 대해서는 이 장의 후반부에 설명되어 있다.

집게벌레의 암수 모두 둥지에서 겨울을 보낸다. 봄에 암컷은 알을 돌보기 시작하면서 수컷을 쫓아낸다(그림 9.1). 몇몇 종의 암컷 집게벌레들은 어린 약충들을 위해 먹이를 찾고 준비한다. 땅강아지들과 땅에 둥지를 만드는 다른 종의 귀뚜라미들 역시 유사한 행동을 보인다. 둥지를 짓는 광범위한 행동양상은 특히 쇠똥구리(Scarabaeidae)와 송장벌레(Silphidae)와 같은 딱정벌레류에서 찾아볼 수 있다. 이 곤충들은 일시적으로 짧은 기간 동안 모였다가 흩어져 있지만 영양이 풍부한 배설물(동물 사체)은 먹이 경쟁을 야기시킨다. 신선한 재료가 발견되면 쇠똥구리들은 배설물이 마르거나 경쟁자에게 빼앗기지 않기 위해 적당한 크기로 자른 배설물을 땅에 묻는다(9.3절과 그림 9.5 참조). 몇몇 왕쇠똥구리들은 적당한 크기로 잘라 동그랗게 만든 다음 굴려서 운반하며, 다른 종들은 흙으로 배설물을 덮는다. 보통 암컷과 수컷이 협동하지만, 대부분 암컷이 땅을 파고 유충을 위한 배설물 먹이를 준비한다. 암컷은 이렇게 땅속에 파묻은 배설물 위에 알을 산란하며 몇몇 종의 암컷은 산란 후에는 더 이상 관심을 갖지 않게 된다. 그러나 새끼 돌보기는 일반적으로 암컷이 병원균을 제거하거나 혹은 어미의 보호 대신 개미로 하여금 천적들로부터 유충을 보호하게 하는 다른 종류들의 곤충에서 더욱 잘 발전되어져 있다.

벌목(Hymenoptera) 중에서 아사회성 곤충의 둥지는 침을 갖고 있는 벌아목(Apocrita)내의 청벌상과(Chrysidoidea), 말벌상과(Vespoidea) 및 꿀벌상과(Apoidea)에서만 볼 수 있으며(그림 12.2), 이들 말벌과 벌들은 곤충 중에서도 새끼를 많이 기르며 다양한 둥지를 만드는 곤충들이다. 꿀벌을 제외하고 거의 모든 벌들의 성충은 유충의 먹이가 되는 다른 절지동물 먹이를 공격하고 무력화시키는 포식자이다. 말벌들은 먹잇감이 직접 만든 굴을 이용하는 것(대모벌과, Pompilidae) 에서부터 먹이를 잡은 후 단순한 구조의 구멍을 파던가(소수 종의 구멍벌과, Sphecidae), 혹은 먹이를 잡은 후 구멍을 파는(대부분의 구멍벌)것 까지 보다 복잡한 먹이 취급방법과 다양한 둥지와 관련된 일련의 전략들을 보여준다. 벌과 꽃가루를 수확하는 말벌(Masaine wasps)들은 유충을 위한 먹이로서 절지동물을 대신해서 꽃가루를 수확하고 저장한다. 침을 가진 벌들의 둥지는 1개의 알에서 부화된 유충을 위해 하나의 먹이만을 놓아둔 하나의 구멍에서부터 일직선상이나 원형의 여러 개의 방을 가진 복잡한 구조의 둥지까지 다양하다. 초기의 둥지는 나중에 일반 흙이나 모래로 만들어 질 이미 뚫려진 구멍이었다. 이 후 식물질(나뭇가지, 썩은 나무 및 심지어 어리호박벌(Xylocopini)의 경우 단단한 나무조직)을 이용하거나, 살아있는 식물의 일부분을 씹어서 둥지를 만들거나(가위벌류, Megachilinae), 진흙을 이용하거나(호리병벌류, Eume-ninae), 침을 이용하는(어리꿀벌류, Colletinae) 등 독특한 재료를 이용하게 된다. 벌들에 의해 다양하게 이용되는 천연물질들은 진흙, 각종 식물질과 수정의 대가로서 식물이 분비하는 수액, 수지 및 오일이나 깍지벌레 표면을 둘러싼 왁스 등을 포함한 것들로서 둥지내의 각 방들을 만들거나 봉쇄하는데 이용된다. 호리병벌류(Eumeninae)와 같은 몇몇 아사회성 곤충은 동일종의 많은 개체가 한 곳에 모여 둥지를 가까이에 짓는다.

공동의 둥지에서 새끼 돌보기

둥지를 만들기 위한 적당한 조건이 조성이 되지 않거나 환경조건의 변화로 여의치 않게 되어 공동 둥지의 필요성이 대두되었을 것이다. 심지어 둥지를 만들기 위한 최적의 조건이 주어졌음에도 불구하고 많은 종류의 아사회성 벌류나 모든 진사회성 벌류는 둥지를 공동으로 사용한다. 공동의 둥지에서 다음 세대의 성충들이 자기가 태어난 둥지에 있게 되면 둥지에 필요한 자원을 공동으로 이용할 수 있게 되며 기생충이나 질병에 대해 공동 대처할 수 있게 된다. 그러나 아사회성 종에서의 공동 둥지는 '반사회성' 혹은 이기적 행동양상을 야기시켜 종종 먹이 탈취나 둥지 탈취가 일어나 천적이나 동일종의 다른 집단으로부터 둥지를 보호하는데 많은 시간이 걸리는 경우가 발생하게 된다. 더구나 말벌이나 벌들의 자신들의 공동 둥지로 안내하는 단서는 곧 다른 천적이나 기생충에게 둥지의 위치를 직접 알려주게 되는 계기가 되기도 한다. 아사회성 종의 공동둥지는 구멍벌류(Sphecidae), 꼬마꽃벌류(Halictinae), 가위벌류(Megachilinae), 애꽃벌류(Andreninae)에서 알려져 있거나 추정되어 진다.

산란 후에 암컷 꿀벌과 말벌은 종종 다음 세대가 성충으로 성장할 때 까지 둥지에 남아 있다. 일반적으로 그들은 새끼를 보호할 뿐만 아니라 유충들의 배설물을 제거하고 둥지의 위생을 유지한다. 둥지로의 먹이 공급은 공동생활을 하는 많은 종류의 구멍벌과 아사회성 벌의 경우처럼 한꺼번에 많은 먹이를 공급하거나, 많은 종류의 말벌 류에서 보듯이 유충이 자라 스스로 새로운 먹이를 보충하게 된다.

아사회성 진딧물과 삽주벌레

Pemphiginae와 Hormaphidinae(반시류: Aphididae)아

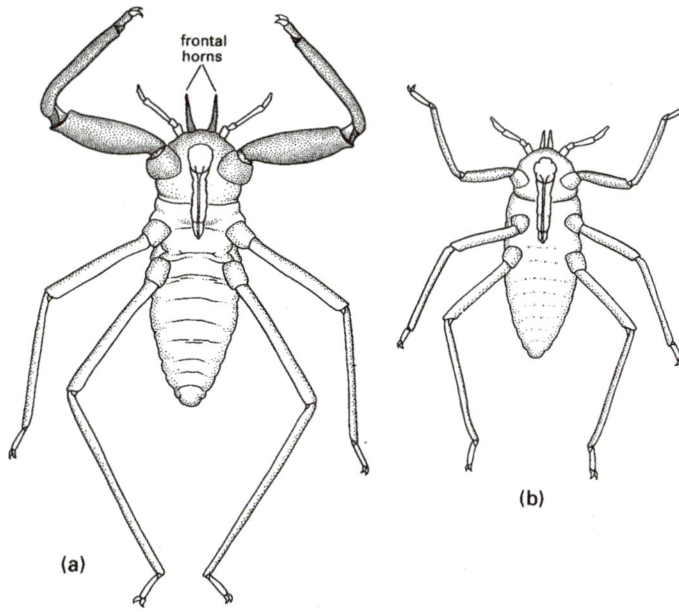

그림 12.1 아사회성 진딧물인 *Pseudoregma alexanderi*(Hemiptera: Hormaphidinae)의 1령 약충. (a) 앉은뱅이 모양의 병정 진딧물, (b) 정상적인 약충. (Miyazaki 1987b.)

과에 속한 어떤 진딧물은 희생적인 중성 병정 계급으로서 공격적인 행동과 성충으로 자라지 못하는 1령 또는 2령의 유충을 가지고 있다. 병정진딧물은 경피화의 결과로서 앉은뱅이와 같은 앞다리를 갖고 있으며 이마의 뿔이나 뾰족한 구기를 이용하여 침입한 적을 공격한다(그림 12.1). 이처럼 변화된 개체들은 경쟁자로부터 섭식장소를 방어하거나 천적으로부터 군집을 보호하는데 효과적이다. 동일한 어미 진딧물로부터 단성 생식으로 태어난 새끼 및 병정계급의 유충은 일반 유충과 유전적으로 동일하지만 생식을 하지 못하며 확연히 차이가 나는 병정계급의 유충(혈연도태를 통해서 포괄적응도 증가의 결과로서)은 유리한 진화의 결과일 것이다(12.4절). 유사한 현상으로서 또 다른 유사 관련 종의 진딧물에서 찾아볼 수 있다. 그러나 이 경우에 모든 유충들은 일시적으로 병정계급이 되며 나중에 정상적이고 온순하며 생식을 할 수 있는 개체로 탈피한다. 이처럼 보기 드문 진딧물의 동질이상 현상은 몇몇 학자들에 의한 노린재목이 진사회성을 보여주는 세 번째 목이라는 주장의 뒷받침을 해주는 현상이다. 비록 이들 몇 몇 진딧물 종이 명백하게 생식능력을 갖춘 노동계급을 가지고 있더라도, 이들 진딧물이 다른 진사회성 곤충의 특징, 즉 군집 내 노동계급이 다른 어린 새끼를 돌보거나 여러 세대가 서식하는 등의 진사회성 곤충의 상징성을 찾아볼 수 없다. 여기서 우리는 이들 진딧물의 아사회성 습성을 찾아볼 수 있다.

아사회성 습성의 범위는 삽주벌레(Thysanoptera : Phlaeothripidae)의 몇몇 속에 있는 많은 종에서 볼 수 있다.

적어도 감관총채벌레(Gall thrips)의 사회성 단계는 위에서 언급한 진딧물과 유사하게 나타난다. 삽주벌레의 사회성은 고도로 협동화되어 새끼와 같이 먹이를 구하고 새끼를 돌보며 공동생활하는 파나마의 목재 서식종인 *Anactinothrips*에서 잘 발달되어 있다. 그러나, 이종은 비생식형 암컷은 찾아볼 수 없고, 성충은 유충이 완전히 자라기 전에 새끼 곁을 떠난다. *Anactinothrips*의 아사회성 습성의 발달은 섭식장소가 흩어져 있거나 찾기 어려운 상황에서 유충들이 공동으로 먹이활동을 할 수 있도록 하는데 도움이 된다. 호주의 감관총채벌레 몇 종의 암컷은 앞 다리가 커진 것과 관련된 다양하고 축소된 형태의 날개 변형을 보여주고 있다. 이와같은 "병정"형태는 첫 번째 유충 성장에서 자주 나타나며, 이 형태는 삽주벌레의 다른 종의 침입에 대비해 혹(Gall)을 방어하는 차별화된 것이며 혹을 만들거나 확산이 불가능한 것처럼 보인다. 대부분의 삽주벌레처럼 1마리의 암컷이 혹을 만들고 다양한 형태의 새끼를 낳고 여러 세대들이 서식하게 되는 반배수체를 통해 성이 결정되게 된다. 몇몇 개체에 의해 자신을 희생하는 방어는 새끼와 관련성이 높다는 것이 일반적이다(애타주의: 12.4절). 세대의 겹침은 일반적이며 병정계급은 그들의 이미 죽어버린 어미보다 그들의 형제와 새끼들을 보호한다. 병정계급들은 번식을 하지만 그들의 어미보다는 생식율은 훨씬 떨어진다.

유사사회성과 반사회성

생식형 노동계급은 위에서 언급한 곤충 중에서 아사회성 진딧물에만 국한되어 있다. 즉, 모든 아사회성 곤충의 모든 암컷은 생식을 할 수 있어야 한다. 사회성 벌목(Hymenoptera)에서 암컷들은 생식력 혹은 노동계급의 생식에서 다양성을 보여준다. 이 같은 다양성은 위에서 언급한 아사회성 곤충의 완전한 생식에서부터 생식력 감소를 통한 수컷의 알만 산란하는(호박벌의 일벌) 것 까지 다양하다. 이와 같은 암컷 습성의 범위는 벌목의 사회성 분류에 반영이 된다. 따라서, **유사사회성**은 한배의 새끼를 양육하는 같은 세대로 구성된 공동체이며 비록 같은 시기는 아닐지라도 모든 암컷들이 알을 산란할 수 있다. 반면에 **반사회성**은 한배의 새끼를 양육하는 같은 세대로 구성된 공동체이지만 몇몇 암컷(여왕계급)이 알을 산란하고 생식능력을 갖춘 자매들이 노동계급으로서 일반적인 일을 하고 가끔 알을 산란하는 형태를 말한다. 진사회성과의 차이는 단지 노동계급이 알을 산란하는 여왕계급의 딸이 아니라 자매라는 것이다. 원시 진사회성 벌목에서는 여왕과 노동계급 사이에 형태학적(크기나 모양)으로 다르지 않다.

일부 또는 모든 아사회성 행동은 진사회성 행동의 진화론적 전단계일 것이라고 위에서 설명하였다. 분명한 것은 단독으로 둥지를 짓는 것은 원시적인 행동습성이며 공동으로 둥지를 짓는 습성(나아가 아사회성 습성)은 침을 가진 많은 종류의 벌목에서 독립적으로 발생하였다는 것이다.

12.2 곤충에서의 진사회성

진사회성 곤충은 군집 내에 1마리나 여러 마리의 산란을 주목적으로 하는 **여왕**과 여왕을 보좌하는 **노동계급**의 계급구조를 가지고 있으며, 흰개미나 개미에서 볼 수 있듯이 방어를 위한 **병정계급**을 가지고 있다. 또한 사회성 곤충은 특정 임무를 위한 보다 세분화된 계급구조로 나눌 수 있다. 사회성 곤충의 가장 특이한 점은 여왕과 병정계급과 같은 구성원은 그들 스스로 먹이를 먹을 수 없다는 것이다. 따라서, 노동계급의 주된 임무 중 하나는 성장기의 **새끼**뿐만 아니라 여왕이나 병정계급에게도 먹이를 공급하는 것이다.

가장 기본적인 차이는 수컷과 암컷의 구별이다. 진사회성 벌목에서 **반배수성** 유전 체계를 가지고 있는 여왕은 새끼들의 성을 결정할 수 있다. 반배수성 알에 저장된 정자를 방출하게 되면 수정된 알은 암컷으로 부화되며, 정자와 수정되지 못한 알은 수컷으로 부화되게 된다. 1년 중 대부분 군집 내의 생식형 암컷(여왕이나 **1순위 생식형 암컷**)들은 수정되어 부화된 암컷과 비교하여 수적으로 드물다. 수컷들은 계급화 되어 있지 않으며 드물게 군집 내에 존재하고 짧은 기간 생존하여 짝짓기 이후 바로 죽는다. 흰개미(Isoptera)의 경우 수컷과 암컷은 거의 동일한 기간 동안 나타나며, 암수 모두 노동에 기여한다. 1마리의 흰개미 수컷(**왕개미**)은 영구히 여왕개미와 동반할 것이다.

각기 다른 계급의 구성원들이라도 동일한 부모로부터 태어났다면 유전적으로 가까울 것이며 형태적으로도 유사할 것이다. 혹은 환경 다양성(**Polyphenism**)이 라는 관점에서 환경의 영향에 따라 형태적으로 매우 다를 것이다.

동일 계급 내에서 각 개체는 다른 행동양상을 보이는데 (**Polyethism**) 이는 태어난 이후 각 개체가 맡은 임무가 다르거나(분업화-age polyethism), 태어나는 시기별로 전문화된 임무가 주어지기 때문일 것이다. 사회성 곤충의 계급구조의 복잡성은 벌목(Hymenoptera)에서 볼 수 있는 복잡성의 증가에서 가늠해 볼 수 있으나, 궁극적으로 흰개미의 괄목할만한 계급구조에서 찾아볼 수 있다. 대부분의 진사회성 곤충을 포함한 벌목과 흰개미목의 특징은 Box 12.2와 12.3절에서 설명되어 있다.

12.2.1 초기 진사회성 벌목

원시 진사회성 벌과에는 쌍살벌류(*Polistes*), 나나니벌(그림 12. 2.) 등이 포함된다. 이들 벌류는 모두 형태적으로 유사하며 드물지만 1년 이상 군집 내에서 생존한다. 이들 군집은 초기 보통 1마리이상의 암컷에 의해 형성되지만 곧 1마리의 암컷에 의해 통제되는 일부일처제(**Monogynous**)의 양상을 보이는데, 1마리의 여왕을 제외하고 초기 군집 형성에 참여했던 다른 암컷들은 군집을 떠나거나 군집 내에 남아있더라도 일벌과 같은 계급으로 바뀌게 된다. 여왕벌이라는 계급의 위치는 물거나 쫓거나 음식물을 구걸하는 등의 일련의 물리적인 힘에 의해 얻게 되는데, **싸움에서 이긴 여왕벌**은 알을 산란하는 독점권을 획득하게 되며 군집을 형성하게 된다. 지배권이 완전하게 형성되지 않은 경우 여왕벌이 아닌 암컷이 알을 산란하는 경우가 종종 발생하게 되며 지배권을 획득한 여왕벌은 이 알들을 먹어치우

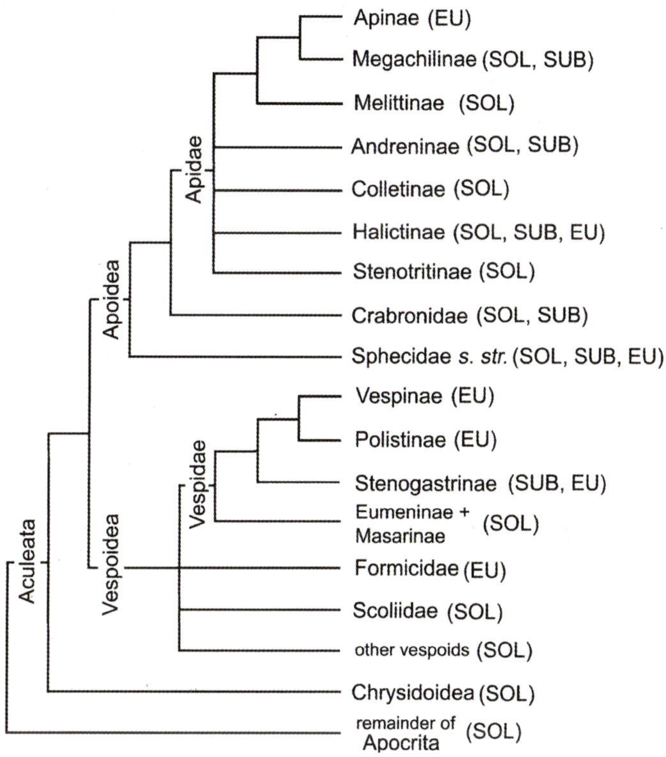

그림 12.2 침을 지니는 벌목(Hymenoptera)에서 사회서의 다양한 기원을 알아내기 위한 분지도(SOL: 단일생활, SUB: 아사회성, EU: 진사회성). 꿀벌상과(Apoidea)에는 구멍벌과(Sphecidae), 은주둥이벌과(Crabronidae), 는쟁이벌과(Ampulicidae), 꿀벌과(Apidae) 등이 포함된다. 전통적으로 벌은 여러 과로 분류되었으나 계통분류학적으로는 맞지 않다. 비사회성인 말버과 꿀벌의 관계는 나타나지 았았다. (Gauld & Bottan 1998, Alexander 1992, Brothers 1999, B. N. Danforth 미발표.)

거나 혹은 군집을 형성하는데 필요한 일벌로 자라게 한다. 군집 형성 초기 암컷들에 의해 생성된 첫 번째 일벌들은 크기가 작지만, 이후에 태어난 일벌들은 영양공급이 좋아져 크기가 커지고 일벌들의 도움으로 산란이 증가하게 된다. 하위계급의 성적 지연이 나타나기도 하는데 만약 여왕벌이 죽게 되거나 실험적으로 제거되게 되면 초기 군집을 만들기 위해 참여했던 하위 계급의 암컷이 여왕의 위치를 대신하거나, 이들마저 없을 경우에는 가장 지위가 높은 일벌이 짝짓기를 하여(수컷이 있을 경우) 수정된 알을 산란하게 된다. 몇몇 다른 종류의 원시 진사회성 벌류는 군집을 유지하는 동안 몇 마리의 기능적 여왕벌을 가진 **일부다처제**(Polygynous)인 반면 또 다른 종들은 기능적인 여왕벌들이 연속적으로 지배하는 연속성 일부다처제(**Serial Polygynous**)이다. 몇 종의 꼬마꽃벌류(Halictinae)와 같은 원시 진사회성 벌들이 이와 유사한 행동습성을 가지고 있다(그림 12.2).

암컷들의 계급에서 여왕벌과 일벌간의 크기를 보면 차이가 없거나 적은 것에서부터 크기가 차이가 나는 것까지 다양하다. 뒤영벌(Apidae: *Bombus* spp.)의 군집은 종종 암컷들 사이에 둥지 자리를 놓고 죽음에 이르는 치열한 싸움 후에 생존한 1마리의 암컷에 의해 만들어진다. 첫 번째 새끼들은 여왕벌의 물리적인 힘과 호전성이나 다른 암컷이 산란한 알들을 먹어치우거나 일벌로 바꾸게 하는 페로몬이라는 수단을 통해 지배권을 획득한 여왕에 의해 일벌들로만 구성된다. 여왕이 없거나 혹은 여왕이 물리적으로나 화학적으로 영향력이 약해지는 시기에 일벌들의 난소는 발달하게 된다. 여왕은 결국 난소가 발달하기 시작하는 일벌들을 지배하는데 실패하게 되고 여왕은 곧 죽임을 당하게 되거나 둥지로부터 쫓겨나게 된다. 이런 일이 발생할 경우 일벌들은 짝짓기 없이도 반수체 알들로부터 수컷 새끼를 생성할 수 있다. 따라서 1순위 생식형 암컷(Gyne)들은 여왕의 수정된 알에서만 탄생될 수 있다.

12.2.2 진화된 진사회성 벌목: 말벌들과 벌들

고도로 진화된 진사회성 벌목은 개미류(Formicidae), 몇몇 말벌류(Vespinae) 및 대부분의 꿀벌과를 포함하는 벌류로 구성된다(그림 12.2 및 12.3). 벌(Bees)은 구멍벌류(Sphecid wasps)에서부터 유래되며, 일반 말벌류와는 해

그림 12.3 3종류의 진사회성 벌류의일벌; 왼쪽부터 호박벌, 꿀벌, Trigona 벌로서 외형적으로 비슷하나 크기와 생태학적 측면(수정 선호방식, 진사회성 정도)에서 차이가 난다.

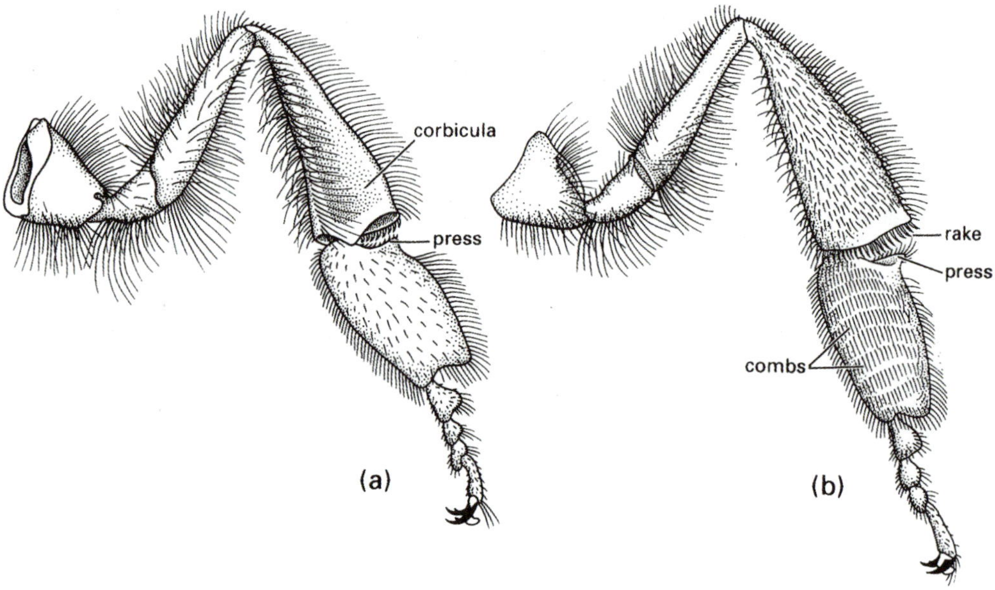

그림 12.4 꿀벌인 *Apis mellifera* (Hymenoptera: Apidae) 일벌의 뒷다리. (a) 바깥쪽 표면에는 Corbicula나 꽃가루 바구니가 있다(가장자리가 강모로 둘러싸여 있으며 가운데가 파인 형태); (b) 내부의 형태. 꽃가루를 Press에 밀어 넣는데 사용하는 Combs와 Rake가 있다.

부학적으로나 생리학적으로도 다르며 식이습성과 관련된 습성 역시 다르다. 대부분의 벌은 유충에게 동물성 먹이보다는 꽃 꿀이나 꽃가루를 먹인다. 형태학적으로 벌은 꽃가루를 모으기 위해 솔 모양의 털(**Scopa**)이나 움푹 파인 바구니 모양의 솜털(**Corbicula**)로 뒤덮인 넓은 형태로 변형된 뒷다리마디와 깃털모양의 체모를 가지고 있다(그림 12.4). 체모에 모아진 꽃가루는 다리를 이용해 다져지고 입이나 뒷다리에 의해 운반된다(Scopa, Corbicula). Box 12.2에 모든 벌목과의 말벌류의 일벌 및 일개미의 형태학적 특성을 포함한 생물학적특성에 대해 묘사하였다.

진사회성 말벌과 벌의 군집과 계급구조

암컷 계급은 그들 겉모습에서 현저하게 다른 동종이형이다. 일반적으로 여왕벌의 크기는 유럽 땅벌류(*Vespula vulgaris*와 *V. germanica*)와 같은 말벌과와 꿀벌(*Apis* spp.)에서 알 수 있듯이 일벌보다 크다. 전형적인 진사회성 말벌의 여왕벌은 특이한 형태의 거대한 불룩한 배(복부)를 가진다. 말벌들의 일벌들의 교미낭은 작아 짝짓기를 하지 못하며 여왕벌이 없을 경우에 일벌들의 난소는 발달하게 된다.

말벌류에서 초기에 군집을 형성한 여왕벌이나 암컷은

첫 번째 새끼는 오직 일벌들만 생성한다. 이들 일벌들이 부화된 직후부터 여왕벌은 먹이 수확을 중단하고 오로지 산란에만 몰두하게 된다. 일단 군집이 성숙하게 되면 이후 수컷들의 비율이 증가하게 되며 결국 암컷들(Gyne)이 생성되게 되어 초기 군집보다 훨씬 규모가 큰 벌집으로 커지게 된다.

일벌들의 임무는

- 유충들에게는 단백질이 풍부한 먹이를 제공하고 성충에게는 탄수화물이 풍부한 먹이의 분배
- 벌집을 청결하게 유지하며 죽은 유충 제거
- 날개를 움직여 벌집 내 환기와 온도 조절
- 출입구 감시를 통한 벌집 방어
- 외부로부터 수분과 달콤한 액체 및 곤충 먹이 공급
- 벌집 구조물 건설과 확장 및 나무를 씹어 펄프를 이용한 내외벽 벌집 수리

개개의 일벌은 위에서 언급한 임무를 수행할 능력을 갖추고 있지만 종종 분업화(age polyethism)에 의해 전문화된 임무를 수행하게 된다. 새로 부화된 일벌들은 주로 벌집 내에 남아 건설이나 먹이배분의 임무를 맡게 되는 경향이 있다. 시간이 지나게 되면 외부로 나가 목재 펄프 수집이나 곤충 먹이 포획 및 유동성 먹이 수집 등의 임무를 맡게 된다. 나이든 일벌들은 주로 출입구를 지키는 임무를 맡게 된다. 새로 임무를 맡게 되는 어린 일벌들은 계속 생성되게 되어 군집 활성을 위한 다양한 형태의 임무를 수행하기 위한 연령별 구조가 형성된다. 군집의 양상은 시기별로도 다양하여 군집 형성 초기에는 대부분의 시간을 먹이활동에 치중하며 먹이가 부족하거나 일벌들의 수가 부족할 경우 군집 성장에 대부분의 시간을 보내게 된다. 시간이 지날수록 수컷의 수가 증가하게 되는데 아마도 이는 여왕벌에 의한 수컷 알의 산란이 증가하던가 여왕벌의 지배력이 떨어져 일벌의 산란에 의한 것일 것이다.

꿀벌인 *Apis mellifera*의 생물학적 특성은 꿀의 경제적 가치와 다른 벌과는 달리 꿀벌의 행동 관찰이 상대적으로 용이하기 때문에 연구가 잘 되어져 있다(Box 12.1). 꿀벌의 일벌은 여왕벌과는 달리 크기는 더 작고 밀납선(Wax gland)을 가지고 있으며 각각의 뒷다리에는 꽃가루를 수집하기 위한 조직(Pollen Comb, Corbicula)이 있으며 한 번 사용하면 집어넣지 못하는 가시가 있는 침을 가지고 있다. 그리고 또 다른 특징은 일벌은 일을 연합하여 같이 수행한다. 여왕의 침은 거의 가시가 없으며 여왕의 자리를 노리는 암컷이 연속적으로 공격할 경우를 대비해 재사용이 가능하다. 여왕은 일벌보다 작은 주둥이와 분비기관이 적다. 꿀벌의 일벌은 대부분 단일형(Monomorphic)이지만 분업형(Polyethism)이다. 따라서 어린 일벌들은 유충돌보기와 벌집청소와 같은 벌집내부에서 활동을 하는 경향이 있으며(Hive bees), 성숙한 일벌들은 외부에서 수확 활동을 하는 경향이 있다(Field bees). 시기별 변화는 뚜렷한데. 여름철 일벌들의 수명이 4~6주인데 반해 겨울철 일벌들의 수명은 8~9개월에 달한다. 유충호르몬(JH)은 이들 일벌의 습성변화에 관여하는데, 겨울에서 봄으로 갈수록 유충호르몬의 수치는 증가하며, 또한 둥지 내 꿀벌에서 필드꿀벌로 갈수록(나이가 들수록) 호르몬의 수치는 변화하게 된다. 꿀벌의 일벌 활동은 계절과 관련이 있는데 벌집의 온도조절과 관련된 에너지 소모에서 두드러지게 나타난다.

일반적으로 진사회성 벌처럼 꿀벌의 계급 분화는 주로 양분에 의한 **Trophogenic**이다. 예를 들면, 계급의 분화는 유충기의 먹이의 양과 질에 의해 결정된다. 꿀벌의 경우, 벌집은 그 곳에서 태어난 각 계급으로 구성되며 각 계급은 알을 산란하는 여왕벌이나 벌집에 의해 결정되는 것이 아니라 일벌에 의해 공급되는 먹이에 따라 결정되어 유충이 발달하게 된다(그림 12.5). 각 벌집의 형태는 수정될 알을 산란하거나 수정되지 않은 알이 산란될 방이 여왕벌에 의해 결정되게 되며, 일벌들은 각 구별된 방에 먹이를 구별하여 공급하게 된다. 후에 여왕이 될 유충에게는 일반 일벌에게 먹이는 먹이와는 다른 일반적으로 로얄젤리라고 알려진 먹이를 먹이게 되는데, 로얄젤리는 일반먹이와는 달리 설탕함량이 높고 침샘이 포육선으로 발달한 여왕벌이 분비한 판토텐산과 바이오테린이 함유된 먹이다. 알에서 유충까지 3일 정도 지나게 되면 먹이에 따라 여왕계급이나 일벌계급으로 나누어지게 된다. 하지만 3일째 되는 미래의 여왕벌이 섭취한 로얄젤리에 함유된 영양분은 미래의 일벌에게 먹인 양분의 10배에 달한다. 이 시기에 만약 미래의 여왕벌이 될 유충이 일반 일벌의 육아방으로 이동될 경우 이 유충은 일벌과 여왕벌의 중간 단계로 발달하게 된다(worker-like queen). 만약 반대의 경우, 즉 일벌의 육아방에서 여왕벌이 될 육아방으로 옮길 경우에는 꽃가루 운반조직과 가시가 있는 침을 지니고 일벌의 털을 가진 여왕벌과 유사한 일벌(queen-like worker)로 발달하게 된다. 적절한 먹이가 4일간 제공된 후에는 각 계급은 확연히

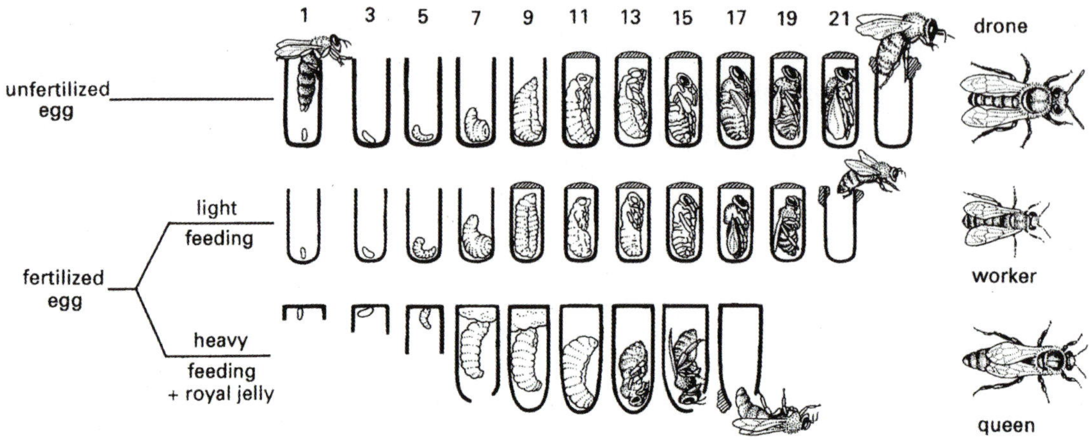

그림 12.5 꿀벌인 *Apis mellifera*의 발달상. 여왕벌이 낳은 알이 수벌, 일벌, 여왕벌로 분화하는 요인(왼쪽), 발달기간(일), 발달단계(오른쪽)를 나타낸다. (Winston 1987.)

구별되게 되고 각 육아방의 형태에 따른 결과에 따라 각 유충은 옮겨지게 된다.

유충호르몬의 수치가 진사회성 곤충에서의 다양한 형태의 계급구분과 관련이 있다는 사실은 분명하다. 유충호르몬의 적정농도에 따라 아주 특정적으로 나타나고 일시적으로 변화하는 현상이며, 보편적인 조절 양상에 대한 증거는 아직 없다.

여왕은 주로 페로몬을 통해서 일벌의 생식을 조절하고 유지한다. 여왕의 침샘은(E)-9-oxodec-2-enoic acid(9-ODA)로 확인된 화합물을 생성한다. 그러나 완전히 성숙한 여왕은 이 활성 화합물보다 더 효과적으로 일벌의 난소발달을 억제한다. 두 번째 페로몬은 여왕의 불룩한 복부에서 발견되며 침샘의 두 번째 화합물과 함께 효과적으로 난소의 발달을 억제한다. 군집 내 여왕벌의 존재는 여왕벌과 접촉하고 군집 내부를 돌아다니는 시중 일벌에 의해 퍼트려지는 페로몬과 관련이 있다. 또한 여왕벌이 육아방에서 알을 낳는 동안 벌집 주위를 움직이며 **추적 페로몬**의 흔적을 남기게 된다. 여왕벌들의 생성은 벌집의 규모가 너무 커져 여왕벌의 페로몬의 영향 범위에서 멀어질 때 일어나게 된다. 여왕이 죽으면 휘발성 페로몬 신호는 빠르게 옅어지게 되고 일벌들은 여왕벌의 죽음을 알아차리게 된다. 꿀벌들은 매우 강력하고 발달된 화학적 신호를 가지고 있으며. 이들 화학적 신호는 짝짓기. 경보 및 방위뿐만 아니라 둥지 인식과 조절과 관련된 신호와 관련되어 있다. 물리적인 위협은 드물며 오직 어린 암컷들에 의해 일벌들에게만 사용된다.

수벌은 여왕이나 혹은 난소가 발달된 일벌에 의해 꿀벌 군집이 존재하는 기간동안 생산된다. 수컷은 오직 짝짓기 시기에만 생존하는 군집의 밑거름이며, 그들의 생식기는 교미 후에 찢어져 곧 죽는다.

진사회성 말벌류의 둥지 구조

새로운 말벌의 군집은 월동을 마친 여왕벌에 의해 봄에 형성된다. 전 해 가을 군집을 만든 후 여왕벌이 떠난 후 새로운 여왕벌이 짝짓기를 하게 되지만 기온이 떨어지는 겨울철 정지 기간이나 특정 휴면기 동안 알집소관(Ovarioles)은 발달하지 않은 상태로 유지된다. 온도가 상승하는 봄에 여왕은 동면에서 깨어나 화밀이나 수액을 먹게 되고 알집소관은 발달하게 된다. 여러 마리의 여왕벌들이 함께 월동한 서식처는 새로운 군집을 형성하는 장소로는 부적합하다. 각 여왕벌은 개체별로 적당한 구멍을 찾게 되고 만약 적당한 장소가 부족할 경우 싸움을 벌이게 된다.

새로운 둥지의 건설은 건전한 나무나 드물게는 썩은 나무의 껍질을 벗겨내기 위해 큰턱을 사용하면서 시작된다. 말벌은 큰 턱으로 물과 침을 섞어 나무를 잘게 씹은 목재펄프를 둥지로 운반한다. 운반한 목재펄프는 구멍의 꼭대기 부분의 선택된 장소의 아래쪽에 붙인다. 이 초기 버팀 구조물로부터 아래쪽으로 기둥을 형성하게 되며 궁극적으로 대략 20~40개의 육아방이 만들어 진다(그림 12. 6). 횡단면이 둥근 형태의 최초 2개의 방은 서로 부착되게 되며

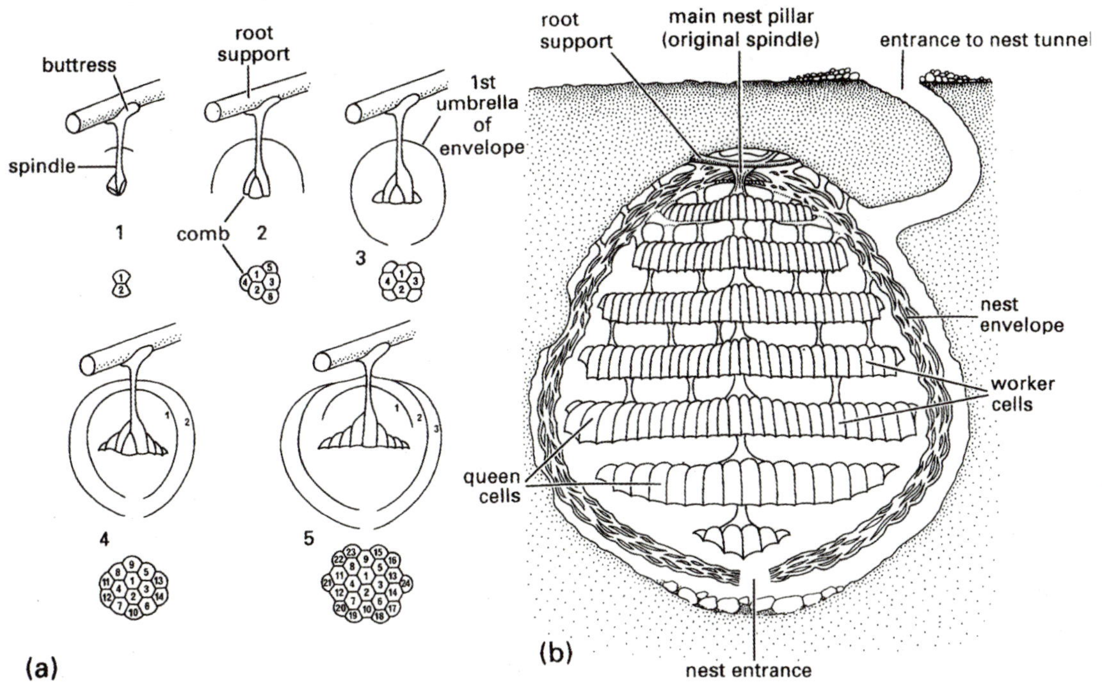

그림 12.6 유럽말벌(*Vespula vulgaris* (Hymenoptera: Vespidae))의 전형적인 벌집모양. (a) 여왕벌에 의해 집이 지어지는 초기 모습 (1~5), (b) 완성된 벌집

우산모양의 덮개가 방에 씌워지게 된다. 덮개는 여왕벌이 방안에서 쉴 수 있도록 방 위로 여왕벌의 몸 넓이만큼 높게 만들며, 기둥주위에 고불고불하게 만들어진다. 군집의 발달은 횡단면이 육각형이며 그 끝부분이 개방되어지고 넓은 새로운 육아방의 추가건설에 의해 이루어진다. 여왕벌은 둥지 건설 초기에만 건축 재료를 찾기 위해서 돌아다닌다.

첫 번째 육아방에서 유충이 자라기 시작하면서 육아방 확장에 필요한 목재 펄프가 지속적으로 필요하다라도 유충의 발달에 필요한 유동식과 먹이곤충을 찾기 위한 활동만 하게 된다. 여왕벌의 이와 같은 보육활동은 첫 번째 일벌이 부화하면서 중단되게 된다.

군집이 발달하면서 더 많은 기둥이 추가되게 되며 새끼들로 가득 찬 육아방이 만들어져 더 넓은 면적의 **벌집**(Combs)이 만들어지게 된다. 땅 속둥지에서의 구성원들은 둥지확장을 위해 흙이나 작은 돌들을 파야할 것이며, 그 결과 12,000개에 달하는 방이 있는 잘 발달된 둥지를 만들게 된다(그림 12. 6). 이들 둥지는 외부 온도에 영향을 받지 않는데, 날개의 움직임을 통한 흉부 체온의 상승과 유충에 대한 먹이공급으로 인한 온도 상승을 유도하며 둥지 내 온도가 높을 경우 직접적인 날개 짓이나 번데기가 있는 방에 액체처리에 의한 수분증발에 의해 온도를 조절하게 된다.

활동기 마지막 시기에 수벌과 암벌(잠재 여왕벌)들이 생산되고 일벌들에 의해 먹이가 공급된다. 늙은 여왕이 죽고 암벌이 우화하게 되면 군집은 급격히 쇠퇴하기 시작하며 일벌간의 싸움과 유충의 보살핌 부족으로 결국 파괴된다. 잠재 여왕들과 수벌들은 둥지를 떠나 교미를 하게 되고. 짝짓기를 마친 암벌은 적당한 월동처를 찾는다.

꿀벌의 둥지

꿀벌들의 경우 새로운 군집의 시작은 오래된 군집이 너무 커지게 될 경우 일어난다.

한 꿀벌의 집단이 너무 커지고 개체수의 밀도가 너무 높을 경우 여왕벌은 한 무리의 일벌과 함께 새로운 둥지를 만들기 위한 장소를 찾게 된다.

일벌들은 꿀을 위에 장기간 저장하고 운반할 만큼 수명이 길지 못하기 때문에 적당한 장소는 가능한 한 빨리 찾아

Box 12.1 꿀벌의 춤 언어

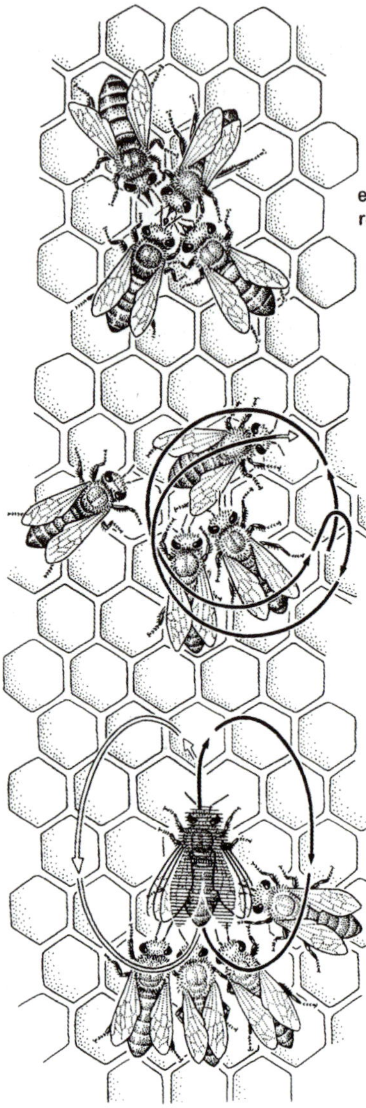

꿀벌들은 독특한 대화 방식을 지니고 있다. 이들이 먹이가 있는 곳을 동료들에게 알리는 능력은 인공적인 먹이를 제공했을 때 표지된 일벌이 벌집으로 돌아왔다가 먹이로 되돌아가는 것을 막음으로써 최초로 알려졌다. 다른 일벌들이 먹이원에 빠르게 나타나는 것으로 보아 먹이에 대한 정보가 벌집 내에 전달되었다는 것을 알 수 있다. 유리로 차단된 벌집을 연속적으로 관찰한 결과 일벌들은 보통 집으로 돌아오는 길에 춤을 춘다는 것을 관찰할 수 있었다. 다른 일벌들은 위 삽화 (1967년 Frisch 이후)에서 알 수 있듯이 춤추는 벌들을 따르며 더듬이를 접촉한다거나 이들이 토해낸 먹이를 맛본다. 먹이 원을 조작하는 실험을 통해 단지 후각만을 이용한 소통방식은 제외시킬 수 있었으며, 춤의 중요성이 더욱 부각되게 되었다. 여러 가지 다양한 춤은 근 · 원거리의 먹이 원에 보낼 새로운 일벌의 모집, 미래의 집 터 등에 관해 소통하는 데 이용된다. 목적 및 전달 내용은 이미 잘 알려진 것처럼 세 가지 춤으로 구성되는데, 둥글게 돌기, 흔들기, 등배복부 떨기(DVAV, dorsoventral abdominal vibrating)가 있다.

가까운 곳의 먹이는 가운데 삽화(1967년 Frisch)에서 볼 수 있듯이 몇 초에서 몇 분 간 정찰벌이 꽃 꿀을 교환하고 조그마한 원을 그리며 춤을 추게 되는데, 시계방향과 반대방향으로 번갈아 조그마한 원을 그리며 춤추면서 그 위치를 전달한다. 꽃 꿀이나 화분의 질은 춤의 강렬한 정도에 의해 전달된다. 방향성은 밝혀지지 않았지만 원형 춤을 추는 벌과 접촉한 174마리의 일벌 중 86%가 5분 이내에 새로운 먹이 원을 찾을 수 있었다. 이는 먹이 원이 있는 장소를 발견할 때까지 점점 큰 원형을 그리며 날아오르기 때문인 것으로 보인다.

더 멀리 떨어져 있는 먹이 원의 장소는 8자 모양을 그릴 때 복부를 흔들어주는 꼬리 춤을 통해 전달될 수 있다. 이는 마지막 삽화에서 확인할 수 있다. 춤을 통해 정보를 전달하기 위해서는 춤추는 거리(벌집의 칸 개수로 계산한다), 춤의 템포(단위 시간 내 춘 춤의 횟수), 직선 구간을 이동하는 동안 흔들기 및 진동음의 지속 정도, 중력에 대해 직진하는 방향 등을 고려한다. 전달되는 메시지는 먹이 원에 도달하는 데 소요되는 (절대적인 거리보다는)에너지, 먹이의 질, 태양의 위치에 상대적인 방향을 뜻한다 (Box 4.4). 이 같은 흔들기 춤의 중요성 및 정보의 해독은 실험자들에 의해 시도되었는데, 이들은 먹이 원의 위치를 그 장소 의 냄새와 춤추는 벌들의 냄새로 알아낸다고 생각했다.

이러한 주장은 정찰 벌의 특정 위치를 나타내는 춤을 관찰하는 일벌들에게 오래 걸리는 시간에 초점이 맞추어져 있다. 즉, 그 시간은 춤을 통해 알려진 위치로 직접 바로 비행하는 것과 비교하였을 때 냄새의 근원을 찾아내기 위해 벌에게 걸리는 시간과 이후 냄새 근원을 향해 지그재그로 비행하는 시간과 관련되어져 있다(그림 4.7). 다음의 몇몇 잘 연구된 결과에 따르면, 먹이 찾기는 실험용 먹이가 바람 부는 방향에 위치할 때보다 바람을 등지고 위치할 때 더 효과적이고 능률적이라는 주장의 근거가 된다. 경험이 많은 일벌들이 냄새로 먹이를 찾을 수 있다면, 흔들기 춤은 초보 일벌들이 먹이를 향한 올바른 방향을 잡을 수 있도록 정보를 주는 역할을 한다. 먹이의 근처에서는 특정한 냄새가 중요하다. 먹이로 향하는 최종적인 단계는 매우 느리게 진행된다(특히 실험에서는 가짜 먹이 원이 관찰자인 인간의 옆에 위치해 있다).

진동 춤(vibration dance, DVAV)은 먹이 공급량의 변동에 따른 일일 혹은 계절적 먹이 수확 양상에 따라 둥글게 돌거나 흔드는 등 다양하다. 일벌들은 다른 벌들과 접촉했을 때 몸, 특히 등배 판(dorsoventral plane)의 복부를 진동시킨다. 진동 춤은 집단이 먹이 획득 량을 증가시킬 필요가 있는 특정 계절 혹은 특정 날에 절정에 이르는데, 이 춤을 춤으로써 새로운 일벌들을 흔들기 춤 영역으로 불러들일 수 있다. 여왕벌과 접촉했을 때의 진동 춤은 여왕벌의 억제 능력을 감소시키는 것으로 알려져 있는데 주로 여왕벌을 양육할 때 관찰할 수 있다. 이러한 진동 춤의 휴지기(cessation)는 여왕벌이 무리에서 분리되도록 하거나 새 여왕벌의 결혼 비행에 끼지 못하도록 하는 기능이 있다.

새로운 집을 지을 장소로 적당한 위치에 대한 소통은 먹이 원에 대해 정보를 전달하던 방식과 조금 다르다. 되돌아온 정찰병 벌들은 꽃 즙이나 화분 없이 춤을 추며, 이 춤은 먹이를 가져올 때의 1~2분과 달리 15~30분 간 지속된다. 먼저, 여러 집터를 보고 온 정찰병 벌들이 각각 다른 템포, 각도, 지속 시간으로 춤을 추며, 흔들기 춤에서처럼 각 장소로의 방향, 그 질 등을 나타낸다. 그러면 더욱 많은 정찰병 벌들이 날아가 장소를 확인하고 그 중 몇몇을 제외해 나간다. 점진적으로 그 장소를 나타내는 춤을 춤으로써 합의에 도달했음을 나타낸다.

야 한다. 정찰벌들은 새로운 둥지를 찾아 나서기 위한 무리를 형성하기 몇 일전부터 정찰활동을 시작한다. 만약 적당한 구멍이 발견되면, 정찰벌들은 무리로 되돌아오고 춤(Box 12. 1)으로 새로운 장소의 방향과 그 수준을 알리게 된다. 최상책으로 새로운 둥지는 오래된 둥지의 활동 범위 밖에 있어야 할 것이지만, 긴 비행에 따른 에너지 소모가 심하지 않은 범위 안에 있어야 할 것이다. 온난한 지역의 꿀벌들은 대략 부피가 40리터 정도 규모의 구멍을 선택하는 반면, 열대지방의 꿀벌은 보다 규모가 작은 구멍이나 둥지 외부를 선택한다.

둥지 위치에 대하여 교감을 한 후 일벌들은 **왁스**를 이용해서 둥지를 짓기 시작한다. 왁스는 사회성 꿀벌들에게는 없어서는 안 될 독특한 물질이고 일벌에 의해 생산되며 왁스 분비선에서 가까운 곳에 위치한 지방세포에서 꿀의 대사과정 결과 생성된다. 이 변형된 상피세포는 복부 네 번째 마디에서 7번째 마디까지 **Wax mirrors**라 불리는 기관의 아래쪽에 위치한다. 왁스의 얇은 조각들은 각각의 Wax mirror 아래에서 생성되며 활발히 생성된 왁스는 각 체절에서 분비된다. 왁스는 섭씨 35도의 둥지 환경 온도에 거의 영향을 받기 쉬우며 침과 같이 섞으면 방을 건축하기 위한 재료로 쉽게 이용할 수 있다. 둥지 기초 작업 시 일벌들은 이미 복부의 왁스분비선으로부터 왁스분비가 시작된다. 일벌들은 나란히 연결되고 서로 등을 맞댄 6각형 구조의 벌집을 짓기 시작한다. 벌집은 기둥과 왁스로 만든 다리로부터 분리된다. 연속적으로 일벌들이 건축을 지속함에도 불구하고 일벌들은 놀랍게도 두껍게 만든 각 방의 기초로부터 일정한 지름의 얇은 벽으로 된 방을 확장 건설한다. 앞에서 설명한 말벌과 같은 다른 사회성 곤충들과는 대조적으로 벌집의 구멍은 아래쪽으로 향하지 않고 꿀의 손실을 막기 위해 벌집의 구멍은 수평 위 약13도의 각도를 유지한다. 벌집 구멍과 벌집의 정확한 위치 측정은 일벌 목의 기저부에 위치한 자기 수용체 체모를 통해 중력을 감지하는 꿀벌의 능력 때문이다. 체모를 제거하여 방 건설을 막는다 하더라도, 무중력 상태 하에서도 일벌들은 실용적인 방을 만들 수 있다.

대부분의 다른 벌과는 달리 꿀벌들은 벌집을 파괴하여 왁스를 재사용하지 않는다. 완성된 1개의 방은 벌집의 일부로서 영구히 사용되며, 새끼가 부화하여 육아방을 떠나게 되면 다시 보육을 위해 재사용되거나 양식을 저장하는 장소로 이용된다. 방의 크기는 다양하여 작은 방은 일벌을 산란하는 곳으로 사용되고 보다 큰방은 수벌을 산란하는 방으로 사용된다(그림 12. 5). 벌집의 생애 말기에는 미래 여왕벌이 될 알들이 산란될 긴원뿔 모양의 육아방들이 둥지의 하부측면에 만들어 진다. 새끼들이 성장하면서 꽃가루는 둥지의 아래쪽이나 중심부에 저장되는 반면 꿀은 둥지 상부 주변 방에 저장된다. 일벌들은 꽃에서 채취한 꽃꿀을 이용하여 꿀을 만들 뿐만 아니라 꽃의 외부에서 분비되거나 곤충이 분비하는 분비물도 이용한다. 일벌들은 새끼에게 직접 먹이거나 다른 벌들에게 먹이기 위해 꽃 꿀을 위에 저장한 채 벌집으로 가져온다. 대부분의 꽃 꿀은 일벌의 위에서 소화효소의 작용으로 보다 간단한 화학구조로 분해되고 일벌들은 소화된 꽃 꿀을 저장 방에 토해 놓은 다음, 날개 짓을 하여 수분을 증발시켜 비로소 꿀이 되며, 일벌들은 꿀이 저장된 방을 다른 성충이나 유충에게 먹이로 공급할 때 까지 왁스로 밀봉하게 된다. 일벌들의 66,000시간의 노동 결과 생산된 1 kg의 왁스는 77,000개의 방을 만들 수 있으며, 만들어진 방에는 22 kg의 꿀을 저장할 수 있는 것으로 알려져 있다. 1개의 평균 규모의 군집은 매년 약 60~80 kg의 꿀이 요구된다.

말벌과 달리 꿀벌은 온대지방 겨울철의 낮은 온도에서

도 동면하지 않는다. 꿀벌의 군집은 겨울철 동안에도 활동적이나 양식채취는 줄어들고 산란은 하지 않는다. 저장된 꿀은 벌집 내 활동을 위한 에너지와 둥지 내 열을 발생시키기 위한 에너지원으로서 이용된다. 외부 기온이 떨어지게 되면 일벌들은 몸을 함께 무리를 지어 밀착시키고 머리를 안쪽으로 향하게 하고 활성도가 떨어진 벌들이 바깥쪽에 있고 보다 체온이 높고 활성도가 높은 벌들이 안쪽에 위치한다. 막대한 양의 꿀과 꽃가루가 저장되어 있더라도 기온이 급격히 떨어지거나 기간이 길어질 경우에는 아마도 많은 벌들이 죽을 것이다.

벌통은 인위적으로 만든 벌집으로서 특정 크기의 야생벌집과 유사하게 만든다. 인위적으로 만든 벌통의 내부는 9.6 mm의 일정한 간격을 두고 목조 프레임들을 설치하게 되는데, 이는 일벌들이 자연 상태의 벌집에서는 꿀을 저장하는 벌집(Comb)사이에 간격을 두기위한 왁스로 만든 다리를 설치하지 않고서도 제공된 목조 프레임 안에 일벌들이 벌집을 만들도록 하기 위해서이다. 벌집사이의 일정한 공간이 필요한 이유는 일벌들이 방해받지 않고 양쪽 벌집사이를 움직이기 위해서이다. 목조 프레임은 양봉가가 쉽게 꿀을 수확하고 다시 벌통에 설치할 수 있도록 해준다. 벌통 구조의 용이함은 많은 양의 꿀을 수확할 수 있는 구조로 되어있으며 벌집을 손상시키지 않고 적당한 위치로 이동시킬 수 있다. 비록 양봉산업이 꿀의 상업적 생산을 통해 발전해 왔지만, 농업에 있어서 단일작물의 재배체제 증가로 인해 곤충에 의한 수정 부족은 유채, 땅콩, 콩, 자주개자리, 그리고 다른 사료작물과 같은 다양한 작물의 확실한 수정을 위해 벌들의 기동성에 의존하는 의존도가 증가하게 되었다. 미국에서만 1998년 약 2,500,000개에 달하는 벌통이 수분을 목적으로 임대되었으며 꿀벌이 꽃가루 수정으로 미국 농업에 기여하는 가치는 2000년에 약 150억 달러에 달한다. 만약 곤충에 의한 꽃가루 수정 없이는 과일, 종자, 그리고 견과류의 90%이상의 손실을 낳게 될 것이다. 많은 종의 진사회성 토종벌의 역할은 거의 알려진 바 없으나, 자연식생에서는 아주 중요한 역할을 할 것이다.

12.2.3 분화된 벌목: 개미

개미(Formicidae)들은 말벌상과(Vespoidae)내에 고도로 분화된 곤충군이다(그림 12. 2). 불개미(*Formica*)의 일개미의 형태는 Box 12.2에 설명되어 있다.

개미의 군집과 계급

모든 개미들은 사회성 곤충이며 다양한 형태를 가지고 있다. 개미들은 2종류의 암컷 계급이 있는데 생식능력이 있는 여왕개미와 일개미로 그 형태적으로 완전히 다르다. 대부분의 개미들은 형태적으로 동일한 일개미 계급을 가지고 있으나, 몇 몇 다른 종의 경우 크기에 따라 소형 일개미(**Minor**), 중형 일개미(**Media**) 혹은 대형 일개미(**Major**)로 구별되는 보다 세분화된 계급 구조를 가지고 있다. 비록 일개미들이 형태적으로 분명한 차이를 보이기도 하지만, 대부분 크기에서만 차이를 보이는 경우가 많다. 일개미들은 날개가 없으나, 여왕개미는 날개를 가지고 있으며 역시 날개를 가지고 있는 수컷과 교미하고 나면 날개는 저절로 떨어지게 되고, 교미 후 수컷은 죽게 된다. 날개를 가진 개체를 **Alates**(날개를 가진 생식형 사회성 곤충)이라고 부르는데, 개미에서 볼 수 있는 다형태성(Polymorphism)은 분업현상(Polyethism)에 의해 수반되는 것으로서 여왕개미의 역할은 산란이며 일개미는 군집 내 모든 다른 일을 맡는데 있다. 만약 일개미의 형태가 단일형이면 일시적으로나 혹은 나이에 따른 분업화가 이루어지게 되는데, 어린 일개미는 개미집 내부에서 유충의 보육임무를 맡게 되고, 보다 나이가 든 일개미는 외부에서 먹이 수집 등의 임무를 맡게 된다. 만약 일개미의 형태가 다형성이면 대형 일개미와 같은 큰 개체들은 개미집을 방어하거나 병정개미와 같은 임무를 맡게 된다. 미국 불개미(*Solenopsis*)와 같은 몇 종의 일개미들은 난소가 퇴화되어 있으며 수정이 불가능한 불임성이다. 다른 종류의 일개미들은 기능적으로 이상이 없는 정상적인 난소를 가지고 있으며, 반수체(수정되지 않은) 알을 산란하여 수컷의 새끼를 생산할 수 있다. 몇 종의 개미들의 경우 여왕개미가 제거될 경우 이미 여왕개미가 산란해 둔 알에서 암컷이 생성되고 일개미들에 의해 산란한 알에서 수개미가 부화되어 군집을 유지하게 된다. 아프리카의 바느질개미(Weaver ant, *Oecophylla longinoda*)의 경우 종종 여왕의 자손들인 암컷 개미들이 여왕개미를 축출하기도 한다. 완전히 성숙된 개미군집의 경우 50만 마리에 이르는 일개미를 가지고 있으며 17개에 달하는 둥지가 서로 연결되어 있으며 이들 군집은 오직 한 마리의 여왕개미에 의해 번식이 통제되게 된다. 그러나 종종 일개미들은 여왕개미의 영향권 밖의 둥지에 수컷 새끼를 낳기도 한다. 여왕개미는 일개미에 의한 생식작용을 철저히 억제하

그림 12.7 바느질 개미인 *Oecophylla* sp. 2개의 나뭇잎을 당기고 일개미의 잎에 물린 유충이 분비한 실로 고정하여 둥지를 만든다.

지만, 가끔 여왕개미 자신이나 유충의 먹이(**Trophic** eggs)로서 이용할 수 있는 일개미의 산란을 허용하기도 한다.

계급의 분화는 주로 먹이에 의해 결정되어 지는데(trophogenic: diet-determined), 이는 유충에 공급되는 먹이의 양과 질을 조절하면서 이루어진다. 단백질 함량이 높은 먹이는 암컷 혹은 잠재적 여왕으로의 분화를 촉진시키게 되고, 함량이 낮은 먹이의 경우에는 일개미로의 분화를 유도하게 된다. 여왕개미는 일반적으로 잠재적인 생식능력을 갖춘 암컷이나 혹은 일개미로 분화할 수 있는유충에 먹이를 공급하는 일개미의 습성을 변화시켜 간접적으로 생식능력을 갖춘 암컷으로의 발달을 억제시킨다. 뿔개미(*Myrmica*)의 경우 천천히 발달한 유충이 암컷으로 분화되며, 상대적으로 크기가 작은 유충의 변태를 일찍 유도하여 빠른 발달을 유도하고 하거나, 크기가 큰 유충의 경우에는 몸을 물어 빠른 발달을 유도하거나 먹이공급을 줄여, 결국 모두 일개미로 분화되게 된다. 군집의 규모가 너무 커지거나 혹은 억제 페로몬이 군집내로 확산되지 않으면 결국 여왕개미의 영향력이 감소하게 되는데, 여왕개미의 영향력이 감소하면서 영향권 밖에서 생식능력을 가진 암컷들이 생성된다. 계급분화의 또 다른 역할을 하는 것이 유충호르몬이다.

유충호르몬의 경우 난기와 유충기에 여왕개미로의 분화를 촉진시키며 이미 일개미로 분화된 개미를 대형개미로 분화시킨다. 계절적 주기에 따라 암컷 생식형 개미는 날개를 가지게 되고 외부환경이 적당해져 둥지를 떠날 때 까지 둥지내부에 남아 기다린다. 적당한 시기에 그들은 둥지를 떠나 혼인비행과 짝짓기를 한 후 새로운 둥지를 찾게 된다.

개미들의 둥지

뿔개미(*Myrmica*)의 지하 둥지와 불개미(*Formica*)의 식물유체를 이용해 만든 개미집은 전형적인 온대지방의 개미둥지이다. 짝짓기를 끝낸 여왕개미는 날개를 떼고 새로운 둥지를 만들기 시작하는데 겨울을 나기 위해 땅을 파고 구멍을 메운 다음 평생 보금자리를 만든다. 봄에 몇 개의 알을 산란하고 유충이 부화하면 몸에 저장된 액상의 먹이를 토해 유충에게 먹인다. 일개미들이 충분히 생산될 때까지 군집은 서서히 성장하며. 몇 년이 경과해야 날개를 가진 생식형 개미들이 생산된다.

1마리 이상의 여왕개미에 의해 만들어 진(**Pleometrosis**) 초기 둥지는 상당히 넓게 분포하게 되며, 꿀단지 개미(*Myrmecocystus mimicus*)의 경우처럼 초기 둥지의 땅 파기는 여러 마리의 여왕개미가 같이 수행한다. 여러 마리의 여왕개미가 존재하는 개미집의 경우 일부다처의 형태로 군집이 유지되지만, 일부일처의 경우에는 보통 1마리의 여왕개미가 지배권을 획득하여 첫 배의 일개미를 생산하게 된다. 일부다처의 둥지는 종종 먹이 자원이 한정되어 있거나 지속적으로 공급되더라도 부분적으로 산재해 있는 먹이자원을 이용하는데 있어서 유리하기 때문일 것이다.

바느질개미(*Oecophylla* sp.)의 둥지는 복잡한 구조로 유명하다(그림 12. 7). 이들 아프리카 및 아시아와 호주에 서식하는 바느질개미들은 일개미들이 새로운 나뭇잎을 찾기 위해 지속적으로 영토를 확장한다. 일개미들의 협동 구조물은 아주 놀라운데, 나뭇잎의 양 끝을 가로지르는 다리를 만들기 위해 일개미들은 일렬로 늘어서 사슬형태로 서로의 몸을 연결하여 나뭇잎을 텐트 모양으로 구부린다. 일개미의 다른 무리들은 기존의 둥지로부터 애벌레를 가지고 나와 일개미들이 만든 구조물로 큰 턱을 이용하여 조심스럽게 운반한다. 그 곳에서 유충들은 잘 발달된 비단분비선으로부터 비단실을 생산하게 되며 비단실을 이용하여 일개미들이 텐트모양으로 구부린 나뭇잎에 바느질 세공을 하게 된다.

몇 몇 살아있는 나무들은 *Pseudomyrmex ferrugineus*와 같은 개미들에게 둥지를 제공하는데, 이 개미는 중앙아프리카에 서식하는 아카시아나무의 비대해진 가시에 개미집을 만든다. 식물의 방어와 관계가 있는 이와 같은 공생관계에서 식물은 개미들이 초식성 동물로부터 자신을 지켜줌으로서 이득을 얻게 된다(11. 4. 1절 참조).

개미의 먹이를 구하는 능력은 매우 뛰어나다. 유럽 붉은 개미들의 전형적으로 성숙된 군집은 하루에 약 1 kg정도의 절지동물 먹이를 포획하는 것으로 알려져 있다. 군대개미(legionary, or army, and driver ant)는 게걸스럽게 먹는 포식 행동으로 일반적으로 알려졌다. Ecitoninae와 Dorylinae 아과에 주로 속한 이들 개미들은 정착, 이주 또는 방랑 생활을 번갈아한다. 방랑생활을 할 경우 밤에 야영을 하게 되는데, 전체 군집의 일부 무리만 노출된다. 매일 아침 수 백 만마리로 구성된 무리는 유충과 함께 완전히 이동한다. 엄청난 규모의 이동 중인 개미군단의 장점은 숲 속의 넓은 범위 안의 절지동물들을 급습하여 포획할 수 있으며 이와 같은 집단 포식행위는 다소 크기가 큰 먹이도 포획할 수 있다는 것이다. 방랑생활이 시작된 지 약 2주가 지나면 군집은 정착단계에 접어들게 되며 이 기간 동안 여왕개미는 대략 10만개에서 30만개의 알을 산란한다. 이는 아마도 야영시기보다 정착기동안 오래된 개미집이나 썩은 나무 안에서 안전하게 알을 보호할 수 있기 때문일 것이다. 새로운 알이 부화하기 3주 전, 이전에 산란된 유충들은 새로운 일개미로 부화되어 다음 이동을 준비하게 된다.

모든 개미들이 다 포식자는 아니다. 몇몇 개미들은 곡물과 종자(myrmecochory; 11.3.2절)를 수확하거나, 단지개미와 같은 다른 종류의 개미들은 곤충이 생산하는 감로만을 먹이로 삼는데, 이들 개미에게 감로를 제공하는 깍지벌레는 개미집 내에서 사육이 되는 경우도 있다(11.4.1절 참조). 단지개미의 일개미들은 감로를 수확하여 개미집으로 돌아 온 후 선발된 특정 일개미(단지개미)의 입을 통해 몸 안에 감로를 저장한다. 단지개미(**replete**)의 복부는 팽창성이 너무 좋아 사실상 움직일 수 없는 꿀단지(그림 2. 4)가 되며, 개미집의 모든 개미들에게 없어서는 안 될 중요한 먹이 저장소이다.

12.2.4 흰개미

모든 흰개미(Isoptera)들은 진사회성 곤충이다. 그들의 두드러진 특징과 생활사는 Box 12.3에 요약하였다.

흰개미의 군집과 계급

완전변태 진사회성 벌목이 성충과 암컷만이 계급구조를 가진 반면, 불완전변태 흰개미목은 미성숙단계의 약충과 암수 모두 동등하게 계급구조에 참여한다. 그러나, 계급구조에 대해 언급하기 전에 흰개미의 미성숙 단계에 대하여 명백히 집고 넘어가야 한다. 흰개미 학자들은 생식형 개미로 성장하는 단계의 애벌레를 약충(nymphs)보다는 날개가 짧은 약충(brachypterous nymphs)으로 부르기를 원하며, 비록 날개가 없는 약충(apterous nymphs)으로 엄격히 부르고 있지만, 수정된 애벌레를 유충(larvae)이라 지칭한다. 흰개미들은 하등과 고등 흰개미의 2개의 그룹

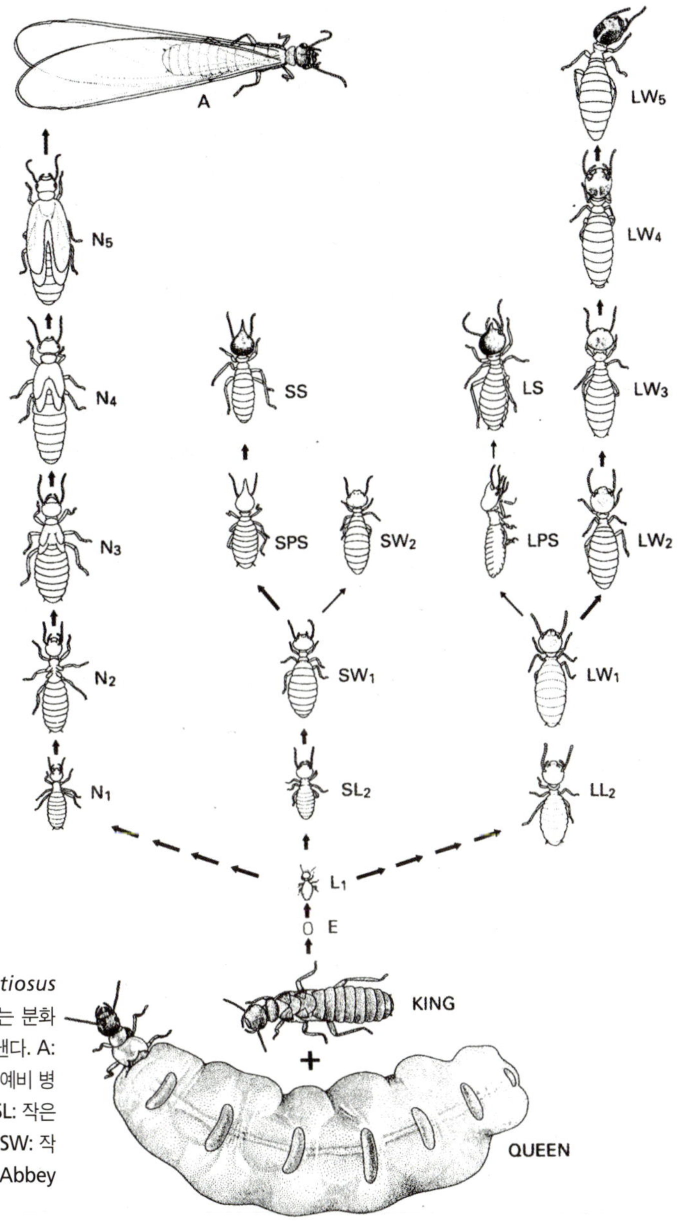

그림 12.8 첨비형 흰개미 *Nasutitermes exitiosus* (Isoptera: Termitidae)의 발달상. 두꺼운 화살표는 분화의 주된 경로를, 얇은 화살표는 부수적 경로를 나타낸다. A: 날개달린 유충, E: 알, L: 유충, LL: 큰 유충, LPS: 큰 예비 병정개미, LS: 큰 병정개미, LW: 큰 일개미, N: 약충, SL: 작은 유충, SPS: 작은 예비 병정개미, SS: 작은 병정개미, SW: 작은 일개미. 숫자는 단계를 나타낸다. (Watson & Abbey (1985)에 근거한 경로.)

으로 나눠 질 수 있다.

종수가 많은 고등 흰개미(흰개미과, Termitidae)는 다음의 행동에서 하등 흰개미와 다르다.

- 흰개미과의 구성원들은 하등 흰개미의 후장에서 발견되는 공생 편모충이 부족하며, 이 원생동물은 장내 물질의 분해와 관련된 효소(셀룰라아제를 포함한)를 분비한다.
- 흰개미과의 1개의 아과는 소화가 잘 되는 먹이인 곰팡이 균을 재배하여 이용한다.
- 흰개미과는 더욱 정교하고 정확한 계급제도를 가진다. 예를 들면 대부분 하등 흰개미에서 여왕개미의 복부는 팽창을 하지 않거나 작은데 반해 흰개미과의 복부는 비정상적으로 비대해져 원래 크기의 500~1000%가지 팽창하게 된다(그림 12.8; Plate 5.4 참조).

모든 흰개미 군집들은 한 쌍의 여왕개미와 왕개미인 **초**

기 생식형 흰개미가 존재하며, 이들은 그전 군집에서 태어나 날개를 달고 짝짓기 비행을 마친 흰개미들이다. 만약 초기 생식형 흰개미를 잃게 되면 잠재적 교체 생식형 흰개미들이 나타나게 되는데, 몇 몇 다른 종의 경우 소수의 교체를 위한 생식형 흰개미들이 같이 서식하는 경우도 있다. 보충용 생식형 흰개미(**supplementary reproductives**)라 불리는 흰개미들은 성장이 억제되고 날개돌기가 있거나(brachypterous neotenics) 없으며(apterous neotenics 혹은 **ergatoids**), 초기 생식형 흰개미가 죽게 되면 생식기능을 대신하게 된다.

이들 잠재적 생식형 흰개미나 생식형 흰개미와는 달리 군집 대부분은 각각 암컷 및 수컷으로 동일하게 구성된 일개미와 병정개미의 역할을 하는 불임 흰개미에 의해 수적으로 우세하게 구성된다. 병정개미는 독특하게 강화된 두부에 큰 턱을 가지고 있거나 끈적끈적한 물질을 분비하는 뾰족한 돌기를 가지고 있다. 몇 몇 종의 흰개미는 보다 세분화된 대형 병정개미와 소형 병정개미의 계급을 가지고 있다. 일개미는 특화되지 않아 흰개미(white ants) 라고 불리는 것처럼 약한 피부 구조로 되어 있다.

계급 분화의 방향은 고등 흰개미(Termitidae)들의 더욱 정밀한 체계에서 가장 잘 엿 볼 수 있으며, 하등 흰개미들의 더 큰 적응성과 비교해 볼 수 있다. 첨비형 흰개미인 *Nasutitermes exitiosus*(Termitidae: subfamily Nasutitermitinae) (그림 12.8)에서는 두 가지 다른 계급분화과정이 있다. 하나는 생식형 개미로 분화하는 것이고 다른 하나는 불임 계급의 분화를 유도하는 것이다. 이와 같은 분화는 비록 다른 계급의 경우 형태적으로 차이를 구별하기는 어렵지만 유충 1령기의 초기단계에 나타난다. 생식형 흰개미의 분화과정(그림 12.8 좌측그림)은 흰개미 종 사이에서 상대적으로 일정하여, 날개를 가진 생식형 흰개미가 생산되어 둥지를 떠나 짝짓기를 하고 분산한 다음 새로운 둥지를 만든다. *N. exitiosus*는 대체용 생식형 흰개미를 생산하지 않으며. 초기 생식형 흰개미를 잃을 경우 둥지를 떠나 새로운 둥지를 만들 준비를 하는 날개를 가진 생식형 흰개미(alates) 중 일부가 남아 여왕개미의 역할을 대신한다. 다른 첨비형 흰개미(*Nasutitermes*)는 보다 잘 발달한 적응성을 보여준다.

불임(중성) 계통은 흰개미 종마다 복잡하고 다양한 양상을 보인다. *N. exitiosus*에서 2령기 유충은 두 가지 계통으로 구별할 수 있는데 이는 아마도 성적이형(sexual dimorphism)과 관련된 크기의 차이로 구별할 수 있으나, 어떤 성이 어떤 형태에 속하는지는 아직 불분명하다. 양쪽 계통 모두 분화과정에 따라 크기가 작거나 큰 일개미 계급의 3령기 약충으로 탈피하게 된다. 3령기 일개미들은 병정개미로 분화하거나 여러 번의 탈피를 거쳐 일개미로 남아있게 된다. *N. exitiosus*의 불임 계급의 분화경로에서 계속되는 탈피의 결과로서 지속적인 성장을 통한 보다 크기가 큰 일개미를 생산하기도 하며, 4령기 이전에 탈피가 멈춰 크기가 작은 일개미를 생산하기도 한다. 이들 탈피를 멈춘 일개미는 병정개미 전단계로 변환된 후 병정개미로 분화되고 더 이상 발달하지 않는다.

하등 흰개미는 보다 유동성이 있어, 분화에 있어서 더 많은 방법을 가지고 있다. 하등 흰개미는 진정한 일개미 계급을 가지지는 않지만, 날개 딱지가 탈피에 의해 제거된(퇴화된) 약충이나 혹은 날개가 짧은 약충(brachypterous nymphs)이나 분화되지 않은 유충으로 구성된 새끼 노동자(child-labor)라 불리는 **Pseudergate** 계급이 기능적으로 일개미의 역할을 한다. 고등 흰개미의 진정한 일개미와는 달리 Pseudergate 계급은 탈피과정을 통해 다른 계급으로 분화할 수 있는 능력을 유지하고 있다. 하등 흰개미에서 유충으로부터 약충으로의 분화 및 Pseudergate에서 생식형 흰개미로의 분화는 상대적으로 노령충이 되기 전까지는 불가능하다. 만약 무성생식에 의한 성적이형(sexual dimorphism)이 있다면, 보다 큰 일개미들이 종종 수컷으로 자라지만 일반적으로 일개미들은 단일형이다. 이것은 아마도 성적이형이 없거나, 드물지만 오직 한 성만 존재하기 때문일 것이다. 하등 흰개미 종에서의 탈피는

- 계급제도 내에서의 형태학적 변화이며
- 형태학적으로 무의미(정지한 탈피) 하고
- 새로운 계급(생식형 흰개미로의 분화하는 pseudergate와 같은)으로의 변화를 유발하고
- 보편적으로 존재하는 중간단계의 영충이 없는 새로운 생태학적 돌연변이이며
- 영충으로 분화하는 보편적인 과정 외에 부가된 과정을 가지고 있고
- 생식형 개미에서 분화한 pseudergate나 노령충인 약충이나 pseudergate로부터 분화한 병정개미의 전 단계 계급과 같은 초기 형태학적 반전이다. 영충의 결정은 위에서 언

급한 탈피 잠재성이란 관점에서 매우 어렵다. 유일한 필연성은 병정개미 전단계의 계급은 반드시 병정개미로 분화한다는 것이다. 일부 몇 몇 흰개미들은 병정개미의 수가 매우 적다.

일반적으로 한 군집에 한 쌍의 생식형 개미들만이 존재한다는 통념에도 불구하고 예외가 있는데, 몇 몇 흰개미과의 군집 내에는 여러 마리의 초기 여왕 흰개미들이 공존한다. 흰개미 군집의 각 개체는 한 쌍의 부모로부터 유래된다. 따라서 계급구조간의 유전적 차이는 성과 관련되어 있거나 유전자 발현의 차이 때문일 것이다. 유전자 발현은 복잡하고 신경호르몬을 포함한 호르몬체계에 상승효과를 주며 외부환경 요인 및 군집 내 구성원간의 상호관계에 따라 달라진다. 흰개미 집은 체계적이며 고도의 항상성을 가지고 있는데, 계급 비율은 인위적인 실험이나 자연적 교란 후에 급속도로 회복이 되는데 이는 적정 계급의 개체수를 확보하거나 군집의 잉여 개체를 제거함으로서 이루어진다. 항상성은 알라타체에 작용하는 특정 페로몬이나 나머지 내분비계에 작용하는 일반적인 페로몬에 의해 조절된다. *Kalotermes*에 대한 연구에서 초기 생식형 흰개미들은 대체 생식형 흰개미나 날개를 지닌 약충의 분화를 억제하는 것으로 조사되었다. 병정개미 전 단계 계급의 생성은 병정개미에 의해 억제되지만, 생식형 흰개미의 페로몬에 의해 분화가 촉진된다.

생식을 억제하는 페로몬은 생식형 흰개미의 몸 안에서 생산되고 항문으로 분비되어 Pseudergate가 섭식한 뒤 군집 내로 퍼지게 된다. 나머지 군집으로의 페로몬의 확산은 입을 통한 영양물질 교환에 의해 일어나게 된다. 이 현상은 *Kalotermes* 군집에서 생식형 흰개미를 인위적으로 제거하는 실험을 통해 밝혀졌는데, 생식형 흰개미를 인위적으로 제거한 결과, 하나의 군집이 2개의 군집으로 나누어졌다. 생식형 흰개미를 다시 투입하자 복부를 군집으로 향하게 하였다. 페로몬의 영향을 받지 않은 군집에서만 Psudergate가 생식형 흰개미들로 분화하였으나, 영향권 내의 군집은 지속적으로 분화 통제가 이루어졌다. 표피에서 유래되는 화학적 신호물질의 분비를 막기 위해 생식형 흰개미의 복부에 니스를 칠한 결과 Pseudergate 발달이 억제되었다. 반면에 항문을 막았을 때 Pseudergate는 생식형 흰개미로 분화하여, 항문에서 유래되어 전달된다는 것이 밝혀졌다. 여왕과 왕에 의해 생산되는 억제 페로몬들은 보완효과 또는 상승효과를 가지고 있다. 암컷 페로몬은 수컷이 억제 페로몬을 방출하도록 자극하는 반면에 수컷 페로몬이 암컷을 자극하는 효과는 적다. 초기 생식형 흰개미와 대체 흰개미의 생산은 기존 생식형 흰개미들에 의해 분비되는 이들 페로몬 억제물질의 제거와 관련이 있다. 계급 분화에 있어서 유충호르몬의 역할이 중요하다는 인식은 생식형 흰개미의 알라타체를 주입하거나 유충호르몬을 국부처리 혹은 주입할 경우 Pseudergates가 병정개미로 분화한다는 실험결과를 토대로 증가하게 되었다. 군집 구성에 있어서 페로몬의 몇 몇 효과는 초기 생식형 흰개미에 의해 생산되는 유충호르몬 때문이다. 흰개미과에서의 계급결정은 여왕 흰개미의 난소가 성숙하는 동안 이미 일찍부터 알에서 시작된다. 여왕 흰개미가 성숙하게 되면 알라타체는 이상발육을 하게 되며, 일반 날개를 가진 암컷보다 150배 이상 크기가 커진다. 알 속에 함유된 유충호르몬의 양 또한 다양하여 유충호르몬의 함량이 높은 알의 경우 불임 계통으로 분화가 일어날 가능성이 높다. 이 과정은 유충이 유충호르몬 함량이 높은 분비물 먹이(proctodeal foods)를 먹게 되는 경우이며, 반면에 알에 함유된 유충호르몬 함량이 낮을 경우 생식형 흰개미로 분화하는 과정을 겪게 된다. 고등흰개미 및 하등흰개미에서 일개미와 병정개미는 유충호르몬으로 개별적으로 처리하는 호르몬 조절 하에 있는 3령충에서 분화된다.

흰개미의 둥지

온대 북반구의 온화한 지역에서 목재 흰개미(Kalotermitidae, 특히 *Cryptotermes*)는 목조 건축물에 심각한 구조적 피해를 입혀 잘 알려진 해충이다. 흰개미들은 아열대나 열대지방에서 건조된 목재나 수분이 많은 목재의 주요 해충이지만, 이 지역에서 흰개미는 독특한 구조의 개미집으로 인해 더 잘 알려져 있다. 목재해충인 목재내부의 흰개미 군집은 수백 마리에 불과하지만, 개미집을 만드는 흰개미 종(흰개미과의 주된 종과 몇 종의 Rhinotermitidae)의 경우 수백만 마리에 달한다. 대부분 지하 둥지에 서식하는 Formosan 지하 흰개미(*Coptotermes formosanus*, Rhinotermitidae)는 미국 남동부 지방에서 심각한 해충이며, 8백만 마리에 달하는 거대한 군집을 형성한다.

새로운 둥지는 날개를 가진 생식형 흰개미(alates)들의 짝짓기 비행을 마친 후 암수가 협동하여 만든다. 한 쌍의 생식형 흰개미에 의해 만들어진 구멍은 곧 입구가 막힌다. 교미는 Royal cell에서 이루어지고, 산란이 시작된다. 첫 번째 새끼는 일개미들로서 스스로 먹이활동을 하고 둥지를 돌 볼 정도로 성숙될 때까지 어미가 토해놓은 나무나 식물질을 먹고 장내 공생미생물을 먹이로부터 공급받으며 성장한다. 초기 단계의 군집은 일개미만을 생산하게 되며, 이후에 군집을 방어하기 위한 병정개미가 생산된다. 아마도 5~ 10년이 경과해야겠지만, 군집이 성숙기에 접어들어서야 비로소 생식형 흰개미들을 생산하기 시작한다. 이것은 새로운 둥지를 찾기 위해 짝짓기 비행을 준비하는 날개를 지닌 생식형 흰개미의 분화를 의미한다.

열대지방에서의 흰개미들은 땅 위나 땅 속의 풀이나 덤불부터 살아있는 나무나 죽은 나무에서 자라는 곰팡이까지 셀룰로스가 풍부한 모든 먹이자원을 가리지 않고 이용한다. 일개미들은 먹이를 찾기 위해 땅 위보다는 지하터널을 통해 개미집 외부로 나와 사방으로 헤맨다. Macrotermitinae(Termitidae)아과의 흰개미들은 개미집 내부에 배설물을 이용하여 곰팡이를 배양하며 성숙된 곰팡이와 부산물을 먹는다(9. 5. 3절 참조). 이들 곰팡이 배양 흰개미는 동아프리카 흰개미 종들 중에서 어림잡아 수백만 마리에 이르는 가장 큰 군집을 형성한다.

거대한 개미집을 가진 열대지방의 흰개미들은 대부분 흰개미과(Termitidae)에 속한다. 일개미 생산을 통해 군집이 커지면서 수 십 년 동안 엄청난 크기가 될 때까지 흰개미들은 흙과 분비물을 섞어 개미집을 증축되게 된다. 다양한 형태의 흰개미집 구조는 흰개미 종에 따라 다른데, 예를 들면 호주 북부의 *Amitermes meridionalis*의 자석 흰개미집(Magnetic mounds)은 남북방향이 좁고 동서 방향이 넓어 나침반 대용으로 사용할 수 있다(그림 12. 9). 방위 측정력은 온도조절과 관련이 있는데 넓은 면의 개미집은 해가 뜨거나 질 때 많은 양의 빛을 받아 따뜻해지고 좁은 면의 개미집은 해가 높이 뜬 낮에 따뜻해진다. 개미집의 형태만이 온도조절을 하는 유일한 수단이 아니다. 개미집 내부 구조, 특히 곰팡이를 배양하는 *Macrotermes*종의 개미집의 경우 공기 순환을 통해 온도 및 이산화탄소와 같은 미기상을 조절한다(그림 12. 10).

12.3 사회성 곤충의 공생동물과 기생충

사회성 곤충들의 서식지는 성장을 위한 쾌적한 장소로서 많은 다른 종류의 곤충들에게도 제공된다. 공생동물이라는 용어는 다른 생물의 집을 공유하는 생명체를 일컫는 말이다. 이 경우 사회성 곤충에 있어서 다른 생명체와의 어떤 의무관계를 가진 광범위한 범위의 생명체들도 포함된다. 복잡한 분류체계는 거주 곤충의 분류와 이미 알려졌거나 추측되는 공생동물과 기주곤충(예를 들어 개미집 동물이나 흰개미집 동물)사이의 생태학적 관계도 포함된다. 따라서 완전히 융합된 공생동물은 쌍방간의 행동습성에 변화를 일으켜 기주 동물의 사회습성에 협력하는 반면 비융합 공생동물은 기주 동물의 둥지 내에서 생태학적으로 적응하지만, 기주동물에게 영향을 끼치지는 않는다. 약탈적 공생동물들은 기주 동물에게 부정적 영향을 끼치는 반면, 다른 공생동물들은 피난처로 이용하거나 둥지의 찌꺼기를 먹어치움으로서 이익을 준다.

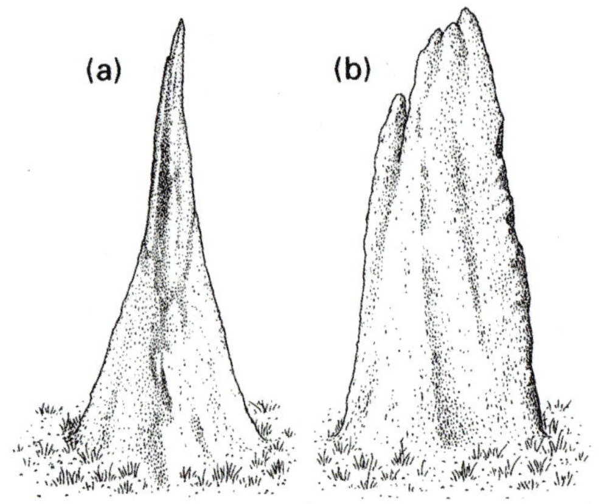

그림 12.9 식물의 유기물 찌꺼기를 먹고 사는 *Amitermes meridionalis*(Isoptera: Termitidae)의 "자석" 흰개미집; (a) 남북방향, (b) 동서방향. (Hadlington 1987.)

융합은 기주동물에 의한 페로몬과 같은 사회적 통신 수단을 위한 화학신호나 사회적 행동양식인 촉각 신호 혹은 둘 다 흉내 내면서 이루어질 것이다. **Wasmannian 의태**라는 용어는 사회성 곤충에 의해 수용되어지는 일부 혹은 모든 화학적 혹은 촉각을 이용한 모방행동을 포함하고 있지만 다른 형태의 모방과의 구별은 분명하지 않다(베잇시안 의태; 14.5.1절). Wasmannian 의태는 필요하지 않을지도 모르지만 체형의 모방도 포함된다. 반대로 사회성 곤충의 모방은 더부살이 공생(inquilinism)을 반드시 수반하지는 않는다. 그림 14.12에서 소개된 개미의태곤충들은 개미와 같은 외형 때문에 천적으로부터 다소 보호를 받을 수는 있지만, 이들 의태 곤충들은 개미와 공생관계나 개미집과 아무 관련도 없다.

사회성 곤충의 화학적 신호의 방해는 사회성 곤충이 침입자와는 다르게 구별하도록 하는 신호전달 물질인 융화 혹은 적응 물질을 생산하는 공생동물의 능력을 통해 일어난다. 점박이푸른부전나비(*Maculinea arion*) 유사종의 유충은 둥지 방어를 위한 공생생물이나 기생생물로서 붉은개미(*Myrmica* spp.)의 둥지에서 성장한다(Box 1.1). 몇몇 Staphylinid 딱정벌레 역시 이 과정을 거치는데, *Atemeles pubicollis*의 경우 유럽산 홍개미인 *Formica rufa*의 둥지에서 유충기를 보낸다. Staphylinid 유충은 어린 새끼를 돌보는 일개미를 유도하는 분비물을 분비샘에서 분비한다. 먹이는 개미유충이 먹이를 구걸하는 자세를 모방하여 얻게 되는데, 유충은 몸을 세워 성충 개미의 입과 접촉하여 먹이를 토하도록 유도한다. Staphylinid의 먹이는 개미의 유충을 잡아먹어 보충하거나 같은 종을 포획하여 보충하게 된다. 용화 및 성충으로의 우화는 유럽 홍개미(*Formica rufa*)의 둥지에서 일어난다. 그러나, 이 종의 개미

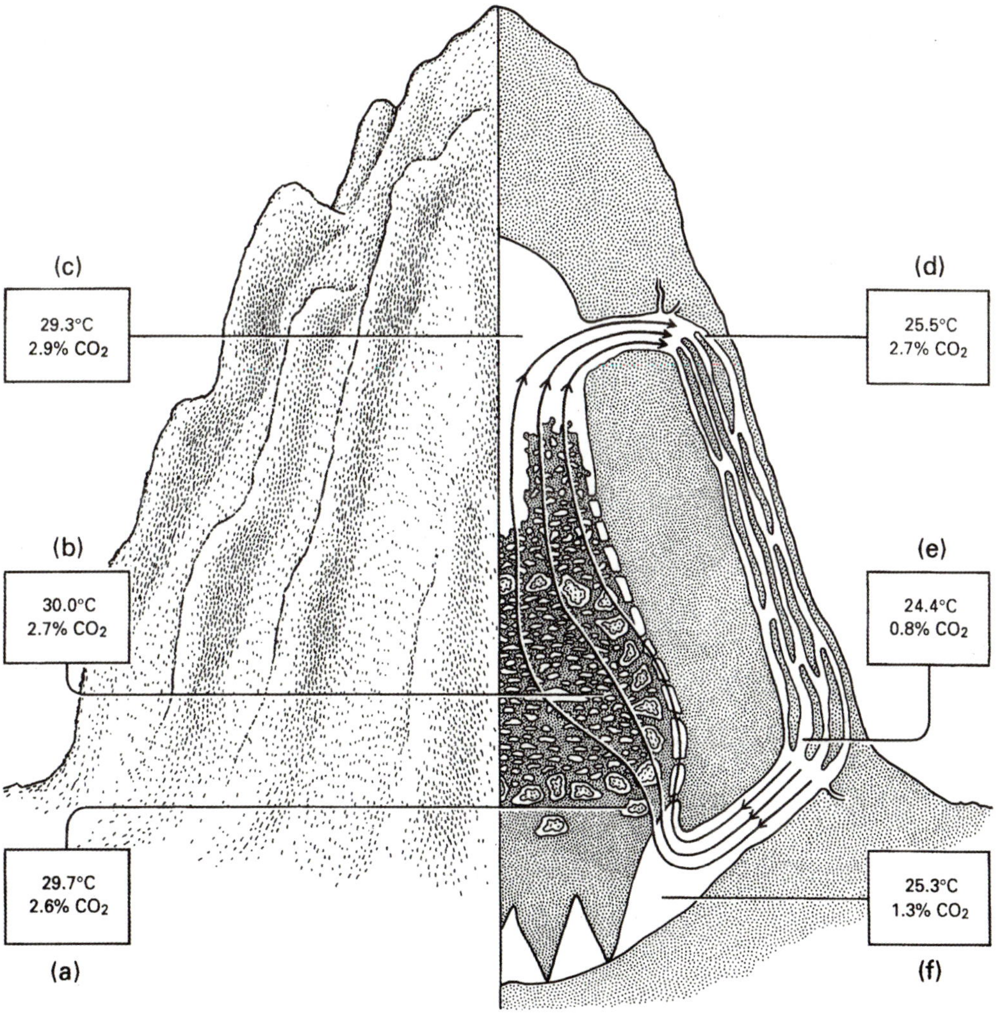

그림 12.10 아프리카에 서식하는 곰팡이 배양 흰개미인 *Macrotermes natalensis* 개미집 단면. 둥지 바닥며에서 자라는 곰팡이(a)와 흰개미 번식(b)에 최적의 환경을 제공하기 위한 공기의 순환 방식을 나타낸다. 기온과 CO_2 농도는 네모칸 안에 나타낸다. (a) 곰팡이 재배실, (b) 육아실, (c) 천정, (d) 융기된 통로의 윗부분, (e) 융기된 통로의 아랫부분. (Lüscher 1961.)

는 겨울철에는 활동을 중지하게 되며, 이 기간동안 Staphylinid는 다른 서식처를 찾게 된다. 성충 딱정벌레들은 수목이 우거진 유럽 홍개미(*Formica rufa*)의 서식지를 떠나고 붉은개미(*Myrmica* ants)가 서식하고 있는 보다 노출된 초지로 이동한다. 붉은개미(*Myrmica* ants)를 만나게 되면 융화 분비선(appeasement glands)에서 분비물이 분비되어 공격적인 개미의 행동을 무마시킨 다음 복부 측면의 분비샘에서 생성되는 분비물로 개미를 유인한다. 분비물의 섭식작용은 적응(adoption)을 조장하여 개미는 딱정벌레의 먹이약탈에도 다소 관대하여 월동을 마친 미성숙 성충이 있는 둥지로 바로 운반한다. 봄에 생식력이 왕성한 성숙한 성충으로 발달한 딱정벌레 성충은 산란을 위해 유럽 홍개미가 서식하고 있는 숲으로 다시 떠난다.

흰개미의 공생동물 중 많은 종류들이 여왕 흰개미에서 볼 수 있듯이 복부가 팽창하여 흰개미의 외관과 유사한 모양(convergence in shape, physogastry)을 하고 있다. *Termitoxenia*와 관련종의 파리류의 기이한 사례를 살펴보면, 흰개미 집에서 서식하고 있는 암컷들만이 복부가 팽창되는 것으로 알려져 있으며, 많은 연구에서 유충이 없거나 수컷이 존재하지 않는 상황에서도 같은 현상이 발견되었다. 이 현상의 경우 많은 알에서 직접 우화된 암컷들은 내시류 중에서 독특하게 일생동안(흰개미에 의해 분산) 짧은 날개를 가지고 있으며, 이들 파리들은 초기에는 기능적으로 수컷이었다가 곧 암컷으로 변화하는 웅성선숙자웅동체(protandrous hermaphrodites)라고 여겨지기 때문이다. 진실성은 더욱 무의미하게 느껴지는데, 개체군 내 성적이형(sexual dimorphism)은 너무나 많아 야생에서도 잘 잡히는 수컷의 비행은 잘 알려지지 않아 다른 곤충 군으로 분류되어졌다. 암컷은 날개를 가지고 있으나, 흰개미 집으로 들어가기 전에 짝짓기를 끝낸 다음 날개가 떨어진다. 비록 알기간이 대부분이지만, 짧은 기간이나마 애벌레기간이 존재한다. 이미 교미를 마친 암컷은 작은 복부를 가지고 있으나(**stemogastrous**), 흰개미 집에 있으면서 복부가 팽창(physogastry)하게 된다. 따라서 *Termitoxenia*는 자유로운 비행대신 답답한 공간의 흰개미 집에서 보다 엄격한 삶에 잘 적응하였으며, 그 곳에서 점유자가 아닌 한 구성원으로서 자신의 알들이 흰개미의 알처럼 대우를 받으며, 약한 유충기의 위험을 줄이며 살아간다.

공생동물은 사회성 곤충의 방어를 뚫고(12.4.3절 참조) 그들의 환대를 이용하는 비사회성 곤충에게만 국한되지는 않는다. 심지어 사회성 벌목 중 몇 몇 개미들은 다른 종의 개미집에서 일시적으로 살거나 사회적 기생자로 영구히 살기도 한다. 생식능력이 있는 암컷 공생자 개미는 기주의 둥지에 접근하여 보통은 기존 여왕개미를 죽이게 되고, 몇몇 경우에는 침입한 여왕개미가 일개미를 생산하여 둥지를 탈취하기도 한다. 다른 종의 경우, 공생 약탈자 개미는 수개미와 생식형 개미만을 생산하며, 일개미는 생산하지 않는다. 개미집은 기존 일개미가 죽을 때까지만 존재하게 된다.

개미의 복잡한 사회생활의 왜곡된 경우를 살펴보면, 몇 종의 개미들은 노예를 포획하는데, 다른 종의 개미집을 약탈하여 번데기를 자신들의 집으로 가져와 부화시켜 노예로 삼는다. 노예공생(**dulosis**)이라고 알려진 이 현상은 몇몇의 공생동물 종에서 나타나는데, 그것 모두는 둥지의 약탈에 의한 것이다.

기주개미와 공생개미간의 계통발생학적 관계는 예상외의 높은 비율로 기주와 공생자의 관계가 자매관계(서로 아주 가까운 관계)에 있는 종으로 밝혀지고 있으며, 더 많은 경우 같은 속의 근연종에서 찾아볼 수 있다. 이런 현상을 짐작할 수 있는 한 가지 설명은 멀리 떨어져 있던 근연종의 집단이 교미범위 안까지 군집이 발달하게 되어 일어나는 것일 것이다. 만약 군집인식 화학물질을 구분할 수 없는 일이 벌어진다면, 한 종의 집단은 화학물질을 인지할 수 없는 다른 집단을 침입할 수 도 있으며, 약탈 행위는 증가하게 될 것이다.

비융합 공생동물은 꽃등애 속(*Volucella*–Diptera; Syrphidae)의 꽃등애 류가 좋은 예이다. 이들의 성충은 베잇시안 의태로서 쌍살벌류(Polistes wasps)나 뒤영벌(*Bombus bees*)을 모방한다. 암컷 꽃등애 류는 벌의 둥지에 자유롭게 드나들고, 벌통 위를 돌아다니며 알을 산란한다. 부화된 유충은 둥지의 바닥에 떨어져 위에서 떨어진 찌꺼기와 먹이를 먹는다. 또 다른 꽃등애류인 *Microdon*의 유충은 호개미성(myrmecophilous) 유충으로서 너무나 기이하게 생겨 초기에는 연체동물로 여겨졌다. 이들은 개미 둥지더미에서 상처하나 없이 살아가며 때로는 어린 개미유충을 포식하며 살다가, 성충으로 부화되면 침략자로 돌변한다. 비융합 공생동물은 많은 약탈자 및 포식기생자가 포함되며, 이들이 방어력이 강한 사회성 곤충을 속여 넘기는 수단에 대한 많은 부분이 알려지지 않고 있다.

사회성 곤충은 또한 몇 종의 기생성 절지동물을 동반하는데, 예를 들면, Varroa와 Tracheal 응애(Acari)와 같은 벌응애 및 벌이(*Braula coeca*)가 있으며 이들 모두 꿀벌(Apidae; *Apis* spp.)에 기생한다. 벌응애인 *Acarapis woodi*에 의한 벌집의 피해는 논쟁거리가 되지만, Varroa에 의한 감염은 전 세계적으로 꿀벌의 개체수를 심각할 정도로 감소시키는 결과를 가져온다. Varroa 응애는 어린 꿀벌의 외부에 기생하면서(Plate 5.5) 꿀벌의 기형을 초래하며 죽음에 이르게 한다. 응애에 의한 소규모 감염은 발견하기가 힘들며, 벌통에 심각한 피해를 줄 정도의 응애 개체수가 증가하는 데에는 몇 년의 시간이 걸린다. *Apis cerana*와 같은 몇 종의 꿀벌은 varroa 응애에 대한 저항성이 좀더 높지만 독특한 생물지리학적 및 발병학적 특성을 지닌 varroa 응애의 복잡성으로 인해 생물학적 특성을 파악하기는 어려운 실정이다. 이것은 꿀벌과 응애의 서로 다른 유전자형이 뒤섞이지 않도록 세심한 주의가 필요하다는 것을 의미한다.

12.4 진사회성의 진화와 유지

벌목과 흰개미목의 복잡한 사회구조에 대한 첫 표현은 서로 유사하다는 것과 공동기원을 가지고 있다고 제안할 수 있다는 것이다. 그러나 제7장에서 소개된 계통발생학 측면에서 이 두 목과 사회성 진딧물 및 사회성 삽주벌레는 근연관계가 멀며, 단일 진화적 기원이라고는 볼 수 없다. 따라서, 벌목과 흰개미목에서의 진사회성의 기원에 대한 가능성 있는 진행방향을 따로 분리하여 조사하고, 이어서 사회성 집단의 유지에 대해 논의하고자 한다.

12.4.1 벌목에서의 진사회성의 기원

벌목의 제안된 계통분류학적 연구에 따르면 말벌류와 꿀벌류는 다기원성 경로를 통해 말벌류, 꿀벌류와 개미류(그림 12.2)는 각각 개별적으로 진사회성을 발전시켜 왔으며, 몇 몇 종은 퇴보로 인한 독립생활의 양상을 보인다. 각기 다른 사회성 정도에 따른 생활사의 비교를 통해 독립생활에서 사회생활까지의 역사적 과정을 추정할 수 있다. 세 가지 가능성 있는 변화과정을 추정할 수 있는데, 각각의 경우 공동생활은 둥지 건설과 새끼를 보호하는데 필요한 에너지의 공유를 통해 이익을 얻고 있는 것으로 보인다.

첫 번째 과정은 어미의 수명연장을 통해 새끼들과 함께 서식하는 진사회성으로 발전하는 단독 여왕지배(Monogynous)의 아사회성 체제라는 것이며, 두 번째 시나리오는 반사회성(Semisociality)과 관련하여 몇 몇 벌류에만 적용시킬 수 있는 것으로서 같은 세대의 혈연관계가 없는 암컷들이 인접한 지역에 새로운 둥지를 만들며, 한 세대만 생식력이 유지되는 일부 노동계급을 보유하고 있다는 것이다.

세 번째 시나리오는 위에서 언급한 두 가지 시나리오의 구성원과 관련된 것으로서 여러 마리의 여왕(Polygynous)과 혈연관계가 있는 암컷들이 공동체를 구성한다는 것으로서 군집 내에는 증가된 생식계급이 있다. 여왕과 그 딸들의 집단은 연장된 수명을 통해 구성된다.

이 생활사적 기반에 따른 시나리오는 진사회성과 관련된 유전적 이론이 고려되어져야만 하는데, 특히 이타주의(생식에 있어서의 자기희생, **Altruism**) 선택에 의한 기원과 유지에 관한 것들이 고려되어져야 한다. 다윈이후 생식능력이 없는 일부 개체들이 잠재적 생식기능을 포기하고 다른 계급을 위해 희생하는 이타주의에 관한 논쟁이 끊임없이 이어져 오고 있다.

진정사회성에서 볼 수 있는 극단적인 생식능력 희생의 기원에 대한 네 가지 가설들은 다음과 같은데, 세 가지 가설들은 다른 한 가지 가설과 부분적으로나 완전하게 대립되지만, 첫 번째 고려요인인 군집선택(**Group selection**)은 대립되지 않는 것으로 보인다. 첫 번째로 혈연, 혈족의 선택은 고전적이거나 다윈적응도에서 시작될 수 있는데, 자신의 후손에게 유전자 Pool에 직접 유전자를 제공하는 것은 단지 각 개체의 합 혹은 포괄적이거나 확장적응도에 기여하는 일부분일 뿐이다. 혈족관계 구성요소라 칭해지는 간접적인 기여는 포함되어야만 한다. 이것은 각 개체에 의한 유전자 pool에의 기여는 혈족 재생산의 성공을 상승시키고 돕는다. 혈족의 각 개체는 동일하거나 비슷한 유전자형이 같은 부모를 가짐으로서 얻는다. 벌목에 있어서 혈족관계는 반수배수성 유전자 시스템에 의해 강화된다. 이 시스템에서는 수컷이 반수체로서 각각의 정액이 아버지쪽의 유전자를 100% 포함한다. 반대로, 유사분열로 생성된 알은 이배체로서 오직 어머니 유전자의 반만 포함한다. 따라서 수정란들로부터 생성된 딸 세포는 아버지 쪽의 유전자는 다 가지지만 어머니 쪽의 유전자는 반만 가지게 된다. 이것 때문에, 부모가 같은 자매들(예를 들어 같은 아버지의 자매들)은 평균적으로 그들 유전자의

	sister	half-sister	own son	son of full sister	queen`s son (brother)	son of half-sister
worker	0.75	0.375	0.5	0.375	0.25	0.125

그림 12.11 봉군내의 다른 점유벌집단에 대한 일벌의 상대적인 관계성(After whitfield 2002.)

3/4을 공유한다. 따라서, 자매들은 자기 자신의 암컷 자손보다 더 많은 유전자를 공유하게 된다. 이러한 조건 아래, 불임 암컷(일 계급)의 포괄적응도(inclusive fitness)는 고전적 적응도 보다 더 크다. 각 개체에 영향을 미치는 선택은 포괄적응도를 극대화시켜야 한다. 일 계급은 그녀 자신의 암컷 생산보다는 그녀의 자매, 여왕의 자손 생존에 더 많은 투자를 해야 한다.

그러나, 반수배수성만으로 진정사회성의 기원을 설명하기엔 불충분하다. 왜냐하면 이타주의 관계(relatedness)에서 단독적으로 나타나지 않기 때문이다. 반수배수성은 벌목에서 보다 보편적이다. 더욱이 삽주벌레와 같은 다른 반수배수성 곤충은 사회성이 없지만 사회적인 습성이 있을 수도 있다. 사회성을 촉진하는 다른 요소는 Hamilton의 법칙에 의해 인지되어져 있으며, 이에 따르면 비용의 비율 및 상호관계뿐만 아니라 이타주의 습성의 이익을 강조하고 있다. 이타주의를 촉진할 수 있는 이러한 조건의 선택은 다음과 같이 표현될 수 있다.

$$rB - C > 0$$

여기에서 r은 관계성의 계수이고, B는 이타주의의 수용체로부터 얻어지는 이익, 그리고 C는 이타행동의 제공자로부터 제공되는 비용이다. 따라서 그림 12.11에 표현된 특정한 관계성(relatedness) 범위의 결과는 비용과 이익의 변화에 의해 변경될 수 있다. 그러나 이러한 요인들의 양을 정하기는 어렵다.

혈족관계 계산은 군체에서 모든 자손의 미혼모는 동일한 아버지를 공유하고 이 주장은 사회성 기원의 혈족관계 시나리오를 함축하고 있다. 적어도 더 높은 사회성 곤충에 있어서 여왕은 다른 많은 수컷들과 짝짓기를 한다. 그러므로 r값은 단일여왕성의 모델로 예측한 것보다는 낮을 것이다. 이러한 영향은 아래 12.4.3절 부분에서 토론된 이미 현존하는 사회성 시스템에 영향을 미친다.

어떻든 간에 혈족을 도와주는 기회, 반수배수성을 통해 더 높은 관계성(relatedness)을 통해 혈족을 돕는 것은 곤충을 진사회성 쪽으로 기울게 한다. 적어도 2개 이상의 견해는 진사회성의 기원과 관련된다. 첫 번째 것은 자손의 모계 조작(유전적, 행동학적 모두)을 포함한다. 어떤 자손의 생산적 가능성을 줄임으로서 부모의 적합도는 몇 몇 선택된 자손의 보장된 생식적 성공을 통해 극대화 할 수 있다.

대부분 암컷 침땅벌류(Aculeata)는 알을 수정시키거나 수정시키지 않음으로서 새끼의 성을 조절할 수 있으며 먹이공급량을 조절하여 새끼의 크기를 다양화 할 수 있다. 이것은 모계 조작이 사회성 기원을 위한 그럴싸한 선택이다.

더 나은 시나리오는 경쟁과 상리공생의 역할을 더 강조한다. 이것은 각 개체들이 그들의 고전적 적응도를 상승시키면서 우연히 이웃 생물의 적응도에 기여하는 상황에 직면하게 된다. 각 개체는 약탈자와 기생충에 대항하여 경계를 공유함으로써 공동의 방어를 통해 군집 생활로부터 이익을 얻게 된다. 따라서 상리공생(공유된 방어와 서식지 구조의 이익을 포함하는)과 혈족관계는 군집생활의 형성을 촉진하게 된다. 친척관계(familial-related) 군집에서의 다른 번식은 그들의 혈족관계의 모든 구성원에게 중요한 적응도 이점을 준다. 결론적으로, 3개의 시나리오는 상호배타적이지 않으면서 혈연선택, 모계 조작, 그리고 상리공생은 조화롭게 작용하여 진사회성 진화를 촉진하는데 작용한다.

말벌류(Vespinae)는 단독 생활에서부터 사회성으로 진행되었다고 설명했고, 이러한 유도된 조건으로 서식지 공유와 조건적인 노동 분배가 일어났다고 했다. 사회성 행동의 진화는 모계 조작과 서식지 공유자들 사이에서의 생식의 경쟁으로부터 일어나는 우성 분류체계를 통해 발전되어졌다고 예상했다. "승리자"는 여왕이고 "실패자"는 일꾼이다. 앞에서의 요점으로부터, 개체들은 적응도(fitness)를 극대화시키고 계급형 시스템을 엄격하게 하기 위해 행동했다. 여왕과 군집은 보다 더 긴 수명의 군집과 개체수 증가를 유지하는 세대 수 및 한 마리의 여왕에 의해 지배되는 단일 지배체제를 구축하기 위해 변형되었다. 특히, 파생된 일부다처의 조건은 큰 군집에서 일어날 것이며, 그 군집에서의 여왕의 지배력은 약해진다.

단독 생활로부터의 사회성으로의 진화를 진사회성 벌

과 말벌류 경우를 함께 생각하여 한쪽 측면으로만 생각해서는 안된다. 최근 계통 발생 연구에서는 사회성에서 부분적 사회성이나 더 심할 경우 단독생활 방식으로 돌아가는 경우를 보여준다. 그러한 전환들은 꼬마꽃벌류(Halictine)와 호박벌류(Allodapine)에서 볼 수 있다. 이러한 변화는 심지어 반수배수성이 집단생활로 기울게 함을 증명하고, 적합하지 않은 환경 조건이 사회성에 대항하는 이러한 경향을 저지하고 선택을 하게 할 수 있다.

12.4.2 흰개미에 있어서 사회성의 기원

벌목에서의 반수배수성과는 대조적으로 흰개미의 성은 보편적인 XX-XY 염색체 시스템으로 결정되고 따라서 혈족관계를 기반으로 하는 사회성에 대한 유전적 경향성이 없다. 널리 알려져 있는 벌목의 아사회성(subsociality)과는 대조적으로, 흰개미의 경우는 진사회성으로 가는 중간단계가 별로 알려지지 않아서 그 기원을 잘 알 수 없었다. 몇 종의 사마귀류와 진딧물류(흰개미와 가장 가까운 친족들임)에서 보이는 아사회성 행동은 흰개미류에서의 진사회성이 나타나기 이전의 모습, 즉 진화적인 전조라고 알려져 왔다. 흰개미 혈통(그림 7.4)에 가까운 갑옷바퀴과(Cryptocercidae)의 습성은 영양이 부족한 식량 자원에의 의존과 성충이 장수하는 것이 이떻게 사회생활로 이어지게 되는지 설명해준다. 셀룰로오스는 풍부하지만 영양소가 부족한 나무의 소화를 돕는 내부공생생물이 이 논쟁의 핵심이다. 탈피를 할 때마다 잃은 영양분을 보충하기 위해 공생자를 옮기는 것이 필요한데, 이는 영양교환을 통해 이루어지는 독특한 군집 내 상호작용을 촉진한다. 더군다나, 연속적인 세대 내에서 구성원 간 공생자의 이동은 세대의 겹침을 필요로 한다. 영양교환, 식량부족으로 인한 성장의 지연, 성충의 장수와 같은 요인들은 상호작용하여 단결을 촉진시킨다. 이러한 요소들은 썩은 통나무와 같은 적절한 식량 자원과 함께 군집 생활을 이끌 수는 있으나 이타적인 계급의 기원을 쉽사리 설명하기에는 부족하다. 각 구성원들이 군집의 성공적인 건설로부터 상당한 이익을 얻을 때, 또한 군집 내에서의 관계가 친밀하게 나타나면(몇몇 흰개미에서 발견된 것처럼), 비로소 진사회성이 발생하게 될 것이다. 하지만 흰개미에서의 진사회성의 기원은 진사회성 벌목보다 명확하게 알려져 있지 않다.

12.4.3 진사회성의 유지-보안

지금까지 보아 왔듯이 사회성인 벌목 군집에서의 일벌들은 자신의 자손 생산을 포기하고 그들 여왕벌의 자손들을 기르며, 이러한 시스템은 그들의 희생을 "정당화" 하기위해 혈족-근접 관계에 의존한다. 일단 비생식 계급이 형성되면(이론상 단일 부계 조건 아래) 혈연관계에 대한 필요성은 일벌이 여왕 벌에 의해 화학적 조절 등을 받아 재생산할 기회가 줄어들게 되면서 느슨해 질 것이다. 그럼에도 불구하고 가끔 여왕벌의 영향력이 쇠퇴하게 되면 어떤 일벌들은 자신의 알을 낳기도 한다. 이러한 "여왕벌이 아닌 계급이" 생산한 알은 생존할 수 없다. 이러한 알들은 다른 일벌들 중 정찰벌들에 의해 발견되어 먹히고 만다. 이러한 현상은 꿀벌, 어떤 종류의 말벌, 몇몇 개미들로부터 알려졌고, 흔히 보이진 않지만 꽤 널리 퍼져 있을 것이다. 예를 들면, 보통 꿀벌 벌통의 30,000마리 일벌 중 평균적으로 3마리만 기능적인 난소를 가진다. 비록 이들(난소가 기능할 수 있는 꿀벌들)이 다른 일벌들로부터 위협을 받는다 하더라도, 그들은 군집 내에서 수컷 알의 7% 이상이 발생하는데 관여한다. 이러한 알들은 여왕으로부터 유래한 화학적 냄새들이 부족하여 정찰벌에 의해 효율적으로 인지되어 먹혀버리며 이로 인해 꿀벌 군집에서 일벌이 낳은 수벌은 단 0.1%에 불과하다.

Hamilton의 규칙(12.4.1절)은 이러한 행동에 대해 설명하고 있다. 자매 간(일벌사이)의 혈연관계성의 r값은 0.75이고, 여왕벌이 반복적으로 짝짓기를 할 때 r값은 0.375 로 줄어든다. 만약 일벌의 비수정란이 발달하게 되면 수벌이 발생하며 어미 벌과의 혈연관계 r값은 0.5가 된다. 이런 혈연관계 수치는 암벌의 반자매(0.5 > 0.375)보다 더 크며 여왕벌의 지배를 피하기 위한 수단을 제공하게 된다. 그러나 다른 일벌들의 관점에서 볼 때, 다른 일벌이 낳은 자손과의 혈연관계치는 겨우 r = 0.125 이고, 반(半)사촌(다른 일벌의 자손)을 살해하는 것을 "정당화"하며, 그녀의 자매(r = 0.75)나 반자매(r = 0.375)(그림 12.11에 표현된 관계)의 발달을 도와준다. 어느 일벌들이나 여왕벌의 알을 돌보고 그녀의 자매를 살해함으로써 진화적인 이익을 획득하게 된다. 그러나 여왕벌이 약해지거나 죽게 되면 페로몬을 통한 지배가 약해지고, 이른바 무정부상태가 발생하여 일벌들은 모두 알을 낳기 시작한다.

꿀벌 군집의 극도의 엄격성 외에도 정찰 행동의 범위

역시 눈에 띄게 나타난다. 여왕과 일 계급이 확실하게 나누어져 있지 않은 개미 군집에서는, 다른 동료들의 묵인(tolerate) 아래 오직 특정 구성원만이 번식하게 되면서 계급이 존재한다. 비록 제재를 가하는 중 폭력을 가하긴 하더라도, 번식하는 데 있어 규칙적인 축출이 있으므로 관리체제가 융통성을 가지게 된다. 심지어 꿀벌에 있어서도, 여왕벌의 영향력이 줄고 페로몬으로 이루어지던 지배가 쇠퇴될 때, 일벌들의 난소는 발달하고 알을 마구 낳는다. 몇몇 말벌의 일벌들은 단독으로 짝짓기 하여 낳은 새끼와 여왕벌이 난교하여 낳은 자손을 분간하고, 이들 관계에 따라 적절하게 행동한다. 추측컨대, 어떤 단계에서 일부다처의 군집은 추가적인 여왕을 발달시키거나, 돌아오게 하거나, 기다리도록 했으며, 둥지 간 상호작용이 느슨해짐에 따라 침략이 쉽도록 한다. 12.3절과 Box 1.1에서 논의된 공생동물은 분명히 정찰활동을 회피한다. 그러나 그 메커니즘은 잘 알려져 있지 않다.

남아프리카의 급격한 발전 동안 아프리카 꿀벌(*Apis mellifera scutellatus*)의 벌집이 다른 기생종인 Cape honey bee(*A. m. capensis*)로부터 침략을 당한 것이 관찰되었다. 일을 거의 하지 않는 침략 종의 일벌들은 자신의 복제품과도 같은 배수체 암컷 알을 생산한다. 이들은 여왕의 페로몬을 모방함으로써 군집 내에서의 경비를 교묘히 피해나가는 것으로 보인다. 군집은 이들 기생종에 의해 빠르게 파괴되고 기생종의 일벌들은 곧 다른 벌집을 침입하기 위해 떠난다.

12.5 진사회성 곤충의 성공

이 장의 도입부분에서 살펴보았듯이 사회성 곤충들은 몇몇 지역에서 수적, 생태학적 우위를 점하고 있다. 개미들이 우점하면서 해를 끼칠 수 있는 몇몇 예가 Box 1.2에 설명되어있다. 사회성 곤충들은 저위도 지방과 낮은 고도에 많이 분포하며, 그 활동은 온대 지방의 여름, 또는 열대지방과 아열대지방에서 눈에 잘 띈다. 일반적으로, 가장 풍부하고 우점 사회성 곤충들은 계통발생학적으로 가장 많이 파생된 종이고 또한 가장 복잡한 사회구조를 가지고 있다.

사회성 곤충들의 세 가지 특성은 경쟁에 있어 유용하게 나타난다. 이러한 성질들은 여러 일을 하도록 하는 계급구조로부터 유래했다. 첫째, 먹이를 구해와 여왕에게 먹이를 공급하고, 자손들을 돌보며, 서식지를 유지하는 일은 단독적으로 이루어지기 보다는 다른 그룹들과 협동하여 이루어진다. 같은 목적으로 일한다는 것은, 어떤 일을 함으로써 다른 일이 위태로워지지 않으며 따라서 먹이를 찾으러 다른 곳에 가 있는 동안 서식지가 약탈자나 기생충으로부터 침략당할 위험이 적다는 것을 의미한다. 더군다나, 연속적으로 수행되는 것과 비교했을 때 병렬적 일처리의 경우 각 개체의 오류는 거의 찾아 볼 수 없다. 두 번째로, 모든 일 계급에 서열을 매기는 군집의 능력은 곤충 1마리가 대처할 수 없는 일들을 해결하도록 한다. 훨씬 규모가 큰 약탈자를 대적하거나 열악한 상황에서 서식지를 짓는 것 같은 일들의 경우에서 예를 들 수 있다. 세 번째로, 계급제도와 관련한 기능의 분화는 몇몇 계층(꿀단지 개미와 같은) 및 발달 중인 유충에 식량을 저장해두는 것을 포함하여, 서식지 내에서 온도, 미기후 조건을 조절하는 활동 등과 관련 있다. 특정 계급에 구성원들을 배분하는 비율을 다양화하는 능력은 계절과 군집 나이에 따라 달라지는 요구사항에 맞추어 공동 자원을 분배하기에 유용하다. 광범위하게 사용되는 여러 가지 페로몬은 수백만 이상의 구성원들을 높은 수준으로 제어하는데 쓰인다. 그러나 이렇게 눈에 띄게 엄격한 진사회성 시스템에서, 방랑성 병정개미들에서 기생성 공생자까지의 다른 여러 가지의 생명 역사가 발생할 여지는 남아 있는 것으로 보인다.

Box 12.2 벌목(꿀벌, 개미, 말벌, 잎 벌들, 나무 말벌)

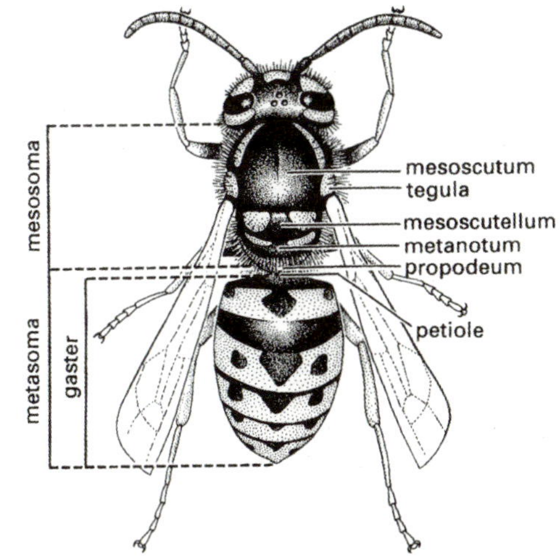

worker of the European wasp, *Vespula germanica*

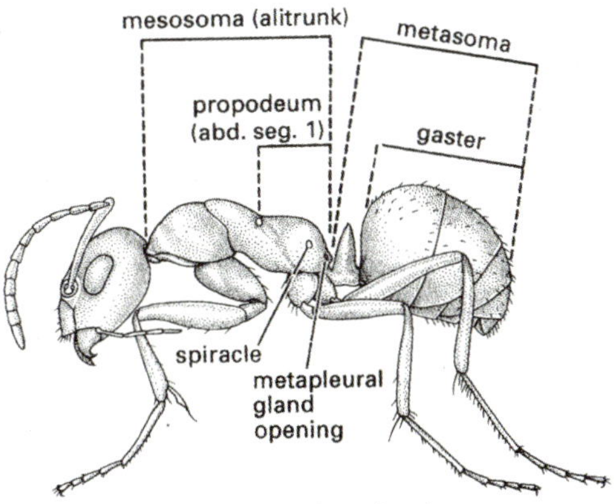

worker ant of *Formica subsericea*

벌목은 완전변태 신시류의 100,000여 종으로 구성된 목으로서 전통적으로 크게 두 아목으로 분류된다. 여기에는 잎벌아목(나무말벌 및 잎벌-측계통군), 벌아목(말벌, 벌, 개미 등)이 속해있다. 벌아목에는 침을 갖는 분류군 (청벌상과-Chrysidoidea, 말벌상과-Vespoidea, 꿀벌상과-Apoidea)들이 단일 계통군을 이루고 있다. 이들은 산란관을 지니는 것이 특징인데 알을 낳는 데 보다는 먹잇감이나 적을 찌르는데 이용한다. 벌목의 성충은 매우 작은 것(알벌과-Trichogrammatidae 그림16.3)부터 큰 것(0.15~120 mm long), 그리고 가냘픈 것(맵시벌과-Ichneumonidae)부터 통통한 것(호박벌, 그림 12.3)까지 다양한 형태로 존재한다. 머리는 하구형(hypognathous)이거나 전구형(prognathous)이며 구기는 즙을 빨아먹거나 먹이를 씹는 큰 턱부터 상대를 죽이거나 먹이를 다루고 방어하고 집을 짓는데 쓰이는 벌아목의 턱까지 다양하다. 겹눈은 보통 크고 홑눈은 존재하거나 퇴화되거나 혹은 아예 존재하지 않을 수도 있다. 더듬이는 길고 여러 마디로 나누어져 있으며 눈에 띄게 앞을 향하고 있거나 거꾸로 휘어있기도 한다. 잎벌아목은 흉부가 보통 3마디로 이루어져 있지만 벌아목에서는 복부의 첫 마디가 흉부의 체절에 포함되어 있으며 중절부(mesosoma)라고 불린다(개미에서는 alitrunk라고도 하며, 말벌인 Vespula germanica의 일벌과 불개미인 Formica에서 볼 수 있음). 날개에는 작은 시맥(venation)이 있으며 속 날개(hind wing)는 비행 시 앞날개의 뒷 가장자리와 짝을 이루는 끝 부분을 따라 일련의 갈고리 (날개시구)를 지니기도 한다. 벌아목의 두 번째(간혹 세 번째) 복부체절은 잘록한 구조 혹은 배자루마디 (Petiole)를 이루며 나머지 부분은 배 혹은 볼록한 복부를 이룬다. 암컷의 생식기는 3개의 판막과 2개의 주된 경피로 구성된 산란관을 포함하는데 산란관은 길고 잘 움직일 수 있어 다리 사이에 수직으로 판막이 향하도록 한다(그림 5.11). 침이 있는 벌목의 산란관은 봉독과 관련된 침으로 변형되어 있다(그림 14.11).

내부기생성 종의 알은 보통 난황이 결핍되어 있으며 가끔씩은 알 하나에서 하나 이상의 개체가 탄생하기도 한다(다배형성-polyembryony; 5.10.3절). 잎벌의 유충은 송충이형(그림 6.6c)으로 세 쌍의 날카로운 발톱이 있는 흉부 다리와 몇 개의 복부 다리로 구성되어 있으며, 대부분은 초식성이다. 벌아목의 유충은 발이 없으며(그림 6.6i) 두피는 보통 퇴화되어 있으나 단단한 턱을 가진다. 유충은 성장하면서 형태적으로 매우 달라진다(이형재생-heteromorphosis). 이들은 잡식성이며 기생하거나(13.3절), 혹(gall)을 형성하거나 부모로부터 먹이, 꽃 즙, 화분 등을 받아먹기도 한다(사회성 종의 경우 다른 군집의 구성원으로부터 먹이를 받아먹기도 한다). 벌목의 성충은 대부분 꽃 즙이나 단물을 먹고, 가끔은 다른 곤충의 혈림프(hemolymph)를 빨아먹기도 한다. 소수의 종만이 다른 곤충을 포식한다.

반배수체(Haplodiploidy)는 알이 수정되었는지의 여부에 따라 생식형 암컷이 자손의 성(性)을 결정할 수 있다. 각 개체 간의 높은 연관성은 침을 가진 벌목의 잘 발달된 사회성 행동을 가능하게 한다. 벌목의 계통발생학적 관계에 대해서는 7.4.2절, 그림 7.2, 12.2에서 확인할 수 있다.

Box 12.3 흰개미목(흰개미)

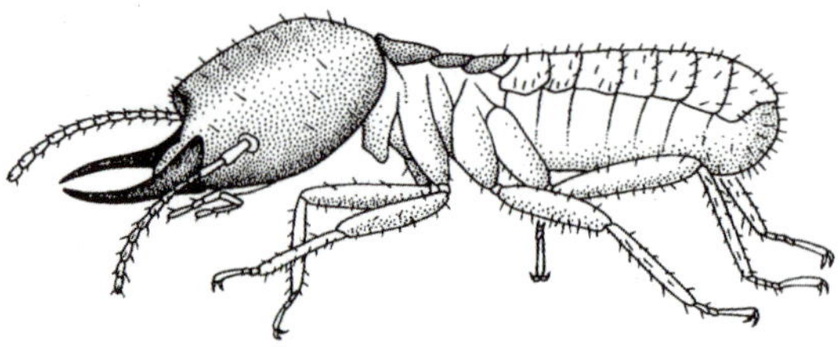

soldier of *Coptotermes*

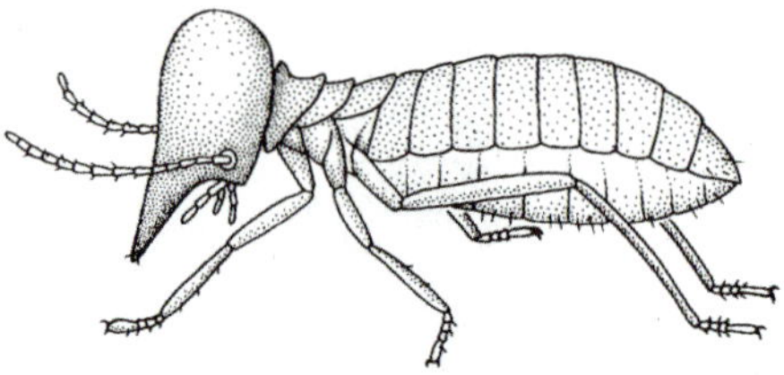

soldier of *Nasutitermes*

흰개미목은 2,600여 종이 알려져 있는 작은 목(目)으로서 불완전변태를 하고, 신시류이며 생식형개미, 일개미, 병정개미로 구성된 여러 형태의 계급을 가진 사회성 곤충이다(12.2.4절; 그림 12.8). 모든 계급은 작은 것에서부터 보통 크기까지 다양하다(날개달린 생식형 개미의 경우에도 보통 20 mm미만의 크기이다). 머리는 하구형이거나 전구형이며 구기는 전형적인 바퀴형이며 턱을 가진 형태이지만 계급에 따라 다양하다: 병정개미는 보통 아래턱이 특이하게 발달되어 있고, 뾰족한 모양의 구기를 지니기도 한다[왼쪽 삽화처럼 턱이 있는 Coptotermes (집흰개미의 일종)나 오른쪽의 첨비형 흰개미인 Nasutitermes에서 확인할 수 있다, Harris 1971]. 겹눈은 보통 퇴화되어 있고 더듬이는 길고 여러 분절로 구성되어 있다. 앞날개와 뒷날개는 유사하며 제한된 시맥을 가진 막상구조이나, Mastotermes에서는 예외적으로 복잡한 시맥과 뒷날개에 넓은 둔엽(anal lobe)을 가지고 있다. 모든 계급은 말단에 1~5개의 체절이 있는 미모(cerci) 한 쌍을 갖는다. 외부 생식기는 암컷이 축소된 바퀴형의 산란관을 갖고 있으며, Mastotermes를 제외하고는 수컷의 외부 생식기 발달은 미약하다. 병정개미 및 일개미의 생식샘은 매우 불완전하게 발달되어 있다.

몸의 내부는 내부공생 미생물이 살고 있는 정교한 후장을 포함한 모세관으로 둘러싸인 소화관으로 채워져 있다. 흰개미과(Termitidae)를 제외하고는 원생생물이 후장 내에 살기도 한다(9.5.3절에서는 Macrotermitinae를 이용한 곰팡이 배양을 다루고 있다). 각 개체들이 먹이를 교환하는 것은 어리거나 새로 허물을 벗은 흰개미들에게 미생물을 공급하는 유일한 방법이며 흰개미의 보편적인 진사회성에 대한 설명 중 하나이다.

흰개미의 집은 토양 내 개미굴 (gallery)이나, 썩은 통나무나 살아있는 나무의 보다 복잡한 구조물 혹은 땅위에 돌출된 흙으로 만든 개미집(earth mound)과 같이 더 복잡한 구조물일 수도 있다(그림 12.9 & 12.10). 흰개미는 주로 셀룰로오스가 풍부한 물질을 먹고 사는데,흰개미들은 식물질을 땅 속 혹은 지상의 흰개미집으로 가져온다. 흰개미목은 바퀴목 계통(Clade)에 속하는데 보통 7개과와 14개 아과가 알려져 있다. 바퀴목 계통의 계통발생학적 관계에 대해 더 알고자 한다면 7.4.2절, 그림 7.2, 7.4를 참고하도록 한다.

참고 문헌

Billen, J, (ed.) (1992) *Biology and Evolution of Social Insects*, Leuven University Press, Leuven.

Carpenter, J, (1989) Testing scenarios: wasp social behavior. *Cladistics* **5,** 131-44,

Choe, J,C. & Crespi, B,J. (eds.) (1997) *Social Behavior in Insects and Arachnids*, Cambridge University Press, Cambridge.

Crozier, R.H. & Parnilo, P, (1996) *Evolution of Social Insect Colonies: Sex Allocation and Kin Selection*. Oxford University Press, Oxford.

Danforth, B.N. (2002) Evolution of sociality in a primitively eusociallineage of bees. *Proceedings of the National Academy of Science* (USA) **99,** 286-90.

de Wilde, J, & Beetsma, J. (1982) The physiology of caste development in social insects. *Advances in Insect Physiology* **16,** 167-246,

Dyer, F,C, (2002) The biology of the dance language. *Annual Review of Entomology* **47,** 917-49,

Fletcher, D.J.C. & Ross, K,G. (1985) Regulation ofreproduction in eusocial Hymenoptera. *Annual Review of Entomology* **30,**319-43,

Hardie, J. & Lees, A.D, (1985) Endocrine control of polymorpliism and polyphenisrn, In: *Comprehensive Insect Physiology, Biochemistry, and Pharmacology*, Vol. 8: *Endocrinology II* (eds, G,A. Kerkut & r.r. Gilbert), pp. 441-90. Pergamon Press, Oxford.

Hölldobler, B. & Wilson, E.O. (1990) *The Ants*. Springer-Verlag, Berlin.

Itô, Y. (1989) The evolutionary biology of sterile soldiers in aphids. *Trends in Ecology and Evolution* **4,** 69-73.

Kiester, A.R. & Strates, E. (1984) Social behavior in a thrips from Panama. *Journal of Natural History* **18,** 303 -14.

Kranz, B.D., Schwarz, M.P .. Morris, D.C, & Crespi, B.J. (2002) Life history of *Kladothrips ellobus and Oncothrips rodwayi*: Insight into the origin and loss of soldiers in gall-inducing thrips. *Ecological Entomology* **27,** 49 -5 7.

Lenior, A., D' Ettorre, P .. Errard, C. & Hefetz, A. (2001) Chemical ecology and social parasitism in ants. *Annual Review of Entomology* **46,** 573-99.

Quicke, D.L.J. (1997) *Parasitic Wasps*. Chapman & Hall, London.

Resh, V.H. & Carde. R.T. (eds.) (2003) *Encyclopedia of Insects*. Academic Press, Amsterdam. [Particularly see articles on Apis species: beekeeping; caste; dance language; division of labor in insect societies; Hymenoptera; Isoptera; sociality.]

Retnakaran, A. & Percy, J. (1985) Fertilization and special modes of reproduction. In: *Comprehensive Insect Physiology, Biochemistry, and Pharmacology*, Vol. 1: *Embryogenesis and Reproduction* (eds. G.A. Kerkut & L.r. Gilbert), pp. 231-93. Pergamon Press, Oxford.

Robinson, G.E. (1992) Regulation of division oflabar in insect societies. *Annual Review ojEntomology* **37,** 637- 65.

Sammataro, D .. Gerson. U. & Needham. G. (2000) Parasitic mites of honey bees: life history. implications and impact. *Annual Review of Entomology* **45,** 519 -48.

Tallamy, D.W. & Wood, T.K. (1986) Convergence patterns in subsocial insects. *Annual Review oj Entomology* **31,** 369-90.

Thorne, B.L. (1997) Evolution of eusociality in termites. *Annual Review ojEcology and Systematics* **28,** 27-54.

Wilson, E.O. (1971) *The Insect Societies*. The Belknap Press of Harvard University Press, Cambridge. MA.

13장

곤충포식 및 기생

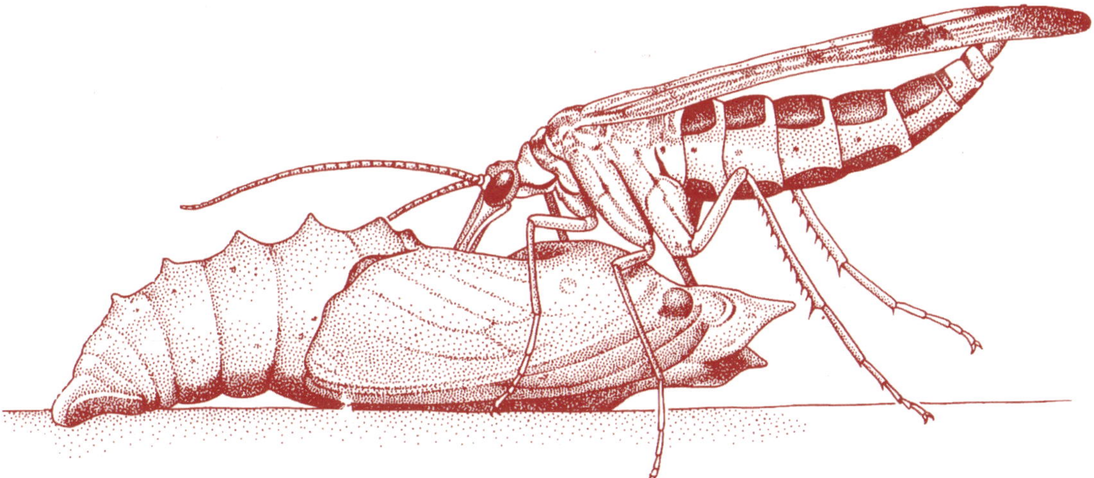

Scorpionfly feeding on a butterfly pupa. (After a photograph by P.H. Ward & S.L. Ward.)

많은 곤충들이 일차 생산자인 녹조류와 고등 식물을 직접적으로 섭식하는 식식성임을 11장에서 확인하였다. 이들 식식성 곤충은 일단의 다른 생물들의 중요한 먹이 자원이 된다. 수많은 이들 육식자 무리 내의 개개의 개체는 다음과 같이 범주화할 수 있다. **포식자**(predator)는 일생동안 수많은 **피식자**(prey)를 직접적으로 섭식한다. **포식**(Predation)은 종종 포식자에 의한 행동이라는 일방적인 측면으로 다루어지긴 하지만, 포식자의 포획 행위와 피식자의 유효성 사이의 공간 및 시간에 따른 상호관계가 연관되어 있다. 포식기생자(parasitoids)는 **기주**(host)에 기생한 후 결국 기주를 죽인다. 포식기생자는 외부포식기생자(ectoparasitoids)와 **내부포식기생자**(endoparasitoids)로 나눌 수 있다. **기생자**(parasite)는 기주에 기생하지만 기주를 죽이지 않으며, 이들도 동일하게 **내부기생자**(endoparasites)와 **외부기생자**(ectoparasites)로 구분할 수 있다. 포식기생자나 기생자에 의해 공격당한 숙주는 **기생 상태**(parasitized)가 되며, **기생**(parasitization)은 기생당한 상태를 말한다. **기생 생활**(Parasitism)은 포식기생자나 기생자와 숙주 사이의 관계를 의미한다. 포식기생자가 특성화된 포식자로 여겨질 수도 있는 등 포식자, 포식기생자 및 기생자로의 구분은 위에서처럼 명확하지 않은 경우도 있다.

곤충 종의 약 25%는 특정 생활사 단계에서 포식성이나 기생성의 섭식 습성을 보인다. 잠자리목(Odonata), 사마귀목(Mantodea), 만토파스마토데목(Mantophasmatodea), 풀잠자리목(Neuroptera), 뱀잠자리목(Megaloptera), 약대벌레목(Raphidioptera)의 성충과 유충 및 밑들이목(Mecoptera)의 성충 등 대표적인 곤충목들은 포식성이다. 이러한 곤충목들은 Box 10.2 및 13.2~13.5에 자세히 설명되어 있으며, 본 장의 표지그림에서는 쐐기풀나비(*Aglais urticae*)의 죽은 번데기를 포식하는 밑들이류인 *Panorpa communis*(밑들이과)(Panorpidae)의 암컷을 보여주고 있다. 벌목(Hymenoptera, Box 12.2)은 거의 배타적으로 무척추 동물 기주를 이용하는 포식기생자 분류군의 다수를 차지하는 특징적인 종들이다. 부채벌레목(Strepsiptera)은 다른 곤충을 내부기생 하는 독특한 특징을 가지고 있다(Box 13.6). 의학적 또는 수의학적으로 중요한 이, 벼룩 및 파리목(Diptera)의 기생자들은 15장에서 상세히 다루어질 것이다.

곤충은 사람의 시선에 반응하지 않고, 다루기가 쉽고, 일년에 여러 세대를 거치며, 일생에 걸쳐 다양한 포식 및 방어 기작을 보이기 때문에 야외와 실내에서 포식자-피식자 상호작용을 연구하기에 좋다. 또한, 포식자-피식자 및 포식기생자-기주 상호작용에 대한 연구는 효과적인 해충의 생물학적 방제 전략을 수립하는데 필수적이다. 포식자-피식자 상호작용의 수학적 모델은 종종 포식기생자를 강조하게 되는데, 이는 얼마간의 단순화가 가능하기 때문이다. 이러한 단순화에는 탐색 전략의 단순화도 포함되는데, 이는 암컷 성충 포식기생자만이 기주를 탐색하고, 세대간의 기주 당 자손의 수는 상대적으로 일정하게 유지되기 때문이다.

이 장에서는 포식자, 포식기생자 및 기생자의 **먹이 활동**(forage), 즉 피식자나 기주를 탐지하고 선택하는 방법에 대해 알아보고자 한다. 먹이를 취하기 위한 포식자의 형태적 변형과 14장에서 다루어지는 피식자의 방어기작을 극복하는 방법에 대해 고찰할 것이다. 포식기생자가 기주의 방어를 극복하고 기주의 내부에서 발생하는 방법 및 포식기생자가 기주를 사용하는 여러 가지 전략에 대해 설명할 것이다. 진화학적 관점에서 외부포식기생자의 기주 이용과 특이성에 대해 검토하고, 포식자/포식기생자/기생자와 피식자/기주 풍부함 및 진화사이의 연관관계에 대해 고찰할 것이다. 이장의 끝에 있는 분류학 Box에는 사마귀목, 만토파스마토데목, 풀잠자리류, 밑들이목 및 부채벌레목에 대해 설명되어 있다.

13.1 피식자/기주 탐지

곤충의 먹이 활동은 다른 모든 활동과 같이 일련의 연판적인 구성요소로 이루어져 있다. 이러한 활동을 통해 포식자 또는 기주를 탐색하는 곤충은 먹이 자원에 이르게 되고, 접촉을 통해 먹이를 인지하고 이용하게 된다. 그러한 과정 중에 일어나는 다양한 자극은 행동이나 억제를 포함한 적절한 반응을 유도하게 된다. 포식자, 포식기생자 및 기생자의 먹이활동 전략은 이득(취득한 먹이의 질과 양)과 비용(소요 시간, 유해 환경에의 노출 및 포식당할 위험)사이의 균형적 교환을 포함한다. 진화학적 관점에서는 생식 이외의 활동에 소비된 모든 시간은 낭비된 시간으로 간주될 수 있기 때문에 시간 요소를 인지하는 것이 중요하다.

최적의 먹이활동 전략에서는 먹이 포획으로 획득한 영

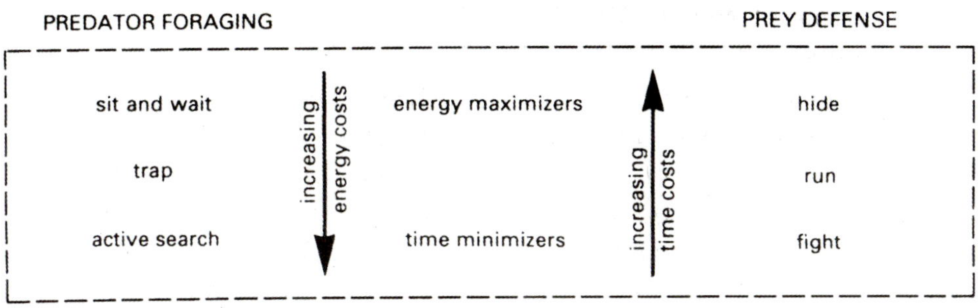

그림 13.1 시간과 에너지 측면에서의 비용과 이익에 따라 변하는 포식자 먹이활동과 피식자 방어 전략의 기본 관계. (Malcolm 1990.)

양분을 증가시키거나 먹이 포획에 소모되는 노력을 감소시키거나 또는 이 둘 모두를 통해 이익과 비용 사이의 차이를 최대화한다. 이를 위해 사용 가능한 선택은 다음과 같다.

- 탐색 장소와 방법
- 특정 지역에서 이동하기 전 무익한 탐색에 소모되는 시간
- 탐지 후 아최적(suboptimal) 먹이를 포획하는데 소모되는 에너지의 양

곤충이 먹이자원을 탐색하기에 적당한 서식처에 서식하는 것이 가장 중요한 필요조건이지만, 많은 곤충에서(특히 부모 세대가 사용한 먹이자원이 있는 지역에서 발생이 일어난 경우) 이러한 부분이 무시되곤 한다. 그러나 계절, 기후 변화, 짧은 수명 또는 주된 자원 고갈 등의 환경으로 인해 적당한 장소를 찾기 위한 지역적 **분산**(dispersal)이나 **대이동**(migration)이 불가피할 수 있다.

심지어 적당한 서식지에서도 먹이자원이 균일하게 분포하기보다는 오히려 **패치**(patch)라고 불리는 소서식지 군체에 이산분포 하며, 곤충은 이러한 패치에 대해 구배 반응(gradient of response)을 보인다. 일례로 곤충은 피식자나 기주가 나타날 때까지 적당한 패치에서 기다리며, 이 경우 곤충은 위장을 하거나 자신을 드러낼 수도 있고 함정을 만들기도 한다. 반대로, 패치 내에서 피식자나 기주를 능동적으로 찾기도 한다. 그림 13.1에서와 같이 기다리기 전략은 경제적으로 효과적이지만 많은 시간이 걸린다. 능동적인 전략의 경우 시간적으로는 효율적이지만 에너지 집약적이다. 함정을 놓는 것은 이 둘 사이의 절충점이다. 패치 선택은 성공적인 먹이활동에 있어서 가장 중요한 요소이다.

13.1.1 자리잡기(sitting)와 기다리기

정착형(sit-and-wait) 포식자는 적당한 패치를 찾아서 움직이는 피식자가 포획 범위 안으로 들어올 때까지 기다린다. 많은 곤충은 시각적 제한으로 인해 정확한 모양 보다는 움직임을 인식하기 때문에 정착형 포식자는 피식자가 알아채지 못하도록 움직이지 않을 필요가 있다. 그럼에도 불구하고 일종의 위장(crypsis)을 하는 정착형 포식자도 있는데, 이는 피식자를 현혹하기 위해서라기보다는 새와 같은 고도의 시각을 가진 상위의 포식자로부터 자신을 방어하기 위한 것일 수 있다. 피식자의 흥미를 끌지 못하는 특징을 가진 위장(나무 껍질, 이끼, 잔가지 또는 돌)을 하는 은둔형(cryptic) 포식자는 꽃과 같이 피식자에게 의미 있는 특징을 가진 위장을 하는 은둔형 포식자와 구별 될 수 있다.

후자의 예로써, 말레이시아 사마귀인 *Hymenopus bicornis*는 그들이 휴식을 취하는 난초인 *Melastoma polyanthum*의 붉은 꽃과 매우 닮았다. 파리는 사마귀의 몸에 있는 파리를 닮은 표식을 보고 내려앉는다. 사마귀는 이렇게 내려앉은 파리를 포식한다. **공격적 먹이활동 의태**(aggressive foraging mimicry)와 관련된 또 다른 예로는 아프리카의 꽃을 닮은 사마귀인 *Idolum* 속(genus)이 있는데, 이들은 꽃에 숨어서 휴식을 취하는 대신 앞가슴과 앞다리의 기절에 꽃잎 모양과 색을 닮은 성장이 있어서, 이 꽃을 닮은 성장에 유인된 나비와 파리를 포획하여 포식한다.

매복형(ambusher) 포식자에는 사마귀와 같이 정주하는 은둔형 포식자도 포함되는데, 피식자는 활동성이 없는 꽃이 아닌 배경으로부터 이들을 구분하지 못한다. 이들 포식자는 먹이 식물을 찾아가는 무척추동물의 주된 통행로에 매복하지만, 종종 꽃을 먹는 곤충과 화분매개 곤충이

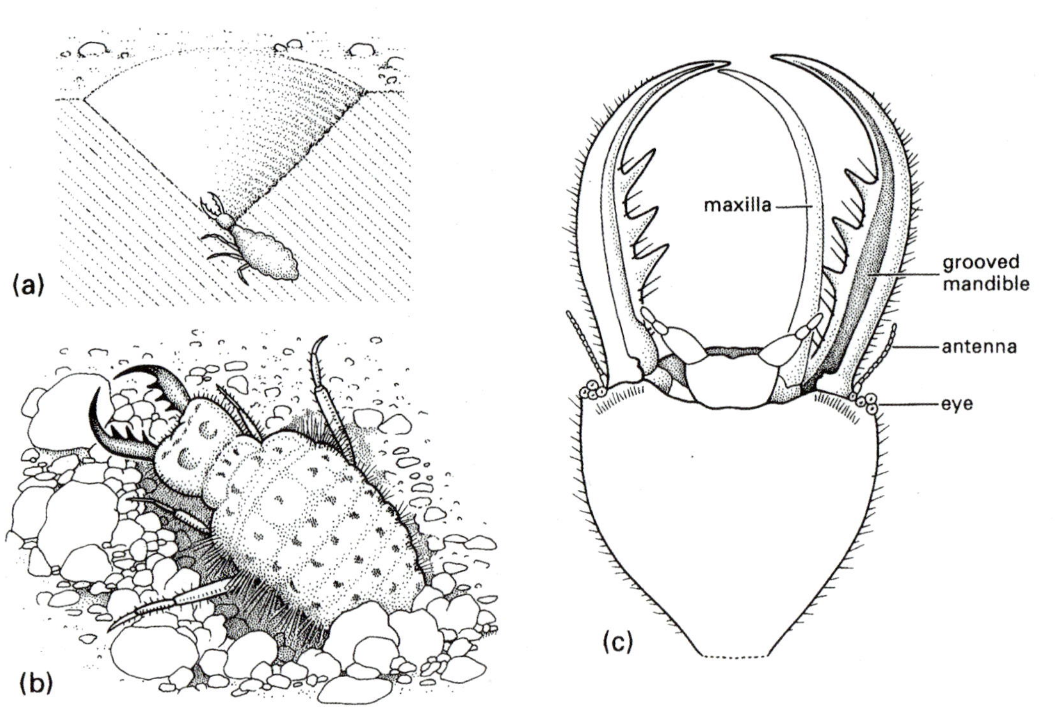

그림 13.2 *Myrmeleon* 명주잠자리(잠자리목: 명주잠자리과) (Neuroptera: Myrmeleontidae): (a) 모래 구멍 안에 있는 유충; (b) 유충 등 부분; (c) 작은 턱(maxilla)과 홈이 있는 큰 턱(grooved mandible)으로 이루어진 흡즙관(sucking tube)이 있는 유충 머리 부분의 측면도. (Wigglesworth 1964.)

방문하는 비율이 높은 꽃 근처에 자리를 잡는다.

수생 생태계에서 주된 포식자인 잠자리 유충은 전형적인 매복형 포식자이다. 그들은 물속에 잠긴 식물이나 배양기에 숨어서 휴식하면서 피식자가 지나가기를 기다린다. 이들 포식자는 이중의 전략을 보여주기도 한다. 기다리면서 먹이를 포획하는데 실패할 경우 보다 능동적으로 먹이를 탐색한다. 이런 에너지 소비를 통해 포식자는 피식자의 밀도가 더 높은 지역으로 이동하게 된다. 흐르는 물에서 물의 흐름에 따라 수동적으로 표류하는 불균형적으로 많은 수의 생물은 포식자이다. 이런 종류의 표류는 정착형 포식자가 에너지를 적게 소모하면서 피식자가 고갈된 지역에서 이동하여 다시 자리를 잡는 방법 중의 하나이다.

자리 잡고 기다리는(sitting-and-waiting) 전략은 정착형 포식자와 느리게 움직이는 포식자에게만 국한된 것은 아니다. 파리매(파리목: 파리매과)(Diptera: Asilidae)나 잠자리 성충과 같이 빠르게 날고, 주간에 활동하며, 자신을 드러내는 육식성 포식자도 식물체의 돌기한 부위에 앉아 많은 시간을 보낸다. 이렇게 시각이 확보된 위치에서 그들의 우수한 시각을 이용하여 지나가는 곤충을 탐지하고, 빠르고 정확한 비행을 통해 적당한 크기의 피식자를 순식간에 포획한다. 이런 전략은 피식자를 탐색하기 위해 끊임없이 비행할 필요가 없기 때문에 에너지를 적게 소모할 뿐만 아니라, 포식자의 포획 범위에 인접한 지역에서 포획이 이루어지기 때문에 시간적으로도 효율적이다.

더 많은 에너지 지출을 수반하는 또 다른 자리 잡고 기다리는 전략에는 매복하여 피식자를 기다리기 위해 함정을 사용하는 것이 있다. 이런 전략은 거미가 대표적이기는 하지만, 온대지방의 일부 명주잠자리(잠자리목: 명주잠자리과)(Neuroptera: Myrmeleontidae)(그림 13.2a,b) 유충이 파는 구멍도 이런 전략에 해당한다. 이들 유충은 직접 구멍을 파기도 하고 부드러운 흙이나 모래 안에서 나선형으로 거슬러 움직이며 구멍을 만들기도 한다. 함정의 유효성은 함정 측면의 가파른 정도와 구멍의 직경 및 깊이에 달려 있는데, 이는 곤충의 종과 유충의 영기에 따라 다르다. 유충은 원뿔 모양 구멍의 바닥에 묻혀서 피식자가 지나가다가 구멍 안으로 떨어지기를 기다린다. 경사면이 미끄럽기 때문에 구멍에서 탈출하는 것은 물리적으로 어렵고, 명주잠자리 유충 또한 피식자를 땅속으로 끌고 들어가기 전에 피식자에게 모래를 뿌려서 방어적인 움직임을 제한한다. 구멍의 위치, 공사 및 유지는 포획의 효율성에 가장 중요한 요소이지만 구멍을 파고 보수하는 데에는 매우 많은 에너지가 소모된다. 일본명주잠자리(*Myrmeleon bore*)는 굶주린 경우에도 인공적으로 피식자를 넣어준 지역으로 자신의 구멍을 이동하지 않으려 한다는 것을 실험적으로 확인하였다. 그 대신에, 이 종의 명주잠자리 유충은 굶주림으로 죽을지라도 굶주림을 견디기 위해 대사율을 떨어뜨린다.

벼룩이나 기생파리와 같은 완전변태류 외부기생자는 척추동물 기주에서 떨어져 미성숙 발생을 한다. 번데기가 된 다음에 성충은 적절한 기주에 자리를 잡아야 하는데, 이런 외부기생자의 대부분은 눈이 퇴화 되었거나 없기 때문에 시각을 사용할 수 없다. 게다가 이들 중 대부분은 비행을 할 수 없기 때문에 이동성에서도 제한이 있다. 척추동물 기주의 보금자리에서 유충 발달을 하는 벼룩과 몇몇 파리목의 경우, 성충은 기주가 감지될 때까지 번데기 안에서 무활동성인 상태로 기다린다. 고양이벼룩(*Ctenocephalides felis*)의 경우에서와 같이 이러한 무활동 기간은 일년 혹은 그 이상이 될 수도 있다 – 이전에 벼룩에 감염된 고양이가 살던 빈 집에 들어가는 사람에게 익숙한 현상이다. 진동, 온도 상승, 이산화탄소의 증가 및 기주로부터 기인한 그 외의 자극 등의 일부 또는 전부가 휴면을 타파하는 자극이 된다.

반면에, 불완전변태를 하는 이는 모든 발생단계에서 외부기생을 함으로써 그들의 전 생애를 기주에서 보낸다. 기주간의 전이는 보금자리 내에서 어미로부터 새끼에로의 편승(아래 참조)이나 기주 개체간의 직접적인 접촉을 통해서 일어난다.

13.1.2 능동적 먹이활동

적당한 패치를 찾아서 피식자 또는 기주를 능동적으로 탐색하는 것은 보다 정력적인 먹이활동이다. 먹이 활동과 관련된 움직임은 교미 상대를 찾는 등의 다른 활동과 관련된 움직임과 너무 비슷해서 활동의 결과인 피식자 포획이나 기주 발견으로 돌이켜보아 그 활동의 동기를 인지할 수 있다. 피식자나 기주를 탐지하기위한 운동의 유형은 4.5절에 설명되어 있으며, 비지향성(random) 운동과 지향성(non-random) 운동으로 구성된다.

무작위적 또는 비지향성 먹이활동

피식자인 진딧물 군체 가운데에서 먹이활동을 하는 무당벌레와 꽃등에 유충은 무작위적인 먹이 탐색의 몇몇 특징을 보여준다. 이들 유충은 앞으로 나아가다가 주기적으로 멈추어서 일으킨 상체를 좌우로 흔들면서 먹이를 탐지한다. 이후의 행동은 진딧물을 발견했는지의 여부에 달려있다. 어떤 먹이도 발견하지 못하면 원래의 빈도로 탐지하고 돌아서는 운동을 계속한다. 반면에, 먹이와 접촉하여 포식이 이루어지거나 먹이를 발견했지만 놓친 경우에는 탐지하는 빈도가 증강되고, 유충이 움직이는 중이면 돌아서거나 방향을 전환하는 빈도가 증가한다. 이러한 집중적인 탐색을 자극하는데 실질적인 포식은 필수적이지 않다: 먹이를 발견하지 못하는 것으로 충분하다. 매우 활동적이지만 먹이를 다루는 능력에 제한이 있는 초기단계의 유충의 경우 먹이를 놓친 부근에서 탐색을 증강하는 이런 자극은 이들의 생존을 위해 중요하다.

대부분의 실내 실험적 증거와 이를 바탕으로 한 먹이활동 모델은 단일종의 걸어 다니는 포식자를 이용한 것인데, 이들 포식자는 대부분 선택된 패치 내에서 무작위적으로 분포하는 단일종의 피식자를 마주치는 것으로 가정된다. 이러한 전제는 단일종의 해충이 단일종의 포식자에 의해 조절되는 일모작의 농생태계와 같이 총체적으로 단순화된 생태계 모델에서는 정당화될 수 있다. 실험실 조건에 기반한 이런 모델의 한계에도 일부 발견은 보편적인 생물학적 관련성을 보인다.

먹이활동을 하는 포식자가 서로 다른 패치에 배분하는 시간은 패치를 이탈하는 기준에 좌우된다는 것을 중요하게 고려해야 하며, 패치로부터의 이탈을 유도하는 기작으로 다음과 같은 네 가지가 알려져 있다.

1 마주치는 먹이 종류의 특정 수(불변 수)
2 경과한 특정 시간(불변 시간)
3 경과한 특정 탐색 시간(불변 탐색 시간)
4 특정 역치 이하로 내려간 먹이 포획 비율(불변 비율)

피식자에 대한 포식자의 반응이 선형이 아니거나(즉, 노출 시간에 따라 감소하거나) 피식자를 마주치는 비율 또는 피식자 밀도가 간단하지 않은 경우에는 단순화한 것일 수 있지만, 모형 설계자나 최적의 먹이활동은 불변 비율 기작을 선호한다. 단순화된 실험실 조건과 야외 조건에서의 포식자-피식자 상호작용 사이의 차이로 인해 포식(대개 다수의 포식자에 의한)에 노출됨으로 인한 피식자 행동의 변이를 인지할 수 없는 등의 많은 문제점이 생긴다. 더욱이, 서로 다른 피식자나 기주에 대한 포식자/포식기생자/기생자의 행동 변화의 원인과 같은 다식성(polyphagous) 포식자의 행동을 해석하는데 어려움이 있다.

규칙적 또는 지향적 먹이활동

기주를 탐색하는데 화학물질, 소리 및 빛의 사용 등과 같은 보다 명확한 몇몇 지향성 수단을 생각할 수 있다. 실험적으로 이러한 신호를 설계하거나 독립적으로 분리하기에 어려움이 있고, 알려진 바가 거의 없다면 이들 신호를 사용하는 것이 매우 광범위할 수 있다. 대부분의 곤충은 탐색하는 먹이 자원으로부터 떨어진 거리에 따라 사용 가능한 여러 가지의 신호 중 하나 이상의 신호를 사용하는 것으로 생각된다. 꿀벌만 포식하는 유럽은 주둥이벌인 *Philanthus*는 처음에는 적절한 크기의 이동하는 곤충을 포착하는 시각에 의존한다. 꿀벌이나 실험적으로 꿀벌의 냄새가 나도록 한 곤충만을 포획하는 것으로 보아 피식자 근처에서는 냄새 신호를 사용한다. 그러나 꿀벌의 냄새가 나도록 한 곤충이 아닌 실제 꿀벌에만 침을 찌르는 것으로 보아 최종적으로는 촉각의 인식을 사용함을 알 수 있다.

위에서 본 바와 같이 적절한 행동을 유도해 내기 위해서는 일련의 순차적인 자극이 필요할 뿐만 아니라 동시에 적절한 자극이 수반되어야만 한다. 따라서, *Heliothis virescens*(나비목: 밤나방과)(Lepidoptera: Noctuidae) 알을 포식기생하는 *Telenomus heliothidis*(벌목: 검정알벌과)(Hymenoptera: Scelionidae)는 *Heliothis*의 알을 모방한 크기의 암컷 나방 단백질을 덧입힌 유리구슬을 탐침하여 조사할 것이다. 그러나 이들 검정알벌은 단순한 유리구슬이나 암컷 나방의 단백질을 덧입히기는 했지만 부적절한 모양의 구슬에는 반응하지 않는다.

화학물질

곤충간의 통신은 페로몬(4.3절)이라는 화학물질을 통해 이루어진다. 전문적인 포식자와 포식기생자는 피식자나 기주가 발산하는 화학물질(카이로몬)을 감지함으로써 그들의 먹이자원을 탐지한다. 일부 기생파리(tachinid)와 고치벌(braconid)은 원거리에서 기주의 성페로몬을 감지함으로써 고약한 냄새가 나는 벌레나 구형(coccoid)의 기주를 탐지할 수 있다. 몇몇 종의 포식기생성 벌은 그들의 딱정벌레목 기주의 집합 페로몬을 이용한다. 곤충에 가해당한 소나무가 만들어내는 테르펜과 같이 공격당한 식물이 방출하는 화학물질은 시노몬(synomone)(생산자와 수여자 모두에게 유익한 화학물질)으로 작용한다. 예를 들면, 일부 금좀벌과(pteromalid)(벌목)(Hymenoptera) 포식기생자는 그들의 기주인 나무좀(scolytid)에 가해당한 식물이 방출한 화학물질을 이용하여 기주를 탐지한다. 알의 내부에서 포식기생하는 일부 알벌류(Trichogrammatidae)(알벌과)(그림 16.3)는 그들이 선호하는 기주 나방이 방출한 성페로몬을 탐지하여 기주가 산란한 알을 탐지할 수 있다. 더욱이, 몇몇 포식기생자는 그들의 유충 기주의 배설물 냄새를 이용하여 기주를 탐지한다. 화학물질을 이용한 탐지는 기주가 시각을 이용한 탐지를 피해 숨어있을 경우에 특히 유용하다.

화학물질을 통한 탐색은 예비 기주가 만들어내는 휘발성 화합물을 추적하는데 국한되지 않는다. 따라서, 식식성 곤충 기주를 탐색하는 대부분의 포식자는 초기의 멀리 떨어진 거리에서는 식식성 곤충이 그들의 먹이자원을 탐색하는 방법과 동일한 방식으로 기주-식물간의 화학물질에 이끌린다. 가까운 거리에서는 식식성 곤충의 섭식에 의한 손상이나 그들의 배설물에 의한 화학물질을 통하여 기주를 정확하게 조준할 수 있다. 일단 탐지가 끝나면, 기주의 적절성을 결정하게 되는데 이때에는 앞서와 유사하거나 또 다른 화학물질이 관련되어 있을 수 있고, 빠르게 진동하는 안테나를 이용하여 예비 기주를 감별한다.

흡혈을 하는 곤충 성충은 기주가 방출하는 화학물질을 이용하여 기주를 탐지한다. 대부분의 암컷 흡혈파리는 동물의 호흡으로 인한 이산화탄소 증가를 감지하여 날아든다. 고도로 기주 특이성이 높은 흡혈파리의 경우 미묘한 양의 냄새만으로도 기주를 감지할 수 있다: 따라서, 인간을 흡혈하는 먹파리류(black fly)(파리목: 먹파리과)(Diptera: Simuliidae)는 인간의 외분비선인 땀샘의 성분에 반응한다. 체체파리(Diptera: Glossinidae) 암수는 선호 기주인 소가 호흡으로 내뿜은 이산화탄소, 옥탄올, 아세톤, 케톤 등의 냄새를 추적한다.

소리

일부 기생자는 교미 상대를 끌기위해 곤충이 내는 소리를 포함해서 동물이 내는 소리 신호를 이용하여 그들이 선호하는 기주를 청각적으로 탐지한다. 그래서, *Corethrella* (Diptera: Corethrellidae)의 흡혈성 암컷은 그들의 선호 기주인 hylid treefrog가 내는 소리를 이용하여 기주를 탐지한다. ormiine tachinid fly의 기주탐색 행동에 대해서는 Box 4.1에 상세히 설명되어 있다. 다른 2종의 파리는 기주의 우는 소리에 이끌리는 것으로 알려져 있다: 유생생식을 하는 기생파리인 *Euphasiopteryx ochracea* 암컷은 그들의 귀뚜라미 기주인 *Gryllus integer* 수컷을, 쉬파리(sarcophagid)인 *Colcondamyia auditrix*는 그들의 기주인 수컷 매미 *Okanagana rimosa*를 이 방법으로 탐지한다. 이를 통해 기생자는 그들이 발생하는 기주의 내부 또는 근처에서 미성숙 기생 단계를 정확하게 끝마치게 된다.

깔따구(Chironomidae)(깔다구과)와 같이 무리를 짓는 파리를 포식하는 포식성 등에모기(Ceratopogonidae)(등에모기과)는 그들의 먹이가 무리를 짓기 위해 사용하는 것과 유사한 신호를 사용한다. 이러한 신호에는 무리를 이루는 개체들이 날개 치는 소리도 포함된다. 외부기생자의 경우 기주가 만들어내는 진동을 탐지하기도 하는데, 이런 예로는 벼룩이 대표적이다. 일부 포식기생자의 경우 가까운 범위 안에서 그들의 기주가 먹이를 먹을 때 내는 진동을 감지할 수 있다는 증거도 있다. 과실파리(tephritid)(Diptera: *Anastrepha suspensa*)의 유충에 대한 외부포식기생성 고치벌인 *Biosteres longicaudatus*는 과일 안에서 기주 유충이 움직이고 섭식함으로써 생기는 진동을 감지한다. 이러한 소리들은 기주 탐색 행동뿐만 아니라 숨어있는 기주에 대한 정향적인 단서로 작용함으로써 해발인(behavioral releaser)의 역할을 한다.

빛

호주의 동굴 서식 버섯파리(mycetophilid)인 *Arachnocampa*와 이와 유사한 뉴질랜드의 *Bolitophila luminosa* 유충은 그들이 동굴 천장에 매달아놓은 끈끈한 실로 작은 파리들을 포획하기 생물발광을 이용한 함정을 사용한다. 다른 모든 통신 체계와 마찬가지로 발광(4.4.5절) 또한 오용될 여지가 있다. 이 경우 딱정벌레 사이에 발광을 이용하여 구애활동을 하는 것은 오용이다. 공격적 먹이활동 의태(aggressive foraging mimicry)의 한 예로써, 일부 *Photurus* 종 중 육식성의 반딧불이(lampyrid) 암컷은 5종에 이르는 다른 반딧불이 암컷의 발광 신호를 흉내 낼 수 있다. 포식자가 의태한 발광에 반응하여 포식자 근처에 내려앉은 서로 다른 종의 반딧불이 수컷은 포식자에게 포식 당한다. 의태성 *Photurus* 암컷은 동종의 수컷을 포식할 수도 있지만, *Photurus* 암컷이 가장 포악해지는 교미 직후에는 동종의 수컷이 방출하는 신호에 상대적으로 둔감해지기 때문에 이러한 동종포식을 회피하거나 감소시킬 수 있다.

13.1.3 편승

편승(Phoresy)이란 한 개체가 다른 종의 자신보다 더 큰 개체에 붙어 이동하는 현상이다. 편승은 그 자손이 불리한 경우도 일부 있지만(여기에 대해서는 아래에서 자세히 다룰 것이다), 붙어서 이동하는 개체에는 유익하고 수송하는 개체에는 직접적인 영향이 없는 관계이다. 편승을 통해 새로운 기주나 먹이자원을 탐색할 수 있다. 자주 관찰되는 예로는 *Ornithomyia*(파리목: 이파리과)(Diptera: Hippoboscidae)의 날개 달린 성충에 붙어서 이동하는 ischnoceran lice(이목)(Phthiraptera)가 있다. 이파리과는 많은 조류 기주에 존재하는 흡혈성 외부기생 파리와 *Ornithomyia*이다. 기주인 새가 죽으면 이는 새로운 기주로 날아갈 수 있는 이파리에 큰턱을 이용하여 부착함으로써 새로운 기주로 이동할 수 있다. 그러나 이는 높은 기주특이성을 보이지만 이파리는 그보다 기주특이성이 크게 떨어지기 때문에 편승하는 이가 적당한 기주에 도달할 수 있는 확률은 그렇게 높지 않다. 보르네오에 서식하는 여러 종의 잠자리 성충의 가슴 부위에서 발견되는 등에모기(*Forcipomyia*)와 같은 몇몇 관계에서는 편승 자체가 실질적인 기생인지 단순한 편승인지를 구분하기 어렵다.

알에 기생하는 벌목 곤충(검정알벌과, 알벌과 및 꼬리좀벌과)(Scelionidae, Trichogrammatidae 및 Torymidae) 가운데 일부는 기주 종의 암컷 성충에 부착해 있다가 산란 직후에 알에 기생한다. 유럽에 서식하는 황라사마귀(*Mantis religiosa*)의 알에 기생하는 *Matibaria manticida*(검정알벌과)(Scelionidae)는 기주 곤충의 암컷에 폭넓게 편승한다. 이들 기생벌 성충은 날개를 벗어버리고 사마귀로부터 영양분을 섭취하기 때문에 외부기생자일 수도 있다. 그들은 날개의 기저부로 이동하여 암컷 사마귀의 날개를 잘

라낸 다음 난협(ootheca)이 경화되기 전의 거품 같은 상태일 때 사마귀의 난괴(egg mass)에 산란한다. 사마귀 수컷에 편승하는 *M. manticida* 개체는 교미 중에 암컷으로 이동할 수 있다. 일부 수중다리좀벌(개미살이좀벌과(Eucharitidae)의 종을 포함하여)은 일개미에 부착하여 개미집으로 이동할 수 있도록 일개미를 능동적으로 탐색할 수 있는 이동성의 편평유충(planidium)기를 가지고 있다. 개미집으로 이동한 후, 개미 유충이나 번데기 내부에서 발생하는 전형적인 정착성 기생을 통해 미성숙 생활사의 나머지를 완성한다.

인간과 소에서 승저증(myiasis)(15.3절)을 유발하는 신열대 지역(중앙아메리카와 남아메리카)의 인간말파리(human bot fly)인 *Dermatobia hominis*(Diptera: Cuterebridae)는 편승의 극단적인 예를 보여준다. 이들 파리의 암컷은 스스로 척추동물 기주를 탐색하는 대신 모기나 집파리(muscoid)와 같은 흡혈성 파리목 곤충의 도움을 받는다. 일생동안 1,000개 정도의 알을 산란하는 암컷 말파리는 편승을 매개하는 곤충에 부착한 후, 이들이 비행하는데 영향을 받지 않도록 매개 곤충의 충체에 30개 정도의 알을 산란한다. 편승을 매개하는 곤충이 섭식할 무척추동물 기주를 발견하면 온도가 상승하여 알이 빨리 부화되도록 유도하고, 부화한 유충은 기주로 옮겨간다. 이들은 옮겨간 기주의 모낭을 통해 피부 속으로 침투하고, 침투의 결과로 생긴 농전(pus-filled boil) 안에서 발생한다.

13.2 피식자/기주 수락과 조작

먹이활동 과정 중에 포식자가 피식자를 탐지하는 것과 포식기생자나 기생자가 기주를 탐지하는 것에는 유사한 부분이 있다. 잠재적인 피식자 또는 기주와 접촉한 순간 피식자/기주의 정체(identity), 크기 및 연령을 확인함으로써 그들의 수용여부(acceptibility)를 결정해야 한다. 예를 들면, 대부분의 포식기생자는 용화가 가까운 노후한 유충은 거부한다. 특정한 식별과 그 결과로 일어나는 물기, 섭취 및 계속적인 섭식을 포함한 행동에는 화학물질과 촉각을 통한 자극이 연관되어 있다. 포식기생자의 촉수(antennae)와 산란관(ovipositor)에 존재하는 화학수용체(chemoreceptor)는 화학물질을 통해 기주 적합성과 정확한 위치를 탐지하는데 중요한 역할을 한다.

기주 수락(acceptance) 후에는 서로 다른 조작(manipulation)이 수반된다: 포식자는 적당한 피식자를 먹으려고 시도하고, 반면에 포식기생자와 기생자는 기주와 관련된 일련의 행동을 보여준다. 기주에 직접적으로 산란하거나(또는 larviposit) 기주를 진압하는(subdue) 포식기생자는 기주의 체내 또는 체외에서 자손이 발생하기 전에 둥지와 같은 장소로 기주를 운반하기도 한다. 외부기생자는 먹이를 붙들 필요가 있다. 피식자와 기주에 관련된 서로 다른 행동과 형태적 변형은 포식자, 포식기생자 및 기생자의 관점에서 이 후에 독립적인 절에서 다룰 것이다.

13.2.1 포식자의 피식자 조작

포식자가 피식자를 탐지하고 위치를 파악하면, 섭식하기 전에 먹이를 포획하고 억눌러야만(restrain) 한다. 포식은 거의 대부분의 곤충목에서 수없이 많이 일어났기 때문에 이와 관련된 형태적 변형은 고도로 수렴성이다. 그럼에도 불구하고, 대부분의 포식성 곤충이 피식자를 포획하고 조작하는데 사용하는 가장 주된 기관은 다리와 구기(mouthpart)이다. 포식성 곤충 성충의 먹이를 잡기에 **적합한**(raptorial) 전형적인 다리는 길게 뻗어있고 최소한 1개 이상의 분절의 내측 표면에 가시돌기를 가지고 있다(그림 13.3). 퇴절(femur)을 경절(tibia) 쪽으로, 또는 경절을 부절(tarsus) 쪽으로 끌어당기는 것과 같이 가시돌기가 있

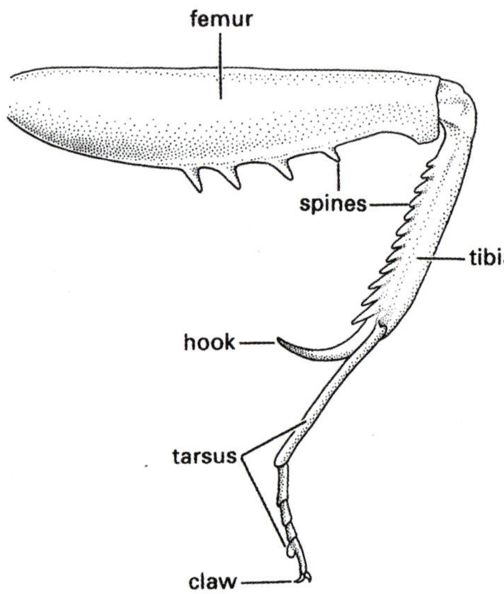

그림 13.3 경절(tibia)을 퇴절(femur) 쪽으로 끌어당기면서 맞물리는 가시돌기(spine)가 있는 사마귀 다리의 말단 부분. (Preston-Mafham 1990.)

는 분절을 역시 가시돌기가 있을 수 있는 또 다른 분절로 끌어당김으로써 피식자를 포획한다. 가시돌기뿐만 아니라 경절의 끝부분에는 길게 늘어진 돌출부(spur)가 있을 수도 있고, 먹이를 잡기에 적합한 다리의 끝부분에 강한 발톱이 발달해 있을 수도 있다. 포식자의 경우 대개는 앞다리가 먹이를 잡기에 적합하도록 변형되어 있지만 일부 노린재목 곤충의 경우 가운데 다리도 변형되어 있고 scorpion fly의 경우 뒷다리로 피식자를 붙잡는다(Box 5.1).

포식과 관련된 구기 변형에는 크게 두 가지가 있다. (i) 찔러서 액체를 흡즙하기에 적합하도록 구기를 구성하는 여러 요소들의 관상의 부리 모양 돌기(tubular rostrum)로의 합체; 또는 (ii) 길게 연장된 튼튼한 큰턱(mandible)의 발달. 부리 모양 돌기로 변형된 구기(Box 11.8)는 노린재목 곤충(Hemiptera)에서 그 예를 볼 수 있고, 식물이나 절지동물의 사체(많은 소금쟁이에서처럼)로부터 액체를 흡즙하거나 장구애비과(Nepidae), 물장군과(Belostomatidae)와 송장헤엄치게과(Notonectidae)를 포함한 많은 수서곤충에서처럼 살아있는 피식자를 포식하는데 사용된다. 육서곤충 가운데에는 포획에 적합한 앞다리를 이용하여 다른 육서절지동물을 포획하는 침노린재(침노린재과)(Reduviidae)가 주된 포식자이다. 그들은 포획한 먹이에 독소와 단백질을 분해하는 타액을 주입하고 부리 모양의 돌기를 이용하여 피식자의 체액을 흡즙한다. 곤충생리학의 실험 재료로 유명한 침노린재인 Rhodnius와 빈대(*Cimex lectularius*)를 포함한 빈대과(Cimicidae) 곤충의 예에서 보듯이 유사한 노린재목 곤충의 구기가 흡혈에도 사용된다.

파리목(Diptera) 곤충의 큰턱은 흡혈성 모기아목(Nematocera)(모기, 깔다구 및 먹파리)이 기주에 상처를 내는데 필수적이지만 흡혈하는 습성을 되찾은 일부 고등 파리에서는 큰턱이 소실되었다. 따라서, 예를 들어, 침파리(*Stomoxys*)와 체체파리(*Glossina*)에서는 이를 대체할 수 있는 구기 구조가 발달하였다. 흡혈성 파리목(Diptera) 곤충의 몇 가지 특화된 구기는 Box 15.5에 삽화와 함께 설명되어 있다.

많은 포식성 유충과 몇몇 성충은 내구력이 있는 외피(cuticle)를 뚫고 들어갈 수 있는 단단하고 길게 연장되어 있으며 끝부분이 뾰족한 큰턱을 가지고 있다. 풀잠자리목(neuropteran) 유충(풀잠자리와 명주잠자리)은 가느다란 작은턱(maxilla)과 예리하고 홈이 있는 큰턱을 가지고 있

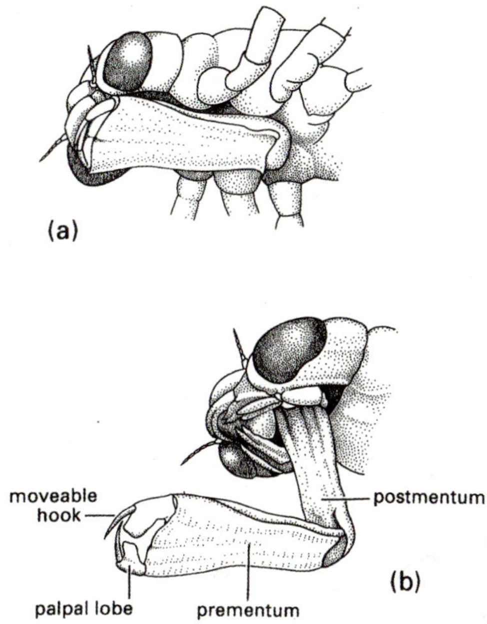

그림 13.4 하순탈(labial mask)이 있는 잠자리 유충(잠자리목: 왕잠자리과: *Aeshna*)(Odonata: Aeshnidae: *Aeshna*) 머리의 배면에서 바라본 측면도; 닫힌 상태(a)와 갈고리 모양의 수염엽(palpal lobe)에 있는 집게(hook)로 먹이를 포획하는 동안 연장된 상태(b). (Wigglesworth 1964.)

는데, 이 둘이 함께 압축되어 혼합 흡즙관(composite sucking tube)을 형성한다(그림 13.2c). 이런 혼합 구조는 피식자를 능동적으로 추적하는 경우에서처럼 곧은 모양일 수도 있고, 명주잠자리와 같은 정착형 매복자(sit-and-wait ambusher)의 경우에서처럼 굽은 모양일 수도 있다. 피식자의 체내 성분을 효소를 이용하여 액화시킨 후(**구강외 소화**)(extra-oral digestion) 일단의 큰턱 변형을 이용하여 피식자로부터 액체를 흡즙할 수 있다.

포식을 위한 독특한 형태적 변형은 planktonic cladoceran 피식자를 포획하기위해 변형된 촉수(antennae)를 사용하는 Chaoboridae(Diptera)에서 확인할 수 있다. 잠자리(Odonate) 유충은 고도로 변형된 아랫입술(labium)(그림 13.4)로 쳐서 지나가는 피식자를 포획하는데, 이들의 아랫입술은 근육을 이용하기보다는 액체 정력학적(hydroststic) 압력의 방출을 이용하여 빠르게 바깥쪽으로 추진된다.

13.2.2 포식기생자의 기주 수락과 조작

파리목과 벌목은 유충 포식기생자 중 가장 많은 수와 종류를 차지한다. 몇몇 예외가 있기는 하지만 일단 잠재적인 기

주를 탐지하면 두 가지의 기본적인 접근 방법이 존재한다. 첫째로, 대부분의 벌목 곤충에서 관찰되듯이 실제로 유충이 발생할 기주를 탐색하는 것은 성충이다. 이와는 반대로, 대부분의 파리목(Diptera) 곤충에서는 기주에 가까이 접근하는 것은 1령 편평유충이다. 기생성 벌은 숨어있는 길고 끊임없이 움직이는 촉수(antennae)를 통한 감각 정보를 이용하여 숨어있는 기주조차도 정확하게 탐지한다. 촉수(antennae)와 특화된 산란관(ovipositor)(그림 5.11)에는 기주 수락(acceptance)과 정확한 산란(oviposition)을 가능하게 하는 감각모(sensilla)가 있다. 벌목(Hymenoptera) 곤충은 산란관이 침과 같은 형태로 변형됨으로써 성충이 포획한 먹이 자원을 마비된 상태로 살려서 미성숙한 단계로 저장하는 것을 포함한 행동적 변형이 가능하다(14.6절).

기생파리과(Tachinidae)를 포함한 외부포식기생성 파리목 곤충은 기주의 외피 위 또는 내부에 직접적으로 산란한다(태생을 하는 분류군의 경우에는 유충을 낳는다). 근연관계가 먼 몇몇 종의 암컷에서는 수렴적으로 진화한 "대체" 산란관(2.5.1 및 5.8 절)을 사용한다. 그러나, 종종 적당한 기질 위에 산란된 포식기생자의 알이나 유충이 이동성을 가진 1령 편평유충기에 스스로 기주를 찾기도 한다. 실제로 귀뚜라미 수컷의 울음소리에 청각적으로 반응하는 기생파리인 *Euphasiopteryx ochracea*는 울음소리가 난 근처에 유충을 낳고, 이들 유충은 울음소리를 낸 귀뚜라미뿐만 아니라 그 소리를 듣고 모여든 다른 뀌뚜라미의 위치를 탐지하여 기생한다. 1령 유충이 이후 령기의 유충(정주성 기생 구더기인)과 형태적 및 행동적으로 크게 다른 과변태(hypermetamorphosis)는 포식기생자에서는 일반적인 현상이다

일부 기생성 및 포식기생성 파리목 곤충과 벌목 곤충은 비행 기술을 이용하여 잠재적인 기주에 접근한다. 이들 중 일부는 비행 중에 기주를 낚아챌 수 있고, 다른 것들은 기민하게 방어를 준비하는 기주에 빠르게 돌진할 수 있다. 사회성 곤충의 둥지에 서식하는 일부 종(12.3 절)은 기주 개체가 둥지 밖에서 활동하는 동안 그 위에 산란하여 둥지로 들어간다. 예를 들면, 개미의 냄새에 이끌린 일부 벼룩파리는 개미 위에 산란을 하기 위하여 침을 내기도 한다. 인도 서부에 서식하는 leaf-cutter ant(*Atta* sp.)는 큰턱으로 나뭇잎 조각을 물고 있는 동안은 그런 공격으로부터 방어를 할 수 없다. 이러한 문제점에 대해 나뭇잎을 수송하는 동안 파수꾼을 배치함으로써(완전히 극복했다고 볼 수는 없지만) 대처한다. 파수꾼은 접근하는 벼룩파리를 턱을 사용하여 위협하는 가장 크기가 작은(minima) 일개미이다(그림 9.6).

포식기생자가 능동이고 방어체계를 잘 갖춘 기주를 성공적으로 공격하기 위해서는 기주 수락(acceptance), 탐침(probing) 및 산란(oviposition)이 신속하게 이루어져야 한다. 이것은 종종 인편을 가진 곤충, 번데기 또는 식물 조직 같은 한정된 장소에 갇힌 미성숙 단계 등의 고착성 기주와 보호받지 못하는 알을 포식기생하는 많은 곤충에서 관찰되는 여유로운 방식과는 대조된다.

13.2.3 기주 면역 반응의 극복

다른 곤충의 체내에서 발생하는 곤충은 기주의 면역 반응을 극복해야 한다. 기주의 세포성 면역 체계에 적응했거나 양립 가능한 포식기생자는 기주의 면역반응에 의해 제거되지 않는다. 이러한 방어 체계는 양립할 수 없는 포식기생자, 병원체 및 기주의 체강으로 침투할 수 있는 항생 물질로 기주를 지켜준다. 기주의 면역 반응은 다음과 같은 기작을 수반한다. (i) 들어온 물질을 비자아(non-self)로 인식하고, (ii) 이러한 외래 물질을 불활성화하거나 억제하거나 제거한다. 양립할 수 없는 포식기생자에 대한 기주의 반응은 대개 **캡슐화**(encapsulation) 즉, 침투한 알이나 유충에 혈구(hemocyte)가 응집하여 둘러싸는 것이다(그림 13.5). 혈구세포는 포식기생자의 표면에서 평평해지고, 이들 혈구세포가 계속 증강되어 궁극적으로 침입자를 둘러싸서 죽이는 캡슐(capsule)을 형성하면서 식세포작용(phagocytosis)이 시작된다. 이런 유형의 반응은 포식기생자가 정상적인 기주에 침투하였을 때 잘 일어나지 않는데,

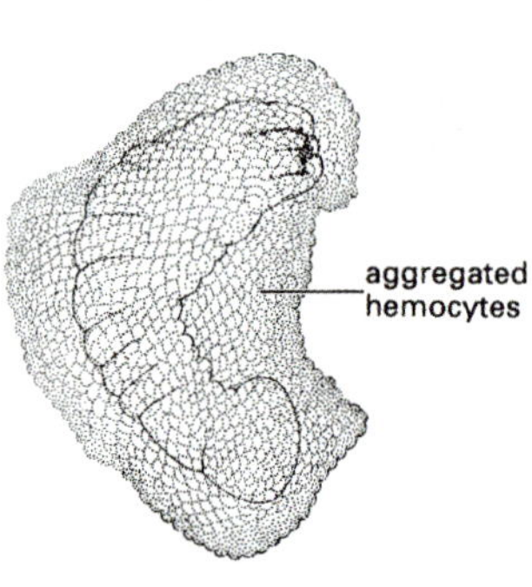

그림 13.5 *Ephestia*(나비목: 명나방과)(Lepidoptera: Pyralidae)유충의 혈구(hemocyte)에 캡슐화(encapsulation)된 *Apanteles*(벌목: 고치벌과)(Hymenoptera: Braconidae) 유충. (Salt 1968.)

Box 13.1 바이러스, 기생벌 및 기주 면역성

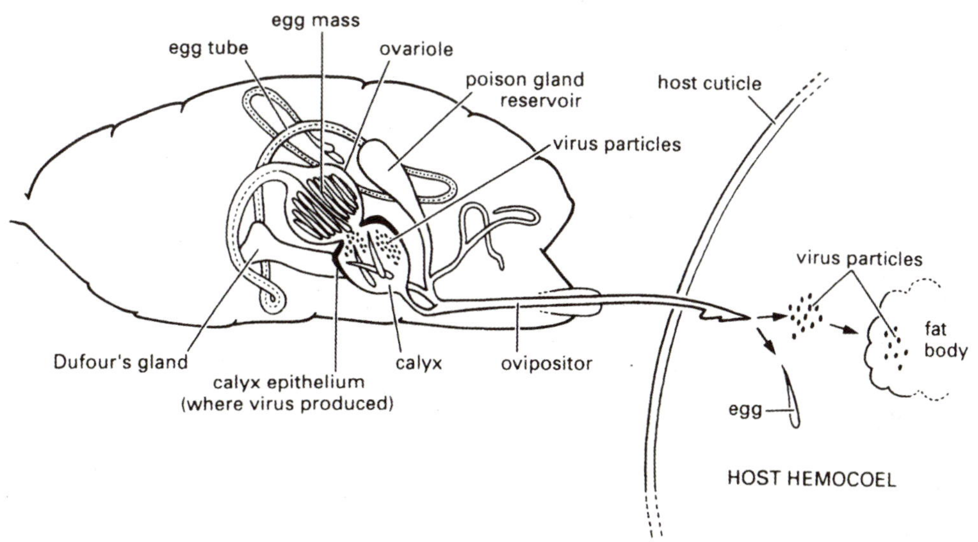

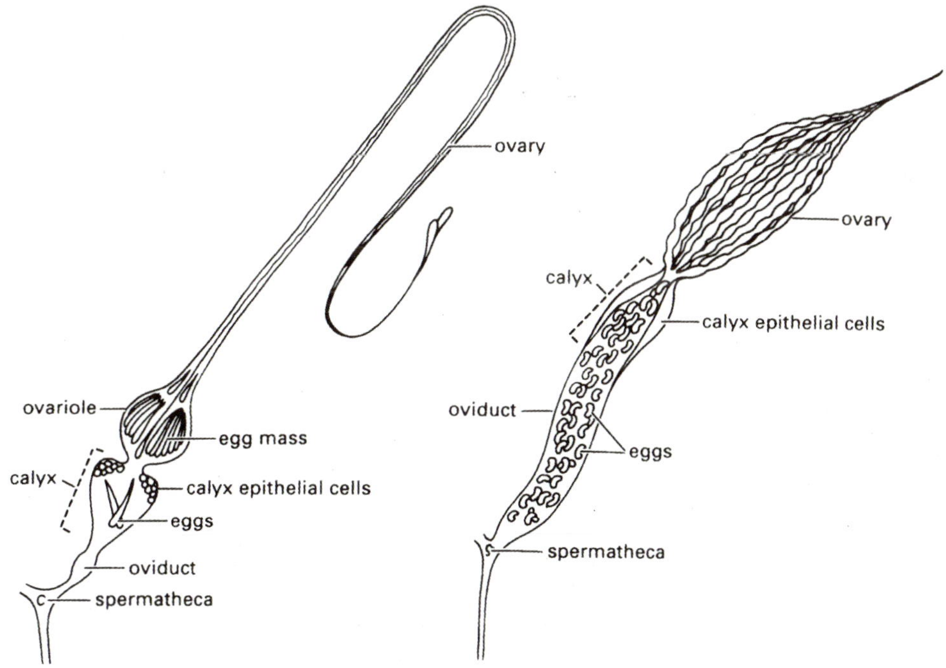

맵시벌과(Ichneumonidae)와 고치벌과(Braconidae)의 일부 내부포식기생성 벌에서, 산란하는 암컷이 알뿐만 아니라 부속선(accessory gland)의 분비물과 상당수의 바이러스(위의 그림에서 묘사된 고치벌과의 *Toxoneuron*(이전에는 *Cardiochiles*) *nigriceps*와 같이, Greany 등 1984)나 유사바이러스 입자(virus-like particle; VLP)를 유충 기주에 주입한다. 이들 바이러스는 여러 단편으로 나누어진(multipartite) 겹가닥의 원형 DNA(double-stranded circular DNA)를 가진 폴리드나바이러스(polydnavirus; PDV)라는 독특한 집단에 속한다. PDV는 생식 계열(germ line)을 통해 이들 기생벌의 세대를 걸쳐 전파된다. 고치벌의 PDV(bracovirus)는 형태(morphology), 발생(morphogenesis) 및 기생당한 기주에서 벌 유래의 다른 요인들과의 상호작용과 관련해서 맵시벌의 PDV(ichnovirus)와 다르다. 서로 다른 기생벌 종의 PDV는 일반적으로 별개의 바이러스 종으로 여겨진다. 더욱이, ichnovirus와 맵시벌의 진화적 관계는 bracovirus와 고치벌의 진화적 관계와 관련이 없는 것으로 알려져 있고, 고치벌 내에서 PDV는 단계통군(monophyletic group) 아과(subfamily)인 microgastroid에만 존재하며 그들의 기생벌 기주와 공진화하는 것으로 나타난다.

VLP는 일부 맵시벌에서만 알려져 있다 일부 VLP의 형태가 전형적인 PDV의 형태와 다르고 어떤 VLP에는 DNA가 없기 때문에 모든 VLP가 바이러스인지는 불분명하다. 그러나 모든 PDV와 VLP가 기주의 면역반응을 극복하는데 관련되어 있고, 종종 감염된 기주의 다른 병징(symptom)에도 관련된 것으로 나타난다. 예를 들어, 일부 기생벌의 PDV는 감염된 기주 유충에서 관찰되는 성장, 발생, 행동 및 혈구세포 활동에서의 변화의 대부분을 유도할 수 있는 것이 분명하다. 다른 포식기생자(대개 고치벌)의 PDV는 기생봉 알이 캡슐화(encapsulation) 되는 것을 완전히 방지하기 위해서 혹은 기주에서 병징을 충분히 유도하기 위해서 특히 독액(venome)과 같은 부속 요인을 필요로 하는 것으로 나타난다.

암컷 생식관(reproductive tract)의 알받침 상피(calyx epithelium)는 PDV가 복제(replication)하는 주된 장소이고(고치벌인 *Toxoneuron nigriceps*를 묘사한 좌측 하단의 그림과 맵시벌인 *Campoletis sonorensis*를 묘사한 우측 하단의 그림에서처럼, Stoltz와 Vinson 1979), VLP의 조립(assembly)이 일어나는 유일한 장소이다(맵시벌인 *Venturia canescens*에서처럼). 기생벌의 산란관(oviduct) 내강(lumen)은 PDV나 VLP로 가득차고, 이들은 기생벌의 알을 둘러싼다. VLP나 PDV를 인위적으로 기생벌의 알에서 제거하면, 이들 보호받지 않은 알은 기주에 주입된 다음 캡슐화가 일어난다. 반면에 적절한 PDV나 VLP를 이들 보호받지 않은 알과 함께 기주에 주입하면 캡슐화가 방지된다. 비록 알을 VLP로 둘러싸는 *Venturia* 기생벌에서 VLP 단백질이 기주 단백질을 분자적 의태(molecular mimicry)하여 나비목 기주의 면역 인식 과정을 방해하는 것으로 나타나지만, 이러한 보호의 생리적 기작은 완전히 알려져 있지 않다. VLP 단백질은 외래 입자(particle)를 인지하는데 관련된 기주의 혈구세포 단백질과 유사하다. PDV의 경우에 이 과정은 보다 능동적이고 혈구세포의 작용을 직접적으로 방해하는 PDV가 암호화한 유전자 산물의 발현을 수반한다.

이는 포식기생자나 그와 관련된 어떤 요인들이 포식기생자를 외래 물질로 인식하고 반응하는 기주의 능력을 변경하기 때문이다. 포식기생자는 다음 중 하나 이상의 방법을 사용하여 기주의 면역 체계를 성공적으로 극복한다:

- 기피(Avoidance) – 예를 들면, 기주의 외부에서 영양을 섭취하는(포식자와 같은 방식으로) 외부포식기생자는 면역체계를 갖추지 않은 기주의 알에 산란하고, 다른 많은 포식기생자는 일시적으로라도 기주의 기관(뇌, 신경절, 침샘 또는 장과 같은)을 점유함으로써 기주의 혈림프(hemolymph)에서의 면역체계를 피한다.
- 회피(Evasion) – 여기에는 분자적 의태(포식기생자가 기주 단백질과 유사한 물질로 덮임으로써 기주에 의해 비자아로 인식되지 않는다), 은폐(즉, 포식기생자가 스스로 배자막이나 기주 조직에서 유래한 막이나 캡슐 안에 격리된다. 아래의 "전복"("subversion") 참조), 및 기주 내에서의 신속한 발생이 포함된다.
- 파괴(Destruction) – 기주의 면역 체계는 기주의 방어작용을 약화시킬 정도로 기주를 심하게 섭식하거나 기주의 혈구와 같은 면역반응에 관계된 세포를 파괴함으로써 차단될 수 있다.
- 억제(Suppression) – 기주의 세포성 면역 반응은 포식기생자와 관련된 바이러스에 의해 억제될 수 있다(Box 13.1); 억제는 종종 기주의 혈구세포 수 감소와 여타 기주 생리의 변화를 동반한다.
- 전복(Subversion) – 많은 경우에 기주의 반응에도 불구하고 포식기생자의 발생이 일어난다. 예를 들면, 포식기생성 말벌의 경우 캡슐화에 대해 물리적으로 저항하고, 파리목 포식기생자에서는 기주의 혈구세포로 만들어진 캡슐을 파리목 유충이 대량 섭식하여 한쪽 말단이 열려진 덮개로 사용되도록 전복된다. 많은 기생성 벌목 곤충에서는 포식기생자의 알과 결합한 장막(serosa) 또는 영양양막(trophamnion)이 개개의 세포로 단편화되어 기주의 혈림프에 떠다니다가 비대해져서 기형세포(teratocyte)라는 거대세포가 되는데, 이 기형세포가 기주의 방어를 전복하도록 도움을 준다.

명백히, 기주의 면역 작용을 극복하는 여러 가지 방법들은 서로 별개의 것이 아니고 대부분의 포식기생자는 그들의 기주 내에서 발생하기 위하여 이들 방법을 조합하여 사용할 것이다. 세포성 및 체액성 면역 수준에서의 포식기생자-기주 상호작용은 복잡하고 서로 다른 분류군 사이에 큰 차이가 있다. 이러한 체계에 대한 정보가 아직은 상대적으로 제한적이기는 하지만 이 분야에 대한 연구를 통해 포식기생자의 유전체 및 곤충과 바이러스 사이의 공진화에 관련된 흥미로운 사실들이 발견되고 있다.

13.3 피식자/기주 선택과 특이성

9~11장에서 보았듯이 곤충이 이용하는 먹이 자원의 폭은 매우 다양하다. 일부 포식성 곤충은 단일 종의 피식자만 이용하는 단식성(monophagous)이다. 다른 종들은 몇몇 종을 이용하는 소식성(oligophagous)이다. 대부분은 다양한 피식자 종을 섭식하는 다식성(polyphagous)이다. 일반적으로, 단일 종의 피식자는 먹이 자원으로 충분하지 않기 때문에 대부분의 포식자는 다식성이다. 그러나, 선택한 장소에서 잠복하는 정착형(sit-and-wait)(매복형(ambush)) 포식자의 경우 먹이 자원이 제한적일 수 있다—예를 들면, 명주잠자리의 함정(구멍)에는 작은 개미가 우점적으로 걸려든다. 더욱이, 몇몇 포식자는 피식자가 풍부하고 그 행동을 예측할 수 있어 단식(monophagy)이 가능하기 때문에 일부 진사회성 곤충과 같은 군생하는 피식자를 선택한다. 이들 피식자 곤충은 비록 한데로 모여질 수 있지만, 이들은 종종 경계색과 화학물질을 이용하여 방어한다. 그럼에도 불구하고, 이들 예측 가능하고 풍부한 먹이 자원의 이러한 방어 기작에 대항하여 포식자는 특화(specialization) 한다.

이 절에서는 포식자-피식자 상호작용에 대해서는 더 이상 논하지 않을 것이다. 이 절의 나머지 부분에서는 포식기생자 및 기생자와 기주 사이의 보다 복잡한 관계에 대해 집중적으로 다룰 것이다. 포식기생자와 그들의 기주 범위를 언급함에 있어서, 식식성 곤충(phytophage)과 포식자에서처럼 단식성, 소식성 및 다식성 등의 용어(terminology)가 사용될 것이다. 그러나 기생자와 관련해서는 유사하지만 약간 다른 용어가 있다. **단기주성**(monoxenous) 기생자는 단일 기주를, **소기주성**(oligoxenous)는 몇 종의 기주를, **다기주성**(polyxenous)는 많은 종의 기주를 이용한다. 이어지는 절에서는 우선 포식기생자가 기주를 선택하는 다양한 전략에 대해 알아보고, 이어서 기주의 체내에서 발생하는 포식기생자가 기생당한 기주를 조작(manipulation)하는 방법에 대해 검토할 것이다. 마지막 절에서는 기생자가 기주를 사용하는 유형에 대해 특히 진화적 관점에서 논의할 것이다.

13.3.1 포식기생자의 기주 이용

항상 미성숙 기주를 죽이는 포식기생자는 완전히 발생하기 위해서 한 개체만을 필요로 하고, 드물지만 성충 단계에서도 기생을 한다. **식충성**(entomophagous) 포식기생자는 선택된 곤충 기주에서 발생하기 위한 일련의 전략을 보여준다. 그들의 유충은 기주의 체외에서 발생하는 외부기생성이거나 체내에서 발생하는 내부기생성일 수 있다. 외부포식기생자의 알(또는 유충)은 기주의 근처나 때로는 내부포식기생자의 경우에서처럼 기주의 충체에 산란된다. 그러나, 후자의 경우, 대부분의 알은 날카로운 산란관(벌목에서)이나 대체산란관(substitutional ovipositor)(파리목 포식기생자에서)을 이용하여 기주의 체내에 산란된다. 기주의 번데기 껍데기(case) 내부나 깍지진디 등의 덮개(cover)와 보호껍데기(protective case) 아래에서 섭식하는 일부 포식기생자는 기주 곤충의 보호막 내부이기는 하지만 곤충의 체외에서 생활하기 때문에 실질적으로는 외식성(ectophage)이다. 이러한 다양한 섭식 방식을 통해 기주의 면역 체계에 대해 외부포식기생자는 대항하고 내부포식기생자는 기피함으로써 다양하게 노출된다(13.2.3절). 외부포식기생자는 기주의 다양한 종 특이적 면역 체계에 노출되어야 하는 내부포식기생자보다 기주와 덜 밀접하게 연관되어있기 때문에 대개 내부포식기생자에 비해 기주 특이성이 떨어진다.

포식기생자는 기주의 안팎에서 단독기생을 하거나 집단기생을 할 수 있다. 한 기주에서 발생할 수 있는 포식기생자의 수는 기주의 크기, 기생당한 후의 수명 및 포식기생자의 크기와 생물량(biomass)에 좌우된다. 기주 한 개체에서 여러 개체의 포식기생자가 발생하는 것은 일반적으로 암컷이 단일 기주에 여러 개의 알을 산란하거나 드물게는 하나의 알이 분열하여 많은 수의 자손이 되는 다배발생(polyembryony)을 통한다(5.10.3절). 집단기생을 하는 포식기생자는 기주의 특성(quality)과 크기에 따라 산란하는 알의 수를 조절할 수 있다.

대부분의 포식기생자는 **기주식별**(host discriminate)을 한다. 즉, 포식기생자는 동종이나 또 다른 종의 포식기생자에게 이미 기생당한 기주를 인식할 수 있고, 일반적으로 이런 기주를 거부한다. 기생당한 기주와 기생당하지 않은 기주사이의 구분은 대개 산란 시에 기주의 내부나 외부에 방사된 페로몬(pheromone)을 통해 이루어진다.

그러나, 모든 포식기생자가 이미 기생당한 기주를 기피하는 것은 아니다. 과기생(superparasitism)에서는 한 개체 혹은 같은 종의 여러 개체가 한 기주에 여러 개의 알을 산란한다. 비록 그 기주가 기생한 모든 포식기생자가 발생

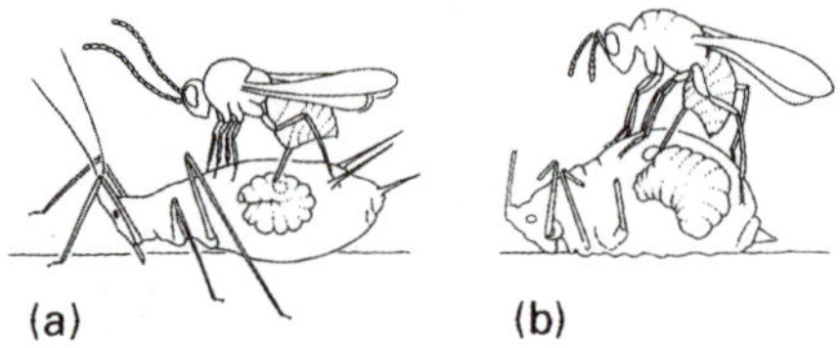

그림 13.6 진딧물을 중복포식기생하는 벌목 곤충의 두 가지 산란 행동: (a) 살아있는 진딧물의 내부에 있는 1차 기생포식자(primary parasitoid)에 산란하는 내식성(endophagous) *Alloxysta victrix*(벌목: figitidáe)(Hymenoptera: figitidáe); (b) 미라화된 진딧물의 내부에 있는 1차 포식기생자에 산란하는 외식성(ectophagous) *Asaphes lucens*(벌목: 금좀벌과)(Hymenoptera: Pteromalidae). (Sullivan 1988.)

하도록 감당하지 못 할지라도. 다중산란(multiple oviposition)의 결과는 13.3.2절에서 상세히 다룰 것이다. 일부 실험적으로 입증된 이론적 모델에서는 중복기생이 증가할 것임을 암시한다:

- 기생당하지 않은 기주가 고갈될 때
- 특정 패치에서 탐색하는 포식기생자의 수가 증가할 때
- 높은 생식력을 가지고 알이 작은 종에서

역사적으로 그와 같은 모든 사례가 "착오"로 여겨지기는 했지만, 그러한 전략에서 비롯된 적응성 유익(adaptive benefit)의 몇몇 단서가 있다. 중복기생은 부족한 기주에 대한 경쟁이 존재할 때 포식기생자 개체가 적응하는 방법이며, 기주가 풍부할 때에는 서로 기피하여 적응한다. 포식기생자의 알을 캡슐화할 수 있는 기주에 기생하는 단독기생성 포식기생자의 경우에는 과기생에 따른 매우 직접적인 이익이 있다(13.2.3절). 이 경우, 처음 산란된 알이 기주의 모든 혈구세포를 소모시켜서 연이어 산란된 알이 캡슐화되는 것을 면하게 된다.

다기생(multiparasitism)에서는 기주 한 개체에 2종 이상의 포식기생자가 산란한다. 다기생은 중복기생보다 더 빈번하게 일어나는데, 이는 포식기생자가 자신과는 다른 종의 포식기생자가 방사한 페로몬을 인지하는 능력이 떨어지기 때문인 것 같다. 근연관계가 가까운 포식기생자는 서로의 흔적을 인식할 수 있지만, 반면에 근연관계가 먼 종들은 그럴 능력이 떨어진다. 그러나, **중복포식기생자**(hyperparasitoid)라 불리는 2차 포식기생자는 1차 포식기생자가 남긴 냄새를 감지할 수 있는 것으로 보이며, 이들 **중복기생자**(hyperparasite)의 발생을 위한 정확한 위치를 선정할 수 있다.

중복기생적(hyperparasitic) 발생은 1차 포식기생자의 희생을 통한 2차 포식기생자의 발생을 수반한다. 일부 곤충은 1차 포식기생자의 내부에서만 발생하는 절대(obligate) 중복포식기생자인 반면, 다른 곤충은 **선택적**(facultative) 중복포식기생자이고 1차 포식기생자처럼 발생할 수 있다. 1차 포식기생자 기주의 외부 또는 내부에서 발생이 일어날 수 있는데, 전자의 경우에는 1차 기주의 내부에 산란되고, 후자의 경우에는 1차 포식기생자의 내부에 산란된다(그림 13.6). 외부 섭식은 빈번히 일어나는 현상이고, 중복포식기생자는 때로는 번데기에도 기생하지만 주로 기주 유충 단계에 한정되어있다. 1차 포식기생자 기주의 알과 성충에 대한 중복포식기생자는 매우 드물다.

중복포식기생자는 파리목의 2개 과(재니등애과 및 벌붙이파리과 일부)(Bombyliidae and Conopidae), 딱정벌레목의 2개 과(왕꽃벼룩과 및 개미붙이과 몇 종)(Rhipiphoridae and Cleridae) 및 특히, 벌목에서는 좀벌상과(Chalcidoidea)의 11개 과와 맵시벌과(lchneumonidae)의 4개 아과(subfamily) 및 Figitidae(혹벌상과)(Cynipoidea)에 속해 있다. 중복포식기생자는 기생파리과(Tachinidae)에는 없고, 의외로 고치벌과(Braconidae), 알벌과(Trichogrammatidae) 및 총채벌과(Mymaridae)와 같은 기생벌의 일부 과에서는 진화하지 않은 것으로 보인다. 벌목(Hymenoptera)에 속하는 중복포식기생자는 그들의 용이한 변이를 증거하는 선택적 중복기생을 통해 각각이 1차 기생으로부터 특정한 방식으로 기원한 수차례의 진화를 하였다. 벌목의 중복포식기생자는 벌목 곤충에 기생당한 폭넓은 곤충을 공격하며, 이에는 주로 노린재목(특히 Sternorrhyncha), 나비목 및 잎벌아목(Symphyta) 곤충이 있다. 대개 과포식기생자는 대부분 소식성이거나 단식성인 1차 포식기생자에 비해 더 넓은 기주 범위를 가지고 있다. 그러나, 1차 포식기생자에서처럼, 내식성(endophagous) 중복포식기생자는 외식성 중복포식기생자에 비해 높은 기주특이성을 보여주며, 이는 그들이 다른 생물체 내에서 발생할 때 겪는 중요한 생리적 문제와 관련되어 있다. 추가적으로, 최소한 진딧물을 섭식하는(aphidopagous) 포식기생자에 대한 혹벌상과(Cynipoidae)의 중복포식기생자에 대해 1차 포식기생자에서 만큼이나 복잡한 먹이활동과 기주적합성 평가가 알려져 있다(그림 13.7). 16.5.1 절에 설명되어있는 바와 같이, 중복기생(hyperparasitism)과 기주특이성의 정도는 생물적 방제 프로그

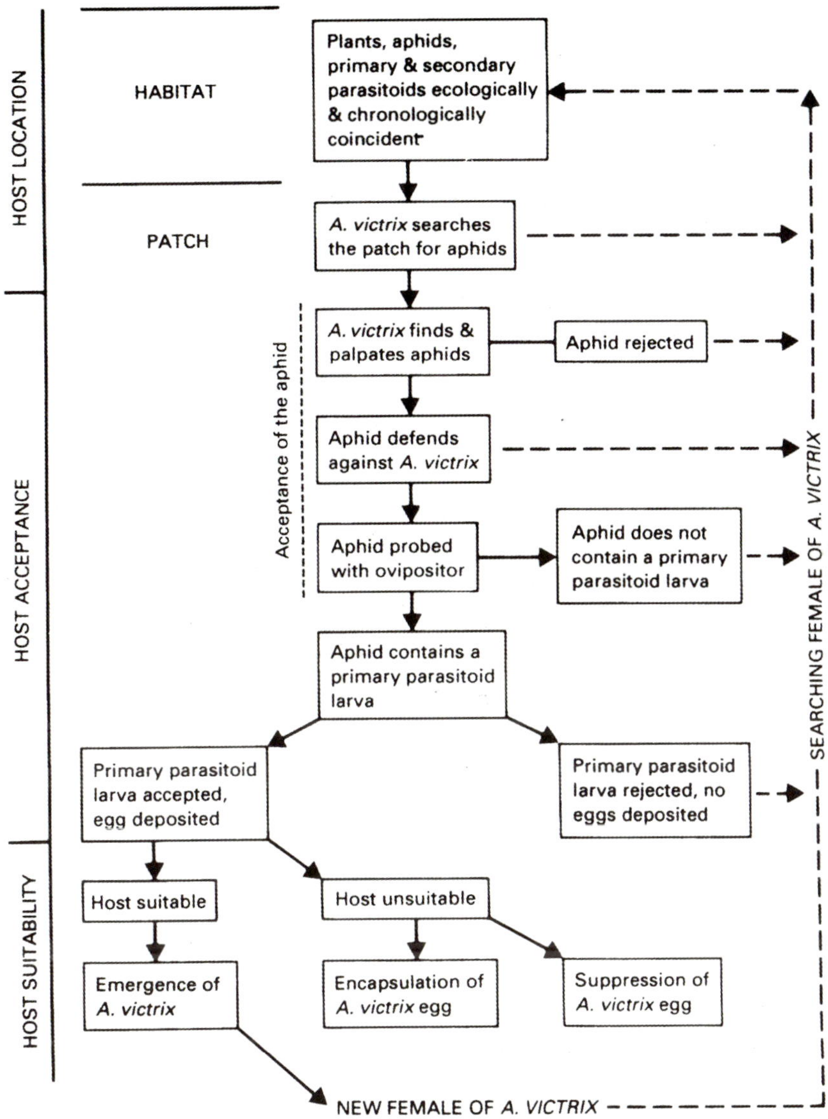

그림 13.7 중복포식기생자(hyperparasitoid)인 *Alloxysta victrix*(벌목: Fiigitidae)(Hymenoptera: Figitidae)의 기주 선택 과정. (Gutierrez 1970.)

램에서 필수적인 정보이다.

13.3.2 기주 조작과 포식기생자 발생

기생으로 인해 기주가 죽거나 마비될 수 있고, **idiobiont**라 불리는 포식기생자는 포식과는 약간 다른 상황에서 빠르게 발생한다. **konobiont** 포식기생자는 성장을 계속하면서 영양분을 공급하는 어린 기주에 산란한다는 점에서 매우 흥미롭고 훨씬 복잡하다. 포식기생자의 발생은 기주가 크기가 포식기생자를 감당할 만큼 커질 때까지 지연될 수 있다. **기주조절**(host regulation)은 기주의 용화를 억제함으로써 "특대의 기주(super host)"를 만들어내는 것을 포함하여 기주의 생리를 조작할 수 있는 일부 konobiont 포식기생자의 특징이다.

많은 konobiont는 기주의 호르몬(hormone)에 반응하여, (i) 기주의 탈피나 변태와 공시적(synchrony)으로 포식기생자가 탈피하거나 우화하고, 혹은 (ii) 기주와 포식기생자가 동시에 휴면(diapause)에 들어간다. 기주의 탈피 호르몬(ecdysteroid)이 포식기생자의 표피(epidermis)에 직접 작용하여 탈피를 유도하는지는 아니면 포식기생자의 내분비계(endocrine system)가 공시적인 탈피를 유도하도록 간접적으로 작용하는지는 확실하지 않다. 구체적인 기작은 명확하지 않지만, 일부 포식기생자는 분명히 기주의 내분비계를 파괴함으로써 기주의 발생 억제, 가속화 또는 지연된 기주의 변태, 또는 성충 기주의 생식 억제 등을 일으킨다. 이러한 현상은 포식기생자가 만들어낸 호르몬(의태한 것을 포함하여)을 이용하거나 기주의 내분비계를 조절하거나 또는 이 둘 모두를 통하여 일어날 수 있다. 일부 납작좀벌(platygastrine)과 고치벌(braconid)에서 관찰되는 **지연기생**(delayed parasitism)의 경우, 기주의 알에 산란된 포식기생자 알의 발생은 기주가 후기 유충기가 될 때까지 최대 1년가량 지연된다. 변태가 가까울수록 일어나는 기주의 호르몬 변화가 포식기생자의 발생을 자극하는데 관련되어있다. 이용 가능한 기주의 범위는 내부포식기생자의 내분비계와 기주사이의 특이적인 상호작용으로 인해 제한될 수 있다. 포식기생자가 주입하는 바이러스나 유사바이러스 입자(virus-like particle)(Box 13.1)가 또한 기주의 생리를 조절하고 기주 범위를 결정지을 수 있다.

기주는 포식기생자를 담는 수동적인 그릇(vessel)이 아니다 – 지금까지 보아왔듯이 기주의 면역체계는 이미 적응한 포식기생자를 제외한 모든 포식기생자를 공격할 수 있다. 더욱이, 기주의 질(크기와 연령)은 포식기생자의 크기, 생식력 및 심지어는 단독기생하는 포식기생자의 성비에 변이를 유도할 수 있다. 일반적으로, 질이 좋은(크기가 큰) 기주에서는 암컷이 많이 발생하고, 반면에 크기가 작거나 중복기생당한 기주와 같이 질이 낮은 기주에서는 수컷이 많이 발생한다. 불완전 사료(자당과 철분이 없는)로 실내 사육한 진딧물 기주에서 *Aphelinus*(벌목: 면충좀벌과)(Hymenoptera: Aphelinidae) 포식기생자는 더 천천히 발생하고, 수컷의 발생 비율이 더 높으며, 생식력과 수명이 감소한다. 내식성(endophagous) konobiont 포식기생자는 어린 시기에 기주의 혈림프에서 기주 조직과 영양분을 두고 경쟁한다. 포식기생자가 "부적절한"("incorrect") 기주에 산란하도록(적당한 카이로몬(kairomone)을 사용하여) 유도할 수 있는 실험실 조건에서는 종종 완전한 유충 발생이 일어나는데, 이는 포식기생자가 적응하기만 한다면 혈림프의 영양조건이 이들이 발생하기에 충분함을 증명한다. 포식기생자가 산란할 때 알과 함께 주입되는 부속선(accessory gland)에서 분비물(secretion)(마비성 독액(venome)을 포함한)은 기주의 혈림프에 있는 영양분이 포식기생자의 유충에 공급되도록 조절하는데 역할을 하는 것으로 보인다. 이러한 물질의 특이성은 적절한 기주 관계를 형성하는데 관련되어 있을 수 있다.

과기생(superparasitism)과 다기생(multiparasitism)에서는 기주가 기생한 모든 포식기생자의 성숙을 감당하지 못하기 때문에 포식기생자의 유충들 간에 경쟁이 발생한다. 이러한 경쟁에서는 다중산란(multiple oviposition)의 성질에 따라 한배(sibling)로부터나 동일 종 혹은 서로 다른 종의 개체들 사이에 결집(aggregation)이 있을 수 있다. 유충들, 특히 큰턱을 가지고 있는 벌목 곤충의 유충들 간의 싸움은 과다한 개체들의 죽음과 캡슐화를 초래할 수 있다. 독액(venome), 산소결핍(anoxia) 또는 먹이결핍(food deprivation)을 통한 생리적 억제도 일어날 수 있다. 기주 내에서 유충의 과밀 문제가 해결되지 않으면 소수의 약하고 작은 개체가 발생하거나, 혹은 기주가 미성숙 단계에서 죽거나 포식기생자 유충이 용화(pupation)하기 전에 영양분이 고갈되어서 포식기생자가 전혀 발생하지 못할 수 있다. 집단기생(gregariousness)은 보다 큰 크기의 기주로부터 다수의 유충이 발생하는 환경에서 단독기생으로부터 진화했을 수 있다. 집단기생의 진화는 단일 기주 내에 존재하는 자원에 대한 잠재적인 경쟁자가 동일종일 때 촉진될 수 있다. 이러한 현상은 유전적으로 동일한 유충이 발생하는 다배빌생의 경우 특히 그러하다(5.10.3절).

13.3.3. 기주 사용의 유형과 기생자 특이성

척추동물 기주에서 외부기생하는 많은 종류의 곤충은 인간과 가축에 보건에 매우 중요하지만, 이에 대해서는 15 장에서 자세히 다루기 때문에 이 장에서는 이러한 의학적인 문제는 더 이상 다루지 않을 것이다. 척추동물 기주를 이용하는 외부기생성 곤충의 방사상 배열과 앞에서 보았던 엄청나게 많은 수의 곤충 포식기생자와는 반대로, 다른 곤충이나 절지동물(arthropod)을 기생하는 기생성 곤충은 그 수가 굉장히 적다.

다른 곤충을 기주로 이용하는 내부기생성 곤충의 가장 큰 무리는 부채벌레목(Strepsiptera)이고, 이 목은 수백 종의 배타적 기생성 종으로 이루어져있다(Box 13.6). 이들의 주된 기주인 노린재목과 벌목 곤충의 특징적으로 비정상적인 충체는 이른바 부채벌레목의 공통적인 속(genus)인 Stylops를 따서 "stylopized"라고 불린다. 기주의 체강 내에서의 양성의 유충과 번데기 및 암컷 성충 부채벌레의 성장은 내부 기관의 변위를 포함한 기주 충제의 변형을 야기한다. 기주의 생식기관은 퇴화하거나 혹은 정상적으로 발생하지 못한다.

Dryinidae(벌목)(Hymenoptera) 유충은 노린재 기주에서 한 시기에는 외부에서 다른 시기에는 내부에서 기생하며 발생하지만, 궁극적으로 모든 다른 곤충-곤충 기생 상호작용은 외부기생(ectoparasitism)이다. 단일 속(genus)인 *Braula*에 속하는 다소 비정상적인 생김새의 진드기와 유사한 파리목의 곤충인 꿀벌이파리과(Braulidae)는 *Apis*(꿀벌)과 밀접한 관계가 있다. 꿀벌이파리 유충은 벌집에서 꽃가루와 밀랍을 먹어치우고, 성충은 꿀벌의 주둥이(proboscis)에서 화밀(nectar)과 타액을 탈취한다. 꿀벌이파리 성충은 항상 기주인 꿀벌의 충체에서 발견된다는 점에서 이들의 관계에는 명백히 편승이 포함되지만, 이들의 관계가 외부기생성인지는 논쟁의 여지가 있다. 이와 유사하게, 수서 깔따구 유충의 몇몇 속(genus)과 하루살이, stonefly 및 잠자리 따위의 애벌레 기주사이의 관계 역시 편승에서부터 외부기생까지 폭넓게 제안된다. 일반적으로, 곤충을 기주로 이용하는 어떤 외부기생자 및 내부기생자도 종 수준에서 높은 특이성을 보여준다는 증거는 거의 없다. 그러나 척추동물을 기주로 사용하는 곤충 기생자의 경우에는 반드시 그런 것은 아니다.

기주특이성의 유형과 기생자의 선호(preference)는 기생충학(parasitology)에서 가장 관심을 끄는 몇 가지 의문을 제기한다. 예를 들면, 포유동물의 대부분의 목(order)은 대부분 단기주성이거나 혹은 제한된 범위의 기주에서만 발견되는 이(Phthiraptera)를 가지고 있다. 고래에는 이가 없지만 심지어는 일부 수서 포유동물, 즉 일부 바다표범(물개)에도 이가 있다. 박쥐에 한정된 외부기생성 파리목의 두 과인 박쥐파리과(Streblidae)와 거미파리과(Nycteribiidae)를 포함한 다른 많은 외부기생성 곤충의 기주로서 박쥐목(Chiroptera)은 겉보기에는 이가 기생하기에 적합해보이지만 이가 없다.

어떤 육서 기주에는 모든 외부기생자가 기생할 수 있고, 어떤 기주는 하나 혹은 소수의 기생자와 매우 특이적인 관계를 가지고 있으며, 파나마에 서식하는 주머니쥐인 *Didelphis marsupialis*에서는 41종의 외부기생성 곤충과 진드기가 발견된다. 이들 가운데 4~5 종은 주머니쥐에 일반적으로 존재하는 것이지만 기주 범위가 주머니쥐에만 한정된 것은 아니고, 나머지 종은 근연관계가 먼 포유동물부터 파충류, 조류 및 박쥐에 이르기까지 다양한 기주에서 발견된다.

기생자와 기주간의 밀접한 관계가 예상되는 경우를 자세히 관찰함으로써 기생자와 그들의 기주가 분포하는 다양한 유형과 관련된 몇몇 원리를 검토할 수 있다. 이렇게 발견되는 사실은 외부기생자-기주 관계에 일반적으로 부합될 수 있다.

이목(Phthiraptera)은 어떤 독립생활 단계 없이 전 생애를 기주에서 보내는 절대 영속적 외부기생자이다. 신열대지역에 서식하는 26과 127종의 조류가 평균적으로 기주당 1.1종의 이에 기생 당함을 확인한 것과 같은 광범위한 조사는 이가 고도로 단기주성(한 기주 종에 한정된)임을 보여준다. 이와 기주 사이의 고도의 공진화를 예상할 수 있으며, 일반적으로 서로 관련된 동물은 서로 관련된 이에 기생 당한다. 폭넓게 인용되는 Fahrenholz의 법칙에서, 그림 13.8a에서 보듯이 기주가 기생자의 동시성 종분화(synchronous speciation)에 대항하도록 영향을 주는 모

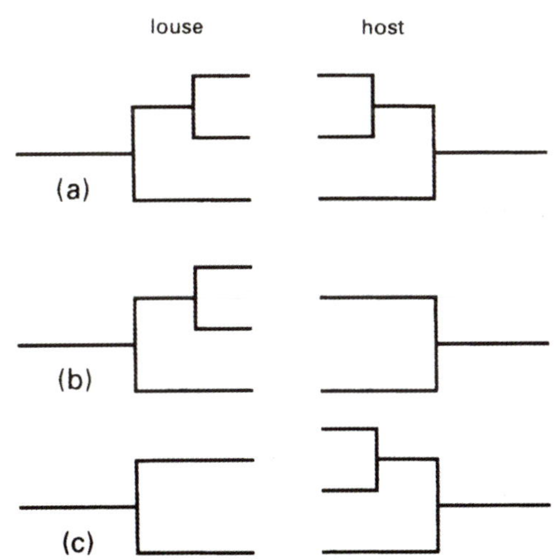

그림 13.8 이와 기주의 계통수 비교: (a) Fahrenholz의 법칙(Fahrenholz' s rule)을 따라; (b) 이의 독립적인 종분화; (c) 기주의 독립적인 종분화. (Lyal 1986.)

든 종분화(speciation)에서 기주와 기생자의 계통발생(phylogeny)은 동일하다고 공식적으로 서술하였다.

Fahrenholz의 법칙은 다음과 같다:

• 기주의 계통수(phylogenic tree)를 그들의 외부기생자의 계통수로부터 추론할 수 있다.

• 외부기생자의 계통수를 그들의 기주의 계통수로부터 추론할 수 있다(추론의 순환성에 대한 가능성이 명확하다).

• 고려 중인 무리에 존재하는 기생자의 종수는 고려해야 할 기주의 종수와 동일하다.

• 고려 중인 분류군의 어떤 기주 종도 한 종 이상의 기생자를 가지지 않는다.

• 어떤 기생자 종도 한 종 이상의 기주를 기생하지 않는다.

Fahrenholz의 법칙을 짐승털이과(Trichodectidae)에서 선발된 포유동물 기생성 이에 대해 시험해 보았는데, 짐승털이과는 어떤 포유동물 기주의 계통발생에 대해서도 독립적으로 추론된 확실한 계통수를 가지고 있다. 이들 짐승털이의 표본 가운데 337종은 244종의 기주에 기생하고, 그 중 34%의 기주 종은 한 종 이상의 짐승털이에 기생 당한다. 이러한 불일치에 대해서는 몇 가지 설명이 가능하다. 첫째로, 한 기주에 기생하는 어떤 이들 사이에서 종분화(speciation)가 독립적으로 일어났을 수 있다(그림 13.8b). 표본 추출된 짐승털이과에서 적어도 70%의 종분화가 이러한 유형의 독립적인 종분화라는 사실이 이를 입증한다. 두 번째는, 이 종이 계통적으로 관계없는 분류군의 기주로 2차 전이하는 것이다. 인간이 유도한 인위적인 기주 접근이 일어난 경우(6% 정도의)를 제외하고, 현존하는 종 가운데 명백하고 자연적인 것으로 추정되는 전이(즉, 유대류와 진성태반동물 사이 또는 조류와 포유동물 사이)는 약 2% 정도의 종분화에서 일어난다. 그러나 보다 밀접하게 관련된 기주 분류군 사이의 수평전이(lateral transfer)를 포함한 종분화는 기주와 기생자의 계통발생 내에 가려져서, 이러한 전이를 정확하게 계통발생에 부합시키기 어렵다. 표본 추출된 짐승털이과의 계통발생을 자세히 조사함으로써 최소 20%의 종분화가 과거에 일어난 전이(계통수에서 더 깊이 매듭지어진)를 포함하여 원격이고 수평적인(lateral) 2차 전이와 관련된다는 것을 확인하였다.

보다 작은 무리(subset)의 짐승털이와 8종의 뒤쥐(gopher)(쥐목: 흙파는쥐과)(Rodentia: Geomyidae) 기주 사이의 관계를 자세히 조사한 결과, 기주와 기생자에 대한 생화학적 자료를 바탕으로 추론한 계통수 사이에 실질적인 일치가 주장되고 일부 공동종분화(co-speciation)의 증거가 발견되었다. 그러나 많은 기주는 2종의 이를 가지는 것으로 확인되었고, 고려되지 않은 자료는 대부분의 뒤쥐 종이 관련된 이와 실질적인 한 조(suite)를 이룸을 보여준다. 더욱이, 수평전이(기주 전환)를 하는 최소 세 가지 사례는 지리적으로 인접한 서식지를 가진 기주 사이의 모든 경우에서 일어나는 것으로 나타났다. 비록 이들 이의 대부분의 종분화는 기주 내에서의 "흔적"("track") 종분화이고 심지어 일부 측정값은 유사한 연령의 기주와 기생자 종을 가리키지만, 기주와 기생자의 엄격한 공동종분화가 관찰된 관계에 대한 유일한 설명이 아님은 짐승털이과로부터 명백하다.

명백한 단기주성 이가 때때로 엄격한 공진화와 공동종분화로부터 이탈하는 이유는 다른 외부기생자에게도 동일하게 적용되고, 그들 대부분은 복잡한 기주 관계에서 유사한 변이를 보여준다. 엄격한 공동종분화로부터의 이탈은 적절한 기생자의 종분화 없이 기주의 종분화가 일어날 때 발생한다(그림 13.8c). 이렇게 귀착된 관계의 유형은 기주와 일치하여 공동종분화함으로써 발생된 기생자의 두 자매 분류군 중 하나가 이후에 멸종될 때 보이는 유형과 동일하다. 많은 경우에 기생자는 자신의 기주범위 전체에 존재하지는 않는데, 이는 기주범위를 조절하는 요인들과는 상관없이 환경적인 요인들로 인해 기생자가 제한을 받기 때문인 것 같다. 자신의 전 생애를 기주에서 보내는 이와 같이 반변태(hemimetabolous)를 하는 외부기생자는 기주의 서식범위를 엄밀하게 따를 것으로 예상할 수 있으나, 외부기생자의 분포가 외부의 환경적인 요인들로 제한받는 예외적인 부분이 있다. 생애의 일부는 기주에서 떨어져서 보내는 완전변태(holometabolous)를 하는 외부기생자의 경우, 이러한 외부 요인들은 기생자 범위를 결정하는데 보다 큰 영향을 줄 것이다. 예를 들어, 항온(homeothermic) 척추동물은 벼룩 유충과 같은 변온(poikilothermic) 외부기생자가 독립생활을 하는 단계에서는 견딜 수 없는 환경 조건들을 견딜 수 있다. 기주가 분포하고 있는 어떤 지역에서도 종분화가 일어날 수 있기 때문에, 기주의 종분화는 필연적으로 기생자의 관련 없이 일어날 수도 있다. 게다가 기생자는 기주범위의 전부 또는 일부 내에서 기주의 변이와는 일치하지 않는 지역적 변이를 보일 수도 있다. 둘 중 하나 또는 둘 모두의 변이가 궁극적인 종 형성을 초래하면, 기생자와 기주의 계통발생 사이에 불일치가 생기게 될 것이다.

더욱이, 기주와 기생자 상호작용에 대한 부족한 정보로 인해 오도된 판정을 내릴 수 있다. 참기주(true host)는 기생자가 영속적으로 생식하는 환경을 공급하는 개체로 정의할 수 있다. 하나 이상의 참기주가 존재할 경우, 외부기생자가 발생하는 빈도에 비례하여 주된(선호되는) 기주나 예외적인 기주가 있을 수 있다. 기생자의 발생이 정상적으로 일어나지는 않지만 포식자-피식자 상호작용이나 환경적인 마주침(둥지를 공유하는 것과 같은)을 통해 빈번하게 발생하는 돌발적 기주 혹은 2차 기주와 같은 중간적인 범주도 있을 수 있다. 작은 표본 크기와 제한적인 생물학적 정보로 인해 우발적 기주 혹은 2차 기주를 참기주로 오판할 수 있으며, 이는 공동종분화에 대한 잘못된 "논박"("refutation")을 초래할 수 있다. 일부 기생자와 참기주의 멸종은(현존하는 기생자를 2차 기주에 남겨둠으로써) Fahrenholz의 법칙을 논박할 것이다.

심지어 참된 기주 특이성과 실존하는 모든 기생자와 기주에 대한 정보를 완전히 인지한다고 가정하면, 기주-기생자 상호작용의 역사를 통틀어 기생자가 기주 사이에서 성공적으로 전이했음은 명백하다. 공동종분화는 기주-기생자 관계에서 기본적인 것이지만, 공동종분화로부터의 이탈을 촉진하는 요인들을 고려해야 한다. 이에는 주로 (i) 기생자가 새로운 기주를 식민화(colonization)할 수 있는 서로 다른 기주의 지리적 및 사회적 근접성과 (ii) 외부기생자가 새로운 기주에서 확립(establishment), 생존 및 생식할 수 있는 서로 다른 기주 사이의 생태적 유사성이 관련된다. 이러한 요인들의 결과는 Fahrenholz의 법칙에 수반된 **계통발생추적**(phyletic tracking)에 대비해서 **자원추적**(resource tracking)이라 부른다. 모든 생물학적 문제에서처럼, 대부분의 상황은 어느 한 범주의 유형에 들기보다는 이들 두 극단 사이의 연장선상에 놓여있기 때문에 관찰되는 서로 다른 유형을 인지하고 해석하는데서 흥미로운 의문이 제기된다.

모든 기주-기생자 관계를 조사하면, 기주 특이성을 결정하는 일부 요인들을 확인할 수 있다:

- 기주와의 생활사 융합(life-history integration)이 더 강할수록 단기주의 가능성이 더 크다.
- 기생자의 이동성(vagility; mobility)이 더 클수록 다기주성일 가능성이 더 높다.
- 이 절의 초반부에 널리 분포하고 분화되지 않은 주머니쥐의 예에서 보았던 것처럼, 생태적 분화가 감소하거나 기주의 지리적 분포가 증가할수록 우발적 기생자와 2차 기생자 종의 수는 증가한다.

다수의 외부기생자가 하나의 기주에 기생하면, 이들은 기주 상에서 몇몇 생태적 혹은 시간적 격리를 일으킬 수 있다. 예를 들어 소를 공격하는 흡혈성 먹파리(먹파리과)(Simuliidae)의 경우, 어떤 종은 배 부위에 이끌리는데 반해 다른 종은 주로 귀 부위에서 흡혈한다. 사람의 머리와 몸에 각각 기생하는 이인 *Pediculus humanus capitis*와 *P. humanus corporis*(이목)(Phthiraptera)는 한 배(sibling)에서 기원한 분류군이 생태적으로 분리된 예이며, 이 경우 사소한 형태적 차이가 강한 생식적 격리로 이어졌다.

13.4 개체군 생물학-포식자/포식기생자 및 피식자/기주 풍부도

개체군 내의 동종의 개체 간, 포식자 및 포식기생자(또는 사망을 야기하는 다른 원인)와 개체 간 및 무생물적 서식지 환경과 개체 간의 생태적 상호작용은 개체군 동태학(population dynamics)에서 근본적으로 중요한 관점이다. 개체군 밀도를 정확하게 측정하고 조절하는 것은 개체군 생태학, 생물다양성 연구, 보존 생물학 및 해충예찰과 관리에서 가장 핵심적인 것이다. 곤충학자들은 개체군의 성장과 생존에 영향을 미치는 수많은 요인들의 효과를 알아보기 위하여 표본 채집 방법, 실험적 설계 및 모델링 프로그램과 조작을 포함한 일련의 방법을 사용할 수 있다.

곤충은 대개 조사자가 자세히 조사할 수 있는 범위보다 넓게 분포하기 때문에 표본 채집을 통해 넓게 분포하는 개체군을 외삽법(extrapolation)으로 추론해야 한다. 물 리터당 모기 유충이나 잎 입방면적당 개미 같이 주어진 면적이나 체적에 존재하는 모든 생물을 사정하는 경우에 표본 추출은 절대적이다. 또는, 함정에 채집된 표본에서의 톡토기목(Collembola)의 수나 노란색의 납작한 냄비 모양 함정(yellow pan trap)당 미소 말벌(micro-wasp) 같은 상대적인 측정치를 일련의 함정 장치를 사용하여 구할 수 있다(17.1 절). 상대적인 측정치는 **"trappability"**—포획의 가능성—에 영향을 미치는 함정의 크기, 서식지의 구조 및 대상 곤충의 행동과 활동력 등의 변수로 인해 실질적인 풍부도(abundance)를 반영할 수도 있고 그렇지 않을 수도 있다. 예를 들어 일련의 끈끈이, 페로몬 또는 지속적으로 밝혀진 등불 함정이나, 민물에 잠긴 암석에 서식하거나 포충망을 주기적으로 휘둘러 채집하거나 혹은 나무의 천개(canopy)에 살포된 살충제에 knock-down된 곤충과 같은 즉석적인 속사(instantaneous snap-shot)에서처럼 시간의 경과에 따라 측정치가 누적될 수 있다. 즉석적인 표본 채집은 전체를 대표하지 못할 수도 있지만, 보다 장기간의 표본 채집을 통해 환경적인 변이를 다소간 극복할 수 있다.

개체군을 연구함에 있어서 자료의 통계적인 해석이 가능하도록 임의로 계층화된 표본 채집 방법을 설계하는 것은 가장 중요한 요소이다. 이런 설계에는 연구 지역을 정규 구역(subunit)으로 나누고 각각의 구역 내에서 표본 채집 장소를 임의로 할당하는 것이 포함된다. 키잡이(pilot) 연구를 통해 예상되는 변수와 실험적 연구에서의 처리와 조절 사이의 환경적인 변이를 적절하게 조화시키는 방법을 알아볼 수 있다. 척추동물을 연구하는데 널리 사용되는 방법이기는 하지만, 표식 후 재포획(mark-and-recapture) 방법은 잠자리 성충, 크기가 큰 딱정벌레, 나방 및 형광을 띠는 염료를 바른 보다 작은 해충에 대해 효과적이었다.

개체군 연구의 일반적인 결과는 개체군 내 개체의 수와 밀도가 계속해서 증가하는 비율로 성장한다는 예측이 수명이 짧은 해충의 이상격발(outbreak)을 제외하고는 매우 드물게 발생한다는 것이다. 곤충의 잠재적인 생식율은 높고(한 어미 당 수백 개의 알) 세대주기는 짧아서(심지어 90%에 이르는 사망률로) 그 수가 급격하게 증가하기 때문에 지수함수적인 성장이 예상된다. 이러한 기하학적 혹은 지수함수적 성장에 대한 방정식은 다음과 같다:

$$dN/dt = rN$$

여기서 N은 개체군의 크기 또는 밀도이고, dN/dt는 성장률, 그리고 r은 개체당 순간 증가율(instantaneous per capita rate of increase)이다. $r = 0$일 때 출생율과 사망률이 동일하고 해당 개체군은 정적(static)이다. $r < 0$이면 개체군은 감소한다. $r > 0$의 경우 개체군은 증가한다.

개체군은 적재용량(carrying capacity)이라 불리는 일부 자원이 한계에 도달하는 지점까지만 성장을 계속한다. 개체군이 적재용량에 근접함에 따라 아래 방정식에 나타난 대로 개체군의 성장률이 낮아진다:

$$dN/dt = rN - rN^2/K$$

여기서 K는 적재용량을 나타내고, 환경저항(environmental resistance)이라 불리는 두 번째 용어에 기여한다. 개체군 동태와 관련된 이런 기초적인 방정식이 이론적 작업의 실질적인 토대를 이루지만, 자연 상태의 개체군은 곧잘 적재용량의 아래에서 보다 협소하게 요동하는 밀도에서도 분명히 지속될 수 있다. 진화적 시간에 걸쳐 관찰된 지속성(8.2절)을 통해 평균 초과시간(averaged overtime)에서 출생율이 사망률과 동일하다고 추론할 수 있다.

기생과 포식은 기주 밀도에 따라 변하는 방식으로 사망률에 작용하면서 개체군 동태에 주된 영향을 준다. 따라서, 밀도에 따른 사망률의 증가(양성 밀도 의존적)(positive density dependence)는 밀도에 따른 사망률의 감소(음성 밀도 의존적)(negative density dependence)와 대조를 이룬다. 상당한 양의 실험적 및 이론적 증거들에 의하면 포식자와 포식기생자는 영양적 단계반응(trophic cascade)에서 그들의 먹이 사슬을 구성하는 요소들에 대해 밀도 의존적 영향을 미치는 것으로 나타난다(아래 참조). 실험적으로 가장 중요한("정점의") 포식자를 제거하면 군집 구조의 주된 변화를 유도할 수 있으며, 이 경우 포식자는 하위의 포식자와 일부 피식자 종의 풍부도(abundance)를 조절함을 알 수 있다. 포식자와 피식자 사이의 복잡한 관계에 대한 모델은 대개 자연 상태의 포식자 또는 생물적 방제제와 대상 해충 종의 상호작용을 이해하려는 욕구에서 동기부여 되었다.

수학적인 모델은 한 단식성 포식자와 그의 피식자 사이의 단순한 상호작용으로부터 시작될 수 있다. 각자의 밀도에 있어서 장기간의 경향과 관련된 모의실험은 포식자와 피식자의 규칙적인 주기를 보여준다: 피식자가 풍부하면 포식자의 생존이 높다. 포식자가 증가할수록 피식자 풍부도는 감소한다. 피식자 수가 감소할수록 포식자 수도 줄어든다. 포식자가 감소하면 피식자가 도피하여 수적으로 회복된다. 포식자와 피식자 풍부도의 만곡형(sinosoidal)의 시간적으로 지체된(time-lagged) 주기는 수생 플랑크톤 포식자인 *Chaoborus*(파리목: 털모기과)(Diptera: Chaoboridae)와 그의 cladoceran 피식자인 *Daphnia*와 같이 일부 단순한 자연계에서 존재할 수 있다(그림 13.9).

단순계에 대한 실내 연구를 이용한 단기간의 섭식반응 조사는 포식자가 피식자 밀도에 따라 반응이 변함을 보여준다. 초기에 생태학자들이 가정한 선형 관계(피식자의 밀도 증가는 포식자의 섭식 증가를 유도)는 폐기되었다. 피

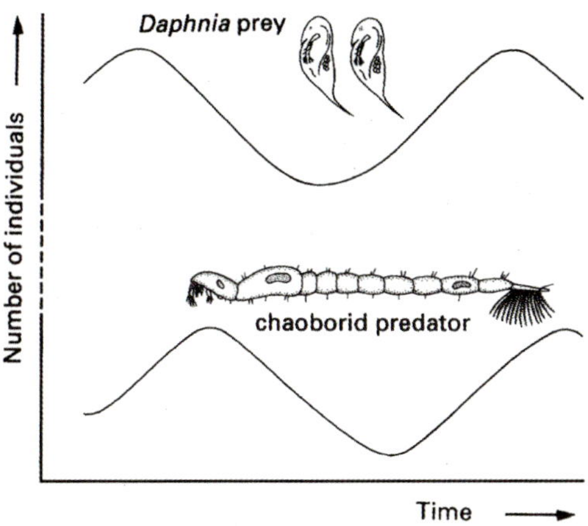

그림 13.9 포식자와 피식자 수의 주기적인 순환의 예: 수생 플랑크톤 포식자인 *Chaoborus*(파리목: 털모기과)(Diptera: Chaoboridae)와 물벼룩 피식자인 *Daphnia*(갑각류)(Crustacea).

식자 밀도에 대한 포식자의 일반적인 기능적 반응(functional response)에서는 증가한 피식자 밀도에 호응하여 포식율이 점근선(asymptote)에 도달할 때까지 점진적으로 저하된다. 그 이상에서는 피식자 포획율이 증가하지 않는 상한은 회복기간을 포함하여 섭식 활동에 소비되는 시간에 유한한 한계가 있는 먹이활동과 피식자 취급(handling)에서의 시간적 제약 때문이다. 피식자 포획율은 피식자 밀도에만 의존하지 않는다: 서로 다른 영기(instar)의 개체는 서로 다른 섭식율 추이를 보이고, 변온성(poikilothermic) 곤충에서는 주위의 온도가 활동성에 중요한 영향을 준다.

포식자가 단식성이라는 가정은 종종 생물학적으로 비현실적이고, 보다 복잡한 모델은 다수의 피식자 종을 포함한다. 포식자의 행동은 서로 다른 피식자 종의 비례적인 이용도 변화에 따라 바뀌는 가장된 먹이 선택을 수반하는 최적의 먹이활동 전략에 근거한다. 그러나 포식자는 단순히 상대적인 수적 풍부도에 따라 피식자 종을 바꾸지는 않을 수 있다: 다른 요소로는 피식자 수익성(영양 성분, 취급의 용이성 등)에서의 차이, 포식자의 굶주림 정도 및 풍족도에 상관없이 포식자의 특정 피식자에 대한 탐색형상(search-image)의 발달 및 학습이 있다.

유익이 많고 적은 피식자 종 사이의 보다 현실적인 선택을 포함하여 포식자가 피식자를 찾아다니고 취급하는 모델은 다음과 같은 사실을 알려준다:

- 가장 유익한 피식자가 풍부할 때 피식자 특화가 일어나야 한다.
- 포식자는 부분적인 선호(혼합된 섭식)가 드물어질수록 한 포식자에 대한 완전한 의존에서 다른 피식자로 신속히 바꿔야한다.
- 덜 풍부한 피식자의 실질적인 풍부도는 포식자가 가장 풍부한 피식자에 특화되는 것과 관계가 없어야 한다.

기주 풍부도나 이미 기생당한 기주의 비율 혹은 기주의 분포와는 독립적으로 극단적으로 단순하게도 임의적 탐색을 하는 포식자를 닮은 포식기생자의 탐색 행동을 향상시킬 수 있다. 위에서 보았듯이, 포식기생자는 행동적으로 이미 기생당한 기주를 확인하고 반응할 수 있다. 더욱이 피식자(또한 기주)는 임으로 분포하지 않고 오히려 패치에 존재하며, 패치 내에서의 밀도 또한 변한다. 포식자와 포식기생자가 자원 밀도가 높은 지역으로 몰림에 따라 유익한 지역이 덜 유익하게 되고 포식자/포식기생자 사이의 상호작용(**간섭**; interference)이 중요해진다. 수많은 이유로 패치 내에는 포식자와 포식기생자로부터 도피할 수 있는 **피난처**(refuge)가 있다. 감귤류 나무에 서식하는 *Aonidiella aurantii*(노린재목: 깍지벌레과)(Hemiptera: Diaspididae) 가운데, 나무의 표면에 있는 개체는 나무의 중심부에 있는 개체에 비해 두 종의 포식기생자에게 최대 27배 많이 공격받기 쉽고, 이 경우 나무의 중심부를 피난처라 부른다. 게다가 피난처의 유효성은 분류적 또는 생태적 집단 간에 달라진다. 외부에서 잎을 섭식하는 곤충은 잎에 굴을 파며 섭식(leaf-mining)하는 곤충보다 더 많은 포식기생자 종을 부양하고, 잎에 굴을 파며 섭식하는 곤충은 뿌리를 섭식하거나 구조적인 피난처에서 생활하는 것과 같은 고도로 은닉성인 곤충보다 더 많이 부양한다. 이러한 관찰 결과는 생물적 방제 프로그램의 성공을 위한 중요한 의미를 가지고 있다.

피식자(또는 기주)에 대한 포식자(또는 포시기생자)의 직접적인 영향은 상호작용 사슬에서 피식자 또는 기주의 에너지 공급에서의 변화(즉, 피식자나 기주가 초식동물일 경우 식물)로 해석된다. 자원 소비의 영향은 정상의 소비자(포식자 또는 포식기생자)로부터 역으로 연결된 영양 수준 사이의 섭식 연결을 통한 에너지 피라미드의 기저에 이르는 단계적 반응일 것으로 예상된다. 육서 절지동물(arthropod)이 지배하는 먹이 그물(food web)에서 포식자 조작(제게 또는 첨가)을 수반하는 **영양적 단계반응**(trophic cascade)에 대한 야외 조사의 결과는 메타분석(meta-analysis)을 사용해서 종합된다. 이는 발견된 사실들을 통합하기 위해 개별적인 연구들로부터의 대량의 분석결과를 통계적으로 분석하는 것을 수반한다. 메타분석을 통하여 포식자 제거가 대부분 초식 곤충의 밀도 증가와 보다 높은 수준의 식물 피해를 유도하는 영양적 단계반응이 존재한다는 폭넓은 증거를 발견할 수 있다. 더욱이, 포식 압력의 경감에 따른 초식(herbivory)의 양은 목초지와 산림지대 같은 비경작시에서보다 경작지에서 훨씬 높았다. "상의하달 방식의"("top-down") 조절(포식자로부터)은 관리된 환경에서는 서식지와 먹이그물 구조가 단순화되었기 때문에 자연계에서 보다는 관리계(managed system)에서 보다 빈번히 일어나는 것 같다. 이러한 결과는 농업생태계에서 작물 해충을 조절함에 있어서 천적이 매우 효과적일 수 있음을 암시하고, 따라서 해충 방제의 관점에서 천적을 보존하는 것은 매우 중요하다(16.5.1절).

13.5 곤충 포식과 기생의 진화적 성공

11장에서 피자식물(angiosperm)의 발달과 특정 식식성 곤충에 의한 식민화가 어떻게 비식식성 자매 분류군에 비례하여 식식성 곤충의 실질적인 다양화(diversification)를 설명하는지에 대해 알아보았다. 수많은 작은 집단이 계통수 상에서 본래의 기생성 자매 집단인 벌아목(Apocrita)의 외부에 "사슬"("chain")을 형성하기 때문에 기생성 생활방식의 채용과 관련한 벌목의 유사한 다양화가 존재한다. 벌레살이송곳벌상과(Orussoidea)(벌레살이송곳벌과(Orussidae) 한 과만 존재하는)는 벌아목(Apocrita)의 자매 집단이고, 모두가 나무에 구멍을 뚫고 들어가서(wood-boring) 생활하는 곤충 유충에 기생하는 것 같다. 그러나 "잎벌아목"("Symphyta")의 옆에 연결될 것으로 기대되는 자매 집단(paraphyletic)은 나무 말벌(wood wasp)의 소집단이다. 이 자매 집단은 비기생성이고(잎벌아목에 남아 있는 것처럼) 벌아목과 벌레살이송곳벌상과를 합친 speciose에 대하여 종이 빈약하다(species-poor). 이러한 계통 발생은 이 경우에 기생성 생활방식의 채용이 주된 진화적 방사와 연관되어 있음을 암시한다. 이는 기주 제한의 정도로 설명할 수 있다: 식식성 곤충 각 종이 다소간의 단식성 포식기생자의 기주라면, 식식성 곤충의 다양화에 대응한 식식성 곤충의 다양화(방사)를 예상할 수 있다. 이 관계에서 두 가지 가정-기주특이성의 정도와 각 기주에 기생하고 있는 포식기생자의 수-을 조사할 필요가 있다.

기생자와 포식기생자 가운데 단식성의 정도에 대한 질문에는 확증적으로 대답할 수 없다. 예를 들어, 많은 기생성 벌은 극도로 작고, 기본적인 분류법과 기주 연관성은 아직 완전히 파악되지 않았다. 그러나, 기생성 벌이 극단적으로 speciose하고 엄격한 단식성(monophagy)부터 소식성(oligophagy)까지 다양한 유형의 기주특이성을 보인다는 것은 틀림이 없다. 파리목 내의 포식기생가 가운데 많은 종이 있는 기생파리과(Tachinidae)는 한 과 혹은 심지어는 한 목의 집단에 속하는 기주에만 특화한 general feeder이다. 외부기생자 가운데 이는 많은 벼룩과 파리처럼 대부분 단기주성(monoxenic)이다. 그러나 심지어 몇몇 외부기생성 곤충이 각각의 기주 종에서 태어난다 하더라도 무척추동물은 많지 않기 때문에, 외부기생자는 곤충(다른 다양한 절지동물도) 기주의 기생포식자에 비하여 생물적 다양화에 상대적으로 덜 기여한다.

많은 기주가 다수의 포식기생자를 부양한다는 상당히 많은 증거가 있다(이러한 증거의 대부분은 아마추어 곤충학자들의 근면으로 획득됐다). 이 현상은 자연에서 채집한 유충-기생의 빈도와 다양성이 매우 높다—으로부터 나비 또는 나방 성충의 사육을 시도하는 인시류 연구가(lepidopter-ists)에게서 잘 알려졌다. 한 조의 포식기생자와 과포식기생자 종은 서로 다른 계절에, 서로 다른 장소에서 그리고 서로 다른 생활사 단계에서 같은 종의 기주를 공격할 수 있다. 몇몇 광범위하게 분포하는 나비에 대해 10종 이상의 포식기생자가 존재하는 많은 기록이 있고, 이것이 연구가 많이 이루어진 일부 딱정벌레에 대해서도 사실이라 할 지라도, 이러한 상황은 다른 목의 곤충에 대해서는 불명확하다.

마지막으로, 기생자와 포식기생자 및 그들의 기주 사이의 몇몇 진화적 상호작용을 고려할 수 있다. 기주 범위를 통틀어 잠재적인 기주 풍부도의 Patchiness는 기생자/포식기생자의 집단 내에서의 종 형성을 유도하는 증가된 특화의 기회를 제공하는 것 같다. 이것은 한 기주 범위 전체가 생태적으로 분할된 생태적 지위를 제공하는 일종의 생태적 지위(niche)의 분화로 생각할 수 있다. 한 범위 내에 있는 피난처 내에서 혹은 포식기생자가 추적할 수 없는 단계를 첨가하는 방식으로 생활사를 변경함으로써 기주는 기생으로부터 회피할 수 있다. 기주 휴면은 연속적인 발생에 한정된 기생자를 회피하기 위한 기작일 수 있고, 아마도 이러한 회피의 극단적인 예는 주기적으로 발생하는 매미에서 볼 수 있다. 이러한 *Magicicada*의 종은 땅 속에서 애벌레 상태로 수 년 동안 숨어서 성장하고 13년 또는 17년마다 매우 눈에 띄는(visible) 성충으로 발생한다. 이러한 소수(prime number) 햇수의 주기는 예상 가능한 주기적 생활사에만 적응할 수 있는 포식자나 포식기생자로부터의 회피를 가능하게 한다. 포식자를 회피하려는 시도로써의 생활 주기 변화는 종 형성에 중요할 수 있다.

피식자/기주 및 포식자/포식기생자의 전략은, 피식자/기주 추적의 형태에서 포식자/포식기생자의 "따라잡기"("catches-up")가 일어나기 전에 방사(radiation)가 뒤따르는 성공적인 방어의 진화를 통해 도피하는 피식자/기주의 단계적 순서의 진화적 가지 경주(evolutionary arms races)로 파악되었다. 대안적 진화 모델은 방어와 그의 우회를 사실상 동시적(synchrony)으로 발전시키는 피식자/기주와 포식자/포식기생자 모두를 파악하고, 이는 "레드 퀸"("Red Queen") 가설('이상한나라의 앨리스'에서 앨리스와 계속 서있기 위하여 점점 더 빨리 뛰는 레드 퀸을 따서)이라 불리는 진화적으로 안정적인 전략이다. 이 두 가설에 대한 시험을 통해 둘 중 하나의 모델의 정당성을 증명할 수 있지만, 결정적인 증거가 단기간에 발견되지는 않을 것 같다. 포식기생자 및 포식자가 그들의 기주 및 피식자에 대해 엄청난 선택압(selective pressure)을 가하고, 이를 통해 뚜렷한 방어기작이 발생한다는 것은 분명한 사실이며, 이는 다음 장에서 다루어질 것이다.

Box 13.2 사마귀목

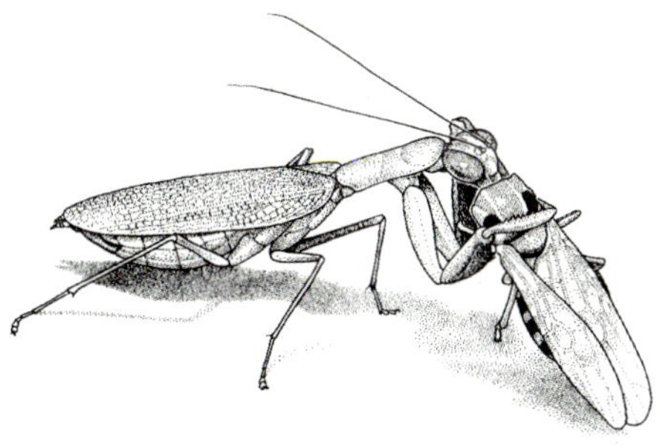

사마귀목(Mantodea)은 8개의 과(family)로 분류된 반변태(hemimetabolous)를 하는 포식자로 보통 크기부터 큰 크기(1-15 cm 길이)의 대략 2,000종으로 이루어진 목(order)이다. 일반적으로 수컷이 암컷보다 작다. 머리는 작고 삼각형 모양의 움직이기 쉬운 형태이며, 가느다란 촉수(antennae), 크고 넓게 분리된 눈 및 큰 턱의 구기가 있다. 가슴 부위는 길게 연장되고 좁은 전흉(prothorax)과 이보다 짧은(거의 하방형의) 중흉(mesothorax) 및 후흉(metathorax)으로 이루어져 있다. 앞날개(forewing)는 항문 부위가 줄어든 가죽 같은 두텁날개(tegmina)를 형성한다. 뒷날개는 넓은 막으로 이루어져 있으며 분지하지 않은 긴 시맥(vein)과 많은 가로맥(cross-vein)이 있다. 무시현상(aptery)과 아유시현상(subaptery)이 빈번하다. 앞다리는 먹이를 잡기에 쉬운(raptorial) 구조이고(그림 13.3과 여기서 *Tithrone* 종의 사마귀가 파리를 잡고 먹는 것을 묘사한 것처럼, Preston-Mafham 1990), 반면에 가운데 다리와 뒷다리는 걷기위하여 연장되었다. 배 부위에서는 육안으로 보이는 10번째 마디에 가변적으로 분절된 미모(cercus)가 있다. 산란관은 주로 체내에 존재한다. 체외로 드러난 수컷의 생식기(genitalia)는 비대칭적(asymmetrical)이다.

알은 공기와 접촉하면 바로 경화(harden)되는 거품 같은 부속선의 분비물로부터 생성되는 난협에 산란된다(14쪽 Plate 3.3 참조). 몇몇 암컷은 자신의 난협을 보호한다. 1령 약충은 섭식하지 않고 즉시 탈피한다. 최소 3령 혹은 최대 12령이 뒤따른다. 약충은 날개와 생식기가 없다는 점을 제외하면 성충과 닮았다. 사마귀 성충은 피식자를 탐지하기 위하여 완전히 움직이기 쉬운 머리와 뛰어난 시각을 사용하는 정착형(sit-and-wait) 포식자이다(13.1.1절 참조). 사마귀 암컷은 때때로 교미(copulation)하는 동안 혹은 교미 직후에 수컷을 잡아먹는다(Box 5.2); 수컷은 종종 복잡한 구애행동(courtship)을 보여준다.

사마귀목(Mantodea)은 의심의 여지없이 바퀴목(Blattodea)과 흰개미목(Isoptera)의 자매 집단이고, 이들은 난협아목(Dictyoptera) 집단을 형성한다(그림 7.2 및 7.4).

Box 13.3 만토파스마토데목

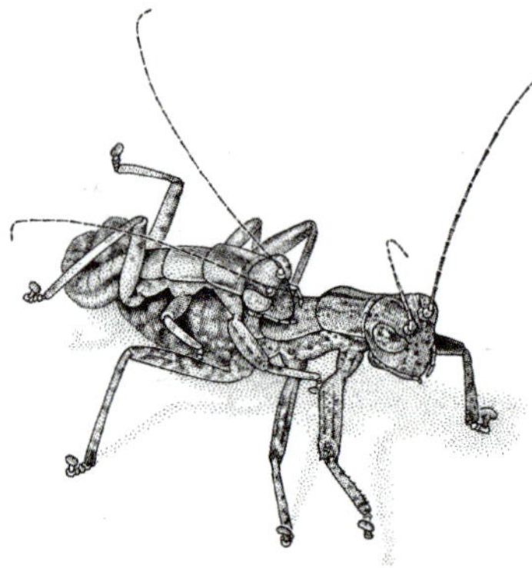

이전에는 인식하지 못했던 곤충목을 발견하는 것은 흔치 않은 일이다. 20세기에는 단지 두 목만 새로 기술되었다. 1913년에 민벌레목(Zoraptera)과 1932년에 귀뚜라미붙이목(Grylloblattodea). 21세기의 시작과 함께 보기 드문 발견과 연이은 만토파스마토데목(Mantophasmatodea)이라는 새로운 목의 인지에 관련된 과학적인 일진광풍과 대중 언론의 관심을 경험하였다.

이 새로운 분류군을 최초로 공식적으로 인지한 것은 겉보기에는 대벌레나 사마귀를 닮았지만 분명히 둘 모두에 속하지는 않는 곤충이 들어있는 사천오백만년 된 발틱 지역의 호박(amber) 표본(specimen)으로부터이다. 그로부터 얼마 후에 탄자니아에 있는 박물관 표본이 발견되었고, 성충을 포함한 더 많은 표본들과의 비교를 통해 그 화석과 최근의 곤충들이 연관되어 있음을 알았다. 더 많은 박물관이 학예사들에게 나미비아(서남부 아프리카)에 있는 암맥의 노출부로부터의 미발견 표본을 조사하게 하였다. 이러한 원정 탐험을 통하여 나미비아의 몇몇 지역에서 살아있는 곤충을 발견하였고, 연이어 남부 아프리카의 succulent karroo와 fynbos 초목으로부터의 과거와 최근의 채집물에서 많은 표본이 확인되었다.

만토파스마토데목은 다른 두 목과의 외관상의 유사성에 기인해 명명되었다. 외부 형태의 사정에서는 이들을 새로운 목으로 정하기가 어려웠지만, 대벌레목(Phasmatodea)이나 귀뚜라미붙이목(Grylloblattodea)과의 연관성이 제시되었다. 염기서열 분석을 통해 이들을 목으로 분류하는 정당성을 증명하였으며, 이들이 귀뚜라미붙이목의 자매집단을 형성함을 확인하였다. 현재 2개의 멸종된 속과 10개의 현존하는 속 및 13개의 기록된 현존하는 종(대부분은 미기록 종)으로 이루어진 3개의 과가 있으며, 이들은 서남아프리카와 남아프리카 공화국 및 동아프리카의 탄자니아에만 한정되어 분포한다.

만토파스마토데는 보통 크기의(현존하는 종의 길이는 1.1~2.5 cm, 화석 종의 길이는 1.5 cm) 반변태를 하는 곤충이고, 일반화된 구기(3개의 작은 치상돌기가 있는 큰턱)와 26-32 마디로 이루어진 길고 가느다란 촉수 및 날카롭게 팔꿈치 모양으로 굴곡진(elbowed) 말단 부위를 가지고 있는 하구식(hypognathous) 머리를 가지고 있다. 전흉막(prothoracic pleuron)은 크고 전흉배측편(pronotal lobe)으로 덮히지 않은 채로 노출되어 있다. 가슴에 있는 각각의 배판(tergum)은 앞의 것보다 작도록 좁게 겹쳐져 있다. 모든 종이 어떠한 날개의 흔적기관도 없는 무시류(apterous)이다. 기절은 길게 연장되어 있고, 앞다리와 가운뎃다리의 퇴절은 다소 확장되어있으며 배면에 강모(bristle) 혹은 돌기(spine)가 있다. 부절은 5개의 마디로 이루어져 있는데 기단부의 4개에는 진부절판(euplantulae)이 있고, ariolum은 매우 크고 특징적으로 말단의 말초발목마디마디(tarsomere)가 기질로 막혀있다(그래서 "heel walkers"로 불린다). 뒷다리는 길게 연장되어 있고 작은 도약을 하는데 사용될 수 있다. 수컷의 미모는 돌출되어 있고(Appendix에 있는 수컷에서처럼, M.D. Picker 촬영), 둘러싸여 있으며, 10번째 베판(tergite)으로 분화된 관절(articulation)을 형성하지 않는다. 암컷의 미모는 하나의 짧은 마디로 이루어져 있다. 산란관(ovipositor)은 짧은 아생식엽편(subgenital lobe) 너머로 돌출되어 있고, 대벌레에 있는 것과 같은 보호성 숨문뚜껑(operculum; 산란관 밑의 평판)은 없다.

교미는 장기간동안 지속될 수 있고(방해받지 않는 경우 3일까지), 수컷은 교미 후에 사로잡힌 상태에서 포식당한다. 남아프리카공화국에 서식하는 한 쌍의 만토파스마토데가 교미하는 것을 묘사한 그림에서 보이듯이(S.I. Morita 촬영) 수컷은 암컷의 오른쪽에 생식기를 맞대고 암컷에 올라탄다. 남아프리카공화국의 만토파스마토데 종은 모래와 섞인 거품으로 이루어지고 표면은 모래로 싸인 알주머니(egg pod)에 12개의 매우 큰 알을 산란하는 것으로 관찰되었다. 나미비아에 있는 에탄올에 보관된 표본은 배에 40개의 알을 품고 있었다. 생활사에 대해서는 연구가 진행 중이고 탈피 후에 벗겨진 외피는 스스로 먹어치운다고 알려져 있지만 그 외에 대해서는 잘 알려져 있지 않다. 남아프리카공화국에 서식하는 종들은 야행성(nocturnal)인데 반해, 최소한 나미비아에 서식하는 한 종은 주행성(diurnal)인 것으로 보인다. 만토파스마토데는 땅, 관목 또는 초원에 서식한다. 이들은 예를 들면 작은 파리, 벌레와 나방을 섭식하는 포식성이다. 이 때문에 이들의 특징을 보다 잘 묘사하는 "heel walkers"가 선호되기는 하지만 이 목에 대해 일반명인 "검투사"("gladiators")가 제안되기도 하였다. 퇴절은 피식자 포획 시에 먹이를 잡기에 알맞도록 경절과 조화되어 있다. 휴식을 취하는 동안은 먹이를 잡기에 알맞은 돌출부가 접혀 있지 않다. 대부분의 종은 빛을 반사하여 초록색부터 암갈색까지 다양한 색 변화를 보여준다. 수컷은 일반적으로 암컷보다 작고 몸 색깔도 다르다.

분자적 증거에 기반한 이들의 자매 집단은 귀뚜라미붙이목이며, 이는 외부형태에 기반한 연관관계에서 제시된 자매집단 중의 하나이다(7.5 절 및 그림 7.2). 날개가 없다면 만토파스마토데목을 닮은 날개달린 곤충이 선석탄기(Upper Carboniferous)(삼억년전; 300 mya)에서 발견되었다. 이들은 멸종된 목인 Cnemidolestodea에 속하고, 이들의 고대의 방사(radiation)를 통해 만토파스마토데목 및 귀뚜라미붙이목이 현재의 날개가 없는 형태로 되었을 수 있다.

Box 13.4 풀잠자리류 혹은 풀잠자리류목

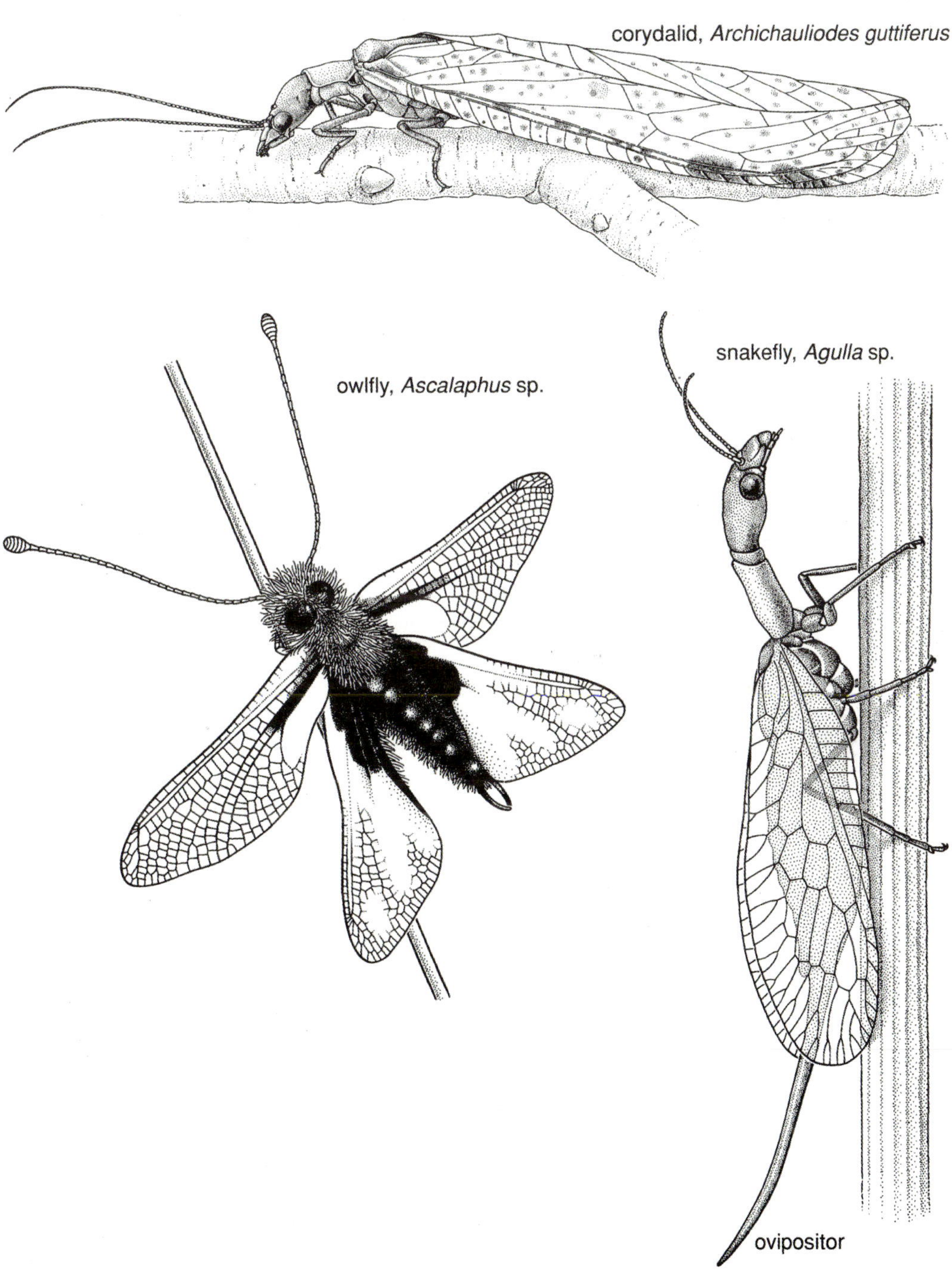

이들 풀잠자리류목을 구성하는 3개의 작은 구성원은 완전변태를 하고 (holometabolous) 대부분 포식성이다. 기록된 종의 대략적인 수는: 풀잠자리목(Neuroptera)(풀잠자리, 뿔잠자리, 명주잠자리)에서 약 20개 과 5,000~6,000 종; 뱀잠자리목(Megaloptera)(시베리아잠자리 및 뱀잠자리)의 널리 알려진 2개 과 300종; 그리고 약대벌레목(Raphidioptera)(약대벌레) 2개 과 200 종.

성충은 여러 개의 마디로 이루어진 촉수, 크고 분리된 눈 및 큰턱으로 된 구기를 가지고 있다. 전흉은 중흉 및 후흉보다 크고, 중흉과 후흉의 크기는 거의 같다. 다리는 포식에 적당하도록 변형되었을 수 있다. 앞날개와 뒷날개의 형태와 시맥상(venation)은 비슷하고, 접혀진 날개는 종종 배 너머까지 펼쳐진다. 배에는 미모가 없다.

뱀잠자리목(Appendix 참조)은 수생의 유충 시기에만 포식성이다 (Box 10.6)—성충이 강한 큰턱을 가지고 있기는 하지만 섭식에 사용하지 않는다. 성충(여기에 묘사되어 있는 corydalid인 *Archichauliodes guttiferus*의 경우처럼)은 뒷날개에 anal fold가 있는 것을 제외하면 풀잠자리와 매우 비슷하다. 번데기(그림 6.7a)는 이동성이 있다.

약대벌레목은 성충과 유충 모두 육서 포식자이다. 성충은 길게 연장된 전흉을 가진 사마귀를 닮았고-여기서 묘사된 *Agulla* sp.(약대벌레목; Raphidiidae)의 암컷 약대벌레에서처럼(D.C.F. Rentz 촬영)-, 움직이기 쉬운 머리는 피식자를 뱀같이 채는데 사용된다. 유충(Appendix에 묘사된)은 턱이 돌출된(prognathous) 큰 머리와 막으로 된 중흉 및 후흉보다 약간 긴 경화된(sclerotized) 전흉을 가지고 있다. 번데기는 이동성이다.

성충 풀잠자리목(그림 6.12 및 Appendix 참조, 여기서는 뿔잠자리인 *Ascalaphus* sp. (뿔잠자리과; Ascalaphidae)을 예로 들어, C.A.M. Reid 촬영)은 수많은 가로맥과 시맥 말단에서의 지맥화("twigging")로 특징 지워진 날개를 가지고 있다. 대부분은 포식자이지만, 일부 종은 과즙, 꿀(honeydew) 및 화분을 섭식하기도 한다. 풀잠자리 유충(그림 6.6d)은 대개 특화된 능동적 포식자이고, 턱이 돌출된(prognathous) 머리와 가늘게 연장된 큰턱과 작은턱이 합쳐져서 형성된 찌르고 빠는 구기(piercing and sucking mouthpart)를 가지고 있다(그림 13.2c); 이들 모두는 끝이 숨겨진(blind-ending) 후장(hind gut)을 가지고 있다. 유충의 먹이 특화(dietary specialization)에는 거미의 난괴(사마귀붙이과(Mantispidae)의 경우), 담수 해면동물(해면풀잠자리과(Sisyridae)의 경우; Box 10.6) 혹은 진딧물과 깍지진디같이 연한 충체를 가진 노린재목 곤충(풀잠자리과(Chrysopidae), 뱀잠자리붙이과(Hemerobiidae) 및 Coniopterygidae의 경우)가 있다. 용화는 말피기관(malpighian tubule)에서 분비된 실로 짠 육상의 은신처 내에서 일어난다. 번데기의 큰턱은 단단해진 고치를 여는데 사용된다.

여기서는 뱀잠자리목, 약대벌레목 및 풀잠자리목을 별개의 목으로 다루었다. 그러나 약대벌레목을 뱀잠자리목에 포함시키거나 혹은 이 셋 모두를 풀잠자리목으로 합치는 경우도 일부 있다. 이들의 계통발생적 연관관계는 7.4.2 절에서 다룰 것이고 그림 7.2에 묘사되어 있다.

Box 13.5 밑들이목(scorpionflies, hangingflies)

밑들이목(Mecoptera)은 9개 과에 대략 550 종이 보고된 목이고, 일반명은 가장 큰 두 과-각다귀붙이과(Bittacidae)(hangingfly, Box 5.1 참조)와 밑들이과(Panorpidae)(scorpionfly, Appendix 참조; 또는 14 쪽 Plate 5.3 및 이 장의 표지그림 참조)-와 관련되어 있다. 이들은 완전변태를 한다. 성충은 길게 연장되고 턱이 돌출된(hypognathus) 주둥이(rostrum)을 가지고 있다. 큰턱(mandible)과 작은턱(maxillae)은 길게 연장되고 가늘며 톱니모양이다. 아랫입술(labium)은 길게 연장되어있다. 이들은 크고 분리된 눈과 실모양의 여러 마디로 이루어진 촉수를 가지고 있다. 중흉과 후흉은 비슷한 크기로 발달되어 있고 전흉은 이보다 작으며, 이들 각각에는 순판(scutum), 소순판(scutellum) 및 후소순판(postscutellum)이 보인다. 앞날개와 뒷날개는 좁고 크기, 모양 및 시맥상이 유사하다. 날개는 종종 퇴화되거나 없는 경우도 있다. 다리는 포식에 적당하도록 변형되었을 수 있다. 배는 11개의 마디로 이루어져있고, 첫째 배판은 후흉과 융합되었다. 미모는 하나 혹은 2개의 마디로 이루어져 있다. 유충은 심하게 경화된 머리 두피(capsule), 큰턱 및 겹눈(compound eye)을 가지고 있다. 이들의 가슴 마디는 그 크기가 거의 동일하다. 가슴에 있는 짧은 다리는 경절과 부절이 융합되어 있고 하나의 발톱(claw)를 가지고 있다. 앞다리는 대개 1-8번째 배 마디에 존재하고, 마지막 마디(10번째)에는 쌍을 이룬 고리모양의 기관(paired hook)이나 흡입반(suction disc)이 존재한다. 번데기(그림 6.7b)는 이동성이 없고 나용(exarate pupa)이며 큰턱을 가지고 있다.

밑들이의 섭식 습관은 과마다 다르고, 종종 한 과내에서도 성충과 유충 사이에 차이가 있다. 각다귀붙이과는 성충은 포식성이지만 유충은 부식성(saprophagous)이다. 밑들이과는 청소곤충(scavenger)이고, 대개 유충과 성충 모두 죽은 절지동물을 섭식하는 것 같다. 부식자(saprophagy) 및 지의류 섭식을 포함한 식식자(phytophagy)는 보고되었지만 그 외의 다른 과의 먹이에 대해서는 알려진 것이 거의 없다.

일부 밑들이에서 교미는 nuptial feeding(Box 5.1)을 수반하기도 하는 복잡한 구애 과정을 통해 진행된다. 산란 장소는 다양하지만 유충 발생은 주로 축축한 쓰레기 더미나 Gondwanan Nannochoristidae의 경우에는 물속에서 일어난다.

이들의 계통발생적 연관관계는 7.4.2절에 상세히 설명되어 있으며, 그림 7.2 및 7.6에 잘 묘사되어 있다.

Box 13.6 부채벌레목

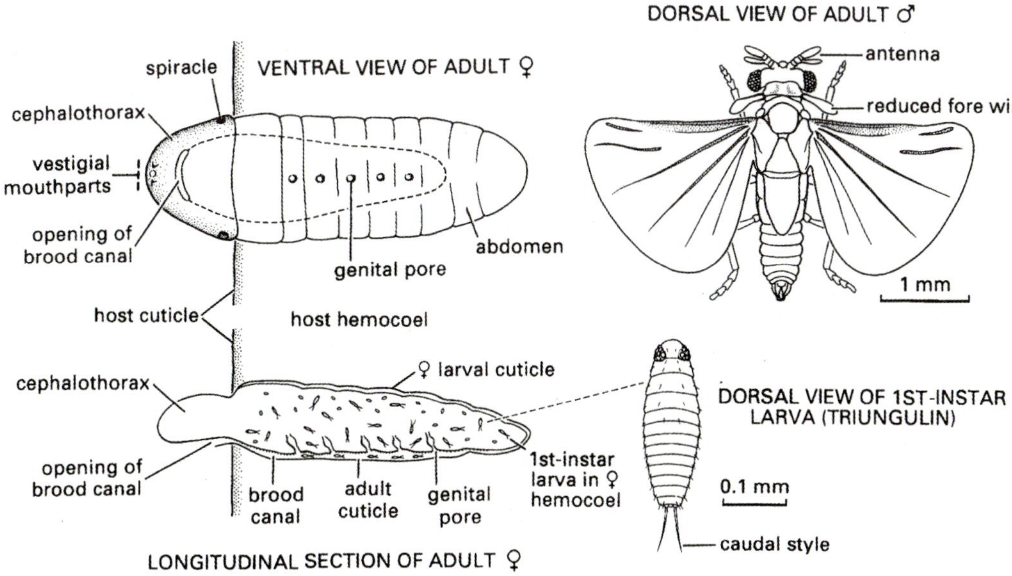

부채벌레목(Strepsiptera)은 극단적인 성적 동종이형(dimorphism)을 보여주는 고도로 변형된 내부기생자로서 500 · 550 종으로 구성된 목이다. 수컷(오른쪽 위 그림, CSIRO1970)은 큰 머리와 홑눈(ocellus)은 없고 소수의 큰 낱눈(facet)으로 이루어진 불룩한 눈을 가지고 있다. 수컷의 촉수는 부채꼴(flabellate)이거나 분지(branched)되어 있고 4개에서 7개의 마디로 나누어져 있다. 전흉과 중흉은 작다. 앞날개는 짧고 시맥이 없으며, 뒷날개는 넓고 부채꼴 모양이며 소수의 방사상 시맥을 가지고 있다. 다리에는 전절이 없고 종종 발톱이 없는 경우도 있다. 길게 연장된 후흉측판(metanotum)은 끝이 가늘어지는 배의 앞부분에 가로 놓여져 있다. 암컷은 구형(cocoid-like)이거나 유충상(larviform)이고, 날개가 없으며, 대개 기주로부터 튀어나온 덮개로 덮인 상태로 존속된다(왼쪽 그림에서 묘사된 배면과 세로 단면처럼, Askew 1971). 세발톱형 유충(triungulin)(1령 유충; 오른쪽 아래 그림)은 가슴 부위에 세 쌍의 다리를 가지고 있지만 촉수와 큰턱은 없다. 이후 령기의 유충은 구더기 모양이고 구기나 부속지(appendage)가 없다. 번데기는 마지막 령기의 유충에서 형성된 껍질번데기(puparium) 내에 있으며 나용이고 비저작형이다.

부채벌레는 다른 곤충의 내부기생자이고, 대부분의 기주는 공통적으로 노린재목과 벌목에 속한다. 기주 곤충은 형태적 및 생리적 변형을 겪게 되고, 미성숙한 상태로 죽지는 않지만 생식을 하는 경우는 드물다. 부채벌레 알은 어미의 내부에서 깨어나고, 활동적인 세발톱형 유충은 유충관(brood canal)(왼쪽 아래 그림에서처럼)을 통해 우화하여 대개 미성숙한 단계에서 기주를 찾아낸다. 벌목을 기생하는 Stylopidae에서 세발톱형 유충은 기주가 꽃에 앉은 동안 기주를 떠나고, 여기서 그들이 기주의 알이나 유충에 들어갈 기주의 둥지로 이동하기 위하여 적당한 성충 꿀벌이나 말벌을 찾는다.

기주로의 침투는 효소적으로 약해진 외피를 통해 이루어지고, 침투 직후에 내부기생자로 발생하는 구더기 모양의 유충 령으로 탈피한다. 번데기는 기주의 충체로부터 돌출된다. 수컷은 두흉부 뚜껑(cephalothoracic cap)을 밀어냄으로써 우화하는 반면, 암컷은 외피 내부에 남아있는다. 교미하지 않은 암컷은 페로몬을 방사하여 자유비행을 하는 수컷을 유인하고, 유인된 수컷은 암컷의 두흉부(cephalothorax)에 있는 유충관을 통해 수정시킴으로써 교미한다.

부채벌레목에는 8개 과가 알려져 있다. 이 목의 계통발생적 연관관계는 논쟁의 여지가 있고, 7.4.2 절에서 다루어질 것이며, 그림 7.2에 묘사되어 있다.

참고 문헌

Askew, R. R, (1971) *ParasiticInsects. Heinemann*, London. Beckage, N.E. (1998) Parasitoids and polydnaviruses. *BioScience* **48,** 305-11.

Byers, G.w. & Thornhill, R. (1983) Biology of Mecoptera. *Annual Review of Entomology* **28,** 303-28.

Eggleton, P, & Belshaw, R, (1993) Comparisons of dipteran, hymenopteran and coleopteran parasitoids: provisional phylogenetic explanations. *Biological Journal of the Linnean Society* **48,** 213-26.

Feener, D.H, [r & Brown, B.V. (1997) Diptera as parasitoids. *Annual Review of Entomology* **42,** 73-97.

Fleming, J.G.W. (1992) Polydnaviruses: mutualists and pathogens. *Annual Review of Entomology* **37,** 401-25.

Gauld, 1. & Bolton, B. (eds.) (1988) *The Hymenoptera.* British Museum (Natural History)/Oxford University Press, London.

Godfray, H,C,J. (1994) *Parasitoids: Behavioural and Evolutionary Ecology.* Princeton University Press, Princeton, NJ.

Halaj, J. & Wise, D.H, (2001) Terrestrial trophic cascades: how much do they trickle? *The American Naturalist* **157,** 262-81.

Hassell. M.P. & Southwood. T.R,E. (1978) Foraging strategies of insects. *Annual Review of Ecology and Systematics* **9,** 75-98.

Lyal, C.H.C, (1986) Coevolutionary relationships of lice and their hosts: a test of Fahrenholz' s Rule. In: *Coevolution and Systematics* (eds, A.R. Stone & D.L, Hawksworth), pp, 7791. Systematics Association, Oxford.

Marshall, A.G. (1981) The Ecology oj *Ectoparasitic Insects.* Academic Press, London,

New, T.R. (1991) *Insects as Predators.* The New South Wales University Press, Kensington.

Quicke, D,L.J. (1997) *Parasitic Wasps*, Chapman & Hall, London.

Resh, V.H. & Carde, R.T. (eds.) (2003) *Encyclopedia oJ Insects.* Academic Press, Amsterdam, [Particularly see articles on host seeking by parasitoids; Hymenoptera: hyperparasitism: parasitoids; predation and predatory insects.]

Schoenly, K., Cohen, J.E., Heong, K,L, et al. (1996) Food web dynamics of irrigated rice fields at five elevations in Luzon. Philippines. *Bulletin of Entomological Research* **86,** 451- 66.

Stoltz, D. & Whitfield, J.B. (1992) Viruses and virus-like entities in the parasitic Hymenoptera. *Journal of Hymenoptera Research* **1,** 125-39.

Sullivan, D.J. (1987) Insect hyperparasitism. *Annual Review of Entomology* **32,** 49-70.

Symondson, W.O.C., Sunderland, K.D. & Greenstone, M,H, (2002) Can generalist predators be effective biocontrol agents? *Annual Review of Entomology* **47,** 561-94.

Vinson, S.B. (1984) How parasitoids locate their hosts: a case of insect espionage, In: *Insect Communication* (ed. T. Williams), pp. 325 -48, Academic Press, London.

Whitfield, J,B. (1992) Phylogeny of the non aculeate Apocrita and the evolution of parasitism in the Hymenoptera. *Journal of Hymenopteran Research* **1,** 3 -14.

Whitfield, J.B. (1998) Phylogeny and evolution of hostparasitoid interactions in Hymenoptera, *Annual Review of Entomology* **43,** 129-51.

14장

곤충 방어

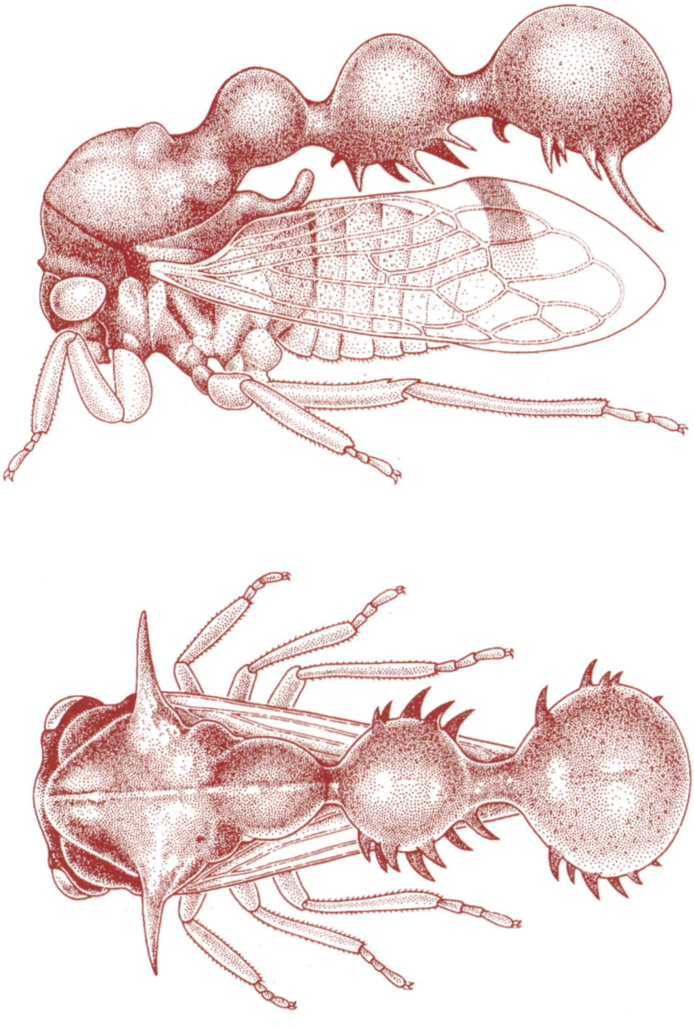

An African ant-mimicking membracid bug. (After Boulard 1968.)

어떤 사람들은 곤충을 먹기도 하지만(1.6절) 대부분의 서양에서는 곤충을 식용으로 사용하는 것을 달가워하지 않는다. 그러나 이런 반감이 모든 문화권에서 공존하는 것은 아니다. 곤충은 많은 생물들에게 중요한 음식 자원으로 제공되는데, 그 이유는 영양가가 풍부하며, 다양한 종을 어느 곳에서나 얻을 수 있기 때문이다. **식충동물**이라고 불리는 동물들은 대부분 곤충을 먹이로 삼는다. 또한 잡식동물들은 기회를 포착하여 곤충들을 포식하며; 많은 초식동물들은 불가피하게 곤충을 섭취하기도 한다. 식충동물에는 주로 척추동물과 절지동물이 포함된 무척추 동물들이 해당 된다- 곤충들 역시 분명히 다른 곤충을 먹기도 한다. 식물 또한 곤충을 먹이로 삼기도 하는데, 유혹을 하여 덫으로 잡아서 음식물로서 곤충을 섭취하게 된다. 예를 들면, 포충엽 식물(신세계 끈끈이귀개과와 구세계 벌레잡이풀과)들은 유동물질이 채워져 있는 낭상엽(囊狀葉)에서 절지동물들 중 특히 개미를 섭취하며(11.4.2절) 끈끈이주걱과 파리지옥(끈끈이주걱과) 등은 파리를 포획한다. 한편, 곤충들은 먹이가 되지 않기 위해 적극적으로 혹은 소극적으로 자신을 방어하는데 곤충이 갖추고 있는 방어 방식(곤충 방어)은 다양하며, 이 장의 주제이기도 하다.

13장에서 설명되었던 내용들을 살펴보면, 포식자들은 살아가는 동안 많은 수의 먹이 동물들을 죽여서 먹이로 삼는다. 동물들은 다른 동물을 소비하며 살아가지만 동물 자신의 내부(내부기생동물) 또는 외부(체외 기생동물)에서 살고 있는 기생동물들은 죽이지 않는다. 포식 기생동물들은 숙주 동물에 기생하여 살아가는데, 이러한 기생서식으로 인해 숙주동물의 때 이른 죽음이 초래되기도 한다. 동물은 기생동물과 포식 기생동물에 의해 공격을 받는 숙주이기도 하다. 모든 곤충들은 여러 종류의 포식자(척추동물 또는 무척추 동물), 포식 기생자(기생자가 숙주를 죽이는) 또는 기생동물의 먹이나 숙주로서의 가능성을 가지고 있는 것이다.

특수한 외부형태(이 장의 표지에 있는 열대 아프리카에 서식하는 개미를 의태하는 뿔매미류 곤충인 함마 렉텀(*Hamma rectum*))와 행동양식, 유독 물질 그리고 면역 체계의 반응을 포함하는 많은 방어 전략들이 존재한다. 이 장에서는 죽은 척 하기, 자기 절단, 위장, 화학적 반응, 경계 신호 그리고 의태의 방어 양상 등을 포함한 곤충의 다양한 방어 전략들에 대해 서술하고 있다. 미생물에 대한 면역학적 방어는 3장에서 언급되었고, 포식 기생자에 대한 방어는 13장에서 설명된 바 있다.

방어와 포식을 언급하는 실용적인 체제는 각각의 행동에 따른 시간과 에너지 투입에 기초한다. 그러므로 숨기, 뛰거나 날아서 도망가기와 머무르면서 방어하기 그리고 싸우기는 많은 에너지 소비를 필요로 하지만 시간 소비 비용은 절감된다(그림 14.1). 많은 곤충들은 이전의 방어가 실패한다면 다른 전략으로 바꾸기도 하는데, 그 전환과정이 뚜렷하지는 않지만 대개 이전의 방어 전략과 연속적인 연관성을 가진다.

14.1 숨기에 의한 방어

"눈속임"의 전략은 천적으로부터 자신이 발견되어지는 가능성을 낮추어 줄 것이다. 잘 숨겨진 **위장** 곤충은 주변 배경 또는 먹을 수 없는 물질(움직이지 않는)과 비슷해 보이는데, 이런 위장된 곤충의 행동을 주변 환경의 "의태"라고 한다. 이 장에서는, **의태**(천적이 알아 볼 수 없도록 동물이 다른 동물과 닮게 되는 것)를 분리하여 다룰 것이다(14.5절). 위장과 의태는 도태과정 하에서 무생물 또는 다른 생물과 닮아가는 진화과정을 통해 얻어졌다는 점에서 비슷

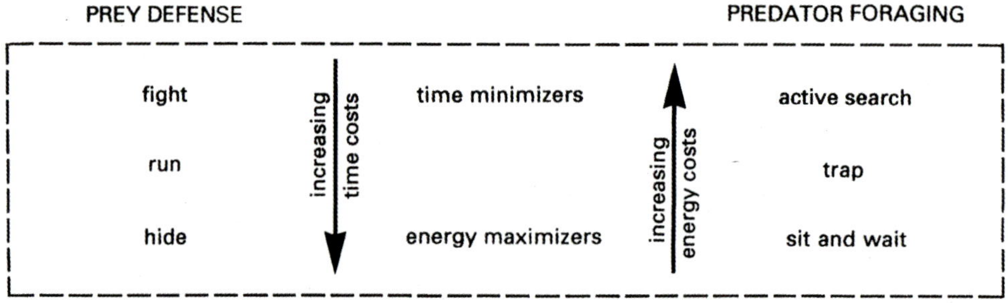

그림 14.1 먹이 방어 전략과 포식자 수렵의 기본적인 스펙트럼으로 시간과 에너지 측면에서 비용과 이익에 따른 다양성을 가진다. (After Malcolm 1990.)

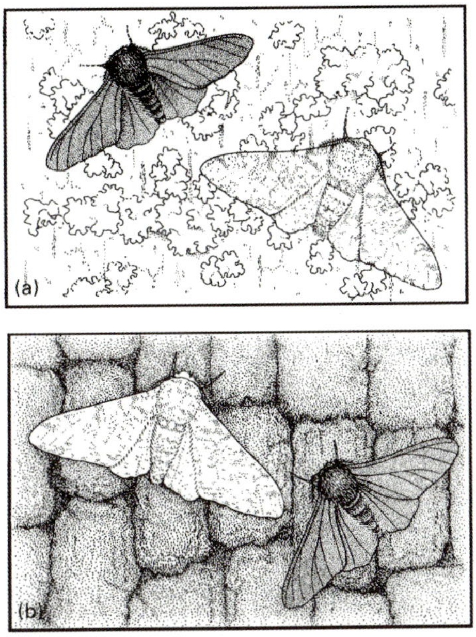

그림 14.2 쉬고 있는 후추나방(*Biston betularia*)의 밝은색과 멜라닉(어두운색 종) 형태: (a) 이끼가 덮혀 있는곳, (b) 어두운 기둥

하게 보일 수도 있다. 모든 경우에 있어 방어 적응력의 유사성은 포식자 또는 포식 기생자의 선택이 조건이 된다고 여겨졌다. 정확히 유사함을 유지하기 위해 이용하는 몇몇 곤충들의 방식이 증명되었지만, 그 기원은 짐작할 뿐이다.

곤충은 많은 위장 형태를 가지고 있으며 자신들이 살고 있는 주변 환경과 구분하기 어려운 **위장**을 다음과 같은 예에서 볼 수 있다.

• 잎사귀 위에 있는 녹색의 자벌레 나방과 같이 배경 색과 같은 색 가지기

• 나무 껍질위의 얼룩무늬 나방과 같이 배경과 유사한 무늬 가지기(그림 14.2; Plate 6.1, facing p.14)

• 어떤 나비유충과 수서 곤충처럼 방어피음(防禦被陰)되기—아래(그늘진 부분)는 밝고 위(햇빛에 노출된 부분)는 어두움

• 부엽토 위에서 움직이지 않는 많은 나방류 같이 윤곽선이 없어져 보이는 형태 만들기

• 뿔매미류와 매미충에 의해 증명된 실루엣을 파괴하는 기이한 모양 만들기.

위장의 또 다른 형태는 **가장**(masquerade)과 **의태**(mimesis)로 불리며 위에서 설명된 위장과는 대조적으로 주변 환경의 특별하고 특이적인 모습을 가진 물체와 유사

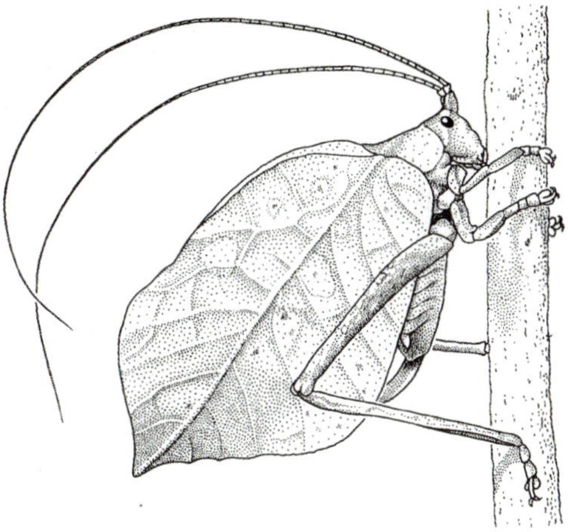

그림 14.3 나뭇잎을 의태하는 베짱이(*Mimetica mortuifolia*, 메뚜기목: 여치과), 앞 날개가 나뭇잎과 유사하다. 심지어는 나뭇잎과 같은 잎맥과 곰팡이에 의해 얼룩덜룩하게 된듯 한 반점들까지도 비슷하다. (after Belwood 1990.)

해짐으로써 포식자를 속이는 것이다. 이런 위장의 특징은 호랑나비(*Papilio aegeus*, 호랑나비과)와 같은 몇몇 나비들의 어린 유충들이 새의 배설물과 비슷해 보이는 것처럼 무생물 물체 또는 살아 있지만 움직이지 않는 물체와 비슷해지는 것이다—예를 들면, "자벌레" 나비유충(자나방의 유충)은 나무 가지와 비슷하고, 어떤 뿔매미류는 줄기에서 자란 가시를 흉내 내며, 대다수의 대벌레들은 나뭇가지와 매우 비슷하여 심지어 바람이 불 때는 바람에 흔들리는 가지처럼 움직이기도 한다. 많은 곤충들 가운데서도 특히 나비류와 메뚜기류는 잎맥까지도 나뭇잎과 비슷하며(그림 14.3), 죽어 있는 듯 살아 있는 듯 보이기도 하고, 곰팡이가 생긴 것 같은 얼룩무늬를 띄면서 심지어는 초식 동물에 의해 몸의 일부가 먹힌 것 같은 형태를 가지기도 한다. 그러나 단순한 위장을 가지고 외견상 무생물 물체와 유사해지는 것에 대한 해석은 실험적인 과정이 수반되었을 때, 보다 복잡하게 드러날 것이다(Box 14. 2).

위장은 곤충 은닉의 매우 공통적인 형태이며, 특히 열대성에서 그리고 야간에 활동하는 곤충들에게서 두드러지는 행위이다. 위장은 낮은 에너지 비용을 갖지만 적절한 배경을 선택하는 곤충들에게만 해당된다. 두 가지의 다른 색형(形)을 갖는 유럽 사마귀류인 황라사마귀(*Mantis religiosa*, 사마귀과)를 가지고 한 실험은 배경색과 비슷한 곳과 그렇지 않은 곳에 갈색과 녹색 형을 각각 놓아두었을 때, 새들이 매우 선택적으로 먹이를 먹는 것을 보여주었다:

Box 14.1 곤충의 선택적 행위자인 조류 포식자

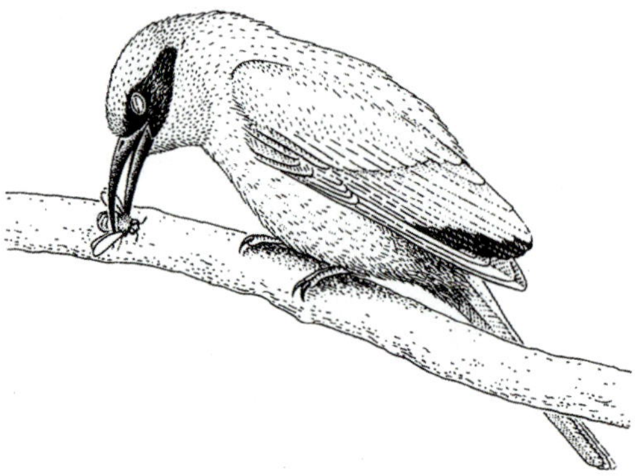

헨리 베이츠가 처음 제안한 의태 이론은 새와 같은 천적이 다른 먹이들 가운데서 나비를 선택한 것은 의태 유형과 맛없음 간의 조합을 기본으로 한다고 제안하였다. 백 년 후에, 헨리 커틀웰은 낮에 휴식중인 후추나방(자나방과: *Biston betularia*)들을 오염되지 않은 곳과 산업에 의해 어둡게 된 나무들에서 은닉(위장)에 따라 어두운 색 종과 밝은 색 종의 비율이 변화하였는데, 이것은 새들의 선택적 포식에 의한 것이라고 논하였다. 아마추어 나비 · 나방 연구가는 카보나리아형("멜라닌의")의 비율이 19세기 중반부터 북 잉글랜드에서 증가한 산업적 오염으로 인해 극적으로 증가되었다고 보고하였다. 나무줄기의 옅은 이끼가 제거된 부분에서는 어두운 색 보다는 확실히 정상의 옅은색 형이 만들어졌고 따라서 이끼가 있는 줄기(그림 14.2b에서 보여주는)에서는 옅은색 형이 조류 포식자에게 시각적으로 인지될 수 있는 여지가 생겼다. 이런 현상을 산업적 멜라닌증이라 하고, 자연 선택을 통한 진화의 전형적인 예로 인용되었다.

후추나방/조류의 포식 이야기는 실험적인 설계와 순서 그리고 선입견적인 해석에 대해 의구심이 제기되었다. 그 경우는 다음과 같다.

- 새들이 야간 비행을 하는 형태에 둔감한 박쥐 보다 주요 포식자가 되는지
- 나방은 나뭇가지나 하늘에서 보다 나무위에서 "노출된" 휴식을 하는지
- 어두운 형과 옅은 형들은 몸을 숨기기에 유리한 배경에 그들의 형태를 사용하는지
- 위장한 나방을 먹는 새에 대해 사람의 눈으로 정량화 그리고 균등화 되었는지
- 포식자의 선택은 나방의 생활 주기에서 성충 단계로만 제한되는지
- 특별한 방법으로 멜라니즘 행위의 기원과 선택의 매우 높은 수준에 대해 유전적으로 신뢰할 수 있는지

위 요소들 중 어떤 것도 확인되지 않았다. 그러나 진화는 틀림없이 일어났다. 어두운 형(멜라니즘의 대립유전자)의 비율은 시간과 산업화의 성장을 통해 변해갔고 공기의 질이 향상된 탈공업화시대에는 감소하였다. 하지만 자연적 선택 능력을 가진 조류 포식의 중요성은 후추나방을 통해서는 더 이상 알 수 없었다.

직접 관찰한 포식의 증거로 날고 있는 나비를 부리로 쪼아 먹는 것과 색을 조절하는 주행성 나방을 가지고 한 실험들은 보다 설득력 있는 결론을 보여주었다. 겨울잠을 자는 군주나비(*Danaus plexippus*)는 방어가 약한 개체들을 선택적으로 먹는 검은등 꾀꼬리(찌르레기사촌과)의 먹이가 되고, 검은 머리 밀화부리(되새과)는 독성에 대해 완벽하게 둔감하다. 구세계 벌잡이새(벌잡이새과)와 신열대 자카마(자카마과) 같은 특별한 포식자는(그림에서 붉은목 벌잡이새(*Merops bulocki*)가 가지위에서 벌의 침을 제거하는 것을 보여준다. 벌류의 침과 나비의 독을 각각 처리할 수 있다. 이런 새들의 유사한 부류들은 선택적으로 유독한 개미를 먹기도 한다. 다양한 유형과 먹을 수 있는 것을 구별할 수 있는 이 포식 전문가의 능력은 진화와 방어 의태의 유지에서 자신들을 선택적인 행위자로 만든 것 이다.

새들은 실험을 통한 연구를 통해 식충동물로 관찰되었다: 그들의 맛없는 음식에 대한 행동 반응을 쉽게 인지 할 수 있으며, 그 행동들은 머리 흔들기, 음식물 뱉기, 혀 늘리기, 부리 닦기, 입 막기, 큰소리로 울기 그리고 마침내 구토하는 것들이다. 유독한(제1종) 화학물질을 가지고 독립적으로 학습을 시도하는 많은 새들은 특정한 곤충에게 오랜 기간 혐오감을 가짐으로써 음식 섭취와 질병 사이의 기간을 보다 근본적으로 연장시킬 수 있다. 그러나 새들의 음식물 속임수에 대한 연구는 새들의 진기함(새것 싫어하기)에 대한 공포로 인해 복잡하게 되었는데, 예를 들면 깜짝 놀라게 하며 겁을 주는 먹이를 거절하는 행동이 유도될 수도 있다(13.2절). 거꾸로 말하면, 케틀웰의 실험에서 새들은 선취적 항목을 빠르게 학습하고, 인공적으로 만든 나무줄기 위에서 후추나방의 형태들을 신속하게 인지하였다.

어떤 곤충도 포식자의 주목에서 완벽하게 도망갈 수 없을 것이고, 어떤 새들은 곤충의 맹렬한 방어조차도 이겨낼 수 있다. 예를 들면 큰메뚜기(메뚜기과: *Romalea guttata*)는 크고 무리 생활을 하며 보호색을 갖는데, 만약 이 메뚜기가 공격을 받으면 쉿쉿하는 소리와 함께 휘발성 물질과 톡 쏘는 화학물질을 분출하게 된다. 큰메뚜기는 극단적인 독을 가지고 있기 때문에 모든 도마뱀과 하나를 제외한 모든 새들은 피하게 되는데, 그 하나는 북미물때까치(때까치과: *Lanius ludovicanus*)로 이 새는 큰메뚜기를 포함한 자신들의 먹이를 잡아서 최소의 운용 시간을 갖고 "장식적으로" 먹이를 꿰뚫어서 가지에 걸어 놓는다. 이렇게 걸려 있는 먹이들은 음식 저장소로써 암수구별 또는 영역 표시에 사용된다. 큰메뚜기는 신선할 때는 때까치에게 구토를 일으키지만 저장 상태로 이틀이 지나면 독성의 변성에 의해 먹을 수 있게 된다. 이런 북미물때까치의 고정적인 행동은 대부분의 때까치 종에 의해 나타나는데 이 같은 행동은 물때까치가 굉장히 잘 방어된 곤충을 먹는 것이 가능도록 전적응된 것이다. 아무리 좋은 보호라 할지라도 먹이와 포식자 사이의 군비 경쟁에서는 절대적인 방어란 없다.

새들은 "배경색과 같지 않은" 형들을 모두 제거하였고 배경색과 같은 색으로 위장된 것들은 찾지 못했다. 비록 체색과 비슷한 배경색이 선택되었더라도 사마귀들은 정확하게 그 환경에 순응하는 것이 필요하다: 몸의 윤곽선이 일그러지거나, 나무껍질의 줄무늬와 닮은 나방들 가운데 나무줄기의 특정한 부분에 적응된 것들에 한하여 감춰지게 된다.

인도-말레이시아 난초 사마귀(*Hymenopus coronatus*, 애기사마귀과)는 난초의 분홍색 수상 꽃차례와 아름다운 꽃으로 조화되어 먹이가 오기를 기다린다. 이 위장은 사마귀 다리의 대퇴부가 꽃잎과 매우 유사함으로써 가능해진 것이다. 사마귀의 꽃잎으로의 위장은 사마귀의 잠재적 먹이(꽃 방문자)뿐 아니라 포식자로부터 자신을 감출 수 있게 하여 발각되지 않을 수 있게 한다(13.1.3절).

14.2 제2선의 방어

곤충을 먹이로 하는 새들과 같은 경험이 많지 않은 척추동물포식자들의 학습 과정은 거의 알려져 있지 않다. 새들의 장(gut) 내용물들에 관한 연구는 위장된 곤충들이 포식으로부터 안전하지 않음을 보여주었다(Box 14.1). 이전에 처음(아마도 뜻하지 않은 상황에서)으로 먹이를 찾은 새들은 형태의 일부분에 대한 "특징 찾기" 과정을 통하여 결과적으로 숨어있는 먹이를 찾는 것이 가능했던 것으로 보인다. 이러한 과정을 통해 몇 개의 잔가지들이 나비 유충임을 깨달은 미국 큰 어치가 먹이를 찾아 지속적으로 나뭇가지를 쪼는 것을 관찰할 수 있었다. 이에 반해 영장류는 다리 한 쌍만으로도 나뭇가지와 곤충을 구분 할 수 있고, 실제 나뭇가지로 위장된 대벌레의 다리를 공격한다는 것이 실험적으로 보고된 바 있다. 이러한 미묘한 단서를 통해 특정한 포식자들이 위장된 곤충들을 감지하고 먹을 수 있게 한다.

속임수가 발각된 후, 먹이곤충들은 다른 쓸모 있는 방어술을 모색하게 되었을 것이다.

손쉬운 최초의 위장방식은 위협이 닥쳤을 때 땅위에 떨어져서 움직이지 않았던 행동이었을 것이다. 이러한 행동은 일부 위장 곤충들에게만 국한되지 않는다. 비록 시각적으로 분명히 구분됨에도 이 곤충은 죽은 척 할 것이다(**타나토시스**). 많은 바퀴벌레(바구미에서 두드러지게)들이 사용하는 이런 행동은, 외관상 죽은 먹이에 대해 관심이 없거나 땅 위에서 움직이지 않는 곤충을 발견할 수 없는 포식자들에게는 성공 할 수 있다. 다른 제2선 방어술은 날아가기와 숨겨진 날개에 있는 눈에 띄는 색을 순간적으로 보이는 것이다. 또한 날개를 접어서 착륙하는 즉시 색이 희미해지는 것은 곤충이 또 한 번 위장하는 것이기도 하다. 이런 행동은 어떤 메뚜기목(目)과 뒷날개 나방들 사이의 공통점이다. 순간적으로 나타나는 색은 주로 노랑, 빨강, 보라색이며 드물게는 파랑색이다.

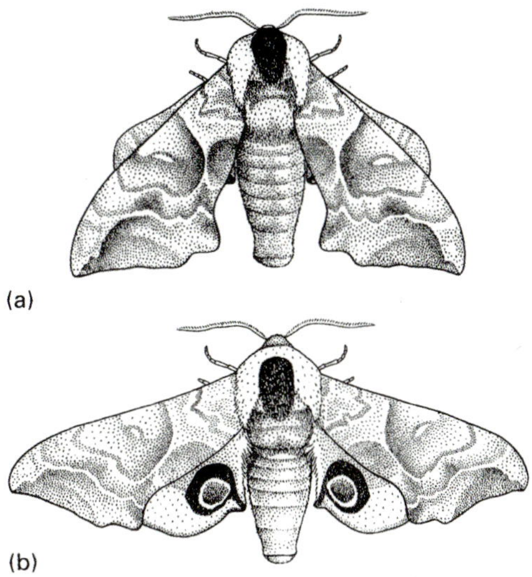

그림 14.4 눈 무늬 매나방(*Smerinthus ocellata*, 나비목: 박각시과). (a)휴식중인 나방의 숨겨진 날개는 갈색계열의 앞 날개가 덮고 있다. (b) 나방의 위협을 느꼈을 때는 숨어있던 날개에 있는 검정과 파랑의 눈 무늬를 드러낸다. (After Stanek 1977.)

위장 곤충 행동의 세 번째 유형은 포식자가 **깜짝 놀라도록 하는 것**으로 확인되었다. 깜짝 놀라게 하는 방법 중 하나는 앞날개를 펼쳐서 평상시에는 숨겨져 있던 뒷날개의 선명한 "눈알 무늬"를 보여주는 것이다(그림 14.4). 새를 포식자로 사용한 실험에서는 보다 완벽한 눈(진짜 눈과 비슷하게 원의 대비를 증가시킨)을 새에게 보여주었고 그 결과로 포식자를 제지하는 정도가 향상되었다. 그러나 모든 눈알 무늬가 놀라게 하는 것은 아니다. 오히려 날개에 눈과 덜 비슷한 무늬를 가진 곤충은 포식 새들로부터 해부학적으로 생명에 지장이 없는 부분이 직접적으로 쪼이게 된다.

곤충 방어의 또 다른 특이한 방식은 비록 규모는 작지만 곤충들이 척추동물의 신체 어느 한부분의 특징을 외관상으로 닮는 것이다. 일반적으로 악어 벌레라고 불리는 꽃

매미과의 종(種)들의 머리는 무시무시한 악어류와 비슷하다. 또한 특정한 부전나비과 나비의 번데기는 원숭이 머리와도 같아 보인다. 열대지방의 어떤 박각시과 유충들은 복부에 뱀의 눈과 같은 느낌을 주는 거짓 눈꼴무늬를 가지고 위협적인 자세를 취하기도 한다. 요약하자면, 호랑나비의 유충은 뱀의 머리와 닮은 것이다(Plate 5.7 참조). 이런 유사성은 비록 규모는 다르지만 의태를 통해 포식자가 탐색하는 과정에서 놀라게 하는 효과로 포식자(새들의 "관찰하기"에 의한 찾기)들을 단념시킬 수 있다.

14.3 기계적 방어

포식 기능의 형태학적 구조는 13장에서 변형된 구기(口器)와 가시가 있는 다리로 설명되었고, 이런 구조는 또한 싸움이 일어나면 방어에도 주로 사용된다. 풍뎅이과의 쇠똥구리의 경우에 있어서, 표피의 뿔과 가시는 포식자를 단념시키거나, 교미, 영역, 자원을 놓고 경쟁자와 싸우는데 사용된다(5.3절). 숙주의 행동, 몸의 모양 그리고 경화작용에 취약한 체외 기생동물은 그들의 생존이 가능하도록 다른 방어방법을 이용한다. 이를 테면 벼룩은 숙주 동물이 자신의 털에서 몰아내기 어렵도록 납작한 모양이 되었다. 깨무는 이(lice)들은 등과 배가 납작하게 됨으로 몸이 좁고 길어졌는데, 이것은 숙주인 새가 부리로 털을 다듬을 때에도 안전하게 날개의 시맥 사이에 붙어있기 위한 방법이다. 게다가 많은 외부 기생동물들은 제한적인 몸을 가지기도 하는데 매우 딱딱한 표피를 가진 바퀴벌레는 물리적인 방법으로 포식되지 않을 수 있는 확실한 방법이다.

또한 많은 곤충들은 포식자들이 단념할 수 있도록 은신처를 만드는데, 먹을 수 있는 것이 아무것도 없는 듯 한 구조 또는 포식자가 무생물체를 먹고 싶어 하지 않는 것을 이용해 포식자들이 인식할 수 없도록 만든다. 날도래 유충(날도래목)의 경우에는 모래 알, 돌 또는 생물의 파편들을 이용해 만드는데(그림 10.6), 자연 환경에서 흐르는 물에 대한 반응으로 은신처를 만들기 시작했지만 이는 포식자에 대한 확실한 방어 역할을 하게 된다. 이와 유사하게, 실크와 관계있는 식물성분의 고치는 땅위의 도롱이벌레(나미목: 주머니나방과)에 의해 만들어진다. 이 고치는 날도래류와 주머니나방류에서는 번데기가 되는 동안 자신들을 보호하는데 사용하기도 한다. 어떤 곤충들은 인공적인 보호막을 만든다. 예를 들면, 잎벌레류의 곤충들은 그들의 배설물로 위장 한다. 또한 어떤 풀잠자리의 유충과 참노린재류의 곤충들은 이끼와 유기 분해물로 자신의 몸을 가리며, 곤충 먹이의 잔해를 끌어드리는 것은 포식자가 자신들을 장애물로 여기게 하거나 자신이 먹이 감이 되는 것에 대해 위장 하는 것이다(Box 14.2). 많은 노린재류(곤충의 범위에서는 양모의 진딧물, 흰파리 그리고 꽃매미류)에 의해 분비되는 왁스와 분말 가루는 절지동물 포식자의 구기에서 뒤얽히게 함과 동시에 자신에 대한 방수 역할도 한다. 무당벌레(무당벌레과)의 유충은 흰색 왁스로 덮여있고 그 모습은 벚나무 깍지벌레와 유사하다. 이 위장은 아마도 벚나무 깍지벌레를 모방함으로써 개미로부터 자신을 보호하기 위한 방법일 것이다.

나방의 범위에서 날도래류와 총채벌레류의 몸 구조는 포식자의 턱에 몸의 일부가 물리게 되거나 거미집의 점성을 가진 거미줄 또는 끈끈이주걱 같은 식충식물 잎의 분비샘에 걸려들었을 때에 도망가기 쉽도록 몸의 일부가 분리됨으로써 자신을 보호할 수 있다. 처음에는 적응하지 못한 것 같았던 이런 기계적 방어는 자기절단으로서 대벌레(대벌레과)와 꾸정모기(파리목: 각다귀과)의 사지 허물벗기로 설명할 수 있다. 대벌레 다리의 상단 부분인 도래마디와 넓적다리는 융합되었으며, 관절을 교차하며 연결된 근육은 없다. 대벌레의 특수한 근육은 포식자가 다리를 붙잡았을 때 약해진 부분의 다리를 부러뜨리는 기능을 한다. 미성숙한 대벌레와 메뚜기는 탈피를 통해 포식자로 인해 잃었던 다리를 다시 자라게 할 수 있으며, 심지어 **자기절단**이 된 어떤 성충은 다리가 다시 자라도록 성충 탈피를 유도 할 수도 있다.

곤충의 분비기능 또한 기계적 방어를 가능하게 하는데, 포식자와 기생동물들이 덫에 걸리도록 접착제 또는 점액을 뒤덮는 행동을 통해 이루어진다. 어떤 바퀴벌레류는 복부에 보호의 기능이 있는 영구적인 점액 막을 가지고 있다. 진디는 **뿔관**(siphunculi라고 불리는)에서 지질을 분비하여 포식자의 구기 또는 작은 기생 말벌을 진득진득하게 만든다.

병정 흰개미는 공기에 노출되어 마르면 수지(樹脂) 형태로 되는 테르펜을 포함하여 유용하게 이용할 수 있는 다양한 분비물들을 머리의 분비샘에서 가지고 있다. 나수티테르메스(흰개미과)는 분출구 같이 생긴 비상(鼻狀)돌기

Box 14.2 등짐벌레-위장인가?

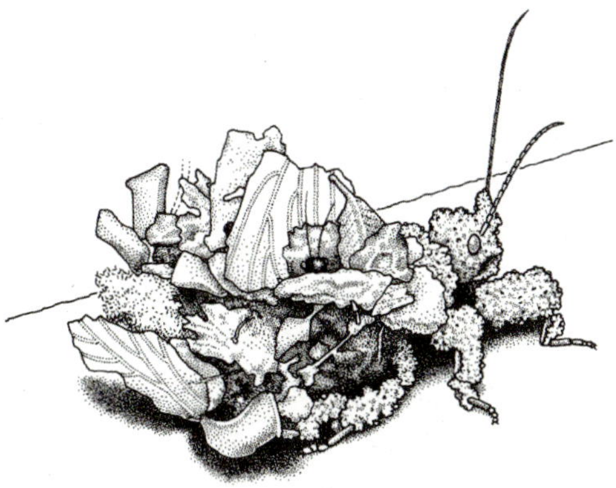

어떤 동아프리카의 포식을 하는 흡혈충(노린재류: 참노린재과)은 먼지로 자신을 피복한다. 피복에 사용된 먼지들은 복부에 있는 가시에서 분비되는 점액으로 인해 몸에 달라붙어 있게 된다. 또한 벌레를 덮고 있는 것은 애벌레(몇몇 종의) 령(齡; 탈피와 탈피의 중간 단계)과 식물, 그리고 주로 개미와 흰개미의 벗겨진 표피들로서 이렇게 쓸모없는 것들을 모은 결과로 생긴 "등짐"은 곤충 자신의 몸보다도 훨씬 커지기도 한다(이 그림은 브랜트가 찍은 사진을 참고로 한 것이다). 곤충이 위장하는 것은 자신의 포식자들이나 잔해로 이루어진 무독성 퇴적물을 찾는 자신들의 먹이감을 착각하도록 한다; 그러나 오히려 어떤 예에서는 이렇게 속이는 위장에 대한 부정적인 결과가 나타나기도 한다.

첫 번째 행동에 관한 실험에서, 연구자 브랜트와 매쉬버그(2002)는 이 벌레를 그들의 전형적인 포식자인 거미, 도마뱀붙이 그리고 지네에 노출시켰으며, 이 세 그룹의 벌레에 대한 실험결과가 보고되었다: 먼지피복과 등짐을 만든 한 그룹과 먼지피복만을 만든 그룹 그리고 둘 중 어느 것도 만들지 않아 몸이 노출된 그룹이 생겼다. 벌레의 행동은 자연스러운 것이지만 3개의 그룹이 만들어 진 것은 포식자의 반응에 따른 행동의 변화였다. 거미는 다른 두 그룹보다는 등짐을 만든 벌레를 천천히 포획하였다. 도마뱀붙이 또한 등짐을 만든 벌레를 천천히 공격하였다. 지네는 등짐을 가지지 않은 벌레를 대부분 먹었지만 결코 등짐을 만든 벌레는 공격하지 않았다. 함축하면 이 벌레가 포식되지 않기 위한 보호는 확실한 시각적 위장이었지만 오직 도마뱀붙이만이 시각적 포식자였다: 거미는 촉각적 포식자이고 지네는 화학적 그리고 촉각적 신호를 사용하여 사냥 한다. 등짐은 위장보다는 눈에 잘 띄지만 보고 느끼고 냄새를 맡는 포식자들이 먹이감에 대해 시각적, 촉각적 그리고 화학적 본능이 틀리도록 혼동시킬 수 있다.

다음으로 다른 유형의 위장 벌레는 그들의 주된 먹이인 개미를 교묘히 속이게 된다. 연구된 개미는 먼지 피복되거나 등짐을 짊어진 애벌레 보다는 노출된 벌레들에 훨씬 더 공격적으로 반응하였다. 등짐은 먼지피복만 있는 것 보다 적에 대한("탐지" 와 같은) 위험성이 감소하지 않았으며 개미가 등짐에 포함된 죽은 동족의 냄새에 의해 유혹될 것이라는 추측은 의미 없어졌다. 군대 개미는 시력이 거의 없어서 포식자를 시각적으로 감지 할 수는 없지만 먹이를 찾는 노력은 매우 공격적으로 이런 공격성은 다른 포식 개미-노출된 벌레 쪽을 우선적으로 공격하는-들을 반응하게 한다. 어떤 덮개는 확실하게 "은닉" 하지만 이런 기계적 위장이 시각적으로 완벽하게 보호되지는 않는다.

그러므로, 간단한 시각적 위장이 포식자, 먹이감의 화학적 민감성, 그리고 접촉 민감성을 속이기 위한 변장이었음이 많은 경우에서 입증되었다. 벌레들이 등짐을 벗어버림에 따라 추가적인 보호가 가능해 질 수도 있다- 연구 표본들을 모으는 동안 브래트와 매쉬버그는 저비용의 자기절단 전략으로써 벌레들이 쉽게 그들에 등짐을 버리고 물러나는 것과 유사하게 높은 대사 비용의 꼬리 자르는 도마뱀을 관찰하였다. 실험을 통한 연구는 확실한 시각적인 위장/포식자 속이기의 다른 경우들보다 분명하게 설명할 수 있을 것이다.

(뾰족한 주둥이)를 통해 분비물을 배출하며, 분비물은 빠르게 건조하며 가는 실이 되어 개미와 같은 포식자의 움직임을 둔화시킨다. 이와 같은 기계적 방어들은 절지동물 포식자에 대해서는 공세적 방어이지만 척추동물을 단념시킬 가능성은 없다. 기계적 방어 행동으로 인해 생산되어 분비되는 화학물질들은 곤충이 가지고 있는 전체 무기고에서 단지 몇 개만 사용 될 뿐이지만 화학적 전투가 일어난다면 그 무기고를 총 동원 하게 된다.

14.4 화학적 방어

화학물질은 곤충의 행동에 있어서 여러 가지 관점에서 중요한 역할을 한다. 4장에서는 포식자의 존재를 나타내는 경보 페로몬처럼 많은 유형의 통신 페로몬이 사용되고 있음을 설명하였다. 알로몬이라고 불리는 화학물질들은 그 물질을 생산한 생물에게는 도움을 주고, 그 물질과 접촉한 생물에게는 피해가 되는 물질로서 딱정벌레목과 노린재목에서 주로 확인되며 곤충 방어에 매우 중요한 역할을 한다. 방어와 통신에 사용되는 화학물질들 간의 관계는 매우 미비하지만 때때로 같은 화학물질이 두 가지의 역할을 동시에 이행하기도 한다. 즉, 포식자를 쫓아내는 독성 물질은 동족 곤충들에게는 포식자의 존재를 인식할 수 있도록 행동을 자극하기도 한다. 그림 14.1에서 보여주는 에너지와 시간 차원에서의 화학적 방어는 에너지 비용은 높지만 시간 비용은 효율적이기 때문에 스펙트럼의 끝에 위치하게 된다. 화학적으로 방어하는 곤충들은 포식자들에게 매우 **식별하기 쉬운** 경향이 있다. 즉, 이런 곤충들은 일반적으로 위장하지 않고, 활발하게 움직이며, 상대적으로 큰 크기와 긴 생존력 그리고 군집 형성이나 사회적인 행동을 한다. 때때로 이 곤충들은 **경고성색**을 통해 자신들이 맛이 없다는 것을 표현하기도 한다. 대담한 색감(Plates 5.6 & 6.2 참조)의 경계색 신호가 존재하며 냄새나 소리 또는 발광이 포함되기도 한다.

14.4.1 방어 화학물질의 기능에 따른 분류

곤충이 생산하는 화학물질을 통한 화학적 방어의 범위에는 포식자에 대한 효과에 따라 구분되는 2종류의 화학물질이 포함된다. 제1종에 속하는 방어 화학물질은 유독물로 이것은 각 포식자들을 화나게 하고 다치게 하며 독극물 또는 마취제로 작용한다. 그리고 제2종에 해당하는 화학물질은 무독성이지만 본질적인 섭식저해 물질로 후각과 미각 수용체를 자극하거나 경계적인 냄새 지표 물질로 작용한다. 많은 곤충들은 2종류의 화학물질을 혼합하여 사용하고 더욱이 낮은 농도의 제1종 화학물질들은 제2종의 효과를 갖기도 한다. 제1종 물질을 접한 포식자는 예를 들면 구토(구역질나는)하는 특성 또는 고통의 유도와 같은 혐오감을 갖게 되는데, 만약 이 불쾌한 경험이 냄새나는 제2종 화학물질에 의해 이루어진 것이라면, 포식자는 마주친 냄새를 기억하고 학습을 했을 것이다. 이런 상황은 학습된 포식자가 먹이를 먹거나 맛보는 위험성(포식자와 먹이 둘 다) 없이 거리를 두고 방어하는 곤충을 피하게 되는 결과를 가져왔다.

제1종 화학물질은 포식자가 먹이 곤충을 다룸으로써 경험하는(아마도 공격에 살아남았을 것이다) **즉각적인** 행동물질과 전신에 구토 또는 물질이 생기게 하는 효과를 가진 지연성 화학물질의 두 가지를 포함한다. 즉효 화학물질이 특정 기관에 위치를 정해 국소적으로(외부적으로) 사용되는 것과는 대조적으로 지연 효과 화학물질은 보다 일반적으로 곤충의 조직과 혈림프 내로 살포되고 전신으로 확산된다. 포식자는 분명히 특정 먹이(경계적이라면 특히나) 주는 불쾌감을 즉시 기억하여 빠르게 학습 하지만 포식자가 독성 먹이를 먹은 후에 매스꺼운 이유와 불쾌감을 어떻게 동일시하는지는 명백하지 않으며, 어느 정도의 이득이 있는 포식자의 행동은 희생자를 만들었다. 새들을 통한 실험적 증거는 적어도 이 포식자가 먹이를 토하게 될 때의 맛을 통해 지연 효과의 특정 음식물과 관련짓는다는 것을 보여주었다. 비록 위와 같은 내용이 포식 곤충에게도 유사하게 적용 된다 하더라도 곤충이 먹이를 먹는 것에 대한 이야기는 알려져 있는 것이 거의 없다. 아마도 지연성 독은 희생물을 통해 포식자가 학습을 하는 동안 포식자의 섭취 방법의 진화로 인해 자신을 보호하는 것에 실패하였을 것이고, 그로 인해 차별적인 생존 관계가 생겼을 것이다(14.6절)

14.4.2 방어 혼합물의 화학적 성질

제1종 화합물은 절지동물 포식자보다는 척추동물에 대해 보다 특이적이며 효과적이다. 예를 들면 새들은 시안화물, 강심배당체 그리고 알카로이드와 같은 독성에 대해 절지동물보다 훨씬 민감하다. 시안생성 배당체는 알락나방(알락나방과), 노린재속(屬) 곤충(잡초노린재과) 그리고 아크라이아와 헬리코니우스나비(네발나비과)에 의해 생성된다. 강심배당체는 군주 나비(네발나비과), 어떤 하늘소 그리고 잎벌레, 긴노린재, 섬서구메뚜기와 심지어 진디에서도 생기며 매우 효과적이다. 이렇게 다양한 알칼로이드 유사체들은 많은 딱정벌레목과 나비목에서 집중적으로 가지고 있다.

구토를 일으키거나 독성 물질을 가지는 제1종은 시각적으로 사냥하는 주행성 포식자들에 대응하여 가끔씩 특정한 배색을 가진 경계색성을 동반한다. 시각적인 경계색성은 밤에는 제한적이기는 하지만 박쥐에게 위협을 받은 불나방과의 야행성 나방들은 소리를 내며 포식자에게 맛없는 먹이임을 경고하는 경계색을 띄게 된다. 더욱이 어떤 딱정벌레 유충(펜고디다이과 그리고 반딧불이과와 그들의 친척; 4.4.5절)들이 방사하는 생물발광은 불쾌감을 주는 경계색의 경고 같기도 하다.

제2종 화학물질은 방향성 케톤, 알데하이드, 산 그리고 테르펜으로 되어 있으며 휘발성의 저분자량 물질로 유기물질에 반응하는 경향이 있다. 예를 들면 노린재목의 악취 분비물과 개미가 발산하는 포름산과 같은 저분자 물질들이 해당된다. 퀴논과 같이 쓴 맛이지만 비독성 물질은 공통적인 제2종 화학물질이다. 또한 많은 방어 분비물은 상승효과를 수반할 수 있는 복잡한 혼합물이기도 하다. 그러므로 헬루오모포데스 딱정벌레는 제2종 화학물질인 n-노닐 아세테이트가 혼합된 포름산을 내뿜고 이것은 산이 피부에 침투하여 제1종의 고통효과를 주기도 한다.

경계색성에 있어서 이러한 제2종 화학물질의 역할은 제1종 화합물의 존재에 대한 경고임을 위에서 설명하였다. 그러나 제2종 화학물질의 또 다른 역할은 화학적 교류를 하는 개미 포식자를 단념시키는 것이다. 예를 들면, 흰개미 먹이는 포식 개미에 의해 위협을 받았을 때, 경보 페로몬을 분비하고 이 페로몬으로 인해 공포스러운 부적절한 행동이 야기되고 서식지 방어를 유도한다. 다른 경우에서는 개미집 공생 동물이 그들의 숙주인 개미에게 먹이를 제공하면서 개미를 진정시키는 화학물질을 분비하기 때문에 개미에게 잠재적인 먹이로 인식되지 않는다.

제2종 화합물만으로는 많은 식충 새들을 단념시킬 수 없다. 예를 들면, 검은지빠귀(지빠귀과)는 30 %의 포름산을 분비하는 재주나방류(나비목)의 유충을 먹을 수 있다; 많은 새들은 실제적으로 외부 기생동물이 제거되도록("앤팅"이라 부른다) 개미들이 깃털 내에 포름산을 분비하는 것을 장려기도 한다.

14.4.3 방어 화합물의 원천

초식 곤충이 가지는 방어 화학물질의 대부분은 유충의 먹이 식물과 다른 성충의 숙주 식물에서 비롯된다(그림 14.5 & box 14.3). 밀집되어 있는 무리들은 제한적인 숙주 식물을 이용하면서도(단식성 또는 협식성) 화학적인 방어물을 가지고 있는 것이 관찰되었다. 이 의미는 초식 곤충을 단념시키려고 독을 만드는 식물과 그 식물을 먹이로 하는 초식 곤충간의 공동 진화적 "군비전쟁"이라 할 수 있다. 어떤 식물 섭취자들은 식물의 방어를 극복하여 해독 또는 독을 격리 시킬 수 있는 전문가가 되었다. 이런 초식동물 전문가는 자신들이 좋아하는 숙주 식물을 인지할 수 있고, 식물의 방어를 극복할 수 능력을 개발하여 식물의 독을 자신을 방어 할 수 있는 물질(또는 밀접한 관계의 혼합물의 대사반응)로 사용한다.

방어성 곤충의 일부는 독성 식물에 빽빽하게 모여 있기도 하지만, 어떤 곤충들은 스스로 독을 만들 수도 있다. 예를 들면 딱정벌레목의 가뢰류(가뢰과)는 칸타리딘을 합성하고, 비단벌레(비단벌레과)는 버프레스틴, 그리고 몇

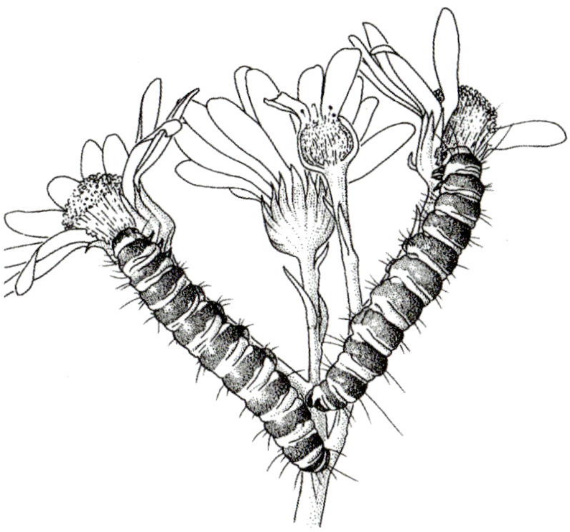

그림 14.5 개쑥갓(*Senecio jacobaea*)위의 맛없고 경계색을 가진 진홍 나방의 유충(*Tyria facobaeae*, 나비목: 불나방과)(after Blaney 1976).

몇 잎벌레(잎벌레과)는 강심 배당체를 생산할 수 있다. 또한 맹독성 반날개류인 패더러스는 물집생성제인 패더린을 합성한다. 화학적으로 방어되는 벌레들의 상당수는 경계색(예를 들면 무당벌레과, 가뢰과)이 있고, 접촉이 생기면 넓적마디와 종아리마디(퇴절(腿節)과 경절(脛節)) 사이의 관절로부터 혈림프의 반사적 출혈이 일어난다(Plate 6.3 참조). 실험적으로, 식물에서 시아노제닉 물질을 격리시키는 어떤 곤충은 무독성의 숙주 식물로 이동하더라도 시아노제닉과 유사한 물질을 합성 할 수 있다는 것이 증명되었다. 만약에 이 능력이 진화론적으로 독성의 숙주 식물을 무독성으로 전환하는 것보다 앞선다면, 식물로부터 얻은 물질보다는 곤충이 소유하고 있던 적절한 생화학 경로의 물질이 방어에 사용되도록 전적응 되었을 것이다.

포투리스속 반딧불이(반딧불이과)는 방어 화학물질의 획득을 위해 독특한 방법을 사용한다. 대다수의 많은 반딧불이는 방어 화학물인 루시부파긴을 합성하지만, 포투리스속 암컷은 루시부파긴을 합성하지 못한다. 대신에 그 암컷들은 성적인 발광을 통해 포티누스속 암컷으로 의태하고 이렇게 매혹된 수컷 포티누스속 반딧불이를 포식하여 방어 화학물질인 루시부파긴을 얻는다.

곤충이 만들거나 섭취로 얻는 방어 화학물질은 같은 곳 또는 다른 생활 무대를 가진 동족들 사이에 전파될 것이다. 알은 부동성으로 인해 특히나 자연의 적에게 공격받기 쉽지만 어떤 곤충들은 그들의 알에 화학적 방어물질을 지니

Box 14.3 화학적으로 보호되는 알들

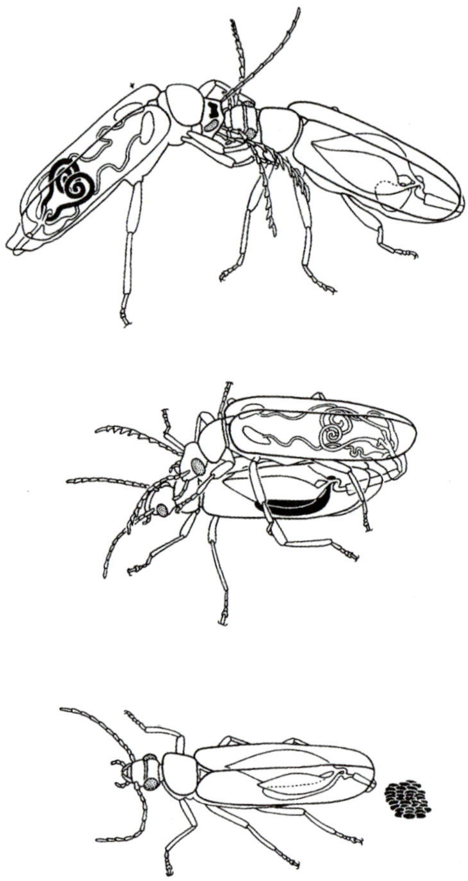

불나방과의 어떤 나비처럼 곤충의 알은 방어 화합물을 공급해주는 부모에 의해 보호 될 수 있다. 유충의 식용식물에서 유래되는 파이롤리지다인 알카로이드는 정액분비를 통해 수컷에서 암컷으로 이동되고, 이로 인해 포식자에게 맛없게 된 암컷은 이 화학물질을 다시 알로 전한다. 수컷은 차이가 있긴 하지만 습득한 알카로이드에서 유래된 구애 페로몬을 이용해 방어 화학물질을 소유하고 있음을 알린다. 이 두 나비는 만약 수컷이 알카로이드를 가지고 있지 않는다면 구애에 성공하지 못한다는 것을 보여주었다.

딱정벌레목에서 어떤 가뢰과와 하늘소붙이과의 종들은 칸타리딘과 또 다른 물질을 합성 할 수 있고 특이하게도 뿔벌레과와 홍날개과의 종들은 먹이로부터 칸타리딘을 격리 시킬 수 있다. 칸타리딘("스패니쉬 플라이")는 글리코겐 대사반응에서 매우 중요한 효소인 단백질 인산분해효소를 방해하는 매우 강한 독성의 세스퀘테르펜이다. 이 화학물질은 알을 보호하는 목적으로 사용되며, 어떤 수컷 흰개미는 이 화학물질을 교미하는 동안 암컷에게 사용하기도 한다. 네오피로크로아 플라벨라타(*Neopyrochroa flabellata*, 홍날개과) 수컷은 외인성의 칸타리딘을 수집하고 그것을 교미에 앞서 "매혹적인" 물질로, 그리고 결혼식 선물로 사용한다. 구애하는 동안 암컷은 수컷 머리의 분비샘에서 분비되는 칸타리딘 성분을 시음하고(위 쪽 그림, after Eisner et al. 1996a,b) 칸타리딘을 공급해주는 수컷과 짝짓기를 하지만 칸타리딘이 없는 수컷은 거부한다. 수컷의 분비샘에서 나오는 칸타리딘을 암컷에게 제공하는 양은 수컷 전신에 있는 양의 일부일 뿐이다: 남은 것의 대부분은 수컷의 큰 부속선에 저장되어 있고 정포(精包)를 통해 교미를 하는 동안 암컷에게 전해진다(가운데 그림). 알들은 칸타리딘을 가진 채로 수정된(아마도 난소에서) 후에 산란된다. 알 무리(아래 그림)는 무당벌레 그리고 다른 포식자인 개미나 딱정벌레들로부터 보호된다.

네오피로크로아 플라벨라타의 수컷은 자연 상태에서 칸타리딘을 어디서 얻는 지에 대해서는 아직 정확히 알려진 바가 없다. 이 수컷들은 아마도 칸타리딘을 만들 수 있는 몇몇 성충 또는 알을 먹을 것으로 짐작된다. 만약 그렇다면 네오피로크로아 플라벨라타와 다른 칸타리딘을 좋아하는 곤충들(어떤 벌레, 파리 그리고 벌류 뿐 아니라 딱정벌레도 포함하는)은 서로가 포식자로 선택되는 것인가?

게 한다(Box 14.3). 그 방어물질은 페로몬으로 곤충들 사이에서는 이 페로몬이 일반적으로 알고 있는 것보다 훨씬 다양하게 사용된다.

14.4.4 화학적 방어의 기관(器官)

내생적인 방어 화학물질(곤충 내에서 합성되는)은 특정한 분비샘에서 생산되고 저장기관에서 보관된다(Box 14.4). 화학물질의 분비는 근수축에 의한 압력 또는 장갑 손가락의 안과 밖이 뒤집어지는 것 같은 기관의 외번(外翻)에 의해 이루어진다. 딱정벌레목은 몸의 많은 곳에 분비샘을 발달시켰고, 잦은 외번은 방어 화학물질을 생산하고 전달하게 한다. 나비목의 대다수는 두드러기(가려움)가 생기게 하는 털과 포식자에게 독성 화학물질을 주입하는 가시를 사용한다. 사회성 곤충의 독성 주입에 대해서는 14.6절 부

Box 14.4 곤충의 이중 화학적 무기

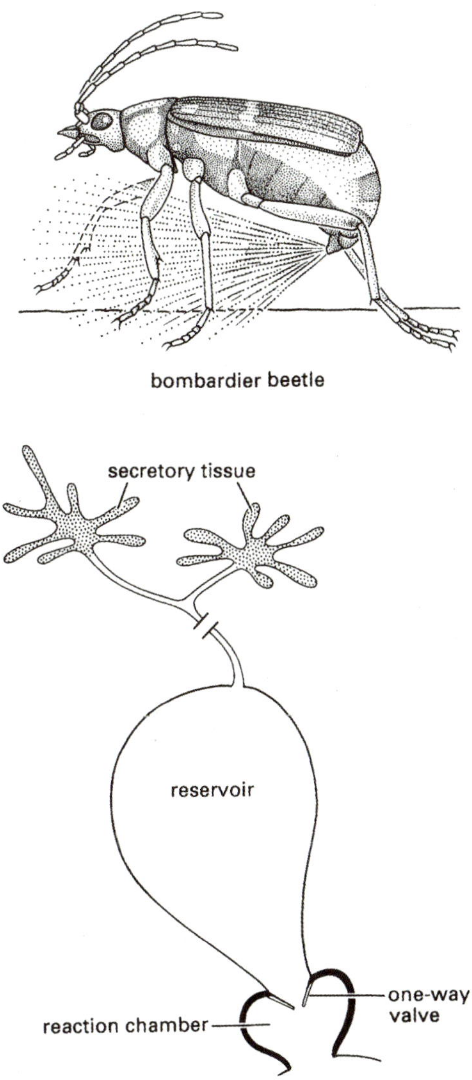

폭탄먼지벌레(딱정벌레과: 브라치너스 속(屬)에 포함되는)의 공통적인 이름은 일찍이 자연과학자의 관찰에 의해 비롯되었으며 이 벌레는 발포 소리와 비슷한 "펑소리"와 함께 연기 한 모금이 나타나는 격렬한 방어 화학물질을 분비한다. 이 분사는 항문에서 이뤄지고 움직임이 자유로운 복부 끝 부분에 의해 유도되며 척추동물과 무척추 동물 포식자를 단념시키는 p-벤조퀴논을 포함하고 있다. 이 화학물질은 저장되지는 않지만 필요할 때는 한 쌍의 분비샘에서 가지고 있는 내용물들로부터 폭발하기 쉽게 만들어진다. 분비샘은 각각 이중으로 되어있는데, 하이드로퀴논과 과산화수소가 저장되어있는 탄력 있는 근육으로 된 안쪽의 저장주머니(reservoir)와 산화 효소를 가지고 있는 단단한 바깥쪽의 반응실(reaction chamber)로 이루어 있다. 위협이 닥쳤을 때 이 벌레는 저장주머니를 수축시키고 반응실 내부의 열린 후미 판을 통해 내용물을 분비한다. 여기에서 발열 반응이 생기며 그 결과로 100℃의 온도에서 p-벤조퀴논이 유리(遊離)된다.

케냐의 폭탄먼지벌레(*Stenaptinus insignis*, 이곳에 그려진 그림, after Dean et al. 1990)의 연구는 화학물질이 발포될 때 고동치는 것을 보여 주었다: 폭발하기 쉬운 화학적 산화는 저장주머니의 한 방향 판이 닫혀있는 반응실에서 상승된 압력으로 항문을 통해 내용물을 강력하게 발포시킨다(이 벌레가 자신의 앞에 있는 적에게 분사되도록 유도하는 것을 보여주고 있다). 이처럼 상승되었던 압력이 해소되면, 밸브를 열어서 저장주머니(근육 압력이 남아 있는)로부터 반응실로의 재보충이 일어난다. 이러한 과정으로 폭발은 지속적으로 순환할 수 있게 된다.

매우 격렬하게 진동하며 분출하는 이 원리는 화학적 반응에 의해 생성되며, 이때에는 최대의 근육압력을 필요로 한다. 폭탄먼지벌레가 전문기술로 진화된 지 수 백 만년 후에 인간은 독립적인 원리를 발견하였고 그것들을 공학(제트기의 추진력 같은)에 적용하였다.

분에서 보충될 것이다.

이러한 내생적 화학물질과는 대조적으로 외인성 독은 음식과 같은 외부 원천에서 유래되고 일반적으로 조직 또는 혈림프로 축적된다. 이것은 맛없는 먹이로 만들어 주기는 하지만 근거리에서 맛을 보는 포식자가 필요로 하므로 내생 혼합물과는 대조적이라 할 수 있다. 그러나 맛없는 먹이 식물을 먹고 사는 어떤 호랑나비(호랑나비과)의 유충들은 "냄새뿔"이라 불리며 접촉에 의해 외번하는 흉부의 주머니에서 농축한 독을 분비하기도 한다. 냄새뿔은 경계색적으로 포식자에 대한 방어 효과가 증강된다(그림 14.6). 잎벌레(벌목: 잎벌과) 유충은 구어적으로 "침 뱉는 벌레(spitfires)"라 하는데, 그들은 전장(foregut)의 맹낭(盲囊)

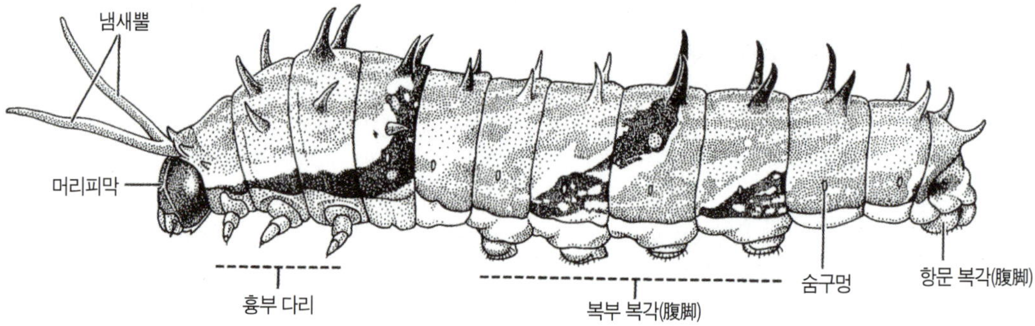

그림 14.6 호랑나비(*Papilio aegeus*, 나비목: 호랑나비과) 유충은 머리 뒤에서 외번(外翻)하는 냄새뿔을 가지고 있다. 반짝하는 외번(外翻)은 두 갈래로 된 기관으로 유충이 방해 받을 때 드러나고 코를 찌를 듯한 냄새가 수반된다.

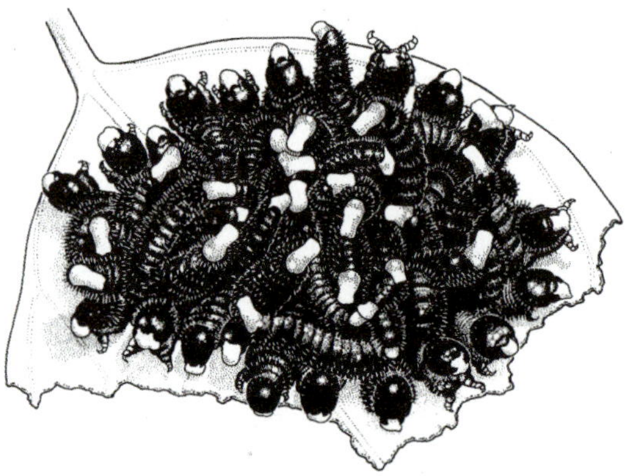

그림 14.7 유칼립투스 잎 위의 잎벌(벌목: 잎벌과: 페르가속) 유충의 군집. 유충들에게 위협이 생길 때, 배를 위로 드러내고, 입으로 유칼립투스 오일의 방울들을 분비한다.

내에 먹은 잎에서 유래된 유칼립투스 오일을 저장하며 불안해 졌을 때 강한 냄새가 나는 불쾌한 유동 물질을 입에서 분비한다(그림 14.7).

14.5 의태에 의한 방어

의태 이론 즉, 비관련 종의 닮은꼴에 대한 설명은 일찍이 다윈의 진화론이 적용되었었다. 19세기 중반에 자연학자인 헨리 베이츠는 아마존에서 천천히 비행하며, 밝은 색이 선명한, 비슷하게 생긴 나비들을 관찰하게 되었는데, 이 나비들은 포식자로부터 안전한 듯이 보였다. 이 나비들의 대부분은 공통점이 있고 서로가 관련되어 있었지만 어떤 종들은 희귀하고 꽤 거리가 있는 과에 속하기도 했다 (Plate 6.4 참조). 베이츠는 공격에 대해 화학적으로 보호 받을 수 있는 종이 있다고 여기고 그런 종들의 경계색성—밝은 색과 저속 비행을 통한 높은 식별력(두각적인 행동)—을 알렸다. 베이츠는 희귀종들이 맛이 없지는 않지만 시각적으로 비슷해짐으로서 보호된다고 생각하였다. 찰스 다윈이 1859년에 새롭게 제안한 가설을 바탕으로 베이츠는 자연적 선택을 통한 진화가 포함되어 있는 자신의 의태 이론을 정립하였다. 불완전한 보호력를 가진 종들은 외관, 냄새, 맛, 느낌 또는 소리로 보호되는 종들과 더욱 유사해지는 생존 형태를 통해 포식자에 대한 보호성을 증가시켰다. 선택적 행위자는 부정확한 의태를 우선 섭취하는 포식자이다. 이후로 의태는 진화 이론의 빛으로 설명되었고 곤충 중에서도 특히 나비의 연구는 의태 이론과 속임수 전략의 중심에 있다.

의태(그리고 위장; 14.1절) 방어 체계에 대한 이해는 세 가지 요소로 이루어져 있다: **모형**, **의태** 그리고 **선택적 행위자**로서의 **관찰자**. 이 요소들은 신호 생성과 수신 체계를 통해 서로 관련되며, 기본 조합은 모형으로써 경고신호를 주고(고통 또는 나쁜 맛으로 경고하여 피하게 하는 경계색) 관찰자에 의해 감지(배고픈 포식자)되는 것이다. 경험이 없는 포식자는 경계색성과 고통 또는 불쾌감의 결과를 기억해야한다. 그 기억으로 학습을 할 때 포식자는 빈번하게 모형을 피할 것이다. 모형은 포식자가 먹을 수 없는 먹이를 추격하는 시간과 에너지가 소모되지 않도록 하는데, 이것은 공진화 체계에서 모형이 얻는 확실한 이득이다.

상호간의 이익 체계는 일찍이 다른 것을 속이는 것에서부터 진화되었고 이와 관련 있는 세 번째 요소는 의태이다:

관찰자를 착각하게 만드는 신호 체계에 기생하는 유기체, 예를 들면 거짓의 경고색. 거짓 경고색이 진짜 경계색과 비슷하여 관찰자를 화나게 하는 반응이 일어난다면 의태는 포식자에게 더 이상 받아들일 수 없는 음식으로 인식되어진다. 의태는 완벽함이 필요하진 않지만 관찰자의 도피반응을 유도하여 도피가 이루어지게 하는 것만은 중요하다. 그러므로 모형이 보여줄 수 있는 제한적인 신호가 필요하게 된다. 예를 들면 독성 말벌의 검정과 노란색 줄무늬는 여러 곤충 목 사이에서 많은 종들이 표현하는 경계색의 유형이다. 적어도 우리 눈에는 이 줄무늬의 정확성은 상당한 차이가 있지만, 이 줄무늬는 몇몇 다른 독성 모형들 간의 미묘한 차이점에서 기인되었거나 관찰자의 무능력한 구별능력이 반영된 것이다: 만약 노랑 또는 검정색으로만 된 무늬였다면 포식자를 단념시켜야 하는 행동이 필요했을 것이며, 포식자는 보다 완전한 의태를 세밀하게 구분하고 선택 할 필요가 없었을 것이다.

14.5.1 베이츠 의태

의태의 삼각형(모형, 의태 그리고 선택적 행위자로서의 관찰자)에서 각 구성 요소는 서로에게 긍정적인 또는 부정적인 효과를 갖는다. **베이츠의 의태**에는 경계색의 먹을 수 없는 모형과 먹을 수 있는 의태하는 종이 포함되며 모형은 의태의 존재를 묵인한다. 이것은 경계적 신호가 관찰자를 목표로 하며 관찰자는 먹을 수 있는지 각각을 맛보게 됨으로 관찰자는 경계성과 맛없음의 관계에 대한 학습을 실패함으로 포식의 기회 증가가 희박해지기 때문이다. 의태는 보호되는 모형이 존재하는 것과 관찰자를 속이는 것 두 가지이다. 의태의 존재가 모형에게 불리한 것처럼 모형과 의태의 상호관계는 부정적이다. 관찰자는 유해한 모형을 피하는 이득을 얻지만 먹을 수 있는 의태를 인식하지 못함으로 끼니를 놓치기도 한다.

의태가 모형에 대해 상대적으로 드물다면 이 베이츠 의태의 관계는 지속될 것이다. 그러나 모형이 쇠퇴하거나 의태가 많아지게 되면, 경험이 없는 관찰자가 먹을 수 있는 의태를 접하고 맛보는 일이 증가되기 때문에 모형에 의해 의태에게 주어졌던 보호는 감소될 것이다. 분명한 것은 어떤 맛 좋은 나비는 그들의 분포지역에서 여러 가지의 다른 의태 모형을 채택한다는 것이다. 예를 들면, 제비꼬리나비(*Papilio dardanus*)는 우간다(중앙 아프리카)에서 다섯 유형의 의태를 하며, 넓은 분포지역의 도처에서 다형성으로 존재한다. 이 다형성은 손해 없이(개체 희소성에 의한) 제비꼬리나비의 전체 개체수가 늘어날 수 있도록 한 성공적인 의태 체계로, 각 형태들은 자신의 베이츠 모형과는 희소성 있는 관계가 유지될 수 있다. 이 경우를 비롯한 많은 다른 의태 다형성에 있어서 수컷은 종의 기본 색을 가지며, 어떤 개체군에서는 단지 암컷만이 여러 모형에 대한 의태를 한다. 수컷이 보수적 성향임에도 유지될 수 있었던 것은 수컷을 인정하고 지키는 성적 선택의 결과로, 여러 형태의 의태를 하는 동종 암컷(교미를 위한) 또는 영역 경쟁을 하는 동종 수컷에 의한 것이다. 추가적으로 고려할 것은 암컷을 압박하는 다른 포식자가 미치는 영향력과의 관계이다(저속 비행의 이점과 숙주 식물에서 눈에 띄는 것에 의한)—암컷의 목적은 다른 형태를 가지고 있는 수컷에 비례하여 의태를 더 많이 늘리는 것이다.

구세계 열대성 나비인 크리시푸스 왕나비(*Danaus chrysippus*, 네발나비과: 왕나비과)의 유충은 경계색을 가지며 유액 분비 식물들(박주가리과)을 먹음으로써 식물의 강심배당체를 격리시킬 수 있어서 성충이 되어도 화학적으로 보호될 수 있다. 가변성이 있기는 하지만, 종종 크리시푸스 왕나비의 개체가 상대적으로 많아지기도 하는데, 이것은 크리시푸스 왕나비가 쓴 맛과 구토를 하게 하는 화학물질을 가지고 있지 않은 유액 분비 식물을 섭취함으로 인해 생긴 것으로 결과적으로 이 나비 성충은 무방비가 된다. 이것은 베이츠의 내부 종 **자기의태**로 방어 능력을 가진 동종으로부터 무방비의 종이 보호되는 관계이다. 보호되지 않는 개체가 뜻밖의 높은 비율로 존재하는 곳은 독성 개체에 선택적으로 기생하면서 카이로몬으로써 강심배당체를 사용하는 포식기생동물을 숙주로 선택함으로써 그 비율이 유지되었다. 이런 상황은 보호받지 않는 많은 왕나비속 종 성충들로 인해 더욱 복잡해졌으며, 이 왕나비속 종 나비들은 식물로부터 성 페로몬의 생산에 사용되는 파이롤리지다인 알카로이드의 원천을 적극적으로 찾아냈다; 이 알카로이드는 또한 성충을 맛이 없게 한다.

14.5.2 뮐러의 의태

대조적인 관계(서로 먹이관계가 이루어지지 않는)의 한 쌍을 **뮐러의 의태**라고 부르며, 모형과 의태가 모두 맛이 없거나 경계색을 가지며 관찰자가 각각을 맛보며 학습을 하

그림 14.8 플로리다에서 뮐러의 공동 의태를 하는 세 가지지의 네발나비과 나비: (a) 군주 나비 또는 방랑자 나비(*Danaus plexippus*), (b) 여왕 나비(*D. gilippus*), (c) 총독 나비. (*Limenitis archippus*)(After Brower 1958.)

는 곳에 공존함으로써 이득을 얻는다. 의태가 모형에 비해 상대적으로 많아짐으로 인해 의태의 실패가 예상되는 베이츠의 의태와는 달리 뮐러의 의태 체계는 맛없는 종의 구성 밀도가 증가될 때 포식자의 학습력이 향상됨으로 인해 이루어진다. 종의 "의태 고리"는 거리가 있는 과와 목의 유기체들까지 발전되었고 보호의 원천은 비록 다르지만 유사한 경계색 형태가 필요하다. 공동 모형의 경고 신호는 의태하지 않는 종들의 밀접한 관계와는 현저히 다르다.

이 의태를 설명하는 것은 어렵지만, 특별히 구별될 수 있는 것은 무방비의 의태 요소로부터 보호된다는 것이다. 예를 들면 외관상으로는 분명한 베이츠 의태가 한 세기 후에 발견되었을 때는 고전적인 설명만으로는 부족함이 있었다. 이 체계에서는 화학적으로 방어하는 2개의 북아메리카 왕나비류인 군주나비 또는 방랑자 나비(*Danaus plexippus*)와 여왕나비(*D. gilippus*)가 네발나비과의 총독나비(*Limenitis archippus*)에 의해 각각이 모형으로서 의태되었다(그림 14.8). 역사적으로 총독나비는 유충의 먹이 식물과 분류군을 통해 맛이 좋은 것으로 추측되어졌고, 따라서 베이츠 의태이다. 그러나 이 해석은 분리된 나비 복부를 포식자(야생에서 포획하는 개똥지빠귀류의 검은새)의 먹이로 주었던 실험에 의해 뒤집어 졌다. 이전에 노출된 경계색성에 의해 영향을 받았던 새들은 경계색의 나비 날개를 떼어냈을 때는 경고요소가 차단됨으로서 포식의 가능성에 있어서 더 이상 영향 받지 않았다. 총독나비는 가장 맛없는 여왕나비와 비교하였을 때, 적어도 군주나비만큼은 맛이 없다는 사실이 밝혀졌다. 아마도 플로리다에서는 군집과 이런 특정한 포식자의 체계가 총독나비를 모형으로 또는 총독 나비와 군주나비를 공동모형으로 하는 뮐러의 의태로 해석되었을 것이고,

여왕 나비는 독성을 갖는 다른 두 나비들 덕분에 더 이상 독성를 체내에 축적하지 않아도 보호되어지는 잇점이 생긴다. 이전에 맛에 대한 학습이 되어 있지 않은 포식자를 이용하여 좋은 맛을 평가하는 몇 가지의 실험이 보고되었고, 이에 대한 더 많은 내용들이 요구되었다.

뮐러 의태 집합체에 해당되는 모든 개체들이 방어적 경계색을 가지며 맛이 없다면 그것은 관찰자(포식자)가 어떤 개체에도 속는 것이 아니라고 논할 수 있다—그리고 이것은 의태보다는 공동의 경계색성으로 보인다. 또한 위에서 보여준 것처럼 불쾌함이 한결같지 않고 분산되는 경우에 어떤 전문 관찰자는 먹을 수 있는 복합체의 가장 덜 방어된 부분을 찾을 가능성도 있을 것이다. 이와 같은 생각은 진정한 뮐러 의태는 드물고/또는 역동적일 것이고 상호작용 스펙트럼의 한쪽 끝에 위치할 것이라는 것을 의미한다.

14.5.3 군집 연속의 의태

두 가지 형태-뮐러와 베이츠-의 방어 의태의 구별에 의문이 생기는데, 비록 각각이 다른 생태학적 설명과 구성요소의 진화를 제시하지만 참여 동물의 생활사에 관하여서는 다른 예언을 하였다. 예를 들면 경계색을 가지는 종의 의태 이론은 다음과 같다:

• 공동 모형의 경계색 유형의 수가 한정적인 것과 학습된 포식자 수의 감소
• 눈에 띄는 표현 보다는 위장 그리고 주행성 보다는 야간 활동처럼 잠재적 포식자에 대한 "나타나기" 유형의 행동학적 변형
• 몸의 노출이 두드러지는 번식후의 긴 생명력은 번식 후의 개체가 맛없는 것을 학습하도록 경험 없는 포식자를 유도

이런 포식은 몇몇 또는 대부분 연구에서 사실로 드러났다. 더욱이 이론학적으로는 뮐러의 경우에는 다형성이 경계색적인 균일성(단일형)으로 변화되는 것이지만 베이츠의 경우에서는 차이(의태적 다형성)가 형성된다(14.5.1절). 성적 제한성 있는(암컷만) 의태와 의태와는 거리가 있는 모형의 유형 차이(진화적 도피)는 베이츠 의태에서 또한 예언되었다. 비록 이 예언이 어떤 의태 종에 해당된다 하더라도 그 종 전체에서도 예외는 있다. 다형성은 확실한 베이츠 의태를 하는 호랑나비(호랑나비과)에서 일어나지만, 다른 장소의 다른 나비들 에서는 상당히 드문 일이다; 게다가 총독나비는 다형성의 뮐러 의태이다. 현재 무방비 의태와 관계있는 것은 맛없는 모형을 의태하는 개체들의 풍요성으로, 무방비의 개체들이 다형성을 통해 개체 수를 늘릴 필요는 없다고 추측되었다. 이것은 주요 포식자가 더 맛좋은 다른 종을 단념할 수 있는 잡식성이라면 무방비 의태를 하는 개체들의 증가와 유지가 될 수 있을 것이라고 논의되었다.

복잡한 의태 관계의 범위에는 경계적인 냄새를 풍기고 경고색을 띄는 홍반디(Plate 6.5 참조)의 의태가 기본이 된다. 검정과 주황으로 된 호주 홍반디류인 메트리오린커스 리피디어스(*Metriorrhynchus rhipidius*)는 쓴 맛과 아세틸레닉계의 섭식장애 성분을 가지는 냄새나는 메톡시알킬피라진을 가지고 화학적으로 보호한다. 메트리오린커스 종들은 적어도 6개의 관계가 먼 과(비단벌레과, 납작거저리과, 가뢰과, 하늘소 붙이과, 하늘소과, 그리고 벨리드바구미과)들의 의태 모형이 된다. 이 6개 과 곤충들의 의태는 색으로 집중 된다; 어떤 것은 거의 동일한 알킬피라진과 맛없는 화학물질을 가진다; 다른 것들은 알킬피라진을 같이 사용하지만 다른 맛없는 화학물질을 가진다; 그리고 또 어떤 것은 냄새나는 화학물질을 가지지만 맛없는 화학물질은 결핍되어 있는 것으로 나타났다. 이런 경계적 보호색을 하는 곤충들은 의태의 시리즈를 형성한다. 하늘소 붙이과는 분명한 뮐러의 의태로, 부분적으로 메트리로린커스 종을 모방하였고 단지 섭식장애 물질로서 칸타리딘을 사용한다는 것만 다르다. 하늘소과의 의태는 다른 불쾌한 냄새를 사용하는 반면, 비단벌레는 경고성 냄새는 없지만 버프레스틴에 의해 화학적으로 보호된다. 마지막으로 납작거저리와 벨리드바구미는 베이츠의 의태로 겉보기에는 조금의 화학적 방어도 하지 않는다. 신중한 화학적 조사 후에, 많은 베이츠 의태, 또는 어쩌면 뮐러의 고리인 듯한 모형들은 뮐러와 베이츠 의태의 양극단에서 완벽하게 설명되었다. 2개의 유명한 의태 체계가 극도로 잘 연구되었음에도 어떤 본문에서는 모형, 의태 그리고 관찰자의 상호작용에서 치환이 가능한 두 가지 체계만이 설명되어 있다. 만약 자기의태 같이 모형과 의태가 같은 종이거나 성적인 이형성(異形性)과 다형성(多形性)이 존재하는 경우라면 더욱 복잡한 일이 일어날 것이다. 모든 의태 체계는 복잡하고, 서로에게 영향을 미치며, 결코 고정된 현상이 아니다. 그 이유는 밀도-의존 인자는 집단의 크기와 상대적으로 많아지게 된 의태종을 변화시키는데 중요한 역할을 하기 때문이다. 게다가, 방어는 공동의 경계색과 공동의 맛없음을 나타내므로 포식자는 이런 경고를 학습을 통해 알아낼 수 있게 되고, 의태 복합성은 방어를 극복하여 선택한 종을 먹게 되는 포식 전문가를 우회시킬 수 있다. 분명한 것은, 의태 이론의 고찰에는 이 체계에서 적응력 있고 학습하며 차이를 분간하여 공진화하며 공존하는 행위자로서 역할을 하는 포식자를 인정하는 것이 필요하다(Box 14.1).

14.6 군거성과 사회성 곤충의 집단 방어

화학적으로 방어하는 경계색의 곤충은 적합한 그들의 서식지에 균일하게 분포되기보다는 종종 무리를 이루고 살고 있다. 그러므로 맛없는 나비 유충과 성충들은 눈에 띄는 집단으로써 살아가게 될 것이다; 겨울에 집단 이주를 하는 캘리포니아(Plate 3.5 참조)와 멕시코의 왕나비 성충들이 그 예이다. 화학적으로 방어하는 대부분 노린재목은 각자의 숙주식물에 결집하며, 말벌과의 어떤 말벌들은 서식지 바깥쪽에 눈에 띄게 모여 있기도 한다(12장의 표지 사진). 초식성인 잎벌(벌목: 잎벌과; 그림 14.7) 유충과 원형의 **방어 형태**(cycloalexy)를 하는 잎벌레는 규칙성 있는 무리로 확인되었다. 이 무리 가운데 어떤 유충은 몸을 원형으로 만든 상태로 있기도 하고, 다른 유충들은 유해 물질을 분비

할 목적으로 머리와 복부가 밖으로 향하는 바깥 고리를 만들기도 한다. 이 집단들은 집단의 식별력을 증가시키도록 종종 머리 그리고/또는 복부가 빠르게 움직이는 동작을 동시에 일어나게 한다.

무리의 형성은 일찍 도착한 개체들이 집단 페로몬을 생산함으로써 촉진되거나(4.3.2절), 하나 또는 여러 개의 알 무리들이 부화된 후에 흩어지게 되는 약점을 보완하기 위해 이루어진다. 화학적으로 방어하는 곤충 무리에 속한 개체들은 포식자를 단련시키는 행동들을 통해 이득을 얻는다. 그러나 무리를 이루는 것은 비사회성 곤충들의 혈연 선택에 영향을 미치기도 하며, 또한 훈련된 포식자에게 "희생물이 되는" 개체들의 비용적인 이득과도 관계된다.

집단 방어의 기원과 유지에 대한 행동 계획은 12장에서 보여준 것과 같이 확실한 진사회성의 벌목(개미, 벌 그리고 말벌)에 적용될 것으로 보인다. 이 진사회성 곤충들과 흰개미(흰개미목) 에서의 방어는 일반적으로 병정이라고 불리는 형태학적으로 변형된 개체에 의해 착수된다. 군대 개미를 제외한 모든 사회성 곤충들은 방어 행동의 초점이 서식지이고, 병정 계급의 주된 역할은 서식지와 그곳에서 서식하는 동족을 보호하는 것이다. 이런 곤충들의 서식지 건축법과 위치는 방어의 최선책으로 대부분의 서식지들은 지하에 묻혀 있거나 나무에 숨어 있어서 입구를 쉽게 방어할 수 있다. 만약 사바나 지대 흰개미의 노출된 서식지와 같이 방어 여건이 충분하지 않는다면 딱딱하고 흔들리지 않는 벽으로 서식지를 만들어서 적으로부터 방어하기도 한다.

병정 흰개미는 암수 둘 다 가능하지만 약한 시력을 가지고 있거나, 보지 못하고 큰 머리(때때로 머리를 제외한 나머지 몸길이 보다 길다)를 가지고 있다. 병정개미는 잘 발달된 턱 즉, "비상(鼻狀)돌기" 또는 주둥이가 연장된 **첨비형**(尖鼻形)의 턱을 가지고 있다. 병정개미들은 화학적 방법과 물어뜯는 방법으로써, 흰개미의 한 종류인 크리프토텀스의 경우 육탄봉쇄—변형된 머리를 가지고 서식지에 접근하는 것을 막는—로써 집단을 보호한다. 흰개미의 천적은 개미로써, 이 두 개체들이 공존하는 공간에는 종종 전투가 일어난다. 병정 흰개미는 매우 정교한 이마를 가지며 화학적으로 거대한 침샘을 발달시켰다. 예를 들면, 슈다칸도터메스 스피니거(*Pseudacanthotermes spiniger*)의 침샘은 복부의 10분의 9를 차지하고 그로비터메스 설퍼레어스(*Globitermes sulphureus*) 병정개미는 포식자-그리고 흰개미-를 뒤얽히게 할 수 있는 치명적인 노란색의 점액이 넘칠 만큼 가득 차 있다. 이런 자멸적 페로몬은 왕개미속(屬) 개미들도 가지고 있는데 팽복부(복부에서 부풀어져 있는 부분)에서 유체 압력으로 사용하며 거대한 침샘으로부터 점액을 분비한다.

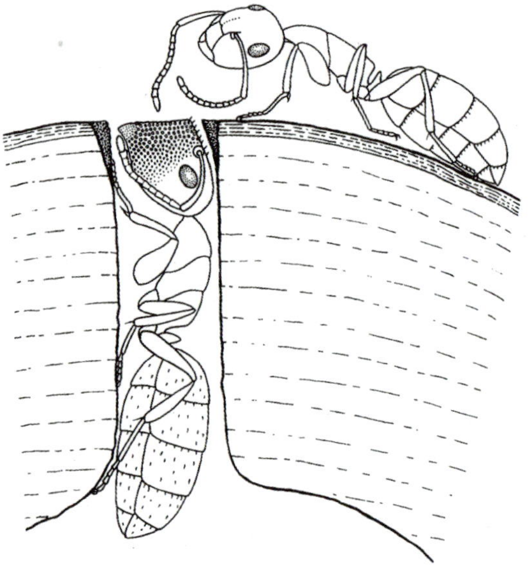

그림 14.9 유럽 개미인 왕개미아속(콜로봅시스아속) 트런카터스의 서식지 방어: 마개모양이된 머리로 서식지 입구를 막고 있는 병정개미에 접근하는 두 번째 일꾼 개미. (After Holldobler & Wilson 1990; from Szabo-Patay 1928.)

특별한 방어 행동의 대부분은 개미들에 대해 집중적으로 방어를 해야 하는 흰개미에 의해 이루어진다. 이런 방어 행동은 변형된 머리로 서식지 입구를 차단시키는 육탄봉쇄를 하는 것으로 콜로봅시스아속(亞屬)의 포르미신 병정개미(불개미아과과의 개미)와 몇몇 미르메신 병정개미(두배자루개미아과(亞科)의 개미)의 서식지 방어 방법이다(그림14.9). 독립적으로 행동하는 주요 일꾼개미(병정개미)가 서식지 입구와 크기가 비슷한 머리로 입구를 막으면 두 번째 일꾼개미들은 보다 완벽하게 입구가 차단될 수 있도록 작업한다; 미르메신 개미인 자크립토세러스속(屬)의 경우에는 입구가 크기 때문에 입구를 감시하는 차단자가 필요하며, 이들은 "문지기"로서의 행동이 요구된다. 미르메신 개미의 또 다른 방어 전략은 실모양의 물질이 분비되면서 머리에 딱딱한 것을 덮게 되는데 이것은 이끼가 덮혀

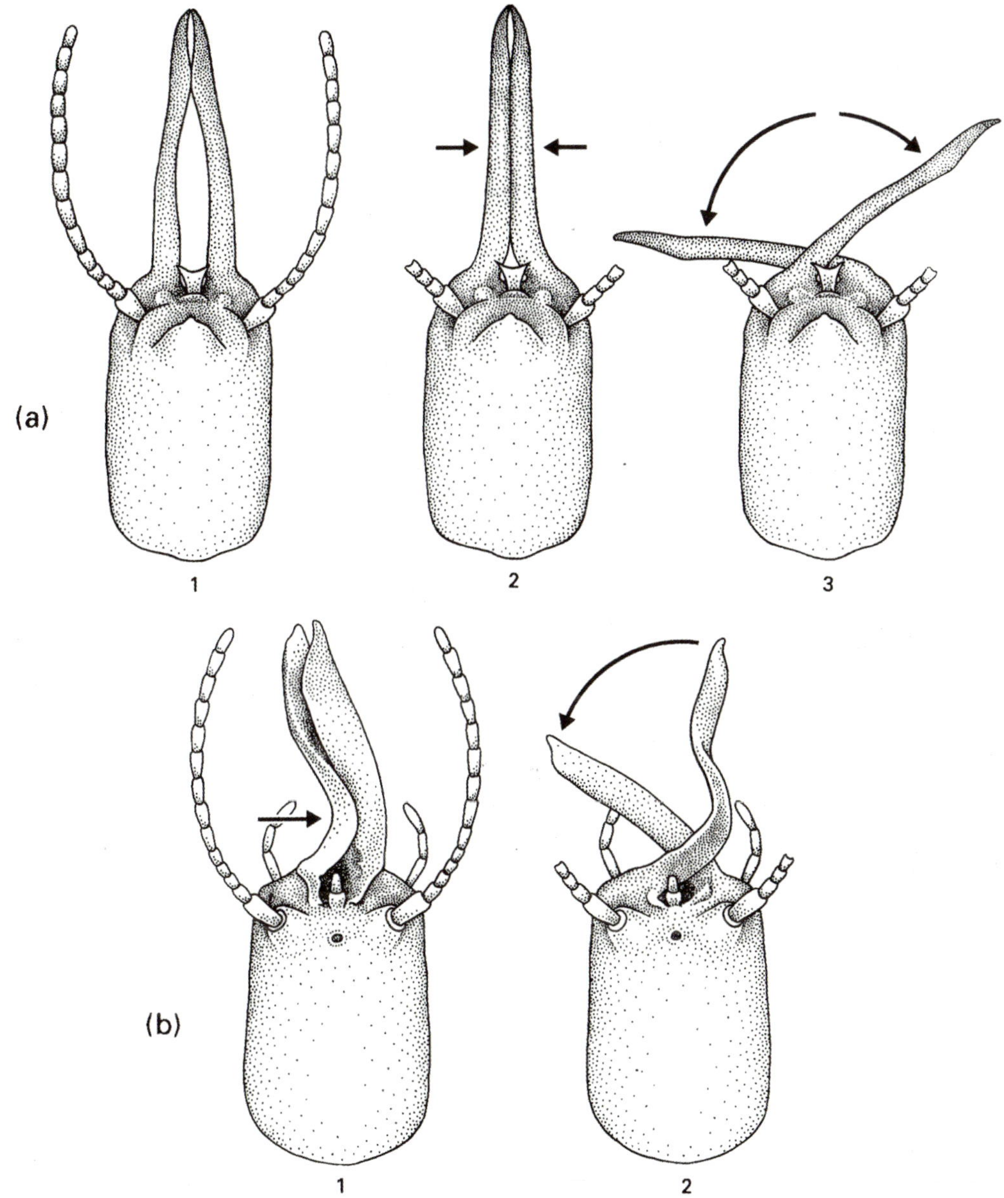

그림 14.10 병정 흰개미에서 탄발음(彈發音)에 의한 방어. (a) 흰개미속 마찰음 병정개미의 머리에 가늘고 긴 대칭적인 큰 턱이 서로를 강하게 압박하고(1) 안쪽으로 휘어지며(2) 서로를 교차하며 격렬하게 미끄러진다(3), (b) 호말로터메스속 마찰음 병정개미의 머리는 비대칭적으로 오른쪽 턱에 의해 밀려진 유연성있는 왼쪽 큰 턱에 힘이 생기고(1) 오른쪽 큰 턱이 왼쪽 턱 아래로 미끄러질 때 강력한 타격이 이루어진다(2). (after deligne et al. 1981.)

있는 가지 위에 있는 서식지 입구를 막기 위해 머리를 위장한 것이다.

대부분 병정개미들은 집단 방어에서 공격자를 상처 내는 방법으로 강하게 발달된 큰 턱을 사용한다. 흰개미의 새로운 방어에는 우리가 손가락으로 마찰음을 내는 것 같이 마찰음을 낼 수 있는 연장된 큰 턱이 필요하다. 큰 턱의 격렬한 움직임은 단단히 붙어 있던 각각의 큰 턱이 풀어지면서 숨어 있던 탄성 에너지에 의해 만들어진다(그림

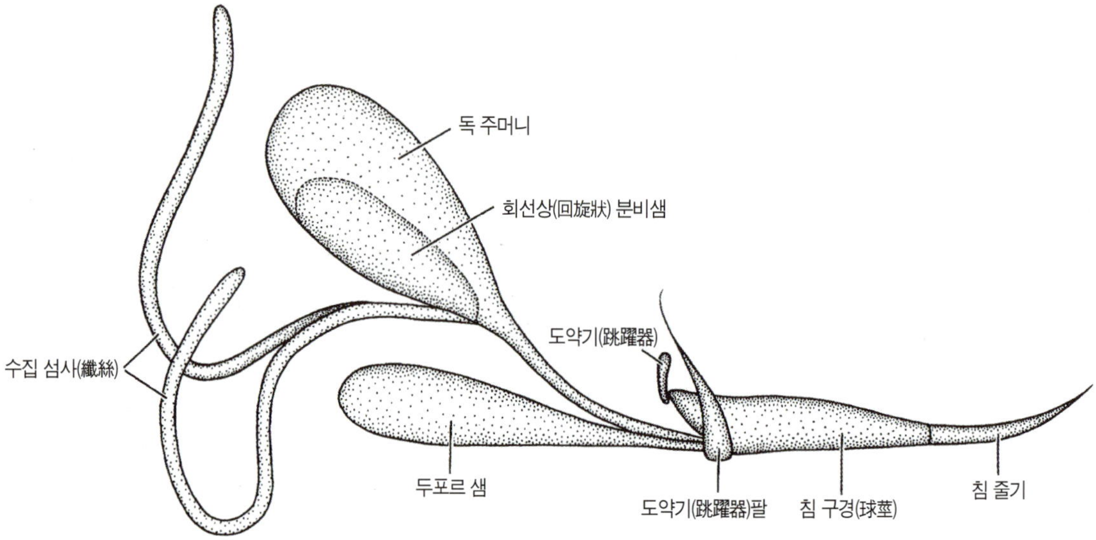

그림 14.11 사회성 침 있는 말벌의 독액 기구와 관련 있는 주요 기관의 구성도. (after Hermann & blum 1981.)

14.10a). 카프리터메스속(屬)과 호말로터메스속(屬)의 큰 턱은 비대칭적으로(그림 14.10b) 오른쪽 큰 턱의 강한 움직임 만으로도 탄성이 생긴다; 굽은 왼쪽 큰 턱은 탄성의 긴장감을 유지한 채 부동 상태로 있다. 비대칭 턱을 가진 병정개미들은 자신들의 왼쪽만을 타격할 수 있지만 이 방어의 유리한 점은 공간이 한정된 굴속으로 힘 있게 먹이를 넘겨 줄 수 있다는 것이다. 이 굴은 일반적인 방법으로 2개의 큰 턱을 충분히 벌리기에는 불충분한 공간이다.

흰개미 방어와 사회성 벌류 사이의 주요 차이점은 벌목은 암컷에 방어 계급의 제한이 있으며 산란관이 변형된 침을 가지고 독액 주입에 사용한다는 것이다(그림 14.11). 기생성 벌류는 이 침을 움직이지 않는 먹이에 사용하는 반면, 사회성 벌류는 침을 포식자에 대한 방어 무기로 사용한다. 많은 비사회성 그리고 모든 사회성 벌류는 침입자에게 독침을 쏘는 일에 일괄적으로 협력하기 때문에 개별 공격의 효과가 단계적으로 확대되고 심지어 큰 척추동물도 단념시킬 수 있다. 벌침은 도약기(跳躍器)팔의 지렛대(도약기)를 통해 포식자에게 주입되며, 침을 쏘는 것이 도약기와 연계되기는 하지만 개미를 향하여 조정할 수 있는 침은 거의 없다.

독액은 광범위한 다양성을 지닌 많은 폴리펩타이드 생성물을 포함한다. 히스타민, 도파민, 아드레날린(에피네프린) 그리고 노르아드레날린(노르에피네프린 그리고 말벌의 세크로토닌)과 같은 유기적인 아민은 아세틸콜린과 포스포리파아제와 히알루로니다아제(극심한 알레르기를 일으키는)가 포함되는 효소들을 동반하기도 한다. 말벌의 독액은 다량의 바소펩타이드를 가지고 있다—약리학적으로 키닌으로 활동하며 척추동물에서 혈관확장과 부드러운 근육의 이완을 유도한다. 포름산이 없는 개미의 독액은 단백질과 같은 기원을 가진 유사한 물질이나 알카로이드 약물류, 또는 두 유형의 성분들이 복합된 혼합물이 포함된다. 대조적으로 포르미신 독액은 주로 포름산이다.

독액은 아홉 번째 체절의 내부 판에 위치하는 특별한 분비선에서 생산되며 가느다란 실로 되어있으며 단순하거나 회선상(回旋狀)의 분비선으로 저장소에서 보관한다(그림 14.11). 두포르 샘의 배출구는 복부 독관의 침 안에 들어가 있다. 진사회성의 벌과 말벌에서 두포르 샘의 생산물은 잘 알려져 있지 않지만 개미의 두포르 샘은 놀랍게 조합된 하이드로카본들이 합성되는 곳이다(왕개미속(屬)의 한 종에서 40개 이상). 이 외분비선의 생산물은 에스테르, 케톤 그리고 알콜과 통신 및 방어에 사용되는 많은 다른 합성물들을 포함한다.

이 독침은 어떤 사회성 벌류 그 중에서도 침 없는 벌에서는 쇠퇴되었고 포르미신 개미에서는 유실되었다. 따라서 이 무리들은 다른 방법의 방어 전략이 필요하게 되었다; 침 없는 벌의 대부분은 독침을 가진 벌 또는 말벌로 위장하고, 위협을 받으면 큰 턱과 방어 화학물질을 사용한다. 반면 포르미신 개미는 독액 분비샘이 유지되고 있어서 이 분비샘에서 산성을 띄는 포름산을 분사하는데 종종 큰 턱으로 만든 상처에 뿌리기도 한다.

사회성 벌류에서 다른 분비샘들은 통신 역할을 하고 경보 페로몬으로 사용되는 휘발성 물질 같은 추가적인 방어 물질을 생산하기도 한다. 이런 행동은 하나 또는 그 이상의 방어 행동을 자극하게 된다: 사회성 벌류는 위협에 대해 더 많은 개체들을 호출할 것이고 공격의 목표가 되는 포식자를 표시하며 마지막 수단으로 무리가 위험으로부터 멀어지도록 유도할 것이다. 큰 턱 샘은 곤충들의 경보 페로몬이 큰 턱에 의해 생긴 상처로 유입되었을 때 고통을 유발하는 물질을 만든다. 몇 종의 개미는 서식지에서 미생물들에 대해 방어할 수 있도록 항생작용을 하는 화학물질을 뒷가슴옆판샘에서 만들기도 한다. 큰 턱 샘과 뒷가슴옆판샘의 두 가지 분비샘은 점성이 있는 방어 물질을 만들게 되는데 범위를 넓혀서 이 방어물질에 대한 연구가 시행된다면 약리학적 화학물질로서 인간에게 이득을 줄 수 있는지가 결정될 것이다.

아주 잘 방어된 곤충들조차도 의태에 의한 기생을 할 수 있고, 화학적 방어의 최선책도 포식자로부터 침해당할 수 있다(Box 14.1). 곤충강(綱)에서 사회성 곤충 대부분이 정교한 방어를 한다 하더라도 곤충들은 공격받기 쉽다. 예를 들면, 많은 곤충들은 사회성 곤충과 비슷한 형태를 만드는데, 허리 수축과 날개 유실 그리고 꼬여진 안테나까지 고려하여 개미처럼 많은 목을 대표하는 모형으로 집중된다(그림 14.12). 그 예로 함마 렉텀(*H. rectum*)은 개미를 의태하는 열대 아프리카의 함마속(屬)(뿔매미과)의 곤충으로 이 장의 표지에 측면과 등 부분이 묘사되어 있다.

말벌과 꿀벌의 경계적인 노랑과 검정색 형태는 전 세계 도처에 수많은 의태의 모형이 된다. 이 사회성 곤충은 통신 체계 뿐 아니라 그들의 성장을 위한 적절한 장소를 가진 많은 기생동물과 공생동물이 제공되는 서식지에도 기생한다(12.3절).

방어는 영구적인 공진화임에 틀림없다. 새로운 방어가 시작되고 변형된 후에는 선택적으로 돌파되고 또 다시 증진된 방어를 자극하는 "군비 전쟁"과 비슷하다.

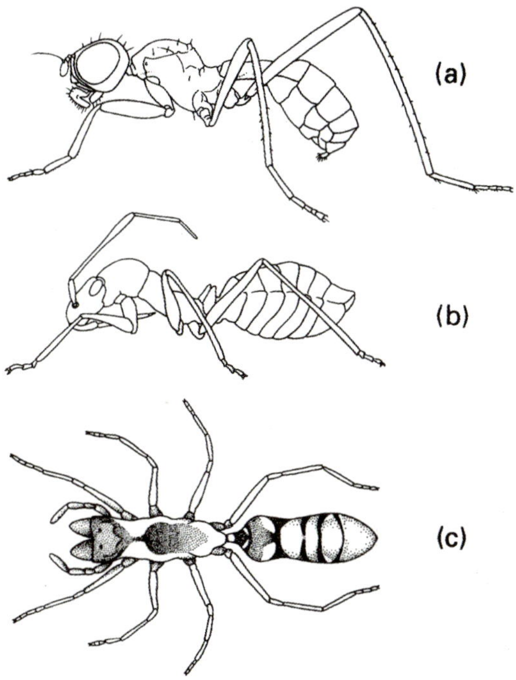

그림 14.12 3종류의 개미 의태: (a) 파리(파리목: 마이크로페지다이과: 배디시스속), (b) 노린재(노린재목: 장님노린재과: 애장님노린재아과), (c) 거미(거미목: 염낭거미과: 스페코티퍼스속). ((a) after MxAlpine 1990, (b) after Atkins 1980, (c) after Oliveira 1988.)

참고문헌

Blum, M.S. (1981) *Chemical Defenses of Arthropods.* Academic Press, New York.

Cook, L.M. (2000) Changing views on melanic moths. *BiologicalJournal ojthe Linnean Society* **69**, 431-41.

Dyer, L.A. (1995) Tasty generalists and nasty specialists? Antipredator mechanisms in tropical lepidopteran larvae. *Ecology* **76**, 1483-96.

Eisner. T. & Aneshansley, D.J. (1999) Spray aiming in the bombardier beetle: photographic evidence. *Proceedings oj the National Academy of Sciences oj the USA* **96**, 9705 -9.

Evans, D.L. & Schmidt, J.D. (eds.) (1990) *Insect Defenses. Adaptive Mechanisms and Strategies of Prey and Predators.* State University of New York Press, Albany, NY.

Grant, B.S., Owen, D.P. & Clarke, C.A. (1996) Parallel rise and fall of melanic peppered moths in America and Britain. *JournaloJHeredity* **87**, 351-7.

Gross, P. (1993) Insect behavioural and morphological

defenses against parasitoids. *Annual Review ojEntomology* **38,** 251-73.

Hölldobler, B. & Wilson, E.O. (1990) *The Ants.* SpringerVerlag, Berlin.

Hooper, J. (2002) *Of Moths and Men: An Evolutionary Tale: The Untold Story oJ Science and the Peppered Moth.* W.W. Norton & Co., New York.

Joron, M. & Mallet, J .L.B. (1998) Diversity in mimicry: paradox or paradigm? *Trends in Ecology and Evolution* **13,** 461-6.

Mclver, J.D. & Stonedahl, G. (1993) Myrmecomorphy: morphological and behavioural mimicry of ants. *Annual Review ojEntomology* **38,** 351-79.

Moore, B.P. & Brown, W.V. (1989) Graded levels of chemical defense in mimics of lycid beetles of the genus *Metriorrhynchus* (Coleoptera). *Journal oJ the Australian Entomological Society* **28,** 229-33.

Pasteels, J.M., Gregoire, J.-C. & Rowell-Rahier, M. (1983) The chemical ecology of defense in arthropods. *Annual Review oj Entomology* **28,** 263-89.

Resh, V.H. & Carde, R.T. (eds.) (2003) *Encyclopedia of Insects.* Academic Press. Amsterdam. [Particularly see articles on aposematie coloration; chemical defense; defensive behavior; industrial melanism; mimicry; venom.]

Ritland, D.E. (1991) Unpalatability of viceroy butterflies (*Limenitis archippus*) and their purported mimicry models. Florida queens (*Danaus gilippus*). *Oecologia* **88,** 102- 8.

Starrett. A. (1993) Adaptive resemblance: a unifying concept for mimicry and crypsis. *Biological Journal oj the Linnean Society* **48,** 299-317.

Turner, J.R.G. (1987) The evolutionary dynamics ofBatesian and Muellerian mimicry: similarities and differences. *Ecological Entomology* **12,** 81-95.

Vane-Wright. R.I. (1976) A unified classification of mimetic resemblances. *Biological Journal oj the Linnean Society* **8,** 25-56.

Wielder. W. (1968) *Mimicry in Plants and Animals.* Weidenfeld & Nicolson. London.

Y osef, R. & Whitman. D. W. (1992) Predator exaptations and defensive adaptations in evolutionary balance: no defense is perfect. *Evolutionary Ecology* **6,** 527-36.

Papers in *Biological Journal of the Linnean Society* (1981) 16. 1-54 (includes a shortened version ofH.W. Bates' s classic 1862 paper).

15장

의용 및 가축 위생곤충학

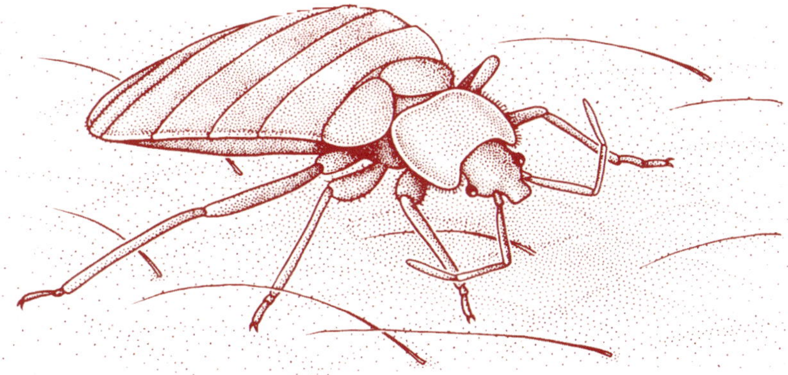

Bed bug on the skin of its host.(After Anon. 1991.)

곤충은 농작물 및 원예작물에 피해를 주는 것 이외에도, 사람과 가축에 질병을 전파함으로써 우리에게 피해를 준다. 그와 같은 피해를 주는 데 관여하는 곤충의 수는 많지 않다. 그러나 그들 곤충은 사람과 가축에게 질병을 전파하거나(매개곤충), 상처를 내고, 독소 주입 혹은 불쾌해충(nuisance)으로 혐오감을 줌으로써 사회적 및 경제적으로 심각한 결과를 야기시킨다. 따라서 곤충이 가축과 인간에게 주는 영향에 대한 연구는 주요한 과학의 한 분야이다.

의용 및 가축곤충학은 종종 그 연구범위에 있어서 훨씬 더 폭이 넓다는 점에서 다른 분야의 곤충학에서 추구하는 것과는 다르다. 첫째, 의용곤충학 및 가축곤충의 연구(연구비)에 대한 동기는 매개곤충 그 자체보다는 매개곤충에 의해 전파되는 사람과 가축의 질병 때문이다. 둘째로, 의용 및 가축곤충학을 연구하는 과학자는 매개곤충뿐만 아니라, 숙주와 기생충에 관하여도 잘 이해하여야 한다. 셋째로, 전문가는 매개곤충 이외에도 다른 절족동물, 특별히 진드기, 응애 그리고 거미와 전갈에 대해서도 잘 이해하고 있어야 한다.

15장에서는 간결성을 위하여, 저자는 의용곤충학자를 절지동물에 의하여 전파되는 모든 질병(가축질병포함)을 연구하는 사람들로 지칭한다. 곤충이 질병의 연계고리에서 중요한 톱니바퀴 역할을 하고 있지만 의학연구분야의 중요한 초점이 되지는 못하고 있다. 의용곤충학자는 독립적으로 연구하기보다는 일반적으로 다양한 연구 분야에 종사하는 전문가 즉 의사, 역학전문가, 바이러스전문가, 면역학자 그리고 해충방제 전문가와 함께 연구한다.

15장에서 다루어지는 분야는 곤충공포증, 알레르기반응, 독극물, 그리고 곤충에 의해 유발된 가려움증에 관하여 다루었다. 그리고 곤충매개 질병의 대표적인 예로서 말라리아 전파과정을 자세히 공부하고자 한다. 또한 곤충이 질병 매개에 중요한 역할을 하고 있는 다른 질병에 관하여서 추가적으로 공부한다. 15장의 후반부는 의용곤충학에 관한 것이며, 가장 뒷부분에는 기생이목(이), 벼룩목(벼룩), 그리고 파리목(특별히 의용곤충학적으로 중요한 파리)에 대하여 분류학적인 중요성을 다루었다.

15.1 불쾌해충과 공포증

불쾌해충은 질병을 매개하는데 아무런 관계가 없다고 인식하고 있다. 불쾌해충은 호주시골지역에 "Bush fly" (*Musca vetustissima*)나, 또는 집주변에 개미와 좀(silverfish)과 같은 특정 종이 대량 발생함으로서 파생된 결과로 인식되고 있다. 대부분 사람은 큰검정파리(blow flies), 바퀴벌레, 개미처럼 물어뜯는 곤충, 그리고 벌 및 기생벌과 같이 독극물을 분비하며 쏘는 곤충과 같은 혐호성 불쾌곤충(filth-frequenting insect)은 더욱더 당연히 피한다. 심각한 질병을 매개하는 곤충은 많지 않으며, 사람을 흡혈하고자 무는 행동양식 이외에는 눈에 띠는 행동이 없어서 사람들은 질병매개곤충을 특별히 혐오곤충으로 인식하지 못할 수 있다.

사람에게 전혀 피해를 주지 않는 곤충과 거미류(archinids)도 때로는 공인되지 않은 공포 반응(거미공포증, 곤충공포증 혹은 기생충감염착각증)을 유발시킨다. 이러한 환자의 경우 의용곤충학자가 시간만 지체하고 아무 결과도 얻지 못하는 조사를 하게 되는 데, 이때 좀 더 적절히 조사하면 심리적인 이유 때문에 생긴 공포감으로 인하여 파생된 것임을 알게 된다. 그럼에도 불구하고, 지속적인 곤충의 바이팅과 피부홍반으로 인한 고통을 받고 있으나 물리적으로 그 원인이 무엇인지 알 수 없는 경우가 있는데, 실제로는 미소한 진드기가 국소적으로 혹은 몸 전체에 감염되었지만 정확한 진단을 하지 못하여 고통을 받고 있음을 알게 된다. 이러한 상황에서 기생충감염착각증에 대하여 진정한 원인이 무엇인지를 의학적으로 정확히 규명하지 못하여, 심리전문가의 상담을 받게 하도록 하는 일은 도움되지 않음으로 심리전문가의 상담을 받게 하도록 하는 일은 권유하지 않아야 한다.

그러나 일부 곤충은 어떠한 질병도 매개하지 않고 흡혈만 하는데, 이러한 흡혈곤충이 무엇인지 주의 깊게 관찰하여 보면 거의 보편적으로 고통을 주는 빈대(bed bug)임을 알 수 있다. 이번 15장에 있는 삽화(그림)는 노린재목의 빈대(*Cimex lectularius*)를 그린 것이다. 빈대는 전세계적인 공통 침대해충으로서 이불 사이에 발견되는데 그 침대의 청결/위생상태를 시사하여 준다.

15.2 독과 알레르기원

15.2.1 곤충의 독(Insect Venoms)

일부 사람은 곤충과의 최초 경험을 곤충으로부터 받은 고통 때문에 잊지 못한다. 비록 많은 사회성 막시류 곤충(벌, 말벌, 개미)의 암컷 벌침은 도발성이 없어 보이지만, 벌집을 보호하기 위해서 적극적 방어체제로 이용한다. 벌독은 암컷 벌의 수란관이 변조된 벌침을 통하여 전달된다(그림 14.11). 꿀벌침은 후방으로 방향을 잡은 화살촉의 갈고리 모양(barb)을 갖고 있으며, 단 한 번만 사용가능하다. 왜냐하면 벌침을 다시 빼고자 노력하는 과정에서, 벌침 및 벌독주머니를 사람의 조직속에 남겨두게 될 때, 벌은 치명적인 피해를 받게 된다. 대조적으로, 말벌과 개미 침은 부드러워 수축이 가능하며 반복적으로 사용가능하다. 일부 개미에서 산란관침은 크게 작아졌고, 독을 주위에 자유롭게 분사하거나, 개미자신의 턱으로 만든 공격부위(상처)에 정확히 독을 공급할 수 있다. 사회성곤충의 독은 14.6절에서 좀더 상세히 다루어 졌다.

15.2.2 물집과 가려움증 유발 곤충

곤충에 의해 생성된 일부 독성물질은 벌침을 통해 인체내로 분비되지 않아도 사람에게 피해를 주는 원인이 된다. 물집딱정벌레(Meloidae)는 피부독성 화학물질인 칸타리딘(Cantharidins)을 갖고 있는데 누르거나 만질 때 분비된다. 칸타리딘은 피부에 물집을 유발하며, 섭취시에는 비뇨기와 생식기에 염증을 유발하여, 최음제로서 역할을 한다고 알려져 "Spanish fly(청가뢰)"라는 악명을 갖고 있다. *Padederus*속에 staphylinid 딱정벌레는 치명적인 접촉독(paderin)을 생산한다. 그것은 심각한 물집과 장기간 궤양이 장기간 발병된다. 나비목 유충가운데 특히 나방은 종종 피부에 염증과 따끔거리는 가려움증을 유발시킨다. (Urtication은 *Urtica*속의 쐐기풀에 대한 반응과 유사하다는 점에서 유래한 설명임). 일부종의 나방은 속이 빈 털(hollow spines)을 갖고 있는데 피하에 있는 독샘에서 생성된 물질을 함유하고 있으며, 그 털(spine)이 부러지면 독성물질이 방출된다. 다른 종의 나방은 강모(setae)(털과 머리카락)에 독성을 가지고 있으며, 인간의 피부와 접촉시 심한 염증(피부발진)을 유발시킨다. 가려움증 유발 애벌레에는 "행렬털애벌레(Processionary caterpillars) (재주나방과, Notodontidae)"와 일부 컵 모양의 나방(쐐기나방과, Limacodidae)이 있다. 행렬털애벌레는 배설물(말라버린 곤충 배설물)을 모으며, 유충피부를 벗고(탈피), 유충의 털을 모아 주머니안에 넣어 나무와 관목에 매달려 번데기가 된다. 만약에 그 주머니가 외부접촉이나 강한바람으로 손상이 되면, 피부습진유발하는 곤충의 털(hairs)이 바람에 날려 널리 퍼진다.

벌침으로 인한 고통은 장시간 지속될 수 있으며, 피부 가려움증은 수일 동안 지속될 수 있고, 딱정벌레에 의하여 유발되는 가장 심각한 염증은 아마 수 주 동안 지속 될 수 있다. 그러나 이러한 해로운 곤충이 주는 의학적 중요성은 이와 같은 벌침에 반복적으로 노출되면 일부 사람에게 알러지 반응이 유발된다는 점이다.

15.2.3 곤충에 의한 알레르기반응

곤충과 다른 절지동물은 종종 알레르기성 질병과 관련되어 있다. 알레르기성 질병은 사람이나 동물이 일부 절지동물의 알레르기 유발 물질에 노출되었을 때(적당한 크기와 분자 무게의 화학물질, 보통은 단백질) 지나친 면역학적인 반응을 일으킨다. 곤충을 사육하거나, 열대어 먹이를 생산하거나, 혹은 연구실에서 연구용 곤충을 다루는 일에 종사하는 사람들은 하나 또는 다수의 곤충의 범위에서 종종 알레르기 반응이 발생한다. 갈색거저리 유충(*Tenebrio* 계통 딱정벌레의 유충), 붉은장구벌레(*Chironomus* 계통의 유충), 메뚜기, 큰검정파리는 모두 알레르기와 관련 되어 있다. 난시 진드기가 많이 포함된 저장된 농산물은 빵장수와 식료품장수의 가려움과 같은 알레르기성 질병을 일으킨다. 가장 중요한 절지동물 알레르기 유발원은 세계의 많은 지역의 집 어디에나 풍부하게 존재하는 집 먼지 진드기의 배설물을 통해 일어난다. 비록 현재 집 먼지 진드기가 알레르기를 유발하는 것으로 잘 알려져 있지만, 자연에 존재하는 알레르기를 유발하는 절지동물과 이들의 배설물에 노출된다고 하는 사실은 과소평가되고 있을 수 있다.

위에서 논의된 바와 같이 독성을 가지고 있거나 두드러기를 유발시키는 곤충들은 매우 높은 위험 원인이 될 수 있다. 일부 (과거에 노출되어 알러지 감수성이 있는) 사람들이 곤충에 다시 노출되었을 때, 과민성 쇼크(anaphylactic shock)가 일어나서, 치료받지 않으면 죽음에 이르게 된다. 벌목류 곤충의 침(sting)에 알레르기 반응을 보이는 사람들은 알러지 원인물질을 기피하거나, 아드레날린(예, epinephrin)을 상비하고 있다가 필요시 적당한 예방조치를 취해야 한다.

15.3 질병의 원인 및 매개자로서의 곤충

열대 및 아열대 지역에서는 일반대중이나 과학계에서 원생생물, 바이러스, 박테리아와 선충을 전파하는 매개곤충의 역할에 대하여 큰 관심을 갖고 있다. 이러한 병원균들은 매우 중요하며 전 세계에 분포된 인간질병 즉 말라리아, 뎅기열, 황열병, 사상충증(river blindness, 강변실명증), 레쉬마니아시스(동양궤양, 흑열병=칼라자르), 필라리아병(상피병), 그리고 트리파노소마증(수면병)의 원인균 역할을 한다.

곤충자신이 사람 질병의 원인체가 될 수 있다. 그 예로 사람의 몸이와 머리이(*Pediculus humanus corporis* and *P. humanus capitis*)는 이기생증(Pediculosis)를 일으키며, 또 옴애(*Sarcoptes scabiei*)는 피부를 파고들어가는 습성으로 피부에 옴(scabies)을 일으키는 곤충이다. 구더기증(**myiasis**)(그리스어로 파리를 뜻하는 *myia*에서 유래함)의 경우는, 큰검정파리, 집파리, 그리고 기타 파리류(파리목: 검정파리과 = Calliphoridae, 쉬파리과 = Sarcophagidae, 집파리과 = Muscidae)의 유충이나 구더기가 주요병원체로 생물조직에 서식하거나, 혹은 이후에 진드기 및 무는파리(biting flies)와 같은 다른 곤충에 의한 상처 및 피해가 유발된다. 만약 치료를 받지 않는다면, 구더기증에 걸린 동물은 죽게 될 것이다. 그 동물이 죽어가면서, 그 동물의 살은 박테리아의 활성을 통하여 부패하게 되고, 죽으면 파리유충이 세 번째로 몰려와 정착하게 된다. 가축에 피해를 주는 한 가지 특이한 형태의 구더기증(myiasis)을 "Strike"라는 이름으로 알려져 있다. 이 구더기증은 유럽대륙(old world)에서는 *Chrysomya bezziana*에 의하여 발생하며, 미국에서는 "남북아메리카대륙의 나선구더기파리(New World screw-worm fly, *Cochliomyia hominivorax*) (그림 6.6h; 16.10절)에 의하여 발생한다. "나선구더기파리 Screw-worm" 이름은 나사못을 닮은 구더기 표면에 있는 강모의 독특한 링구조에서 유래하였다. 사실상 screw-worm에 포함한 모든 구더기증은 특히 열악한 위생 상태하에 사는 사람이 감염된다. 보다 고등한 파리목의 다른 파리는 포유동물에서 피부, 내장, 혹은 양콧구멍파리(*Oestrus ovis*)에서와 같이 사람의 코와 머릿속에 있는 공간(head sinuses)에 내부 기생유충으로 서식한다. 세계의 많은 지역에서 파리에 의해서 가축과 고기에 준 피해로 인한 손실과, 구더기증으로 인한 가축의 사망으로 인하여 발생된 피해액은 수백만 달러에 달할것이다.

심지어 곤충에 의한 직접적 피해 보다 훨씬 더 빈번하게 일어나는 일은 곤충이 질병매개곤충으로 역할을 하여 한 동물에서 다른 동물로, 혹은 인간에서 또 다른 인간에게 질병유발병원균을 전파시키는 매개자로써 활동 한다. 이러한 병원균의 전파는 기계적인 또는 생물적 방법에 의하여 이루어질 수 있다. 물리적전파의 예를 들면 모기는 그들의 주둥이로 흡혈을 하면서 토끼에서 토끼로 점액종증(myxomatosis)를 전염시킨다. 그와 마찬가지로 바퀴나 집파리는 분변 위에서 서식하는 박테리아 일부가 이들의 주둥이, 다리, 몸에서 사람이 먹을 음식에 이동함으로서 장내 질병원을 전파한다. 질병의 원인인자들은 기주에서 기주로 수동적으로 전파되고, 매개곤충 내에서는 증식하지 않는다. 일반적으로 물리적인 전파에서는, 열악한 대중 및 개인위생이 종종 병원균을 전파시키는 또 다른 방법이 되는데, 절지동물들은 단지 질병을 전파하는 여러 방법 중 하나이다.

이와 반대로 생물학적 전파는 매개곤충, 병원균, 그리고 숙주 사이에 보다 더 구체적으로 연관되어 있어서, 이들 3개의 구성원이 없이는 자연적으로 결코 전파가 일어나지 않는다. 이러한 질병을 유발하는 병원체는 매개체인 곤충 안에서 복제를 하고 곤충과 질병원 사이에 기주특이성을 갖고 있다. 따라서 그 매개곤충은 이와 같은 생물학적 전파에서 결정적인 매개체가 되어, 질병통제를 위하여 항상 매개곤충의 수를 줄이기 위하여 시도하고 있다. 또한, 생물학적으로 전파되는 질병은 매개 곤충과 숙주 사이의 접촉을 방해하는 방법을 찾음으로써, 그리고 숙주 내에서는 직접적으로 병원균을 공격함으로써 방제할 수 있다. 질병의 방제는 세 가지 구성요소 즉 매개곤충, 병원균과 숙주의 생물학적 지식을 자세히 알고, 이들을 잘 결합함으로써 질병을 예방할 수 있다.

15.4 일반적인 병의 생활사

생물학적으로 전파되는 모든 질병은 흡혈능력이 있는 절지동물(주로 곤충)에 의해 전파된다. 특히 파리목 곤충이 기생충을 동물에서 동물로, 사람에서 사람으로, 동물에서 사람으로, 또는 매우 드물게 사람에서 동물로 전파한다. 사람의 병을 유발하는 병원균(말라리아원충과 같은 사람 질병의 원인 병원체)의 일부는 이러한 기생충의 생활사를 매개 곤충과 사람 기주 내에서 단독으로 완성 할 수 있다. 예를 들어, 사람 말라리아는 *Anopheles* 모기, 말라리아 원충 그리고 사람이 관여된 단일생활사를 갖는 질병이다. 비록 인간말라리아원충과 관련된 다른 말라이아원충이 동물(주로 다른 영장류와 조류)에서 발생하지만, 이들 숙주와 기생충은 사람 말라리아 생활사와 관련이 없다. 곤충에 의해 매개(insect-borne)된 사람의 질병 중 단지 일부만이 병원균과 매개 곤충 그리고 사람이 관련된 단일생활사를 갖는다. 인간은 진화학적으로 비교적 최근에 기원하였기 때문에, 질병을 유발하는 생명체(병원균)의 생활사를 완성하기 위하여, 다른 척추동물이 대체 숙주가 될 수 있는데도 사람만을 특이적인 숙주로 요구하는 곤충매개(Insect-borne)질병을 탄생시키기에는 너무 짧은 시간이 주어졌다.

단일 생활사를 갖는 질병과는 반대로, 곤충매개를 통하여 사람을 감염하는 많은 다른 질병은 사람을 제외한 다른 척추동물이 숙주가 된다. 예를 들면 황열병(yellow fever)의 숙주는 원숭이, 역병(plaque)의 숙주는 쥐, 레쉬마니아시스(leishmaniasis) 사막의 설치동물이 숙주 역할을 각각 하고 있다. 이들 질병의 경우(황열병, 역병, 레쉬마니아시스), 주요 생활사는 분명히 사람이 아닌 다른 척추동물에서 유지된다. 드물게 사람에서도 2차 생활사가 일어나지만, 이러한 질병을 유지하는 데는 필수적이지 않다. 그러나 질병이 대발생할 경우, 이들 질병은 사람들 사이에서 확산될 수 있으며, 많은 환자가 발생할 수 있다.

사람에서 그러한 질병이 대발생하는 이유는 보통 사람의 행위에서 비롯된다. 예를 들어, 사람이 그러한 질병의 잠재적 보균자(reservoirs)로 역할을 하는 매개곤충과 동물숙주가 서식하는 지역으로 이동하는 것과 관련된다. 예를 들면, 우간다(중아아프리카)의 자연산림에서 발생하는 황열병(yellow fever)은 산림형 생활사("sylvan" (woodland) cycle)를 유지하며, 단지 영장류의 혈액만을 흡혈하는 모기(*Aedes africanus*)에 의하여 매개되고 있어 canopy-dwelling 영장류 내에서만 유지되고 있다. 이는 사람과 원숭이를 흡혈하는 두 번째 매개 모기인 *Aedes bromeliae*(전에는 *Ae. simpsoni*으로 알려짐)가 많은 산림 근처 혹은 산림 내에 위치한 바나나 재배지에서 원숭이와 사람이 공통으로 존재하는 바로 그때 산림형 황열병이 사람에게 전파된다. 두 번째 예로서, 아라비아의 *Phlebotomus* 모래파리(Psychodidae)는 건조한 지역의 굴속에 사는 설치류에 의존하여 살고 있는데, 흡혈하는 과정에서 *Leishmania* 기생충을 설치류 숙주 사이에 전파한다. Leishmaniasis는 사람의 얼굴에 변형을 초래하여 큰 고통을 주는 병으로써 신열대구(Neotropics)에서 급격하게 증가하고 있다. 도시주변의 위치한 주택이 Lesihmaniasis의 잠재적인 보균자인 설치류가 살고 있는 곳으로 확장되면서 사람 사이에 전파된다. 그러나 황열병과 달리, 사람이 그 Leshimania 생활사에 포함되도 이를 매개하는 매개곤충은 변화가 없는 것 같다. 역학적 관점에서, 그 Lesihmaniasisis 생활사에는 동물 보균자가 관련되어 있는데, 산림에 거주하는 영장류(sylvan primates)는 황열병의 보균자(reservoir)로 역할을 하며, 사막의 설치류(rodents)는 leishmaniasis의 보균자로 역할을 한다. 질병방제는 분명히 사람의 생활사는 물론 이러한 동물보균자가 있어서 매우 복잡하다.

15.5 병원균

매개곤충에 의해 전파되는 질병 원인균은 바이러스(arbovirus: *ar*thropod-*bo*rne *viruses*라는 용어를 축약하여 만든 것), 박테리아(리켓치아 포함), 원생생물(protists), 혹은 필라리아선충이다. 이들 기생충은 매개곤충과 사람과 가축의 숙주에서 복제되어야 하며 복잡한 생활사를 갖고 있다. 이러한 생활사를 갖고 있는 경우 원충 및 필라리알 선충에서 볼 수 있다. 매개곤충체 내에 기생충이 존재하는지는 해부 후 현미경 및 생화학적 방법을 통하여 확인할 수 있다. 일반적으로 숙주인 매개곤충에 영향을 주지 않는다. 매개곤충에서 기생충이 적절한 발달단계에서 증식 혹은 복제가 이루어지면 다른 사람 및 가축 숙주로 전파가 된다. 매개곤충이 사람과 가축 숙주의 혈액을 섭취하는 과정에서 매개 곤충 내에 있는 병원체가 숙주에서 사람과 가축으로 전파된다. 기생충에 감염된 매개곤충에서 기생충에 감염되지 않은 매개곤충으로 전파되는 과정은 기생충에 감염된 척추동물의 혈액을 섭취함으로 이루어진다. 기생충에 감염된 매개곤충이 척추동물숙주의 혈액을 섭취하는 과정에서 매개곤충은 항응고제를 분비하여 척추동물의 응고과정을 억제하여 흡혈시 생긴 상처를 지속적으로 열어주도록 함으로써 혈액을 섭취한다. 그러나 질병전파가 이루어지는 또 다른 가능성은 그 상처 주변에 감염된 매개곤충의 배설물로 인한 것이라 볼 수 있다.

다음 절에서는 주요 절지동물매개 질병을 소개하고, 말라리아에 대하여 좀 더 자세히 소개할 것이다. 말라리아는 세계에서 가장 심각한 피해를 주는 질병이며, 말라리아는 의용곤충학의 여러 가지 중요성에 대하여 잘 설명하여준다. 이후 곤충을 포함한 병원성 질병의 범위에 관한 리뷰가 있으며, 바이러스에서 사상충에 이르는 여러 기생충의 유

Box 15.1 Plasmodium 생활사

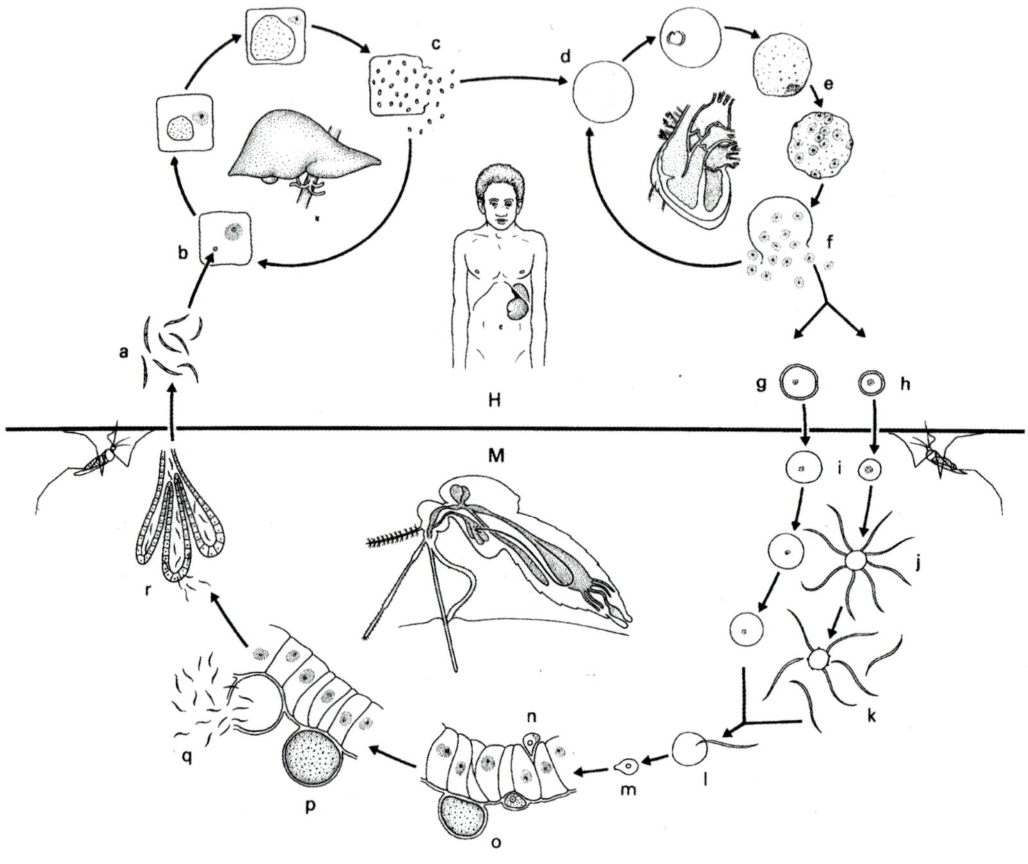

Box 15.1 그림은 Kettle(1984)과 Katz(1989)가 제시한 말라리아 생활사에 기초하여 수정된 생활사이다. 이 생활사는 감염된 암컷 Anopheles 모기가 사람숙주(H)를 흡혈함으로서 시작된다. 포자소체(**Sporozoite**)단계의 말라리아원충이 오염된 타액은 사람에게 주사된다(a). Sporozoite는 혈액에서 순환하다가 간에 도착한다. 간의 유조직에서 전적혈구주기(**pre-erythrocytic schizogonous** cycle)가 일어난다(b,c). 이후 큰 분열체(Schizont)가 형성되며, Plasmodium의 종류에 따라서 각 분열체에 2,000-40,000개의 **merozoites**를 갖는다. 감염 잠복기는 말라리아에 감염된 모기가 숙주를 흡혈(infective bite)할 때 시작되며, merozoites가 schizont에서 방출될 때 끝난다(c). 이후 방출된 merozoite는 보다 많은 간세포를 감염시키거나, 혹은 혈류를 타고 적혈구에 침입한다. 침입은 적혈구가 낭충(merozoite)을 포식하기 위하여 함입함으로서 일어난다. 이후 낭충(merozoite)은 액포(vacuole)내에서 영양형(**trophozoite**)으로 영양분을 섭취한다(e). 그와 같은 첫 번째 주기와 그 이후 수차례에 걸친 적혈구 증원생식(d-f) 주기를 통해 trophozoite를 생산한다. 이러한 영양형은 분열체(schizont)가 되는데 6에서 16개의 merozoites(f)를 방출하게 된다. 이때부터 적혈구 주기를 반복적으로 시작하게 된다. 적혈구로부터 merozoites를 동시에 방출하는 과정에서 기생충 유래 산물이 방출된다. 이들이 숙주의 세포를 자극하여 사이토카인(면역학적 매개자의 1종류)을 분비하게 하며, 말라리아 감염으로 인한 열(fever)과 질병을 유발한다. 그러므로, 적혈구 증원생식 주기(**erythrocyte schizogonous** cycle)는 말리리아 기생충(예, merozoite)이 대량으로 발생하는 시점과 그 다음 시점 사이에 기간(i.e. 삼일열 말라리아는 48 시간 주기, 사일열 말라리아는 72시간 주기)을 말한다.

적혈구 주기가 여러번 있은 이후, 일부 영양형(trophozoite)은 생식모세포(gametocyte)(g, h)로 성숙한다. 이와 같이 Gametocyte로 성숙하는 필요한 기간은 열대열원충(P. falciparum)은 8일 이지만, 삼일열원충(P. vivax)은 단지 4일이면 된다. 만일 암컷 Anopheles 모기(M)가 말라리아 환자내에서 진행되는 말라리아 생활사중 Gametocyte가 만들어지는 시기에 흡혈하게 되면, 암컷 모기는 적혈구가 포함된 혈액을 섭취하게 되는데, 이때 일부 적혈구는 두 가지 종류의 gametocyte를 갖고 있다. 말라리아원충이 모기내에서 발육성장하게 하여 주는 모기(susceptible mosquito) 안에 있는 적혈구는 2 종류의 gametocyte를 방출하고 더 발육을 하게 된다: 하나는 암컷생식모세포(female **gametocyte**)라 하며 크기가 크며, **macrogamete**이라 한다. 나머지 하나는 수컷생식모세포이며, 8개의 편모를 가지고 있는 **microgametes**으로 분열된다(j). 그 후 빠르게 편모를 분리한다(k). 그리고 암컷생식모세포(macrogamete)를 찾아 융합함으로서 접합자(**zygote**)가 된다(l). 이와 같은 모든 성적활동(sexual acitivity)은 흡혈한 혈액이 중장으로 이동하는 대략 15분 동안 일어난다. 이곳 중장에서 초기 불활성화 형태의 접합자(zygote)가 활성화된 **ookinete**(m)으로 된다. 이 **Ookinete**는 중장상피세포를 침입하여 성숙한 Oocyst(n-p)가 된다.

그 Oocyst는 크기가 커지며, 동시에 무성생식(**sporogony**)이 일어난다. 이러한 무성생식은 온도의 영향을 받는 과정으로서, 수없이 많은 핵분열을 통하여 포자소체(Sporozoites)가 된다. 무성생식은 16℃ 이하에서 또는 33°C 이상에서 일어나지 않는다. 그래서 15.5.1에서 Plasmodium 원충의 발육이 온도의 제약을 받는 것으로 설명한 것이다. 성숙한 oocyst는 10,000개의 sporozoites를 포함할 수 있으며, oocyst가 파열되어 체강내(q)로 Sporozoites가 방출된다. 이후 모기의 침샘(r)으로 이동한다. 이러한 무성생식주기(sporogonic cycle)는 최소 8~9일이 걸려서 Sporozoite를 생산하며 최대 12주 동안 그 활성이 유지된다. 이는 모기의 기대수명보다 몇 배 긴 기간이 된다. 그 이후 흡혈할 때 마다, 감염된 암컷의 Anopheles 모기는 다음 숙주 안에 항응고제 물질을 포함한 타액과 함께 Sporozoite를 주사함으로서 새로운 말라리아 생활사가 재개된다.

전자 서열의 유사성에 기초하여 분류하는 내용에 대하여 다루어진다.

15.5.1 Malaria

The disease

말라리아는 세계적으로 곤충에 의해 유래하는 어떠한 다른 질병보다 많은 사람에게, 그리고 좀더 지속적으로 인류에게 피해를 준다. 해마다 대략 1억 2천명의 새로운 말라리아환자가 발생한다. 세계보건기구에 따르면 1950~1972년도 사이에 말라리아방제 결과 말라리아에 노출된 전 세계 인구(중국을 제외한)를 64%에서 38%로 감소시킨 것으로 추산하였다. 그러나 그 이후 많은 국가에서 말라리아에 노출된 비율이 반세기 이전의 비율로 증가하였다. 그 결과 DDT살충제로 인한 부작용이 유발되었고, 모기가 현대 살충제에 대한 내성이 생겼고 말라리아원충이 항말라리아약에 대한 내성이 발생하였으며 다양한 국가에서 내란으로 인한 불안한 정세와 빈곤이 생겼다. 말라리아 전염이 전혀 없는 호주에서 조차도 여행자들 중 말라리아 환자가 증가 추세에 있다. 그 환자 수는 1970년도에 199명에서 1980년도에 629명이 되었고, 1990년대에는 그 수가 700~900에 이르렀고 이 중 매년 1~5명이 사망하였다.

말라리아를 유발하는 기생성 원생생물은 플라스모디움(*Plasmodium*)속에 해당하는 스포로조안(sporozoan)이다. 4종의 *Plasmodium*이 사람에게 말라리아를 유발한다. 그러나 영장류, 일부 포유류, 조류, 그리고 도마뱀에 말라리아를 유발하지 않는다. 그러나 최소한 일부 플라스모디움에 속하는 말라리아원충은 사람에게만 제한되지 않고, 다른 영장류에도 말라리아를 유발하는데 관여한다는 분자생물학적 증거가 제시되고 있다. 포유동물의 말라리아를 매개하는 모기는 항상 *Anopheline* 모기이다. 반면에 조류말라리아는 다른 속의 매개모기(예: Aedes aegypti)가 전파한다.

말라리아 질병은 감염성 흡혈(Infective bite)과 적혈구에 처음으로 말라리아원충이 발견되는 시점인 **"Patenty"** (Box 15.1에 Sporozoite 참조)사이에 일련의 잠복기 과정이 있다. 최초로 나타나는 임상적인 증상은 감염 후 9일(열대열원충, *P. falciparum*)과 18~40일(사일열원충, *P. malariae*)간의 잠복기(**incubation period**) 말기에 나타난다. 고열기간 이후 심하게 땀을 흘리는 일이 주기적을 반복된다. 몇시간이 지난 이후 감염된 적혈구가 동시에 파열된다. 비장(spleen)은 비대해진다. 4종류의 말라리아원충 각각은 서로 다른 증상을 보여준다:

1 열대열원충(*Plasmodium falciparum*)에 감염되어 생기는 "악성 삼일열 말라리아" 환자가 치료 받지 않을 경우 뇌말라리아 혹은 신장이상 증세로 인하여 사람이 사망한다. 반복적 발열이 48시간마다 이루어진다(Tertian은 라틴어로 3일을 뜻함. 또한 1일에 열이 있으며, 2일에는 정상이고, 3일째에는 다시 발열을 보이는 환자로부터 유래한 병명을 뜻하는 "삼일열"을 가르킨다). *P. falciparum*은 최소 20도 등온선 제한을 갖고 있어서, 세

Box 15.2 Anopheles gambiae 복합종

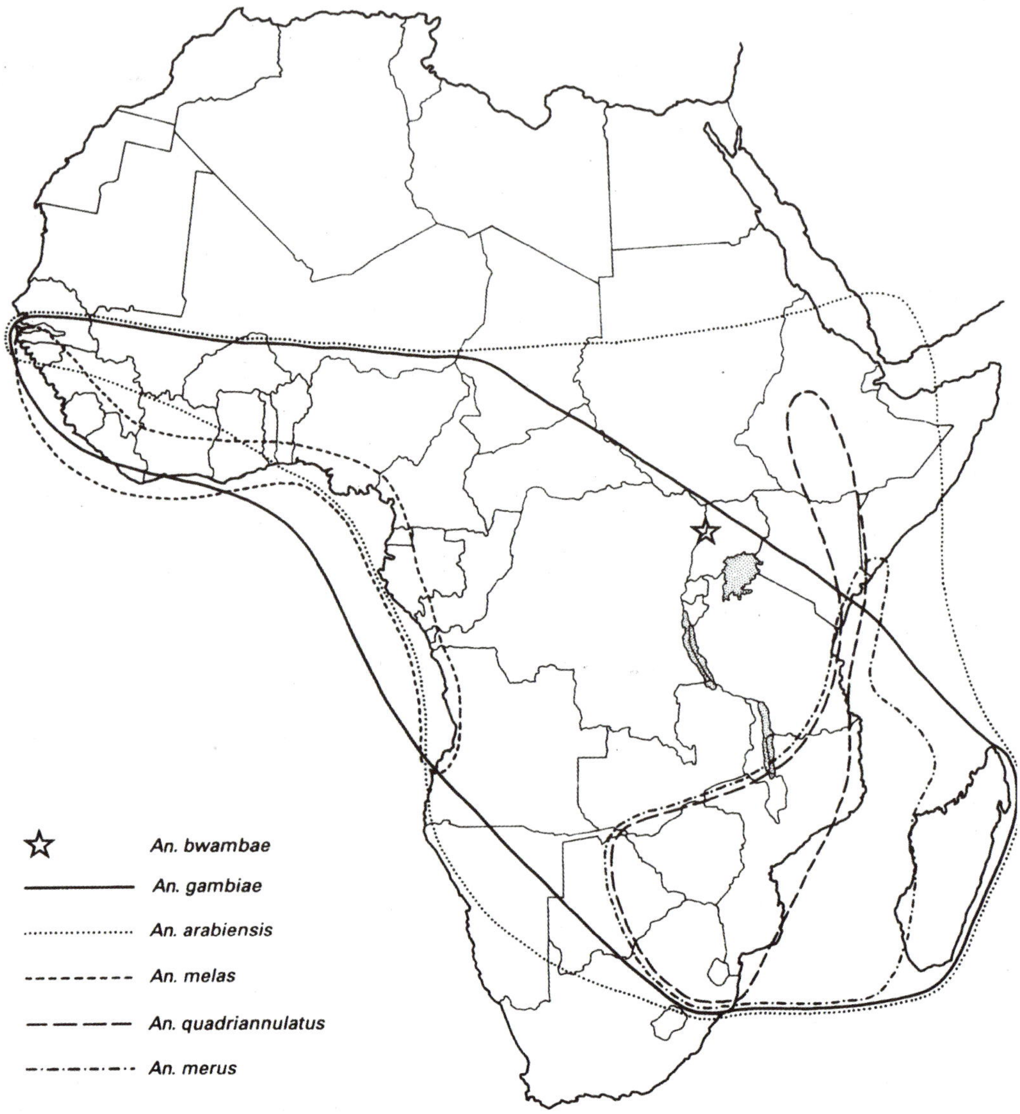

아프리카 말라리아학을 연구하던 초기에는, 주로 작은 웅덩이에서 많이 서식하는 가장 흔한 *Anopheles gambiae* 모기가 사람을 가장 선호한 것으로 알았고(anthropophilic), 사실상 아프리카 전 대륙에서 매우 효과적으로 말라리아를 전파하는 매개 모기로 생각되었다. 그러나 형태학적 및 생물학적 차원에서 미세한 변이(subtle variation)가 있다는 것을 발견한 후 한 종 이상의 모기가 말라리아를 매개 할 수 있다는 점이 제시되었다. 최초의 연구에서 서아프리카의 *An. melas*와 동아프리카의 *An. merus*을 형태학적으로 분류하였다; 이 두종의 모기는 담수에서 자라는 *An. gambiae*와 달리, 모두 소금물(saline water)에서 서식한다. 후자(동아프리카 모기, *An. merus*)가 단일종에 속하는 지에 대한 의구심은 여전히 남아 있었다. 그래서 다양한 연구 즉 (1) 단일 난괴(egg mass)로부터 모기를 꼼꼼하게 사육하는 일, (2) 타가수정(cross-fertilization), (3) 수천개의 잡종모기(hybrid offspring)가 수정되었는지 여부를 조사함으로서 진정으로 *An. gambiae gene* pool에서 불연속성(discontinuities)이 있음이 드러났다. 이러한 결과는 아프리카에 4종의 모기가 있음을 지지하는 것으로 해석되었다. 이러한 평가(review)는 모기 유충의 침샘(salivary gland)과 난모세포의 영양세포에 존재하는 거대한 염색체(giant chromosomes)의 밴딩 패턴 그리고 단백질 전기영동 결과에 의하여 입증되었다. 그와 같이 신뢰할만한 세포학적 방법으로 종이 결정된 경우에서 조차, 형태학적 특징만으로 sibling(cryptic) species을 갖고 있는 *An gambiae* 복합종(complex)에 속하는 담수 종을 구분하기 어렵다.

*An. gambiae*는 아프리카에서 특정지역에만 제한되어 현재 넓게 분포하고 있는 하나의 아프리카 분류군이다. *An. arabiensis*는 *An. gambiae*와 동지역인 많은 지역에 존재하는 두 번째 자매 분류군으로 알려져있다; *An. quadriannulatus*는 동아프리카와 남아프리카 자매종이다; *An. bwambae*는 우간다의 뜨거운 미네랄이 함유된 웅덩이 (hot mineralized pools)에서 주로 서식하는 매우 드물고 국부적으로 존재하는 분류군이다. 각 자매종(sibling species)이 최대한으로 분포하는 경계선을 아프리카의 지도에서 볼 수 있다(data from white 1985). 그러한 자매종들은 말라리아를 전파능력에서 상당한 차이가 있다: *An. gambiae*과 *An. arabiensis*는 실내에서 흡혈을 하며, 사람을 선호하는 특성 (anthropophilic)을 갖고 있어, 말라리아와 반크로프트 사상충증 (bancroftian filariasis) 매개종으로 역할을 한다. 그러나 소가 있을 때, *An. arabiensis*는 인간친화성은 줄어들고, 동물친화성(zoophily)이 증가하는 것으로 보인다. 그리고 *An. gambiae*와 비교하였을 때 실외에서 흡혈하려는 경향이 증가한다. 이 두 자매종과 대조적으로, *An. quadriannulatus*는 전적으로 동물 친화성(zoophilic)이고 사람에게 의학적으로 중요한 질병은 전파하지 않는다. *An. bwambae*는 특정지역에서만 말라리아를 매개하는 모기이며, 오두막집의 실내에서 흡혈을 하는 특징을 갖는다.

계적으로 가장 따뜻한 지역에서 가장 흔한 병이다.

2 삼일열원충(*Plasmodium vivax*)에 감염되어 생기는 "양성삼일열 말라리아"는 보다 덜 심각한 질병이어서 치사율이 적다. 그러나 *P. falciparum* 보다 더 널리 분포하고 있으며, 보다 더 온도 내성을 갖게 되어 16도의 여름 등온선까지 양성삼일열 말라리아가 분포한다. 발열의 재발생은 매 48시간 마다 발생하며, *P. vivax* 말라리아는 수개월 간격으로 재발되며, 최대 8년 동안 지속될 수 있다.

3 사일열원충(*Plasmodium malariae*)은 사일열 말라리아를 유발하는 것으로 알려져 있으며, 보다 널리 분포되어 있지만, *P. falciparum*이나 *P. vivax* 보다 덜 희박한 기생충이다. 만약 장기간 지속될 경우, 만성적인 신장병으로 인하여 사망에 이를 수 있다. 발열 재발은 매 72시간 마다 발생하며, 그래서 사일열으로 알려져 있다(첫날 열이 있으며, 4일째 열이 발생함). 사일열 말라리아가 생긴 이후 최대 50년 동안 재발될 만큼 지속성을 갖고 있다.

4 난형열원충(*Plasmodium ovale*)은 제한된 병원성과 장기간의 잠복기를 갖으며, 3개월 마다 재발되는 희박한 4일열 말라리아이다.

말라리아역학

말라리아는 세계 많은 곳에 존재하나 발생(incidance)은 장소마다 다양하다. 다른 질병과 같이, 말라리아는 연속해서 몇 년 동안 자연적인 전이에 의해 비교적 일정하게 발생할 때, "풍토성"이라고 말한다. 풍토성의 분류는 성인과 아이들의 발병률과 병증(비장의 확대)의 심각한 정도에 따라 이루어졌다. 말라리와 같은 유행병(전염병)은 풍토성 지역에서 발병률이 증가하거나, 새로운 지역에서 많은 말라리아환자가 생길 때 발생한다. 말라리아는 병의 발병률이 계절마다, 해마다 변화가 적을 때 안정된(정착화된) 상태라 하며, 사람을 선호하는 Anopheles 매개모기에 의해 주로 전파된다. 정착화된 말라리아(stable malaria)는 훨씬 더 따뜻한 열대지역에서 발견된다. 이러한 지역에서 여러 가지 요인에 의해 빠르게 포자생식(sporogony)을 촉진하게 되며, 일반적으로 사람말라리아 원충은 열대열원충(*P. falciparum*)이다. 반대로, 비정착화된 말라리아(unstable malaria)는 산발적으로 유행(epidemics)하며, 단기간 생존하며, 좀더 동물을 선호하고 (**zoophilic**, 사람대신 동물을 흡혈하기 좋아함), 대량발생이 가능한 매개모기와 관련된다. 일반적으로 말라리아 비정착화 지역의 환경온도는 정착화된 말라리아(stable malaria)가 분포하고 있는 지역보다 더 낮으며, 포자생식(sporogony)도 보다 느리며, 병원체는 *P. vivax*이다.

질병전파는 각각의 매개곤충이 특정질병을 전파할 수 있는 잠재적 매개능력에만 연계되어 있는 것으로 이해할 수 있다. 이것에는 다양하게 복잡한 관계(매개곤충의 분포, 매개곤충의 양, 매개곤충의 수명, 사람을 선호하는 흡혈 예측능력, 매개모기의 흡혈율, 모기의 질병매개능력)가 관련되어 있다. Anopheles와 말라리아의 관점에서 이들 요인들은 다음과 같이 세분화 할 수 있다.

매개모기의 분포

Anopheles 모기는 추운 온대지방을 제외하고 거의 전 세계적으로 발생하며, 400종 이상이 알려져 있다. 그러나 4종의 사람 말라리아원충(*Plasmodium*)은 주로 자연 상태에서 약 30종의 *Anopheles*에 의해 매개된다. 이들 4종의 말라리아원충 가운데 일부 종은 특정 지역에서만 발생하는 지리적 특성을 갖고 있으며, 다른 종은 실험적으로 감염 시킬 수 있으나, 자연상태에서는 말라리아 매개충으로 역할을 하지 못한다. 그리고 *Anopheles* 모기 종의 약 75%는 오히려 말라리아원충에 대하여 오히려 내성을 보인다. 이와 같은 말라리아 매개 모기의 종(sepecies) 가운데, 일부의 매개모기만이 안정(정착)화된 말라리아(stable malaria)의 전파에 중요한 역할을 하며, 반면에 다른 매개모기는 안정화되지 않은 말라리아(unstable malaria)가 역학적으로 확산되는데 관여한다. 매개모기의 지위(Vectorial status)는 하나의 분류군(taxon) 범위 걸쳐서 형태적 분화가 일어나지 않은 형제종(sibling species)이 잠재적으로 존재할 수 있기 때문에 변이가 있다. 그러나 생물학적으로는 근소한 차이가 있으며 *An. gambiae complex*에서와 같이(Box 15.2 참조) 역학적으로 매우 다른 중요성을 갖고 있을 수 있다.

다수의 매개모기

*Anopheles*모기의 발달은 *Aedes aegypti*(Box 6.2)와 같이 온도에 따라 다른데 겨울철 저온으로 인해 암컷모기가 동면에 들어가게 되는 지역에서는 1년에 1~2세대 가 발생한다. 그러나 16℃에서 한 세대의 기간은 약 6주, 그리고 열대지방 조건에서는 10일이면 된다. 이상적인 조건 하에서, 매 2~3일 마다 한 번에 100개 이상의 알을 낳고, 발생시간은 10일이 된다. *Anopheles* 모기의 성충 시기에, 14일 안에 모기수가 100배의 증식이 일어난다.

물속에서 *Anopheles*모기 유충이 성장하므로, 강우는 모기의 증식(수)에 매우 중요하다. 주요 아프리카 말라리아 매개모기인 *An. gambiae*(엄격한 관점에서 보면; Box 15.2 참조)는 물이 다시 채워져야 하는 아주 작은 웅덩이에 알을 낳는다. 강우의 증가는 학질모기의 산란 장소를 명백히 증가시킨다. 따라서 지속적인 강우는 분명히 *Anopheles*의 서식지 수를 증가시킨다. 반면에, 다른 *Anopheles* 모기는 저조하게 비가 오거나, 비가 오지 않는 기간 동안 강 주변에 있는 웅덩이나 혹은 강바닥의 웅덩이에서 성장한다. 그런데 과도하게 내린 우기에 내린 빗물에 의하여 씻겨 없어지게 될 것이다. 성충의 생존율은 명백히 높은 습도와 관련이 있으며, 암컷은 혈액과 탄수화물원과 관련이 있다.

매개모기의 생존율

감염성을 갖고 있는 암컷 *Anopheles* 모기의 성충 생활사 기간은 질병 전파자로서 그 효율성 면에서 매우 중요하다. 만약 모기가 최초로 감염된 피를 먹고 8~9일 내에 죽는다면, Sporozoites가 만들어지지 않아서 말라리아도 전염되지 않는다. 모기의 나이는 각각의 난소 주기(6.9.2절 참조)에 남은 난소의 “흔적(relicts)” 에 기초한 생리적 나이를 보고 계산할 수 있다. 이와 같은 생리적 나이와 포자생식생활사[sporogonic cycle(Box 15.1)]의 기간에 대한 지식을 갖고, 말라리아를 감염시키는 충분한 나이를 갖고 있는 각각의 *Anopheles* 매개모기 집단의 비율을 계산할 수 있다. 아프리카 *An. gambiae*(엄격한 관점에서 보면; Box15.2)에서, 전염성이 감지되기 전에 세 번의 난소 주기가 완성되었다. *P. falciparum*이 사람에게 최대로 전파되는 것은 난소 주기가 4~6번 완성된 *An. gambiae*의해 일어난다. 그 집단중, 단지 16%만이 4~6회의 난소주기를 마친 늙은 모기가 되는데, 이들 중 73%가 말라리아를 매개한 경험이 있거나/매개 감염성을 갖는 모기가 된다. 명백히 성충의 생존 예상주기(인구통계학)는 역학적 계산에 중요하다. 습도증가는 성충의 생존을 지속화시켜주며, 건조한 조건은 모기 사멸의 가장 중요한 원인이다.

모기의 인간 선호성

매개모기로 역할을 하기 위해, 암컷 *Anopheles* 모기는 반드시 최소한 두 번 흡혈을 해야 한다. 먼저, 병원성 *Plasmodium*을 획득하고, 두 번째 말라리아 병원체을 전파해야 한다. 기주 선호는 특별한 숙주를 흡혈하는 매개모기의 성향과 관련된 용어이다. 말라리아에서, 다른 대체 동물이 숙주가 되는 것(Zoophily)보다, 사람을 보다 선호하는 숙주 선호도(Anthropophily)는 인간 말라리아 역학에 중요하다. 안정(정착)된 말라리아(Stable malaria)는 다른 숙주를 전혀 흡혈하지 않고 사람을 더욱 선호하는 매개모기와 관련되어 있다. 이러한 상황에서, 사람으로부터 두 번 연속하여 흡혈을 할 가능성은 매우 높아, 질병전파가 심지어 모기 밀도가 낮아도 발생할 수 있다. 대조적으로, 말라리아매개모기가 인간선호도(anthropophily)가 낮을 경우, 사람으로부터 연속적으로 흡혈할 확률은 근소해지고, 이 특정 매개모기에 의한 인간 말라리아 전염도 같이 낮아진다. 말라리아 전파는 불안정한 말라리아의 전염과 같이, 매개모기의 수가 많을 때에 일어난다.

섭식간격

Anopheles 암컷 매개모기의 흡혈빈도수는 질병매개에 중요하다. 이러한 흡혈 빈도수는 표시-방출-재포획(mark-release-recapture) 결과와 또는 실내에서 휴식을 취하고 있는 모기의 난소나이등급을 조사함으로서 추정할 수 있다. 비록 한 그룹의 알로 성숙하는데 1회 흡혈이 필요하다고 추정하고 있지만, 일부 Anopheline 모기들은 흡혈 없이 첫 번째 그룹의 알을 성숙시킬 수 있으며, 일부 말라리아모기는 두 번의 흡혈이 필요하다. 이미 말라리아에 감염된 매개모기는 한 번 섭취할 때 배가 찰 만큼 흡혈하는데 어려움을 겪을 수도 있다. 이는 기생충에 의한 섭취기관이 막힌 것이고, 이로 인하여 흡혈을 하기 위하여 여러 번 숙주의 피부를 탐침(probing)할 것이다. 그래서 모기가 흡혈할 때, 사람이 방해를 하면 한 번 이상 여러번 흡혈을 하게 되는 결과를 초래할 것이다.

모기내 말라리아원충의 정상발육 허용능력

비록 감염되지 않은 *Anopheles* 모기가 말라리아에 감염되어 있는 숙주(infectious host)를 흡혈하게 되면, 그 모기가 감염에 성공하지 못하거나, 혹은 모기내에서 *Plasmodium* 원충이 복제하지 못할 수 있다. 게다가, 그 모기는 그 이후에 흡혈을 할 때 말라리아원충을 척추동물숙주에게 전파하지 못할 수 있다. 따라서, 질병 매개충으로서 역할을 하는 능력에서 종 내에서나 종간에서나 상당한 차이가 있을 수 있다. 또한 말라리아에 대한 사람의 면역력이 나이가 들수록 증가하기 때문에, 밀도, 감염환경, 그리고 사람집단의 연령대가 모두 잘 맞아야 한다.

모기내 말라리아원충을 숙주에 전달하는 능력

제한된 인구에서 말라리아를 전파할 수 있는 특정 Anopheles 매개모기의 능력(**vectorial capacity**)은 모델화 할 수 있다. 이것은 다음과 같은 요인 사이의 관계가 포함된다:

- 개인당 암컷 모기의 수;
- 일일 사람 흡혈율;
- 일일 모기 생존율;
- 모기 감염 이후 침샘에서 Sporozoite가 생산되는데 필요한 소요시간;
- 흡혈 후 모기내(중장/침샘)에서 말라리아원충이 발달될 수 있도록 허용하는 모기의 능력;
- 감염 후 사람에서 말라리아원충이 재확인되는 비율을 표현하는 몇몇 요인.

이와 같이 말라리아원충을 사람에게 전파하는 매개능력(vectorial capacity)은 생물학과 관련된 일부 예측치와 관련이 있으며, 질병전파를 모델링할 때, 그리고 질병방제프로그램을 모니터링하는데 있어서 말라리아의 유행(Prevalence)과 관련이 있다. 말라리아 연구에서, 유년기 변화율 (**Infantile conversion rate,** ICR) 즉 말라리아에 대한 어린 아이들의 항체 생성율이 이용될 수 있다. 나이지리아 (아프리카 서부)에서 수행된 가키 말라리아 프로젝트(Garki Malaria Project)를 통하여 말라리아 항체생성율(ICR) 변이의 60% 이상이 2종의 주요 말라리아 매개모기의 인간 흡혈율에서 유래하였다는 사실을 알게 되었다. 남아있는 변이의 단지 2.2%만이 모기에서 사람으로 말라리아를 전달할 수 있는 능력(vectorial capacity)과 관련된 다른 모든 요인에 의하여 설명 될 수 있으며, 사람을 흡혈한 비율 이외의 다른 측정값에 대해서 갖는 의심이 제거 될 수 있다. 이것은 위에 언급된 다양한 매개능력요인(vectorial factors)에 대하여 비교적 정확한 예측치를 확보하는데 있어서 여러 가지 어려움과 선입관(편견) 때문에 더욱 강화될 수 있다.

15.5.2 아보바이러스

무척추 매개생물체와 척추동물 숙주에서 번식하는 바이러스를 아보바이러스라 한다. 이러한 정의는 토끼에서 점액종증(myxomatosis)을 유발하는 점액종 바이러스(myxoma virus)와 같이 기계적으로 전염되는 바이러스는 배제된다. 점액종증 매개체인 토끼벼룩(*Spilopsyllus cuniculi*)과 호주의 *Anopheles* 모기 그리고 *Aedes* 모기에서 바이러스 복제는 없다. 아보바이러스는 그들의 생태, 특히 절지동물에서 아보바이러스의 복제능력에 의해 분류된다. 아보바이러스가 여러 바이러스과에 속하기 때문에, 바이러스 계통발생론에 기초하여 볼 때 하나로 분류하여 보는 것은 타당하지 않다. 아보바이러스의 예로 몇몇 분야바이러스과(Bunyaviridae), 레오바이러스과(Reoviridae), 랍도바이러스과(Rhabdoviridae), 그리고 특히 많은 플라비바이러스과(Flaviviridae)와 토가바이러스과(Togaviridae)를 포함한다. 알파바이러스(토가바이러스과, Togaviridae)는 오직 모기에 의하여 전염되는 바이러스로서, 특히 말 뇌염을 유발하는 바이러스병원체를 갖고 있다. 모기나 진드기에 의하여 매개되는 *Flavivirus*는 황열병(yellow fever), 뎅기열(dengue), 일본 뇌염(Japanese encephalitis), 웨스트나일바이러스(West Nile)와 다른 뇌염 바이러스가 있다.

황열병은 Flavivirus 생활사를 잘 보여 줄 수 있는 좋은 예가 된다. 15.4절에서 설명한 아프리카 삼림(숲) 주기(African sylvan cycle)와 유사한 생활사 주기가 중남미 지역의 영장류 숙주에도 일어난다. 그러나 아프리카의 매개모기와 다른 모기가 Flavivirus를 매개한다. 우간다의 바나나 농원과 같이, 산림주기를 통하여 사람에게 질병매개가 일어난다. 그러나 황열병은 도시 유행병으로서 사람들에게 치명적인 결과를 가져다준다. 아프리카와 아메리카의 도시와 집 주변에 서식하는 매개모기는 황열병 모기인 *Aedes (Stegomyia) aeqypti* 암컷 모기이다. 이 황열병 모기는 감염 후 6시간 이후부터 4일 뒤의 황열병 초기 단계에 있는 황열병 환자로부터 흡혈함으로써 바이러스를 얻는다. 모기내에서 바이러스의 생활사는 12일이 필요하며, 황열병바이러스가 모기침샘에 도착한 후 모기의 남은 생존기간 동안 그 침샘조직에 존재한다. 그 이후 모기가 흡혈할 때마다, 암컷 모기는 바이러스가 포함된 타액을 또 숙주에게 전달한다. 감염이 되면 1주일 내로 숙주 내부에서 황열병의 증상이 나타난다. 도시형주기(urban disease cycle)는 산림(농촌)형주기가 도시환경으로 이동하는 상황에서 황열병에 감염된 사람들로부터 유래한다. 이러한 장소에서, 황열병의 대발생이 지속될 수 있다. 예를 들어 수백-수천의 사람이 사망하였으며, 비교적 최근 연도인 1905년에 New Orleans에서의 대발생도 이에 포함된다. 남미에서, 원숭이가 황열병으로 사망하였을 수 있지만, 아프리카 원숭이는 황열병 증상이 없다. 이는 아마도 신열대 원숭이(neotro-pical monkeys)는 황열병에 대하여 저항력(tolerance)을 보이지 않기 때문인 것 같다. 도시에 공통적인 매개모기인 *Ae. aegyprti*는 비교적 최근에 서아프리카에서 남미로 가는 노예 배와 함께 수송되었을 수 있다. 그 *Ae. aegypti* 모기의 서식범위는 황열병 환자의 발생범위보다 더 넓으며, 미국의 남부지역에 서식하며, 이곳에서 확산되어 나가고 있다. 그리고 호주와 "일부" 아시아 지역으로 확산되었다. 그러나, 아직까지 단지 인도에서만 황열병에 감수성이 있지만, 아직 황열병에 감염된 원숭이 숙주는 없다.

사람을 감염하는 다른 플라비바이러스는 모기에 의하여 감염되며, 그 예로 뎅기열, 출혈열, 뇌염(임상환자의 머리에 염증이 생김)이라고 불리는 다수의 질병을 유발한다. 각 뇌염은 기주특이성을 갖는다. 보통 *Ae. aegypti* 모기와 같은 *Aedes* 속 모기를 선호하며, 뇌염의 경우는 Culex 모기가 숙주가 된다. 이들 질병에 대한 잠재보균 숙주는 다양하다. 적어도 뇌염은 야생의 조류가 reservoir 역할을 하는데 가축 포유류에서 증폭주기를 갖고 있다. 예를 들면, 일본뇌염의 잠재적 보균자 역할을 돼지가 한다. 말은 토가바이러스의 보균자가 될 수 있어서, "equine encephalitides"라고 하는 질병의 소분류군으로 나누게 되었다.

웨스트나 일바이러스는 일본뇌염바이러스 컴플렉스에 속하며, 특별히 *Culex* 모기를 선호하는 기주특이성을 갖고 있다. 또한 웨스트나일바이러스는 대발생시에 잠재적인 보균자(reservoir)인 야생조류에서 증폭을 한다. 바이러스는 지중해 서부에서 동쪽으로 중동, 아프리카, 인도와 인도네시아에 이르기까지 널리 분포되었다. 사람의 증상과 사망률은 연령, 건강, 그리고 바이러스 strain에 따라 다르지만 뇌염증상은 흔하지 않다. 그 웨스트나일 바이러스는 1999년 미확인 출처를 통하여 New York 지역에 전이되었다. 그 결과, 61명의 확인된 환자에서 7명의 사람이 사망하였으며, 다수 야생 조류 특히 까마귀(*Corvus* 류)가 죽었다. 그 사건 후 다음 여러해에 걸쳐서, West Nile 바이러스는 지리적으로 빠르게 남쪽 그리고 서쪽을 향해 확산되어서 2003년에는 미국의 태평양 연안에 여러 주(states)까지 분포하게 되었다. 많은 야생 조류와 더 많은 사람이 사망하였으며, 잠재적 매개 모기의 범위는 뉴욕에서 발견된 *Culex* 모기류를 넘어서 확산되었다. 유럽에서 발생한 대발생에서 같이, 말도 그 웨스트나일 바이러스에 대하여 감수성이 있는 것으로 증명되었으며, 이에 대한 백신도 개발되어 이용가능하다.

일부 Flaviviruses는 ixodid 진드기에 의하여 전파되는데, 뇌염과 사람의 출혈열을 유발시키는 다른 바이러스도 이에 속한다. Bunyaviruses는 진드기에 의하여 매개되는데, 주로 소의 출혈열을 일으키며, 진드기와 출혈열의 숫자가 증가하면 정상숙주(지방병/풍토병 상태/**enzootic**)에서 가축의 유형병(**epizootic**) 상태로 전환된다. 모기에서 유래하는 Bunyaciruses는 African Rift Valley열이 포함되는데, 이 바이러스가 대발생시에 아프리카의 양과 소 사이에서 높은 치사율을 유발한다. 리오바이러스과의 경우 가장 잘 알려진 바이러스는 Bluetongue 바이러스로서, 감염된 동물을 가장 쇠약하게 하며, 따라서 경제적으로도 가장 심각한 피해를 준다. 이 질병은 전세계에 분포하며, 많은 다양한 serotype을 갖고 있으며, tongue ulceration을 유발하며, 종종 양에서는 terminal fever를 일으킨다. Bluetongue은 biting midge(*Culicoide*)가 주요 중요성을 갖는 아보바이러스의 유일한 매개곤충으로 명확히 정착된 소수의 질병가운데 하나이다. 그러나 많은 아보바이러스도 이러한 biting flies에서 분리되었다.

아보바이러스의 역학에 대한 연구는 일부 바이러스가 매개생물의 여러세대에 걸쳐서 지속될수 있다는 것을 발견함으로서 복잡하다. 따라서 La Crosse virus는 Bunyavirus로서 미국에서 뇌염을 유발하는데, 성충모기에서 알을 통하여 유충으로 전파될 수 있다(경란전염). 이들은 강추위 하에 서도 나무 구멍에서 겨울철을 보낸다. 다음 봄철에 처음 우화한 성충모기가 첫 번째 흡혈하면서 La Cross virus를 줄무늬 다람쥐(chipmunk), 다람쥐, 또는 사람에게 전파한다. 경란전염은 다른 질병에서도 의심되며, 환자의 수를 증가시키는데 있어 크게 영향을 주었다. Culex tritaenorhynchus모기에 의해서도 일본뇌염이 경란전염되며, 이 또한 환자수를 증가시키는데 영향을 준다.

15.5.3 리케치아와 역병

리케치아는 절지동물과 연관된 박테리아(Proteobacteria: *Rickettsiales*)이다. Rickettsia속은 사람에게 virulent 병원균인, *R. prowazekii* 으로서 endemic typhus를 유발한다. 또한 세계사 즉 정치인에 영향을 주었으며, 러시아 나플레용시대에 수백만의 피난자와 군사들이 죽게 하였으며, 1차 세계대전이후 피난민과 병사를 죽게 하였다. 발진티푸스의 증상은 두통, 고열, 확산발진, 정신착란, 근육통이며, 유행성 발진티푸스에 걸린 치료받지 못한 환자의 10~60%는 사망하게 된다. 발진티푸스의 매개체는 이(lice)다(Box 15.3). 특히 몸의 이(*Pediculus humanus corporis*)다. 이의 감염은 비위생적인 상태를 나타내며, 여러해동안 감소추세에 있던 서방국가의 노숙자들에게서 다시 재발생하고 있다. 비록 머리이(*P. humanus capitis*), 음모이(*Pthirus pubis*) 그리고 일부 벼룩을 실험적으로 *R. prowazekii*를 전파할 수 있지만, 역학적으로 중요하지 않다. *R. prowazekii* 에 의한 rickettsias는 이의 상피에서 증식한 후에, 세포를 파열하며, 그 분변과 함께 방출된다. 이가 죽기 때문에 rickettsias는 이의 숙주에 불안전하게 적응되었다는 것이 증명된다. 인간숙주는 감염된 이의 분변(분변을 방출한 이후 최대 2달 까지 감염성이 유지된다)을 긁어서 이가 섭식하여 가려워진 지역으로 이동함으로서 감염된다. 발진티푸스에서 회복한 사람들에게서 rickettsia의 낮은 수준으로 지속되고 있다는 증거가 있다. 이러한 사람들이 발진티프스병의 재발시에 endemic reservoir로 역할을 하며, 가축과 일부 야생동물이 이 질병의 저장소 역할을 할 수 있다. 이는 또한 역사적으로 유행병 발진티푸스와 함께 발생한 스피로헤타 병(sprochete disease)의 하나인 회귀열(relapsing fever)의 매개체이다

다른 rickettsia 병은 벼룩매개체에 전파되는 murine typhus, trombiculid 진드기를 통하여 매개되는 scrub typhus 그리고 tick-bone이라고 명명되는 발진티푸스인 일련의 spotted fever를 포함한다. 이들 병의 다수는 폭넓은 자연의 숙주를 갖고 있다. 이들 숙주는 새와 포유 동물 종으로부터 보고된 넓게 펼쳐진 American Rocky Mountain fever에 대한 항체들을 갖고 있다. 버지니아에서 브라질에 이르기까지 그 질병이 넓게 분포하고 있으며, 넓은 숙주범위를 갖고 있는 다수의 진드기가 단지 흡혈행위만을 통하여서 전파된다. Bartonellosis(Oroya fever)는 남미의 Phelobotomine 모래파리에 의하여 매개되는 rickettsia 병으로서 무기력증, 빈혈, 그리고 고열이 나며 피부에 있는 wart-like 발진이 생긴다.

역병(Plague)은 *Y. pseudotuberculosis* var 또는 pseudo-tuber-culosis var. pestis으로 알려진 박테리아 *Yersinia pestis*에 의해 발생된 rodent-flea-rodent 병이다. Plague-bearing 벼룩은 원칙적으로 북위 35 남위 35 S에 널리 분포되어 있는 Xenopsylla cheopis이다. 그러나 또한 인도, 아프리카 , 남미의 *X. brasilisis*와 south-east 아시아에서 *X. astia*도 포함한다. *Ctermcephalidesfelis* and *C. canis*(cat and dog fleas)를 포함한 다른 종들은 그 역병(plaue)을 전파하지만, 그들은 기껏해봐야 작은 역할만을 한다. 중요 매개체 벼룩은 특별히 집에 서식하는 검은색 쥐(*R. rattus*), 그리고 갈색쥐(*R. norvegicus*)와 같은 쥐에 의해서 발생한다. 특정한 장소에서 역병의 보균자(reservoir)는 인도의 bandicoot, 미서부의 바위다람쥐, 유럽남동부의 땅다람쥐, 중동의 저빌쥐, 그리고 인도와 남부 아프리

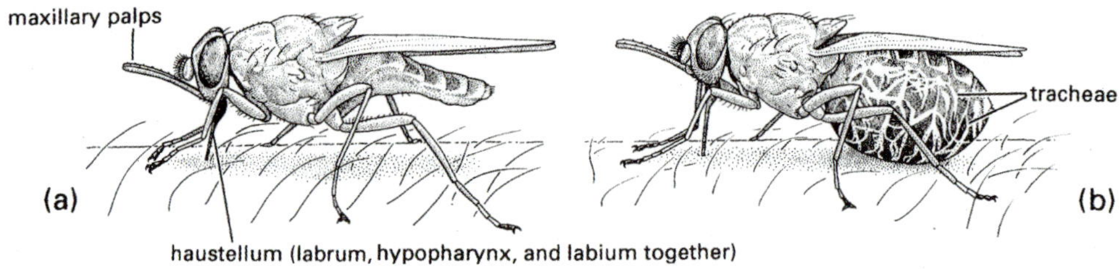

그림 15.1 체체파리(Glossina morsitans)의 협혈초기단계 (a)와, 흡혈로 인해 복부가 확대된 상태(b). 기문구조(trachea)가 복부큐티클에 선명한 점 주목. (After Burton & Burton1975.)

카의 *Tatera* spp 쥐가 포함한다. 역병 대발생하는 사이에, 그 박테리아는 명백한 사망률 없이 이들 설치류에서 순환함으로서, 조용하지만 장기간의 보균자로 역할을 한다.

인류가 역병이 대발생하였을 때(14세기에 북반구를 황폐하게 하였던 "Black Death, 검은죽음"이라 불리웠던 그 Pandemic), 불충분한 영양에 있는 사람은 사망률은 90%에, 영양이 충분한 건강한 사람은 25%에 도달했다. 역병의 역학적 주기는 자연스럽게 *Y. pestis*를 옮기는 벼룩과 함께 집에 서식하는 쥐 사이에서 시작한다. 역병이 대발생 하던 시기에, 기주특이성을 지닌 갈색쥐가 죽으면, 일부 감염된 벼룩이 두 번째 선호하는 검은쥐로 이동하여 결국 검은쥐가 죽게 된다. *X. cheopis*가 쉽게 인간을 흡혈하기 때문에, 감염된 벼룩은 쥐가 없을 때 다시 숙주를 바꾼다. 역병은 쥐(벼룩) 밀도가 과밀하고 비위생적인 도시 환경에서 높은 곳에서 특별한 문제가 된다. 역병의 대발생 조건은 적절한 온도와 습도 조건이 요구되는데, 이러한 조건이 되면 유충 생존율과 성충의 장수함에 따라서 벼룩 수가 증가된다. 그러므로, 역병 epidemics의 강도의 변이는 이전 시대의 기후와 관계가 있다. 심지어 오래 계속된 역병의 대발생하는 기간동안에도, 보다 적은 수의 환자가 발생하곤 하였다. 특히 뜨겁고, 건조한 환경조건이 역병의 재발생을 막았다. 왜냐하면 벼룩유생은 건조기후에 약하며, 낮은 습도는 다음해에 성충의 생존을 감소시켰다.

감염성을 갖고 있는 시기에, 벼룩은 *Y. pestis*에 의하여 유도된 내부생리변화에 따라서 역병을 전파하는 능력면에서 차이가 있다. 벼룩이 감염된 혈액을 먹는다면, *Y. pestis*의 전위와 중장이 증가하며, 통과할 수 없는 마개(impassable plug)를 형성할 수 있다. 추가적인 흡혈은 식도의 펌프에 의해 강제적으로 더 많은 피를 장으로 보내도록 하지만 무의미한것이다. 결과적으로 혈액과 박테리아로 오염된 혼합액이 역류하게 된다. 그러나 그 벼룩 밖에서 그 *Y. pestis*의 생존 시간(몇시간 정도)이 짧아서, 기계적인 전파는 이루어 지지 않을 것으로 생각된다. 심지어 그 막힌 전위를 다소 열려지는 상태로 개선될지라고, one-way valve로서 정확히 기능하지 않는다. 그 이후 흡혈을 시도할 때 마다 그 벼룩은 혈액과 병원균이 포함된 혼합액을 각각의 후속 숙주의 상처에 토해내는 일이 발생할 것 같다.

15.5.4 말라리아 이외 원생생물

곤충이 유발하는 가장 중요한 병원균중 일부는 원생생물(원생동물류)이다. 그것은 특히 아열대및 열대 지역에서 세계 인구의 상당수의 사람들을 감염시킨다. 말라리아의 자세한 정보는 위의 15.5.1절에 설명되어있고, 의학적으로 중요한 편모충류 원생동물은 아래에 설명되어있다.

Trypanosoma

트리파노소마는 척추동물의 혈액 기생충으로서 큰 속(genus)을 이루고 있다. 이는 흡혈하는 "고등한" 파리에 의하여 매개된다. 그러나, 미국 남부의 흡혈하는 Triatomine reduviid bug(침노린재, "키스벌레"), 특히 그중에서도 *Rhodnius prolixus* and *Triatoma infestans*는 샤가스병(Chagas' disease)을 유발하는 트리파노소마를 전염시킨다. 미국 트리파노소마증(American trypanosomiasis)이라고 불리는 이 질병의 증상은 치료받지 않으면 심장질환 및 소화기질환으로 인하여 자주 피곤해진다. 이 질병은 신열대구의 1,600~1,800만명, 브라질의 350,000명이 감염되어, 매년 45~50,000의 사망의 원인이 된다. 미국 공중 보건 관점에서 볼 때 , 미국으로 이주한 일부 라틴 아메리카의 수백만 이민자는 불가피하게 이 질병을 가지고 있고, 지역적으로 질병전파가 일어날 수 있다. 트리파노소마증이라

Box 15.3 이목(이)

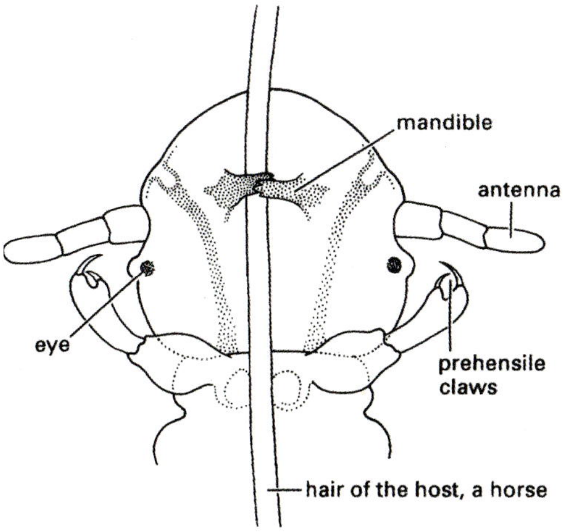

VENTRAL VIEW OF HEAD

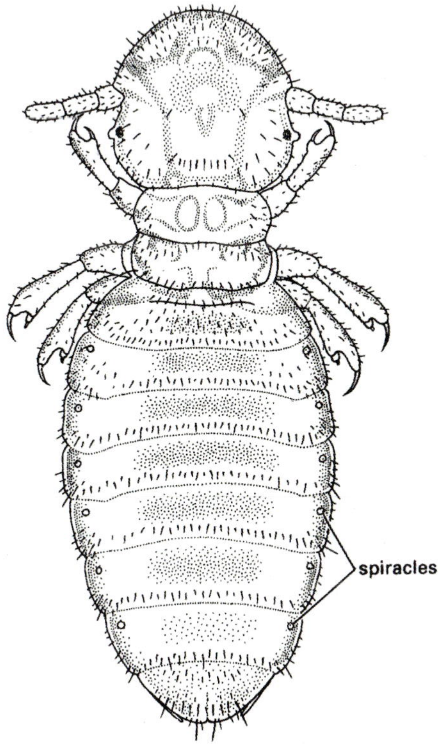

DORSAL VIEW OF LOUSE

Phthiraptera(이목)은 대략 5000종을 갖고 있는 목으로서, 매우 변형이 심하게 일어났으며, 무시류이고, 등과 배가 납작하게 생긴 체외기생충인데 본 그림에서 보여 주는 바와 같이 말이(Werneckiella equi)(세각아목 = Ischnocera: 짐승털이과=Trichodectidae) 대표적인 예가 된다. 이는 4개 아목(suborder)으로 나뉜다: Rhynchophthirina(코끼리와 흑멧돼지에만 서식함), Amblycera와 Ischnocera, 그리고 Anoplura (sucking lice). 그리고 이목은 불완전변태를 한다. Amblycera와 Ischnocera의 구기는 큰 턱을 가지며, Anoplura는 부리모양의 찌르고 빠는 입을 가지고 있으며, maxillary palp는 결여되어 있다. 눈은 없거나 축소되었으며, 안테나는 홈이 있거나(Amblycera의 경우), 혹은 확장되었거나, Ischnocera와 Anoplura의 경우는 filiform(혹은 clasper로 변형되었음)의 형태를 갖는다. 가슴부위는 다양하게 융합되어 있으며, Anoplura의 경우는 완전히 융합되어있다. 다리는 잘 발달되었고 튼튼하며 강한 발톱을 통해 숙주의 털이나, 가축의 털을 잡는 데 사용된다. 알은 숙주의 털이나 깃털에 낳는다. 유충은 보다 작고, 보다 연한 색을 띤 성충의 모양과 유사하며, 모든 발달과정은 숙주에서 기생한다.

이는 절대체외기생충(obligate ectoparasite)으로서 자유생활(free-living)하지 않으며, 새의 모든 목(order)과 대부분의 포유류의 목(order)에 산다 (특별히 박쥐에서는 제외). Amblycera와 Ischnocera는 새 깃털과 포유류 피부에서 서식하며 소수의 Amblyceran은 흡혈을 하기도 한다. Anoplura는 단지 포유류만을 흡혈한다.

이는 기주특이성이 높고, 대부분의 단일계통 이의 그룹은 단일 계통의 기주에서 발생한다. 하지만 기주의 종분화와 이의 종분화는 정확히 일치하는 것은 아니다. 그리고 역사적으로 많은 전파가 생태학적으로 근연종이지만 관련이 없는 분류군(13.3.3절) 사이에 일어났다. 더욱이 이와 기주가 분류학적으로 유사한 경우에도, 유전자 전이(gene transfer)가 동시에 방해받았어야 하지만, 기주의 종분화와 이의 종분화 사이에 시간상의 차이가 있을 수 있다.

대부분의 질병매개곤충과 같이, 이목의 일부는 질병을 전염시키는 데 관여한다. 사람의 몸이(*Pediculus humanus corporis*)는 발진티푸스(typhus)를 전염시킨다(15.5.3절). 한 가지 주목할 만한 점은 머릿니(*P. humanus capitis* 아종)와 Appendix에서 이 진단에 관한 그림에서 오른쪽에 있는 음모이(P. pubis)는 덜 중요한 발진티푸스를 매개한다. 그러나 이들은 몸이가 있는 곳에서도 발견된다.

이목(Phthiraptera)은 다듬이벌레목(Psocoptera)에서 유래되었고, 자유생활한다. 계통학적 관계는 7.4.2절과 그림 7.2에 나와 있다.

Box 15.4 벼룩목(벼룩)

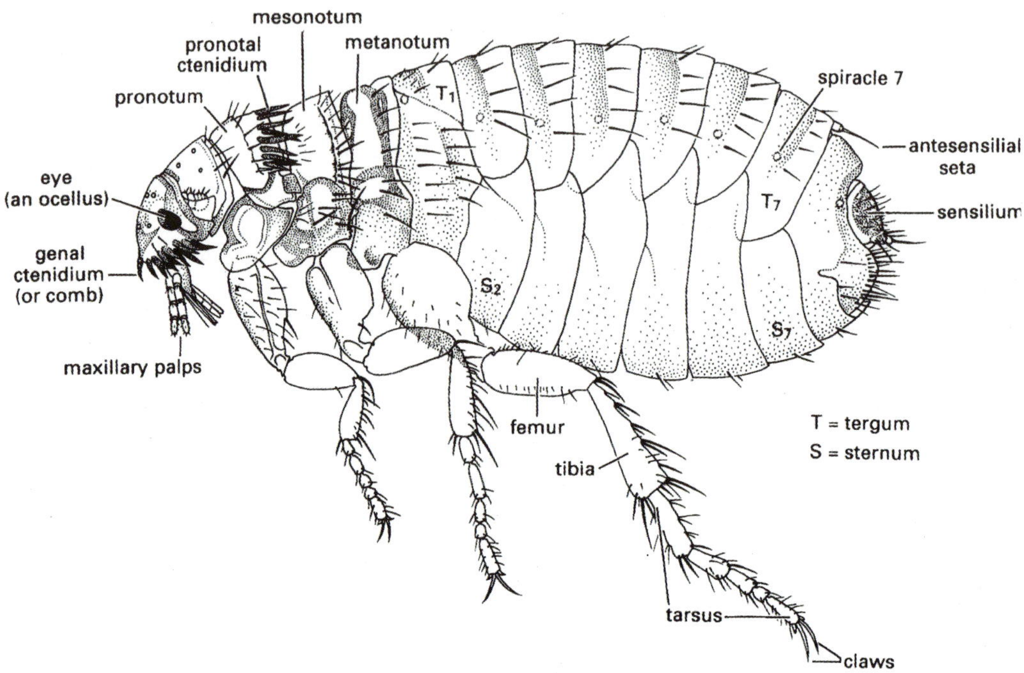

벼룩목은 대략 500여 종을 갖고 있는 목으로서, 벼룩목의 모두는 크게 변형되었으며, 무시류이며, 측편형의 체외기생충이다. 모두 완전변태를 한다. 구기(그림 2.15)는 변형이 일어나 찌르거나 빨아먹는 형태가 되었지만, 큰턱(mandible)이 없으며, 상순(labial palp)으로부터 형성된 시초(sheath) 내에 2개로 길게 뻗어 있으며, 톱니모양으로 들죽날죽한 날(blade)과 외부인두로부터 유래한 구침(stylet)을 가지고 있다. 장(gut)은 침 펌프(salivary pump)를 가지고 있어 상처속으로 타액을 주사할수 있으며, 2개의 펌프(cibarial pump and phyaryngeal pump)를 가지고 있어 피를 빨아 먹는다. 복안은 결여되어 있으며, 단안은 없는 경우부터 잘 발달되어 있는 경우도 있다. 각각의 안테나는 측면 홈에 깊이 위치하고 있다. 몸은 뒤쪽 방향을 하고 있는 쎈털(setae)과 돌기(spine)를 갖고 있다. 이들의 일부는 머리(머리의 일부)와 가슴(특히 전흉부)에 그룹으로 모아져서 빗(comb) 모양의 형태가 된다(Ctenidia). 커다란 후흉부(maththorax)에는 뒷다리 근육이 있는 곳이다. 뒷다리는 매우 길고 강하며, 끝부분은 기주의 털을 잡을 수 있는 강력한 발톱이 있다.

큰 알들은 주로 기주의 집에 낳는데, 이곳에서 자유생활을 하는 애벌래처럼(Appendix의 삽화에 잘 보여줌) 기주 피부에서 유래한 물질에서 성장발달한다. 높은 온도와 습도가 애완 고양이들(*Ctenocephalidesfelis*), 개들(*C.canis*), 사람들(*Pulexirritans*)에 있는 많은 벼룩의 성장을 위해서 필요하다. 번데기는 헐렁한 고치안에 붙어있지 않으며(exarate), 움직이는 mandible을 갖고 있지 않은(adecticous) 상태로 있다. 암수 모두 기주로부터 흡혈하고, 일부 종은 하나의 기주에만 국한되어 있지만(**monoxenous**) 다른 많은 종들은 여러 기주를 갖는다(**polyxenous**). 대역병을 유발했던 벼룩(*Xenopsylla chiopis*)은 후자에 속하며, 쥐에서 사람으로 역병을 전파할 수 있는 polyxeny이다(15.5.3절). 벼룩은 인체에 덜 심각한 일부 다른 질병인 발진열(murine typhus)와 야토병(tularemia)을 다른 척추동물에서 사람에게 전파한다. 그러나 대역병을 제외하고, 벼룩이 인간에게 주는 가장 흔하게 주는 건강에 대한 위협은 애완동물(*C. felis*와 *C. canis*)의 벼룩으로부터 자주 물린 후, 이에 대한 알레르기 반응이다.

벼룩은 주로 포유동물을 숙주로 한다. 비교적 소수의 조류가 벼룩의 숙주가 된다. 이들은 포유동물을 숙주로 하는 벼룩의 많은 혈통에서 유래한 것이다. 일부 기주(예. 토끼)는 벼룩의 20개 이상의 서로 다른 종의 벼룩의 숙주가 된다. 정반대로, 일부 벼룩들은 30개 이상의 기주를 갖고 있어, 기주특이성은 lice에 비하여 뚜렷하게 훨씬 적다.

계통관계는 7.4.2절에 고찰되었고, 그림 7.6에 설명되어 있다.

Box 15.5 파리목(파리)

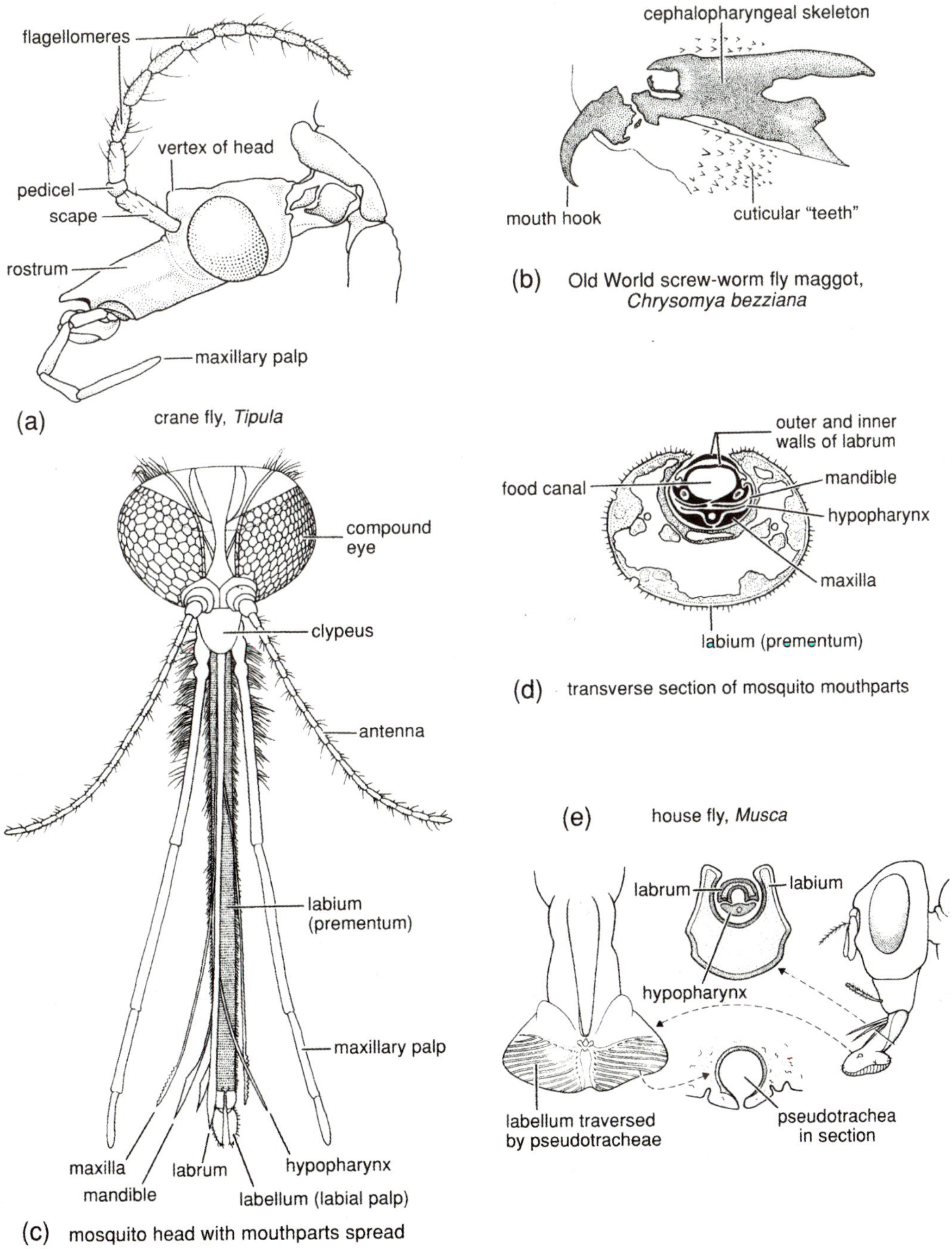

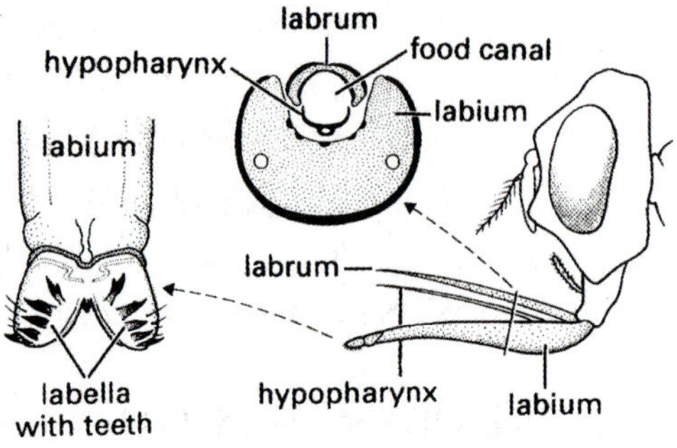

(f) stable fly, *Stomoxys*

파리목은 의학적 또는 수의학적으로 중요성을 가진 수천 종이 포함되어 있으며, 대략 130여과에서 약 125,000 종이 기록되어 있는 목 이다. 파리목은 완전변태를 하며, 성충은 다양하게 변형된 구기와 중흉부에 날개 그리고 후흉부에 평균곤(halteres = blancers)를 가지고 있다(그림 2.22f). 유충은 진정한 다리가 없으며(그림 6.6h), 그들의 머리 구조는 완전 경화된 캡슐을 갖고 있는 파리에서부터, 외부 캡슐이 없고 단지 내부에만 골격구조를 갖고 있는 뇌가 없는 파리에 이르기 까지 다양하다. 번데기는 번데기 내부에서 움직일 수 있는 턱이 없는 상태, 부속지가 어느 정도 몸에 붙어 있는 형태, 혹은 헐렁한 고치 안에 부속지가 붙어 있지 않은 상태로 있다(그림 6.7e,f).

측계통분류군인 긴뿔파리아목(Nematocera)은 꾸정모기(crane fly), 모기, 깔따구, 각다귀 그리고 관련파리들을 포함한다. 이들은 6개의 편절소마디(flagellomere)로 된 가느다란 안테나를 가지고 있고, 3~5개 분절을 가진 작은턱수염(maxillary palp)을 가지고 있다[1981년 McAlpine의 논문에 기초하여 꾸정모기(a에서 꾸정모기과: *Tipula*)를 묘사됨]. 등에아목(Brachycera)은 육중한 파리인 꽃등애(hover fly), 꿀벌과 비슷한 등애(bee fly), 똥파리, 검정파리(blow fly)가 속한다. 이 파리들은 더욱 단단하고 종종 짧은 안테나를 갖고 있는데, 7개 이하의 소수의 편절소마디를 갖고 있으며, 말단에 극모(arista)를 갖고 있다. 작은턱수염은 단지 1개 혹은 2개의 분절을 가지고 있다. 등에아목 내에서, 원열이마무리류의 환봉아목(schizophoran cyclorrahapha)은 Ptilinum(안테나 기저부에 머리에 있는 주머니)을 이용하여 번데기로부터 성충으로 우화하는 과정을 도와준다.

파리 유충은 다양한 습성을 갖고 있다. 많은 긴뿔파리아목의 유충은 수서생활을 하며(Box 10.5), 등에아목의 유충은 계통적으로 분산되어 좀더 건조한 지역과 특화된 지역으로 분산되어 서식하는데, 초식성, 포식성, 다른 절지동물을 기생하며, 그리고 척추동물에서 구더기증을 유발한다(15.3절). 구더기증을 유발하는 구더기는 매우 작은 머리를 가지고 있지만, 기주의 살아있는 살을 파고드는 입갈고리로 알려진 경화된 구기를 갖는다 (b)에 유럽산 나선구더기 파리(*Chrysomya bezziana*, Calliphoridae)의 3령 유충이 묘사 되어 있음. 이는 1987년 Ferrar의 논문에 기초함).

성충 파리류 구기의 정면을 암컷파리를 기초하여 그림으로 (Freeman & Bracegirdle 1971을 참조하여) 도식화 하였으며, 횡단면 그림 (d) (Jobling 1976 그림을 참조하여)도 삽화로 도식화하여 보여주고 있다. 대체로 모든 파리류는 말려있는 관모양의 형태의 흡혈기관인 주둥이(proboscis)를 갖고 있으며, 길게 신장된 구기(일반적으로 윗입술을 갖고 있음)를 갖고 있다. 물고 빠는 형태의 주둥이는 원시적인 파리류가 갖고 있는 특징이다. 비록 무는 기능은 없어졌다가, 한 번 이상 변화된 이후 다시 무는 기능을 회복하게 되었다. 흡혈을 자주하게 되어, 파리목은 질병의 전염 매개체로서 중요한 역할을 갖게 되었다. 흡혈을 하는 암컷 긴뿔파리아목류에는 파리목의 모기과 (모기), 등에모기과(흡혈하는 깔따구), 나방파리과에 모래파리아과 (모래파리), 그리고 먹파리과 (검정파리)가 있는데, 일반적으로 비슷한 구기를 갖지만, 주둥이의 길이가 달라 숙주에 찌르는 깊이에 차이가 생긴다. 모기들은 숙주의 모세혈관을 찾기 위하여 깊게 탐색 할 수 있지만, 다른 흡혈성 긴뿔파리아목류의 파리는 상처난 곳에서 생긴 혈액이 있는 곳에서 정확성이 없이 탐색을 한다. 아랫입술(labium)은 2개의 감각성을 갖고 있는 입술판(labellum)에서 끝이 나며, 보호기능의 덮개를 만들어 구기가 잘 작동하도록 한다. 그리고 톱니 모양의 끝을 갖고 있으며 날카로운 아래턱과 위턱내엽, 감겨진 윗입술-상인두(labrum-epipharynx), 내엽으로 둘러싸여져 있으며, 이 모든 부분을 탐침(stylet)이라 한다. 흡혈할 때, 윗입술(labrum), 아래턱(mandible), 내엽(laciniae)은 기주의 피부를 뚫는 하나의 구성단위로 작동한다. 유연성있는 아래입술은 상처 바깥쪽으로 구부려져 진다. 항응고물질을 포함하는 타액은 날카로운 관 끝 그리고 종종 돌기가 있는 하인두에 연결되어 있는 침샘관을 통해 주입한다. 혈액은 쌍을 이루고 있는 아래턱과 하인두에 의해서 구부려져 봉해진 입술로부터 식도관을 통하여 흡혈한다. 모세관 혈액은 도움없이 잘 흐르지만, 혈액은 반드시 2개의 근육펌프를 이용해 피가 모여 있는 곳에서 빨아 올려진다. 2종류의 근육펌프중 "시바리움 펌프(cibarium pump)는 식도관의 기저부에 위치하고 있고", 인두펌프(pharyngeal pump)는 시바리움과 중장 사이의 인두에 위치한다.

구기의 많은 구조가 고등화된 파리에서는 없어졌으며, 구기의 나머지 부분은 변형되어서 입술판(labella)의 가짜기문(pseudotracheae)을 사용하여 음식을 핥을 수 있다[집파리(Muscidae: *Musca*)] 그림을 (e)에 삽화로 도식하였다 (Wigglesworth 1964를 참조함). 아래턱이나 위턱 모두 상처를 만드는 것은 아니며, 흡혈하는 환봉아목(cyclorrhaphan)류 파리는 종종 변형된 입술판(labella)를 이용하는데, 이것의 표면에는 날카로운 이빨이 장식되어 있다 [그림 (f)에 stable fly(Muscidae: *Stomoxys*)에서 잘 묘사되어 있음. (Wigglesworth 1964를 참조함)]. 근육의 수축과 이완을 통해서, 입술판의 돌출부는 반복적으로 수축과 이완하는데, 이로 인하여 소량의 혈액을 만들어 내기 위하여 잎술판 표면에 있는 이빨로 문지를 때 고통을 야기한다. 곤충의 혀(hypopharynx)는 타액을 분비하며, 입술판(labella)의 가짜기문(pseudotracheae)을 타고 사용되어 없어진다. 혈액섭취는 등쪽에서 가짜기문(pseudotracheae) 쪽으로 위치하고 있는 "food furrows"를 통한 모세혈관의 운동에 의하여 이루어진다. 이때 입술(labella)로부터 인두(pharynx)까지 지속적인 흡혈을 하기 위하여, 동시에 작동되는 3개의 펌프의 도움을 받는다. 전순펌프(prelabral pump)는 시바리움펌프(cibarial pump)까지 흡혈관(feeding tube)를 통하여 연결되어 있는 labral pump와 함께 입술판을 수축한다.

흡혈에 사용하는 구기와 펌프들은 질병전염에 영향을 준다. 검정파리 는 "shallow-feeder" 종들은 피부 바로 아래에 모여 있는 심장사상충(*Onchocerca*)과 같은 사상충유충(microfilariae) 전파에 더 관련이 있다. 반면에, 더 깊이 찌르는 모기들은 피에서 순환하는 병원균을 전염시킨다. 파리에서 기주로 병원균을 전파하는 일은 파리의 타액을 상처에 주사함으로서 생기는데 많은 기생충이 침샘과 침샘관에 있다. 대조적으로 사상충은 너무 사이즈가 커서 이러한 경로를 통하여 들어 갈수 없고, 흡혈하는 동안에 아랫입술(labium)과 입술판(labella)이 파열되면서 매개곤충을 떠나 기주로 이동한다.

계통적관계는 7.4.2절에서 고찰되어지고, 그림 7.6에서 묘사되어 있다.

고 불리는 기타 질환으로는 체체파리(Glossina 종)로부터 아프리카 사람과 소에게 수면병을 일으킨다 (15.1절). 이것과 다른 질병에서, 트리파노소마 종의 발생주기(생활사)는 복잡하다. 형태학상의 변화는 원생생물에서 발생한다. 그러한 형태변화는 체체파리의 중장으로부터 전위막(peritrophic membrane)의 후반부를 지나서, 뒤쪽에 있는 침샘으로 이동하면서 일어난다. 인간 또는 소의 숙주로의 전파는 타액을 주입함으로서 이루어진다. 척추동물내에서, 다양한 증상은 트리파노소마 종에 따라 다르다. 뒤이어 중추신경계에 침입하여, 수면증을 유발하고 죽음에 이르게 한다.

Leishmania

편모충류의 두 번째 그룹은 레슈마니아속에 속한다. 이들 기생충은 체내의 내장을 침범하거나 사람과 개의 외부에 피부 질병을 손상시켜 궤양화한다. 이러한 병의 매개곤충은 전적으로 phlebotomines(나방파릿과)에 의하여 이루어진다. 작은사이즈에서 미세한 모래파리는 모기장 구멍을 뚫고 갈수 있다. 이러한 모래파리가 매우 낮은 흡혈율을 갖고 있지만, 질병을 전파할 수 있는 능력이 제한되어 있다. 대부분의 질병생활사(주기)는 사막과 삼림에 사는 설치류와 같은 야생동물, 개, 그리고 바위너구리와 같은 야생동물을 감염한다. 그리고 사람이 그들의 주거지를 이와 같은 야생동물 보균자가 서식하는 자연지역으로 확장하면서 이들 질병주기와 관련을 갖게 된다. 약 2백만명의 새로운 환자가 매년 진단 받으며, 대략 1200만명의 사람들이 특정 시기에 감염된다. 내장 리슈마니아증(칼라아자르라고 알려진)은 치료하지 않고 방치하면 사망에 이른다. 그것은 피부 리슈마니아증은 외관을 손상하고 상처를 남긴다. 그리고 피부점막 리슈마니아증은 입,코,목 점막을 파괴한다.

15.5.5 필라이시스(Filariases) = 사상충증

곤충에 의하여 전파되는 사람을 병약하게 만드는 5개의 주요 질병 중 2개는 필라리아선충에 의하여 매개 된다. 그 질병은 Bancroftian과 Brugian filariasis라고 하며, 보통은 elephantiasis와 onchocerciasis(river blindness)라고도 한다. 다른 필라리아시스는 사람에게 작은 고통을 주며, *Dirofilaria immitis*(canine heartworm)는 이러한 종류의 기생충에 의하여 유발된 소수의 중요한 가축질병 중 하나이다. 이러한 필라리사상충은 배발생을 위하여 *Wolbachia bacteria*에 의존하며, 이러한 감염은 항생제를 이용하여 감소시키거나 제거할 수 있다(5.10.4절).

Bancroftian and brugian filariasis

2종의 선충인 *Wuchereia bancrofti*와 *Brugia malayi*는 세계에 널리 퍼진 수백만의 사상충증(filariasis) 환자 발생을 유발하는데 관련이 있다. 이들 선충은 임파조직에서 살며, 쇠약하게 하고 부종을 일으키며, 하부에 손발과 성기가 과도하게 팽창(Swelling)이 되는 상피병(elephantiasis)으로 되면서 최악의 상황이 된다. 비록 이병은 최악의 상황으로 발전되는 경우는 드물지만, 이로 인한 환자수가 점차 증가하고 있다. 이유는 상피병의 주요 매개모기(*Culex quinquefasciatus*)가 증가하고 있기 때문이다.

상피병의 생활사는 모기가 흡혈할 때 혈액속에 작은사상충(microfilariae: MF)이 모기 체내로 들어오면서 시작된다. 이 사상충(MF)들은 모기장내로 들어와서 모기체강을 통과하여 모기의 비행근육(flight muscle)로 이동하여 감염유충으로 자라난다. 1.5 mm 길이의 감염유충은 체강을 통하여 모기 머리로 이동하며 다음번 피를 빨 때, labella를 뚫고 모기가 뚫은 구멍을 통해 인체로 침입한다. 인간의 체내에서 유충은 수 개월간 천천히 성숙한다. 그 성별은 구분되고, 성숙된 후 짝짓기 과정을 거쳐서 보다 많은 미소사상충(MF)이 생산되어야 한다. 이 MF는 모기체내에서 생활사를 거쳐야만 성숙되어진다. 이 MF가 야간형주기로 전환되어 인체의 말초혈관계로 이동함으로서 모기가 인체의 혈액을 흡혈시 모기 내로 이동할 수 있는 보다 더 좋은 상태가 된다.

Onchocerciasis

Onchocerciasis는 사람을 직접 죽이진 않지만, 눈에 상처를 내어 결국 장님이 되게 함으로서 수백만의 사람을 병약하게 한다. 일반명인 "river blindness"는 매개충인 *Simulium* 검정파리(Diptera: Simuliidae)가 흐르는 물에 서식하고 있는 서아프리카와 남아메리카의 강변에 사는 사람들에게 그 질병이 주는 영향이 얼마나 큰지를 시사하여 주고 있다. 병원균은 *Onchocerca volvulus*라고 하는 filarial worm으로서, 암컷은 50 mm이며, 수컷은 20~30mm 이다. 성충 사상충(filariae)은 피부 밑 혹(subcutaneous nodule)에 살고, 비교적 무해하다. 이 Microfilariae(미소사상충)은 눈 조직에 침입하여 죽어 눈에 손상을 가져온다. 이 질병의 주요 매개충인 검정파리는 가장 많은 형제종(sibling species)을 가진 것 중의 하나이다. *Simulium dammosum*은 동서 아프리카에서 40개 이상이 세포학적으로 결정된 종으로 알려져 있다. 남아메리카에도 비슷한 *Simulium* 벡터의 종분화를 보여준다. 흐르는 물에서 filter-feeders인 유충은 쉽게 방제되지만, 성충은 이동이 쉬워 전에 방제된 강에서 병의 재발을 일으킨다.

15.6 법의 곤충학

15.3절에서 보는 바와 같이, 일부 파리는 부패하지 않은 사체(living flesh)에서 발달하는데, 2종류의 곤충떼(wave)가 그 사체에 출현한다. 1차로 날아와 정착한 곤충들은 초기의 구더기증(myiases)을 일으키고, 두 번째 구더기증(myiases)은 기존의 상처에서 발달한다. 세 번째 출현하는 곤충떼(wave)는 죽음 직전에 발생한다. 이러한 생태적 연속성은 그러한 사체(the substrate)가 시간별로 다양한 곤충들을 유인하는데 있어 차이가 있어 나타난 결과들이다. 사망 후 그 사체가 돼지, 토끼 혹은 사람이든 비교적 유사한 형태로, 곤충이 연속적으로 발생한다(9.4절). 이렇게 시체를 통한 비교적 예측 가능한 연속성은 법의학적 목적으로 법의 곤충학자들에 의해 사용된다. 이때 동물군(faunistic method)의 방법을 사용함으로서 사후 시체의 경과시간(심지어 당시 시체 주변 환경조건)을 평가할 수 있다.

일반적인 곤충군집의 정착 순서는 다음과 같다. 사후 직후 신선한 시체에는 *Calliphora*(blow fly)와 *Musca*(집파리)가 급속히 출현하여 시체에 알을 낳거나 살아있는 유충을 drop 시킨다. 그 다음에는 온도에 따라 유충의 성숙(종령유충은 번데기가 되어 유충이 발달한 그 시체를떠난다)이 달라진다. 특정 종에서의 주어진 지식에서 다른 온도에서의 유충 발달 시간, 그리고 시체의 주변온도, 시체가 된 기간의 측정 등은 반나절 이내라면 정확하지만 그 이후에는 정확도가 떨어진다.

시간이 경과하면서, *Dermestes*(Coleoptera: Dermestidae)의 유충과 성충이 나타나고, 이어서 cheese-skipper 유충(Diptera: Piophilidae)이 발생한다. 시체가 건조해져 보다 더수분이 없어지면 일련의 다른 유충 즉, Drosophilidae 와 Erustalis (Diptera: Syrphidae: the rat-tailed maggot, a hover fly) 가 발생한다. 수개월이 지나, 완전히 건조한 상태가 되면, 보다 많은 종의 Dermestidae가 나타나며, 다수 종의 의류나방(clothes moth)(Lepidoptera: Tineidae)이 건조해진 잔여물(remnants)을 섭식한다.이와 같은 요약(outline)은 아래 5가지 요인들로 복잡한 상황이다:

1 특별히 대륙수준의 규모(범위를 고려하여 보면), 지역 특이적으로 존재하는 여러 다른 곤충의 종을 갖고 있음;
2 특별히 큰검정파리(blow fly) 유충의 초기단계에서 종 수준까지 동정하는데 어려움 있음;
3 주변 환경의 온도의 차이가 있음. 즉, 직사광선, 고온이 그 다음 단계를 촉진(심지어 빠르게 미라가 됨). 주거지(Shelter)와 저온환경은 그러한 단계를 지연시킴;
4 시체의 노출 정도의 차이점(땅속에 완전 혹은 부분적으로 매장됨). 이러한 상황은 이러한 과정을 상당히 지연시킴. 그 결과 매우 다양한 곤충학적 연속/연계(sucession)성을 갖게 됨;
5 죽음의 원인과 장소의 차이점. 즉 익사한 경우, 물가에 차후 노출된 정도에 따라서, 육상에서 발견된 시체를 감염하는 생명체 가운데 죽은 고기를 섭식하는 동물군

이 형성됨. 또한 담수와 해수에 따라 또 다르다.

형태학적 특징을 기초하여 종을 동정하는데 생기는 문제점들이 DNA에 기초한 분자종동정법을 사용함으로서 개선되고 있다. 법의곤충학적에 기초한 증거는 현대사회 이후 사체의 죽음과 관련된 조사를 하는데 있어 그 중요성이 검증되었다. 법의곤충학적 증거는 범죄현장과 시체가 발견된 장소의 불일치를 규명하는 일과 사망시간(아마도 살인에 의한 사망) 그리고 사망 후 시체에 나타나는 곤충집단서식(colo-nization)의 차이점을 규명하는데 특별히 성공적 이었다.

참고문헌

Dye. C. (1992) The analysis of parasite transmission by blood-sucking insects. *Annual Review of Entomology* **37,** 1-19.

Hinkle. N.C. (2000) Delusory parasitosis. *American Entomologist* **46,** 17-25.

Kettle. D.S. (1995) *Medical and Veterinary Entomology*, 2nd edn. CAB International. Wallingford.

Lane. R.P. & Crosskey, R.W. (eds.) (1993) *Medical Insects and Arachnids*. Chapman & Hall, London.

Lehane. M.J. (1991) *Biology of Blood-sucking Insects.* Harper Collins Academic, London.

Mullen. G. & Durden, L. (eds.) (2002) *Medical and Veterinary Entomology*. Academic Press, San Diego, CA.

Smith. K.G.V. (1986) *A Manual of Forensic Entomology*. The Trustees of the British Museum (Natural History). London.

16장

해충 관리

Biological control of aphids by coccinellid beetles. (After Burton & Burton 1975)

곤충은 인간의 복지, 미적 감각, 이익 등과 충돌하게 될 때 비로소 해충이 된다. 예를 들어, 해가 없는 곤충이 일부 민감한 사람들에게 심각한 알레르기반응을 일으키기도 하는데 이와 같은 경우를 제외하고, 곤충의 섭식과 병원균의 전파에 의해 작물의 생산량이 감소되거나 손실을 일으키는 것 등이 일반적인 피해의 결과라고 할 수 있다. 해충의 경우는 인간을 중심으로 정의된 것일 뿐 생태적으로 특별한 중요성은 없다. 곤충은 직접적으로는 병의 전파를 통해 (15장), 간접적으로는 가축, 재배 작물, 목재 등에 영향을 미쳐 인간에 대해 비로소 해충이 된다. 생태계 보존의 측면에서 볼 때 도입된 곤충이 토착종을 대체할 경우 해충이 되기도 하는데, 도입된 곤충의 경우 종종 군집 내에서 다른 비곤충종에 대해 악영향을 주기도 한다. 예를 들어 흑개미(the big-headed ant, *Pheidole megacephala*)와 아르헨티나개미(the Argentina ant, *Linepithema humile*) 등과 같이 일부 도입종이면서 행동적으로 우점인 개미들은 열대 태평양 섬들을 포함한 많은 섬들의 토착 생물의 다양성에 부정적인 영향을 미치고 있다(Box 1.2). 양봉꿀벌(honey bee; *Apis mellifera*)은 잡식성임에도 불구하고 자신들의 토착지역을 벗어나서도 야생벌집을 지어 지역 곤충 종들과 경쟁하기도 한다. 토착 곤충들이 일반적으로 꿀벌보다는 좁은 범위에 있는 토착식물의 화분매개에 보다 효율적이므로 경쟁에 의해 토착 곤충들이 손실을 입을 경우 식물의 종자 수는 줄게 될 것이다. 보존 생물학에 연관된 해충 연구가 증가되고 있으나 아직은 작물, 정원 식물, 산림 등의 해충에 대한 광범위한 문헌과 비교할 때 그리 많지 않은 수준이다.

이 장에서는 원예, 임업을 포함하는 농업 해충의 발생과 방제에 대해 주로 다루게 되며, 위생해충과 가축해충 관리의 중요성에 대해서 다루게 된다. 또한 어떻게 해충으로 되는지, 왜 곤충이 해충이 되는지, 피해수준은 어떻게 평가는지 등 집중 논의하게 된다. 다음으로 종합적인 해충관리(integrated pest management; IPM)를 개괄적으로 살펴보기 전에 각 살충제의 효과, 살충제 저항성의 문제 등에 대해 고찰할 것이다. 그리고 남은 부분에서는 IPM의 기본원리와 관리에 응용되는 방법들에 대해서 논의할 것이다. 다시 말하면, 곤충성장제어제와 뉴로펩타이드를 포함하는 화학적 방제; 천적곤충(이 장 표지그림의 진딧물을 먹는 무당벌레)과 미생물을 이용한 생물적 방제; 숙주식물의 저항성; 기계적, 물리적, 경종적 방제; 페로몬과 같은 유인제의 사용; 마지막으로 유전적 방제 등을 다루게 될 것이다. 이 장에서 다루는 주제가 매우 중요하고 광범위 하므로 다른 장과는 달리 좀 더 포괄적인 목록이 내용이 될 것이다.

16.1 해충으로서의 곤충

16.1.1 해충상태의 평가

곤충개체군 측면에서의 해충의 위치는 개체들의 풍부도, 곤충이 일으키는 불편함과 피해에 따라 결정된다. 일반적으로 **손상**(injury)은 곤충행동(대부분 섭식)에 의해 숙주 생리에 영향을 주는 해로운 효과를 말하는 반면, **피해**(damage)는 생산품의 품질, 생산량 또는 미적요인 등 숙주의 유용성에 측정 가능한 손실을 입히는 것을 말한다. 숙주 손상(또는 손상평가에 사용되는 곤충 수)이 필수적으로 감지될만한 영향을 의미하지는 않으며, 심지어 피해가 발생하더라도 경제적 손실을 평가하기 어려운 경우도 있다. 그러나 때때로 2~3개 개체의 곤충이 일으키는 피해, 즉 코들링나방 이나 과실파리 등이 가해한 과일에서처럼 받아들여지기 힘든 경우도 있으며, 메뚜기와 같은 곤충들은 목초지를 먹어치우기 위해서는 떼를 이루어야 함으로 해충이 되기 이전에 높은 밀도에 도달해야 하는 경우도 있게 된다. 대부분의 식물들은 활력에 치명적인 손실이 없는 경우 상당한 수준의 잎 또는 뿌리 손상을 견뎌낸다. 이런 손상을 받은 식물의 부분이 수확할 필요가 없는 경우(예; 잎 또는 뿌리 채소), 식용으로 판매가 되지 않는 경우(예; 실내 식물들) 등 의 해충섭식 피해는 흠집하나 없는 과일을 원하는 '섬세한(sophisticated)' 소비자들에게도 받아들일 만한 수준의 손상일 것이다. 종종 곤충섭식에 의한 영향이 단순히 외형적 수준(과일 표면에 난 작은 상처 등)에 있는 경우가 많아 막대한 비용을 요구되는 방제보다는 소비자 교육을 통해 개선하는 것이 더욱 바람직할 것이다. 음식물과 다른 상품의 외관에 대한 높은 표준이 요구되는 경쟁 시장체제에서는 해충의 상태를 평가할 때 자주 생물적인 판단뿐만 아니라 사회경제적인 판단이 요구된다.

새로운 특정해충의 위협을 우선적으로 측정해야 하는 경우가 종종 발생한다. 일반적으로 방제는 생산성과 시장성에 있어서 곤충 밀도 또는 풍부도에 의한 경제적 손실(방제하지 않을 때 피해가 예상되는 경우)이 방제 비용보다 클 경우에만 경제적이다. 곤충 밀도(13.4절)를 양적으로 측정하는 것은 특정 농작물과 관련된 곤충들에 대한 해충상태를 평가할 수 있게 한다. 각 **경제적 피해수준**(economic injury level, EIL)은 유용한 방제수단의 비용과 동일정도의 피해를 일으킬 수 있는 해충의 밀도에 의해 결정된다. 경제적 피해수준을 계산할 수 있는 공식은 다음과 같은 네 가지 요소를 포함하고 있다:

1 방제 비용
2 작물의 시장가격
3 곤충 단위 수에 기인한 생산량의 손실
4 방제의 효율성

경제적 피해수준을 구하는 공식은 다음과 같다.

EIL = C/VDK

EIL은 생산단위당 해충의 수(예; 곤충수/ha), C는 생산단위당 방제수단의 비용(예; $/ha), V는 생산물 단위당 시장가격(예; $/kg), D는 곤충단위수당 생산량의 손실(예; kg 작물 감소량/곤충개체수), K는 방제수단에 의한 발생하는 적절한 곤충개체군의 감소를 나타낸다.

계산된 EIL값은 동일작물내에서도 해충 종에 따라 다르며 또한 특정 해충종도 작물에 따라 그 값을 달리 한다. 또한 EIL은 작물의 활력에 영향을 미치는 토양의 종류, 강수량 등의 환경적인 조건에 따라서도 달라진다. 방제 수단은 보통 해충밀도가 EIL에 도달하기 전에 시행되는데 이는 방제 수단이 효과를 내기까지 시간이 필요하기 때문이다. 해충 개체군밀도가 EIL에 도달하지 못하도록 방제수단이 적용되어야 할 밀도가 있는데 이를 **경제적 피해허용**(economic threshold; ET) 또는 방제 임계수준(action threshold; AT)이라고 한다. ET가 개체군의 밀도를 표현하는 용어로 정의되어 있기는 하지만 이는 실제로 방제 수단이 적용되어야 할 시점을 나타낸다. ET는 EIL과는 다른 수준에서 결정되며 경제적인 피해가 발생할 때의 시간적인 지침으로서 해충수를 통해 예상될 수 있다.

해충은 다음중 하나에 해당될 것이다:

• 비경제적 해충, 개체군이 결코 EIL을 넘지 않는 경우(그림 16.1a);

• 돌발 해충, 이상기후와 농약의 부적절한 사용 등의 특정상황하에서 개체군밀도가 EIL을 넘어서는 경우(그림 16.1b);

• 잠재 해충, 해충의 일반 평형밀도가 ET와 가까워서 해충개체군 밀도가 자주 EIL에 도달하는 경우(그림 16.1c);

• 위험 해충 또는 주요 해충, 해충의 수가(방제를 하지 않는 경우) 항상 EIL보다 높은 경우(그림 16.1c).

주요해충들은 작물이 적절하게 성장할 수 있도록 필수적으로 방제되어야 한다.

EIL은 자연적인 천적의 역할, 살충제에 대한 저항성, 인근 경작지에 사용된 방제 수단의 효과 등은 고려되지 못한다. 그럼에도 불구하고 EIL의 장점은 결정규칙에 따라 정해지는 단순성에 있으며 비교적 쉽게 이해할 수 있어 방제의 이해와 보급이 쉽게 이루어질 수 있다. 이 EIL의 개념은 우선적으로 살충제를 더욱 분별력 있게 사용하기 위한 수단으로서 개발되었으며, EIL의 적용은 방제수단이 서로 분리되어 있고 치료를 목적으로 하는 경우에 제한적으로 사용되는데 그 예로 화학살충제 또는 미생물살충제 등이 있다. EILs와 ETs는 종종 해충문제의 지역적인 다양성과 농업생태계의 복잡성으로 인해 적용이 어렵거나 불가능한 경우가 다수 발생하므로 더욱 복잡한 모델과 동적인 한계수준이 필요할 것이며, 이 값들을 얻기 위해서 수년간의 포장연구가 수행되어야 할 것이다.

이상의 논의는 직접적으로 농업에 있어서 농작물에 피해를 주는 곤충에 원칙적으로 적용된다. 산림해충의 경우에는 EIL의 모든 요소에 대해 평가하기가 어렵거나 불가능하므로 크리스마스트리와 같은 단기 산림 생산품정도에나 EILs이 관련될 수 있다. 더 나아가서 만약 곤충들이 식물이나 동물에 병을 매개(벡터; vector)할 수 있는 해충이라면, 아마도 처음 출현할 시점이 ET가 될 것이다. 작물이나 가축에 영향을 미치며 곤충벡터에 의해 전파되는 바이러스는 그 위험성 때문에 항상 벡터의 출현이나 바이러스의 존재에 대해 주의가 요구된다. 이런 벡터나 병징이 처음 발생할 경우는 동시에 예방이 필수적일 것이다. 그리고 인류건강에 경제적으로 매우 위험한 질병은 ET에 도달하기 전에 사전예방조치가 이루어지며, 우선적인 방제가 요구될 경우 곤충 벡터와 바이러스 개체군에 대해 모니터링과 모델링을 수행하고 있다. 15장에 언급된 바와 같이 벡터의 영향력에 대한 평가는 우선적 방제수단의 필요성과 적절한 적용 시점을 결정하는데 매우 중요하다. 그러나 인간의 곤충유래 질병에 있어서는 이러한 적용논리가 사회경제적인 논리에 의해 대체되고 있으며, 이는 다시 말하면 비선진국가나 농촌지역에서는 용인되는 벡터 곤충 수준이 선진국 또는 도시사회에서는 방제가 필요한 수준으로 파악되기도 한다.

EIL의 한계중 하나는 계산이 복잡해지는 다중해충에게

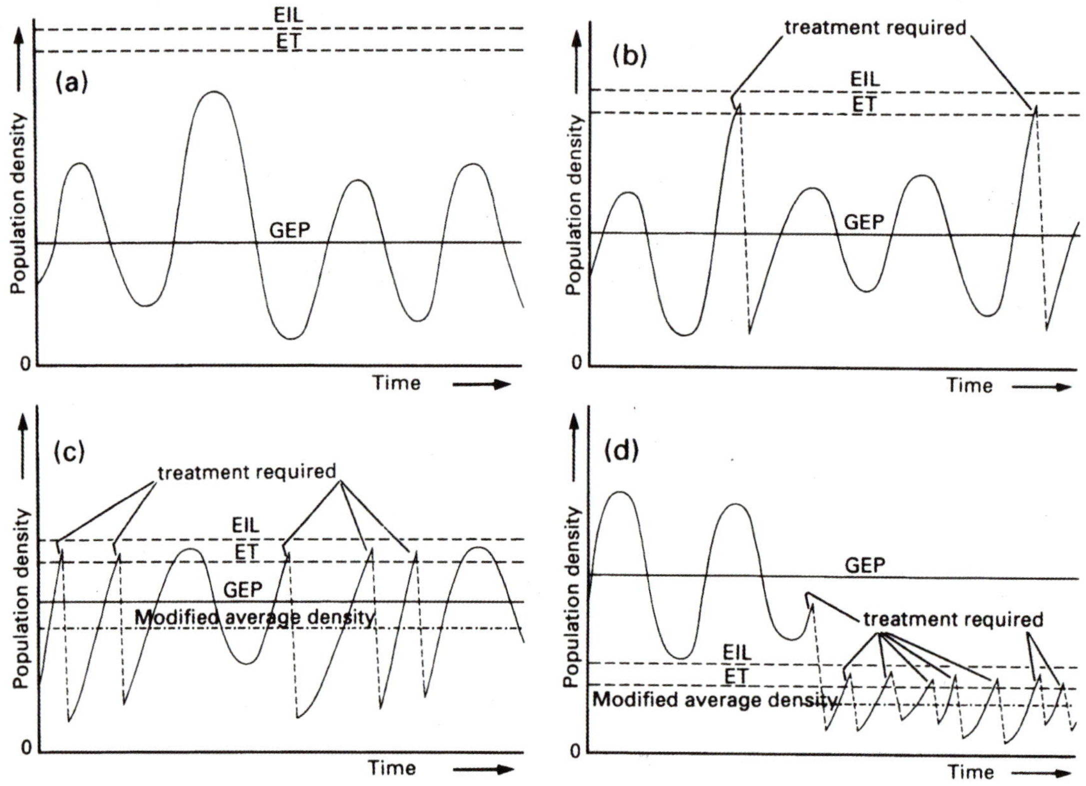

그림 16.1 일반평형개체군(general equilibrium population, GEP), 경제적 피해허용수준(economic threshold, ET), 경제적 피해수준(economic ijhury level, EIL)과 관련된 이론적인 곤충 개체군의 변동에 관한 도식. 일반평형밀도와 ET, EIL을 비교할 경우 곤충 개체군은 다음과 같이 구분될 수 있다: (a) 비경제해충, 개체군 밀도가 절대 ET 또는 EIL을 넘지 않는 경우; (b) 돌발해충, 개체군밀도가 특정 상황 하에서 ET와 EIL을 초과하는 경우; (c) 잠재해충, 일반평형개체군이 ET에 가까워 자주 EIL을 초과하는 경우;(d) 위험 또는 주요해충, 개체군밀도 항상 ET와 EIL보다 높을 경우. 실질적으로 이 경우 EIL에 도달하기 이전에 방제 수단이 투입되어야 한다. (stern 등, 1959.)

적용되기는 부적당하다는 것이다. 그러나 다른 해충들에 의한 손실이 동일한 형태의 피해를 주거나 서로 다른 형태의 피해가 상호작용하는 것이 아니라 부가적인 것이라면 EIL과 ET는 여전히 적용될 수 있다. 복합 해충군(한 작물에 다수 해충)에 대해 방제를 결정할 수 있는 역량은 종합적 해충 관리(16.3절)에 있어 중요한 부분이다.

16.1.2 곤충은 왜 해충이 되는가

곤충은 하나 또는 그 이상의 이유로 해충이 될 수 있다. 우선 일부 해가 없다고 알려진 곤충들이 서식처밖의 지역에 우연히(혹은 의도적으로) 도입된 후 해충이 되는 경우로 그 지역에서는 천적의 억제영향으로부터 탈출하게 된다. 이러한 범위확장을 통해 많은 무해했던 식식성 곤충들이 경작과정에서 기주 식물을 따라 조심스레 퍼짐으로서 해충으로 번성할 수 있게 된다. 둘째로 무해했던 곤충이 식물이나 인간을 포함한 동물의 병원균을 매개하는 벡터가 되는 경우이다. 예를 들면, 말라리아와 사상충병을 매개하는 모기의 경우 미국, 영국, 호주 등지에서도 발견되나 그 병이 현재 발생하고 있지는 않다. 셋째로, 토착 곤충이 섭식하던 식물에서 새로 도입된 식물로 기주를 옮길 경우 해충이 될 수도 있다. 이러한 기주변경은 광식성(polyphagous)과 협식성(oligophagous) 곤충에서 일반적이다. 예를 들면, 협식성인 콜로라도감자잎벌레는 19세기 동안 다른 감자 과의 숙주식물로부터 감자(*Solanum tuberosum*)로 숙주식물을 바꿨다(Box 16.5). 그리고 *Helicoverpa*와 *Heliothis*(나비목: 밤나방과) (Lepidoptera: Noctuidae)의 일부 광식성 유충은 서식처 내에 있는 목화와 다른 농작물에 심각한 해충이 되었다. 넷째는 작물과 산림이 자라고 가축이 사육되는 매우 단순하며 사실상 단일경작이 이루어지는 생태계에서 발생가능한 문제로, 특정작물을 섭식하는 곤충(specialist)이나 일부 범식자(generalist)의 번성을 자극할 수 있는 유용자원이 밀집하여 발생하는 경우이다. 확실히 토착 밤나방 유충은 풍부한 식용자원이 제공됨으로서 해충 상태가 되며, 더 나아가서 보다 다양한 서식지나 식용자원을 요구하는 해충천적은 단일경작으로 인해 더욱 어려움을 겪게 된다. 다섯째로 대규모 단일재배 외에 다른 농법이나 경작법에 의해 이전에 양호했거나 소수였던 종들이 주요 해충으로 발달하기도 한다. 휴식기가 없는 연속적 경작과 같은 경종적 농법은 곤충이 해충 상태에 이를 수 있도록 그 수를 증가시키기도 한다. 부적절하고 지속적인 살충제의 사용 또한 식식성 곤충의 천적을 제거할 수 있으며 이후에는 역으로 살충제저항성을 유발할 수 있다. 천적으로부터의 해방됨으로서 이전 비해충들은 ET에 도달할 만큼 그 수가 증가되기도 한다. 살충제 사용에 의한 문제점들은 이 후 좀 더 자세하게 다루어질 것이다.

중요하게 여겨지지 않던 성가신 곤충들이 심각한 해충이 되는 주요한 이유는 종종 명확하지 않다. 이러한 상태 변화는 갑자기 발생할 수 있어 위의 일반적인 설명의 단일 또는 조합에 의해서도 완전히 만족할 만한 설명이 될 수 없다. 한 예로서 *Bemisia tabaci* 생태형 B나 *B. argentifolii* 등으로 다양하게 알려져 있는 담배가루이는 악명이 높은데, 이는 이 곤충이 서로 다른 별개의 종으로 생각되거나 *B. tabaci*의 한 형태로 여겨지는 데에 따라서 다르게 설명될 수 있다(Box 16.1).

Box 16.1 담배가루이 생태형 B: 새로운 해충인가 아니면 오래된 하나의 변형체인가?

종종 담배가루이 또는 고구마가루이로 불리는 담배가루이(*Bemisia tabaci*)는 광식성이며 열대-아열대에 우점을 이루는 가루이종(노린재목: 가루이과)(Hemiptera: Aleyrodidae)으로 다수의 섬유(특히 목화), 음식, 관상용 식물을 섭식한다. 약충은 작은 관을 이용하여 체관부의 즙액을 빨아 먹는다(그림의 왼쪽에서 간략히 묘사된 것처럼, Cohen 등, 1998). 실처럼 생긴 구기(11.2.3절; 그림 11.4)는 담배가루이가 성공적으로 섭식하기 위해 적합한 관다발에 닿아야만 한다. 담배가루이는 토마토에서는 비정상적인 성숙, 호박류에는 은박현상(silverleafing)을 일으키는 등 숙주에 생리학적인 변화를 유발하여 식물에 피해를 입히는데, 이는 분비하는 감로와 검게 자라는 곰팡이로 지저분하게 만들고 특히 geminiviruses(Germiniviridae)를 포함한 70여종 이상의 바이러스를 전파하므로써 피해를 유발한다.

담배가루이는 1980년대 초기 살충제에 의존하여 집중적이며 연속적 경작이 많이 이루어진 이래 심각하게 만연되고 증가되어왔다. 이는 담배가루이 또는 형태적으로 구별할 수 없는 후대 종들이 병이 있는 형태로 전파된 것과 관련이 있다. 종종 담배가루이 생태형 B라고 불리는 이 해충의 원산지와 유사한 지역은 중동 아마도 이스라엘일 것이다. 특정 곤충학자(특히 미국 내의)들은 별개의 종으로서, 호박류의 잎에 나타

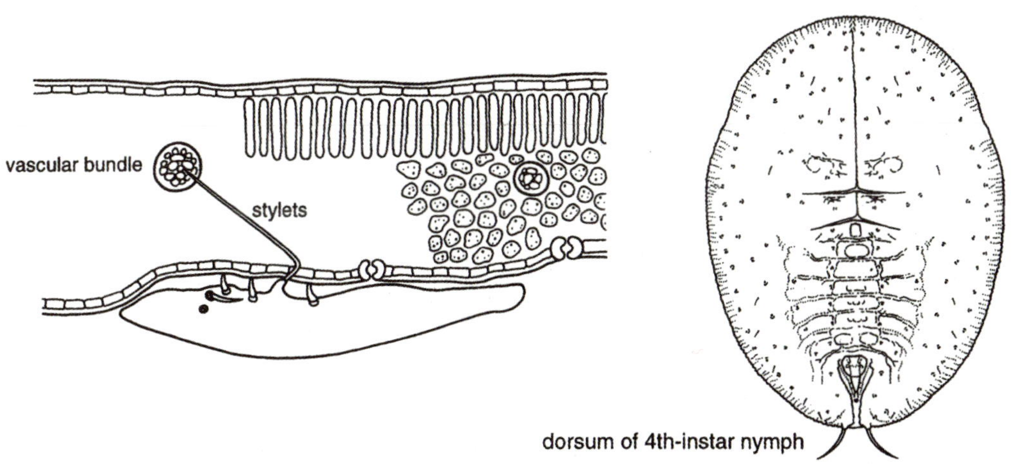

나는 병징 때문에 이름이 붙은 은잎가루이(*B. argentifolii*, silverleaf whitefly)(오른쪽 그림에서 표현된 4령 약충 또는 "용", Bellows 등,1994)를 심각한 해충으로 인식하였다. *B. argentifolii*는 진짜 담배가루이 *B. tabaci*(종종 생태형 A로 불리는)와는 사소하며 불안정한 표피의 차이를 보여준다. 그러나 담배가루이의 8개 생태형들과 형태적으로 확장하여 비교해본 결과 그들을 서로 구별할 수 있는 믿을 만한 특성을 보여주지 못했다. 그러나 분명히 allozyme, 핵, 마이토콘드리아의 유전적 정보에 의해서는 담배가루이의 생태형 B가 아닌 것을 분리할 수 있다. 생태형 A와 B의 18S rDNAs와 그들의 공생 세균의 16S rDNAs의 염기서열은 분명히 동일하며 이는 다시 말해 이들 2종의 가루이가 동일하거나 매우 최근에 진화되어 나온 종이라는 것을 제안한다. 일부 생태형들은 교잡실험에서 나타난 것처럼 다양한 생식적 부적합성을 보여주며, 이는 Wolbachia와 유사한, 균주 또는 성 특이 세균의 존재와 다른 곤충에서도 관찰되는 것처럼 유사한 내부기생자의 활동에 기인할 것으로 생각된다(5.10.4절). 담배가루이 생태형 A 개체군은 생태형 B가 도입되는 곳이면 어디서든 제거되는데 이는 미생물에 의해 매개되는 부적합성에 기인한다고 할 수 있다. 실제로, 담배가루이 생태형 A와 B의 세균 군집상은 구성에 있어 일부 차이를 보이며 이는 공생세균의 다양성이 생태형 형성에 관련될 수도 있다는 가설과도 일치한다. 예를 들면, 최근 들어 생태형 A는 클라미디아(Chlamydia) 균들(Simkaniaceae: *Fritschea bemisiae*)에 의해 감염되어 있으나 생태형 B는 감염되지 않았다. 그러므로 이 세균의 존재가 숙주 가루이의 적응도(fitness)에 영향을 줄 가능성이 있다. 또한, 일부 다른 노린재목(Hemiptera)에 있는 내부공생자들은 증가된 바이러스 전파(3.6.5절)에 연관되어 있으며, 이는 내부공생자들이 담배가루이 생태형들에 의한 geminiviruses의 전파를 매개할 수 있음을 보여준다.

이렇게 분명한 새로운 해충으로서, 담배가루이 생태형 B의 갑작스런 출현과 전파는 경제적으로 중요한 곤충분류군사이의 세밀한 분류학적 및 생물학적 차이를 인식하는 것이 얼마나 중요한지 강조한다. 이 경우 세균과 연관된 교배연구 및 연관되지 않은 교배연구 등을 포함하는 실험적인 접근이 필요하게 된다. 담배가루이는 하나의 자매종 복합체(sibling species complex)일 수 있으며 대부분의 종은 현재 생태형으로 불리나 일부 형태(예 생태형 A와 B)는 내부공생자의 조작에 의해 생물적으로는 달라질 수는 있으나 동일종일 것이다. 또한, 살충제 과다사용의 결과로 강한 선택압에 의해 화학살충제에 대해 저항성이 더 높은 가루이 또는 세균 공생자가 선발되는 것이 가능함을 보여준다.

Bemisia 담배가루이의 효과적인 생물적 방제는 깍지좀벌류(Encarsia)와 면충좀벌류(Eretmocerus)(면충좀벌과, Aphelinidae) 같은 숙주-특이 포식기생벌을 사용하면 가능하다. 그러나 높은 강도와 잦은 빈도로 숙주에 살충제를 사용할 경우 역으로 생물적 방제에 악영향을 미칠 수 있다. 심지어 담배가루이 생태형 B는 살충제 사용을 줄인다면 방제가 가능할 수도 있다.

16.2 화학살충제의 영향

제2차 세계대전 기간 동안과 그 후에 개발되었던 화학살충제는 효과적이었으며, 가격 또한 매우 저렴했다. 그래서 농부들은 해충방제를 위해 전통적인 방식의 화학적, 경종적, 생물적 방제 등을 빠르게 대체했던 새로운 화학적 해충방제 방법들에 의존해 왔다. 1950년대와 1960년대에는 살충제 붐(insecticides boom)이 일었던 시기였으며 지속적으로 사용이 증가하였고, 이런 화학살충제를 이용한 방제법은 오늘날까지 여전히 적용되는 유일한 주요 해충방제 전략이다. 해충 개체군이 화학살충제에 의해 방제되었음에도 불구하고 다음과 같은 예상치 못했던 악영향들이 나타나게 되었다.

1 화학농약에 대해 유전적으로 저항성을 가지는 곤충들의 선발(16.2.1절)
2 화분매개충, 해충의 천적, 토양 절지동물 등을 포함하는 비표적 생물들의 붕괴
3 **해충 회복**(Pest resurgence)—**1**과 **2**에 기술된 부작용의 결과로서 목적해충의 수가 급격하게 증가하거나(예; 1940년대 캘리포니아에서 DDT(dichlorodiphenyltrichloroethane) 처리의 결과로 이세리아깍지벌레의 심각한 대발생(Box 16.2; Plate 6.6, p.14))와 살충제 처리에 의해 천적이 해충개체군보다 회복이 느린 경우 해충이 살충제 처리 이전수준을 초과하여 발생하는 것
4 **2차 해충의 격발**(secondary pest outbreak)—원래 목적한 해충은 억제되나 **1**과 **2**에 기술된 부작용의 조합으로 인해 이전에는 해충으로 생각되지 않아 방제가 필요하지 않던 곤충이 주요해충으로 되는 것
5 화학살충제에 의한 땅과 급수체계의 오염 및 먹이사슬 내의 생물적 확대의 결과로 화학살충제가 생물적으로 축적됨에 따라 발생하는(특히 척추동물에 뚜렷하게 일어나는) 환경적인 역효과
6 살충제를 취급하고 사용함으로써 발생하는 직접적인 인류건강의 위험 또는 환경에 대해 노출됨에 의해 발생하는 간접적인 위험

살충제 사용이 증가되었음에도 불구하고, 해충에 의한 피해 또한 증가해왔다. 예를 들면, 미국에서의 살충제 사용

Box 16.2 이세리아깍지벌레

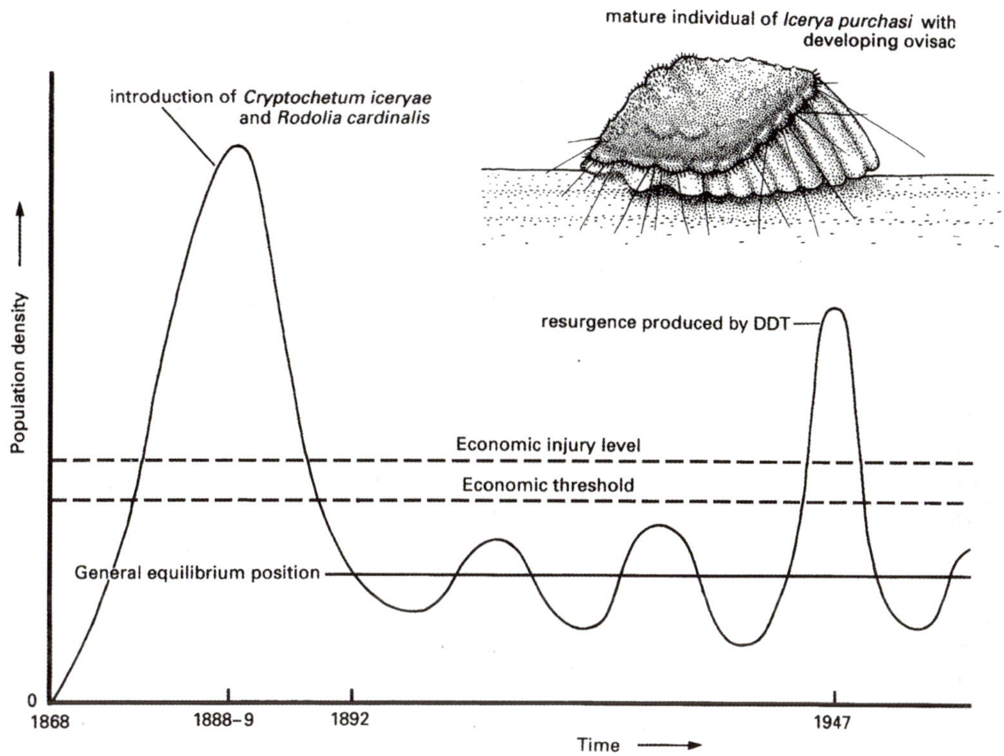

극적으로 성공했던 생물적 방제 시스템의 예는 위의 그래프(Stern 등, 1959)에서 설명되어 있는 것처럼, 1889년에 시작되어 캘리포니아 감귤류의 과수원에 만연되어 있던 이세리아깍지벌레(cottony-cushion scale, *Icerya purchasi*)를 방제한 것에서 찾을 수 있다. 이 방제작업은 오히려 천적을 죽이고 이세리아깍지벌레를 격발시켰던 DDT 사용에 의해서 방해를 받았다.

암수한몸(hermaphroditic)이며 자가 번식(self-fertilizing)하는 이 깍지벌레의 성충은 매우 특징적인 소리를 내는 수백 개의 알이 산란된 백색 난포(see inset on graph; see also Plate 6.6, facing p. 14)를 생산한다. 이세리아깍지벌레의 생식 기작은 하나의 유충 개체가 광식성과 따뜻한 기후에서 한해에 여러 번 산란하는 능력을 가지고 있어 새로운 침입을 가능케 하며 이 해충을 잠재적인 주요 해충으로 만든다. 원산지인 호주에서는 이세리아깍지벌레 개체군은 특히 무당벌레류(딱정벌레목: 무당벌레과)(Coleoptera: Coccinellidae)와 기생성 파리류: 파리목(Diptera: Cryptochetidae) 등의 천적에 의해서 억제되고 있었다.

이세리아깍지벌레는 약 1869년에 미국 북부 캘리포니아의 한 공원에서 자라는 아까시(Acacia)나무에서 처음 발견되었으며, 1886년까지는 남부 캘리포니아에서 새롭게 확장되던 감귤 산업을 황폐화시켰다. 초기에는 이 해충의 원산지가 알려지지 않았으나 미국, 호주, 그리고 뉴질랜드의 곤충학자들의 동정결과 호주로 원산지가 일치되었다. 이 해충에 대한 외래 천적을 도입하는 것은 미국농무부, 곤충부장인 C.V. Riley에 의해서 제안되어 가속화되었다. 그는 1888년부터 1889년까지 호주와 뉴질랜드에 있는 천적을 수집하기 위해 A. Koebele에게 의뢰하였으며 채집된 천적들은 캘리포니아 과수원에 사육, 방사하기 위해 D.W. Coquillett에게 보내졌다. Koebele는 *Cryptochetum iceryae* 파리에 감염된 많은 이세리아깍지벌레를 얻었으며 또한 베달리아무당벌레(vedalia ladybird, *Rodolia cardinalis*)를 얻을 수 있었다. 몇 번의 선적 과정을 통해 베달리아무당벌레의 사망률이 높아졌고 겨우 500개체가 살아서 미국에 도착할 수 있었으나 계속 사육되어져 모든 캘리포니아의 감귤 재배자들에 나누어져 훌륭한 성과를 거두게 되었다. 베달리아딱정벌레는 만연돼 있던 이세리아깍지벌레를 먹어치웠으며, 이로 인해 감귤사업은 살아남게 되었으며 생물적 방제는 보다 많은 관심을 받게 되었다. 기생성 파리는 초기 무당벌레 포식자에 의한 성공으로 인해 대부분 잊혀졌다. Koebele의 수집에 의해 수천마리의 파리들이 수입되었으나 실제 정착되어졌는지에 대해서는 의문으로 남아있다. 현재 캘리포니아에 있는 *C. iceryae* 개체군의 주요 또는 유일한 원산지는 아마도 1887년 말기 호주 애들레이드의 F. Crawford에 의해 캘리포니아 주 과실 해충 검사관인 W.G. Klee에게 보내진 한 집단일 것이며, 그는

Koebele이 호주를 방문하기 이전인 1888년 초기에 샌프란시스코 주변에서 기생성 파리 방사를 수행하였다.

오늘날 베달리아무당벌레(*R. cardinalis*)와 기생성 파리(*C. iceryae*)는 양쪽 모두 캘리포니아내의 이세리아깍지벌레의 개체군을 억제하고 있다. 특히 딱정벌레는 뜨겁고 건조한 내륙의 감귤재배 지역에서 우점하며, 파리는 더 시원한 해변지역에서 중요하다. 기후 조건이 양쪽 종 모두에게 적합한 경우 종간에 경쟁이 발생하기도 한다. 또한, 베달리아 무당벌레는 기생성 파리의 사용을 축소하는 방향으로 이세리아깍지벌레가 발생한 전 세계 많은 나라들에 성공적으로 도입되어 왔다. 이 결과로 포식자와 포식기생자 양쪽 모두 이세리아깍지벌레 수를 효과적으로 조절할 수 있음을 보여 주었고, 여기에는 그들의 숙주특이성과 목적해충인 깍지벌레의 제한적인 분산과 집합행동으로 인해 효율적인 탐색능력에 더욱 도움을 준 것으로 보인다. 불행히도 무당벌레를 이용한 다른 성공적인 생물적 방제의 예는 거의 알려진 바가 없다.

은 대략 1950~1985년까지 10배 정도 증가하였으나, 같은 기간 동안 곤충에 의한 농작물 손실 또한 대략적으로, 2배 가까이(7%에서 13%) 증가되었다. 이런 수치는 화학살충제에 의해 비저항성 해충들이 분명히 죽는 것으로 봐서, 살충제에 의해 곤충이 방제가 안됐다기 보다는 해충발생과 방제방법간의 불균형에 의해 발생한다고 설명할 수 있다. 해충문제와 방제방법간의 불균형은 일련의 요소들로 설명할 수 있다. 사람사이의 무역은 천적이 없는 곳으로 해충이 퍼지는 것을 가속화시켰으며, 종종 역으로 생산성이 좋은 농작물은 해충에 대한 감수성을 증대시키는 결과를 가져왔다. 더불어 위생처리나 윤작 등의 다른 경종적 방법이 부족한 상태에서 광범위한 단일 작물의 재배가 일반적으로 이루어지고 있는 상황 또한 한 요소가 될 것이다. 최종적으로는 화학살충제의 공격적인 시장 마케팅이 화학살충제의 무분별한 사용을 이끌었으며, 이는 특히 개발도상국가를 중심으로 이루어졌다고 할 수 있다.

16.2.1 살충제 저항성

살충제 **저항성**(resistance)은 살충제에 대해 유전적으로 살아남은 개체들이 선발됨에 따라 나타난다. **내성**(tolerance)은 살충제에 대해 개체들이 살아남을 수 있는 능력으로, 생존을 위해 필요한 기초적인 능력을 의미하지는 않는다. 과거 수십 년 동안 500종이상의 절지동물이 하나 또는 그 이상의 살충제에 대해 저항성을 발달시켜 왔다(그림 16.2).

담배가루이나 은빛잎가루이(Box 16.1), 콜로라도감자잎벌레(Box 16.5), 배추좀나방(16.5.2절의 Bt에 대한 논의 참조) 등은 사실상 사용가능한 모든 화학살충제에 대해 저항성을 가지고 있다. 이상의 종들과 다른 많은 해충에 대해서는 화학적 방법에 기초한 해충방제는 실질적으로 효과가 나타나지 않을 수 있는데 이는 다수 해충들이 교차저항성이나 다중저항성을 보이기 때문이다. **교차저항성**(Cross-resistance)은 한 살충제에 대한 저항성 기작이 다른 살충제에도 내성을 보이는 현상을 말한다. **다중저항성**(Multiple resistance)은 주어진 한 종류의 화학물질에 대해서 한 개체군내에서 한 종류 이상의 방어기작이 나타나는 현상을 말한다.

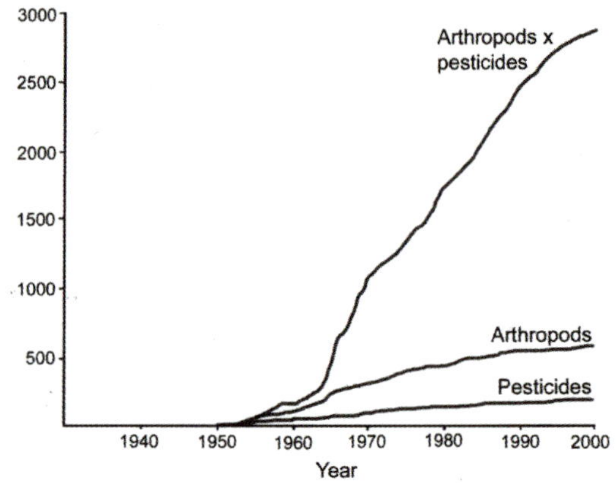

그림 16.2 하나 또는 그 이상의 살충제에 저항성을 보이는 절지동물 종수(대부분 곤충과 응애)의 누적 증가. (Bills 등, 2000.)

다중저항성으로부터 교차저항성을 구분하는데 있어 발생하는 어려움은 살충제 저항성을 연구하는데 있어서 주요한 연구과제 중 하나이다.

살충제 저항성 기작에는 다음 내용들이 포함된다.

- 행동적 회피의 증가, 몇몇 살충제 예를 들면 님(neem)과 피레스로이드(pyrethroids)는 곤충을 쫓아버리기도 함;
- 생리적 변화, 예를 들면 격리(독성화학물질을 특정 조직 내에 축적함), 표피의 투과성 감소, 또는 빠른 배설 등;
- 생화학적 해독작용(detoxification)(**대사적 저항성**(metabolic resistance)이라고도 함), 특수한 효소에 의해 매개됨;
- 내성의 증가, 살충제의 작용점에 살충제가 이미 존재해

감수성이 떨어져 저항성이 생김(**작용점 저항성**, target-site resistance 이라 불림).

미국에서 목화의 주요한 해충인 회색담배나방(tobacco budworm, *Heliothis virescens*(나비목: 밤나방과)(Lepidoptera: Noctuidae)은 행동적 저항성, 투과적 저항성, 대사적 저항성, 작용지점 저항성을 모두 나타낸다. 식식성 곤충 중에서 특히 광식성 곤충들은 자주 그들의 천적들보다 더 빠르게 저항성을 발달시킨다. 광식성의 식식성 곤충들은 다양한 숙주식물들에서 접하게 되는 2차 대사산물들(secondary compounds)에 대해 일반적인 무독화 메커니즘을 가지고 있기 때문에 살충제 저항성의 발달에 미리 적응해 있다고도 할 수 있다. 확실히 살충성 화학물질에 대한 해독작용은 살충제 저항성의 가장 일반적인 형태이다. 더욱이 식물을 씹어 먹거나 도관부가 아닌 세포조직을 먹는 곤충의 경우 체관부나 목질부를 먹는 종보다는 살충제 저항성의 발달에 있어 현저히 높은 능력을 가지고 있는 것으로 나타난다. 검증된 예가 많지는 않지만 일부 절지동물 천적에서도(예; 일부 풀잠자리, 기생벌, 포식성 진드기 등) 저항성은 발견된다. 살충제 내성에 대한 종내 다양성은 서로 다른 양의 살충제에 노출된 특정 개체군들 사이에서 보고되어 왔다.

야외에서의 살충제 저항성은 비교적 유전자와 관련이 없거나 단일 유전자(단일유전자 저항성, monogenic resistance)에 기인하는데 하나 또는 2개의 지점에서 일어나는 대립유전자의 변이체에 의해 발생한다. 모든 개체를 죽이도록 설계한 화학살충제를 야외에 적용할 때 저항성 발달이 매우 빠르게 일어나게 되는데, 이는 강한 선택압에 의해 단일 위치에서 존재하는 매우 드문 저항성 대립형질을 나타내는 새로운 변종을 만들 수 있기 때문이다. 대조적으로, 실험실조건에서의 저항성 선발 실험은 다양한 저항성 유전형질을 보이며 다소 약한 저항성이 발달한다. 단일유전자 살충제 저항성은 또한 특정 살충제의 매우 특이적인 작용기작에 의해 생길 수도 있으며, 이는 작용지점의 작은 변화에 의해서도 저항성이 유발될 수 있다.

살충제 저항성을 관리하기 위해서는 다음과 같은 주요한 목적을 바탕으로 화학살충제 사용을 조절할 수 있는 프로그램이 필요하다: 해충 개체군의 저항성 발달을 (i) 회피하거나 (ii) 지연시킴; (iii) 저항성 개체군을 좀 더 감수성이 높은 수준으로 복귀시킴; (iv) 선발된 천적의 저항성 발달을 촉진함. 저항성 관리를 위한 전략으로는, 저항성 유전자의 희석을 촉진하기 위해 감수성 해충군집(피난처에 발생하거나 비처리 지역으로 이동한 개체들)을 보존하는 것, 살충제 적용 약량과 빈도에 변화를 주는 것, 지속적으로 화학살충제를 사용하지 않는 것, 서로 다른 화학물질을 번갈아 사용하거나 연속적으로 사용하고 또는 혼합제 형태로 적용하는 것 등을 들 수 있다. 가장 적합한 저항성 발달 지연 전략은 천적을 이용한 방제가 경제적 손실을 줄이지 못할 경우에만 화학살충제를 사용하는 것이다. 더 나아가서, 통합된 방제관리 요소로써 저항성 모니터링을 수행하여 문제를 미리 예상하고 방제전략 수행하는데 있어 그 유효성을 미리 평가할 수 있도록 한다.

이상에서 논의된 문제들 즉, 화학살충제의 비용문제, 환경에 유해한 농업적 방법 및 농산물에 대한 화학적 오염 등에 대한 강력한 소비자들의 대응이 현재 대체 해충방제법의 개발을 촉진하고 있다. 일부 나라들과 특정 작물에서는 증가 추세에 있던 화학적 방제방법이 다른 방제법들과 혼합되어 종합적으로 처리되고 있으며, 때로는 다른 방제방법들에 의해 대체되고 있다.

16.3 종합적 해충 관리

역사적으로, **종합적 해충관리**(integrated pest management, IPM)는 목화 생산에서 있어서 1960년대 처음으로 적용되었다. 일부 목화재배단지에서는 작물당 최소 12번의 살충제 살포가 필요한 곳도 생겨나게 되는 등 화학살충제 사용이 실패한 후 IPM이 진행되었다. IPM의 철학은 농작물에 대한 경제적 피해를 최소화하는 동시에 농작물내의 비표적 생물, 주변 환경 및 소비자에게 발생할 수 있는 농산물의 역효과를 최소화 하는데 있다. 성공적인 IPM의 수행을 위해서는 서로 다른 상황에 맞게 다양한 재배 방법과 방제 기술을 합리적으로 사용할 수 있도록 해충, 천적, 농작물의 생물학적 특성에 대한 전반적인 지식이 요구된다. IPM의 핵심 개념은 해충관리 전략을 종합(전략사이의 상호 적합성)하는데 있다. 곤충(과 다른 생물들) 개체군을 조절하는 요소는 다양하며 상호 복잡하게 연관되어 있다. 그러므로 성공적인 IPM은 개체군 발달과정(성장과 생식 능력, 경쟁, 포식과 기생의 효과)과 환경적 요소의 영향(날씨, 토양 상태, 화재와 같은 방해 작용, 그리고 물, 영양소, 피난처의 유용성)에 대한 이해가 필요하며, 이중 일부는 자연계 내에서 다분히 확률적이며, 곤충 개체군에 대한 효과 또한 예상 가능하거나 불가능할 수 있다. IPM의 가장 진보한 형태는 방제방법을 결정할 때 생태계 환경 내에서 사회적, 환경적인 비용과 이익이 고려되는 형태이다. 유기 농업에 접근하기 위한 철학을 가지고 생태계의 장기 건전성 및 생산성을 보호하려는 노력을 꾸준히 기울여야 한다. 진보한 IPM의 예 중 하나는 열대 관개 벼농사에서의 해충 방제를 들 수 있는데, 농부간에 협조적으로 자체 교육이 이루어지며, 지역사회와 결부된 야외조사를 통하여 성공적인 IPM을 널리 보급하고 있다. 전 세계적으로 활성화된 다른 IPM 시스템으로는 특정지역의 목화, 알팔파, 감귤 등의 야외작물과 다수의 온실 농작물에 대해서 행해지고 있다.

IPM의 경제적, 환경적 이점에도 불구하고, IPM 시스템은 느리게 보급되고 있는 상태인데, 예를 들어 미국에서는 연방정부가 수십 년 동안 IPM을 증대시키고자 노력했음에도 불구하고 전체 경작지의 10%도 되지 않는 곳에서 실질적인 IPM이 실행되고 있다. 때로는 IPM이라고 불리는 작업은 단순히 "종합적 살충제 관리" (때때로 1차수준의 IPM으로 불림)로 생각되고 있으며, 해충 상담자가 살충제를 적용하기 위한 시점을 찾기 위해 농작물을 모니터링 하는 정도로 인식되고 있다.

진보한 IPM의 적용이 쉽지 않은 데는 다음과 같은 일반적인 이유들이 있다.

- 다수 해충과 그들의 천적에 대한 충분한 생태학적 자료 부족
- 개별 작물의 개별 해충에 대한 EILs에 대한 지식 요구
- 위의 정보를 얻기 위한 서로 다른 분야 간의 연구
- IPM 전략과 연관된 농작물에 대한 해충 피해의 위험
- 살충제 제조회사의 시장압력과 연관된 전체 해충 방제의 편협한 단순성
- 농업종사자, 농업관련정부기관, 입업종사자 또는 다른 기관들에 대한 새로운 원칙 및 방법 교육의 필요성

성공적인 IPM을 위해서는 폭 넓은 생물학적 연구가 필요하다. 이러한 응용 연구는 많은 제조회사들로부터 재정적인 지원을 얻기가 쉽지 않는데 이는 IPM이 살충제 시장을 잠식할 수 있기 때문일 것이다. 그러나 IPM의 주된 관심이 해충을 방제하는 다양한 방법의 수립에 있기는 하지만 비록 그 사용량은 줄어들지언정 여전히 화학살충제도 함께 적용되어야 한다. 이러한 IPM 방법들은 보통 곤충의 생리적, 생물적 환경을 변화시키는 것과 관련되어 드물기는 하지만 곤충의 유전적인 속성을 변화시키기도 한다. 그래서 IPM에서 사용될 수 있는 방제 수단에는 다음과 같은 것들이 포함된다. 살충제, 생물적 방제, 경종적 방제, 식물 저항성 개선 및 해충의 생리나 생식을 방해하는 기술, 즉 다시 말하면 유전적 방제(예; 불임곤충 기술(sterile insect technique; 16.10절)), 통신화합물을 이용한 방제(예; 페로몬), 곤충 생장 조절제를 이용한 방제 방법 등이 있다. 이 장의 나머지 부분은 IPM 시스템에 적용 가능한 다양한 해충방제 방법의 원리와 실질적인 방법에 대하여 다루어질 것이다.

16.4 화학적 방제

전통적인 살충제들의 위해성에도 불구하고, 일부 살충제들의 사용은 피할 수 없다. 그러나 주의 깊은 살충제의 선택과 적용을 통해 생태적인 피해를 최소화할 수 있다. 해충의 생활 주기중 약한 시기 또는 해충개체군이 폭발적으로 증가하는 시간에 주의를 기울여 시기적으로 억제할 수 있는 약량을 처리할 수 있다. 적절하고 효율적인 살충제의 사용을 위해서는 야외에서의 해충의 생물적 특성에 대한 전반적인 지식과 유용한 살충제들 간의 차이에 대해 적절한 평가가 이루어져야 한다.

일련의 화학물질들은 곤충을 죽이기 위해 개발되어 왔다. 이런 살충제들은 표피를 관통함으로써 곤충 몸에 들어가기도 하며(접촉 독성(contact action) 또는 피부침입(dermal entry)이라고 불림)), 호흡시스템에 흡입에 되어 들어가기도 하고, 구강 섭식을 통해 소화계를 내부로 들어가기도 한다. 대부분의 **접촉제**(contact poisons)는 곤충에 의해 섭식될 경우 **소화중독제**(**식독제**, stomach poisons)로서 작용하며, 해충에 의해 섭식된 독성화학물질이 숙주내로 이동하여 독성작용을 하게 되어 소위 **침투성 살충제**(systemic insecticides)로서 불린다. 해충방제를 위해 사용되는 훈증제는 **흡입제**(inhalation poisons)이다. 어떤 화학물질은 흡입제, 접촉제, 소화중독제로서 동시에 작용할 수 있다. 화학살충제는 일반적으로 급성독성이며 독성기작(사망을 일으키는 방법)은 주로 신경계를 통하여 이루어진다. 다시 말해 acetylcholinesterase(신경신호를 시냅스에서 전송하는 필수적인 효소)를 방해하거나 직접적으로 신경세포에 대해 작용한다. 대부분의 합성 살충제는(피레스로이드를 포함하여) 신경독제(nerve poisons) 이다. 다른 화학살충제들은 곤충의 발달 또는 대사과정에 영향을 주는데 이는 호르몬과 유사하게 행동하거나 호르몬의 작용을 방해하기도 하며, 표피 형성의 생화학적인 과정에 영향을 줌으로써 악영향을 미친다.

16.4.1 살충제

화학살충제는 합성물질이거나 천연물이다. 일반적으로 식물 살충제로 불리는 천연 식물유래 산물들에는 다음과 같은 것들이 포함된다:

- **알칼로이드**(alkaloids), 담배에서 나온 니코틴을 포함함;
- **로테논**(rotenone)과 다른 **로테노이드**(rotenoids) 류, 콩과 식물의 뿌리에서 나옴;
- **피레스린**(pyrethrins), 제충국(*Tanacetum cinerariifolium*)(이전에는 제충국(*Pyrethrum*)과 국화류(*Chrysanthemum*))의 꽃으로부터 유래함;
- **님**(neem) 등, 살충제로서 긴 역사를 가진 나무(*Azadira-chta indica*)의 추출물(Box1 16.3).

살충성 알칼로이드는 1600년대부터 사용되기 시작하였으며 제충국(pyrethrum)은 최소한 1800년대 초부터 사용되어져 왔다. 니코틴에 기초한 살충제가 높은 포유동물 독성과 제한된 살충활성 등의 이유로 서서히 사라지게 됐음에도 불구하고, 천연의 니코틴을 모델로서 만들어지는 새로운 세대 **nicotinoids**나 **neonicotinoids**는 큰 시장을 이루고 있으며, 특히 흡즙성 곤충에 대해 많이 이용되는 침투성 살충제인 imidacloprid를 그 예로 들 수 있다. 로테노이드(Rotenoids)는 호흡을 막아 곤충을 죽이는 미토콘드리아 독제(mitochondrial poisons)이며, 이들은 어류에도 독성이 있어 물에 접촉하지 않도록 관리해야 한다. 님 유래물질은 대부분의 약충과 유충에 대한 섭식 독제로 작용하며 행동 변이와 일반적인 발달 장애를 유발한다. 이 내용은 16.4.2절과 Box 16.3에서 다루어져 있다. 피레스린

Box 16.3 님(Neem)

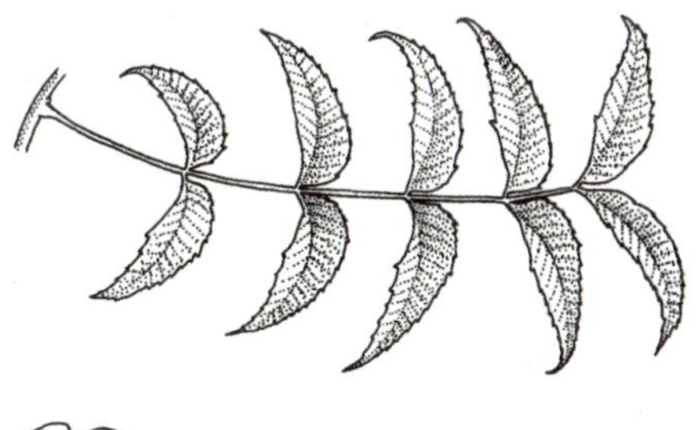

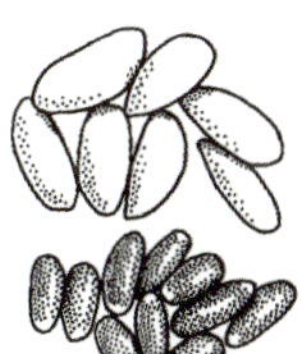

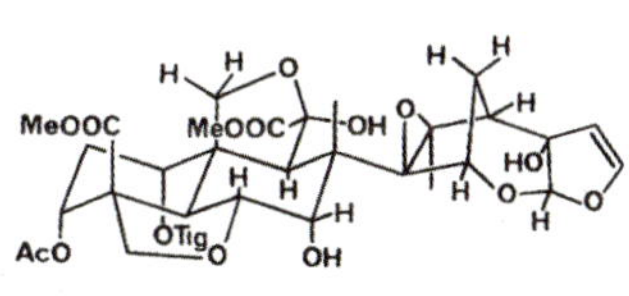

님 나무(neem, *Azadirachta indica*, Meliaceae)는 열대아시아가 원산지이지만 아프리카와 중남미, 호주의 온난한 지역에 널게 심어져왔다. 특히 님 나무의 항 곤충활성은 인도와 아프리카의 일부 지역에서 좋은 평판을 얻었다. 예를 들어 곤충을 쫓기 위해 책속에 눌린 나뭇잎을 넣어 놓거나 말린 잎을 넣어둔 봉지를 찬장에 올려놓으면 나방과 바퀴벌레를 오지 못하도록 막는 효과가 있었다. 님의 종자와 잎의 추출물은 기피제, 섭식저해제, 성장저해제로서 작용한다. 그 종자(갈색이며 전체 종자는 아래 보임. Schmutterer 1990)는 곤충에 영향을 주는 주 활성물질이며, 잎은(여기에 묘사된 것처럼, Corner 1952)은 2차적인 활성물질이다. 종자의 핵심 활성물질은 azadirachtin(AZ), limonoid 류이며, 또한 다른 범위의 활성물질도 다양하게 존재한다. 종자의 다양한 수용성 및 알코올성 추출물, 님 정유, 정제된 AZ는 많은 곤충에 대해 활성이 조사되어왔다. 이런 님 유래물질은 해충에 기피활성을 가지며, 정착을 막고, 산란을 방해하며, 먹이섭식을 저해하며, 성장조절을 방해하고(16.4.2절에서 논의된 것처럼) 성충의 산란력, 수명, 활성 등을 감소시킨다. 나비목 종들에서 AZ는 광식성 종보다 협식성 종에서 섭식 활성을 저해하는 것으로 알려져 있다. 님의 섭식저해(phagodeterrent) 활성은 명확하게 미각(구기의 감각기에 의해 조절되는)에 관련된 것과 미각에 관련되지 않은 것이 있으며, 미각에 관련되지 않은 작용은 님 유래 물질을 주입하거나 향을 통해 적용할 경우 직접 구기에 영향을 주지는 않지만 섭식을 저해할 수 있게 된다.

님 유래 상품들은 대부분의 식식성 곤충목(노린재목(Hemiptera), 딱정벌레목(Coleoptera), 파리목(Diptera), 나비목(Lepidoptera)과 벌목(Hymenoptera))을 포함하는 넓은 범위의 해충, 저장 곡물 해충, 특정 가축해충, 심지어 인간에 질병을 일으키는 모기 등에 대해서도 야외조건에서 효과를 나타낸다. 다행히도 꿀벌과 거미와 무당벌레와 같은 다수의 해충 포식자들은 님에 감수성이 낮아 IPM에 적용하기에도 매우 적합하다. 또한, 님 유래물질은 척추동물에도 독성이 없다. 안타깝게도 AZ(여기에 묘사된 것처럼, Schmutterer, 1990)와 같은 limonoids는 복잡한 구조 때문에 경제적인 화학합성이 불가능한 것으로 생각되기는 하나 식물자원으로부터 손쉽게 얻어 이용할 수 있다. 많은 개발도상국에서는 님 나무가 풍부하므로 방제자원이 제한적인 농부들은 작물과 저장 곡물의 해충을 방제하기 위해 이 무독성 살충제를 사용할 수 있을 것이다.

(Pyrethrins과 구조적으로 연관된 합성 피레스로이드(synthetic pyreth-roids))는 나비목 유충에 특히 효과적이며, 낮은 약량에 접촉하더라도 효과를 발휘하며 환경적으로 쉽게 분해되어진다. 대부분의 **피레스린**(pyrethrins), 피레스로이드(pyrethroids)와 님(neem) 유래물질의 장점은 합성살충제와 비교할 때 포유류독성과 조류독성이 상당히 낮다는 데 있다. 다만 피레스로이드는 다소 높은 어독성을 나타낸다. 다수의 해충은 이미 피레스로이드(pyrethroids)에 대한 저항성을 가지고 있다.

자연적으로 유사물질이 알려져 있지 않은 다른 주요 살충제 그룹에는 합성 **카바메이트제**(carbamates)(예; aldicarb, carbaryl, carbofuran, methiocarb, methomyl, propoxur), **유기인제**(organophosphates)(예; chlorpyrifos, dichlorvos, dimethoate, malathion, parathion, phorate), 그리고 **유기염소제**(organochlorines)(또한 염화탄화수소화합물(chlorinated hydrocarbons)로 불림. 예; aldrin, chlordane, DDT, dieldrin, endosulfan, gammabenzene hexachloride (BHC)(lindane), heptachlor) 등이 속한다. 특정 유기염소제(예; aldrin, chlordane, dieldrin, endosulfan, heptachlor)는 그들의 화학구조 때문에 **싸이클로디엔제**(cyclodiens)로 알려져 있다. 살충제의 새로운 부류로 **phenylpyrazoles**(또는 fiproles, 예; fipronil)는 DDT와 유사성을 가지고 있다.

대부분의 합성 살충제는 **넓은 스펙트럼**(broad spectrum)을 가지고 있으며, 이는 다시 말하면 비특이적인 살충성을 가지고 있는 것으로 대부분 곤충(그리고 부수적으로 포유동물에도 작용함)의 신경계에 작용한다. 유기염소제(organochlorines)는 안정한 화학물질로서 환경에서 지속성을 가지고 있으며 무기용매보다는 낮은 수용성이나 물에 수용성의 성질을 가지고 있어 포유동물의 체내지방에 축적될 수 있다. 그래서 많은 국가에서는 유기염소계의 사용이 금지되어 있으며 IPM에 있어서도 사용하기에 적절하지 않다. 유기인제(organophosphates)는 포유동물에 대한 강한 독성을 가지고 있으나 체내지방에 축적되지 않으며, 환경에 대한 피해가 거의 없고 영속적으로 남아 있지 않아 IPM에 적합하다. 유기인제는 일반적으로 접촉이나 섭식에 의해 곤충을 죽인다. 하지만 일부는 식물의 도관부에 흡수되어 침투 작용을 하므로 대부분 체관을 섭식하는 곤충들을 죽인다. 유기인제를 적용할 경우 비지속적인 특성을 고려하여야 하며 효과적으로 해충을 방제할 수 있도록 주의 깊게 주기적으로 적용하여야 한다. 카바메이트제(Carbamates)는 접촉이나 소화중독에 의해 작용하며 보다 드물게는 침투에 의해 작용하기도 하며 지속성이 짧거나 중간정도 이다. imidacloprid와 같은 신 니코티노이드계(neonicotinoids) 물질은 니코틴 아세틸콜린 작용기(nicotinic acetylcholine receptors)를 막음으로써 곤충에 높은 독성을 보이며 포유류에 대해서는 거의 독성이 없고 비교적 지속적이 되지 않는 Fipronil는 접촉제와 소화중독제로 작용하며 곤충의 뉴런 내에 있는 chloride channels을 조절하는 gamma-aminobutyric acid(GABA)의 강력한 저해인자로서 작용하며 척추동물에 대해서는 거의 독성이 없다. 그러나 약제와 분해산물은 상당히 지속성이 있으며, 광분해 산물중 하나는 포유류에 대해 fipronil 자체의 10배에 달하는 급성독성을 보여주고 있다. fipronil을 사용하는 것이 인류 건강 및 환경 안전에 대해 우려를 낳고 있기는 하나, 종자에 처리하여 다수의 토양 및 잎 서식 곤충을 방제할 때와 개미, vespid 말벌, 흰개미, 바퀴벌레 등을 죽이는 미끼를 만들 때는 매우 효과적이다.

살충제의 화학적이고 물리적인 특성에 덧붙여, 그들의 독성, 야외에서의 지속성, 처리 방법 등은 살충제를 어떻게 제제화할 것인지에 영향을 준다. **제제화**(formulation)는 살충성분의 작용기작을 오랫동안 보존하기 위하여 활성물질에 어떤 혼합 물질들을 어떻게 혼합할 것인지를 결정하는 작업이다. 살충제는 다양한 방법으로 제제화 되는데, 여기에는 액제 또는 유제, 물에 풀릴 수 있는 비수용성 수화제, 분제 또는 과립제(다시 말하면 화학작용이 없는 운반체와 혼합하는 것), 또는 가스형태의 훈증제 등의 종류가 있다. 제제화에는 표피를 손상시키는 연마제와 곤충을 유인하는 미끼도 포함된다(예를 들면 fipronil은 종종 개미나 말벌 해충을 유인하고 죽이기 위해 물고기밥 등과 함께 혼합된 미끼로 만들어 지기도 함). 동일한 살충제도 작물에 대해 항공방제를 할 것인지 또는 실내에서 사용할 것인지 등의 적용 필요성에 따라 다른 형태로 제제화 되기도 한다.

16.4.2 곤충 생장 조절제

곤충 생장 조절제(Insect growth regulators, IGRs)는 곤충 성장에 있어 대사나 발달을 간섭함으로서 영향을 미치는 화합물이다. 다수 해충의 특정 발육 단계에 있어 높은 효율을 보여주며, 낮은 수준의 포유독성을 가지고 있다. 일반적으로 가장 많이 사용되는 곤충 생장 조절제는 그들의 작용기작에 의해 두 그룹으로 구분된다. 변태시기의 호르몬조절을 방해하여 곤충 정상적인 성숙을 방해하는 화학물질로서 juvenoids(예; fenoxycarb, hydroprene, methoprene, pyriproxyfen)와 같은 **유약호르몬 유사체**(juvenile hormone mimics)이다. 이러한 발달 정지는 곤충이 성충단계에 도달하지 못하도록 하거나 결과적으로 불임 또는 비정상적인 형태의 성충이 되도록 유도한다. juvenoids는 유충시기 보다는 성충에 대해 해로운 효과를 보이므로 유충시기 보다는 성충시기에 해충인 벼룩, 모기, 개미 등에 더욱 적합하게 이용할 수 있을 것이다. **키틴합성저해제**(chitin synthesis inhibitors)(예; diflubenzuron, triflumuron)는 곤충 표피의 주요 구성요소인 키턴의 형성을 막는다. 많은 전통적인 살충제들은 키틴 합성을 약하게 저해하나 benzoylureas(또한 benzoylphenylureas 또는 acylureas, 그 예로는 diflubenzuron과 triflumuron 있음)는 강력하게 표피 형성을 억제한다. 키틴 합성저해제에 노출된 곤충은 일반적으로 탈피시에 죽거나 탈피 후에 즉시 죽게 된다. 전형적으로 피해를 입은 곤충은 모두 오래된 표피를 부분적으로 벗거나 거의 벗지 못한다. 만에 하나 허물벗기에 성공하더라도 몸이 약해지고 새로운 표피가 약해 상처를 받기 쉽게 된다.

실내에서 상당히 지속성을 가지는 곤충 생장 조절제들은 저장고나 실내에서 해충을 방제하는데 매우 유용하다. 전형적으로 juvenoids는 도시 해충 방제에 사용되며 키틴 합성 저해제는 저장된 곡물에 발생하는 딱정벌레류의 해충을 방제하는 데 매우 높은 응용성을 가지고 있다. 그러나 예를 들어 남아프리카에 있는 감귤류의 작물 등의 야외 작물에도 곤충 생장 조절제(예; pyriproxyfen)들이 사용되었다. 이런 곤충 생장 조절제의 사용은 천적에 대한 부작용을 일으켜 심각한 2차해충의 대발생을 초래했는데, 특히 딱정벌레류(무당벌레)와 기생벌류에 대해 영향을 미쳤다. 또한 아프리카등지의 과수원에 사용된 곤충 생장 조절제가 퍼져 누에와 같은 비표적 유용곤충의 발달에도 영향을 미쳤다. 미국 캘리포니아의 감귤 재배 지역에서는 많은 재배농민들이 캘리포니아 붉은깍지벌레(California red scale, Diaspididae: *Aonidiella aurantii*)의 방제를 위해 pyriproxyien과 buprofezin과 같은 곤충 생장 조절제의 사용에 관심을 가지고 있었으나, 여러 차례의 방제 시도를 통해 이런 화학물질이 몇 종의 깍지벌레해충을 억제하는 포식성 무당벌레에 대해 높은 독성을 가지고 있음을 확인하였다. 미국의 습지에서 methoprene(종종 모기유충 살충제로 사용됨)의 실험적 적용결과를 보면 이 살충제가 습지 밑바닥의 생태계에 영향을 주는 것으로 나타났다. 이러한 곤충 생장 조절제의 사용에 따라 곤충군의 반응이 1~2년 정도의 시간차가 있음에도 불구하고, 결과적으로 직접 독성을 보이거나 간접적으로 먹이사슬에 영향을 줌으로 해서 비표적곤충들의 개체수를 줄이는 결과를 보였다.

님 유래물질들은 생장조절 화합물의 다른 그룹으로 해충 방제에 있어 중요한 의미를 가진다(Box 16.3). 님 유래물질의 섭식, 주입 또는 국소 적용은 화학물질의 농도와 곤충에 대한 영향에 따라 효과적으로 탈피 및 변태를 방해하게 된다. 처리된 유충이나 약충은 탈피를 하지 못하거나 령상태를 지속적으로 유지하며, 비정상적인 탈피가 이루어져 처리된 말령 유충 또는 말령 약충은 일반적으로 이상한 형태가 되거나 살아갈 수 없는 용이나 성충이 된다. 님 유래물질에 의한 이런 생리적인 영향은 완전히 알려져 있지는 않지만 내분비 기능에 대한 간섭에 의해 발생한다고 생각되고 있으며, 특히 님의 주요 활성성분인 azadirachtin(AZ)은 단백질 수용체(protein receptors) 상에서 ecdysteroid의 결합부위를 막는 anti-ecdysteroid로서 작용하게 된다. AZ는 ecdysteroid 농도조절에 의해 정상적인 탈피 개시를 막음으로 해서 탈피를 억제하는 것으로 알려져 있다. ecdysteroids에 대해 특히 민감한 것으로 알려진 표피 구조는 AZ의 낮은 약량에 대해서도 비정상적으로 발달한다.

상업적 사용을 목적으로 개발된 최신의 곤충 생장조절제 그룹은 탈피호르몬 유사체(molting hormone mimics)(예; tebufenozide)이다. 이 그룹은 ecdysone 수용체 단백질과 결합함으로서 탈피를 억제한다. 이들은 특히 나비목 유충에 성공적으로 적용되어 왔다. 항유약호르몬 유사체(anti-juvenile hormone analog)(예; precocenes)와 같은 다른 곤충 생장 조절제가 있으나 해충방제에 있어서 현재 거의 사용 가능성이 없는 것으로 알려져 있다. 항유약호르몬(anti-juvenile hormone)은 유충기 종결을 가속화함으로서 정상적인 발달을 막게 된다.

16.4.3 뉴로펩타이드와 해충방제

곤충 뉴로펩타이드는 발달, 대사, 항상성 및 생식 등의 대부분 측면에서 조절 역할을 하는 작은 펩타이드들이다. 그들의 다양한 기능은 표 3.1에 요약되어있다. 뉴로펩타이드가 살충제로서 사용이 쉽지 않음에도 불구하고 이에 대한 화학적, 생물적 작용에 대한 지식은 해충방제에 있어 새로운 접근방식으로 적용될 수 있을 것이다. 신경분비(Neuroendocrine)의 조작은 합성-분비-수송-작용-분해(synthesis-secretion-transport-action-degradation)에 이르는 일반적인 호르몬 작용 과정 중 하나 내지 다수 단계를 혼란시키는 것과 연관되어 있다. 예를 들면, 뉴로펩타이드의 방출 지점을 막거나 과다 자극하는 요소를 개발함으로써 뉴로펩타이드의 방출에 변화를 일으킬 수 있다. 대체적으로는 목표 조직에서의 펩타이드 유사체(peptide mimics)를 이용하여 펩타이드-매개 반응(peptide-mediated response)을 억제하거나 과다 자극되게 한다. 더 나아가서 재조합 DNA 기술과 유전자 공학을 이용해 뉴로펩타이드의 단백질 특성을 조작할 수 있다. 뉴로펩타이드 유전자를 발현하는 형질전환 작물 또는 세균에 의해 생산된 뉴로펩타이드는 곤충의 위장 또는 표피를 통과할 수 있다. 이런 측면에서 곤충 바이러스를 이용한 조작 또한 방제를 위해 더욱 장래가 밝다고 할 수 있다. 뉴로펩타이드나 항뉴로펩타이드("anti-neuropeptide") 유전자는 곤충 특이 바이러스의 게놈 내에 들어가 바이러스에 감염된 곤충세포내에서 곤충호르몬을 생산하고 방출하는 역할을 하게 된다. 베큘로바이러스는 특히 이런 방법을 이용하여 나비목 해충을 방제하는 데 상당한 가능성을 가지고 있다. 일반적으로 이 바이러스들은 숙주에 대해 느리고 제한된 살충력을 보이는데(16.5.2절), 위의 유전자를 발현함으로써 내분비계의 불균형을 초래하여 감염된 곤충을 좀 더 빠르게 죽이거나 감염된 곤충들 간에 바이러스 매개 살충력을 증가 시키는 등 그 효과를 더욱 높이고 있다. 신경내분비계 조작의 또 다른 장점은 일부 뉴로펩타이드들은 곤충 또는 절지동물 특이성을 가지고 있어 다수의 비표적 생물에 대한 피해가 거의 없다는 것이다.

16.5 생물적 방제

종 풍부도와 분포의 조절은 자연적으로 발생하는 천적, 즉 포식자, 기생자/내부기생자, 병원균 또는 경쟁자 등의 활동에 의해 강한 영향을 받는다. 대부분의 관리된 생태계내의 이러한 생물적 상호작용은 자연 생태계와 비교할 때 심각하게 제한되거나 파괴되며, 특정 종은 자연적인 조절로부터 이탈하여 해충이 되기도 한다. **생물적 방제**(biological control)에서는 목적 해충의 천적이나 잡초식물을 도입하거나 증가시키는 등의 생태계의 균형을 회복하기위해 인간의 중재노력이 시도되고 있다. 천적의 중요한 이점중 하나는 숙주 특이성에 있으나 해충을 완전히 제거하지는 못하는 단점(다른 방제법과 마찬가지로)도 가지고 있다. 그러므로 생물적 방제에 의해서 필연적으로 해충에 의해 발생하는 모든 경제적인 손실을 줄이지는 못하지만 ET 수준이하로 목표해충의 개체수를 감소시킬 수는 있을 것으로 생각된다. 잡초의 경우 천적에는 식식성 곤충이 포함된다: 잡초의 생물적 방제는 11.2.6절에서 논의한다. 생물적 방제는 몇 종류의 접근방법으로 구분 인식되고 있으나, 이러한 범주는 잘 구분되어 있지 않으며 알려진 정의도 매우 다양해 혼란을 초래하기도 한다. 이렇게 나타나는 중복은 생물적 방제의 기본전략에 대한 다음의 요약을 통하여 구분할 수 있다.

고전적 생물적 방제(Classical biological control)는 외래 해충에 대한 천적을 수입하고 확립하는데 기초를 두고 있으며, 추가적인 다른 조치 없이 목적해충을 방제하는 것으로 생각되어져 왔다. 이런 형태의 생물적 방제는 곤충이 원래 서식지 밖의 지역에서 퍼지거나 새로 도입되어 천적이 없는 상황에서 주요 해충으로 발생하는 경우 적절하게 적용될 수 있다. 고전적 방식의 생물적 방제의 두 성공의 예는 Boxes 16.2와 16.4에서 다루어진다. 이런 고전적 생물적 방제의 많은 장점에도 불구하고 잘못된 외래 천적이 도입되었을 경우 환경에 대해 부정적인 영향을 미칠 수 있게 된다. 많은 도입 천적들은 해충을 방제하는 데 실패해 왔다; 예를 들어 60여종 이상의 포식자와 내부포식기생자가 매미나방(gypsi moth, *Lymantria dispar;* 돌나방과 Lymantriidae)을 방제하기 위해 북아메리카의 북서지역에 도입되었으나 그 효과는 미미했다(Plate 6.7 참조). 일부 도입종들은 오히려 해충 문제를 악화시켰으며, 또한 다른 종들은 스스로 해충이 되기도 했다. 외래종의 도입은 일반적으로 되돌릴 수 없으며, 비표적종의 경우는 토착 곤충종을 전멸시키지는 않는 화학살충제보다 효과적인 천적에 대해 더 악영향을 미칠 수 있다.

Box 16.4 카사바깍지벌레의 분류와 생물적 방제

카사바(manioc(카사바) 또는 tapioca(타피오카) - Manihot esculenta)는 2억 아프리카인의 주요 식용 작물이다. 1973년에 중앙아프리카의 피해를 입은 카사바에서 새로운 깍지벌레(노린재목: 가루깍지벌레과)(Hemiptera: Pseudo-coccidae)가 발견되었다. 1977년에 카사바깍지벌레(*Phenacoccus manihoti*)라고 이름 붙여진 이 해충은 1980년 초기까지 빠른 속도로 넓게 퍼졌으며 열대 아프리카를 통해서 80%이상의 생산손실을 일으켰다. 이 깍지벌레의 기원은 미국의 카사바에 있는 종과 같은 종으로 여겨졌다. 1977년에 분명히 같은 곤충이 중미와 북남미에서 발견되었으며 깍지벌레를 공격한 기생벌이 발견되었다. 그러나 이 기생벌은 생물적 방제제로서 실패했는데 그 이유는 아프리카산 깍지벌레의 번식이 실패했기 때문이다.

수집된 시료와 새로 채집한 시료로부터 동정 작업을 한 결과 분류학자들은 빠르게 두 깍지벌레종들이 서로 근연종임을 밝혀냈으며, 감염된 아프리카 카사바에서 발견된 종의 유래가 북쪽이라기보다는 중남미에서 온 것으로 확인되었다. 천적탐색을 위한 장소를 중남미로 교체했을 때, 실제 카사바깍지벌레(*P. manihoti*)는 encyrtid 말벌(*Apoanagyrus*(이전에는 *Epidinocarsis*로 알려짐) *lopezi*)과 함께 파라과이 분지에서 발견되었다(J.S.Noyes의 개별 결과). 이 기생벌은 나이지리아에서 방사되었을 때 극적인 생물적 방제 효과를 보여 주었으며, 1990년까지 26개 아프리카 국가에 성공적으로 정착되었고 2백70만 km^2 이상의 넓은 범위에 방사되어왔다. 현재 이 깍지벌레는 전 아프리카를 통하여 완전히 방제된 것으로 생각되고 있다.

1973년 깍지벌레가 처음 발생했을 때, 이 종이 신열대지역 기원임이 분명했음에도 불구하고 상세한 종 수준의 분류가 충분히 이루어지지 않았으며 깍지벌레와 천적에 대한 연구는 3년 동안 잘못된 방향으로 가고 있었다. 이 연구는 결과적으로 분류학적인 연구에 힘입어 새로운 방향으로 움직이게 되었으며 그로 인한 절약 효과는 막대했다: 1988년까지, 이 생물적 방제시도에 대한 전체 지출은 US 달러로 천사백육십만 불로 평가되고 있다. 반면에 정확한 동정에 따른 방제효과를 평가하면 한해에 2억불정도의 평가이익이 발생하며, 또한 이런 재정적인 절약은 무한히 지속될 수 있을 것이다.

도입된 생물적 방제제에 의해 토착 무척추동물들이 전멸한 것에 대해서는 문서화된 예가 있다. 다수의 하와이 특유 곤충(표적 및 비표적)들은 대부분 생물적 방제를 도입함으로서 분명히 광범위하게 멸종되었다. Polynesia 지역 특유의 달팽이 군집은 우연히 도입되거나 의도적으로 도입된 외래종에 의해 완전히 대체되어졌다. 말레이시아에서 피지(Fiji)로의 *Bessa remota* 파리(기생파리과, Tachinidae)의 도입을 통해 코코넛나방(*Levuana iridescens*, 알람나방과, *Zygaenidae*)이 멸종되었으며 이는 생물적 방제제에 의해 토착종이 멸종하게 된 예로 현재까지도 논쟁 중에 있다. 그러나 이 예는 과도하게 단순한 해석일 수도 있으며, 그 해충이 피지의 토착종이었는지 또는 토착지역내의 어느 곳에서도 경제적인 중요성이 없다가 우발적으로 발생한 곤충인지는 아직도 명확하지 않은 채로 남아있다. 코코넛나방(*L. iridescens*)과 가장 가까운 근연 나방종은 말레이시아부터 뉴기니에 이르는 지역에서 현저하게 발생한다. 그러나 그들의 분류에 대해서는 알려진 바가 거의 없다. 더불어 코코넛나방(*L. iridescens*)이 피지의 토착종이였을 지라도, 특히 코코넛나무(coconut palm)로 토착야자나무(native palm)를 대체한 서식처 파괴도 풍부도에 있어서 자연적인 변동을 겪는 나방개체군에 영향을 줄 수 있었을 것이다.

최소한 84종의 나비목 해충에 대한 내부기생자가 하와이에 방사되었으며 이중 32종이 농업지역내의 낮은 고도의 지역에서 대부분 정착하였다. 그러나 더 높은 지역에 서식하던 토착 나방들에 대한 악영향도 일부는 확인되었다. 대량 사육을 연습하는 과정에서 2,000개체 이상의 나비목 유충이 원래 발생지역으로부터 멀리 떨어진 높은 고도의 Kauai섬의 Alaka' i 습지(Swamp)로 부터 사육되었으며, 여기에서 성충나방 또는 내부포식기생자들을 생산하였고 각각은 동정을 통해 토착종 또는 도입종으로 구분되어졌다. 내부포식기생자의 성충출현으로 확인된 기생률은 대략 매년 10%였으며, 유충을 절개해서 확인한 결과는 그 이상이었다. 특정 토착 나방종에서는 28%가 생물적 방제제에 의해 기생당한 것으로 알려져 있다. 내부포식기생자의 약 83%는 3종의 생물적 방제제(두 고치벌류와 하나의 맵시벌류) 중 하나에 속했으며 이것들은 토착 내부포식기생자와 경쟁한 것으로 확인되었다. 이러한 상당한 정도의 비표적생물에 대한 영향은 수십 년을 통해 발달해온 것으로 보이며 토착 서식처와 숙주내로의 침입 과정은 아직까지 알려진 바가 없다.

생물적 방제중 논쟁의 여지가 있는 하나의 형태는 때때로 **신고전적 생물적 방제**(neoclassical biological control)로서 언급되고 있는 것으로 토착종을 방제하기 위해 비토착종을 도입하는 것과 관련되어 있다. 이러한 새로운 관계는 토착 해충이 도입된 천적과 함께 진화한 것이 아니므로 방제하는데 매우 효과적일 것으로 제안되어 왔다. 그러나 불행히도 신고전적 생물적 방제의 효과적인 요소가 될 것 같았던 비토착종은 새로운 숙주를 이용할 수 있는 능력 때문에 비표적 종에 대해 더욱 위협이 되었다. 신고전적 방제에 의해 발생 가능한 위험성의 예는 미국 서부 토착 방목장에서 메뚜기 방제를 위해 호주로부터 기생벌과 곤충병원성 곰팡이 도입에 반대해 캠페인을 벌였던 Jeffrey Lockwood의 사례를 통해 알 수 있다. 이러한 도입으로 인해 많은 비표적 메뚜기종의 밀도억제나 멸종에 잠재적으로 환경적인 악영향을 주며, 동시에 생물적 다양성과 잡초방제 효과에 있어 손실을 입힐 수 있고, 먹이사슬 및 식물군집구조의 파괴 등의 악영향을 줄 수 있다. 신고전적 도입에 의해 발생할 생태적인 결과를 예측하는 것은 불가능한데 이는 다시 말해 도입종이 매우 위험할 수 있음을 의미하며, 특히 외부종이 넓은 지역에서 자유롭게 서식지를 확대시킬 수 있는 시스템에서는 더욱더 위험할 수 있음을 의미한다.

광식성 도입종은 비표적 생물에 대해 피해줄 수 있는 막대한 잠재력을 지니고 있다. 특히 열대와 아열대 환경에서 토착종은 외래도입해충에 의해 피해를 받기 쉬우며, 이는 온난한 지역과 비교할 때 열대환경에서는 토착종의 개체군을 조절하는 데 있어서 비생물적 요인 보다는 생물적 상호작용이 더욱 중요하기 때문이다. 안타깝게도 이런 부적절한 도입에 의한 가장 큰 손실은 가장 부실한 검역 절차를 가지고 있으며 외래 생물을 방사하기 위한 프로토콜이 거의 전무한 상태의 국가나 지역에서 발생하게 될 것이다.

이미 존재하고 있거나 지속적이지 않은 생물적 방제제들은 방사에 있어서 선호되는 측면이 있다. **증식**(augmentation)은 영구히 정착하지는 않으면서 방사 후 일정기간 동안 효과를 갖는 천적의 **주기적인 방사**(periodic release)를 포함하여, 이미 존재하는 천적을 보충하는 것을 말한다. 주기적인 방사는 천적 개체군을 점진적으로 증가시켜(증식하여) 해충방제가 매우 효과적인 수준에 이르기까지 주기적으로 실행되어야 할 것이다. 증식 또는 주기적인 방사는 어떤 시스템에서는 두 방법 간의 구분이 불분명함에도 불구하고 둘 중 하나를 사용함으로 성공할 수 있다. **접종**(Inoculation)은 무기한으로 살아남을 수 없거나 확장되는 해충 범위를 추적할 수 없는 천적을 주기적으로 방사하는 것을 말한다. 천적을 직접적으로 방사하기 보다는 천적의 자손들을 방사하는 방법이다. **범람식 접종**(inundation)은 자손보다는 성충 개체들의 직접적인 방사 또는 적용에 의해 수행되는 방제로서 살충제와 유사하며 방제는 비교적 빠르게 이루어지며 짧은 기간에 적용된다. 범람식 접종의 예는 미생물 살충제(16.5.2절)로서 사용된 곤충병원성 균들과 대량 사육되어 유리온실에 방사된 알벌류 기생벌(알벌과, *Trichogramma* wasps)에서 찾을 수 있다. 원래 성충 방사나 천적 자손의 활동에 의해 일정기간 억제가 유지되는 단기방제의 경우에는 과정 자체가 엄격히 접종적(inoculative)이지도 범람적(inundative)이지도 않다. 증식방사는 높은 증식력에 의한 분산력을 가지고 있는 해충들에 특히 적합하며, 이런 특성은 고전적인 생물적 방제에 사용하기에는 적합하지 않은 특징들이다.

보존(conservation)은 천적 활동을 보호하고 증대시키는 것을 목적으로 한 생물적 방제의 또 다른 광범위 전략이다. 일부 생태계에서, 보존은 자연생태계의 파괴를 최소하며 이미 존재하는 천적을 **보호**(preservation)하는 것과 관련이 있다. 예를 들면, 서남아시아의 벼에 대한 IPM 시스템에서는 살충제 사용의 축소나 잠정중단과 같은 관리방법이 많이 이용되는데 이는 벼멸구(brown plant-hopper, *Nilaparvata lugens*)와 같은 벼해충의 포식자와 내부포식기생자에 영향을 주는 간섭을 최소화하기 위해서이다. 온난한 국가보다는 열대 국가들에서 생물적 방제의 잠재력이 더 높은데 이는 열대지역에서 절지동물의 다양성과 연중 지속되는 천적의 활동성이 더욱 높기 때문이다. 복잡한 절지동물의 먹이그물과 높은 수준의 자연적인 생물적 방제의 예로서 열대지역의 비옥한 논이 언급되어 왔다. 더욱이, 많은 농작물 시스템에서는 **환경적 조작**(environmental manipulation) 또한 해충 개체군을 감소시키기 위한 천적의 영향을 증대시킬 수 있다. 전형적으로, 환경적인 조작은 곤충 포식자와 내부포식기생자의 성장과 생식 조건을 향상시키기 위해 피난처(동면을 위한 지역), 대체 먹이와 산란처 등의 공급 또는 유지를 통해 서식처를 변경하는 것과 관계가 있다. 마찬가지로 종종 곤충병원균 적용시기의 환경적인 요인을 변경함으로써 그 효과를 향상시킬 수 있다. 예를 들면 병원성 곰팡이 방사기간 동안 습도를 올려주기 위해 작물에 물을 뿌리는 것 등이 해당된다.

모든 생물적 방제 시스템은 해충종과 천적종 모두에 대한 건전한 분류학적 연구가 있어야만 한다. 분류학적인 연구에 적절한 지원이 되지 않을 경우 연관종의 부정확한 동정으로 나타나며 궁극적으로는 생물적 방제 시스템이 다르게 진행됨으로써 시간과 자원을 더욱 낭비할 수 있다. 생물적 방제에 있어서 분류학의 가치는 아프리카에 있는 카사바깍지벌레(cassava mealybug)(Box 16.4)와 고사리류(*Salvinia*)(Box 11.3)의 방제과정에서 그 예를 찾을 수 있다.

다음의 두세세절은 천적을 이용한 생물적 방제의 좀 더 특이적인 면을 다루게 된다. 천적은 다소 임의적이긴 하나 절지동물(16.5.1절)과 다양한 해충의 방제에 사용되었던 더 작은 비절지동물(16.5.2절)로서 구분될 수 있다. 추가로 특히 조류, 포유류, 어류 등 많은 척추동물들도 곤충 포식자이며 곤충 개체군의 조절자로서 그들의 중요성 또한 저평가되어서는 안 된다. 그러나 생물적 방제제로서, 척추동물의 사용은 매우 제한적인데 그 이유는 대부분이 식이적으로 광식성이며 활동시간이나 장소 등을 조절하기 매우 어렵기 때문이다. 하나의 예외가 있는데 모기 물고기로 알려진 *Gambusia*가 그것이다. 이 물고기는 전 세계적으로 모기유충의 방제를 위해 많은 아열대와 열대 지역에 방사되어 왔다. 일부 방제효과가 확인되긴 했으나 경쟁적인 상호작용을 통해 작은 토착 물고기들에 심각한 피해를 주었다. 시각을 통해 사냥, 포식하는 포식자로서 새가 곤충의 방어에 미치는 영향에 대해서는 Box 14.1에서 논의되어졌다.

16.5.1 절지동물 천적

곤충섭식성 절지동물은 포식자이거나 기생자이다. 대부분의 포식자는 다른 곤충들과 거미류(arachnids)이고 특히 거미(거미목)와 응애(털진드기(Acarina), 또는 진드기, 응애(Acari)라고 불림) 등이 대표적일 것이다. 포식성 응애는 해충을 잡아먹는 거미응애(잎응애과, Tetranychidae)를 포함하여 식식성 응애의 개체군을 조절하는데 중요하다. 유충과 성충 해충에 기생하거나 곤충의 알을 포식하는 일부 응애는 특정 깍지벌레, 메뚜기, 저장물 해충에 대해 유용한 방제제로서 가능성을 가지고 있다. 거미는 특히 열대 생태계에서 응애 보다 곤충 개체군에 대해 더 큰 영향을 주는 다양하고 효율적인 포식자이다. 거미는 IPM에 있어 장점을 살리기 위해 개체군을 보존하고 서식처를 조절하는 함으로써 그 역할이 더욱 증대되고 있다. 그러나 거미의 섭식특이성이 제한요소로 작용한다. 포식성 딱정벌레류(Coleoptera: 대표적으로 무당벌레과(Coccinellidae)와 딱정벌레과(Carabidae))와 풀잠자리류(풀잠자리목, Neuroptera: 풀잠자리과(Chrysopidae)와 뱀잠자리붙이과(Hemerobiidae))는 농업 해충의 생물적 방제에 성공적으로 적용되어 왔다. 그러나 많은 포식성 종들은 광식성이어서 특정 해충을 표적으로 하기에는 부적절한 측면이 있다. 곤충섭식성 포식자들은 피식자의 일부 또는 모든 단계 유충을 섭식 가능하며, 일반적으로 유충과 성충 모두에 대해 포식 습성을 가지고 있는 경우 각 포식자는 일생동안 수개의 피식자 개체를 소비하게 된다. 포식성 곤충의 생물적 특성에 대해서는 포식자의 측면에서 13장에서 기술되어 있다.

곤충섭식성 곤충의 다른 중요한 형태는 유충시기에는 기생하고 성충시기에는 자유생활 하는 개체이다. 이 곤충의 유충은 곤충 숙주 안에서 내부 기생체로서 또는, 외부적으로는 외부기생체로 발달한다. 양쪽의 경우 숙주는 충분히 섭식한 유충이 숙주의 내부나 주변에서 용이 되는 시간동안 먹혀 버리거나 죽게 된다. 포식기생자로 불리는 이런 곤충은 모두 완전변태를 하며, 대부분 기생벌류(벌목(Hymenoptera): 특히 좀벌상과(Chalcidoidea), 맵시벌상과(Ichneumonoidea)와 Platygasteroidea) 또는 파리류(파리목(Diptera): 특히 기생파리과(Tachinidae))이다. 좀벌상과(Chalcidoidea)는 20개 과와 아마도 100,000~500,000종(대부분 미기록종)으로 이루어진 가장 큰 포식기생자 그룹이며 총채벌과(Mymaridae)와 알벌과(Trichogrammatidae)(그림 16.3) 같은 알 포식기생자를 포함하고 있으며,

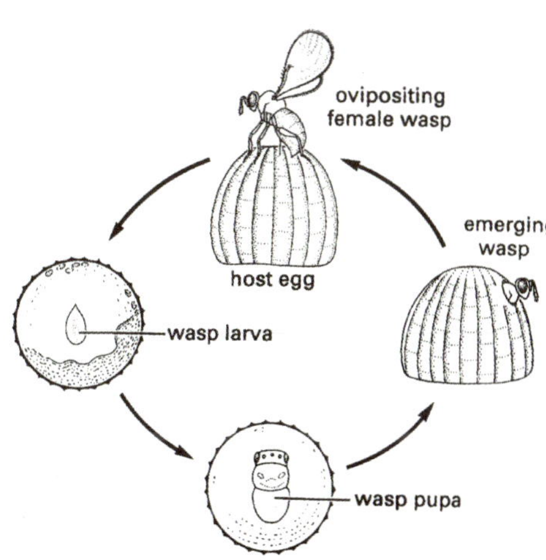

그림 16.3 알 포식기생자의 일반적인 생활사. Trichogramma 종(벌목(Hymenoptera): 알벌과(Trichogrammatidae)) 의 작은 암컷 기생벌이 나비목 기주곤충의 알에 산란을 한다: 그 기생벌 유충은 기주의 알에서 성장하며, 용화되고, 성충으로서 밖으로 나오게 된다. 종종 전체 생활사는 일주일 정도 걸리기도 한다. (van den Bosch & Hagen 1966.)

외부와 내부기생성인 면충좀벌과(Aphelinidae)와 깡충좀벌과(Encyrtidae)는 진딧물, 가루깍지벌레(Box 16.4), 가루이 등의 생물적 방제제로 알려져 있다. 맵시벌상과(Ichneumonoidea)는 두 특징적인 과, 고치벌과(Braconidae)와 맵시벌과(Ichneumonidae)로 이루어져 있으며 이 상과는 다수의 곤충섭식 포식기생자로 이루어져 있고 종종 매우 좁은 숙주특이성을 보여준다. 먹좀벌상과(Platygasteroidea)에는 곤충의 알과 유충에 기생하는 먹좀벌과(Platygasteridae)와 곤충과 거미의 알에 기생하는 검정알벌과(Scelionidae)가 속해 있다. 이러한 다수 기생벌 그룹의 포식기생자들은 생물적 방제에 이용되어 왔으나, 파리목에서는 유일하게 기생파리류(tachinids)만이 생물적 방제제로서 사용되어 왔다.

포식기생자는 중복포식기생자(hyperparasitoids)로 불리는 2차 포식기생자에 의해 기생당하기도 한다(13.3.1절). 이는 1차 숙주인 해충을 방제할 수 있는 1차 포식기생자의 효과를 감소시킬 수 있다. 고전적 생물적 방제에서 있어서, 일반적으로 가장 큰 고민거리는 특히 1차 포식기생자에 대한 자연적인 중복포식기생자와 도입 외래천적에 대해 특화된 포식기생자와 포식자를 제거하는 데 있다. 그러나 일부 매우 효과적인 천적, 특히 포식성 무당벌레류는 때때로 매우 효과적으로 먹이 생물을 먹어치워 자신의 개체군도 스스로 소멸하며, 이는 다시 지속적으로 조절되지 않는 해충발생으로 이어진다. 이상의 경우들에서 천적을 이용한 제한적인 생물적 방제효과는 입증되어 졌다. 좀 더 일반적으로 자연적인 중복기생자가 없이 도입된 외래 포식기생자는 새로운 서식처에서 토착 중복기생자들에 의해 이용될 수 있으며, 이는 생물적 방제 시스템에 부정적인 영향을 다양하게 줄 수 있다. 천적을 도입하기 이전에 일부 토착 과기생자들에 대해 숙주-교환 능력을 시험하는 것을 제외하고는 후자의 문제를 해결하기 위한 시도는 거의 없었다고 할 수 있다. 물론 그 같은 문제는 포식자를 도입하는데도 적용되며, 새로운 지역에서 토착 곤충에 의해 기생과 포식이 쉽게 일어날 수 있는 포식자의 경우에 문제가 될 것이다. 이러한 고전적 생물적 방제 시스템의 위험은 먹이그물이 복잡하고, 도입하기전 미리 예상을 하거나 시험해 보기 어렵기 때문이다.

일부 적극적인 관리 단계는 장기적인 생물적 방제를 쉽게 만든다. 예를 들어 작물 근처나 작물 속에 안정적이고, 구조적으로나 식물상적으로 다양한 서식처를 제공하는 것은 포식자와 포식기생자의 수와 효용성을 증대시키는데 기여 한다는 분명한 증거들이 존재한다. 서식처의 안정성은 1년성 작물 또는 계절적 작물(특히 단일경작)보다 영속적인 시스템(예; 산림, 과수원, 관상용 정원)에서 자연적으로 더 높으며 그 이유는 작물을 재배하는 기간의 차이에 기인한다. 불안정한 시스템에서는 토양 덮개, 울타리, 껍질, 경작한 초본들과 자연적으로 남아 있는 초본류 조각들의 지속적인 공급 또는 유지를 통해 천적이 겨울이나 수확기 등의 비선호시기에 살아남을 수 있도록 하며, 그 후 다음 작물로 침입할 수 있도록 돕게 된다. 극단적인 기후, 특히 온난한 지역에서의 동절기 등에 대한 피난처와 대체 먹이자원은(해충을 이용할 수 없는 경우) 포식자와 포식기생자의 개체군 유지에 필수적이다. 특히, 자유생활을 하는 포식기생자의 성충시기에는 유충시기와는 다른 현화식물의 화밀과 화분 같은 다른 먹이자원이 요구된다. 그러므로 적절한 경종적 방법을 적용할 경우 생물적 방제에 중요한 이득을 준다. 농업생태계의 다양성은 또한 해충에 대해서도 피난처를 제공하게 되며, 해충 밀도도 낮아질 것이나 낮은 EILs을 가지는 농작물에 심각한 피해를 입힐 수도 있다. 이러한 농작물에 대해서는 생물적 방제는 필수적으로 다른 IPM 방법들과 접목되어 수행되어야 한다.

해충은 포식자와 포식기생자들과 경쟁하며 심지어 다른 경쟁자와도 경쟁해야한다. 경쟁적인 상호작용은 대부분의 식식성 곤충들에는 거의 조절 영향이 없으나 공간적으로나 시간적으로 제한된 먹이 즉 다시 말하면 거의 없거나 분산되어 있는 피식자/숙주, 배설물 또는 동물의 사체 등을 이용하는 해충종에 있어서는 매우 중요할 것이다. 종내 특이 경쟁은 포식기생자 또는 포식자의 집단 내에서 일어나며 특히 광식성인 포식자와 임의적인 중복기생자에 많이 나타나며 생물적 방제제를 방해할 수 있다.

천적을 이용한 생물적 방제는 온실 경계내 또는 특정 농작물 내에서 특히 성공적으로 이루어진다. 천적의 범람식 접종(inundative)과 계절적인 접종 방사(inoculative releases)가 상업적으로 사용된 예는 유럽과 미국의 다수 온실, 과수원, 야외에서 매우 일반적으로 찾아볼 수 있다. 유럽에서는 80종 이상의 천적이 상업적으로 유용하며, 일반적으로 판매되는 절지동물류는 기생벌류((진디벌속(Aphidius), 깍지좀벌속(Encarsia), Leptomastix, 알벌속

(Trichogramma)종들)), 포식성 곤충류((특히 *Cryptolaemus montrouzieri*와 *Hippodamia convergens* 등과 같은 무당벌레(coccinellid beetles), 노린재류(mirid)(장님노린재류, *Macrolophus*), 꽃노린재(*antho-corid*)(애꽃노린재, *Orius* spp.))와 포식성 응애류(이리응애류(*Amblyseius*)와 진드기류(*Hypoaspis*) spp.) 등이다.

16.5.2 미생물적 방제

미생물은 세균, 바이러스와 작은 진핵생물들(예를 들면 원생생물(protists), 곰팡이, 선충)을 포함한다. 이들 중 일부는 곤충을 죽이는 병원성을 가지며, 병원균들 대부분은 특정 곤충 속 또는 과에 대해 숙주특이성을 가지고 있다. 포자, 바이러스의 입자, 또는 곤충이 있는 환경에 지속적으로 존재하는 생물체들에 의해 감염이 발생하며, 많은 경우는 토양에서 일어난다. 이러한 병원균은 다양한 경로를 통하여 곤충에 침입한다. 바이러스, 세균, 선충, 원생동물 등은 일반적으로 입(구기, *per os*)을 통하여 침입하며, 곰팡이나 선충은 표피나 상처를 통해 침입한다. 기공이나 항문 등도 침입 위치가 된다. 바이러스와 원생생물은 암컷의 산란관을 통하거나 알 시기동안 침입하기도 한다.

이러한 미생물들은 살아있는 곤충체내에서 증식하게 되나 결국 더욱 감염성을 가지는 포자, 입자, 선충의 경우 유충(juvenile)들을 방출하기 위해서 곤충을 죽여야만 한다. 병은 일반적으로 곤충 개체군(해충 또는 비해충)의 밀도가 높고 미생물에게 적합한 환경 조건하에서는 발생하게 된다. 그러나 낮은 숙주 밀도에서는 병원균과 숙주 곤충 사이의 접촉이 부족하여 병 발생률이 낮아진다.

자연 상태 또는 사육중인 곤충개체군내에서 병을 일으키는 미생물들은 다른 천적들을 이용하는 것 마찬가지로 생물적 방제제로 사용할 수 있다(16.5.1절). 즉, 다음과 같은 일반적인 방제 전략을 사용하는 것이 적절할 것이다:

- 고전적 생물적 방제(classical biological control)(다시 말하면 모든 외래병원균을 도입하는 것, 왜콩풍뎅이(Japanese beetle, *Popillia japonica*(Scarabaeidae))의 방제를 위해 미국에서 개발된 *Paenibacillus popilliae*(이전에는 *Bacillus*)를 도입하는 것 등)
- 다음의 과정을 통한 증식(augmentation): (i) 접종(inoculation)(예; 온실에서 복숭아혹진딧물(*Myzus persicae* aphids)을 방제하기 위해 곰팡이인 *Verticillium lecanii*를 단일 처리하여 전 재배기간에 걸쳐 방제하는 것) 또는 (ii) 범람식 접종(inundation)(다시 말하면 미생물살충제로 사용되어 왔던 *Bacillus thuringiensis*등의 병원균을 이용하는 것); pp.414:-15)
- 환경 조절을 통해 곤충병원균을 보존하는 것(예; 곰팡이의 발아와 포자활성을 증대시키기 위해 습도를 증가시키는 것).

일부 병원미생물들은 상당히 숙주 특이적이며(예; 바이러스), 반면 곰팡이와 선충류 등의 다른 종들은 숙주적 응력을 변화시켜 다른 숙주로 서식처의 범위를 넓혀간다. 그러므로 안정된 미생물살충제로서 제제화할 경우 비표적 곤충에 대한 해가 거의 없는 종 또는 균주를 이용해야만 한다. 목적해충에 대한 병원성과 더불어 미생물살충제의 다른 장점은 다른 방제방법과 혼용성이 좋으며 매우 안전하다(독성과 오염이 없음)는 점이다. 일부 **곤충병원균**(insect pathogens)은 숙주 곤충에 대해 빠르게 섭식을 중지시키며, 안정성이 뛰어나고, 긴 반감기를 가지고 있으며 종종 목적 개체군내에서 지속하며 자체증식하기도 하는 등 더 많은 장점을 가지고 있다. 분명히 이런 이점이 모든 병원균에 적용되는 것은 아니며, 다수 병원균들은 적합한 환경조건(예; 높은 습도 또는 자연광으로부터의 보호)과 적절한 숙주의 연령과 밀도에 따라 효과를 보이므로 숙주 곤충내에서 느린 효과로 나타나기도 한다. 미생물제의 높은 숙주선택성은 실질적으로 단점으로 작용하기도 한다. 하나의 농작물이 둘 또는 다수의 서로 무관한 해충에 의해 피해를 입을 경우 각각 다른 미생물방제 수단을 사용해야 하는 문제점이 있다. 모든 곤충병원균은 화학물질을 생산하는 것보다 비용이 많이 들며, 사용시에도 좀 더 높은 비용이 들게 된다. 그러나 세균, 곰팡이, 액상발효조에서 대량 배양할 수 있는 선충류(*in vitro* culture, 생체외 배양) 등은 살아있는 숙주(*in vivo* technique, 생체내 기술)를 요구하는 다른 미생물(대부분 바이러스와 원생동물)을 생산하는 것보다는 훨씬 저렴하게 생산할 수 있다. 미생물제를 이용하는 데 있어 생겨나는 문제점들은 제제화와 대량생산방법에 대한 연구를 통하여 극복되고 있다.

바이러스, 세균, 원생동물 등의 병원균에 대한 꿀벌과 누에의 저항성을 선발했던 초기 성공사례에 비추어 볼 때 곤충은 미생물병원균에 대해 저항성을 가질 수 있다. 또한 많은 해충 종들은 병원균의 주요그룹에 대한 반응에 있어서 상당한 종내 유전적 변이를 보이고 있다. 현재 미생물제에 대한 야외 저항성이 심하지 않은 이유는 대부분 해충이 저항성 발달을 못 시키는 것 이라기보다는 병원균에 대해 제한적으로 노출된 결과일 것이다. 물론, 화학물질과는 다르게 병원균은 그들의 숙주와 공진화할 수 있는 능력을 가지고 있고, 함께 존재하는 시간에 있어 숙주 저항성, 병원균의 독성, 그리고 지속성과 같은 다른 요소들을 항시적으로 숙주와 교환할 수 있다.

미생물의 중요한 다섯 그룹(바이러스, 세균, 원생동물, 곰팡이, 선충)은 각각 해충 방제에서 있어서 다르게 적용되고 있다. 세균 *Bacillus thuringiensis*에 기초한 살충제가 가장 폭넓게 사용되어져 왔으나 곤충병원성 곰팡이, 선충류, 바이러스 등도 특이성을 보여주고 있으며, 종종 매우 성공적인 적용사례를 보여주고 있다. 원생동물의 경우, 특히 *Nosema*와 같은 미포자충(microsporidia)도 많은 곤충 개체군내에서 자연적으로 병을 일으키며 고전적 생물적 방제에도 적용될 수 있으나, 전형적으로 낮은 병원성(감염이 급성적이라기 보다는 만성적임)과 대부분 종이 현재 대규모 생산에 있어 어려움이 있기 때문에 다른 미생물들보다는 상업적인 잠재력이 떨어지는 측면이 있다.

선충

4개과의 선충, 즉 Mermithidae(곤충살이긴성충과), Heterorhabditidae, Steinernematidae, 그리고 Neotylenchidae 과가 곤충에 대해 유용하거나 잠재적으로 유용한 방제제로 사용될 수 있다. 특정 조건하에서 곤충병원성 선충을 정착시키고 지속적으로 방제하는 것이 타당할 수 있으나, 일반적으로는 선충의 감염단계에 대량 유입하는 방법을 통해 적용된다. 생물적 방제 효과(예; 병원성을 높이는 것), 생산 효율과 저장 용량을 개선하기 위해 선충에 대한 유전공학적인 개량이 주목받고 있다. 그러나 곤충병원성 선충은 건조한 환경에 매우 민감해 습기가 있는 환경에서 사용해야 하는 제한이 있다.

Mermithid 선충류는 크고 숙주에 단독으로 침입하며, 결과적으로 표피를 뚫고 나오면서 숙주를 죽이게 된다. 이 선충은 넓은 범위의 곤충을 죽일 수 있으나 주로 검정파리(black flies)와 모기 유충이 생물적 방제를 위한 주요 목표이다. 이 선충을 사용하는데 있어 가장 큰 걸림돌은 생체내에서(*in vivo*) 생산을 해야 하는 것과 환경적으로 매우 민감하다는 것(예; 온도, 오염, 염분)이다.

*Heterorhabditids*와 *steinernematids* 선충류는 숙주곤충에 감염성이 있고 패혈증(septicemia)을 일으키는 장내 공생세균(*Photorhabdus*속과 *Xenorhabdus*속)을 보유하고 있는 작은 크기의 토양 서식형 선충이다. Heterorhabditis와 Steiner-nema 선충들은 각각의 공생 세균들과 연합하여 침입후 2일 이내에 숙주를 죽일 수 있다. 이 선충류는 쉽고, 값싸게 대량 생산이 가능하며, 전통적인 장비를 이용하여 적용할 수 있고 그들 스스로 숙주를 직접 찾을 수 있는 이점을 가지고 있다. 감염 시기는 3령 상태의 유충이며(또는 휴면기, dauer stage)이며 이 시기가 숙주 밖에서 발견되는 유일한 시기이다. 숙주의 위치는 화학적, 물리적 자극에 의해 활동적으로 반응하여 포착한다. 이러한 선충은 토양해충을 방제하는 데 최선이지만 일부 식물천공성 딱정벌레류나 나방류 또한 방제할 수 있다. 땅강아지류(mole crickets, 땅강아지과(Gryllotalpidae: *Scapteriscus* spp.)) 는 감염기의 선충 *Steinernema scapterisci*가 들어있는 음향트랩에 이끌려와 선충에 감염되며, 감염된 땅강아지는 나머지 개체군에 감염원인 선충을 방사하는 역할을 한다.

Neotylenchidae과에는 호주의 라디에타소나무(*Pinus radiata*) 삼림지역에서 주요한 해충인 sirex 나무 말벌(*Sirex noctilio*)을 생물적으로 방제할 수 있는 기생성 선충 *Deladenus siricidicola*이 포함되어 있다. 유충기의 선충은 *S. noctilio* 유충을 감염시키며, 기생당한 암컷말벌 성충은 불임화되게 된다. 이 선충 유충은 완전히 다른 두 가지 형태를 가지고 있다－하나는 sirex 나무 말벌의 안에 완전하게 있는 기생 생활 주기를 가진 것과 다른 하나는 소나무 내에서 산란하는 말벌에 의해 접종되는 곰팡이를 다수 주기 동안 섭식하는 형태이다. *D. siricidicola*의 곰팡이 섭식기는 이 선충을 대량 배양하는데 이용되었으며, 이 시기를 이용하여 고전적 생물적 방제 목적에 맞는 감염력이 있는 선충 유충을 얻을 수 있다.

곰팡이

곰팡이는 곤충에 있어서 가장 일반적인 병원 미생물로 약 750여종의 곤충에 대해 감염되지만 단지 수십 종의 곰팡이만이 자연적으로 농업해충과 위생해충에 대해 감염력을 가진 것으로 알려져 있다. 곤충에 접촉하여 붙은 곰팡이 포자는 발아하고 균사(hyphae)를 내 보낸다. 방출된 균사는 표피를 뚫고 들어가 혈림프로 침입하며, 빠르게는 독소 분비에 의해 해충을 죽이거나 다소 느리게는 곤충 체내의 기능을 마비시키며 균사체를 증식시켜 곤충을 죽인다. 그 곰팡이는 다시 포자를 형성하고 다른 곤충에서 감염을 일으킬 수 있는 포자를 방출함으로서 곤충 개체군을 통해 곰팡이 병이 퍼질 수 있게 된다.

곤충병원성 곰팡이의 포자형성, 포자 발아와 감염에는 종종 습도조건이 요구된다. 오일형태의 곰팡이 제형이 낮은 습도에서 감염력을 증대시킬 수는 있으나 이런 수분 요구성이 특정 환경 즉 토양, 온실 또는 열대작물 등에 일부 곰팡이종들을 사용할 때 제한 요인으로 작용할 수 있다. 이런 제한에도 불구하고 방제제로서 곰팡이의 주된 이점은 모든 해충 발달시기에 표피를 뚫을 수 있는 감염 능력일 것이다. 이러한 특성은 모든 령기와 심지어 수액을 빨아먹는 곤충을 포함한 모든 섭식습성을 가진 곤충들에 대해 곰팡이 병을 유발할 수 있음을 의미한다. 그러나 곰팡이는 대량생산이 다소 어려우며 일부 곰팡이 산물은 낮은 온도에서 보관하지 않을 경우 보관기간에 있어서 제한이 있을 수 있다. 새로운 적용방법으로서 살아있는 곰팡이 배양액이 포함되어 있는 felt 밴드를 사용한 방법이 나무둥지 또는 가지에 적용되어져 왔다. 이 방법은 일본에서 감귤과 뽕나무에 있는 하늘소류를 방제하기 위해 *Beauveria brongniartii*를 사용하여 수행되었다. 이렇듯 유용한 곤충병원성 곰팡이 종에는 *Beauveria*, *Entomophthora*, *Hirsutella*, *Metarhizium*, *Nomuraea*와 *Verticillium* 등과 같은 속의 종들이 속한다. 이 곰팡이중 다수는 곤충의 혈강내에서 미약하게 성장하더라도 숙주를 죽이며, 이 경우 곰팡이에 의해 분비되는 독소가 곤충을 죽이는 것으로 생각되고 있다.

*Verticillium lecanii*는 상업적으로 유럽의 온실에서 진딧물과 깍지벌레류를 방제하기 위해 사용되고 있다. *Entomo-phthora* 종 또한 유리온실에서 진딧물을 방제하는 데 유용하다. 희고 녹색인 muscardines으로(색깔 또는 포자에 따라서) 각각 알려진 *Beauveria*와 *Metarhizium*의 종들은 흰개미와 딱정벌레 유충 등 토양해충의 병원균이다. 또한 사탕수수의 좀매미(spittle bugs)나 습한 미세서식처에 사는 특정 나방류처럼 다른 곤충들에도 영향을 준다. 한 *Metarhizium* 종인, *M. anisopliae*(= *flavoviride*) var. *acridum*은 아프리카에서 메뚜기류를 성공적으로 방제한 곰팡이 살충제이다.

세균

세균이 곤충에 병을 일으키는 경우는 매우 드물며 종종 부생성 세균이 죽은 곤충에 침입하여 실제 사망원인이 무엇인지 파악할 수 없도록 하는 경우들이 많다. 비교적 소수의 세균이 해충 방제에 이용되는 데 특정해충에 대해서는 매우 유용한 곤충병원성 세균들이 알려져 왔다. *Paenibacillus popilliae*는 소똥구리류(소똥구리과, Scarabaeidae)의 절대적인 병원균으로서 milky disease(감염된 유충의 체내에서 백색 액체가 존재하여 붙은 이름)를 유발한다. 섭식된 포자는 그 유충의 중장에서 발아하고 패혈증(septicemia)을 일으킨다. 감염된 유충과 성충은 느린 속도로 죽게 되는데 이것이 *P. popilliae*가 미생물 살충제로서 적합하지 않은 이유이기는 하나, 이 병은 포자에 의해 다른 딱정벌레에게로 전이될 수 있으며 토양에서도 지속적으로 유지될 수 있다. 그러므로 *P. popilliae*를 생산하는 데 많은 비용이 들지라도 도입이나 접종을 통해 생물적 방제에 유용하게 사용할 수 있다. 두 종류의 *Serratia*는 뉴질랜드의 목초지 해충인 *Costelytra zealandica* 풍뎅이에 amber disease를 유발하며 소똥구리류의 방제를 위해 개발되어져 왔다. *Bacillus sphaericus*는 모기 유충을 죽이는 독소를 가지고 있다. *Bacillus thuringiensis* 균주는 나비목(Lepidoptera), 딱정벌레목(Coleoptera), 그리고 수중에 있는 파리목(Diptera)의 다수 유충들에 넓은 독성범위를 가지고 있다. 그러나 야외에서의 지속성이 부족하기 때문에 지속적으로 대량 살포해야 하는 살충제로 이용되고 있다.

*Bacillus thuringiensis*는 Bt로 불리는데 약 100년 전 일본의 세균학자인 S. Ishiwata에 의해 발견된 병든 누에(*Bombyx mori*)로부터 처음 분리되었다. 그는 Bt의 병원성은 하나의 독소와 관련되어 있을 것으로 추측했으며, 이후 다른 일본 연구자는 독소가 포자형성시기까지 배양했을 경우 존재하는 단백질로서 배양액의 여과물에는 존재하지 않아 exotoxin이 아니라는 것을 증명하였다. 다수의 Bt 분리균주중 일부는 곤충방제를 위해 상업화되었다. Bt는 대량 액상발효조에서 생산되었으며 식물에 분사하여 적용할 수 있는 분제와 입제 형태를 포함하는 다양한 형태의 제형으로 생산되었다. 현재, Bt 기반 제품(형질전환 식물과는 달리)의 가장 큰 시장은 북아메리카의 산림산업이다.

Bt는 포자를 형성하며 단백질로 만들어진 inclusion을 생산하는데 이를 내독소(crystal)라고 하고 이것이 대부분의 유충을 죽이는 독소가 된다. Bt의 작용기작은 서로 다른 감수성 곤충에서 다양하게 나타난다. 일부 종에서의 살충기작은 내독소단백질 홀로 독성효과를 나타내는 것으로 알려져 있다(나방 또는 먹파리 등). 그러나 많은 다른 종에서는(다수의 나비목 유충을 포함하여) 포자가 실질적으로 독성을 증가시키기도 하며, 내독소의 작용과는 별도로 곤충 중장에서 포자 발아로 인한 패혈증을 일으키게 된다. 독소에 영향을 받은 곤충은 구기, 중장, 체내에서 마비가 일어나 섭식을 멈추게 된다. 유충에 의해 섭식된 내독소는 중장에서 녹아 내독소단백질(delta-endotoxins)이라고 하는 단백질을 방출한다. 이런 단백질을 protoxins이라고 하며 이는 중장의 표피와 작용하기 전에 중장의 단백질 분해효소에 의해 활성화되며, 결국 중장을 파괴하게 되어 궁극적으로 곤충을 죽인다. 일반적으로 어린 유충이 이후 유충들이나 성충보다 Bt에 대한 감수성이 높다.

Bt에 의한 해충방제 효과는 다음 요인에 따라 달라진다.

- 균일하게 감수성인 어린 개체로 이루어진 곤충 개체군
- 치사량을 소비할 수 있는 곤충의 활동적인 섭식습성
- Bt의 고른 분사
- 특히 자외선에 의해 변성이 적은 Bt의 지속성
- 목표 곤충에 맞는 Bt 균주와 제형의 적합성

Bt 분리균주들은 곤충종에 대해 다양한 살충활성을 가지며, 단일 Bt 균주도 서로 다른 곤충종에 대해 매우 다른 활성을 보인다. 현재 약 80여종의 알려진 Bt 아종(subspecies 또는 serovars)이 있으며, 이들은 편모항원성, 생화학적 특성 및 숙주범위 등의 결과에 의해 구분되어 있다. 그러나 Bt 분류에 관해서는 Bt의 독성 범위와 분류체계사이에 일치하지 않는 점이 존재해 독성에 직접적으로 영향을 주는 내독소단백질 유전자에 기초를 둔 분류체계가 더욱 적절할 것이다.

내독소단백질 유전자(*cry*)를 위한 체계적인 명명법과 분류는 그들의 유전자 표현형, 생산된 단백질의 종류와 살충성 독소 따른 단백질의 숙주범위 등에 기초하고 있다. 독소들은 *cryI*, *cryII*, *cryIII*, *cryIV*, *cyt*, *cryV*등의 유전자에 의해 발현된다. *cryI* 유전자는 나비목 유충에게 독성을 보이는 bipyramidal형태의 내독소와 *cryII* 유전자는 나비목과 파리목 유충에 이중 독성을 보이는 cuboidal 형태의 내독소에 관련되어 있다. *cryIII* 유전자는 딱정벌레목 유충에 독성을 보이는 납작한 사각형 형태의 내독소와 *cryIV*와 *cyt*는 파리목 유충에 독성을 보이는 다양한 형태의 내독소와 관련되어 있다. *cryV*는 나비목과 일부의 딱정벌레 유충에 독성을 보인다. 예를 들어 Bt *israelensis*는 *cryIV*와 *cyt* 유전자를 가지고 있으며, Bt *tenebrionis*는 *cryIII* 유전자를 가지고 있는 반면 *Bt kurstaki*는 *cryI*과 *cryII* 유전자를 가지고 있다. 더불어 일부 Bt 배양액은 exotoxins를 생산하는데 이 exotoxin은 콜로라도감자잎벌레의 유충을 포함하는 다양한 곤충에 대해 효과적이다. 그러므로 다양한 Bt 분리균주의 특성과 살충성 효과를 검정하는 것은 그리 단순하지는 않으며 독성의 작용기작에 대한 심도 깊은 연구가 이루어져야 한다. 특히 Bt에 대한 잠재적이며 실질적인 저항성의 기초에 대한 이해가 필요하다.

Bt 제품은 1970년 이래로 다양한 나비목 유충(십자화과 식물과 산림에서 나비목 애벌레 유충에서 처럼)의 방제에 있어 지속적으로 그 사용량이 증가하였다. 사용초기 약 이십년 동안은 저작물 나방(화랑곡나방, 명나방과, Pyralidae: *Plodia interpunctella*)을 제외하고는 저항성이 드물거나 알려지지 않았었다. 야외에서 저항성을 보인 첫 곤충은 주요한 식물해충인 배추좀나방(diamondback moth, Plutellidae: *Plutella xylostella*)이며 남아프리카 토착종인 것으로 생각되고 있다. 일본과 하와이의 물냉이(watercress) 재배자들은 Bt의 살충력이 감소하는 것에 대해 불만을 가져 왔으며, 1989년까지 Bt를 고농도로 사용한 하와이 지역에서 배추좀나방에 대한 추가적인 저항성을 보고하고 있다. 유사하게 일본에서도, 1988년까지, Bt 저항성이 극히 높은 수준으로 온실의 나방에서 발견되었으며, 이 온실의 경우 물냉이가 연중 재배되고 있었으며 3~4년 동안 전부 40~50회의 Bt가 처리되었다. Bt에 대해 저항성을 보이는 나방들은 태국, 필리핀, 미국 본토에서도 보고되고 있다. 더욱이 실험실 연구와 야외 보고서들은 10종 이상의 다른 곤충종들이 자연적으로 저항성을 획득해 왔거나 서로 다른 저항성의 수준을 보여주며 성장할 수 있음을 보여주고 있다. 배추좀나방의 Bt 저항성 기작은 다른 4종의 Bt 내독소에 저항성을 부여할 수 있는 하나의 유전자에 의해 유발되는 것으로 알려져 있다.

화학살충제에 의해 발생하는 문제들로 인해 해충 방제의 대체 방법으로서 Bt 제품의 사용이 적극적으로 이루어졌다. Bt의 고전적인 응용 이외에, Bt 유전자의 유전자조작을 통하여 스스로 내독소를 생산하는 INGARD 목화와 같은 형질전환작물("Bt 작물, Bt crop")을 생산해 왔다(16.6.1절). INGARD 목화는 *cryIA*(c) 유전자를 가지며 미

국에선 옥수수와 콩의 다양한 Bt 형질전환체들이 폭넓게 재배되고 있다. 현재의 낙관론적 관점에서 보면 저항성의 불안정성과 감수성개체에 의한 저항성개체의 희석 등에 의해 곤충이 야외에서 Bt 저항성을 대단히 높은 수준으로 발달시키기는 어려울 것으로 보인다. Bt에 대한 저항성의 발달을 막거나 지연시키는 전략은 합성 살충제에 있어 저항성을 지연시키는 것과 동일하다. 분명히, Bt 내독소단백질의 적절한 사용과 저항성을 이해하고 제한할 수 있도록 하는 것이 Bt 제품을 계속 성공적으로 사용할 수 있게 하며, 기술발전에 따른 이득 또한 얻는 길일 것이다.

바이러스

많은 바이러스가 곤충을 감염시키고 죽이나 곤충을 방제할 수 있는 잠재력을 가지는 것들은 단지 3종류의 바이러스 그룹들이며 모두 단백질로 만들어진 봉입체를 가지고 이 내부에 비리온(virion, virus particle, 바이러스 입자)을 포함하고 있다. 이런 "봉입형" 바이러스종들은 이 그룹의 근연종 2종이 넓은 숙주범위를 가지고 있음에도 불구하고, 단지 절지동물에서만 발견되며, 척추동물 또는 척추동물의 배양세포 내에서는 복제를 할 수 없기 때문이다. 이는 안전한 것으로 알려져 있는데 곤충을 감염시키는 많은 "비봉입체" 바이러스들은 해충방제를 위해서는 안전하지 않은 것으로 생각되는데 그 이유는 특이성이 부족하며 가능한 부작용(척추동물 또는 유익곤충에 감염되는 것처럼)이 발생할 수 있기 때문이다.

유용한 곤충병원성 그룹은 핵다각체병바이러스(nuclear polyhedrosis viruses, NPVs), 과립병바이러스(granulosis viruses, GVs)(두 그룹은 Baculoviridae에 속함 - 베큘로바이러스 또는 BVs), 세포질다각체병바이러스(cytoplasmic polyhedrosis viruses, CPVs)(리오바이러스, Reoviridae: Cypovirus)와 entomopoxviruses(EPVs)(폭스바이러스, Poxviridae: Entomopoxvirinae)이다. 베큘로바이러스는 숙주 세포의 핵 안에서 복제하는 반면 CPV와 EPV는 숙주 세포의 세포질에서 복제한다. 베큘로바이러스는 DNA 게놈을 가지고 있고 주로 나방, 딱정벌레 유충과 같은 내시류(endopterygotes)에서 주로 발견되며 먹이와 함께 봉입체(inclusion bodies)를 섭식할 경우 감염된다. 봉입체는 곤충 중장의 높은 pH에 의해 용해된 비리온(virion)을 방출하게 된다(그림 16.4). 이 비리온들은 장 상피세포에 감염되며 특징적으로 지방체(fat body)와 같은 다른 조직으로 퍼져나간다. NPVs의 봉입체는 일반적으로 매우 안정하며, 수년 동안 자연환경에서 지속될 수 있어(토양내에서처럼 자외선으

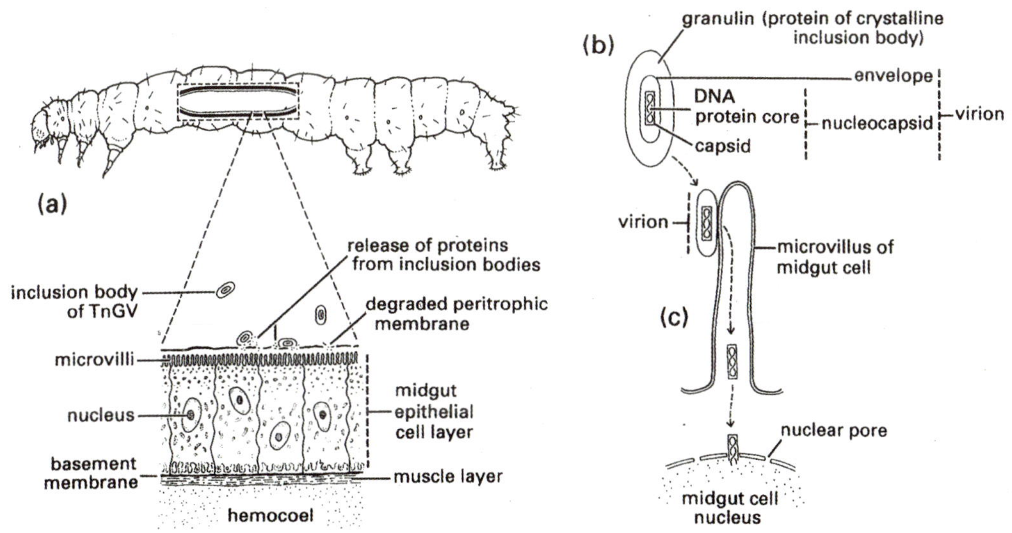

그림 16.4 곤충 유충에 대한 베큘로바이러스의 감염기작. (a) 양배추은무늬밤나방(cabbage looper, *Trichoplusia ni*) 유충이 음식과 함께 과립병바이러스(TnGV라 불림)의 바이러스 봉입체를 섭식하고, 이 봉입체가 알칼리상태의 중장에서 용해되어 곤충 장내막(peritrophic membrane)을 파괴하는 단백질을 방출하고, 비리온(virion)이 곤충중장 상피세포에 도달하게 된다. (b) 비리온이 들어있는 과립병바이러스 봉입체의 종단면도. (c) 비리온은 중장세포의 미세융모에 부착하고 nucleocapsid가 외막(envelope)을 벗고 세포로 들어가 핵에 다다르고 거기에서 바이러스 DNA를 복제한다. 새로 합성된 비리온들은 유충의 혈림프로 침입하여 다른 조직에서도 바이러스 봉입체를 형선한다. (Entwistle & Evans 1985; Beard 1989.)

로부터 보호된다면) 생물적 방제제 또는 미생물살충제로서 이용성이 높다. 다른 바이러스의 숙주특이성 또한 해충 방제제로서의 유용성에 영향을 미치며, 일부 베큘로바이러스(담배나방 NPV, *Helicoverpa* NPV처럼)는 하나의 곤충 속에게 특이적으로 작용한다. CPV는 RNA 게놈을 가지고 있고 주로 200여종의 나비목과 파리목에서 발견되었다. 이 바이러스의 봉입체는 NPV의 봉입체보다는 불안정하다. EPV는 거대한 DNA 게놈을 가지고 있고 메뚜기목, 나비목, 딱정벌레목, 파리목 등의 넓은 범위의 숙주에 감염을 일으킨다. 그러나 개개의 바이러스 분리주는 일반적으로 좁은 숙주 범위를 가지고 있다. 곤충 세포에서의 감염은 베큘로바이러스와 비슷하게 일어난다.

특정해충에 대해서 바이러스 살충제는 화학적 방제에 대한 대체제로서 사용될 수 있으나 일부 요소들이 이러한 다양한 바이러스의 유용성을 제한할 수 있다. 이상적으로는 바이러스 살충제는 숙주 특이적이어야 하며, 병원성을 가지고 있어 숙주를 빨리 죽이고 적용 후 환경에서 일정 기간 지속될 수 있어야 한다. 그리고 대량으로 제공하기 쉬워야 한다. 다른 바이러스들이 수 시간 또는 수일 내에 자외선에 의해 불활성화되는 경우가 있음에도 불구하고 이런 범주에 잘 맞는 반면, CPV는 종종 유충을 천천히 죽이거나 낮은 병원성을 가지고 있으며, 생산비가 높을 수 있어 위의 요구에 잘 맞지 않는다. 현재 바이러스 살충제는 대부분 생체내(*in vivo*) 또는 작은 스케일의 생체외(*in vitro*) 방법에서 생산되고 있으며, 숙주 유충을 기르는데 비용이 많이 들기 때문에 생산 비용이 높은 편이다. HeRD(high efficiency rearing device, 고효율 사육장비)라고 불리는 생체내(*in vivo*) 기술은 베큘로바이러스 살충제를 생산하는 비용/이득의 비율을 상당히 향상시켰음에도 불구하고 여전히 높은 비용이 든다. 또한, 새로운 조직 배양 기술을 이용하는 것도 생체외(*in vitro*) 생산방법의 높은 비용을 상당 부분 줄여왔다. 활성 문제는 유전자 조작기술을 통하여 살충속도를 증가시키거나 자연적으로 발생하는 바이러스, 예를 들면 목화의 담배나방류(heliothine) 해충(Lepidoptera: Noctuidae: *Helicoverpa and Heliothis* spp.)에 대해 감염을 일으키는 베큘로바이러스 등의 병원력을 높이는 방법을 통해 극복되어야 한다. 특정한 단백질이 공존함으로서 베큘로바이러스의 독성기작에 상승작용이 있는 것으로 보고되고 있다. 바이러스는 더 많은 단백질을 생산할 수 있도록 변형될 수도 있으며, 바이러스에는 부족한 단백질 생성 조절유전자들이 바이러스에 추가될 수 있다. 곤충특이 신경독소와 같은 살충성 산물을 발현하는 유전자를 베큘로바이러스에 삽입하여 독소를 생산하는 바이러스 살충제를 생산하는 것은 상업적으로 상당한 관심을 받고 있다. 그러나 이러한 유전자 조작 바이러스의 경우는 넓은 범위에 적용 하기 전에 주의 깊게 환경적인 안정성이 평가되어야 할 것이다.

목화에 목화솜벌레(bollworms)나 소나무 산림에서의 잎벌류(sawflies)와 같이 가치 있는 작물에 피해를 주는 해충은 그 경제적인 피해를 실질적으로 회복하기 위한 개발(유전자 조작을 포함하여)과 생산에 있어 상당한 비용이 들어가기 때문에 바이러스를 이용한 방제에 적합하다. 곤충바이러스를 이용하는 다른 방법은 식식성 곤충의 장에 해를 입힐 수 있는 바이러스의 단백질을 숙주식물에 형질전환하여 생산하도록 조작하는 것이 될 수 있다. 이것은 전이체(vector)로서 뿌리혹세균(crown-gall bacterium)을 이용하여 식물의 게놈에 외래 유전자를 삽입하여 숙주식물의 저항성을 개량하는 것과 유사하다고 할 수 있다(16.6.1절).

16.6 곤충에 대한 숙주저항성

곤충에 대한 **식물저항성**(Plant resistance)은 동일 상태를 겪으면서도 다른 종들(감수성)보다 피해를 덜 입는 식물들이 결과적으로 획득하는 유전적인 특성들로 이루어진다. 식물저항성은 환경에서 시, 공간적 변이가 저항성의 발현과 효용성에 영향을 주는 것처럼 상대적인 개념이다. 일반적으로, 특정 해충에 대해 저항성을 갖는 식물을 생산하는 것은 저항성 특성을 선택적으로 육종함으로서 얻을 수 있다. 곤충에 대한 식물 저항성은 세 가지 기능적인 범주로 나눌 수 있다:

1 **항생성**(antibiosis), 식물이 소비되면서 역으로 식식성 곤충의 생태에 영향을 주는 것
2 **항객성**(antixenosis), 곤충이 섭식을 꺼리게 되는 부적합한 숙주가 되는 것
3 **내성**(tolerance), 식물이 곤충에 의한 피해를 견뎌 내거나 피해로부터 회복하는 것

곤충에 대한 식물의 항생활성은 낮은 수준부터 치사수준에 이르는 다양한 범위를 가지고 있고, 항생활성의 요소

에는 독소, 성장 저해제, 영양분 수준 감소, 분비선이 있는 분비모(trichome, hairs)로부터의 끈적끈적한 분비물, 그리고 높은 농도의 규토(silica), 목질소(lignin)와 같은 소화되지 않는 식물성분 등이 포함된다. 항객성(Antixenosis) 요소들로는 식물 화학 저해제와 방해물, 부드러운 털로 덮인 상태, 털(pubescence)(단순 또는 분비모로 덮여진), 표면 밀랍, 잎의 두께 또는 강인함 등을 포함하며, 이들 모두가 곤충의 군집형성을 막을 수 있다. 내성(tolerance)은 단지 식물의 특성과 연관되어 있고 곤충-식물 상호작용과는 연관이 없다. 이는 곤충의 섭식에 의해 발생하는 잎을 탈락시키거나 또는 다른 피해를 이기고 성장하거나 회복하는 식물의 능력에만 관계가 있다. 저항성의 이런 범주들이 반드시 분리되지는 않는다—어떤 조합도 한 식물에서 발생할 수 있다. 추가로 한 종의 곤충에 대한 저항성의 선발이 다른 곤충 또는 병에 대해 감수성을 부여하는 경우도 있다.

숙주 저항성의 선발과 육종은 해충을 방제하기 위한 대단히 효과적인 수단일 수 있다. 감수성인 유럽종 포도(*Vitis vinifera* cultivar)를 자연적으로 저항성인 미국 포도나무 뿌리줄기에 접목함으로서 포도나무뿌리진디(grape phylloxera)(Box 11.2)에 대한 실질적인 저항성을 부여하게 된다. 국제미작연구소(International Rice Research Institute, IRRI)는 남부아시아와 서남아시아에서 모든 주요 벼해충에 대해 저항성을 가진 다수의 벼 품종들을 개발하여 왔다. 일부 목화 품종들은 특정 곤충들의 섭식피해에 내성을 가지며, 다른 품종들은 곤충 성장을 억제하는 화학물질(gossypol과 같은)에 대해 내성을 갖도록 개발되어 왔다. 일반적으로, 곤충-저항성 채소나 과일류 보다는 곤충-저항성 곡물과 곡식 품종들이 더 많이 있다. 저항성 곡물과 곡식 품종들은 헥타르당 더 높은 가치를 가진다. 저항성 채소나 과일의 경우는 어떤 피해에 대해서도 소비자들의 내성이 낮은 경우가 많으며 무엇보다 중요한 것은 저항성 요소가 음식의 질을 낮출 수 있다는데 있다.

해충에 대한 숙주 저항성을 얻는 고전적인 방법이 항상 성공적이었던 것은 아니었다. 50년 이상의 간헐적인 노력에도 불구하고, 콜로라도감자잎벌레(Colorado potato beetle, Chrysomelidae: *Leptinotarsa decemlineata*)에 대해 저항성을 갖은 감자는 상업적으로 개발되어 있지 않다. 독성 glycoalkaloids를 높은 수준으로 가지고 있는 감자를 생산하려는 시도는 대부분 중단되었는데 그 부분적인 이유는 glycoalkaloids의 수준이 높은 잎들이 종종 이 독소가 다량 함유된 덩이줄기를 만들고 이것이 결과적으로 인간의 건강을 해치는 결과로 이어질 수 있기 때문이다. 다른 숙주에 대해 적응하는 감자잎벌레의 능력 때문에 분비모를 가지는 감자를 육종하는 데에도 한계가 있다. 감자재배치에서 콜로라도감자잎벌레를 방제하는데 가장 유망한 방법은 많은 곤충유충을 죽일 수 있는 세균 독소를 외래 유전자로서 발현하는 유전적으로 변형 된 감자를 생산하는 것이다(Box 16.5). 다른 채소류에서 저항성을 유발하려는 시도는 자주 실패하였다. 그 이유는 저항성요소가 작물의 질을 떨어뜨리는 결과를 가져왔으며, 결국 맛을 나쁘게 한다거나 독성을 유발하는 결과로 나타났다.

16.6.1 숙주 저항성을 위한 유전공학과 잠재적인 문제들

분자생물학자들은 유전공학적 기술들을 이용하여 옥수수, 목화, 담배, 토마토, 감자 등의 작물에 대해 야외조건에서 외래 섭식저해 또는 살충성 단백질을 생산할 수 있는 곤충저항성 품종을 생산해 왔다. 이런 단백질을 발현하는 유전자들은 세균 또는 다른 식물들로부터 왔으며 일반적인 두 가지 방법에 의해 식물에 삽입되었다:

1. 전기적 자극이나 금속섬유 또는 입자를 이용하여 세포벽을 찌르고 유전자를 핵내로 이동시키는 방법, 또는
2. 뿌리혹세균인 *Agrobacterium tumefaciens*의 플라스미드(plasmid)를 이용하는 방법 등이 있다.

이 세균은 감염기에 식물세포내로 자신의 DNA 부분을 주입하는데 이는 감염된 식물체의 염색체에 끼워 들어갈 수 있는 DNA 조각을 포함하는 tumor-inducing 플라스미드(Ti plasmid)를 가지고 있기 때문이다. Ti 플라스미드는 혹 형성에 관여하는 부분을 제거하고 살충성 독소와 같은 유용한 외래 유전자를 삽입하여 변형할 수 있다. 이 플라스미드 벡터(plasmid vectors)는 식물 세포 안으로 들어가게 되며 형질전환된 세포는 선발과정을 거쳐 완전한 식물로 다시 자라게 된다.

유전적으로 변형된 저항성 작물을 이용하여 곤충을 방제하는 것은 살충제를 기초로 한 방제법에 비해 다수의 장점을 가지고 있는데, 지속적인 보호(살충제의 분사에 의해 닿을 수 없는 부분까지 고르게 보호함), 비효율적인 살충제

Box 16.5 콜로라도감자잎벌레

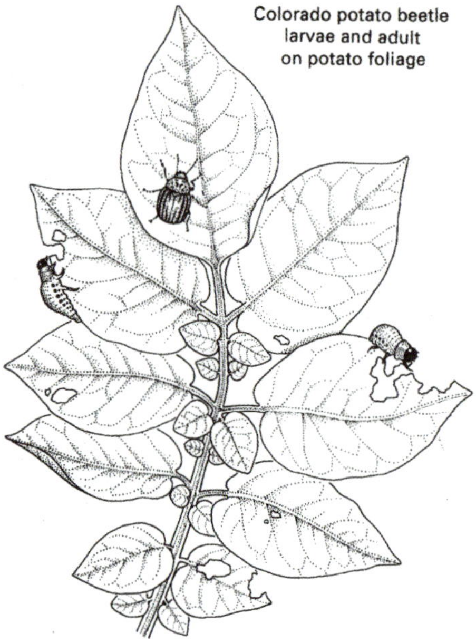

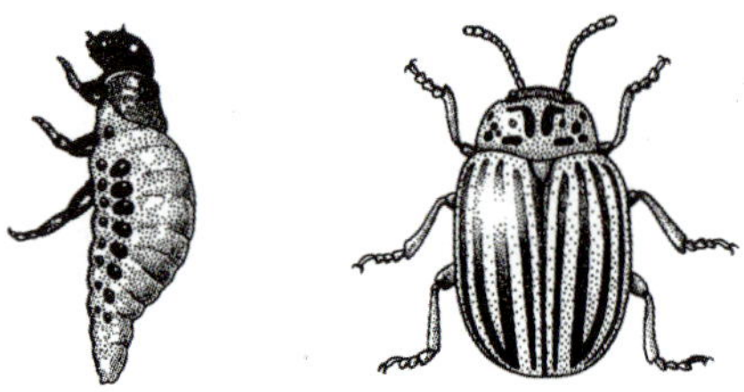

콜로라도감자잎벌레(*Leptinotarsa decemlineata*(딱정벌레목: 잎벌레과)Coleoptera: Chrysomelidae)로 알려진 이 특징적인 딱정벌레는 북반구에서 경작하는 감자의 주요 해충으로 알려져 왔다(Stanek 1969). 원래 멕시코 원산으로 약 150년 전 숙주범위가 확대되어 북미로부터 유럽으로 1920년대에 퍼졌으며 아직도 그 범위가 확대되고 있다. 그 종의 현재 숙주는 가지과(Solanaceae), 특히 가지속(*Solanum* spp.)과 경작되고 있는 감자(*S. tuberosum*) 등 20 종에 이른다. 다른 임시적인 숙주로는 경작되고 있는 토마토(*Lycopersicon esculentum*)와 가지(*Solanum melongena*) 등을 포함한다. 성충 딱정벌레는 *Solanum* 종의 잎에 의해 방출되는 휘발성 화학물질에 이끌려 숙주를 찾고 거기에서 섭식을 하고 알을 낳는다. 암컷 딱정벌레는 약 2달 동안 살며 그 기간 동안 2~3000개의 알을 낳을 수 있다. 유충은 감자 잎에 피해를 주며 감자 덩이줄기형성에 앞서 피해가 발생하면 그 생산량은 100%까지 감소하는 결과로 이어진다. 콜로라도감자잎벌레는 감자의 가장 중요한 식엽충(defoliator)이며, 농작물이 성공적으로 자라기 위해서는 방제 수단이 필수적이다.

1950년 DDT에 대한 저항성이 발달되기 전까지는 화학살충제를 이용하여 효과적으로 콜로라도감자잎벌레를 관리했다. 그 이후로는 보다 빠른 비율로 새로운 살충제(합성 피레스로이드를 포함하는)에 대해 저항성을 발달시켰다. 1990년 후반에 새롭고 좁은 숙주범위의 살충제가 저항성 개체군을 관리하기 위해 다수 유용하게 되었지만 현재는 많은 딱정벌레 개체군이 모든 전통적인 살충제에 대해서 저항성을 가지고 있다. 님 산물(Box 16.3)과 특정 곰팡이살균제를 포함하는 섭식저해제를 잎 표면에 적용함으로써 섭식을 막을 수는 있으나 식물에 대한 부작용과 딱정벌레 개체군에 대한 느린 억제작용 때문에 널리 사용되지는 못하였다. 윤작을 통한 경종적 방제는 감자에 대한 침입을 지연시키고 경작초기에 딱정벌레개체군이 성립하는 것을 감소시키기도 하였다. 휴면하는 성충들은 그 전해에 감자가 길러진 야외토양에서 대부분 월동하고 대부분 휴면 후 분산을 하는데 이때 직접적으로 걸어서 이동하므로 새로운 야외에서는 개체군 형성이 느린 편이다. 그러나 2세대 딱정벌레개체군의 크기는 연작을 했을 경우와 비교했을 때 감소했을 수도 있고 아닐 수도 있다. 콜로라도감자잎벌레에게 저항성을 가지는 감자 변이종을 생산하기 위한 시도는 유용한 저항성들(화학물질 또는 침샘의 털)을 하나로 합쳐 상업적으로 적합한 상품을 만드는 데 실패해왔다. 생물적 방제 또한 성공적이지 못했는데 그 이유로는 각 천적 개체들이 콜로라도감자잎벌레의 개체군을 효과적으로 조절할 수 있을 만큼 빠르게 증식하지 못하거나 충분히 먹이를 소비하지 못했기 때문이며, 또한 대부분의 천적들은 온대성 감자 재배지역의 추운 겨울동안 살아남을 수 없었다. 그러나 특정 포식자들(예; 2종의 노린재류(pentatomid bugs))과 알 포식기생자(a eulophid wasp)의 대량사육과 증식 방사를 통하여 실질적인 방제를 수행할 수 있다. 목적해충의 발생시기와 맞아떨어지고 피해입기 쉬운 초기 유충을 대상으로 적용한다면 세균살충제의 방사를 통하여 효과적인 미생물적 방제를 수행할 수 있다. 세균 *Bacillus thuringiensis*의 2종은 콜로라도감자잎벌레의 유충을 죽이는 내독소를 생산한다. *B. thuringiensis ssp. tenebrionis*(= Bt. var. *san diego*)의 내독소를 생산하는 세균 유전자는 유전공학적인 방법을 이용하여 숙주식물에 자신의 DNA를 삽입할 수 있는 다른 세균인, *Agrobacterium tumefaciens*에 삽입되어 감자 형질전환작물을 생산하였다. 주목할 만하게, 이 형질전환 감자는 콜로라도감자잎벌레의 성충과 유충 시기에 모두 저항성을 가지며 고품질의 감자를 생산한다. 그러나 이러한 형질전환 감자는 소비자들에 의한 거부감과 Bt 작물이 살충제로 방제해야만 하는 다른 특정 해충들에 대해 효과가 없어 그 사용이 제한되고 있다. 물론, 심지어 Bt 감자가 보편화되더라도 콜로라도감자잎벌레는 그 "새로운" 독소에 대해 저항성을 빠르게 발달시킬 것이다.

사용으로 인한 재정적 및 환경적 소요비용의 절감, 새로운 화학살충제 개발과 비교해서 새로운 작물 품종을 개량하는데 들어가는 비용이 상대적으로 적은 장점들을 가지고 있다. 이렇게 유전자 변형된(genetically modified, GM) 작물들이 환경과 인간에 대한 안전성을 증가 또는 감소시키는 지에 대한 뜨거운 논쟁이 현재도 진행되고 있다. 외래 독소를 생산하는 GM 작물에 대한 또 다른 문제는 이런 새로운 생물적 방제법에 대한 등록 및 특허출원이 복잡한 것과 목적 해충 개체군내에서 저항성이 잠재되거나 발달할 수 있다는 점 등을 들 수 있다. 예를 들어 형질전환 작물의 조직에 있는 *Bacillus thuringiensis*(16.5.2절) 내독소단백질에 대해 곤충이 지속적으로 노출될 경우에 이 단백질에 대해 저항성이 발생하는 것으로 알려져 있다. 이런 저항성 문제는 특정 식물 부분(예; 목화전체 보다는 꼬투리) 또는 곤충에 의해 피해를 입는 조직에서만 내독소를 발현함으로써 극복할 수 있다. Bt 내독소를 생산하는 형질전환 작물의 특이한 제한점은 일부 해충들에서는 최대의 Bt 활성을 나타내기 위해서 내독소 이외에도 포자가 필요하다는 것이다.

식물로부터 옮겨진 유전자로부터 발현되는 독소(allelochemicals)에 기초한 식물 저항성은 결과적으로 해충 문제를 경감하기 보다는 격화시킬 수도 있다. 낮은 농도에서는 많은 독소들이 해충보다 식식성 곤충의 천적에 더 활성이 있어 역으로 생물적 방제에 영향을 미칠 수 있다. 식식성 곤충에 의해 섭취된 alkaloids와 다른 allelochemicals은 숙주 내에서 성장하는 포식기생자의 발달에 나쁜 영향을 주거나 죽이기도 하며 포식자를 불임화 시키기도 한다. 어떤 곤충에서는 allelochemicals이 알로 전달되어 알 포식기생자에게 해로운 결과를 입혀 섭식을 못하게 하기도 한다. 더 나아가서 allelochemicals은 다른 화학물질과 상호작용을 하는 해독효소(detoxifying enzymes)를 선발하므로 살충제에 대한 해충의 내성을 증가시킬 수 있다. 대부분의 다른 식물저항성 기작은 살충제에 대한 해충 내성을 줄여서 생물적 방제에 이용되는 살충제에 대해 선별적인 사용 가능성을 개선한다.

살충제 저항성이 의도하지 않게 선발될 수 있는 위험과 더불어 형질전환 작물을 사용하는 데는 몇 가지 다른 환경적인 위험이 있다. 첫째로 유전적으로 변형된 작물로부터 유전자들이 다른 식물종 또는 증가하는 잡초류로 전파되기도 하며, 형질전환 작물과의 교배를 통하여 토착종이 멸종할 수도 있다는 위험요소가 있다. 둘째로 형질전환 작물은 특정 환경에서 유전적인 변형을 통해 작물의 적합성이 증대되어 그자체로 잡초화될 수 있다. 셋째로 유용곤충(화분매개자와 천적)과 같은 비표적 생물체와 다른 비해충곤충들이 화분을 포함한 형질전환 작물을 임의적으로 섭취함으로서 영향을 받을 수 있다. Bt 옥수수로부터 날아온 화분에 오염된 milkweed 잎을 먹은 제왕나비(monarch butterfly) 유충이 제왕나비 개체군에 대해 잠재적인 위험요소로서 의심받기도 했다. Milkweed는 제왕나비 유충의 숙주 식물이며 미국의 상업 옥수수 농장 근처에서 일반적으로 자라는 종이다. 이동된 화분의 거리와 Bt 성분, 나비유충의 옥수수화분에 대한 노출정도 등에 대해 자세한 정량적 평가가 이루어졌으며, 포괄적인 위해성을 평가한 결과 제왕나비 개체군에 대한 위협은 실제로는 낮은 것으로 결론지어졌다.

제초제에 대한 저항성을 부여하기 위해 유전자 조작된 작물도 비표적 곤충에 대해 해로운 영향을 미칠 수 있다. 예를 들어 미국 중서부의 제초제-저항성 옥수수 농장에서 광범위하게 사용된 잡초방제 화학물질들은 유충이 먹는 milkweed와 제왕나비의 성충들의 화밀원인 일년생 개화식물의 손실을 초래했다. 제왕나비는 매력적이며 가장 중요한 종으로 형질전환 작물과 관련하여 상당한 관심을 받아온 반면(1.7절) 다른 개체군이나 수많은 곤충종에 대해 유사한 효과를 조사하는 것은 쉽지 않을 것이다.

16.7 물리적 방제

물리적 방제는 해충을 박멸하거나 해충의 침입과 생존에 있어 부적합한 환경을 만드는 비화학적, 비생물적 방법들을 말한다. 이 방제 방법의 대부분은 수동적인 방법(예; 펜스, 참호, 트랩, 비활성 분지와 유류 등) 또는 능동적인 방법(예; 기계적 처리, 충격처리, 온도처리 등)으로서 분류될 수 있다. 물리적 방제 수단은 유리온실, 음식 저장 구조물(예; 창고), 그리고 가정용 부지와 같이 닫힌 환경에 제한적으로 적용가능하며, 장벽 또는 참호와 같은 일부 방법은 야외작물에도 적용될 수 있다. 해충 방제에 있어 가장 잘 알려진 기계적인 방법은 "파리채(fly swatter)"이나, 곤충을 제거하기 위해 밀가루 공장에서 사용되는 채로 걸러 분리하는 과정은 또 다른 예일 것이다. 분명한 또 하나의 방법은 물리적으로 배제하는 것인데, 여기에는 음식물을 포장하거나,

곡물창고를 반-밀폐상태로 밀봉하거나 또는 유리온실에서 방충망치는 것 등이 속한다. 또한, 상품을 해충이 죽거나 생식을 감소시킬 수 있는 조건 즉, 온도 조절 조건(낮거나 높은), 대기의 가스 조성(예; 낮은 산소 또는 높은 이산화탄소) 또는 낮은 상대 습도 등의 조건에서 취급하거 보관할 수 있다. 이온 방사선 처리는 수입된 과일 내부의 곤충에 대한 검역처리에 이용되기도 하며, 과실파리(tephritid) 유충을 죽이기 위해 망고를 뜨거운 물에 담그는 방법도 이용되어져 왔다. 이러한 특정 물리적 방제법은 다수의 저장 및 수입품에 훈증제로 사용되었던 methyl bromide를 대체하기 위해서 그 사용이 증대되어야 한다. 이 methyl bromide는 공기 중의 오존층을 파괴하기 때문에 2005년까지 사용이 금지될 것이다.

긴 파장의 자외선을 이용하는 트랩(예; 전기가 흐르는 금속판을 향해 비행하는 곤충을 유인하는 "insect-o-cutors" 또는 "zappers") 또는 끈적끈적한 표면을 가진 끈끈이트랩은 가정이나 과일 소매지역 또는 유리온실 등에서 효과적일 것이다. 미국의 도시근교 뒤뜰에 설치된 전기트랩에서 잡힌 곤충들을 조사해본 결과 100 종이상의 비표적 곤충들 이었으며 대략 잡힌 곤충의 반은 물지 않는 수중 곤충들이었고, 13%는 포식자와 포식기생자, 단지 0.2%만이 성가시게 무는 파리들이었다.

16.8 경종적 방제

실제 농부들은 수 세기 동안 걸쳐 해충 방제를 위해 경종적 방법을 이용해왔다. 그리고 그들의 경종적인 기술들은 소규모와 대규모의 집약적인 농업에 모두 적용할 수 있다. 전형적으로, 농작물의 곤충 개체군을 감소시키는 것과 연관된 경종적 방법은 다음 기술 중 하나 또는 조합에 의해 이루어진다: 농작물 교체, 경운 또는 해충 생활사를 방해하기 위해 농작물의 부산물을 태우는 것, 작물 심는 시기와 위치가 해충과 일치되는 것을 피하는 것, 해충이 숨을 수 있는 야생식물을 제거하는 것, 천적을 보호하기 위해 작물이 아닌 식물을 키우는 것, 해충이 없는 뿌리줄기와 씨를 사용하는 것 등이다. 여러 농작물(**간작**(intercropping) 또는 **복합경작**(polyculture))을 섞어서 재배하는 것은 작물의 식별성(apparency, plant apparency hypothesis)을 감소시키거나 해충을 위한 자원의 농도(resource concentration hypothesis)를 감소시킨다. 그리고 간작 또는 복합경작을 통해 저항성 작물 근처에서 자라는 감수성 작물의 보호(associational resistance hypothesis)도 증가되며 천적도 증대된다(the natural enemies hypothesis). 최근의 농업 생태학적 연구는 간작의 성공을 잘 설명할 수 있는 특정 가설이 어떤 것인지를 알아보기 위해 단일경작과 복합경작(이중과 삼중경작 등을 포함하여)에서의 해충과 그들의 천적의 밀도를 비교하였다; 그러나 가설들은 서로 독립적으로 일치하지 않았으며 각각의 가설에 대한 일부 증거들만을 보여주었다.

위생곤충학에서의 경종적 방제법은 서식처를 조작함으로써 이루어진다. 늪을 없애고, 병을 매개하는 모기유충의 발달장소를 제거하기 위해 물을 담는 용기를 제거하거나 덮는 것, 그리고 병을 전파하는 파리의 접근과 발육을 차단하기 위해 쓰레기통을 덮는 것과 같은 조작들이 여기에 속한다. 가축 해충의 경종적 방제의 예는 감염성 파리가 숨을 수 있는 똥을 제거하고 소위에서 쉬는 파리들을 제거하고 죽일 수 있는 간단한 통로트랩(walk-through trap)을 설치하는 것 등이 있다. 이러한 배제와 트랩을 이용한 방법도 물리적인 방제로 구분되어 질 수 있다.

16.9 페로몬과 다른 곤충 유인 물질

곤충은 종내와 종간의 통신을 위하여 통신화합물(semiochemicals)라고 부르는 다양한 화학적인 냄새를 이용한다(4.3.2절). 페로몬들은 동일종의 구성원들 간에 신호를 보내기 위해 특히 중요한 화학물질이다.—이것들은 종종 둘, 셋 또는 더 많은 요소들의 혼합물로서 방출될 때 또 다른 개체의 특정반응을 이끌어낼 수 있다. 종의 다른 구성원들, 예를 들어 미래의 가능한 짝들도 그 페로몬의 출처에 도달할 수 있다. 자연적으로 유래되거나 합성된 페로몬, 특히 성페로몬(sex pheromones)은 해충의 행동을 잘못되게 하거나 생식을 방해하는 해충관리에 사용될 수 있다. 페로몬은 종종 그 농작물에 위치하는 트랩과 연결되어 있는 방출기(포인트 소스 디스펜서, point-source dispensers)로부터 방출된다. 곤충 반응의 강도는 방출기의 디자인, 위치, 밀도에 의존한다. 각 방출기로부터 방출되는 페로몬의 비율과 지속기간은 방출하는 방법(예; 포화된 고무기구, 마이크로캡슐, 미세관 또는 심지 등), 제제의 성능, 초기량, 휘발성물질의 표면, 제제의 지속성과 안정성 등에 의해 결정된다. 다수의 수컷 과실파리(tephritid)를 강하게 유인하는 **cuelure**, **trimedlure**

와 **methyl eugenol**(때때로 **parapheromones**으로 불림)과 같은 수컷의 미끼는 페로몬과 유사한 방법으로 분사된다. Methyl eugenol은 지중해과실파리(oriental fruit fly, *Bactrocera dorsalis*)의 수컷을 유인하는 것으로 생각되는데 이 화합물을 사용하는 것이 교미를 승낙하는 의미로 받아들어져 교미를 성공적으로 이끌기 때문일 것이다(p.102 참조). 때때로 먹이미끼 또는 산란지 미끼 등과 같은 다른 유인제들은 아래에서 논의된 것처럼 페로몬(그리고 parapheromones)과 유사한 방식으로 작용하면서 해충관리계획에 통합될 수 있다.

곤충페로몬(그리고 때때로 다른 유인 물질들)의 세 가지 주요 사용처는 원예 관리, 농업관리, 산림관리이다. 첫 번째 용도는 초기에 특정해충의 존재를 감지할 수 있으며, 해충의 풍부도에 따라 방제수단들을 미리 제공할 수 있는 **모니터링**(monitoring)에서의 사용이다. 적절한 페로몬(또는 다른 미끼)을 포함하는 트랩은 감수성 작물에 놓이게 되며 규칙적으로 트랩에 이끌려온 해충 개체가 존재하는 지를 확인해야 한다. 대부분 해충들에서 암컷은 수컷이 반응하는 성페로몬을 방출한다. 그러므로 매우 낮은 개체군 밀도에서도 해충 수컷의 존재(추론에 의해, 암컷)는 감지가 가능하며 임박한 대발생을 조기에 예측할 수 있다. 트랩 포획장소와 실제 해충 밀도간의 관계에 대한 지식은 작물에 대한 ET가 도달하는 시점에 관한 정보를 주며 살충제 적용과 같이 효과적인 방제수단을 효율적으로 이용할 수 있다. 모니터링은 IPM의 필수적인 부분이다.

페로몬 트랩의 대량 사용(Pheromone mass trapping)을 통하여 해충을 관리하는 것은 페로몬을 이용한 다른 방법으로서 초기에 산림해충을 대상으로 하여 사용되어 왔다. 이것은 **유인-전멸**(attraction-annihilation)의 한 형태로 목적해충의 개체들이 유인되어 죽게 되는 보다 일반적인 방법이다. 유인물은 빛(예; 자외선), 색깔(예; 노란색은 일반적인 유인 물질임), 또는 페로몬 및 교미, 산란지역(예; 똥), 숙주식물, 숙주동물 또는 경험적 유인 물질(예; 과실파리 화학물질 미끼)에서 나는 냄새와 같은 통신화합물(semiochemicals) 등이다. 때때로 methyl eugenol을 가진 미끼는 tephritid 과실파리(tephritid fruit flies)에 대해 곤충에서 사용되는 어떤 다른 물질보다 훨씬 더 매력적이다. 곤충은 아마도 컨테이너, 끈끈이 트랩 안이나 전기격자 등, 독성 화학물 또는 병원균이 있는 표면에 유인되게 될 것이다. 유인-전멸 기술 효과는 역으로 말해 해충의 개체군 밀도와 병이 전파된 지역의 크기 등과 관계가 있는 것으로 생각된다. 그래서 이 방법은 해마다 또는 계절적 이주를 통해 풍부해진 비거주 해충 또는 지역적으로 제한된 또는 항상 낮은 밀도로 존재하는 해충을 방제하는데 가장 효과적일 것이다. 페로몬 트랩을 대량으로 사용하는 시스템은 대부분 특정 나방들에 대해 이루어지는데 예를 들어 매미나방(gypsi moth, 독나방과, Lymantriidae: *Lymantria dispar*)(Plate 6.7 참조)이 있으며, 나무좀들(bark beetles와 ambrosia beetles, 바구미과, Curculionidae: 나무좀아과, Scolytinae)에 대해서는 집합 페로몬을 사용한다(4.3.2절). scolytines 딱정벌레에 대한 이 기술의 장점은 양쪽 성 모두 잡힌다는 것이다. 조절 가능한 큰 규모의 실험을 설계하는 것이 어렵기 때문에 이를 이용한 성공사례는 알려지기 어려운 측면이 있다. 그럼에도 불구하고, 대량의 트랩을 놓는 것은 고립된 집시 나방 개체군과 낮은 scolytine 딱정벌레 밀도에도 분명히 효과적이다. 만약 딱정벌레 개체군 밀도가 높다해도, 나무를 죽이는 딱정벌레의 개체군밀도와 피해 사이에 양의 상관관계가 존재하기 때문에 해충개체군 일부를 제거하는 것만으로도 이득이 될 것이다.

페로몬을 이용하는 세 번째 실질적인 방법은 성페로몬을 이용한 것으로 이를 **교미교란**(mating disruption)이라고 한다(이전에는 때때로 "수컷착란(male confusion)"이라고 불렸으며 우리가 볼 수 있는 것처럼 부적절한 용어임). 이 방법은 다수의 나방종에 대해 야외에서 매우 성공적으로 적용되어 왔다. 예를 들어 목화의 목화다래나방(pink bollworm, 뿔나방과, Gelechiidae: *Pectinophora gossypiella*), 복숭아 과수원에 있는 복숭아순나방(oriental fruit moth, 잎말이나방과, Tortricidae: *Grapholita molesta*), 그리고 토마토 포장에서의 tomoto pinworn (Gelechiidae: *Keiferia lycopersicella*) 등에 매우 성공적으로 적용되었다. 기본적으로, 많은 수의 합성 페로몬 방출기가 작물들내에 놓이면 과수원 또는 야외포장에서의 암컷 성페로몬의 수준을 기본 수준보다 더 높게 만든다. 이로써 정확한 암컷나방의 위치를 찾는 수컷의 수가 축소됨으로써 교미 확률을 낮추고 이는 다음 세대에 낮은 개체군으로서 나타나게 된다. 교미교란을 이끄는 정확한 행동적 또는 생리적 기작은 아직 밝혀지지 않았지만 수컷 과/또는 암컷간의 행동을 변화시키는 것과 관련되어 있다. 수컷 행동의 교란은 안테나상의 수용기의 적응이나 틀린 미끼를 이끌려 생기는 혼돈의 결과라기보다는 아마도 **습관화**

(habituation) —중앙신경계내의 일시적인 변화—에 의해서 일어날 수 있다. 또한 합성 페로몬의 적용에 의해 상승한 기본 수준이 수컷들이 더 이상 암컷의 자연적인 페로몬을 구분할 수 없도록 할 수 있다. 합성 페로몬의 적절한 제형과 분량을 생산하는데 있어 교미교란 기작을 이해하는 것은 매우 중요하다.

위의 세 가지 페로몬 이용방법 모두 특정 나방, 딱정벌레, 과실파리 등의 해충에 상당한 성공을 이루어 왔으며, 페로몬을 이용한 해충방제는 다음과 같은 곤충종에 매우 효과적인 것으로 알려져 있다. (i) 분산되어 있는 짝과 먹이를 찾는데 화학적인 신호에 높게 의존하는 곤충종들; (ii) 제한된 숙주 범위를 가지고 있는 종들; (iii) 거주형이며 비교적 정착해 있는 종 즉, 지역적으로 잘 조절되어 있어 이주에 의해 지속적인 보충이 되지 않는 개체군의 종들에 효과적이다. 페로몬 트랩의 대량 사용 또는 교미교란의 장점은 다음과 같다.

- 무독성, 남아있는 과일 또는 다른 생산물이 독성화학물(살충제)로부터 안전함;
- 적용시기가 계절당 한 번 또는 수차례정도 요구됨;
- 포식자 또는 포식기생자가 숙주위치를 파악하기 위해 해충 페로몬을 사용하지 않는 다면, 표적해충에 대한 억제에만 제한하여 사용할 수 있음;
- 생물적 방제를 증대시킴(이전에 언급된 상황을 제외)

페로몬 사용에 있어 제한요소에는 다음과 같은 것들이 포함된다.

- 높은 선택성이 있어 다른 1차 또는 2차 해충에 대한 효과가 없음;
- 미리 살충제 사용이 계획되어 있는 주요해충이 목적 해충일 경우 비용 대비 효율이 높음;
- 처리 영역이 독립되어 있거나 비처리 작물에서 교미한 암컷이 날아오지 못할 만큼 넓어야 하는 필요조건이 있음;
- 야외에서 해충 생물학에 대한 상세한 지식이 요구됨(특히 비행과 교미활성에 대해). 지속적으로 고비용이 드는 처리를 피하고자 한다면 적용시점이 성공적인 방제에 결정적인 요소일 것임;
- 인위적인 사용으로 인해 일부 나방종에서 언급되었던 것처럼 자연적인 페로몬 선호성과 생산성에 있어 변화를 일으킬 가능성이 있음.

후자의 세 가지 제한점들은 또한 화학살충제 또는 미생물살충제를 사용하는 해충 관리에도 적용된다; 예를 들어 불필요하게 많이 들어가는 비용을 감소시키고 환경적인 부작용을 최소화하기 위해 특히 피해입기 쉬운 시기에 있는 목적해충에 대해 적절한 시점에서 살충제를 적용하는 것은 매우 중요하다.

16.10 해충의 유전적 조작

Cochliomyia hominivorax(검정파리과, Calliphoridae), 나선구더기파리(screw-worm fly)는 열대 아메리카지역에서 가장 파괴적인 가축해충이다. 사람을 포함하여 살아있는 동물의 곪은 상처에서 자라면서 섭식하며, 유충은 상처에 구더기증(myasis)(15.3절)을 일으키며 그 상처에 알을 낳는다. 이 구더기파리는 역사적으로 미국에서 존재해왔으며, 계절에 따라 남부와 남서부주 등지에 퍼져 가축의 가죽과 사망으로 인해 상당한 경제적 손실을 발생시켜 지속적인 방제 캠페인이 요구되어져 왔다. 나선구더기파리의 암컷은 단지 한 번만 교미하므로, 다수의 불임된 수컷을 방사함으로서 방제할 수 있다. 처음 도착한 수컷과 교미한 암컷은 아마도 불임일 것이며, 결과적으로 그 알들은 더 이상 살 수 없게 된다. 미대륙에서의 **수컷불임법**(sterile male technique),(또는 **곤충불임기술**(sterile insect technique, SIT) 또는 **불임곤충방사방법**(sterile insect release method, SIRM)은 멕시코에서 수행되고 있으며, 피와 카세인 등의 인공사료에 의해 사육되는 수십억 마리의 나선구더기파리(screw-worm flies)를 이용하고 있다. 그 유충(그림 6.6h)들은 사육실의 바닥에 떨어져 용상태로 된다. 배우자발생(gametogenesis)후 성장하는 성충의 불임화는 5일째 되는 결정적인 시간에 용에 감마선을 조사함으로써 유발된다. 이 처리는 수컷들을 불임화시키며, 유충단계에서는 구분이 안 되는 암컷들에 대해서는 산란을 막는 역할을 한다. 이렇게 방사된 불임 수컷은 야생의 개체군과 혼합되어 각각 교미가 이루어지고 이에 따라 수정비율을 감소시킨다.

이 기술을 이용하여 플로리다에서 처음으로 나선구더기파리(screw-worm fly)를 제거하였으며 그 후 텍사스와 미국 서부 그리고 좀 더 최근에는 미국으로부터의 재침입에 의해 구더기파리가 발생하였던 멕시코에서 제거되었다. 파나마 북쪽으로부터 구더기파리가 없는 완충지대

(fly-free buffer)를 만들기 위한 목표는 중앙아메리카 국가들로부터 점진적으로 제거되기 시작하여 파나마 서부의 영구 "불임 구더기파리 장벽(sterile fly barrier)"을 따라 불임충을 방사함으로써 달성되었다. 1990년에, 나선구더기파리가 리비아(북아프리카)에 우연히 도입되었을 때, 잠재적인 해충의 정착을 막기 위해서 멕시코 시설들에서 충분한 양의 불임파리를 생산할 수 있었다. 나선구더기파리를 방제하고 구제하는데 사용한 불임곤충기술의 효율적인 비용 대비 이득의 비율로 인해, 이와 유사하게 경제적으로 중요한 해충방제에는 실질적인 비용을 지출하도록 유도하였다. 불임곤충방사를 이용한 성공적인 해충방제의 다른 예는 멕시코와 북과테말라에서의 지중해과실파리((Mediterranean fruit fly) 또는 "medfly"로 불리는 *Ceratitis capitata*(과실파리과, Tephritidae)), 일본의류쿠군도(Ryukyu Archipelago)로부터의 메론 파리(melon fly, *Bactrocera cucurbitae*(과실파리과, Tephritidae), 호주 서부의 퀸즐랜드, 과실 파리(Queensland fruit fly, *Bactrocera tryoni*, (Tephri-tidae)) 불임방사 예들에서 찾아볼 수 있다. 다른 시도들에서 성공 빈도가 낮은 것은 다음과 같은 장애요인들이 있어서이다.

- 해충 대량사육의 어려움;
- 불임수컷의 경쟁력 부족, 야생 암컷이 포획되고 사육된 불임 수컷을 구별함;
- 사육됨개체군의 유전학적 및 형태적 다양성으로 사육됨임수컷은 함께 사육된 서로 다른 개체와 교미하는 것을 선호함(동류교배, assortative mating);
- 암컷들을 혼란시키기에 불충분한 수의 수컷 방사;
- 방사선에 노출된 곤충이 야생의 개체군에 섞이는 데 실패하는 것;
- 불임수컷이 방사된 지역으로부터 낮은 분산력을 가지는 것 및 야생종의 빠른 재침입.

야생 개체군을 통해 확산시킬 의도를 가지고 대량사육과 방사가 가능한 해충종에 해로운 유전자를 도입하려는 시도가 진행되어 왔다. 이런 시도들이 실패하는 이유로서는 위에서 언급되었던 많은 불임곤충방사가 실패했던 원인들이 포함될 것이며, 특히 유전적인 효과를 감소시키는 유전자 이동 및 재조합 등과 관련된 경쟁력 부족이 가장 큰 원인일 것이다.

참고 문헌

Altieri. M.A. (1991) Classical biological control and social equity. *Bulletin of Entomological Research* **81,** 365 -9.

Barbosa. P. (ed.) (1998) *Conservation Biological Control*. Academic Press. San Diego. CA.

Beegle. C.C. & Yamamoto. T. (1992) History of *Bacillus thuringiensis* Berliner research and development. *Canadian Entomologist* **124,** 587-616.

Boake, C.R.B., Shelly. T.E. & Kaneshiro. K.Y. (1996) Sexual selection in relation to pest-rnanagernent strategies. *Annual Review of Entomology* **41,** 211-29.

Bonning. B.C. & Hammock. B.D. (1996) Development of recombinant baculoviruses for insect control. *Annual Review of Entomology* **41,** 191-210.

Brown. J.K., Frohlich. D.R. & Rosell. R.C. (1995) The sweetpotato or silverleafwhiteflies: biotypes of *Bemisia tabaci* or a species complex? *Annual Review of Entomology* **40,** 511-34.

Caltagirone. L.E. (1981) Landmark examples in classical biological control. *Annual Review of Entomology* **26,** 213-32.

Caltagirone. L.E. & Doutt. R.L. (1989) The history of the vedalia beetle importation to California and its impact on the development of biological control. *Annual Review of Entomology* **34,** 1-16.

Cannon. R.J.C. (1996) *Bacillus thuringiensisuse* in agriculture: a molecular perspective. *Biological Reviews* **71,** 561-636.

Cardé, R.T. & Minks. A.K. (1995) Control of moth pests by mating disruption: successes and constraints. *Annual Review of Entomology* **40,** 559-85.

Collins. W.W. & Qualset, C.O. (eds.) (1999) *Biodiversity in Agroecosystems*. CRC Press. Boca Raton. FL.

DeBach. P. & Rosen. D. (1991) *Biological Control by Natural Enemies*. 2nd edn. Cambridge University Press. New York.

Denholm. I. & Rowland. M.W. (1992) Tactics for managing pesticide resistance in arthropods: theory and practice. *Annual Review of Entomology* **37,** 91-112.

Denholm. I.. Pickett J.A. & Devonshire. A.L. (eds.) (1999) *Insecticide Resistance: From Mechanisms to Management*. CABI Publishing. CAB International. Wallingford.

Dent. D. (2000) *Insect Pest Management*. 2nd edn. CABI Publishing. CAB International. Wallingford.

Dent. D.R. & Walton. M.P. (1997) *Methods in Ecological and Agricultural Entomology*. CAB International. Wallingford.

Ehler. L.E. & Bottrell. D.G. (2000) The illusion of integrated pest management. *Issues in Science and Technology* **16**(3), 61-4.

Flint. M.L. & Dreistadt, S.H. (1998) *Natural Enemies Handbook. The Illustrated Guide to Biological Pest Control*. University of California Press. Berkeley. CA.

Gerson. U. & Smiley. R.L. (1990) *Acarine Biocontrol Agents*. Chapman & Hall. London.

Gill. S.S .. Cowles. E.A. & Pietrantonio, P.V. (1992) The

mode of action of *Bacillus thuringiensis endotoxins. Annual Review of Entomology* **37,** 615-36.

Hare. J.D. (1990) Ecology and management of the Colorado potato beetle. *Annual Review of Entomology* **35,** 81-100.

Higley. L.G. & Pedigo. L.P. (1993) Economic injury level concepts and their use in sustaining environmental quality. *Agriculture, Ecosystems and Environment* **46,** 233 -43.

Hill. D.S. (1997) *The Economic Importance of Insects*. Chapman & Hall. London.

Howarth. F.G. (1991) Environmental impacts of classical biological control. *Annual Review of Entomology* **36,** 485-509:

Howse. P.E.. Stevens. LD.R. & Jones. O.T. (1998) *Insect Pheromones and their Use in Pest Management*. Chapman & Hall. London .:

Jervis. M. & Kidd, N. (eds.) (1996) *Insect Natural Enemies: Practical Approaches to their Study and Evaluation*. Chapman & Hall. London.

Kennedy. G. & Sutton. T.B. (eds.) (2000) *Emerging Technologies for Integrated Pest Management: Concepts. Research. and Implementation*. APS Press. St Paul, MN.

Kogan. M. (1998) Integrated pest management: historical perspectives and contemporary developments. Annual *Review of Entomology* **43,** 243-70.

Lacey. L.A .. Frutos, R .. Kaya, H.K. & Vail. P. (2001) Insect pathogens as biological control agents: do they have a future? *Biological Control* **21,** 230-48.

Landis. D.A., Wratten, S.D. & GUIT. G.M. (2000) Habitat management to conserve natural enemies of arthropod pests in agriculture. *Annual Review of Entomology* **45,** 175-201.

Lockwood. J.A. (1993) Environmental issues involved in biological control of rangeland grasshoppers (Orthoptera: Acrididae) with exotic agents. *Environmental Entomology* **22,** 503-18.

Louda, S.M., Pemberton. R.W .. Johnson. M.T. & Follett. P.A. (2003) Nontarget effects-the Achille' s heel of biological control? Retrospective analyses to reduce risk associated with biocontrol introductions. Annual *Review* of Entomology **48,** 365-96.

Matteson. P.C. (2000) Insect pest management in tropical Asian irrigated rice. *Annual Review of Entomology* **45,** 549-74.

Metcalf. R.L. & Metcalf. R.A. (1992) *Destructive and Useful Insects: Their Habits and Control*. 5th edn. McGraw-Hill. New York.

Metz. M. (ed.) (2003) *Bacillus thuringiensis: A Cornerstone of Modern Agriculture*. Haworth Press. Binghamton. NY.

Neuenschwander. P. (2001) Biological control of the cassava mealybug in Africa: a review. *Biological Control* **21,** 214-29.

Obryckl, J.J. & Kring. T.J. (1998) Predaceous Coccinellidae in biological control. *Annual Review of Entomology* **43,** 295-321.

Parrella. M.P., Heinz. K.M. & Nunney, L. (1992) Biological control.through augmentative releases of natural enemies: a strategy whose time has come. *American Entomologist* **38,** 172-9.

Pedigo. L.P. (2001) *Entomology and Pest Management*. 4th edn. Prentice-Hall. Upper Saddle. NJ.

Resh, V.H. & Cardé, R.T. (eds.) (2003) *Encyclopedia of Insects*. Academic Press. Amsterdam. [See articles on biological control of insect pests; genetically modified plants: insecticide and acaricide resistance: integrated pest management: physical control of insect pests: sterile insect technique.]

Robinson. W. (2004) *Urban Entomology*. Cambridge University Press. Cambridge.

Sands. D.P.A. (1997) The "safety" of biological control agents: assessing their impact on beneficial and other nontarget hosts. *Memoirs of the Museum of Victoria* **56,** 611-16.

Schmutterer, H. (1990) Properties and potential of natural pesticides from the neem tree. *Azadirachta indica. Annual Review of Entomology* **35,** 271-97.

Sears. M.K .. Hellmich, R.L .. Stanley-Horn. D.E. et al. (2001) Impact ofBt corn pollen on monarch butterfly populations: a risk assessment. *Proceedings of the National Academy of Science USA* **98,** 11937-42.

Settle. W.H., Ariawan, H., Astuti, E.T. et al. (1996) Managing tropical rice pests through conservation of generalist natural enemies and alternative prey. *Ecology* **77,** 197588.

Smith. S.M. (1996) Biological control with *Trichogramma*: advances. successes. and potential of their use. *Annual Review of Entomology* **41,** 375-406.

Tabashnik, B.E. (1994) Evolution of resistance to *Bacillus thuringiensis. Annual Review of Entomology* **39,** 47-79.

Thacker. J.R.M. (2002) *An Introduction to Arthropod Pest Control*. Cambridge University Press. Cambridge.

van Emden. H.F. & Dabrowski. Z.T. (1994) Biodiversity and habitat modification in pest management. *Insect Science and its Applications* **15,** 605-20.

van Lenteren, J.C .. Roskam. M.M. & Timmer. R. (1997) Commercial mass production and pricing of organisms for biological control of pests in Europe. *Biological Control* **10,** 143-9.

Vincent, C., Hallman, G., Panneton, B. & Fleurat-Lessard. F. (2003) Management of agricultural insects with physical control methods. *Annual Review of Entomology* **48,** 261-81.

Walter. G.H. (2003) *Insect Pest Management and Ecological Research*. Cambridge University Press. Cambridge.

Waterhouse. D.F. (1998) *Biological Control of Insect Pests: South-east Asian Prospects*. Australian Centre for International Agricultural Research. Canberra.

Weeden. C.R .. Shelton, A.M .. Li, Y. & Hoffman, M.P. (continuing) Biological Control: A Guide to Natural Enemies in North America. http://www.nysaes.comell.edu/ent/ biocontroll

Williams, D.F. (ed.) (1994) *Exotic Ants: Biology. Impact, and Control of Introduced Species*. Westview Press, Boulder, CO.

17장

곤충학 방법론: 채집, 보존, 관리, 동정

Alfred Russel Wallace collecting butterflies. (After various sources, espcially van Oosterzee 1997; Gardiner 1998.)

많은 곤충 학자들에게 어떻게 그리고 무엇을 수집하고 보존할 것인가 하는 질문은 연구 과제(13.4절 참조)를 통해 결정된다. 방법의 선택은 대상 분류군들, 생활사, 기주식물이나 동물의 지리적인 범위 또는 질병매개 상태, 그리고 무엇보다 중요한 것은 채집 계획과 비용 효과 등의 영향을 받는다. 이러한 모든 연구들 중 하나의 공통 요소는 연구 대상 생물들의 확인과 관계되는 것이 아닌 다른 것들과 명확한 정보 전달이 필요로 하다는 것이다. 어떤 종을 명명하기 위한 동정은 다른 사람들에게 이 연구에 대해 이야기하기 위해서 뿐만 아니라 그 종과 같거나 관계있는 곤충에 관한 이미 출판된 논문에 접근하기 위해서도 필요하다. 동정을 하는 데에는 분류군과 생활사 단계에 따라 다양한 형태학적 특징을 이해하기 위해 시료들을 적절하게 보존하는 것이 필요하다. 동정이 완료된 종은 중요한 것으로 평가받으며 부가적인 가치가 더해지기도 한다. 따라서 이후에 참고하기 위해 자료(**증빙문서**)를 잘 보관하는 것이 중요하다. 정보가 증가함에 따라 표본들을 확인하기 위해, 그리고 이후에 수집한 종과 비교하기 위해 그 종을 다시 찾아보아야 한다.

이 장에서는 수집 방법의 범위와 설비들, 보존 기술 및 표본의 복원방법을 다시 한 번 살펴보고 동정방법과 동정의 원칙에 대해서 알아보겠다.

17.1 수집

많은 척추동물과 식물 생물학을 연구하는 사람들은 야외에서 연구 대상들을 관찰하고 조작해볼 수 있다. 보다 큰 동물의 경우에는 잡고, 표시하고, 어떤 해도 끼치지 않은 상태에서 방사하기도 한다. 이러한 기술들은 나비, 잠자리, 더 큰 벌이나 곤충들에게 유용하게 쓰인다. 대부분의 곤충들은 수집하고 보존한 후에야 제대로 동정될 수 있다.

자연히 이들은 윤리적으로 고려해야할 문제들이며 아래와 같은 사항을 숙지해야 한다.

- 책임질 수 있게 수집하고,
- 적절한 허가를 얻어내며,
- 표본 관리가 잘 되고 있는 박물관 수집물들과 함께 확증표본을 맡기는 것이다.

책임질 수 있는 수집이란, 필요한 것만 수집하고, 서식지 파괴를 최소화하며, 자세한 수집 자료로 분류표시 함으로써 모든 연구자들에게 유용할 수 있도록 하는 것을 말한다. 많은 나라와 지정된 보호 지역에서는 곤충을 채집하기 위해 허가를 받아야 한다. 채집 허가를 신청하고 발행 기관의 요구를 이행하는 것은 수집가의 책임이다. 또한 그 종이 처음으로 수집되는 것이라면 연구 기록으로서 보존되어야 한다. 수집가들은 모든 표본들(분류법 연구의 경우에) 또는 적어도 대표적인 확증 표본들(생태학, 유전학, 행동 연구의 경우)이 잘 알려진 박물관에 보관중인 것을 확실히 확인해야 한다. 조사 또는 실험적 연구들에서 확증 표본은 이후의 연구에 있어서 필수적일 수 있다.

연구계획에 따라 수집 방법은 활동적이거나 수동적일 수 있다. 수집할 곤충들을 표적화 한다는 점에서 활동적인 수집은 꽤나 특이적일 수 있다. 수동적인 수집은 곤충의 활동성에 따라 덫 또는 미끼와 채집 장비의 설치, 함정 등의 방법을 쓸 수 있다. 이는 무엇이 잡혔는지는 상대적으로 중요하지 않으며 수집에 있어서 보다 일반적인 방법이다.

17.1.1 활동적인 수집

활동적 수집은 젖은 손가락, 미세한 털로 된 브러시, 핀셋, 또는 **흡입기**를 사용하여 서식지에서 물리적으로 수집할 종을 잡아내는 것을 의미한다(영국에서는 pooter라고도 한다). 이러한 기술은 미성숙한 곤충, 날수 없거나 날기 어려운 성충과 같이 느리게 움직이는 곤충의 채집에 유용하다. 돌을 뒤집어보거나 나무껍질을 제거하는 등 특정 서식지에서 찾음으로써 발견되거나, 밤에 관찰함으로써 관찰할 수 있는 곤충들은 모두 이러한 방법으로 바로 잡는 것이 가능하다. 야행성 곤충을 **밝은 천** – 흰 천에 자외선을 위쪽에서 아래로 비춘 다음 조심스레 잡을 수 있다(자외선으로부터 피부와 눈을 보호하기 위해 조심할 것).

그물은 활동적인 곤충들을 포획하기 위한 널리 사용되는 기술이다. 이 장에 있는 삽화는 자연학자이자 생물학자인 Alfred Russel Wallace가 1858년 Ternate에서 희귀한 나비를 잡기위해 쓴 기술을 묘사하고 있다. 대부분의 곤충 그물망은 손잡이가 약 50 cm 정도이고 그믈은 35 cm 직경의 테두리로부터 열려져있다. 나비나 파리처럼 빠르게 날고 움직이는 곤충을 잡기 위해서는 손잡이가 더 길고 입구는 더 넓은 그물이 필요하며, 작고 비교적 느린 곤충을 잡는 데에는 입구가 좁고 손잡이는 짧은 그물이 좋다. 그물망이 휘감겼을 때 곤충을 가둬둘 수 있도록 그물망의 깊이는 직경보다 길어야 한다. 그물망을 쓰면 곤충이 날고 있을 때, 또는 꽃봉오리나 식물에 의해 날개 짓이 방해받고 있을 때 위로 덮쳐서 잡을 수 있다. 식물에서 곤충을 잡을 때에는 날아다니는 곤충을 잡는데 쓰인 그물망보다 더 짧은 그물망을 사용해야 한다. 어떤 곤충들은 방해받을 때 땅으로 떨어지는 쪽을 택하는데, 이는 딱정벌레에 있어 특히 잘 관찰할 수 있다. 아래쪽에 그물이나 덫을 놓고 식물을 두드려 곤충을 잡는 기술은 곤충의 이러한 방어적 행동을 이용한 것이다. 실제로, 이 방법은 땅에 떨어짐으로써 잡히는 것을 피해나갈 것이 확실한 곤충을 잡기 위해, 사방이 트인 공간에서 한 마리의 곤충을 잡기 위한 좋은 방법이다. 그물망은 단단한 곤충에 의해 약한 곤충이 다치는 것을 막기 위해 자주 비워줘야 한다. 곤충망을 비우는 것은 샘플을 보존하기 위해 사용되는 방법에 따라 달라진다. 선택된 곤충은 집어내거나 또는 흡입 장치를 통해 제거할 수 있고, 채집된 내용물 전체를 채집용기 안으로 비울 수 있거나 찾고자 하는 목표 곤충을 흰색 채집 쟁반에 넣어 집어낼 수 있다(그러나 빠르게 나는 곤충들은 여기에서 제외된다).

위에서 설명한 채집기술은 비록 전문가용 그물이 육지 서식지에서 사용되는 것과 다르게 만들어졌고, 더 작은 크기라고 하더라도 수중 서식지에도 적용할 수 있다(수중에서 그물을 휘두를 때는 대기 중에서 휘두를 때보다 저항성이 더 크기 때문이다). 그물코의 크기는 매우 중요한 사항이다 – 풍뎅이 성충을 잡을 때 보다 작은 수생 곤충의 유충을 잡는데 쓰이는 더 촘촘한 그물은 물 안에서 쓸 때 저항을 더 크게 받는다. 수중 그물은 활동적인 대기 중의 곤충을 잡는데 사용하는 둥근 모양의 그물과 비교하여 보통 얇고 삼각형으로 되어있다. 이러한 그물은 수중 환경에서 더 효과적으로 쓸 수 있다.

17.1.2 수동적 수집

많은 곤충들은 채집하기 어려운 미소 서식지에서 생활한다 – 낙엽, 그와 비슷한 부식토 또는 초본식물의 잔해 등에서 많이 발견이 된다. 미소 서식지에서의 물리적인 관찰은 어려울 수 있는데, 이 경우 곤충의 습성을 이용하여 식물, 유기퇴적물, 흙으로부터 채집할 수 있다. 특히 유용한 방법으로서 음주광성, 음주열성, 양주습성을 들 수 있는데. 즉, 곤충이 습도가 증가하는 쪽으로 이동하게 하여 곤충을 집중적으로 채집하거나 강한 열이나 빛이 감소하는 쪽으로 이동하도록 유도하여 채집할 수 있다. **Tullgren funnel**(또는 **Berlese funnel**) 장치는 토양 동물을 채집하는 부분 쪽으로 갈수록 점점 작아지는 큰(예를 들면, 60 cm 직경) 금속 깔때기 모양의 장치이다. 깔때기 내부에는 금속 망이 있어 잎 찌꺼기, 식물의 샘플 등을 받치게 된다. 빛이 비추어지는 잘 맞는 뚜껑은 토양이나 낙엽 샘플 바로 위에 있고, 열과 습도의 정도를 조절함으로써 살아있는 곤충들을 깔때기의 아래쪽, 즉 Ethanol 및 보존액이 들어있는 채집 병에 떨어질 때까지 이동하도록 한다.

Winckler 가방도 비슷한 원리로 작동하는데, 마른 유기물 (부엽토, 흙, 잎)을 이용해 운동성 있는 동물들을 채집병으로 이동하게 한다. 철사로 된 틀로 이루어진 이 장비는 천으로 동봉되어 있으며 이것은 샘플용 곤충이 도망치지 못하도록 하고 개미와 같은 포식자로부터의 침입을 막기 위해 꼭대기에 묶여져 있다. 체로 거르기 이전의 유기물들은 하나 또는 그 이상의 그물 위에 놓이고, 이들은 주머니 안의 금속 틀에 걸리게 된다. 주머니의 바닥은 채집된 생물을 위한 보존액, 습기 있는 티슈조각이 들어있는 꼬인 형태의 플라스틱 채집 병을 향해 점점 좁아지는 형태이다. Winckler 주머니는 두 물체 사이에 묶여 있는 가지나 로프에 걸려있고 태양광과 바람의 건조작용에 의해 작동한다. 하지만 약한 바람에도 파편들이 잔여물 속으로 들어올 수 있어 채집의 주된 목적을 실패로 돌아가게 만들기도 한다. 이 장비는 매우 가볍고, 전력을 필요로 하지 않으며, 외딴 지역에서도 쉽게 수집될 수 있다는 점에서 유용한 반면, 건물 내부나, 비가 오거나, 고습도인 조건에서는 완전히 건조하는데 많은 시간이 걸리며 채집된 동물을 분리하는 데는 많은 시간이 소요된다는 것이 단점이다.

분리 가방은 비행하는 곤충의 양주광성(빛) 반응에 주로 의존한다. 가방은 두꺼운 옥양목 재질이고 위쪽 끝 내부에 링으로 묶여 있으며 그 끝에는 깨끗한 퍼스펙스(방풍유리) 덮개가 있고 또한 끈에 매달려 있거나 삼각대에 의해 고정되어 있다. 곤충망이나 특정 서식지에서의 다양한 채집방법에 의해 채집된 개체들을 분리기 안에 채집망안의 내용물을 재빨리 쏟아 붇고 덮개를 닫는다. 빛을 따라 움직이는 곤충들은 위쪽을 향해 날 것이며 투명한 표면에서 주머니의 벽면으로 길게 끼워 넣은 흡입관에서 모인다.

곤충의 비행 활동은 거의 무작위적이지 않아서 관찰자가 자주 이용되는 경로를 알아내고 비행 경로를 방해하는 장애물 덫을 설치할 수 있다. 서식지 변두리(추이대 推移帶), 계곡선, 식물 사이의 공간들은 곤충들이 분명히 많이 이용하는 경로이다. 비행활동의 방해 및 특정 곤충의 예상되는 반응에 의존하는 덫은 Malaise trap과 Window trap을 포함하는데, Malaise trap은 곤충이 그물망의 횡단 장벽에 의해 방해받는 변형된 텐트 형이다. 날아오르거나 덫의 수직면을 기어오르는 곤충은 장치의 내부 구조에 의해 가장 높은 칸으로 직행하게 되며 여기에서 보통 보존액이 담긴 채집 병으로 유도된다. 변형된 **Malaise trap**은 아래쪽에 덫으로 사용될 수 있는 액체로 가득한 수로가 있어 장벽에 부딪칠 때 자연적으로 아래로 떨어지는 곤충들을 모두 채집할 수 있다. 유사한 원리에 기초하여, **Window trap**은 창문 같은 유리의 수직표면, 퍼스펙스, 또는 검은 직물 그물망, 그리고 아래에 놓인 보존액의 수로로 이루어져 있다. 창문에 부딪쳐 보존액으로 떨어진 곤충만이 수집된다. 두 덫은 원래 땅에서 이용되지만 땅위, 예를 들어 수관부에 설치하여도 적절히 사용될 수 있다.

땅에서 기어 다니는 곤충의 채집은 땅 속에 곤충이 빠질 수 있는 상자를 묻어 둠으로써 채집할 수 있다. 이 때 이 상자의 높이는 곤충이 빠진 뒤 기어 나올 수 없어야 한다. 이러한 **함정**들은 크기가 다양하고 비에 의해 보존액이 희석되는 것을 막기 위해 지붕을 설치하기도 하며, 이는 호기심 많은 척추동물의 접근을 막을 수도 있다(그림 17.1). 곤충이 가는 길을 유도하는 울타리 선을 만들거나, 미끼를 이용함으로써 함정의 효과를 더 높일 수 있다. 용기 내에 살충제나 구겨진 종이를 넣을 경우 곤충을 건조한 상태로 채집하기도 하지만, 보통은 propylene glycol이나

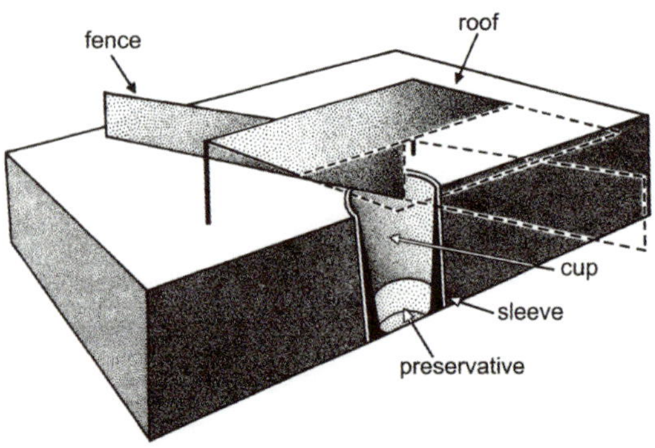

그림 17.1 보존액이 들어있는 땅 속 컵을 나타내는 Pitfall trap의 단면. (A. Hastings의 미발표 삽화.)

ethylene glycol 혹은 물과 같은 저휘발성 액체를 넣어 채집한다. 채집용기 내 액체에 계면활성제를 약간 첨가하면 표면장력이 줄어들어 곤충이 액체 표면에서 떠다니는 것을 막을 수 있다. 함정 덫들은 종이 얼마나 풍부한지, 그리고 지면에서 활동하는 곤충들의 상대 존재비는 얼마인지 알아보기 위해 자주 이용된다. 하지만 서식지 구조(식생밀도)가 다른 지역을 비교하기 위한 함정 덫을 이용한 채집은 강한 모순으로 인해 거의 이용되지 않는다. 이는 곤충 한 마리(덫에 잡히기 쉬움)를 잡을 확률이 식물의 복잡함과 각각의 함정을 둘러싼 환경에 의해 영향을 받기 때문이다. 서식지 구조는 이러한 비교연구를 위해 통제되고 측정되어야만 한다.

덫에 잡히는 정도는 곤충들의 활동 수준(그들의 생리적인 상태, 날씨 등), 행동(예를 들면, 몇몇 종들은 함정을 피하거나 탈출한다)에 의하여 또한 영향을 받으며, 그리고 함정의 크기(예를 들면, 작은 함정들은 더 큰 종을 잡지 못할 것이므로)에 의해 영향을 받는다. 따라서 함정의 생포비(C)는 $C = TN$이라는 공식에 따라 개체군수(N)와 곤충의 덫에 잡히는 정도(T)에 의해 다양하게 나타난다. 보통 조사자들은 채집된 곤충들의 개체군 수를 측정하는 것과 종의 존재여부를 판별하는 것에 흥미를 느끼지만 이와 같은 연구는 덫에 잡히는 정도가 연구 장소나 연구의 시간차에 따라 변화된다면 큰 모순을 나타낼 될 것이다. 마찬가지로, 다른 종들 간의 풍부한 정도를 비교할 때, 한 종이 다른 종 보다 더 잘 잡힌다면 그 정도는 한 종 쪽으로 기울게 될 것이다.

많은 곤충들은 함정 안이나 주위의 **미끼** 또는 **유혹물**에 이끌리게 된다. 이러한 미끼 등은 많은 곤충들을 잡기 위해 "평범하게" 디자인되거나, 하나의 대상을 위해 "특이적으로" 디자인되기도 한다. 넓은 범위의 움직이는 육지곤충을 잡는데 사용되는 미끼는 고기(썩은 고기를 이용한 유혹을 위해), 배설물(똥풍뎅이와 같은 분식성 곤충을 잡기 위해), 신선한 또는 썩은 과일(특정 나비목, 딱정벌레목, 그리고 파리목을 잡기 위해) 또는 페로몬(초파리와 같은 특정 표적 곤충을 위해) 등으로 이를 이용해 곤충 채집의 효과를 증대시킬 수 있다. 야행성 곤충을 유인하기 위해 알코올에 갈색 설탕이나 당즙을 첨가한 달콤한 맛의 발효 혼합물을 표면에 바를 수 있는데, 이 방법을 "**sugaring**"이라고 한다. 이산화탄소 및 Butanol과 같은 휘발성물질들은 모기와 말파리처럼 척추동물 숙주를 필요로 하는 곤충들을 유

인하기 위하여 사용할 수 있다.

색은 각각 차별적으로 곤충들을 매혹시킨다. 노란색은 많은 종류의 벌목과 파리목 곤충을 강하게 유인한다. 이러한 경향은 노란 그릇에 물과 표면장력을 줄이는 계면활성제를 채워 쉽게 만들 수 있는 **노란 팬 덫**에 이용되며, 땅에 놓아 두어 비행 곤충들이 빠져 죽도록 유인할 수 있다. 야외 풀장이 거대한 팬 함정으로 둔갑하기도 한다.

유아등은 많은 야행성 곤충을 유인하는데 이용되는데, 특히 형광등이나 수은증기 램프를 통해 발산되는 자외선 불빛이 이용된다. 빛에 유인되어 모인 곤충들을 집어내거나, 유아등 뒤에 매단 흰 종이에 붙어있는 곤충을 1마리씩 흡입하거나 달걀판으로 채운 탱크와 같은 용기 안으로 유도시키기도 한다. 유아등으로 유인된 곤충들을 모두 죽일 필요는 없으며, 살아있는 곤충들은 보존과 방출을 위해 분류되고 조사될 것이다. 흐르는 물에서 그 흐름을 방해하는 방향으로 그물망을 가만히 놓아두면, 다른 방법으로는 잡기 어려운 살아있는 미성숙 단계의 곤충과 같은 생물을 많이 채집할 수 있다. 일반적으로, 촘촘한 그물망은 둑, 나무, 다리 같은 고정된 구조물에 단단히 묶여 물의 흐름에 가로질러 표류하는 곤충을 잡는데 사용된다. 물에서의 다른 수동적인 채집은 **우화 곤충 덫**을 포함하는데, 이 장치는 일반적으로 물속에서 채집하는 망과 정반대의 형태로서 물속에서 공중으로 우화하여 비상하는 성충을 채집하기 위한 것이다. 이런 덫은 육지의 유기퇴적물위나 배설물 등에 설치하여 사용할 수 있다.

17.2 보존과 관리

대부분의 성충은 핀에 꽂히거나 끼워져 마른 상태로 저장되고, 몇몇 목(目)의 성충이나 약한 미성숙단계의 곤충들(알, 유충, 약충, 번데기)은 현미경 Slide glass에 올려 보존한다. 번데기 허물, 고치, 밀랍피복, 그리고 허물 등은 마른 상태로 유지시켜 핀에 꽂아 보존하며, 카드 사이에 끼우기도 한다. 부서지기 쉬우면 젤라틴 캡슐이나 보존액에 저장한다.

17.2.1 건조보존

건조표본 전에 살충 및 다루는 방법

핀에 꽂거나 건조 상태로 저장하고자 하는 곤충은 휘발성 독이나 냉각제가 들어있는 독병이나 튜브에 넣어 죽이는 것이 가장 좋다. 냉각법은 화학적 살충제의 사용을 피할 수 있지만, 곤충을 작고 공기가 새지 않는 용기에 넣어 적어도 12~24시간 동안 건조되거나 어는 것을 방지하는 것이 중요하다. 냉각시킨 곤충은 주의 깊게 다뤄야 하고 핀으로 꽂히기 전에 적절하게 녹여야 한다. 그러지 않을 경우 부서지기 쉬운 부속지들은 부러질 수도 있다. 가장 안전하고 가장 쉽게 사용가능한 액체 살충제는 비록 가연성이긴 하나, 직접 흡입하지 않을 경우 특별히 직접적인 위험이 없는 **Ethyl acetate**이다. 이 화학물질을 밀폐된 공간에서 사용해서는 안 된다. Cyanide과 Chloroform 같이 독성이 더 강한 독극물은 경험이 풍부한 곤충 학자들을 제외하고는 사용을 자제해야 한다. Ethyl acetate로 살상하는 용기는 Paris 석고의 두꺼운 혼합물과 물을 튜브의 바닥이나 주둥이가 넓은 병이나 15~20 mm깊이의 병에 부어 만들 수 있다. 이때 석고는 사용 전에 완전히 건조시켜야 한다. 독병에 약간의 Ethyl acetate를 붓게 되면 석회에 의하여 Ethyl acetate는 흡수되며, 휴지 또는 셀룰로오스 마개로 덮는다. 빈번한 사용과, 특히 무더운 날씨의 경우에는 용기에 더 많은 Ethyl acetate를 규칙적으로 추가하는 것이 필요하다. 용기에 놓인 구겨진 화장지는 곤충들이 서로를 접촉되어 손상되는 것을 방지한다. 독병은 깨끗하고 마른 상태로 유지되어야 하며 또한 죽은 곤충에 의해 다른 곤충들이 오염되는 것을 막기 위해 죽자마자 제거해야 한다. 다른 살충물질의 사용에 관한 세부적인 정보는 Martin(1977)이나 Upton(1991)를 참조하라.

죽은 곤충들은 뻣뻣하게 굳어버려(*mortise*, 근육이 굳음) 부속지를 다루기가 어려워진다. 따라서 죽은 뒤 곧바로 핀에 꽂는 것보다는 살충 병에 넣어두거나 수소기체 내에 8~24시간동안(곤충의 크기나 종에 따라 다름) 방치해 유연해지도록 해야 한다. 바구미 과와 같이 비교적 큰 곤충들은 Ethyl acetate로 죽이는데 많은 시간이 걸리며 몇몇 곤충은 보통의 가정용 냉장고로는 쉽게 죽일 수 없다.

큰 곤충이나 산란 전의 암컷(특히 진딧물, 메뚜기, 철써기, 사마귀, 대벌레, 그리고 매우 큰 나방들)은 내장을 제거하는 것이 중요하다. 내장을 제거하지 않으면 복부는 썩고 곤충의 표면은 기름지게 된다. 내장을 제거하는 작업은 **Gutting**이라고도 하는데 예리하고 날카로운 가위를 사용하여 복부(절지동물의 배판과 흉골 사이의 얇은 막)의 측면을 따라 길게 절제하여 내장을 꺼내는 가장 좋으며, 가느다란 핀셋을 이용해 내장을 제거한다.

화장용 파우더와 붕산의 3대 1 혼합물을 체강 내에 뿌리거나, 큰 곤충의 경우 면솜을 체강 내에 채워 단단하게 고정할 수 있다. 신선한 상태일 때 곤충들을 꽂는 것이 가장 좋으며 꽂기 전에 말려진 곤충을 적절하게 **이완**시켜야 한다. 말린 곤충을 이완시킬 때는 건조한 표본을 수증기로 포화된 공기에 노출시켜 모양이 변형되지 않도록 약품처리 한 뒤, 곤충의 크기에 따라 하루에서 여러 날 동안 방치해 둔다. 이러한 작업이 이루어지는 상자는 플라스틱 용기의 바닥 또는 측면에 젖은 스펀지나 축축한 모래를 놓고 덮개로 단단히 밀폐시킬 수 있도록 만든다. 보다 작은 곤충은 24시간 내에 이완되지만, 큰 곤충은 더 긴 시간이 걸리며 이때는 표본이 너무 축축해지지는 않는지 규칙적으로 점검해야한다.

핀으로 꽂기, 올려놓기, 집기, 팽팽하게 펴기, 표본 제작

표본은 제대로 이완되어서야 제작할 수 있다. 즉, 다리나 날개가 뻣뻣하고 건조하거나 부서지기 쉬운 상태일 때보다 자유롭게 움직여질 때 제작해야 한다. 모든 **건조**-올려놓기 방법에는 대형 곤충핀이 사용된다. 이것은 스테인리스로 만든 핀으로 대부분 32~40 mm의 길이로 약간의 두꺼우며 끝부분이 금속이나 나일론재질로 되어 있다. 곤충을 다룰 때 재봉핀을 사용해서는 안 된다. 너무 짧고 두껍기 때문이다. 곤충들을 올려놓는 데에는 곤충의 종류와 크기, 올려놓는 목적에 따라 3가지 방법이 널리 쓰이고 있다. 과학적이고 전문적인 수집을 위해, 곤충들은 다음과 같이 대형 핀이나 미세 핀을 이용하여 꽂거나 고정한다.

핀으로 직접 꽂기

핀을 꽂는 데에는 곤충의 크기에 적절한 두께의 대형 핀을 삽입하는 것도 포함된다. 올바른 핀의 위치는 곤충의 상태에 따라 다양하고(그림 17.2; 17.2.4절), 동정에 유용할 곤충 구조물이 파손되는 것을 막기 위해 핀의 적절한 위치를 정하는 것이 중요하다. 만들어진 표본을 쉽게 잡을 수 있도록 표본은 핀셋(끝이 넓게 잘린)을 이용하여 곤충 핀 위에서 3/4, 적어도 핀 머리에서 7 mm 지점에 위치하도록 한다(그림 17.3). 표본은 Polyethylene foam이나 코르크 판자 조각의 적당한 위치에 마를 때까지 올려둔다. 이 작업은 큰 곤충일 경우 3주 가량 걸린다. 습한 기후에서는 Desiccator와 같은 인공 건조 방법이 권장되며 오븐 사용 시 온도는

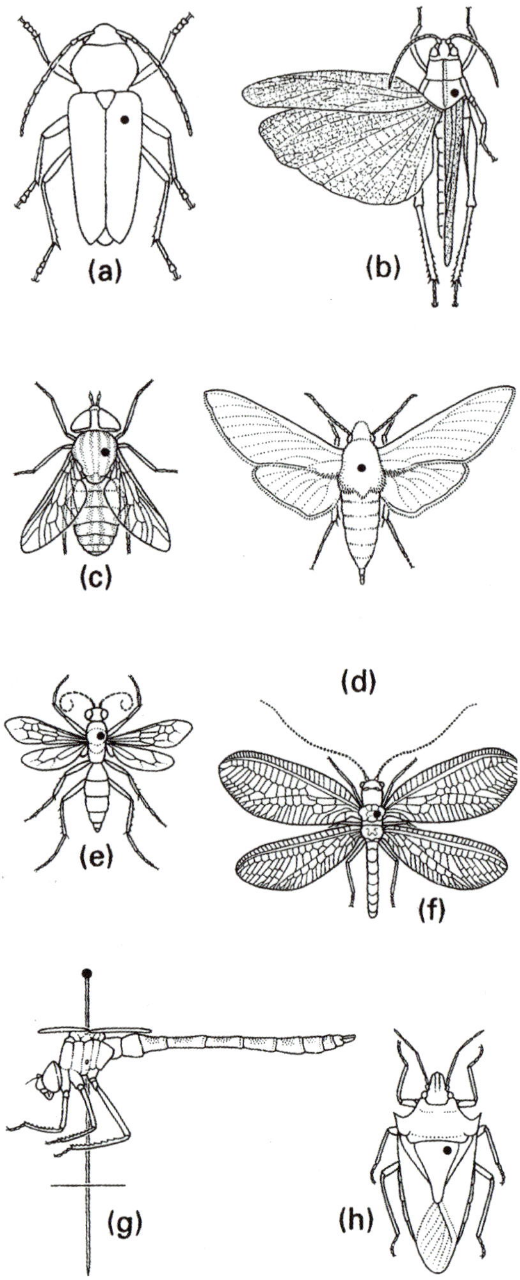

그림 17.2 곤충 표본 제작시 많이 사용되는 핀의 위치; (a) 대형 딱정벌레(Coleoptera), (b) 메뚜기, 여치, 귀뚜라미(Othoptera), (c) 대형 파리(Diptera), (d) 나방, 나비(Lepidoptera), (e) 말벌, 잎벌(Hymenoptera), (f) 풀잠자리(Neuroptera), (g) 잠자리, 실잠자리(Odonata) 측면, (h) 매미, 멸구류. (Hemiptera: Heteroptera, Cicadomorpha, Fulgormorpha.)

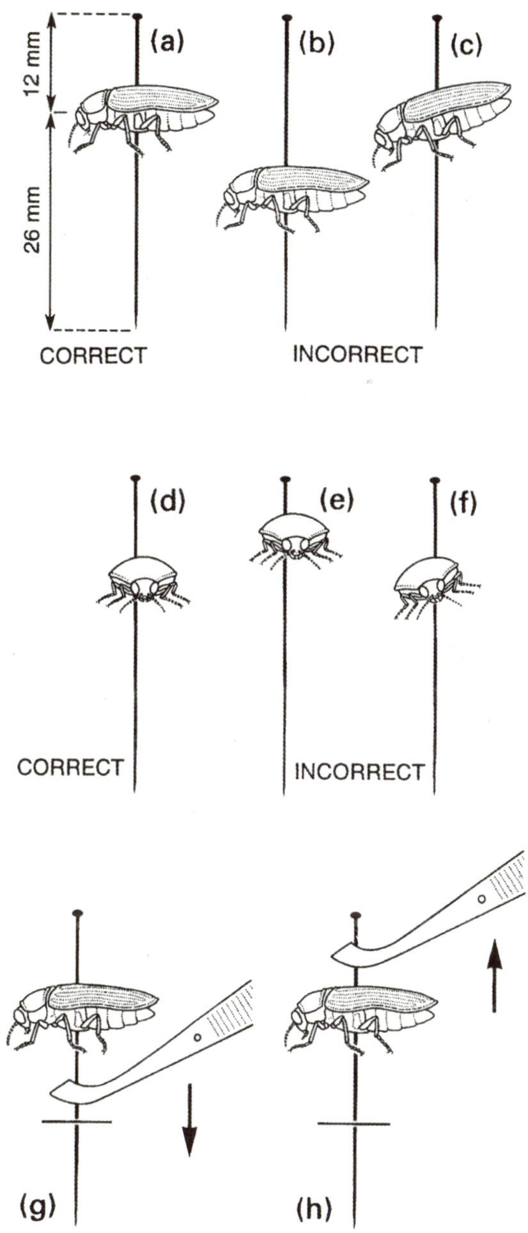

그림 17.3 핀 꽂기의 올바른 예와 잘못된 예; (a) 측면 모습, (b) 너무 아래쪽에 치우침, (c) 핀 축이 너무 한쪽으로 기울어짐, (d) 바르게 꽂힌 정면 모습, (e) 너무 위쪽으로 치우침, (f) 옆으로 기울어짐, (g) 표본을 마운트에 꽂는 모습, (h) 포본을 마운트에서 빼는 모습. (Upton 1991.)

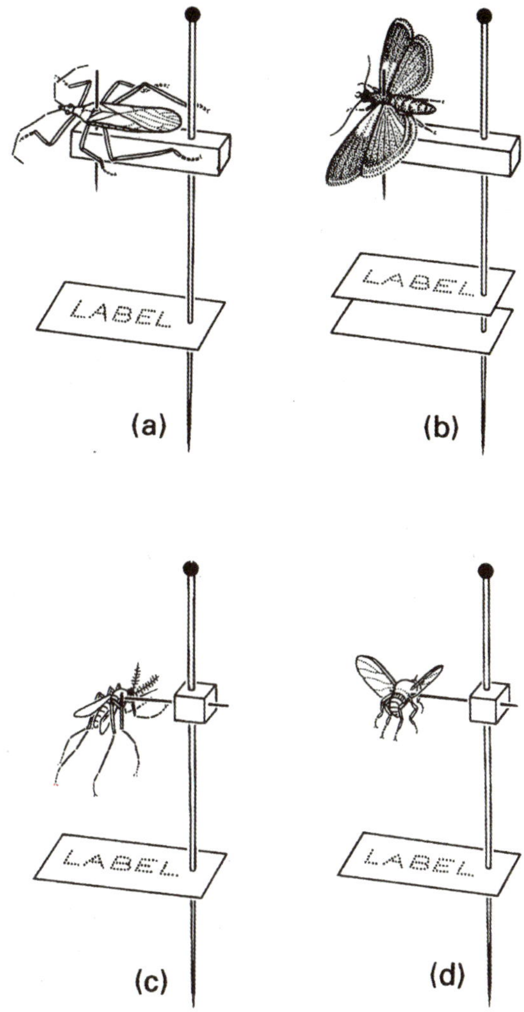

그림 17.4 육각형 마운트를 이용하 미세핀 꽂기; (a) 소형 곤충(Hemiptera)을 스테이지마운트에 올린 모습. 그림 17.2h와 마찬가지로 미세핀을 흉부에 꽂음, (b) 나방(Lepidoptera)을 스테이지마운트에 올린 것으로서 그림 17.2d에서 보듯이 흉부에 미세핀을 꽂음, (c) 모기(Dipetera: Culicidae)를 육각형의 마운트에 꽂은 것으로서 흉부를 측변에서 고정. (Upton 1991.)

35℃ 이상으로 올려서는 안 된다.

미세한 핀 꽂기(쌍기 또는 2마리를 한꺼번에 올리기)

이 방법은 작은 곤충에 사용하는 방법으로서 대형 핀에 부착된 판에 미세 핀으로 곤충을 꽂는다(그림 17.4.a,b). **미세 핀**은 매우 가늘고 머리부가 없으며, 스테인리스강 핀이며 10~15 mm 정도 되며, 미세 핀을 이용하여 곤충 표본을 꽂

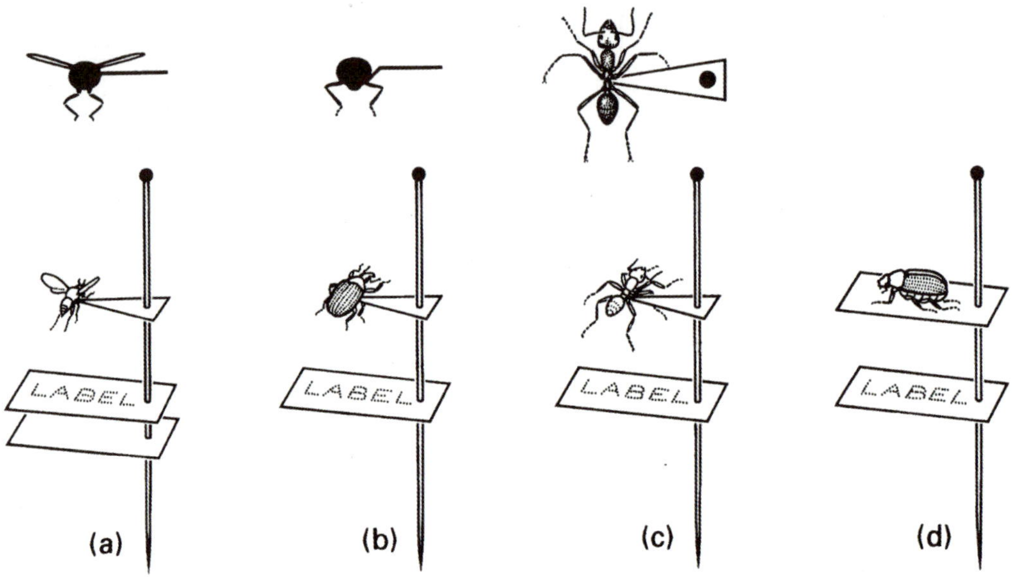

그림 17.5 표본대지를 이용한 표본제작(Point mount): (a) 소형 말벌, (b) 바구미, (c) 개미; 고정판 이용(Carding): (d) 고정판에 딱정벌레를 풀로 붙임. (Upton 1991.)

을 판은 작고 정사각형 또는 직사각형의 흰색 Polyporus pith 또는 유사 합성물로 만든 것이다. 미세 핀은 대형 핀을 사용한 곳과 같은 위치에 꽂는다. 작은 말벌과 나방은 몸은 바닥과 평행하도록, 머리는 대형 핀과 마주보도록 올린다. 작은 딱정벌레나 벌목, 파리는 몸이 바닥의 오른쪽 방향으로, 대형 핀의 왼쪽 방향으로 오도록 꽂는다. 모기나 작은 벌레와 같이 매우 작고 부서지기 쉬운 곤충들은 핀을 꽂기 어렵다. 이들 곤충은 **정육면체 판**에 꽂는다; 정육면체 판은 대형 핀에 꽂고 미세 핀은 핀이 삐져나올 정도로 수평하게 삽입되고, 이 때 복부 쪽이나 측면 쪽으로 고정시킨다.

표본대지를 이용하여 표본 만들기

이 방법은 핀을 꽂았을 때 손상될 수 있는 작은 곤충들에 사용되는 방법이나(그러나 작은 나방의 경우 접착제가 잘 부착 되지 않거나 파리는 중요한 구조들이 잘 보이지 않기 때문에 사용하지 않는다) 표피가 너무 두꺼워 미세 핀으로 뚫기 힘들거나(경화된), 작은 것에서부터 보통 크기의 곤충들(특히 바구미 과 곤충이나 개미) 또는 건조된 작은 표본에도 적용할 수 있다. 삼각 대지 저변에 대형 핀으로 꽂은 다음 표본은 아라비아고무와 같은 수용성 접착제로 삼각 대지의 끝부분에 부착시킨다. 삼각 대지의 정점은 표본을 만드는 사람을 향해 곤충의 두(頭)부는 오른쪽으로 놓여야 한다. 매우 작은 곤충에서는 삼각대지의 끝부분은 곤충의 날개아래 흉부의 수직 방향과 닿아야 한다. 개미는 같은 판의 높은 쪽에 풀로 고정시켜 대형 핀 하나로 만들 수 있다. 딱정벌레나 벌목과 같이 흉부가 기울어져 있는 작은 곤충들은 위쪽 끝에 접착제를 바르기 전에 삼각 대지의 위쪽이 아래쪽으로 향하도록 살짝 구부려 만들 수 있다.

고정판을 이용한 표본 만들기

취미 수집이나 전시를 목적으로 할 때 곤충들(특히 딱정벌레들)은 곤충의 복부를 직사각형 모양의 **고정판**에 풀로 붙인 다음 대형 핀에 꽂아 표본을 만든다(그림 17.5d). 곤충의 성충은 고정 판에 붙였을 때 붙은 부분이 잘 보이지 않으므로 이 방법은 권장되지 않는다. 고정판을 이용한 방법은 허물이나 번데기이나 껍질이 있는 표본에 적합하다.

표본펴기와 모양 만들기

표본을 만들어 표본대에 올려놓은 동안 곤충들의 날개와 다리와 더듬이가 보이는 것은 아주 중요한데, 이러한 곤충의 구조적 특징에 의해 동정이 이루어지기 때문이다. 펼쳐진 날개, 가지런히 정돈된 다리와 더듬이 등은 표본이 더 매력적으로 보이게 한다. **Sprea-ding**은 표본이 마르는 동

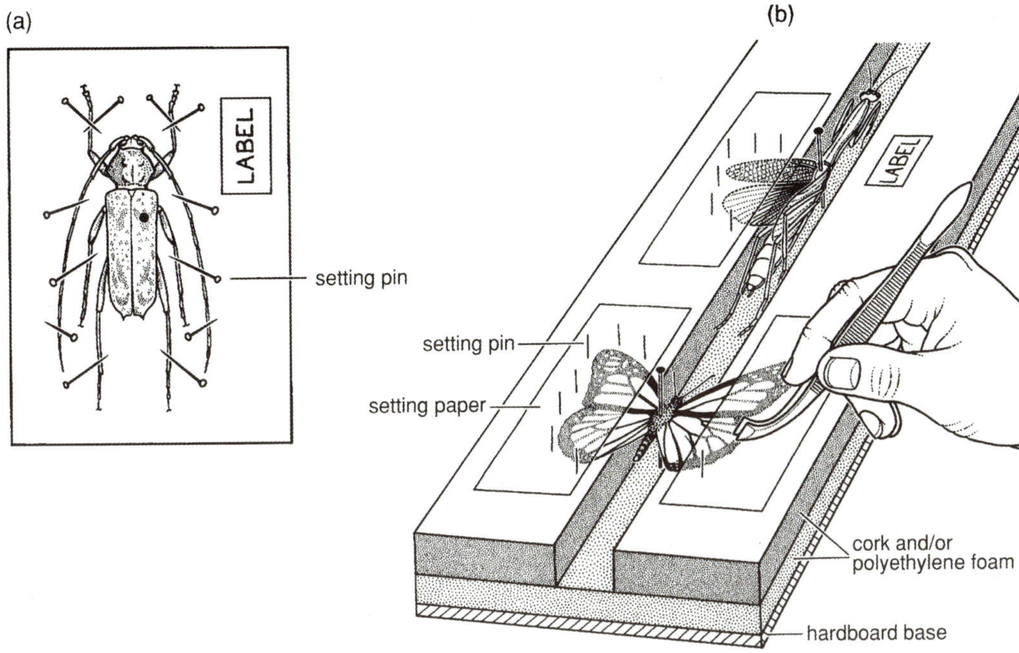

그림 17.6 표본을 건조하기 위해 부속지를 펴는 작업; (a) 스티로폼 판에 고정된 딱정벌레의 더듬이와 다리를 펴서 핀으로 고정, (b) 나비와 사마귀의 날개를 핀이 꽂힌 종이로 고정(b). (Upton 1991.)

안 몸체로부터 부속지들을 떼어 펼쳐 놓는 것을 말한다. 다리와 더듬이는 핀을 이용해 반(半)자연적인 자세로 고정되며(그림 17.6a), 날개는 수평으로 펼쳐서 투사지, 셀로판, 방유지 등을 이용해 전시판에 고정한다(그림 17.6b). 전시판은 Polyethylene foam 또는 합판시트에 부드러운 코르크 또는 Masonite를 접착제로 붙여 만들 수 있다. 곤충의 크기와 날개 길이가 다양하므로 판에는 다양한 범위의 홈과 판 넓이가 있다. 핀들을 제거하고 종이를 두기 전에 완전히 말려야 하는데 건조되는 동안 각 종에 관한 수집 정보를 잘 보관하는 것이 매우 중요하다. 표본이 건조판 또는 전시판에서 제거된 후에 영구적인 데이터 라벨은 곤충을(또는 그것의 고정핀 또는 고정판) 고정시킨 각 대형 핀에 꽂아 놓아야 한다. 종종 2개의 라벨이 사용되는데 위에 있는 것은 수집 데이터를 위해, 아래쪽에 있는 두 번째 라벨은 분류학적 동정을 위해 사용된다. 기록해야 하는 정보에 대해 알고 싶으면 17.2.5절을 참고한다.

17.2.2 고정과 수분보존

대부분의 알, 유충, 번데기 및 약한 몸체는 건조했을 때 보통 주름지고 부패되므로 액체에 보존해야 한다.

일반적으로 장기간의 곤충 보존에는 물과 여러 가지 농축액(그러나 보통 75~80%)이 섞인 **Ethanol** (Ethyl alcohol)을 사용한다. 하지만 진딧물과 깍지벌레는 95% Ethanol과 75% **Lactic acid**가 2대1로 섞인 혼합물인 Lactic-alcohol에 보존된다. 이 보존액은 곤충들이 쉽게 부서지지 않게 하고 슬라이드에 올려놓기 전에 몸을 부드럽게 하여 장비로부터 곤충을 보호한다. 미성숙한 곤충을 곧바로 Ethanol에 넣으면 주름지고 색이 변하게 될 것이다. 내부구조 연구를 위해 사용될 표본뿐만 아니라 미성숙하고 부드러운 몸을 가진 곤충들은 액체보존액에 넣기에 앞서 살아있는 채 고정액에 떨어뜨려야 한다. 고정액은 다른 액체들과 섞인 다양한 농도의 Ethanol과 Glacial acetic acid을 포함한다. **Formalin**(물에 희석한 40% Formaldehyde)을 포함하는 고정액은 슬라이드에 표본을 올려놓는데 사용하지는 않는다(내용물이 딱딱해져서 유연해지지 않기 때문). 하지만 역사학 연구를 위해서는 필요하다.

흔히 이용되는 고정액의 제조법은 다음과 같다;

KAA – glacial acetic acid : 95% ethanol : 염색되지 않는 kerosene = 2 : 10 : 1

Carnoy' s fluid – glacial acetic acid : 9% ethanol : chloroform = 1 : 6 : 3

FAA – glacial acetic acid : 95% ethanol: 물 : formalin = 1 : 25 : 20 : 5

Pampel의 fluid – glacial acetic acid : 95 % ethanol : 물 : formalin = 2–4 : 15 : 30 : 6

AGA – glacial acetic acid : 95%ethanol : 물 : glycerol = 1 : 6 : 4 : 1

각 표본 및 또는 수집물은 증발을 막기 위해 밀봉된 병 또는 유리병에 저장되어야 한다. 데이터 라벨(17.2.5절)은 표본과 분리되는 것을 막기 위해 병 안에 붙여야 한다. 유리병들은 Rack(Test tube 등을 꽂아둘 수 있도록 만들어진 철사 망)에 꽂아두거나 증발하는 것을 막기 위해 Ethanol이 들어있는 큰 용기에 보관할 수도 있다.

17.2.3 현미경 Slide glass에 올려 보존

많은 작은 곤충들(그리고 그들의 미성숙한 단계)의 동정을 위해 관찰해야 하는 특징들은 복합현미경의 높은 배율에서만 관찰할 수 있다. 따라서, 표본들은 현미경에 올리기 전에 통째로 현미경 Slide glass에 올리거나 잘라서 올려야만 한다. 또한, 미세한 구조를 구별할 때는 다양한 부분을 구분하기 위해 큐티클을 염색할 필요가 있고, 위상차 현미경 또는 간섭 현미경과 같은 특별한 현미경을 사용해야 할 수도 있다. 어떤 형태의 **Mountant**를 채택하느냐에 따라 염색법, Mounting media, 준비 방법 등이 다양하게 된다. Mountants에는 수용성 고무, 클로랄 성분 고무(예를 들면 **Hoyer' s mountant, Berlese 액**) 또는 합성수지(예를 들면 **캐나다 발삼, Euparal**) 등이 있다. 수용성 고무류는 임시 슬라이드를 준비하는 데에는 더 편리하지만 시간이 지나면서 그 질이 떨어지게 된다. 합성수지의 경우에는 준비하는데 시간은 더 많이 걸리지만 영구적으로 보관할 수 있어, 분류학적 표본들의 장기 보존에 적합하다.

Slide glass에 올려놓기에 앞서, 표본을 부드럽게 만들고, 내용물을 제거하기 위해 알칼리 용액(10% KOH 또는 10% NaOH)이나 산성용액(Lactic acid이나 Lactophenol) 등에 담가 "깨끗이" 세척하는 작업을 해야 한다. 수산화물 용액은 유조직을 완전히 부드럽게 할 필요가 있을 때 사용하며, 표본을 합성수지 Mountant에 놓아야 할 때 가장 적절한 물질이다. 반대로, 대부분의 Gum-chloral mountant는 표본들을 올리고 난 후에도 계속 세척해야 하기 때문에 보다 순한 세척제를 사용한다. 매우 작은 곤충은 세척하지 않고 곧바로 Mounting할 수도 있다. 수산화물 용액 처리 후, 표본은 연화되는 것을 방지하기 위해 약산성 용액으로 세척해야 한다. 세척이 끝난 표본은 Gum-chloral mountant로 처리해야 하는데, 합성수지 Mountant에 얹기 전에 완전히 염색하고 필요한 경우 탈수시켜야 한다. 탈수과정은 여러 농도의 Alcohol(주로 Ethanol)로 연속적으로 씻어내야 하며 간간이 무수 Alcohol로 세척해야 한다. 마지막 세척은 **Propan-2-ol**(Isopropyl alcohol)로 하는 것이 권장되는데, Alcohol이 친수성이고 표본에서 물을 모두 제거할 수 있기 때문이다. 표본을 염색할 때(예를들면, **Acid fuchsin** 또는 **Chlorazol black E**을 이용했을 때), 탈수하기에 앞서 원하는 농도의 색을 내기 위해 일정 시간동안 염색약이 담긴 작은 염색 접시에 넣어둔다.

Mounting의 마지막 단계에 Slide glass의 중앙부에 Mountant를 떨어뜨리고 그 안에 표본을 놓은 뒤, 조심스럽게 Cover glass를 덮는다. Cover glass 아래쪽에 넣은 적은 양의 Mountant는 표본에 공기방울이 생기는 것을 막는다. Slide는 마를 동안 편평한(수평한) 곳에 놓아두어야 하는데, 40~45℃ 오븐에서 더 빠르게 건조시킬 수도 있다. 친수성 Mountant을 이용해 만든 slide는 오븐을 이용했을 때 며칠 만에 건조할 수 있지만 합성수지 Mountant는 몇 주가 소요될 수 도 있다(캐나다 Balsam mount 는 자연건조 시 적어도 몇 달이 걸린다). Gum-chloral slide를 장기 보존해야 할 때, 공기와의 접촉을 막기 위해 Cover glass의 둘레에 고리모양으로 봉인제를 칠해야 한다. 최종적으로 각 건조된 Slide 표본은 수집 정보와 함께 라벨링해야 하는데, 가능하다면 동정 결과도 첨부하는 것이 좋다. Slide mounting에 대해 더 자세히 알고 싶으면 Upton(1991, 1993)이나 Broun(1997)을 참조한다.

17.2.4 서식지, 장비, 그리고 개별 종의 보존

다음 목록은 서식지나 수집 방법, 각 곤충 또는 다른 육지류(六指類)의 종류에 따른 Mounting 및 보존방법의 알파벳순(종에 따른) 요약이다. 핀에 꽂히거나 건조 상태로 저장된 곤충들은 살충 병 또는 냉각기를 이용해 죽인 것들이며, 이들 곤충의 훼손된 부분들은 보존처리하기 이전에 Ethanol에 보존되거나 다른 용액에서 고정해야 한다. 일반적으로 액체 저장 시 75~80%의 Ethanol이 권장되나 농도는 수집하는 사람과 곤충의 종류에 따라 달라지게 된다. 여러 가지 곤충들을 수집하고 보존하는 데 대한 상세한 방법은 이장의 마지막 부분에 적힌 참고문헌을 참조한다.

돌좀목

이들은 낙엽, 나무껍질 아래 또는 비슷한 환경에서 발생한다. 수집한 뒤 80% Ethanol에 보존한다.

바퀴목

이들은 집 주변에서부터 동굴과 굴들을 포함한 야생생태까지 여러 곳에서 발견할 수 있다. 주로 밤에 활동한다. 내장 등을 적출하고, 날개 중심을 향해 핀을 꽂는데 이렇게 할 때 왼쪽 날개를 펼 수 있다. 이들 또한 80% Ethanol에 보존한다.

딱정벌레목

딱정벌레들은 모든 자연번식지에서 발견된다. 성충을 핀으로 꽂고 건조한 상태로 저장 한다. 핀이 가운데 다리와 뒷다리 사이로 나오도록 오른쪽 날개의 앞쪽 가까이 통과시킨다(그림 17.2a, 17.3, 17.6a). 작은 표본들을 point의 끝이 약간 앞으로 구부러지도록 하여(그림 17.5b) Card point 위에 올리고 가운데 및 뒷다리 쌍 사이의 흉부 뒤쪽 측면과 접촉하게 한다. 미성숙한 곤충은 액체에 보존한다(KAA 액이나 Carnoy액에서 고정 한 뒤 85~90% Ethanol에 저장한다).

톡토기목

이들은 흙, 낙엽, 그리고 물 표면(민물, 만조와 간조 사이)에서 발견된다. 95~100% Ethanol을 처리한 다음 Slide glass에 보존한다.

집게벌레목

이들 생물들은 유기물, 나무껍질 아래, 통나무, 죽은 식물(해안선에서 발견되는 것도 포함) 등의 장소를 선호한다. 예외적으로 박쥐에 외부 기생하기도 한다. 왼쪽 날개를 펼친 채로 오른쪽 날개를 통과하여 핀을 꽂는다. 대표적인 미성숙기 표본을 골라 Pampel 액에 담근 뒤 75% Ethanol에 넣는다.

좀붙이목

이들은 바위 또는 통나무 아래 축축한 흙에서 서식한다. 75% Ethanol에 넣어 채집한다. 75% Ethanol 또는 Slide glass 위에 보존한다.

파리목

쌍시류는 모든 서식지에서 발견된다. 성충을 핀에 꽂고 건조 상태로 저장 하거나, 75% Ethanol에 보존 한다. 대부분의 성충의 가운데 가슴(그림 17.2c)의 오른쪽에 핀을 꽂거나, 작은 성충의 경우 큐브 마운트나 삼각 대지를 이용해 표본을 만든다(고정판을 이용한 방법은 권장하지 않는다). 미성숙 단계의 곤충은 Pampel 액에 넣어 두거나(큰 곤충) 75%의 Ethanol에 넣어 둔다(작은 곤충). 작은 성충과 몇 개 과의 애벌레들은 Slide glass에 올려 보존한다.

흰개미붙이목

흰개미붙이는 견사선에서 분비하는 실을 이용해 나무껍질이나 풀, 돌 혹은 나무에 통로를 만들어 군집생활을 한다. 75% Ethanol에 보존하거나 Slide glass 위에 올려 보존한다. 날개가 있는 성충들은 날개를 펼친 상태로 흉부가 통과되도록 핀을 꽂아야 한다.

하루살이목

성충은 물 가까이에서 서식한다. 75% Ethanol (Carnoy 액이나 FAA 액으로 고정한 후)에 보존하거나 날개가 펴진 상태에서 흉부의 중심을 통과시켜 핀을 꽂아 보존한다. 미성숙기의 하루살이류는 수생이며 이들은 75% Ethanol에 보존하거나 Carnoy액 또는 FAA에 먼저 고정시키기도 하고 작은 유리병이나 Slide glass 위에 해부시켜 보존하기도 한다.

귀뚜라미붙이목

이 곤충들은 바위 위 또는 아래, 눈이나 얼음 속에서 찾을 수 있다. (Pampel액으로 고정한 후에) 75% Ethanol에 표본을 보존하거나, Slide glass위에 올려 보존한다.

노린재목

Cicadomorpha(매미류), Fulgoromorpha (메뚜기류), 그리고 Heteroptera (노린재류)는 식물을 기주로 하거나 포식성이기도 하며 독립생활을 한다. 수생인 종들도 이러한 습성을 지닌다. 성충을 건조 표본으로 보존 한다. 핀을 소순판이나 몸체 중심의 오른쪽에 꽂는다(그림 17.2h). 매미와 메뚜기의 경우 날개를 펼쳐 핀을 꽂거나 판을 이용하여 표본을 올린다(그림 17.4a). 약충은 80% Ethanol에 보존한다.

Aphidoidea(진딧물류)와 Coccoidea(깍지벌레류)는 기주식물의 잎, 줄기, 뿌리, 혹 등에서 발견된다. 약충과 성충을 Lactic-alcohol 또는 80% Ethanol에 보존하거나 식물의 일부와 함께 건조시켜 보존하며, Slide glass에 올려 동정한다.

Aleyrodoidea(가루이류)는 식물을 숙주로 한다. 마지막 단계의 약충(Puparium) 또는 그 허물(Pupal case)은 분류학적으로 매우 중요하다. 모든 단계의 약충을 80~95% Ethanol에 보존 하며, 번데기나 번데기 허물은 Slide glass에 보존한다.

Psylloidea(나무이류) 역시 식물을 기주로 하며, 성충을 얻기 위해서는 약충을 길러야 한다. 약충을 80% Ethanol에 보존하며, Gall이나 Lerps가 있으면 건조 표본으로 보존한다. 성충역시 80% Ethanol에 보존하거나 삼각 대지를 이용한 건조표본 혹은 부분 절단하여 Slide glass에 건조 표본으로 보존한다.

벌목

벌목은 어느 서식지에서나 쉽게 발견할 수 있다. 많은 종이 기생성이며, 이 때 기주와의 관계가 유지되어야 한다. 꿀벌, 잎벌, 말벌은 80% Ethanol에 담그거나 핀으로 꽂아 건조한 상태로 보존한다. 비교적 큰 성충의 경우 가슴 중심의 오른쪽에 핀을 꽂는다(그림 17.2e) (앞다리가 부착된 부분을 피하기 위해 핀을 구부릴 수도 있다). 작은 성충은 삼각 대지나 판에 올려 보존한다(그림 17.5a). 매우 작을 경우에는 Slide glass에 올려 보존한다. 유충이나 약충의 경우 Carnoy 액이나 KAA 액에 고정한 후 80%의 Ethanol에 보존한다. 개미의 경우에는 더 강한 Ethanol(90~95%)이 필요하다. 각 서식지에서 채집한 개미들을 연속적으로 핀에 꽂는데 이때 개미의 가운데 다리와 뒷다리 사이에 끝 부분에 접착제를 바른 삼각 대지 끝 윗부분에 붙인다(그림 17.5c). 한 서식지에서 두세 마리를 채집하여 각각 삼각 대지 끝에 붙인 다음 1개의 대형 핀에 같이 꽂는다.

흰개미목

흰개미집 속이나 살아있거나 죽은 나무, 또는 땅 아래에서 흰개미를 채집한다. 80% Ethanol에 가능한 모든 계급의 흰개미를 보존해 둔다.

나비목

나비목은 어느 곳에서나 발견할 수 있다. 그물이나 빛(특히 나방)을 이용해 채집한다. 흉부를 통과하도록 수직으로 핀을 꽂고, 앞날개 뒤쪽 가장자리가 몸과 적당한 각도를 이루도록 날개를 펼친다(그림 17.2d, 17.6b). 아주 작은 나비류는 죽은 직후에 미세 핀으로 꽂아야 가장 좋다(그림 17.4b). 미성숙한 나비류는 KAA 액 또는 끓는 물에 넣어 죽이고, 85~95% Ethanol에 옮겨 보존한다.

사마귀목

사마귀는 보통 식물에서 발견되고, 밤에는 빛을 따라 모인다. 성충을 얻으려면 약충을 사육해야 하며, 대형 사마귀의 경우 내장을 제거해야 한다. 날개의 기저 부 사이에 핀을 꽂고 날개는 왼쪽에 펼쳐 놓는다(그림 17.6b).

만토파스마토데목

이 곤충들은 아프리카 남서부 대서양 연안에 자리 잡은 Namibia의 산지에서 낮에 발견되며 남아프리카 공화국의 경우에는 낮은 고도에서 밤에 발견되기도 한다. 중간 흉부를 핀으로 꽂거나, 80~90%의 Ethanol에 담가 보존한다.

밑들이목

밑들이목은 습기가 많은 곳, 개울 근처나 젖은 초원에서 주로 발생한다. 성충의 날개를 편 채 흉부 중앙의 오른쪽에 핀을 꽂는다. 모든 단계의 유충들은 KAA 액, FAA 액 또는 80%의 Ethanol에 고정한 후 80% Ethanol에 보존한다.

뱀잠자리목

이들은 축축한 서식지, 개울 근처나 호수에서 발견된다. 성충의 날개를 편 채 흉부 중앙의 오른쪽에 핀을 꽂는다. 모든 단계의 유충들은 FAA 액 또는 80% Ethanol에 고정한 후 80% Ethanol에 보존한다.

풀잠자리목

풀잠자리류는 식생과 관련하여 여러 서식지에서 발견되며, 가끔은 습기가 많은 곳에서도 발견된다. 성충의 날개를 편 채 가슴 중앙의 오른쪽에 핀을 꽂는데 이는 몸체를 지지시키기 위한 것이다. 혹은 80% Ethanol에 넣어 보존하기도 한다. 미성숙기의 유충은 KAA, Carnoy액 또는 80% Ethanol로 고정하고, Ethanol에 넣어 보존한다.

잠자리목

일반적으로는 물 근처에서 발견되지만 성충은 다분히 분산적이며, 이곳저곳으로 옮겨 다닌다. 약충은 수생이다. 성충을 산 채로 보관할 수 있다면 죽이기 전 1-2일 동안 굶기는 것이 좋다(이것은 죽은 뒤에도 본래의 체색을 유지하게 한다). 핀이 첫 번째와 두 번째 다리 사이에 나오도록 가슴 중간부분을 통과하여 핀을 꽂는다(그림 17.2g). 뒤쪽 날개의 앞쪽 가장자리가 몸과 적당한 각도를 이루도록 한다(핀의 머리 부분으로 잠자리를 눌러 건조한 판에 고정시키는 것도 좋은 방법이다). 미성숙한 유충은 80% Ethanol에 보존한다. 탈피한 허물은 성충과 관련된 카드에 같이 보존해야 한다.

메뚜기목

메뚜기는 대부분의 육지서식지에서 발견된다. 가장 작은 것을 제외한 모든 표본에서 내장을 제거하고, 앞가슴의 4분의 1지점의 오른쪽 후부를 통과하도록 수직으로 핀을 꽂고, 왼쪽 날개를 펼친다(그림 17.2b). 약충과 몸이 부드러운 성충은 Pampel 액에 고정시킨 뒤 75% Ethanol에 보존한다.

대벌레목

이들은 식물에서 발견되며 주로 야행성이다 (가끔은 빛에 유인되기도 한다). 성충을 얻기 위해서는 약충을 길러야 한다. 가장 작은 것을 제외한 모든 표본의 내장을 제거한다. 가운데 가슴의 다리 사이에 핀이 나오도록 가운데 가슴을 통과하여 핀으로 꽂은 다음 왼쪽 날개를 펼치고, 더듬이를 몸 뒤 쪽으로 접는다.

이목

이는 살아있는 기주의 깃털이나 털에서 발견된다. 이들은 붓에 Ethanol을 적셔 떼어 낼 수 있다. 이는 체온이 떨어짐에 따라 죽은 기주에서 떨어져 나가며, 어두운 색의 배경 천에서 쉽게 잡을 수도 있다. 이들 외부기생충은 살아있는 기주 동물의 머리를 제외하고 온 몸에 클로로포름이 함유된 비닐 백을 씌워 기생충을 죽인 다음 몸을 털어 쉽게 떼어낼 수도 있다. 살아있는 기주동물과 클로로포름을 다루는 것과 관련한 법률은 전문적인 기술을 사용하도록 하고 있다. 이는 80% Ethanol에 보존하고 Slide glass에 올려 보존하기도 한다.

강도래목

강도래 성충은 수생생태라는 제한된 환경에서만 서식한다. 그물을 이용하거나 직접 잡아서 채집한다. 빛으로는 유인되지 않는다. 약충은 수생생활을 하며, 특히 돌 아래에서 주로 발견된다.성충의 날개를 펼친 채 가슴 중심을 통과하여 핀을 꽂거나 80% Ethanol에 보존한다. 미성숙 단계의 개체는 80% Ethanol에 보존하거나 해부하여 Slide glass에 올려 보존하거나 혹은 작은 병에 담아 보존한다.

낫발이목

낫발이류는 Tullgren funnel을 사용하여 쉽게 채집할 수 있다. 80% Ethanol에 보존하거나 Slide glass에 올려 보존한다.

다듬이벌레목

다듬이벌레류는 잎, 나무껍질, 축축한 나무 표면이나 가끔은 저장 곡물에서도 발견된다. 흡충관이나 Ethanol을 적신 붓을 이용하여 80% Ethanol 담긴 용기에 넣는다. 작은 개체는 Slide glass에 올려 보존한다.

약대벌레목

이들은 보통 습기가 많은 서식지, 개울 근처나 호수에서 발견된다. 성충을 핀으로 꽂거나 FAA 액 또는 80% Ethanol에 고정 시킨다. 미성숙한 개체는 80% Ethanol에 보존한다.

벼룩목

벼룩은 숙주인 새나 포유동물로부터 위에서 언급한 이목과 유사한 방법으로 제거 할 수 있다. 자유 생활하는 것을 잡으려면 가느다란 핀셋이나 Ethanol에 적신 붓을 사용한다. 성충과 유충은 75~80% Ethanol에 넣어 채집한다. Ethanol에 담아 보존하거나 또는 Slide glass에 올려 보존한다.

총채벌레목

총채벌레는 꽃이나 균류, 낙엽, 식물의 Gall 등에서 발견할 수 있다. 성충과 약충을 AGA 용액이나 60~90% ethanol에 넣어 채집하며 Slide glass에 올려 보존한다.

날도래목

성충 날도래는 물가에서 발견되며 빛에 의해 유인되고, 미성숙 단계의 개체는 모든 종류의 물속에서 생활한다. 성충의 날개를 편 상태에서 가운데 가슴 중심의 오른쪽을 통과하도록 핀을 꽂고, 80% Ethanol에 넣어 보존한다. 미성숙 단계의 개체는 FAA 용액 또는 75% Ethanol에 고정하며, 80% Ethanol에 넣어 보존한다. 크기가 작은 날도래 및 해부한 약충은 Slide glass에 올려 보존한다.

민벌레목

민벌레류는 썩은 나무와 나무껍질에 서식하며 종종 흰개미집 내부에서도 발견되기도 한다. 75%의 Ethanol에 보존하거나 Slide glass에 올려 보존한다.

좀목

좀은 인가 주변, 낙엽, 나무껍질 아래, 동굴 속 또는 흰개미나 개미집 속에 서식한다.이들은 보통 야행성이며 다루기 어렵다. Ethanol로 기절시켜 모으거나 Tullgren funnel를 이용해 채집할 수 있으며 80% Ethanol에 보존한다.

17.2.5 큐레이션

표기하기

아무리 잘 보존되거나 잘 전시된 표본이라 하더라도 채집 장소, 채집 날짜, 서식지와 같은 관련 자료가 없으면 과학적 가치가 거의 또는 전혀 없어지게 된다. 이러한 정보는 표본들과 특이적으로 관련되어 있어야만 한다. 비록 노트북이나 컴퓨터 파일로 독특한 숫자 또는 문자 매김을 할 수 있지만 표본을 나타내는 영구적인 라벨을 출력하여 표시하는 것이 중요하다. 다음에 소개될 내용은 기록해야 할 최소한의 정보들로서 이들을 채집한 후에 기억해내는 것보다는 채집할 때 곧바로 적어두는 것이 좋다.

• 위치-국가나 주가 정한 규칙에 따라(당신의 자료는 지역 관심의 수준을 넘어서지 않는가), 군구, 또는 지도에 표기된 곳으로부터의 거리.

• 도에 표시된 호수, 연못, 늪, 개울, 강, 숲 등의 서식지 이름을 포함한다.

• 협약된 단위 사용-비보편적인 계량법 보다 GPS 시스템을 사용하거나 위도와 경도를 언급하는 것이 더 낫다. 점점 더 이러한 위치 표시는 정확한 지형에 의존하는 GIS 및 기후 모델에 사용된다.

• 고도-정확한 고도를 알아내기 위해 지도나 GPS의 사용이 증가하고 있다.

• 날짜-보통 축약하거나 로마자(다의성을 피하기 위함-예를 들어 많은 나라에서는 9.11.2001를 11월 9일로 해석하지만 어떤 나라에서는 9월 11일로 해석한다), 세기가 생략된 년도 표시. 예를 들어, 2, iv.1999, 2,iv,99 그리고 2 Apr. 99의 형식으로 모두 쓸 수 있다.

• 채집자의 확인, 간단한 실험의 내용, 기록장을 나타내는 부호

• 채집방법, 기주와의 관계 또는 사육 기록, 미세서식 환경에 관한 정보

또 다른 label에는, 동정한 사람의 이름 및 동정이 이루어진 날짜를 포함한 그 종에 관한 자세한 사항을 적는다. 그 표본을 연구하는 사람들이 이전 연구의 역사와 시기를 알고 있고, 중간시기에 있었던 분류학적 변화와의 관계를 잘 알고 있어야 한다는 점도 중요하다. 만약 표본이 분류학적 설명서에 사용된다면, 그러한 정보 또한 기존 표식이나 추가적인 표식에 덧 붙여져야 한다. 이전의 라벨 사본에는 필적과 상태, 위치로부터의 유용한 증거들이 들어 있어 매우 중요하므로 버려서는 안 된다. 모든 표본들은 보존될 가치가 있으며 라벨이 미래에 과학적 중요성을 지님을 명심하여, 고성능 레이저 프린터로 고급 중성지에 영구적인 잉크를 사용하여 인쇄하도록 한다.

수집물들의 관리

수집물에 예방조치를 취하지 않으면 해충들, 곰팡이, 온도와 습도의 예측 불허한 변화에 의해 빠르게 손상되기 시작할 것이다. 온도와 습도의 급격한 변화를 막아야 하며, 빛이 부식의 원인이므로 가능한 한 어두운 상태를 유지해야 한다. 살충제는 Anthrenus(수시렁이-박물관 딱정벌레)와 같은 해충을 죽이는데 필요하지만 위험한 화학물의 사용은 지역의 법규에 따라야한다. 저온 냉동(−20℃이하에서 48시간 유지) 또한 해충을 죽이는데 사용될 수 있다. Ethanol이 들어있는 작은 유리병은 가능한 삼중 나일론 마개로 안전하게 밀봉해야 하고, Ethanol이 담긴 큰 용기에 저장해야 한다. 큰 Ethanol 병에 보존된 수집물들은 따로 보관해야 하며, 통기시켜야 하고, 내화성 공간에 보관해야 한다. Slide glass에 보존된 수집물들은 보통 수평으로 저장하지만 때로는 Slide glass에 보존된 주된 분류학적 수집물의 수직 저장은 비용과 공간을 절약할 수 있게 한다. 개인이 수집한 곤충의 수집물 (취미)을 박물관과 같은 국가기관이나 주요 지방기관에 기증하는 것은 과학적 측면에서 좋은 결정이다. 이러한 것은 가치가 높은 표본의 안전을 보장하고, 정보의 공유를 촉진하며, 동료 및 동료 과학자들에게 대책을 준비하도록 함으로써 그들이 더 넓은 과학무대로 나가

가는 것을 도와준다.

17.3 동정

곤충의 동정은 거의 모든 곤충학 연구에 있어 중심적인 역할을 하지만 많은 사람들이 이를 깨닫지 못하곤 한다. 오히려 조사의 대부분은 여러 목적 중 하나를 이루기 위해 이루어 진다(예를 들어, 특정 지역의 다양성의 순위를 매기거나, 해충의 존재 여부를 확인하기 위해). 하지만 이는 생물을 정확하게 동정하기 위해 결과적으로 필요한 사항 또는 핵심적인 요구 사항에도 못 미치게 된다. 확실하게 검증하기 위한 몇 가지 가능한 방법들이 있다. 이 방법들에서 가장 만족스러운 것은 곤충을 연구하는 연구 집단에서 흥미를 가지는 분류학 전문가를 찾는 것이다. 이러한 사람들은 기꺼이 시간을 내어 프로젝트에서 관심 밖인 연구 및 곤충도 떠맡을 것이다. 이런 가능성이 언제나 있어왔지만 더 이상은 그렇지 않을 것이다. 왜냐하면, 전문 지식의 풀(Pool)은 감소하였으며, 현재 남아있는 분류학자들에게 가해지는 압박은 증가해왔기 때문이다.

이에 대한 더 만족스러운 해결 방법은 다음과 같다. 동정에 필요한 좀 더 현실적인 예산 지원과 연구 착수 시 동정에 필요한 사항들을 각 연구 제안 사항으로 집어넣자는 것이다. 이러한 해결책에도 불구하고 더 해결해야할 문제들이 많다.그러한 문제점에는 다음과 같은 것들이 있다.

• 분류학적 기술이 가능하더라도 많은 양의 샘플을 적절한 시기 안에 동정하는 것을 막는 여러 제약들(예를 들어 열대우림에서의 수관부에 분무기를 이용하여 채집된 샘플이나 초원에서 진공펌프를 이용하여 채집된 샘플)

• 문제와 직면한 일부 선택된 곤충 분류군이나 혹은 전체 곤충 군을 동정할 수 있는 곤충학자는 없다.

• 곤충의 서식 조건이나 생활사 단계 때문에 미리 동정하는 것이 어려워, 수집된 곤충을 연구할 수 있거나 연구할 준비가 된 전문가는 없다.

그러한 문제에 있어 하나의 답만 있는 것은 아니지만, 어떤 문제점의 경우 조기에 지역전문가와 상담함으로써 또는 적절한 생활사에 대한 자료를 모으고 정확하게 자료를 보존하며 증빙 자료를 사용하는 등 출판물을 참고함으로써 그 어려움을 줄일 수 있다. 이러한 목적으로 제작된 파일화 된 지침서 같은 분류학 서적을 통해 동정 작업에 발전이 있어야 한다.

17.3.1 동정 기준

분류학적 연구의 결과는 보통 생물의 이름을 결정짓는 기준(동정하기 위함)까지도 포함한다. 예로부터 이러한 기준에는 구조물의 존재와 형태 및 색과 관련한 일련의 물음들이 선택형 방식으로 표현하는 것이 포함된다. 예를 들어 어떤 사람은 그 종에 날개가 있는지 없는지 결정해야 한다–관심 종이 날개가 있을 경우 날개가 없을 가능성은 모두 배제된다. 다음 의문점은 날개가 한 쌍 또는 두 쌍인지를 파악하는 것이고 만약 날개가 두 쌍이라면, 한 쌍의 날개를 가진 것이 상대적으로 변형된 것인 지를 파악하는 것이다. 이렇게 둘 중 하나를 선택함으로써 진행하는 방법(Couplets)을 통해서 각 단계별로 한 가지 선택 사항을 없애는 이 방법을 각 단계에 분지가 있기 때문에 "이분법적 요소"라고 한다. 더 이상 진행되지 않는 마지막 대안 2개까지 오게 되면 기준이 제시되는 것이다. 이 두 가지는 동등한 수준의 최종적인 기준이 된다(1.4절)–과, 속, 종이 마지막 선택에 의해 이름이 결정되는데 이것이 올바른 결과라고 생각되어도 특정 기록과 무관하게 동정내용을 다시 한 번 확인해보는 것이 매우 중요하다. 분류기준의 해석에 있어 초기의 오류 (사용자에 의한 것이든 편찬자에 의한 것이든)는 모든 질문에 올바른 대답을 내놓을 수는 있지만 최종적인 결정에 있어서는 잘못된 결과를 도출하게 된다. 그러나 잘못된 결론은 아래에서 볼 수 있듯이 어떤 종과 분류기준으로부터 도출된 분류군의 이름에 대한 "진단적인" 내용 요소와의 비교를 통해 이해할 수 있다.

때때로 분류기준은 한 시점에서 여러 선택권을 제공할 수도 있으며, 각 가능성이 상호 배반적인(예를 들어, 모든 분류군은 여러 가지 선택 사항 중 하나로 분명히 떨어진다)한 가능한 선택 사항을 통해 보다 간단한 방법을 제공한다. 이러한 기준을 통해 사용자에게 도움을 줄 수 있는 또 다른 요소는 각 관점에서 무엇이 관찰될 지 예상할 수 있는 명확한 삽화를 제공하는 것이다. 필요에 따라서는 용어 도입에 관해 토의할 때, 기준에 사용된 형태학적 구조와 연관된 언어가 있다. 다른 생물분류학군들 사이에서 같거나 매우 유사하게 나타나는 구조에 다른 이름이 붙어질 경우, 이 명명법은 상당히 언짢게 여겨질 수 있다.

잘 그려진 삽화는 천 단어의 가치가 있다–그럼에도 불구하고 그림으로 나타나는 기준에는 잠재된 문제가 있다. 손이나 현미경에서 보이는 구조를 그린다는 것은 어려운 일이다. 사진은 확실하게 도움이 될 것처럼 보이지만, 항상 완전한 생물이나 그 구조를 보려 하고(그렇게 함으로써 관찰 생물과의 유사성을 인정하거나 또는 완전히 부정하려고 할 수 있다), 기준은 특정 세부사항만을 필요로 한다는 것을 인지하지 못할 수 있어 사실상 방해가 될 수 있다.

잘 그려진 삽화일지라도 어떤 분지된 기준과 관련된 주된 문제가 있다. 이는 편찬자가 기준을 통한 과정을 강요할 수 있다는 것이다. 비록 관찰해야 하는 모습을 파악하기 어렵더라도 그 구조를 알아보고 그려내어야 하며 삽화를 완성하기 위해 몇 가지 대안들 중 하나에 의해 구조를 결정하게 된다. 편찬자나 사용자에 의한 오류는 거의 또는 아예 없다. 가장 잘 구성된 기준이 사용자가 잘 관찰할 수 없는 구조에 관한 정보를 필요로 할지도 모른다. 예를 들어, 기준에서의 선택은 한 성에 대한 특징을 평가하게 하고, 사용자는 오직 대체 성이나 미성숙 표본을 갖게 된다.

확실하게 동정하기 위해서는 다른 구조(방식)의 질문을 던져보아야 한다. 이때는 동정에 필요한 정보에의 다각적인 접근을 위해 컴퓨터의 위력을 빌려야 한다. 이분법적 구조를 대신하여, 편찬자는 동정하는 데 도움이 될 수 있는 모든 특징의 기반을 쌓고, 사용자가 어떤 특징을 알아볼지 고르도록 한다. 따라서 손상에 의해 표본의 머리부가 없어도 문제가 되지 않으나 관습적인 기준은 초기 단계에서의 더듬이 모양에 대한 평가를 필요로 할 수도 있다. 소위 쌍방향 기준이라고 불리는 컴퓨터를 기반으로 하면 몸의 일부가 "소실"되어 있더라도 선택 사항들을 이용해 동정 작업을 진행해 나갈 수 있다. 이분법적인 선택보다 "이것 아니면 이것 혹은 이것처럼", 보는 것에 대한 선택과 삽화와 사진을 연관 지을 수 있을 가능성은 틀에 박힌 분류 기준보다 덜 강요적이고 선택 사항을 통해 효율적인 동정을 가능케 할 수 있다. 컴퓨터 기준들은 하나 또는 소수의 가능성만이 남을 때까지 가능한 답들을 제거함으로써 진행될 수 있다. 적절한 비교를 위해 단계별로 세부적인 묘사를 할 필요가 있다. 포함된 분류군과 관련한 간단한 정보를 첨부하는 것은 삽화 및 진단된 특징의 요약과 비교하여 동정 내용을 확인할 수 있도록 한다. 또한 편찬자는 참고문헌 외에 생물에 대한 여러 형식의 생물학적 자료를 첨부할 수도 있다. Lucid (www.lucidcentral.com)와 같은 사유 소프트웨어에서 이루어진 발전은 분류학자들이 곤충을 동정하려고 하는 이들에게 방법을 제시할 수 있는 것처럼, 상호적 기준이 선호될 것이 불가피 함을 보여준다.

17.3.2 비공식적 분류

이 책의 다른 곳에서도 설명했듯이 곤충의 완전한 다양성은 매우 자주 볼 수 있는 곤충이라 하더라도 아직 공식적으로는 설명되지는 않았다는 것을 나타낸다. 오직 영국에서만 전체 동물 군이 밝혀져 있으며, 알려진 동정기준이 있다고 할 수 있다. 영국을 제외한 다른 국가에서는 아직도 설명 및 동정이 되지 않은 동물군의 비율이 상당하다. 종을 어떻게 분류하고, 또 이들에 대한 정보를 어떻게 공유하는가 하는 것은 매우 성가신 문제이다. 공식적인 이름 및 기준이 부족하게 되자 시간 낭비적인 공식적 분류와 명명 과정을 생략한 비공식적인 분류법이 등장하기 시작했다. 이러한 비공식적 분류법이 영구적인 것은 아니겠지만 이를 통해 필요를 충족할 뿐만 아니라 효과적일 수도 있다. 실용적인 방법 중 하나는 종이나 형태 종의 독특한 검증수단으로써 증빙 번호나 코드를 사용하는 것이다. 이것은 분류에 있어 완전한 지리적 범위를 넘은 비교 형태학적 분석의 다음에 오게 되며, 라틴어 이명법과 같은 공식적인 명명법의 앞에 적는다. 만약 비공식적 이름이 종 이름의 형식을 갖추고 있다면 **Manuscript name**이라고 하며 공식적으로 사용되지는 못한다. 하지만, 이러한 체계에서 분류군들은 공식적으로 명명된 분류군들과 동일한 방법으로 그들의 지리분포적, 생태학적 범위 내에서 비교될 수 있다.

더 좁은 관점에서, 비공식적 코드는 제한된 지역에서의 조사와 관련한 제한된 생물상만을 의미한다. 이 연구에 배정된 코드는 다른 지역의 종과는 비교되지 않을 형태 종(형태학적 척도를 기반으로 하는 어림값)을 나타낸다. 게다가 비공식적 코드 단위에는 다른 지역에서 이미 동정된 분류군도 포함될 수 있다. 이러한 체계는 다른 지역에서 정립된 단위들과 비교될 기회가 부족하다 – 제2의 위치를 이용할 수는 없기 때문이다(거리에 따라 종은 다양하게 변화하므로). 또한 증명된 생물종(형태종)은 실제 생물학적 단위에 맞지 않다. 이러한 비평이 더 크거나 작은 다양한 분류학적 정리에 엄격하게 적용된다 하더라도 말이다.

한 장소에서의 간단한 숫자 세기에 있어서 형태종 증명 시스템은 거의 현실적이라 할 수 있지만 다형성, 은신 종 또는 관계없는 생활사 단계 등에 의해 혼란이 야기되기도 한다. 모든 비공식적 분류에서 필수적인 사항은 공식 또는 비공식적으로 나타나는 이름들과 생물학적 정보들의 연관성을 유지하는 것이다. 비공식성이 옹호되는 많은 상황에서 분류학상의 절차를 생략하자는 것은 중심적이지만 다른 상황들에서 검증이 되지 않은 방금 분류된 형태종들은 이러한 절차를 거쳐야 한다.

17.3.3 DNA 기반의 동정 및 증빙

곤충 DNA는 개체군 연구를 위해 종의 경계나 계통발생학적 목적으로 사용되며, 최근 발표된 것처럼 종을 인식(DNA 바코드라 불리는)하기 위해 주요 척도로 쓰이는 1개 또는 그 이상의 염기쌍을 이용한 DNA기반의 동정을 목적으로 사용된다.

곤충을 보존하는 최선의 방법은 신선한 표본을 준비하여 −80℃의 냉동기에 넣거나 무수 Ethanol에 담근 뒤 냉장고에 넣는 것이다. 적절한 증빙 표본을 보존해야 하는데, 특히 DNA를 추출해 낸 표본의 대부분 또는 일부를 이용한다. 예를 들어, DNA는 큰 곤충의 다리 하나에서 추출할 수 있고, 상대적으로 손상되지 않는 큐티클을 증빙용으로 남겨둔 채 표본 전체에서 DNA를 추출할 수도 있다.

참고 문헌

곤충 동정을 위한 지역별 참고문헌

아프리카

Picker. M., Griffiths, C. & Weaving. A. (2002) *Field Guide to Insects of South Africa*. Struik Publishers. Cape Town.

Scholtz. C.H. & Holm. E. (eds.) (1985) *Insects of Southern Africa*. University of Pretoria. Pretoria.

호주

CSIRO (1991) *The Insects of Australia*. 2nd edn. Vols. I and II. Melbourne University Press. Carlton.

유럽

Richards, O.W. & Davies, R.G. (1977) *Imms' General Textbook of Entomology*. 10th edn. Vol. 1: *Structure. Physiology and Development*; Vol. 2: *Classification and Biology*. Chapman & Hall. London.

미주지역

Arnett. R.H. (1993) *American Insects - A Handbook of the Insects of America North of Mexico*. Sandhill Crane Press, Gainesville. FL.

Arnett, R.H. & Thomas. M.C. (2001) *American Beetles*, Vol. I: *Archostemata. Myxophaga. Adephaga, Polyphaga: Staphyliniformia*. CRC Press. Boca Raton. FL.

Arnett. R.H .. Thomas. M.C .. Skelley. P.E. & Frank. J.J. (2002) *American Beetles*. Vol. II: *Polyphaga: Scarabaeoidea through Curculionoidea*. CRC Press. Boca Raton. FL.

Hogue, C.L. (1993) *Latin American Insects and Entomology*. University of California Press, Berkeley. CA.

Johnson. N.F. & Triplehorn. C.A. (2005) *Borror and Del.onq's Introduction to the Study of Insects*. 7th edn. Brooks/Cole. Belmont. CA.

Merritt. R.W. & Cummins. K.W. (eds.) (1996) *An Introduction to the Aquatic Insects of North America*, 3rd edn. Kendall/ Hunt Publishing, Dubuque, Ia.

미성숙 곤충의 동정

Chu, H.F. & Cutkomp, L.K. (1992) *How to Know the Immature Insects*. William C. Brown Communications, Dubuque. IA.

Stehr. F.W. (ed.) (1987) *Immature Insects*. Vol. 1. Kendall/ Hunt Publishing. Dubuque, IA. [Deals with non-insect hexapods, apterygotes, Trichoptera, Lepidoptera, Hymeno. ptera, plus many small orders.]

Stehr. F.W. (ed.) (1991) *Immature Insects*, Vol. 2. Kendall/ Hunt Publishing. Dubuque. IA. [Deals with Thysanoptera, Hemiptera. Megaloptera, Raphidioptera, Neuroptera. Coleoptera, Strepsiptera, Siphonaptera. and Diptera.]

채집과 보존방법

Brown. P.A. (1997) A review of techniques used in the preparation. curation and conservation of microscope slides at the Natural History Museum. London. *The Biology Curator*. Issue 10. special supplement. 34 pp.

Martin. J.E.H. (1977) Collecting, preparing. and preserving insects, mites. and spiders. In: *The Insects and Arachnids of Canada*, Part 1. Canada Department of Agriculture. Biosystematics Research Institute. Ottawa.

McGavin. G.C. (1997) *Expedition Field Techniques. Insects and Other Terrestrial Arthropods*. Expedition Advisory Centre, Royal Geographical Society, London.

New. T .R. (1998) *Invertebrate Surveys for Conservation*. Oxford University Press, Oxford.

Upton. M.S. (1991) *Methods for Collecting, Preserving. and Studying Insects and Allied Forms*. 4th edn. Australian Entomological Society, Brisbane.

Upton. M.S. (1993) Aqueous gum-chloral slide mounting media: an historical review. *Bulletin of Entomological Research* **83**, 267-74.

박물관 소장

Arnett. R.H. Jr. Samuelson. G.A. & Nishida. G.M. (1993) The Insect and Spider Collections of the World. 2nd edn. Flora & Fauna Handbook No. 11. Sandhill Crane Press. Gainesville. FL. (http://www. bishop.hawaii.org/bishop/ ento/ codensr-us.html)

참고 문헌

Alcock, J. (1979) Selective mate choice by females of *Harpobittacus australis* (Mecoptera: Bittacidae). *Psyche* **86,** 213-17.

Alexander, B.A. (1992) An exploratory analysis of cladistic relationships within the superfamily Apoidea, with special reference to sphecid wasps (Hymenoptera). *Journal of Hymenoptera Research* **1,** 25-61.

Alstein, M. (2003) Neuropeptides. In: *Encyclopedia of Insects* (eds. V.H. Resh & R.T. Cardé), pp. 782-5. Academic Press. Amsterdam.

Ando, H. (ed.) (1982) *Biology of the Notoptera.* KashiyoInsatsu Co. Ltd. Nagano. Japan.

Anon. (1991) *Ladybirds and Lobsters. Scorpions and Centipedes.* British Museum (Natural History). London.

Askew. R.R. (1971) *Parasitic Insects.* Heinemann. London.

Atkins. M.D. (1980) *Introduction to Insect Behaviour.* Macmillan. New York.

Austin. A.D. & Browning. T.O. (1981) A mechanism for movement of eggs along insect ovipositors. *International Journal of Insect Morphology and Embryology* **10,** 93 -108.

Badonnel, A. (1951) Ordre des Psocoptéres, In: *Traiie de Zoologie: Anatomie. Systématique, Biologie.* Tome X. *Insectes Supérieurs et Hémiptéroïdes.* Fascicule II (ed. P.-P. Grassé). pp.1301-40. Masson. Paris.

Bandsma, A.T. & Brandt. R.T. (1963) *The Amazing World of Insects.* George Allen & Unwin. London.

Bartell. R.J., Shorey. H.H. & Barton Browne. L. (1969) Pheromonal stimulation of the sexual activity of males of the sheep blowfly *Lucilia cuprina* (Calliphoridae) by the female. *Animal Behaviour* **17,** 576 - 8 5.

Barton Browne. 1.. Smith. P.H .. van Gerwen, A.C.M. & Gillott, C. (1990) Quantitative aspects of the effect of mating on readiness to lay in the Australian sheep blowfly. *Lucilia cuprina. Journal of Insect Behavior* **3,** 637-46.

Bar-Zeev, M. (1958) The effect oftemperature on the growth rate and survival of the immature stages of *Aedes aegypti* (L.). *Bulletin of Entomological Research* **49,** 157- 63.

Beard. J. (1989) Viral protein knocks the guts out of caterpillars. *New Scientist* **124**(1696-7), 21.

Beccarl, O. (1877) Piante nuove 0 rare dell'Arcipelago Malese e della Nuova Guinea. raccolte, descritte ed illustrate da O. *Beccari. Malesia (Genova)* **1.** 167-92.

Bellows, T.S. jr, Perring, T.M., Gill. R.J. & Headrick, D.H. (1994) Description of a species of *Bemisia* (Homoptera: Aleyrodidae). *Annals of the Entomological Society of America* **87,** 195-206.

Belwood, J.J. (1990) Anti-predator defences and ecology of neotropical forest katydids. especially the Pseudophyllinae. In: *The Tettigoniidae: Biology. Systematics and Evolution* (eds. W.J. Bailey & D.C.F. Rentz). pp. 8-26. Crawford House Press. Bathurst.

Bennet-Clark, H.C. (1989) Songs and the physics of sound production. In: *Cricket Behavior and Neurobiology* (eds. F. Huber. T.E. Moore & W. Loher), pp. 227-61. Comstock Publishing Associates (Cornell University Press), Ithaca. NY.

Bills. P.S .. Mota-Sanchez. D. & Whalon, M. (2000) The Database of Arthropods Resistant to Insecticides. http:/ / www.cips.msu.edu/resistance/rmdb/

Binnington. K.C. (1993) Ultrastructure of the attachment of *Serratia entomophila* to scarab larval cuticle and a review of nomenclature for insect epicuticular layers. International Journal of *Insect Morphology and Embryology* **22**(2-4), 145-55.

Birch. M.C. & Haynes. K.F. (1982) *Insect Pheromones.* Studies in Biology no. 147. Edward Arnold. London.

Blaney. W.M. (1976) *How Insects Live.* Elsevler-Phaldon, Oxford.

Bonhag, P.F. & Wick. J.R. (1953) The functional anatomy of the male and female reproductive systems of the milkweed bug. *Oncopeltus fasciatus* (Dallas) (Heteroptera: Lygaeidae). *Journal of Morphology* **93,** 177-283.

Borror, D.J., Triplehorn. C.A. & Johnson. N.F. (1989) *An Introduction to the Study of Insects.* 6th edn. Saunders College Publishing, Philadelphia. P A.

Boulard, M. (1968) Description de cinq Membracides nouveaux du genre *Hamma* accompagnee de precisions sur *H. rectum. Annales de la Societe Entomologique de France (N.S.)* **4**(4), 937-50.

Bourgoin. T. & Campbell, B.C. (2002) Inferring a phylogeny for Hemiptera: Falling into the "Autapomorphy Trap". *Denisia* **176,** 7-82.

Brackenbury, J. (1990) Origami in the insect world. *Australian Natural History* **23**(7), 562-9.

Bradley, T.J. (1985) The excretory system: structure and physiology. In: *Comprehensive Insect Physiology, Biochemistry, and Pharmacology*, Vol. 4: *Regulation. Digestion, Nutrition, Excretion* (eds. G.A. Kerkut& L.I. Gilbert), pp. 421-65. Pergamon Press, Oxford.

Brandt, M. & Mahsberg, D. (2002) Bugs with a backpack: the function of nymphal camouflage in the West African assassin bugs: *Paredocla and Acanthiaspis* spp. *Animal Behaviour* **63,** 277-84.

Brothers, D.J. (1999) Phylogeny and evolution of wasps, ants and bees (Hymenoptera, Chrysidoidea, Vespoidea and Apoidea). *ZoologicaScripta* **28**, 233-49.

Brower, J.V.Z. (1958) Experimental studies of mimicry in some North American butterflies. Part III. *Danaus gilippus berenice* and *Limenitis arc hippus floridensis*. *Evolution* **12**, 273-85.

Brower, L.P., Brower, J.V.Z. & Cranston, F.P. (1965) Courtship behavior of the queen butterfly, *Danaus gilippus berenice* (Cramer). *Zoologica* **50**, 1-39.

Burton, M. & Burton, R. (1975) *Encyclopedia oj Insects and Arachnids*. Octopus Books, London.

Calder, A.A. & Sands, D.P.A. (1985) A new Brazilian *Cyrtobagous* Hustache (Coleoptera: Curculionidae) introduced into Australia to control salvinia. *Journal oj the Entomological Society oj Australia* **24**, 57- 64.

Carroll, S.B. (1995) Homeotic genes and the evolution of arthropods and chordates. *Nature* **376**, 479-85.

Caudell, A.N. (1920) Zoraptera not an apterous order. *Proceedings oj the Entomological Society oj Washington* **22**, 84-97.

Chapman, R.F. (1982) *The Insects. Structure and Function*, 3rd edn. Hodder and Stoughton, London.

Chapman, R.F. (1991) General anatomy and function. In: *The Insects oj Australia*, 2nd edn. (CSIRO), pp. 33-67. Melbourne University Press, Carlton.

CherikolT, V. & Isaacs, J. (1989) *The Bush Food Handbook*. Ti Tree Press, Balmain.

Chu, H.F. (1949) *How to Know theImmature Insects*. William C. Brown, Dubuque, IA.

Clements, A.N. (1992) *The Biology oj Mosquitoes*, Vol. 1: *Development, Nutrition and Reproduction*. Chapman & Hall, London.

Cohen, A.C., Chu, C.-C., Henneberry, T.J. etal. (1998) Feeding biology of the silverleafwhitefly (Homoptera: Aleyrodidae). *Chinese Journal ofEntomology* **18**, 65 - 82.

Cohen, E. (1991) Chitin biochemistry. In: *Physiology oj the Insect Epidermis* (eds. K. Binnington & A. Retnakaran), pp. 94 -112. CSIRO Publications, Melbourne.

Common, I.B.F. (1990) *Moths oj Australia*. Melbourne University Press, Carlton.

Common, I.F.B. & Waterhouse, D.F. (1972) *Butterflies oj Australia. Angus* & Robertson, Sydney.

Corner, E.J.H. (1952) *Wayside TreesoJMalaya*, Vol. II. Government Printing Office, Singapore.

Cornwell, P.B. (1968) *The Cockroach*. Hutchinson, London.

Cox, J.M. (1987) Pseudococcidae (Insecta: Hemiptera). *Fauna ofNewZealand* **ll**, 1-228.

Coyne, J.A. (1983) Genetic dilTerences in genital morphology among three sibling species of *Drosophila*. *Evolution* **37**, 1101-17.

Cranston, P.S., Edward, D.H.D. & Cook, L.G. (2002) New status, distribution records and phylogeny for Australian mandibulate Chironomidae (Diptera). *Australian Journal oj Entomology* **41**, 357-66.

CSIRO (1970) *The Insects of Australia*, 1st edn. Melbourne University Press, Carlton.

CSIRO (1991) *The Insects of Australia*, 2nd edn. Melbourne University Press, Carlton.

Currie, D.C. (1986) An annotated list of and keys to the tmmature black flies of Alberta (Diptera: Simuliidae). *Memoirs of the Entomological Society of Canada* **134**, 1-90.

Daly, H.V., Doyen, J.T. & Ehrlich, P.R. (1978) *Introduction to Insect Biology and Diversity*. McGraw-Hill, New York.

Darlington, A. (1975) *The Pocket Encyclopaedia ofPlant Galls in Colour*, 2nd edn. Blandford Press, Dorset.

Dean, J., Aneshansley, D.J., Edgerton, H.E. & Eisner, T. (1990) Defensive spray of the bombardier beetle: a biological pulse jet. *Science* **248**, 1219-21.

DeFoliart, G.R. (1989) The human use ofinsects as food and as animal feed. *Bulletin oj the Entomological Society oj America* **35**, 22-35.

De Klerk, C.A., Ben-Dov, Y. & Giliomee, J.H. (1982) Redescriptions of four vine infesting species of *Margarodes* Guilding (Homoptera: Coccoidea: Margarodidae) from South Africa. *Phytophylactica* **14**, 61-76.

Deligne, J., Quennedey, A. & Blum, M.S. (1981) The enemies and defence mechanisms of termites. In: *Social Insects*, Vol. II (ed. H.R. Hermann), pp. 1-76. Academic Press, New York.

Devitt, J. (1989) Honeyants: a desert delicacy. *Australian Natural History* **22**(12), 588-95.

Deyrup, M. (1981) Deadwood decomposers. *Natural History* **90**(3), 84-91.

Dodson, G. (1989) The horny antics of antlered flies. *Australian Natural History* **22**(12), 604-11.

Dodson, G.N. (1997) Resource defence mating system in antlered flies, *Phytalmia* spp. (Diptera: Tephritidae). *Annals ojthe Entomological Society of America* **90**, 496-504.

Dolling, W.R. (1991) *The Hemiptera*. Natural History Museum Publications, Oxford University Press, Oxford.

Dow, J.A.T. (1986) Insect midgut function. *Advances in Insect Physiology* **19**, 187-328.

Downes, J.A. (1970) The feeding and mating behaviour of the specialized Empidinae (Diptera); observations on four species of *Rhamphomyia* in the high Arctic and a general discussion. *Canadian Entomologist* **102**, 769 -91.

Duffy, E.A.J. (1963) *A Monograph oj the Immature Stages oj Australasian Timber Beetles (Cerambycidae)*. British Museum (Natural History), London.

Eastham. L.E.S. & Eassa, Y.E.E. (1955) The feeding mechanism of the butterfly *Pieris brassicae* L. *Philosophical Transactions of the Royal Society of London B* **239**, 1-43.

Eberhard. W.G. (1985) Sexual *Selection and Animal Genitalia*. Harvard University Press. Cambridge. MA.

Edwards. D.S. (1994) *Belalong: a Tropical Rainforest*. The Royal Geographical Society. London. and Sun Tree Publishing. Singapore.

Eibl-Eibesfeldt, I. & Eibl-Elbesfeldt. E. (1967) Das Parasitenabwehren der Minima-Arbeiterinnen der BlattschneiderAmeise (Atta cephalotes). *Zeitschrift fur Tierpsychologie* **24,** 278-81.

Eidmann, H. (1929) Morphologische und physiologische Untersuchungen am weiblichen Genitalapparat der Lepidopteren. I. Morphologischer Teil. *Zeitschri[t fur Angewandte Entomologie* **15,** 1-66.

Eisenbeis. G. & Wichard, W. (1987) *Atlas on the Biology of Soil Arthropods*. 2nd edn. Springer-Verlag, Berlin.

Eisner, T .. Smedley. S.R .. Young. D.K .. Eisner, M .. Roach, B. & Meinwald, J. (199 6a) Chemical basis of courtship in a beetle (*Neopyrochroa flabellata*): cantharidin as precopulatory "enticing agent". *Proceedings of the National Academy of Sciences of the USA* **93,** 6494-8.

Eisner, T., Smedley. S.R .. Young. D.K .. Eisner, M .. Roach. B. & Meinwald, J. (199 6b) Chemical basis of courtship in a beetle (*Neopyrochroaflabellata*): cantharidin as "nuptial gift". *Proceedings of the National Academy of Sciences of the USA* **93,** 6499-503.

Elliott. J .M. & Humpesch, U .H. (1983) A key to the adults of the British Ephemeroptera. *Freshwater Biological Association Scientific Publication* **47,** 1-101.

Entwistle, P.F. & Evans. H.F. (1985) Viral control. In: *Comprehensive Insect Physiology. Biochemistry and Pharmacology*, Vol. 12: *Insect Control* (eds. G.A. Kerkut & L.r. Gilbert), pp. 347-412. Pergamon Press. Oxford.

Evans. E.D. (1978) Megaloptera and aquatic Neuroptera. In: *An Introduction to the Aquatic Insects of North America* (eds. R.W. Merritt & K.W. Cummins). pp. 133-45. Kendall/ Hunt, Dubuque. IA.

Ferrar, P. (1987) *A Guide to the Breeding Habits and Immature Stages of Diptera Cyclorrhapha*. Pt. 2, Entomonograph Vol. 8. E.J. Brill. Leiden, and Scandinavian Science Press. Copenhagen.

Filshie, B.K. (1982) Fine structure of the cuticle of insects and other arthropods. In: *Insect Ultrastructure*. Vol. 1 (eds. R.C. King&H. Akai), pp. 281-312. Plenum, New York.

Fjellberg, A. (1980) *Identification Keys to Norwegian Collembola*. Utgitt av Norsk Entomologisk Forening, Norway.

Foldi, I. (1983) Structure et fonctions des glandes tégumentaires de Cochenilles Pseudococcines et de leurs sécrétions. *Annales de la Societe Entomologique de France (N.S.)* **19,** 155-66.

Freeman. W.H. & Bracegirdle, B. (1971) *An Atlas of Invertebrate Structure*. Heinemann Educational Books. London.

Frisch. K. von (1967) *The Dance Language and Orientation of Bees*. The Belknap Press of Harvard University Press. Cambridge. MA.

Proggatt, W. W. (1907) *Australian Insects*. William Brooks Ltd, Sydney.

Frost. S.W. (1959) *Insect Life and Insect Natural History*. 2nd edn. Dover Publications. New York.

Fry, C.H., Fry, K. & Harris, A. (1992) *Kingfishers. Bee-Eaters and Rollers*. Christopher Helm, London.

Futuyma, DJ (1986) *Evolutionary Biology*. 2nd edn. Sinauer Associates. Sunderland. MA.

Gäde, G .. Hoffman. K.-H. & Spring. J.H. (1997) Hormonal regulation in insects: facts, gaps, and future directions. *Physiological Reviews* **77,** 963-1032.

Galil, J. & Eisikowitch, D. (1968) Pollination ecology of *Ficus sycomorus in East Africa. Ecology* **49,** 259 - 69.

Gardiner, B.G. (1998) Editorial. *The Linnean* **14**(3), 1-3.

Gauld, I. & Bolton. B. (eds.) (1988) *The Hymenoptera*. British Museum (Natural History), London, in association with Oxford University Press. Oxford.

Gibbons. B. (1986) *Dragonflies and Damselflies of Britain and Northern Europe*. Country Life Books. Twickenham.

Gray. E.G. (1960) The fine structure of the insect ear. *Philosophical Transactions of the Royal Society of London B* **243,** 75-94.

Greany, P.D., Vinson. S.B. & Lewis. W.J. (1984) Insect parasitoids: finding new opportunities for biological control. *BioScience* **34,** 690-6.

Grlmstone, A.V .. Mullinger, A.M. & Ramsay. J.A. (1968) Further studies on the rectal complex of the meal worm *Tenebrio molitor L.* (Coleoptera: Tenebrionidae). *Philosophical Transactions of the Royal Society B* **253,** 343-82.

Gutierrez, A.P. (1970) Studies on host selection and host specificity of the aphid hyperparasite *Charips victrix* (Hymenoptera: Cynipidae). 6. Description of sensory structures and a synopsis of host selection and host specificity. *Annals of the Entomological Society of America* **63,** 1705-9.

Gwynne, D.T. (1981) Sexual difference theory: Mormon crickets show role reversalin mate choice. *Science* **213,** 779-80.

Gwynne, D.T. (1990) The katydid spermatophore: evolution of a parental investment. In: *The Tettigoniidae: Biology. Systematics and Evolution* (eds. W.J. Bailey & D.C.F. Rentz). pp. 27-40. Crawford House Press. Bathurst.

Hadley. N.F. (1986) The arthropod cuticle. *Scientific American* **255**(1), 98-106.

Hadlington, P. (1987) *Australian Termites and Other Common Timber Pests*. New South Wales University Press. Kensington.

Harris, W.V. (1971) *Termites: Their Recognition and Control*. 2nd edn. Longman, London.

Haynes. K.F. & Birch. M.C. (1985) The role of other

pheromones. allomones and kairomones in the behavioural responses of insects. In: *Comprehensive Insect Physiology. Biochemistry. and Pharmacology.* Vol. 9: *Behaviour* (eds. G.A. Kerkut & L.I. Gilbert), pp. 225-55. Pergamon Press, Oxford.

Hely, P.C .. Pasfield, G. & Gellatley, J.G. (1982) *Insect Pests oj Fruit and Vegetables in NSW.* Inkata Press, Melbourne.

Hepburn. H.R. (1985) Structure of the integument. In: *Comprehensive Insect Physiology. Biochemistry and Pharmacology*, Vol. 3: *Integument, Respiration and Circulation* (eds. G.A. Kerkut & L.I. Gilbert), pp. 1-58. Pergamon Press. Oxford.

Hermann. H.R. & Blum, M.S. (1981) Defensive mechanisms in the *social Hymenoptera.* In: Social Insects. Vol. II (ed. H.R. Hermann), pp. 77-197. Academic Press. New York.

Herms. W.B. & James. M.T. (1961) *Medical Entomology.* 5th edn. Macmillan. New Yark.

Hölldobler, B. (1984) The wonderfully diverse ways of the ant. *National Geographic* **165,** 77 8 - 813.

Hölldobler, B. & Wilson. E.O. (1990) *The Ants.* Springer-Verlag. Berlin.

Holman. G.M .. Nachman, R.J. & Wright. M.S. (1990) Insect neuropeptides. *Annual Review oJEntomology* **35,** 201-17.

Horridge, G.A. (1965) Arthropoda: general anatomy. In: *Structure and Function in the Nervous Systems oJInvertebrates*, Vol. II (eds. T.H. Bullock & G.A. Horridge). pp. 801-964. W.H. Freeman. San Francisco. CA.

Hoy, M. (2003) *Insect Molecular Genetics: An Introduction to Principles and Applications*, 2nd edn. Academic Press, San Diego. CA.

Hungerford. H.B. (1954) The genus Rheumatobates Bergroth (Hemiptera-Gerridae). *University oj Kansas Science Bulletin* **36,** 529-88.

Huxley. J. & Kettlewell, H.B.D. (1965) *Charles Darwin and His World.* Thames & Hudson, London.

Imms, A.D. (1913) Contributions to a knowledge of the structure and biology of some Indian insects. II. On *Embia major. Sp. nov.*, from the Himalayas. *Transactions oj the Linnean SocietyoJLondon* **11,** 167-95.

Jobling, B. (1976) On the fascicle of blood-sucking Diptera. *Journal oJNatural History* **10,** 457-61.

Johnson. W.T. & Lyon. H.H. (1991) *Insects that Feed on Trees and Shrubs.* 2nd edn. Comstock Publishing Associates of Cornell University Press. Ithaca. NY.

Julien. M.H. (ed.) (1992) *Biological Control oJ Weeds: A World Catalogue of Agents.* CAB International, Wallingford.

Katz. M., Despommier, D.D. & Gwadz, R.W. (1989) *Parasitic Diseases.* 2nd edn. Springer-Verlag. New York.

Keeley. L.L. & Hayes, T.K. (1987) Speculations on biotechnology applications for insect neuroendocrine research. *Insect Biochemistry* **17,** 639-61.

Kettle. D.S. (1984) *Medical and Veterinary Entomology.* Croom Helm. London.

Kristensen. N.P. & Skalski. A.W. (1999) Phylogeny and paleontology. In: *Lepidoptera: Moths and Butterflies 1. Handbuch der Zoologie/Handbook of Zoology.* Vol. IV. Part 35 (ed. N.P. Kristensen). pp. 7-25. Walter de Gruyter, Berlin.

Kukalová, J. (1970) Revisional study of the order Palaeodictyoptera in the Upper Carboniferous shales of Commentry, France. Part III. *Psyche* **77,** 1-44.

Kukalová-Peck, J. (1991) Fossil history and the evolution of hexapod structures. In: *The Insects of Australia.* 2nd edn. (CSIRO). pp. 141-79. Melbourne University Press. Carlton.

Labandeira, C.C. (1998) Plant-insect associations from the fossil record. *Geotimes.* September 1998.

Landsberg, J. & Ohmart, C. (1989) Levels of insect defoliation in forests: patterns and concepts. *Trends in Ecology and Evolution* **4,** 96-100.

Lane, R.P. & Crosskey, R.W. (eds.) (1993) *Medical Insects and Arachnids.* Chapman & Hall, London.

Lewis. T. (1973) *Thrips: Their Biology. Ecology and Economic Importance.* Academic Press. London.

Lindauer. M. (1960) Time-compensated sun orientation in bees. *Cold Spring Harbor Symposia on Quantitative Biology* **25,** 371-7.

Lloyd. J.E. (1966) Studies on the flash communication system in Photinus fireflies. *University of Michigan Museum of Zoology. Miscellaneous Publications* **130,** 1-95.

Loudon. C. (1989) Tracheal hypertrophy in mealworms: design and plasticity in oxygen supply systems. *Journal of Experimental Biology* **147,** 217-35.

Lubbock. J. (1873) *Monograph oj the Collembola and Thysanura.* The Ray Society. London.

Lüscher. M. (1961) Air-conditioned termite nests. *Scientific American* **205**(1), 138-45.

Lyal, C.H.C. (1986) Coevolutionary relationships of lice and their hosts: a test of Fahrenholz's Rule. In: *Coevolution and Systematics* (eds. A.R. Stone & D.L. Hawksworth), pp. 77-91. Systematics Association, Oxford.

Majer. J. (1985) Recolonisation by ants of rehabilitated mineral sand mines on North Stradbroke Island. Queensland, with particular reference to seed removal. *Australian Journal oJ Ecology* **10,** 31-4.

Malcolm. S.B. (1990) Mimicry: status of a classical evolutionary paradigm. *Trends in Ecology and Evolution* **5,** 57- 62.

Matsuda. R. (1965) Morphology and evolution of the insect head. *Memoirs oj the American Entomological Institute* **4,** 1-334.

McAlpine, D.K. (1990) A new apterous micropezid fly (Diptera: Schizophora) from Western Australia. *Systematic Entomology* **15,** 81-6.

McAlpine, J.F. (ed.) (1981) *Manual oJ Nearctic Dipiero*, Vol. 1. Monograph No.2 7. Research Branch. Agriculture Canada, Ottawa.

McAlpjne, J.F. (ed.) (1987) *Manual oj Nearctic Diptera*, Vol. 2. Monograph No.2 8. Research Branch, Agriculture Canada. Ottawa.

Mclver, S.B. (1985) Mechanoreception. In: *Comprehensive Insect Physiology. Biochemistry. and Pharmacology*, Vol. 6: *Nervous System: Sensory* (eds. G.A. Kerkut & L.I. Gilbert). pp. 71-132. Pergamon Press. Oxford.

Mercer, W.F. (1900) The development of the wings in the Lepidoptera. *New York Entomological Society* **8,** 1-20.

Merritt, R.W., Craig, D.A., Walker, E.D., Vanderploeg, H.A. & Wotton, R.S. (1992) Interfacial feeding behavior and particle flow patterns of *Anopheles quadrimaculatus larvae* (Diptera: Culicidae). *Journal of Insect Behavior* **5,** 741-61.

Michelsen, A. & Larsen, O.N. (1985) Hearing and sound. In: *Comprehensive Insect Physiology, Biochemistry, and Pharmacology*, Vol. 6: *Nervous System: Sensory* (eds. G.A. Kerkut & L.I. Gilbert), pp. 495 -55 6. Pergamon Press, Oxford.

Michener, C.D. (1974) *The Social Behavior of Bees*. The Belknap Press of Harvard University Press, Cambridge, MA.

Miyazaki, M. (1987a) Morphology of aphids. In: *Aphids: Their Biology, Natural Enemies and Control*, Vol. 2A (eds. A.K. Minks & P. Harrewijn), pp.1-25. Elsevier, Amsterdam.

Moczek, A. & Emlen, D.J. (2000) Male horn dimorphism in the scarab beetle, *Onthophagus taurus*: do alternative reproductive tactics favour alternative phenotypes? *Animal Behaviour* **59,** 459-66.

Monteith, S. (1990) Life inside an ant-plant. *Wildlife Australia* **27**(4), 5.

Nagy, L. (1998) Changing patterns of gene regulation in the evolution of arthropod morphology. *American Zoologist* **38,** 818-28.

Nosek, J. (1973) *The European Protura*. Muséum D' Histoire Naturelle, Geneva.

Novak, V.J.A. (1975) *Insect Hormones*. Chapman & Hall, London.

Oliveira, P.S. (1988) Ant-mimicry in some Brazilian salticid and clubionid spiders (Araneae: Salticidae, Clubionidae). *Biological Journal of the Linnean Society* **33,** 1-15.

Palmer, M.A. (1914) Some notes on life history of ladybeetles. *Annals oj the Entomological Society oj America* **7,** 213-38.

Pivnick, K.A. & McNeil, J.N. (1987) Puddling in butterflies: sodium affects reproductive success in *Thymelicus lineola. Physiological Entomology* **12,** 461-72.

Poisson, R. (1951) Ordre des Hétéroptères. In: *Traité de Zoologie: Anatomie, Systématique, Biologie*, Tome X: *Insectes Superieurs et Hémiptéroïdes*, Fascicule II (ed. P.-P. Grasse), pp.1657-1803.Masson,Paris.

Preston-Mafharn, K. (1990) *Grasshoppers and Mantids of the World*. Blandford, London.

Pritchard, G., McKee, M.H., Pike, E.M., Scrimgeour, G.J. & Zloty, J. (1993) Did the first insects live in water or in air? *BiologicalJournal oj the Linnean Society* **49,** 31-44.

Purugganan, M.D. (1998) The molecular evolution of development. *Bioessays* **20,** 700-11.

Raabe, M. (1986) Insect reproduction: regulation of successive steps. *Advances in Insect Physiology* **19,** 29-154.

Richards, A.G. & Richards, P.A. (1979) The cuticular protuberances of insects. *International Journal oj Insect. Morphology and Embryology* **8,** 143-57.

Richards, G. (1981) Insect hormones in development. *Biological Reviews oJ the Cambridge Philosophical Society* **56,** 501-49.

Richards, O.W. & Davies, R.G. (1959) *Outlines of Entomology*. Methuen, London.

Richards, O.W. & Davies, R.G. (1977) *Imms' General Textbook of Entomology*, Vol. I: *Structure, Physiology and Development*, 10th edn. Chapman & Hall, London.

Riddiford, L.M. (1991) Hormonal control of sequential gene expression in insect epidermis. In: *Physiology oj the Insect Epidermis* (eds. K. Binnington & A. Retnakaran), pp. 46-54. CSIRO Publications, Melbourne.

Robert, D., Read, M.P. & Hoy, R.R. (1994) The tympanal hearing organ of the parasitoid fly *Ormia ochracea* (Diptera, Tachinidae, Ormiini). *Cell and Tissue Research* **275,** 63-78.

Rossel, S. (1989) Polarization sensitivity in compound eyes. In: *Pacets of Vision* (eds. D.G. Stavenga & R.C. Hardie), pp. 298-316. Springer-Verlag, Berlin.

Rumba, E.R. (1989) What can electrophysiology do for you? In: *Application oj Pheromones to Pest Control, Proceedings oj a Joint CSIRO-DSIR Workshop, July 1988* (ed. T.E. Bellas), pp. 28-31. Division of Entomology, CSIRO, Canberra.

Sainty, G.R. & Jacobs, S.W.L. (1981) *Waterplants of New South Wales*. Water Resources Commission, New South Wales.

Salt, G. (1968) The resistance of insect parasitoids to the defence reactions of their hosts. *Biological Reviews* **43,** 200-32.

Samson, P.R. & Blood, P .R.B. (1979) Biology and temperature relationships of *Chrysopa sp., Micromus tasmaniae and Nabis capsijormis. Entomologia Experimentalis et Applicata* **25,** 253-9.

Santos Oliveira, J.F., Passos de Carvalho, J., Bruno de Sousa, R.F. & Madalena Simao, M. (1976) The nutritional value of four species of insects consumed in Angola. *Ecology oj Food and Nutrition* **5,** 91-7.

Schmutterer, H. (1990) Properties and potential of natural

pesticides from the neem tree, *Azadirachta indica. Annual Review of Entomology* **35,** 271-97.

Schwabe, J. (1906) Beitrage zur Morphologie und Histologie der tympanal en Sinnesapparate der Orthopteren. *Zoologica, Stuttgart* **50,** 1-154.

Sheppard, A.W. (1992) Predicting biological weed control. *Trends in Ecology and Evolution* **7,** 290-1.

Sivinski, J. (1978) Intrasexual aggression in the stick insects *Diapheromera veliei* and D. *covilleae* and sexual dimorphism in the Phasmatodea. *Psyche* **85,** 395-405.

Smedley, S.R. & Eisner, T. (1996) Sodium: a male moth's giftto its offspring. *Proceedings oj the National Academy oj Sciences of the USA* **93,** 809-13.

Smith, P.H., Gillott, C., Barton Browne, L. & van Gerwen, A.C.M. (1990) The mating-induced refractoriness of *Lucilia cuprina* females: manipulating the male contribution. *Physiological Entomology* **15,** 469 - 81.

Smith. R.L. (1997) Evolution of paternal care in the giant water bugs (Heteroptera: Belostomatidae). In: *The Evolution oj Social Behavior in Insects and Arachnids* (eds. J.C. Choe & B.J. Crespi). pp. 116-49. Cambridge University Press. Cambridge.

Smithers. C.N. (1982) Psocoptera. In: *Synopsis and Classification oJ Living Organisms.* Vol. 2 (ed. S.P. Parker). pp. 394-406. McGraw-Hill, New York.

Snodgrass. R.E. (1935) *Principles oj Insect Morphology.* McGraw-Hill. New York.

Snodgrass. R.E. (1946) The skeletal anatomy of fleas (Siphonaptera). *Smithsonian Miscellaneous Collections* **104**(18), 1-89.

Snodgrass. R.E. (1956) *Anatomy oj the Honey Bee.* Comstock Publishing Associates, Ithaca. NY.

Snodgrass. R.E. (1957) A revised interpretation of the external reproductive organs of male insects. *Smithsonian Miscellaneous Collections* **135**(6), 1-60.

Snodgrass, R.E. (1967) *Insects: Their Ways and Means of Living.* Dover Publications, New York.

Spencer, K.A. (1990) *Host Specialization in the World Agromyzidae (Diptera).* Kluwer Academic Publishers. Dordrecht.

Spradbery, J.P. (1973) *Wasps: an Account oj the Biology and Natural History oj Solitary and Social Wasps.* Sidgwick & Jackson. London.

Stanek. V.J. (1969) *The Pictorial Encyclopedia of Insects.* Hamlyn, London.

Stanek, V.J. (1977) *The Illustrated Encyclopedia oj Butterflies and Moths.* Octopus Books, London.

Stern, V.M., Smith, R.F., van den Bosch. R. & Hagen, K.S. (1959) The integrated control concept. *Hilgardia* 29. 81-101.

Stoltz, D.B. & Vinson. S.B. (1979) Viruses and parasitism in insects. *Advances in Virus Research* **24,** 12 5 -71.

Struble, D.L. & Arn, H. (1984) Combined gas chromatography and electroantennogram recording of insect olfactory responses. In: *Techniques in Pheromone Research* (eds. H.E. Hummel & T.A. Miller). pp. 161-78. Springer-Verlag, New York.

Sullivan. D.J. (1988) Hyperparasites. In: *Aphids. Their Biology, Natural Enemies and Control.* Vol. B (eds. A.K. Minks & P. Harrewijn), pp.189-203. Elsevier. Amsterdam.

Sutherst, R.W. & Maywald, G.F. (1985) A computerised system for matching climates in ecology. *Agriculture. Ecosystems and Environment* **13,** 281-99.

Sutherst, R.W. & Maywald, G.F. (1991) Climate modelling and pest establishment. *Plant Protection Quarterly* **6,** 3 -7.

Suzuki. N. (1985) Embryonic development of the scorpionfly, *Panorpodes paradoxa* (Mecoptera, Panorpodidae) with special reference to the larval eye development. In: *Recent Advances in Insect Embryology in Japan* (eds. H. Ando & K. Miya), pp. 231-8. ISEBU. Tsukubo.

Szabó-Patay, J. (1928) A kapus-hangya, *Termeszettudomdnui Kozliiny* **60,** 215-19.

Terra. W.R. & Ferreira. C. (1981) The physiological role of the peri trophic membrane and trehalase: digestive enzymes in the midgut and excreta of starved larvae of *Rhynchosciara. Journal of InsectPhysiology* **27,** 325-31.

Thornhill. R. (1976) Sexual selection and nuptial feeding behavior in *Bittacus apicalis* (Insecta: Mecoptera). *American Naturalist* ***110,*** 529-48.

Torre-Bueno. J.R. de la (1989) *The Torre-Bueno Glossary oj Entomology*, 2nd edn. The New York Entomological Society in cooperation with the American Museum of Natural History. New York.

Trueman, J.W.H. (1991) Egg chorionic structures in Corduliidae and Libellulidae (Anisoptera). *Odonatoloqica* **20,** 441-52.

sUpton. M.S. (1991) *Methods for Collecting. Preserving. and Studying Insects and Allied Forms.* 4th edn. Australian Entomological Society, Brisbane.

Uvarov, B. (1966) *Grasshoppers and Locusts.* Cambridge University Press. Cambridge.

van den Bosch. R. & Hagen. K.S. (1966) Predaceous and parasitic arthropods in Californian cotton fields. *CaliJornian Agricultural Experimental Station Bulletin* **820,** 1-32.

van Oosterzee, P. (1997) *Where Worlds Collide. The Wallace Line.* Reed. Kew, Victoria.

Waage. J.K. (1986) Evidence for widespread sperm displacement ability among Zygoptera (Odonata) and the means for predicting its presence. *Biological Journal of the Linnean Society* **28,** 285-300.

Wasserthal, L. T. (1997) The pollinators of the Malagasy star orchids *Angraecum sesquipedale, A. sororium* and A. *compactum* and the evolution of extremely long spurs by pollinatorshift. *BotanicaActa* **110,** 343-59.

Waterhouse, D.F. (1974) The biological control of dung. Scientific *American* **230**(4), 100-9.

Watson. J.A.L. & Abbey, H.M. (1985) Seasonal cycles in *Nasutitermes exitiosus* (Hill) (Isoptera: Termitidae). *Sociobiology* **10,** 73-92.

Wheeler. W.C. (1990) Insect diversity and cladistic constraints. *Annals oj the Entomological Society oj America* **83,** 91-7.

Wheeler, W.M. (1910) Ants: *Their Structure. Development and Behavior*. Columbia University Press. New York.

White. D.S., Brigham. W.U. & Doyen. J.T. (1984) Aquatic Coleoptera. In: *An Introduction to the Aquatic Insects of North. America*. 2nd edn. (eds. R.W. Merritt & K.W. Cummins), pp. 361-437. KendalllHunt. Dubuque. IA.

White. G.B. (1985) *Anopheles bwambae* sp. n., a malaria vector in the Semliki Valley. Uganda, and its relationships with other sibling species of the An. *gambiae* complex (Diptera: Culicidae). *Systematic Entomology* 10. 501-22.

Whitfield, J. (2002) Social insects: The police state. *Nature* **416,** 782-4.

Whiting, M.F. (2002) Phylogeny of the holometabolous insect orders: molecular evidence. *Zoologica Scripta* **31,** 3 -15.

Wiggins, G.B. (1978) Trichoptera. In: *An Introduction to the Aquatic Insects of North America* (eds. R.W. Merritt & K.W. Cummins), pp. 147-85. Kendall/Hunt, Dubuque, IA.

Wigglesworth, V.B. (1964) *The Life of Insects*. Weidenfeld & Nicolson, London.

Wigglesworth, V.B. (1972) *The Principles of Insect Physiology*, 7th edn. Chapman & Hall, London.

Wikars, L.-O. (1997) Effects of forest fire and the ecology of fire-adapted insects. PhD Thesis, Uppsala University, Sweden.

Williams, J.L. (1941) The relations of the spermatophore to the female reproductive ducts in Lepidoptera. *Entomological News* **52,** 61-5.

Wilson, M. (1978) The functional organisation oflocust ocelli. *Journal of Comparative Physiology* **124,** 297-316.

Winston, M.L. (1987) *The Biology of the Honey* Bee. Harvard University Press, Cambridge, MA.

Womersley, H. (1939) *Primitive Insects of South Australia*. Government Printer, Adelaide.

Youdeowei, A. (1977) A *Laboratory Manual of Entomology*. Oxford University Press, Ibadan.

Zacharuk, R.Y. (1985) Antennae and sensilla. In: *Comprehensive Insect Physiology, Biochemistry, and Pharmacology*, Vol. 6: *Nervous System: Sensory* (eds. G.A. Kerkut & L.r. Gilbert), pp. 1- 69. Pergamon Press, Oxford.

Zanetti, A. (1975) *The World of Insects*. Gallery Books, New York.

용어 정리

Each scientific and technical field has a articular vocabulary: entomology is no exception. This is not an attempt by entomologists to restrict ccess to their science. It results from the need for precision in communication, whilst avoiding, for example, misplaced anthropocentric terms derived from human anatomy. Many terms are derived from Latin or Greek: when competence in these languages was a prerequisite for scholarship (including in the natural sciences), these terms were comprehensible to the educated, whatever their mother tongue. The utility of these terms remains, although fluency in the languages from which they are derived does not. In this glossary we have tried to define the terms we use in a straightforward manner to complement the definitions used on first mention in the main body of the book. Comprehensive glossaries of entomological terms are provided by Torre-Bueno (1989) and Gordh & Headrick (2001).

Bold within the text of an entry indicates a relevant cross-reference to another headword. The following abbreviations are used:

adj. adjective
dim. diminutive
n.noun
pl. plural
sing. singular
Am. American spelling.

abdomen(배, 복부) The third (posterior) major division (**tagma**) of an insect body.

acanthae(가시돌기) Fine, unicellular, cuticular extensions (Fig. 2.6c).

accessory gland(s)(부속샘) A gland subsi-diary to a major one; more specifically, a gland opening into the **genital chamber** (Figs. 3.1 & 3.20a,b).

accessory pulsatile organs(부속박동기관) Valved pumps aiding the circulation of **hemolymph**, usually lying close to the **dorsal vessel**.

acclimation(순화, 순응) Physiological changes to a changed environment (especially temperature) that allow tolerance of more extreme conditions than prior to acclimation.

acrotergite(등판앞뚝, 끝등판) The anterior part of a secondary segment, sometimes large (then called **postnotum**), often reduced (Fig. 2.7).

acrotrophic ovariole(단영양실형 난소소관) *See* **telotrophic ovariole**.

activation(촉진) (in embryology) The commencement of embryonic development within the egg.

aculeate(침벌류) Belonging to the aculeate Hymenoptera (Fig. 12.2) – wasps in which the **ovipositor** is modified as a sting.

adecticous(비저작형) Describing a **pupa** with immovable **mandibles** (Fig. 6.7); *see also* **decticous**.

adenotrophic viviparity(선자양태생) Viviparity (produ-cing living offspring) in which there is no free-living larval stage; eggs develop within the female uterus, nourished by special **milk glands** until the larvae mature, at which stage they are laid and immdiately pupate; occurring only in some Diptera (Hippoboscidae and Glossina).

aedeagus(음경, 삽입기) (*Am.* edeagus) The male copulatory organ, variably constructed (sometimes refers to the **penis** alone) (Figs. 2.24b & 5.4).

aeriferous trachea(기관) Trachea with surface bearing a system of evaginated spiral tubules with permeable cuticle allowing aeration of surrounding tissues, especially in the ovary.

aestivate(여름잠: aestivation) To undergo **quiescence** or **diapause** during seasonal hot or dry conditions.

age-grading(나이 평가) Determination of the physiolo-gical age of an insect.
air sac(공기주머니, 기낭) Any of the thin-walled, dilated sections of the **tracheae** (Fig. 3.11b).
akinesis(운동마비) A state ofimmobility, caused by lack of any stimuli.
alary muscles(익(상)근) Paired muscles that support the heart.
alate(유시형(진딧물)) Possessing wings.
alinotum(날개등판, 양단기문성) The wing-bearing plate on the dorsum of the **mesothorax** or **metathorax** (Fig. 2.18).
alitrunk(날개몸통) The fused thorax and first abdominal segment (**propodeum**) of adult ants (see **mesosoma**) (see Box 12.2).
alkaloids(알칼로이드) Chemicals found in plants, many with important pharmacological actions.
allelochemical(타감물질) A chemical functioning in interspecific communication; *see also* **allomone**, **kairomone**, **pheromone**. **synomone**.
allochthonous(외내) Originating from elsewhere. as of nutrients entering an aquatic ecosystem; *see also* **autochthonous**.
allomone(알로몬) A communication chemical that benefits the producer by the effect it invokes in the receiver.
allopatric(미소적) Non-overlapping geographical distributions or organisms of taxa; *see also* **sympatric**.
altruism(이타성, 이타주의) Behavior costly to the individual but beneficial to others.
ametabolous(완전변태의) Lacking **metamorphosis**. i.e, with no change in body form during development to the adult. with the immature stages lacking only genitalia.
amnion(양막) (in embryology) The layer covering the **germ band** (Fig. 6.5).
amphimixis(양성혼합, 암수섞임) True sexual reproduction. each female inherits a **haploid** genome from both her mother and father.
amphitoky(양성단성생식, 양성생산단위생식)(amphitokous parthenogenesis; deuterotoky) A form of parthenogenesis in which the female produces offspring of both sexes.
amplexiform(받침) A form of wing-coupling in which there is extensive overlap between the fore and hind wing. but without any specific coupling mechanism.
anal(둔맥, 항문의) In the direction or position of the anus. near the **anus** or on the last abdominal segment.
anal area(둔부) The posterior part of the wing. supported by the anal vein(s) (Fig. 2.20).
anal fold(꼬리주름)(vannal fold) A distinctive fold in the **anal area** of the wing (Fig. 2.2 0).
anamorphic(증절변태성의) Describing development in which the immature stages have fewer abdominal segments than the adult; *see also* **epimorphic**.
anautogenous(비자생적, 타생적) Requiring a protein meal to develop eggs.
anemophily(풍매) Wind pollination.
anholocyclic(불완전생활의) (*adj.*) Of aphids. describing a life cycle in which the only host plant used is a summer annual, and in which reproduction is solely by parthenogenesis.
anlage(원기) A cell cluster in an immature individual that will give rise to a specific organ in the adult; see also **imaginal disc**.
annulate(고리가 있는) Comprised ofring(s).
anoxic(산소결핍의) Lacking oxygen.
antecostal suture (intersegmental groove)(전연봉합선) A groove marking the position of the interse-gmental fold between the primary segments (Figs. 2.7 & 2.18).
antenna(더듬이, 촉각) (*pI.* antennae) Paired. segmented. sensory appendages. lying usually antero-dorsally. on the head (Figs. 2.9. 2.10. & 2.17); derived from the second head segment.
antennomere(촉각소절) A subdivision of the **antenna**.
anterior(전반부의) At or towards the front (Fig. 2.8).
anthophilous(꽃을 좋아하는) Flower-loving.
anthropogenic(인간기원) Caused by humans.
anthropophilic(인체흡혈) Associated with humans.
antibiosis(항생성, 항충성) A property of an organism that adversely affects the wellbeing of another organism that consumes or contacts it.
antixenosis(항객성, 비선호성) In plant resistance. the unsuita-bility of a plant to a feeding insect.
anus(항문) The posterior opening of the digestive tract (Fig. 2.23).
apical(말단의) At or towards the apex (Fig. 2.8).
apneustic(무기문) A respiratory system without functional **spiracles**; *see also* **ollgopneustlc**, **polypneustic**.
apocritan(벌아목의) Belonging to the suborder of Hymenoptera (Apocrita) in which the first abdominal segment is fused to the thorax; *see also* **propodeum**.
apod(무각유충) A **larva** lacking true legs (Fig. 6.6); see also **oligopod**, **polypod**.
apode(무각생물) (*adj.* apodous) An organism without legs.

apodeme(내돌기) An ingrowth of the **exoskeleton**, tendonlike. to which muscles are attached (Figs. 2.23 & 3.2c).

apolysial space(신구표피분리내강) The space between the old and the new cuticle that forms during **apolysis**, prior to ecdysis.

apolysis(표피층분리) The separation of the old from the new **cuticle** during **molting**.

apomixis(무수정생식) Parthenogenesis (q.v.) in which eggs are produced mitotically (no meiosis); *see also* **automixis**.

apomorphy (synapomorphy)(파생) A derived feature (shared by two or more groups).

apophysis(골돌기, 후구음편) (*pl.* apophyses) An elongate **apodeme**, an internal projection of the **exos-keleton**.

aposematic(색깔경고) Warning of unpalatability, particularly using color.

aposematism(경보, 경고) A communication system based on warning signals.

apparency(분명함) Obviousness (e.g. of a plant to an insect herbivore).

appendicular ovipositor(산란관) The true **ovipositor** formed from appendages of segments 8 and 9; *see also* **substitutional ovipositor**.

appendix dorsalis(꼬리끝 배동맥) The medial caudal appendage arising from the **epiproct**, lying above the **anus**; present in apterygotes, most mayflies. and some fossil insects.

apterous(무시의, 날개없는) Wingless.

arachnophobia(거미류공포증) Fear of arachnids (spiders and relatives).

aroliar pad(욕반엽) Pretarsalpad-like structure (Fig. 2.19).

arolium(발톱사이 돌기욕반) (*pl.* arolia) Pretarsal pad-like or sac-like structure(s) lying between the **claws** (Fig. 2.19).

arrhenotoky (arrhenotokous parthenogenesis)(산웅단성생식) Production of **haploid** male offspring from unfertilized eggs; *see also* **haplodiploidy**.

arthrodial membrane(관절간막) Soft, stretchable **cuticle**. e.g. between segments (Fig. 2.4).

articular sclerites(관절절편, 위탁 관절판) Separate. small. movable plates that lie between the body and a wing.

asynchronous muscle(비동시성 근육) A muscle that contracts many times per nerve impulse. as in many flight muscles and those controlling the cicada tymbal.

atrium(유새강, 기문실) (*pl.* atria) A chamber. especially inside a tubular conducting system. such as the **tracheal system** (Fig. 3.10a).

augmentation(증식) The supplementation of existing natural enemies by the release of additional individuals.

autapomorphy(고유파생형질) A feature unique to a taxonomic group; *see also* **apomorphy**, **plesiomorphy**.

autochthonous(내인적) Originating from within. as of nutrients generated in an aquatic ecosystem. e.g. primary production; native; *see also* **allochthonous**.

automimic(자가의태, 종내의태) A condition of **Batesian mimicry** in which palatable members of a species are defended by their resemblance to members of the same species that are chemically unpalatable.

automixis(자가수정, 자가접합) Parthenogenesis (q.v.) in which eggs are produced after meiosis. but ploidy is restored.

autotomy(꼬리지름방어) The shedding of appendage(s). notably for defense.

axillary area(액부) An area at the wing base bearing the wing articulation (Fig. 2.20).

axillary plates(액판) Two (anterior and posterior) articulating plates that are fused with the veins in an odonate wing; the anterior supports the **costal** vein. the posterior supports the remaining veins; in Ephemeroptera there is only a posterior plate.

axillary sclerites(겨드랑이조각, 시축경편) Three or four **sclerites**, which together with the **humeral plate** and **tegula** comprise the articular sclerites of the neopteran wing base (Fig. 2.21).

axon(축삭) A nerve cell fiber that transmits a nerve impulse away from the cell body (Fig. 3.5); see also **dendrite**.

azadirachtin (AZ)(인도멀구슬나무의 화학성분) The chemically active principal of the neem tree.

basal(기부의) At or towards either the base or the main body. or closer to the point of attachment (Fig. 2.8).

basalare(날개밑 조각판) (*pl.* basalaria) A small **sclertte**, one of the **epipleurites** that lies anterior to the pleural wing process; an attachment for the **direct flight** muscles (Fig. 2.18).

basisternum(기복판) The main **sclerite** of the **euster-num**, lying between the anterior **presternum** and posterior **sternellum** (Fig. 2.18).

Batesian mimicry(베이츠형 의태) A mimetic system in which a palatable species obtains protection from predation by resembling an unpalatable species; *see also* **Müllerian mimicry**.

benthos(저서생물, 물밑생물) The bottom sediments of aquatic habitats and/or the organisms that live there.

benzoylureas(키틴합성억제물질) A class of chemicals that inhibit **chitin** synthesis.

biogeography(생물지리학) The study of biotic distribution in space and time.

biological control (biocontrol)(생물적 방제) The human use of selected living organisms to control populations of plant or animal pest species.

biological monitoring(생물학적 모니터링) Using plants or animals to detect changes in the environment.

biological transfer(생물학적 병원전파) The movement of a disease organism from one host to another by one or more vectors in which there is a biological cycle of disease.

bioluminescence(생체(생물)발광) The production by an organism of cold light. commonly involving the action of an enzyme (luciferase) on a subs-trate (luciferin).

biotype(생태형, 생물형) A biologically differentiated form of a purported single species.

bivoltine(2화성) Having two generations in one year; *see also* **unlvoltine**, **multlvoltlne**, **semivoltine**.

bivouac(일시적 야영지) An army ant camp during the mobile phase.

borer(구멍내기) (*adj*. boring) A maker of burrows in dead or living **tissue**.

brachypterous(난시) Having shortened wings.

brain(뇌) In insects. the supraoesophageal ganglion of the nervous system (Fig. 3.6). comprising **protocerebrum**, **deutocerebrnm**, and **trito-cerebrum**.

broad-spectrum insecticide(광범위 살충제) An insecticide with a broad range of targets. usually acting generally on the insect nervous system.

brood(새끼벌, 동기) A clutch of individuals that hatch at the same time from eggs produced by one set of parents.

bud(원기, 싹) *See* **imaginal disc**.

bursa copulatrix(교미(교접)낭) The female **genital chamber** if functioning as a copulatory pouch; in Lepidoptera. the primary receptacle for sperm (Fig. 5.6).

bursicon(경화호르몬) A neuropeptide **hormone** that controls hardening and darkening of the **cuticle** after **ecdysis**.

caecum(맹장, 맹관) (*pI*. caeca) (Am. cecum) A blind-ending tube of sac (Fig. 3.1).

calliphorin(캘리포린 단백질) A protein produced in the **fat body** and stored in the **hemolymph** of larval Calliphoridae (Diptera).

calyx(알받침) (*pI*. calyces) A cup-like expansion. especially of the oviduct into which the **ovaries** open (Fig. 3.2 Oa).

camouflage crypsis(의태능) The state in which an organism is indistinguishable from its background.

campaniform sensillum(종모양 감응돌기) A mechanoreceptor that detects stress on the **cuticle**. comprising a dome of thin cuticle overlying one **neuron** per **sensillum**, located especially on joints (Fig. 4.2).

cantharophily(갑충화분매개) Plant pollination by beetles.

cap cell(선단감각세포) The outermost cell of a sense organ such as a **chordotonal** organ (Fig. 4.3).

carbamate(카바메이트) A synthetic insecticide.

cardiopeptide(심장자극호르몬) A neuropeptide **hormone** that stimulates the **dorsal vessel** ("heart") causing **hemolymph** movement.

cardo(턱수염기부덮개) The proximal part of the maxillary base (Fig. 2.10).

castes(카스트계급) (*sing*. caste) Morphologically distinctive groups of individuals within a single species of social insect, usually differing in behavior.

caudal(미말단의) At or towards the **anal** (tail) end.

caudal filament(꼬리필라멘트, 미모) One of two or three terminal filaments (Fig. 8.4, see also Box 10.1).

caudal lamellae(꼬리편) One of two or three terminal gills (see Box 10.2).

cavernicolous(동굴에 사는)(troglodytic; troglobiont) Living in caves.

cecidology(식물골연구학) The study of plant **galls**.

cecidozoa(돌기유도동물) Gall-inducing animals; *see also* **gallicola**.

cell(벌방, 소방) An area of the wing membrane partially or completely surrounded by veins; *see* **closed cell**, **open cell**.

cement layer(시멘트층) The outermost layer of the cnticle (Fig. 2.1), often absent.

central nervous system(중심신경계) In insects, the central series of ganglia extending for the length of the body (Fig. 3.6); *see also* **brain**.

cephalic(머리의, 뇌의) Pertaining to the head.

cercus(미모, 꼬리털) (*pI*. cerci) One of a pair of appendages originating from abdominal segment 11 but usually visible as if no segment 10 (Fig. 2.23).

cervical sclerite(s)(목경판) Small sclerite(s) on the membrane between the head and thorax (actually the first thoracic segment) (Fig. 2.9).

chitin(키틴, 곤충피부주성분) The major component of arthropod cuticle, a polysaccharide composed of subunits of acetyl-glucosamine and glucosamine (Fig. 2.2).

chitin synthesis inhibitor(키틴합성저해제) An insecticide that prevents chitin formation.

chloride cells(삼투압조절세포) Osmoregulatory cells found in the epithelium of the abdominal gills of aquatic insects.

chordotonal organs(현음기, 현음기관) Sense organs (mechanoreceptors) that perceive vibrations, comprising one to several elongate cells called scolopidia (Figs. 4.3 & 4.4). Examples include the tympanum, subgenual organ, and Johnston' s organ.

chorion(난각, 알껍질) The outermost shell of an insect egg, which may be multilayered, including the exochorion, endochorion, and wax layer (Fig. 5.10).

cibarium(전구강, 구공) The dorsal food pouch, lying between the hypopharynx and the inner wall of the clypeus, often with a muscular pump (Figs. 2.14 & 3.14).

circadian rhythms(일주기) Repeated periodic behavior with an interval of about 24 h.

clade(클레이드, 공통조상분기군) A group of organisms proposed to be monophyletic, i.e, all descendants of one common ancestor.

cladistics(분지학) A classification system in which clades are the only permissible groupings.

cladogram(분지도) A diagram illustrating the branching sequence of purported relationships of organisms, based on the distribution of shared derived features (synapomorphies) (Fig. 7.2).

classical biological control(고전적 생물적방제) Control of an exotic pest by natural enemies from the pest' s area of origin.

claval furrow(날개굴절부) A flexion-line on the wing that separates the clavus from the remigium (Fig. 2.20).

clavus(곤봉부, 현수체) An area of the wing delimited by the claval furrow and the posterior margin (Figs. 2.20 & 2.22e).

claw(발톱)(pretarsal claw; unguis) A hooked structure on the distal end of the pretarsus, usually paired (Fig. 2.19); more generally, any hooked structure.

closed cell(폐쇄세포) An area of the wing membrane bounded entirely by veins; *see also* open cell.

closed tracheal system(폐쇄기관계) A gas-exchange system comprising tracheae and tracheoles but lacking spiracles and therefore closed to direct contact with the atmosphere (Fig. 3.11d-f); *see also* open tracheal system.

clypeus(이마, 이마방매) The part of the insect head to which the labrum is attached anteriorly (Figs. 2.9 & 2.10); it lies below the frons, with which it may be fused in a frontoclypeus or separated by a suture.

coevolution(공진화) Evolutionary interactions between two organisms, such as plants and pollinators, hosts and parasites; the degree of specificity and reciprocity varies; *see also* guild coevolution, phyletic tracking, specific coevolution.

colleterial glands(아교질샘) Accessory glands of the female internal genitalia that produce secretions used to cement eggs to the substrate.

collophore(끈끈이관, 복관) The ventral tube of Collembola.

colon(후장) The hindgut between the ileum and rectum (Figs. 3.1 & 3.13).

comb(소판, 소비) In a social hymenopteran nest, a layer of regularly arranged cells (Fig. 12.6 & Box 12.1).

common (median) oviduct(총수란관, 중앙수란관) In female insects, the tubes leading from the fused lateral oviducts to the vagina (Fig. 3.20a).

competency(흰개미의 카스트 계급 전이능력) The potential of a termite of one caste to become another, e.g. a worker to become a soldier.

compound eye(겹눈, 복안) An aggregation of ommatidia, each acting as a single facet of the eye (Figs. 2.9 & 4.11).

conjunctiva(체절연결부)(conjunctival membrane) *See* intersegmental membrane

connectiva(연결선, 결합철) Anything that connects; more specifically, the paired longitudinal nerve cords that connect the ganglia of the central nervous system.

conservation(천적보존) (in biological control) Measures that protect and/or enhance the activities of natural enemies.

constitutive defense(구성요소에 의한 방어) Part of the normal chemical composition; *see also* induced defense.

contact poisons(접촉제, 접촉독) Insecticides that poison by direct contact.

coprophage(분뇨생물) (*adj.* coprophagous) A feeder on dung or excrement (Fig. 9.5).

corbicula(화분, 꽃가루바구니) The pollen basket of bees (Fig. 12.4).

coremata(발향총) (sing. corema) Eversible, thin-walled abdominal organs of male moths used for dissemination of sex pheromone.

corium(진피, 혁편) A section of the heteropteran hemelytron (fore wing), differentiated from the clavus and membrane, usually leathery (Fig. 2.22e).

cornea(각막) The cuticle covering the eye or ocellus (Figs. 4.10 & 4.11).

corneagenous cell(자막세포) One of the translucent cells beneath the cornea which secretes and supports the corneal lens (Fig. 4.9).

cornicle(각상관, 뿔관)(siphunculus) Paired tubular structures on the abdomen of aphids that discharge defensive lipids and alarm pheromones.

corpora allata(알라타체) (*sing.* corpus allatum) Paired endocrine glands associated with the stomodeal ganglia behind the brain (Fig. 3.8), the source of juvenile hormone.

corpora cardiaca(카디아카체) (*sing.* corpus cardiacum) Paired glands lying close to the aorta and behind the brain (Fig. 3.8), acting as stores and producers of neurohormones.

cosmopolitan(세계도처의, 세계적인) Distributed worldwide (or nearly so).

costa(전연맥) (*adj.* costal) The most anterior longitudinal wing vein, running along the costal margin of the wing and ending near the apex (Fig. 2.21).

costal fracture(전연맥분기점) A break or weakness in the costal margin in Heteroptera that divides the corium, separating the cuneus from the embolium (Fig. 2.22e).

coxa(밑마디, 기절) (*pl.* coxae) The proximal (basal) leg segment (Fig. 2.19).

crepuscular(박막성) Active at low light intensities, dusk or dawn; *see also* diurnal, nocturnal.

crista acustlca(고막기관)(crista acoustica) The main chordotonal organ of the tibial tympanal organ of katydids (Orthoptera: Tettigoniidae) (Fig. 4.4).

crochets(갈고리) Curved hooks, spines, or spinules on prolegs.

crop(모이주머니, 소낭) The food storage area of the digestive system, posterior to the oesophagus (Figs. 3.1 & 3.13).

cross-resistance(교차저항성) Resistance of an insect to one insecticide providing resistance to a different insecticide.

cross-veins(횡맥, 가로맥) Transverse wing veins that link the longitudinal veins.

cryoprotection(동결보호, 냉동보호) Mechanisms that allow organisms to survive periods of, often extreme, cold.

crypsis(은폐) Camouflage by resemblance to environ-mental features.

cryptic(은폐의, 의태의) Hidden, camouflaged, concealed.

cryptobiosis(죽은체) The state of a living organism during which there are no signs of life and metalism virtually ceases.

cryptonephric system(액체배설계) A condition of the excretory system in which the Malpighian tubules form an intricate contact with the rectum, allowing production of dry excreta (see Box 3.4).

crystalline cone(수정체, 원수정체) A hard crystalline body lying beneath the cornea in an ommatidium (Fig. 4.10).

crystalline lens(원추정체) A lens lying beneath the cuticle of the stemma of some insects (Fig. 4.11).

ctenidium(빗살센터, 빗아가미) (*pl.* ctenidia) A comb (see Box 15.4).

cubitus(주맥)(Cu) The sixth longitudinal vein, lying posterior to the media, often divided into an anterior two-branched CuAl and CuA2 and a posterior unbranched CUP1 (Fig. 2.21).

cuneus(세도관부, 설상부) The distal section of the corium in the heteropteran wing (Fig. 2.22e).

cursorial(달리기 좋은, 경주형) Running or adapted for running.

cuticle(표피) The external skeletal structure, secreted by the epidermis, composed of chitin and protein comprising several differentiated layers (Fig. 2.1).

cycloalexy(소집단형성 방어) Forming aggregations in defensive circles (Fig. 14.7).

cyclodienes(농약의 일종) A class of organochlorine insecticides.

cytoplasmic incompatibility(세포질불화합성) Reproductive incompatibility arising from cytoplasmic-inherited microorganisms that causes embryological failure; can be unidirectional or bidirec-tional.

day-degrees(밀도, 온밀도) A measure of physiological time, the product of time and temperature above a threshold.

deciduous(낙엽성의, 성숙기분퇴의) Falling off, detaching (e.g. at maturity).

decticous(구부러진 턱을 가진 나용의) Describing

an exarate pupa in which the mandibles are articulated (Fig. 6.7); see also adecticous.

delayed effect(지연효과) (of a defensive chemical) An effect that appears after a time lapse from first encounter; *see also* immediate effect.

delayed parasitism(지연기생) Parasitism in which hatching of the parasite (or parasitoid) egg is delayed until the host is mature.

delusory parasitosis(망상신경증) A psychotic illness in which parasitic infection is imagined.

dendrite(수상돌기) A fine branch of a nerve cell (Fig. 3.5); *see also* axon.

dermal gland(표피샘, 피부샘) A unicellular epidermal gland that may secrete molting fluid, cements, wax, etc., and probably pheromones (Fig. 2.1).

determinate(발육단계가 명확한) Describing growth or development in which there is a distinctive final, adult. instar; *see also* indeterminate.

detritivore(부식자, 잔체섭식자) (*adj*. detritivorous) An eater of organic detritus of plant or animal origin.

deuterotoky(단성생식) *See* amphitoky.

deutocerebrum(중대뇌) The middle part of the insect brain; the ganglion of the second segment, comprising antennal and olfactory lobes.

developmental threshold(발육임계)(growth thres-hold) The temperature below which no development takes place.

diapause(휴면) Delayed development that is not the direct result of prevailing environmental conditions.

diapause hormone(휴면호르몬) A hormone produced by neurosecretory cells in the suboesophageal ganglion that affects the timing offuture development of eggs.

dicondylar(2분절 관절의) Describing an articulation (as of a mandible) with two points of articulation (condyles).

diplodiploidy(2배체 수컷)(diploid males) The genetic system found in most insects in which each male receives a haploid genome from both his mother and his father. and these two genomes have equal probability of being transmitted through his sperm; see also haplodiploidy, paternal genome elimination.

diploid(2배체) With two sets of chromosomes; see also haploid.

direct flight muscles(날개직속근육) Flight muscles that are attached directly to the wing (Fig. 3.4); *see also* indirect flight muscles.

disjunct(분리된) Widely separated ranges. as in popula-tions or species geographically separated so as to prevent gene flow.

dispersal(분산, 확산) Movement of an individual or popula-tion away from its birth site.

distal(말단의) At or near the furthest end from the attach—ment of an appendage (opposite to proximal) (Fig. 2.8).

diurnal(주행성의, 낮에 활동하는) Day active; see also crepuscular. nocturnal.

domatia(식물유래 은신처) Plant chambers produced specifically to house certain arthropods. especially ants.

dorsal(등쪽의) On the upper surface (Fig. 2.8).

dorsal closure(배부유합) The embryological process in which the dorsal wall of an embryo is formed by growth of the germ band to surround the yolk.

dorsal diaphragm(등가로막, 배횡경막) The main fibromuscular septum that divides the hemocoel into the pericardial and perivisceral sinuses (compar-tments) (Fig. 3.9).

dorsal vessel(배(등)혈관) The "aorta" and "heart". the main pump for hemolymph; a longitudinal tube lying in the dorsal pericardial sinus (Fig. 3.9).

dorsum(배(등)면) The upper surface.

drift(표류, 비상) Passive movement caused by water or air currents. .

drone(수펄) The male bee. especially of honey bees and bumble bees. derived from an unfertilized egg.

Dufour' s gland(듀어샘) In aculeate hymenop-terans. a sac opening into the poison duct near the sting (Fig. 14.11); the site of production of phero-mones and! or poison components.

dulosis(노예공서, 노예제) A slave-like relationship between parasitic ant species and the captured brood from another species.

Dyar' s rule(디야르법칙) An observational "rule" governing the size increment found between subsequent instars of the same species (Fig. 6.11).

ecdysis(허물벗기, 탈피) (*adj*. ecdysial) The final stage of molting, the process of casting off the cuticle (Fig. 6.8).

ecdysone(탈피호르몬) The steroid hormone secreted by the prothoracic gland that is converted to 20-hydroxyecdysone, which stimulates molting fluid excretion.

ecdysteroid(탈피호르몬) The general term for steroids that induce molting (Figs. 5.13. 6.9. & 6.10).

ecdysterone(엑디손) An old term for 20-hydroxyecdysone. the major molt-inducing steroid.

eclosion(우화, 탈용) The release of the adult insect from the cuticle of the previous instar; sometimes used of hatching from the egg.

eclosion hormone(탈피호르몬) A neurohormone with several functions associated with adult eclosion, including increasing cuticle extensibility.

economic injury level (EIL)(경제적피해수준) The level at which economic pest damage equals the costs of their control.

economic threshold (Et)(경제적 방제역치, 경제적 피해허용수준) The pest density at which control must be applied to prevent the economic injury level being reached.

ectognathy(노출구기형의) Having exposed mouthparts.

ectoparasite(외부기생충, 외부기생자) A parasite that lives externally on and at the expense of another organism. which it does not kill; *see also* ectoparasltoid, endopa-rasite.

ectoparasitoid(체외포식 기생자, 외부 포식기생자) A parasite that lives externally on and at the expense of another organism. which it kills; *see also* ectoparasite, endopara-sitoid.

ectoperitrophic space(외위심장) The space between the peritrophic membrane and the midgut wall (Fig. 3.16).

ectothermy(외열이동) (*adj*. ectothermic) The inability to regulate the body temperature relative to the surrounding environment.

edeagus(수컷성기) (*Am*.) *See* aedeagus.

ejaculatory duct(사정관, 사출관) The duct that leads from the fused vas deferens to the gonopore (Fig. 3.20b). through which semen or sperm is transported.

elaiosome(씨앗부속체) A food body forming an appendage on a plant seed (Fig. 11.9).

elytron(딱지날개, 초시) (*pl*. elytra) The modified. hardened. fore wing ofa beetle that protects the hind wing (Fig. 2.22d).

empodium(발톱사이 돌기, 욕반) (*pl*. empodia) A central spine or pad on the pretarsus of Diptera.

encapsulation(캡슐형성, 피낭형성) A reaction of the host to an endoparasitoid in which the invader is surrounded by hemocytes that eventually form a capsule.

endemic(고유의, 특정지역의) Describing a taxon or disease that is restricted to a particular geographical area.

endite(밑마디속 돌기, 지내돌기) An inwardly directed (mesal) appendage or lobe of a limb segment (Fig. 8.4).

endocuticle(내원표피, 내큐티클) The flexible, unsclerotized inner layer of the procuticle (Fig. 2.1); *see also* exocu-ticle.

endogenous rhythms(내인리듬) Clock-like or calendar-like activity patterns, commonly with circadian rhythms, unaffected by external conditions.

endoparasite(내부기생충, 내부기생자) A parasite that lives internally at the expense of another organism, which it does not kill; *see also* endoparasitoid, ectoparasite.

endoparasitoid(내부포식기생자) A parasite that lives internally at the expense of another organism, which it kills; see also endoparasite, ectoparasitoid.

endoperitrophic space(내위심강) In the gut, the space enclosed within the peritrophic membrane (Fig. 3.16).

endophallus(내음경)(vesica) The inner, eversible tube of the penis (Fig. 5.4).

endophilic(가주성의, 체내거주성의) Indoor loving, as of an insect that feeds inside a dwelling; *see also* exophilic.

endopterygote(내시류) Describing development in which the wings form within pockets of the integument, with eversion taking place only at the larvalpupal molt (as in the monophyletic grouping Endopterygota) .

endosymbiont(내부공생자) Intracellular symbionts, typically bacteria, that usually have a mutualistic association with their insect hosts.

endothermy(내열이용, 체온유지) (*adj*. endothermic) The ability to regulate the body temperature higher than the surrounding environment.

energids(분열핵) In an embryo, the daughter nuclei cleavage products and their surrounding cytoplasm.

entomopathogen(곤충병원성) A pathogen (disease-causing organism) that attacks insects particularly.

entomophage(식충류) (*adj*. entomophagous) An eater of insects.

entomophily(충매, 곤충기호성) Pollination by insects.

entomophobia(망상신경증) Fear of insects.

environmental manipulation(환경변경) Alteration of the environment, particularly to enhance natural populations of insect predators and parasitoids.

enzootic(돌림병) A disease present in a natural host within its natural range.

epicoxa(날개기부소절) A basal leg segment (Fig.

8.4), forming the **articular sclerites** in all extant insects, believed to have borne the **exites** and **endites** that fused to form the evolutionary precursors of wings.

epicranial suture(두개봉합선, 머리도랑) A Y-shaped line of weakness on the **vertex** of the head where the split at **molting** occurs.

epicuticle(상표피, 상큐티클) The inextensible and unsupportive outermost layer of **cuticle**, lying outside the **procuticle** (Fig. 2.1).

epidemic(유행성의, 만연한) The spread of a disease from its **endemic** area and/or from its normal host(s).

epidermis(진피) The unicellular layer of ectodermally derived **integument** that secretes the cuticle (Fig. 2.1).

epimeron(후측판) (*pl.* epimera) The posterior division of the **pleuron** of a thorax, separated from the **episternum** by the **pleural suture** (Fig. 2.18).

epimorphic(체절결정의) Describing development in which the segment number is fixed in the embryo before hatching; *see also* **anamorphic**.

epipharynx(상인두) The ventral surface of the **labrum**, a membranous roof to the mouth (Fig. 2.15).

epipleurite(상측관편) (1) The more dorsal of the **sclerites** formed when the **pleuron** is divided longitudinally. (2) One of two small sclerites of a wing-bearing segment: the anterior **basalare** and posterior **subalare** (Fig. 2.18).

epiproct(항문위판(잠자리)) The dorsal relic of segment 11 (Fig. 2.23).

episternum(앞배판, 전복판) (*pl.* episterna) The anterior division of the **pleuron**, separated from the **epimeron** by the **pleural suture** (Fig. 2.18).

epizootic(동물유행병성, 가축유행병성의) Of a disease, when **epidemic** (there is an unusually high number of cases and/or deaths).

ergatoid (apterous neotenic)(무리유형 일개미) In termites, a supplementary reproductive derived from a worker, held in a state of arrested development and lacking wings, able to replace reproductives if they die; *see also* **neotenic**.

erythrocyte (적혈구) A red blood cell.

erythrocyte schizogonous cycle(적혈구 내 시조고노사이클) The stage in the asexual development of a malaria parasite (*Plasmodium* spp.) in which **trophozoites** within the vertebrate host's red blood cells divide to form merozoites (Box 15.1).

esophagus(식도) (*Am.*) *See* **oesophagus**.

euplantula(진부절반) (*pl.* euplantulae) A pad-like structure on the ventral surface of some **tarsomeres** of the leg.

eusocial(진사회성의) Exhibiting co-operation in reproduction and division of labor, with overlap of generations.

eusternum(진가슴판, 진복판) (*pl.* eusterna) The dominant ventral plate of the thorax that frequently extends into the pleural region (Fig. 2.18).

eutrophication(진영양화) Nutrient enrichment, especially of water bodies.

evolutionary systematics(진화계통학) A classification system in which **clades** (**monophyletic** groups) and **grades** (**paraphyletic** groups) are recognized.

exaptation(생태적지위개발) A morphological-physiological predisposition or preadaptation to evolve into a new function.

exarate(나용) Describing a **pupa** in which the appendages are free from the body (Fig. 6.7), as opposed to being cemented; *see also* **obtect**.

excretion(배설) The elimination of metabolic wastes from the body, or their internal storage in an insoluble form.

exite(밑마디곁돌기, 외돌기) An outer appendage or lobe of a limb segment (Fig. 8.4).

exocuticle(외원표피, 외큐티클) The rigid, sclerotized outer layer of the procuticle (Fig. 2.1); *see also* **endocuticle**.

exogenous rhythms(외인성리듬) Activity patterns governed by variations in the external environment (e.g. light, temperature, etc.).

exophilic(외주성, 체외거주성의) (*n.* exophily) Out-of-door loving, used of biting insects that do not enter buildings; *see also* **endophilic**.

exopterygote(외시류) Describing development in which the wings form progressively in sheaths that lie externally on the dorsal or dorsolateral surface of the body (as in the **paraphyletic** grouping Exopterygota) .

exoskeleton(외부골격, 외골격) The external, hardened, cuticular skeleton to which muscles are attached internally.

external(외부의) On the outside.

extra-oral digestion(체외소화) Digestion that takes place outside the organism, by secretion of salivary enzymes onto or into the food, with soluble digestive products being sucked up.

facultative(임의적인) Not compulsory, optional behavior, such as facultative parasitism, in which a free-living organism may adopt a parasitic mode oflife.

fat body(지방체) A loose or compact aggregation of cells, mostly **trophocytes** suspended in the **hemocoel**, responsible for storage and excretion.

femur(넓적다리마디, 퇴절) (*pl*. femora) The third segment of an insect leg, following the coxa and trochanter; often the stoutest leg segment (Fig. 2.19).

fermentation(발효) Breakdown of complex molecules by microbes, as of carbohydrates by yeast.

file(소리판) A toothed or ridged structure used in sound production by stridulation through contact with a scraper.

filter chamber(여과챔버) Part of the alimentary canal of many hemipterans, in which the anterior and posterior parts of the midgut are in intimate contact, forming a system in which most fluid bypasses the absorptive midgut (see Box 3.3).

fitness(적합, 적응) (1) **Darwinian fitness** The contribution of an individual to the gene pool through its offspring. (2) **Inclusive (extended) fitness** The contribution of an individual to the gene pool by enhanced success of its kin.

flabellum(아랫입술끝판, 설판) In bees, the lobe at the tip of the glossae ("tongue") (Fig. 2.11).

flagellomere(소편절) One of the subdivisions of a "multisegmented" (actually multi-annulate) antennal flagellum.

flagellum(채찍마디, 편절) The third part of an antenna, distal to the scape and pedicel; more generally, any whip or whip-like structure.

flexion-line(굴곡면) A line along which a wing flexes (bends) when in flight (Fig. 2.20).

fluctuating asymmetry(심한비대칭) The level of deviation from absolute symmetry in a bilaterally symmetrical organism, argued to be due to variable stress during development.

fold-line(주름선) A line along which a wing is folded when at rest (Fig. 2.20).

follicle(모낭, 난포) The oocyte and follicular epithelium; more generally, any sac or tube.

follicular(모낭의, 난포의) Relic morphological evidence left in the ovary showing that an egg has been laid (or resorbed), which may include dilation of the lumen and/ or pigmentation.

food cana(식물관) A canal anterior to the cibarium through which fluid food is ingested (Figs. 2.11 & 2.12).

forage(먹이찾기) To seek and gather food.

fore(앞의) Anterior, towards the head.

fore wings(앞날개) The anterior pair of wings, usually on the mesothorax.

foregut (stomodeum)(전위, 전장) The part of the gut that lies between the mouth and the midgut (Fig. 3.13), derived from the ectoderm.

forensic entomologist(법의 곤충학자) A scientist that studies the role of insects in criminal matters.

formulation(제제(형태)) The components and proportions of additional substances that accompany an insecticide when prepared for application.

fossorial(굴을 파는, 땅파는) Digging, or adapted for digging (Fig. 9.2).

frass(똥) Solid excreta of an insect, particularly a larva.

fre nate coupling(날개연접) A form of wing-coupling in which one or more hind-wing structures (frenulum) attach to a retaining structure (retinaculum) on the fore wing.

frenulum(날개가시, 시자) Spine or group of bristles on the costa of the hind wing of Lepidoptera that locks with the fore-wing retinaculum in flight.

frons(이마) The single medio-anterior sclerite of the insect head, usually lying between the epicranium and the clypeus (Fig. 2.9).

frontoclypeal suture (epistomal suture)(이마방패설) A groove that runs across the insect' s face, often separating the frons from the clypeus (Fig. 2.9).

frontoclypeus(앞이마, 덮개) The combined frons and clypeus.

fructivore(과일을 먹는 곤충) *adj*. fructivorous) A fruit-eater.

fundatrix(간모) (*pl*. fundatrices) An apterous viviparous parthenogenetic female aphid that develops from the overwintering egg.

fungivore(균식자) (*adj*. fungivorous) A fungus-eater.

furca (furcula)(갈대속뼈, 차상기) The abdominal springing organ of Collembola (see Box 9.2); with the fulcral arm, the lever of the hymenopteran sting (Fig. 14.11).

galea(바깥조각, 외엽) The lateral lobe of the maxillary stipes (Figs. 2.10,2.11, & 2.12).

gall(벌레혹, 충영) An aberrant plant growth produced in response to the activities of another organism, often an insect (Fig. 11.5).

gallicola(충영형, 엽내 단성자충) (*pl*. gallicolae) A gall-dweller, more particularly a stage in certain aphids (including Phylloxeridae) that induces aerial galls on the host plant; *see also* radicicola.

gametocyte(배우자) A cell from which a gamete (egg or spermatozoon) is produced.

ganglion(신경절) (*pl*. ganglia) A nerve center; in insects, forming fused pairs of white, ovoid bodies lying in a row ventrally in the body cavity, linked by a double nerve cord (Fig. 3.1).

gas exchange(가스교환) The system of oxygen uptake and carbon dioxide elimination.

gas gills(가스아가미) Specific respiratory (gas-exchange) surfaces on aquatic insects, often as abdominal lamellae, but may be present almost anywhere on the body.

gaster(팽복부, 위부) The swollen part of the abdomen of aculeate Hymenoptera, lying posterior to the petiole (waist) (see Box 12.2).

gena(뺨, 볼) (*pl.* genae) Literally, a cheek; on each side of the head, the part lying beneath the compound eye.

genital chamber(생식실, 교미실) A cavity of the female body wall that contains the gonopore (Fig. 3.20a), also known as the bursa copulatrix if functioning as a copulatory pouch.

genitalia(생식기, 교미기, 외부생식기) All ectodermally derived structures of both sexes associated with reproduction (copulation, fertilization, and oviposition).

genus(속) (*pl.* genera, *adj.* generic) The name of the taxonomic category ranked between species and family; an assemblage of one or more species united by one or more derived features and therefore believed to be of a single evolutionary origin (i.e. monophyletic).

germ anlage(배자원기) (in embryology) The germ disc that denotes the first indication of a developing embryo (Fig. 6.5).

germ band(씨눈띠, 배대) (in embryology) The postgastrulation band of thickened cells on the ventral gastroderm, destined to form the ventral part of the developing embryo (Fig. 6.5).

germarium(생식실, 생식소) The structure within an ovariole in which the oogonia give rise to oocytes (Fig. 3.20a).

giant axon(거대축색) A nerve fiber that conducts impulses rapidly from the sense organ(s) to the muscles.

gill(아가미) A gas-exchange organ, found in various forms in aquatic insects.

glossa(가운데혀, 중설) (*pl.* glossae) The "tongue", one of a pair of lobes on the inner apex of the prementum (Fig. 2.11).

gonapophysis(생식부속돌기, 생식돌기) (*pl.* gonapophyses) A valve (part of the shaft) of the ovipositor (Fig. 2.23); also in the genitalia of many male insects (Fig. 2.24).

gonochorism(자웅이체, 암수딴몸) Sexual reproduction in which males and females are separate individuals.

gonocoxite(생식지기절) The base of an appendage, formed of coxa + trochanter, of a genital segment (8 or 9) (also called a valvifer in females) (Figs. 2.23 & 2.24).

gonopore(생식공, 생식구) The opening of the genital duct; in the unmodified female the opening of the common oviduct (Fig. 3.20a), in the male the opening of the ejaculatory duct.

gonostyle(생식끝돌기, 생식미돌기) The style (rudimentary appendage) of the ninth segment (Fig. 2.23), often functioning as a male clasper (Fig. 2.24).

grade(분류군) A paraphyletic group, one which does not include all descendants of a common ancestor, united by shared primitive features.

gregarious(군집성의) Forming aggregations.

gressorial(보행성의) Walking, or adapted for walking.

guild coevolution (diffuse coevolution)(협동진화) Concerted evolutionary change that takes place between groups of organisms, as opposed to between two species; *see also* specific coevolu-tion.

gula(목구멍판, 후판) A ventromedian sclerotized plate on the head of prognathous insects (Fig. 2.10).

gyne(여왕개미) A reproductive female hymenopteran, a queen.

habituation(습관화) Reduction in the response to a stimulus with repeated exposure, through modification of the central nervous system.

haemo-(혈액의, 체액의) *See* hemo- (*Am.*).

hair(강모, 털, 돌기) A cuticular extension, also called a macro-trichium or seta.

hair plate(모판, 판상감각모) A group of sensory hairs that act as a proprioceptor for movement of articulating parts of the body (Fig. 4.2a).

haltere(평균곤) The modified hind wing in Diptera, acting as a balancer (Fig. 2.22f).

hamuli(교미구) (*adj.* hamulate) Hooks along the anterior (costal) margin of the hind wing of Hymenoptera which couple the wings in flight by catching on a fold of the fore wing.

haplodiploidy(반수성 이배체) (*adj.* haplodiploid) A genetic system in which the male is haploid and transmits only his mother' s genome; *see also* arrhenotoky, diplodiploidy, paternal genome elimination.

haploid(반수성, 반가성) With one set of chromosomes; see also diploid.

haustellate(흡습성의) Sucking, as of mouthparts.

haustellum(흡수구기, 흡기) Sucking mouthparts (Fig. 15.1).

head(머리, 두부) The anterior of the three major divisions (tagmata) of an insect body.

hellgrammite(Megaloptera 유충) The larva of Megaloptera.

hematophage(흡혈자) (*or* haematophage) (*adj.* hemato-phagous) An eater of blood (or like fluid).

hemelytron(반시초) (*pl.* hemelytra) The fore wing of Heteroptera, with a thickened basal section and **membranous** apical section (Fig. 2.22e).

hemimetaboly(불완전반변태류) (*adj.* hemimetabolous) Development in which the body form gradually changes at each molt, with wing buds growing larger at each molt; incomplete metamorphosis; *see also* **holometaboly**.

hemocoel(혈강) (*or* haemocoel) The main body cavity of many invertebrates including insects, formed from an expanded "blood" system.

hemocoelous (*or* haemocoelous) **viviparity(태생의)** Viviparity (producing live offspring) in which the immature stages develop within the **hemocoel** of the parent female, e.g. as in Strepsiptera.

hemocyte(혈구) (*or* haemocyte) An insect blood cell.

hemolymph(피, 혈림프) (*or* haemolymph) The fluid filling the **hemocoel**.

hermaphroditism(자웅동체) Having individuals that possess both testes and ovaries.

heterochrony(불규칙발생) Alteration in the relative timing of activation of different developmental pathways.

heteromorphosis (hypermetamorphosis)(불완전변태, 이형재생) Undergoing a major change in morphology between larval instars, as from **triungulin** to grub.

hibernate(휴면, 동면하다) To undergo **quiescence** or **diapause** during seasonal cold c onditions.

hind(뒤쪽의, 뒤의) At or towards the posterior.

hind wings(뒷날개, 후시) The wings on the metathoracic segment.

hindgut (proctodeum)(후장) The posterior section of the gut, extending from the end of the **midgut** to the **anus** (Fig. 3.13).

holoblastic(전할의) (in embryology) A complete cleavage of the egg.

holocyclic(완전생활환) In aphids, describing a life cycle in which reproduction is solely sexual, and in which winter survival is on a (often scarce) host plant, with no migration to a summer host plant.

holometaboly(완전변태) (*adj.* holometabolous) Development in which the body form abruptly changes at the pupal molt; complete **metamorphosis**, as in the group Endopterygota; *see also* **hemimetaboly**.

homeosis(호메오시스) (*adj.* homeotic) The genetic or developmental modification of a structure (e.g. an appendage) on one segment to resemble a morphologically similar or different structure on another segment (serial homology).

homeostasis(동적평형, 항상성) Maintenance of a prevailing condition (physiological or social) by internal feedback.

homeothermy(항온성) The maintenance of an even body temperature despite variation in the ambient temperature.

homology(동질성, 유사성) (*adj.* homologous) Morphological identity or similarity of a structure in two (or more) organisms as a result of common evolutionary origin.

homoplasy(성인적 상동) Characters acquired convergently or in parallel. rather than by direct inheritance from an ancestor.

honeydew(감로, 꿀, 단물) A watery fluid containing sugars eliminated from the anus of some Hemiptera.

hormone(호르몬) A chemical messenger that regulates some activity at a distance from the endocrine organ that produced it.

host(기주) An organism that harbors another, especially a **parasite** or **parasitoid**, either internally or externally.

host discriminate(기주식별) To choose between different **hosts**.

host preference(기주선호성) To prefer one **host** over another.

host regulation(기주조절) The ability of a parasitoid to manipulate the **host' s** physiology.

humeral plate(날개밑어깨판, 견판) One of the articular sclerites of the neopteran wing base (Fig. 2.21); *see also* **axillary sclerites**, **tegula**.

humus(부엽토) Organic soil.

hydrostatic skeleton(수압골격) Turgid structural support provided by fluid pressure maintained by muscle contractions on a fixed volume of liquid, especially within larval insects.

hypermetamorphosis(과변태) *See* **heteromorphosis**.

hyperparasite(중복기생충, 중복기생체) (*adj.* hyperparasitic) A parasite that lives upon another **parasite**.

hyperparasitoid(중복포식기생자) A secondary **parasitoid** that develops upon another **parasite** or parasitoid.

hypognathous(아랫입틀식, 하구식) With the head directed vertically and mouthparts directed ventrally; *see also* **opisthognathous**, **prognathous**.

hypopharynx(혀, 하인두) A median lobe of the preoral cavity of the mouthparts (Fig. 2.10).

hyporheic(수층밑에 사는) Living in the substrate beneath the bed of a waterbody.

idiobiont(기주발육억제기생자) A **parasitoid** that prevents its **host** from developing any further, by paralysis or death; *see also* **konobiont**.

ileum(최장) The second section of the hindgut, preceding the **colon** (Figs. 3.1 & 3.13).

imaginal disc (imaginal bud)(성충아 성충원기) Latent adult structure in an immature insect, visible as group ofundif ferentiated cells (Fig. 6.4).

imago(성충, 엄지) (*pl.* imagines or imagos) The adult insect.

immediate effect(즉효방어물질) (of a defensive chemical) An effect that appears immediately on first encounter; *see also* **delayed effect**.

indeterminate(무한생장) Describing growth or development in which there is no distinctive final, adult instar, with no definitive terminal molt; *see also* **determinate**.

indirect flight muscles(간접비행근) Muscles that power flight by deforming the thorax rather than directly moving the wings (Fig. 3.4); *see also* **direct flight muscles**.

indirect system(간접비행력의) (of flight) With power for flight coming from regular deformation of the thorax by **indirect flight muscles**, in contrast to predomin antly from muscular connection to the wings.

induced defense(유발방어) A chemical change, deleterious to herbivores, induced in foliage as a result of feeding damage.

industrial melanism(산업적 흑색증, 공업적 암화) The phenomenon of dark **morphs** occurring in a higher than usual frequency in areas in which industrial pollution darkens tree trunks and other surfaces upon which insects may rest.

inhalation poison(흡입독성) An insecticide with a fumigant action.

innate(선천적) Describing behavior requiring no choice or learning.

inner epicuticle(최내층 외표피) The innermost of the three layers of epicuticle, with the pro cuticle beneath it (Fig. 2.1); *see also* outer epicuticle, superficial layer.

inoculation(접종) To infect with a disease by introducing it into the blood; in biological control to periodically release a natural enemy unable to survive naturally in an area or unable to track the spread of a pest.

inquiline(객충, 관서동물) An organism that lives in the home of another, sharing food; in entomology, used particularly of residents in the nests of socialinsects (*see also* **integrated inquiline**, **non-integrated inquiline**) or in plant galls induced by another organism.

insectivore(곤충포식자) (*adj.* insectivorous) An insect eater; *see also* entomophage.

instar(령, 영충) The growth stage between two successive molts.

integrated inquiline(동화공생생물) An **inquiline** that is incorporated into the social life of the host by behavioral modification of both inquiline and h ost; *see also* **nonintegrated inquiline**.

integrated pest management (IPM)(종합적해충방제) Integration of chemical means of insect control with other methods, notably **biological control** and habitat manipulation.

integument(체벽, 외피) The epidermis plus **cuticle**; the outer covering of the living tissues of an insect.

intercropping(혼식) Mixed planting of agricultural crops.

interference(간섭) (1) (in colors) Iridescent colors produced by variable reflection of light by narrowly separated surfaces (as in the scales of lepidopterans). (2) (in population dynamics) A reduction in the profitability of an otherwise high resource density caused by intra- and interspecific interactions between predators and parasitoids.

intermediate organ(현음기관) A chordotonal organ in the subgenual orgau of the fore leg of some orthopterans (Fig. 4.4), associated with the tympanum and believed to respond to sound frequencies of 214 kHz.

intermolt period(령기) *See* **stadium**.

intersegmental groove(환절간구) *See* **autecostal suture**.

intersegmental membrane (conjunctiva; conjunctival membrane)(판절간막) A membrane between segments, particularly of the abdomen (Fig. 2.7).

intersternite(흉복판간절편, 가슴판사이조각) An intersegmental sternal plate posterior to the **eusternum**, known as the **spinasternum** except on the metasternum (Fig. 2.7).

inundative release(범람식접종(방사)) (in biological control) Swamping a pest with large numbers of control agents, with control deriving from the released organisms rather than from any of their progeny.

IPM system(해충종합관리, 유해생물종합관리) The operating system used by farmers in order to manage the control of crop pests; *see also* integrated pest management.

Johnston' s organ(존스톤 기관) A chordotonal (sensory) organ within the antennalpedicel.

jugal area (jugum; *pl.* juga)**(날개걸이 부위)** The posterobasal area of the wing, delimited by the jugal fold and the wing margin (Fig. 2.20).

jugal fold(날개걸이 주름, 날개추 주름) A fold-line of the wing, dividing the jugal area from the clavus (Fig. 2.20).

jugate coupling(중첩연결) A mechanism for coupling the fore and hind wings in flight by a large jugal area of the fore wing overlapping the hind wing.

juvenile hormone (JH)(유충호르몬, 유약호르몬) A hormone, based on a chain of 16,17, or 18 carbon atoms, that is released by the corpora allata into the hemolymph, and involved in many aspects of insect physiology, including modification of the expression of a molt.

juvenile hormone mimics (juvenoids)(유약호르몬 유사체) Synthetic chemicals that mimic the effect of juveuile hormone on development.

juvenoid(유충호르몬 유사체) *See* juvenile hormone mimics.

kairomone(카이로몬) A communication chemical that benefits the receiver and is disadvantageous to the producer; *see also* allomone, synomone.

katatrepsis(퇴행운동) Adoption by the embryo of the final position in the egg, involving moving from dorsal on ovum to ventral aspect.

kinesis(무정위, 운동력 변형) (*pl.* kineses) Movement of an organism in response to a stimulus, usually restricted to r esponse to stimulus intensity only.

king(왕, 지배자) The male primary reproductive in termites (Fig. 1 2.8).

kinship component(친혈요소) An indirect contribution to an individual' s inclusive fitness (*see* fitness) derived from increased reproductive success of the individual' skin (relatives) through the altruistic assistance of the individual.

klinokinesis(무방향성 운동) Movement resembling a "random walk", in which changes in direction are made when unfavorable stimuli are encountered, with a frequency of turning dependent upon the stimulus intensity.

klinotaxis(굴곡주성) A movement in a definite direction relative to a stimulus, either directly towards or away from the source.

konobiont(기주생장기생자) A parasitoid that allows its host to continue to develop; *see also* idiobiont.

labella(입술판) (*sing.* labellum) In certain flies, paired lobes at the apex of the proboscis, derived from labial palps (see Box 15.5).

labial palp(아랫입술수염, 하순수) One- to five-segmented appendage of the labium (Figs. 2.9 & 2.10).

labium(하순, 아랫입술) (*adj.* labial) The "lower lip", forming the floor of the mouth, often with a pair of palps and two pairs of median lobes (Figs. 2.9 & 2.10); derived from the s ixth head segment.

labrum(윗입술, 상순) (*adj.* labral) The "upper lip", forming the roof of the preoral cavity and mouth (Figs. 2.9 & 2.10); derived from the first head segment.

lacinia(내엽, 안조각) The mesal lobe of the maxillary stipes (Fig. 2.10).

larva(유충, 애벌레) (*pl.* larvae) An immature insect after emerging from the egg, often restricted to insects in which there is complete metamorphosis(holometaboly), but sometimes used for any immature insect that differs strongly from its adult; *see also* nymph.

lateral(옆쪽) At, or close to, the side (Fig. 2.8).

lateral oviducts(측난관) In female insects, the paired tubes leading from the ovaries to the common oviduct (Fig.3.20a).

laterosternite(측배판) The result of a fusion of the eusternum and a pleural sclerite.

leaf miner(삼엽곤충, 굴나방) A feeder on the mesophyll layer between the upper and lower epidermis ofa leaf (Fig. 11.2).

lek(수컷구애장소) A male mating aggregation associated with a defended territory that contains no resources other than available courting males.

lentic(정수성) Of standing water.

ligation(접합, 연결) An experimental technique which isolates one part of the body of a living insect from another, usually by tightening a ligature.

ligula(순설) The glossae plus paraglossae of the prementum of the labium, whether fused or separate.

litter(낙엽지, 낙지엽) A layer of dead vegetative matter overlying the soil.

longitudinal(세로의, 종적인) In the direction of the long axis of the body.

longitudinal muscles(종주근, 세로힘살) Muscles

running along the long axis of the body (Fig. 2. 7a).

lotic(유수의, 흐르는 물에서 사는) Of flowing water.

macrogamete(대배우자) The female gametocyte of a malaria parasite, Plasmodium spp. (Box 15.1); *see also* microgamete.

macrophage(대식세포) An eater of large particles; *see also* microphage.

macrotrichium(큰 털, 대모) (*pl.* macrotrichia) A trichoid sensillum, also called a seta or hair.

maggot(구더기) A legless larval insect, usually with a reduced head, frequently a fly.

major worker(주일벌) An individual of the largest-sized worker caste of termites and ants, specialized for defense; *see also* media worker, minor worker.

Malpighian tubules(말피기소관) Thin, blind-ending tubules, originating near the junction of the midgut and hindgut (Figs. 3.1 & 3.13), predominantly involved in regulation of salt, water, and nitrogenous waste excretion.

mandible(아래턱) (*adj.* mandibular) The jaws, either jawlike in shape in biting and chewing (mandibulate) insects (Figs. 2.9 & 2.10), or modified as narrow stylets in piercing and sucking insects (Fig. 2.13); the first pair of jaws; derived from the fourth head segment.

mandibulate(아래턱의) Possessing mandibles.

masquerade(가장의)(mimesis) A form of crypsis in which an hresembles a feature of its environment that is of no int erest to a predator.

mating disruption(교미방해) A form of insect control in which synthetic sex pheromones (usually of the female) are maintained artificially at a higher level than the background, interfering with mate location.

matrifilial(모계혈의) Describing eusocial hymenopterans whose colonies consist of mothers and their daughters.

maxilla(작은턱, 소악) (*pl.* maxillae) The second pair of jaws, jawlike in chewing insects (Figs. 2.9 & 2.10), variously modified in others (Fig. 2.13); derived from the fifth head segment.

maxillary palp(작은턱수염, 아래턱수염) A one- to seven-segmented sensory appendage borne on the stipes of the maxilla (Figs. 2.9 & 2.10).

mechanical transfer(기계적 전파, 전염) The movement of a disease organism from one host to another by passive transfer with no biological cycle in the vector.

meconium(용변) The first excreta of a newly emerged adult following the pupal stage.

media(중앙에 관한, 중앙의 방향) In wing venation, the fifth longitudinal vein, lying between the radius and the cubitus, with a maximum of eight branches (Fig. 2.21).

media worker(중급일벌) An individual of the medium-sized worker caste of termites and ants; see also major worker, minor worker.

medial(중앙에 관한, 중앙의 방향) Towards the middle.

median(가운데의, 중앙의) At or towards the middle (Fig. 2.8).

median flexion-line(날개가운데선) A fold-line that runs longitudinally through the approximate middle of the wing (Fig. 2.20).

melanic(흑색의) Darkened.

melanism(흑화) Darkening caused by increased pigmentation.

melittophily(벌에 의한 화분매개) Pollination by bees.

menotaxis(보류 · 보유주성) Movement (including the light compass response) that maintains a constant orientation relative to a light source.

mentum(아랫입술밑마디, 하순기절) The ventral fused plate derived from the labium (Fig. 2.16).

merozoite(메로조이트) The third stage in the asexual cycle of a malaria parasite (*Plasmodium* spp.) (Box 15.1), derived from division of the schizont.

mesal (medial)(정중면의 방향에) Nearer to the midline of the body.

mesenteron(중장) *See* midgut.

mesosoma(몸체) The middle of the three major divisions (tagmata) of the insect body, equivalent to the thorax but in apocritan Hymenoptera including the propodeum; called the alitrunk in adult ants (see Box 12.2).

mesothorax(가운데 가슴, 중흉) The second (and middle) segment of the thorax (Fig. 2.18).

metabolic resistance(대사적농약저항성) The ability to avoid harm by biochemical detoxification of an insecticide.

metamorphosis(변태, 탈바꿈) The relatively abrupt change in body form between the end of immature development and the onset of the imaginal (adult) phase.

metasoma(후체, 뒷몸) In apocritan Hymenoptera, the petiole plus gaster (see Box 12.2).

metathorax(뒷가슴, 후흉) The third (and last) segment of the thorax (Fig. 2.18).

microgamete(소배우자) The male gametocyte of a malaria parasite, *Plasmodium* spp., flagellate initially, after which the flagellum is lost (Box 15.1); *see also* macrogamete.

microlecithal(대립난황결실의) Describing an egg

lacking large yolk reserves.

microphage(소식세포) A feeder on small particles, such as spores; *see also* macrophage.

micropyle(난공, 정공) A minute opening in the chorion of an insect egg (Fig. 5.10), through which sperm enter.

microtrichium(소돌기) (*pl.* microtrichia) A subcellular cuticular extension, usually several to very many per cell (Fig. 2.6d).

midgut (mesenteron)(중장) The middle section of the gut, extending from the end of the proventriculus to the start of the ileum (Figs. 3.1 & 3.13).

migration(이동) movement to more appropriate conditions.

milk glands(유선) Specialized accessory glands in certain adenotrophically viviparous (*see* adenotrophic viviparity) flies (Hippoboscidae and *Glossina*) that produce secretions fed upon by larvae.

mimesis(의태) Resemblance to an inedible object in the environment; *see also* masquerade.

mimic(의태) (*adj.* mimetic) One of the three components of a mimicry system, the emitter of false signal(s) received by an observer; an individual, population, or species that resembles a model, usually another species or part thereof; *see also* automimic, Batesian mimicry, Müllerian mimicry.

mimicry(의태) The resemblance of a mimic to a model, by which the mimic derives protection from predation provided to the model (e.g. by unpalatability).

minor worker(미숙 일개미) An individual of the smaller-sized worker caste of termites and ants; *see also* media worker, major worker.

model(의태형, 은폐형) One of the three components of a mimicry system, the emitter of signal(s) received by the observer; the organism resembled by a mimic, protected from predation, for instance, by distastefulness.

molar area(연마턱) The grinding surface of the mandible (Fig. 2.10).

molt increment(탈피성장) The increase in size between successive instars (Fig. 6.11).

molting(탈피) The formation of new cuticle followed by ecdysis (Figs. 6.9 & 6.10).

monocondylar(단일관절의) Describing an articulation (as of a mandible) with one point of articulation (condyle).

monogynous(단일여왕 혈통의) Describing a colony of eusocial insects dominated by one queen.

mono phage(단식성, 만식성) (*adj.* monophagous) An eater of only one kind of food, used particularly of specialized phytophages; *see also* oligophage.

monophyletic(단일조상 유래의) Evolutionarily derived from a single ancestor, recognized by the joint possession of shared derived feature(s).

monoxene(단기주기생성) (*adj.* monoxenous) A parasite restricted to one host.

morph(형, 모양) A genetic form or variant.

motor neuron(운동종판) A nerve cell with an axon that transmits stimuli from an interneuron to muscles (Fig. 3.5).

mouth hooks(입갈고리) The head skeleton of the maggot larva of higher flies (see Box 15.5).

Müllerian mimicry(뮬러형 의태) A mimicry system in which two or more unpalatable species obtain protection from predation by resembling each other; see also Batesian mimicry.

multiparasitism(다기생, 공기생) Parasitization of a host by two or more parasites or parasitoids.

multiple resistance(복합저항성) The concurrent existence in a single insect population of two or more defense mechanisms against insecticide.

multi porous(다공성) Having several small openings.

multivoltine(다화성의) Having several generations in one year; *see also* bivoltine, univoltine, semivoltine.

mushroom body(유병체, 송이체) A cluster of seminal vesicles and accessory gland tubules forming a single mushroom-shaped structure, found in certain orthopteroid or blattoid insects.

mycetocyte(균세포) A cell containing symbiotic microor-ganisms, scattered throughout the body, particularly within the fat body, or aggregated in organs called mycetomes.

mycetome(공서미생물) An organ containing aggregations of mycetocytes, usually located in the fat body or gonads.

mycophage(균식) (*adj.* mycophagous) An eater of fungi; *see also* fungivore.

myiasis(구데기증) Disease or injury caused by feeding of larval flies on live flesh, of humans or other animals.

myofibrils(근원섬유) Contractile fibers that run the length of a muscle fiber, comprising actin sandwiched between myosin fibers.

myophily(파리에 의한 화분매개) Plant pollination by flies.

myrmecochory(개미의존분산) The collection and

dispersal of seeds by ants.

myrmecophily(개미굴곤충, 개미집에서 사는 곤충) Plant pollination by ants.

myrmecophyte (개미집기주식물, 개미식물)("ant plant") A plant that contains domatia to house ants.

myrmecotrophy(개미산물섭취) The feeding of plants by ants, notably through the waste products of an ant colony.

naiad(고시류, 약충) An alternative name for the immature stages of aquatic hemimetabolous insects; *see also* larva, nymph.

nasus(전중돌기첨비형) A nose, the snout of certain termite soldiers (nasutes).

nasute(병정개미) A soldier termite possessing a snout.

natatorial(유영의) Swimming.

necrophage(사체식이생물) (*adj*. necrophagous) An eater of dead and or decaying animals.

neem(인도멀구슬 나무) *Azadirachta indica* (Meliaceae), the neem tree.

neoclassical biological control(신고전적생물방제) The use of exotic natural enemies to control native pests.

neonicotinamides(살충제일종임) A class of insecticides modeled on, and similar to, natural nicotine, e.g. imidacloprid.

neotenic(유형성숙의, 유태성숙의) In termites, a supplementary reproductive, arrested in its development, that has the potential to take on the reproductive role should the primary reproductives be lost; *see also* ergatoid.

neoteny(유형성숙, 유태성숙) (*adj*. neotenous) The retention of juvenile features into the adult stage.

nephrocyte (pericardial cell)(비료세관, 비료세포, 실세포) Cell that sieves the hemolymph for metabolic products.

neuroendocrine cells(신경분비세포) See neurosecretory cells.

neurohormone (neuropeptide)(신경호르몬) Any of the largest class of insect hormones, being small proteins secreted within different parts of the nervous system (Fig. 5.13).

neuron(뉴런) A nerve cell, comprising a cell body, dendrite, and axon (Figs. 3.5 & 4.3).

neuropeptide(신경펩타이드) *See* neurohormone.

neurosecretory cells (neuroendocrine cells)(신경분비세포) Modified neurons found throughout the nervous system (Fig. 3.8), producing insect hormones excepting ecdysteroids and juvenile hormones.

neuston(수면) (*adj*. neustic) The water surface.

nocturnal(야행성의) Night active; *see also* crepuscular, diurnal.

nomenclature(명명법) The science of naming (living organisms).

non-integrated inquiline(숙주비공생) An inquiline that is adapted ecologically to the nest of the host, but does not interact socially with the host; *see also* integrated inquiline.

notum(등판, 가슴등판) (*pl*. nota) A thoracic tergum.

nulliparous(불산란모의) Describing a female that has laid no eggs.

nymph(유충, 애벌레) An immature insect after emerging from the egg, usually restricted to insects in which there is incomplete metamorphosis (hemimetaboly); *see also* larva.

obligatory(의무적인) Compulsory or exclusive; e.g. obligatory diapause is a resting stage that occurs in every individual of each generation of a univoltine insect.

observer(방관자) One of the three components of mimicry systems, the receiver of the signal(s) emitted by the model and mimic.

obtect(부속지매립형 번데기) Describing a pupa with body appendages fused (cemented) to the body; not free (Fig. 6.7); *see also* exarate.

occipital foramen(후두구, 후두개공) The opening of the back of the head.

occiput(뒷머리, 후두) The dorsal part of the posterior cranium (Fig. 2.9).

ocellus(단안, 홑눈) (*pl*. ocelli) The "simple" eye (Fig. 4.10b) of adult and nymphal insects, typically three in a triangle on the vertex, with one median and two lateral ocelli (Figs. 2.9 & 2.11); the stemma of some holometabolous larvae.

oenocyte(편도세포) A cell of the hemocoel, epidermis, or especially the fat body, probably with many functions, most of which are unclear, but including synthesis of cuticle paraffins and/ or hemoglobin.

oesophagus(식도, 인후) (*Am*. esophagus) The foregut that lies posterior to the pharynx, anterior to the crop (Figs. 2.14, 3.1, & 3.13).

oligophage(협식성) (*adj*. oligophagous) An eater of few kinds of food, e.g. several plant species within one genus or one family; used particularly of phytophages; *see also* monophage.

oligopneustic(복합기능기분호흡계의) Describing a respiratory system with one to two functional spiracles on each side of the body; *see also* apneustic, polypneustic.

oligopod(과각) A larva with legs on the thorax

and not on the abdomen (Fig. 6.6); *see also* **apod**, **polypod**.

oligoxene(협기주특이성) (*adj*. oligoxenous) A **parasite** or **parasitoid** restricted to a few **hosts**.

ommatidium(개안, 낱눈) (*pl*. ommatidia) A single element of the **compound eye** (Fig. 4.11).

ontogeny(개체발생) The process of development from egg to adult.

oocyst(난모세포기) A stage in the sexual cycle of a malaria parasite (*Plasmodium* spp.) within the mosquito midgut lining, formed from the **ookinete** and which undergoes sporogony (asexual reproduction) (Box 15.1).

oocyte(난모세포) An immature egg cell formed from the **oogonium** within the **ovariole**.

oogonium(난원세포) The first stage in the development in the **germarium** of an egg from a female germ cell.

ookinete(수태운동체) An active sexual stage in the life cycle of a malaria parasite (*Plasmodium* spp.) formed from the zygote and which penetrates the body cavity within the mosquito (Box 15.1).

oostatic hormone(난발육억제호르몬) A peptide hormone, produced either by the ovary or associated neurosecretory tissue, with inhibitory activities on one or more ovarian functions.

ootheca(난협난낭) (*pl*. oothecae) A protective surrounding for eggs (see Box 9.8).

open cell(개방세포) An area of the wing membrane partially bounded by veins but including part of the wing margin; *see also* **closed cell**.

open tracheal system(개방기관계) A gas-exchange system comprising **tracheae** and **tracheoles** and with spiracular contact with the atmosphere (Fig. 3.11ac); *see also* **closed tracheal system**.

opisthognathous(후구식) With the head deflexed such that the mouthparts are directed posteriorly, as in many Hemiptera; *see also* **hypognathous**, **prognathous**.

organochlorine(유기염소제) Any of a group of organic chemicals that contain chlorine, including several insecticides.

organophosphate(유기인제) Any of a group of organic chemicals that contain phosphorus, including several insecticides.

orthokinesis(오르토키네시스) A response to a stimulus in which the rate of response (such as speed of movement) is positively proportional to the intensity of the stimulus.

osmeterium(냄새뿔) (*pl*. osmeteria) An eversible tubular pouch on the **prothorax** of some larval swallowtail butterflies (Lepidoptera: Papilionidae)(Fig. 14.6), used to disseminate volatile toxic, defensive compounds.

osmoregulation(삼투조절) The regulation of water balance, maintaining the **homeostasis** of osmotic and ionic content of the body fluids.

ostium(심문, 교미구) (*pl*. ostia) A slit-like opening in the **dorsal vessel** ("heart") present usually on each thoracic and the first nine abdominal segments, each ostium having a one-way valve that permits flow of **hemolymph** from the **pericardial sinus** into the **dorsal vessel** (Fig. 3.9).

outer epicuticle(외표피층) The middle of the three layers of epicuticle, with the **inner epicuticle** beneath it (Fig. 2.1); *see also* **superficiallayer**.

ovarian cycle(난주기) The length of time between successive ovipositions.

ovariole(난소소관) One of several ovarian tubes that form the **ovary** (Fig. 3.1a), each consisting of a **germarium**, a **vitellartum**, and a stalk or pedicel (Fig.3.20a).

ovary(난소) (*pl*. ovaries) One of the paired gonads of female insects. each comprising several **ovarioles**.

oviparity(난생) Reproduction in which eggs are laid; *see also* **ovoviviparity**, **viviparity**.

ovipositor(산란기) The organ used for laying eggs; see also appendicular ovipositor, substitutional ovipositor.

ovoviviparity(난태생) Retention of the developing fertilized egg within the mother, considered to be a form of **viviparity** (producing live offspring) but in which there is no nutrition of the hatched young; see also **oviparity**.

paedogenesis(유생생식) (*adj*. paedogenetlc, Am. pedogenetic) Reproduction in an immature stage.

pair-wise coevolution(쌍공신화) *See* **specific coevolution**.

palp(수염)(palpus; *pl*. palpi) A finger-like. usually segmented appendage of the maxilla (**maxillary palp**) and labium (**labial palp**) (Figs. 2.9 & 2.10).

panoistic ovariole(무영양세포난소관) An **ovariole** that lacks nurse cells; *see also* **polytrophic ovarlole**, **telotrophic ovariole**.

paraglossa(옆혀, 부설) (*pl*. paraglossae) One of a pair of lobes distolateral on the **prementum** of the **labium**. lying outside the **glossae**, but mesal to the **labial palp** (Fig. 2.10).

paramere(교미구, 성기측편) One of a pair of lobes lying lateral to the **penis**, forming part of the **aedeagus** (Fig. 2.24)

paranota(측배판, 아배판) (*sing*. paranotum, *adj*. paranotal) Postulated lobes of the thoracic terga from which, it has been argued, the wings derive.

parapheromone(수컷유인페로몬) A chemical that functions as a male lure. e.g. methyl eugenol which attracts male tephritid fruit flies.

paraphyletic(부분계통혈의) Describing a group (**grade**) that is evolutionarily derived from a single ancestor, but which does not contain all descendants, recognized by the joint possession of shared primitive character(s); rejected in **cladistics** but often accepted in **evolutionary systematics**; *see also* **monophyletic**, **polyphyletic**.

paraproct(항문측판) Ventral relic of segment 11 (Fig. 2.23)

parasite(기생자) An organism that lives at the expense of another (**host**), which it does not usually kill; *see also* **endoparasite**, **ectoparasite**, **parasitoid**.

parasitism(기생) The relationship between a **parasitoid** or **parasite** and its **host**.

parasitization(기생) The condition of being **parasitized**, by either a **parasitoid** or **parasite**.

parasitized(기생된) Describing the state of a **host** that supports a **parasitoid** or **parasite**.

parasitoid(기생자) A parasite that kills its **host**; *see also* **ectoparasitoid**, **endoparasitoid**.

parous(난생의) Describing a female that has laid at least one egg.

parthenogenesis(단위발생) Development from an unfertilized egg; *see also* **amphitoky**, **arrhenotoky**, **paedogenesis**, **thelytoky**.

patch(소생굴영역) A discrete area of microhabitat.

patenty(발생기) In the course of the malaria disease, the first appearance of parasites in the red blood cells.

paternal genome elimination(부계게놈결실자) Loss of the paternal genome during the development of an initially **diploid** male, so that his sperm carries only his mother' s genes.

pedicel(육경, 작은 꽃자루) (1) The stem or stalk of an organ. (2) The stalk of an **ovariole** (Fig. 3.20a). (3) The second antennal segment (Fig. 2.10). (4) The "waist" of an ant.

pedogenesis(유생생기) *See* **paedogenesis**.

penis(음경) (*pl*. penes) (**phallus**) The median intromittent organ (Figs. 2.24 & 3.20b), variously derived in different insect orders; *see also* **aedeagus**.

pericardial sinus(위심강) The body compartment that contains the dorsal vessel ("heart") (Fig. 3.9).

perineural sinus(위신경강, 신경위) The ventral body compartment that contains the nerve cord, separated from the **perivisceral sinus** by the **ventral diaphragm** (Fig. 3 .9).

periodic release(주기적 방사) The regular release of biological control agents that are effective in control but unable to establish permanently.

peripheral nervous system(주변신경계) The network of nerve fibers and cells associated with the muscles.

peritreme(기문륜) A sclerotized plate surrounding an orifice, notably around a **spiracle**.

peritrophic membrane(장내막) A thin sheath lining the midgut epithelium of many insects (Fig. 3.16).

perivisceral sinus(위내장랑) The central body compartment, delimited by the **ventral** and **dorsal diaphragms**.

pest resurgence(해충재발) The rapid increase in numbers of a pest following cessation of control measures or resulting from development of **resistance** and/or elimination of natural enemies.

petiole(자루마디, 병절) A stalk; in **apocritan** Hymenoptera, the narrow second (and sometimes third) abdominal segments that precede the **gaster**, forming the "waist" (see Box 12.2).

phalaenophily(나방화분매개) Plant pollination by moths.

phallobase(음경기) In male genitalia, the support for the **aedeagus** (Figs. 2.24b & 5.4).

phallomere(교미절, 음경판) A lobe lateral to the **penis**.

pharate(위용기, 위용기의) Within the cuticle of the previous stadium; "cloaked".

pharynx(인두) The anterior part of the **foregut**, anterior to the **oesophagus** (Figs. 2.14 & 3. 13).

phenetic(표현적인, 표현형의) Describing a classification system in which overall resemblance between organisms is the criterion for grouping; *see also* **cladistics**, **evolutionary systematics**.

phenylpyrazoles(페닐피라졸) A class of insecticides with some similarities to DDT (dichlorodiphenyl-trichloroethane), e .g. fipronil.

pheromone(페로몬) A chemical used in communication between individuals of the same species, that releases a specific behavior or development in the receiver. Pheromones have roles in aggregation, alarm, courtship, queen recognition, sex, sex attraction, spacing (epideictic or dispersion), and trail-marking.

pheromone mass trapping(페로몬방제) The use of pheromones to lure pest insects, which are then killed.

phoresy(편승) (*adj.* phoretic) The phenomenon of one individual being carried on the body of a larger individual of another species.

photoperiod(광주기) The duration of the light (and therefore also dark) part of the 24 h daily cycle.

photoreceptor(광수용기, 광수용체) A sense organ that responds to light.

phragma(가로막, 격막) (*pl.* phragmata) A plate-like apodeme, notably those of the antecostal suture of the thoracic segments that support the longitudinal flight muscles (Figs. 2.7d& 2.18).

phragmosis(격막폐쇄) The closing of a nest opening with part of the body.

phyletic tracking(계통발생추적) Strict coevolution in which the phylogenies of each taxon (e.g. host and parasite, plant and pollinator) match precisely.

phylogenetic(계통발생의) Relating to phylogeny.

phylogeny(계통발생) The evolutionary history (of a taxon).

physiological time(생리학적 시간위치) A measure of development time based upon the amount of heat required rather than calendar time elapsed.

physogastry(복부팽대) Having a swollen abdomen, as in mature queen termites (Fig. 12.8), ants, and bees.

phytophage(초식류, 식식류) (*adj.* phytophagous) An eater of plants.

phytophagy(식식성) The eating of plants.

plant resistance(식물의 저항성) A range of mechanisms by which plants resist insect attack; *see also* antibiosis, antixenosis, tolerance.

plasma(혈장) The aqueous component of hemolymph.

plastron(모반) The air-water interface (or the air film itself) on an external surface of an aquatic insect, the site of gaseous exchange.

pleiotropic(다면발현성의) Describing a single gene that has multiple effects on morphology and physiology.

pleometrosis(다모계군집창설) The foundation of a colony of social insects by more than one queen.

plesiomorphy(symplesiomorphy)(공유원시형질) An ancestral feature (shared by two or more groups).

pleural coxal process(기절측(옆)판돌기) The anterior end of the pleural ridge providing reinforcement for the coxal articulation (Fig. 2.18).

pleural ridge(옆판 융기) The internal ridge dividing the pterothorax into the anterior episternum and posterior epimeron.

pleural suture(측(옆)판선) The externally visible indication of the pleural ridge, running from the leg base to the tergum (Fig. 2.18).

pleural wing process(옆판날개돌기) The posterior end of the pleural ridge providing reinforcement for the wing articulation (Fig. 2.18).

pleuron(측(옆)판, 흉막) (*pl.* pleura, *adj.* pleural, *dim.* pleurite) The lateral region of the body, bearing the limb bases.

poikilothermy(변온의) The inability to maintain an invariate body temperature independent of the ambient temperature.

poison glands(독선, 독샘) A class of accessory glands that produce poison, as in the stings of Hymenoptera (Fig. 14.11).

pollination(화분매개) The transfer of pollen from male to female flower parts.

polyculture(다배양) The cultivation of several crops intermingled.

polydnaviruses (PDVs)(폴리드나 바이러스) A group of viruses found in the ovaries of some parasitic wasps, involved in overcoming host immune responses when injected with the wasp eggs.

polyembryony(다배발생, 다발생) The production of more than one (often many) embryos from a single egg, notably in parasitic insects.

polyethism(행동의 다형현상) Within a social insect caste, the division of labor either by specialization throughout the life of an individual or by different ages performing different tasks.

polygyny(다여왕제, 일부다처) Social insects that have several queens, either at the same time or sequentially (serial polygyny).

polymorphic(다형현상) Describing a species with two or more variants (morphs).

polyphage(다식류, 다식곤충) (*adj.* polyphagous) An eater of many kinds of food, e.g. many plant species from a range of families; used particularly of phytophages.

polyphenism(다형성, 다표현상) Environmentally induced differences between successive generations or different castes of social insects, lacking a genetic basis.

polyphyletic(다조상계통의) Describing a group that is evolutionarily derived from more than one ancestor, recognized by the possession of one or more features evolved convergently; rejected in cladistics and evolutionary systematics.

polypneustic(다기공적) Describing a respiratory system with at least eight functional spiracles on each side of the body; *see also* apneustic, oligopne-ustic.

polypod(다족, 다각) A type of larva with jointed legs on the thorax and prolegs on the abdomen (Fig. 6.6); *see also* apod, oligopod.

polytrophic ovariole(다자양실형란소소관, 교환영양실형난관) An ovariole in which several nurse cells remain closely attached to each oocyte as it moves down the ovariole; *see also* panoistic ovariole, telotrophic ovariole.

polyxene(복합기주성의) (*adj*. polyxenous) A parasite or parasitoid with a wide range of hosts.

pore canals(세도관, 공관) Fine tubules that run through the cuticle and carry epidermally derived compounds to the wax canals and thus to the epicuticular surface.

pore kettle(다공수용기) The chamber within a chemoreceptor sensillum that has many pores (slits) in the wall (Box 4.3).

postcoxal bridge(기절후교) The pleural area behind the coxa, often fused with the sternum (Fig. 2.18).

posterior(뒤, 후부) At or towards the rear (Fig. 2.8).

posterior cranium(후부두개) The posterior, often horseshoeshaped area of the head.

postgena(뒷뺨, 후협) The lateral part of the occipital arch posterior to the postoccipital suture (Fig. 2.9).

postmentum(후하순기절) The proximal part of the labium (Figs. 2.10 & 13.4).

postnotum(뒷등판, 뒷가슴등판) The posterior part of a pterothoracic notum, bearing the phragmata that support longitudinal muscles (Figs. 2. 7d & 2.18).

postoccipital suture(뒤통수홈) A groove on the head that indicates the original head segmentation, separating the postocciput from the remainder of the head (Fig. 2.9).

postocciput(뒷뒷머리, 후후두) The posterior rim of the head behind the postoccipital suture (Fig. 2.9).

post-tarsus(뒷발목마디, 후부절) *See* pretarsus.

precosta(전연전액) The most anterior wing vein (Fig. 2.21).

precoxal bridge(전기절교) The pleural area anterior to the coxa, often fused with the sternum (Fig. 2.18).

predation(포식) (1) Preying on other organisms. (2) Interactions between predator foraging and prey availability.

predator(포식자) An organism that eats more than one other organism during its life; *see also* parasitoid.

pre-erythrocytic schizogonous cycle (exoerythrocytic schizogonous cycle)(전적혈구 시조고노 사이클) In the asexual cycle of a malaria parasite (*Plasmodium* spp.), the cycle within the parenchyma cells of the liver, producing a large schizont (Box 15.1).

pregenital segments(전생식환절) The first seven abdominal segments.

prementum(턱앞마디, 전하순기절) The free distal end of the labium, usually bearing labial palps, glossae, and paraglossae (Figs. 2.10 & 13.4).

prepatent period(전조증상) In the course of a disease, the time between infection and first symptoms.

prescutum(전순판) The anterior third of the alinotum (either meso- or metanotum), in front of the scutum (Fig. 2.18).

presoldier(전병정) In termites, an intervening stage between worker and soldier.

press(화분축적) The process on the proximal apex of the tarsus of a bee that pushes pollen into the corbicula (basket) (Fig. 12.4).

presternum(앞가슴, 전흉관) A smaller sclerite of the eusternum, lying anterior to the basisternum (Fig. 2.18).

pretarsus(앞발목마디, 전부절) (*pl*. pretarsi) (**post-tarsus**) The distal segment of the insect leg (Fig. 2.19).

prey(먹이) A food item for a predator.

primary cycle(1차주기) In a disease, the cycle that involves the typical host(s); *see also* secondary cycle.

primary reproductives(여왕, 왕창설개미) In termites, the king and queen founders of a colony (Fig. 12.8).

proboscis(주둥이) A general term for elongate mouthparts (Fig. 2.12); *see also* rostrum.

procephalon(전뇌) (in embryology) The anterior head formed by fusion of the primitive anterior three segments (Fig. 6.5).

proctodeum(후장) (*adj*. proctodeal) See hindgut.

procuticle(원표피) The thicker layer of cuticle, which in sclerotized cuticle comprises an outer exocuticle and inner endocuticle; lying beneath the thinner epicuticle (Fig. 2.1).

prognathous(전구식의) With the head horizontal and the mouthparts directed anteriorly; *see also* **hypognathous**, **opisthognathous.**

proleg(배다리, 헛발) An unsegmented leg of a **larva**.

pronotum(앞가슴등판, 전흉배판) The upper (dorsal) plate of the **pro thorax**.

propodeum(가슴배마디) In **apocritan** Hymenoptera, the first abdominal segment if fused with the thorax to form a **mesosoma** (or **alitrunk** in ants) (see Box 12.2).

proprioceptors(자기감각기) Sense organs that respond to the position of body organs.

prothoracic gland(앞가슴샘) The thoracic or cephalic glands (Fig. 3.8) that secrete **ecdysteroids** (Fig. 5.13).

prothoracicotropic hormone(전흉선자극호르몬) A neuropeptide hormone secreted by the brain that controls aspects of **molting** and **metamorphosis** via action on the corpora cardiaca.

prothorax(앞가슴, 전흉) The first segment of the **thorax** (Fig. 2.18).

protocerebrum(전대뇌) The anterior part of the insect brain, the ganglia of the first segment, comprising the ocular and associative centers.

protraction(뻗기, 신장) Withdrawal, the converse of extension.

protrusible vesicle (exsertile vesicle)(확장가능소낭) A small sac or bladder, capable of being extended or protruded.

proventriculus (gizzard)(앞창자, 전위) The grinding organ of the **foregut** (Figs. 3.1 & 3.13).

proximal(기단, 방형의) Describing the part of an appendage closer to or at the body (opposite to **distal**) (Fig. 2.8).

pseudergate(유사일개미) In "lower" termites, the equivalent to the worker caste, comprising immature nymphs or undifferentiated larvae.

pseudocopulation(가교접) The attempted copulation of an insect with a flower.

pseudoplacental viviparity(위태반태생) Viviparity (producing live offspring) in which a **microlecithal** egg develops via nourishment from a presumed placenta.

pseudotrachea(어리숨관, 헛숨관) A ridged groove on the ventral surface of the **labellum** of some higher Diptera (see Box 15.5), used to uptake liquid food.

psychophily(나비화분매개) Plant pollination by butterflies.

pterostigma(날개무늬, 가두리무늬) A pigmented (and denser) spot near the anterior margin of the fore and sometimes hind wings (Figs. 2.20, 2.21, & 2.22b).

pterothorax(날개가슴마디) The enlarged second and third segments ofthe thorax bearing the wings in pterygotes.

ptilinum(이마조각주머니, 전두낭) A sac everted from a fissure between the antennae of schizophoran flies (Diptera) that aids puparium fracture at emergence.

pubescent(솜털, 연모) (*adj.*) Clothed in fine short **setae**.

puddling(흙이기기) The action of drinking from pools, especially evident in butterflies, to obtain scarce salts.

pulvillus(발톱사이 돌기, 욕반) (*pl.* pulvilli) A bladder-like pretarsal appendage (Fig. 2.19).

pupa(번데기, 용) (*adj.* pupal) The inactive stage between the **larva** and adult in holometabolous insects; also termed a chrysalis in butterflies.

puparium(껍질번데기, 위용) The hardened skin of the final-instar larva ("higher" Diptera, Strepsiptera), in which the **pupa** forms, or last nymphal instar (A leyrodidae).

pupation(용화) Becoming a **pupa**.

pylorus(유문) The anterior **hindgut** where the **Malpighian tubules** enter, sometimes indicated by a muscular valve.

pyrethrin(피레스린) One of the insecticidal chemicals present in the plant pyrethrum (*Tanacetum cinerariifolium*).

pyrethroids(피레스로이드계 살충제) Synthetic chemicals with similarity in structure to **pyrethrins**.

quasisocial(의사사회성, 중사회성) Social behavior in which individuals of the same generation cooperate and nest-share without division of labor.

queen(여왕, 여왕개미, 여왕벌) A female belonging to the reproductive caste in eusocial or semisocial insects (Fig. 1 2.8), called a **gyne** in social Hymenoptera.

quiescence(타발휴면, 발육정지상태) A slowing down of metabolism and development in response to adverse environmental conditions; *see also* **diapause**.

radicicola(근생자충) (*pl.* radicicolae) A gall-dweller, more particularly a stage in certain aphids (including Phylloxeridae) that induces root tuberosities on the host plant; *see also* **gallicola**.

radius(경맥, 요골) In wing venation, the fourth longitudinal vein, posterior to the **subcosta**;

with a maximum of five branches R_{1-5} (Fig. 2.21).

rake(갈퀴) The process on the distal apex of the tibia of a bee that gathers pollen into the press (Fig. 12.4).

rank(계급) The classificatory level in a taxonomic hierarchy, e.g. species, genus, family, order.

raptorial(포획형의) Adapted for capturing prey by grasping.

rectal pad(직장육질부) Thickened sections of the epithelium of the rectum involved in water uptake from the feces (Figs. 3.17 & 3.18).

rectum(직장, 곧은 창자) (*adj*. rectal) The posterior part of the hiudgut (Figs. 3.1 & 3.13).

reflex(반사작용) A simple response to a simple stimulus.

refractory period(불응기) (1) The time interval during which a nerve will not initiate another impulse. (2) In reproduction, the period during which a mated female will not re-mate.

refuge(피신처) A safe place.

release(방출) To stimulate a particular behavior.

releaser(방출자) A particular stimulus whose signal stimulates a specific behavior.

remigium(추구, 상갓대) The anterior part of the wing, usually more rigid than the posterior clavus and with more veins (Fig. 2.20).

reniform(콩팥모양의) Kidney-shaped.

replete(만복개미) An individual ant that is distended by liquid food.

replicate(반절, 반복) (of disease organisms) To increase in numbers.

reservoir(저장소, 감염원) (of diseases) The natural host and geographical range.

resilin(수지, 탄체색) A rubber-like or elastic protein in some insect cuticles.

resistance(저항성) The ability to withstand (e.g. tempera ture extremes, insecticides, insect attack).

resource tracking(자원쟁탈) A relationship, e.g. between parasite and host or plant and pollinator, in which the evolution of the association is based on ecology rather than phylogeny; *see also* coevolution, phyletic tracktng,

respiration(호흡, 숨쉬기) (1) A metabolic process in which substrates (food) are oxidized using molecular oxygen. (2) Used inappropriately to mean breathing, as through spiracles or gas e-xchange across thin cuticle.

retinaculum(이모자, 이음띠) (1) The specialized hooks or scales on the base of the fore wing that lock with the frenulum of lepidopteran hind wings in flight. (2) The retaining hook of the springtail furca (spring) (see Box 9.2).

retinula cell(망막세포) A nerve cell of the light receptor organs (ommatidia, stemma, or ocellus) comprising a rhabdom of several rhabdomeres and connected by nerve axons to the optic lobe (Fig. 4.9).

rhabdom(감간체, 간상체) The central zone of the retinula consisting of microvilli filled with visual pigment; comprising rhabdomeres belonging to several different retinula cells (Fig. 4.10).

rhabdomere(막대꼴소체, 간상소체) One of the seven or eight units comprising a rhabdom, the inner part of a retinula cell (Fig. 4.10).

rheophilic(유수성) Liking running water.

rhizosphere(근권) A zone surrounding the roots of plants, usually richer in fungi and bacteria than elsewhere in the soil.

riparian(하안서) Associated with or relating to the waterside.

river continuum concept(강의 에너지연속체계념) A formulation of the idea that energy inputs into a river are allochthonous in the upper parts and increasingly autochthonous in the lower reaches.

rostrum(주둥이, 머리끝) A facial extension that bears the mouth parts at the end (see Box 15.5); *see also* proboscis.

rotenone(로테논) A particular legume-derived chemical with insecticidal and other toxic effects.

round dance(원무, 동그라미춤) A communication dance of honey bees (see Box 12.1).

salivarium (salivary reservoir)(침저장부) The cavity into which the salivary gland opens, between the hypopharynx and the labium (Figs. 3.1 & 3.14).

salivary gland(침샘, 타액선) The gland that produces saliva (Fig. 3.1).

saltatorial(도약성의) Adapted for jumping or springing.

saprophage(부식자) (*adj*. saprophagous) An eater of decaying organisms.

sarcolemma(근섬유막, 근초) The outer sheath of a striated muscle fiber.

scale(비늘) A flattened seta; a unicellular outgrowth of the cuticle.

scape(현수체) The first segment of the antenna (Fig. 2.10).

schizont(분열자, 열충) The second stage in the asexual cycle of a malaria parasite (Plasmodium spp.), produced by the pre-erythrocytic schizogonous cycle or by division of a trophozoite (Box 15.1).

Schwann cell(슈반세포) A cell surrounding the axon of a scolopidium (Fig. 4.3).

sclerite(조각, 경판) A plate on the body wall surrounded by membrane or sutures.

sclerophyllous(경엽의) (*n.* sclerophylly) (of plants) Bearing tough leaves, strengthened with sclerenchyma.

sclerotization(각질화, 경화작용) Stiffening of the cuticle by crosslinkage of protein chains.

scolopale cell(수음파첨기) In a chordotonal organ, the sheath cell that envelops the dendrite (Fig. 4.3).

scolopidia(현음감각기) In a chordotonal organ, the combination of three cells, the cap cell, scolopale cell, and dendrite (Fig. 4.3).

scopa(쇠기, 꽃가루솔) A brush of thick hair on the hind tibia of adult bees.

scraper(마찰편, 소기) The ridged surface drawn over a file to produce stridulatory sounds.

scutellum(측미선구반) The posterior third of the alinotum (either meso- or metanotum), lying behind the scutum (Fig. 2.18).

scutum(순관) The middle third of the alinotum (either meso- or metanotum), in front of the scutellum (Fig. 2.18).

secondary cycle(제2사이클) In a disease, the cycle that involves an atypical host; *see also* primary cycle.

secondary pest outbreak(2차적 해충발생) Previously harmless insects becoming pests following insecticide treatment for a primary pest.

secondary plant compounds(2차 식물대사산물) Plant chemicals assumed to be produced for defensive purposes.

secondary segmentation(2차 체절형성, 2차 분절) Any segmentation that fails to match the embryonic segmentation; more specifically, the insect external skeleton in which each apparent segment includes the posterior (intersegmental) parts of the primary segment preceding it (Fig. 2.7).

sector(분맥) A major wing vein branch and all of its subdivisions.

semi-aquatic(반수생의) Living in saturated soils, but not immersed in free water.

seminal vesicle(정액주머니, 저정낭) Male sperm storage organ (Fig. 3.20b).

semiochemical(신호물질) Any chemical used in intra- and interspecific communication.

semisocial(준사회성의) Describing social behavior in which individuals of the same generation co-operate and nest-share with some division of reproductive labor.

semivoltine(준화성의) Having a life cycle of greater than one year; *see also* bivoltine, multivoltine, univoltine.

sensillum(감각기, 감각센털, 감각기관) (*pl.* sensilla) A sense organ, either simple and isolated, or part of a more complex organ.

sensory neuron(감각뉴런, 감각신경세포) A nerve cell that receives and transmits stimuli from the environment (Fig. 3.5).

serial homology(연속상동) The occurrence of identically derived features on different segments (e.g. legs).

serosa(장막) The membrane covering the embryo (Fig. 6.5).

seta(센털, 강모) (*pl.* setae) A cuticular extension, a trichoid sensillum; also called a hair or macrotrichium.

sexuales(유성형) Sexually reproductive aphids of either sex.

sexupara(산성충, 유성생식형) (*pl.* sexuparae) An alate parthenogenetic female aphid that produces both sexes of offspring.

sheath cell(피복세포) Any cell enveloping another (Fig. 4.3).

sibling(형매) Full brother or sister.

single cycle disease(단생활사병) A disease involving one species of host, one parasite, and one insect vector.

siphunculus(뿔관, 미각) (*pl.* siphunculi) *See* cornicle.

sister group(자매그룹) The closest related group of the same taxonomic rank as the group under study.

smell(냄새) The olfactory sense, the detection of airborne chemicals.

sociality(사회성) The condition of living in an organized community.

soldier(병정개미) In social insects, an individual worker belonging to a sub caste involved in colony defense.

solitary(고립된) Non-colonial, occurring singly or in pairs.

species(종) (*adj.* specific) A group of all individuals that can interbreed, mating within the group (sharing a gene pool) and producing fertile offspring, usually similar in appearance and behavior (but see polymorphic) and sharing a common evolutionary history.

specific coevolution (pair-wise coevolution) (특정공진화) Concerted evolutionary change that takes place between two species, in which the evolution of a trait in one leads to reciprocal development of a trait in a second organism in a feature that evolved initially in response to a trait of the first species; *see also* guild coevolution.

sperm competition(정자경쟁) In multi-mated females, the syndrome by which sperm from one mating compete with other sperm to fertilize the eggs.

sperm precedence(정자선호) The preferential use by the female of the sperm of one mating over others.

spermatheca(수정낭, 저정낭) The female receptacle for sperm deposited during mating (Fig. 3.20a).

spermathecal gland(수정낭샘) A tubular gland off the spermatheca, producing nourishment for sperm stored in the spermatheca (Fig. 3.20a).

spermatophore(정자주머니, 정협) An encapsulated package of spermatozoa (Fig. 5.6).

spermatophylax(정협덩어리) In katydids, a proteinaceous part of the spermatophore eaten by the female after mating (Box 5.2).

sphecophily(벌에 의한 화분매개) Plant pollination by wasps.

spina(가시, 자) An internal apodeme of the intersegmental sternal plate called the spinasternum.

spinasternum(가슴판돌기, 자흉판) An intersternite bearing a spina (Fig. 2.18), sometimes fused with the eusterna of the prothorax and mesothorax, but never the metathorax.

spine(가시(털), 극상돌기) A multicellular unjointed cuticular extension, often thorn-like (Fig. 2.6a).

spiracle(숨구멍, 기문) An external opening of the tracheal system (Fig. 3.10a).

sporogony(포자형성, 포자생식) The asexual cycle of a malaria parasite (*Plasmodium* spp.) in the mosquito, in which an oocyst undergoes nuclear division to produce sporozoites (Box 15.1).

sporozoite(홀씨(포자)소체) In the asexual cycle of a malaria parasite (*Plasmodium* spp.) in the mosquito, a product of sporogony; stored in the salivary gland and passed to the vertebrate host during mosquito feeding (Box 15.1).

spur(며느리발톱, 가시) An articulated spine.

stadium(영기) (*pl.* stadia) The period between molts, the instar duration or intermolt period.

startle display(보호색경고) A display made by some cryptic insects upon discovery, involving exposure of a startling color or pattern, such ch as eyespots.

statary(병정개미의 정지자세) The sedentary, stationary phase of army ants.

stemma(옆낱눈, 개안) (*pl.* stemmata) The "simple" eye of many larval insects, sometimes aggregated into a more complex visual organ.

stenogastrous(단복형의) Having a shortened or narrow abdomen.

sterile male technique(수컷불임법) A means of controlling insects by swamping populations with large numbers of artificially sterilized males.

sternellum(가슴판조각, 복판편) The small sclerite of the eusternum, lying posterior to the basisternum (Fig. 2.18).

sternite(복(배)판) The diminutive of sternum; a subdivision of a sternum.

sternum(복(배)판, 가슴판) (*pl.* sterna, adj. sternal, dim. sternite) The ventral surface of a segment (Fig. 2.7).

stipes(자루마디, 병절) The distal part of the maxilla, bearing a galea, a lacinia, and a maxillary palp (Fig. 2.10).

stomach poison(소화중독제, 식독제) An insecticidal poison that acts after ingestion into the insect gut.

stomatogastric nervous system(정장신경계) The nerves associated with the foregut and midgut.

stomodeum(원시구강와, 입오목) (*adj.* stomodeal) See foregut.

striated muscle(가로무늬근, 횡문근) Muscles in which myosin and actin filaments overlap to give a striated effect.

stridulation(마찰발음) The production of sound by rubbing two rough or ridged surfaces together.

style(첨기, 침상체) In apterygote insects, small appendages on abdominal segments, homologous to abdominal legs.

stylet(빨대, 구침) One of the elongate parts of piercing-sucking mouthparts (Figs. 2.13, 2.14, & 11.4), a needle-like structure.

subalare(버금날개조각, 버금날개갑) (pl. subalaria) A small sclerite, one of the epipleurites that lies posterior to the pleural wing process, forming an attachment for the direct flight muscles (Fig. 2.18).

subcosta(아전연맥) In wing venation, the third longitudinal vein, posterior to the costa (Fig. 2.21).

subgenual organ(무릎아래(슬하)기관) A chordotonal organ on the proximal tibia that detects substrate vibration (Fig. 4.4).

su bimaginal instar(아성충, 버금서충) *See* subimago.

subimago (subimaginal instar)(아성충, 버금서충) In Ephemeroptera, the winged penultimate instar; subadult.

suboesophageal ganglion(식도하신경절) The fused ganglia of the mandibular, maxillary, and labial segments, forming a ganglionic center beneath the oesophagus (Figs. 3.6 & 3.14).

subsocial(준사회성) Describing a social system in which adults look after immature stages for a certain period.

substitutional ovipositor(대용산란관) An ovipositor formed from extensible posterior abdominal segments; *see also* appendicular ovipositor.

succession(천이) An ecological sequence.

superficial layer(최상외표피) The outermost of the three layers of epicuticle, often bearing a lipid, wax, and/or cement layer, with outer and inner epicuticle beneath it (Fig. 2.1).

superlingua(웃혀, 상설) (*pl.* superlinguae) A lateral lobe of the hypopharynx (Fig. 2.10), the remnant of a leg appendage of the third head segment.

superparasitism(과기생) The occurrence of more parasitoids within a host than can complete their development within the host.

supplementary reproductive(부수적생식기) In termites, a potential replacement reproductive within its natal nest, which does not become alate; also called a neotenic or ergatoid.

supraoesophageal ganglion(식도상신경절) *See* brain.

suture(봉합선) An external groove that may show the fusion of two plates (Fig. 2.10).

swarm(분봉, 무리) An aerial aggregation of insects, for the purposes of mating.

symbiont(공생자) An organism that lives in symbiosis with another.

symbiosis(공생) A long-lasting, close, and dependent relationship between organisms of two different species.

sympatric(같은 지역성의) Describing overlapping geographical distributions of organisms or taxa; *see also* allopatric.

synanthropic(사람과 같이 사는) Associated with humans or their dwellings.

synapse(신경연결) The site of approximation of two nerve cells at which they may communicate.

synchronous(동시성근육, 동조근) A muscle that contracts once per nerve imp ulse.

syncytium(다핵체, 다핵질) (*adj.* syncytial) A multinucleate tissue without cell division.

synergism(상조작용, 협력) The enhancement of the effects of two substances that is greater than the sum of their individual effects.

synomone(시노몬) A communication chemical that benefits both the receiver and the producer; see also allomone, kairomone.

systematics(계통구조학) The science of biological classification.

systemic insecticide(침투성 살충제) An insecticide taken into the body of a host (plant or animal) that kills insects feeding on the host.

taenidium(나선사, 용수실) (*pl.* taenidia) The spiral thickening of the tracheal wall that prevents collapse.

tagma(합체절) (*pl.* tagmata) A group of segments that forms a major body unit (head, thorax, abdomen).

tagmosis(연속환절체분획) The organization of the body into major units (head, thorax, abdomen).

tapetum(반사면, 반사층) A reflective layer at the back of the eye formed from small tracheae.

target-site resistance(부분영역저항성) Increased tolerance by an insect to an insecticide through reduced sensitivity at the target site.

tarsomere(말초발목 마디마디) A subdivision of the tarsus (Fig. 2.19).

tarsus(발목마디, 부절) (*pl.* tarsi) The leg segment distal to the tibia, comprising one to five tarsomeres and apically bearing the pretarsus (Fig. 2.19).

taste(미각, 감식) Chemoreception of chemicals in a liquid dissolved form.

taxis(주성) (*pl.* taxes) An orientated movement of an organism.

taxon(분류군) (*pl.* taxa) A taxonomic unit (species, genus, family, phylum, etc.).

taxonomy(분류학) (*adj.* taxonomic) The theory and practice of naming and classifying organisms.

tegmen(전시, 혁질로 된 앞날개) (*pl.* tegmina) A leathery, hardened fore wing (Fig. 2.22c).

tegula(어깨조각, 와상편) One of the articular sclerites of the neopteran wing, lying at the base of the costa (Fig. 2.21); *see also* axillary sclerites, humeral plate.

telotaxis(목포주성) Orientation and movement directly towards a visual stimulus.

telotrophic ovariole (acrotrophic ovariole) (단자양실형 난소소관) An ovariole in which the nurse cells are only within the germarium; the nurse cells remain connected to the oocytes by long filaments as the oocytes move down the ovariole; *see also* **panoistic ovariole**, **polytrophic ovariole**.

teneral(부정성충의) The condition of a newly eclosed adult insect, which is unsclerotized and unpigmented.

tentorium(막상골, 머릿속뼈) The endoskeletal cuticular invaginations of the head, including anterior and posterior tentorial arms.

tergite(등판, 배판) The diminutive of tergum; a subdivision of the tergum.

tergum(배(등)판) (*pl.* terga, adj. tergal, dim. tergite) The dorsal surface of a segment (Fig. 2.7).

terminalia(말단절) The terminal abdominal segments involved in the formation of the genitalia.

testis(정소, 정집) (*pl.* testes) One of (usually) a pair of male gonads (Figs. 3.1b & 3.20b).

thanatosis(가사상태, 죽은체) Feigning death.

thelytoky (thelytokous parthenogenesis) (산자정단위 생식, 암컷 낳기 단위생식) A form of **parthenogenesis** producing only female offspring.

thorax(가슴, 흉부) The middle of the three major divisions (**tagrna**) of the body, comprising **prothorax**, **mesothorax**, and **metathorax** (Fig. 2.18).

threshold(위험약량) The minimum level of stimulus required to initiate (release) a response.

tibia(종아리마디, 경질) (*pl.* tibiae) The fourth leg segment, following the **femur** (Fig. 2.19).

tolerance(내성, 허용량) The ability of a plant to withstand insect attack and recover.

tonofibrillae(긴장(장원)섬유) Fibrils of **cuticle** that connect a muscle to the **epidermis** (Fig. 3.2).

tormogen cell(센털밑세포, 와생세포) The socket-forming epidermal cell associated with a **seta** (Figs. 2.6 & 4.1).

trachea(기관, 기관지) (pl. tracheae) A tubular element of the insect gas-exchange system, within which air moves (Figs. 3.10 & 3.11).

tracheal system(기관계) The insect gas-exchange system, comprising **tracheae**, **tracheoles**, and **spiracles** (Figs. 3.10 & 3.11); *see also* **closed tracheal system**, **open tracheal system**.

tracheole(모세기관, 기관소지) The fine tubules of the insect gas-exchange system (Fig. 3.10b).

transgenic plants(형질전환 식물) Plants containing genes introduced from another organism by genetic engineering.

transovarial transmission (vertical transmission)(경란성 전염) The transmission of microorganisms between generations via the eggs.

transverse(가로축의) At right angles to the longitudinal axis.

traumatic insemination(외부수정) In Cimicidae and some Nabidae (Hemiptera), unorthodox mating behavior in which the male punctures the female's cuticle with the phallus to deposit sperm instead of utilizing the female reproductive tract.

triad(삼체) (*adj.* triadic) A triplet of long wing veins (paired main veins and an intercalated longitudinal vein).

trichogen cell(조모세포) A hair-forming epidermal cell associated with a **seta** (Figs. 2.6 &4.1).

trichoid sensillum(감각기, 모감각기) A hair-like cuticular projection; a **seta, hair**, or **macrotrichium** (Figs. 2.6b, 3.5, & 4.1).

tritocerebrum(제3대뇌) The posterior (or posteroventral) paired lobes of the insect **brain**, the **ganglia** of the third segment, functioning in handling the signals from the body.

triungulin(삼과형, 세발톱모양 애벌레) An active, dispersive first-instar larva of insects including many that undergo **heterometamorphosis**.

trochanter(도래마디, 전절) The second leg segment, following the **coxa** (Fig. 2.19).

trochantin(밑도래마디, 아기절) A small **sclerite** anterior to the **coxa** (Figs. 2.18 & 2.19).

troglobite(troglobiont)(진동굴성) An obligate cave-dweller.

trophallaxis(먹이(영양)교환, 영양교환) (oral = stomodeal, anal = proctodeal) In social and subsocial insects, the transfer of alimentary fluid from one individual to another; may be mutual or unidirectional.

trophamnion(영양양막) In parasitoids, the enveloping membrane surrounding the polyembryonically derived multiple individuals that arise from a single egg, derived from the host's **hemolymph**.

trophic(영양의) (1) Relating to food. (2) Describing an egg of a social insect that is degenerate and used in feeding other members of the colony.

trophic cascade(영양캐스캐이드) The ecosystem-wide effects of the removal or introduction of predators on primary production via herbivores.

trophocyte(영양세포) The dominant metabolic and storage cell of the **fat body**.

trophogenesis(영양분화카스트계급) (*adj.* trophogenic) In social insects, the determination of caste type by differential feeding of the immature stages (in contrast to genetic determination of caste).

trophozoite(영양체) The first stage in the asexual cycle of a malaria parasite (*Plasmodium* spp.), derived from a merozoite (either from a liver cell or an erythrocyte) (Box 15.1).

trypanosomiasis(수면병) A disease caused by *Trypanosoma* protozoans, transmitted to humans predominantly by reduviid bugs (Chagas' disease) or tsetse flies (sleeping sickness).

tymbal (tymbal organ)(발음근, 진동막) A stretched elastic membrane capable of sound production when flexed.

tympanum(고막) (*pl.* tympana) (**tympanal organ**) Any organ sensitive to vibration, comprising a tympanic membrane (thin cuticle), an air sac, and a sensory chordotonal organ attached to the tympanic membrane (Fig. 4.4).

unguis(발톱, 윗발톱) (*pl.* ungues) A claw (Fig. 2.19).

unguitractor plate(과신장판) The ventral sclerite of the pretarsus that articulates with the claws (Fig. 2.19).

uniporous(단공성의) Having a single opening.

univoltine(일화성) Having one generation in one year; *see also* bivoltine, multivoltine, semivoltine.

urea(요소) A minor component of insect nitrogenous excretion, $CO(NH_2)_2$ (Fig. 3.19).

uric acid(요산) The main nitrogenous excretion product, $C_5H_4N_4O_3$ (Fig. 3.19).

uricotelism(요산배출) An excretory system based on uric acid excretion.

urocyte (urate cell)(수뇨세포) A cell that acts as a temporary store for urate excretion products.

vagility(이동능) The propensity to move or disperse.

vagina(질) A pouch-like or tubular genital chamber of the female genitalia.

valve(판) (1) Generally, any unidirectional opening flap or lid. (2) In female genitalia, the blade-like structures comprising the ovipositor shaft (also called gonapophysis) (Fig. 2.23b).

valvifer(다절판, 산란관) In female insect genitalia, derivations of gonocoxites 8 and 9, supporting the valves of the ovipositor (Fig. 2.23b).

vannus(부채부) The anal area of the wing anterior to the jugal area (Fig. 2.20).

vas deferens(수정관, 정관) (*pl.* vasa deferentia) One of the ducts that carry sperm from the testes (Fig. 3.20b).

vector(매개자, 매개충) Literally "a bearer", specifically a host of a disease that transmits the pathogen to another species of organism.

vectorial capacity(벡타전염가능성 수식) A mathematical expression of the probability of disease transmission by a particular vector.

venter(배, 배(복)아랫면) The lower surface of the body.

ventilate(순환하다) To pass air or oxygenated water over a gas-exchange surface.

ventral(복(배)부) Towards or at the lower surface (Fig. 2.8).

ventral diaphragm(복(배)횡경막) A membrane lying horizontally above the nerve cord in the body cavity, separating the perineural siuus from the perivisceral sinus (Fig.3.9).

ventral nerve cord(배(복)가로막) The chain of ventral ganglia.

ventral tube (collophore)(복(배)관) In Collembola, a ventral sucker (see Box 9.2).

ventriculus(위) The tubular part of the midgut, the main digestive section of the gut (Fig. 3.13).

vertex(정수리, 두정) The top of the head, posterior to the frons (Fig. 2.9).

vertical transmission(수직전파) *See* transovarial transmission.

vesica(정용기, 전음경포) *See* endophallus.

vibration dance(꿀벌의 교신용 춤) A communication dance of honey bees (see Box 12.1).

vicariance(분단분포) Division of the range of a species by an earth history event (e.g. ocean or mountain formation).

visceral (sympathetic) nervous system(내장신경계) The nerve system that innervates the gut, reproductive organs, and tracheal system.

vitellarium(난황소, 노른자위) The structure within the ovariole in which oocytes develop and yolk is provided to them (Fig.3.20a).

vitelline membrane(난황막) The outer layer of an oocyte, surrounding the yolk (Fig. 5.10).

vitellogenesis(난황형성과정) The process by which oocytes grow by yolk deposition.

viviparity(태생) The bearing of live young (i.e. post-egg hatching) by the female; *see also* adenotrophic viviparity, hemocoelous viviparity, oviparity, ovoviviparity, pseudoplacental viviparity.

voltinism(화성) The number of generations per year.

vulva(음문, 암컷생식기) The external opening of the copulatory pouch (bursa copulatrix) or vagina of the female genitalia (Fig.3.20a).

waggle dance(팔자형의 춤, 일벌춤) A communication dance of honey bees (see Box 12.1).

Wasmannian mimicry (와즈만형의태, 기주의태) A form of mimicry that allows an insect of another species to be accepted into a social insect colony.

wax((밀)납) A complex lipid mixture giving waterproofing to the cuticle or providing covering or building material.

wax canals (wax filaments)(왁스관) Fine tubules that transport lipids from the pore canals to the surface of the epicuticle (Fig. 2.1).

wax layer(왁스층) The lipid or waxy layer outside the epicuticle (Fig. 2.1); it may be absent.

wax mirrors(왁스미러) Overlapping plates on the venter of the fourth to seventh abdominal segments of social bees that serve to direct the wax flakes that are produced beneath each mirror.

weed(잡초) Any organism "in the wrong place". particularly used of plants away from their natural range or invading human monocultural crops.

wood borer(목재서식곤충) An insect that tunnels into live or dead wood.

worker(일벌, 일개미) In social insects. a member of the sterile caste that assists the reproductives.

xylophage(나무먹는 생물) (*adj*. xylophagous) An eater of wood.

zoocecidia(동물성 혹) (*sing*. zoocecidium) Plant galls induced by animals such as insects. mites. and nematodes. as opposed to those formed by the plant response to microorganisms.

zoophilic(동물기호성) Preferring other animals to humans. especially used of feeding preference of blood-feeding insects.

zygote(수정란, 접합자) A fertilized egg; in malaria parasites (*Plasmodium* spp.) resulting from fusion of a microgamete and macrogamete (Box 15.1).

FURTHER READING

Gordh, G. & Headrick. D. (2001) *A Dictionary of Entomology*. CABI Publishing, Wallingford.

Torre-Bueno, J.R. de la (1989) *The Torre-Bueno Glossary of Entomology*. 2nd edn. The New York Entomological Society in cooperation with the American Museum of Natural History New York.

국문 찾아보기

ㄱ

ㄴ

ㄷ

ㄹ

ㅁ

ㅇ

ㅈ

ㅊ

ㅋ

ㅌ

ㅍ

영문 찾아보기

A

B

C

D

E

F

G

H

I

J

K

L

M

N

O

P

Q

R

S

T

U

V

부록
목분류 안내지침

Summary of the diagnostic features of the three non-hexapod orders and the 30 orders of Insecta.

Order	Diagnostic features	References
Protura (proturans, 낫발이목) 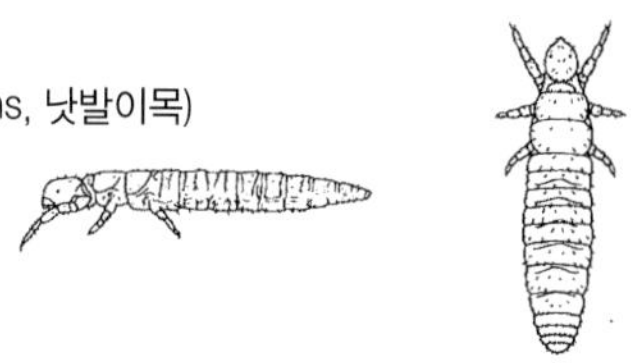	Very small, wingless, eyeless, without antennae, entognathous (mouthparts within folds of head), fore legs held forward, thoracic segments like those of abdomen, legs five-segmented, adult abdomen 12-segmented without cerci; immature stages like small adult but with fewer abdominal segments.	Chapters 7, 9 Box 9.2
Collembola (springtails, 톡토기목) 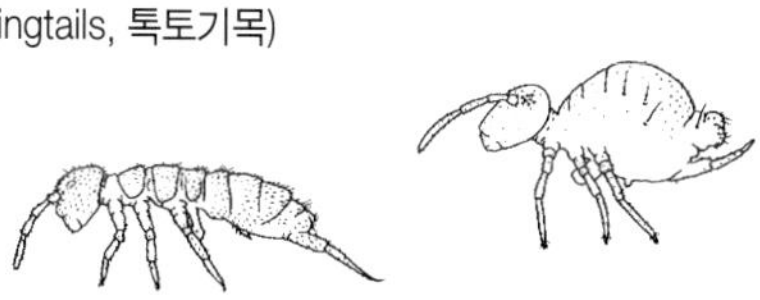	Small, wingless, mouthparts entognathous, antennae present, thoracic segments like those of abdomen, legs four-segmented, abdomen six-segmented with sucker-like ventral tube and forked jumping organ, without cerci; immature stages like small adult, with constant segment number.	Chapters 7, 9 Box 9.2
Diplura (diplurans, 좀붙이목) 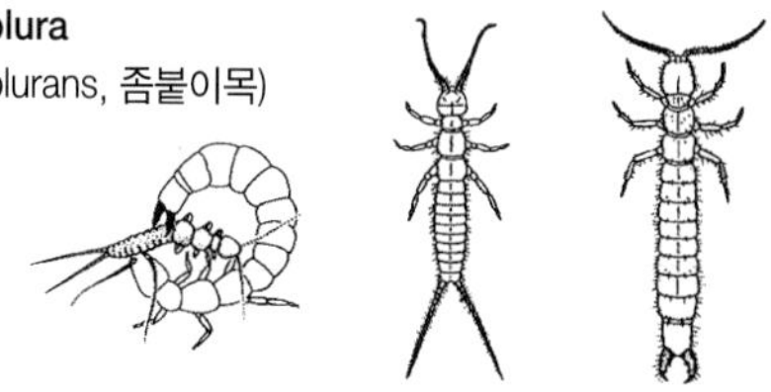	Small to medium, wingless, eyeless, entognathous, long antennae like string of beads, thoracic segments like those of abdomen, legs five-segmented, abdomen 10-segmented, some with small protrusions, terminal cerci filiform to forceps-like; immature stages like small adult.	Chapters 7, 9 Box 9.2
Archaeognatha (bristletails, 돌좀목) 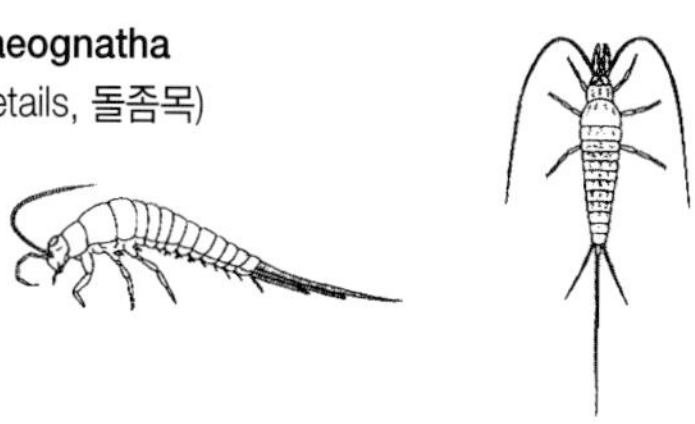	Medium, wingless, with humped thorax, hypognathous (mouthparts directed downwards), large compound eyes in near contact, some abdominal segments with paired styles and vesicles, with three "tails" - paired cerci shorter than single median caudal appendage; immature stages like small adult.	Chapters 7, 9 Box 9.3

Zygentoma or Thysanura (silverfish, 좀목) 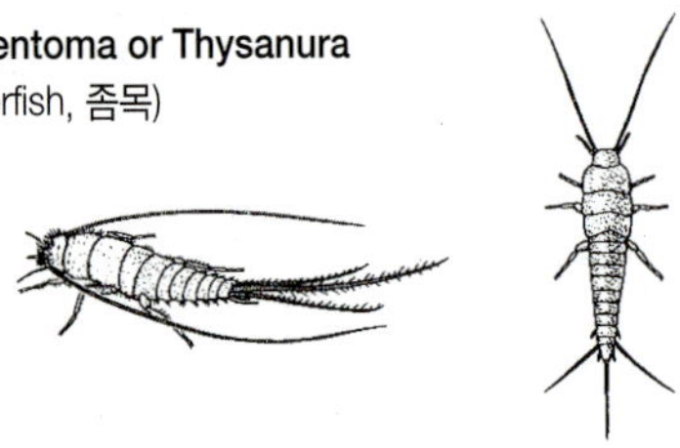	Medium, flattened, silvery-scaled, wingless, hypognathous to prognathous (mouthparts directed downwards to forwards), compound eyes small, widely separated or absent, some abdominal segments with ventral styles, with three "tails" - paired cerci nearly as long as median caudal appendage; immature stages like small adult.	Chapters 7, 9 Box 9.3
Ephemeroptera (mayflies, 하루살이목) 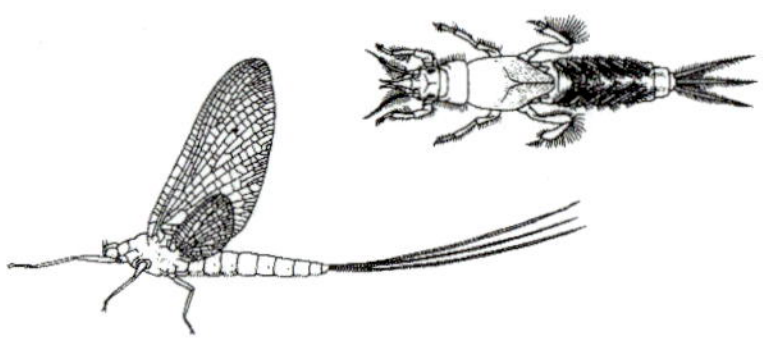	Small to large, winged with large triangular fore wings and smaller hind wings, mouthparts reduced, compound eyes large, short filiform antennae, abdomen slender compared to stout thorax, with three "tails" - paired cerci often as long as median caudal appendage; immature stages (nymphs) aquatic, with three "tails" and plate-like abdominal gills, penultimate instar a winged subimago.	Chapters 7, 10 Box 10.1
Odonata (dragonflies, damselflies, 잠자리목) 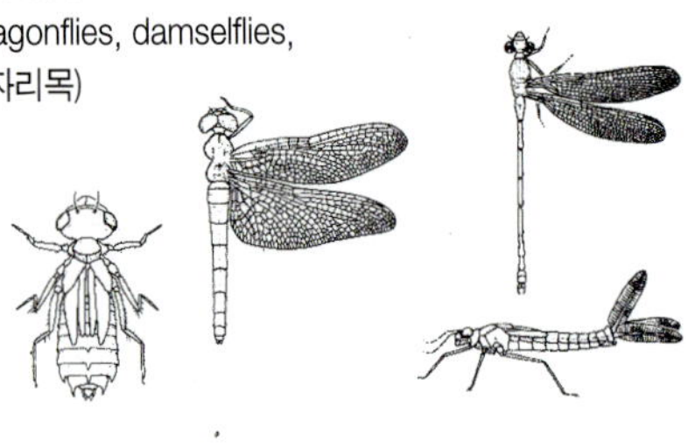	Medium to large, winged, with fore and hind wings equal (Zygoptera) or hind wings wider than fore wings (Anisoptera), head mobile, with large compound eyes separated (Zygoptera) or nearly in contact (Anisoptera), mouthparts mandibulate, antennae short, thorax stout, abdomen slender; immature stages (nymphs) aquatic, stout or narrow, with extensible labial "mask", terminal or rectal gills.	Chapters 7, 10 Box 5.3, 10.2
Plecoptera (stoneflies, 강도래목) 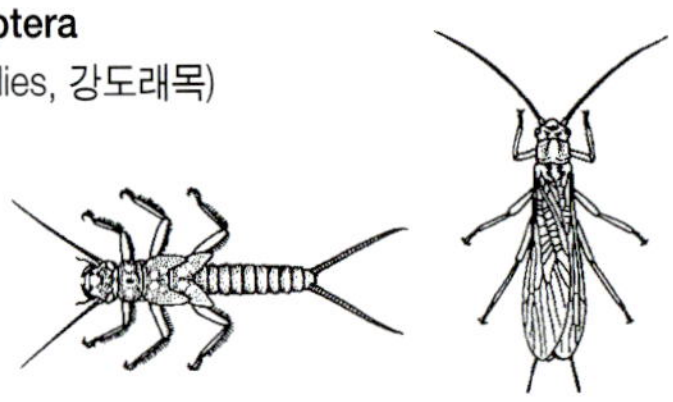	Medium, with fore and hind wings nearly equal (subequal) in size, at rest wings partly wrap abdomen and extend beyond abdominal apex but wing reduction frequent, legs weak, abdomen soft with filamentous cerci; immature stages (nymphs) aquatic resembling wingless adults, often with gills on abdomen.	Chapters 7, 10 Box 10.3
Isoptera (termites or "white ants", 흰개미목) 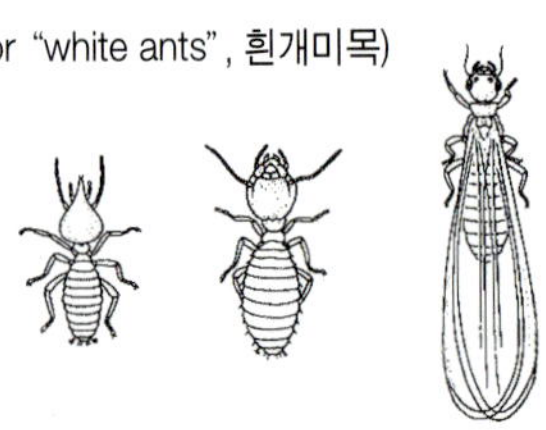	Small to medium, mandibulate (with variable mouthpart development in different castes). antennae long, compound eyes often reduced, in winged forms fore and hind wings usually similar, often with reduced venation, body terminates in one-to five-segmented cerci; immature stages morphologically variable (polymorphic) according to caste.	Chapters 7, 12 Box 12.3

Order	Description	References
Blattodea (roaches, cockroaches, 바퀴목) 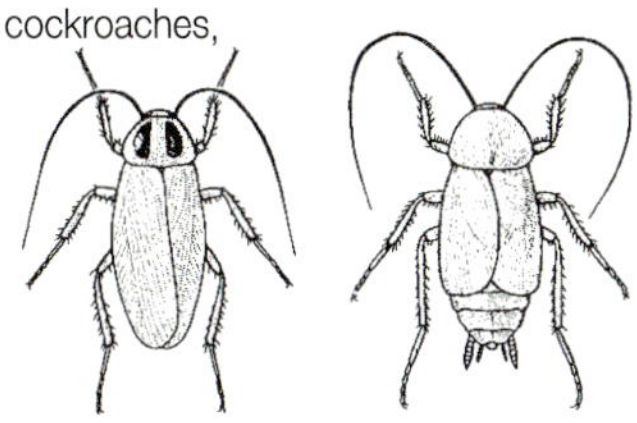	Small to large, dorsoventrally flattened, hypognathous, compound eyes well developed (except in cave dwellers), prothorax large and shield-like (may cover head), fore wings form leathery tegmina, protecting large hind wings, large anal lobe on hind wing, coxae large and abutting ventrally, cerci usually multisegmented; immature stages (nymphs) like small adults.	Chapters 7, 9 Box 9.8
Mantodea (mantids, 사마귀목) 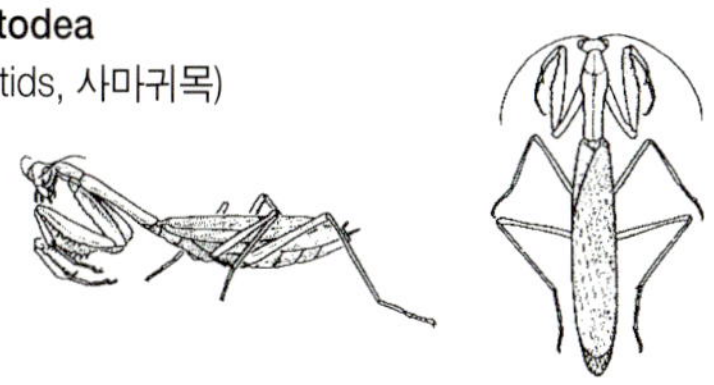	Moderate to large, head small, mobile, and triangular, compound eyes large and separated, thorax narrow, fore wings form tegmina, hind wings broad, fore legs predatory (raptorial), mid and hind legs elongate; immature stages (nymphs) resemble small adults.	Chapters 7, 13 Box 5.2, 13.2
Grylloblattodea (rock crawlers or ice crawlers, 갈르와벌레목) 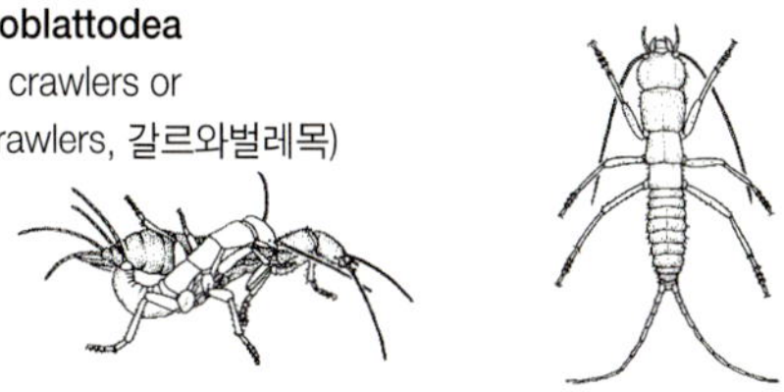	Medium, soft-bodied, elongate, pale, wingless and often eyeless, prognathous, with stout coxae on legs adapted for running, cerci five-to nine-segmented, female with short ovipositor; immature stages (nymphs) like small pale adults.	Chapters 7, 9 Box 9.4
Mantophasmatodea (heel walkers, 만토파스마토데목) 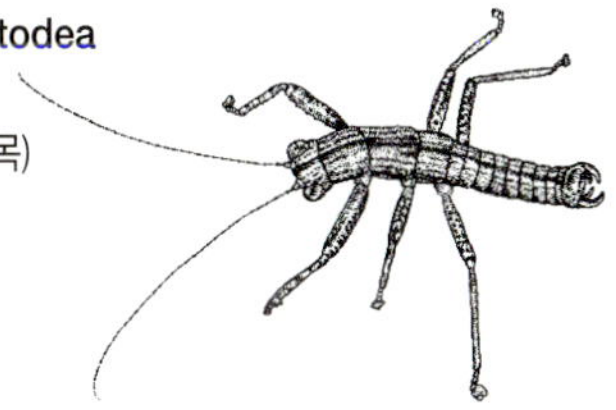	Small to medium, somewhat cylindrical, hypognathous, antennae long, multisegmented, compound eyes large, fore and mid legs raptorial, wings absent, cerci small in female, prominent in male; immature stages (nymphs) resemble small adults.	Chapters 7, 13 Box 13.3
Phasmatodea (phasmatids, phasmids, stickinsects or walking sticks, 대벌레목) 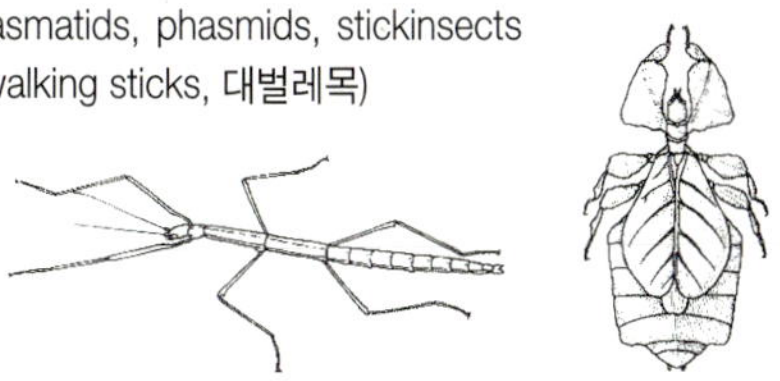	Medium to large, cylindrical stick-like or flattened leaf-like, prognathous, mandibulate, compound eyes small and laterally placed, fore wings form leathery tegmina, hind wings broad with toughened fore margin, legs elongate for walking, cerci one-segmented; immature stages (nymphs) like small adults.	Chapters 7, 11, 14 Box 11.6
Embiidina or Embioptera (embiids, webspinners, 흰개미붙이목) 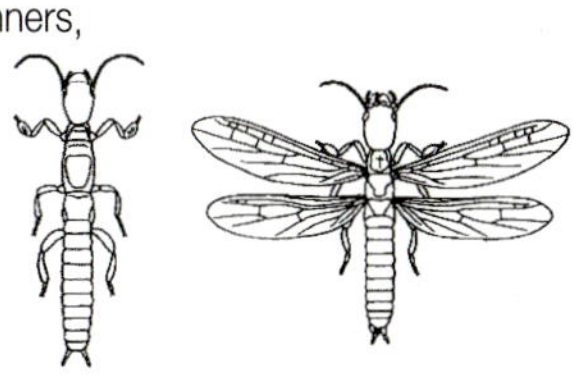	Small to medium, elongate, cylindrical, prognathous, compound eyes kidney-shaped, wingless in all females, some males with soft, flexible wings, legs short, basal fore tarsus swollen with silk gland, cerci two-segmented; immature stages like small adults.	Chapters 7, 9 Box 9.5

Order	Description	Reference
Orthoptera (grasshoppers, locusts, katydids, crickets, 메뚜기목) 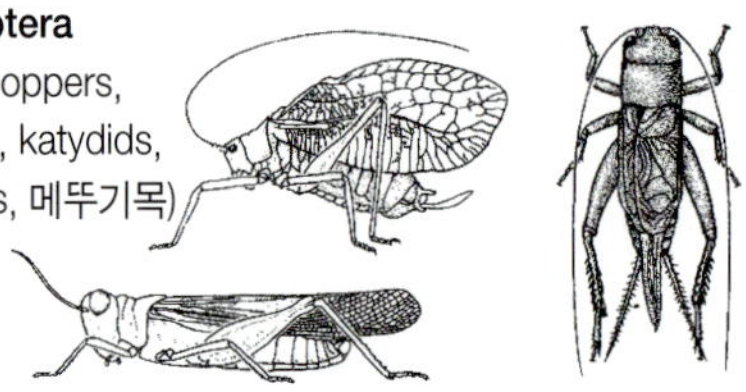	Medium to large, hypognathous, usually winged, fore wings forming leathery tegmina, hind wings broad, at rest pleated beneath tegmina, pronotum curved over pleura, hind legs often enlarged for jumping, cerci one- segmented; immature stages (nymphs) like small adults.	Chapters 5, 7, 11 Box 5.2, 11.5
Dermaptera (earwigs, 집게벌레목) 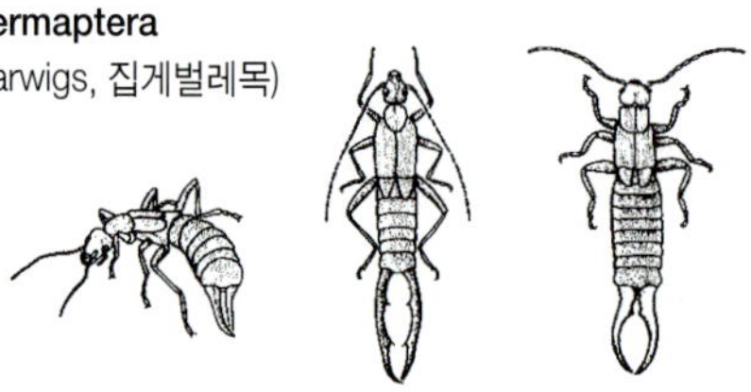	Small to medium, elongate and flattened, prognathous, antennae short to moderate, legs short, if wings present the fore wings are small leathery tegmina, hind wings semi-circular, abdomen with overlapping terga, cerci modified as forceps; immature stages (nymphs) resemble small adults.	Chapters 7, 9 Box 9.7
Zoraptera (zorapterans, 민벌레목) 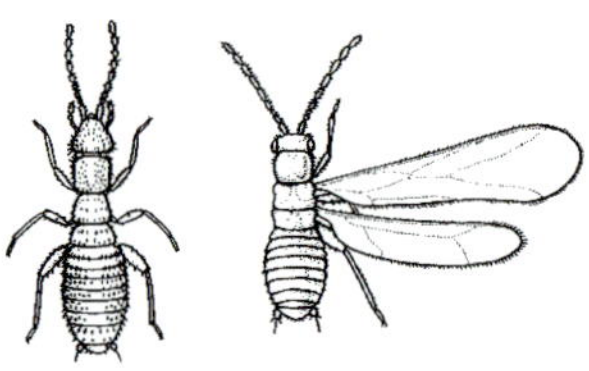	Small, termite-like, hypognathous, winged species with eyes and ocelli, wingless species lack either, if winged then wings with simple venation and readily shed, coxae well-developed, abdomen 11-segmented, short and swollen; immature stages (nymphs) resemble small adults.	Chapters 7, 9 Box 9.6
Psocoptera (psocids, or barklice, booklice, 다드미벌레목) 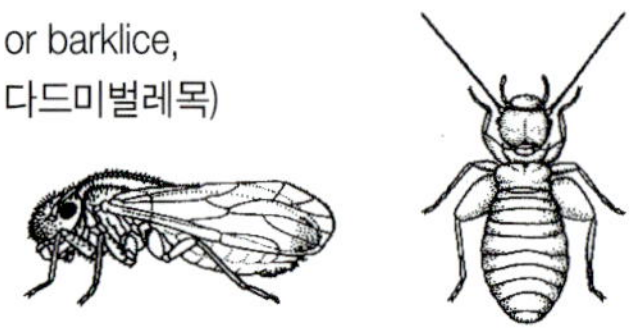	Small to medium, head large and mobile, chewing mouthparts asymmetrical, compound eyes large, antennae long and slender, wings often reduced or absent, if present venation simple, coupled in flight, held roof-like at rest, cerci absent; immature stages (nymphs) like small adults.	Chapters 7, 11 Box 11.9
Phthiraptera (lice, 이목) 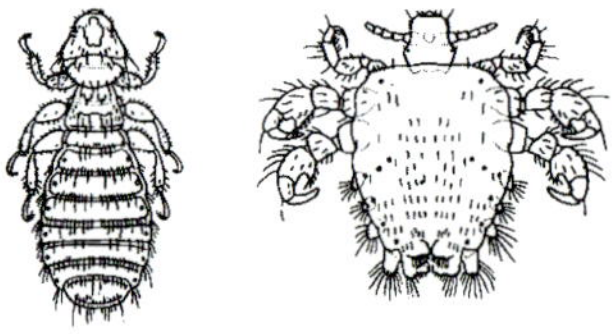	Small, dorsoventrally flattened, wingless ectoparasites, mouthparts mandibulate of beak-like, compound eyes small or absent, antennae either in grooves or extended, legs stout with strong claw(s) for grasping host hair or feathers; immature stages (nymphs) like small, pale adults.	Chapters 7, 13, 15 Box 15.3
Thysanoptera (thrips, 총채벌레목) 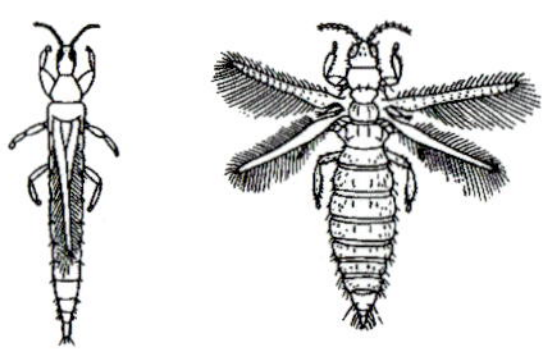	Small, slender, hypognathous with a feeding tube formed from three stylets—the maxillary laciniae plus the left mandible, with or without wings, if present wings subequal, strap-like, with long fringe; immature stages like small adults.	Chapters 7, 11 Box 11.7

Order		Description	References
Hemiptera (bugs, cicadas, plant-and eafhoppers, aphids, psyllids, scale insects, whiteflies, etc., 노린재목)	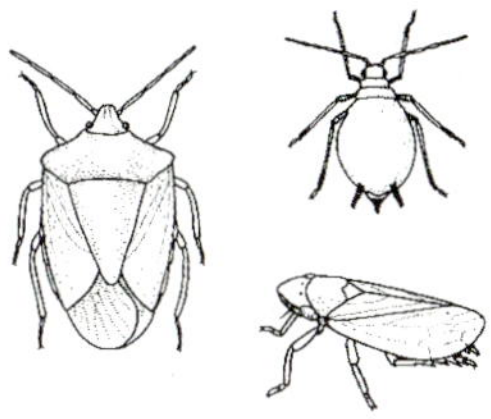	Small to large, mouthpart stylets lying in proboscis (or rostrum) directed posteriorly at rest, without palps, fore wings may be thickened to form hemelytra (Heteroptera), or membranous; wing reduction of absence is common; immature stages (nymphs) usually resemble small adults.	Chapters 7, 9, 10, 11 Boxes 3.3, 5.5, 9.1, 10.6, 11.2, 11.8, 14.2, 16.1, 16.2, 16.4
Neuroptera (lacewings, antlions, 풀잠자리목)	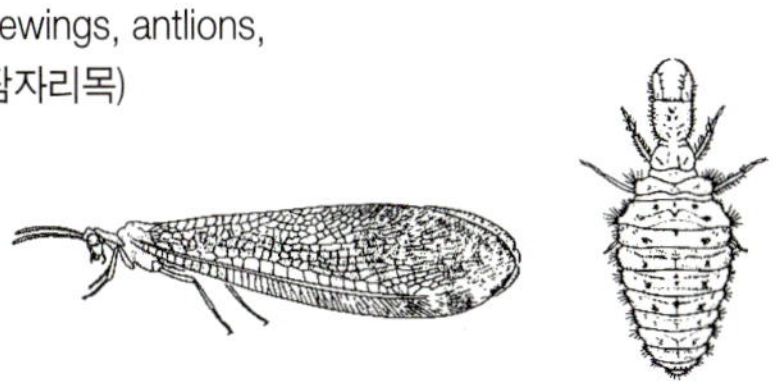	Medium, compound eyes large and separated, mandibulate, antennae multisegmented, prothorax often larger than meso- and metathorax, wings held roof-like over abdomen at rest, fore and hind wings subequal with numerous cross-veins and distal "twigging" of veins, without anal fold; immature stages (larvae) predominantly terrestrial, prognathous, with slender mandibles and maxillae usually forming piercing/sucking mouthparts, with jointed legs only on thorax, lacking abdominal gills.	Chapters 7, 13 Boxes 10.6, 13.4
Megaloptera (alderflies, dobsonflies, fishflies, 뱀잠자리목)	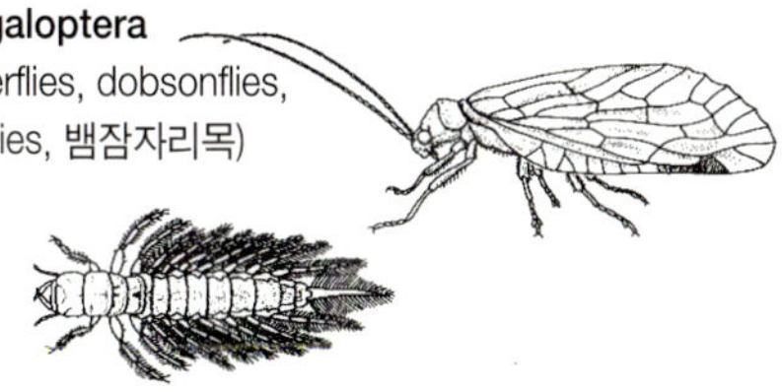	Medium to large, compound eyes large and separated, prognathous, mandibulate, antennae multisegmented, prothorax only slightly longer than meso- and metathorax, fore and hind wings subequal with anal fold in hind wing; immature stages (larvae) aquatic, prognathous, with stout mandibles, jointed legs only on thorax, with lateral abdominal gills.	Chapters 7, 13 Boxes 10.6, 13.4
Raphidioptera (snakeflies, 약대벌레목)		Medium, prognathous, mandibulate, antennae multisegmented, compound eyes large and separated, prothorax much longer than meso- and metathorax, fore wings rather longer than otherwise similar hind wings, without anal fold; immature stages (larvae) terrestrial, prognathous with jointed legs only on thorax, without abdominal gills.	Chapters 7, 13 Boxes 13.4
Coleoptera (beetles, 딱정벌레목)	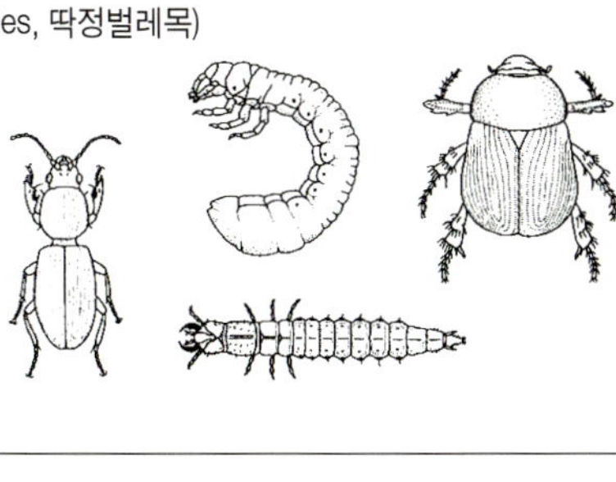	Small to large, often sturdy and compact, heavily sclerotized or armored, mandibulate, with fore wings modified as rigid elytra covering folded hind wings at rest, legs variously modified, often with claws and adhesive structures; immature stages (larvae) terrestrial or aquatic with sclerotized head capsule, opposable mandibles and usually five-segmented thoracic legs, without abdominal legs or labial silk glands.	Chapters 7, 10, 11 Boxes 10.6, 11.3, 11.10, 14.3, 14.4, 16.5

Order	Description	References
Strepsiptera (strepsipterans, 부채벌레목) 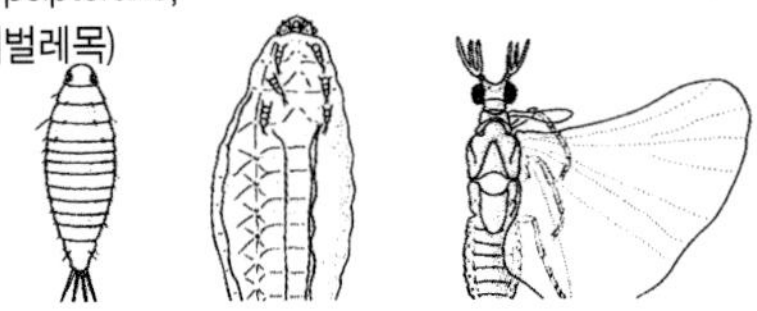	Small, aberrant endoparasites; male with large head, bulging eyes with few facets, antennae with fan-shaped branches, fore wings stubby, without veins, hind wings fan-shaped with few veins; female larviform, wingless, retained in host; immature stages (larvae) initially a triungulin with three pairs of thoracic legs, later maggot-like without mouthparts.	Chapters 7, 13 Boxes 13.6
Diptera (flies, 파리목) 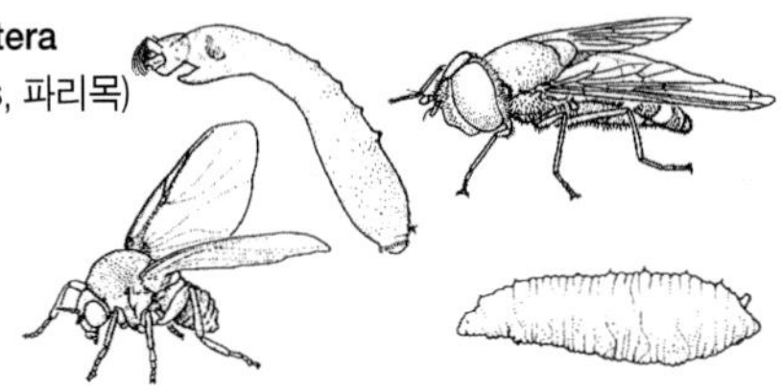	Small to medium, wings restricted to mesothorax, metathorax with balancing organs (halteres), mouthparts vary from non-functional, to biting and sucking; immature stages (larvae, maggots) variable, without jointed legs, with sclerotized head capsule or variably reduced ultimately to remnant mouth hooks.	Chapters 7, 10, 15 Boxes 4.1, 5.4, 6.2, 6.3, 10.5, 15.2, 15.5
Mecoptera (scorpionflies, hangingflies, 밑들이목) 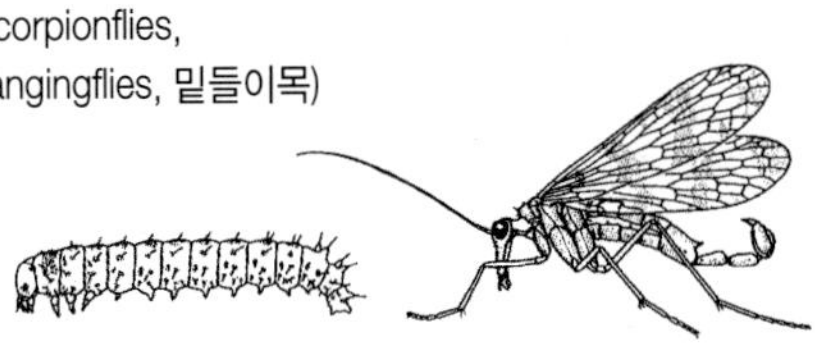	Medium, hypognathous with elongate rostrum formed from slender, serrate mandibles and maxillae and elongate labium, fore and hind wings narrow and subequal, legs raptorial; immature stages (larvae) mostly terrestrial, with heavily sclerotized head capsule, compound eyes, short, jointed thoracic legs, abdomen usually with prolegs.	Chapters 5, 7, 13 Boxes 5.1, 13.5
Siphonaptera (fleas, 벼룩목) 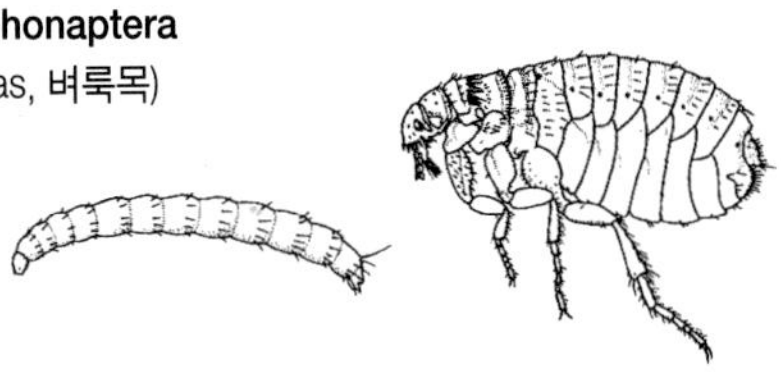	Small, highly modified, laterally compressed ectoparasites, mouthparts piercing and sucking, without mandibles, antennae lying in grooves, body with many backwardly directed setae and spines, some as combs, legs strong, terminating in strong claws for grasping host; immature stages (larvae) terrestrial, apodous (legless), with distinct head capsule.	Chapters 7, 15 Box 15.4
Trichoptera (caddisflies, 날도래목) 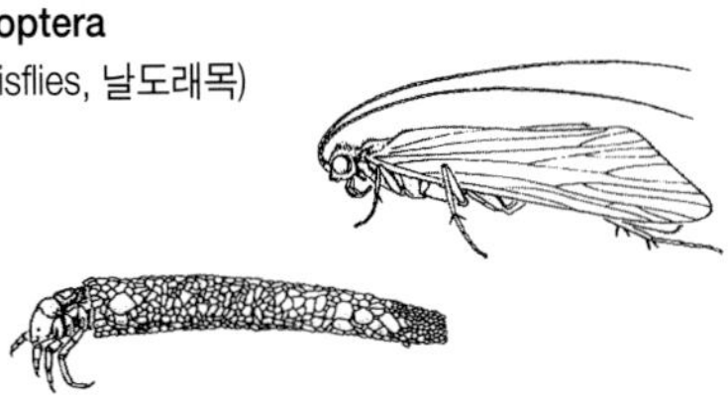	Small to large, with long, multi segmented antennae, reduced mouthparts (no proboscis) but well-developed maxillary and labial palps, hairy (or rarely scaly) wings, lacking discal cell and with fore wing anal veins looped (cf. Lepidoptera); immature stages (larvae) aquatic, often case-bearing, but many free-living, with three pairs of segmented thoracic legs and lacking abdominal prolegs.	Chapters 7, 10 Box 10.4

Order	Description	References
Lepidoptera (moths, butterflies, 나비목) 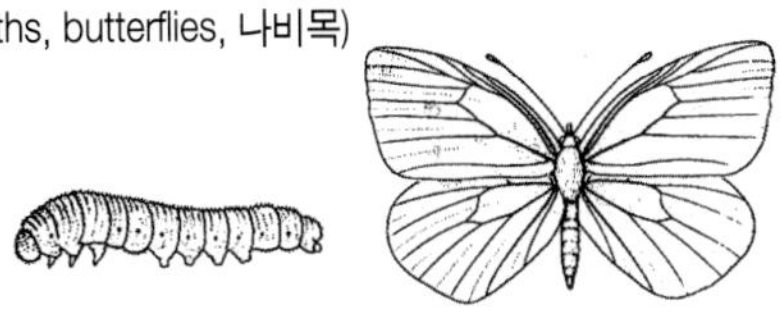	Small to large, hypognathous, nearly all with long coiled proboscis, antennae multisegmented and often comb-like (pectinate), clubbed in butterflies, wings with double layer of scales and large cells including the discal; immature stages (larvae, caterpillars) with sclerotized mandibulate head, labial spinnerets producing silk, jointed legs on thorax and some abdominal prolegs.	Chapters 7, 11, 14 Boxes 1.3, 1.11, 14.1
Hymenoptera (sawflies, wasps, ants, bees, 벌목) 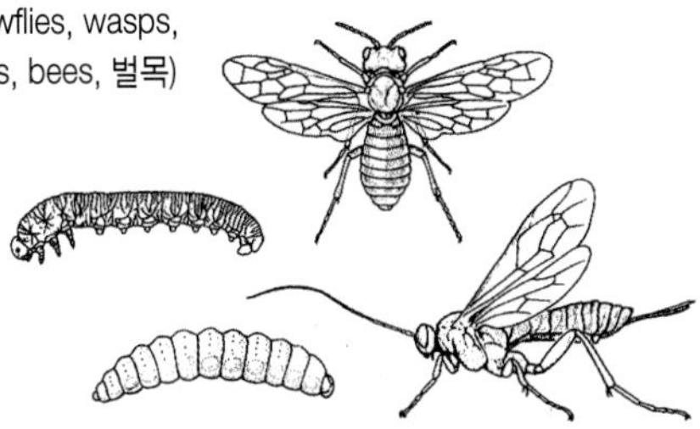	Minute to large, mouthparts mandibulate to sucking and chewing, antennae multisegmented often long and held forward, thorax either three-segmented or forms a mesosoma by incorporation of first abdominal segment in which case the abdomen is petiolate (waisted), wings with simple venation, fore and hind wings coupled together by hooks on hind wing; immature stages (larvae) very variable, many lack legs completely, all have distinct mandibles even if head is reduced.	Chapters 7, 10, 15 Boxes 4.1, 5.4, 6.2, 6.3, 10.5, 15.2, 15.5